国家出版基金项目
NATIONAL PUBLICATION FOUNDATION

中国海洋与湿地鸟类

THE BIRDS IN THE SEA AND WETLANDS OF CHINA

马志军　陈水华　主编

湖南科学技术出版社

序 言

中国是鸟类资源非常丰富的国家。这与中国幅员辽阔，地理位置适中，自然条件优越有密切关系。中国地域自北向南涵盖了寒带、寒温带、温带、亚热带和热带等多种气候带，地形地貌非常复杂，从西向东以喜马拉雅山脉—横断山脉—秦岭—淮河流域为界，将中国疆域分割为南北两大区域，即北方的古北界和南方的东洋界。一个国家拥有两个自然地理界的情况，在世界上是不多见的。中国西部的青藏高原有"世界屋脊"之称，冰峰和幽谷交错，森林与草原镶嵌，高原、湖泊散布其间，是中国众多江河的发源地。自青藏高原向东为若干呈阶梯状的大型台地，不同程度地阻隔了来自东部的季风并影响中、西部地区的气候和降雨量，历经千百万年的演化进程，形成了现今多种多样的山地森林、草原、戈壁和荒漠等自然地理特色。一方面，中国沿海有18 000多千米长的海岸线、5000多个星罗棋布的岛屿，连同内陆遍布各地的江河湖泊，湿地资源极为丰富。然而另一方面，中国又是人口众多、历史悠久的国家，大片地域自古以来就已被开发为居民点、耕地，并建设了与生产、生活有关的各种设施，再加上历史上连绵不断的战争和动乱对山河的破坏，致使许多野生生物已经失去了适合其生存的家园。自中华人民共和国成立以来，农业现代化和现代工业的发展犹如万马奔腾，大型水电、矿产的开发翻天覆地，城镇化的迅速推进以及环境的剧变正在对人们生活质量和方式产生影响，也促使人们逐渐认识到保护环境、与自然和谐相处、建设生态文明的重要性。

中国的鸟类学研究起步较晚，早期的研究多是以鸟类区系和分类为主，而且主要由外国学者主导，调查的范围也很有限。至20世纪40年代，总计记录了中国鸟类1093种（Gee等，1931）或1087种（郑作新，1947）。自中华人民共和国成立以来，中国政府先后组织了多次大规模的野外综合性考察，足迹遍及新疆、青海、西藏、云南等地的一些偏远地区，取得了许多有关鸟类分类与区系研究的重要成果。中国各地也先后组织人力对本地鸟类资源进行普遍调查，出版了许多鸟类的地方志书。在这期间，全国各高等院校和科研单位的有关教师、研究员和研究生等已逐渐成长为鸟类学研究的生力军。经过几代人的不懈努力，研究人员基本上查清了全国鸟类的种类、分布、数量和生态习性，并先后发表了四川旋木雀和弄岗穗鹛两个世界鸟类的新种以及峨眉白鹇等几十个世界鸟类的新亚种。近年通过分子系统地理学研究和鸣声分析，中国科学家提出将台湾画眉和绿背姬鹟等多个鸟类亚种提升为种的见解，所有这些都是令人瞩目的成果。在全国鸟类研究人员、鸟类保护管理人员不懈地努力奋斗以及广大鸟类爱好者的积极参与下，所记录到的中国鸟类种数也在逐年上升，从1958年发表的1099种（郑作新，1955—1958）逐次递增为1166种（郑作新，1976），1186种（郑作新，1987），1244种（郑作新，1994），1253种（郑作新，2000）和1332种（郑光美，2005）。至2011年，所统计的全国鸟类种数已达1371种（郑光美，2011），约占世界鸟类种数的14%。

20世纪70年代初启动的、由"中国科学院中国动物志编辑委员会"担任主编的《中国动物志》编研项目，是一项推动中国生物多样性保护以及对动物种类、分布和生活习性进行全面调查研究的重大课题，是中国动物学发展历史上的一座里程碑。它要求对中国境内已发现的动物种类，依照标本和采集地逐一进行系统分类研究，并根据有关模式标本的描述来判定其正确的学名和分类地位；然后依据所选定的标本描述不同性别、年龄个体的形态特征、量衡度、地理分布、亚种分化以及生态习性等。通俗地说，就是为中国已知的野生动物建立起完整的档案。其中，《中国动物志·鸟纲》共计14卷，分别邀请国内知名的鸟类学家参加编研，并于1978年出版了首卷鸟类志：《中国动物志·鸟纲（第4卷——鸡形目）》。至2006年已经出版了13卷。目前，《中国动物志·鸟纲》的最后一卷尚在审定、印刷之中。整套《中国动物志·鸟纲》的编研工作前后累计耗时30余年，为中国鸟类学各个学科的发展和生物多样性保护奠定了坚实的基础，基本上能反映出20世纪中国分类区系研究工作的主要成就和水平，为以后进一步的发展提供了必要的条件。然而，由于该套志书的出版周期过长，内容已凸显陈旧，迫切需要在条件具备的时候进行修订。而在这一时期，从20世纪后半叶迅速发展起来的分子生物学、分子系统地理学、鸟声学等学科的新理论和新技术，已极大地推动了国内外有关鸟类分类、地理分布、生态、行为和进化等研究领域的快速发展。中国在生物多样性保护、鸟类学研究和鸟类学高级人才的培养方面取得了可喜的成就，鸟类科学的发展已经驶入了快车道，中国鸟类学在国际上的地位也有显著提升。1989年，中国首次成功主办了"第4届国际雉类学术研讨会"。2002年在北京举办的"第23届国际鸟类学大会"，是国际鸟类学委员会成立100多年来首次在亚洲召开的大型国际会议。2002年还在北京举办了"第9届国际松鸡科研讨会"。2007年在成都举办了"第4届国际鸡形目鸟类学术研讨会"。从1994年至今，祖国大陆和台湾地区已轮流主办了12届海峡两岸鸟类学术研讨会。从2005年至今，每年由中国动物学会鸟类学分会主办的"翠鸟论坛"，为年轻的鸟类学家提供了自主交流的平台。所有这些学术交流活动，都在促进着中国鸟类学的后备人才迅速成长，使他们成为科研与教学的主力军。近年来，中国鸟类学家在围绕国家重大需求和重要理论前沿课题方面不断有新的研究拓展，越来越多的高水平研究论文发表在生态学、动物地理学、分子生态学、行为学、生物多样性保护等领域的国际一流期刊上。这些进步，也增进了学界对中国的鸟类及其资源现状的深入认识。此外，改革开放以来，随着人们生活水平的迅速提高以及观察、摄影、录音等有关设备和技术的提高和普及，到大自然中去观赏和拍摄鸟类的生活已逐渐成为时尚，吸引着无数的业余鸟类爱好者，显著地提高了人们到大自然中寻觅、观赏和拍摄鸟类的兴趣和积极性。这不仅能缓解人们日常紧张工作带来的精神压力，也能陶冶情操，增长知识，在很大程度上增大了发现鸟种新分布地点的机会。

鸟类的生存离不开它所栖息的环境。鸟类栖息地内的所有生物物种均是在不同程度上互相依存、彼此制约的。生物多样性程度越高的环境内，所生存着的生物群落越趋于稳定，各个物种之间也能维持相对的动态平衡。我们保护受威胁物种也主要是通过保护其栖息地内的生物多样性来实现的。大量的科学研究表明，鸟类对环境变化的反应是非常敏感的，也是十分脆弱的，因此可以将某些鸟类的数量动态作为监测环境质量的一种指标。已知某些迁徙鸟类可以携带禽流感病毒，这就需要我们进行长期、大规模的监测，掌握它们的迁飞路径、出现时间以及干扰因素，而且还需要了解这些候鸟与本地常见的留鸟以及家禽饲养场之间有无病原体交叉感染。所有这些都需要我们以更开阔的视角去观察和认识鸟类。结合环境因素来认识不同栖息地内所生活的鸟类，会让我们对鸟类有更具体、深入的了解：既能通过生动的实例去理解诸如种群、群落、生态系统、保护色、拟态、生态适应、生态趋同、合作繁殖、协同进化等科学问题，还可通过比较、联想、综合而更快、更好地认识和深入理解中国的鸟类及其与环境的关系。基于上述考虑，中国国家地理杂志社旗下的图书公司委托我出面邀请当前国内最有影响的一批中青年鸟类学家来筹划和编写这部《中国野生鸟类》系列丛书。这套丛书共计有《中国海洋与湿地鸟类》《中国草原与荒漠鸟类》《中国森林鸟类》和《中国青藏高原鸟类》4卷，以"繁、中、简"三个级别分别介绍中国的1400多种鸟类的鉴别特征和相关知识以及研究进展等，并配以大量生动的野外照片和精心设计的手绘插图，以方便读者辨识鸟种和鸟类类群，更易于理解与之相关的一些科学问题，增加全书的可读性和趣味性。我相信将一部精美的、具有较高学术水平的科普图书展现给广大读者，一定会吸引全社会，特别是青少年更加关注自然，爱护鸟类，增强保护环境的责任感，更积极地参与到中国的生物多样性保护和生态文明建设活动中去。

中国科学院院士
北京师范大学生命科学学院教授　郑光美

导 言

海洋与湿地鸟类包括两大类，一类为通常所说的海鸟和水鸟，它们生活史中的某一阶段依赖于水环境生活，通过长期的演化在形态和行为上形成了适应水域生活的特征，分为游禽和涉禽两大生态类群，涵盖了鸟类传统分类系统中企鹅目、潜鸟目、鹱形目、䴙䴘目、鹈形目、鹳形目、红鹳目、雁形目、鹤形目和鸻形目的大部分种类，其中除企鹅目外均在中国有分布。另一类则是未被列入水鸟范畴但常在水边活动的鸟类，它们的栖息地或食物与水域有着密切联系，如隼形目、佛法僧目、䴕形目、鹃形目、雀形目的一些鸟类。

海洋鸟类 习惯上将主要生活在海洋环境（包括海岸、河口、滨海湿地和海洋岛屿等）的鸟类称为海洋鸟类，它并不是一个严格统一的定义，通常包括企鹅目、潜鸟目、鹱形目、鹈形目的全部种类，鸻形目中的滨鸟、贼鸥科、鸥科、燕鸥科、剪嘴鸥科和海雀科鸟类，以及鹳形目中的鹭科、鹳科和鹮科鸟类。海鸟则是一个相对严格的概念，特指那些在形态和行为上完全适应于海洋环境，在咸水中觅食的类群。上述海洋鸟类的类群中，潜鸟目鸟类、鹈形目中的蛇鹈、鸻形目中的滨鸟和剪嘴鸥，以及全部鹳形目鸟类，多数在内陆水域生活，在海洋环境的栖息地仅限于近海区域，只是部分适应海洋环境，因此一般不被认为属于海鸟范畴。因而，一般认为海鸟包括企鹅、信天翁、鹱、海燕、鹈燕、鹲、鹈鹕、鲣鸟、鸬鹚、军舰鸟、贼鸥、鸥、燕鸥和海雀等类群。其实这种划分也存在武断的成分。比如，鸥科的棕头鸥，燕鸥科中的河燕鸥、黑腹燕鸥虽然属于相对严格的海鸟范畴，但基本生活在内陆的淡水环境中，部分鹈鹕和鸬鹚也生活在淡水环境中；而不属于海鸟的鹭科中的岩鹭、黄嘴白鹭，鹬科中的红颈瓣蹼鹬，以及鸭科中的许多种类，尤其是海鸭类，它们一年之中多数时间在海洋环境中度过。

海鸟类别较多，形态和行为多样。部分远洋种类，除了繁殖季节外，大部分时间在外海活动。它们往往具有很强的飞行能力，数周、数月，有时甚至整年生活在海上。正是由于远离大陆，它们成为较少被研究和认识的一类鸟类。栖息地和食物链是海鸟区别于其他鸟类的主要特征。对于陆生鸟类来说，植被结构是影响其栖息地选择的主要因子。而在海上，我们似乎看不到这样的物理阻隔。海鸟栖息地的选择，更多依赖于温度和盐度，以及受温度和盐度影响而形成的食物链差异。生活在同一片森林中的鸟类，由于长期的生存竞争，形成相对稳定的生态位分离，它们的食物类别和取食方式（空中飞取、上层叶面拾取、中层枝干拾取、树

皮内啄取、地面拾取等）不尽相同。而生活在海洋中的鸟类，它们的食物大同小异，取食方式也比较接近，因而更容易形成竞争。但多数海鸟的领域性并不强。在非繁殖期，它们的活动区域通常极其广阔，加上海洋特殊环境造成的食物分布的不稳定性，导致海鸟之间的竞争关系也是瞬息万变的。

由于食物链和栖息地的关系，海鸟与海洋生态系统密不可分。然而，传统的海洋生物学研究较少关注海鸟。研究浮游植物的主要关注海水温度和海水化学；研究浮游动物的除了海水化学之外，还关注浮游植物的动态；研究海洋鱼类的只关注浮游生物；而研究海洋哺乳动物的，虽然关注整个食物链，但海鸟并不在其中。海鸟站在海洋食物链的顶端，而且大多数时候活动在海面之上。传统海洋生物学较多关注海面之下，且关注各自门类的食物链下层。海鸟对海洋生态系统的影响更多体现在捕食效应上，以及它们作为食物链顶端物种对于海洋生态系统功能和健康的指示作用。

湿地鸟类 湿地鸟类是以湿地为主要栖息地的鸟类。湿地鸟类包括两大类，一类为通常所说的水鸟，它们生活史中的某一阶段依赖于湿地生活，经过长期的进化，它们在形态和行为上形成了适应湿地生活的特征。另一类鸟类则经常在湿地活动，它们的栖息地或食物与湿地有着密切的关系，如隼形目、鸮形目、鹃形目、雀形目等类群的一些鸟类。

水鸟可分为游禽和涉禽两大类。涉禽是适应于在沼泽或浅水区涉水活动的水鸟，如鹭类、鹳类、鹤类、鹬类等；游禽是适应于游泳或潜水生活的水鸟，如雁、鸭、天鹅、潜鸟、䴙䴘、鸬鹚等。无论是涉禽还是游禽，它们都是在生态学上依赖湿地生存的鸟类。根据湿地国际 2006 年出版的《水鸟种群估计》，水鸟包括 33 个科（潜鸟科，䴙䴘科，鹱科，鹲鹩科，蛇鹈科，鹭科，鲸头鹳科，锤头鹳科，鹳科，鹮科，红鹳科，叫鸭科，鸭科，领鹑科，鹤科，秧鹤科，秧鸡科，日鹛科，日鸻科，水雉科，彩鹬科，蟹鸻科，蛎鹬科，鹮嘴鹬科，反嘴鹬科，石鸻科，燕鸻科，鸻科，鹬科，籽鹬科，鸥科，燕鸥科，剪嘴鸥科），共有 878 种。有些鸟类，如䴙䴘、鸬鹚和鸥科鸟类，既在海洋生境栖息，也出现在近海与海岸湿地和内陆水域，所以它们既属于海鸟，也在水鸟的范围之内。水鸟和海鸟并不是并列的概念，它们的范畴存在交叉。

佛法僧目以及一些经常在水边栖息的雀形目鸟类也与湿地有着密切关系，但未被列入水鸟的范畴，而有些非湿地鸟类如一些海鸟和石鸻等却被包括在内，这一直是一个有争议的话题。然而，考虑到以种为单位来定义水鸟会带来很大的复杂性，这种以科来定义水鸟的方式显得更为方便。

水鸟是湿地生态系统的重要组成部分，也是监测湿地环境质量的指示性生物类群。近年来，人类活动对全球湿地生态系统造成了巨大影响，并威胁着水鸟的生存。开展湿地保护活动不仅可以使水鸟的栖息地得到保护，还可以使其他一些依赖于湿地生活的鸟类受益，如佛法僧目的鸟类（翠鸟、鱼狗等）以及一些猛禽和雀形目鸟类。

在北方池塘中可见到黄斑苇鳽、绿头鸭、灰翅浮鸥、白鹭、小䴙䴘、苍鹭、黑水鸡、普通秧鸡等水鸟，也有白尾鹞、普通翠鸟、大苇莺等不属于水鸟范畴但常在水边活动的鸟类。张瑜绘

如何阅读本书

本书分为两个主要部分，第一部分综述中国的海洋与湿地生态系统特征、分布和功能，其中的鸟类类群和适应性特征，以及鸟类受胁与保护现状，以大量精美的图片和地图配合文字展示中国海洋与湿地景观及其中的鸟类特点。第二部分分类群介绍中国海洋与湿地中的鸟类类群及物种信息，首先综述该类群的分类地位、形态和行为生态特征，接着以手绘图集中展示该类群的鸟种，最后根据各鸟种受到的关注和目前积累的研究信息对各鸟种进行不同详略程度的分述，并配以鸟类分布图、鸟类形态标准照、野外生境照片及行为生态图片。

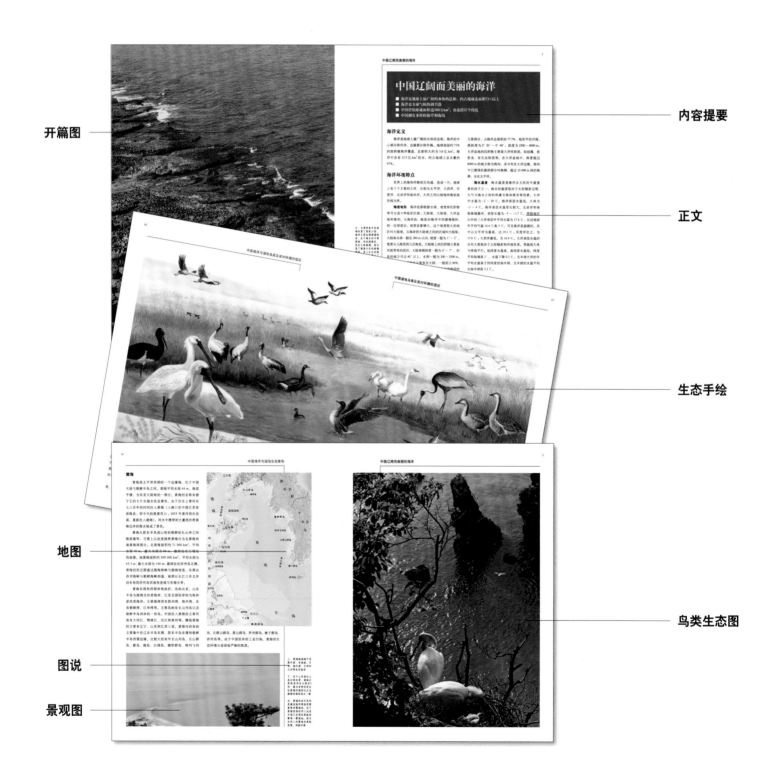

开篇图

内容提要

正文

生态手绘

地图

图说

景观图

鸟类生态图

开篇图

内容提要

类群综述

物种手绘　展示鸟类的形态特征，包括不同鸟种、亚种、性别、季节、色型之间的差异，必要时以不同姿态进行描绘，并对重要辨识部位进行特写展示。

手绘图例

♀：雌

♂：雄

br.：繁殖羽

non-br.：非繁殖羽

ad.：成体

juv.：幼体

chick：雏鸟

生态行为照

物种分述

标准照

生境照

种群现状和保护　受胁等级以 2017 年世界自然保护联盟（IUCN）最新发布的红色名录和 2016 年发布的《中国脊椎动物红色名录》为准，保护级别主要包括在国际上是否列入《濒危野生动植物种国际贸易公约》（CITES）附录，以及在国内是否列入《国家重点保护野生动物名录》和《国家保护的有益的或者有重要经济、科学研究价值的陆生野生动物名录》（简称"三有名录"）※。

分布图　根据《中国鸟类分类与分布名录》绘制，并结合了近年来发表的新记录，主要以行政单位及其方位分区和动物地理区划为基本单位，以不同颜色表示不同的居留型。分布区不表示实际的具体分布范围，只表示在该区域内有分布。沿海地区的分布虽然填色仅限于其陆地部分，但实际代表了各行政区下辖的海洋与岛屿，仅南海诸岛特别标示。在同一区域有不同居留型的情况下，优先体现留鸟，其次夏候鸟，再次冬候鸟、旅鸟、迷鸟。

鸟类分布图例

留鸟

夏候鸟

冬候鸟

旅鸟

● 迷鸟

※：由于时代局限，"三有名录"中的"有益或者有重要经济、科学研究价值"强调了野生动物对人的价值而忽略了物种本身的价值和生态意义，有违现代保护生物学的思想和理念，在2016年新修订的《野生动物保护法》里"三有"改成了"有重要生态、科学、社会价值"。理论上所有的野生动物都具有这些价值，都应该属于"三有名录"，但新的名录尚未出台，"三有名录"依然是重要的野生动物保护执法依据，故本书依然列出了每个鸟种是否为三有保护鸟类。

目　录

中国海洋与湿地生态景观

中国辽阔而美丽的海洋

- ■ 海洋是地球上最广阔的水体的总称，约占地球表面积71%
- ■ 海洋是全球气候的调节器
- ■ 中国管辖海域面积达300万km²，南北跨37个纬度
- ■ 中国拥有多样的海岸和海岛

海洋定义

海洋是地球上最广阔的水体的总称。海洋的中心部分称作洋，边缘部分称作海。地球表面约71%的面积被海洋覆盖，总面积大约为3.6亿km²。海洋中含有13.5亿km³的水，约占地球上总水量的97%。

海洋环境特点

世界上的海和洋都相互沟通，连成一片。地球上有5个主要的大洋，分别为太平洋、大西洋、印度洋、北冰洋和南冰洋。大洋之间以陆地和海底地形线为界。

海底地形 海洋底部根据水深、坡度和沉积物等可分成4种地形区域：大陆架、大陆坡、大洋盆地和海沟。从海岸起，海底向海洋中间缓慢倾斜，到一定深度后，坡度显著增大，这个坡度较大的地区叫大陆坡。从海岸到大陆坡之间的区域叫大陆架。大陆架水深一般在200m以内，坡度一般为1°～2°，宽度从几海里到几百海里。大陆架上的沉积物主要是河流带来的泥沙。大陆坡倾斜度一般为4°～7°，但有的地方可达40°以上，水深一般为200～2500m。大陆坡上的沉积物也主要来自大陆，一般泥占60%，细砂占25%，贝壳和软泥占5%。大洋盆地是海洋的主要部分，占海洋总面积的77.7%，地形平坦开阔，倾斜度为0°20′～0°40′，深度为2500～6000m。大洋盆地的沉积物主要是大洋性软泥，如硅藻、放射虫、有孔虫软泥等。在大洋盆地中，深度超过6000m的地方称为海沟，多分布在大洋边缘。海沟中已测得的最深部分叫海渊，超过10000m深的海渊，全在太平洋。

海水温度 海水温度是海洋水文状况中最重要的因子之一。海水的温度取决于太阳辐射过程、大气与海水之间的热量交换和蒸发等因素。大洋中水温为–2～30℃。海洋深层水温低，大体为–1～4℃。海洋表层水温变化较大。北冰洋和南极海域最冷，表层水温为–3～–1.7℃。两极地区以外的三大洋表层年平均水温为17.4℃，比近地面年平均气温14.4℃高3℃，可见海洋是温暖的。其中以太平洋为最高，达19.1℃；印度洋次之，为17.0℃；大西洋最低，为16.9℃。大洋表层水温的分布主要取决于太阳辐射和洋流性质。等温线大体与纬线平行。低纬度水温高，高纬度水温低，纬度平均每增高1°，水温下降0.3℃。北半球大洋的年平均水温高于同纬度的南半球，北半球的水温平均比南半球高3.2℃。

左：台湾恒春半岛南端的垦丁国家公园，海岸主要由珊瑚礁构成，由于海水的冲刷侵蚀，形成裙裾状，因此又称裙礁。图为垦丁猫鼻头处的裙礁海岸，其上生长的海藻给"裙裾"镶上了绿边

下：海底地形示意图。Mick Posen 绘

大陆架　大陆坡　大陆隆　深海平原　洋中脊　海沟

海水水温的垂直分布可分3层：混合层，一般在大洋表层100 m以内，由于对流和风浪引起海水的强烈混合，水温均匀，垂直梯度小；温跃层，在混合层以下、恒温层以上，一般在100～2000 m，水温随深度增加而急剧降低，水温垂直梯度大；恒温层，在温跃层以下直到海底，水温一般变化很小，常在2～6℃，尤其在2000～6000 m深度区，水温恒定为2℃左右，故称恒温层。

大洋中表层水温日变化很小，日温差通常在0.4℃以下，沿岸海区的日温差则达3℃以上。大洋表层水温的年内变化，以北半球而论，最高在8～9月，最低在2～3月，最高、最低水温的出现时间均比陆地上最高、最低气温出现的时间滞后。大洋水温的年变化幅度因纬度而异，赤道和热带海域年温差小，一般只有2～3℃；温带海域年温差大，可达10℃左右；寒带海域年温差又缩小，一般只有2～3℃。整个海洋表层水温以波斯湾为最高，达35.6℃；北冰洋最低，为–3℃；两者相差38.6℃，远小于近地面空气的极值温差133℃。

海水盐度　海水中含有很多种盐类。在海水中已发现元素近80种，绝大部分呈离子状态，主要有氯、钠、镁、硫、钙、钾、溴、碳、锶、硼、氟共11种。溶解在海水中的无机盐，最常见的是氯化钠，即日用的食盐，其次是硫酸盐。盐度是指在1000 g海水中，将所有硫酸盐转变为氧化物，将所有溴化物和碘化物转换成氯化物，并将所有有机物完全氧化后，所含固体的总克数。盐度用符号$S‰$表示。大洋中盐度的空间变化不大，都在35‰左右，但在邻接大陆的海域，盐度差别很大。蒸发量大、降水量小、没有河水注入的海域盐度高，如红海北部盐度高达42.8‰；蒸发量小、降水量大、有许多河水注入的海域盐度低，如波罗的海表层盐度多在10‰以下。在干、湿季节明显交替的海域，如季风区海域，表层盐度亦有明显季节变化。如中国长江口附近，夏季海水盐度为25‰，冬季为30‰。

海水中的盐类有些来自海底的火山，但大部分来自地壳的岩石。岩石受风化而崩解，释出盐类，再由河水带到海里去。在海水汽化后再凝结成水的循环过程中，海水蒸发，盐却留了下来，逐渐累积到现有的浓度。

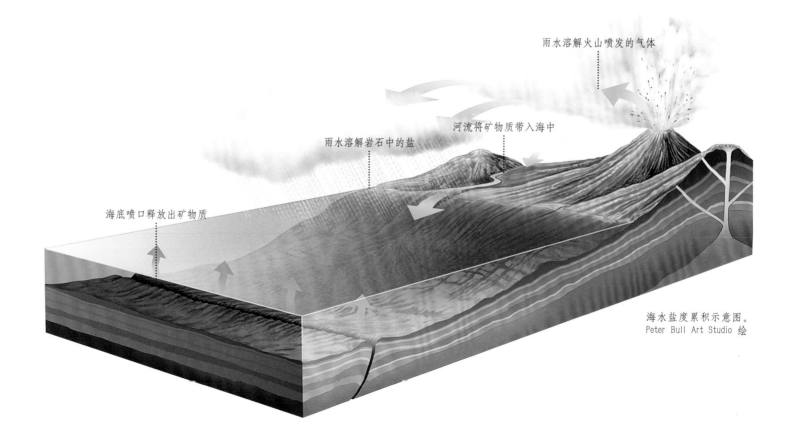

雨水溶解火山喷发的气体

河流将矿物质带入海中

雨水溶解岩石中的盐

海底喷口释放出矿物质

海水盐度累积示意图。
Peter Bull Art Studio 绘

中国辽阔而美丽的海洋

浙江海宁的丁桥镇新仓段钱塘江，东潮和南潮相遇，形成罕见的交叉潮，十分壮观

海水的运动 分为波浪运动、潮汐和洋流。

波浪运动 海水受海风的作用和气压变化等影响，离开原来的平衡位置而发生向上、向下、向前和向后的运动，就形成了海上的波浪。波浪是一种有规律的周期性的起伏运动。当波浪涌上岸边时，由于海水深度愈来愈浅，下层水的运动受到了阻碍，受物体惯性的作用，海水的波浪一浪叠一浪，越涌越多，一浪高过一浪。波浪的成因很多，但主要是风力作用。由风力作用产生的波浪称为风浪，风浪传播到无风的海区或风息后的余波称为涌浪。

潮汐 潮汐是海水在太阳、月球引潮力的作用下形成的一种周期性涨落运动。引潮力的大小与太阳、月球的质量成正比，而与太阳、月球至地心距离的三次方成反比。因此，虽然太阳质量远大于月球质量，但由于月地距离比日地距离小得多，月球引潮力大于太阳引潮力，为太阳引潮力的 2.25 倍。这样，海水的涨落便以一太阴日（24 小时 50 分）为周期。在潮汐升降的每一周期中，上升过程叫涨潮，海面上涨到最高位置时叫高潮；下降过程叫落潮，海面下降到最低位置时叫低潮。高潮和低潮的潮水位差叫潮差。大洋中潮差不大，近陆海域潮差较大，但受地形的影响，各处潮差不同。中国杭州湾的澉浦潮差很大，曾经达到 8.9 m。

沿海地区在高潮时被海水淹没、低潮时露出水面的地带叫潮间带。这里兼有水、陆两种环境特点，在这里生活的生物常具有适应水、陆两地生活的能力。

洋流 洋流又称海流，是海洋中除了由引潮力引起的潮汐运动外，海水常年沿一定路径进行的大规模流动。引起海流运动的因素可以是风，也可以是热盐效应造成的海水密度分布的不均匀性。盛行风吹拂海面，推动海洋水随风漂流，并使上层海水带动下层海水，形成规模很大的洋流，叫作风海流。由于各海域海水温度、盐度的不同，造成海水密度的差异，导致的海水流动，叫作密度流。如连接地中海与大西洋的直布罗陀海峡，地中海地区是地中海气候，夏季炎热干燥，蒸发量大、降水量少，水面降低，海水盐度较高，密度较大；而大西洋的海水盐度比地中海低，密度较小，水面比地中海高；因此，大西洋表层海水会经直布罗陀海峡流入地中海，而地中海底层海水会从海峡底层流入大西洋。由风力和密度差异所形成的洋流，使海水流出的海区海水减少，由于海水连续性要求，为补偿流失，

相邻海区的海水便会流来补充，这样形成的洋流叫作补偿流。补偿流的形成与风海流、密度流紧密相联。由于离岸风吹送，表层海水离岸而去，导致邻近海区海水流来以补偿海水流失，下层海水也上升到海面，形成上升流；当表层海水遇到海岸或岛屿阻挡时，海水聚集在水平方向上发生分流，在垂直方向上也可产生下降流。上升流能把底层的营养盐类物质带到表层，使浮游生物大量生长，为鱼类提供饵料，因此，上升流海区往往形成重要的渔场。

从水温来看，如果洋流水温比其流经海区的水温高，则称为暖流；比其流经海区的水温低，则称为寒流。一般说来，从低纬度流向高纬度的洋流属于暖流，从高纬度流向低纬度的洋流属于寒流。暖流可以从低纬度地区向高纬度地区输送热量，对气候影响很大。如西北欧沿海地区虽处于高纬度地区，然而气候温和，就是因为受到强大的北大西洋暖流的影响。所以洋流是一种能量输送方式。世界上大洋表层的洋流环流形式，基本上取决于地球上的大气环流形式，并受海陆分布制约。在北半球，绕副热带高压中心流动的，是一个顺时针方向的环流；绕副极地低压流动的，是一个逆时针方向的环流。在南半球，与副热带高压区相对应的环流为逆时针方向，但高纬度地区的副极地低压与极地高压基本上呈带状，与纬线平行，因此洋流亦与纬线平行。

全球的大洋环流，对高、低纬度间的热量输送和交换、调节全球的热量分布有重要意义。洋流对流经海区的沿岸气候、海洋生物分布和渔业生产、航海等都有影响，对人类文明进程和社会生活有着重要的贡献。

洋流对气候的影响　暖流对流经沿岸地区的气候起增温、增湿的作用，例如，西欧海洋性气候的形成受北大西洋暖流的影响。寒流对流经沿岸地区的气候起降温、减湿的作用，例如，西澳寒流和秘鲁寒流分别对澳大利亚西海岸、秘鲁太平洋沿岸荒漠环境的形成有一定作用。如果洋流发生异常，就会导致全球的大气环流异常，从而影响到气候，如厄尔尼诺现象。在全球范围内，正常的情况下，受洋流和信风的影响，太平洋东部海区的海水随南赤道暖流向西北流动，流失的海水由上升流补偿，最终表现为东部海区水温低、西部海区水温高。而当厄尔尼诺发生时，由于太平洋东岸的秘鲁沿岸温度

升高，致使秘鲁沿岸冷水上翻停止，上升流消失，使大气环流异常，降水发生变化。如1982—1983年的厄尔尼诺，使赤道东太平洋沿岸的秘鲁降水骤增，洪水泛滥；太平洋西侧的澳大利亚、印度尼西亚等地持续干旱，并引发森林大火，整个非洲更是干旱异常；中国也受其影响。如1998年中国长江流域发生的特大洪涝灾害，其自然原因之一就是受到了厄尔尼诺的影响。

洋流对海洋生物分布的影响　洋流对海洋生物分布的影响主要是形成渔场。全球四大渔场可分为两类，一类分布在寒暖流交汇的地方，如北海道渔场、北海渔场和纽芬兰渔场；另一类分布在上升补偿流的地方，如秘鲁渔场。因为寒暖流交汇和上升流都能把营养盐类带至海洋表层，寒、暖流交汇处，海水受到扰动而上下翻腾，于是把下层丰富的营养盐类带到表层，促使浮游生物大量繁殖，各种鱼类都集中到这里觅食，这就形成了渔场。

右：海底地形有三大阶梯：第一级是大陆架，第二级是大陆坡上的海台，第三级是深海平原。在大陆坡的海台上发育有大量的珊瑚礁地貌。图为礁石潮间带的生态系统示意。张瑜绘

下：上升流出现的区域往往形成渔场，图为正在随着洋流而迁徙的鲅鱼群

中国辽阔而美丽的海洋

中国的海域、海岸线和海岛

中国地处亚洲东部，毗邻太平洋，不仅拥有幅员辽阔的陆地，同样拥有广袤无边的海洋。中国大陆的海岸线达 1.8 万 km，管辖海域面积达 300 万 km²，从北到南有渤海、黄海、东海、南海以及台湾以东太平洋海域。既有大陆架浅海，也有深海大洋，具有以河海交互作用为特色的、多种类型的海岸与岛屿。

渤海

渤海是一个近封闭的内海，地处中国大陆东部的最北端，即 37°07′N～41°N，117°35′E～122°15′E 的区域。它一面临海，三面环陆，北、西、南三面分别与辽宁、河北、天津和山东毗邻，东面经渤海海峡与黄海相通，辽东半岛的老铁山与山东半岛北岸的蓬莱角间的连线即为渤海与黄海的分界线。辽东半岛和山东半岛犹如伸出的双臂将其合抱。放眼眺望，渤海形如一东北—西南向微倾的葫芦，侧卧于华北大地，其底部两侧即为莱州湾和渤海湾，顶部为辽东湾。

渤海海域面积 77 284 km²，大陆海岸线长 2668 km，平均水深 18 m，最大水深 85 m，水深 20 m 以下的海域面积占一半以上。渤海地处北温带，夏无酷暑，冬无严寒，多年平均气温 10.7 ℃，降水量 500～600 mm，海水盐度为 30‰。

渤海海底平坦，多为泥沙和软泥质，地势呈由三湾向渤海海峡倾斜态势。海岸分为粉砂淤泥质海岸、沙质海岸和基岩海岸三种类型。渤海湾、黄河三角洲和辽东湾北岸等沿岸为粉砂淤泥质海岸，滦河口以北的渤海西岸属沙质海岸，山东半岛北岸和辽东半岛西岸主要为基岩海岸。

渤海沿岸江河纵横，有大小河流 40 多条，形成渤海沿岸三大水系和三大海湾生态系统。入海河流每年携带大量泥沙堆积于 3 个海湾，在湾顶处形成宽广的辽河口三角洲湿地、黄河口三角洲湿地和海河口三角洲湿地，年造陆面积达 20 km²。

渤海沿岸河口浅水区营养盐丰富，饵料生物繁多，是经济鱼、虾、蟹类的产卵场、育幼场和索饵场。渤海中部深水区既是黄渤海经济鱼、虾、蟹类洄游的集散地，又是渤海地方性鱼、虾、蟹类的越冬场。

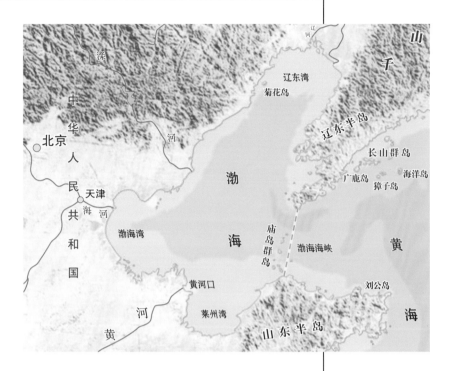

上：渤海海域有三大海湾，莱州湾位于渤海南部，莱州湾海水较浅，盛产各种海产品。辽东湾是中国纬度最高的海湾，辽东湾沿岸有宽广的滩涂，有著名的盘锦自然保护区。渤海湾三面环陆，海湾西岸遗存有沿岸泥炭层和 3 条贝壳堤。

下：贝壳堤是海岸上一种特殊的地貌景观。世界上著名的贝壳堤共有 3 处，分别是中国渤海西岸的贝壳堤，美国路易斯安那州的贝壳堤和苏里南的贝壳堤

中国辽阔而美丽的海洋

海鸬鹚在中国数量十分稀少，图为在渤海湾繁殖的海鸬鹚。每年5月是渤海湾海鸬鹚的繁殖季节，鸟巢筑在海岛的悬崖峭壁上。赵兴摄

黄海

　　黄海是太平洋西部的一个边缘海，位于中国大陆与朝鲜半岛之间。黄海平均水深 44 m，海底平缓，为东亚大陆架的一部分。黄海的名称来源于它的大片水域水色呈黄色，由于历史上黄河有七八百年的时间注入黄海（入海口在中国江苏省滨海县，即今天的废黄河口；1855 年黄河再次改道，重新注入渤海），河水中携带的大量泥沙将黄海近岸的海水染成了黄色。

　　黄海从胶东半岛成山角到朝鲜的长山串之间海面最窄，习惯上以此连线将黄海分为北黄海和南黄海两部分。北黄海面积约 71 000 km²，平均水深 40 m，最大水深为 86 m，最深处在白翎岛西南侧。南黄海面积约 309 000 km²，平均水深为 45.3 m，最大水深为 140 m，最深处在济州岛北侧。黄海的西北部通过渤海海峡与渤海相连，东部由济州海峡与朝鲜海峡相通，南部以长江口东北岸启东角到济州岛西南角连线与东海分界。

　　黄海东部和西部岸线曲折，岛屿众多。山东半岛为港湾式沙质海岸，江苏北部沿岸则为粉砂淤泥质海岸。主要海湾西有胶州湾、海州湾，东有朝鲜湾、江华湾等。主要岛屿有长山列岛以及朝鲜半岛西岸的一些岛。中国注入黄海的主要河流有大同江、鸭绿江、汉江和淮河等。濒临黄海的主要有辽宁、山东和江苏三省。黄海内的岛屿主要集中在辽东半岛东侧、胶东半岛东侧和朝鲜半岛西侧边缘。比较大的有外长山列岛、长山群岛、薪岛、椵岛、白翎岛、德积群岛、格列飞列

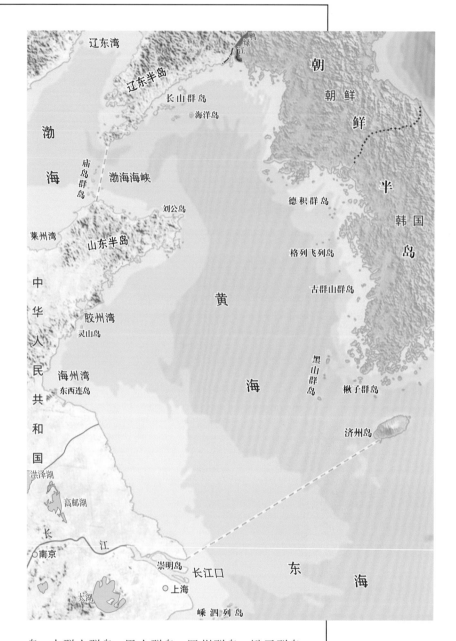

岛、古群山群岛、黑山群岛、罗州群岛、楸子群岛、济州岛等。由于中国沿岸的工业污染，黄海的生态环境日益面临严峻的挑战。

上：黄海海域海产资源丰富，有烟威、石岛、海州湾、吕泗和大沙等良好渔场

下：位于山东南长山岛北部的黄、渤海分界线是形如太极的S形，最为奇特的是右边黄海的海面比左边渤海的海面高出一截

右：黄海的岩石岛屿是濒危物种黑脸琵鹭重要的繁殖地，位于黄海西部的形人坨是中国已发现的黑脸琵鹭唯一繁殖地。图为在形人坨繁殖的黑脸琵鹭。胡毅田摄

中国辽阔而美丽的海洋

东海

东海是指中国东部长江口外的大片海域,南接台湾海峡,北临黄海,东临太平洋。濒临中国的沪、浙、闽、台四省市。东海的面积大约是770 000 km²,平均水深370 m,多为水深200 m以内的大陆架。最深处接近冲绳岛西侧(中琉界沟),约为2700 m。整个海区介于21°54′N～33°17′N、117°05′E～131°03′E之间。

中国沿海岛屿约有60%分布在该区,主要有舟山群岛、钓鱼岛、台湾岛、澎湖列岛等。东海的海湾以杭州湾最大。流入东海的江河,长度超过100 km的有40多条,其中长江、钱塘江、瓯江、闽江等四大水系是注入东海的主要江河。这些入海河流形成了一支巨大的低盐水系,使东海成为中国近海营养盐比较丰富的水域,其盐度在34‰以上。东海位于亚热带,年平均水温22 ℃,年温差7～9 ℃。

与渤海和黄海相比,东海有较高的水温和较大的盐度,潮差6～8 m,水呈蓝色。又因东海属于亚热带和温带气候,利于浮游生物的繁殖和生长,是各种鱼虾繁殖和栖息的良好场所,也是中国海洋生产力最高的海域。

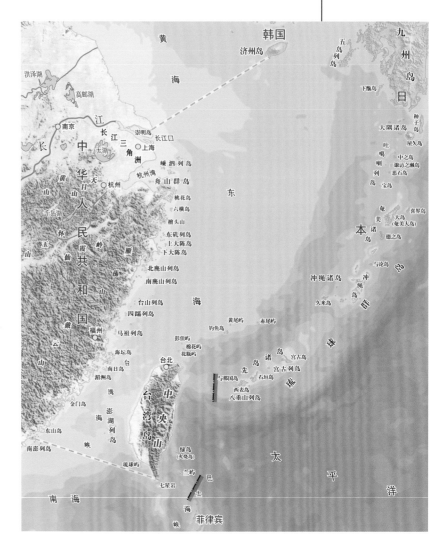

中国辽阔而美丽的海洋

左：东海是中国岛屿最多的海区，东海的岛屿数几乎占中国岛屿总数的60%，有中国最大的岛屿——台湾岛和最大的群岛——舟山群岛

右：长江把陆地上大量的营养物质和泥沙一起输入海洋，导致入海口的水比较浑浊，水温也较低，不利于浮游植物进行光合作用，生产力不高。但距此100 km的冲淡水区，淡水带来的营养物质浓度和水温都对鱼类适合，是海洋生产力最高的地区之一。图为舟山群岛的枸杞岛海域

下：舟山群岛是中国最大的群岛，有"千岛之乡"的美誉。陈忠和摄

南海

南海为位于中国南部的陆缘海，被中国大陆、中国台湾岛、菲律宾群岛、大巽他群岛及中南半岛所环绕。东海的台湾海峡与南海之间的分界线为从广东省南澳岛南端至台湾岛南端猫鼻头的连线。南海是中国最深、最大的海，也是仅次于珊瑚海和阿拉伯海的世界第三大陆缘海。南海位居西太平洋和印度洋之间的航运要冲，四周大部分为半岛和岛屿，在经济上、国防上都具有重要的意义。南海北靠中国大陆和台湾岛，东接菲律宾群岛，南邻加里曼丹岛和苏门答腊岛，西接中南半岛和马来半岛。南海东北部经巴士海峡、巴林塘海峡等众多海峡和水道与太平洋相沟通，东南经民都洛海峡、巴拉巴克海峡与苏禄海相接，南面经卡里马塔海峡及加斯帕海峡与爪哇海相邻，西南经马六甲海峡与印

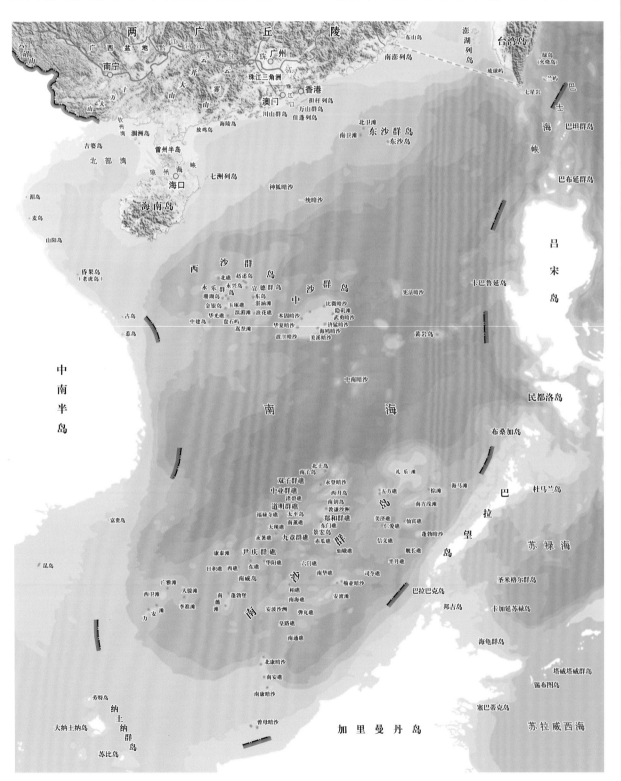

南海诸岛地图。中国南海海域拥有众多岛屿、沙洲、暗礁和岸滩等，统称为南海诸岛，可分为东沙群岛、西沙群岛、中沙群岛和南沙群岛，多数岛礁都是珊瑚岛礁。该海域的上升流为岛、滩附近的水域带来了丰富的养分，珊瑚礁更是为各种鱼类和其他海洋生物提供了良好的栖息环境

中国辽阔而美丽的海洋

在南海诸岛的水下，颜色和形态各异的造礁珊瑚在珊瑚岛的礁坡上次第展开，犹如繁花盛开的海底花园

度洋相通。它的面积最广，约有 3 560 000 km²，约等于中国的渤海、黄海和东海总面积的 3 倍，其中属于中国管辖范围内的也就是九段线之内的有 2 100 000 km² 左右。南海也是中国最深的海区，平均水深 1212 m，中部深海平原中最深处达 5567 m。南海海水表层水温较高，通常为 25～28 ℃，年温差 3～4 ℃，盐度为 35‰，平均潮差为 2 m。

南海西部有北部湾和泰国湾两个大型海湾。汇入南海的主要河流有珠江、韩江以及中南半岛上的红河、湄公河和湄南河等。中国在南海中的重要岛屿有海南岛和东沙、西沙、中沙、南沙四大群岛以及黄岩岛等。南海海区主要属热带、赤

道带气候，温度高，季节变化小，生物种类丰富。由于接近赤道，接受太阳辐射的热量较多，所以气温较高。年平均气温在 26.5 ℃，最冷的月份温度在 20 ℃ 以上，最热时达 33 ℃ 左右。南海表层海水温度也较高，北部 23～25 ℃，中部 26～27 ℃，南部 27～28 ℃，且季节的变化也不大。

南海诸岛在夏秋两季还常受台风影响。这些台风七成来自菲律宾以东的西太平洋面和加罗林群岛附近洋面，三成源自南海的西沙群岛和中沙群岛附近海面。进入南海的台风对南海诸岛的影响巨大。

中国台湾以东太平洋海域

中国台湾以东太平洋海域包括琉球群岛以南、巴坦群岛以北、自海岸基线向东延伸 200 海里的太平洋水域。该海区直临太平洋，海底地势自沿岸向太平洋海盆急剧倾斜，大陆架很窄。坡度较缓的北段大陆架宽 7～17 km，中段大陆架宽仅 2～4 km；南段海底为东西并列的两条南北向的水下岛链，达到 5000～6000 m 深的洋底。

中国台湾以东太平洋海域终年受黑潮影响，表层水温较高，冬季仍保持在 23～25 ℃，夏季可达 28.5 ℃。海水盐度也较高且稳定，年平均盐度 34.5‰。潮汐性质属于不规则半日潮流，最大潮差为 2～3m。

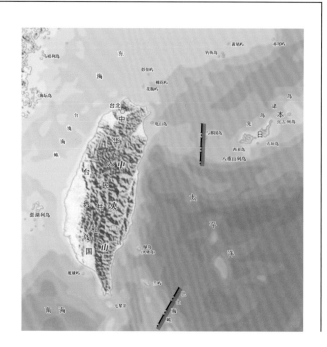

上：中国台湾以东太平洋海域

下：中国台湾以东太平洋海域有许多风景优美的小岛，龟山岛就是其中最知名的岛屿之一。龟山岛为火山岛，因形状似龟而得名，附近海域常有鲸豚出没

中国辽阔而美丽的海洋

中国台湾以东太平洋海域直临太平洋，海底地势向太平洋海盆急剧倾斜，使东岸发育成断层海岸。在花莲县北部，清水山临海悬崖垂直插入太平洋，形成号称世界第二大断崖的清水断崖。湛蓝的海水在崖脚下深沉地涌动，岸边断崖壁立万仞，如刀削一般拔地而起，在水面之下，海底大陆架也很快就结束了，距岸不远即直下大洋洋底。齐柏林摄

中国富饶而多彩的湿地

- 湿地是重要的国土资源和自然资源
- 湿地是"地球之肾"，是天然的"大自然基因库"，是候鸟迁徙的驿站
- 中国拥有类型多样、面积广大的湿地
- 中国不同地区的湿地特征差异显著

湿地定义

湿地是重要的国土资源和自然资源，它与以森林为主体的陆地以及海洋一起并称为全球三大生态系统，被誉为"地球之肾"。尽管人类很早以前便认识到陆地和海洋对人类的重要性，但在过去很长的一段时间，湿地一直被认为是蚊虫孳生、环境恶劣的场所，是不适宜人类生存的区域。因此，将湿地改变为其他土地利用类型被认为是改善环境的一条有效途径，这直接导致大量湿地被破坏。

直到 20 世纪，湿地的重要作用才逐渐被人们所认识。湿地的作用最早被认识的是作为水鸟栖息地的功能。由于水鸟依赖湿地而生存，保护水鸟需要对湿地进行有效的保护。1954 年，"湿地国际"组织的前身——"国际水禽和湿地研究局"在欧洲成立，通过开展以保护水鸟栖息地为主要宗旨的湿地保护工作，推动湿地的保护。在对湿地和水鸟进行研究和保护的过程中，人们逐渐认识到，湿地不仅是水

鸟的重要栖息地，而且还具有许多其他的重要功能，它与人类的生存、繁衍和发展息息相关，是自然界最富生物多样性的生态景观和人类最重要的生存环境。湿地不仅为人类的生产、生活提供多种物质资源，而且在抵御洪水、调节径流、蓄洪防旱、降解污染、调节气候、预防土壤和海岸侵蚀、促淤造陆、美化环境、为底栖动物和鱼类等生物提供栖息地等方面都具有不可替代的作用。于是，湿地的保护和合理利用逐渐引起世界各国的高度重视，并成为国际社会普遍关注的热点。同时，湿地保护的目标也不再局限于保护水鸟栖息地的最初出发点，而是将湿地作为对人类的生存和发展具有重要作用并具有经济、文化、科学和娱乐价值的自然资源来进行保护。

国内外对湿地的定义有多种，这主要是因为湿地和陆地、海洋之间没有明显的边界，而且出于对湿地保护、管理、利用、研究的不同目的，湿地的定义一直存在分歧。总的来看，湿地的定义可归纳为狭义和广义两类：狭义的湿地定义将湿地定为陆地与水体之间的过渡区域，而广义的湿地定义则包括了陆地上所有长久或临时积水的区域以及低潮时水深不超过 6 m 的海域。目前采纳最多的定义是《湿地公约》对湿地的描述：湿地是天然或人工形成的长久或临时性的沼泽地、湿原、泥炭地或水域地带，带有静止或流动的淡水、半咸水或咸水水体，包括低潮时水深不超过 6 m 的海水水域。按照这个定义，所有季节性或常年积水的区域，如沼泽、泥炭地、湿草甸、湖泊及湖滩、河流、泛洪平原、河口三角洲、滩涂、珊瑚礁、红树林、水库、池塘、水稻田以及低潮时水深浅于 6 m 的海岸带等均属于湿地范畴。

左：碎金烂银般的梯田与其婉约曼妙的线条，组合成一幅恍若仙境的画面。其中的红色是红浮萍，在梯田里撒浮萍可自然成肥，也成就了春冬季节哈尼梯田犹如花毯的美景。这种壮丽的景象凝聚了当地人的生态智慧，是人工湿地的典范

右：湿地可以通过土壤—微生物—植物这个复合生态系统的物理、化学和生物三重协调作用来实现对污水的离效净化，所以被誉为"地球之肾"。刘春田绘

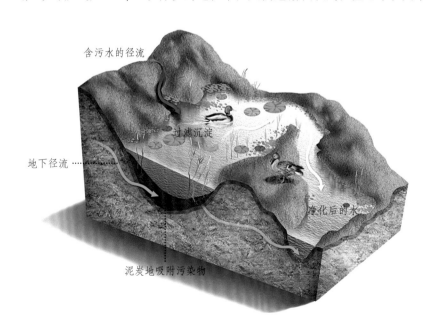

含污水的径流

过滤沉淀

地下径流

净化后的水

泥炭地吸附污染物

湿地的分类

湿地的分类随着人们对湿地及其重要性的认识不断深入而逐渐得以完善。最早的湿地分类将湿地分为几种常见的类型，如河流沼泽、湖沼、台地沼泽、间歇和永久沼泽、湿牧地、定期泛滥地等。随着对湿地研究的不断深入以及湿地定义的内涵不断扩大，原有的湿地分类体系不断完善，许多国际组织也从不同的角度提出了许多湿地分类系统。

随着以保护和合理利用湿地为目的的《湿地公约》的缔约国数目不断增加，为了便于不同国家和地区之间在湿地保护和管理方面的信息交流和一致行动，需要建立一个适用范围广泛的湿地分类体系。经过多次修订，目前《湿地公约》所采用的湿地分类系统包括了海洋／海岸湿地、内陆湿地以及人工湿地三大类，其中海洋／海岸湿地12类，内陆湿地20类，人工湿地10类。

《湿地公约》所采用的湿地分类系统，涵盖类型全面，并考虑到各缔约国湿地的一些共性，具有很强的通用性。然而，由于全球湿地类型复杂多样，每个国家的湿地都有各自的特点，因此，《湿地公约》所列出的湿地分类仅提供一个宽泛的框架，目的是快速确定每种湿地类型的主要特征。由于湿地类型分布的区域差异，很多国家根据自己国家的湿地特点提出了适合本国特点的湿地分类系统。

上：海洋／海岸湿地的代表，广西北仑河口的红树林湿地是典型的潮间带森林湿地。黄嵩和摄

下：内陆湿地的代表，若尔盖的曼扎塘湿地是典型的高山湿地。高屯子摄

中国富饶而多彩的湿地

	代码	湿地类型	说明
			《湿地公约》所采用的湿地分类系统
海洋／海岸湿地	A	永久性浅海水域	低潮时水位浅于6m，包括海湾和海峡
	B	潮下带海草床	包括海藻、海草和热带海洋植物生长区
	C	珊瑚礁	珊瑚礁及其邻近水域
	D	岩石海岸	包括岩石性的近海岛屿和海边峭壁
	E	沙滩、砾石与卵石滩	包括沙洲、海岬、沙岛、沙丘及丘间沼泽
	F	河口水域	包括永久性的河口水域和河口三角洲水域
	G	滩涂	潮间带泥滩、沙滩和盐滩
	H	潮间带沼泽	包括盐沼、盐化草甸、盐碱滩、抬升的盐沼以及有潮汐作用的咸淡水沼泽
	I	潮间带森林湿地	包括红树林沼泽和海岸带咸、淡水沼泽森林
	J	咸水、碱水潟湖	有通道与海洋相连的咸、碱水潟湖
	K	海岸淡水潟湖	包括淡水三角洲潟湖
	Zk(a)	海滨岩溶洞穴水系	滨海岩溶洞穴
内陆湿地	L	内陆三角洲	永久性的内陆河流三角洲
	M	河流	包括永久性的河流及其支流、溪流、瀑布
	N	时令河	季节性、间歇性、定期性的河流，溪流，小河
	O	湖泊	面积大于8hm²的永久性的淡水湖，包括大的牛轭湖
	P	时令湖	面积大于8hm²的季节性、间歇性的淡水湖；包括漫滩湖泊
	Q	盐湖	永久性的咸水、半咸水、碱水湖
	R	时令盐湖	季节性、间歇性的咸水，半咸水，碱水湖及其浅滩
	Sp	内陆盐沼	永久性的咸水、半咸水、碱水沼泽与泡沼
	Ss	时令碱、咸水盐沼	季节性、间歇性的咸水，半咸水，碱性沼泽，泡沼
	Tp	淡水草本沼泽、泡沼	永久性的草本沼泽及面积小丁8hm²的泡沼，无泥炭积累，大部分生长季节伴生浮水植物
	Ts	泛滥地	季节性、间歇性洪泛地，湿草甸和面积小于8hm²的泡沼
	U	草本泥炭地	无林泥炭地，包括藓类泥炭地和草本泥炭地
	Va	高山湿地	包括高山草甸、融雪形成的暂时性水域
	Vt	苔原湿地	包括高山苔原、融雪形成的暂时性水域
	W	灌丛湿地	灌丛沼泽、灌丛为主的淡水沼泽，无泥炭积累
	Xf	淡水森林沼泽	包括淡水森林沼泽、季节性泛滥森林沼泽、无泥炭积累的森林沼泽
	Xp	森林泥炭地	泥炭森林沼泽
	Y	淡水泉及绿洲	
	Zg	地热湿地	
	Zk(b)	内陆岩溶洞穴水系	地下溶洞水系
人工湿地	1	水产养殖塘	如鱼塘、虾塘
	2	水塘	包括农用池塘、储水池塘，一般面积小于8hm²
	3	灌溉地	包括灌溉渠系和稻田
	4	农用泛洪湿地	季节性泛滥的农用地，包括集约管理或放牧的草地
	5	盐田	晒盐池、采盐场等
	6	蓄水区	水库、拦河坝、堤坝形成的一般大于8hm²的储水区
	7	采掘区	积水取土坑、采矿地
	8	废水处理场所	污水场、处理池、氧化池等
	9	运河、排水渠	输水渠系
	Zk(c)	地下输水系统	人工的岩溶洞穴水系等

湿地的功能

湿地的功能可分为生态、经济和社会三个方面，三者之间存在着密切的联系。如湿地支持了丰富的生物多样性，其中一些种类为人类提供了重要的动植物产品，因此在发挥生态效益的同时也发挥着经济效益；湿地具有自然观光、旅游、娱乐等美学方面的社会效益，同时通过开展观光旅游活动也能够为当地居民带来一定的经济收入。湿地的功能主要表现在以下方面。

提供水源 水是人类生存与发展必不可少的生态要素。湿地常常作为居民生活用水、工业生产用水和农业灌溉用水的水源。众多的沼泽、河流、湖泊和水库等湿地中都有着可以直接利用的水源，在输水、蓄水和供水方面发挥着巨大功能。

补充地下水 我们平时所用的水有很多是从地下开采出来的，而湿地与地下蓄水层有着密切联系，可以为地下蓄水层补充水源。从湿地到蓄水层的水可以成为地下水系统的一部分，为周围地区的工农业生产提供水源，例如泥炭沼泽森林可以成为浅水水井的水源。如果湿地受到破坏或消失，就无法为地下蓄水层供水，地下水资源将会减少。

调节流量，控制洪水 湿地在调节河川径流和维持区域水平衡方面发挥着非常重要的作用。湿地是一个巨大的蓄水库，可以在暴雨和河流涨水期储存过量的降水，然后缓慢地放出，减缓或避免洪涝灾害的发生，因此湿地就是天然的流量调节系统。由于降水的季节分配和年度分配不均匀，通过天然和人工湿地的调节，在汛期可储存来自降雨、河流的多余水量，从而避免发生洪涝灾害；在干旱季节，可将汛期存蓄的水量向下游和周边地区排放，减缓或避免旱灾的发生。长江中下游的洞庭湖、鄱阳湖、太湖等许多湖泊曾经发挥着重要的蓄水功能。1998 年长江流域的特大洪水，与长江中下游地区湖泊湿地因围垦而大面积丧失有着密切关系。三江平原沼泽湿地蓄水量达 38.4 亿 m³，由于挠力河上游大面积河漫滩湿地的调节作用，能将下游的洪峰值消减 50%。许多水库，在防洪、抗旱方面发挥了巨大的作用，避免了无数次洪涝灾害的发生。

湿地是地球上水、陆相互作用形成的独特生态系统，是天然的"大自然基因库"，享有"地球之肾""生命摇篮"的美誉。湿地是迁徙鸟类的主要栖息地，被称为"鸟类的乐园"。图为湿地生态系统功能示意图。正浩绘

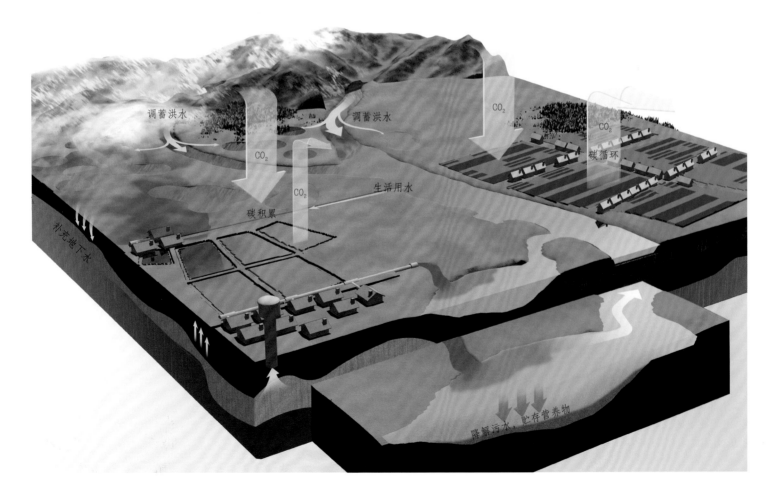

防浪固岸　湿地中生长着多种多样的植物，这些湿地植被可以抵御和消减海浪、台风和风暴对海岸的冲击，防止岸线侵蚀。同时，植物的根系可以固定和稳定堤岸。研究表明，在沿海地区，植被发育较好的湿地具有良好的消浪作用，可以有效地保护海岸线，80 m 宽的湿地植被加上 3 m 高的海堤就可以有效地保护海岸，而如果没有湿地植被的保护，则海岸需要 12 m 高的海堤加以保护。据估计，宽度在 50 m 以上的生长有植被的湿地，每公顷所发挥的保护价值达 1 万美元以上。2004 年底发生的印度洋海啸对海岸地区造成了严重破坏，但红树林分布的海岸区域比附近没有红树林分布的区域受到的破坏程度要小得多。除红树林外，其他海岸植被发育良好的湿地也同样可以起到保护作用。因此，湿地在维护沿海地区的生态安全方面具有重要作用。

降解污染物　湿地具有很强的降解污染的能力。湿地植物、微生物通过物理过滤、生物吸收和化学降解作用，可将一部分有毒、有害的物质转化为无毒、无害的物质，使湿地环境得到净化。另外，湿地有助于减缓水流速度，当含有有害物质和杂质（农药、生活污水和工业排放物）的流水经过湿地时，流速减慢，有利了有害物质和杂质的沉淀和排除。一些地区将湿地用作小型生活污水处理地，以提高污水的净化效率。

保留营养物质　当水流经过湿地时，其中所含的营养成分或被湿地植被吸收，或沉积在湿地基质之中，不仅净化了水质，减少了营养盐的排放，同时养育了丰富的湿地动植物，维持了湿地丰富的生物多样性。

防止盐水入侵　在沿海地区，沼泽、河流等湿地向外流出的淡水抑制了海水回灌，沿岸植被也有助于防止潮水流入河流。如果排干湿地、破坏植被，淡水流量减少，海水将大量侵入河流，从而影响人们生活、工农业生产及生态系统的淡水供应。

提供丰富的动植物产品　湿地生态系统物种丰富、水源充沛、养分充足，有利于动植物生长，使得湿地具有极高的生产力。水稻是全球重要的粮食作物，作为人工湿地主要类型的水稻田为全球人口提供了 20% 的食物来源；湿地提供的莲、藕、菱、芡及鱼、虾、贝、藻类等是富有营养价值的副食品；研究表明，每年每平方米湿地平均可生产蛋白质

9 g，是陆地生态系统的 3.5 倍。许多动植物产品是轻工业生产的重要原材料，如木材、芦苇、动物皮革等。湿地动植物资源的利用还间接带动了加工业的发展，为农业、渔业、牧业和副业的发展提供了丰富的自然资源。

保持小气候　湿地可以调节和改善周边地区的气候条件。湿地所蕴含的水分通过蒸发成为水蒸气，可降低区域温度；然后又以降水的形式返回周围地区，可保持当地的湿度和降雨量，维持区域气候条件稳定。

固定二氧化碳　湿地在植物生长以及淤积成陆等过程中积累了大量的无机碳和有机碳。由于湿地环境中微生物活动弱，土壤释放二氧化碳缓慢，形成了富含有机质的湿地土壤和泥炭层，起到了固碳的作用，能够减缓温室效应的发生。据研究，湿地固定了陆地生物圈 35% 的碳素，总量为 770 亿 t，是温带森林的 5 倍。单位面积的红树林沼泽湿地固定的碳是热带雨林的 10 倍。

维持生物多样性　湿地生物多样性包括湿地中所有动物、植物、微生物及其所拥有的基因和它们与环境共同组成的生态系统。湿地对于生物多样性的维持具有无法替代的功能。湿地的独特生态环境使其具有丰富的陆生和水生动植物资源，其中包括许多珍稀濒危物种。湿地生物物种丰富，并具有极高的生产力，湿地生物之间形成了复杂的食物网和食物链。因此，湿地为众多的动植物提供了生存场所，在物种保存和生物多样性保护方面发挥着重要作用。湿地也是重要的遗传基因库，对维持野生物种种群的存续以及筛选、培育和改良具有经济价值的物种均具有重要意义。例如，中国利用野生稻杂交培育的水稻新品种具备高产、优质、抗病等特性，在提高粮食产量和质量等方面起到了重要作用。

航运　河流、湖泊等具有开阔水域的湿地具有重要的航运价值。中国约有 100 000 km 的内河航道，内陆水运承担了大约 30% 的货运量，为周边地区的经济发展起到了推动作用。

能源　湿地能够提供多种形式的能源。水电为一种清洁能源，在电力供应中占有重要的地位。中国的水能资源蕴藏量居世界第一位，达 6.8 亿 kW，有着巨大的开发潜力。中国的滨海湿地蕴藏着巨大

的潮汐能。湿地中的泥炭可用作燃料，湿地中的木草可作为薪材，是当地居民生活的重要能源来源。

提供矿物资源　湿地中有多种矿砂和盐类资源。盐湖不仅含有大量的食盐、芒硝、天然碱、石膏等盐类，还富集着硼、锂等多种稀有元素。中国的青藏、蒙新地区的碱水湖和盐湖盐的种类多，储量大。中国的滩涂湿地每年提供海盐近 2000 万 t，带动了中国盐化工的发展；黄河口、珠江口、辽河口等湿地有大量的油气资源，使得沿海湿地成为中国重要的能源基地，在经济发展方面发挥重要作用。

提供后备土地资源　河流夹带的泥沙在河口和滩涂区域的淤积使湿地面积不断增加，为经济和社会的可持续发展提供了大量的后备土地资源。中华人民共和国成立以来，中国沿海地区围垦滩涂湿地的面积超过 10 000 km²，是沿海地区工农业生产和城市发展的重要保障。

旅游休闲　湿地蕴涵着秀丽的自然风光，是观光旅游的重要场所。许多重要的风景旅游区分布在湿地区域。滨海的沙滩、海水是重要的旅游资源，很多湖泊因自然景色壮观秀丽而吸引人们前往，被辟为旅游胜地。城市中的湿地（如湿地公园）在美化环境、调节气候、为居民提供休憩空间方面发挥

着重要的功能。

教育和科研价值　各种类型的湿地生态系统、多样的动植物群落、丰富的濒危物种为教育和科研提供了研究对象和实验基地，一些湿地中保留着古代和现代的生物、地质演化信息，在研究环境演变、生物进化以及古地理研究等方面有着重要价值。因此，湿地在教育和科学研究方面具有重要的作用。

历史文化价值　人类社会的发展与湿地有着不解之缘。湿地与人类的文明和人类社会的发展密切相关，中国、古印度、古埃及和古巴比伦四大文明古国的起源地位于黄河、印度河和恒河、尼罗河、幼发拉底河和底格里斯河等河流湿地。中国江浙一带的河流、湖泊湿地也孕育了独具特色的江南水乡湿地渔耕文化。因此，湿地具有宝贵的历史文化价值，是历史文化研究的重要场所。

据估算，全球生态系统每年所提供的自然资本价值为 33 万亿美元，为全球国民生产总值的 1.82 倍。而其中，仅占陆地面积 6% 的湿地生态系统所提供的总价值达 5 万亿美元，占 15%。中国生态系统每年所提供的生态服务总价值中，面积不足土地面积 4% 的湿地生态系统所提供的价值占 35%。

下：人工湿地的代表——长江中下游地区发达的灌溉渠系和水稻田是典型的灌溉地。经过上千年的精耕细作，这里成为中国粮食生产能力最高的地区。纪伟涛摄

右：中国湖泊众多。湖泊具有调节河川径流的重要功能，还具有灌溉农田、沟通城乡航道、美化环境等多种效益。图为千岛湖。千岛湖是一个人工湖，被淹没的山峰形成上千个岛屿，景色非常优美

中国富饶而多彩的湿地

中国湿地特点

中国的湿地具有面积大、分布广、类型多样、区域差异显著以及生物多样性丰富的特点。

湿地面积大　根据全国第二次湿地资源调查的统计，除水稻田外，中国湿地的总面积达 536 000 km²，占国土面积的 5.58%。其中中国大陆分布的自然湿地为 466 700 km²，人工湿地为 67 500km²。全球湿地的总面积约为 5 140 000 km²，中国的湿地面积约占全球湿地总面积的 10%，居亚洲第一位，世界第四位。

湿地分布广　从东部沿海地区到西部高原地区、从南方的海南和两广地区到东北地区，中国大陆的 31 个省、自治区和直辖市以及港澳台地区均有大面积的湿地分布，一个地区有多种湿地类型，一种湿地类型分布于多个地区，构成了丰富多样的组合。

湿地类型多样　中国幅员辽阔，地理环境复杂，跨越热带、温带和寒带 3 个气候带，气候多样。多样的地理和气候环境孕育了多样的湿地类型。《湿地公约》中所划分的 31 类天然湿地和 9 类人工湿地在中国均有分布。

湿地区域差异显著　中国东部地区河流湿地众多，东北地区沼泽湿地丰富，而西部干旱地区则湿地资源相对偏少；长江中下游地区和青藏高原以湖泊湿地为主，其中青藏高原和西北部干旱地区又多为咸水湖和盐湖；海南岛到福建北部的沿海地区分布着独特的红树林湿地，长江三角洲和黄河三角洲孕育了丰富的河口湿地，江苏北部沿海地区分布着广袤的滨海湿地。青藏高原具有世界海拔最高的大面积高原沼泽和湖群，形成了独特的生态环境。

湿地生物多样性丰富　中国多样的湿地类型孕育了丰富的生物多样性。不仅湿地生物的种类繁多，而且很多湿地生物为中国特有种，具有重要的科研价值、经济价值和保护价值。据初步统计，中国湿地植物有 101 科，其中维管束植物约有 94 科，中国湿地的高等植物中濒危植物有 100 余种。中国海岸带湿地生物中有记录的种类达 8200 种，其中植物 5000 种，高等动物 3200 种。中国的内陆湿地记录到的高等植物有 1548 种、高等动物 1500 多种。中国有淡水鱼类 770 多种或亚种，湿地为它们提供了产卵、育幼的环境以及洄游通道。中国湿地的鸟类种类繁多，在亚洲 57 种受胁水鸟中，中国湿地有分布的达 31 种，占 54%；全球雁鸭类总计有 169 种，中国湿地分布的种类有 54 种，占 32%；全球鹤类总计 15 种，其中 9 种在中国有分布；位于黄渤海地区的滨海湿地为数百万只鸻鹬类提供了迁徙途中的重要能量补给地。

下：中国有淡水鱼类 770 多种或亚种，湿地为它们提供了产卵、育幼的环境以及洄游通道。图为长江经济鱼类生态系统模式。张瑜绘

右：青藏高原具有世界海拔最高的大面积高原沼泽和湖群，形成了独特的生态环境，可可西里是一个湖泊密集区，湖水的颜色丰富多彩。田捷砚摄

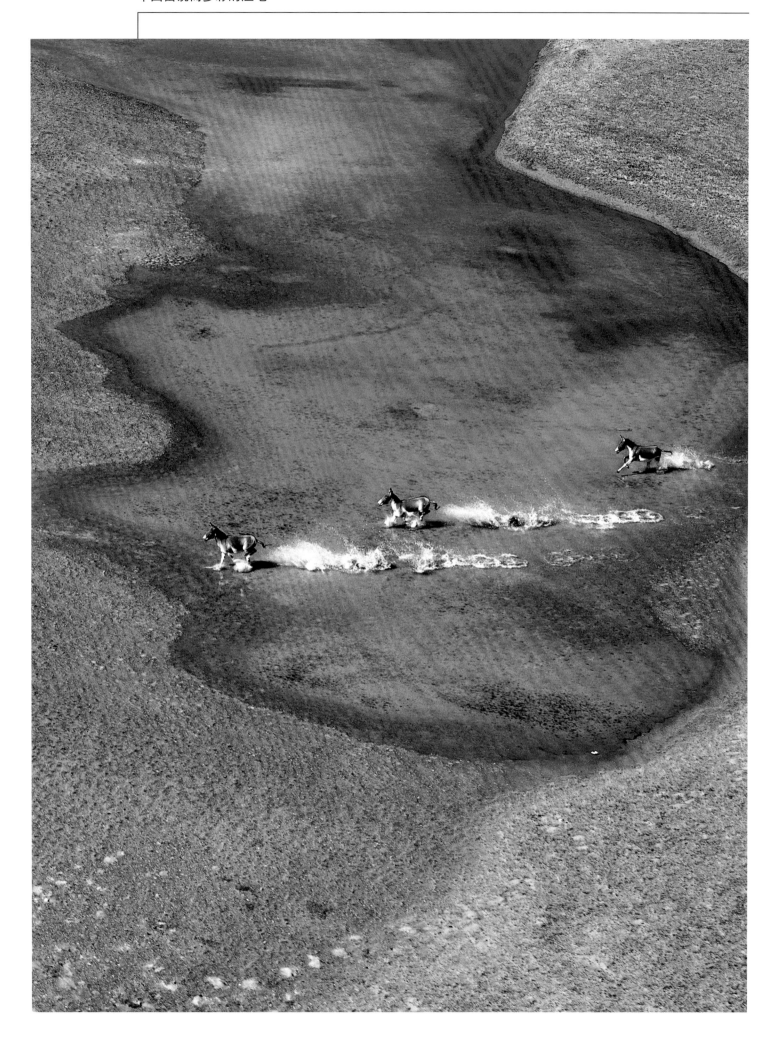

中国富饶而多彩的湿地

中国湿地的主要类型

根据湿地的水文、基质、地理位置分布以及形成方式等方面的特征，中国的湿地可分为近海与海岸湿地、河流湿地、湖泊湿地、沼泽湿地和人工湿地 5 大类型。

近海与海岸湿地 中国的近海与海岸湿地分布于沿海的 11 个省、自治区、直辖市和港澳台地区，形成浅海滩涂、河口、海岸、红树林、珊瑚礁、海岛等多样的湿地类型。以杭州湾为界，近海与海岸湿地可分成杭州湾以北和杭州湾以南两个区域。

杭州湾北部区域除山东半岛和辽东半岛主要为岩石性海滩外，大部分滨海地区为沙质或淤泥质的海滩，主要由环渤海滨海湿地和苏北滨海湿地组成。

其中，苏北滨海湿地为中国面积最大的滨海盐沼湿地。在长江三角洲、黄河三角洲和辽河三角洲等大河的入海口则形成了独特的河口湿地类型。

杭州湾南部区域的近海与海岸湿地以岩石性海滩为主，主要河口及海湾有钱塘江口—杭州湾、晋江口—泉州湾、珠江口河口湾和北部湾等。海南、福建以及台湾西部气候适宜的海湾、河口的淤泥质海滩分布有红树林。珊瑚礁主要分布于西沙群岛、南沙群岛及台湾、海南沿海，其北缘可达北回归线附近。

开展水产养殖、盐业生产、芦苇收割、旅游以及油气资源开发为沿海地区对近海与海岸湿地利用的主要类型。

下：中国沿海滩涂是候鸟的重要迁徙停歇地和越冬地。图为福建闽江口鳝鱼滩上的卷羽鹈鹕，这种重达 10～12 kg 的大鸟是全球性易危物种，中国体型最大的鸟之一。它们在蒙古繁殖，在中国越冬。王吉衣摄

右：福建霞浦的沙质海滩

中国富饶而多彩的湿地

湖泊湿地　中国的湖泊湿地分布广泛、类型多样，并具有典型的区域性特征。据初步统计，全国有面积大于 1 km² 的天然湖泊 2711 个，总面积超过 90 000 km²。根据地理位置及自然环境特征，湖泊湿地可划分为东部平原地区、蒙新高原地区、云贵高原地区、青藏高原地区和东北地区 5 个自然区域。

东部平原地区的湖泊湿地主要分布于长江及淮河中下游、黄河及海河下游以及大运河沿岸的大小湖泊。该区域有面积 1 km² 以上的湖泊 696 个，总面积达 21 172 km²，约占全国湖泊总面积的 23.3%。著名的五大淡水湖——鄱阳湖、洞庭湖、太湖、洪泽湖和巢湖即位于本区。该区域的湖泊受降水和江河来水的影响，水文的季节性波动剧烈，湖泊生产力较高，同时由于该区域人口密集，湖泊湿地受人类活动的影响强烈。该区域对湖泊湿地的利用以调蓄洪水、工农业及生活用水、水产养殖和航运为主。

蒙新高原地区的湖泊主要分布于中国西北部地区。该区域有面积 1 km² 以上的湖泊 724 个，总面积达 19 545 km²，约占全国湖泊总面积的 21.5%。

该区气候干燥，湖泊蒸发量超过湖水补给量，多为咸水湖和盐湖。对湖泊湿地的利用以采矿为主。

云贵高原地区的湖泊位于中国西南地区。该区域有面积 1 km² 以上的湖泊 60 个，总面积 1199 km²，约占全国湖泊总面积的 1.3%。该区域的湖泊全部为淡水湖。由于湖泊水体循环的周期较长，生态系统较脆弱，对湖泊湿地的利用方式以供水、航运、水产养殖、水电开发和旅游为主。

青藏高原地区有面积 1 km² 以上的湖泊 1091 个，总面积 44 993.3 km²，约占全国湖泊总面积的 49.5%，本区为黄河、长江水系和雅鲁藏布江的水源地，湖泊补水以冰雪融水为主。该区以咸水湖和盐湖为主，对湖泊湿地的利用方式以湖泊的盐、碱等矿产开发为主。

东北平原地区与山区有面积 1 km² 以上的湖泊 140 个，总面积 3955 km²，约占全国湖泊总面积的 4.4%。该地区湖泊在汛期（6~9 月）的入湖水量为全年水量的 70%~80%，水位高涨；冬季水位低枯，封冻期长。对湖泊湿地的利用方式以灌溉、水产养殖为主，并兼有航运发电和观光旅游之用。

右：中国东部平原的湖泊湿地是许多水鸟重要的越冬地。图为被称为"长江之肾""鸟类天堂"的中国第一大淡水湖——鄱阳湖，湖面星星点点的白色身影正是云集至此越冬的小天鹅。纪伟涛摄

下：蒙新高原的代表性湖泊——喀纳斯湖。龚政摄

中国富饶而多彩的湿地

河流湿地　中国流域面积在 1000 km² 以上的河流约 1500 条，流域面积在 100 km² 以上的河流有 50 000 多条。受地形、气候的影响，河流的分布存在区域差异。大多数河流分布在东部气候湿润多雨的季风区，西北内陆气候干旱少雨，河流较少，并分布着大面积的无流区。

根据河流的最终归宿，河流可分为外流河与内陆河。最终直接或间接流入海洋的河流为外流河，一般分布于气候湿润、降水丰富、蒸发量小、离海洋较近的大陆边缘区域。最终不流入海洋的河流为内陆河，一般分布于气候干燥、降水量小、蒸发量大、离海洋较远的大陆内部区域，它们或流入内陆湖泊，或消失在沙漠中。从大兴安岭西麓起，沿东

北、西南向，经阴山、贺兰山、祁连山、巴颜喀拉山、念青唐古拉山、冈底斯山，直到中国西端的国境，为中国外流河与内陆河的大致分界线。分界线以东和以南为外流河，流域面积占全国河流流域总面积的 65.2%，其中流入太平洋的河流流域面积占总面积的 58.2%，流入印度洋的河流流域面积占总面积的 6.4%，流入北冰洋的河流流域面积占总面积的 0.6%。分界线以西和以北，除额尔齐斯河流入北冰洋外，均属内陆河，流域面积占全国河流流域总面积的 34.8%。

在外流河中，发源于青藏高原的河流，都是源远流长、水量巨大的大江大河，主要有长江、黄河、澜沧江、怒江、雅鲁藏布江等；发源于内蒙古高原、

根河是额尔古纳河上游的重要支流，根河湿地是中国原始状态保持最完好、面积最大的湿地生态系统，被誉为"亚洲第一湿地"。郭伟忠摄

中国富饶而多彩的湿地

黄土高原、豫西山地、云贵高原的河流，主要有黑龙江、辽河、滦海河、淮河、珠江、元江等；发源于东部沿海山地的河流，主要有图们江、鸭绿江、钱塘江、瓯江、闽江、赣江等，这些河流靠近海岸，流程短，落差大，水量丰富。

中国的内陆河主要分布在新疆、青海、内蒙古以及河西地区和羌塘地区。内陆河的共同特点是径流产生于山区，消失于山前平原或流入内陆湖泊。在内陆河的分布区域内有大片的无流区，不产流的面积约 1 600 000 km^2。

中国有很多跨国境线的河流，如跨中俄边境的额尔古纳河、黑龙江和乌苏里江；跨中朝边境的图们江和鸭绿江。一些河流的源头或上游在中国境内，而下游在国外。如黑龙江下游经俄罗斯流入鄂霍次克海；额尔齐斯河汇入俄罗斯境内的鄂毕河；绥芬河下游流入俄罗斯境内经海参崴入海；伊犁河下游流入哈萨克斯坦境内的巴尔喀什湖；西南地区的元江、李仙江和盘龙江等为越南红河的上源；澜沧江流入东南亚地区，被称为湄公河；怒江流入缅甸称萨尔温江；雅鲁藏布江流入印度，被称为布拉马普特拉河；藏西的朗钦藏布、森格藏布和新疆的奇普恰普河都是印度河的上源，流经印度、巴基斯坦入印度洋。此外，还有下游在中国境内但上游在国外的河流，如克鲁伦河自蒙古境内流入中国的呼伦湖。

沼泽湿地 中国的沼泽湿地面积为 119 700 km²，主要分布于东北的三江平原、大小兴安岭、若尔盖草原及海滨、湖滨、河流沿岸等。在山区，沼泽湿地多为木本沼泽湿地；在平原地区，则多为草本沼泽湿地。

三江平原位于黑龙江省东北部，是由黑龙江、松花江和乌苏里江冲积形成的低平原，为中国面积最大的淡水沼泽分布区。该区以无泥炭积累的潜育沼泽为主，泥炭沼泽较少。沼泽普遍有明显的草根层，呈海绵状，孔隙度大，保持水分能力强。

大、小兴安岭沼泽分布广而集中，大兴安岭北段区域的沼泽湿地面积占该区域总面积的 9%，小兴安岭地区的沼泽湿地面积占总面积的 6%。该区域沼泽类型复杂，泥炭沼泽发育，以森林沼泽化、草甸沼泽化为主，是中国泥炭资源丰富地区之一。

若尔盖草原位于青藏高原东北边缘，是中国面积最大、分布集中的泥炭沼泽区。特别是黑河中下游闭流和伏流宽谷，沼泽布满整个谷底，泥炭层深厚，沼泽湿地面积占该区域总面积的 20% ~ 30%。该区以富营养草本泥炭沼泽为主，复合沼泽体发育，为中国重要的草场。

海滨、湖滨、河流沿岸主要为芦苇沼泽分布区。滨海地区的芦苇沼泽，主要分布在长江以北的淤泥质海岸，集中分布在河流入海的冲积三角洲地区。另外，在湖泊周围以及河流的中下游河段一般都有面积不等的芦苇沼泽分布。

右：东北小兴安岭的森林沼泽

下：在黄河源地区，曾经存在着由大大小小湖泊组成的湖群。这个湖群被称为星宿海。但由于气候变化等原因，星宿海已经成为沼泽。郑云峰摄

中国富饶而多彩的湿地

人工湿地 人工湿地主要包括水稻田、水库、沟渠、塘堰、水产养殖塘等类型。水稻田主要分布于南方的亚热带与热带地区，其中淮河以南地区的水稻田面积约占全国水稻田总面积的 90%。全国有大中型水库 2903 座，蓄水总量 1805 亿 m³。水产养殖塘主要分布于中国南方以及沿海等水资源较丰富的地区。中国是水产养殖业大国，水产品养殖的总产量占全球总产量的 60% 以上。

右：广西南宁绕村而建的稻田

下：在水产养殖塘中觅食的白鹭，与正在捕捞的渔民和谐相处。颜重威摄

中国富饶而多彩的湿地

中国海洋与湿地鸟类
及其对环境的适应

中国海洋鸟类及其对环境的适应

■ 海洋鸟类以海洋为主要栖息地
■ 根据分子生物学研究成果划定的海鸟有8个科，按《世界鸟类名录大全》有13个科
■ 海洋鸟类在生理、生态和行为上表现出对海洋环境的适应
■ 海洋鸟类通过排盐方式适应咸水，以致密的羽毛、厚实的皮下脂肪对抗寒冷
■ 96%的海鸟选择集群繁殖来适应繁殖地的缺乏，并实现对天敌的集体防御

主要海鸟类群

生命虽然起源于海洋，但许多海洋脊椎动物，如海洋爬行动物、海洋鸟类和海洋哺乳动物的祖先都是先登陆，再回到海上的。当然，不同的海鸟类群进入海洋的时间并不相同。大约在1亿年前的白垩纪，已经有多种海洋鸟类栖息在内陆浅海区域，包括不会飞行、外形类似潜鸟的黄昏鸟（Hesperornithiformes），以及同样不会飞行、外形类似燕鸥的鱼鸟（Ichthyornithiformes）。这两种鸟的上下颚上都长有类似爬行动物的牙齿，且都在白垩纪末期随恐龙一道灭绝了，并为现代鸟类所取代。企鹅类和管鼻类大约出现在距今6000万年前的始新世，而所有的现代海鸟类群被认为在大约2000万年前的中新世全部出现了，其中鹈形目鸟类出现又较鸻形目早。化石证据显示，鸥、海雀与鸻形目其他鸟类的分化时间大约在第三纪的早期，其中海雀在1500万年前中新世的出现已经有明确的化石记录。

传统的鸟类分类主要依据形态和解剖学的特征。在狭义定义下的海鸟，根据传统的分类，归于企鹅目、鹱形目、鹈形目和鸻形目4个目。以C. G. Sibley为代表的鸟类学家采用分子生物学技术，通过蛋白电泳和DNA杂交提出了全新的世界现存鸟类分类系统。这个分类系统将上述4个目归入鹳形目，下分鸻亚目和鹳亚目。鸥、燕鸥和海雀科归并为鸥科，列于鸻亚目之下，原鹱形目的全部管鼻种类合并为鹱科，和企鹅科、军舰鸟科、鹈鹕科、鸬鹚科、鲣鸟科、鹳科一起列于鹳亚目下。同列于鹳亚目的还有鹮鹳、蛇鹈、鹭、鹮、鹳、火烈鸟、潜鸟，以及猛禽。

此后，《世界鸟类名录大全》（第四版）（Dickinson & Remsen, 2013）和《中国鸟类分类与分布名录》（第三版）（郑光美，2017）结合了宏观和微观分类学研究成果，对鸟类分类系统以及种上和种下分类均进行了全面的整理修订，他们在充分吸收新成果的同时，仍保留了某些宏观分类学的主流观点。有关海鸟部分的分类，两者在目和科的分类水平上基本相同，采用了6个目的分类系统。

左：鲣鸟是典型的海鸟，它们善于飞翔，也能潜水。图为在大洋上搏击风浪的鲣鸟。冯凯文摄

根据DNA杂交数据划定的海鸟分类系统

目	亚目	小目	总科	科	类群
	鸻亚目	鸻小目	鸥总科	鸥科	鸥、燕鸥、海雀、贼鸥
		鹳小目		鹳科	鹳
		鲣鸟小目	鲣鸟总科	鲣鸟科	鲣鸟
			鸬鹚总科	鸬鹚科	鸬鹚
鹳形目	鹳亚目		鹈鹕总科	鹈鹕科	鹈鹕
				军舰鸟科	军舰鸟
		鹱小目	管鼻总科	企鹅科	企鹅
				管鼻科	信天翁、鹱、海燕、鹈燕

非海鸟类未在表中列出（Sibley & Ahlquist, 1990）。

目	科	类群
企鹅目	企鹅科	企鹅
鹱形目	信天翁科	信天翁
	鹱科	鹱、鹈燕
	海燕科	海燕
鹲形目	鹲科	鹲
鹈形目	鹈鹕科	鹈鹕
鲣鸟目	鲣鸟科	鲣鸟
	鸬鹚科	鸬鹚
	军舰鸟科	军舰鸟
鸻形目	贼鸥科	贼鸥
	鸥科	鸥、燕鸥
	海雀科	海雀

《世界鸟类名录大全》（第四版）
列出的海鸟科目系统

非海鸟类未在表中列出（Dickinson & Remsen, 2013）。

企鹅类 一类古老的游禽，属企鹅目企鹅科。体型较大，身体壮实，呈鱼雷状。羽毛又短又硬，层层叠叠呈鳞片状，形成致密的保护层覆盖整个身体。此外，厚厚的皮下脂肪也有助于在冰寒环境中保持体温。企鹅双翼退化成桨状，因而失去了飞行能力。脚生于身体最下部，粗壮，带蹼。在岸上常直立行走。圆锥形的身体、巨大的双蹼，加上桨状的短翼，使企鹅可以在水底"飞行"。企鹅主要生活在南半球，全世界共6属17种，多数分布在南极地区，中国无分布。完全生活在南极的只有帝企鹅和阿德利企鹅2种。秘鲁企鹅、南美企鹅与南非企鹅分布在纬度较低的温带地区，加岛企鹅的分布则接近赤道。

信天翁类 大型海鸟，属鹱形目信天翁科。和鹱、鹈燕、海燕合称为管鼻类，它们嘴端呈钩状，鼻孔在嘴的上方成两个管口。翅极长，有些种类如漂泊信天翁是翼展最大的鸟类，双翅展开可达3～4 m。信天翁极度适应大洋生活，一生中大多数时间在海洋上度过，只在繁殖期回到陆地。信天翁也是杰出的飞行家，在大洋的上空信天遨游，可以几小时不用扇动翅膀。全世界共2属14种，主要分布于南半球，少数生活在北太平洋和赤道地带。常飞离海岸很远，通常远洋航行时才能在海上看到。中国有1属3种。

鹱类 多为中型海鸟，属鹱形目鹱科。喜欢贴着海面飞行，似乎在切割着海浪，多数种类的英文名（Shearwater）因此而得。它们以鱼类、鱿鱼、浮游生物及甲壳动物为食，营巢于多岩石岛屿的悬崖或洞穴，在海上时通常无声。全世界共14属92种，与鸥科同为海鸟中最大的科，分布也非常广泛，从北极到南极都有分布，而在温热带特别是南太平洋地区种类最多。中国有6属9种。

鹈燕类 一类外形似海雀的小型管鼻类，属鹱形目鹱科，也有分类学家将它们归入鹈燕科。全世界仅2属7种，外形非常相似，区别仅在于羽色和嘴形的微小差异。全部生活在南半球海域。它们和海雀外形相似，一般认为是趋同进化的结果，因为它们和海雀一样，都习惯于潜水捕食猎物。主要以浮游动物为食，如甲壳类、桡足类等，也捕食小型鱼类和鱿鱼。集群在海岛的洞穴中繁殖。

海燕类 小型海鸟，属鹱形目海燕科。体长只有13～26 cm。也具管状鼻，但鼻管基部融合成一管，鼻孔开口于嘴峰正中央。体羽以深褐色为主，兼有黑色或灰色及白色。第2枚初级飞羽最长。外形似燕，尾叉形。分布于除北冰洋外的各大洋。它们主要栖息于海上。繁殖期到海岸或海岛上成群营巢，巢置于岩石洞穴中，或在松软的地上掘穴为巢，每窝产1枚卵，繁殖期间大多在晚上活动，而且也是以小型海洋动物为食。它们和鹱科的区别除了大小和形态不同外，还在于它们的飞翔方式不同，它们快速扇动两翅沿水面飞行，用脚拍水和在水面抓猎食物，也常伴随船只飞行和捕食浮游生物。全世界共6属24种，中国有1属3种。

鹲类 生活在热带海洋上的一类海鸟。属鹲形目鹲科。外形像海鸥，但中央一对尾羽特别长，几乎与身体等长。体羽白色，有光泽，有时带粉红或橙色。喙的颜色鲜明。常成群营巢于海岛陡崖上，潜入水中捕捉鱼和乌贼。每窝只产1枚具灰色斑点的卵，产于无遮蔽的地面上。全世界仅1属3种，分布于印度洋和南太平洋，在中国均有分布。

军舰鸟类 大型海鸟，属鲣鸟目军舰鸟科。具极细长的翅及长而深的叉形尾，翅展可达2.3 m。一般雄性成鸟的体羽全黑，雌性成鸟的下部则为明显白色。雌雄皆具一个皮肤裸露的喉囊，求偶的雄鸟为了展示，其喉囊会呈鲜红色并鼓起。它们的蹼以

右：海洋生态系统示意图，图中展示了几种主要的海鸟类群，包括鹱、燕鸥、贼鸥、海鸥、海雀等。
Ian Jackson 绘

中国海洋鸟类及其对环境的适应

及长的钩状喙，可以用来攻击其他海鸟，并抢夺其捕获的鱼。胸肌发达，善于飞翔，飞行时犹如闪电，且能在空中灵活翻转，是极其出色的飞行家。凭借这身绝技，军舰鸟常在空中袭击那些叼着鱼的其他海鸟。它们凶猛地冲向目标，吓得被攻击者惊慌失措，丢下口中的鱼仓皇而逃。由于军舰鸟有"抢食"行为，它们又有"强盗鸟"之称。全世界仅1属5种，分布于热带和亚热带海域。中国有其中3种。

鲣鸟类　大型热带海鸟，属鲣鸟目鲣鸟科。喙又长又尖，尾部呈楔形，腿和脚的颜色鲜艳。两翼较长，趾间有蹼，善游泳。鲣鸟的食物主要是鱼和鱿鱼，为了捕获这些食物，它通常要从高处俯冲入海。渔民也常跟着它们追捕鱼群，所以又称鲣鸟为"导航鸟"。鲣鸟翅尖长，善飞行。仅在夜间及孵卵期间停留在海岛上，营巢于矮灌木和乔木上，偶尔亦在地面筑巢。全世界共2属9种，中国有1属3种，是南海诸岛数量最多的鸟类。

鸬鹚类　外形类似的一个大家族，属鲣鸟目鸬鹚科。具有宽而短的翅膀、修长的身体、较长的尾和颈。喙长而狭窄，尖端带钩。多数种类体羽全黑，少数种类上体黑色下体白色。具4趾相连的全蹼足，以鱼类为食，擅长在水下捕鱼。鸬鹚遍布世界，栖息于海岸、湖泊和河流中，繁殖于开阔岛屿的树上或地面。潜水后羽毛湿透，需张开双翅在阳光下晒干后才能飞翔。全世界共3属41种，中国有2属5种。

鹈鹕类　大型海鸟，属鹈形目鹈鹕科。体型粗大，成年鹈鹕体长约1.7 m，翅展可达3 m。喙宽大直长，长达30 cm以上，上嘴尖端朝下弯曲，呈钩状；下嘴分左右两支，其间有一巨大的喉囊，喉囊是下嘴壳与皮肤相连接形成的，可以自由伸缩，适于捕鱼。大多分布在亚洲、欧洲、非洲，以及澳大利亚，主要栖息于海岸以及河湖沿岸。鹈鹕喜好群居，通常以群为单位行动，在繁殖期间通常聚集成更大的群。全世界共1属8种，中国有3种。

贼鸥类　一类主要在南北极繁殖的中型海鸟，属鸻形目贼鸥科。外形似海鸥，但较粗重，体羽淡褐色，具白色大翅斑。腿和脚较弱小。在开阔地面单独或零散筑巢繁殖。贼鸥对食物的选择并不十分严格，除鱼、虾等海洋生物外，还包括鸟卵和幼鸟，以及海豹的尸体等。在南极，贼鸥是企鹅的大敌。在企鹅的繁殖季节，贼鸥经常出其不意地袭击企鹅

的栖息地，叼食企鹅的卵和雏鸟。全世界共2属7种，其中5个种栖息地跨越南北半球，2个种仅栖于南半球。冬季，贼鸥飞向大海。在南方繁殖者向北方迁移，在太平洋地区定期跨越赤道，而在北方繁殖者则飞抵热带。中国可见2属4种。

鸥类　鸥类是人们最熟悉的海洋鸟类。严格意义上，鸥类仅包括鸻形目鸥科鸥亚科的鸟类。是海鸟中最大的类群，遍布世界各地。种类多，分布广，多数种类种群数量庞大。常见于沿海和内陆水域。鸥类体型中等，翅较宽，尾圆形。善于飞行，飞行姿态优雅。脚上有蹼，雌雄同色，以灰、褐为主，腹部多为白色，有些种类不易区分。腿脚相对粗壮，位于身体中部，这使得它们可以像鸻鹬类那样轻易地在陆上行走。大多集群在开阔的滩地或岛屿地面上繁殖。鸥类嘴侧扁带钩，食性较杂，从鱼类和水生无脊椎动物（不论死的还是活的）到陆生昆虫和无脊椎动物，以及老鼠、鸟卵、两栖动物、爬行动物、植物种子和果实、动物内脏、人类食物垃圾，甚至其他鸟类，都可能是鸥类的捕食对象。鸥类存在许多近缘种，所以分类比较复杂。一般认为，全世界共11属52种，中国有9属20种。

燕鸥类　燕鸥类是与鸥类最接近的类群，属鸻形目鸥科。有些分类系统常把燕鸥和鸥分别作为独立的科。燕鸥类和鸥类一样，分布广、种类多、数量大。不同的是，燕鸥类体型较小，翅狭长，飞行速度较鸥类快。脚短而细弱，趾间带蹼，不像鸥类呈深凹状；嘴尖细，尾呈深叉状，因与燕尾型相似而得名。主要捕食鱼类，春秋季节也捕食昆虫等。常结群在海滨或河流活动，在滩地和海岛的地面集群繁殖。全世界共12属46种，中国有9属20种。

海雀类　生活在北半球寒冷区域的一类典型海鸟，属鸻形目海雀科。虽然形态多样，但具有许多共同的特点：翅短小似桨状，飞行时快速地扇动翅膀。多数种类上体黑色，下体白色；嘴侧扁似鹦鹉或狭窄尖利；身体壮实，腿强壮，位于身体后侧。多在悬崖峭壁营巢，巢位于石缝或洞穴中。少数种类在树干上营巢。海雀平时栖息于海洋上，只有繁殖时期才到岸边的岛屿或陆地上来。上岸时常呈直立式，状如企鹅。在太平洋和大西洋北部沿岸地区繁殖，冬天时往南迁移。有海鹦、海鸦、海鸠、海雀等多种类型。全世界共11属23种，中国有4属6种。

中国海洋鸟类及其对环境的适应

中国的海鸟

中国境内共记录海鸟5目11科39属81种。除4种完全生活在淡水环境的种类（白鹈鹕、黑颈鸬鹚、河燕鸥和黑腹燕鸥）外，中国有真正的海鸟5目11科37属77种。其中37种有繁殖记录，20种为迁徙过境或越冬鸟类，20种为迷鸟。在这77种海鸟中，又有极危物种2种（白腹军舰鸟和中华凤头燕鸥），易危物种7种（短尾信天翁、白腰叉尾海燕、黑嘴鸥、遗鸥、三趾鸥、白腰燕鸥和冠海雀）；有29种栖息或在迁徙季节也同时出现在内陆地区；分布于渤海区域的有36种，黄海区域的有33种，东海区域的有68种，南海区域的有57种。

中国海鸟名录及其分布现状

科	中文名	英文名	学名	濒危等级*	分布区出现频度	中国境内居留状况#	分布区域				
							内陆	渤海	黄海	东海	南海
信天翁科	黑背信天翁	Laysan Albatross	*Phoebastria immutabilis*	NT	罕见	冬候鸟				+	
信天翁科	黑脚信天翁	Black-footed Albatross	*Phoebastria nigripes*	NT	少见	繁殖鸟				+	+
信天翁科	短尾信天翁	Short-tailed Albatross	*Phoebastria albatrus*	VU	少见	繁殖鸟			+	+	
鹱科	暴风鹱	Northern Fulmar	*Fulmarus glacialis*	LC	罕见	迷鸟		+			
鹱科	钩嘴圆尾鹱	Tahiti Petrel	*Pseudobulweria rostrata*	NT	罕见	迷鸟				+	
鹱科	白额圆尾鹱	Bonin Petrel	*Pterodroma hypoleuca*	LC	罕见	迁徙过境鸟					
鹱科	褐燕鹱	Bulwer's Petrel	*Bulweria bulwerii*	LC	少见	繁殖鸟 迁徙过境鸟				+	+
鹱科	白额鹱	Streaked Shearwater	*Calonectris leucomelas*	NT	常见	繁殖鸟 迁徙过境鸟		+	+	+	+
鹱科	淡足鹱	Flesh-footed Shearwater	*Ardenna carneipes*	NT	罕见	迷鸟				+	+
鹱科	楔尾鹱	Wedge-tailed Shearwater	*Ardenna pacificus*	LC	少见	迷鸟				+	+
鹱科	短尾鹱	Short-tailed Shearwater	*Ardenna tenuirostris*	LC	罕见	迷鸟				+	+
鹱科	灰鹱	Sooty Shearwater	*Ardenna griseus*	NT	罕见	迷鸟				+	
海燕科	白腰叉尾海燕	Leach's Storm Petrel	*Hydrobates leucorhoa*	VU	罕见	迷鸟		+		+	
海燕科	黑叉尾海燕	Swinhoe's Storm Petrel	*Hydrobates monorhis*	NT	常见	繁殖鸟			+	+	+
海燕科	褐翅叉尾海燕	Tristram's Storm Petrel	*Hydrobates tristrami*	NT	罕见	迷鸟				+	
鹲科	红嘴鹲	Red-billed Tropicbird	*Phaethon aethereus*	LC	少见	繁殖鸟					+
鹲科	红尾鹲	Red-tailed Tropicbird	*Phaethon rubricauda*	LC	少见	迷鸟				+	
鹲科	白尾鹲	White-tailed Tropicbird	*Phaethon lepturus*	LC	罕见	迷鸟				+	
鹈鹕科	白鹈鹕	Great White Pelican	*Pelecanus onocrotalus*	LC	罕见	迁徙过境鸟	+				
鹈鹕科	斑嘴鹈鹕	Spot-billed Pelican	*Pelecanus philippensis*	NT	罕见	冬候鸟 迁徙过境鸟				+	+
鹈鹕科	卷羽鹈鹕	Dalmatian Pelican	*Pelecanus crispus*	NT	少见	冬候鸟 迁徙过境鸟	+	+	+	+	
鲣鸟科	蓝脸鲣鸟	Masked Booby	*Sula dactylatra*	LC	少见	繁殖鸟				+	
鲣鸟科	红脚鲣鸟	Red-footed Booby	*Sula sula*	LC	少见	繁殖鸟 迁徙过境鸟				+	+

（续表1）

科	中文名	英文名	学名	濒危等级*	分布区出现频度	中国境内居留状况#	分布区域				
							内陆	渤海	黄海	东海	南海
鲣鸟科	褐鲣鸟	Brown Booby	*Sula leucogaster*	LC	少见	留鸟			+	+	+
鸬鹚科	普通鸬鹚	Great Cormorant	*Phalacrocorax carbo*	LC	常见	繁殖鸟冬候鸟	+	+	+	+	+
鸬鹚科	绿背鸬鹚	Japanese Cormorant	*Phalacrocorax capillatus*	LC	少见	冬候鸟		+	+	+	
鸬鹚科	海鸬鹚	Pelagic Cormorant	*Phalacrocorax pelagicus*	LC	少见	留鸟		+	+	+	+
鸬鹚科	红脸鸬鹚	Red-faced Cormorant	*Phalacrocorax urile*	LC	罕见	冬候鸟		+			
鸬鹚科	黑颈鸬鹚	Little Cormorant	*Microcarbo niger*	LC	罕见	留鸟	+				
军舰鸟科	白腹军舰鸟	Christmas Island Frigatebird	*Fregata andrewsi*	CR	少见	迁徙过境鸟				+	+
军舰鸟科	黑腹军舰鸟	Great Frigatebird	*Fregata minor*	LC	少见	繁殖鸟迁徙过境鸟		+	+	+	+
军舰鸟科	白斑军舰鸟	Lesser Frigatebird	*Fregata ariel*	LC	少见	迁徙过境鸟		+	+	+	+
贼鸥科	南极贼鸥	South Polar Skua	*Catharacta maccormicki*	LC	罕见	迷鸟				+	+
贼鸥科	中贼鸥	Pomarine Skua	*Stercorarius pomarinus*	LC	少见	迁徙过境鸟		+	+	+	+
贼鸥科	短尾贼鸥	Parasitic Jaeger	*Stercorarius parasiticus*	LC	少见	迁徙过境鸟				+	+
贼鸥科	长尾贼鸥	Long-tailed Jaeger	*Stercorarius longicaudus*	LC	少见	迁徙过境鸟				+	+
鸥科	黑尾鸥	Black-tailed Gull	*Larus crassirostris*	LC	常见	留鸟冬候鸟	+	+	+	+	+
鸥科	普通海鸥	Mew Gull	*Larus canus*	LC	常见	冬候鸟	+	+	+	+	+
鸥科	灰翅鸥	Glaucous-winged Gull	*Larus glaucescens*	LC	少见	冬候鸟				+	+
鸥科	北极鸥	Glaucous Gull	*Larus hyperboreus*	LC	少见	冬候鸟迁徙过境鸟	+	+	+	+	+
鸥科	西伯利亚银鸥	Siberian Gull	*Larus smithsonianus*	LC	常见	冬候鸟	+	+	+		
鸥科	小黑背银鸥	Lesser Black-backed Gull	*Larus fuscus*	LC	少见	冬候鸟				+	+
鸥科	黄腿银鸥	Yellow-legged Gull	*Larus cachinnans*	LC	常见	繁殖鸟冬候鸟	+			+	+
鸥科	灰背鸥	Slaty-backed Gull	*Larus schistisagus*	LC	少见	冬候鸟		+	+	+	+
鸥科	澳洲红嘴鸥	Silver Gull	*Chroicocephalus novaehollandiae*	LC	罕见	迷鸟				+	
鸥科	棕头鸥	Brown-headed Gull	*Chroicocephalus brunnicephalus*	LC	常见	繁殖鸟冬候鸟	+	+	+	+	+
鸥科	红嘴鸥	Black-headed Gull	*Chroicocephalus ridibundus*	LC	常见	繁殖鸟冬候鸟	+	+	+	+	+
鸥科	细嘴鸥	Slender-billed Gull	*Chroicocephalus genei*	LC	少见	繁殖鸟冬候鸟	+	+			+
鸥科	弗氏鸥	Franklin's Gull	*Leucophaeus pipixcan*	LC	罕见	迷鸟		+		+	
鸥科	黑嘴鸥	Saunders's Gull	*Saundersilarus saundersi*	VU	少见	繁殖鸟冬候鸟	+	+	+	+	+
鸥科	渔鸥	Great Black-headed Gull	*Ichthyaetus ichthyaetus*	LC	常见	繁殖鸟冬候鸟	+	+	+	+	+
鸥科	遗鸥	Relict Gull	*Ichthyaetus relictus*	VU	少见	繁殖鸟冬候鸟	+	+	+	+	+
鸥科	小鸥	Little Gull	*Hydrocoloeus minutus*	LC	少见	繁殖鸟迁徙过境鸟	+	+	+	+	+

中国海洋鸟类及其对环境的适应

科	中文名	英文名	学名	濒危等级*	分布区出现频度	中国境内居留状况#	内陆	渤海	黄海	东海	南海
鸥科	楔尾鸥	Ross's Gull	Rhodostethia rosea	LC	罕见	迷鸟	+	+			
鸥科	叉尾鸥	Sabine's Gull	Xema sabini	LC	罕见	迷鸟					+
鸥科	三趾鸥	Black-legged Kittiwake	Rissa tridactyla	VU	少见	冬候鸟	+	+	+	+	+
鸥科	鸥嘴噪鸥	Gull-billed Tern	Gelochelidon nilotica	LC	常见	繁殖鸟 冬候鸟	+	+	+	+	+
鸥科	红嘴巨燕鸥	Caspian Tern	Hydroprogne caspia	LC	常见	繁殖鸟 冬候鸟	+	+	+	+	+
鸥科	小凤头燕鸥	Lesser Crested Tern	Thalasseus bengalensis	LC	少见	繁殖鸟 迁徙过境鸟				+	+
鸥科	黄嘴凤头燕鸥	Sandwich Tern	Thalasseus sandvicensis	LC	罕见	迷鸟				+	
鸥科	中华凤头燕鸥	Chinese Crested Tern	Thalasseus bernsteini	CR	少见	繁殖鸟 迁徙过境鸟			+	+	+
鸥科	大凤头燕鸥	Greater Crested Tern	Thalasseus bergii	LC	少见	繁殖鸟				+	+
鸥科	河燕鸥	River Tern	Sterna aurantia	NT	少见	留鸟	+				
鸥科	粉红燕鸥	Roseate Tern	Sterna dougallii	LC	常见	繁殖鸟				+	+
鸥科	黑枕燕鸥	Black-naped Tern	Sterna sumatrana	LC	常见	繁殖鸟 迁徙过境鸟			+	+	+
鸥科	普通燕鸥	Common Tern	Sterna hirundo	LC	常见	繁殖鸟 迁徙过境鸟	+	+	+	+	+
鸥科	黑腹燕鸥	Black-bellied Tern	Sterna acuticauda	EN	少见	留鸟	+				
鸥科	白额燕鸥	Little Tern	Sternula albifrons	LC	常见	繁殖鸟 迁徙过境鸟	+	+	+	+	+
鸥科	白腰燕鸥	Aleutian Tern	Onychoprion aleutica	VU	少见	迁徙过境鸟 冬候鸟				+	+
鸥科	褐翅燕鸥	Bridled Tern	Onychoprion anaethetus	LC	常见	繁殖鸟				+	+
鸥科	乌燕鸥	Sooty Tern	Onychoprion fuscata	LC	少见	繁殖鸟 迁徙过境鸟					+
鸥科	灰翅浮鸥	Whiskered Tern	Chlidonias hybrida	LC	常见	繁殖鸟 迁徙过境鸟	+	+	+	+	+
鸥科	白翅浮鸥	White-winged Tern	Chlidonias leucopterus	LC	常见	繁殖鸟 迁徙过境鸟 冬候鸟	+	+	+	+	+
鸥科	黑浮鸥	Black Tern	Chlidonias niger	LC	少见	繁殖鸟 迁徙过境鸟		+		+	+
鸥科	白顶玄燕鸥	Brown Noddy	Anous stolidus	LC	少见	繁殖鸟				+	+
鸥科	白燕鸥	White Tern	Gygis alba	LC	罕见	迷鸟					+
海雀科	崖海鸦	Common Murre	Uria aalge	LC	罕见	迷鸟				+	
海雀科	长嘴斑海雀	Long-billed Murrelet	Brachyramphus perdix	NT	罕见	迁徙过境鸟		+	+		
海雀科	扁嘴海雀	Ancient Murrelet	Synthliboramphus antiquus	LC	常见	繁殖鸟 迁徙过境鸟 冬候鸟	+	+	+	+	+
海雀科	冠海雀	Japanese Murrelet	Synthliboramphus wumizusume	VU	罕见	迷鸟				+	+
海雀科	角嘴海雀	Rhinoceros Auklet	Cerorhinca monocerata	LC	罕见	迷鸟		+			

* 根据《IUCN 红色名录 2017》（ 2017 年 12 月查询）。CR：极危；EN：濒危；VU：易危；NT：近危；LC：无危。

\# 有些海鸟并无明显的季节迁徙习性。在非繁殖季节，往往表现出不规律的迁徙游荡的特性，这一居留分布特征也被归入〝迁徙过境鸟〞。

海鸟对海洋环境的适应

开阔的海洋似乎为海洋鸟类提供了同质稳定的生活空间。但实际情况并非如此，表面的同质性下掩藏的是惊人的时空异质性。变化是海洋环境永恒的主题。这种变化，在时间尺度上，可发生在数秒，也可长达数百年；在空间尺度上，可发生在数平方米，也可达数百万平方千米。海洋环境这一动态变化对海鸟的影响，可表现为瞬息多变的台风，每日每月周期变化的潮汐，季节更替带来的食物资源的年度波动，以及4～6年发生一次的厄尔尼诺现象导致的太平洋海水表面温度的变化。海洋环境的空间变化同样显著。这种变化往往不为人类所察觉，而鸟类则对此非常敏感。海员们常常观察海鸟以判断距离陆地的距离，渔民们通过观察海鸟来寻找鱼群。

为了适应海洋环境，海鸟进化出了多样的、独特的生态习性和生活史特征。在外形上，海鸟体型较大，羽毛色彩单一，主要以白、灰、黑和褐色为主，或者是这几种颜色的简单组合。一般来说，海鸟具有较强的飞行能力，许多种类常年在海上飞行，只有在繁殖季节才回到陆地繁衍后代。由于在觅食区和繁殖区之间来回奔波，距离较远，孵育后代的能力受到了限制，导致海鸟每年的繁殖次数和窝卵数都大为降低。年度繁殖付出减少，也使得海鸟有了更长的寿命。相应地，雏鸟的成熟也延迟。为了提高繁殖成功率，双亲需要共同承担孵育后代的责任，配偶间的关系因而更加紧密。这也导致了配偶的选择更加慎重，婚配制度以一雌一雄制为主，双方常可保持多年的配偶关系。雌雄异形的比例也因此大为降低。海鸟多数具有集群营巢的习性，集群数目少则十多只，多可达数百万只。许多种类具有长途迁徙的习性。

生理适应

对咸水的适应　海鸟对海洋环境的适应，首先需要对咸水的适应。不是说可以在海水中漂浮游泳就可以了，因为有些海鸟种类极少下水，如军舰鸟、某些燕鸥和贼鸥等，但所有的海鸟都必须面对同一问题：饮用咸水。在远离大陆的海上生活，必须解决饮用水的问题。缺乏淡水资源，就必须饮用咸水。为了适应海洋环境中的食物和饮用水的高盐度，在

海鸟的眼眶内（鹱形目海鸟）或眼眶前（其他海鸟）有一个特殊的腺体，可以通过它析出盐分。哺乳动物通过排尿将多余的尿素排出体外。为了减少水分的浪费，海鸟也具有排出固体尿素的能力。

排盐似乎不是海鸟的独门武器，有些陆生鸟类也具有一定的排盐能力。一般来说，那些大洋鸟类和以甲壳类为食的海鸟，排盐能力更强一些。不同的种类显然可根据食物中含盐量的多少调节其排盐能力。如果缺少了排盐的功能，可以想见，海鸟将无法进入茫茫大洋。

对寒冷的适应　对于鸟类来说，羽毛除了飞行之外，最重要的是具有保温的功能。为了抵御寒冷的海水，比起陆生鸟类，海鸟的羽毛更加致密，廓羽和绒羽均匀地分布全身，那些习惯于潜水的海鸟更是如此。对于这些鸟类来说，如何既有浓密的羽毛保温，又不至于让这些羽毛妨碍在水下的游动，这是一个权衡。将羽毛缩短是这一权衡的结果。因而，许多海鸟，都像企鹅那样拥有一身短小致密的羽毛。

储存脂肪是另外一种抵御寒冷的途径。一些小型鸟类，习惯于将脂肪分散地储存在颈部和腹部。这些脂肪对于许多鸟类应付迁徙和繁殖的能量需求是非常必要的。对于海鸟来说，储存脂肪不仅是出于迁徙和繁殖的能量储备，更是因为需要皮下脂肪来抵御寒冷的海洋环境。因此，对于海鸟来说，皮下脂肪的储存相对更加均匀，特别对于企鹅这样需要长时间在冰冷海水中潜泳的海鸟。

海鸟也常通过调节血液循环减少热量丧失。脚掌和眼部周围裸露的皮肤，是热量丧失的主要区域。这些区域，血管很细，而且往往动脉血管和静脉血管互相交错。这样，对于在冰冷环境中的海鸟来说，流经脚部的血液温度常接近0℃，这样就大大降低了热量的丧失。有些海鸟，如鸥类，在站立时，也常把一只脚收回放在腹部来保持体温。

左：鸥类的眼眶前有一个特殊的腺体用于排盐。图为红嘴鸥。沈越摄

右：为了在寒冷的海水中保持体温，海鸟的体型更为肥胖，羽毛更加致密，生活在南极地区的帝企鹅就是一个典型例子

形态适应

体型大小 最小的海鸟小海燕体重仅 20 g，最大的帝企鹅重达 30 kg。与陆生鸟类相比，重的不如非洲鸵鸟（达 115 kg），小的不如吸蜜蜂鸟（体重仅 2 g）。海鸟的体型相对偏大，而且集中。80% 的海鸟体重集中在 80～2560 g，而 80% 的陆生鸟类体重集中在 5～300 g。

为什么海兽和海龟在适应海洋生活之后，体型都变大，而海鸟却没有？一种解释认为，即便像企鹅这样常年生活在海水中的海鸟在繁殖季节也需要回到陆地上繁殖，如果身体过大，就需要能支撑身体的大脚，这样的大脚在非繁殖季节会成为很大的累赘。还有一种解释认为，现代企鹅的最大体重刚好和最小的海豹差不多，估计大型海鸟与体型相当的海洋哺乳动物在一起竞争并不占优，所以也就无法演化出更大型的海鸟了。

同样，为什么没有出现像柳莺一样体型纤小的海洋鸟类？飞行需要似乎没有足够的说服力，因为柳莺、鹟和燕等小型陆生鸟类也作长距离的迁徙，其实也有很强的飞行能力；食物资源也不足以解释，虽然海上没有供柳莺、鹟和燕等取食的小型昆虫，但也有不少小型海洋节肢动物，比如桡足类等。一种解释认为，海洋开阔的环境不利于小鸟隐蔽，更易于被天敌捕食，还有一种解释认为小型鸟类不利于对抗海上多变的风暴天气。更合理的解释来自于鸟类体型与水环境的关系。不只是海鸟，所有的水鸟体重均大于 20 g，而 50% 的陆生鸟类体重小于 20 g。一方面，根据热力学原理，在水环境中，小型鸟类失热比大型鸟类快，这是一个不利因素；另一方面，只有体型够大的水鸟才能胜任在有波浪的水面上游泳；而且，对于俯冲入水捕食的鸟类来说，由于身被羽毛的关系，体型小的比重也小，难以达到一定的俯冲速度。

许多陆生鸟类存在雌雄异形的现象，也就是说，有些种类雄性体型明显比雌性大。这些类群的鸟类，雄性一般不承担孵育后代的职责。雄性对孵育后代贡献越少的种类，其雄鸟体型一般也越大。而绝大多数海鸟的婚配制度属于单配制，双亲对孵育后代的贡献几乎相当，因而雌雄个体的大小差异并不明显。管鼻类、海雀、燕鸥、鸬鹚、鹲鹱和小型的海鸥，雄性体型略比雌性大，但一般不超过 10%。大型海鸥和海燕雄性明显比雌性大，而贼鸥和军舰鸟则是雌性明显比雄性大。目前认为，贼鸥和军舰鸟与陆生猛禽一样具有猎食的习性，而陆生猛禽同样也是雌性体型一般比雄性大。雌性个体大是出于保护卵和雏鸟的需要，而雄性个体偏小，是出于捕食灵活性的需要。

身体外形 在外形上，海鸟倾向于延长脖子和缩短尾巴。当然，这不是绝对的。比如海雀和海燕的脖子并不长，而鸬鹚、军舰鸟、燕鸥和鹲等海鸟的尾巴并不短。对于潜水种类，身体会相对拉长，这样在同等体重下，可以减少入水时的横切面，从而减少潜泳的阻力。

海鸟的翅膀也倾向于延长，比如漂泊信天翁有鸟类中最宽的翼展，展开可达 3 m 多。相对于

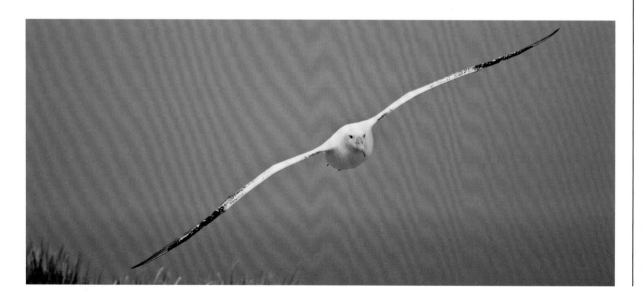

信天翁的翅长宽比十分惊人，修长的翅膀和流线体型，使其可以借助海风和热气流长时间滑翔或轻易地连续飞行。图为飞翔的漂泊信天翁

中国海洋鸟类及其对环境的适应

鸬鹚翅短小，更多地选择在海岸带附近活动，飞行时更多地采取快速扇动翅膀的方式，而不是在空中滑翔。图为普通鸬鹚。沈越摄

体重来说，海鸟的翼展与陆生鸟类相比并不突出，但由于海鸟的尾巴相对较短，翅膀的宽度相对较窄，所以显得翅特别长。因此，翅形指数（Aspect Ratio， = 翅展／平均翅宽）可以更加准确反映翅膀的外形。翅形指数越高，翅形相对越长越窄，该指数低，则翅形相对短而宽。在鸟类中，漂泊信天翁是长而窄的翅形代表，而麻雀则代表了短而宽的翅形类群。即便在海鸟中，翅形也呈现出了一定的多样性。结合翅膀荷载率（Wing Loading， = 体重／翅膀面积），可将海鸟大致分为以下3个类群：窄长翅形、低荷载力，包括信天翁、海燕、鹱、军舰鸟、海鸥、燕鸥、贼鸥等，这些鸟类翅形窄而长，但在单位翅膀面积下可以荷载的体重较低；宽短翅形、较高荷载力，如鸬鹚，翅形宽而短，但单位面积可以荷载较重的体重；窄短翅形、高荷载力，包括海雀和鹲燕，它们的翅形短而窄，但单位面积具有高强的荷载能力。

潜水型海鸟腿脚一般位于身体的后部，这样在潜泳时，可以减少腿脚的阻力。因此，这些海鸟在站立时常常挺直身子以免前倾（如企鹅、鸬鹚和海鸦），或干脆腹部着地以更好地休息（如鹱、海燕、鹱和海雀等）。对于海鸟来说，虽然偶尔降落于陆地，但多数时间在海上飞行，一双大脚肯定是个累赘。因此，海鸟多数腿脚较短或者较细。如燕鸥、军舰鸟和鹱等具有短而小的脚，海燕具有长而细的脚，只有信天翁、海鸥和海鹦等腿脚比较壮实。和水鸟一样，蹼对于海鸟来说也是必需的，不论是潜水还是在水面游泳。对于某些海鸟，如海雀，由于尾巴短小无法掌舵，宽大的脚掌在飞行时还具有方向舵的作用。而对于在南极繁殖的帝企鹅，脚掌还可以作为垫子辅助孵卵，以免卵直接接触冰冷的地面。

由于海鸟大都以鱼类或海洋水生生物为食，因此相对于陆生鸟类，嘴形变化并不大。即便如此，不同类群还是有一些明显的区别。最突出的当然是鹈鹕的长嘴。此外，信天翁、贼鸥、鸬鹚、鹱、海燕和大型海鸥在其嘴的前端都带一小钩。对于信天翁和海鸥，这个钩在猎食时可以辅助撕扯猎物。只是鹱和鸬鹚等嘴上的钩有点令人费解，因为它们很少撕扯食物。像企鹅、鲣鸟和燕鸥等，虽然也捕鱼，嘴尖并没有这样的钩。海鸟中，嘴形相对奇怪的要数海雀一族。海雀、海鸦、海鹦和海鸽嘴形五花八门。尤其是在繁殖季节，某些种类，如海鹦的嘴上还带上了鲜艳的色彩。除了取食之外，这些嘴显然还具有求偶炫耀的功能。

行为适应

捕食行为 海鸟的捕食方式可以大致分以下4类：

潜泳捕食。如企鹅、鸬鹚、海雀和鹈燕等，它们通过潜入水中，在潜泳中捕捉猎物。

俯冲捕食。如鹈鹕、鲣鸟、鹲和部分燕鸥等，它们常在空中直接俯冲入水捕捉猎物。

飞行捕食。如海燕、贼鸥和某些燕鸥，它们常在水面之上，在飞行中捕捉水面浅层的猎物。

浮水捕食。如信天翁和海鸥等，它们漂浮在海面上，捕捉水面的猎物。

当然，这一划分并不是绝对的，有些海鸟可以采取多种方法获取猎物。如有些燕鸥既可以在海面上捕食鱼类，也可俯冲入水捕捉鱼类，鹲类除了在水面上空飞行捕食，也偶尔到水面上捕捉猎物，等等。

飞行行为 飞行并不是海鸟必须具备的能力，如企鹅并不会飞行。然而，多数海鸟的确具有较强的飞行能力，尤其是那些在外海或者大洋上栖息的类群。信天翁是其中的典型代表。信天翁在成年之前都在海上度过，时间长达十多年。这期间，它们从不着陆。终其一生，信天翁有95%的时间在海上度过，绝大部分时间在空中飞行。即便在繁殖季节，它们一般也选择在远离大陆几百甚至几千千米的小岛上筑巢。即便在育雏阶段，它们外出觅食的行程也常长达1万多千米。信天翁的翅长和翅宽之比达到了18:1，与最完善的人造滑翔器接近。修长的翅膀和流线体型，再借助海风和热气流，信天翁可以长时间滑翔或轻易地连续飞行。也因此，信天翁被认为可以在空中睡觉。

翅形指数直接反映了海鸟的飞行能力。因此，由于翅形的不同，不同类群的飞行能力各不相同。具有与信天翁类似翅形的军舰鸟显然也是飞行高手，这也赋予了它们抢夺其他海鸟食物的能力。而翅形短小的海雀、鸬鹚等，更多地选择在海岸带附近活动，飞行时更多地采取快速扇动翅膀的方式，而不是在空中滑翔。

除了在空中飞翔的方式，如何起飞也与翅形有关。翅形修长的鸟类，虽然善于滑翔，但往往起飞困难。在飞行中，这些鸟类可以借助气流轻松提升高度，但从地面起飞则必须依靠肌肉才能实现。海鸟的起飞和水鸟类似，有些可直接起飞，有些则必须借助于在陆上或水面上助跑才行。降落也是如此，起飞困难的种类，在降落时也需要一定距离的滑行才能停稳。

多数海鸟的飞行高度低于100 m。海面附近风速相对较低，有利于一些翅膀短小的种类逆风飞行。迁徙的燕鸥和贼鸥贴着海面飞行还方便它们及时发现猎物。当然，那些需要借助上升气流滑翔的种类飞行高度较高。如军舰鸟常借助于热带积云下部对流层的热气流长途飞行，飞行高度常达几百米，甚至几千米。像军舰鸟这样狭长翅形的海鸟，从地面起飞非常困难，因此它们只好把巢筑在树上或灌丛中。

潜水或游泳 蹼是海鸟游泳或潜水有力的推进器。在海面上游泳时，海雀一般使用两只脚交替划水。但如果需要快速游动，它们就毫无例外地使用双足

海鸟的不同捕食方式，有潜泳捕食、俯冲捕食、飞行捕食、浮水捕食，捕食行为与身体结构相关。图中展示了各种类群的海鸟不同的捕食方式。Jon Gittoes 绘

中国海洋鸟类及其对环境的适应

红脚鲣鸟的嘴裂很大，一直延伸到眼的后部，边缘有锯齿以协助捕食，这样的结构是为了适应吞咽大的食物，鲣鸟在飞行过程中常常把食物圈囵吞下去。李长寿摄

同时划行。双足同时划动虽然打断了推进的连续性，但更加强大的推进力产生的快速及其惯性，可以使它们在同等力量下获得更快的速度。当它们在水下追捕猎物时，双足同时推进也是最好的选择。然而对于企鹅来说，在水下潜泳时，双足已经不是主要推进器了。它们短小的翅膀虽然无法支持飞行，但在潜泳时却显示了巨大的威力。它们依靠双桨一样的翅膀，同时快速地划动，再加上鱼雷一样的身体，能够在潜泳时获得像飞行一样的速度。

发现猎物 鸟类大都具有极佳的视力。因而与其他脊椎动物相比，它们具有相对更大的眼睛。而且，眼睛越大的鸟类，视力越好，如需要在高空发现猎物的鹰类，以及需要在暗淡光线下捕猎的鸮类。海鸟同样具有敏锐的视力。由于它们除了需要在空中视物外，多数种类还需要在水下观察，而空气和水的光线折射率是不一样的，因此，它们的眼睛势必要求具有更强的适应性和调节能力。对于潜水捕

猎的海鸟来说更是如此。一方面，它们可以通过挤压晶状体来调节虹膜的进光量；另一方面，像企鹅这样的深潜海鸟，具有相对扁平的角膜，这使得它们虽然在空气中相对短视，但在水下能更好地视物。王企鹅因为需要下潜到达 300 m 的深度，其瞳孔比起其他鸟类来，具有更大的扩张和收缩阈值。有了这样宽的收放阈值，王企鹅可以在短时间内适应水上明亮光线和水下暗淡光线的转换。

海鸟当然也依靠它们的嗅觉来发现猎物。对于管鼻类来说，嗅觉在它们寻找食物和洞穴时发挥重要作用。尤其是海燕类，主要依靠嗅觉。而鹈燕类似乎嗅觉的敏锐度和功能较低。当然，在水下，海鸟的嗅觉功能基本丧失，不可能依靠嗅觉来追捕猎物。因为实验发现，所有水鸟的鼻孔内都有一个阀门，一旦进入水下，该阀门即关闭。这一装置的主要功能应该是防止水进入呼吸系统，但同时也关闭了它们的嗅觉器官。

生态适应

集群繁殖 集群繁殖是海鸟最显著的特征。据统计，96%的海鸟选择集群繁殖。少到几十只，多到数万只，挤在一小块地方，一般是偏远的岛屿上集群筑巢育雏。繁殖群几乎是描述海鸟繁殖生态的特定用语。它是由多个繁殖个体组成并维持的功能群体，这个群体的成员之间在整个繁殖季节存在某种联系。这种联系可能通过视觉或者声音来实现。通过这些联系，繁殖群常常做出一些阵发性的群体行为，如当猛禽等天敌光临时，整个繁殖群常常同时集体惊飞。繁殖群不同于种群的概念，它们之间的组合并不是固定的。不同的繁殖季节，不同个体在不同繁殖群之间存在不同程度的重新组合。而且，在繁殖季节之外，这些原有繁殖群的个体，也很少继续集群活动。

繁殖群的大小被认为与该物种常规觅食区域的大小有关。也即常规觅食区域越大，其繁殖群的个体数量也越多。

为什么海鸟需要集群繁殖？一种解释认为，是由于适宜繁殖地的缺乏。虽然海洋非常开阔，但是由于不同种类的海鸟对繁殖栖息地的要求不同，而且有些种类还有特殊的要求，而能够满足这种要求的海岛并不多，这就导致了这些海鸟挤在一起繁殖。这种特殊的要求可能是地面或者灌丛，甚至是周边海域的食物资源。但是这一观点有时很难解释，为

什么就在繁殖岛屿边上，明明还有一块类似的适宜栖息地，它们偏偏不用，而愿意挤在同一个地方。普遍的观点认为，海鸟集群繁殖是出于防御天敌的需要。初想之下，可能会疑惑，为什么海鸟已经选择了远离陆地兽类等天敌的偏远岛屿繁殖，还进化出如此的天敌防御对策；而且集群繁殖声势这么大，不是更容易被天敌发现吗？确实，一些远离大陆的海岛似乎隔绝了兽类天敌，但是猛禽，还有同样属于海鸟的贼鸥和大型鸥类，对于许多海鸟来说仍然是不得不防的天敌。有证据显示，面对大群个体时，捕食者的捕食成功率会降低。反过来，对于同一种繁殖海鸟来说，繁殖群体越大，繁殖成功率会越高。

集群可以有效降低每个个体所需付出的警戒努力，以便及时做出反应。群体惊飞就是非常有效的

在同一个岛屿上集群繁殖的中华凤头燕鸥和大凤头燕鸥，巢直接筑于地面，巢间距非常小。陈水华摄

15种在欧洲繁殖的海鸟最大繁殖群大小和常规觅食区域面积

物种		最大繁殖群大小/只	常规觅食区域面积/km²
北极海鹦	*Fratercula arctica*	100 000	250
大西洋鹱	*Puffinus puffinus*	100 000	450
北鲣鸟	*Morus bassanus*	50 000	450
暴风鹱	*Fulmarus glacialis*	45 000	450
崖海鸦	*Uria aalge*	40 000	100
三趾鸥	*Rissa tridactyla*	30 000	75
银鸥	*Larus argentatus*	18 000	60
小黑背银鸥	*Larus fuscus*	15 000	60
北极燕鸥	*Sterna paradisaea*	3000	15
黄嘴凤头燕鸥	*Thalasseus sandvicensis*	2000	18
普通燕鸥	*Sterna hirundo*	1500	15
鸥鸬鹚	*Phalacrocorax aristotelis*	1000	14
普通鸬鹚	*Phalacrocorax carbo*	500	13
白翅斑海鸽	*Cepphus grylle*	150	10
白额燕鸥	*Sternula albifrons*	110	8

引自 Coulson（1985）

中国海洋鸟类及其对环境的适应

集体防御对策。对于有些种类来说，群体性的反应和反击也可成功驱逐天敌。集群还有利于寻找食物，繁殖群就如信息发布中心，一旦有个体在某区域成功觅食，这个信息就迅速在群体中传开了。公共信息或者社会信息对于集群繁殖的鸟类来说非常重要，往往是它们繁殖栖息地选择和觅食栖息地选择的主要依据。

繁殖栖息地选择　食物资源和天敌是决定鸟类繁殖栖息地选择的最主要因素。一方面，海鸟倾向于把巢安置在觅食区附近，这样就不用枉费工夫在觅食区和巢区之间来回跑了。另一方面，由于多数海鸟的巢和雏鸟暴露在外，它们必须选择一个远离天敌的地方筑巢繁殖。鉴于以上两方面的因素，绝大多数海鸟选择在偏远的海岛繁殖，一方面可以就近觅食，另一方面也避开了陆地上常见的兽类等天敌。

在巢位选择方面，除了少数海鸟选择在树上、灌丛或者悬崖峭壁筑巢，以及小部分在石缝或洞穴中筑巢，多数海鸟直接将巢筑在开阔的地面。信天翁、鹈鹕、贼鸥、鸥、燕鸥，以及多数鹱鹱和部分鲣鸟等选择在开阔的地面筑巢；鹱和海燕选择隐秘的石缝和洞穴繁殖；企鹅多数在地面，少数在洞穴中繁殖；海雀类一部分露天繁殖，一部分在洞穴中繁殖；军舰鸟、部分鸬鹚和鲣鸟在树上筑巢繁殖。

在西沙群岛繁殖的红脚鲣鸟筑巢于红树林的树冠上。陈俨摄

迁徙途中在北戴河沿海滩涂上集群停歇的红嘴鸥。沈越摄

迁徙与运动 与许多陆生鸟类和水鸟一样，许多海鸟具有迁徙的习性，特别是那些在高纬度地区繁殖的海鸟。与陆生鸟类和水鸟不同的是，多数海鸟主要在海域迁徙，不仅避开了陆地上的猛禽等天敌，也使得它们在迁徙中可以随时随地休息或觅食。然而，总体上迁徙这一特征在海鸟中并不显著，尤其是完全迁徙（即某一物种的所有个体从繁殖地完全清空，全部迁移到越冬地的迁徙）的例子较少。部分燕鸥和鹱是完全迁徙的类群，多数海鸟种类呈现不完全迁徙甚至不迁徙的状态。还有一些种类更过分，如加州鸬鹚居然逆向而行，在冬季往北迁徙。海鸟所表现的这些迁徙特点，与海洋环境密切相关。海洋气候并不像陆地那样四季分明，特别是海洋食物资源的分布和丰衰也并不一定与季节同步。海鸟的迁徙除了与气候有关之外，还与洋流导致的食物资源变化有关。

海鸟也和许多滨鸟一样，有些种类存在跨赤道迁徙的现象。一些在极地或中纬度繁殖的海鸟，迁徙到另一半球纬度相似的栖息地越冬。对于它们来说，一年中度过了两个夏天，但付出的是长途迁徙的代价。这些跨赤道迁徙的海鸟包括贼鸥（5种）、鹱（14种）、海燕（2种）、鸥（2种）和燕鸥（6种）。

在北半球繁殖的种类跨赤道迁徙的比例更高。在北半球繁殖的全部贼鸥都有这种迁徙习性，而在南半球繁殖的贼鸥，仅有南极贼鸥会跨越赤道。同样地，在北半球高纬度繁殖的鹱，全部具有跨赤道迁徙习性，在南半球繁殖的则仅有部分如此。跨赤道迁徙最著名的例子是北极燕鸥。它们在北极附近繁殖，越冬区深入至南极洲附近的海洋。最近的追踪研究显示，其每年往返的行程可达 90 000 km 以上，是已知的动物中迁徙路线最长的。

在繁殖季节以外，海鸟较少有领域性。它们的运动多受海洋洋流和气候的影响，然而由于这种大尺度的研究非常困难，具体影响目前还不是很清楚。根据目前的观察，一般我们常说的大风大雨等恶劣天气，对海鸟的影响似乎不大。对于那些需要乘风而行的海鸟，比如信天翁，它们还常常需要借助这样的海上风浪和气流来运动和觅食。偶尔的极端天气，如台风等，可导致海鸟的繁殖失败，如摧毁孵化中的巢和卵、杀死雏鸟等；也常导致一些海鸟偏离运动方向，甚至"落难"到内陆地区。因此在台风过后，在内陆地区，常能发现一些平时不容易见到的海鸟出现，甚至留下一些海鸟的尸体。

中国海洋鸟类及其对环境的适应

婚配制度和生活史对策

婚配制度 在鸟类中存在多种婚配制度，包括一雄一雌制、一雄多雌制、一雌多雄制和混交制等。而多数海鸟实施的是单配制，即一雄一雌制。短的维持一个繁殖季节，长的可达数十年。单配制在海鸟中流行的原因，主要是在海洋环境中养育后代不易。它们的卵常常需要双亲共同来孵化，雏鸟需要双亲共同养育。觅食相对困难，加上孵化和育雏的时间较长，单亲无法独自完成繁育的任务。单配制的、相对稳定的婚姻关系可以更大程度地保证后代繁育的成功。

由于双亲都需要在繁育中付出，配偶的选择就非常重要。觅食能力是配偶选择的重要指标，因此献鱼就成了海鸟求偶最常见的仪式，据此雌性可以评估雄性捕食和养育后代的能力。此外，身体条件、鸣声、返回繁殖地的时间等，都是择偶的重要标准。对于双亲抚育的海鸟，这样的选择常常是双向的。因为对于雄性来说，它们在后代抚育中也需要大量付出，配偶的能力和后代的质量也很重要。有些种类，比如信天翁，每两年才繁殖一次，配偶选择就更挑剔了，这样的选择过程常常持续数年之久。

配偶关系一旦确定，多数海鸟能够长期维持。有研究显示，短尾鹱50%的成年个体终其一生只有一个配偶，全部个体的平均配偶数少于2，且30%～40%的配偶更换是由于前配偶的死亡。当然，在海鸟中也有在不同的年份频繁更换配偶的现象。如红嘴巨燕鸥中有75%的个体每年更换配偶。这一现象多发生在不同年份间栖息地频繁更换，以及到达繁殖地不同步的情况下。长久稳定的伴侣关系有利于海鸟提高后代的繁殖成功率。有时，为了重新建立配偶关系，有些个体不得不推迟繁殖时间，甚至放弃当年的繁殖。

觅食能力是配偶选择的重要指标，因此献鱼就成了海鸟求偶最常见的仪式，据此雌性可以评估雄性捕食和养育后代的能力。图为白额燕鸥的献食求偶。颜重威摄

窝卵数 大多数海鸟窝卵数1~2枚，54%的种类每窝仅产1枚卵。少数种类每窝产多枚卵，如有些鸬鹚窝卵数可达6枚。海鸟的窝卵数较少被认为是由于海洋环境食物资源相对匮乏的缘故。一般来说，远洋种类窝卵数较低，因为比起近岸种类，它们需要飞行更远的距离去获取食物。如军舰鸟、海燕和鹱等在远洋觅食的海鸟每窝只产1枚卵，而鸬鹚和海鸥等在近海觅食的种类，每窝可产多枚卵。这一趋势在同一类群内部也存在。如鲣鸟类，远洋觅食种类的窝卵数明显低于近海觅食的种类。燕鸥的情况也是这样，沿海岸带筑巢繁殖的窝卵数可达3枚，而在外海繁殖的窝卵数通常只有1~2枚。热带海域的物种窝卵数也比较低，这可能反映了热带海域相对较低的海洋生产力。当然，窝卵数受较多因素的影响，有系统发育的因素，也受食物资源、取食策略和热环境的影响。

孵卵、育雏和雏鸟发育 孵化期和育雏期是鸟类生活史特征之一，直接反映了亲鸟的孵育能力。海鸟的孵化期较陆生鸟类长，其中，皇信天翁的孵化期长达79天，是所有鸟类中最长的。海鸟的育雏期也明显比其他同体型的陆生鸟类长。

在鸟类中，普遍存在4种雏鸟形态：早成鸟、半早成鸟、半晚成鸟、晚成鸟。在海鸟中，鹈形目的鸟类（鲣鸟、鸬鹚、鹈鹕和军舰鸟）普遍属于晚成鸟，鹱属于半晚成鸟，企鹅、信天翁和海燕等属于半晚成鸟或半早成鸟，除了扁嘴海雀属的海雀，其他全部鸻形目的海鸟（贼鸥、鸥和燕鸥）都是半早成鸟。海雀科鸟类呈现出独特的多样性，从半早成的海鹦、海鸽，到中间态的海鸦和早成性的扁嘴海雀属的海雀。

为什么除了扁嘴海雀属的海雀之外，海鸟中鲜见早成鸟，而在陆地和湿地鸟类中（如雉类、雁鸭类、鸻鹬类、沙鸡类）早成鸟却比较普遍？可能的原因或许包括：系统发育的原因；海鸟需要离开繁殖地作远距离觅食，这不是刚出生的雏鸟可以胜任的；许多早成性的鸟类其雏鸟的外形在其繁殖栖息地都具有一定隐蔽性，不易为天敌发现，而这种隐蔽性在海上可能难以实现。

大多数海洋鸟类窝卵数1~2枚，54%的种类每窝仅产1枚卵，少数种类每窝产多枚卵。图为普通鸬鹚的巢和卵，窝卵数可达6枚。宋丽军摄

中国海洋鸟类及其对环境的适应

上：遗鸥的雏鸟为半早成鸟，刚出生的雏鸟覆有绒羽，但仍需要亲鸟饲喂一段时间才能离巢。王会师摄

下：鲣鸟的雏鸟为晚成鸟，刚出生的雏鸟几乎全身裸露，毫无活动能力。李长寿摄

繁殖力与生存率　低窝卵数、延迟繁殖、高成体存活率和较长的寿命，是海鸟生活史对策的主要特征。这些特征在企鹅、管鼻类、鲣鸟、军舰鸟、鹲、热带燕鸥和大型海雀身上体现得最为明显。所有这些鸟类每窝都仅产 1 枚卵，4 龄之后才开始繁殖，年存活率均达到 90% 以上，寿命一般都有望达到 25 年以上。即便像大西洋鹱这样的小型海鸟，其寿命也可达 50 年。像漂泊信天翁这样的大型海鸟，寿命可达 130 年以上。

总体上，海鸟开始繁殖的时间都比较迟。这方面的资料并不完全，但还是可以为我们提供参考。大凤头燕鸥在 3 龄之后开始进入繁殖，厚嘴崖海鸦为 5 龄，短尾鹱为 8 龄，而漂泊信天翁开始繁殖的时间为 10 龄。为什么海鸟进入繁殖如此之迟？一般认为，这可能与亚成鸟在出生后前几年的觅食成功率低有关。由于经验不足，这些出生不久的亚成鸟觅食能力相对较差，当然也就不足以支持它们较早地进入繁殖。刚开始繁殖的亲鸟繁殖成功率也相对较低，随着年龄的增长，繁殖成功率逐渐提高。如厚嘴崖海鸦一般在 10 龄时达到最大繁殖成功率，而漂泊信天翁直到 25 龄才达到最大繁殖成功率。

在年存活率方面，和多数鸟类一样，海鸟出生后的第一年死亡率最高，其后存活率逐渐提高，在接近老年时又降低。据不完全统计，鹲燕的年存活率为 75%，小海雀和扁嘴海雀为 77%，暴风鹱达 96%，漂泊信天翁甚至达到 97%。因而，虽然繁殖率较低，但由于较高的年存活率和寿命，海鸟的终身繁殖力与其他鸟类相比并没有明显差距。有证据显示，漂泊信天翁从 10 龄开始繁殖，每 2 年繁殖一次，如果活到 130 龄，一共可成功繁育 60 个后代。纵观鸟类不同类群，终身繁殖力基本恒定，也即繁育 5～6 倍替代自己个体生命的后代。

中国湿地鸟类及其对环境的适应

■ 湿地鸟类以湿地为栖息地
■ 鸟类是湿地生态系统的重要组成部分，是检测湿地环境质量的指标性生物类群
■ 湿地鸟类在形态特征和行为习性上都表现出对湿地环境的适应
■ 大部分湿地鸟类为候鸟，具有迁徙的习性

主要湿地鸟类类群

湿地鸟类包括潜鸟类、鹏鹏类、鸻鹬类、雁鸭类、鹤类、秧鸡类、鹳类、鹭类、鹮类等水鸟，以及其他在湿地生活的鸟类，如翠鸟类、猛禽、鸣禽等。

潜鸟类 潜鸟是指潜鸟目的鸟类，全世界仅1科1属5种。均为大型游禽，雌雄相似。脚在身体的后部，跗跖侧扁，前3趾间具蹼，善游泳。喙强直而尖，身体呈修长的圆筒形，被厚而密的羽毛，利于潜水捕鱼。翅窄且短。尾短而硬，为覆羽所掩盖。广泛分布于北半球寒带和温带水域，包括北极地区、地中海、里海、北美洲南部及中国沿海地区。在岛屿或水边的沼泽地营巢。雏鸟早成性。

鹏鹏类 鹏鹏是指鹏鹏目的鸟类，全世界共1科6属23种。鹏鹏类的外形和生活习性都与潜鸟有些相似，都善于游泳和潜水，以捕食鱼类和水生无脊椎动物为生。但相对于潜鸟类的修长紧凑，鹏鹏类体型短圆，喙细，羽毛蓬松细软，头部有时具羽冠或皱领；翅亦短圆，尾羽均为短小绒羽。

鸻鹬类 鸻鹬类是湿地鸟类中物种数量最多的类群，包括鸻形目13个科的种类，均为中小型涉禽。多数雌雄相似，羽色较为朴素斑驳，形成保护色；喙形态多样，以适应于多样的取食行为；大多具有迁徙性，长距离飞行能力突出，广布于全球各地。

雁鸭类 雁鸭类指雁形目鸟类，均为中到大型游禽。羽毛致密，保暖和防水性强；喙多扁平，先端具嘴甲；前趾间具蹼，适于游泳；大多雌雄异形，雄鸟羽色艳丽，而雌鸟羽色朴素。全世界共2科160种左右，分布广泛，是人类最为熟知的一类水鸟。

鹤类 鹤类指鹤形目鹤科鸟类，全世界共4属15种，分布于除南美洲和南极洲之外的各大陆，以东亚为多。中国有2属9种，是世界上鹤类种数最多的国家。鹤类均为大型涉禽，腿长颈长喙长，且身姿优雅，是东方文化中长寿、吉祥和高贵的象征。

秧鸡类 秧鸡指鹤形目秧鸡科鸟类，包括39属150余种，分布遍及世界各地，中国有11属19种。典型的秧鸡类为中小型涉禽，性情隐蔽，因常在稻田里的秧丛中栖息而得名。身体短而侧扁，适于在浓密的植被中穿行。翅短宽而圆，不善于飞行而善于奔跑，有些分布于海岛的秧鸡甚至已经失去了飞翔能力。

鹳类 鹳形目鹳科鸟类，全世界共6属19种，分布于温带和热带地区，中国有4属7种。鹳类均为大型涉禽，喙长而粗壮，主要以捕食鱼类为生。

鹭类 鹳形目鹭科鸟类。全世界共17属59种，广泛分布于南北纬60°间的所有陆地，中国有10属20种。鹭类为大、中型涉禽，主要活动于湿地及附近林地，是湿地生态系统中的常见鸟类。体型纤瘦，翅大而圆，内趾与中趾间微有蹼膜，中趾之爪的内侧具栉缘。栖息于沼泽、稻田、湖泊、池塘，大多群居。啄食鱼类、两栖类、昆虫和甲壳动物。飞翔能力强。飞行时颈收缩于肩间，呈驼背状，脚向后伸直。栖止于树上时，也缩颈呈驼背状。

鹮类 鹳形目鹮科下除琵鹭属以外的12个属的鸟类，全世界30种，中国有4属4种。

琵鹭类 鹮科琵鹭属鸟类，全世界共6种，中国有2种。喙长而扁平，先端延展如汤匙状，形似中国传统乐器——琵琶，因而得名。羽色均以白色为主。

翠鸟类 佛法僧目翠鸟科的鸟类，包括19属90余种，分布于世界各地，以亚太地区为多样性最高的区域，中国有7属11种。翠鸟类不属于严格定

义上的水鸟范畴，从鸟类生态类群上说属于攀禽，脚为并趾足，适于攀缘生活。但从英文名 Kingfisher 可知它们多数捕食鱼类，因此常出现在水边。翠鸟类头大尾短，喙粗长且强壮。多数羽色鲜艳，上体的羽毛多翠蓝发亮，故称翠鸟。

猛禽 猛禽是指隼形目、鹰形目和鸮形目的鸟类，大多性情凶猛，以捕食其他鸟类或脊椎动物为生，是位于食物链顶端的鸟类，在生态系统中扮演着重要角色。中国已将所有猛禽列为国家重点保护动物。部分猛禽以鱼类为食，因而常出现在湿地中。

鸣禽 鸣禽是指雀形目鸟类，是物种数量最多的鸟类类群。由于种类繁多，鸣禽分布广泛，适应各种不同的生境类型，其中一部分常出现在湿地，一些种类如震旦鸦雀只在芦苇沼泽湿地活动。

中国湿地鸟类及其对环境的适应

鸟类是湿地生态系统的重要组成部分，而湿地最早被人们认识到的功能也正是作为水鸟的重要栖息地，许多湿地保护区的建立都是以其中的水鸟作为旗舰物种和主要保护对象。图为湿地生态系统示意图，展示了主要的湿地鸟类类群，包括鹳类：黑鹳，东方白鹳；鹭类：苍鹭，大白鹭；琵鹭类：白琵鹭，黑脸琵鹭；鹤类：丹顶鹤，白枕鹤，秧鸡类：花田鸡，红脚苦恶鸟；雁鸭类：大天鹅，灰雁，豆雁，鸿雁，冠麻鸭，翘鼻麻鸭；鸻鹬类：凤头麦鸡，泽鹬，中杓鹬，流苏鹬，反嘴鹬；鸊鷉类：小鸊鷉。张莉绘

湿地鸟类的适应特征

尽管不同的湿地鸟类在亲缘关系方面存在很大的差别，但由于适应于湿地这一相似的生活环境，它们在形态特征和生活习性方面具有很多相似之处。

涉水生活的涉禽一般具有腿长、喙长和颈长的"三长"特征，腿长便于在浅水水域行走，较长的喙部和颈部适于捕食浅水中或基质中的食物。涉禽不善于游泳，因此它们在湿地的活动范围与其腿部的长度有关。在滨海湿地，涨潮的时候常可以看到不同大小的涉禽在距离水线不同距离的区域活动：小型涉禽在潮水还没有淹没的区域活动，中型涉禽可以在水线附近活动，而大型涉禽则可以在已经被水淹没的区域活动。在湖泊湿地，也常可以见到小型的涉禽在湖滩上觅食，而大型的涉禽则可以在一定深度的浅水水域觅食。除了"三长"的特征，大部分涉禽的趾也较长，这可以增加受力面积，以便在被水浸泡的松软基质（如沼泽、泥滩等）上行走而不陷下去。

游禽适应于游泳或潜水生活，它们的形态也发生了一系列变化。大部分游禽的前趾间具有发达的蹼，这可以增加划水时的受力面积从而增加推力。此外，游禽的腿部较短，且在身体的位置后移，如鸊鷉，这样便于划水。但后移的腿部不适合行走，因此它们较少在陆地活动。

由于游禽长期在水中活动，其羽毛的防水功能显得特别重要。游禽具有发达的尾脂腺，它们常常用喙部将尾脂腺分泌的油脂涂抹在羽毛上，以保证羽毛不被水浸湿。游禽的绒羽非常发达，可以起到隔温和保暖的作用，这使得它们在寒冷的天气也可以保持体温。由于游禽的绒羽保暖性能好，一些雁鸭类的绒羽是制作羽绒服、羽绒被的材料。

水鸟的食物类型多种多样，如湿地中的鱼、贝、螺、蟹、蠕虫以及水生植物的叶片、种子、根茎等。为了获取不同的食物，水鸟的喙部形态发生了很大的变化。鹭和鹳的喙部长且粗壮，适合于啄取水中的鱼类；杓鹬的喙部长且弯曲，适合于捕食基质中的螃蟹等底栖动物；琵鹭的喙部前端呈水平的铲状，适合于它们在水中通过左右摆动来捕捉水中的鱼类；滨鹬类的喙部前端膨大并具有触觉感受器，当喙部插入基质中的时候，可以感受到基质中来自不同方向的压力以及微小的振动，从而准确判断底栖动物的位置。秋沙鸭、鲣鸟等的喙部前端呈钩状，且边缘具有齿状突起，适合于捕捉鱼类。一些雁类的喙部边缘也有齿状突起，这适合于它们取食植物的叶片，齿状突起具有切割的作用。

适应于获取不同的食物，水鸟的觅食行为也是多种多样的。环颈鸻在觅食时快速奔走，这是因为

右上：游禽会将尾脂腺分泌的油脂涂抹在羽毛上，以保证羽毛具有强大的防水功能。图中为出水的白眼潜鸭，湖水如玉珠一般从羽毛上滑落，丝毫不会沾湿羽毛。徐永春摄

右下：不同水鸟形态各异的喙。Dan Cole绘

白琵鹭的上喙凸出，酷似机翼，当它在水中拂掠时，掀起的旋转水流可以使甲壳类动物和鱼悬浮起来

彩鹮的喙长而向下弯曲，适于在泥土中搜寻蛙类、鱼类、昆虫和蜗牛

大红鹳龙骨状的喙上布满了一排排长着短毛的角质板，这样就能像须鲸一样过滤出无脊椎动物

草鹭的钉状喙长约13 cm，用于刺捕猎物，然后把猎物整个吞掉

杓鹬的喙部长且弯曲，适合于捕食基质中的螃蟹等底栖动物

左：鹤类是典型的涉禽，具有腿长、喙长和颈长的"三长"特征。图为引吭高歌的丹顶鹤。顾晓军摄

中国湿地鸟类及其对环境的适应

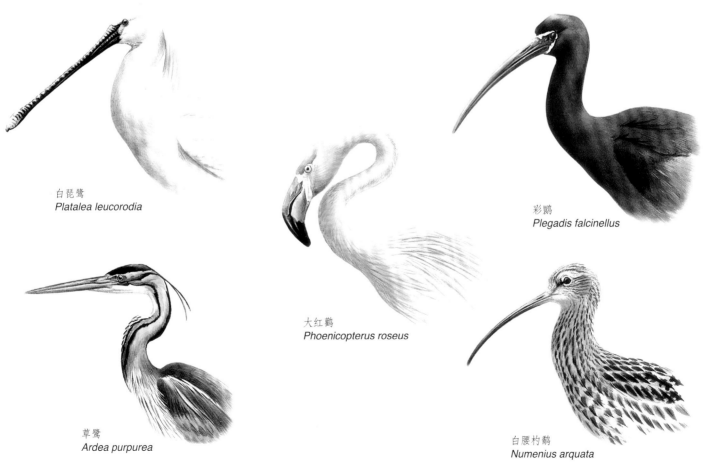

白琵鹭
Platalea leucorodia

彩鹮
Plegadis falcinellus

大红鹳
Phoenicopterus roseus

草鹭
Ardea purpurea

白腰杓鹬
Numenius arquata

它们主要捕食在地表活动的小型蟹类，而环颈鸻的喙部较短，需要在蟹钻到洞穴之前将其捕捉到，一旦蟹钻到洞穴中，环颈鸻就毫无办法了。另外，环颈鸻在觅食时一般分散开来单独活动，这也是为了避免个体之间的互相干扰。滨鹬类用细长的喙取食埋藏在基质中的底栖动物，个体之间的觅食活动不仅不会互相干扰，而且可以互相分享觅食地的食物资源信息，因此它们常集大群觅食。瓣蹼鹬在觅食的时候常常在水面打转，从而形成水流的漩涡，将一些在水下活动的水生无脊椎动物带到水面便于取食。翻石鹬在觅食的时候，用粗壮的喙部翻动石块来获取躲藏在石块下的无脊椎动物。这种特殊的觅食方式也使得翻石鹬的颈部肌肉非常发达。一些鹭类在捕食鱼类的时候会在水中长时间站立等待时机，一旦发现猎物则迅速用强壮的喙部猛啄下去。鹈鹕具有一个宽大的喉囊，喉囊像一个大铲子，觅食时可将鱼和水一起收入囊中，然后把喉囊里的水挤出来，将鱼吞入腹中。一些雁鸭类的游禽在觅食较深水域的水生植物时会呈倒立的姿势，将头部深深埋入水中，尾部保留在水面上。

有些雁鸭类觅食时身体倒立，将头部埋入水中，尾部保留在水面上。图为集群觅食的赤麻鸭，可见部分个体正在倒立觅食。周海翔摄

中国湿地鸟类及其对环境的适应

湿地鸟类的迁徙

迁徙是指动物随着季节变化进行一定空间距离的往返移动的习性。这种移动是由于动物栖息地的环境条件发生变化而引起的，并常与动物的生长发育过程中的周期性变化相联系。鸟类的迁徙是指鸟类以年为周期，有季节规律地跨越远距离空间的移动。在每年的春季和秋季，候鸟在越冬地和繁殖地之间会进行定期、集群的飞迁。由于鸟类具有快速飞行的能力，能够在短时间内跨越大尺度的空间，因此鸟类是迁徙能力最强的动物类群。

每年全球有数以亿计的候鸟在繁殖地和越冬地之间迁徙。候鸟的一个群体、一个种类或一个种群在迁徙时所经过的区域叫作迁飞区。按照地理位置划分，全球可分为3个主要的候鸟迁飞区：亚太候鸟迁飞区、非洲—欧亚候鸟迁飞区以及南北美洲候鸟迁飞区。这些迁飞区又可以分为不同的迁徙路线。以前的研究认为，全球有8条主要的候鸟迁徙路线。从亚太地区自东向西，分别为东亚—澳大利西亚迁徙路线，中亚—印度迁徙路线，西亚—东非迁徙路线，地中海—黑海迁徙路线，大西洋东部迁徙路线，大西洋西部迁徙路线，密西西比迁徙路线以及太平洋东部迁徙路线。近年来的研究表明，斑尾塍鹬等

在大洋洲越冬的鸻鹬类在春季迁徙时从澳大利亚经东亚和东北地区的迁徙停歇地飞到阿拉斯加繁殖，秋季迁徙时跨越太平洋，从阿拉斯加的繁殖地直接飞到澳大利亚越冬。因此增加了第9条候鸟迁徙路线——西太平洋迁徙路线。

由于不同迁徙路线上鸟类的种类和数量各不相同，而且不同的迁徙路线之间会发生很大的重叠，因此，迁徙路线指的是一个地理范围而不是指一条精确的路径。迁徙路线是候鸟保护上的一个非常有用的概念。由于候鸟的迁徙要经过多个国家和地区，候鸟的研究和保护也需要整个迁徙路线所涵盖的区域相关部门和人员的共同努力，因此，确定迁徙路线对于开展候鸟保护的国际合作具有重要意义。

大部分湿地鸟类为候鸟，湿地鸟类的迁徙活动近年来一直受到全球广泛关注。根据候鸟不同的迁徙路线，国际上已经成立了一些跨国和跨地区的鸟类保护网络。例如，在亚太地区，湿地国际亚太组织于1996年成立了亚太地区迁徙水鸟保护委员会，并制定了亚太地区迁徙水鸟保护战略，建立了东亚－澳大利西亚鸻鹬类网络（成立于1996年）、东北亚鹤类网络（成立于1997年）和东亚雁鸭类网络（成

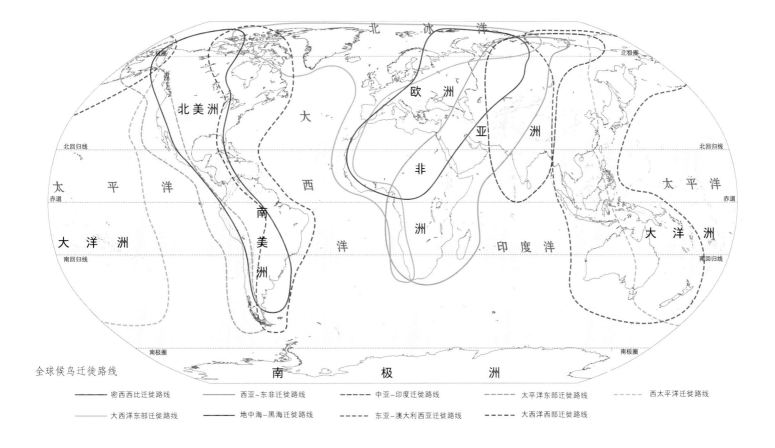

全球候鸟迁徙路线

| —— 密西西比迁徙路线 | —— 西亚–东非迁徙路线 | - - - 中亚–印度迁徙路线 | - - - 太平洋东部迁徙路线 | - - - 西太平洋迁徙路线 |
| —— 大西洋东部迁徙路线 | —— 地中海–黑海迁徙路线 | - - - 东亚–澳大利西亚迁徙路线 | - - - 大西洋西部迁徙路线 | |

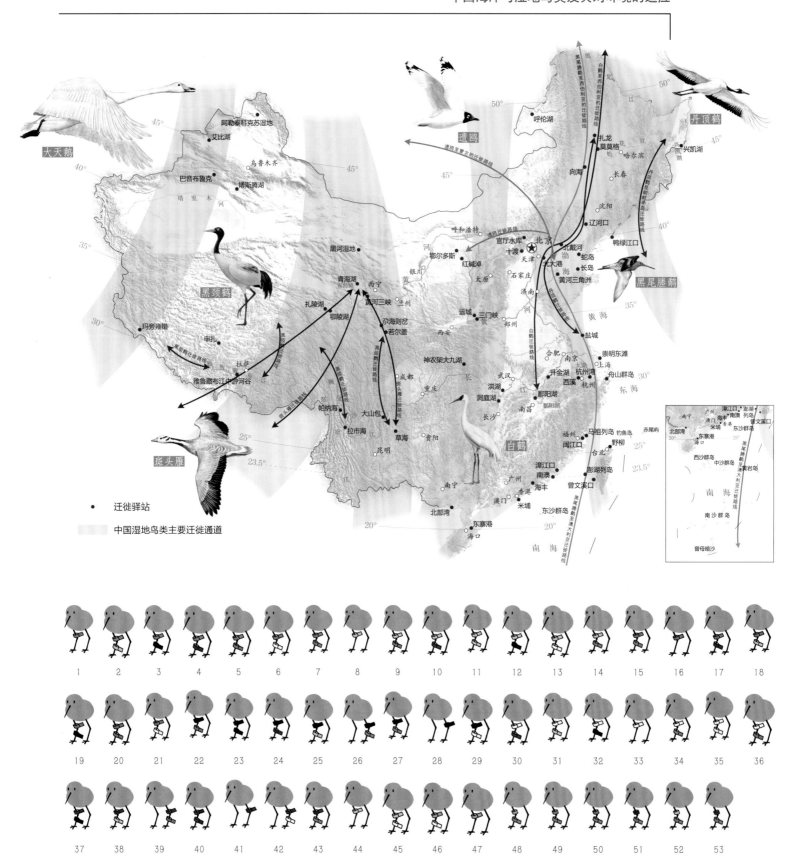

1.澳大利亚昆士兰 2.澳大利亚卡奔塔利亚湾 3.柬埔寨 4.中国江苏 5.中国鸭绿江 6.新加坡 7.斯里兰卡 8.澳大利亚西澳大利亚州北部 9.澳大利亚西澳大利亚州西南部 10.澳大利亚北部地区 11.孟加拉国 12.俄罗斯堪察加半岛 13.俄罗斯萨哈林岛 14.越南 15.澳大利亚新南威尔士州 16.澳大利亚维多利亚州 17.澳大利亚塔斯马尼亚岛 18.澳大利亚南澳大利亚州 19.印度尼西亚苏门答腊岛 20.印度尼西亚伊里安岛西部 21.韩国黄海东部 22.印度尼西亚爪哇岛&巴厘岛 23.缅甸 24.菲律宾 25.马来西亚 26.泰国马来半岛 27.泰国泰国湾 28.印度南部 29.中国崇明岛 30.中国台湾 31.中国香港 32.中国崇明岛（旧） 33.新西兰北岛 34.新西兰南岛 35.印度北部 36.韩国黄海东部 37.中国海南-广西 38.中国渤海湾唐山-沧州 39.日本九州岛-冲绳县 40.日本纹别市-北海道北部 41.日本春国岱-北海道东部 42.日本东京湾-宫城县 43.蒙古 44.俄罗斯楚科奇半岛南部 45.俄罗斯楚科奇半岛南部 46.俄罗斯弗兰格尔岛 47.俄罗斯楚科奇半岛北部 48.美国阿拉斯加北部（普拉德霍湾） 49.美国阿拉斯加北部（坎宁河） 50.美国阿拉斯加西北部（克鲁森斯特恩角） 51.美国阿拉斯加北部（巴罗） 52.美国阿拉斯加北部（巴罗） 53.美国阿拉斯加西部（诺姆）

上：中国候鸟迁徙示意图

下：东亚-澳大利西亚迁徙路线上候鸟旗标色彩分配

中国湿地鸟类及其对环境的适应

立于 1999 年）3 个重要的候鸟保护网络，以保护鸻鹬类、鹤类和雁鸭类三大湿地鸟类类群；并在这 3 个网络的基础上，建立了东亚—澳大利西亚迁飞区水鸟湿地网络。在非洲—欧亚候鸟迁飞区，相关国家签署了《保护野生动物迁徙公约》（《波恩公约》）以及《非洲—欧亚大陆迁徙水鸟保护协定》，以保护在非洲和欧亚大陆之间迁徙的水鸟。在南北美洲候鸟迁徙区，制订有北美水鸟管理计划，其主要宗旨为推进北美雁鸭类的保护。另外，还成立了西半球鸻鹬类保护网络，以推动对迁徙鸻鹬类的保护。

中国湿地鸟类的迁徙路径主要可分为 3 个区域：①西部候鸟迁徙区：在内蒙古西部干旱草原、青海、宁夏等地的干旱或荒漠、半荒漠草原地带和高原草甸等环境中繁殖的夏候鸟，它们迁飞时可沿阿尼玛卿、巴颜喀拉、邛崃等山脉向南沿横断山脉至四川盆地西部、云贵高原甚至印度半岛越冬，西藏地区候鸟除东部可沿唐古拉山和喜马拉雅山向东南方向迁徙外，部分大中型候鸟可飞越喜马拉雅山脉至印度、尼泊尔等地区越冬。②中部候鸟迁徙区：在内蒙古东部、中部草原，华北西部地区及陕西地区繁殖的候鸟，冬季可沿太行山、吕梁山越过秦岭和大巴山区进入四川盆地以及经大巴山东部向华中或更南地区越冬。③东部候鸟迁徙区：在东北地区、华北东部繁殖的候鸟，它们主要沿海岸向南迁飞至华中或华南，甚至迁到东南亚各国；或从海岸直接飞到日本、马来西亚、菲律宾及澳大利亚等国越冬。

鸟类环志是研究候鸟迁徙的一种简便易行的方法。在候鸟的繁殖地、越冬地或迁徙停歇地等鸟类集中的地方捕捉鸟类，将印有特殊标记的金属或彩色塑料做成的鸟环佩戴在鸟的腿部或颈部，然后将鸟在原地放飞以便在其他地点再次重新观察到或捕捉到，此种研究候鸟迁徙的方法称为鸟类环志。鸟环一般由合金材料制成，上面刻有环志的国家、机构、通信地址和鸟环编号等信息。不同鸟类使用鸟环的类型和佩戴位置不同。一般涉禽采用脚环，佩戴于鸟的跗跖部；游禽采用颈环，佩戴于鸟的颈部；猛禽一般采用翅环，佩戴于鸟的翅膀。通过环志鸟回收所获得的信息，可以了解候鸟的迁徙时间、迁徙路线、迁徙停歇地、迁徙范围、迁徙速度以及候鸟的年龄、寿命等信息。由于鸟环的回收需要捕捉鸟类，这导致环志的回收率较低，通常不到 1%。从 20 世纪 90 年代开始，研究人员开始对水鸟使用不同颜色组合的足旗进行环志。在鸟类迁徙路线上的不同区域使用特定颜色组合的足旗，这样通过在野外观察鸟类所佩足旗的不同颜色组合，就可以确定鸟类来自哪个区域。由于佩戴足旗的鸟类通过望远镜在很远的距离便可观察到，因此不需要捕捉鸟类就能获得相关的信息，从而大大提高了环志回收率。近年来，一些水鸟佩戴的足旗上还刻有字母或数字的编码，或者在环志的时候佩戴不同颜色组合的彩环，这样通过记录鸟类足旗编码或彩环颜色的信息，便可进行准确的个体识别。研究表明，野外观察到足旗的机会要比重捕到环志鸟类的机会高 5～20 倍，这对于鸟类迁徙的研究起到了重要的推动作用。在东亚—澳大利西亚迁徙路线上，每年有上万只鸻鹬类佩戴了编码足旗或彩环进行个体标记。

鸟类的迁徙距离可达数千甚至上万千米。很多水鸟具有超强的飞行能力。例如，斑尾塍鹬可以在 9 天的时间里连续飞行 10 000 km 以上，从位于美国阿拉斯加的繁殖地直接飞到位于新西兰和澳大利亚的越冬地。但大部分鸟类在长距离的迁徙途中需要在一个或多个地区停留一段时间，进行休息和补充能量。这些地区在迁徙期常聚集着数以万计的鸟类。中国黄渤海地区的滨海湿地是鸻鹬类重要的迁徙停歇地，每年春季在该区域停歇的鸻鹬类数量超过 200 万只。其中鸭绿江口、双台河口、黄河三角洲以及盐城沿海地区的滩涂迁徙高峰时的鸻鹬类数量都在 10 万只以上。

左：环志过的反嘴鹬，左脚戴有金属环，右脚上可见上白下黄旗标，说明是在香港标记后放飞的。颜重威摄

右：戴有旗标的红颈滨鹬，其腿上的旗标配色为上橙下黄，说明是在澳大利亚南澳大利亚州环志并放飞的候鸟。颜重威摄

中国海洋与湿地鸟类的
受胁与保护

中国海洋鸟类的受胁与保护

- ■ 中国东部沿海的滩涂是海洋鸟类的重要栖息地
- ■ 一些内陆咸水湖也能提供类海洋环境
- ■ 东南沿海是海洋鸟类的重要越冬地
- ■ 中国近海的无人岛屿为海洋鸟类提供了繁殖场所
- ■ 南海远离海岸的小岛是远洋重要的海鸟繁殖地和栖息地

海鸟的受胁因素

随着人口的增长和经济的发展，人类对自然世界的影响越来越大。地球上接近一半的表面积已经为人类所改变，大约四分之一的鸟类因为人类濒临灭绝。海洋环境和海鸟自然也难以幸免。近400年来，有270多个鸟类类群（种或亚种）灭绝，其中超过200个类群的灭绝发生在海岛上。而目前受胁的鸟类中，同样有三分之二生活在海岛。栖息地丧失、过度猎捕、外来种入侵、污染和疾病是当前生物多样性丧失，特别是野生动物濒临灭绝的主要原因，这些因素对于海鸟同样存在巨大的威胁。

栖息地丧失或恶化 海鸟的栖息地包括3类：繁殖栖息地，繁殖期的觅食栖息地和非繁殖期的栖息地。其中繁殖期的觅食栖息地最为脆弱，容易受到渔业和污染的影响，以及气候变化的影响。而大规模的围垦、海岛旅游和海岛开发等，则使得许多海鸟失去了原有的繁殖地。

外来物种引入 绝大多数的海岛鸟类灭绝与人类活动导致的外来物种引入有关。常见引入海岛的物种包括：逃逸的家养宠物，如猫和狗；偶然进入的鼠类和蛇；人为放养的动物。有大量事实

左：中华凤头燕鸥是鸥科鸟类中最稀少的一种，它们是世界上最濒危的鸟种之一，因其稀少神秘，被学者专家称为"神话之鸟"。2000年在马祖列岛燕鸥保护区发现其繁殖记录，是世界首次繁殖记录。图为一对情投意合的中华凤头燕鸥。陈林摄

右：随着人类的发展，许多自然环境越来越多地被人为改造，而威胁到其中野生动植物的生存，海鸟及其栖息地也不例外。由于过度捕捞，中国近海的许多渔场已经无鱼可捕，因此海水养殖大行其道。庞大的养殖产业，将中国漫长海岸线上的浅海、滩涂和内湾，尽数化为海田与鱼塘，使得海鸟失去了其原有栖息地。图为福建霞浦的海上养殖场，正是中国海水养殖改造海岸的一个缩影。朱庆福摄

和证据显示，这些动物在全世界范围均已经对海鸟，尤其是繁殖海鸟造成了严重的危害。它们不仅捕食海鸟的卵和雏鸟，造成繁殖群的部分甚至全部繁殖失败，还破坏了海鸟的原有繁殖栖息地和岛屿生态。

人为猎捕　在很长的历史阶段，人为猎捕一直是海鸟的最大威胁。大海雀的灭绝即是其中最典型的例子。这种不会飞的海鸟曾广泛分布在大西洋的各个岛屿上。15 世纪末期，进入这一地区的人们开始大量捕杀这种海鸟，最终导致其在 1844 年灭绝。即便在 20 世纪初，海鸟捕猎在欧洲和北美依然盛行，大量海鸟因用于妇女衣帽的羽毛装饰而被捕杀，另一部分则因为身上的油脂可以炼油或因肉食需要被捕杀。人为拾捡鸟卵比起猎捕成鸟来说，对于海鸟种群的威胁更大。1897 年，超过 700 000 颗企鹅卵在南非海岸被拾走，30 年间南非开普岛被拾捡的企鹅卵总数达 13 000 000 颗。在中国沿海，人为拾捡鸟卵已经成为繁殖海鸟最大的威胁，是导致中华凤头燕鸥濒临灭绝的主要原因。

人为干扰　人类的足迹已经遍布地球的每一个角落。随着交通的改善，海洋和海岛旅游越来越盛行。观赏海鸟也成了许多海洋和海岛旅游的内容之一。大多数游客并不熟悉海鸟的繁殖生态，过度的追逐、长时间的停留以及其他的伤害行为常常对繁殖期的海鸟造成严重的干扰，甚至导致繁殖失败。即便像南极这样偏远的地区也难以幸免。20 世纪 50 年代到达南极的游客为每年 300 人，90 年代增加到了 5500 人。加拉帕戈斯群岛在 20 世纪 70 年代还鲜有游人，到 1998 年游客人数达到了 60 000 人。

此外，渔民上岛拾捡贝类、海钓等渔业活动，以及某些不规范的科考和科研活动也可对海鸟的正常繁殖活动造成干扰。

其他威胁　海鸟面临的其他威胁还包括气候变化、台风、海洋污染（如海鸟误食海洋垃圾、原油泄漏污染海鸟等）、误捕、渔业资源的过度捕捞造成的食物短缺、传染病，以及种间竞争（如由于人为影响导致某些猎食性大型海鸥的繁盛，威胁到了其他海鸟的生存）等。

由于海洋污染，这只来往于马祖列岛和闽江口之间的中华凤头燕鸥在捕鱼时不幸把嘴尖扎进了漂浮于水面的塑料套，不仅卡得无法闭合，还被黑尾鸥以为是捕得了食物而上来抢食。陈林摄

海鸟的保护

立法和执法 和所有的野生动植物保护一样，海鸟的保护涉及立法和执法两个方面。首先，从国际层面，涉及海鸟的条约和国际法包括《南极海洋生物资源保护公约》（*The Convention on the Conservation of Antarctic Marine Living Resources*，CCAMLR）、《濒危野生动植物种国际贸易公约》（*The Convention on International Trade in Endangered Species of Wild Fauna and Flora*，CITES）、《保护野生动物迁徙物种公约》（*The Convention on the Conservation of Migratory Species of Wild Animals*，CMS）、《联合国海洋法公约》（*The UN Convention on the Law of the Sea*，1982），以及《禁止南太平洋使用长漂网捕鱼公约》（*The Convention for Prohibition of Fishing with Long Driftnets in the South Pacific*，1989）等。然而国际公约由于缺乏执法主体和监督机构，在很多情况下往往沦为一纸空文。

在国家层面上，纵观世界各地，立法和执法情况真是千差万别。以美国和中国为例，美国有关海鸟保护的法规有 1917 年出台的《迁徙鸟类条约》（*The Migratory Bird Treaty Act*）、1973 年出台的《濒危物种保护法》（*The Endangered Species Act*）和 1980 年出台的《渔业和野生动物保护法》（*Fish and Wildlife Conervation Act*）等。中国与海鸟有关的法规主要为《中华人民共和国野生动物保护法》（1989）、《中华人民共和国海洋环境保护法》（1999），以及《中澳候鸟保护协定》（1986）和《中日候鸟保护协定》（1981）。为了保护野生动植物及其栖息地，中国在野生动植物的重要栖息地建立了国家级和省级两个层面的自然保护区，并颁布了《中华人民共和国自然保护区条例》（1994）。针对海洋生态系统的保护，从 2005 年开始国家海洋局在各重要的海洋资源区域建立了国家级和省级海洋特别保护区。然而，由于海鸟的保护涉及林业和海洋两个部门，两个部门的执法和管理中目前还存在衔接不到位的情况。

辽宁盘锦有世界上最大的红海滩，也有中国第三大油田，这里是世界上黑嘴鸥种群数量最大的繁殖地，也是丹顶鹤繁殖地的最南端和越冬地的最北端，还是许多其他鸟类的乐园。1949年以来退耕还田已经大大改变了湿地的面貌。1970年建立了辽河油田。1988年这里建立了双台河口国家级自然保护区，但未能阻挡石油开采的步伐，这些都无疑从各方面影响到鸟类的生存。如今这里油田的磕头机与红色的海滩、人工开垦的稻田与自然生长的芦苇荡交织在一起，形成了一幅让人心情复杂的景象。赵振民摄

保护实践　海鸟保护也和许多野生动物保护一样，政府的立法和执法往往滞后于现实的需要。许多保护努力也依赖于科学家和民间保护力量。尤其是科学研究，是保护实践的先导。通过科学研究可以查明海鸟的种群资源、分布现状和受胁因素，揭示濒危海鸟的濒危机制，为有针对性地制订保护措施提供依据。在重要的海鸟繁殖地和栖息地建立保护区，实施严格的监测和保护，是当前海鸟保护的主要措施。绝大多数国家都针对海鸟建立了相应的保护区域，以减少或控制人类活动对海鸟的影响。针对那些种群数量下降、分布区缩小、栖息地丧失的海鸟，许多国家先后开展了海鸟恢复计划，包括海岛鼠害和引入哺乳动物的清除、海鸟栖息地的恢复以及海鸟繁殖种群的吸引等。以 Stephen Kress 为首的科学家采用社群吸引技术，即利用假鸟和声音回放等，成功地在北美和欧洲等 16 个国家和地区针对 64 种海鸟实施了 171 个海鸟恢复项目。中国科学家从 2013 年开始，借助北美的经验，在浙江韭山列岛和五峙山列岛实施了极危鸟类中华凤头燕鸥的人工招引和种群恢复项目，取得了令人瞩目的成果。

上：韭山列岛燕鸥人工招引场地。陈水华摄

下：韭山列岛被招引而来的大凤头燕鸥繁殖群。镜头右上角有 1 只大凤头燕鸥站在用于招引的假鸟上。陈水华摄

野生动物保护离不开宣传教育。公众的理解、保护意识的提高，以及日常行为的改变是野生动物保护的基础。对于海鸟保护来说，公众教育同样非常重要。公众教育一方面可以有效减少海洋垃圾、减少海鸟卵的捡拾和消费、减少对海鸟繁殖地的干扰等，另一方面可以促使更多的人参与到海鸟和海洋生态系统的保护中来。海鸟和海洋生态系统的保护，需要科学家、政府、民间保护机构，以及社会公众的共同努力。

中国海洋鸟类的主要栖息地与保护区

中国拥有广袤的海域和绵长的海岸线，海岸类型多样，各种大小的岛屿和暗礁星罗棋布，地理跨度超过 37 个纬度，为海鸟提供了多种多样的栖息地。渤海地区是许多候鸟的迁徙通道，也是一些在西伯利亚繁殖的海鸟繁殖地的南界。黄海地区位于全球九大候鸟迁徙路线之一——东亚—澳大利西亚迁徙路线的中心，是许多海鸟重要的迁徙停歇位点。东海地区和台湾以东太平洋海域是许多海洋鸟类重要的越冬位点。南海地区地处热带，同样是许多海鸟的越冬地，西沙群岛和南沙群岛则是一些热带海鸟的繁殖地。

中国对于海洋、海岸、海岛与海洋生物的保护起步较晚，目前还远跟不上陆地生态系统和陆生野生动物保护的脚步。根据国家环保部 2016 年 11 月公布的《2015 年全国自然保护区名录》，中国现有国家级和地区级自然保护区 2748 个，其中海洋海岸类型的保护区 68 个，此外还有一些以海洋生物为保护对象的野生动物保护区。在自然保护区系统之外，有些地区还建立了海洋生态特别保护区。虽然这些保护区仅有很少一部分是专门以海鸟为保护对象，但保护了作为海鸟栖息地的海洋生态系统，同样为海洋鸟类提供了庇护。

中国主要的海洋及海鸟保护区：
1.广西涠洲岛省级自然保护区　2.广西山口红树林国家级自然保护区　3.广西合浦营盘港-英罗港儒艮国家级自然保护区　4.广西北仑河口国家级自然保护区　5.广西茅尾海红树林省级自然保护区　6.上海金山三岛省级自然保护区　7.河北乐亭菩提岛诸岛省级自然保护区　8.河北昌黎黄金海岸国家级自然保护区　9.辽宁蛇岛老铁山国家级自然保护区　10.辽宁丹东鸭绿江口湿地国家级自然保护区　11.辽宁辽河口国家级自然保护区　12.山东大公岛省级自然保护区　13.山东胶南灵山岛省级自然保护区　14.山东黄河三角洲国家级自然保护区　15.山东崆峒列岛省级自然保护区　16.山东长岛国家级自然保护区　17.山东千里岩岛省级自然保护区　18.山东荣成成山头省级自然保护区　19.山东滨州贝壳堤岛与湿地国家级自然保护区　20.福建厦门珍稀海洋物种国家级自然保护区　21.福建泉州湾河口湿地省级自然保护区　22.福建漳江口红树林国家级自然保护区　23.福建东山珊瑚礁省级自然保护区　24.福建龙海九龙江口红树林省级自然保护区　25.海南东寨港国家级自然保护区　26.海南三亚珊瑚礁国家级自然保护区　27.海南西沙东岛白鲣鸟省级自然保护区　28.海南清澜省级自然保护区　29.海南铜鼓岭国家级自然保护区　30.海南大洲岛国家级自然保护区　31.海南东方黑脸琵鹭省级自然保护区　32.广东海丰鸟省级自然保护区　33.广东南鹏列岛省级自然保护区　34.广东内伶仃岛 福田国家级自然保护区　35.广东淇澳-担杆岛省级自然保护区　36.广东南澳候鸟省级自然保护区　37.广东南澎列岛国家级自然保护区　38.广东湛江红树林国家级自然保护区　39.广东徐闻珊瑚礁国家级自然保护区　40.浙江象山韭山列岛国家级自然保护区　41.浙江南麂列岛国家级自然保护区　42.浙江五峙山列岛鸟类省级自然保护区　43.浙江普陀中街山列岛海洋生态特别保护区　44.马祖列岛燕鸥保护区　45.台湾澎湖列岛猫屿海鸟保护区

青海湖国家级自然保护区

青海湖位于青藏高原东北部，祁连山系南麓。既是中国最大的内陆湖泊，也是国内最大的咸水湖，总面积达 4952 km²。保护区的主要保护对象是青海湖湿地，以及鸟类资源及其栖息地。青海湖是重要水禽栖息地和国际重要湿地，野生水鸟资源丰富，资源地位突出。青海湖位于中亚候鸟迁徙路线上，是候鸟迁徙途中的重要停歇地和中转站。青海湖大面积的湿地，以及丰富的水生动植物为水鸟提供了适宜的繁殖、栖息场所。每年在青海湖迁徙停留的候鸟有数十万只。青海湖又是中国境内夏候鸟繁殖数量较为集中的繁殖地，每年在此集中繁殖的棕头鸥、渔鸥、斑头雁、鸬鹚 4 种大型水鸟数量在 3 万只以上。青海湖虽然属于内陆湖泊，但咸水条件为部分海鸟提供了类似海洋的环境。保护区始建于 1975 年，1997 年经国务院批准晋升为国家级自然保护区。是中国最早被列入《关于特别是作为水禽栖息地的国际重要湿地公约》国际重要湿地名录的保护区。

青海湖国家级自然保护区是中国最早被列入国际重要湿地名录的保护区之一，虽为内陆湖泊，却是许多海鸟的繁殖地。图为在青海湖繁殖的遗鸥群。葛玉修摄

中国海洋鸟类的受胁与保护

辽宁辽河口国家级自然保护区

辽宁辽河口国家级自然保护区位于辽宁省盘锦市境内，地处辽东湾辽河入海口处，是由淡水携带大量营养物质的沉积，并与海水互相浸淹混合而形成的适宜多种生物繁衍的河口湾湿地，总面积12.8 km²。1987年经辽宁省政府批准建立，1988年晋升为国家级自然保护区。主要保护对象为丹顶鹤、白鹤和黑嘴鸥等，是多种水禽的繁殖地、越冬地和众多迁徙鸟类的驿站。辽河口湿地是濒危物种黑嘴鸥的重要繁殖地。黑嘴鸥筑巢生境选择比较单一，只在有稀疏、低矮植被的滩涂上筑巢繁殖。据2014年的监测，有近1万只黑嘴鸥在此繁育后代，是全球最大的繁殖种群。

上：辽河口湿地是黑嘴鸥最大的繁殖种群分布地。图为正在坐巢孵卵的黑嘴鸥。段文科摄

下：辽河口湿地滩涂上生长的碱蓬秋季呈现出深浅不一的红色，将海滩染成了一幅美丽的画。段文科摄

青岛大公岛和连云港
前三岛都是扁嘴海雀
的重要繁殖地。图为
扁嘴海雀

山东青岛大公岛省级自然保护区

大公岛省级自然保护区位于青岛市前海海域，保护区面积 16 km²，其中海域面积约 15.83 km²，岛屿面积约 0.17 km²，包括大公岛、小屿和五丁礁。其中大公岛距大陆最近点约 14.8 km，面积 0.1555 km²，岸线长 1.93 km，最高点海拔 120 m，是青岛第二高岛。大公岛上植被繁茂，礁石嶙峋，是多种海鸟的繁殖地。历史上，是白额鹱、黑叉尾海燕和扁嘴海雀的重要繁殖地。崔志军 1987 年在此环志黑叉尾海燕 2544 只，1991 年在该岛记录扁嘴海雀巢 130 个。1986—1987 年刘岱基和王希民在此环志白额鹱 373 只。2001 年经山东省政府批准在大公岛建立省级自然保护区。近年来，由于人为干扰等多种因素，在此繁殖的海鸟数量逐年减少。

江苏连云港前三岛

连云港前三岛位于连云区东北部，距离连云港市 50～60 km。包括平山岛、达山岛、车牛山岛及附近的岛礁，总面积 0.339 km²，属侵蚀、剥蚀低丘陵、海蚀地貌发育。岛屿高 40～60 m。岛顶部平坦，岛上基岩裸露，极少有沉积物覆盖，四周多为陡壁。前三岛附近海域水深 16～25 m，水产资源十分丰富。历史上，前三岛曾是扁嘴海雀、海鸬鹚、白额鹱、黑叉尾海燕和黑尾鸥的重要繁殖地。据马金山在 20 世纪 80 年代初的统计，前三岛扁嘴海雀的数量曾经接近 3000 只。但近年来，由于旅游开发、人为干扰和猎捕等，在此繁殖的海鸟数量已急剧下降。目前前三岛区域繁殖海鸟和受胁现状不明，在此尚未建立保护区。

中国海洋鸟类的受胁与保护

浙江普陀中街山列岛海洋特别保护区

中街山列岛海洋特别保护区位于浙江省舟山市普陀区东北部中街山列岛及附近海域，总面积202.9 km²，其中岛陆面积 10.48 km²。该区域在 2006年经批准建立保护区，2011 年升级为国家级海洋特别保护区。保护区的保护对象是贝藻类、大黄鱼、曼氏无针乌贼、繁殖海鸟等海洋生物及其栖息生存的环境和海洋生态系统。在此繁殖的海鸟包括黑枕燕鸥、粉红燕鸥和褐翅燕鸥。根据 2004 年的调查，总数量达 4000 只以上。其中以褐翅燕鸥繁殖群数量最大，达 3500 只以上，粉红燕鸥达 450 只左右。

浙江五峙山列岛鸟类省级自然保护区

五峙山列岛位于舟山市本岛西北方，距本岛7 km 的灰鳖洋海域。保护区总面积 5 km²。包括五峙山列岛中的 7 个无人小岛：龙洞山、馒头山、鸦鹊山、无毛山、大五峙、小五峙、老鼠山及周围部分海域，还包括本岛岑港镇所属的部分沿海陆地和滩涂区域。2001 年经浙江省政府批准在此建立保护区，主要保护对象为繁殖水鸟和海鸟。保护区建立之初，此处繁殖鸟类有黄嘴白鹭、黑尾鸥、中白鹭和白鹭。2008 年开始，大凤头燕鸥和中华凤头燕鸥来此栖息繁殖，数量多时分别达 3000 只和 14 只。

在五峙山列岛集群繁殖的大凤头燕鸥。陈水华摄

浙江韭山列岛国家级自然保护区

韭山列岛位于舟山群岛南端，是浙江中部沿海的一个著名列岛。处于舟山渔场、大目洋渔场、渔山渔场和浙江东海渔场的交界处，既受到沿岸水系的影响，在春秋季节又受到台湾暖流支流涌升形成的上升流影响，成为一个高生产力海域。独特的地理位置造就了韭山列岛丰富的海洋生物资源和岛礁生态系统，从而也吸引了大量珍稀的动物在此栖息繁殖。韭山列岛于2004年经浙江省政府批准建立省级自然保护区，2011年升级为国家级自然保护区。保护区总面积484.78 km²，其中岛礁面积7.3 km²，包括韭山列岛中的全部岛礁及其周围海域。主要保护对象包括曼氏无针乌贼、大黄鱼、繁殖海鸟和江豚。在此繁殖的海鸟包括黑尾鸥、褐翅燕鸥、粉红燕鸥、黑枕燕鸥、大凤头燕鸥和中华凤头燕鸥。2004年8月，因极危鸟类中华凤头燕鸥繁殖群在保护区的发现而享誉世界。2013年，浙江自然博物馆联合美国俄勒冈州立大学在此实施中华凤头燕鸥人工招引和种群恢复项目取得了成功。

韭山列岛鸟岛。陈水华摄

中国海洋鸟类的受胁与保护

五峰山列岛、韭山列岛、马祖列岛和澎湖列岛均以中华凤头燕鸥的繁殖地而著称。这种被称为"神话之鸟"的燕鸥曾在1937年之后消失长达63年之久，直到2000年在马祖列岛重新被发现，至今被确认的繁殖地只有上述4处和韩国的一个无人岛。图为中华凤头燕鸥一家。洪崇航摄

马祖列岛燕鸥保护区

马祖列岛位于中国台湾海峡西北方，临近大陆闽江口，由36个岛屿组成，地质以花岗岩为主。行政隶属福建省连江县。马祖列岛由于地处世界著名渔场舟山群岛西南端，暖寒流交汇，生物资源丰富，加上地处东亚候鸟迁徙路线上，每年吸引了大量的鸟类在此过境、越冬和繁殖。马祖列岛燕鸥保护区设立于2000年。保护区范围包括双子礁、三连屿、中岛、铁尖岛、白庙、进屿、刘泉礁、蛇山共8座岛屿及其低潮线向海延伸100 km内之海域。主要保护对象为每年夏天来此繁殖的鸥科和燕鸥科鸟类，包括黑尾鸥、粉红燕鸥、黑枕燕鸥、褐翅燕鸥、大凤头燕鸥和中华凤头燕鸥等。该保护区是中华凤头燕鸥的重新发现地（2000年）及最重要的繁殖栖息地之一。

澎湖列岛猫屿海鸟保护区

澎湖列岛位于中国台湾海峡上，是中国台湾第一大离岛群。总面积约为128 km^2，由90个大小岛屿组成，隶属于中国台湾省澎湖县。澎湖列岛海岸线复杂，潮间带和无人岛均保留完整的自然生态环境。良好的条件吸引了大量鸟类来此栖息。澎湖的鸟类以过境候鸟、冬候鸟和夏季繁殖燕鸥为特色。澎湖列岛的燕鸥主要栖息在猫屿。猫屿含大、小猫屿二岛及四周的裸露岩礁，从海上远眺，二岛宛若两只猫蹲伏海上而得名。大猫屿海拔70 m，是澎湖火山岛群最高的岛屿。1991年建立澎湖猫屿海鸟保护区。在此繁殖的种类包括白顶玄燕鸥、褐翅燕鸥、黑枕燕鸥、白额燕鸥、粉红燕鸥、大凤头燕鸥，数量多时达6000只以上。2014年确认有中华凤头燕鸥繁殖，成为中华凤头燕鸥的第4处繁殖地。

福建闽江河口湿地国家级自然保护区

  闽江河口湿地位于福建省长乐市东北部和马尾区东南部交界处闽江入海口区域。2014年经国务院审定晋升为国家级自然保护区，总面积22.6 km²。保护区主要保护对象为重点滨海湿地生态系统、众多濒危动物物种和丰富的水鸟资源，属海洋与海岸生态系统类型（湿地类型）自然保护区。一方面，由于保护区位于东亚候鸟迁徙路线上，所以是众多迁徙水鸟，包括部分海鸟的迁徙停歇地；另一方面，由于其靠近马祖列岛燕鸥保护区，也是在马祖列岛繁殖燕鸥的重要栖息地。4—9月，常可以在闽江口的鳝鱼滩观察到零散的大凤头燕鸥和中华凤头燕鸥在此栖息，因而也成了目前中华凤头燕鸥繁殖地之外最佳的观赏地。

广东南澳候鸟省级自然保护区

  南澳县地处粤东沿海，位于闽、粤、台3省交界处，由23个岛屿组成，主岛面积106.36 km²。1990年经广东省人民政府批准建立省级自然保护区。保护区范围包括主岛以外的其他22个岛屿。以勒门列岛的乌屿、平屿、白涵、卉屿4个岛屿为核心区，以及以南澎列岛等岛屿为主的实验区和缓冲区。陆地总面积2.56 km²，海域面积4300 km²。乌屿是保护区海鸟的主要繁殖区域，位于南澳主岛东南方。据报道，20世纪90年代初有大量的鲣鸟在乌屿栖息繁殖。2001年保护区内记录到3800多只褐翅燕鸥、少量的黑叉尾海燕和岩鹭在此繁殖栖息。同时还记录到白额鹱、白腹军舰鸟、大凤头燕鸥、黑枕燕鸥和粉红燕鸥等海鸟。

左：闽江河口湿地濒临东海，湿地内有多块沙滩、泥滩等多样性生态环境，是海洋鸟类重要的迁徙停歇地和越冬地。陈林摄

右：黑尾鸥是中国沿海分布最广、数量最多的繁殖海鸟之一，岩鹭则主要分布在东南沿海地区，数量稀少，是国家二级重点保护动物。图为在同一岛屿繁殖的黑尾鸥追赶岩鹭。林清贤摄

海南西沙群岛

西沙群岛是中国南海诸岛中的四大群岛之一，位于南海的北部，距离海南岛 330 km，是中国南海陆地面积最多的群岛。永兴岛是其中最大的岛屿，陆域面积大约 1.8 km²。东岛为珊瑚岛，面积约 1.5 km²。这里气候为热带海洋气候，终年高温多雨，是全国水热条件最优越的地区之一。岛上热带植物丛生、树林茂密，天然植被属珊瑚岛常绿林。历史上，西沙群岛是多种海鸟的繁殖栖息地。据报道，红嘴鹲、红脚鲣鸟、大凤头燕鸥、黑枕燕鸥、乌燕鸥和白顶燕鸥都曾在西沙集大群繁殖。此外，褐鲣鸟和黑腹军舰鸟也有可能在该区域繁殖。2004 年研究人员记录到 3550 巢红脚鲣鸟、8 巢黑腹军舰鸟在西沙东岛繁殖，少量大凤头燕鸥在中岛繁殖。

左：西沙群岛包括岛屿、沙洲、暗礁、暗滩等地貌。这里的植被以灌丛为主，主要灌木种类有银毛树、草海桐等，为海鸟提供栖息和繁殖的环境。图为西沙群岛东岛的红脚鲣鸟。陈俨摄

右：西沙群岛的珊瑚礁就像沙漠中的绿洲一样，充满生命力，每一个珊瑚礁都是一个完整的生态系统，这个系统中的生物互相利用又彼此依存。马宏杰摄

中国海洋鸟类的受胁与保护

中国湿地鸟类的受胁与保护

■ 东北湿地是许多水鸟的繁殖地
■ 华北湿地为湿地鸟类提供繁殖、迁徙停歇和越冬的场所
■ 长江中下游湿地是水鸟重要的越冬地，雁鸭类水鸟数量巨大
■ 沿海滩涂是亚太地区鸻鹬类的重要迁徙停歇地
■ 西南地区的湿地是一些特有湿地鸟类的家园

湿地鸟类的受胁因素

湿地丧失 湿地鸟类依赖于湿地生活，人类活动或自然因素所导致的湿地丧失是湿地鸟类面临的最大威胁。根据国家林业局 1995—2003 年组织的全国湿地资源调查，近 40 年来，全国围垦湖泊面积达 13 000 km² 以上，超过了中国五大淡水湖面积之和。湖北省在 20 世纪 50 年代有湖泊 1332 个，被称为"千湖之省"，到 20 世纪末，面积在 1 km² 以上的湖泊仅为 260 个。在过去 50 年间，中国滨海湿地累计丧失 11 900 km²，占全国滨海湿地总面积的 50%。由于泥炭开发和农用地开垦，中国的沼泽湿地面积急剧减少。三江平原原是中国最大的平原沼泽分布区，目前已有 30 000 km² 的沼泽湿地被开发为农田，现存沼泽湿地仅 10 400 km²，并且面积还在不断缩小。由于围垦和砍伐等过度利用，中国天然红树林的面积由 20 世纪 50 年代初的 500 km² 下降到目前的 140 km²，红树林面积减少了 72%。

湿地质量下降 除了湿地丧失导致的鸟类栖息地丧失，污染物和营养盐的排放以及外来物种入侵等因素使得湿地质量下降，也影响到湿地鸟类的生存。水污染是湿地面临的主要威胁之一。特别是 20 世纪 80 年代以来，随着工农业的快速发展和城市扩张，许多湖泊和河流成为工农业废水、生活污水的承泄区，湿地污染的问题越来越严重。据统计，全国有三分之一以上的河段受到污染，在全国有监测记录的 1200 多条河流中有 850 条受到污染，一些河流污染严重，甚至鱼虾绝迹。此外，很多湖泊和河口湿地受到氮、磷等营养盐的污染从而导致富营养化，富营养化的湖泊已占中国湖泊总数的 50%。滨海湿地的水体污染及富营养化程度也非常严重。这不仅导致作为鸟类食物的水生生物资源下降，还造成污染物通过食物链进入鸟类体内而直接影响鸟类生存。近年来，外来生物成为影响湿地质量的主要因素，它们一方面直接对湿地鸟类造成不利影响，另一方面还通过影响湿地鸟类的栖息地或食物资源间接影响湿地鸟类的生活。例如，外来植物互花米草在沿海滩涂湿地快速扩散，导致湿地鸟类适宜的栖息地面积大大缩小；外来动物红耳龟被人为地释放到湖泊或河流中，通过捕食水体中的无脊椎动物和低等脊椎动物，影响着湿地鸟类的食物资源。

非法捕猎 对鸟和鸟卵的捕猎也是湿地鸟类面临的严峻威胁。每年冬季，在一些内陆湖泊和沿海地区，偷猎者用拌有农药的饵料捕杀雁鸭类，甚至导致一些珍稀濒危水鸟死亡。在一些沿海地区，迁徙期利用雾网捕捉过境鸟类的现象也较普遍。浙江、福建等沿海地区的一些无人岛是鸥类的集群繁殖地，一些渔民在鸥类繁殖季节登上海岛捡拾鸟卵，经常对海岛上鸥类的繁殖造成毁灭性的影响。

气候变化 全球气候变化也对湿地鸟类的生存带来影响。通过长期的适应和进化，鸟类的生命活动周期与其生活环境的气候节律相匹配，如在食物最丰富的季节进行繁殖，从而能够获得充足的食物喂养雏鸟，以获得最大的繁殖成功率。气候变化对不同生物的节律造成不同的影响，可能导致鸟类与其生活环境的节律无法匹配，从而导致适合度下降。全球气候变化还导致极端天气频发，对鸟类的繁殖、迁徙和越冬都带来不利影响。

湿地鸟类的保护

栖息地保护是鸟类保护的基础，因此，开展湿地保护是保护湿地鸟类的关键。国际上对湿地保护非常重视。1971 年，来自 18 个国家的代表在伊朗的拉姆萨尔签署了一个旨在保护和合理利用湿地的政府间国际公约，即《湿地公约》（全称为《关于特别是作为水禽栖息地的国际重要湿地公约》）。该公约旨在通过各成员国之间的合作，加强对全球湿地资源的保护及合理利用，以实现生态系统的可持续发展。截至 2013 年年底，全球已有 168 个国家签署了《湿地公约》，有 2177 处湿地被列入《国际重要湿地名录》，总面积近 2 100 000 km²，是全球最大的湿地保护网络体系。

制定湿地保护的政策法规　中国政府对湿地保护非常重视。中国政府 1992 年加入《湿地公约》，目前有 49 处湿地被指定为国际重要湿地，总面积达 40 000 km²。1994 年，湿地保护与合理利用被列入《中国 21 世纪议程》和《中国生物多样性保护行动计划》优先发展领域；2000 年，《中国湿地保护行动计划》编制完成并开始实施，成为中国湿地保护、管理和可持续利用的指南。2003 年 6 月，黑龙江省人民代表大会常务委员会通过并公布了《黑龙江省湿地保护条例》，这是中国第一个地方湿地保护法规，对全国湿地保护的法制化建设起到了示范意义。2004 年，国家林业局公布了《全国湿地保护工程规划》(2002—2030)，为湿地保护制定了长远目标。同年 6 月，国务院办公厅发出了《关于加强湿地保护管理的通知》，这是中国政府第一次对湿地保护做出的政策声明，表明湿地保护已经纳入国家议事日程。2013 年，国家林业局发布了《湿地保护管理规定》，提出了对湿地实行保护优先、科学恢复、合理利用、持续发展的方针。

湿地的保护与受损湿地修复　建立自然保护区是生物多样性保护的有效手段。中国从 20 世纪 70 年代开始建立湿地类型的自然保护区，经过 30 多年的努力，截至 2007 年，已建立各种类型的湿地自然保护区 553 处，保护的总面积达 478 000 km²。其中，国家级湿地自然保护区 87 处。此外，至 2012 年年底，中国已建立国家湿地公园 298 个。这些保护区和湿地公园对保护湿地鸟类及其栖息地

起到了重要作用。近年来，为了扭转自然湿地不断丧失和退化的态势，中央和地方政府积极开展受损湿地修复或湿地重建项目。这些项目提高和改善了湿地环境质量，也为鸟类提供了适宜的栖息地。如在长江中下游地区开展"退田还湖"项目，以恢复由于过度围垦而消失的湖泊湿地，在长江口的崇明东滩开展"互花米草治理和鸟类栖息地优化"项目，去除外来植物互花米草，并为水鸟营建栖息地。根据第二次全国湿地资源调查的结果，在过去 10 年间，受保护湿地的面积增加了 52 590 km²，新增国际重要湿地 25 块，新建湿地自然保护区 279 个，新建湿地公园 468 个，纳入保护体系的湿地总面积达 232 430 km²，已在全国初步形成了较完善的湿地保护网络。

湿地鸟类的保护与种群恢复　在受胁湿地鸟类保护与种群恢复方面，相关部门和机构也开展了大量工作。有 11 种水鸟被列为中国国家一级重点保护野生动物，22 种水鸟被列为中国国家二级重点保护野生动物。对一些濒危物种，多家机构开展就地保护与迁地保护相结合的方式来维持并增加种群的数量。以国家一级重点保护鸟类——朱鹮为例，自从 1981 年在陕西秦岭洋县境内发现 7 只朱鹮以来，已开展了多方面的朱鹮保护和人工繁育工作。当地建立了朱鹮保护观察站和自然保护区；当地政府每年开展多种形式的宣传教育工作，提高公众对朱鹮的保护意识；科研人员在朱鹮种群监测、繁殖生态研究、野生种群及栖息地保护以及人工种群的再引入等方面开展了大量工作；当地政府通过经济补偿的方式减少当地农民的农药使用量，并在朱鹮的觅食地进行人工投食。此外，科研人员摸索并掌握了朱鹮的人工繁殖技术，为扩大种群数量提供了保证。至 2010 年年底，朱鹮的野生种群和人工种群的数量均超过 700 只，已经摆脱了濒临灭绝的境地。

开展湿地鸟类及其栖息地的调查和研究　自 20 世纪 50 年代以来，政府部门便组织开展湿地资源的调查活动。20 世纪 90 年代以来，国家林业局组织开展了 2 次全国范围的湿地资源调查，掌握了湿地鸟类及其栖息地的保护与管理的现状及变化趋势。此外，对一些受胁水鸟的种群数量、分布、生态习

中国湿地鸟类的受胁与保护

性、致危因素以及保护策略等方面开展了长期的研究。全国鸟类环志中心通过组织开展鸟类环志工作,对水鸟的迁徙活动有了较深入的了解。近年来,一些地区成立了观鸟会、野鸟会等民间团体,组织开展多种形式的鸟类调查、保护和宣教活动,如沿海地区的观鸟会自 2005 年起坚持每个月开展一次"全国沿海水鸟调查"活动,为了解沿海地区的水鸟及其栖息地提供了重要资料。

宣传与教育 为了提高公众对湿地和湿地鸟类的保护意识,有关部门借助"世界湿地日""爱鸟周"和"野生动物保护月"等时机,开展了多种形式的环境教育和宣传活动,普及湿地和湿地鸟类的知识,

宣传湿地的功能和湿地保护的意义,并编辑出版大量保护湿地和湿地鸟类的书籍、画册、海报以及多媒体宣传品,对提高公众对湿地和湿地鸟类的保护意识起到了重要作用。

尽管中国在湿地保护方面开展了大量工作,但由于湿地过度围垦、水体污染和富营养化、外来生物入侵、人类活动干扰和非法捕猎以及全球气候变化等多方面的原因,湿地鸟类的保护现状仍不容乐观。根据国家林业局 2009—2013 年组织的第二次全国湿地资源调查,在过去 10 多年间,中国湿地鸟类的种类呈现减少趋势,超过一半水鸟的种群数量明显下降。湿地鸟类的保护仍任重道远。

长江中下游湿地是许多水鸟最重要的越冬区,然而如今随着养殖业的发展,湖面上密布渔网,如同"迷魂阵",把湖面围割成一块又一块。这看似美丽的网阵,却往往成为水鸟的噩梦。周怀宽摄

中国湿地鸟类的主要栖息地与保护区

东北地区湿地 东北地区的湿地以沼泽、湖泊和河流湿地为主，该地区是许多湿地鸟类的重要繁殖地，其中以鹤类最为出名，丹顶鹤、白枕鹤、灰鹤、白头鹤都在该地区的沼泽湿地营巢繁殖。东北地区也是鸭类在中国的主要繁殖区，如绿头鸭、斑嘴鸭、潜鸭等在湖泊或河流湿地的水面或水边草丛、芦苇丛中营巢，一些森林的河流和湖泊也是秋沙鸭、鹊鸭、鸳鸯等水鸟的繁殖场所，它们在树洞中筑巢，雏鸟出壳几天后便可随亲鸟在溪流或湖泊中游泳。由于东北地区的冬季寒冷，该地区的湿地鸟类多为夏候鸟，冬季飞到南方越冬。

为有效保护湿地和湿地鸟类，东北平原地区建立了许多湿地自然保护区，其中有 11 个被列入国际重要湿地名录，如扎龙国家级自然保护区、洪河国家级自然保护区、三江国家级自然保护区、兴凯湖国家级自然保护区、向海国家级自然保护区、辽河口国家级自然保护区、达赉湖国家级自然保护区等。

华北地区湿地 华北地区有众多河流经过，洪水季节河水泛滥，在平原地区形成了许多湖泊和河流湿地，如天津北大港湿地、河北衡水河湿地、南大港湿地、白洋淀湿地、河南豫北黄河故道湿地等。这些湿地为鸭类、鹤类、鹳类、鹭类、鸻鹬类等水鸟提供了繁殖、迁徙停歇和越冬的场所，每年都有数以万计的水鸟栖息。华北地区的重要湿地保护区有黄河三角洲国家级自然保护区、衡水湖国家级自然保护区、运城湿地自然保护区等。

长江中下游地区湿地 长江中下游地区是中国湖泊湿地分布最密集的地区，分布着众多的湖泊湿地，如鄱阳湖、洞庭湖、龙感湖、升金湖等。每年秋冬季节，湖泊水位下降，形成大面积的浅滩沼泽，为越冬的湿地鸟类提供了良好的觅食地。该地区的雁鸭类数量达数十万只，其中小白额雁、鸿雁、小天鹅等的数量均可达到数万只。该地区也是鹤类的主要越冬地。全球几乎全部的白鹤都在该区域越冬，特别是鄱阳湖湿地，近年来每年越冬白鹤的数量维持在 3000 只以上，超过全球白鹤总数量的 95%。此外，白枕鹤、白头鹤、灰鹤的数量也在 1000 只

以上。湖滩上水生植物的叶和冬芽为这些越冬的雁鸭类和鹤类提供了重要食物来源。该区域也是东方白鹳、白琵鹭等食鱼水鸟的主要越冬地。此外，黑腹滨鹬、黑尾塍鹬、反嘴鹬等鸻鹬类的数量也非常巨大。

沿海地区湿地 中国有 18 000 km 的海岸线，沿海地区大面积的盐沼和滩涂为湿地鸟类提供了繁殖地、迁徙停歇地和越冬地。芦苇是滨海湿地的主要植物，震旦鸦雀、东方大苇莺等在芦苇丛中营巢。碱蓬盐沼是黑嘴鸥的繁殖地。滩涂湿地是鸻鹬类在迁徙期的重要觅食地，贝、螺、蟹、沙蚕等是鸻鹬类的主要食物。在春季迁徙的时候，鸻鹬类在一个多月的时间里体重增加将近一倍甚至一倍以上，从而为它们继续北上迁徙积累足够的能量。杭州湾以北的滩涂湿地也是丹顶鹤、白头鹤等鹤类的重要越冬地，而杭州湾以南的滩涂则是一些鸥类、鹭类和小型鸻鹬类的越冬地。华南地区的滨海湿地是黑脸琵鹭的主要越冬地。在迁徙的时候，黑脸琵鹭也在东部地区的沿海湿地停歇。沿海地区的重要湿地保护区有崇明东滩国家级自然保护区、九段沙湿地国家级自然保护区、盐城湿地珍禽国家级自然保护区、闽江河口湿地国家级自然保护区、漳江口红树林国家级自然保护区、南澎列岛国家级自然保护区等。

西南地区湿地 主要位于云贵高原和四川盆地，以湖泊湿地、河流湿地和湿草甸为主，如云南的纳帕海湿地、大山包湿地，贵州的草海湿地，四川的若尔盖湿地等。每年冬季有大量的雁鸭类、鸥类越冬。该地区是一些特有鸟类的分布区，如黑颈鹤是唯一生活在高原地区的鹤类，云贵高原是其主要越冬地。云南滇池是红嘴鸥的主要越冬地。西南地区的湿地保护区有苍山洱海国家级自然保护区、威宁草海国家级自然保护区、若尔盖湿地国家级自然保护区、海子山国家级自然保护区等。

西北地区湿地 该地区湿地以高原湿地为主，有众多的湿地鸟类在此繁殖。例如，新疆巴音布鲁克的"天鹅湖"是中国大天鹅的重要繁殖地，塔里木河流域是中国黑鹳的重要繁殖地。内蒙古的鄂尔多斯湿地是遗鸥的重要繁殖地。这里的重要湿地有

中国湿地鸟类的受胁与保护

张掖黑河湿地国家级自然保护区、黄河首曲国家级自然保护区、尕海则岔国家级自然保护区、哈巴湖国家级自然保护区、艾比湖湿地国家级自然保护区、巴音布鲁克国家级自然保护区等。

青藏高原地区湿地 该地区分布有众多的湖泊、沼泽和草甸。该区是亚洲重要的江河源区，被誉为"亚洲水塔"，是国家水安全的基地。该区域以夏候鸟为主，水鸟数量大，但种类相对较少。青海湖是斑头雁、鸬鹚、渔鸥、棕头鸥等鸟类的繁殖地，青藏高原东北部的湿地是黑颈鹤的繁殖地。这里的重要湿地保护区有青海湖国家级自然保护区、三江源国家级自然保护区、拉鲁湿地国家级自然保护区、色林错国家级自然保护区等。列入国际重要湿地名录的有青海扎陵湖湿地、青海鄂陵湖湿地、西藏玛旁雍错湿地、西藏麦地卡湿地。

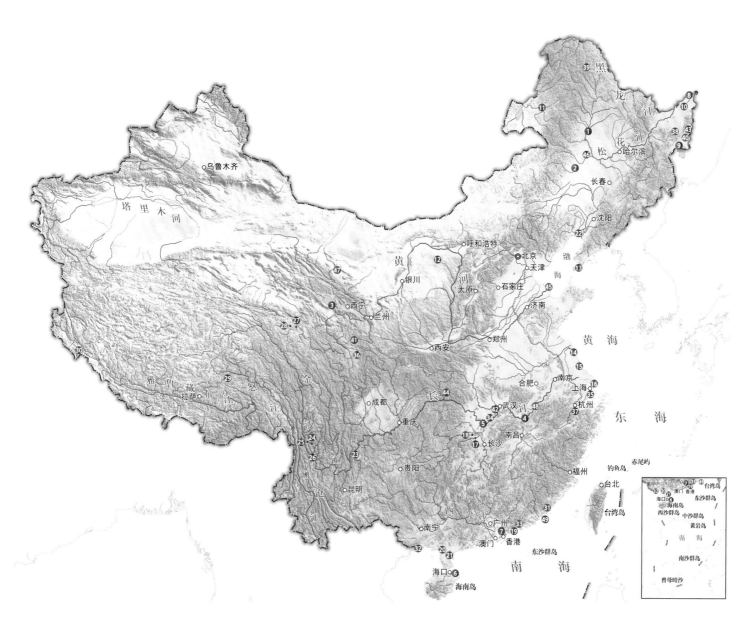

中国的49个国际重要湿地：

1.黑龙江扎龙国家级自然保护区 2.吉林向海国家级自然保护区 3.青海湖国家级自然保护区 4.江西鄱阳湖国家级自然保护区 5.湖南东洞庭湖国家级自然保护区 6.海南东寨港国家级自然保护区 7.香港米埔－后海湾湿地 8.黑龙江三江国家级自然保护区 9.黑龙江兴凯湖国家级自然保护区 10.黑龙江洪河国家级自然保护区 11.内蒙古达赉湖国家级自然保护区 12.内蒙古鄂尔多斯遗鸥国家级自然保护区 13.大连斑海豹国家级自然保护区 14.江苏盐城国家级珍禽自然保护区 15.江苏大丰麋鹿国家级自然保护区 16.上海市崇明东滩鸟类国家级自然保护区 17.湖南南洞庭湖省级自然保护区 18.湖南汉寿西洞庭湖省级自然保护区 19.广东惠东港口海龟国家级自然保护区 20.广西山口红树林国家级自然保护区 21.广东湛江红树林国家级自然保护区 22.辽宁双台河口湿地 23.云南大山包湿地 24.云南碧塔海湿地 25.云南纳帕海湿地 26.云南拉什海湿地 27.青海鄂陵湖湿地 28.青海扎陵湖湿地 29.西藏麦地卡湿地 30.西藏玛旁雍错湿地 31.福建漳江口红树林国家级自然保护区 32.广西北仑河口国家级自然保护区 33.广东海丰公平大湖省级自然保护区 34.湖北洪湖湿地 35.上海市长江口中华鲟自然保护区 36.四川若尔盖湿地国家级自然保护区 37.浙江杭州西溪国家湿地公园 38.黑龙江省七星河国家级自然保护区 39.黑龙江南瓮河国家级自然保护区 40.黑龙江省珍宝岛国家级自然保护区 41.甘肃省尕海则岔国家级自然保护区 42.湖北沉湖湿地自然保护区 43.黑龙江东方红湿地国家级自然保护区 44.湖北神农架大九湖湿地 45.山东黄河三角洲国家级自然保护区 46.吉林莫莫格国家级自然保护区 47.张掖黑河湿地国家级自然保护区 48.安徽省升金湖国家级自然保护区 49.广东南澎列岛国家级自然保护区

三江国家级自然保护区

三江国家级自然保护区地处黑龙江与乌苏里江的汇合处，位属三江平原，主要为沼泽湿地，主要保护对象是东方白鹳、大天鹅、丹顶鹤等珍贵水禽及其水域生态系统。保护区内共有鸟类40科259种，组成丰富，数量巨大，尤以雁鸭类最为突出。作为东北亚鸟类迁徙的重要通道、停歇地和繁殖栖息地，每年在三江保护区停栖的候鸟有近百万只，主要包括雉鸡类、雁鸭类、鸻类、鹭类等。正是由于这些旅鸟和夏候鸟在鸟类组成中所占到的大比例，三江保护区的鸟类季节性变化十分明显。

上：中华秋沙鸭是国家一级保护动物，全球性濒危物种，在中国东北繁殖，在华中、华东及华南一带越冬。图为中华秋沙鸭正在呵护幼鸟

下：三江国家级自然保护区的自然景观。庄艳平摄

中国湿地鸟类的受胁与保护

扎龙国家级自然保护区

扎龙国家级自然保护区位于松嫩平原，乌裕尔河下游流域，这里芦苇沼泽广袤辽远，湖泊星罗棋布，湿地周围即是草地、农田、人工鱼塘，为水鸟的栖息和繁殖提供了良好的场所和条件。在 21 万 hm² 的湿地中有鸟类 260 种，隶属 17 目 48 科，其中水禽有 120 多种。扎龙湿地以鹤类闻名，全世界共有 15 种鹤类，其中在中国分布的有 9 种，而扎龙湿地就囊括了丹顶鹤、白鹤、白头鹤、白枕鹤、灰鹤和蓑羽鹤 6 种。全世界现存丹顶鹤 2000 只，扎龙即有 346 只的繁殖种群，占世界总数的 17.3%。除了鹤类之外，保护区内还有大天鹅、小天鹅、大白鹭、草鹭、白鹳、小鸊鷉、绿头鸭、凤头潜鸭等鹭类和雁鸭类水鸟，总计 52 种。依托原始的湿地景观和丰富的鸟类资源，加上距离城市较近、交通易达性较好，保护区已经吸引了众多的观鸟者。作为许多迁徙鸟类的重要"驿站"，每年的 3 月和 10 月分别是扎龙湿地观察春季、秋季迁徙水禽的最佳时节，可以看到的有天鹅、白鹤、野鸭、红嘴鸥，各种鸻鹬类等。而观鹤的季节则由 5 月持续到 10 月，一般 4—5 月为丹顶鹤的产卵期，可以看到鹤巢，7—8 月小鹤长大，可以看到鹤的家族。在沼泽边缘和邻近农田，经常可以见到大鸨。

扎龙国家级自然保护区的自然景观与丹顶鹤。王克举摄

衡水湖国家级自然保护区

衡水湖国家级自然保护区是华北平原唯一保持沼泽、水域、滩涂、草甸和森林等完整湿地生态系统的自然保护区，生物多样性十分丰富。其中鸟类属于国家一级保护动物的有7种：黑鹳、东方白鹳、丹顶鹤、白鹤、金雕、白肩雕、大鸨；国家二级保护动物有大天鹅、小天鹅、鸳鸯、灰鹤等46种。衡水湖是华北平原鸟类保护的重要基地，是进行鸟类及湿地生物多样性保护、科研和监测的理想场所，也是影响中国鸟类种群数量的重要地区之一。

黄河三角洲国家级自然保护区

黄河三角洲在黄河的入海口，水体中丰富的泥沙经由海陆作用形成了大面积的浅海、滩涂、沼泽和河流、故河道湿地，黄河三角洲国家级自然保护区就是以保护黄河口湿地生态系统和珍稀濒危鸟类为目的的湿地类型自然保护区。保护区内共有鸟类368种，其中属国家一级重点保护的有东方白鹳、黑鹳、中华秋沙鸭、遗鸥、白尾海雕、玉带海雕、丹顶鹤、白头鹤、白鹤、大鸨等12种；国家二级重点保护的有海鸬鹚、大天鹅、疣鼻天鹅、灰鹤、白枕鹤、蓑羽鹤、白琵鹭等51种。水鸟共有105种，包括鸻鹬类、秧鸡类、鹤鹳类、雁鸭类、鸥类、鸬

鹚类和鹭类等。作为东北亚内陆和环西太平洋鸟类迁徙的中转站，每年到了春、秋候鸟迁徙季节，数百万只鸟类就会在这里聚集、捕食、栖息，黄河三角洲湿地因此而被誉为"鸟类的国际机场"。东方白鹳、黑嘴鸥等都会来此繁殖和越冬，珍稀濒危鸟类逐年增多。

上：黑鹳捕鱼

下：黄河三角洲国家级自然保护区的自然景观。丁洪安摄

中国湿地鸟类的受胁与保护

鄱阳湖国家级自然保护区

位于江西省北部的鄱阳湖是中国最大的淡水湖，也是国际重要湿地和亚洲最大的越冬候鸟栖息地，每年有数十万只候鸟在鄱阳湖区越冬，包括占世界总数 95% 以上的白鹤、50% 的白枕鹤和 60% 的鸿雁。同时，鄱阳湖还是东方白鹳、大鸨、黑鹳、小天鹅、白额雁、白琵鹭的重要越冬地，以及大量珍稀鸟类的重要迁徙通道和停歇地，有 10 余种南北半球间迁徙的鸻鹬类都在这里补充食物，其数量也达到了全球数量的 1% 以上。每年的 11 月，鄱阳湖便进入了观鸟的最佳季节。

洞庭湖国家级自然保护区

洞庭湖湿地属于亚热带江河湖泊复合型湿地，是国际重要湿地之一，分别建立起了东洞庭湖国家级自然保护区、西洞庭湖国家级自然保护区和南洞庭湖省级自然保护区。历年来，在东洞庭湖国家级自然保护区记录到的鸟类共有 338 种，在西洞庭湖国家级自然保护区记录到的鸟类有 205 种，在南洞庭湖记录到的鸟类有 164 种。丰富的鸟类资源中，雀形目、鸻形目和雁形目无论在种类和数量上都占有绝对优势。在水鸟各科中，鸭科种类最多，其次是鹬科和鹭科。作为中国鸟类的主要越冬栖息地之一，洞庭湖每年都会迎来一大批迁徙候鸟，其中，世界濒危物种小白额雁的数目达到了全球总数的 60%，洞庭湖因此而被誉为"世界小白额雁之乡"。除小白额雁外，越冬鸟类还包括东方白鹳、黑鹳、中华秋沙鸭、白鹤、白头鹤、卷羽鹈鹕、小天鹅、白琵鹭、灰鹤、豆雁等。78.06% 的越冬水鸟都集中在东洞庭湖湿地栖息，10 月到次年 3 月是这里的观鸟旅游旺季，东洞庭湖国家级自然保护区每年都会举办国际观鸟大赛，到 2015 年已经是第八届了。

鄱阳湖是全球白鹤最重要的越冬地。图为白鹤的成鸟与幼鸟。孙晓明摄

江苏盐城湿地珍禽国家级自然保护区

江苏盐城湿地珍禽国家级自然保护区又称盐城生物圈保护区，以丹顶鹤等珍稀野生动物及其赖以生存的滩涂湿地生态系统为保护对象。盐城保护区是中国少有的高濒危物种地区之一，该保护区挽救了一些濒危物种，如丹顶鹤、黑嘴鸥、震旦鸦雀等。

在 20 世纪 90 年代，每年来到盐城湿地越冬的丹顶鹤达到千余只，占世界野生种群 40% 以上，故江苏盐城湿地有"丹顶鹤第二故乡"之称。同时，盐城还是连接不同生物界区鸟类的重要环节，是东北亚与澳大利亚候鸟迁徙的重要停歇地、水禽的重要越冬地，每年春秋有数十万只鸻鹬类迁飞经过盐城，有 20 多万只水禽在保护区越冬。

江苏盐城湿地的丹顶鹤。沈越摄

中国湿地鸟类的受胁与保护

崇明东滩湿地的黑脸琵鹭。袁晓摄

崇明东滩国家级自然保护区

崇明东滩湿地位于长江口的冲积岛——崇明岛东端，是国际重要湿地之一。随着长江泥沙的堆积，每年仍在不断向外延伸。在浩浩荡荡的芦苇丛中，居住着形形色色的湿地生物。作为东亚—澳大利西亚迁徙路线上的重要停歇地和越冬地，每年均有大量迁徙水鸟在保护区栖息或过境。历年调查已记录到鸟类290种，其中列入国家一级保护动物的鸟类4种，分别为东方白鹳、黑鹳、白尾海雕和白头鹤；列入国家二级保护动物的鸟类35种，如黑脸琵鹭、小青脚鹬、小天鹅、鸳鸯等。除此之外，保护区还记录了《中日候鸟保护协定》的物种156种，《中澳候鸟保护协定》的物种54种。这些物种资源属于濒危鸟类的就占鸟类总数的15%，有的则极其稀有，保护区大部分过境鸟类为洲际迁徙候鸟。

福田国家级自然保护区

　　福田国家级自然保护区是典型的红树林湿地生态系统。保护区内有鸟类 194 种，其中 23 种为国家重点保护鸟类，如卷羽鹈鹕、海鸬鹚、白琵鹭、黑脸琵鹭、黄嘴白鹭、鹗、黑嘴鸥、褐翅鸦鹃等。其中，全球极度濒危鸟类黑脸琵鹭在此处大量分布，数量大约占到全球总量的 15%。同时，保护区也扮演了东半球国际候鸟通道上重要的"中转站""停歇地"和"加油站"的角色，每年有超过 10 万只的长途迁徙候鸟在此停歇。

上：飞往福田保护区越冬的白琵鹭。沈越摄

下：福田红树林景观

中国湿地鸟类的受胁与保护

若尔盖湿地国家级自然保护区

　　若尔盖湿地是处于低位发育的草本沼泽，处在富营养阶段，是国际重要湿地之一。这里共有鸟类137种，分属于13目28科，其中夏候鸟19种，冬候鸟25种，旅鸟28种。越冬鸟类有至少90种，远远超过了在30°N～40°N之间湿地越冬鸟类大于34种的标准。若尔盖国家级自然保护区主要以黑颈鹤及高原湿地生态系统为保护对象。作为黑颈鹤最重要的繁殖栖息地之一，黑颈鹤在若尔盖的数量多达710只，它们主要在湿地繁殖，冬季到贵州草海越冬。除黑颈鹤之外，保护区内栖息的珍稀鸟类还有白鹳、黑鹳、鸳鸯、大天鹅、小天鹅、灰鹤等。

上：黑颈鹤是国家一级保护动物，全球性易危物种，是人类最晚发现的一种鹤，也是仅在高原区生活的鹤。图为黑颈鹤捕食鼠兔

下：若尔盖湿地景观。高屯子摄

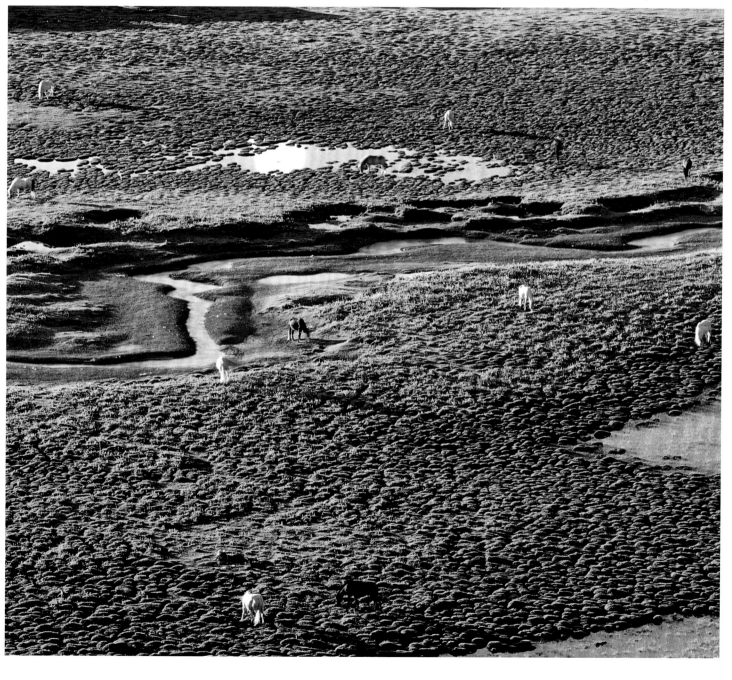

纳帕海自然保护区

　　纳帕海自然保护区位于云南省迪庆藏族自治州的香格里拉县，建立于 1984 年，2004 年被列入国际重要湿地名录。纳帕海是季节性天然湖泊，夏末秋初，雨水频降，湖面增大；冬春季节，湖面缩小，就变成大片的沼泽草甸。保护区属湿地生态类型保护区，主要保护对象为高原季节性湖泊、沼泽草甸和黑颈鹤等候鸟越冬栖息地。除黑颈鹤之外，其他来此越冬的鸟类有赤麻鸭、斑头雁、绿头鸭、黑鹳、灰鹤、大白鹭、中白鹭、金雕、秃鹫等。

上：纳帕海湿地湖泊中的斑嘴鸭。彭建生摄

下：纳帕海湿地景观与飞鸟云集的景象。彭建生摄

中国湿地鸟类的受胁与保护

巴音布鲁克天鹅湖

巴音布鲁克天鹅湖坐落于天山山脉中部的山间盆地中，由众多相互串联的湖沼组成。保护区内水草丰茂，气候湿爽，鸟类资源丰富，水禽种类多并且数量大，共有鸟类 128 种，分别隶属于 14 目 30 科，其中繁殖鸟有 95 种，占到鸟类总数的 74%。作为中国第一个天鹅自然保护区，这里栖息着中国最大的野生天鹅种群，有大天鹅、小天鹅、疣鼻天鹅 1 万余只，并且是野生大天鹅繁殖的最南限。历史上，巴音布鲁克的大天鹅数量曾多达 2 万余只，然而人为活动的增加给大天鹅的生境带来了不良的影响，使其数量急剧减少，20 世纪 80 年代初仅剩 2000 余只。保护区建立后，在各方的努力下，种群数量已经恢复到了 5000～8000 只。每年 4 月前后，成千上万的天鹅和各种珍稀鸟类陆续从南方飞到这里筑巢、换羽、求偶和繁育，到 10 月、11 月离开，居留期长达半年以上。在天鹅湖畔的高处，保护区建有一座保护站，其望台可供观鸟者观察天鹅等鸟类的生活习性。

上：巴音布鲁克天鹅湖游弋的大天鹅

下：巴音布鲁克沼泽湿地景观。郝沛摄

张掖黑河湿地国家级自然保护区

张掖黑河湿地国家级自然保护区位于黑河中游，属荒漠地区典型的内陆湿地和水域生态系统类型，具有很强的典型性、稀有性、濒危性和代表性。2015 年 12 月，张掖黑河湿地国家级自然保护区被列入国际重要湿地名录。保护区位于中国候鸟三大迁徙途径西部路线的中段，作为内陆干旱区独特的湿地生态系统，为野生鸟类提供了得天独厚的栖息地，是春秋两季候鸟停歇嬉戏的天堂。途经这里的候鸟中属于国家一级重点保护动物的有黑鹳、玉带海雕、白尾海雕等 4 种，属于国家二级保护动物的有大天鹅、小天鹅、鹗、灰鹤等 18 种，属于国家三有保护动物（即国家保护的有益的或有重要经济、科学研究价值的野生动物）的达 60 余种。

张掖黑河湿地国家级自然保护区内的明澄湖候鸟云集的景象。周俊摄

中国湿地鸟类的受胁与保护

三江源国家级自然保护区是中国面积最大的保护区，也是海拔最高的天然湿地

三江源国家级自然保护区

　　三江源地区位于青藏高原腹地，是长江、黄河和澜沧江的源头汇水区，素有"中华水塔"美誉。2000 年在此建立的三江源国家级自然保护区是中国面积最大的自然保护区。保护区平均海拔超过4000 m，是中国海拔最高的天然湿地，也是世界高海拔地区生物多样性最集中的自然保护区。三江源自然保护区内有兽类 8 目 20 科 85 种，鸟类 16 目41 科 237 种，两栖爬行类 7 目 13 科 48 种。国家重点保护动物有 69 种，其中国家一级重点保护动物有藏羚、牦牛、雪豹等 16 种，国家二级重点保护动物有岩羊、藏原羚等 53 种。另外，还有省级保护动物艾虎、沙狐、斑头雁、赤麻鸭等 32 种。

雅鲁藏布江中游河谷黑颈鹤国家级自然保护区

雅鲁藏布江中游河谷黑颈鹤国家级自然保护区是专门以保护黑颈鹤等珍稀濒危鸟类及其生境湿地为目的的保护区，是典型的野生动物类型自然保护区。保护区包括三大区域，即西藏的"一江两河"地区（雅鲁藏布江干流河谷地带及其重要支流拉萨河谷地、年楚河谷地），是黑颈鹤重要的越冬地。每年 10 月，黑颈鹤迁徙来到藏南河谷地带，次年 3 月离去，其间以植物性食物为主，喜食作物的地下茎块部分，兼食少量动物性食物。收割后的旱作地为黑颈鹤提供了丰富的食物来源。除黑颈鹤外，保护区内还有鸟类 181 种，分属 16 目 37 科。

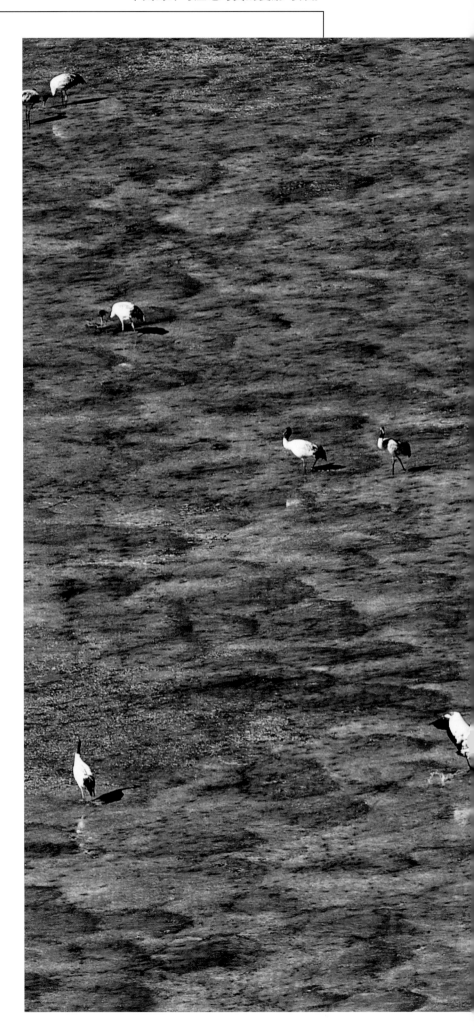

保护区景观与黑颈鹤。左图彭建生摄，右图奚志农摄

中国海洋与湿地鸟类类群

潜鸟类

- 潜鸟类是指潜鸟目的鸟类，仅1科1属5种，广泛分布于北半球寒带和温带地区，中国有4种
- 潜鸟类是中大型游禽，嘴直面尖，翅短小，羽毛浓密
- 潜鸟类行走笨拙，善于游泳、潜水和飞行，在北极圈附近繁殖，南迁越冬
- 潜鸟类目前在世界范围内种群数量庞大，但在中国数量稀少且持续下降，应注意保护

类群综述

潜鸟类指潜鸟目（Gaviiformes）的鸟类，潜鸟目仅1科1属，即潜鸟科（Gaviidae）潜鸟属 *Gavia*。全世界有红喉潜鸟 *Gavia stellata*、黑喉潜鸟 *G. arctica*、太平洋潜鸟 *G. pacifica*、普通潜鸟 *G. immer*、黄嘴潜鸟 *G. adamsii* 共5种，除普通潜鸟外在中国均有分布。

2014年12月，由华大基因联合全球200多位科学家共同完成的鸟类基因组系统演化史项目全面解码了鸟类起源过程，发布的鸟类进化系统树表明潜鸟类与企鹅类、鹱类、鸬鹚类、鹮类、鹭类、鹈鹕类的亲缘关系较近。

潜鸟为中到大型的游禽，体长60～90 cm；喙直而尖；两翅短小，呈尖形；尾短，被覆羽所掩盖；跗跖侧扁，前3趾间具蹼。潜鸟全身羽毛浓密，背部多呈黑色或灰色，腹部白色。繁殖期间背部羽毛有白色斑纹或斑点。雄鸟的体重和体长均大于雌鸟，体重最大的黄嘴潜鸟可达5 kg。潜鸟广泛分布于北极圈、地中海、里海、北美南部及中国沿海地区。通常在海岛上或水边的沼泽地、芦苇丛中的平地上营巢，巢材多样，有植物的根、树枝或羽毛。每窝产卵数不定，2～8枚不等，雌雄亲鸟轮流孵卵。雏鸟早成性。冬季会沿海岸和湖泊南迁，在海滨及其附近的湖泊觅食鱼类。

潜鸟通常单独活动，但越冬时可成小群在沿海水域活动。由于腿位于身体后部，潜鸟行走时呈匍匐状，但善游泳和飞行，春秋季节常成对迁徙。潜鸟多以鱼类为食，但也吃甲壳类和软体动物。潜鸟喜欢潜水觅食，在水下快速游泳追捕鱼群，能持续潜水长达60～90秒。有时也会在水面追捕鱼群。

左：潜鸟类羽色以黑白搭配为主，繁殖期头颈多泛金属光泽。图为黑喉潜鸟繁殖羽，后颈到胸部的白色带斑和前颈的金属光泽斑块是其标志性特征。韩政摄

右：潜鸟类以鱼类为主食，图为红喉潜鸟正盯着一条跃出水面的小鱼。张勇摄

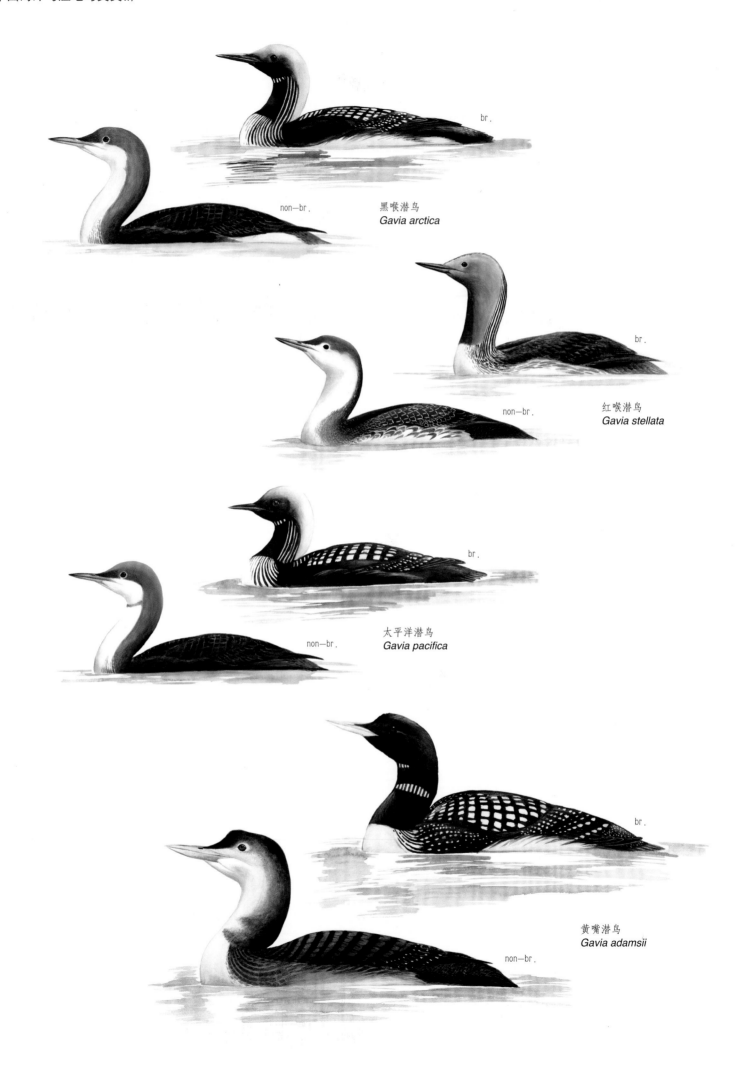

br.

non-br.

黑喉潜鸟
Gavia arctica

br.

non-br.

红喉潜鸟
Gavia stellata

br.

non-br.

太平洋潜鸟
Gavia pacifica

br.

黄嘴潜鸟
Gavia adamsii

non-br.

红喉潜鸟

拉丁名：*Gavia stellata*
英文名：Red-throated Loon

形态 成鸟体长 53～69 cm，翼展 100～130 cm。雌雄同型。喙灰黑色，细长而略微上翘。繁殖期头、颈及颊均灰色，喉部有栗红色板块，腹白色，背部黑色而有白色细斑点。非繁殖期头、颈及颊转为白色，头顶、后颈、背部灰褐色。

分布 繁殖于欧洲、亚洲和北美洲的极北部至 52° N，冬季沿海岸和大型湖泊、沼泽南迁至地中海、黑海、中国沿海及北美南部。在中国为迁徙过境鸟或冬候鸟，较为常见，冬季见于北至黑龙江，南至台湾、广东沿海一带。在黑龙江或有繁殖。

栖息地 在沿海海湾、河口或海岸附近的池塘、湖泊和水库活动。

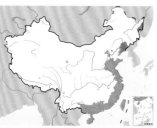

红喉潜鸟。左上图为繁殖羽，下图为非繁殖羽。范忠勇摄

习性 常成对或成小群活动，善游泳和潜水，觅食鱼类。由于双脚位于腹部后侧，不擅行走。4 月初至 4 月中旬离开越冬水域迁往北方繁殖，秋季多在 10 月初至 10 月中旬开始南迁，成对或结小群迁徙，有时也有单只迁徙的。

食性 取食小型鱼类、甲壳类和软体动物。通过潜水猎捕食物，有时也会在水面飞奔追捕小鱼。

繁殖 繁殖期 5—8 月。交配时雌雄双方先在水上游泳追逐，扇动两翅，不时从水中抬起上身，面对面直立于水上。同时低头将嘴放在胸上，将头垂直伸出，并不断地鸣叫。求爱行为每天可持续 2～3 小时。巢甚简陋，底部呈杯状，通常在紧靠水边的岸上，离水不足 1 m。5 月末至 6 月初开始产卵。每窝产卵 2 枚，偶尔有 1 枚或 3 枚的。卵壳为暗橄榄绿色，具黑褐色斑点。雌雄亲鸟轮流孵卵，孵化期约 27 天。雏鸟早成性，孵出时全身长满绒羽，出壳 10～12 小时后能下水游泳。亲鸟孵育约 43 天，雏鸟即能飞翔。

种群现状和保护 2006 年，湿地国际估计红喉潜鸟的全球种群数量为 200 000～590 000 只。世界自然保护联盟（IUCN）评估为无危（LC），《中国脊椎动物红色名录》（2016）亦评估为无危（LC）。被列为中国三有保护鸟类。据国际水禽研究局（IWRB）1990 年和 1992 年组织的亚洲隆冬水鸟调查，1990 年在中国记录到红喉潜鸟 280 只，1992 年仅记录到 17 只，数量下降明显。

本种面临的主要威胁是水体酸化、重金属污染和水位波动导致的栖息地面积和质量下降，人为活动的干扰也对其繁殖造成极大影响。冬季红喉潜鸟极易受到沿海石油泄漏的威胁，近海渔网纠缠、禽流感暴发也对其种群造成威胁。由于常沿海岸迁徙，近海风电场的设置也对其造成一定威胁。

红喉潜鸟的繁殖参数	
巢位	水边附近的泥土或水生植物上
窝卵数	1～3 枚
平均卵径	长径 75 mm，短径 46 mm
平均卵重	83 g
孵化期	24～29 天
育雏期	38～48 天

捕得小鱼的红喉潜鸟。王昌大摄

黑喉潜鸟

拉丁名：*Gavia arctica*
英文名：Black-throated Loon

潜鸟目潜鸟科

形态 成鸟体长 58～73 cm，翼展 100～130 cm。雌雄同型。灰黑色的喙笔直，颈部粗长。繁殖期头灰色、喉黑色、腹白色，背部白色粗纹和黑色细纹相间，喉部及前颈黑色并具绿色金属光泽。非繁殖期头顶、后颈、背部黑褐色，从眼睛下方脸颊至前颈为白色。浮于水面时后胁露出明显的白色部分。

分布 有 2 个亚种，即指名亚种 *G. a. arctica* 和北方亚种 *G. a. viridigularis*，在中国均有分布。主要在欧亚大陆北部繁殖，少部分在阿拉斯加西部繁殖。冬季则往南迁徙并越冬。在中国，指名亚种分布于新疆北部；北方亚种分布于辽宁东部、河北东北部、天津、山东东部、江苏、上海、浙江、福建、台湾，均为迁徙过境鸟或冬候鸟，比较罕见。近几年在江苏连云港、山东青岛及日照、上海、浙江镇海和吉林等地有记录。

栖息地 只在开阔水面出现，冬天多在海上活动，也在中国东部沿岸海域的内陆水塘栖息觅食。

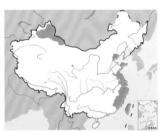

黑喉潜鸟。左上图为繁殖羽，张明摄；下图为非繁殖羽，赵明冬摄

习性 常成对或成小群活动，善游泳和飞行，飞行时颈部向前伸出，行走时则呈匍匐状。鸣声多变。春秋季常成对迁徙，春季于 3—4 月进行迁徙，9 月末至 10 月初开始秋迁，沿着河流和海岸迁飞。

食性 主要以各种鱼类为食，也吃蜻蜓及其幼虫、甲虫及其幼虫、甲壳类、软体动物等水生昆虫和无脊椎动物。黑喉潜鸟是潜水高手，通过较长时间的潜水捕捉猎物，同时也会在水面飞奔追捕鱼群。

繁殖 繁殖期为每年 5—7 月，求偶时雌鸟和雄鸟一同游泳，扇动翅膀，面对面直立于水中。利用植物的根、树枝或羽毛等巢材在海岸岛屿或河湖岸边紧靠水域筑巢，也有在岸边长有芦苇、蒲草等水生植物的淡水湖面和水塘中修筑浮巢。每窝可以产卵 1～3 枚，卵为蓝绿色，随着孵化过程逐渐变为锈褐色。卵的大小为 (68～82) mm×(47～48) mm，重 73～89.7 g。孵化期 28～30 天，雌雄亲鸟共同承担孵化工作。雏鸟早成性。幼鸟经亲鸟 60 余天的喂食后可自行觅食。再过 40 天左右，幼鸟就能飞行。

种群现状和保护 2006 年，湿地国际估计黑喉潜鸟的全球种群数量为 280 000～1 500 000 只。IUCN 和《中国脊椎动物红色名录》均评估为无危（LC）。被列为中国三有保护鸟类。在中国数量相当稀少，应注意保护。1992 年国际水禽研究局组织的亚洲隆冬水鸟调查，在中国仅见到 2 只。本种面临的主要威胁是栖息地面积减少和质量下降，种群数量过小，分布区域碎片化等。尤其是繁殖区水体酸化、重金属污染和水位波动的威胁，以及孵育期人类的干扰和繁殖地点的变动，导致黑喉潜鸟的生育率有所下降。在冬季则极易受到沿海石油泄漏的威胁。

黑喉潜鸟的繁殖参数	
巢位	海岸岛屿或河湖岸边的芦苇、蒲草等处
窝卵数	1～3 枚
平均卵径	长径 73.8 mm，短径 47.8 mm
平均卵重	82.7 g
孵化期	28～30 天
育雏期	60～65 天

黑喉潜鸟。张明摄

太平洋潜鸟

拉丁名：*Gavia pacifica*
英文名：Pacific Diver

潜鸟目潜鸟科

　　体型较黑喉潜鸟略小，体长 61～68 cm。似黑喉潜鸟，但繁殖羽前颈具紫色金属光泽，后颈到前胸的带斑在胸颈交界处断开，后胁无明显白色；非繁殖羽喉部有黑色横带。在中国为罕见旅鸟或冬候鸟，见于黑龙江、辽宁东部、河北东北部、山东、江苏、香港。IUCN 评估为无危（LC）。《中国脊椎动物红色名录》评估为数据缺乏（DD）。

太平洋潜鸟。左上图为繁殖羽，下图为非繁殖羽

黄嘴潜鸟

拉丁名：*Gavia adamsii*
英文名：Yellow-billed Loon

潜鸟目潜鸟科

　　体型最大的潜鸟，体长 75～100 cm。喙粗厚且上翘，黄白色。繁殖羽头颈黑色，泛蓝色金属光泽，具白色颈环。非繁殖羽上体黑褐色，前颈白色，与后颈黑褐色分界不明显，眼周白色。在中国是罕见旅鸟和冬候鸟，见于辽东半岛、江苏连云港和福建，迷鸟见于四川、香港。2011 年和 2012 年夏天连续在吉林记录到身被繁殖羽的黄嘴潜鸟。IUCN 评估为近危（NT）。《中国脊椎动物红色名录》评估为数据缺乏（DD）。

黄嘴潜鸟繁殖羽。沈越摄

繁殖期的黄嘴潜鸟，不时扇动翅膀，将上身抬起，直立于水面。沈越摄

鸊鷉类

- 鸊鷉类指鸊鷉目的鸟类，全世界共6属20种，中国有2属5种
- 鸊鷉类为中小型游禽，体型短圆，喙直而尖，尾部极为短小
- 鸊鷉类擅长游泳和潜水，主要以水生动物为食
- 鸊鷉类栖息于静水或水流缓慢的水域中，性胆小，受惊则潜水或隐匿于芦苇或草丛中

类群综述

鸊鷉类指鸊鷉目（Podicipediformes）的鸟类，是分布极为广泛的小至中型游禽。鸊鷉目下仅1科，即鸊鷉科（Podicipediadea），全世界共6属20种。中国有2属5种，包括小鸊鷉 Tachybaptus ruficollis，凤头鸊鷉 Podiceps cristatus，角鸊鷉 P. auritus，黑颈鸊鷉 P. nigricollis，赤颈鸊鷉 P. grisegena。鸊鷉类在中国主要为候鸟，其中，角鸊鷉、黑颈鸊鷉和赤颈鸊鷉种群数量极为稀少，角鸊鷉和赤颈鸊鷉被列入国家二级保护动物。凤头鸊鷉体型最大，体长45～58 cm，小鸊鷉体型最小，体长仅25～32 cm。

鸊鷉类体型短圆而扁平，喙细直而尖。颈细长，翅短小，尾部极为短小，仅由少许绒羽组成。脚短，位于身体后侧。前趾间有瓣状蹼，擅长游泳和潜水，但不善飞行，绝大多数时间在水中生活。繁殖期，头、喉、颈和胸的繁殖羽鲜艳亮丽。非繁殖期，体羽颜色较暗淡，背面暗色，腹面白色、褐色或灰色。日行性，且多单独活动。

鸊鷉类的分布几乎遍布全世界。在中国，主要在东北和内蒙古繁殖，迁徙时经过河北、河南、陕西等，在西藏南部、云南、四川、安徽、长江以南、东南沿海和台湾等南方地区越冬。

鸊鷉类主要栖息于静水水域或水流缓慢的湖泊、江河、水库、溪流、水塘和沼泽等浅水水域中。性胆怯，一般多栖息藏匿在芦苇或水草中。鸊鷉类多单独觅食，追逐或在水面上啄食，主要以小型鱼类和蛙类等水生脊椎动物，以及软体动物、节肢动物等无脊椎动物为食，有时也吃水生植物。有时甚至会吞下自己脱落的体羽，这些食物最后会与鱼骨等混合成团，以食团排出体外。

单配制。雄鸟会跳绚丽的水上舞蹈向雌鸟求偶。配对后共同选址筑巢。通常营巢于水边芦苇丛和水草丛中。巢多为浮巢，结构简陋，多由芦苇和水草缠绕而成。每窝产卵2～7枚，双亲轮流孵卵。孵化期20余天。雏鸟早成性。

左：鸊鷉类的求偶炫耀行为十分有趣，它们常成双成对嬉戏于水面，身体挺立，衔起水草，时而深情对望，时而互相点头，时而一起下潜。图为一对衔草共舞的凤头鸊鷉。吕忠信摄

右：鸊鷉类趾间有瓣状蹼，善于游泳和潜水，雏鸟早成，孵出后第2天就能下水游泳。图为一只刚出壳不久的小鸊鷉雏鸟，在密布水草的清澈水域中自在地游动，趾间的瓣状蹼清晰可见。庄艳平摄

br.

non—br.

chick

小䴙䴘
Tachybaptus ruficollis

br.

juv.

non—br.

赤颈䴙䴘
Podiceps grisegena

br.

juv.

non—br.

凤头䴙䴘
Podiceps cristatus

br.

non—br.

chick

黑颈䴙䴘
Podiceps nigricollis

br.

non—br.

角䴙䴘
Podiceps auritus

小鹏鹏

拉丁名：*Tachybaptus ruficollis*
英文名：Little Grebe

鹏鹏目鹏鹏科

形态 小型游禽，鹏鹏类中体型最小的一种，体长 25 ～ 29 cm。体型肥胖而扁平，尾部绒羽常显蓬松。虹膜黄色，喙黑色，前端象牙白色，嘴基有明显的米黄色。跗跖石板灰色。繁殖期时，头顶至颈背呈黑褐色；颊、喉和前颈呈红栗色；下喙基部具金黄色斑；背黑褐色，腹灰白色，上胸灰褐色；两胁灰褐色，后侧部红棕色；臀部灰白色。非繁殖期时，上体灰褐色，下体白色，颊、喉和前颈浅灰色，前胸和两胁淡黄褐色。幼鸟体色比成鸟淡，头、颈呈花斑状，背部有褐色斑纹，胸部也有淡褐色斑纹。

小鹏鹏。左上图为非繁殖羽，下图为繁殖羽。沈越摄

分布 全球共 9 个亚种。主要分布于欧亚大陆南部，非洲撒哈拉沙漠以南及南太平洋岛屿。*T. r. ruficollis* 分布于欧洲及非洲西北部至乌拉尔；*T. r. iraquensis* 分布于伊拉克东南部和伊朗西南部；*T. r. cotabato* 分布于菲律宾东南部的棉兰老岛；*T. r. tricolor* 分布于苏拉威西岛、爪哇岛、努沙登加拉群岛、马鲁古群岛和新几内亚；*T. r. albescens* 分布于俄罗斯南部、巴尔喀什、天山山脉、印度、斯里兰卡和缅甸；*T. r. collaris* 分布于新几内亚东北部和布干维尔岛；新疆亚种 *T. r. capensis* 分布于非洲撒哈拉沙漠以南、马达加斯加和科摩罗群岛；普通亚种 *T. r. poggei* 分布于东亚和东南亚，包括南千岛群岛、琉球群岛、日本；台湾亚种 *T. r. philippensis* 分布于中国台湾和菲律宾北部。中国分布有 3 个亚种，新疆亚种 *T. r. capensis* 主要分布于新疆东部和西藏南部、云南西部；普通亚种 *T. r. poggei* 全国各地可见；台湾亚种 *T. r. philippensis* 分布于中国台湾。

栖息地 广泛利用各种湿地，通常在小块浅水湿地活动，包括湖泊、池塘和河道等；也出现在有植被覆盖的湖滨或水库边。非繁殖期多分布于开阔水域，少数出现在无巨浪的海岸或河口。从低海拔到高海拔均有分布，在中国西南部可分布至海拔 4000 m 的地区。

习性 性胆怯，遇敌多隐藏于茂密水草中，或潜入水中。多单独或成对活动，有时聚成小群。擅长游泳和潜水，但陆地行走缓慢且笨拙。陆地起飞困难，必须在水面扑打翅膀涉水助跑一段距离后才可起飞，飞行距离短，飞行能力较弱。

在中国南方大部分地区为留鸟，仅少数迁徙。而分布于中国东北、华北和西北地区的多数为夏候鸟，每年春季 3—4 月向北方繁殖地迁徙，繁殖后于 10—11 月向南迁徙。若繁殖地气温适宜，也有少数个体会留在当地越冬。

小鹏鹏亚成体，脸上还留有幼鸟特征性的条纹，但已经很淡。沈越摄

捕食鱼类的小䴙䴘。沈越摄

食性　食物主要为昆虫及其幼虫，例如蜉蝣目、石蝇类、半翅目、鞘翅目、双翅目、毛翅目和蜻蜓目幼虫。也吃小型鱼类（杜父鱼属、鲤属、鮈属，可捕食最大体长 11 cm 的鱼类），软体动物，甲壳类和两栖类（例如小型蛙类）等小型水生无脊椎动物和脊椎动物。偶尔吃水草等水生植物。

通常白天活动觅食。捕食时，可潜水 10～25 秒，可达水深约 1 m，极少数可达 2 m。游泳时头与颈潜入水中，直接从挺水植物或水面猎取食物。有时，与鸭类和骨顶类合作觅食，先搅动水生植被，以获取从植被中暴露出来的小型无脊椎动物。

繁殖　繁殖时间通常取决于水生植物的生长情况和水位，有地区差异。古北界以西为 4—7 月，日本为 5—7 月，非洲和印度尼西亚全年都有繁殖记录。通常于离岸较远、附近有水生植被的开阔水域中筑造浮巢。巢以水生植物缠结而成，水下部分系于沉水植物之上以固定位置。每窝可产卵 2～10 枚，通常 3～5 枚。雌雄亲鸟轮流孵卵，孵化期 20～25 天。雏鸟身体深褐色，具有淡条纹。雏鸟早成性，孵出后第 2 天就能下水游泳。出飞期 44～48 天，但雏鸟 30～40 日龄就可独立觅食。

种群现状和保护　分布广，数量多，全球绝大多数地区常见。IUCN 和《中国脊椎动物红色名录》均评估为无危（LC）。在中国也是分布广的常见水鸟，被列为三有保护鸟类。但 20 世纪 90 年代初，由于水质和环境污染，适宜生境被破坏，导致小䴙䴘种群数量有所下降。在非洲东部和南部地区，由于人工池塘、水库和水坝的建设导致的湿地破坏和污染，使该物种转而寻求新的栖息地，分布范围扩张。

凤头䴙䴘

拉丁名：*Podiceps cristatus*
英文名：Great Crested Grebe

䴙䴘目䴙䴘科

形态　体型最大的䴙䴘，体长 45～58 cm。喙长而尖，从嘴角至眼有一黑线；颈细长且直，与水面常呈垂直姿势。繁殖期头顶和冠羽黑色，眼周围和颏部白色；头上具棕栗色饰羽，羽端黑色，极为醒目；后颈至背黑褐色；前颈、胸和其余下体白色；两胁棕褐色；肩羽和次级飞羽白色。非繁殖期喙呈红色，头顶羽冠和饰羽消失。

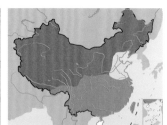

凤头䴙䴘。左上图为繁殖羽，沈越摄；下图为非繁殖羽，彭建生摄

分布　分布于欧洲、亚洲、非洲和大洋洲。全世界共有 3 个亚种：指名亚种 *P. c. cristatus* 分布于古北界 66° N 以南至印度北部，越冬多在分布区南部的海滨区域；非洲亚种 *P. c. infuscatus* 分布于非洲东部和南部；澳大利亚亚种 *P. c. australis* 分布于澳大利亚东南部、塔什马尼亚和新西兰南部。中国仅有指名亚种，繁殖于东北和西北地区，越冬于西南、长江中下游区域、东南沿海和台湾，也有一部分在辽东半岛和东部沿海地区越冬。迁徙经过河北、河南、山西、陕西等地区。

栖息地　繁殖期偏爱植被环绕、有开阔水面的淡水或淡盐水水域，也见于人工水体，如水库、池塘、鱼塘和人工湖等。在非洲热带地区，分布在海拔 3000 m 以下的山地湖泊。非繁殖期多栖息在沿海海湾、河口、大的内陆湖泊、水库和水流平稳的河流等湿地。

习性　常成对和成小群活动在开阔的水面。善游泳和潜水，游泳时颈向上伸直，和水面保持垂直姿势。觅食时多采用潜水和追赶策略。飞行较快，两翅鼓动有力，但在陆地上行走困难。迁徙时亦成对或成小群，春季 3—4 月飞到中国东北地区进行繁殖，繁殖结束后于 10—11 月向南迁徙到越冬地。

食性　主要以各种鱼类为食，也吃水生昆虫及其幼虫及其他水生无脊椎动物，包括甲壳类、软体动物等。通常在长有分散簇生植被的开阔水域觅食，主要觅食策略是潜水和追赶，每次潜水可达 18～26 秒。有时也在水表面觅食，只头部潜入水中，或在水生植被中捕捉昆虫。

繁殖　在中国繁殖期一般为 5—7 月，欧洲主要为 4—7 月，非洲热带地区全年均有繁殖记录，澳大利亚繁殖高峰在 11 月至次年 3 月。一个繁殖季通常繁殖 1 窝，有时 2 窝，极少 3 窝。通常营巢于距水面不远的芦苇丛和水草丛中，或营水面浮巢，底部固定在植被上，或从湖底部开始筑巢。通常弯折部分芦苇或水草作巢基，再用芦苇和水草堆集而成。巢呈圆台状，顶部稍微凹陷。5 月中旬至 5 月末产卵，每窝产卵 3～5 枚，偶尔 1～2 枚或 6～7 枚。卵为椭圆形，刚产出时为纯白色，逐渐变为污白色。雌雄亲鸟轮流孵卵，孵化期 25～31 天。刚孵出的雏鸟头颈部白底嵌有黑色纵条纹，上身灰色带有深棕色条纹，下体较淡。雏鸟早成性，孵出后不久即能下水游泳和藏匿，71～79 天可出飞。一般第 2 年即可性成熟，有一些 1 龄鸟第 1 年就交配并建立领域，甚至开始繁殖。

种群现状和保护　IUCN 和《中国脊椎动物红色名录》均评估为无危（LC）。在中国被列为三有保护鸟类。在亚洲，种群数量保持稳定。非洲北部由于刺网捕鱼和新鱼种的引进导致食物资源减少，非洲亚种数量急剧下降。在新西兰，由于食物数量下降和湖泊的改造，导致种群数量下降。新西兰过去曾捕杀该物种作为食物，如今伊朗等地区仍在捕杀。湖泊的改造、水力发电的发展、外来物种的引进都对该物种造成威胁，海滨石油泄漏也是一大威胁因素。

在水面浮巢上坐巢孵卵的凤头鸊鷉。杨贵生摄

繁殖季节成双成对，情迷意浓的凤头䴙䴘。彭建生摄

赤颈䴙䴘
拉丁名：*Podiceps grisegena*
英文名：Red-necked Grebe

䴙䴘目䴙䴘科

中型游禽，体长 48～57 cm，稍小于凤头䴙䴘但显著大于其他䴙䴘。似凤头䴙䴘而羽冠较小，喙黑色而基部黄色，繁殖羽整个颈部栗红色，非繁殖羽颊及前颈偏灰色，与头顶和后颈分界不明显。在中国繁殖于东北和西北地区，迁徙经过辽宁、山东、河北、天津、甘肃等地，到浙江、福建、广东东部越冬。IUCN 评估为无危（LC）。在中国数量稀少，《中国脊椎动物红色名录》评估为近危（NT）。被列为国家二级重点保护动物。

角䴙䴘
拉丁名：*Podiceps auritus*
英文名：Horned Grebe

䴙䴘目䴙䴘科

中型游禽，体长 31～39 cm。虹膜红色，极为醒目。繁殖期上体黑色，前颈、胸和两胁栗红色，其余下体白色，眼后各有一簇橙黄色饰羽立于头两侧，形似一对"角"而得名。非繁殖期头顶、后颈和背黑褐色，眼下至整个下体白色，饰羽消失。分布于欧亚大陆至北美，在中国东北和西北地区繁殖，迁徙经过河北、山东，至浙江、福建、香港、台湾越冬。由于欧洲和北美种群数量的迅速下降，2015 年起 IUCN 将其受胁等级从无危（LC）提升为易危（VU）。《中国脊椎动物红色名录》评估为近危（NT）。在中国被列为国家二级重点保护动物。

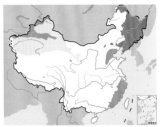

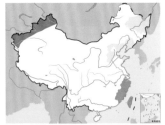

赤颈䴙䴘。左上图为非繁殖羽，董磊摄；下图为繁殖期成鸟带着幼鸟，罗刚摄

角䴙䴘。左上图为非繁殖羽，颜重威摄；下图为繁殖羽，赵国君摄

黑颈鹏鹏

拉丁名：*Podiceps nigricollis*
英文名：Black-necked Grebe

鹏鹏目鹏鹏科

　　中型游禽，体长 23 ～ 34 cm。似角鹏鹏，但繁殖羽颈部至胸黑色，眼后金黄色饰羽扇状散开而不成簇，非繁殖羽的颊部、喉部至前颈和颈侧灰白色沾褐色。广泛分布于欧亚大陆、北美和非洲。在中国除西藏、海南外各地可见，北方繁殖，南方越冬，分布广泛但不常见。IUCN 和《中国脊椎动物红色名录》均评估为无危（LC）。在中国被列为三有保护鸟类。

黑颈鹏鹏非繁殖羽。杨贵生摄

黑颈鹏鹏繁殖羽。沈越摄

正在育幼的黑颈鹏鹏，这只雏鸟可能是这个家庭这个繁殖季唯一的孩子，受尽父母宠爱，两只亲鸟都给它带回了食物，殷勤地围在它身边。宋天福摄

鹱类

鹱类

■ 鹱类指鹱形目鹱科鸟类，全世界共14属92种，从北极到南极都有分布，中国有6属9种
■ 鹱类体长50 cm以上，翅膀长而狭窄，尾羽较短，适于在大洋上飞翔
■ 鹱类是真正的大洋性海洋鸟类，许多种类只在繁殖期才上陆
■ 鹱类常在深海海域活动，人类对它们的了解不多

类群综述

鹱类是鹱形目鹱科（Procellariidae）鸟类的统称。鹱形目鸟类鼻呈管状，故又称为管鼻类，是真正大洋性长途迁徙的海洋鸟类，能适应在辽阔的大洋上飞翔。鹱形目过去分为鹱科、信天翁科（Diomedeidae）、海燕科（Hydrobatidae）和鹈燕科（Pelecanoididae）4个科，但最新的分类意见进行了一些调整，鹈燕科被并入鹱科，而海燕科被分为南海燕科（Oceanitidae）和北海燕科（Hydrobatidae），总共仍为4科。新的鹱科包括鹱类14属92种，鹈燕类2属7种。最新的鸟类基因组系统演化史研究表明，管鼻类与企鹅类亲缘关系较近。

左：鹱类属于管鼻类，鼻孔特化呈管状，位于上喙基部。管鼻类都是大洋性鸟类，仅在繁殖期才上陆。图为在海岛岩壁上繁殖的暴风鹱，可见位于上喙基部嘴峰两侧的鼻管

右：鹱类翅窄长，尾羽较短，极善飞翔。图为飞行中的楔尾鹱

鹱类多为中型管鼻类，体长50 cm以上，鼻孔背位，左右分离。鹱类是世界上种类最多的海鸟类群，分布十分广泛，从北极到南极都有分布，在温热带特别是南太平洋地区种类最多。大多数鹱类的翅膀长而狭窄，尾羽较短，一般在深海上飞行和捕猎，许多种类只在繁殖期才上陆。常于大海低空逐浪飞行。以小鱼、乌贼和甲壳动物等无脊椎动物为食，有些种类常跟随船只捕食死鱼和人类抛弃的食物残渣。中国有鹱科鸟类6属9种：暴风鹱 Fulmarus glacialis、钩嘴圆尾鹱 Pseudobulweria rostrata、白额圆尾鹱 Pterodroma hypoleuca、褐燕鹱 Bulweria bulwerii、白额鹱 Calonectris leucomelas、淡足鹱 Ardenna carneipes、楔尾鹱 A. pacificus、短尾鹱 A. tenuirostris、灰鹱 A. griseus。这些鹱在中国多数为迷鸟，其中暴风鹱记录于辽宁东部，钩嘴圆尾鹱、楔尾鹱、短尾鹱、灰鹱为台湾、福建、浙江和海南等地的迷鸟记录。白额圆尾鹱在台湾为迷鸟记录，在福建为迁徙过境。淡足鹱繁殖于澳大利亚和新西兰的海上岛屿，分布在印度洋的种群冬季往北扩散，偶尔进入中国南海，在中国台湾有过迷鸟记录，海南有过夏候鸟的记录。褐燕鹱在浙江、福建、广东和南海为夏候鸟，在云南、海南、台湾为迁徙过境鸟。白额鹱于太平洋西北部的小型岛屿繁殖，冬季南下至赤道越冬；在中国山东青岛的大公岛、千里岩等岛屿有繁殖，中国海域并不罕见，在山东至福建、香港、澎湖列岛、台湾及南海岛屿均有记录，但目前数量已经大为减少。青岛大公岛1986—1987年春共环志白额鹱323只。由于鹱科鸟类都在深海海域活动，野外目击记录不多，除了在中国青岛繁殖的白额鹱以外，其他鹱科鸟类的研究都不够深入。

深色型

浅色型

暴风鹱
Fulmarus glacialis

褐燕鹱
Bulweria bulwerii

钩嘴圆尾鹱
Pseudobulweria rostrata

白额圆尾鹱
Pterodroma hypoleuca

白额鹱
Calonectris leucomelas

浅色型

浅色型

深色型

楔尾鹱
Ardenna pacificus

楔尾鹱

淡足鹱

短尾鹱

短尾鹱
Ardenna tenuirostris

淡足鹱
Ardenna carneipes

灰鹱
Ardenna griseus

白额鹱

拉丁名：*Calonectris leucomelas*
英文名：Streaked Shearwater

鹱形目鹱科

形态 体型中等，体长约48 cm，翅长约300 mm，体重约420 g。全身灰褐色与白色搭配，喙较细长，鼻管较短，飞羽长而窄，尾呈楔形。前额、头顶、头侧、前颈及颈侧白色，具暗褐色纵纹；额及眼先纵纹细窄而少。枕、后颈、背、肩、腰暗褐色，少部分缀有灰白色羽缘。飞羽黑褐色，次级飞羽基部白色，尾黑褐色。颏、喉、前颈及整个下体白色；翼下覆羽白色而具暗褐色斑，腋羽纯白色。虹膜暗褐色，喙骨褐色。跗跖和趾皮黄色。

分布 主要分布于古北界和东洋界，在太平洋西北部海洋中的岛屿上繁殖，包括日本北海道至九州沿海、伊豆半岛、小笠原群岛，朝鲜，中国辽东半岛、山东半岛至台湾海峡和澎湖列岛。越冬在台湾海峡、菲律宾、加里曼丹、马鲁古群岛、新几内亚，往北到夏威夷群岛和千岛群岛，或许到萨哈林岛。在中国从山东至福建、香港、澎湖列岛、台湾及南海岛屿均有记录，在旅顺、青岛、长江口、浙江、福州、台湾等处采集过标本。在台湾及澎湖列岛为留鸟，在辽东半岛为夏候鸟，其余地区多数为迁徙过境鸟。

栖息地 典型的海洋性鸟类，除繁殖期外，全年在海上活动。

习性 飞行能力极强，可以持续在海面上低空飞行，飞行时无声，飞得极低，飞行速度极快。有时呈左右倾斜地滑翔，有时快速鼓动双翅紧贴海面急速飞行。白额鹱的游泳能力也很强，在水中游泳时身体露出水面甚多，尾抬得较高，前部向下倾斜。

食性 以鱼类和海洋无脊椎动物为食物，通常取食水面浅层活动的鱼类、浮游动物和软体动物。在快速的直线飞行中一旦发现海面浅层的目标食物，会突然扎入水下进行捕食。

繁殖 集群在海上小岛繁殖，中国青岛沿海的大公岛、千里岩等岛屿都曾是白额鹱的主要繁殖岛屿。大公岛曾经在1987年回收了该岛1986年环志的20只白额鹱，回收率达到11.90%，这表明白额鹱翌年仍会返回原地进行繁殖。

白额鹱在海岛的海边岩穴中或树林中的地上和草地上营巢，巢内铺垫少许枯叶。7月中旬前后为白额鹱产卵高峰，每窝产卵1枚，卵白色，卵大小为（62.0～70.4）mm×（42.5～48.5）mm，卵重58.8～80.0 g。雌雄共同孵育后代。

种群现状和保护 IUCN评估为近危（NT）。《中国脊椎动物红色名录》评估为数据缺乏（DD）。其种群数量一直在下降，主要威胁来自哺乳动物的捕食，但下降速度并无准确的量化。在中国东部和东南沿海，白额鹱曾经较为常见，但近几十年来种群数量已极为稀少。被列为中国三有保护鸟类。

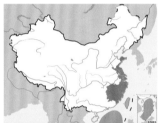

白额鹱的繁殖参数	
巢位	海岛岩穴中或树林中的地上和草地上
窝卵数	1枚
平均卵径	长径68.0 mm，短径45.5 mm
平均卵重	70.8 g
孵化期	约64天
育雏期	66～80天

白额鹱。下图 Kanachoro 摄（维基共享资源/CC BY-SA 3.0）

暴风鹱

拉丁名：*Fulmarus glacialis*
英文名：Northern Fulmar

鹱形目鹱科

　　头颈和下体白色、上体灰褐色的中型鹱类，体长 45～48 cm。分布于北欧斯堪的纳维亚以及格陵兰北部等地区的沿海地带，在中国为迷鸟，仅在辽宁东部有记录。IUCN 评估为无危（LC）。

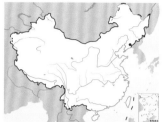

暴风鹱

白额圆尾鹱

拉丁名：*Pterodroma hypoleuca*
英文名：Bonin Petrel

鹱形目鹱科

　　额白色、上体灰黑色、下体白色的小型鹱类，体长 30～33 cm。分布于西太平洋海岸及诸岛，在中国福建为旅鸟，台湾为迷鸟。IUCN 评估为无危（LC）。

白额圆尾鹱

钩嘴圆尾鹱

拉丁名：*Pseudobulweria rostrata*
英文名：Tahiti Petrel

鹱形目鹱科

　　头胸和上体黑色、腹至尾下白色的中小型鹱类，体长 35～43 cm。分布于太平洋西部热带及亚热带海域，迷鸟扩散至中国台湾。IUCN 评估为近危（NT）。

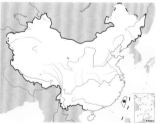

钩嘴圆尾鹱

褐燕鹱

拉丁名：*Bulweria bulwerii*
英文名：Bulwer's Petrel

鹱形目鹱科

　　全身黑褐色的小型鹱类，体长 26～30 cm。分布于中太平洋和大西洋，在中国浙江、福建、广东和南海地区有繁殖，云南、海南和台湾有过境记录。IUCN 评估为无危（LC）。被列为中国三有保护鸟类。

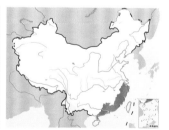

褐燕鹱

淡足鹱

拉丁名：*Ardenna carneipes*
英文名：Flesh-footed Shearwater

鹱形目鹱科

　　羽毛黑褐色、喙肉色、先端黑色、脚肉粉色的中型鹱类。广泛分布于全北界及印度洋、太平洋诸岛，在中国南海地区有繁殖，台湾有迷鸟记录。IUCN 评估为近危（NT）。

淡足鹱

楔尾鹱

拉丁名：*Ardenna pacificus*
英文名：Wedge-tailed Shearwater

鹱形目鹱科

　　有 2 种色型的中型鹱类，体长 39～43 cm，暗色型整体黑褐色，喙黑灰色，脚粉红色；淡色型上体黑褐色，下体白色，喙淡粉红色，先端黑色。分布于太平洋和印度洋热带至温带海域，在中国海南与台湾有迷鸟记录。IUCN 评估为无危（LC）。

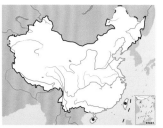

楔尾鹱

短尾鹱

拉丁名：*Ardenna tenuirostris*
英文名：Short-tailed Shearwater

鹱形目鹱科

　　全身灰褐色的中型鹱类，体长 35～40 cm，体型肥胖。分布于南太平洋地区，在中国浙江、海南和台湾有迷鸟记录。IUCN 评估为无危（LC）。被列为中国三有保护鸟类。

短尾鹱

灰鹱

拉丁名：*Ardenna griseus*
英文名：Sooty Shearwater

鹱形目鹱科

　　整体黑褐色、喉灰白色、翼下白色的中型鹱类，体长 41～51 cm，身体呈纺锤形。分布于南太平洋和南大西洋，在中国福建有繁殖，台湾有迷鸟记录。IUCN 评估为近危（NT）。被列为中国三有保护鸟类。

灰鹱

飞行的暴风鹱

信天翁类

■ 信天翁指鹱形目信天翁科鸟类，全世界共4属22种，主要分布在南半球西风带海域，中国有1属3种
■ 信天翁体长可超1 m，翅展可达3 m，是体型最大的海洋鸟类，翅极度窄长，次级飞羽有25～34枚
■ 信天翁飞行能力极强，可借助风力滑翔，连续飞行数小时而不振翅
■ 信天翁常在大洋上活动，人类对它们的了解不多

类群综述

信天翁指鹱形目（Procellariiformes）信天翁科（Diomedeidae）的鸟类，鼻孔呈管状，位于喙部的两侧，左右不愈合。信天翁的体长在71～135 cm之间，翅展可达3 m，相较于鹱形目其他科的鸟类，信天翁的前臂骨骼与指骨相比显得特别长。次级飞羽有25～34枚，而多数鸟类只有10～12枚。

依据最新的分类意见，本科可分为4属22种24亚种。有18种信天翁主要分布于25°S至亚南极的南半球海域，即西风带，并利用这一范围的海岛进行繁殖；有3种在北太平洋活动，均见于中国，分别为黑背信天翁 Phoebastria immutabilis、黑脚信天翁 P. nigripes 和短尾信天翁 P. albatrus；另有1种见于加拉帕戈斯群岛和秘鲁的外海。北大西洋目前没有任何信天翁繁殖，不过在距今180万至1万年前的更新世，北大西洋是有信天翁繁殖的。

信天翁是严格的海洋性鸟类，从不至内陆。它们生活的海域常年风力强劲。借助狭长的翅，信天翁可以长距离滑翔，能够连续几小时跟随船只而几乎不拍动一下翅膀。它们有一片特殊的肌腱将翅膀固定，从而减少滑翔时的肌肉能耗。

生活在海上，信天翁的食物自然也以海洋生物为主，包括小型的鱼类、乌贼和甲壳类，具体的食物种类比例在不同的类群之间有较大的差异。它们通常在海洋表面捡拾死掉的海洋生物，尤其喜欢跟在船只后面捡拾船上扔下的食物。偶尔，信天翁也会像鲣鸟一样潜水捕食，潜水的深度为6～12 m。

信天翁的配偶制度较为复杂。多数种类以一雌一雄制为主，对配偶有着极高的忠诚度。它们的寿命可达60年，大部分种类在3～4龄之间性成熟，但往往要数年之后才开始繁殖，通常是在8～15龄之间。亚成体会在临近繁殖期时回到繁殖岛，但仅仅是短暂停留，之后的几年，它们会越来越多地在岛上停留，以寻找配偶。信天翁通过同步的鼓翼舞蹈来确认配偶关系，跟芭蕾舞有些类似。一旦配偶关系确立，它们就会一直生活在一起，直至其中一方死亡。"离婚"在信天翁中是极少出现的，因为这会导致个体的繁殖成功率永久性降低。此外，信天翁中同性伴侣的比例也极高，一项在夏威夷瓦胡岛黑背信天翁繁殖岛的研究表明，因该岛雄性个体比例较低（41%），雌性－雌性伴侣的模式高达31%。

以前人们认为信天翁在不繁殖时会漫无目地在海上游荡，但事实并非如此。借助于安装在漂泊信天翁身上的传感器，研究者发现，它们在非繁殖期都是活动于某片特定的海域。

全世界现存22种信天翁中，有15种被IUCN列为受胁物种。历史上的受胁因素包括蛋被水手收集以供食用、成鸟被捕杀以收集其羽毛作为服装和卧室用具的装饰、繁殖岛被开发用作军事基地导致个体与飞机相撞死亡。近年来最大的威胁来自远洋捕捞中使用的"延绳法"，如捕捉金枪鱼使用的延绳可长达数十千米，上面布满挂着倒钩的鱼块等作为诱饵，信天翁无法抗拒食物的诱惑，被倒钩钩住，之后被延绳拖入水中导致死亡，每年仅死于这一原因的信天翁数量就高达44 000只。其他的受胁因素还包括海上石油泄漏导致羽毛沾上油污而丧失飞行能力、化学污染物在体内累积导致繁殖失败、吞食海洋中的塑料垃圾导致个体死亡。

黑背信天翁
Phoebastria immutabilis

黑脚信天翁
Phoebastria nigripes

短尾信天翁
Phoebastria albatrus

黑脚信天翁

拉丁名：*Phoebastria nigripes*
英文名：Black-footed Albatross

鹱形目信天翁科

形态 中等体型的信天翁，体长68~82 cm，翼展193~220 cm，体重2.3~4.6 kg，通常雄鸟略大于雌鸟。通体烟灰色至黑褐色，前额和喉灰白色，具黑色冠眼纹，腹部中央白色较多，腰白色，尾全黑。虹膜黑色，喙粉褐色，管状鼻孔在喙的侧面，脚黑色，具全蹼。

分布 主要繁殖群见于夏威夷群岛西部，少量的繁殖群见于伊豆诸岛、小笠原群岛和钓鱼岛等，非繁殖期见于整个北太平洋海域，可远至白令海及北美洲西海岸。在中国繁殖期见于钓鱼岛，非繁殖期见于台湾海峡及台湾以东海域。

栖息地 在大洋中的无人海岛上繁殖，非繁殖期终年在海面上游荡。

习性 终年生活在大海上，能够借助风力长时间翱翔。天敌包括虎鲨和海豹。

食性 主要捕食小型鱼类、甲壳类动物（虾）、头足类（鱿鱼）和其他海洋软体动物。

繁殖 7~10龄性成熟并开始繁殖。成年个体非繁殖期游荡在海上，参与繁殖的个体在10月中旬回到繁殖岛，通常与黑背信天翁和短尾信天翁混群繁殖。营简单的地面巢，直接将卵产在沙子中。卵为白色，卵长径为93~120 mm，短径为64~81 mm，卵重为218~335 g。通常在11月中旬开始产卵，孵化期为63~70天，雏鸟在1月15日至2月7日破壳。雏鸟为烟灰至灰褐色，破壳时的平均重量为210 g，经过140天的喂养，

幼鸟的体重可达到2334±339 g。整体繁殖成功率在不同繁殖地和年份之间差别很大，1992—1993年在中途岛为64%~79%，但是1992—1995年在莱桑岛则只有36%~42%，孵化率的范围为47%~84%，育雏成功率的范围则为49%~94%。幼鸟通常在6月初离开繁殖岛，之后会在海上游荡3~4年，才会首次返回繁殖岛，但直到7龄左右才开始繁殖。恶劣天气如台风、大雨都可能导致繁殖失败。

黑脚信天翁多数为一雄一雌制，繁殖过程中任何一方的死亡都会导致繁殖失败。因为需要较长的换羽期，如果亲鸟连续2年参与繁殖，它们将不更换初级飞羽以保证繁殖成功，而在接下来的一年中暂停繁殖以留出时间用于换羽。

种群现状和保护 全球成鸟数量约为129 000只，全球种群数量处于下降趋势，IUCN将其列为近危（NT）物种。《中国脊椎动物红色名录》评估为数据缺乏（DD）。被列为中国三有保护鸟类。误食海洋垃圾和海洋捕鱼业中使用的长线鱼钩是导致本种个体死亡的主要因素，海洋污染物富集、原油泄漏对该种的生存也带来一定威胁。全球气候变暖带来的海平面上升将导致某些繁殖岛屿的消失。

黑脚信天翁

在海面飞翔的黑脚信天翁

短尾信天翁

拉丁名：*Phoebastria albatrus*
英文名：Short-tailed Albatross

体长约89 cm，翼展220 cm，背白色，头颈部羽色淡黄，翼上覆羽多为白色，初级飞羽和尾黑色，脚蓝灰色，在中国罕见，繁殖于钓鱼岛及赤尾屿，过去也见于澎湖列岛，非繁殖期偶见于中国东部海域，在山东有记录。IUCN 和《中国脊椎动物红色名录》均评估为易危（VU）。被列入 CITES 附录 I。在中国被列为国家一级重点保护动物。

黑背信天翁

拉丁名：*Phoebastria immutabilis*
英文名：Laysan Albatross

体长约80 cm，上背、两翼和尾部黑色，头颈、下体、尾羽基部和尾下覆羽白色，眼及眼周深色，飞行时脚略伸出尾后，非繁殖期可能游荡至中国东部海域，在福建、台湾有记录。IUCN 评估为近危（NT），《中国脊椎动物红色名录》评估为数据缺乏（DD）。

短尾信天翁

黑背信天翁

飞行的黑背信天翁

飞翔的短尾信天翁，从下面看去整体为白色，因为尾较短而脚伸出尾外较多

海燕类

- 海燕类指鹱形目海燕科鸟类，全世界共6属24种，主要分布在太平洋地区，中国有1属3种
- 海燕类体长仅13～25cm，是体型最小的海洋鸟类，翅短而圆，羽色暗淡
- 海燕类飞行时振翅频率高，常沿水面疾飞并以脚拍击水面
- 海燕类常在深海海域活动，人类对它们的了解不多

类群综述

海燕类指鹱形目海燕科（Hydrobatidae）鸟类，包括6属24种。海燕类体长13～25 cm，是体型最小的海洋鸟类。海燕类鼻管和上嘴表面融合在一起，鼻孔开口于嘴峰正中央。除后趾外，趾间均有蹼。羽色暗灰或褐色，有些种类下体颜色较浅。翅短而圆，飞行时振翅频率高。尾长、方形、叉形或楔形。海燕多分布于太平洋地区，少数种类分布于大西洋地区。在水面上多弹跳及俯冲，常沿水面疾飞并以脚拍击水面。以小型海洋生物为食，如小鱼、软体动物及甲壳类等。海燕集群繁殖，多在海岛上较软的土上挖掘洞穴或利用岩石裂缝进行营巢。每窝产卵1枚，卵白色。双亲共同孵卵，在夜间进出巢洞。雏鸟在羽毛完全长出前一周，双亲就离开幼雏。亲鸟在海上换羽时，幼雏发育成熟后离开洞穴，独立在海上觅食生存。中国有海燕1属3种：白腰叉尾海燕 Hydrobates leucorhoa、黑叉尾海燕 H. monorhis、褐翅叉尾海燕 H. tristrami。其中白腰叉尾海燕分布于北太平洋和大西洋，大西洋自北而南抵巴西及非洲南端，于北大西洋繁殖，也繁殖于太平洋岛上南至28°N左右，在中国黑龙江和台湾有过迷鸟记录。褐翅叉尾海燕分布于欧亚大陆及非洲北部，在中国台湾有过迷鸟记录。黑叉尾海燕在中国为夏候鸟，辽宁、河北东部、山东东部、江苏、上海、浙江、福建、广东和台湾均有记录。

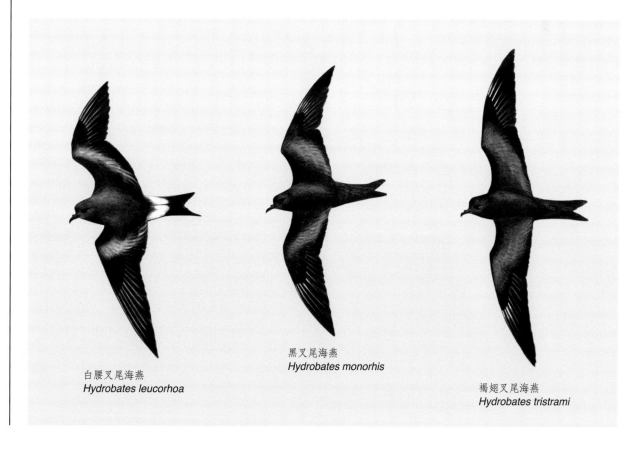

白腰叉尾海燕
Hydrobates leucorhoa

黑叉尾海燕
Hydrobates monorhis

褐翅叉尾海燕
Hydrobates tristrami

左：海燕是体型最小的海洋鸟类，外形似燕，却能在大洋上搏击风浪。图为在水面弹跳的白腰叉尾海燕

黑叉尾海燕

拉丁名：*Hydrobates monorhis*
英文名：Swinhoe's Storm Petrel

鹱形目海燕科

形态　小型海鸟，体长约 18 cm，头、颈暗灰色，额和嘴基周围较淡，背暗灰褐色，肩和尾上覆羽亦为暗灰褐色，具黑色羽轴，小翅覆羽、次级飞羽外侧和初级飞羽黑褐色；中覆羽、大覆羽和次级飞羽内侧淡褐色，具白色羽缘，尾羽黑色，下体乌灰色，翅下和尾下覆羽黑色。虹膜褐色，嘴和脚均为黑色，内趾内侧和中趾基部两侧白色。

分布　分为 2 个亚种，即指名亚种 *H. m. monorhis* 和下加利福尼亚亚种 *H. m. socorroensis*。分布于太平洋北部经日本，朝鲜，中国渤海、黄海和南海，以至印度洋北部和中国山东以南的沿海区域以及台湾以北的岛屿等地。在中国分布的是指名亚种，为夏候鸟，辽宁、河北东部、山东东部、江苏、上海、浙江、福建、广东和台湾等地有记录。其模式产地在中国厦门附近。

栖息地　繁殖期间栖息于海岸、附近岛屿及海上，裸岩为其最喜爱的环境。非繁殖期则主要在海上生活。

习性　常成群在海面低空飞翔，有时会跟随船只。飞行时多在水面上弹跳及俯冲，从不轻飞于水面。休息和觅食在海面，偶尔也到岛屿上觅食。在地上行走速度较快。

食性　主要以各种小鱼、甲壳类、头足类等小型海洋动物为食。白天时多单只于海面上空飞翔，在离水面几十厘米到一二米高处呈直线飞行，偶见搏击水面取食。傍晚返回繁殖岛屿。黑叉尾海燕在夜间也有活动，一般从 20 时至次日 4 时前后。

繁殖　5 月中旬开始迁到繁殖岛，7 月开始产卵，8 月出雏。科研人员 1987 年曾在山东大公岛环志 2544 只黑叉尾海燕，环志回收表明，黑叉尾海燕次年仍会返回原地繁殖，但无回归原巢的技能。

主要选择海岛裸岩筑巢繁殖，此外也会选择灌草丛，一般于夜间在地面营造巢洞进行集群繁殖。巢材就地取材，主要为植物茎叶，数量稀少，无衬垫物。7 月上旬产卵，每年产卵1窝，窝卵数 1 枚。卵为白色，大小为（32.5～34.1）mm×（27.9～29.8）mm，重 9.7～11.4 g。雌雄轮流孵卵。出雏期为 8 月中旬，育雏期 40 天以上。

种群现状和保护　IUCN 评估为近危（NT）。《中国脊椎动物红色名录》评估为数据缺乏（DD）。据 2004 年估计，全球黑叉尾海燕的数量在 100 000 只左右，数量稀少，不常见。中国近几年在浙江舟山、江苏连云港、广东汕头和山东青岛等处有记录。青岛的大公岛是中国黑叉尾海燕的主要繁殖地之一。被列为中国三有保护鸟类。

黑叉尾海燕的繁殖参数	
巢位	海岛岩区及灌草丛和裸岩
窝卵数	1 枚
平均卵径	长径 33.5 mm，短径 29.0 mm
平均卵重	10.4 g
孵化期	约 40 天
育雏期	40 天以上

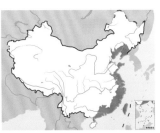

黑叉尾海燕。Con Foley摄

在水面弹跳的黑叉尾海燕。Con Foley摄

白腰叉尾海燕

拉丁名：*Hydrobates leucorhoa*
英文名：Leach's Storm Petrel

鹱形目海燕科

似黑叉尾海燕但体型较大，腰白色。分布于北太平洋和大西洋，大西洋自北而南抵巴西及非洲南端，于北大西洋繁殖，也繁殖于太平洋岛上南至 28°N 左右，在中国黑龙江和台湾有过迷鸟记录。2016 年被 IUCN 从无危（LC）提升为易危（VU）。《中国脊椎动物红色名录》评估为数据缺乏（DD）。被列为中国三有保护鸟类。

褐翅叉尾海燕

拉丁名：*Hydrobates tristrami*
英文名：Tristram's Storm Petrel

鹱形目海燕科

似黑叉尾海燕但体型较大，尾下苍白色，翅上有浅灰色带斑。分布于欧亚大陆及非洲北部，在中国台湾有过迷鸟记录。IUCN 评估为近危（NT），《中国脊椎动物红色名录》评估为数据缺乏（DD）。

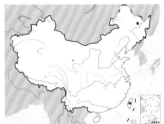

白腰叉尾海燕

褐翅叉尾海燕，飞行时两翼的浅色带斑呈"V"形

白腰叉尾海燕

鹲类

鹲类

- 鹲类指鹲形目鹲科的鸟类，全世界仅1属3种，中国均有记录
- 鹲类均为中型海鸟，体羽白色缀少量黑斑，中央尾羽延长成飘带
- 鹲类常单独或成对在海面高空飞翔，发现食物后俯冲至水面捕食
- 鹲类通常在远洋生活，除繁殖期外很少靠近陆地，人类对其知之甚少

类群综述

鹲类指鹲科（Phaethontidae）鸟类，传统上置于鹈形目（Pelecaniformes），但最新的分类意见将其单列出来置于新建立的鹲形目（Phaethontiformes）下。鹲形目下仅鹲科1个科，包括1属3种。鹲类栖息于热带和亚热带海洋，其英文名Tropicbird即意为热带鸟。鹲类体型中等，体长68～102 cm，但其中中央尾羽占一半以上。体羽均为白色，头部、背部或两翼具黑色斑纹。特化延长的中央尾羽是其标志性特征，飞行时敏捷轻快，尾后拖着长长的飘带，身姿非常优美。鹲类嘴短而尖，嘴缘呈锯齿状。脚短，全蹼足，跗跖黄色，趾和蹼黑色。

鹲类主要捕食鱼类、乌贼和甲壳类，常在水面上空巡视，发现食物后俯冲至水面捕食，不潜入水下追捕猎物。不集群，常单独或成对在海面高空飞翔。善游泳，游泳时尾向上翘。全世界仅1属3种，即红嘴鹲 Phaethon aethereus，红尾鹲 P. rubricauda 和白尾鹲 P. lepturus，中国均有记录。鹲类是典型的海洋性鸟类，多栖息于远洋，除繁殖期外很少靠近陆地，因此人类对其所知甚少。

左：鹲类延长的中央尾羽总是十分醒目。图为伏卧的红嘴鹲，中央尾羽高高翘起。向军摄

红嘴鹲
Phaethon aethereus

红尾鹲
Phaethon rubricauda

白尾鹲
Phaethon lepturus

红嘴鹲
拉丁名：*Phaethon aethereus*
英文名：Red-billed Tropicbird

鹲形目鹲科

　　通体白色而具黑色贯眼纹，初级飞羽外侧黑色，背部密布细的黑色横斑。嘴红色，延长的中央尾羽白色。有 4 个亚种，中国分布的是北印度洋亚种 *P. a. indicus*，在西沙群岛有繁殖。IUCN 评估为无危（LC）。《中国脊椎动物红色名录》评估为数据缺乏（DD）。

红嘴鹲。向军摄

红尾鹲
拉丁名：*Phaethon rubricauda*
英文名：Red-tailed Tropicbird

鹲形目鹲科

　　似红嘴鹲但延长的中央尾羽为红色，体羽黑色部分亦较少，黑色贯眼纹短且背部无黑色斑纹。有 5 个亚种，中国记录有 2 个亚种——太平洋亚种 *P. r. melanorhynchos* 和大洋洲亚种 *P. r. roseotinctus*，均为见于台湾的迷鸟。IUCN 评估为无危（LC）。《中国脊椎动物红色名录》评估为数据缺乏（DD）。

红尾鹲。左上图史立新摄，下图甘礼清摄

红嘴鹲。郭益民摄

白尾鹲

拉丁名：*Phaethon lepturus*
英文名：White-tailed Tropicbird

鹲形目鹲科

　　似红尾鹲但体型较小，延长的中央尾羽白色，嘴黄色。肩羽、部分小覆羽和最内侧次级飞羽黑色，在飞翔时形成翅上的黑色斜线。有 5 个亚种，中国仅见太平洋亚种 *P. l. dorotheae*，是偶见于台湾的迷鸟。IUCN 评估为无危（LC）。《中国脊椎动物红色名录》评估为数据缺乏（DD）。被列为中国三有保护鸟类。

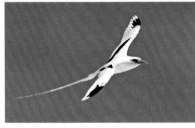
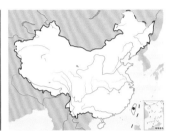

白尾鹲

飞翔的白尾鹲，翅上的黑色斜斑十分醒目。甘礼清摄

坐巢孵卵的白尾鹲

鲣鸟类

鲣鸟类

- 鲣鸟类指鲣鸟目鲣鸟科的鸟类，全世界共3属10种，中国有1属3种
- 鲣鸟类身体呈流线型，体羽主要为白色或浅褐色、浅灰色，搭配黑色或褐色，嘴粗壮且颜色鲜艳，鼻孔闭合
- 鲣鸟类主要活动于热带和温带岛屿及沿岸地区，以从高空直接冲入水下的方式捕食鱼类
- 鲣鸟类常有规律地清晨出海捕鱼，傍晚返回岸上，被渔民们称为"导航鸟"

类群综述

鲣鸟类指鲣鸟科（Sulidae）鸟类，传统上置于鹈形目（Pelecaniformes），但最新的分类意见将鲣鸟科与军舰鸟科（Fregatidae）、鸬鹚科（Phalacrocoracidae）、蛇鹈科（Anhingidae）一起从传统的鹈形目中分离出来，建立了一个新的目——鲣鸟目（Suliformes）。鲣鸟类是中至大型海鸟，体长60～85 cm，翅长140～175 cm。身体呈流线型，像鱼雷一样，能在水下有效减轻阻力，利于从高空冲入水下捕食。翅窄长且尖，尾羽较长，从中央往两侧次第变短，整体呈楔形。体羽多数以白色或浅褐色、浅灰色为主，搭配黑色或褐色。脸和喉囊裸露，眼先通常有黑色斑纹。脸部皮肤、喙、眼与足通常颜色鲜艳。喙粗壮，长而尖，边缘呈锯齿状。上嘴末端微下曲，但不弯曲成钩状；嘴峰两侧有明显的线状沟。嘴裂大，延伸至眼的后部；上嘴通过鼻额的关节活动；下颌骨部分结合，并带有特殊的关节，可以使嘴张得很大。成鸟鼻孔完全闭合。外趾和内趾比中趾长；全蹼足，即四趾之间均具蹼，有些种类的蹼颜色鲜艳，有求偶炫耀之用。不同于鸬鹚和军舰鸟，鲣鸟的尾脂腺发达，分泌的油脂可为羽毛提供强大的防水和防虫害功能。

鲣鸟类并非大洋性的海鸟，主要活动于热带和温带岛屿及沿岸地区，但可以在大洋上长距离游荡以寻找安全的栖息地。它们完全在海洋中觅食，典型的取食方式是从半空中收拢翅膀，笔直扎入水下1～2 m，猎取中等大小的鱼类或类似大小的其他海洋生物。如果未能一击得手，它们会以腿或翅推动继续潜泳追捕。通常集群觅食，有些种类会追随渔船以获取人们抛弃的副渔获物或鱼饵。在起飞之前，嘴冲向上方或前方。遇到威胁时，不会直接攻击，而是摇晃头部将嘴指向入侵者。

左：展翅飞翔的红脚鲣鸟，翅上的黑色飞羽、鲜红色的脚与通体白色形成鲜明对比。陈俨摄

右：在巢中陪伴雏鸟的红脚鲣鸟雌鸟，这是唯一在树上筑巢的鲣鸟类。陈俨摄

　　鲣鸟类集群营巢于海岸和海岛上，大多营地面巢，红脚鲣鸟是唯一在树上筑巢的鲣鸟。窝卵数1～3枚，红脚鲣鸟一般仅产1枚，除非第1枚卵孵出的雏鸟夭折，否则很少孵出第2枚卵；生活在南美和北美地区的蓝脚鲣鸟则通常每窝繁殖2～3只雏鸟。双亲共同育幼，雄鸟在海上捕鱼，带回巢中喂食雏鸟，雌鸟站在一旁为雄鸟梳理羽毛。渔民也常跟着它们追捕鱼群，亲切地称其为"导航鸟"。

　　鲣鸟类全世界共3属10种，粉嘴鲣鸟属 Papasula 仅有粉嘴鲣鸟 P. abbotti 1种，其分布局限于圣诞岛，被IUCN列为濒危物种；北鲣鸟属 Morus 有3种，分布于温带海洋，包括北大西洋的北鲣鸟 M. bassanus、南非的南非鲣鸟 M. capensis 和澳新地区的澳洲鲣鸟 M. serrator，其中南非鲣鸟被IUCN评为易危，其他2种为无危；鲣鸟属 Sula 共有6种，分布于各大热带海洋，均为无危。中国有3种鲣鸟，均为鲣鸟属，包括红脚鲣鸟 S. sula、褐鲣鸟 S. leucogaster 和蓝脸鲣鸟 S. dactylatra，分布于东南沿海、台湾及其沿海岛屿，红脚鲣鸟是西沙群岛最主要的海鸟。中国分布的3种鲣鸟虽在全球范围内种群数量庞大，但在中国的种群状况不容乐观，均被列为国家二级重点保护动物。

红脚鲣鸟
Sula sula

褐鲣鸟
Sula leucogaster

蓝脸鲣鸟
Sula dactylatra

红脚鲣鸟

拉丁名：*Sula sula*
英文名：Red-footed Booby

鲣鸟目鲣鸟科

形态 体型最小的鲣鸟，体长 66～77 cm，重 900～1003 g；翼展 134～150 cm。相对其他鲣鸟，红脚鲣鸟雌雄体型差异不大，雌鸟体型仅比雄鸟大 15%。通体呈白色，雄鸟两翅黑褐色，雌鸟背、腰与尾上覆羽灰褐色，尾羽先端白色。虹膜灰褐色，常具浅色外环。两翅尖长，善飞行，初级飞羽 11 枚，第 1 枚初级飞羽最长，第 5 枚次级飞羽缺如。尾羽 12～18 枚，呈楔形。跗跖较短，具有网状鳞。脸侧裸皮黄色。喙灰蓝色，基部转为粉红或仅稍缀以红色。脚红色。尾长且眼大，色型多变。成鸟有 3 种主要色型，即白色型、褐色型、白尾褐色型，还有一些中间色型，其中白色型分布最为广泛。白色型通体羽毛呈白色，通常略带杏黄色，但初级飞羽、次级飞羽、初级覆羽及次级覆羽黑褐色，新长出的羽毛边缘为银灰色；翅下腕关节处中覆羽部位有黑褐色斑块，飞行时清晰可见。褐色型全身褐色，但不均匀，与身体相比，头与尾色浅，翅色深。幼鸟通体浅咖色至深褐色，前颈与腹部通常颜色稍浅，虹膜灰色或黄褐色，喙黑色，面部皮肤为深石板色，喉囊色稍浅，腿深灰色至暗淡橘黄色。亚成体形态依色型不同而不同，但即便是褐色型亚成体，其全身羽色形态也并不一致，斑点较多，喙部粉色、先端黑色，面部皮肤蓝灰色，腿颜色暗淡，为橘黄色至粉红色。

具 3 个亚种，亚种形态类似，加拉帕戈斯亚种 *S. s. websteri* 体型稍小，西沙亚种 *S. s. rubripes* 体型较指名亚种 *S. s. sula* 稍大。一定距离之外白尾褐色型红脚鲣鸟易与体型稍大的蓝脸鲣鸟或 3 种鹈鹕错认，但一般通过其全白的尾部可区分开来；褐色型红脚鲣鸟易与鹈鹕幼鸟混淆，但前者上体羽色较为一致，且下体及翅上颜色与上体对比不鲜明。

总之，不同区域红脚鲣鸟的形态特征不同，且色型多变，不同的色型可以存在于同一亚种中，任何一种色型中，嘴、脸、虹膜与足的颜色均存在性别差异与季节差异。

分布 有 3 个亚种，广泛分布于加勒比海、大西洋、太平洋和印度洋北部的热带海域，通常在珊瑚岛和火山岛上繁殖。指名亚种 *S. s. sula* 分布于加勒比海与大西洋南部；西沙亚种 *S. s. rubripes* 分布于夏威夷群岛，印度洋，太平洋中部、西部及南部，中国南海，班达海与澳大利亚海域；加拉帕戈斯亚种 *S. s. websteri* 分布于太平洋东部的热带海域，包括加拉帕戈斯，此地区的红脚鲣鸟亚种归属存在争议，有可能为西沙亚种 *S. s. rubripes*。在中国分布的为西沙亚种 *S. s. rubripes*，唯一的繁殖种群见于西沙群岛，繁殖期外见于周边海域。

栖息地 为严格意义的海洋栖居物种，且大部分栖居于远洋地带。繁殖于植被丰饶的热带海岛。以珊瑚岛和火山岛为主，面积通常很小，也有些较大。营巢于石滩或岛屿上的矮灌木和乔木上，偶尔亦在地面筑巢。中国的西沙群岛位于热带海域，是珊瑚岛，东岛岛屿面积约 1.55 km²，正是红脚鲣鸟典型的繁殖地。历史上它们曾在永兴岛和东岛大量繁殖，在灌木上筑巢。但由于人类的捕食和干扰，现仅在东岛的白避霜花树上营巢。

繁殖期雄鸟的喙侧面呈黄绿色，基部红色较艳丽。李长寿摄

红脚鲣鸟。陈俨摄

繁殖期雌鸟的喙呈灰蓝色。李长寿摄

习性　具有长距离游荡觅食的特性，人们较难发现其运动规律，但可能主要分布于热带海洋。它们可飞往距群体栖息地150 km 以外的区域觅食，通常于黎明之前出发，天黑之后返回。幼鸟也会进行较大范围的运动，偶见飞离陆地 100 km。有记录表明，红脚鲣鸟向北可迁至美国东海岸范围内，南迁可至太平洋东南方向的复活岛，向北则抵达加利福尼亚州，偶见于大西洋东南部圣赫勒拿岛与纳米比亚海岸以及非洲南部。在 2013 年 3 月首次在佛得角观测到一只红脚鲣鸟成体。2012 年 6 月与 2013 年 8 月两次在苏里南观察到红脚鲣鸟。最近在地中海西部、西班牙与法国南部及加那利群岛亦观察到红脚鲣鸟迷鸟。

食性　远洋性觅食，主要以飞鱼和鱿鱼为食，捕食猎物的平均长度为 8.8 cm。一般采取集体捕食的策略，通过俯冲式潜水捕获食物，亦可能于水下潜泳追赶猎物。潜水深度一般较浅，通常小于 1 m，平均深度最大为 5 m。它们还能在飞行中捕捉飞鱼，当飞鱼被水下捕食者追逐而跃至水面时则尤为常见。红脚鲣鸟有夜间捕食的习惯，这可能是因为鱿鱼会在夜间浮出水面，它们可凭借月光的照耀整晚捕食。红脚鲣鸟常降落于船只之上，利用其作为有利捕食位点。捕食过程中常受军舰鸟的偷袭。

红脚鲣鸟采取俯冲式潜水的方式捕食。图为一只红脚鲣鸟在空中收起翅膀、头笔直朝下准备俯冲。史立新摄

繁殖 非季节性繁殖，可于全年任意月份开始繁殖，且可间歇性繁殖。繁殖行为可能受到环境因素的影响，例如在厄尔尼诺南方涛动季节，太平洋夏威夷南部地区的约翰斯顿岛种群不进行繁殖，此时期该海域水温通常较高。

根据中国南海西沙群岛北部东岛的报道，一个由 3 只成鸟（2 雄 1 雌）构成的稳定繁殖组合在 2004—2007 年连续 4 年间共同抚育了 5 批后代，且 3 只成鸟均匀分摊抚育工作，表明红脚鲣鸟为合作式一雌多雄制。

刚孵出的红脚鲣鸟。陈俨摄

红脚鲣鸟为高度群居性物种，通常形成庞大的群落。巢由树枝搭建而成，位于树或灌木之上，亦有位于地面或墙壁之上。雌雄共同筑巢，雌鸟付出稍多于雄鸟。窝卵数为 1 枚，孵化期约 45 天。雏鸟绒羽为白色，100~139 天羽翼丰满，之后一般仍需双亲照料约 190 天。在西沙群岛东岛展开的研究中，幼鸟平均需 118 天方能独立（羽翼丰满率约为 96%），其觅食距离会逐渐增大，可能主要是为培养觅食技能（幼鸟生活早期，94% 的食物由双亲提供），羽翼丰满大约 60 天之后开始自主觅食。独立后 20~84 天，获得飞行能力的幼鸟存活率至少为 60%。2~3 龄时即可能开始繁殖。目前野外最长寿命记录为 23 龄。

红脚鲣鸟幼鸟。陈俨摄

在各自的繁殖区域，不同的亚种或同一亚种的不同区域种群，因为应对气候和海洋环境的变化而产生了适应性辐射，进而形成了不同的形态特征与觅食方式，其繁殖对策以及繁殖成功率均有所不同，但由于研究方法不统一，缺乏当时当地的环境材料，进一步讨论红脚鲣鸟的适应性差异及其意义仍是相当困难的。

将嘴张开以便雏鸟从喉囊中取食的红脚鲣鸟。赵桂霞摄

种群现状和保护　种群数量庞大且分布范围广泛，非全球受胁物种，IUCN 评估为无危（LC）。仅有极少数种群受到保护。

由于该物种营巢于树枝之上，因此栖息地破坏对其影响巨大，西印度洋尤甚：在过去 100 年间，该地区至少已有 12 个红脚鲣鸟种群消失。大西洋南部的种群也不容乐观，目前仅存约 100 对个体。加勒比海（14 000 对）、加拉帕戈斯群岛（250 000 对，其中捷诺维萨 140 000 对）、东印度洋（圣诞岛 12 000 对，科科斯群岛 30 000 只）及南太平洋种群数量依然较多；夏威夷种群早年由于栖息地丧失种群数量下降，但目前形势正在好转。种群数量往往随气旋活动而呈波动性变化，但科科斯群岛种群长期以来未见数量减少。

人类自 1827 年定居海岛之后开始捕获红脚鲣鸟作为食材，尽管当下捕杀红脚鲣鸟为违法行为，但年捕杀量仍为 2000～3000 只，某些年份甚至达到 10 000 只。其他影响种群数量的因素包括捡拾鸟蛋、非法狩猎、鼠类的捕食以及观光旅游带来的干扰。历史上红脚鲣鸟种群数量曾发生较大衰减，但由于其繁殖地范围十分辽阔，目前数量依旧较为庞大，可能远超 1 000 000 只。曹垒对红脚鲣鸟长达数年的研究表明，在中国的西沙群岛上，外来物种（牛）的引入导致红脚鲣鸟的营巢树白避霜花树数量骤减，从而威胁到红脚鲣鸟的生存。

总之，人类的大量捕食、外来物种的大量引入、有毒物质的污染、栖息地的退化以及人类的干扰，都是对红脚鲣鸟生存构成威胁的因素。

在中国，《中国脊椎动物红色名录》将红脚鲣鸟评为近危（NT）。目前红脚鲣鸟已经被列为国家二级重点保护动物，并在其最后的繁殖地——西沙群岛东岛建立了红脚鲣鸟保护区。

西沙群岛东岛的白避霜花树林是红脚鲣鸟在中国仅存的繁殖地。陈俨摄

褐鲣鸟

拉丁名: *Sula leucogaster*
英文名: Brown Booby

鲣鸟目鲣鸟科

　　体长 64～74 cm，头、颈和上体黑褐色，胸以下及翼下覆羽、尾下覆羽白色。全世界共 5 个亚种，分布于全球热带、亚热带海域，中国分布的是西沙亚种 *S. l. plotus*，在西沙群岛和兰屿、台湾有繁殖，冬季见于东南沿海，北至江苏、上海。IUCN 和《中国脊椎动物红色名录》均评估为无危（LC）。过去常见，但目前已难以见到，被列为国家二级重点保护动物。

蓝脸鲣鸟

拉丁名: *Sula dactylatra*
英文名: Masked Booby

鲣鸟目鲣鸟科

　　体型比红脚鲣鸟和褐鲣鸟大，体长约 80 cm。通体白色，而飞羽和尾羽黑色。脸部裸区黑色，眼金黄色。脚灰色。嘴黄色，雄鸟颜色更亮，雌鸟则偏绿且暗。全世界共 6 个亚种，广泛分布于热带海洋。中国分布的为太平洋亚种 *S. d. personata*，在钓鱼岛和赤尾屿有繁殖。IUCN 和《中国脊椎动物红色名录》均评估为无危（LC）。被列为国家二级重点保护动物。

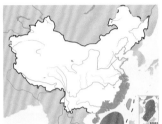

褐鲣鸟。陈承光摄

蓝脸鲣鸟。左上图Lieutenat Elizabeth Grapo摄（维基共享资源/CC BY 2.0），下图USFWS摄（维基共享资源/公有领域）

互相追逐的褐鲣鸟。陈承光摄

鸬鹚类

鸬鹚类

- 鸬鹚类指鲣鸟目鸬鹚科的鸟类，全世界共3属41种，中国有2属5种
- 鸬鹚类为中到大型水鸟，喙长而尖，全蹼足，全身羽毛基本都是棕色、黑色，防水性差
- 鸬鹚类多在沿海生活，常成群活动，善于潜水捕鱼
- 鸬鹚被人类训练作为捕鱼工具已有上千年历史，与人类关系密切

类群综述

鸬鹚类指鸬鹚科（Phalacrocoracidae）鸟类，传统上置于鹈形目（Pelecaniformes），但最新的分类意见将其改置于新建立的鲣鸟目。该科过去仅1个属，但最新的分类意见将其分为3个属，体型较小的5个种被归为小鸬鹚属 Microcarbo，下体白色且具蓝色、粉色或红色眼圈的15个种被归为蓝眼鸬鹚属 Leucocarbo，其余22个种仍留在鸬鹚属 Phalacrocorax，但栖息于白令岛的眼镜鸬鹚 Phalacrocorax perspicillatus 于1985年左右灭绝，因此鸬鹚科现存3属41种。

鸬鹚为中型到大型水鸟，体型最小的侏鸬鹚 Microcarbo pygmaeus 体长也有45 cm，而体型最大的弱翅鸬鹚 Phalacrocorax harrisi 体长达100 cm以上，该种也是唯一一种不具有飞行能力的鸬鹚。鸬鹚均善于潜水捕食鱼类，但尾脂腺不发达，羽毛防水性差，所以潜水后需要通过晾晒使羽毛变干。所有鸬鹚均为全蹼足，四趾之间均有足蹼相连。鸬鹚的喙尖而长，上喙前端带钩。从羽色上看，鸬鹚类外表均为深色，如深棕色、黑色等，部分羽毛带有金属光泽，繁殖季节和非繁殖季节的体色有差异，主要是头部裸皮颜色、头部及颈部羽色的变化。鸬鹚的虹膜多为绿色或蓝色，成幼有别。

鸬鹚类大多在沿海生活，栖息于海边礁石地带和近海岛屿。鸬鹚通常成群活动，在繁殖季节集群营巢繁殖。捕鱼时，鸬鹚会将头部伸入水下寻找猎物，它们在水下游泳时除了用脚蹼推进外，也能用翅膀划水助推。前面提到的弱翅鸬鹚不具有飞行能力，它们的翅膀主要用于潜水时的划水。每年4—6月是鸬鹚的繁殖季节，雌雄双方共同营巢。巢筑在水边的悬崖上或树上，也有的在人迹罕至的岩石地面筑巢。巢由树枝和海草构成，有时也会利用旧巢繁殖。每窝产卵4枚左右，亲鸟轮流孵卵，孵化期约1个月。雏鸟为晚成鸟，由双亲共同哺育，雏鸟从亲鸟咽部取食食物。雏鸟在约60日龄时离巢，3龄左右性成熟。

鸬鹚类在南北半球广泛分布，栖息于沿海和内陆水域，温热带海域种类较多。大多数属于海洋性鸟类，少数种类在内陆也有分布。一些种类如普通鸬鹚 Phalacrocorax carbo 是全球广布种。中国记录到的鸬鹚类有5种，已全部列入2016年发布的《中国脊椎动物红色名录》。最常见的为普通鸬鹚，在沿海和内陆水体均有栖息繁殖；其次为海鸬鹚 P. pelagicus 和绿背鸬鹚 P. capillatus，其中海鸬鹚是国家二级重点保护动物，绿背鸬鹚又称为斑头鸬鹚，在中国东北沿海有少量繁殖，冬季在东南沿海如浙江、福建、台湾等地越冬。黑颈鸬鹚 Microcarbo niger、红脸鸬鹚 Phalacrocorax urile 在中国为罕见冬候鸟，黑颈鸬鹚主要在云南有较多观测记录，红脸鸬鹚于辽东半岛和台湾沿海有很少量的记录。

左：鸬鹚类的尾脂腺不发达，因此羽毛防水能力差。图为正在捕鱼的普通鸬鹚，可见身上的羽毛都湿透了，一缕一缕紧贴在皮肤上。赵国君摄

下：鸬鹚类羽毛防水性差，却采取潜水捕鱼的方式取食，因此每次潜水后都需要在岸上张开翅膀晾干羽毛。图为正在晾晒羽毛的普通鸬鹚。宋丽军摄

普通鸬鹚
Phalacrocorax carbo

海鸬鹚
Phalacrocorax pelagicus

non—br.

br.

non—br.

绿背鸬鹚
Phalacrocorax capillatus

non—br.

br.

红脸鸬鹚
Phalacrocorax urile

non—br.

br.

non—br.

黑颈鸬鹚
Microcarbo niger

普通鸬鹚

拉丁名：*Phalacrocorax carbo*
英文名：Great Cormorant

鲣鸟目鸬鹚科

形态　英文名为 Great Cormorant 或 Black Cormorant，顾名思义是大型黑色鸬鹚。不同亚种及同亚种不同个体间体型差异较大，一般体长 70～102 cm，体重 1.5～5.5 kg，雄鸟比雌鸟体型更大更重。全身基本黑色，头部和颈部的羽毛具有紫绿色金属光泽，肩和翅上覆羽具青铜色光泽。眼和喙后方有小块黄色（亚成体）或橙黄色（成体）的裸皮，裸皮后部紧贴一道宽的白带，喉囊黄色。繁殖期间脸部有红斑，头和颈的白色丝状羽增多，雄鸟脸颊后方至颈部上端都可能被白色丝羽覆盖，下胁具白斑。虹膜翠绿色，足黑色，全蹼足。

分布　全球共有 6 个亚种，分布广泛，在几乎整个旧大陆和北美洲东海岸都有繁殖。从北美东北海岸和格陵兰岛西部到冰岛、法罗群岛、英伦三岛、北欧，往东到萨哈林岛、日本，往南到中欧、非洲、东欧、土耳其、伊朗、印度、新几内亚、澳大利亚和新西兰。在中国分布的为指名亚种 *P. c. carbo*，在全国各地都有分布或过境，根据中国观鸟记录中心的观测记录，从东部沿海各地至西部新疆、西藏，北至黑龙江，南到广东、广西、香港，都有普通鸬鹚的观测记录，仅海南尚无记录。

栖息地　通常选择比较开阔的水体进行捕食，并在沿岸栖息。适应环境的范围很广，在沿海地区和内陆水体都广泛分布，如沿海礁石滩、河流、湖泊、池塘、水库、河口及其沼泽地带等。在中国常见于内陆湖泊，例如，青海湖是国内最大的普通鸬鹚繁殖

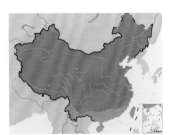

地，而香港则是主要的越冬地，每年冬季上万只普通鸬鹚在香港米埔自然保护区越冬。

习性　常成群栖息于水边岩石上或水中，通常几十至上百只集群活动。停栖时呈垂直站立姿势，一般停在地面、岩石等比较平坦的地方，偶尔也能停在树上较粗的横枝上。善于游泳和潜水，在水中游泳时身体下沉较多，颈部向上伸直，头微向上仰。潜水时先半跃出水面、再扎入水中下潜，潜水不深，但水下停留时间可达几十秒。在浑浊的水中，普通鸬鹚主要依靠敏锐的听觉辨别猎物的方向。上岸后会尽快梳理羽毛并展翅晾晒，休息和晾晒羽毛时，会长时间保持一个姿势。平时几乎不叫，在警戒时会大叫。

普通鸬鹚部分种群为留鸟，部分为候鸟。在中国北方繁殖的种群每年 9—10 月会迁徙到南方越冬，次年 3—4 月迁回北方繁殖，迁徙距离中等。迁徙时集成数十只的小群，有时也会集成数百只的大群。在南方繁殖的种群一般不迁徙。

食性　与其他鸬鹚类一样，以各种鱼类为食。潜水捕食。

繁殖　基本在每年 3 月进入繁殖期，雌雄共同营巢，营巢期和产卵期为 4—6 月，产卵集中在 4—5 月，此后大幅下降。一般集群营巢，巢间距不等，也有单独营巢的个体。如果繁殖地有树，多数会选择在树上筑巢，巢离地可达 5 m，也有一些在低处甚至地面筑巢，但低位巢严重受到捕食者的威胁。巢材就地取材，如树枝、杂草、水草等，也有主要用草本植物筑巢的情况。巢呈不规则的浅碗状，筑巢时间很长，有记录长达 50 天。筑巢结束后通常不立即产卵，产卵时隔 1 日或隔 2 日产下 1 枚，产卵时间在清晨四五点，窝卵数 2～6 枚，以 3～4 枚居多。卵为长椭圆形，浅白色，略带灰绿色或灰蓝色，有时带褐色斑点。雌雄亲鸟共同孵卵，但以雌鸟居多。从产第 1 枚卵就开始孵卵，每日孵卵时间随窝卵数增加而延长，平均孵化期为 28 天。有研究者在实验中将普通鸬鹚窝里的卵部分或全部替换，而亲鸟仍正常孵卵，推测该物种卵识别能力不强。

普通鸬鹚。左上图为非繁殖羽，沈越摄；下图为繁殖羽，彭建生摄

正在捕鱼的普通鸬鹚。赵纳勋摄

普通鸬鹚的繁殖参数	
巢位	地面或树上编织巢
窝卵数	2～6 枚
平均卵径	长径 67.3 mm，短径 40.2 mm
平均卵重	57.5 g
孵化期	28 天
育雏期	50～60 天

普通鸬鹚的巢、卵和雏鸟。宋丽军摄

在青海的一些研究表明，当地普通鸬鹚孵化率较低，不到40%，部分原因是产下的卵未受精，而雏鸟成活率约60%，繁殖成功率约23%，国内其他繁殖点未见详细研究。

雌雄亲鸟共同育雏，一方离巢觅食时，另一方在巢中守护。雏鸟从亲鸟咽部(嗉囊)掏取半消化的食物。亲鸟具有"暖雏"行为，为没长毛的雏鸟保暖、避免雏鸟日晒雨淋，多由雌鸟进行，而雄鸟多担任警戒工作。雏鸟为晚成鸟，孵出时体重约40 g，皮肤淡黑色，裸露无毛。3～4 天后开始睁眼；10 日龄时发育加快，体重迅速增加，长出黑色绒羽；至24 日龄时体重增长变缓，翅和尾发育加速，能站立。34 日龄时幼鸟开始在巢边振翅练飞，50日龄时尝试离巢，练习入水捕鱼，离开后就不再回巢。

种群现状和保护 在全球分布广泛而数量庞大，被 IUCN 列为无危（LC），《中国脊椎动物红色名录》亦评估为无危（LC）。在中国南方，原本十分常见，但是经过长期以渔业为目的的捕捉、栖息地缩减及破坏，以及淡水鱼类资源的枯竭之后，普通鸬鹚数量锐减，野生种群已不甚常见，只在较固定的几个繁殖地和越冬地为常见水鸟。20 世纪 90 年代，中国野生普通鸬鹚数量（包括香港和台湾）一度下降到 2000 余只。已列入国家林业局 2000 年发布的《国家保护的有益的或者有重要经济、科学研究价值的陆生野生动物名录》。

与人类的关系 普通鸬鹚即中国人通常所说的"鸬鹚"或"鱼鹰"（鱼鹰也用来指另一种捕鱼的猛禽——鹗），又俗称黑鱼郎、水老鸭，与中国的渔业及文化关系密切、历史悠久。在新石器时代的一些遗址中就发现有鸬鹚的骨头和具有鸬鹚形象的物品，说明在当时普通鸬鹚在中国的地域上分布十分广泛、数量众多。但对于中国人何时开始驯养鸬鹚进行捕鱼的问题，一直存在争议，不过据考古资料推测，至少在东汉时期，就出现了驯养鸬鹚的行为。到了唐宋以后，驯养鸬鹚来捕鱼已开始流行，当时人们称普通鸬鹚为"乌鬼"，并将驯养的鸬鹚比作"乌头网"，意即鸬鹚捕鱼相当于网捕。至明清时期，鸬鹚捕鱼更是盛行，形成了"鸬鹚渔业"。直到中华人民共和国成立后，因多方面原因，这一产业迅速衰退。鸬鹚捕鱼对渔业资源破坏性极大，很多地方明令禁止用鸬鹚捕鱼，因此现在驯养鸬鹚已经很少见，仅有部分景点保留这一行为作为特色观赏活动。

普通鸬鹚是跟人类关系十分亲近的水鸟，如今虽少见驯养鸬鹚，但普通鸬鹚仍展现出比其他多数海鸟更好的人工环境适应性。图为在香港越冬的普通鸬鹚，与远处的高楼大厦构成了奇异的对比。沈越摄

海鸬鹚

拉丁名：*Phalacrocorax pelagicus*
英文名：Pelagic Cormorant

鲣鸟目鸬鹚科

形态 俗名乌鹈。体长 64～89 cm，翼展约 1 m，体重 1.4～2.4 kg。非繁殖季节，成鸟全身体羽黑色而具紫绿色金属光泽。繁殖季节头部长出两个短的羽冠，一个在头顶，一个在枕后，大腿部位羽毛变白，头和颈夹杂白色丝状羽。繁殖季节脸上的裸皮为红色，与红脸鸬鹚相似，但冠羽较后者稀疏而松软，脸部红色不及额部且脸颊红色较多。幼鸟及非繁殖期成鸟脸粉灰色，体型略小。虹膜蓝色；嘴黄色；脚灰色。

分布 有 2 个亚种，主要分布在太平洋北部及西伯利亚东部沿海一带。在中国分布的为指名亚种 *P. p. pelagicus*，见于黑龙江牡丹江，辽宁大连、旅顺、丹东，及福建沿海一带。其中黑龙江、辽宁、山东等北部沿海地区及附近海岛为繁殖鸟，在福建、广东、台湾为冬候鸟。在国内分布区域狭窄，数量稀少。

栖息地 典型的海上鸬鹚。只在海边生活，如海岛、海岸线地带。栖息于海岸、河口地带，在海岛的悬崖峭壁或海岸礁石营巢。

习性 在浅海和海湾地区潜水捕鱼，繁殖季节也会去外海捕鱼，潜水深度极深，可达 30 m。很少鸣叫，在海上行动无声。

食性 主要以鱼为食，常常在海床、岩石之间捕鱼，喜欢底栖的小鱼，但它们也常吃虾，兼食少量的海藻、海带、海紫菜等。海鸬鹚会和其他海鸟集群在海上捕食。

海鸬鹚非繁殖羽。Mike Michael L. Baird摄（维基共享资源/CC BY 2.0）

海鸬鹚的繁殖参数	
巢位	悬崖边缘、岩洞、岩缝
窝卵数	2～5 枚
平均卵径	长径 54 mm，短径 34.7 mm
平均卵重	33.9 g
孵化期	26 天
育雏期	40～50 天

繁殖 繁殖期与普通鸬鹚相似，为每年 3—8 月。不集大群繁殖，但会以小群的形式一起筑巢繁殖。大多数巢筑在悬崖边缘，少数在洞穴或岩石缝隙中。巢为纤维材质，巢材为海边的杂草或海草，混合有海鸬鹚的粪便。海鸬鹚对巢址比较忠诚，会反复利用中意的旧巢，每年在原址之上进行修缮然后使用。有的巢经过多年的积累可高达 1.5 m。

在中国，海鸬鹚每年 2 月中旬开始向适宜繁殖的海岛聚集，上岛占领巢域，3 月初开始筑巢。海鸬鹚具有复杂的求偶行为，包括展示喉囊、头向后甩并张嘴发声、伸直脖子上下蹦跳、反复举起翅膀展示其股部（大腿）白色的羽区等。交配在捕食区域的海面进行，雄鸟踩水跳到雌鸟背上进行交配。

每窝产卵 2～5 枚，通常为 3～4 枚，偶有发现 7 枚。卵为长椭圆形，两头尖，淡绿色，无斑点。隔日产卵。孵卵时长 20～30 天不等，平均 26 天。雌雄亲鸟共同孵卵，以雌鸟为主。雏鸟为晚成鸟，孵出时皮肤肉红色，头几天亲鸟通常将雏鸟护在身下以保持体温。3 日龄开始长出深烟灰色绒羽，5 日龄开始睁眼。一开始亲鸟向雏鸟喂食半消化的食物，到雏鸟约 14 日龄时，开始喂未消化的小鱼。20 日龄后雏鸟已具备一定防御能力。30 日龄时幼鸟开始在巢边振翅尝试飞行，几天后便能离巢作短距离飞行。同一窝雏鸟孵化时间前后相差 1～2 天，但同时离巢。离巢后，幼鸟继续跟随亲鸟学习潜水捕鱼。

种群现状和保护 被 IUCN 列为无危（LC），但种群数量正在下降。《中国脊椎动物红色名录》评估为近危（NT）。在中国被列为国家二级重点保护动物。

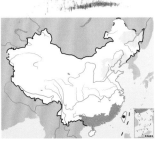

海鸬鹚繁殖羽。王兴娥摄

绿背鸬鹚

拉丁名：*Phalacrocorax capillatus*
英文名：Japanese Cormorant

鲣鸟目鸬鹚科

又称为斑头鸬鹚，外形和习性皆似普通鸬鹚，但背、肩和翅覆羽呈金属暗绿色。分布于太平洋西岸沿海及岛屿，在中国东北沿海有少量繁殖，冬季在东南沿海如浙江、福建、台湾等地越冬。IUCN 评估为无危（LC）。被列为中国三有保护鸟类。

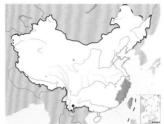

绿背鸬鹚。王兴娥摄

红脸鸬鹚

拉丁名：*Phalacrocorax urile*
英文名：Red-faced Cormorant

鲣鸟目鸬鹚科

外形似海鸬鹚，但前额裸露，与眼周、喉部的裸区连为一体，呈鲜红色。繁殖于西伯利亚东部沿海及周边海岛，在繁殖地以南至日本和中国沿海越冬。在中国为罕见冬候鸟，见于辽东半岛。IUCN 和《中国脊椎动物红色名录》均评估为无危（LC）。被列为中国三有保护鸟类。

红脸鸬鹚。左上图Isaac Sanchez摄（维基共享资源/CC BY 2.0）

黑颈鸬鹚

拉丁名：*Microcarbo niger*
英文名：Little Cormorant

鲣鸟目鸬鹚科

中国体型最小的鸬鹚，体长约 50 cm。全身黑色，繁殖期头两侧和颈部仅有少许白色丝状羽。分布于南亚和东南亚地区，在中国仅见于云南西部和南部。IUCN 和《中国脊椎动物红色名录》均评估为无危（LC）。在中国被列为国家二级重点保护动物。

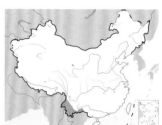

黑颈鸬鹚。左上图蔡长银摄，下图Faisal Akram摄（维基共享资源/CC BY-SA 2.0）

捕得小鱼的黑颈鸬鹚。Arindam Aditya摄（维基共享资源/CC BY-SA 4.0）

军舰鸟类

- 军舰鸟类指鲣鸟目军舰鸟科的鸟类，全世界共1属5种，分布于热带和亚热带海域，中国有3种
- 军舰鸟类嘴长且强壮，两翼狭长，尾羽长且呈深叉状，雄鸟具有特征性的红色喉囊，繁殖期可充气膨胀以吸引雌鸟
- 军舰鸟类飞行技巧高超，常抢夺其他海鸟的食物和巢材
- 军舰鸟类在大洋中的无人岛上繁殖，较少与人类发生关系

类群综述

军舰鸟类指军舰鸟科（Fregatidae）鸟类，传统上置于鹈形目，但最新的分类意见将其改置于新建立的鲣鸟目。军舰鸟是一类体型较大的海鸟，体长74～114 cm。军舰鸟的外形非常容易辨认，两翼狭长，棱角分明，尾羽长且中间凹陷，呈剪刀形。其英文名中的Frigate指的是帆船时代的三帆快速战舰，常用来对商船进行追捕，这个词反映了军舰鸟的行为习性：它们具有高超的飞行技巧，且经常从其他海鸟那里抢夺食物和巢材，是热带海域的“空中恶霸”。

军舰鸟的嘴长且强壮，先端向下弯曲呈钩状。跗跖短而被羽，四趾向前，趾间均有蹼，但蹼呈深凹状。雄性军舰鸟具有特征性的红色喉囊，在繁殖期会充气膨胀像一个巨大的气球，用来吸引异性。

军舰鸟的飞行技巧极为高超，它们常常凭借高超的飞行技巧俯冲至水面，用长而强壮的喙掠取靠近海面的鱼类。很多时候，它们会成小群攻击其他海鸟，迫使其吐出捕捉到的鱼类，如白尾鹲便深受其害。它们的羽毛几乎不防水，一旦落到水面就很难起飞。

左：停栖于树上的黑腹军舰鸟雌鸟。韦力摄

右：雨中与褐鹈鹕一起栖于树上的黑腹军舰鸟，可见军舰鸟的羽毛因不防水而被洇湿。李文俊摄

军舰鸟通常在大洋中的无人小岛上繁殖，一年四季都可能有繁殖行为，但是在旱季繁殖的比例最高。雄鸟在繁殖期常集小群，鼓起喉囊，共同求偶，吸引附近的雌鸟前来交配。雄鸟对同类没有攻击行为。配对后雄鸟和雌鸟会一起用枯枝做简单的巢，雄鸟负责外出收集巢材，有时也会偷窃附近无鸟看守的同类的巢材，雌鸟负责筑巢。巢可位于高大的树木顶端，也可坐落在低矮的灌木丛甚至是地面，不同种类或不同繁殖地的巢位有所不同。跟其他海鸟类似，军舰鸟繁殖周期较长，卵的孵化期为44～55天，雏鸟生长期长达6个月，某些幼鸟在出生后一年之内仍需亲鸟喂食。6～7龄才首次进行繁殖，成鸟的平均寿命可达25岁。

在非繁殖季节，军舰鸟可以游荡至距离繁殖地较远的海域活动，亚成鸟有时会跟随气流进入温带海域，并在这里逗留较长的时间。

全世界只有1属5种军舰鸟，主要分布于热带和亚热带地区的海洋中，其中3种可见于中国，分别为白腹军舰鸟 Fregata andrewsi、黑腹军舰鸟 F. minor 和白斑军舰鸟 F. ariel。另外2种为阿岛军舰鸟 F. aquila 和华丽军舰鸟 F. magnificens，前者见于大西洋，后者见于美洲和西非近海。目前，白腹军舰鸟被IUCN列为极危(CR)，全球种群少于5000只，分布局限于圣诞岛附近，栖息地引入的肉食性蚂蚁对该种也造成了一定的威胁。阿岛军舰鸟被IUCN列为易危（VU），其他三种均为无危（LC）。在中国，白腹军舰鸟被列为国家一级重点保护动物，黑腹军舰鸟和白斑军舰鸟为三有保护动物。

在西沙群岛繁殖的黑腹军舰鸟巢和幼鸟。曹垒摄

白斑军舰鸟
Fregata ariel

白腹军舰鸟
Fregata andrewsi

黑腹军舰鸟
Fregata minor

白斑军舰鸟

拉丁名：*Fregata ariel*
英文名：Lesser Frigatebird

鲣鸟目军舰鸟科

形态　中等体型的海鸟，也是体型最小的军舰鸟。体长66～81 cm，体重600～950 g，翼展155～193 cm。整体以黑褐色为主，繁殖期上体多具蓝紫色金属光泽，雌鸟的金属光泽较少。成鸟腹部白色，亚成体喉至胸腹部均为污白色，幼鸟头部为红棕色。不论处于哪个年龄段，腋窝位置均具显著的三角形白斑。喙为黑灰色至肉色，较为粗壮，末端为钩状且下弯，两翼狭长，尾部呈明显的叉状。腿粉色。

分布　共有3个亚种，西印度洋亚种 *F. a. iredalei* 分布于西印度洋；指名亚种 *F. a. ariel* 分布于印度洋中东部、东南亚海域、大洋洲北部至太平洋中西部海域；大西洋亚种 *F. a. trinitatis* 分布于大西洋南部海域特林达迪和马丁瓦斯群岛。在中国分布的为指名亚种 *F. a. ariel*，多见于西沙群岛及南沙群岛，为繁殖鸟。在非繁殖季节，少量个体（尤其是亚成鸟）会跟随气流四处游荡，在中国东部和南部沿海时有记录，最北可至北京，甚至在内陆地区如河南也有记录。是中国大陆沿海出现概率最高的军舰鸟。

栖息地　在热带至亚热带大洋中的无人海岛上繁殖，非繁殖期会四处游荡。

习性　常年生活在海中，在海岛上繁殖，凭借高超的飞行技巧，掠食海面表层的鱼类或抢夺其他海鸟的食物，不能潜水或游泳。

食性　以小型鱼类为主，也吃小章鱼和虾。

繁殖　繁殖于热带至亚热带海洋中，通常在偏僻的小型岛屿上集群筑巢。它们的巢位于红树林或灌木丛上，通常都比较低，有时也会直接坐落在地面上。巢多由枯枝搭成，较为简单，与鹭类的巢类似。白斑军舰鸟全年都可以繁殖，多数种群更偏好在旱季繁殖。因为育雏期可长达一年之久，如果繁殖成功，雌鸟隔一年才会繁殖一次，但雄鸟可能会在育雏后期离开繁殖岛，寻找其他雌性，以提升繁殖的适合度。

种群现状和保护　全球种群数量应无虑，被IUCN列为无危（LC）物种，中国的种群在1000只以内。被列为中国三有保护鸟类。栖息地丧失、人为干扰以及作为食物被人类捕猎是该种的主要威胁。全球气候异常，如厄尔尼诺会导致大范围的繁殖失败，海洋中的农药和重金属残留对该种也有一定的影响。

白斑军舰鸟。左上图为雄鸟，下图为雌鸟。牛蜀军摄

白斑军舰鸟亚成体。黄秦摄

捕食的白斑军舰鸟。Ariefrahman摄（维基共享资源/CC BY-SA 4.0）

白腹军舰鸟

拉丁名：*Fregata andrewsi*
英文名：Christmas Island Frigatebird

鲣鸟目军舰鸟科

　　大型海鸟，体长约95 cm。雄鸟整体羽毛黑色而具绿色或紫色光泽，仅腹部白色。嘴黑色，喉囊红色。雌鸟似雄鸟，但下体白色延伸至胸部、翼下乃至肩部，形成颈环。嘴淡粉色，眼周有一圈粉色裸露皮肤。分布于印度洋，仅在圣诞岛繁殖，非繁殖期向周边游荡，向北到达爪哇、马六甲海峡至中国南海，向南至澳大利亚。数量极稀少，被IUCN列为极危物种（CR），已列入CITES附录Ⅰ。在中国偶见于福建、广东、广西沿海和香港、海南，被列为国家一级重点保护动物。

白腹军舰鸟。左上图为雄鸟，Khaleb Yordan摄；下图为雌鸟，Boas Emmanuel摄

白腹军舰鸟雄性亚成体，头部为浅色，在中国见到的多数为亚成体

黑腹军舰鸟

拉丁名：*Fregata minor*
英文名：Great Frigatebird

鲣鸟目军舰鸟科

　　体型似白腹军舰鸟，明显大于白斑军舰鸟。雄鸟全身羽毛黑色，喉囊绯红色。雌鸟颏、喉和胸白色。有多个亚种，分布于印度洋和太平洋热带海域，乃至巴西特立尼达岛。中国分布的是指名亚种*F. m. minor*，见于东部和南部沿海，北至北戴河、秦皇岛，东至台湾，南至海南西沙群岛，多为过境鸟，在西沙群岛和南沙群岛有繁殖。IUCN和《中国脊椎动物红色名录》均评估为无危（LC）。被列为中国三有保护鸟类。

黑腹军舰鸟。左上图为雌鸟，牛蜀军摄；下图为雄鸟，李文俊摄

黑腹军舰鸟的巢、雌鸟和雏鸟。曹垒摄

鹈鹕类

鹈鹕类

- 鹈鹕类指鹈形目鹈鹕科的鸟类，全世界共1属8种，中国有3种
- 鹈鹕类体型庞大，体长均超过100 cm，宽大直长的嘴下具有可收缩的喉囊为其标志性特征
- 鹈鹕类主要栖息于江河湖泊以及沿海水域，以捕鱼为生，性喜群居
- 鹈鹕类外形极具特色而受人喜爱，所有的种类均在各地动物园中有养殖，但野外种群数量呈下降趋势

类群综述

鹈鹕类指鹈形目（Pelecaniformes）鹈鹕科（Pelecanidae）的鸟类，是世界上体型最大的鸟类之一，也是具有飞行能力的最重的鸟类之一。全世界的鹈鹕共1属8种，分布于全球的温暖水域，中国有3种，分别为白鹈鹕 *Pelecanus onocrotalus*、斑嘴鹈鹕 *P. philippensis* 和卷羽鹈鹕 *P. crispus*。

鹈鹕类体长 105～188 cm，体重 2.7～15 kg，雄鸟体型大于雌鸟。最大的鹈鹕是卷羽鹈鹕，体长能达到 180 cm，翼展长 345 cm，体重达 13 kg。澳洲鹈鹕 *P. conspicillatus* 的体长甚至超过卷羽鹈鹕，但翼展却只有 260 cm。褐鹈鹕 *P. occidentalis* 是最小的鹈鹕，平均体长仅 114 cm，翼展 203 cm，重仅 4 kg。鹈鹕的翅膀宽大，翼展较宽，扇翅有力，能以 40 km/h 以上的速度长距离飞行。鹈鹕嘴形宽大

直长，上嘴尖端向下弯曲呈钩状，下嘴具可自由伸缩的大喉囊。舌小，但舌部肌肉发达，每次捕鱼后，发达的舌部肌肉能控制喉囊像网袋一样把其中的水排出。颈细而长，飞行或休息时颈部弯曲，能很好地支持头部和嘴。全身羽毛密而短，羽色为白色、桃红色或浅灰褐色。脚短，趾间有蹼。

鹈鹕主要栖息于湖泊、江河、沿海和沼泽地带。性喜群居，在野外常成群生活。除了游泳外，每天大部分时间在岸上晒太阳或梳理羽毛。它们用嘴把尾羽根部油脂腺分泌的油脂涂抹到全身的羽毛上，既能使羽毛变得光滑柔软，又能防止羽毛被水沾湿。

鹈鹕的捕食策略因种类而异。大部分的鹈鹕，比如澳洲鹈鹕、美洲鹈鹕 *P. erythrorhynchos*、白鹈

左：巨大的白色身躯、总是缩成"乙"字形的头颈、宽大直长的嘴和嘴下的喉囊是鹈鹕给人的标志性印象，卷羽鹈鹕则是世界上最大的鹈鹕。图为卷羽鹈鹕。Dr. Raja Kasambe 摄（维基共享资源/CC BY-SA 4.0）

右：正在捕鱼的白鹈鹕

鹈和卷羽鹈鹕等种类，通过群体协作一边游泳一边捕鱼。它们会排列成一条直线或是"U"形，用翅膀扑打水面，从而迫使鱼游入浅水区，当鱼聚集在浅水区时，鹈鹕便用嘴将它们舀起来。褐鹈鹕则从天上向水中的鱼群俯冲下来，袋状的大嘴像渔网一样把鱼网住。

鹈鹕通常成群繁殖于岛屿，雌雄的配对几乎年年固定。褐鹈鹕、斑嘴鹈鹕和粉红背鹈鹕 *P. rufescens* 通常在树上筑巢，其他种类均在地面筑巢。地面筑巢的种类巢间距非常小，但同时坐巢孵卵的鹈鹕却正好互不碰触。在繁殖早期，鹈鹕对干扰非常敏感和警觉，弃巢现象比较普遍。通常每窝产 2～3 枚卵，双亲轮流孵卵，孵化期 29～35 天。雏鸟晚成，刚出壳的雏鸟没有羽毛，需要双亲照顾。雏鸟出生后的前几天，亲鸟吐出胃中半消化的鱼肉喂食雏鸟。雏鸟稍长大后，便会将头伸进亲鸟张开的嘴巴里，从喉囊中啄食带回的小鱼。10～12 周以后，幼鸟开始学飞并离巢。3～4 龄性成熟。

跟许多大型鸟类一样，鹈鹕的种群数量呈下降趋势，其威胁主要来自 4 个方面：过度捕捞及水污染导致渔业资源衰减、栖息地破坏、人类的直接干扰以及化学药剂如 DDT 等的污染。但目前大部分鹈鹕种类被 IUCN 列为无危（LC），仅斑嘴鹈鹕和秘鲁鹈鹕 *P. thagus* 被列为近危（NT），卷羽鹈鹕长期以来被列为易危（VU），但在 2017 年下调为近危（NT）。所有的鹈鹕种类在各地动物园中均有饲养，这多少也为保护提供了遗传资源。在中国，鹈鹕的数量也呈下降趋势，有的甚至已难觅踪迹。白鹈鹕曾是中国西北地区常见鸟类，但近年来由于环境恶化，野生数量十分稀少。20 世纪 70 年代以前，在新疆西部天山、塔里木河、黄河上游曾有少量的白鹈鹕越冬记录，新疆罗布泊历史上还有繁殖记录，中国东部地区的河南和福建有迁徙停歇的记录。但 70 年代以后白鹈鹕在国内迁徙停歇越冬只有零星记录：2003 年 9 月，四川南充西郊记录到 16 只，2005 年 5 月安徽宿州灵璧记录到 2 只，2010 年 10 月在安庆拍摄到 2 只。目前，《中国脊椎动物红色名录》已将中国分布的白鹈鹕、斑嘴鹈鹕和卷羽鹈鹕列为濒危级别（EN），均被列入国家二级重点保护动物。

卷羽鹈鹕
Pelecanus crispus

白鹈鹕
Pelecanus onocrotalus

斑嘴鹈鹕
Pelecanus philippensis

卷羽鹈鹕

拉丁名：*Pelecanus crispus*
英文名：Dalmatian Pelican

鹈形目鹈鹕科

形态　雄鸟体长 160～180 cm，体重 10～13 kg，翼展 310～345 cm，雌鸟比雄鸟稍小。嘴宽大，直长而尖，铅灰色，上下嘴缘的后半段均为黄色，前端有一个黄色爪状弯钩。下颌有一个橘黄色或淡黄色、与嘴等长且能伸缩的大型喉囊。体羽主要为银白色，同时缀有灰色，繁殖期腰和尾下覆羽略沾粉红色。头上的冠羽呈卷曲状。背、肩、翅上的覆羽和较短的尾上覆羽都具有黑色的羽轴。初级飞羽和初级覆羽均为黑色，初级飞羽的基部为白色，外侧的次级飞羽为褐色，具有宽阔的白色羽缘，内侧的次级飞羽具有斜行的褐色，端部的一半处也具有白色的羽缘，因此在飞行时可以看到翼下有黑色的翅尖。颊部和眼周裸露的皮肤均为乳黄色或肉色。颈部较长。翅膀宽大。尾羽短而宽。腿较短，脚为蓝灰色，四趾之间均有蹼。

分布　在中国，繁殖地主要在新疆，越冬时见于山东、江苏、浙江、福建、广东、香港等东南沿海及其岛屿，迁徙时则经过新疆西部、河北、山西等地，在辽东半岛和台湾有时也能见到漂泊的零星个体。

栖息地　繁殖期栖息于内陆湖泊、江河与沼泽，以及沿海地带等。迁徙和越冬期间则栖息于沿海海面、海湾、河口、江河、湖泊，以及沼泽地带等。

习性　喜群居，常结成较大的群体活动。善于游泳，但不会潜水，也善于在陆地上行走。飞翔时鼓翼缓慢，但速度很快，能灵巧地借助风力进行翱翔，呈螺旋状上升。不论是飞行、凫水或者在地上蹲卧时，都将长长的脖颈弯曲成"S"形缩在肩部，仿佛是打了一个结。

食性　食物主要是鱼类，如鲤鱼、鲈鱼、鳗鱼、鲻鱼等，有时也吃甲壳类、软体动物、两栖动物，甚至小型鸟类等，每天需要摄入约 1200 g 的鱼类。常单独或集 2～3 只的小群捕鱼。捕鱼时将头猛地扎入水中，喉囊张得很大，并用宽大的脚蹼推动水流，向前游进，水中的鱼便随着水流入喉囊之内，一口可以吞进 10 多升的水和大量的鱼。然后它将大嘴合拢，滤去水后吞食其中的鱼。集群活动时，还会采用"围剿"战术，把鱼群驱赶到靠近岸边的浅水处，趁鱼群乱成一团时，轻而易举地捕获猎物。

繁殖　繁殖期 4—6 月。营巢于内陆湖泊边缘的芦苇丛中或者沼泽地带，巢的体积甚为庞大，通常高 1 m，宽 0.63 m，由树枝和枯草等构成。每窝产卵 1～6 枚，卵为淡蓝色或微绿色。雌雄亲鸟轮流孵卵。刚出壳的雏鸟体色灰黑，不久就生出一身浅浅的白绒毛。亲鸟以半消化的鱼肉喂食雏鸟，等雏鸟长大后，把头伸进亲鸟的喉囊里，啄食带回的小鱼。大约 85 天以后，小鹈鹕开始学飞。

卷羽鹈鹕的繁殖参数	
巢位	地面巢
窝卵数	1～6 枚
孵化期	30～34 天
育雏期	约 85 天

种群现状和保护　1994 年以来一直被 IUCN 列为易危物种，但 2017 年因欧洲种群数量的增长被下调为近危（NT）。在中国是国家二级重点保护动物。据估计，全球卷羽鹈鹕的数量为 10 000～13 900 只，虽然它们的栖息地分布广泛，但是这些栖息地却非常分散。目前，湿地枯竭和渔民捕杀是卷羽鹈鹕数量减少的主要原因。它们面临的其他威胁还包括游客和渔民的惊扰、湿地栖息地破坏与改造、水污染，以及滥捕滥捞等。

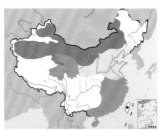

卷羽鹈鹕。左上图聂延秋摄，下图范忠勇摄

排成一列昂首阔步的卷羽鹈鹕。王吉衣摄

白鹈鹕

拉丁名：*Pelecanus onocrotalus*
英文名：Great White Pelican

鹈形目鹈鹕科

比卷羽鹈鹕稍小，体长 140～175 cm。除初级飞羽与次级飞羽黑色外，体羽均白色，飞行时翅上黑白分明。嘴铅蓝色，喉囊橙黄色。黑色的眼睛在黄色的脸部裸区上十分醒目。脚肉红色。在欧洲南部繁殖，越冬于非洲、亚洲中部和南部，在中国曾是西北地区常见鸟类，但近年来已十分罕见。在新疆西部、青海湖、黄河上游都有越冬记录，新疆罗布泊甚至还有繁殖记录，河南和福建都有迁徙停歇的记录。近年来在四川南充、安徽宿州和安庆、甘肃红崖山水库、北京密云水库和广东沿海偶有观测记录。IUCN 评估为无危（LC）。《中国脊椎动物红色名录》评估为濒危（EN）。在中国被列为国家二级重点保护动物。

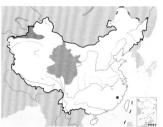

白鹈鹕。左上图李铁军摄，下图董磊摄

白鹈鹕亚成鸟。邢新国摄

斑嘴鹈鹕

拉丁名：*Pelecanus philippensis*
英文名：Spot-billed Pelican

鹈形目鹈鹕科

在中国有分布的鹈鹕中体型最小的一种，体长 134～156 cm。上体银灰色，下体白色。嘴肉色而有蓝色斑点，喉囊紫色，脚黑褐色。分布于南亚至东南亚，仅在印度半岛、斯里兰卡和柬埔寨有繁殖，在中国为越冬鸟或过境鸟，见于长江下游、东南沿海地区和台湾、海南，在河北、北京、山东乃至新疆东部亦有记录。IUCN 评估为无危（LC）。《中国脊椎动物红色名录》评估为濒危（EN）。在中国被列为国家二级重点保护动物。

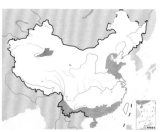

斑嘴鹈鹕繁殖羽。左上图侯德福摄

斑嘴鹈鹕幼鸟

鹭类

- 鹭类指鹈形目鹭科除鸦类以外的鸟类，全世界共14属53种，中国有6属17种
- 鹭类是中大型涉禽，具有"三长"的外形特征，羽色多变
- 鹭类主要栖息于浅水湿地中，大多为群居性，以鱼、虾等小型动物为食
- 鹭类分布广泛，体态优美，自古以来就为人类熟知和喜爱，是各种文学描述的对象

类群综述

分类与分布 鹭类指鹭科（Ardeidae）除鸦类以外的鸟类，传统分类系统将其置于鹳形目，但最新的分类系统将鹭科与鹮科（Threskiorothidae）、锤头鹳科（Scopidae）、鲸头鹳科（Balaenicipitidae）一起从传统的鹳形目中分离出来，而与鹈鹕科（Pelecanidae）一起置于鹈形目。全世界鹭科鸟类共有19属72种，其中鹭类14属53种，鸦类5属19种。关于鹭类的分类目前仍存在许多争议，比如绿鹭属 *Butorides*，有人认为只有1种，即绿鹭 *B. striatus*，也有人将其分为3种，即绿鹭、美洲绿鹭 *B. virescens* 和加岛绿鹭 *B. sundevalli*。大白鹭 *Ardea alba*，有人将其归在鹭属 *Ardea*，有人将其归在白鹭属 *Egretta*，也有人将其独立为大白鹭属 *Casmerodius*。

鹭类广泛分布于全世界温带和热带大陆及岛屿。中国有鹭科鸟类10属26种，其中鹭类6属17种，包括白鹭属和鹭属各5种、池鹭属 *Ardeola* 3种、夜鹭属 *Nycticorax* 2种、牛背鹭属 *Bubulcus* 和绿鹭属各1种。白鹭属种类有白鹭 *Egretta garzetta*、岩鹭 *E. sacra*、黄嘴白鹭 *E. eulophotes*、斑鹭 *E. picata* 和白脸鹭 *E. novaehollandiae*，其中白鹭和黄嘴白鹭在中国广泛分布；岩鹭在中国仅分布于浙江以南沿海地区，数量稀少；斑鹭和白脸鹭在中国为迷鸟，前者仅记录于台湾屏东和宜兰，后者记录于福建厦门和台湾高雄。鹭属包括苍鹭 *Ardea cinerea*、草鹭 *A. purpurea*、中白鹭 *A. intermedia*、大白鹭和白腹鹭 *A. insignis*，其中前4种在中国均分布广泛而常见；白腹鹭数量稀少，为极危物种，仅分布于喜马拉雅山脉东部山麓至印度东北部及缅甸北部，2014年在云南怒江有一救助记录。池鹭属3种分别为池鹭 *Ardeola bacchus*、印度池鹭 *A. grayii* 和爪哇池鹭 *A. speciosa*，池鹭在中国常见；印度池鹭和爪哇池鹭在中国为迷鸟，前者在新疆有1记录，后者

左：鹭类是典型涉禽，栖息于浅水湿地中，行动从容，体态优美。图为一只从水面起飞的绿鹭，正缓慢地张开翅膀，双脚蹬离水面，动作十分优雅。徐永春摄

右：鹭类飞行时长颈缩成"S"形，长腿向后伸直，远远伸出尾外。图为飞行的大白鹭。徐永春摄

在台湾桃园有1记录。夜鹭属包括夜鹭 *Nycticorax nycticorax* 和棕夜鹭 *N. caledonicus*，夜鹭在中国为常见鸟，棕夜鹭在中国为迷鸟，仅记录于台湾高雄和桃园。

在中国，鹭类的分布以江南为主，东北、西北及青藏地区鹭类分布种类较少。大部分鹭类有迁徙行为，中国不同地区的鹭类居留型差别比较大，有不少物种在南方为留鸟或冬候鸟，北方为夏候鸟。黄嘴白鹭在中国东部沿海为夏候鸟，岩鹭在中国浙江以南大多为留鸟。

形态 鹭类为中大型涉禽，体长 43 ~ 127 cm，通常具有长嘴、长颈、长脚的外形。鹭类羽色多变，其中白鹭属鸟类大多通体白色，但斑鹭以蓝黑色为主，白脸鹭以蓝灰色为主，岩鹭和白鹭具有体羽灰色的深色型；鹭属羽色变化较大，大白鹭全身白色，苍鹭和白腹鹭以灰色为主，草鹭以栗色为主；池鹭属以红褐色、白色、黄色等为主；夜鹭属以蓝黑色、灰色、棕色等为主；牛背鹭属以白色、黄色为主；绿鹭属以蓝绿色、灰色等为主。鹭类雌雄同色，羽色通常有繁殖羽和非繁殖羽之分，繁殖期许多鹭类的头、胸、背等部位会出现丝状饰羽，繁殖期过后逐渐消失。飞行时长颈缩成"S"形、长腿伸出尾后、振翅缓慢。

栖息地 鹭类主要生活于沼泽、稻田、湖泊、池塘、滩涂、河口等浅水湿地环境，通常在湿地周边的树林或竹林上休息。岩鹭主要栖息于沿海石质海岸及海岛，通常在海岛上休息，而在沿海海岸觅食。

习性 鹭类大多群居，绿鹭、中白鹭、草鹭觅食时通常单独或集小群活动。大部分鹭类为日行性，白天活动；但夜鹭为夜行性，通常在晨昏或晚上出来觅食，白天躲在树林内休息。

食性 鹭类主要以鱼、虾、昆虫及其他小型动物为食。捕食时通常不结群，在某些食物比较集中的环境中，例如，鱼塘排水晒塘时会吸引大群鹭类前来捕食，但它们之间很少有合作捕食行为，当有一只捕到食物而无法直接吞下时会引来其他鹭鸟上前争抢。

在开阔的浅水或沼泽地，鹭类通常慢慢行走搜寻猎物，发现猎物后迅速啄食；在稻田或长满水草的沼泽地，鹭类经常长时间呆立等候猎物出现；在开阔水域如湖泊、鱼塘、水库等环境，鹭类也会在水面上空边飞边搜寻猎物，发现猎物后可以从空中直接扑向水面用嘴啄击猎物。牛背鹭经常跟着牛或其他大型食草动物一起活动，伺机捕食草地中被惊起的昆虫或其他小型动物。

鹭类捕食时常单独行动，即便被丰富的食物吸引而集群于某地，也不会合作捕食，反而会互相争抢食物。图为一只白鹭从大鱼口中夺得一条小鱼，而旁边另一只白鹭也正虎视眈眈。唐安摄

鹭类

虽然平时活动和觅食都单独行动，但鹭类繁殖时多集群繁殖。图为在松树上集群筑巢的苍鹭，同一棵树上有十几个巢。沈越摄

鹭类捕食时有很多有意思的行为，例如，白鹭捕食时可以用一只脚不断地在浅水区搅动，把水搅浑从而"浑水摸鱼"；黑鹭 Egretta ardesiaca 会站在水中，翅膀张开围成一圈呈伞状，而把头蜷缩在伞中，翅膀搭成的凉棚能够吸引鱼类，尖锐的喙静等猎物的出现；绿鹭会找一些面包碎屑之类的食物放在水中吸引鱼类前来并捕食之。

繁殖 鹭类通常为单配制，雌雄双亲共同筑巢及抚育后代，但有研究表明鹭类的婚外交配行为比较普遍。通常每年只繁殖1窝，有些个体繁殖失败后会重新繁殖。繁殖期一般在3—8月，不同地区的繁殖期有差异，一般南方当地留鸟繁殖较早，有些种类在2月底就开始筑巢产卵，北方的夏候鸟种群通常要4月甚至更晚才进入繁殖期。

大部分鹭类集群繁殖，甚至混群繁殖，如白鹭、池鹭、夜鹭和牛背鹭经常混群繁殖。繁殖群体大小不一，小的只有数十只，大的可达数万只。鹭类通常在湿地周边的树林中筑巢，也有一些种类可以在灌木丛、灌草丛或草丛中筑巢。黄嘴白鹭和岩鹭在无居民海岛筑巢。黄嘴白鹭可在树上、灌木丛或草

地上筑巢，在有树的海岛上优先选择在树上筑巢，在有些岛屿黄嘴白鹭与白鹭混群繁殖，在草地上筑巢的会与黑尾鸥混群繁殖。岩鹭筑巢于茂密的灌丛中或岩石缝隙中，通常不集群繁殖。有些海岛上可能出现十多对岩鹭同时繁殖，但它们的巢间距比较大，彼此互不干扰。鹭类的巢为编织巢，浅盘状，巢材通常为就地或就近取材，树上筑巢主要用枯树枝，草丛筑巢主要使用枯草或枯藤。

鹭类的窝卵数通常为3~6枚，个别最多可达9枚。卵大多为白色到蓝色，无花纹。同一物种中，北方种群的窝卵数通常更多，卵体积也会稍大。孵化期大多在20~27天，体型越大的物种孵化期越长。雏鸟晚成，育雏期30~50天，通常体型越大的种类育雏期越长。1周龄以内的雏鸟通常待在巢内很少活动，2周龄左右可以离巢在周边活动，4周龄左右活动能力更强，一些比较小型的鹭类幼鸟已经可以飞行。鹭类的育雏由双亲共同完成，一只出去觅食，另一只在巢看护雏鸟，雏鸟比较大时双亲也会同时出去觅食。当亲鸟回巢时雏鸟会发出叫声向亲鸟讨食，有时将整个头伸到亲鸟嘴里取食，雏鸟比较大

时亲鸟也会把食物吐在巢内让雏鸟自己取食。雏鸟受到干扰时会把嘴里的食物团吐出。当雏鸟羽毛基本长成可以短距离飞行时，亲鸟觅食回来通常停在离巢不远的地方，让雏鸟自己飞过来取食，从而达到训练雏鸟学飞的目的，雏鸟离巢前，亲鸟经常会带着雏鸟在巢区附近进行飞行训练。

种群现状和保护 虽然大部分鹭类分布广泛且数量庞大，对人类改造的环境也适应得较好，但也有一些种类生存状态不容乐观。夜鹭属和美洲夜鹭属 Nyctanassa 分别有 4 个和 1 个物种已灭绝，分布于马达加斯加群岛的马岛池鹭 Ardeola idae 和马岛鹭 Ardea humbloti 均为濒危（EN）物种，白腹鹭为极危（CR）物种，栗腹鹭 Agamia agami、黄嘴白鹭和蓝灰鹭 Egretta vinaceigula 为易危（VU）物种，棕颈鹭 Egretta rufescens 为近危（NT）物种。在中国黄嘴白鹭和岩鹭均被列为国家二级重点保护动物，其他多种鹭类被列入《国家保护的有益的或者有重要经济、科学研究价值的陆生野生动物名录》（即中国三有保护动物）。

与人类的关系 鹭类在中国分布广泛，为人们所熟知并深深喜爱。尤其是通体白色的大白鹭、中白鹭、白鹭和黄嘴白鹭，在古代人们往往不加区分，以白鹭通称之，更是显得"白鹭"随处可见，诗文画作中多有描绘。如《诗经》中有"振鹭于飞"，《禽经》中有"鹭飞则露。"两个黄鹂鸣翠柳，一行白鹭上青天""西塞山前白鹭飞，桃花流水鳜鱼肥"等更是大家耳熟能详的句子。宋代马远的《雪滩双鹭图》、明代戴进的《三鹭图》、清代朱耷的《鹭石图》等花鸟画中也都留下了白鹭的身影。

到了现代，一些城市在选择市鸟时也表现出对鹭类的偏爱，白鹭被列为厦门市和济南市的市鸟，黄嘴白鹭被列为三亚市市鸟。在这些地区，鹭类受到人们喜爱并自发进行保护。例如厦门，1986 年把白鹭选为市鸟，1995 年在鹭类的重要繁殖地大屿岛和鸡屿岛成立了省级保护区，2000 年又与周边的文昌鱼、白海豚保护区合并成立了厦门珍稀海洋物种国家级自然保护区，其他白鹭繁殖地如筼筜湖的湖心岛、坂头水库湖心岛等也成立了保护小区。由于这种偏爱和自觉保护，白鹭在厦门随处可见，甚至穿行于高楼大厦之间而不避人，人们可以近距离欣赏白鹭，也吸引了大量摄影爱好者到此拍摄白鹭。

鹭类的肉、蛋可食。羽毛为枕、垫、被、褥的优质填充物，也可作装饰用，以前是中国出口的经济羽毛之一。白鹭洁白的羽毛、优雅的体态具有重要观赏价值，受到许多摄影爱好者的青睐，一些鹭类繁殖地及觅食地已经成为许多摄影爱好者的拍摄胜地，也吸引了大量游客前来驻足欣赏。鹭类会捕食昆虫，特别是牛背鹭在农田中捕食昆虫对消灭农业害虫有一定积极作用。但有时鹭类也会给人类的生产活动带来一些危害，它们在水产养殖场捕食鱼苗、虾苗和蟹苗等，给渔业生产带来一定的经济损失。如福建沿海地区的鱼塘在大潮时经常要排干鱼塘进行换水，这时总能吸引大量的鹭类前来觅食，捕食大量鱼苗、虾及蟹苗等，渔民见到鹭类集群前来时，常使用鞭炮进行驱赶。在一些弹涂鱼滩涂养殖场，必须用网把鱼塘全方位围起来以防鹭类的捕食，大大增加了养殖成本。机场大面积的草坪经常吸引鹭类前来觅食，对飞行安全有一定的威胁，曾有不少鹭类撞机事件发生。

右：鹭类大多为单配制，雌雄共同筑巢，雄鸟收集巢材，雌鸟搭建。图为正在筑巢的苍鹭。沈越摄

下：黄嘴白鹭繁殖羽，头、胸、肩部的饰羽都十分明显，头上的羽冠被风吹起，显得有点可笑。沈越摄

鹭类

白鹭
Egretta garzetta

黄嘴白鹭
Egretta eulophotes

白色型

深色型

岩鹭
Egretta sacra

斑鹭
Egretta picata

白脸鹭
Egretta novaehollandiae

non—br.

br.

牛背鹭
Bubulcus ibis

br.

绿鹭
Butorides striatus

苍鹭
Ardea cinerea

草鹭
Ardea purpurea

中白鹭
Ardea intermedia

大白鹭
Ardea alba

白腹鹭
Ardea insignis

non—br.

br.

池鹭
Ardeola bacchus

印度池鹭
Ardeola grayii

爪哇池鹭
Ardeola speciosa

br.

夜鹭
Nycticorax nycticorax

棕夜鹭
Nycticorax caledonicus

白鹭

拉丁名：*Egretta garzetta*
英文名：Little Egret

鹈形目鹭科

形态 中型涉禽，具白色型和深色型两种色型，白色型全身羽毛白色，深色型体羽灰色。虹膜黄色，嘴黑色，腿、脚黑色，脚趾黄绿至橙黄色，眼先裸露皮肤黄绿色，繁殖期可转为粉色。繁殖期枕部通常具 2 根长饰羽，背及胸具蓑羽；非繁殖期无饰羽。

分布 有 6 个亚种，指名亚种 *E. g. garzetta* 分布区从欧洲南部、非洲大陆，经南亚、中国到日本；*E. g. gularis* 分布于非洲西部；*E. g. schistacea* 分布于非洲东北部、印度；*E. g. dimorpha* 分布于马达加斯加、彭巴；*E. g. nigripes* 分布于巽他群岛、菲律宾群岛到新几内亚、澳大利亚；*E. g. immaculate* 分布于澳大利亚北部和东部。中国只有指名亚种，分布于陕西、甘肃、青海、山东、北京、河南、江苏、上海、安徽、浙江、江西、湖北、湖南、福建、四川、云南、贵州、广东、海南、台湾等地。在云南西部及南部、贵州、广东、广西、台湾、海南、福建为留鸟，其他地区为夏候鸟，冬季会飞往南方地区越冬。

栖息地 主要在各类湿地环境中觅食，如沼泽、稻田、鱼塘、盐场、溪流、湖泊或滩涂等湿地。晚上集群于树林中休息。在树林中集群营巢，偶见营巢于地面草丛中。

习性 休息时通常单脚站立，另一脚缩在胸前，脖子缩成"S"形，飞行时脖子也缩成"S"形。

食性 主要以小鱼、虾为食，也捕食蛙类、昆虫及其他小型动物。沿海地区的鹭类主要在沿海滩涂、鱼塘、盐场等湿地生境觅食，主要以鱼虾为食。而在农田、草地觅食的白鹭主要以昆虫、蛙类为食。

白鹭于各类湿地生境中觅食，觅食时通常不集群，在沿海滩涂湿地捕食时经常随潮水涨落而在浅水区域寻找食物，涨潮时则飞至附近林地或空地上集群休息。但在一些食物比较集中的环境中，白鹭会成群出现在觅食地，有时还与大白鹭、中白鹭、黄嘴白鹭等鹭类混群，但不同个体之间很少有合作捕食行为。例如，在沿海地区鱼塘排水晒塘时，大量白鹭会聚集到鱼塘的浅水区或水沟中觅食。白鹭集群觅食时经常会相互争抢食物，当一只个体

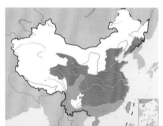

白鹭。黑色的脚、黄色的趾是其区分于其他白色鹭类的特征。左上图为繁殖羽，杨贵生摄；下图为正在褪换为非繁殖羽，后枕的饰羽已消失，但还残留部分蓑羽，沈越摄

发现猎物后快速奔向目标的白鹭。沈越摄

捕得猎物的白鹭。范忠勇摄

白鹭的繁殖参数	
巢位	树上编织巢
窝卵数	3～6 枚
平均卵径	长径 48 mm，短径 34 mm
平均卵重	29 g
孵化期	21～25 天
育雏期	30 天

抓到食物后，其他个体就飞来争抢，捕到食物的个体若不能立刻将食物吞下，就迅速飞离，而其他个体将追逐争夺食物，直到食物被吃下或被抢走。

白鹭捕食主要有两种方式：地面捕食和飞行捕食。地面捕食主要发生在湿地的浅水地带，是最常见也是为大家所熟悉的捕食方式。比如在溪流边觅食时，主要在浅水地带涉水捕食，有时也停歇在水流较急的石滩地带露出水面的石头上，等候小鱼、虾从水中游过而进行捕食。地面捕食又可以分为静立捕食和移动捕食。静立捕食即长时间静立于水边窥视，当猎物进入攻击范围后迅速伸长脖子进行攻击捕杀；移动捕食就是在移动中寻找、捕捉食物。白鹭捕食时经常会用一只脚将水搅浑，使躲藏的小鱼晕头转向，从而达到"浑水摸鱼"的目的。

白鹭的飞行捕食主要出现在深水区域，也有两种方式。一为等候飞行捕食，即站在湖边堤坝或围栏上，目视前方水面，发现目标后迅速飞出，接近水面后快速伸颈捕捉鱼类，若未能捕到猎物，出水后作短暂的飞行观察后回到原地继续等待。另一种为巡视飞行捕食，即在水面上空飞行巡视，发现目标后减缓速度，甚至振翅悬停，双足自然下垂，锁定目标后迅速伸颈啄击猎物。

繁殖 集群繁殖，集群数量从数十只至数千只不等，常与池鹭、夜鹭、牛背鹭、中白鹭、大白鹭混群，在福建和浙江的无居民海岛上发现有与黄嘴白鹭混群繁殖的现象。

通常在 3—4 月开始进入繁殖期，但不同地区有差异，如在厦门 2 月中旬便有白鹭开始筑巢。巢为编织巢，呈浅盘状，由枯枝编织而成，通常建于乔木中上层的枝丫上。白鹭一边产卵一边筑巢，随着卵数的增加，巢会不断扩大，在之后孵卵过程中白鹭仍不时加固和整理巢穴。

卵呈蓝绿色，大小为（42～53）mm×（30～38）mm，平均 48 mm×34 mm，重 25～32 g，平均 29 g。窝卵数 3～6 枚，在由于天气或人为因素而造成卵损失后有补卵的行为。孵化期通常为 21～25 天。产下第 1 枚卵后就开始孵卵，但初期每日坐巢时间较短，随着卵数的增加，日坐巢时间逐渐延长。孵卵由双亲共同完成，但以雌鸟为主，孵卵初期双亲换孵次数较多，中后期换孵次数减少，但翻卵、晾卵次数明显增加。

雏鸟为晚成鸟。刚出壳的雏鸟眼球突出，绒羽湿润，腹部呈圆球状，无法站立，嘴峰肉红色，尖端褐色；3 日龄时背、腰部和两翼长出羽囊，常把头伸直；4 日龄背、腰部和两翼出现羽鞘，亲鸟仍卧巢暖雏，喂食时将食物吐在巢中由雏鸟自己啄食；6 日龄羽鞘全部长出，能在巢内爬行和蹲立，主动接受亲鸟的食物；9 日龄时活动能力增强；12 日龄时已经可以爬出巢外在周边树枝上行走；14 日龄雏鸟发育较快，恒温机制逐渐建立，各部分羽毛也快速生长；18 日龄体羽丰满，常在树枝上振翅欲飞，能在树木之间跳跃，活动能力进一步加强；24 日龄时雏鸟飞行能力加强，已经能进行短距离飞行，主要在巢区附近活动；35 日龄左右雏鸟可随亲鸟飞至觅食地觅食。刚出壳的雏鸟主要依靠腹部的卵黄囊提供营养，随着雏鸟的生长，亲鸟将半消化的食物吐在巢内由雏鸟啄食。当雏鸟活动能力增强时，会发出"ga-ga-ga"的叫声主动乞食，并直接将头伸入亲鸟嘴中取食，雏鸟经常为了获得食物而发生争吵。雏鸟能离巢活动后，亲鸟捕食回来会停在附近的树枝上呼唤雏鸟而不是进巢喂食，从而锻炼雏鸟的运动能力；当雏鸟羽翼丰满后，亲鸟会停留在离巢更远的位置，以此训练雏鸟的飞行能力。

种群现状和保护 分布广泛，数量众多，IUCN 和《中国脊椎动物红色名录》均评估为无危（LC）。在中国被列入《国家保护的有益的或者有重要经济、科学研究价值的陆生野生动物名录》。

黄嘴白鹭

拉丁名：*Egretta eulophotes*
英文名：Chinese Egret

鹈形目鹭科

形态 体长46～65 cm，体重320～650 g。体羽全白，雌雄羽色相似。虹膜黄色，腿黑色偏绿，脚趾黄色。繁殖期眼先裸露皮肤蓝色，嘴黄色至橙黄色，头上有丛状长饰羽，胸前及背部具蓑状饰羽。非繁殖期无饰羽，嘴黑色但下嘴基部黄色，眼先裸露皮肤黄色，腿颜色变浅，偏绿色。非繁殖羽与白鹭非常相似，可通过嘴和腿的颜色加以区分。

分布 繁殖于俄罗斯远东地区滨海、朝鲜半岛和中国东部沿海岛屿，20世纪80年代以前在香港有繁殖记录，日本石川县有尝试繁殖记录（未繁殖成功）。主要在东南亚越冬，包括泰国、越南、菲律宾、马来西亚、新加坡、文莱、印度尼西亚等地。迁徙经过日本、中国沿海。在中国，近年来主要繁殖岛屿有辽宁蛇岛、形人坨、元宝坨、海猫岛、山东海驴岛、田横岛、浙江五峙山列岛、韭山列岛、福建菜屿列岛、日屿岛，在金门岛海边亦有少量繁殖记录。迁徙期间中国东部沿海各地都有记录。

栖息地 主要在沿海滩涂、海湾、河口、鱼塘等浅水湿地觅食，在沿海无居民海岛上繁殖，于草丛、灌丛或树上筑巢。

习性 迁徙。在中国沿海为繁殖鸟或过境鸟，停留时间主要在4—10月。休息时经常和其他鹭类混群，梳理羽毛的频率比其他鹭类高，在野外容易与其他白色鹭类区别。

食性 以小鱼和虾为主食。根据繁殖地的食物团分析，福建的黄嘴白鹭食物皆为海产小鱼和虾类；浙江五峙山列岛的黄嘴白鹭食物皆为鱼类，未见甲壳类；辽宁的黄嘴白鹭有在海边的淡水鱼塘取食淡水鱼类的记录；在朝鲜则有黄嘴白鹭取食蟹类和蝗虫类的记录。

经常在行走中搜寻食物，发现猎物后会半张翅膀快速奔走追赶，用嘴啄击猎物。黄嘴白鹭有时会与白鹭、大白鹭等鹭类一起出现在觅食地，其觅食行为显得比其他鹭类更为匆忙。偶见于繁殖海岛边浅滩或礁石上、海上吊养渔排上觅食，觅食时有时会像白鹭一样守候觅食，有时边行走边搜寻猎物。

繁殖 于4月下旬至5月上旬迁到繁殖地，南方地区迁到时间比北方地区稍早。迁到繁殖地后，频繁鸣叫，往往数只成小群在岛上空盘旋鸣叫，并互相追逐寻求配偶，有翅击、咬喙等发情求偶表现，通常在清晨和傍晚进行交配。

黄嘴白鹭的巢与白鹭类似，为浅盘状，由枯枝和草秆编织而成，巢材主要从繁殖区周边区域获得，南北有较大差异，如福建菜屿列岛的黄嘴白鹭巢材主要为木麻黄的枯枝，辽宁长山列岛则以蒿子秆为主。黄嘴白鹭可以利用旧巢进行繁殖，但通常都会进行整修和加固，有的只是利用旧巢位，拆除旧巢重新搭建。但如果第一次繁殖失败，第二次繁殖时通常利用原来的巢。黄嘴白鹭的巢呈聚集性分布，在浙江五峙山列岛，平均巢间距为119.6 cm，最小巢间距为15 cm，巢直径为35.8±5.8 cm，巢深为5.0±2.4 cm。黄嘴白鹭对巢位具有明显的选择性，福建菜屿列岛的黄嘴白鹭主要选择在岛屿上的木麻黄林内筑巢，离地高度主要集中在2～3 m；浙江五峙山列岛的黄嘴白鹭优先选择在灌丛营巢，尤其是在那些相对较高（高于50 cm）的灌丛下，其次是较低（低于64 cm）的灌木内部和草丛上；辽宁长山列岛的黄嘴白鹭主要在灌草丛内筑巢；在辽宁蛇岛可筑巢于矮树上。

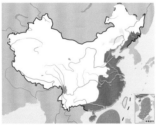

黄嘴白鹭繁殖羽。沈越摄

黄嘴白鹭非繁殖羽。林清贤摄

繁殖期为争夺巢位互相争斗的两只黄嘴白鹭。马林摄

黄嘴白鹭的卵为淡绿色，窝卵数 3～6 枚。不同纬度的繁殖地窝卵数有一定差异，福建菜屿列岛以 3～4 枚为主，辽宁长山列岛以 4～6 枚为主。不同纬度的卵大小也有一定差异，福建菜屿列岛卵大小为（44.5±2.1）mm×（33.1±0.8）mm，重 25.56±2.16 g（n=22，2004 年）；辽宁长山列岛为（45.56±2.05）mm×（33.57±0.74）mm，重 26.46±1.88 g（n=40，2001 年）。黄嘴白鹭的孵化期为 22～24 天，由双亲共同孵卵。

刚出生的雏鸟眼睛还没睁开，头部、脊背两侧、翅膀、尾部等部位的羽毛湿润贴在身上，羽毛暖干后洁白蓬松，腹部呈圆球状，嘴黄色，嘴端黑色，皮肤肉粉红色，额和后背颜色偏黑，脚趾颜色较浅。几天后雏鸟嘴基部颜色变黑，端部颜色逐渐向内扩散，皮肤颜色逐渐加深，腿部及跗跖先变为绿色后再转变为黑绿色，脚趾变为绿色。10 日龄左右的雏鸟已可离巢在周边树枝上活动；20 日龄左右羽翼丰满，可在树枝间短距离飞行；随后可集群离开巢区在附近礁石或岛边沙滩活动，有尝试捕食行为；35 日龄左右可随亲鸟前往觅食地觅食。离巢雏鸟的羽色与冬羽类似，嘴黑色，下嘴黄色；腿绿色，较成鸟色浅；部分雏鸟头部仍可见未褪尽的绒羽。

黄嘴白鹭的繁殖参数	
巢位	地面或树上编织巢
窝卵数	3～6 枚
平均卵径	长径 45 mm，短径 33 mm
平均卵重	26 g
孵化期	22～24 天
育雏期	35 天

黄嘴白鹭可与其他鹭类混群繁殖，如福建、浙江两地，黄嘴白鹭可与白鹭混群繁殖；在山东海驴岛，有少量牛背鹭与黄嘴白鹭混群；辽宁长山列岛形人坨的黄嘴白鹭与黑脸琵鹭混群繁殖。在黄嘴白鹭的繁殖岛屿常见的繁殖水鸟还有黑尾鸥、黑枕燕鸥、褐翅燕鸥、粉红燕鸥、岩鹭等，这些鸟类与黄嘴白鹭的繁殖巢区通常分开，互不干扰。但黑尾鸥有时会与黄嘴白鹭混在一起繁殖，如在山东海驴岛，它们之间经常发生争斗，黑尾鸥有时会捕杀黄嘴白鹭的雏鸟。

种群现状和保护 1990 年和 1992 年，国际水禽研究局（IWRB）组织的亚洲隆冬水鸟调查表明，1992 年在中国记录到

精心照看巢中卵的黄嘴白鹭。胡毅田摄

143 只黄嘴白鹭，在东南亚记录到 448 只，总计 591 只。据 2001 年的报道，全世界黄嘴白鹭的总体数量估计为 2600 ~ 3400 只，其中俄罗斯约 100 只，朝鲜 900 ~ 1300 只，韩国 600 ~ 1000 只，中国约 1000 只。近年来随着调查的深入，不少新的黄嘴白鹭繁殖地陆续被发现，中国的黄嘴白鹭数量估计在 2500 只以上。

由于数量稀少、分布区域狭窄，黄嘴白鹭被 IUCN 列为易危物种，被国际鸟类保护联合会（ICBP）列入世界濒危鸟类红皮书，同时还被列入中国和俄罗斯的红皮书，在亚洲鸟类红皮书中被列为易危种。在中国，黄嘴白鹭被《中国脊椎动物红色名录》列为易危（VU），为国家二级重点保护动物。

导致黄嘴白鹭濒危的原因一般认为是在 19 世纪末期大量采集、买卖黄嘴白鹭的丝状羽毛，导致种群数量急剧下降，至今未能恢复。近年来中国沿海地区的大力开发，大量滩涂湿地消失，导致黄嘴白鹭觅食地减少；同时部分黄嘴白鹭繁殖海岛的旅游开发及海岛周边水产养殖的兴起，导致黄嘴白鹭繁殖地消失或萎缩。觅食地的减少和繁殖地的消失将对黄嘴白鹭造成灭顶之灾。繁殖季节，旅游者和鸟类摄影爱好者的干扰，渔民上岛捡拾鸟卵，也是目前黄嘴白鹭繁殖地面临的重要威胁。繁殖岛屿上的蛇类、鼠类等动物会偷食鸟卵或捕杀雏鸟，对黄嘴白鹭的繁殖有一定威胁。

黄嘴白鹭全身白色，体态优美，深受人们喜爱。许多鸟类摄影爱好者经常到黄嘴白鹭的繁殖地进行拍摄，严重干扰了它们的繁殖活动。有人在附近活动时，黄嘴白鹭不敢回巢孵卵、育雏，从而导致繁殖失败。因此希望摄影爱好者尽量不要到繁殖地拍摄。目前许多黄嘴白鹭的繁殖地已经被列为自然保护区，受到比较好的保护。

岩鹭

拉丁名：*Egretta sacra*
英文名：Eastern Reef Heron

鹈形目鹭科

形态 体长约 58 cm。具深色型和白色型两种色型。深色型常见，白色型仅记录于中国台湾和海南。深色型体羽深灰色，仅颊部和喉部为白色。虹膜黄色；嘴暗黄色；腿、脚黄绿色，相对于其他白鹭属鸟类，岩鹭的腿、脚较短；脚趾黄色。繁殖期头后具短冠羽，颈部具披针形饰羽，背部具蓑羽。白色型体羽全白。

分布 有 2 个亚种，指名亚种 *E. s. sacra* 分布于中国、东南亚至澳大利亚、新西兰等地，太平洋亚种 *E. s. albolineata* 分布于新喀里多尼亚、洛亚蒂群岛。中国分布的是指名亚种，见于浙江以南沿海地区，包括台湾、海南。据《中国动物志》记录，岩鹭在浙江、福建和广东为旅鸟，但最近的研究表明，岩鹭在福建、广东应为留鸟，在浙江为繁殖鸟。

栖息地 繁殖于多岩礁的海岛。觅食地主要在岛屿周边的礁石，退潮时露出的礁石是它们最喜欢的觅食场所。有时也会飞到附近岛屿的礁石觅食，而海面上的一些养殖渔排也是岩鹭经常出现的觅食地。

习性 主要在白天活动，晨昏活动较为频繁。行为较隐蔽，性情羞怯，不易接近，受惊后迅速飞离。觅食时单独活动，休息时可集小群，在福建曾观察到 20 余只岩鹭在繁殖岛屿周边的礁石上休息。飞行时脖子缩成"S"形，两翼缓慢扇动，飞行速度较慢，但在受惊吓后会快速扇动翅膀加速逃离。休息时伫立在较为隐蔽的水边岩礁上，脖子缩起呈驼背状，可长时间站立不动，有时也会梳理羽毛。

深色型岩鹭。王昌大摄

捕得小鱼的岩鹭。焦小宁摄

食性 主要以鱼类、虾类等动物性食物为食。觅食行为大致可以分为 4 个步骤：首先是寻找目标，在礁石上缓慢走动，眼睛盯着水面，寻找食物；其次是跟踪猎物，发现猎物后，岩鹭眼睛会锁定猎物，随着猎物的移动而移动，等待最佳的捕食时机，跟踪猎物阶段岩鹭通常采用半蹲姿势，脖子半缩，通过脖子的转动来跟踪猎物，如果猎物移动太快，它也会快速奔跑进行跟踪；第三步是出击，当机会来临，岩鹭迅速伸展脖子，身体前倾，喙快速扎入水中捕捉猎物，岩鹭的出击成功率能达到 40% 左右；最后一步为进食，捕捉到猎物后，岩鹭对食物不进行其他处理直接吞下，然后继续寻找食物。

繁殖 通常不集群繁殖，虽然有小群在同一个海岛上繁殖，但不同繁殖对的巢间隔较大，互不影响。主要在海岛的礁石缝内筑巢，十分隐蔽，有时也会把巢建在茂密的灌木丛中。筑巢由双亲共同完成。巢材主要在岛上获得，大多是一些藤本植物干枯的茎，有时会铺垫一些松软的枯草和羽毛。巢呈浅盘状，大小受到石缝大小的限制，变化较大。

窝卵数以 3～4 枚居多。卵为淡蓝绿色，大小为（40.4～51.2）mm×（29.0～36.7）mm，重 26.72±2.44 g。孵化期 22～25 天，孵化由双亲共同完成。

岩鹭的繁殖参数	
巢位	地面或灌丛编织巢
窝卵数	3～4 枚
平均卵径	长径 45 mm，短径 34 mm
平均卵重	27 g
孵化期	22～25 天
育雏期	30 天

岩鹭的巢和卵。林清贤摄

斑鹭

拉丁名: *Egretta picata*
英文名: Pied Heron

鹈形目鹭科

中小型鹭类，体长 43 ~ 55 cm。颊至颈部白色，胸部有白色饰羽，其余体羽皆蓝黑色。主要分布于澳洲界，在中国为迷鸟，仅记录于台湾的屏东和宜兰。IUCN 评估为无危（LC）。

斑鹭。左上图为成鸟，下图为亚成鸟

刚出壳的雏鸟眼睛未睁开，不能站立，腹部呈圆球状，头部、脊背两侧、翅膀、尾部等部位的羽毛湿润地贴在身上。羽毛干燥蓬松后呈灰黑色；嘴黄色，中间杂黑色；皮肤肉粉红色，额和后背皮肤颜色偏黑，跗跖、脚趾浅绿色。几天后雏鸟嘴基的颜色变黑；皮肤颜色逐渐加深；跗跖颜色先变为绿色再转变为黑绿色，脚趾颜色变为绿色。2 周龄左右的雏鸟开始有能力离开巢穴在石头缝内活动；4 周龄左右，雏鸟离巢到岛上其他地方活动。先出壳的雏鸟由于能够获得更多的食物而生长比较迅速，最后出壳的雏鸟生长速度最慢，最后可能由于无法获得足够的食物而死亡。岩鹭的繁殖成功率比较低，根据对 22 个巢的统计，最后离巢的雏鸟只有 20 只左右，平均 1 巢不到 1 只雏鸟离巢。

岩鹭的繁殖期比较长，3 月已经开始筑巢，8 月仍有部分亲鸟产卵，可能存在 2 次甚至多次繁殖的现象。

种群现状和保护　中国岩鹭种群数量较少，主要分布在沿海及周边岛屿。但近年来随着对海岛的开发力度加大，可能导致岩鹭繁殖栖息地的消失。福建霞浦的莲花屿曾被列为岩鹭的自然保护区，但现在当地的岩鹭种群已经消失，主要原因就是该岛人为活动增加及周边渔业养殖的开发。岩鹭性情比较羞怯，游客和渔民的上岛干扰将严重影响它们的繁殖。

IUCN 和《中国脊椎动物红色名录》均将岩鹭列为无危（LC）。在中国被列为国家二级重点保护动物和中澳联合保护候鸟。

白脸鹭

拉丁名: *Egretta novaehollandiae*
英文名: White-faced Egret

鹈形目鹭科

中型鹭类，体长 60 ~ 70 cm。整体蓝灰色，额、脸及颏白色，眼先黑色，腿、脚黄色。主要分布于澳洲界，在中国为迷鸟，记录于福建厦门和台湾高雄。IUCN 评估为无危（LC）。

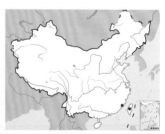

白脸鹭

牛背鹭

拉丁名：*Bubulcus ibis*
英文名：Cattle Egret

鹈形目鹭科

形态　中等体型的鹭类，体长约 50 cm。眼圈黄色，嘴黄色，脚、趾黑色。非繁殖羽体羽全白，个别头顶缀有黄色，相对于白鹭体型较小，颈较粗短。繁殖羽头、颈橙黄色，前颈基部和背中央具羽枝分散成发状的橙黄色长形饰羽，前颈饰羽长达胸部，背部饰羽向后长达尾部，尾和其余体羽白色；嘴的颜色比非繁殖羽鲜艳，为橙黄或橙红色，部分个体脚的颜色变为暗红。

分布　有 3 个亚种，指名亚种 *B. i. ibis* 分布于北半球伊朗以西的欧洲大陆、非洲北部、美洲东部和南美洲中北部；普通亚种 *B. i. coromandus* 分布于印度到日本南部及菲律宾群岛、马鲁古群岛；印度洋亚种 *B. i. seychellarum* 分布于塞舌尔群岛。中国分布的是普通亚种，分布于吉林、辽宁、山西、西藏、北京、山东、河南、江苏、上海、安徽、浙江、湖北、湖南、四川、江西、福建、广东、广西、云南、海南、香港、台湾等地。在福建南部、广东、云南、海南、台湾等地为留鸟，其他地区为夏候鸟或旅鸟。

栖息地　主要栖息于草地、农田、牧场、水库、鱼塘和沼泽地等多草生境。与其他鹭类混群营巢于近水的树林。

习性　喜欢集小群活动。休息时喜欢站在树梢上，脖子缩成"S"形。经常与牛一起活动，喜欢站在牛背上或跟随在耕田的牛后面啄食翻耕出来的昆虫。性活跃而温驯，不甚怕人，活动时寂静无声。飞行时头缩到背上，颈向下突出像一个喉囊。飞行高度较低，通常成直线飞行。

牛背鹭部分为留鸟，部分迁徙。中国长江以南繁殖的种群多数为留鸟，长江以北多为夏候鸟。

食性　主要以昆虫为食，也吃鱼类、蛙类、蜘蛛及其他小型动物。

繁殖　繁殖期 4—7 月。常与白鹭、池鹭、夜鹭等鹭类混群营巢于树上或竹林。巢呈浅盘状，由枯枝编织而成，内垫有少许干草。混群繁殖时牛背鹭的巢位通常要比白鹭、池鹭的高。

牛背鹭的窝卵数以 3～5 枚为主，最多可达 9 枚。卵为淡蓝色或淡蓝绿色，大小为（40～50）mm×（30～37）mm，重 23～30 g。不同纬度的卵大小有差异，通常纬度越高卵越大。孵化和育雏由双亲共同完成，孵化期 21～24 天，育雏期 35～39 天。

种群现状和保护　分布比较广泛，种群数量较多，IUCN 和《中国脊椎动物红色名录》均评估为无危（LC）。在中国是三有保护鸟类、中日联合保护候鸟和中澳联合保护候鸟。

牛背鹭的繁殖参数	
巢位	树上编织巢
窝卵数	3～5 枚
平均卵径	长径 45 mm，短径 34 mm
平均卵重	27 g
孵化期	21～24 天
育雏期	35～39 天

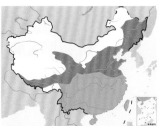

牛背鹭。左上图为非繁殖羽，下图为繁殖羽。沈越摄

捕食蛙类的牛背鹭。韩政摄

站在牛背上的牛背鹭。范忠勇摄

绿鹭

拉丁名：*Butorides striatus*
英文名：Striated Heron

鹈形目鹭科

形态 小型鹭类，体长约 43 cm。嘴黑色，下嘴基部黄色；眼圈黄色，眼先裸露皮肤黄绿色；腿和脚黄色。头顶和枕部冠羽黑色并具辉绿色光泽，眼下方有一黑色条纹延达颈侧，颈及背部蓑羽灰色，翼和尾黑色，翅缘白色，翼上覆羽绿色，羽缘白色。胸、腹、胁呈鼠灰色，下腹部色淡。幼鸟冠羽较短，黑色中杂以栗色条纹，缺少背蓑羽，下体白，具棕色条纹。

分布 亚种繁多，有 30 或 36 个亚种，分布广泛。从非洲、马达加斯加、印度、东亚及东南亚、马来诸岛、菲律宾、新几内亚、澳大利亚到美洲均有分布。美洲的一些亚种有时被独立成种，即美洲绿鹭 *B. striatus*。中国有 3 个亚种：黑龙江亚种 *B. s. amurensis* 在黑龙江、吉林、辽宁、河北、北京、天津为夏候鸟，在长江以南的沿海地区为留鸟或冬候鸟，在台湾为留鸟；瑶山亚种 *B. s. actophilus* 在甘肃、陕西南部为夏候鸟，在四川、云南、贵州、广西及长江以南各地为冬候鸟或留鸟，在广东为留鸟；海南亚种 *B. s. iavanicus* 见于广东、香港、台湾、海南，为留鸟。

栖息地 主要栖息于山区溪流、湖泊、水库等湿地林缘及沿海红树林区，可在城区马路边的茂密行道树上繁殖，也见于村庄内的高大树木上繁殖。在栖息地附近水域觅食，如河流、湖泊、水库岸边、红树林、鱼塘、水田等。

习性 性孤独，通常晨昏活动。白天躲藏在茂密的树林或灌丛中，或偷偷摸摸躲在林缘阴暗角落，静静地缩着脖子长时间站立，受惊吓时会先伸脖子张望，然后慢慢鼓动双翼，沿岸飞到不远处的另一隐蔽场所。飞行时脖颈缩起，通常低空贴着水面飞行。

食性　主要以鱼类为食。也吃蛙、虾、昆虫、蜗牛和少量绿色植物。晨昏时分在水边长时间静候觅食，很少移动，发现猎物迅速出击。

繁殖　通常集小群在树上营巢，巢呈浅盘状，比较简陋，主要由枯枝编织而成。在东北地区 5 月下旬开始产卵，窝卵数 3～5 枚。卵椭圆形，淡青色或绿青色，卵大小为（29～32）mm×（39～42）mm，平均 30.7 mm×40.5 mm；重 18～21 g，平均 19 g。双亲共同孵卵，孵卵期间亲鸟恋巢性甚强，虽受干扰也不弃巢。孵卵期 20～22 天。刚孵出的雏鸟全身除头、肩、上背、下背和腰等处有部分灰色绒

羽，颈侧和两胁有白色绒羽外，其他部分赤裸无羽，颜色为肉黄色。育雏由雌雄亲鸟共同承担。

绿鹭生性孤僻，平时活动经常远离人群，但繁殖时会选择在人类活动区筑巢繁殖，如在城市公路边的行道树上、学校的绿化林地、村庄的大树上，等等。在这些人为活动频繁的区域可以躲避一些自然界中的天敌，只要人们不对它们的繁殖过多干扰，绿鹭可以更好地繁育后代。

种群现状和保护　IUCN 和《中国脊椎动物红色名录》均评估为无危（LC）。在中国分布较广，但种群数量不多，近年来有减少的趋势。为中国三有保护鸟类和中日联合保护候鸟。

绿鹭的繁殖参数	
巢位	树上编织巢
窝卵数	3～5 枚
平均卵径	长径 40.5 mm，短径 30.7 mm
平均卵重	19 g
孵化期	20～22 天
育雏期	30 天

绿鹭。沈越摄

苍鹭

拉丁名：*Ardea cinerea*
英文名：Grey Heron

鹈形目鹭科

形态　大型灰黑色鹭类，体长约92 cm。虹膜黄色，眼先黄绿色，嘴黄色，腿、脚颜色多变，偏黑、黄色、暗红色等。头顶白色，头顶两侧和枕部黑色；具黑色羽冠，4根细长黑色羽毛分两条生于头顶和枕部两侧，状若发辫。前颈白色，中部往下有2～3列纵行黑斑，颈基部有呈披针形的灰白色长羽披散在胸前。胸、腹白色；前胸两侧各有一块大的紫黑色斑，沿胸、腹两侧向后延伸，在肛周处汇合。上体自背至尾上覆羽苍灰色，尾羽暗灰色，两肩具苍灰色羽毛，羽端分散，呈白色或近白色。初级飞羽、初级覆羽、外侧次级飞羽黑色。亚成鸟似成鸟，但头颈灰色较浓，背微缀有褐色。

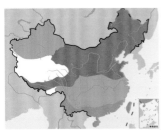

苍鹭。杨贵生摄

分布　有4个亚种，指名亚种 *A. c. cinerea* 分布于非洲、印度、斯里兰卡和中国；普通亚种 *A. c. jouyi* 分布于日本、中国、缅甸和爪哇；非洲亚种 *A. c. firasa* 分布于马达加斯加；美国亚种 *A. c. monicae* 分布于关岛和毛里塔尼亚。中国分布有指名亚种和普通亚种，指名亚种分布于新疆，为留鸟或旅鸟；普通亚种分布广泛，除新疆外各地均可见，在长江以北主要为夏候鸟或旅鸟，长江以南为冬候鸟或留鸟。

栖息地　见于多种不同的湿地生境，常栖息于江河、溪流、湖泊、水塘、海岸等水域岸边及其浅水处，也见于沼泽、稻田、山地、森林和平原荒漠上的水边浅水处和沼泽地上。

习性　成对或成小群活动，迁徙期间和冬季集大群，有时亦与白鹭混群。常单独涉水于水边浅水处，或长时间在水边站立不动，颈常曲缩于两肩之间，并常以一脚站立，另一脚缩于腹下，站立可达数小时之久而不动。飞行时两翼鼓动缓慢，颈缩成"Z"字形，两脚向后伸直，远远地拖于尾后。晚上多成群栖息于高大的树上。

通常在南方繁殖的种群为当地留鸟，在东北等寒冷地区繁殖的种群冬季要迁到南方越冬。春季迁至北方繁殖地的时间多在3月末至4月初，秋季迁离繁殖地的时间在10月初至10月末，少数迟至11月初，个别甚至要到11月中下旬才迁走，特别是靠南部繁殖的种群。迁徙时大多呈小群，亦有单个和成对迁徙的。

食性　主要以小型脊椎动物为食，如鱼类、两栖类、爬行类及哺乳类，也取食昆虫等无脊椎动物。多在浅水区域、滩涂及沼泽地觅食，有时也在深水区域的岸边或在水面的船上或漂浮物上等候觅食。苍鹭觅食时经常长时间站着一动不动，两眼紧盯着水面等候过往鱼群，一见鱼类或其他水生动物到来，立刻伸颈啄之，行动极为灵活敏捷。有时站在一个地方等候食物长达数小时之久，故有"长脖老等"之称。

正在筑巢的一对苍鹭，雄鸟衔来巢材，交给雌鸟搭建。沈越摄

苍鹭的巢和卵。宋丽军摄

苍鹭的巢和雏鸟。宋丽军摄

苍鹭的繁殖参数	
巢位	树上或地上编织巢
窝卵数	2～7 枚
平均卵径	长径 63 mm，短径 44 mm
平均卵重	60 g
孵化期	25 天
育雏期	40 天

繁殖 繁殖期一般为 3—8 月，但在福建 3 月上旬可见雏鸟学飞，倒推可能在 1 月下旬就进入繁殖期。繁殖开始前雌雄亲鸟多成对或成小群活动在环境开阔，且有芦苇、水草或附近有树木的浅水水域和沼泽地上。多成小群集中营巢。主要在树上筑巢，也有部分营巢于草丛中。在树上营巢的巢材多用干树枝和枯草，在芦苇丛中营巢的则多用枯芦苇茎和苇叶。雌雄亲鸟共同营巢，通常雄鸟负责运输巢材，雌鸟负责搭建。营巢期 6～9 天；雄性取材次数随着营巢天数的增加而增多，每日取材有两个高峰期，即上午 7～9 时、下午 3～5 时；巢的大小约为外径 50 cm，内径 30 cm，巢高 24 cm，巢深 11 cm。

营巢结束后立即开始产卵，通常每隔 1 天产 1 枚卵。每窝产卵 2～7 枚，以 3～4 枚居多。产卵期从 5 月初开始，一直持续到 6 月末。刚产出的卵颜色鲜艳，呈蓝绿色，之后逐渐变为天蓝色或苍白色。卵为椭圆形，大小为（61.2～67.8）mm×（42.0～45.8）mm，平均 63 mm×44 mm，重 51～69 g。

通常第 1 枚卵产出后即开始孵卵。孵卵由雌雄亲鸟共同承担。孵化期 25 天左右。雏鸟晚成性。刚孵出的雏鸟除头、颈和背部有少许绒羽外，其他部分裸露无羽，身体软弱不能站立，由雌雄亲鸟共同喂养。大约经过 40 天雏鸟才能飞翔和离巢，在亲鸟带领下在巢域附近活动和觅食。

种群现状和保护 分布范围广，IUCN 和《中国脊椎动物红色名录》均评估为无危（LC）。但由于沼泽的开发利用、生境条件的恶化和栖息地丧失，种群数量明显减少。被列为中国三有保护动物。

草鹭

拉丁名：*Ardea purpurea*
英文名：Purple Heron

鹈形目鹭科

形态 大型鹭类，体长约 90 cm，羽色以栗色、灰色及黑色为主。虹膜黄色，嘴黄色，眼先裸区黄绿色，腿脚红褐色。头和颈主要为栗色，额和头顶蓝黑色，枕部有两枚灰黑色冠羽悬垂于头后，状如发辫。嘴裂后有一蓝色纵纹，向后经颊延伸至后枕部，并于枕部会合形成一条宽阔的黑色纵纹沿后颈向下延伸至后颈基部；颈侧具黑色纵纹延伸至前胸。背、腰和覆羽灰色，飞羽黑色，其余体羽大多为红褐色；两肩、下背及颈基部有灰色或白色矛状饰羽。幼鸟及亚成鸟全身体羽大致红褐色。

分布 有 3 个亚种，指名亚种 *A. p. purpurea* 分布于欧洲南部到伊朗、非洲；马达加斯加亚种 *A. p. madagascariensis* 分布于马达加斯加；普通亚种 *A. p. manilensis* 分布于印度、中国和大巽

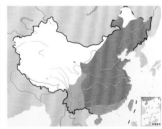

草鹭成鸟繁殖羽。沈越摄

他群岛。在中国分布的是普通亚种，遍布东部及东南部。在黑龙江、吉林、辽宁、河北、北京、天津、山西、陕西、甘肃、宁夏、山东、河南、江苏、安徽、浙江、湖北、湖南为夏候鸟，在上海、福建为旅鸟或夏候鸟，在云南为留鸟，在广东、香港、广西、台湾为旅鸟或冬候鸟。

栖息地 主要栖息于开阔平原和低山丘陵地带的湖泊、河流、沼泽、水库和水塘岸边及浅水处，尤其喜欢长有大片芦苇和水生植物的水域。单独或集小群栖息于稠密的芦苇沼泽地上或水域附近灌丛中，有时亦与苍鹭、白鹭一起栖息。

习性 活动时彼此分散开来，单独或成对活动和觅食；休息时则多聚集在一起。行动迟缓，常慢步在水边浅水处低头觅食，有时亦长时间站立不动，或收起一腿，单脚独立于水边，静静地观察和等候鱼群和其他动物到来。飞行时颈向后缩成"Z"字形，头缩至两肩之间，两翼鼓动缓慢，脚向后直伸，远远突出于尾外。飞行慢而从容。

食性 主要以小鱼、蛙、甲壳类、蜥蜴、蝗虫等动物性食物为食。白天觅食，尤以早晨和黄昏最为频繁。觅食时常分散在水边浅水处边走边觅食，也常常长时间静守在水边不动，等候过往鱼类和其他动物食物。

繁殖 通常在有干枯芦苇的沼泽湿地营巢，常与其他鹭类（如苍鹭、大白鹭等）混群繁殖。营巢时将芦苇压倒，然后铺上衔来的芦苇，巢内垫以苇叶等细碎物质。婚配制度为单配制，通常在进入繁殖地前已经配对。雌雄共同营巢，经 7～10 天建成。

3月底至4月初进入繁殖地，4月开始产卵。通常隔天产 1 卵，也有每天产 1 卵或隔 2 天产 1 卵的现象。窝卵数通常 3～5 枚，

草鹭的繁殖参数	
巢位	地上编织巢
窝卵数	3～5 枚
平均卵径	长径 59 mm，短径 41 mm
平均卵重	50 g
孵化期	27～28 天
育雏期	50 天

草鹭亚成体。聂延秋摄

最多可达 9 枚。卵呈椭圆形，刚产下时为深蓝色，随后颜色越来越浅，无斑纹。卵的大小为（53～64）mm×（40～42.5）mm，重 46.5～54 g。产下第 1 枚卵后就开始孵卵，孵化期大多为 27～28 天。

刚孵出的雏鸟颈下、后腹部及腋下裸露，只在头、背部及尾部有稀疏湿润的绒毛，能在巢中爬行。12～14 日龄的雏鸟颈部两侧、肩部、翅上侧、腹背及尾部都长出了羽干，羽干端有一撮羽枝。约 13 日龄的雏鸟受干扰时可立即从巢中爬出，钻到巢下苇丛中隐藏。雏鸟受惊时往往会吐出食团。50 日龄左右的幼鸟通常晚上回巢，白天在离巢 10～20 m 的芦苇丛上呆立。2 个月后就可起飞到离巢区较远的明水浅滩觅食。

种群现状和保护 分布范围广，IUCN 和《中国脊椎动物红色名录》均评估为无危（LC）。但由于沼泽地的开垦、围湖造田和人为捡拾鸟蛋，在中国种群数量不多。为中国三有保护鸟类和中日联合保护候鸟。

中白鹭

拉丁名：*Ardea intermedia*
英文名：Intermediat Egret

鹈形目鹭科

中型鹭类，体长 62～70 cm。通体白色，与白鹭和大白鹭相似，除体型较白鹭大而较大白鹭小外，嘴裂不过眼可与大白鹭区分，嘴黄色而先端黑色和腿、脚全黑色可与白鹭区分。广泛分布于中国东部和南方地区，为留鸟、夏候鸟或冬候鸟。IUCN 和《中国脊椎动物红色名录》均评估为无危（LC）。被列为中国三有保护鸟类。

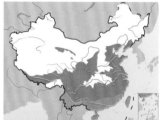

中白鹭。左上图彭建生摄，下图沈越摄

大白鹭

拉丁名：*Ardea alba*
英文名：Great Egret

鹈形目鹭科

大型白色鹭类，体长可达100 cm，嘴裂直达眼后。繁殖期嘴黑色，脸部裸区蓝绿色，腿红色，脚黑色，肩背部有三列长而直、羽枝分散的蓑羽；非繁殖期嘴黄色而先端深色，脸部裸区黄色，脚及腿黑色。广布于全球温带地区。在中国种群数量较大，分布广泛，北方大多为夏候鸟，南方为冬候鸟或留鸟。IUCN和《中国脊椎动物红色名录》均评估为无危(LC)。为中国三有保护鸟类。

大白鹭。左上图为繁殖羽，下图为非繁殖羽。沈越摄

白腹鹭

拉丁名：*Ardea insignis*
英文名：White-bellied Heron

鹈形目鹭科

大型鹭类，体长达130 cm，是中国最大的鹭类。整体灰色，腹部白色。数量稀少，被世界自然保护联盟(IUCN)列为极危物种，分布于喜马拉雅山脉东部山麓至印度东北部及缅甸北部。1938年在中国西藏南部和雅鲁藏布江流域有记录，后多年未见报道，直至2014年在云南怒江有一救助记录。尚未列入保护名录，需加强保护。

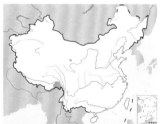

白腹鹭。下图Dr. Raju Kasambe摄（维基共享资源/CC BY-SA 4.0）

正在捕鱼的大白鹭。沈越摄

池鹭

拉丁名：*Ardeola bacchus*
英文名：Chinese Pond Heron

鹈形目鹭科

形态　中小型鹭类，体长约 47 cm。虹膜黄色，嘴黄色、先端黑色、基部蓝色，脚黄色或黄绿色。繁殖羽头、羽冠、颈和前胸与胸侧栗红色，冠羽延长至背部，背、肩部羽毛蓝黑色，呈披针形延伸到尾，下颈有栗褐色的长丝状羽。颏、喉白色。尾短，白色。腹部、两胁、腋羽、翼下覆羽和尾下覆羽及两翅全为白色。非繁殖羽和亚成鸟的头、颈、胸具褐色条纹，背和肩羽暗黄褐色，其余似繁殖羽。

分布　分布于孟加拉国至中国及东南亚，越冬至中南半岛、马来半岛及大巽他群岛。在中国常见于华南、华中及华北地区，偶见于西藏南部及东北部低洼地区，在中国台湾为迷鸟。在中国长江以南繁殖的种群多数为留鸟，在长江以北繁殖的种群为夏候鸟。

栖息地　通常栖息于稻田、池塘、湖泊、水库和沼泽湿地等多种湿地环境。

习性　通常单独或成小群活动，性较大胆不甚畏人。白昼或晨昏活动。栖息时，常伸颈观望，飞翔时颈折于两肩之间成"S"形，脚向后伸。

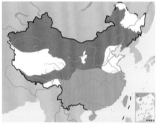

池鹭。左上图为非繁殖羽，下图为繁殖羽。沈越摄

展翅的池鹭，可见其两翼为白色，与深色的头颈和肩背形成鲜明对比。沈越摄

食性　以动物性食物为主，包括鱼、虾、螺、蛙、水生昆虫、蝗虫等，兼食少量植物性食物。常站在水边或浅水中长时间安静地等候猎物，一旦发现猎物，便迅速跑过去啄食。有时也会缓慢行进搜寻猎物，发现猎物后迅速出击啄食。

繁殖　经常和夜鹭、白鹭及牛背鹭等鹭类混群繁殖，通常在水域边或湿地周边的树林或竹林筑巢，有时也筑巢于灌丛或草丛中。巢呈浅圆盘状，由枯枝简单编织而成，巢内无其他铺垫物。经常使用以前的旧巢繁殖。一雌一雄制，筑巢及育雏由双亲共同完成，但有研究发现池鹭的婚外交配行为比较常见。

池鹭的繁殖期通常在 3—7 月，南方留鸟种群繁殖较早，3 月甚至 2 月底就开始筑巢产卵，而北方迁徙种群通常要 4 月下旬甚至更晚才开始筑巢产卵。每窝产卵 3～6 枚，多为 4～5 枚。卵椭圆形，蓝绿色，无花纹。卵大小约 39 mm×30 mm，重约 17 g，通常南方种群的卵比北方种群稍小。孵化期 21 天左右。

雏鸟晚成。1 周龄前雏鸟主要在巢内活动；2 周龄左右雏鸟可以离巢在周边树枝上活动，经常扇动翅膀保持平衡，但飞羽尚未长全，无法飞行；3 周龄左右雏鸟飞羽基本长成，可在巢区及周边短距离飞行，有时亲鸟回来时会停在巢附近的枝头，诱使雏鸟飞过来取食，有时亲鸟会带着雏鸟在巢区周边练习飞行；4 周龄左右幼鸟基本能够自由飞行，可随亲鸟一起到觅食地觅食。

种群现状和保护　分布范围广，种群数量多，IUCN 和《中国脊椎动物红色名录》均评估为无危(LC)。为中国三有保护鸟类。

在水边等候猎物的池鹭。沈越摄

池鹭的繁殖参数	
巢位	树上编织巢
窝卵数	3～6 枚
平均卵径	长径 39 mm，短径 30 mm
平均卵重	17 g
孵化期	21 天
育雏期	30 天

印度池鹭

拉丁名：*Ardeola grayii*
英文名：Indian Pond Heron

鹅形目鹭科

头颈米黄色、背部紫红色、两翼白色的小型鹭类，非繁殖期背部偏棕色，头颈有棕色和橄榄色条纹。主要分布于印度，在中国为迷鸟，2014 年在新疆有 1 次记录。近两年在云南偶有记录。IUCN 评估为无危（LC）。

爪哇池鹭

拉丁名：*Ardeola speciosa*
英文名：Javan Pond Heron

鹅形目鹭科

似池鹭但头颈栗色较浅，分布于中南半岛至大巽他群岛、努沙登加拉群岛。在中国为迷鸟，2006 年在台湾桃园有 1 次记录。IUCN 评估为无危（LC）。

印度池鹭繁殖羽。关翔宇摄

爪哇池鹭。左上图为繁殖羽，A.Baihaqi摄（维基共享资源/CC BY—SA 4.0）；下图为非繁殖羽，Cuatrok 77摄（维基共享资源/CC BY 2.0）

正在捕食的印度池鹭。曾翔乐摄

夜鹭

拉丁名：*Nycticorax nycticorax*
英文名：Black-crowned Night-heron

鹈形目鹭科

形态 体型中等的矮胖鹭类，体长约 61 cm，羽色以蓝黑色、灰色及白色为主。虹膜红色，嘴黑色，眼先裸区黄绿色，脚黄色。头、后颈、肩和背蓝黑色具金属光泽；翅、腰和尾羽灰色；下体大致白色，颈侧、胸和两胁淡灰色。繁殖羽枕部有 2～3 条长带状白色饰羽。幼鸟嘴黄绿色而先端黑色，虹膜黄色，眼先绿色；上体暗褐色，缀有大量白斑，下体白色而缀以褐色纵纹。

分布 有 4 个亚种，分布于北美地区、欧亚大陆及非洲北部、非洲中南部地区、印度洋、中美洲、南美洲、南亚次大陆、中南半岛、中国西南地区和东南沿海地区、太平洋诸岛屿。中国仅有指名亚种 *N. n. nycticorax*，除西藏外见于各地，部分为留鸟，部分迁徙。海南、台湾、广东、香港、福建等南部地区的繁殖种群多为留鸟；广西、云南、贵州、四川的繁殖种群部分为留鸟，部分为夏候鸟；北方地区的繁殖种群多为夏候鸟，也有夜鹭留在北方越冬，如河南郑州有夜鹭越冬的相关报道。

栖息地 栖息和活动于平原和低山丘陵地区的溪流、水塘、江河、沼泽和水田地上附近的大树、竹林，白天常隐藏在沼泽、灌丛或林间，晨昏和夜间活动。

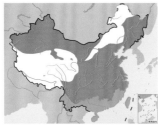

夜鹭。左上图为成鸟繁殖羽，下图为亚成鸟。沈越摄

习性 夜行性。喜集群，常成小群于晨昏和夜间活动，白天集群隐藏于密林中僻静处，或分散成小群栖息在僻静的山坡、水库或湖中小岛上的灌丛或高大树木的枝叶丛中，偶尔也见有单独活动和栖息的。一般长期缩颈站立于一处不动，或梳理羽毛，或在枝间走动，有时亦单腿站立，身体呈驼背状。如无干扰或未受到威胁，一般不离开隐居地。常常待人走至跟前时才突然从树叶丛中冲出，边飞边鸣，鸣声单调而粗犷。

食性 主要以鱼、蛙、虾、水生昆虫等动物性食物为食。通常于黄昏后从栖息地分散成小群出来，三三两两于水边浅水处涉水觅食，也单独伫立在水中树桩或树枝上，眼睛紧紧地凝视着水中等候猎物，发现猎物后快速出击捕捉。在育雏期，夜鹭白天也会出来觅食，曾观察到夜鹭白天在飞行中搜寻水面的猎物，发现猎物后会扑入水中用喙捕获猎物。

繁殖 在各种高大的树上筑巢，常与白鹭、池鹭、牛背鹭等鹭类混群营巢，通常巢位比其他鹭类高。巢呈浅盘状，由枯树枝简单编织而成，比较简陋和粗糙，有时直接将旧巢进行简单修补加固而成。

夜鹭为单配制，筑巢及育雏由双亲共同完成。繁殖期 3—7 月。南方留鸟种群繁殖相对较早，北方夏候鸟种群繁殖相对较晚。通常 4 月开始产卵，隔日或隔 2～3 日产 1 枚卵，窝卵数 3～5 枚。卵为蓝绿色，无花纹，钝椭圆形，大小约为 45 mm×35 mm，重约 30 g。孵化期 25 天左右。

雏鸟晚成，刚孵出时身上被有白色稀疏的绒羽；5 日龄飞羽开始生长；20 日龄左右雏鸟移动能力较强，可以离巢到附近树枝上活动；35 日龄左右飞羽基本长成；40 日龄左右雏鸟即能飞翔和离巢。

种群现状和保护 分布范围广，种群数量较大，IUCN 和《中国脊椎动物红色名录》均评估为无危（LC）。为中国三有保护鸟类和中日联合保护候鸟。

正在准备捕食的夜鹭。沈越摄

站在浮木上等候猎物的夜鹭，与旁边的凤眼莲组成了一幅美丽的画面。沈越摄

夜鹭的繁殖参数	
巢位	树上编织巢
窝卵数	3~5 枚
平均卵径	长径 45 mm，短径 35 mm
平均卵重	30 g
孵化期	25 天
育雏期	40 天

棕夜鹭

拉丁名：*Nycticorax caledonicus*
英文名：Rufous Night Heron

鹈形目鹭科

体型和习性似夜鹭，头顶黑色，上体栗红色，下体浅皮黄色。主要分布于澳洲界，在中国为迷鸟，仅记录于台湾的高雄和桃园。IUCN 和《中国脊椎动物红色名录》均评估为无危（LC）。

夜鹭和巢。赵纳勋摄

棕夜鹭

鸦类

鸦类

- 鸦类指鹈形目鹭科除鹭类以外的鸟类，全世界共5属19种，中国有4属9种
- 鸦类是中小型涉禽，较鹭类体型小且矮胖，羽色斑驳，具有保护色
- 鸦类性胆怯，多活动于芦苇丛中，警惕时身体挺直、嘴尖朝上，模拟周围植被的形态
- 鸦类行踪隐蔽，较少为人类熟知

类群综述

鸦类指鹭科（Ardeidae）除鹭类以外的鸟类，传统分类系统将其置于鹳形目，但最近的分类研究将其调整到鹈形目。全世界共有鸦类5属19种，中国4属9种，包括夜鸦属 Gorsachius 3种（海南鸦 Gorsachius magnificus、栗头鸦 G. goisagi、黑冠鸦 G. melanolophus），苇鸦属 Ixobrychus 4种（小苇鸦 Ixobrychus minutus、黄斑苇鸦 I. sinensis、紫背苇鸦 I. eurhythmus、栗苇鸦 I. cinnamomeus），黑鸦属 Dupetor 和麻鸦属 Botaurus 各1种（黑苇鸦 Dupetor flavicollis、大麻鸦 Botaurus stellaris）。

鸦类的形态和习性都与鹭类相近，但也有所区别。与鹭类相比，多数鸦类体型较小，身体更显矮胖，嘴、颈和腿都相对粗短。多活动于芦苇丛中或浓密森林中，白天隐蔽，夜晚和晨昏活动。羽色斑驳，以便模拟周围环境，保护自己不被天敌发觉。站立和飞行时亦缩颈，但不如鹭类明显，警惕时则挺直身体、仰起脖子、嘴尖朝向天空，呆立于原地模拟周围芦苇的形态。鸦类行踪隐蔽，生性胆小，在野外伪装得十分巧妙，不易被人观察到。尤其是海南鸦行踪神秘，自20世纪60年代以后几十年无目击或采集报道，曾一度被认为已经野外灭绝，直至1990年后在广西、广东等地被陆续发现。栗头鸦在日本繁殖，中国上海、台湾及广东有零星记录，为冬候鸟或迁徙过境鸟。黑冠鸦在中国主要分布于海南、台湾、云南和广西等地，为夏候鸟或迁徙过境鸟。小苇鸦数量稀少，中国仅在新疆西北部有记录。紫背苇鸦在中国东部繁殖，喜爱芦苇地、稻田及沼泽地，并不罕见。黄斑苇鸦、栗苇鸦、黑苇鸦在中国的数量稍多，从东北至华中及西南、海南、台湾均有繁殖。大麻鸦在除青海、西藏外，可见于各地，在长江以北均为夏候鸟和旅鸟，长江以南亦有部分迁徙。

鸦类喜爱植被浓密的湿地，对人为干扰和环境变化较为敏感，因此在栖息地被破坏的今天生存状况不容乐观。中国的9种鸦类中，海南鸦和栗头鸦都被IUCN评为濒危（EN），海南鸦和小苇鸦被列为国家二级重点保护动物，其他7种鸦类均被列为中国三有保护动物。

左：鸦类性胆怯，警惕时身体挺直、嘴尖朝上，模拟周围植被的形态是其独有的行为特征。图为正在警戒的大麻鸦雌鸟。聂延秋摄

右：鸦类主要取食鱼类，也取食蛙类、虾类、螺类等其他小型水生动物。图为正在取食小鱼的黄斑苇鸦。沈越摄

栗头鳽
Gorsachius goisagi

海南鳽
Gorsachius magnificus

黑冠鳽
Gorsachius melanolophus

黄斑苇鳽
Ixobrychus sinensis

小苇鳽
Ixobrychus minutus

紫背苇鳽
Ixobrychus eurhythmus

栗苇鳽
Ixobrychus cinnamomeus

黑苇鳽
Ixobrychus flavicollis

大麻鳽
Botaurus stellaris

海南鳽

拉丁名：*Gorsachius magnificus*
英文名：White-eared Night Heron

鹈形目鹭科

形态 体型中等，体长约 58 cm。上体、顶冠、头侧斑纹、冠羽及颈侧线条深褐色。胸部具皮黄色矛尖状长羽，羽缘深色；上颈侧橙褐色。翼灰色，翼覆羽具白色点斑。成年雄鸟具粗大的白色过眼纹，颈白色，胸侧黑色，翼上具棕色肩斑。眼大而凸，虹膜黑色，眼先裸皮黄色。嘴偏黄色，嘴端深色；脚黄绿色。

分布 目前已知的分布范围极窄，仅限于中国东南部少数区域和越南北部。在中国海南、广西、广东、湖南、贵州、江西和浙江等地有零星记录，在海南为留鸟，其他地区为夏候鸟或旅鸟。

栖息地 主要栖息于亚热带高山密林中的山沟河谷、水库和其他有水域的地方，夜行性，白天多隐藏在密林中。活动于中低山（一般在海拔 400 m 以下）和丘陵地带森林附近的小河溪流、水库和水稻田里。

习性 一般白天隐藏，夜晚开始外出觅食，尤其在晨昏活动最为频繁。海南鳽生性胆怯，在繁殖前期选择巢址时，如果受到惊扰，经常会弃巢离开；但在选定巢址完成修筑之后，或已开始

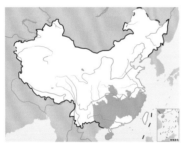

海南鳽。范忠勇摄

孵卵，即使受到外界干扰，也会忠实地在原地守候。繁殖期间若受到惊扰，海南鳽会将脖子伸得老长，警惕地四处张望。尚在巢内的幼鸟如果感受到威胁，会紧盯着发出异响的地方，同时发出单调的警告声。

食性 以鱼、虾、螺和昆虫等动物性食物为主。繁殖期的海南鳽亲鸟通常在夜幕降临时开始离巢觅食，站立于浅滩之中伺机捕食鱼虾。

繁殖 在人迹罕至的深山密林中的溪流边或大型水库无人干扰的湖心小岛上筑巢。营树上巢，据现有的野外观察，有选择阔叶树的，也有选择针叶树的。巢一般离地面 5 m 以上，也有距地面 10 m 以上的。海南鳽在夜间营巢，雌雄共同参与，轮流筑巢。当一只亲鸟外出觅食时，另一只则在巢区附近收集巢材筑巢。巢材以枯枝为主。巢为长椭圆形浅盘状，巢径 40 cm 左右，巢深不到 10 cm。每窝产卵 1～5 枚，雌雄亲鸟轮流孵卵。从亲鸟筑巢至雏鸟离巢，繁殖期持续近 4 个月。

种群现状和保护 海南鳽数量稀少，野外种群数量尚无准确统计，据国际鸟盟估计在 255～999 只之间。由于其行踪隐秘，野外目击记录不多，野外繁殖记载更为稀少。中国目前仅在广西、广东、湖南等地有几处确切或疑似繁殖点。浙江淳安千岛湖库区自 2004 年发现有海南鳽繁殖以来，每年均有繁殖，是海南鳽目前野外种群最大的稳定繁殖栖息地。

海南鳽分布区域狭窄，处于高度濒危状态，被 IUCN 评为濒危（EN），《中国脊椎动物红色名录》亦将其列为濒危（EN）。在中国被列为国家二级重点保护动物。

海南鳽的繁殖参数	
巢位	阔叶树或松树的横枝上
窝卵数	1～5 枚
平均卵径	长径 65.0±2.0 mm，短径 35.0±1.0 mm
平均卵重	不详
孵化期	约 25 天（25.33±1.53 天）
育雏期	约 67 天

正在坐巢孵卵的海南鳽。陈锋摄

育雏的海南鳽。最左为成鸟，右边4只为幼鸟。范忠勇摄

栗头鳽

拉丁名：*Gorsachius goisagi*
英文名：Japanese Night Heron

鹳形目鹭科

　　体型粗胖，体长约 49 cm。整体褐色至栗色，头顶冠羽较小，不明显。下体皮黄色，具深褐色纵纹，形成一条从颏下至胸部的中线纹。虹膜和眼先裸皮黄色，嘴短而下弯，脚暗绿色。飞行时可见翼上特征性的黑白色肩斑，灰色的飞羽与褐色覆羽形成对比。在日本繁殖，东南亚越冬。中国上海、台湾及广东有零星记录，为冬候鸟或迁徙过境鸟。数量稀少，被 IUCN 评为濒危（EN）。被列为中国三有保护鸟类。

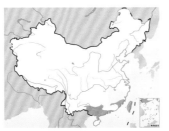

栗头鳽。下图Kogado摄（维基共享资源/CC BY-SA 3.0）

黑冠鳽

拉丁名：*Gorsachius melanolophus*
英文名：Malayan Night Heron

鹳形目鹭科

　　似栗头鳽但冠羽黑色且更为显著，眼先裸皮橄榄色。分布于亚洲南部、东部和东南亚，在中国主要分布于海南、台湾、云南和广西等地，为罕见留鸟或夏候鸟。IUCN 评估为无危（LC），但在中国数量较少，《中国脊椎动物红色名录》评估为近危（NT）。被列为中国三有保护鸟类。

黑冠鳽。沈越摄

黄斑苇鳽

拉丁名：*Ixobrychus sinensis*
英文名：Yellow Bittern

鹈形目鹭科

形态 中型涉禽，体长约 32 cm。成年雄鸟顶冠黑色，上体淡黄褐色，下体皮黄色，黑色的飞羽与皮黄色的覆羽形成强烈对比。雌鸟似雄鸟，但体型略小，头顶为栗褐色，具黑色纵纹；上体淡棕褐色，具暗褐色纵纹；下体颏、喉部中央具黄白色纵纹，颈至胸有淡褐色纵纹。亚成鸟似成鸟但褐色较浓，全身满布纵纹，两翼及尾黑色。虹膜黄色；眼周裸露皮肤黄绿色；嘴绿褐色；脚黄绿色。

分布 广布于欧亚大陆及非洲北部。在中国除青海、新疆、西藏外，各地均有分布，在台湾、广东、海南为留鸟，其他地区为夏候鸟。

栖息地 栖息于平原、低山丘陵地带水生植物丰富的开阔水域，尤其喜爱既有开阔水面，又有芦苇和蒲草等挺水植物的湖泊、水库、水塘和沼泽，有时也在灌木丛或小树丛边的水田、沼泽及其附近的草丛与灌木丛中活动。

习性 喜欢在湖泊、河流、池塘等水流处的芦苇丛中栖息，也在水田、沼泽及其附近的草丛与灌木丛中活动。但行踪较为隐蔽，不易被发现。通常在早晚作短距离飞行，在繁殖季节活动尤为频繁。鼓翼飞行时头颈向后收缩，一般在离芦苇、香蒲、茭草等植物 3~5 m 高处飞行。生性机警，一旦遇到干扰，立即伫立不动，头颈向上伸长，双眼四处观望。

部分迁徙，在热带地区为留鸟，北方繁殖种群春季 4—5 月迁到繁殖地，秋季 9 月末至 10 月初迁离繁殖地。

食性 主要以小鱼、虾、蛙、水生昆虫等动物性食物为食。经常在沼泽地芦苇塘附近飞翔，常站立于挺水植物的茎秆上或在浅水区涉水觅食。

繁殖 繁殖期 5—7 月。在浅水处的芦苇丛和蒲草丛中集群营巢。巢多置于距水面不高的芦苇秆或蒲草茎上，通常弯折少许芦苇秆作依托，再用芦苇叶编织成盘状，结构较为简陋。巢距水面 27~66 cm。巢的外径（14~19）cm×（17~20）cm，内径 10~12 cm，巢高 10~12 cm。每窝产卵多为 7 枚，也有 4~6 枚的。卵为白色，光滑无斑，卵圆形。卵的大小为（24~26）mm×（31.5~34）mm，重 8.8~9.7 g。孵化期约为 22 天。雏鸟晚成性。雏鸟在离巢后尚无独自觅食本领，仍需亲鸟哺育 15 天左右。

种群现状和保护 分布广泛且较为常见，具体数量不明。IUCN 和《中国脊椎动物红色名录》均评估为无危（LC），在中国被列为三有保护鸟类。

黄斑苇鳽的繁殖参数	
巢位	浅水处的芦苇丛和蒲草丛
窝卵数	4~7 枚
平均卵径	长径 31.5~34 mm，短径 24~26 mm
平均卵重	9.4 g
孵化期	约 22 天
育雏期	约 30 天

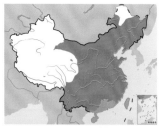

黄斑苇鳽。沈越摄

黄斑苇鳽的巢和雏鸟。李海杰摄

黄斑苇鳽常站立于挺水植物的茎秆上窥视水中的猎物。沈越摄

小苇鳽
拉丁名：*Ixobrychus minutus*
英文名：Little Bittern

体型似黄斑苇鳽而略大，体长约35 cm。雄鸟下体及颈绒白色，颈侧和胸略沾赭色，顶冠和背部黑色，翼黑色，基部具大块近白色斑，飞行时黑白对比鲜明。雌鸟整体黄褐色，具褐色纵纹，顶冠黑色，翼褐色而具皮黄色块斑。广布于欧洲、亚洲、非洲和大洋洲，IUCN评估为无危（LC）。在中国数量稀少，《中国脊椎动物红色名录》评估为近危（NT），被列为国家二级重点保护动物。仅分布于新疆西部，为旅鸟或冬候鸟，近年来在江苏、上海崇明岛和香港偶有记录。

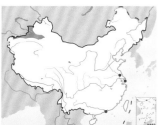

小苇鳽。左上图为雌鸟，下图为雄鸟。沈越摄

紫背苇鳽
拉丁名：*Ixobrychus eurhythmus*
英文名：Schrenck's Bittern

似黄斑苇鳽而略大，体长约34 cm。雄鸟上体紫栗色，头顶偏暗，下体皮黄色纹，颏至胸具有深色中线纹。雌鸟上体深栗色，密布浅色点斑，下体皮黄色具深色纵纹。主要繁殖于东亚，越冬于东南亚，在中国东部及长江中下游地区均有繁殖，迁徙期见于台湾和海南。IUCN和《中国脊椎动物红色名录》均评估为无危（LC）。被列为中国三有保护鸟类。

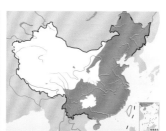

紫背苇鳽。左上图为雄鸟，沈越摄；下图为雌鸟，姚文志摄

栗苇鳽

拉丁名：*Ixobrychus cinnamomeus*
英文名：Cinnamon Bittern

鹈形目鹭科

　　体长约 37 cm 的栗褐色苇鳽。雄鸟上体为均匀的栗色，下体浅黄褐色，颈侧有一白色纵纹，颏至胸有由黑色纵纹组成的中线纹。雌鸟色暗且上体杂有白色斑点，下体纵纹较多。亚成鸟上体多褐色和白色斑点，下体多褐色纵纹。分布于东亚、东南亚和南亚，在中国见于辽宁至华中、华东、华南、西南、海南及台湾的淡水沼泽和稻田。在热带地区为留鸟，其他地区为夏候鸟。IUCN 和《中国脊椎动物红色名录》均评估为无危(LC)。为中国三有保护鸟类。

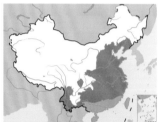

栗苇鳽。左上图为雄鸟，沈越摄；下图为雌鸟，聂延秋摄

站在芦苇丛中的栗苇鳽雌鸟。江航东摄

黑苇鳽

拉丁名：*Ixobrychus flavicollis*
英文名：Black Bittern

鹈形目鹭科

　　体型较大的鳽类，体长约 54 cm。雄鸟整体蓝黑色，颈侧黄色，喉至胸具黑色和黄色纵纹，雌鸟整体偏褐色。分布于东亚、南亚和东南亚，在中国广布于长江中下游地区及长江以南各地，包括台湾、海南。在热带地区为留鸟，其他地区为夏候鸟。IUCN 和《中国脊椎动物红色名录》均评估为无危(LC)。为中国三有保护鸟类。

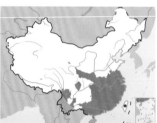

黑苇鳽。左上图为雌鸟；下图为雄鸟，徐良怀摄

大麻鳽

拉丁名：*Botaurus stellaris*
英文名：Eurasian Bittern

鹳形目鹭科

形态 大型涉禽，体长约 75 cm。成鸟顶冠黑色，颏及喉白色且边缘接明显的黑色颊纹。头侧金色，其余体羽多具黑色纵纹及杂斑。飞行时飞羽上的褐色横斑与金色的覆羽及背部形成对比。虹膜黄色，嘴黄色，脚绿黄色。幼鸟似成鸟，但头顶偏褐色，整体羽色亦较淡且偏褐色。

分布 有 2 个亚种，指名亚种 *B. s. stellaris* 分布于欧亚大陆，非洲亚种 *B. s. capensis* 分布于非洲。在中国分布的是指名亚种，除青海、西藏外，可见于各地，在长江以北为夏候鸟和旅鸟，长江以南亦有部分迁徙。

栖息地 栖息于山地丘陵和山脚平原地带的河流、湖泊、池塘等湿地环境中，通常于芦苇丛、草丛和灌丛、水域附近的沼泽和湿草地上活动。

习性 多活动于山地丘陵和山脚平原地带河流、湖泊、池塘边的芦苇丛、草丛和灌丛，以及水域附近的沼泽。性隐蔽，除繁殖期外常单独活动，秋季迁徙时也有集 5～8 只的小群。夜行性，多在黄昏和晚上活动。白天多隐藏在水边芦苇丛和草丛中，较少活动。一旦受惊就会站立不动，头、颈向上伸直，嘴尖指向天空，和周围的枯草、芦苇融为一体，不得已时才起飞。常紧贴芦苇或草地上空缓慢飞行。

迁徙性，通常每年 3 月中下旬开始迁来东北繁殖地，10 月中下旬迁走。

食性 以鱼类为主要食物，也吃虾、蛙、蟹、螺、水生昆虫等动物性食物。亲鸟在给雏鸟喂食时，会将捕获的鱼虾等食物在嘴中充分咀嚼，再喂给雏鸟。

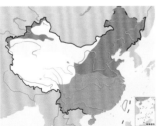

大麻鳽。沈越摄

大麻鳽的羽色具有良好的隐蔽效果。赵纳勋摄

繁殖 在有芦苇、香蒲等植物生长的沼泽湿地繁殖，巢址的芦苇与周边几乎没有明显差别，非常隐蔽，不易被人或猎物发现。营巢由雌雄亲鸟共同完成，亲鸟在选定的巢址周围用喙将芦苇折弯，再用爪压平，之后铺上细碎的苇秆和苇叶，整个营巢过程大约需要 1 周时间。巢为不规则的浅盘状，据黑龙江扎龙自然保护区的观测，巢大小为外径 530.50±37.14 mm，内径 226.00±26.54 mm，高 176.00±30.85 mm，深 52.55±22.51 mm。窝卵数 4～6 枚，卵瓦青灰色，无斑点。孵化由雌鸟单独承担，雄鸟在巢区附近不断鸣叫，守卫领域。

孵化期 23～26 天。初生雏鸟虽已覆绒羽且能睁眼，但不能离巢；至 14～15 日龄开始跟随亲鸟离巢活动；1 个半月至 2 个月始能飞行和独立生活。

种群现状和保护 分布广泛，IUCN 和《中国脊椎动物红色名录》均评估为无危（LC）。但由于农田开发和环境破坏，种群数量明显下降，具体数量不明。在中国被列为三有保护鸟类。

大麻鳽的繁殖参数	
巢位	沼泽湿地的芦苇、香蒲等植物生长处
窝卵数	4～6 枚
平均卵径	长径 53.85 mm，短径 39.66 mm
平均卵重	47.46 g
孵化期	23～26 天
育雏期	50～55 天

鹮类

- 鹮类指鹈形目鹮科鹮亚科的鸟类，全世界共12属26种，中国有4属5种
- 鹮类是中等体型涉禽，喙向下弯曲，头颈有裸露部分，趾基部具蹼
- 鹮类喜集群觅食和繁殖，在潜水区域觅食，热带种群为留鸟，温带繁殖种群则具迁徙性
- 鹮类有些物种成功入侵至许多原分布地以外的地区，有些物种则面临灭绝的风险

类群综述

鹮类指鹮科（Threskiornithidae）的鹮亚科（Threskiornithinea）鸟类，传统分类系统将鹮科置于鹳形目，但最近的分类研究将其调整到鹈形目。鹮类是中等体型涉禽，体长 50～100 cm，喙、颈及脚、趾均长，尾短而隐于收起的翅下。喙向下弯曲，头和颈部通常有裸露部分，趾基部具蹼。雌雄相似，有些物种雄性体型略大于雌性。全球鹮类共有 26 种，中国分布有 5 种，即圣鹮 Threskiornis aethiopicus、黑头白鹮 Threskiornis melanocephalus、白肩黑鹮 Pseudibis davisoni、朱鹮 Nipponia nippon 和彩鹮 Plegadis falcinellus。其中，以朱鹮最为著名，曾经是世界上最濒危的鸟类之一，在中国的拯救与保护工作获得成功；圣鹮是逃逸的外来物种，已在野外形成稳定的野生种群；黑头白鹮在中国为繁殖鸟和冬候鸟，但目前种群数量已极其稀少，在野外难以发现；白肩黑鹮在中国可能已经绝迹；彩鹮在国内比较罕见，近年在多地被重新发现，但其全球保护状况仍不容乐观。

分布及栖息地　鹮类的分布遍及全球，除了南极洲外，在其他各洲均有分布，大部分鹮类主要生活于热带和亚热带地区。鹮类主要栖息于湿地生境，包括滨海河口、沿海潮间带、红树林、沼泽湿地、河滩、湖泊、水库、水稻田等。大多数鹮类喜欢生活在开阔地带，仅少数生活在密林中，如非洲的斑胸鹮 Bostrychia rara 和橄榄绿鹮 Bostrychia olivacea，两者都主要生活在林中的沼泽、溪流和河流。

习性　多数鹮类喜欢集群觅食和繁殖，通常集小群在不同觅食地之间转移，在白天休息和晚上夜栖时均有集群行为，并且通常与栖息地内的其他鹮类和鹭类混群。鹮类通常在树上夜栖，其夜栖地往往远离觅食地。分布在热带的鹮类通常为留鸟，而在亚热带和温带生活的多数种类则有迁徙习性，通常在白天迁徙，飞行的高度较高，呈直线或"V"字形编队飞行。

食性　大多数鹮类都在浅水区觅食，它们的食物包括昆虫、甲壳类、软体动物、鱼类和两栖类等。而一些陆栖的鹮类，如隐鹮属 Geronticus 鸟类，它们的食物包括陆生昆虫、陆生软体类、小型脊椎动物、鸟蛋，甚至腐肉等。虽然鹮类都是肉食性鸟

左：朱鹮曾经是世界上最濒危的鸟类，自1981年在陕西洋县重新发现野生种群以来，中国采取了各种保护措施成功建立了稳定的当地和异地野生种群，使其受胁等级从极危降为濒危，堪称鸟类保护的经典案例。图为繁殖期的朱鹮。沈越摄

右：圣鹮堪称生物入侵最成功的鹮类，本来分布于非洲的它现在在欧洲许多地区都建立了野生种群，逃逸的饲养个体同样在中国台湾建立了野外种群，并不断扩张分布区、增长种群数量。图为飞行的圣鹮，飞羽尖端的黑色点缀在白色的体羽上显得十分优雅。牛蜀军摄

类，但其食谱中也包括植物性食物，如浆果、嫩枝、根茎等。鹮类主要通过喙的触觉来探寻食物，视觉只起到辅助作用，以拓宽觅食视野。即使是在清澈的水中，多数鹮类也主要依靠触觉觅食。鹮类采用"探索式"（Probing）觅食策略，将长而弯的喙快速、重复地插入浅水的淤泥中探寻食物，偶尔也会使用琵鹭类的"摆头式"（Head-swinging）觅食策略来搜寻食物。多数鹮类的觅食行为是可遗传的，但幼鸟需要不断练习才能提高觅食效率。鹮类亚成鸟与成鸟之间的觅食行为并无明显差异，但成鸟觅食效率明显高于亚成鸟，导致亚成鸟在觅食上花费的时间更多，傍晚回夜宿地的时间也晚于成鸟。研究发现，美洲白鹮 Eudocimus albus 的首次繁殖时间经常推迟至第二年末，推测与亚成鸟需要更多时间练习觅食技巧有关。

繁殖 多数鹮类集群繁殖，且常与其他水鸟混群，如鹭类、鸬鹚类、蛇鹈类等。鹮类通常将巢建在树上、灌丛上，甚至地面。在温带地区的种类通常一年繁殖一次，时间一般在春季，其开始繁殖时间的主要影响因素为环境因素，如日照、温度，甚至可能是湿度。而在热带地区的鹮类可一年多次繁殖，但影响繁殖开始时间的因素尚不清楚，可能与当地的降水有关。鹮类均为一雌一雄单配制，在繁殖季，雄鸟先选定巢址，并在巢址周围建立领域，积极防御其他雄鸟进入。大多数鹮类的雌雄配对关系仅在繁殖期维持，繁殖期结束后则解除。雌雄均参与筑巢，巢材多样，大多数巢仅由巢材粗略交织

堆放而成。在繁殖聚集地，鹮类的产卵日期大致同步，最多不会超过3个星期。卵白色、灰绿色或蓝色，纯色或有斑点，每隔1～3天产1枚卵，窝卵数2～5枚，孵化期20～31天。多数鹮类产下第1枚卵后便开始孵卵，卵为异步孵化；但彩鹮等个别种类则是在产满窝卵后才开始孵卵。鹮类的孵化和育雏由双亲共同完成，雌鸟孵卵时间常多于雄鸟，24小时内至少换孵一次。斑胸鹮和彩鹮的雌鸟只负责晚上孵卵，雄鸟则只在白天孵卵。鹮类雏鸟为半晚成性，育雏期28～56天，不同种间差别较大。一些鹮类的雏鸟和成鸟在受到侵扰时会出现反呕行为，并将反呕出来的食物丢弃掉，被认为是一种特殊的反捕食策略，以使捕食者远离自己的巢。鹮类雏鸟死亡率在2周龄内较高，只有获得较多食物的雏鸟才能存活；而在幼鸟独立生活的第1个月，死亡率同样较高，之后逐渐下降。野生鹮类的最长寿命，白脸彩鹮 Plegadis chihi 的记录为14年，美洲白鹮为16年。人工饲养条件下，朱鹮的最长寿命可达33年。

种群现状和保护 中国对鹮类的研究主要集中在朱鹮，并且对该物种的拯救与保护取得显著成效，野生种群数量从1981年的7只增加到2016年的1200余只，IUCN将其受胁等级从极危（CR）降为濒危（EN）。黑头白鹮是中国最早开展生物学研究的鹮类，主要集中在生态习性和繁殖生活史方面。其他鹮类在国内的种群数量较少，目前仅有一些分布记录的报道。

圣鹮
Threskiornis aethiopicus

黑头白鹮
Threskiornis melanocephalus

白肩黑鹮
Pseudibis davisoni

br.

non—br.

彩鹮
Plegadis falcinellus

朱鹮
Nipponia nippon

圣鹮

拉丁名：*Threskiornis aethiopicus*
英文名：Scared Ibis

鹈形目鹮科

形态　中等体型涉禽，体长 65～90 cm，头、颈黑色，身体白色，初级和次级飞羽尖端黑色。喙长且厚、黑色下弯，跗跖与趾黑色。繁殖季整个头部与颈部裸露无羽，皮肤黑色，两翼有大量的黑色饰羽。亚成鸟的头、颈被羽，呈斑驳的黑色带有白色纵纹，三级飞羽棕黑色。

分布　有 3 个亚种，指名亚种 *T. a. aethiopicus* 分布于非洲撒哈拉以南地区和伊拉克东南部，过去分布于埃及；*T. a. bernieri* 分布于马达加斯加；*T. a. abbotti* 分布于阿尔达布拉岛。目前分布在中国台湾的为指名亚种，是饲养个体逃逸后形成的野生种群。

栖息地　常成群在开阔的沼泽、河边、潮间带或湿草地上觅食，也会利用耕作过的土地。食物主要是大型直翅目的昆虫、小型脊椎动物、水生甲虫、甲壳类、贝类和鱼虾等，常集小群觅食，边缓慢移动边啄食地下的食物。

繁殖　集群繁殖，有时与鹭类混群繁殖。单配制，雌雄共同育雏，窝卵数 2～3 枚，孵化期约 19 天，育雏期约 18 天。在中

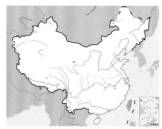

国台湾每年 3—9 月间有 2 次繁殖高峰期。

种群现状和保护　广泛分布于非洲大陆，在马达加斯加、伊拉克也有分布，因贸易活动而被引至世界各地，在欧洲各国及中国台湾地区分布有饲养个体逃逸至野外形成的稳定的野生种群。

圣鹮在中国台湾的桃园、宜兰、云林等地曾有多达 60 只的记录，新竹港南曾有 84 只，嘉义东石更有 2 次超过 110 只的记录。在台湾新竹青草湖曾有成群繁殖的报道，其他地区也有圣鹮与鹭类混群繁殖数年以上，目前在野外已形成稳定的繁殖种群。

作为外来物种，圣鹮已在中国台湾野外生存繁殖超过 20 年，种群数量已由 1984 年的几只，增加到数百只，目前分布范围已经从台北关渡扩大到全台湾岛，显示该物种已入侵成功。圣鹮在台湾每年可繁殖 2 次，繁殖成功率相对稳定，加上台湾岛内有许多可利用的栖息地，其种群数量有持续扩大的趋势，可能会对岛内其他物种产生不利影响。为了控制圣鹮的种群数量，研究人员尝试在圣鹮的卵上喷涂玉米油，以降低卵的孵化成效，取得显著效果。而在欧洲，圣鹮早已成为著名的入侵鸟种，现已遍布欧洲各国，对当地的原生物种造成一定危害。在法国南部，随着圣鹮种群数量的增加，许多牛背鹭和白鹭的传统繁殖地被侵占。同时圣鹮还会捕食其他鸟类的卵和雏鸟，如黑浮鸥、灰翅浮鸥及与之混群繁殖的多种鹭类。圣鹮入侵的最大危害是威胁到当地濒危物种的生存，如粉红燕鸥在法国的唯一繁殖地就曾被圣鹮入侵，所幸没有造成严重的危害。圣鹮的入侵除了对当地鸟类产生不利影响外，还曾被目击到捕食当地珍稀两栖类蝾螈。

圣鹮。牛蜀军摄

黑头白鹮

拉丁名：*Threskiornis melanocephalus*
英文名：Black-headed Ibis

鹈形目鹮科

形态 中等体型涉禽，体长 65～75 cm。雌雄两性外形相似，头和上颈裸露，裸皮黑色，繁殖期缀有蓝色；颈以下通体白色。喙黑色，长而下弯，鼻沟直达嘴端。初级飞羽沾银灰色，三级飞羽羽缘呈蓑羽状，羽端二分之一深灰色。胫下部裸出，脚较短，脚和趾非繁殖期暗灰色或黑色，繁殖期金属黑色。背及前颈下部有延长的灰色饰羽，飞翔时翼尖黑色，翼下有裸露的深红色皮肤斑，沿翼缘向翼下两侧延伸。

分布 分布于南亚次大陆、东亚、中南半岛、马来半岛、印度尼西亚的爪哇和苏门答腊等地。在中国见于东北、华北、华东和华南地区，四川、贵州和台湾等地亦有记录。在东北地区繁殖，在华南、西南及长江中下游地区越冬。

栖息地 通常成小群栖息于湖边、河岸、水稻田、芦苇水塘、沼泽和潮湿草原等开阔区域，根据食物丰富与否而作局部移动，常与苍鹭、草鹭等鸟类混群活动，有时也见在水边或草地上单独活动。

习性 白天活动，性安静，行走轻盈沉着。飞翔时头颈向前伸直，脚向后伸，两翅鼓动缓慢而有力，飞行较鹳类和鹭类快，偶尔也能滑翔。在迁徙时常成小群，飞行时常排成"V"字形或呈单行，主要靠两翅扇动飞行，偶尔也利用热气流滑翔。

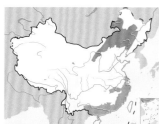

在南亚和东南亚繁殖的种群为留鸟，但繁殖期后游荡觅食。在中国繁殖的种群为候鸟，每年春季于 4—5 月迁到东北繁殖，10—11 月迁到南方越冬，偶尔有迁到中国台湾和日本的记录。

食性 主要以鱼、蛙、蝌蚪、昆虫、甲壳类、软体动物以及小型爬行类等动物性食物为食，有时也吃植物性食物。在水边浅水处，也在陆地和海岸上觅食。觅食时常沿水边慢慢行走，不时将喙插入水中探觅或啄取表面食物。也常在水边浅水处或烂泥地上，将长而弯的喙深深插入底泥中或水中探测食物，有时甚至将整个头颈浸入水中。

繁殖 在黑龙江北部于 4 月中旬开始繁殖。集群营巢，常与白琵鹭、草鹭、苍鹭、白骨顶等多种鸟类混群。巢筑于苇塘深处及溪沟岸边的芦苇漂筏上，呈浅碗状，几乎全由干枯的苇秆交错搭建而成。窝卵数多为 4～6 枚。卵呈椭圆形，白色。孵卵由雌雄共同承担，孵化期 23～24 天。雏鸟晚成性，出壳时体被稀疏白色绒羽，头及上颈被黑色绒羽，育雏期约 40 天。

种群现状和保护 被 IUCN 列为近危物种，《中国脊椎动物红色名录》评估为极危（CR），被列为国家二级重点保护动物。黑头白鹮的南亚种群主要分布在印度和斯里兰卡，为常见留鸟，种群数量随人工湿地的增加而有上升的趋势。而亚洲东部及东南部的种群却不容乐观，自 20 世纪以来许多地区的种群数量都在急剧下降。目前黑头白鹮在印度尼西亚的种群数量不足 2000 只，而苏门答腊岛的种群数量从 1984 年至 2011 年减少了 90%，目前估计仅为 100～150 只。同样的情况也发生在泰国、缅甸等其他东南亚国家。此前黑头白鹮在马来群岛西部和菲律宾都有繁殖种群，但现在几乎绝迹。在亚洲东部，黑头白鹮的种群数量目前估计少于 100 只。黑头白鹮在中国黑龙江曾有繁殖种群，并在东部沿海有迁徙种群，但现在均难觅踪迹。自 1987 年在黑龙江扎龙自然保护区发现 17 巢后，再无黑头白鹮在中国繁殖的报道。

黑头白鹮。左上图彭建生摄，下图 Jenis Patel 摄（维基共享资源/CC BY-SA 4.0）

白肩黑鹮

拉丁名：*Pseudibis davisoni*
英文名：White-shouldered Ibis

鹈形目鹮科

形态　中等体型涉禽，体长 60～68 cm。飞羽和尾羽黑色，具蓝绿色金属光泽；头裸露，黑色，后枕及颈部具蓝灰色斑；内侧小覆羽白色，在肩部形成一个大的白斑。喙黑灰色，细而长，向下弯曲；脚较短，胫下部裸出，脚砖红色。形态特征明显，在野外容易鉴别。

分布　分布于南亚和东南亚北部，主要集中于柬埔寨。在中国仅记录于云南西南部。

栖息地　主要栖息于沼泽、湖泊、河岸、溪流、水稻田和其他农耕地。

习性　留鸟。常单独活动，性孤僻而安静。

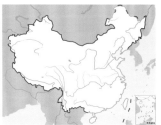

食性　以蝗虫、蚱蜢、蜗牛、甲壳类等动物性食物为食，也吃谷粒和植物种子。

繁殖　繁殖期 2—4 月，非集群繁殖，营巢于树上，离地 5～10 m，窝卵数 2～4 枚。柬埔寨的白肩黑鹮种群繁殖时间通常选择在 1—4 月，并且能根据繁殖地内的食物量及可获得性来确定繁殖时间。

种群现状和保护　自 20 世纪以来，种群数量急剧下降，被 IUCN 列为极危物种。在中国是国家二级重点保护动物。在泰国和越南已经地区性灭绝，缅甸种群也可能已灭绝。在中国云南西南部 19 世纪曾有过记录，但目前可能已经灭绝，《中国脊椎动物红色名录》评估为数据缺乏（DD）。2013 年评估的全球种群数量不超过 1000 只，其中印度尼西亚 30～100 只，柬埔寨 973 只。

在柬埔寨一些保护区，雨季的水潭蓄水量直接影响到许多生物的生存，但在全球气候变暖的情况下，许多水潭在旱季很快干涸。通过人工挖深水潭，可提高其在雨季的蓄水能力，使之在整个旱季都有水，从而有效地帮助白肩黑鹮及许多哺乳类度过旱季。这一实践表明，在应对全球气候变化对生物生存的不利影响下，合理的人工辅助措施对物种保护的重要性。

白肩黑鹮。左上图Pete Morris摄，下图Luis Mario Arce摄

彩鹮

拉丁名：*Plegadis falcinellus*
英文名：Glossy Ibis

鹈形目鹮科

形态　中等体型涉禽，体长 50～70 cm。头部除面部裸出外皆被羽；通体主要为铜栗色而富有光泽；下背、翅和尾暗铜绿色；眼先和眼周在繁殖期为白色。嘴细长而下弯，呈黑色；腿较长，胫下部裸出，黄褐色。非繁殖期头和颈黑褐色并具白色斑纹。相似种白肩黑鹮头部裸露且为黑色，翅上有白斑，脚砖红色，繁殖期脸无白斑，非繁殖期头颈无白色斑点，二者明显不同，野外不难辨认。彩鹮过去曾分为 2 个亚种，即指名亚种 *P. f. falcinellus* 和南亚种 *P. f. peregrinus*。近来的研究表明并无明显的亚种分化，为单型种。

分布　全球广布，从欧亚大陆南部、非洲、大洋洲至美洲大西洋海岸，通常呈间断的块状分布。在中国见于河北、山东、四川南部、江苏、上海、浙江、福建、广东、香港、澳门、台湾、新疆、贵州、河南、内蒙古东部、广西和云南东部。

栖息地　栖息于浅水湖泊、沼泽、河流、水田、水渠等淡水水域，有时也见于沿海沼泽、河流入海口和其他沿海湿地生境。

彩鹮。左上图为非繁殖羽，董磊摄；下图为繁殖羽，张明摄

习性　白天活动和觅食，晚上飞到离觅食水域较远的树上栖息。飞行时头颈向前伸直，脚伸出尾后，主要靠两翼扇动，其间也可滑翔；飞行时呈密集的小群或呈拖长的"V"字队形。两翅扇动较快，滑翔能力强，善飞行，通常飞行距离较远。有时飞得很高，然后头朝下急剧落下。通常单独或成小群活动，一边在水边行走，一边将长而弯曲的喙插入泥地或浅水中探寻食物，或者捕食看见的表层食物。有时将整个头浸入水中探觅水底食物，有时也跑动追捕猎物。

在中国的种群为候鸟，一般 4—5 月迁来中国，9—10 月离开，通常成小群迁往东南亚越冬。

食性　主要以水生昆虫、昆虫幼虫、甲壳类、软体动物等小型无脊椎动物为食，有时也吃蛙、蝌蚪、小鱼、蜥蜴和小蛇等小型脊椎动物。

繁殖　繁殖期因地而异，通常在春季营巢繁殖，常集群营巢，也与其他鹭类和鹮类混群营巢。从几只、数十只到成百只一起营巢于厚密芦苇丛中的干旱地面或灌丛上，也营巢于低矮的树上。巢主要由枯枝或干芦苇茎叶构成，内衬少许草茎和草叶。雌雄亲鸟共同营巢，每窝产卵 3～4 枚，孵化期 20～23 天。与大多数鹮类不同，彩鹮在产足满窝卵后才开始孵卵，雏鸟同步孵出。雌雄共同孵卵，通常雄鸟白天孵卵，雌鸟晚上孵卵。雏鸟晚成，由雌雄亲鸟共同喂食，育雏期 25～28 天，最长寿命记录可达 21 岁。

目前彩鹮在中国尚无繁殖记录，但据资料记载，曾于 4 月和 6 月在中国上海、宁波和福州等地见到正处于繁殖期的彩鹮，推测其可能在中国境内繁殖。

种群现状和保护　彩鹮在世界范围内分布广泛，IUCN 评估为无危（LC）。但在中国罕见，《中国脊椎动物红色名录》评估为数据缺乏（DD），被列为国家二级重点保护野生动物。曾一度在中国绝迹近 70 年，直至 2009 年才在四川再次被观鸟者发现，之后又陆续在河南、河北、内蒙古、广西、贵州和云南等地区发现，2013 年在云南发现的 18 只彩鹮群体是至今国内发现的最大群体。

彩鹮种群数量的减少与人类活动密切相关。在 19 世纪 70 年代至 20 世纪初的 30 多年中，彩鹮在澳大利亚的种群数量减少了40%，主要原因是湿地的丧失和人类利用河流进行农业灌溉过程中的管理不善。澳大利亚的彩鹮在对洪泛区湿地的利用上具有明显的偏好性，更倾向于在双穗雀稗高度低于 10 cm 的湿地觅食，同时尽量避免在生长芦苇或没有水草的开阔水域活动，说明洪泛湿地中有无双穗雀稗及双穗雀稗的高度是影响彩鹮栖息地选择的重要因素，这为当地开展相关保护工作提供了重要的依据。同时，人工湿地也是彩鹮的重要栖息地，对适合鹮类利用的人工湿地进行合理管理，有利于对濒危珍稀物种的保护。

朱鹮

拉丁名：*Nipponia nippon*
英文名：Crested Ibis

鹈形目鹮科

形态 中等体型涉禽，体长 67～79 cm。雌雄体型接近且形态相似，成鸟通体白色，羽干略沾粉红色，飞行时两翼腹面呈淡朱红色。头颈部的羽毛特化伸长，形成下垂的羽冠，额、头顶、脸部、下颌裸露部位的皮肤有皱褶，呈鲜红色；虹膜橙红色。喙长而下弯，端部和基部红色，中间部分黑色。跗跖、趾、爪及下腿裸出部分红色。繁殖期成鸟的冠羽、颈、上背和翅呈铅灰色，两翅粉红色浅淡。幼鸟冠羽较短，羽色浅灰，嘴短且稍直；6月龄后，幼鸟体型和形态与成鸟非繁殖羽相似。

分布 曾广泛分布于东亚地区，在俄罗斯、中国东北部和日本北海道为夏候鸟；在朝鲜半岛和中国东部为冬候鸟或旅鸟；在中国中西部和日本的大部分地区为留鸟。但目前野生种群仅见于中国。在中国，朱鹮曾广泛分布在东北、华北、华东、华南和中西部地区，现在自然分布区局限于陕西洋县及其周边的城固、西乡、汉台、南郑、勉县和佛坪等地区，陕西宁陕、铜川、河南董寨和浙江德清等地已建立朱鹮野化放飞种群。

栖息地 野生种群常年生活在陕西洋县及其周边地区，存在季节性垂直迁移现象。朱鹮每年的活动可以划分为繁殖期（2月中下旬至6月上旬）、游荡期（6月中下旬至11月中旬）和越冬期（11月中下旬至次年2月上中旬），其对应的栖息地可以分为繁殖区、游荡区和越冬区。

繁殖区原位于秦岭南坡的中低山区，海拔 700～1200 m，人烟稀少，植被覆盖度高，气候温暖湿润，主要为针阔叶混交林。朱鹮在树上营巢，树种多为栓皮栎、马尾松、栗和山杨。朱鹮选择高大、胸径粗、冠层厚、距居民点较近的树营巢。营巢树的郁闭度和周围的植被条件好，巢距地面较高，多搭建于背阴方向。

 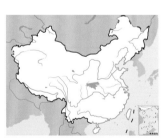

朱鹮。左上图为非繁殖羽，下图为繁殖羽。沈越摄

1993 年开始朱鹮巢址明显由海拔 1000～1200 m 的中低山区向海拔 600～700 m 的低山丘陵地区转移；2003 年后开始向原始营巢地以外的低海拔地区扩散，在汉江平原和洋县县城附近，巢区的海拔仅为 480 m。朱鹮繁殖期觅食地主要为水田和河流，集中于山沟附近，离居民区近，与人类关系密切，具有人为干扰较少、水深较浅和基底松软等特征。

游荡区位于汉江支流两岸的丘陵、平坝区，占栖息地总面积的 90% 以上，海拔 450～750 m。丘陵区河流、池塘和水库密布，有大面积的水田、旱地和草坡，次生林呈斑块状分布。平坝区为农业种植区，溪流、沟渠与公路交错，人口众多，人类活动干扰较大，朱鹮多在河滩、水田、水库和池塘等地觅食，并且倾向于选择有较大明水面的浅水区域。

越冬区位于繁殖区与游荡区之间，以低山和丘陵地带为主，是朱鹮从游荡区进入繁殖区的过渡地带。这个时期朱鹮主要选择人为干扰较少且有植被覆盖的冬水田、河滩和水库滩涂觅食。

朱鹮在树上集群夜宿，影响其夜宿地选择的因素主要为整体植被状况、夜栖树条件和夜宿点的空间位置。植被因素包括林木面积、乔木高度和密度；栖树因素主要有栖树胸径、距小路的距离、栖树高度和乔冠层覆盖度；植被因素和栖树因素与夜间的安全有关。夜宿点的空间位置因素包括距林缘距离和坡位，这与朱鹮返回夜宿地的便捷性有关，对于这种飞行相对迟缓的大型鸟类来说比较重要。

习性 成鸟和部分亚成体于1月下旬至2月中旬到达繁殖地，2月中下旬开始求偶、配对和营巢，3月中旬至4月上旬产卵孵化，4月中旬至5月上旬为育雏期。6月上旬幼鸟相继离巢出飞，在繁殖地停留一段时间后，开始向汉江附近的低海拔游荡区迁移。繁殖区到游荡区的距离为16～20 km。在繁殖初期，成体和亚成体选择离巢区较近的山坡集体夜宿；在营巢期、孵化期和育雏期，亲鸟在巢中或者巢边过夜；雏鸟出飞后，亲鸟开始在巢附近的树上夜宿并逐渐远离巢区。

每年6月中下旬，繁殖鸟和幼鸟陆续从中低山区的巢区迁往海拔 400～600 m 的平原、丘陵地带。游荡期初期（6月下旬至8月初），朱鹮个体主要结小群分散觅食；8月中旬以后，朱鹮个体逐渐集群，主要在水库滩涂和附近的旱地觅食，并在9月中下旬达到一年中的集群高峰。10月，朱鹮经常组成临时性的大群在刚收割完的水田中觅食；而且，由于大量旱地作物的收割，朱鹮选择旱地觅食的比例也显著增加。11月后，觅食群体逐渐分散。在游荡期，朱鹮的活动范围较大，集群夜宿，而且大多数朱鹮的夜宿地比较稳定。

11月中旬以后，朱鹮逐渐从平原、丘陵地带向中低山区迁移，属游荡期向繁殖期的过渡时期。在地理位置上，越冬区也介于游荡区和繁殖区之间，朱鹮主要在冬水田、藕田、河流以及干涸后的鱼塘和水库觅食，配对的成鸟通常在一起活动。1月后，朱鹮

繁殖期在农田中觅食的朱鹮。沈越摄

陆续向繁殖地迁移，部分朱鹮亚成体迁移不明显，多留在平原地带活动。通过对越冬期朱鹮集群行为的观察发现，随着群体增大，朱鹮的警惕性降低。有时可见朱鹮与白鹭一起觅食，二者存在一定的竞争和互利关系，白鹭争抢朱鹮的食物但为其提供报警信息。

鸟类的惊飞距离（flight initiation distance）指的是人向鸟类接近直至其惊飞时，人与鸟惊飞地点之间的距离，用于调查鸟类对人为干扰的适应程度。朱鹮的惊飞距离在越冬期最长，为 33.83 ± 7.90 m，其次是游荡期，为 27.45 ± 6.02 m，繁殖期最短，为 23.93 ± 10.36 m，说明在繁殖期，朱鹮亲鸟由于营巢、孵化和育雏等活动，觅食时间有限，同时哺育雏鸟的食物需求量大，导致觅食的压力增加，忍受人类干扰的能力较强。研究还发现在山区活动的朱鹮个体惊飞距离高于平原地区，说明扩散到平原、丘陵地带的朱鹮对人类干扰的承受力更强。

朱鹮繁殖期的平均觅食距离为 0.56 km，越冬期为 2.8 km。近些年，随着种群数量的不断增加，朱鹮表现出明显的扩散现象。

食性　由于有季节性迁移的习性，朱鹮觅食地类型和食物组成存在季节性变化。在繁殖期和越冬期，朱鹮主要在水田、河流浅滩等水域觅食，食物包括泥鳅、黄鳝、蛙类、田螺和水生昆虫等；繁殖结束后的夏末和整个游荡期，朱鹮主要在河滩、旱地和塘库边缘取食，食物以直翅目昆虫、螃蟹、鱼虾、软体动物和水生昆虫等为主。

研究表明，朱鹮的食物组成包括：黑斑蛙、泽蛙、隆肛蛙、泥鳅、黄鳝、田螺、中华绒螯蟹、沼虾，以及蟋蟀科、剑角蝗科、蚱科、丝角蝗科昆虫以及一些鞘翅目、双翅目昆虫的成虫和幼虫。此外，历史文献记载的朱鹮食物还有：小型鸟类、蛇类、鲫鱼、鲇鱼、蝶蛹、山蟹、小龙虾、蚯蚓、贻贝、蛙、蜗牛、蚂蟥、艾叶甲成虫、黄腰斑虻、水虻、长脚蚊成虫、稻大蚊幼虫、虻幼虫、黑步行虫和半翅目昆虫、嫩草芽、稻穗、荞麦、树籽、豆、谷类等。

繁殖　2 月中下旬至 6 月上旬为朱鹮的繁殖期，在建立领域和选定巢址后，朱鹮于 3 月下旬开始营巢。巢呈盘状，结构简陋，外巢材主要为枝条和少量藤本植物，内垫物主要由禾本科干草、草根、树叶以及蕨类等组成。雌雄共同参与营巢，叼回巢材和添补巢的行为主要集中在营巢期和产卵期，而在孵化期和育雏期对巢进行修补和加固。野生朱鹮曾营巢于秦岭南坡中低山区，以栓皮栎和油松（海拔 800～1200 m）、马尾松（海拔 600～800 m）为主的针阔叶混交林带，近年来随着其繁殖地向平川和汉江以南扩散，巢区的植被趋于简单化，营巢地的海拔降低，营巢树种多样。

从 12 月开始至次年 3 月，朱鹮有明显的求偶行为，通过站立、摇头、晃动树枝、触碰喙部、衔递食物和巢材等炫耀行为加强彼此的关系并促使发情同步。交配时雄鸟从侧面跨到雌鸟背上，不停地扇动翅膀来维持平衡；此时雌鸟尾部上翘，配合雄鸟的压尾动作，两鸟泄殖腔相对，完成交配。交尾时雄鸟往往衔住雌鸟的头、嘴或颈部，或轻咬它的翅膀。与此同时，雌雄鸟发出急促并带有喉部颤音的鸣叫。交尾结束时两鸟同时仰天长鸣，雄鸟跳下，而后雌雄鸟并肩站立，各自梳理羽毛，几乎同时仰头张嘴，发出微弱的叫声。

朱鹮 3 月下旬至 4 月底产卵，每年产 1 窝，隔日产出，窝卵数 3.04 ± 0.86 枚。随窝卵数增加，产卵间隔有增大趋势。卵呈卵圆形，淡青绿色，壳较厚，表面光滑，布以乌褐色斑和不规则的暗褐色块斑，钝端稍多。卵的大小为（62～67.8）mm×（43～46.8）mm，重 63.5～79.89 g。朱鹮为异步孵化鸟类，即产下第 1 枚卵后就开始孵卵；雌雄亲鸟均参与孵卵，孵化期 28 天。

在松树上筑巢繁殖的朱鹮。段文科摄

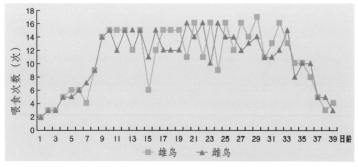

雌雄亲鸟在不同日龄的喂食次数比较（翟天庆等，2001）

换巢次数、晾卵次数和晾卵时间随孵化日期的递增而增加。

朱鹮的育雏期 40～45 天，双亲共同育雏，平均每巢出飞雏鸟 2.24 只。育雏期不同阶段的喂食量明显不同，育雏初期亲鸟喂食次数较少，因为刚出壳的雏鸟食物需求量较少；中期喂食次数明显增多，主要因为这个时期雏鸟的各器官生长发育加快，食物需求量加大；育雏末期幼鸟各器官发育基本完成，喂食量反而减少，以使其体重减轻，便于出飞。

种群现状和保护 1994 年被 IUCN 评估为极危（CR），2000年降级为濒危（EN），被列入 CITES 附录 I。《中国脊椎动物红色名录》亦评估为濒危（EN），在中国是国家一级重点保护动物。

朱鹮历史分布广泛，数量众多。1660 年和 1730 年，日本的八户藩曾申请驱逐危害水田的朱鹮鸟群；1911 年在朝鲜半岛西岸金堤曾发现过上千只的朱鹮大群；20 世纪初，中国陕西、甘肃有许多关于朱鹮在水田附近大树上繁殖的记录。然而不幸的是，20世纪中叶以来，朱鹮的数量急剧下降，相继在苏联、朝鲜半岛日本野外灭绝。1963 年以后，俄罗斯一直没有朱鹮的记录；朝鲜半岛的最后一次记录是 1979 年冬季在"三八线"非军事区见到 1 只；中国自从 1964 年在甘肃康县采到 1 只标本后，直到 1981年的近 20 年时间里一直没有朱鹮的报道。日本曾是朱鹮分布较广、数量较多的国家，1934 年还有 100 多只，但在 1952 年的全国调查中，仅在佐渡和能登半岛分别发现 24 只和 8 只。1970 年，能登半岛的朱鹮灭绝，而佐渡也只剩下 7 只。日本鸟类学家预测，在当时恶劣的野外条件下，朱鹮难以在野外进行自然繁殖。1980 年，日本野生朱鹮仅剩 5 只。日本政府经过慎重考虑，于1980—1981 年冬季将仅存的最后 5 只野生朱鹮全部捕获，与以前饲养的 1 只朱鹮一起在"佐渡朱鹮保护中心"进行人工保育和繁殖。但是，由于细菌感染、疾病和撞伤等原因，这 5 只朱鹮未能成功繁殖，相继死亡。

朱鹮的消亡和人类密切相关，导致朱鹮濒危的主要因素有：①环境污染因素：全球范围内有机氯农药的广泛使用，导致朱鹮体内 DDT 富集和繁殖成功率下降，甚至在某些繁殖环节出现障碍，如产未受精卵和软壳卵等情况；②食物因素：耕作方式的改变导致朱鹮的主要觅食地冬水田面积减少；农药化肥的使用导致水生生物数量下降，朱鹮的食物资源减少；③捕猎因素：朱鹮觅食和营巢的地点均与人类距离较近，而且朱鹮本身并不十分惧怕人类。在没有严格保护措施的情况下，人类通过猎杀和掏鸟蛋很容易将当地的朱鹮毁灭殆尽；④营巢树因素：农田和村庄附近朱鹮活动区的林木被砍伐，导致朱鹮无处营巢；⑤湿地因素：全球气候变暖和干旱造成大面积冬水田和湿地干涸；人类对湖泊、河流等湿地的开发利用导致朱鹮分布区内湿地面积缩小；可供朱鹮利用的觅食地，尤其是冬季觅食地越来越少。

自 1981 年 5 月在陕西洋县姚家沟重新发现野生朱鹮以来，中国各级政府、林业主管部门和科研人员制定了以保护野生种群为主，同时开展人工饲养繁殖的"中国朱鹮拯救计划"。在就地保护方面，陕西省、汉中市和洋县县政府先后颁布了一系列旨在保护朱鹮的法规，对野生朱鹮及其栖息地实施严格保护。1981 年洋县林业局成立秦岭一号朱鹮群体"4 人保护小组"；随着朱鹮数量的增加和活动范围的扩大，1983 年，"4 人保护小组"扩编为洋县朱鹮保护观察站；1986 年，升级为陕西省林业厅主管的陕西省朱鹮保护观察站；2001 年，经陕西省人民政府批准，建立陕西朱鹮自然保护区，面积达到 375 km²；2005年，经中国国务院批准，晋升为国家级自然保护区。35 年来，中国的朱鹮保护工作卓见成效，野生朱鹮及其栖息地得到了有效保护，野生种群数量已从 1981 年的 7 只增加到 2012 年底的 1100～1200 只。

虽然目前野生朱鹮的数量已有一定恢复，但只有 1 个孤立的野生种群，分布范围小，难以抵御当地暴发禽流感、新城疫，以及自然灾害等突发事件的打击，急需开展再引入，在朱鹮历史分布区建立更多稳定的异地野生种群。中国于 2007 年在陕西宁陕寨沟首次开展朱鹮野化放飞试验，至 2011 年 10 月，共向野外释放人工饲养繁育的朱鹮 56 只（雌 27 只，雄 29 只），形成 10 个繁殖配对，成功出飞幼鸟 33 只。至今，中国已先后在陕西宁陕、陕西铜川、河南董寨、浙江德清实施朱鹮野化放飞，建立了再引入种群。

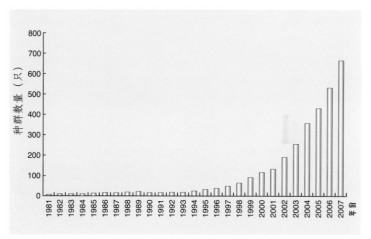

1981-2007年野生朱鹮种群数量变化

保护区内飞翔的朱鹮。徐永春摄

琵鹭类

- 琵鹭类是鹈形目鹮科琵鹭属的鸟类，全世界共6种，中国有2种
- 琵鹭类均为中型涉禽，体羽主要为白色，以其长而直的喙先端延展如琵琶状而得名
- 琵鹭类常集群活动，以触觉性觅食为主要觅食方式
- 琵鹭类是受人喜爱的观赏鸟类，中国的2种琵鹭均被列为国家二级保护动物，其中黑脸琵鹭为全球濒危物种

类群综述

琵鹭指鹮科（Threskiornithidae）琵鹭属 *Platalea* 鸟类，传统分类系统将其置于鹳形目，但最近的分类研究将其调整到鹈形目。琵鹭是主要依赖于滨海和内陆湿地的中型涉禽，因其长而直的喙在端部膨大似琵琶而得名。常集群活动，以触觉性觅食为主要觅食方式。琵鹭类全世界共6种，中国分布有2种，即黑脸琵鹭 *Platalea minor* 和白琵鹭 *P. leucorodia*。

琵鹭类分布于全球温带、亚热带及热带地区。在中国分布的2种琵鹭均为候鸟，部分种群为留鸟，而全球其他琵鹭类均为留鸟。其中白琵鹭分布范围最广，繁殖区横跨亚欧大陆，越冬区主要在北半球温带及亚热带地区。

琵鹭栖息于开阔平原和山地丘陵地区的河流、湖泊、水库岸边及其浅水处；也栖息于水淹平原、芦苇沼泽湿地、沿海沼泽、海岸红树林、河谷冲积地和河口三角洲等各类湿地生境，很少出现在河底多石头的水域和植物茂密的湿地，因为石头和密集的植物不利于琵鹭的触觉性取食方式。琵鹭机警畏人，常成群活动，偶尔亦见单只活动，休息时常在水边呈"一"字形散开，长时间站立不动，受惊后则飞往他处。白琵鹭飞翔时两翅鼓动较快，平均每分钟可达186次。飞翔时常排成稀疏的单行，或呈波浪式的斜列飞行，既能鼓翼飞翔，也能利用热气流进行滑翔，通常鼓翼和滑翔结合进行，在一阵鼓翼飞翔之后接着是滑翔，飞行时两脚伸向后方，头颈向前伸直。

琵鹭类主要在早晨和黄昏觅食，也可在晚上觅食，常结成小群，偶尔也见单独觅食。觅食地多在海边潮间带和河流入海口处，水深浅于30 cm。繁殖季节有时飞到离营巢地10～20 km甚至35～40 km远的地方去觅食。

琵鹭类为触觉性觅食，一边在浅水处行走，一边将嘴张开，伸入水中左右来回扫动。喙通常张开5 cm，喙端部直接触到水底，当碰到猎物时，即可捕获猎物；或将喙部插入水中上下摆动；有时甚至转头将喙横到一侧，拖着喙迅速奔跑觅食。集群觅食时会呈一字排开，拉网式边行走边觅食。

琵鹭在夏季繁殖，在中国的繁殖期一般为5—7月，喜集群繁殖，婚配制度为单配制。除黑脸琵鹭营巢于陡峭石壁上外，其余种类多营巢于苇塘深处的芦苇丛中或临水上。成群营巢，巢与巢之间距离很近，一般为1～2 m。巢呈圆筒状，由树枝、芦苇、苇叶等编成，内垫草茎和草叶。每年繁殖1次，每窝产卵3～5枚，卵呈白色，长椭圆形。孵化期21天，雌雄亲鸟共同参与孵化和育雏。幼鸟28日龄左右可离巢，35～40日龄能飞行。10月中旬南迁至越冬地。

左：琵鹭类为中型涉禽，喙长直扁平，先端延展如琵琶状。图为涉水觅食的白琵鹭，身后的黑翅长脚鹬可衬托出其体型大小。杨贵生摄

右：琵鹭类飞行时脚向后伸直，头颈向前伸直。图为飞行的黑脸琵鹭，飞羽末端的黑色是亚成鸟的特征。沈越摄

黑脸琵鹭
Platalea minor

白琵鹭
Platalea leucorodia

黑脸琵鹭

拉丁名：*Platalea minor*
英文名：Black-faced Spoonbill

鹈形目鹮科

形态 体型最小的琵鹭，体长 60～78 cm。喙长而直，上下扁平，先端扩大成匙状。脚较长，胫下部裸出。体羽白色，因其脸部裸露皮肤黑色而得名。其脸部裸露的黑色皮肤下至喉部，后至眼后 5～15 mm，且形状不规则，成鸟眼先具半月形或不规则的黄斑。黑脸琵鹭喙部颜色随年龄而变深，雏鸟浅黄色，亚成鸟

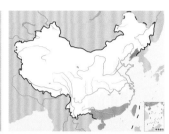

浅灰色，至成鸟时呈纯黑色，并逐渐出现斑纹，到老年时又因钙化而变成灰色。喙和脚黑色，虹膜棕色。成鸟繁殖期后枕部丝状冠羽黄色，同时前颈下和上胸之间有一条较宽的黄色颈环。非繁殖期与繁殖期体羽颜色相近，但冠羽变短，黄色颈环消失。雌雄外形相似，但雌鸟体型更纤细而略小，雄鸟的喙部比雌鸟的长 3 cm 左右，额部较隆起，繁殖期冠羽和颈环的黄色更鲜艳。

分布 分布于中国东部、东南部和南部的大部分地区，国外见于日本、朝鲜、韩国和越南等地。繁殖于朝鲜半岛及中国大连的部分岛屿，越冬集中在日本、韩国以及中国台湾、香港、深圳和海南等地。

栖息地 繁殖地位于朝鲜半岛西部沿海、中国辽东半岛沿海以及俄罗斯符拉迪沃斯托克南部沿海的一些荒芜的岩石岛屿上，巢多位于距海平面 40～60 m 高的陡峭绝壁上。在韩国繁殖的黑脸琵鹭也会在松树上筑巢。迁徙期和越冬期，黑脸琵鹭见于中国东南沿海及越南东北沿海地区，多在面积广阔、视野良好、水体浑浊且水深 6～22 cm 的泥质滩涂潮间带的浅水区、潟湖以及与滩涂毗邻的鱼塘、河道和沟渠等人工湿地活动，选择没有植物或仅有少量挺水及浮水植物的区域觅食。黑脸琵鹭停栖地位于视野开阔、水深 12 cm 以下的水面或滩涂堤岸边的低矮植物上。常集群停栖，并与白鹭、苍鹭、普通鸬鹚以及鸥类等混群，停栖地点相对固定。白天，黑脸琵鹭多群集于河口沙地附近休息，并随着潮汐移动位置，当水涨至腿上部或快接近腹部时，它们就转移到浅水水域或滩地休息。

黑脸琵鹭。左上图为非繁殖羽，陈水华摄；下图为繁殖羽，袁晓摄

成列休息的黑脸琵鹭，停栖于视野开阔的浅水水域和岸边的低矮植物上。颜重威摄

习性　喜集群，每群为三四只到十几只不等，常与大白鹭、白鹭、苍鹭等其他鸟类混群。性情比较安静，常在浅水处活动，飞行时姿态优美而平缓，颈部和腿部伸直，有节奏地缓慢拍打翅膀。黑脸琵鹭休息时常顺着风单脚站立，将头和嘴埋入翼中保暖，有时两三只在一起互相梳理羽毛，除了祛除寄生虫以外，也是异性之间"情投意合"的表示。

黑脸琵鹭为迁徙鸟类，夏秋两季主要在朝鲜半岛西部海岸38°N线附近和中国辽宁长山群岛东北部的数个无人荒岛繁殖。每年9—10月从繁殖地随着东北风、北风南下，飞往中国东南部及越南越冬。翌年3—4月，又随着西南风、南风陆续分批离开越冬地，返回繁殖地。整个迁徙距离将近2000 km，飞行时间约为20天。目前已知的越冬地包括：中国台湾、香港、澳门及福建、广东、海南、上海、江苏等沿海地区，以及日本、韩国、越南、泰国、菲律宾等地。其中，在中国台湾、香港及其周边越冬的黑脸琵鹭，沿着中国东南沿海到达中国辽宁、俄罗斯、朝鲜和韩国的繁殖地；在日本冲绳越冬的黑脸琵鹭则是经日本九州岛、韩国西海岸进入繁殖地；而在日本九州岛和韩国南部越冬的黑脸琵鹭，则直接迁徙到繁殖地。

1998—1999年研究者给中国香港和台湾越冬地的18只黑脸琵鹭安装了卫星跟踪器，借助卫星定位追踪其迁徙路线。结果显示在台湾、香港越冬的黑脸琵鹭于3月离开越冬地，其中在中国台湾越冬的黑脸琵鹭迁徙路线为台南—大陆东南沿海（福建、浙江、上海等地）—江苏盐城保护区—朝鲜半岛西部海岸，而在香港越冬的黑脸琵鹭迁徙路线为中国香港—江苏盐城保护区—朝鲜半岛西部海岸。在日本越冬的黑脸琵鹭迁徙路线为冲绳岛—九州岛的明海以及九州岛与韩国之间小岛上的湿地—韩国，飞行距离约1200 km，成鸟只需5天便可飞抵，而亚成鸟则需约2周时间。通过彩色环志还发现黑脸琵鹭成鸟每年多数会回到同一地点越冬，而亚成鸟则会转换越冬地点。

食性　在香港米埔越冬的黑脸琵鹭主要在晨昏觅食，时间集中在7:00和19:00左右，每天约有4小时（17.2%）的时间用来觅食。取食的对象主要是体长2～21 cm的鱼类和虾蟹类。2002年12月在台湾越冬地有73只黑脸琵鹭因肉毒杆菌中毒而死亡，研究者对其中62只个体的胃内容物成分进行了分析，发现了14种鱼和1种虾。这14种鱼隶属于8个科，分别是鲻科、丽鱼科、虱目鱼科、鲻科、鳎科、鳝科、鰕虎鱼科和胎鳉科，虾类为日本对虾。鱼类占食物总干重的比例达99%，大鳞鲛、竹筒鲛和罗非鱼3种鱼占总干重比例的88%，其中大鳞鲛为最主要的食物成分，虽然数量只占总数的17%，但占干重比例却达54%。在韩国繁殖的黑脸琵鹭除取食鱼类和虾类外，还取食水蚤、甲虫、田鳖科昆虫和两栖类动物、泽泻科植物的块茎。

互相理羽的黑脸琵鹭。胡毅田摄

觅食的黑脸琵鹭。颜重威摄

在巢中交配的黑脸琵鹭，巢建于悬崖壁上。胡毅田摄

黑脸琵鹭主要靠触觉觅食，觅食时将喙甚至整个头部伸入水中左右扫动引起漩涡，然后利用下喙密布的触感神经感应鱼虾的位置。捕捉到鱼时，黑脸琵鹭会将鱼抛起，再迅速夹住被抛至空中的猎物，并调整猎物位置，让鱼的头部朝嘴的方向进入食管，同时将鱼竖起的背鳍顺势压下去，然后借着鱼向前挣扎的力量一点点地吞下去。黑脸琵鹭常常与体型较大且警觉性较高的大白鹭混群觅食。

繁殖 朝鲜半岛种群的繁殖时间是4—6月，而中国辽宁长海形人坨上的黑脸琵鹭于每年5—7月繁殖。巢材组成与其他琵鹭相似，多以嫩枝条、枯树枝和芦苇为主，有时还会夹杂些草叶或其他柔软的植物。在朝鲜半岛西部沿海岛屿繁殖的黑脸琵鹭巢材大多来自藜和茵陈蒿的老枝及嫩叶，而中国辽宁长海形人坨上的黑脸琵鹭巢材多为鹅耳枥、早熟禾、小藜以及长柱麦瓶草等植

破壳而出的黑脸琵鹭雏鸟。胡毅田摄

给雏鸟喂食的黑脸琵鹭。胡毅田摄

物的枝、叶和茎。朝鲜半岛西部沿海不同岛屿上的黑脸琵鹭采取不同的繁殖策略：Sokdo 岛巢材缺乏，黑脸琵鹭的繁殖要早于其竞争者黑尾鸥；而 Bido 岛的大多数黑脸琵鹭会在黑尾鸥出雏之后才开始繁殖。黑脸琵鹭卵白色，钝端具斑块状血渍，朝鲜半岛西独岛的黑脸琵鹭每窝产卵 3 枚，雌雄交替孵卵 26 天，育雏的时间为 40 天，育雏食物以鱼类为主。中国辽宁长海形人坨上的黑脸琵鹭每巢产卵也为 3 枚，隔天产 1 枚卵，雌雄亲鸟共同参与孵卵和育雏，育雏期约 45 天。在孵卵期间，雌雄亲鸟均有添加巢材的行为。幼鸟随亲鸟离巢觅食后就不再返回巢区。黑脸琵鹭与黑尾鸥、黄嘴白鹭、普通鸬鹚 3 种鸟类存在一定程度的巢区重叠，由于其体型较大，在竞争中具有较大优势。

种群现状和保护 黑脸琵鹭在 20 世纪 30 年代广泛分布于中国东南沿海，在福建地区为留鸟，全年可见。通过分子生物学研究推测，黑脸琵鹭历史上的种群数量曾达到 10 320 只，但由于栖息地被破坏、水域污染程度日益严重以及乱捕滥猎等原因，其分布区已大为缩小，种群数量锐减，成为全球性濒危物种。1990 年据估计全世界仅存 294 只，其中约 200 只每年都在中国台湾南部的台南七股曾文溪口沿海滩涂越冬。1994 年 IUCN 将黑脸琵鹭列为极危（CR）物种，2000 年降为濒危（EN）。《中国脊椎动物红色名录》亦评估为濒危（EN）。在中国，黑脸琵鹭是国家二级重点保护动物。近年来，在社会各界的重视和保护下，种群数量

将羽翼丰满的幼鸟从悬崖上赶下去迫使其学飞的黑脸琵鹭，有黄色颈环的为成鸟，翅尖黑色的为幼鸟。胡毅田摄

在中国台湾台南曾文溪口湿地越冬的黑脸琵鹭。颜重威摄

逐年回升，据 2017 年最新调查数据，种群数量已达到 3941 只。

自 1993 年起，香港观鸟会组织了对黑脸琵鹭的全球同步调查。目前黑脸琵鹭的越冬种群主要分布在中国台湾、香港、大陆沿海和日本，在中国澳门、越南、韩国和泰国有少量分布，其中中国台湾种群数量最多，约占全球种群的一半，香港其次，约占 20%。2013 年的同步调查在东亚地区共记录到黑脸琵鹭 2725 只，主要分布在沿海一带。近 20 年内黑脸琵鹭种群数量以平均每年 11.4% 的比率上升。其中 2010—2011 年种群数量下降的部分原因为大群黑脸琵鹭在新的越冬地出现，如嘉义、福清湾和温州等，但未能及时调查导致统计数据出现偏差。此外，在后海湾（深圳—香港）、日本和韩国则呈现数量下降的趋势。

曾文溪口湿地是黑脸琵鹭的主要越冬地，位于中国台湾南部的台南县境内，是台湾仅存的三大湿地之一。1985 年，业余观鸟者在此发现百余只黑脸琵鹭；1989 年冬，在曾文溪口越冬的黑脸琵鹭达 190 余只，而当时全世界的记载只有 288 只，曾文溪口因此名声大噪。但在 2002 年，曾文溪口的黑脸琵鹭却发生了肉毒杆菌中毒事件，湿地内先后有 90 只黑脸琵鹭中毒，其中 73 只死亡。此外，开发活动所导致的栖息地丧失和人类活动干扰也对黑脸琵鹭的正常活动带来影响。而在辽东半岛沿海滩涂以及长山群

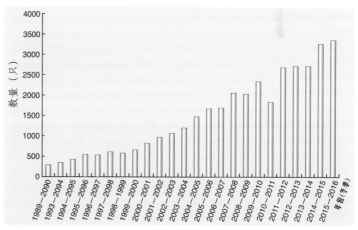

1989—2016年冬季全球同步调查记录的黑脸琵鹭数量（香港观鸟会，2016）

岛等多个岛屿上繁殖的黑脸琵鹭也面临相似的问题。调查发现，长山群岛的海产养殖、捡拾鸟卵以及旅游娱乐等人为干扰使黑脸琵鹭及其他水鸟无法安静地在岛坨上繁殖，黑脸琵鹭 2010—2012 年连续 3 年放弃了形人坨繁殖地，直到庄河市政府采取保护措施，最大限度排除人为干扰，2013 年黑脸琵鹭才重新回来，2014 年在形人坨西侧崖头繁殖的黑脸琵鹭恢复到 12 巢。黑脸琵鹭生存环境被破坏是其受胁的主要原因，对黑脸琵鹭栖息地的保护亟待加强。

白琵鹭

拉丁名：*Platalea leucorodia*
英文名：Eurasian Spoonbill

鹈形目鹮科

形态 体型较大的白色琵鹭，体长 74～95 cm，比黑脸琵鹭稍大些。喙部黑色，前端扩大呈匙状，端部黄色。繁殖季节后枕部具橙黄色丝状冠羽，颈下具橙黄色颈环。额部和上喉部裸露部分橙黄色，边缘具红色羽毛，由眼先到眼睛有一道细黑纹。非繁殖季节的成鸟无羽冠与橙黄色颈环。脚黑色，较长。虹膜暗红色。白琵鹭的雌雄外形相似，但雌鸟体型略小。

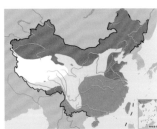

白琵鹭。左上图为繁殖羽，下图为非繁殖羽。杨贵生摄

分布 分布于欧亚大陆及非洲，全世界共有 3 个亚种，中国分布的为指名亚种 *P. l. leucorodia*，繁殖于新疆、黑龙江、吉林、辽宁、河北、山西、甘肃、西藏等北部地区，越冬于长江下游、江西、广东、福建和台湾等东南沿海及其邻近岛屿。

栖息地 白琵鹭主要栖息于开阔平原和山地丘陵地区的河流、湖泊、水库岸边及浅水处。在越冬地经常出现在海边但有遮蔽的生境中，例如沿海沼泽、海岸红树林、河谷冲积地和河口三角洲等各类生境。很少出现在河底多石头的水域和植物茂密的湿地。

习性 常成群活动，偶尔单只活动。休息时常在水边呈"一"字形散开，长时间站立不动，受惊后则飞往他处。飞行时头颈向前伸直，两脚伸向后方。

在中国南方繁殖的种群主要为留鸟，而中国北方的繁殖种群均为夏候鸟。每年 3 月至 4 月末，在北方繁殖的白琵鹭离开南方越冬地开始迁徙，9 月末至 10 月末离开北方繁殖地南迁。迁徙时常集结成 40～50 只的小群，排成一纵列或呈波浪式的斜行队列飞行。通常鼓翼飞翔，偶尔也滑翔。多在白天迁飞，傍晚停落觅食。根据鸟类环志的研究结果，在西亚繁殖的种群主要到印度南部和斯里兰卡越冬，而在东亚繁殖的种群主要迁到中国东南部越冬，少数到日本。

食性 主要以水生昆虫、昆虫幼虫、蠕虫、甲壳类、软体动物、蛙、蝌蚪、蜥蜴、小鱼等小型脊椎动物和无脊椎动物为食，偶尔也吃少量植物性食物。黑龙江扎龙自然保护区内白琵鹭在繁殖季节的食物鱼类占 87.4%、蛙类占 8.5%、昆虫及软体动物占 4.1%，鱼类包括泥鳅、塘鳢、湖鲅和鲫鱼。

集群觅食的白琵鹭。宋丽军摄

白琵鹭的巢和雏鸟。宋丽军摄

白琵鹭觅食活动主要集中在早晨和黄昏，也常在晚上觅食。觅食地点多在水深小于 30 cm 的水边浅水处或海边潮间带和河流入海口处。触觉性觅食，边在浅水中行走边张开喙部在水中左右来回扫动，嘴尖直接触到水底，当碰到猎获物时，会迅速将其夹出。

繁殖 繁殖期为 5—7 月。在黑龙江扎龙保护区，白琵鹭 3 月下旬开始出现占区行为，4 月初开始衔草筑巢。白琵鹭集群繁殖，巢多集中在一起，有时也与其他鹭类、琵鹭和水鸟混群营巢。多选择在苇塘深处的芦苇丛中，水深在 1 m 以内且芦苇稀少的地方营巢。雌雄共同营巢，多在旧巢上建立新巢，也有少数重新建巢。巢呈圆柱状，巢面呈浅碗状，无任何遮蔽物。巢的底部和边缘都是用芦苇编织而成，在巢上和巢内铺一些薹草。在产卵及孵卵期间，亲鸟会不断取嫩芦苇和薹草修巢。每窝产卵 3～4 枚，偶有少至 2 枚和多至 6 枚。卵呈椭圆形或长椭圆形，白色，有细小的红褐色斑点。通常间隔 2～3 天产 1 枚卵。产出第 1 枚卵后即开始孵卵。雌雄共同承担孵卵工作，孵化期 24～25 天。雏鸟晚成性，孵出后由雌雄亲鸟共同抚育。45～54 天雏鸟即可飞行，开始跟随亲鸟觅食。

种群现状和保护 2006 年湿地国际估计全球种群数量为 66 000～140 000 只，IUCN 评估为无危（LC）。在中国，《中国脊椎动物红色名录》评估为近危（NT），被列为国家二级重点保护动物。1985—2011 年，鄱阳湖国家级自然保护区内白琵鹭越冬种群数量从 1985 年的 452 只，增长到 2008 年的 10 385 只，而后略有下降。种群数量整体呈增长趋势，但年际波动较大。

白琵鹭的卵和雏鸟。宋丽军摄

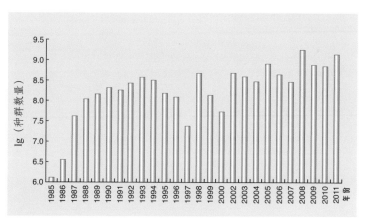

鄱阳湖国家级自然保护区1985—2011年白琵鹭种群数量年际变化

鹳类

- 鹳类指鹳形目鹳科鸟类，全世界共6属20种，中国有4属7种
- 鹳类均为中至大型涉禽，身体强壮，嘴长直粗厚，先端尖细
- 鹳类白天多单独或集小群活动，晚上集群夜栖，以小型脊椎动物和昆虫为食，较少鸣叫，受刺激时会发出嘶哑声或击喙声
- 鹳类在全球范围内的种群数量普遍减少，多数种类已处于受胁状态

类群综述

分类与分布　鹳类指鹳形目（Ciconiiformes）鹳科（Ciconiidae）鸟类，它们是生活在水域沼泽地带的中至大型涉禽，身体强壮，腿和颈修长，嘴长直粗厚、略侧扁，先端尖细，形态特征明显。

全世界共6属20种鹳类，分布范围几乎遍及除新西兰和北美北部以外的全球热带、亚热带和温带地区，特别在非洲、南亚次大陆和东南亚地区，分布的种类和数量较多。鹳类多数分布在温暖的低纬度地区，仅少数生活于中高纬度地区。

中国有鹳类4属7种。分别为彩鹳 *Mycteria leucocephala*、钳嘴鹳 *Anastomus oscitans*、黑鹳 *Ciconia nigra*、白鹳 *C. ciconia*、东方白鹳 *C. boyciana*、白颈鹳 *C. episcopus* 和秃鹳 *Leptoptilos javanicus*，其中白颈鹳是2011年在云南迪庆香格里拉纳帕海自然保护区发现的中国鸟类新记录，但目前仅此1例报道。白鹳在国外分布于整个欧洲、中亚、西亚、西南亚及非洲，历史上曾分布在中国新疆的西部和北部。马鸣推测中国境内的白鹳在1980年前后已绝迹。但由于相邻的中亚各国尚有白鹳分布，今后在中国西部新疆等地偶然发现白鹳的可能性依然存在。钳嘴鹳主要分布在南亚及东南亚地区，中国过去并无分布。2006年10月首次在云南大理洱源的西湖湿地发现钳嘴鹳，2010年春季再次有其在中国分布的报道，至今已陆续出现在云南、贵州、广西、广东、四川和江西等地。目前较为集中的分布地点为云南蒙自的长桥湿地、丘北的普者黑湿地以及贵州威宁草海湿地，停留时间2~3个月，群体数量达60~1100只。钳嘴鹳分布区扩散至中国境内的原因仍有待研究。

左：鹳类均为中大型涉禽，多集小群活动。图为一群黑鹳正在涉水觅食。彭建生摄

右：与其他涉禽相比，鹳类的身体显得尤其强壮。图为跟黑颈鹤（左）在一起的黑鹳（右），虽然黑颈鹤的体型比黑鹳大，但黑鹳的喙、颈和腿更为粗壮。彭建生摄

习性 鹳类的迁徙与居留状态具有多样性，其中大多数种类在繁殖地和越冬地之间作长距离迁徙，有些种类只进行短程迁徙，有些会在干湿季间迁徙，有些则完全不迁徙。迁徙种群的迁徙路径非常稳定，迁徙时会集结成大群，尤其在渡海或通过狭窄的陆域时，在南欧及中东都可见到白鹳成群迁徙的壮观景象。

鹳类生活在淡水水域及各种类型的湿地，偏好在浅水觅食，也能在干旱缺水的草原或者农地中生活。昼行性，多单独或集结成小群活动，少数物种集大群活动。在树上成群夜栖，也经常与鹭类、鸭类、鸬鹚等其他水鸟共同夜宿。鹳类的翼宽且长，盘旋能力很强，飞行时头颈与脚都伸直，而鹭类和鸭类则在飞行时颈部缩成"S"形，两者区别明显。鹳类缺乏完善的鸣管，很少鸣叫，但受刺激时会发出嘶哑声或击喙声。它们寿命较长，多数物种在人工饲养条件下可存活30年以上。

食性 鹳类是肉食性鸟类，它们的食物包括小型鱼类、蛙类、蛇类，小型哺乳动物以及各种昆虫。不同鹳类的食物种类和食量不同，同种或不同种鹳类在不同地点或不同时期偏爱的食物也有所差异。黑鹳幼鸟主要以鱼类为食，每天需要消耗400～500g；而白鹳在非洲会捕食大量蝗虫，甚至能够起到有效控制蝗虫种群数量的作用。食物资源会影响鹳类的分布、寿命、繁殖成效和种群数量。

繁殖 鹳类雌雄两性在羽色上没有明显差异，通常雄鸟体型略大，但在野外难以区分性别。婚配系统是典型的单配制，即在一个繁殖期内，一只雄鸟仅与一只雌鸟形成配偶，并且双亲共同育雏。大多数鹳类在高大的乔木上筑巢，少数种类可在悬崖或地面营巢。广布于欧洲的白鹳经常利用烟囱或建筑物废墟筑巢，自古以来与人类相当亲近，有"送子鸟"之称。鹳类多为集体营巢，甚至不同种混群营巢，群巢规模从数对至数千对。巢以树枝筑成，筑巢过程中雌雄鸟分工明确，雄鸟外出寻找巢材，雌鸟负责把巢材摆放在合适位置。巢可重复使用，重复利用的旧巢即使保持得很完整，每年也会添加新的巢材。

鹳类通常3～5岁开始繁殖，已知白鹳初次繁殖的年龄为2～7岁，其他种类也可能类似。窝卵

多数鹳类为迁徙性候鸟，迁徙时会集成大群。与关系较近的鹭类不同，鹳类飞行时头颈伸直。图为集群飞行的东方白鹳。沈越摄

数通常为 3~5 枚,也有记录表明白鹳的窝卵数可以达到 7 枚。卵为异步孵化,雌鸟产下第 1 枚或第 2 枚卵后就开始孵卵,雌雄亲鸟共同孵卵,因同窝卵开始孵化的时间不同,雏鸟出壳的时间也参差不齐。孵化期 25~38 天,雏鸟晚成,育雏期长达 70~80 天。不同鹳类的繁殖成功率存在差异,大型鹳类通常每年成功养育 1 只幼鸟,而小型鹳类的出飞幼鸟(育成幼鸟)可达 3 只。

种群现状和保护 由于人类活动的影响,鹳类栖息地不断丧失和质量下降,它们在全球范围内的种群数量普遍减少,多数种类已处于濒危、易危或近危状态,其中已有 6 种鹳类被世界自然保护联盟(IUCN)列为全球受胁物种,包括被列为濒危(EN)的大秃鹳 Leptoptilos dubius、白鹮鹳 Mycteria cinerea、黄脸鹳 Ciconia stormi 和东方白鹳,被列为易危(VU)的秃鹳和白颈鹳,此外彩鹳和黑颈鹳 Ephippiorhynchus asiaticus 为近危物种(NT),其他

一些鹳类由于数量稀少或种群数量下降也应该列入 IUCN 红色名录。总体而言,全世界 20 种鹳类中的 16 种已经在不同地区受到威胁。

中国境内鹳类的数量正在急剧减少,而且多数处于濒危或易危状态。现今分布于东南亚地区的大秃鹳,历史上也曾分布在中国。彩鹳和秃鹳过去在中国不仅常见,而且种群数量较大,但现在这 2 种鹳在中国已很难见到。自 20 世纪 50 年代以来,中国几十年没有过任何关于它们的标本采集和野外目击记录,一度被认为已在中国灭绝。近年来,中国境内又重新出现了秃鹳和彩鹳的身影,2008 年在贵州威宁草海国家级自然保护区发现 13 只亚成体彩鹳,2013 年在云南红河州蒙自市长桥海发现 1 只秃鹳。由于秃鹳分布区域狭小,数量稀少,已被 IUCN 列为易危物种,但在中国尚未列入《国家重点保护野生动物名录》。黑鹳和东方白鹳在中国有稳定的繁殖种群,它们都被列为国家一级重点保护动物。

黑鹳
Ciconia nigra

白鹳
Ciconia ciconia

东方白鹳
Ciconia boyciana

白颈鹳
Ciconia episcopus

彩鹳
Mycteria leucocephala

钳嘴鹳
Anastomus oscitans

秃鹳
Leptoptilos javanicus

黑鹳

拉丁名：*Ciconia nigra*
英文名：Black Stork

形态 体型较大的涉禽，体长 100～120 cm。雌雄成鸟的形态相似，在野外不易区分。全身上半部包括头、颈、背、翼及尾呈黑色，具绿色和紫色光泽；眼褐色，周围有一小圈红色裸皮；下胸、腹部、胁部覆羽及尾下覆羽白色；喙红色，长直而尖；脚红色，修长。飞行时腹面的黑白对比明显。亚成鸟的头、颈及背面为褐色，喙及脚为灰绿色，随着年龄增长逐渐转为红色。

分布 繁殖期广泛分布于欧亚大陆中北部，越冬期分布于非洲中部和东部、南亚次大陆北部、中南半岛北部和中国东南部等地区。此外，西班牙西南部和非洲南部有常年留居的种群。在中国，除西藏外的所有地区都有黑鹳分布，主要在东北（黑龙江、吉林、辽宁）、华北（北京、山西、山东）和西北（新疆）地区繁殖，在华南、西南、长江中下游和东南沿海地区越冬。

栖息地 典型的湿地鸟类，繁殖期与非繁殖期的栖息地类型明显不同。在中国，黑鹳繁殖期多在山地峭壁及深沟土崖上栖居；而在欧洲繁殖的黑鹳则选择在沼泽森林或有水流、湖泊、池塘存在的山地森林栖息。非繁殖期主要栖息于平原和湿地，在河川、湖泊、水田、池沼等湿地的浅滩地带或沿着溪流两岸觅食，偶尔会出现在草地。

习性 非繁殖期大多单独活动，觅食于湿地的浅滩地带，夜晚在树上栖息。在寒冷的冬季，山西灵丘黑鹳自然保护区内的黑鹳会在石崖洞穴中群聚越冬，最多观察到 32 只。黑鹳多数时间在地面活动，生性机警，受到惊吓时会高飞。一般不在多树或开阔的水域活动，也尽量避开人类。

黑鹳是一种迁徙的候鸟，但是在南非繁殖的种群不迁徙，只是在繁殖期后向四周扩散，西班牙境内的大部分黑鹳也不迁徙。根据现有的卫星跟踪和环志记录，黑鹳在全球主要有 3 条迁徙路线，即欧洲路线、中亚路线和东亚路线。①欧洲路线，在欧洲繁殖的黑鹳会穿越直布罗陀海峡或西奈半岛到非洲越冬；②中亚路线，在北亚西伯利亚地区繁殖的黑鹳，经帕米尔高原或其东缘和西缘，至南亚次大陆越冬；③东亚路线，在东北亚蒙古地区繁殖的黑鹳，经中国的内蒙古、宁夏、甘肃、四川、云南到缅甸或印度东部越冬。据推测，中国境内黑鹳迁徙路线也有 3 条：在新疆

黑鹳。左上图彭建生摄，下图沈越摄

捕得小鱼的黑鹳。彭建生摄

繁殖的黑鹳沿帕米尔高原东缘至印度越冬；在中部地区（山西、甘肃、青海）繁殖的黑鹳经四川到云南越冬或继续往西南迁徙至缅甸和印度东部；在东北地区繁殖的黑鹳迁徙至长江中下游各湖区越冬。但国内这3条迁徙路线目前还缺乏卫星跟踪和环志记录的支持。已知中国黑鹳的主要越冬地为云南纳帕海湿地、安徽升金湖、北京十渡、湖南洞庭湖、湖北龙感湖以及江西鄱阳湖。另外，山西（灵丘）、河北（平山）、北京（十渡）和陕西（铜川）等地既是黑鹳的越冬地，也是其繁殖地。

在中国，黑鹳秋季开始南迁的时间主要在9月下旬至10月初，春季多在3月初至3月末到达繁殖地。主要在白天迁徙，靠两翼鼓动飞行，有时也利用上升气流滑翔。在迁徙过程中经常集结成10～20只的小群，以盘旋与滑翔方式提升飞行高度，有时会在高空与猛禽共同盘旋迁徙。研究表明，部分在欧洲繁殖的黑鹳个体在迁往非洲西部越冬的过程中，中途不停歇，直接飞往越冬地，而有些个体中途至少停歇1次，其停歇地点基本在西班牙境内。

食性 肉食性，主要取食各种小型鱼类。对黑鹳育雏食物的分析表明，鱼类占其食物组成的95%以上。黑鹳也经常捕食蛙类，以及螺类、蟹类、爬虫类、昆虫、小型鼠类、鸟类等多种小型动物。

黑鹳的觅食范围很大，通常在干扰较少的河渠、溪流、湖泊、水塘、农田、沼泽和草地上觅食，多是在水边浅水处觅食。主要通过视觉搜寻食物，并能垂直向下寻觅，步履轻盈，行动小心谨慎，走走停停，悄悄潜行捕食。当鱼类或其他猎物接近时，利用喙刺击猎物或直接夹起后吞食。

繁殖 繁殖区域广布于欧亚大陆中北部（40°N～60°N）以及非洲南部。在中国主要在东北、华北和西北等地繁殖。黑鹳生性机警，主要在人迹稀少的林地、荒山和荒原地带选址筑巢。不同地区黑鹳的营巢习性有所不同。欧洲繁殖的黑鹳通常选择树龄较长的高大树木筑巢，树种多为山毛榉；非洲南部繁殖的黑鹳营巢于山地的悬崖峭壁上；而在中国繁殖的黑鹳多在山区悬崖峭壁的凹处或石沿浅洞处，或在绿洲湿地高大的胡杨树上筑巢。

每年4—7月为黑鹳繁殖期，4月中旬开始筑巢。每对黑鹳单独营巢，但是非繁殖个体与繁殖个体的活动区会有很大重叠。黑鹳有沿用旧巢的习性，如果前一年繁殖成功并且巢未被破坏，旧巢还将被继续利用，但每年要重新进行修补和增加新的巢材，随着使用年限的增加，巢会变得越来越庞大。

每对亲鸟每年只繁殖1窝，窝卵数4～5枚，雌鸟产下第1枚卵后即开始孵卵。孵化由雌雄亲鸟轮流进行，孵化后期接近出壳阶段，则整天由雌鸟孵卵。孵化期31～34天。雏鸟晚成。70

在巢中照顾雏鸟的黑鹳。Frank Vassen摄（维基共享资源/CC BY 2.0)

中国长江中下游的越冬黑鹳数量（刘强等，2013）		
	数量（只）	
地点	2003—2004 年	2004—2005 年
安徽	50	1
江西	29	33
湖北	16	1
湖南	13	26
北京	—	28
河北	5	—
云南	—	40
总计	113	129

日龄才具备飞行能力，可在巢附近作短距离的飞行练习；75 日龄后可随亲鸟到河湖岸边或河漫滩觅食，夜晚仍归巢栖息；直至 100 日龄后才不归巢，跟随亲鸟四处活动。

研究发现，在种群数量下降的东欧国家，成年黑鹳的性别比例出现偏雄现象，很多巢区只由单只雄鸟占领。与欧洲东部和西部地区相比，欧洲中部地区（波兰）雄性雏鸟的数量明显偏低，而降雨量可能影响雏鸟的性比。

种群现状和保护　全球种群数量估计为 24 000 ~ 44 000 只，IUCN 评估为无危（LC）。在中国境内，据世界自然基金会 2004 年和 2005 年在长江中下游开展的水鸟同步调查，2003—2004 年冬季的数量为 113 只，2004—2005 年冬季的数量为 129 只。在 2004—2005 年、2007—2008 年和 2008—2009 年冬季，在云南香格里拉纳帕海湿地越冬的黑鹳种群平均数量分别为 39.6 只、128.6 只和 181.8 只，呈逐年增加的趋势。《中国脊椎动物红色名录》评估为易危（VU）。

近几十年来在世界范围内种群数量骤减，目前在瑞典、丹麦、比利时、荷兰和芬兰等国已绝迹，在德国、法国和朝鲜半岛也已难见踪影。被列入《濒危野生动植物物种国际贸易公约》(CITES) 附录 II，在中国被列为国家一级重点保护野生动物。黑鹳种群数量减少的原因主要是栖息地和越冬地的森林砍伐、沼泽湿地开垦、环境污染和恶化导致的主要食物鱼类和其他小型动物减少、人类干扰和非法狩猎等。

北京地区的黑鹳主要栖息在房山区十渡自然保护区、怀柔区沙河流域和密云水库区域，这些栖息地面临不同程度的人为影响，如非法捕鱼、污水排放和乱拉渔网等。这些影响造成黑鹳采食困难，患病、受伤情况时有发生。北京市野生动物救护中心在 2007—2012 年共救护野生黑鹳 14 只，其中 5 只个体为外伤（占 36%），9 只个体（64%）为中毒、饥饿等引起的身体虚弱和行动不便。

在纳帕海越冬的黑鹳，其中头颈褐色的是亚成鸟。彭建生摄

东方白鹳

拉丁名：*Ciconia boyciana*
英文名：Oriental Stork

鹳形目鹳科

形态 大型涉禽，体型比黑鹳稍大，体长 110～128 cm。全身大部分为白色，两翼黑色并有紫铜色金属光泽；眼淡粉红色或近白色，周围具一小圈红色裸皮；下颈部羽毛较长，呈长矛状；内侧初级飞羽及次级飞羽外翈有银白色羽缘；嘴黑色，长而直；腿长，红色。飞行时，黑色初级飞羽及次级飞羽与纯白色体羽形成鲜明对比，而且头、颈和腿均伸直，腿明显伸到尾羽之后，姿态十分优美。亚成鸟的羽色和成鸟相似，但飞羽呈褐色，嘴污黄色。

分布 主要在俄罗斯远东和中国东北繁殖，越冬范围包括中国东部、华南和台湾，偶见于日本和朝鲜半岛，偶尔漂泊到俄罗斯雅库茨克和萨哈林岛以及孟加拉国和印度。在中国繁殖于黑龙江齐齐哈尔、哈尔滨、三江平原、兴凯湖，吉林向海、莫莫格；越冬于长江中下游地区，包括江西鄱阳湖，湖南洞庭湖，湖北沉湖、洪湖、长湖，安徽升金湖和江苏沿海湿地，其中以江西鄱阳湖的数量最多，偶尔到四川、贵州、西藏、福建、广东、香港和台湾。近年来越冬地和迁徙停歇地也有部分个体进行繁殖。

栖息地 繁殖期主要栖息于开阔而偏僻的平原、草地和沼泽地带，特别是有稀疏乔木的河流、湖泊、水塘、水渠岸边和沼泽地上，有时也在远离居民点、岸边具有树木的水稻田地带活动。冬季主要栖息在开阔的大型湖泊和沼泽地带。

习性 繁殖季节之外经常成群活动，特别是在迁徙季节，常常集结成数十只甚至上百只的大群。东方白鹳大多数时间在地面活动，也喜欢在栖息地上空飞翔盘旋。行动缓慢，通常避开人类活动，但能适应水田中单独耕作的农夫。休息时通常单脚或双脚站立在水边沙滩或草地上，颈部缩成"S"形，但随时对人类保持高度警戒，受到惊吓会高飞。

东方白鹳是迁徙鸟类，在俄罗斯远东和中国东北繁殖的东方白鹳于每年 9 月末至 10 月初离开繁殖地向南迁徙。迁徙时常聚集在开阔的草原湖泊和芦苇沼泽地带活动，成群分批逐步南迁，沿途需要不断停歇。现已发现吉林莫莫格、辽宁辽河口、天津北大港和山东黄河三角洲保护区等地是东方白鹳秋季南迁时最主要的停歇地。卫星跟踪研究显示，位于辽东湾、莱州湾和渤海湾的停歇地对东方白鹳的迁徙非常重要，有些个体途经渤海湾后直接飞到长江中下游的越冬地，中间不再停歇。因此，渤海湾附近的海岸区域是东方白鹳迁徙过程中最重要的停歇地，一旦丧失，将使繁殖地与长江中下游的越冬区相隔离，导致迁徙无法完成。迁徙停歇地的保护状况好坏是东方白鹳能否完成整个迁徙过程的关键，也会影响到这一物种的生存。

食性 主要以鱼类为食，也会取食任何能捕获到的小型动物，包括软体动物、环节动物、节肢动物（甲壳类、昆虫及其幼虫）、蛙类、蛇类、蜥蜴、雏鸟和小型啮齿类等。动物性食物不足时，也会取食苔藓、植物叶片和种子等植物性食物，有时植物性食物甚至可多达食物总量的 80%。繁殖期主要集中在芦苇沼泽和明水面等鱼类生活的环境中觅食，很少在相对干旱的草地和农田（旱田）活动。觅食时，东方白鹳会在开阔地或浅水中缓慢移动，攫取惊动的水生动物，或在水中定点静立等待猎物接近时出击，以喙前端夹取或刺杀猎物后吞食。觅食活动主要在白天，而且集中在每天 6:00～7:00 和 16:00～18:00 的晨昏时段，中午休息或在巢上空盘旋滑翔。

繁殖 2000 年以前，繁殖种群主要分布于俄罗斯和中国交界的黑龙江和乌苏里江流域，也出现在蒙古以及中国内蒙古东部。近年来，少量东方白鹳在中国的越冬地和迁徙停歇地营巢繁殖，包括山东东营的黄河三角洲，江苏高邮和大丰，安徽安庆地区和江西鄱阳湖区。山东黄河三角洲是东方白鹳筑巢最为密集的一个

东方白鹳。左上图聂延秋摄，下图沈越摄

休息时单脚站立的东方白鹳。杨凤波摄

繁殖区，并且具有较高的繁殖成功率。这些新的繁殖地对于东方白鹳的保护同样重要。至于东方白鹳繁殖地南移的原因，至今仍不了解。

东方白鹳到达中国东北繁殖地的时间为每年的 3 月初至 3 月中下旬，3 月下旬开始分散成对进入各自的繁殖领地。在中国东北，东方白鹳的繁殖期为每年 4—6 月，而在越冬地和迁徙停歇地的繁殖期要提前 1 个月左右。北方繁殖地的巢区多选择在没有干扰或干扰较小、食物丰富且具有稀疏乔木或小块丛林的开阔草原和农田沼泽地带，有时也选择距水域、沼泽等觅食地数千米至上万米的林带。在越冬地和迁徙停歇地，由于缺乏合适的天然巢址，东方白鹳多把巢建在高压电塔上。2005 年以来，黑龙江洪河保护区和山东黄河三角洲保护区等地通过搭建人工巢架招引东方白鹳营巢繁殖，取得明显效果。

东方白鹳的雌雄亲鸟共同筑巢，通常由雄鸟外出寻找并运输巢材，雌鸟留在巢址搭建。常使用旧巢，整个繁殖季都要不断对巢进行修补、增高和加宽。

在中国东北的繁殖地，产卵时间最早在 3 月末至 4 月初，多数在 4 月中旬产卵。窝卵数 4~6 枚，一般 4~5 枚，卵白色。孵卵由雌雄亲鸟共同承担，多以雌鸟为主，孵化期 31~34 天。雏鸟晚成，刚孵出时全身被有白色绒羽。雌雄亲鸟共同育雏，至 55 日龄时雏鸟即可在巢附近来回短距离飞翔，60~63 日龄随亲鸟飞离巢区觅食，不再回巢。

种群现状和保护 原本种群数量较多，除俄罗斯远东和中国东北外，也在朝鲜和日本等地繁殖。但由于栖息地破碎化和繁殖

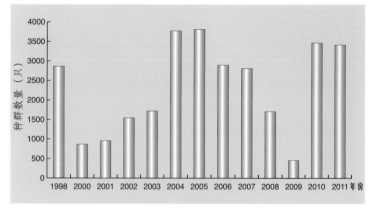

1998年至2011年鄱阳湖东方白鹳种群数量（Wei et al., 2016）

地的萎缩，种群数量急剧减少，日本和朝鲜的繁殖种群在 20 世纪 70 年代后已基本灭绝。近年来在中国的越冬地和迁徙停歇地也有部分个体进行繁殖，繁殖地有向南方扩展的趋势，而且少数个体可能从迁徙鸟向留鸟转化。江西鄱阳湖地区是东方白鹳在长江中下游最主要的越冬地。近年来，该区越冬东方白鹳的种群数量出现较大波动。1998—2011 年，每年到鄱阳湖区越冬的东方白鹳数量为 2305±326 只，2004 年、2005 年和 2010 年记录到的种群数量均高于估计的全球种群数量，2005 年更是达到 3789 只。鄱阳湖区对于越冬东方白鹳的保护至关重要。

东方白鹳繁殖区分布狭窄，种群数量稀少，是全球濒危物种，IUCN（2016）评估其成熟个体数量仅 1000~2499 只，已列入 CITES 附录 I，《保护迁徙野生动物物种公约》（CMS）附录 I 和中国国家一级重点保护野生动物。然而，针对东方白鹳的偷猎或偷猎其他鸟类而误伤东方白鹳的现象仍时有发生。2012 年 11 月，

从水面起飞的东方白鹳。彭建生摄

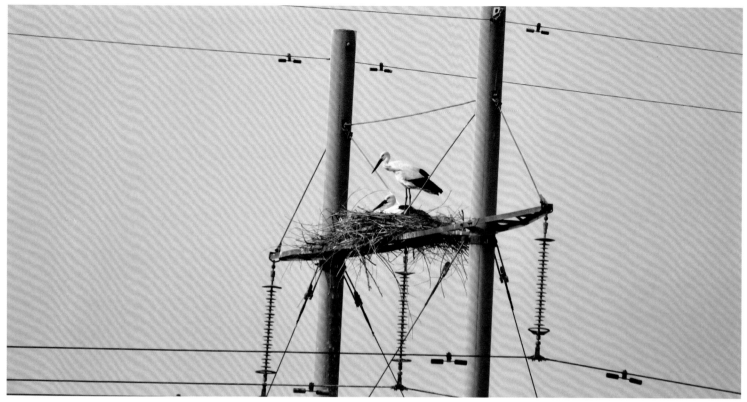

在高压电塔上筑巢的东方白鹳。焦小宁摄

迁徙停歇在天津北大港湿地"万亩鱼塘"的东方白鹳遭遇大面积投毒，虽经大力营救，仍导致 20 只个体死亡。

东方白鹳体型大、飞行缓慢，加之大多生活在平原，近年曾发生在机场意外死亡的案例。1994—1998 年间曾有 2 只东方白鹳长期留栖在台北关渡平原，均在 1998 年 11 月意外死于台北松山机场。

由于缺乏合适的筑巢地点，在越冬地和迁徙停歇地繁殖的东方白鹳经常把巢建在高压电塔上。电力部门为了保障输电线路安全，经常对巢进行捣毁，造成东方白鹳繁殖失败。同时它们也面临高压触电的潜在威胁。此外，在东方白鹳巢区及其觅食生境的人为干扰较大，主要包括燃烧秸秆、农耕活动等，对其正常活动产生影响。为了保护东方白鹳，人们设计并架设了适合东方白鹳利用的人工巢架。黑龙江洪河国家级自然保护区自 1993 年开展东方白鹳人工招引工作，至 2008 年区内累计搭建 110 多个人工巢架，其中 60 多个被利用，每年繁殖的东方白鹳达 20 余巢。

探索与发现 20 世纪 80 年代以前，东方白鹳一直被认为是白鹳的一个亚种，即 *Ciconia ciconia boyciana*，但现在已被公认为一个独立的物种。东方白鹳在形态上有别于白鹳，最明显的差异在于喙的颜色，白鹳的喙为红色，而东方白鹳的喙为黑色。在生态学方面，东方白鹳性情暴躁，攻击性强，生活在远离人类的偏远地方，在树上营巢，且单独分散营巢；而白鹳却较为温驯，攻击性弱，经常与人为伍，常成群在屋顶营巢。另外，东方白鹳和白鹳具有清楚的地理隔离，东方白鹳繁殖在中国东北和西伯利亚东南部，沿海迁徙至长江中下游越冬。而白鹳则繁殖在欧洲、中亚和北非，彼此相距数千千米，两者长期处于生殖隔离状态。

白鹳

拉丁名：*Ciconia ciconia*
英文名：White Stork

鹳形目鹳科

形态似东方白鹳但嘴红色。分布于整个欧洲、中亚、西亚、西南亚及非洲，历史上在中国新疆的西部和北部有分布，营巢于大树、屋顶、电杆及水塔上，在浅水的池塘和湖沼活动，以鱼、蛙类和昆虫为食。据马鸣推测，中国境内的白鹳在 1980 年前后已绝迹。但由于相邻的中亚各国尚有白鹳分布，今后在中国西部新疆等地仍有白鹳出现的可能性。IUCN 评估为无危（LC）。《中国脊椎动物红色名录》评估为区域灭绝（RE）。在中国被列为国家一级保护动物。

白鹳。左上图甘礼清摄，下图宋迎涛摄

白颈鹳

拉丁名：*Ciconia episcopus*
英文名：Asian Woollyneck

鹳形目鹳科

体长 86～95 cm。头顶黑亮，白色的颈部羽毛蓬松柔软，尾及下腹部亦为白色。其余体羽深绿色而具紫色羽团。腿红色，喙黑色，喙尖泛紫。雌雄相似，亚成体色彩暗淡。分布于南亚和东南亚，全球易危鸟类。2011 年在云南纳帕海发现中国鸟类新记录，但目前仅此一例报道。

白颈鹳。左上图李锦昌摄，下图甘礼清摄

跟斑头雁在一起的白颈鹳。彭建生摄

彩鹳

拉丁名：*Mycteria leucocephala*
英文名：Painted Stork

鹳形目鹳科

体长 93～102 cm，嘴橙黄色，粗而长，嘴尖稍微向下弯曲。脚红色。头部前端裸露无羽，繁殖期红色，非繁殖期橙色。体羽大部为白色，飞羽和尾羽黑色而具有绿色金属光泽，胸部具有宽阔的黑色带白斑的胸带。分布于南亚和东南亚，过去在中国长江中下游及华南、云南南部常见且群集数量较大，但自 20 世纪 50 年代以来，再无标本采集和野外目击记录，曾被认为已在中国灭绝。近年来，在中国境内又重新出现，2008 年在贵州威宁草海国家级自然保护区发现 13 只亚成体。全球近危鸟类，在中国被列为国家二级重点保护动物。

彩鹳。左上图李锦昌摄，下图Gshashidhar125摄（维基共享资源/CC BY-SA 4.0）

起飞的彩鹳，翼下覆羽白色羽缘形成的纹路十分别致。李锦昌摄

钳嘴鹳

拉丁名：*Anastomus oscitans*
英文名：Asian Openbill

鹳形目鹳科

体长约 81 cm。体羽白色至灰色，飞羽和尾羽黑色。嘴呈浅色，极为粗厚，下喙有凹陷，闭合时上下喙间有明显的弧形缝隙。主要分布在南亚及东南亚地区，包括印度、斯里兰卡、孟加拉国、缅甸、泰国和越南等国，过去在中国并无分布。2006 年 10 月首次发现钳嘴鹳出现在云南大理洱源的西湖湿地，2010 年春季再次有其在中国分布的报道，至今已陆续出现在云南、贵州、广西、广东、四川和江西等地。目前较为集中的分布地点为云南蒙自的长桥湿地、丘北的普者黑湿地以及贵州威宁的草海湿地，每年停留时间 2～3 个月，群体数量达 60～1100 只。其分布区扩散至中国境内的原因仍有待研究。IUCN 和《中国脊椎动物红色名录》均评估为无危（LC）。

钳嘴鹳。左上图唐卫民摄，下图沈惠明摄

秃鹳

拉丁名：*Leptoptilos javanicus*
英文名：Lesser Adjutant

鹳形目鹳科

体长 110～120 cm。头颈近裸露，脸部皮肤呈粉红色，颈部皮肤黄色。上体黑色且具蓝绿色金属光泽，领环及下体白色。分布于南亚和东南亚等亚洲热带、亚热带地区，过去在中国常见且群集数量较大，但现在已很难见到。自 20 世纪 50 年代以来，在中国数十年未有标本采集和野外目击记录，曾被认为已在中国灭绝。近年来又重新出现在中国境内，2013 年在云南红河蒙自长桥海发现 1 只。分布区域狭小、数量稀少，被 IUCN 列为全球易危物种，《中国脊椎动物红色名录》评估为数据缺乏（DD）。在中国是三有保护鸟类。

秃鹳。左上图李利伟摄，下图沈越摄

正在觅食的钳嘴鹳。张明摄

红鹳类

红鹳类

- 红鹳类指红鹳目鸟类，全世界共1科3属6种，中国仅1种
- 红鹳类均为大型涉禽，喙粗且厚，形状奇特，羽色以白色为底，沾染不同程度的粉色或红色
- 红鹳类性胆怯而机警，常集大群，一只起飞则整群随之而动
- 红鹳类颜色鲜艳且喜集群，远远望去蔚为壮观，是深受人们喜爱的观赏鸟类

类群综述

红鹳类指红鹳目（Phoenicopteriformes）鸟类，俗称"火烈鸟"。该目仅1科，即红鹳科（Phoenicopteridae），全世界共3属6种，主要分布于非洲、欧洲南部、中亚、印度西北部、中美洲和南美洲。中国仅1种，即大红鹳 Phoenicopterus roseus，1997年首次在新疆记录到。

红鹳类均为大型涉禽，脚和颈尤其长。休息时常单脚站立，另一只脚收缩于身下，颈部弯曲；飞行时腿和颈伸直。喙部形状奇特，粗且厚，自中部急剧向下弯曲。羽色以白色为主，沾染不同程度的粉色或红色，这种粉色或红色来自于它们摄取食物（蓝藻和卤虫）中的类胡萝卜素蛋白，因此健康且能获取高质量食物的个体颜色更为鲜艳，圈养个体往往较为苍白。

红鹳类高度集群，无论繁殖还是觅食、休息都喜欢集成大群，一只起飞则整群随之而动。常在开阔水域浅水处涉水而行，头伸入水中，用喙扫取水中的植物、小型动物和藻类，喙边缘的小栉板可以将吸入口中的水滤出而留下食物。

红鹳类体型大且特征显著，颜色鲜艳醒目，是最负盛名的红色鸟类之一，深受人们喜爱。但它们对栖息地要求较高，由于栖息地退化和人类干扰而面临受胁的风险。安第斯红鹳 Phoenicoparrus andinus 被 IUCN 评估为易危（VU），智利红鹳 Phoenicopterus chilensis 等3个物种被列为近危（NT），仅大红鹳和美洲红鹳 Phoenicopterus ruber 为无危物种。所有红鹳类均被列入 CITES 附录 II。

左：红鹳类体羽白色而沾染鲜明的粉色或红色，且常常集大群活动，犹如一团燃烧的火焰，因而又被称为"火烈鸟"。图为成对活动的大红鹳。唐万玲摄

下：起舞的大红鹳。唐万玲摄

大红鹳
Phoenicopterus roseus

大红鹳

拉丁名：*Phoenicopterus roseus*
英文名：Greater Flamingo

红鹳目红鹳科

形态 又名大火烈鸟。大型涉禽，体长 120～145 cm。头小，颈细长而弯曲，喙粗且厚，上侧中部急剧向下弯曲，嘴形似靴，肉粉色，尖端黑色。脚细长，粉红色。体羽多灰白色，微偏粉色，头、颈和上背色较深；飞羽黑褐色，翅上覆羽红色。雌雄相似。雌性比雄性略小，腿较短。幼鸟羽色偏灰，喙浅灰色，3 年以后可成年。年龄或食物原因有可能导致羽色的个体差异。

分布 主要分布于欧洲南部、地中海、非洲、马达加斯加、哈萨克斯坦、印度和斯里兰卡。在中国为偶见旅鸟或迷鸟，新疆、青海、宁夏、北京、河北、江苏等地均有少数观测记录。

在中国境内记录到的个别幼鸟可能来自中亚哈萨克斯坦繁殖种群，由于首次迁徙体力与经验不足，为避开高山阻碍而向东迁徙。但大红鹳幼鸟确切的越冬迁徙路线有待进一步研究证实。

栖息地 主要栖息于水深不超过 1 m、具有丰富水生生物、营养丰富的泥质浅水水域，如盐水湖泊、盐田或盐场、沼泽、海岸、海湾、海岛的浅水地带，偶见于淡水湖泊。

习性 喜结群活动，群体数量庞大，有时可达数万只。性胆怯，擅游泳。飞行时，颈部和腿伸长呈一条直线，两翅扇动有力，飞行速度快。但起飞困难，需在浅水处助跑后才能飞起。

食性 主要以动物性食物为食，包括甲壳类、小型软体动物、环节动物和昆虫等水生无脊椎动物，也吃沼泽禾草的种子或匍匐根、藻类和腐烂的叶子等植物性食物。觅食时通常将头和颈伸入水中，一边走一边在水中用喙左右扫动。特殊的喙部结构使其像筛子一样可以将取食时吸入的水滤出，并将食物留在口中。

繁殖 一雌一雄制。繁殖时间在热带和亚热带地区有差异。繁殖活动对栖息地的水深有更高要求，筑巢的时间以及数量都受到水深的影响。例如在西班牙，成功的繁殖通常发生在水深超过 50 cm 的区域。通常集群营巢，群体最多可达到 20 000 对。一般在浅的咸水湖泊和沼泽岸边的泥地上营巢，有时也在浅水中的岛屿和泥质海岸上筑巢。巢呈圆柱形，用烂泥堆积而成，有时巢高可达半米以上。巢顶端有一浅坑，通常产卵于此。巢间距小，密度高。通常每窝产卵 1 枚，偶尔 2 枚。孵卵由雌雄亲鸟轮流承担，孵化期 27～31 天。幼鸟两个多月学会飞翔，4～6 年性成熟。

种群现状和保护 分布广泛，IUCN 将其评为无危，被列入 CITES 附录 II。近年来部分地区的栖息地丧失、人类干扰以及捕猎影响到该物种生存。一些地区对该物种繁殖地的保护和新保护区域的建立使其繁殖成功率增加。在中国为偶见鸟，种群数量不多，《中国脊椎动物红色名录》评估为数据缺乏（DD），已被列为中国三有保护鸟类。

大红鹳。唐万玲摄

雁鸭类

雁鸭类

- 雁鸭类是雁形目鸟类的总称，包括3科169种，中国有1科23属54种
- 雁鸭类均为大中型游禽，雏鸟早成，单配制为主，多数具迁徙习性
- 雁鸭类广泛分布于全世界，中国各地均有雁鸭类的踪迹
- 雁鸭类与人类关系密切，是家禽驯养的来源之一

类群综述

雁鸭类是雁形目（Anseriformes）鸟类的总称，包括叫鸭科（Anhimidae）、鹊雁科（Anseranatidae）和鸭科（Anatidae）。叫鸭科仅 2 属 3 种，均分布于南美洲；鹊雁科仅 1 属 1 种，分布于澳大利亚和新几内亚；鸭科包括 52 属 165 种，遍布全世界。

雁鸭类均为大中型游禽，但不同物种间体型差异很大，大者如天鹅，体长可达 150 cm，小者如棉凫，体长仅 30 cm。雁鸭类多数长颈大头，部分种类具有冠羽，喙多扁平，先端具嘴甲。翅长而尖，适于长途迁徙；绒羽发达，能适应高寒气候；大多数种类具有色彩艳丽且泛金属光泽的次级飞羽，被称作翼镜。尾脂腺发达，通过将尾脂腺分泌的油脂涂布到羽毛上来达到疏水效果，因此能在水中保持体态。腿粗短，三趾向前，趾间具蹼，适于游泳；一趾向后，短小而不踏地。多雌雄异色，雄性具交接器。

从咸水到淡水、从内陆到远洋，各种水域均可作为雁鸭类的栖息环境。其善于游泳，部分种类精于潜水，长尾鸭能潜入水下达 60 m 之深。雁鸭类大多具有季节性迁徙的习性，这种现象很早就为人类熟知，并以此作为季节变更的标志。食性多样，大部分种类常在繁殖季节以鱼虾、甲壳类和软体动物为食，而在迁徙和越冬时以水草等植物性食物果腹。

雁鸭类均以单配制为主，部分种类雌雄一经配对终身不离，故古人常以此比喻夫妻情义。但多数种类的夫妻关系只能维持一个繁殖季节，甚至在孵卵开始之后雄鸟就弃雌鸟而去，长期以来被人们当作忠贞爱情象征的鸳鸯其实就是这样。喜好在地面上或树洞中营巢，多数种类有部分巢寄生现象，黑头鸭是雁鸭类中唯一的完全巢寄生者，寄主有其他鸭类、秧鸡、鹳类、鹭类等。雏鸟为早成性，有明显的印记行为，即把出生后看到的第一个物体当作母亲，本能地跟在其身后形影不离直到长大。雁鸭类性成熟的时间长短不一，快的如鸭亚科的大多数种类，孵出后 9～10 个月即能繁殖，而慢的如天鹅则需要 4～5 年。

雁鸭类早在数千年前就为人类熟知，开始被驯养为家禽。家鹅被认为是人类驯养的第一种家禽，中国家鹅和欧洲家鹅则分别由鸿雁和灰雁驯化而来，而家鸭则被认为起源于绿头鸭和斑嘴鸭。

中国有雁鸭类 1 科 23 属 54 种，一般分为天鹅、

左：雁鸭类在繁殖季节常雌雄形影不离，因而被视为爱情象征。在中国，鸳鸯就是这么一个经典意象。然而现在的研究发现，与同样被视为爱情象征且事实上也维持终身配对的天鹅不同，鸳鸯的配对关系只能维持一个繁殖季。图为正在交配的鸳鸯。吴秀山摄

雁鸭类与人类关系十分密切，是最早被驯养为家禽的鸟类，鸿雁（右）和绿头鸭（左）被认为分别是中国家鹅和家鸭的野生祖先。左图赵国君摄，右图宋丽军摄

雁、潜鸭、钻水鸭和秋沙鸭等类群。

天鹅类 天鹅类指雁形目鸭科天鹅属 *Cygnus* 鸟类，全世界共 7 种，包括疣鼻天鹅 *C. olor*、黑天鹅 *C. atratus*、黑颈天鹅 *C. melancoryphus*、大天鹅 *C. cygnus*、黑嘴天鹅 *C. buccinator*、小天鹅 *C. columbianus* 以及比尤伊克天鹅 *C. bewickii*，其中比尤伊克天鹅常被视为小天鹅的亚种之一。此外，扁嘴天鹅 *Coscoroba coscoroba* 已从天鹅属分离至扁嘴天鹅属。天鹅类是雁鸭类中体型最大的一类，同时亦为具飞行能力的鸟类中体型最大的一类。在中国自然分布的天鹅有 3 种，即小天鹅、大天鹅与疣鼻天鹅。疣鼻天鹅与大天鹅体型较大，体长可超过 150 cm，体重可达 15 000 g。小天鹅体型相对较小，体长 115～140 cm，体重 3400～9600 g。

天鹅类多为迁徙水鸟，在西欧、大洋洲与北美分布的部分种群为半迁徙或不迁徙。天鹅类分布于寒带及温带地区，热带少有该类物种相关活动记录。天鹅类中 5 种分布于北半球，另外 2 种分布于南半球，其中澳大利亚与新西兰 1 种，即黑天鹅；南美南部 1 种，即黑颈天鹅。亚洲热带区域、中美洲、南美北部及非洲均无天鹅分布。天鹅类繁殖地位于中高纬度地区，如小天鹅繁殖地主要分布于北极圈，大天鹅繁殖地相对靠南，位于古北界北部，而疣鼻天鹅繁殖地则更靠南，位于中欧、中亚、蒙古南部及中国东北。天鹅类在繁殖地利用的生境类型较为多样，包括浅水湖泊、淡水及咸水沼泽、河流、避风港湾及咸水潟湖等。越冬地分布于温带地区，如东亚、西欧、中欧、中亚以及北美。传统的越冬生境包括淡水湖泊、沼泽、咸水潟湖、海湾等，而在欧洲、日本与北美等地，人工生境诸如人工湿地、农田和牧场等也逐渐成为它们的重要越冬生境。

天鹅类不同物种迁徙习性差别较大。在欧洲与北美，天鹅类迁徙相关研究较多。而在亚洲，尤其中国，相关研究尚不全面。在远东繁殖的疣鼻天鹅可向南迁徙至朝鲜半岛、中国黄河三角洲及中国南部。内蒙古的繁殖种群通常于 10 月离开繁殖地向南迁徙，越冬期为 11 月至次年 3 月。大天鹅的远东繁殖种群则迁往日本、朝鲜及中国东部越冬，关于该物种亚洲迁徙路线的研究相对较少，目前仅通过卫星追踪确认出两条迁徙路线。小天鹅越冬期为 10 月至次年 4 月，会于越冬地集大群，主要于日本及朝鲜越冬，

亦有少量分布于中国东部及长江中下游地区。

疣鼻天鹅、大天鹅及小天鹅食性较为相似，主要取食沉水植物的叶片、根、块茎及茎，如大叶藻属、川蔓藻属、甜茅属、苦草属及眼子菜属等；亦可取食谷物、陆生草本植物的嫩芽及叶片，如薹草属、羊胡子草属、看麦娘属，以及少量小型两栖类与水生无脊椎动物。在中国越冬时，大天鹅主要以麦子、褐藻及大叶藻为食，且麦子逐渐取代大叶藻成为其主要的食物来源，小天鹅则主要利用苦草属块茎作为其越冬时期的主要食物。

天鹅雌雄个体形态相似，因此野外难以区分性别，但雄鸟体型略大。天鹅 4～7 龄时性成熟，但 20 个月时即可配对并多年维持配对关系，有时甚至可持续一生。疣鼻天鹅一般可存活 10 年以上，有时甚至超过 20 年，而黑颈天鹅在人工圈养的条件下寿命不到 10 年。繁殖时，与其他雁鸭类物种不同，雄鸟参与筑巢。天鹅每窝产卵 4～7 枚，卵平均大小 11.3 cm×7.4 cm，重约 340 g，孵化时间为 34～45 天。幼鸟发育时间较其他雁鸭物种更长，大天鹅幼鸟孵出约 80 天后才羽翼丰满，而疣鼻天鹅则需 120 天。繁殖期天鹅极其警觉，会攻击任何入侵巢域的生物。

天鹅类为一雌一雄制，配对十分专一稳定，且形态优美，羽色纯白，被视为纯洁爱情的象征。图为一对紧密依偎在一起的疣鼻天鹅。谢建国摄

雁鸭类

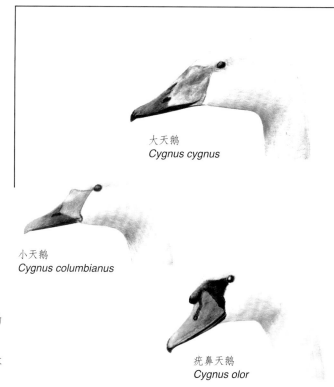

大天鹅
Cygnus cygnus

小天鹅
Cygnus columbianus

疣鼻天鹅
Cygnus olor

上：中国三种天鹅的
头部特写

下：北京野鸭湖的大
天鹅。沈越摄

根据 2015 年 IUCN 红色名录，所有天鹅类物种受胁等级均为无危，但在中国天鹅均为国家二级保护动物。在内蒙古达赉湖国家级自然保护区，放牧、旅游、捕捞、收割芦苇、捡拾鸟卵及狩猎活动会影响疣鼻天鹅的繁殖活动。在山东荣成大天鹅国家级自然保护区，人类活动导致大天鹅的主要食物大叶藻生物量减少，致使大天鹅食性发生改变，开始食用小麦。在中国部分越冬位点，小天鹅种群数量呈卜降趋势，如安徽升金湖国家级自然保护区，可能因为水体富营养化致使小天鹅越冬时期的主要食物沉水植物消失。综上，生境退化、人类活动的干扰及非法偷猎为导致天鹅种群数量变化的主要因素。

雁属的代表物种——
灰雁，它是欧洲家鹅
的祖先。彭建生摄

雁类 雁类为雁形目鸭科雁属 Anser、黑雁属 Branta 鸟类，全世界共 15 种，中国分布有 2 属 13 种。包括白额雁 Anser albifrons、豆雁 A. fabalis、短嘴豆雁 A. serrirostris、鸿雁 A. cygnoides、小白额雁 A. erythropus、灰雁 A. anser、斑头雁 A. indicus、雪雁 A. caerulescens、黑雁 Branta bernicla、加拿大雁 B. canadensis、小美洲黑雁 B. hutchinsii、红胸黑雁 B. ruficollis 及白颊黑雁 B. leucopsis。红胸黑雁与雪雁数量稀少，白颊黑雁、加拿大雁和小美洲黑雁为迷鸟，较难见到。其余 8 种雁，则分布广泛，较为常见，其中豆雁为中国数量最多、分布最广的雁。灰雁与鸿雁体型较大，体长可达 90 cm；豆雁、白额雁与斑头雁体型中等；小白额雁体型较小。

雁类多为长距离迁徙水鸟，小部分灰雁为留鸟。繁殖地多为北半球高纬度地区，如俄罗斯、西伯利亚、阿拉斯加、格陵兰岛等。灰雁与斑头雁的繁殖地则主要在温带地区，如中国东北地区以及内蒙古、新疆、青海等。雁类的繁殖栖息地类型多样，包括苔原地带、高原湿地、河流沿岸、河口浅滩、湖滨湿地等，拥有丰富植被的湿地备受雁类青睐。越冬地主要为温带的河口、湖滨湿地、草地、河流和大型湖泊等，沿海也有分布。随着人工改造湿地的加剧以及农业作业方式的改变，目前农田如水稻田等亦成为雁类重要的越冬栖息地。在中国、韩国、日本等地越冬的白额雁、豆雁与鸿雁等，常被发现于水稻田中觅食，其他雁类亦会在食物缺乏时前往农田觅食。

不同种雁类以及同种雁类的不同亚种迁徙路线及时间各不相同。借助卫星追踪技术已对部分种群的迁徙生态学展开研究，其中北美与欧洲种群研究较为透彻。但某些物种的相关研究则仍然不够充分，尤其是在亚洲等地停歇与越冬的种群。

每年 10 月下旬至次年 3 月下旬，大批白额雁会迁徙至中国长江中下游越冬，越冬期间常与豆雁、小白额雁等混群。温带地区的斑头雁则于 3 月迁徙至青海湖，8 月下旬南迁；在帕米尔地区繁殖的斑头雁于 9 月下旬南迁。目前对斑头雁迁徙路线尚知之甚少。卫星追踪鸿雁迁徙的结果显示，蒙古东部的鸿雁繁殖种群主要迁徙路线如下：由蒙古达哥迁至鸭绿江口，转而折向中国长江中下游湿地。鸭绿江口对于迁徙的鸿雁意义重大，大批雁群常在此逗留至 12 月下旬，直至气温下降导致食物匮乏时方才继续南迁。对灰雁东亚繁殖种群的迁徙路线所知甚少。小白额雁东部繁殖种群于中国东部及朝鲜半岛越冬，2 月开始返回繁殖地。

雁类多为植食性，取食植物的根茎、叶片等，亦有越来越多的雁类开始于农田中觅食，部分雁类兼食水生昆虫及小型鱼类。觅食地类型通常包括草地、湖滨湿地、盐碱地、农田及改良的人工草地等。在生活史的不同阶段及不同的栖息地，雁的取食策略各有差异。小白额雁取食陆生植物的根茎、叶片、果实以及水生植物的绿色部分，严冬亦可取食散落的谷物等；在东洞庭湖，越冬小白额雁以看麦娘、江南荸荠及薹草为食。繁殖期及换羽期的灰雁，主要取食谷物及农作物等，亦可取食禾草，如草地早熟禾、海滨碱茅等；在越冬地取食草本植物的根及谷物。鸿雁主要为植食性，可食用莎草科植物等，

雁鸭类

较为偏好薹草属植物，亦可取食水生昆虫以及小型鱼类等。喜欢于浅水或泥滩上挖掘食物，因此对水位变化较为敏感。黑雁主要为草食性，在繁殖地取食禾本科、苔藓类、地衣类及藻类植物等，现较多黑雁已转向使用改良草地或食用谷物。豆雁大多数为草食性，取食种类极为多样化，包括羊胡子草属及木贼属的根芽组织、猫尾草、越橘属的浆果、苜蓿、燕麦、向日葵、蔬菜等。豆雁亦可于农田觅食，菰的根茎及菱的果实均可为其所取用。斑头雁主要取食水生植物的种子、叶片、浆果以及小型昆虫、甲壳类动物、庄稼等，对有毒植物耐受度较高。白额雁主要取食植物的地下组织，如羊胡子草的根茎等，雪融后，则取食新生的单子叶植物。在中国的越冬地，白额雁主要食用薹草属植物。

雁类雌雄形态相似，在野外难以区分性别。整体而言，雄鸟体型略大于雌鸟。雁类配对主要于越冬地完成，多为一雌一雄制，但亦存在婚外配对及同性配对的情况。窝卵数常为4～6枚，多者如鸿雁可达9枚。雌鸟负责孵卵，雄鸟负责保卫鸟巢并协助哺育幼鸟。孵化期多为20～30天。雏鸟早成，出生3～4天后即可在父母的指导下练习觅食，40～60天羽翼丰满。某些雏鸟孵化后，会聚集成"托儿所"。

雁类主要依赖于湿地生活，尤其是内陆淡水湿地，如湖滨湿地、河流河口等地。因此，全球湿地的退化与丧失对雁类生存造成了极为不利的影响。在全球9大迁徙路线中，东亚－澳大利西亚迁徙路线上雁类及其他水鸟的受胁情况非常严重。

在中国越冬与繁殖的雁类生存也受到各方面威胁，如湿地围垦、水电开发、水位不合理调控、人为捕猎等，禽流感的威胁近年亦开始得到关注。近年，在长江与湖泊的积水区域开展的水利工程，显著地改变了长江中下游湿地的水文环境。例如，三峡蓄水导致洞庭湖滩涂提早露出，薹草提前生长，雁类抵达越冬地时，薹草的高度已超出其可利用范围，成为利用程度较低的"绿色沙漠"。而通过人工调控水位使退水周期合理化，则可保证雁群抵达时薹草低矮嫩绿，由此吸引大群喜食薹草的雁类如白额雁等来此越冬。盗猎亦为造成中国雁类种群数量下降的另一潜在原因。虽然目前白额雁与红胸黑雁均已被列为国家二级重点保护动物，但偷猎现象仍屡禁不止。

总体而言，雁类数量下降、分布范围缩小的主要原因包括水利工程建设改变了生态环境、偷猎盗猎、对湿地不合理开发利用等在内的人为干扰，只有合理规划与限制人类活动，方可形成有效的、长远的保护局面。

小白额雁迁徙路线。日本野生雁类保护协会提供

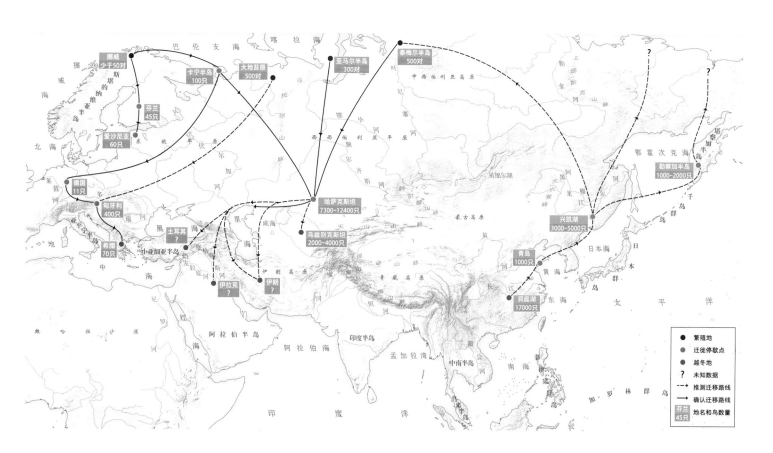

潜鸭类 潜鸭又称港湾鸭，包括雁鸭类的2个属：狭嘴潜鸭属 *Netta* 和潜鸭属 *Aythya*，共计15种。中国有分布的潜鸭类包括赤嘴潜鸭 *Netta rufina*、帆背潜鸭 *Aythya valisineria*、红头潜鸭 *A. ferina*、青头潜鸭 *A. baeri*、白眼潜鸭 *A. nyroca*、凤头潜鸭 *A. fuligula*、斑背潜鸭 *A. marila*，共7种。此外，灰嘴潜鸭 *Netta erythrophthalma* 分布于非洲中南部地区和南美洲；粉嘴潜鸭 *Netta peposaca* 分布于南美洲；美洲潜鸭 *Aythya americana* 分布于中美洲；澳洲潜鸭 *Aythya australis* 分布于大洋洲；马岛潜鸭 *Aythya innotata* 分布于马达加斯加群岛及其附近岛屿；新西兰潜鸭 *Aythya novaeseelandiae* 分布于澳大利亚、新西兰、塔斯马尼亚及其附近的岛屿；环颈潜鸭 *Aythya collaris* 和小潜鸭 *Aythya affinis* 分布于北美地区，包括美国、加拿大、格陵兰、百慕大群岛、圣皮埃尔和密克隆群岛及墨西哥境内北美与中美洲之间的过渡地带。

潜鸭类不同物种体型大小接近，为大中型鸭类。头大，体圆，身体肥胖，均无具金属光泽的翼镜，但大多数种翅膀带白色。雄鸟头部通常为黑色或红色，羽毛呈黑色或者灰色，雌鸟一般为棕色或褐色。

潜鸭通常栖息于淡水湖畔，或成群活动于江河、湖泊、水库、海湾和沿海滩涂盐场等水域。善于潜水，主要通过潜水的方式摄食。多数种类以植物为主食，包括种子、根茎、青草、海藻和水生植物；有些种类也经常食用动物性食物，包括小型无脊椎动物，如水生昆虫和它们的幼虫、腹足纲、甲壳纲、蠕虫等，两栖动物和小的鱼类。潜鸭常在水边浅水处植物茂盛的地方觅食。觅食时间主要在清晨和黄昏，白天多在岸上休息或漂浮在开阔的水面上睡觉。

在潜鸭典型的求偶仪式中，雌鸟对着它所选中的雄鸟鸣叫，诱发它进行求偶表演。雄鸟协助选择营巢地点。一般产7～17枚淡黄色或暗绿色卵，或产于自己营筑的巢中，或产于其他鸟甚至无亲缘关系鸟的巢内。孵化期30天左右。长有绒羽的幼雏出壳后立即由雌鸟带进开阔的水里，数天内即学会潜水，6～8周后便能飞行。

潜鸭类头大，体圆，给人十分憨实之感。无具金属光泽的翼镜，雄鸟头为红色或黑色，雌鸟整体为棕色或褐色。图为潜鸭类的代表物种——赤嘴潜鸭，右边为雄鸟，左边正在振翅的是雌鸟。沈越摄

雁鸭类

在中国有分布的潜鸭均为迁徙性或部分迁徙性鸟类，5—8月繁殖于欧亚大陆北部及北美西北部，9—10月迁往越冬地，或经过波罗的海至欧洲南部，或进一步跨过黑海、地中海、里海至非洲北部和中东地区，或经过中国东部至东南部、南亚及东南亚地区，或经过北美中部至墨西哥湾越冬。次年3—4月回迁。

潜鸭类均被列入《IUCN国际鸟类红皮书》，青头潜鸭和马岛潜鸭被列为极危，红头潜鸭被列为易危，白眼潜鸭也是近危物种。无论是繁殖地、越冬地，还是迁徙通道上的观察数量都在下降。

候鸟的完整生活史包括了繁殖期、越冬期和迁徙期三个阶段。这三个阶段的栖息地，包括繁殖地、越冬地和迁徙停歇地，跨越数千千米甚至上万千米的地理空间，因此候鸟的种群数量变化与三个区域的环境条件有关。迁徙停歇地的丧失和退化、狩猎、捡拾鸟蛋，都是该迁徙路线上潜鸭类种群数量下降的关键因素。此外，渔业养殖、娱乐活动等都在一定程度上给潜鸭类物种带来了负面影响。人类对土地资源需求的不断增大，直接导致候鸟栖息地的退化及丧失，加上迁徙停歇地上人为干扰的加重，都使得潜鸭类物种的生存状况不容乐观。

A	B
C	D
E	F

中国有分布的另外6种潜鸭均为潜鸭属。
A 青头潜鸭。牛蜀军摄
B 帆背潜鸭
C 凤头潜鸭。杨贵生摄
D 白眼潜鸭。沈越摄
E 斑背潜鸭。聂延秋摄
F 红头潜鸭。沈越摄

钻水鸭类　钻水鸭类主要停留在浅水水域，与将身体潜入水中摄食的潜鸭类不同，它们主要浮于水面以前倾姿势摄食，有时亦会呈倒立状将头探入水中，因此得名。

钻水鸭类在世界范围内分布，有50～60种，其中29种属于鸭属 *Anas*。中国有分布的钻水鸭类包括栗树鸭 *Dendrocygna javanica*、赤麻鸭 *Tadorna ferruginea*、翘鼻麻鸭 *T. tadorna*、鸳鸯 *Aix galericulata*、棉凫 *Nettapus coromandelianus*、赤颈鸭 *Mareca penelope*、绿眉鸭 *M. americana*、罗纹鸭 *M. falcata*、赤膀鸭 *M. strepera*、花脸鸭 *Sibirionetta formosa*、绿翅鸭 *Anas crecca*、绿头鸭 *A. platyrhynchos*、斑嘴鸭 *A. zonorhyncha*、棕颈鸭 *A. luzonica*、针尾鸭 *A. acuta*、白眉鸭 *Spatula querquedula*、琵嘴鸭 *S. clypeata* 和鹊鸭 *Bucephala clangula*。主要分布于东亚—澳大利西亚迁徙路线上。

在钻水鸭类中，不同的物种适应不同类型的栖息地，作为一个整体来叙述比较困难，没有某种植被或某种栖息地能够满足所有物种的需求。钻水鸭类一般不会潜水，经常出现在小的池塘、河流和浅的水域，也会在陆地上摄食种子和昆虫。从形态和行为特征来看，它们具有扁平宽大的喙，游泳时会浮在水面上，较喜发声。钻水鸭类与潜鸭类的区别在于以下四点：后趾较小；翼镜色彩艳丽；脚的位置更接近躯干正中央，这样的构造使它们更易于在陆地行走；从水中返回陆地时，钻水鸭类通常会直接跳起跃出，而潜鸭类会在水面助跑。

从世界范围内来看，钻水鸭类在北半球温带比较常见，为候鸟。越冬地范围广阔，有欧洲南部，地中海地区，波斯湾地区，非洲北部的埃及、尼罗河流域，亚洲西南部的伊朗、印度、缅甸、中南半岛、尼泊尔、孟加拉国、斯里兰卡，亚洲东南部的朝鲜、日本、中国、朝鲜半岛、泰国、越南，还包括北美南部地区，墨西哥，太平洋中的范宁岛、夏威夷等。偶见于格陵兰、北美、安的列斯群岛和加里曼丹。繁殖地同样分布广泛，包括欧洲中部的瑞典、英国、法国、荷兰、德国等，欧洲北部的挪威沿海、冰岛

钻水鸭类会呈倒立状将头探入水中取食，因而得名。图为倒立钻水取食的赤膀鸭。Mykola Swarnyk摄（维基共享资源/CC BY-SA 3.0）

雁鸭类

赤麻鸭从水上起飞。
沈越摄

等，亚洲中部的黑海、里海等，西伯利亚地区的萨哈林岛，亚洲东北部的蒙古东部、中国东北部，以及北美洲西北部的阿拉斯加、加利福尼亚等。在中国，繁殖地位于大兴安岭地区，主要是黑龙江和吉林，越冬地位于华北沿海、东南沿海和长江中下游地区。

它们通常在越冬地进行配对，因为在同一片越冬地的群体可能来自不同的繁殖地，这样能确保不同种群间的基因交流。一般来说，在春季繁殖迁徙中，雄鸟会陪伴雌鸟抵达繁殖地。然后到达营巢地，雄鸟会保护它们的领地，为雌鸟提供安全的繁殖环境。不同的物种之间保护领地的行为不一样。大多数钻水鸭类会在休耕区或灌木丛中筑巢，窝卵数一般为 9～15 枚。产卵结束后会由雌鸟单独进行孵卵，孵化期长达 23～30 天。钻水鸭类不是一雌一雄制，雄鸟会在雌鸟孵卵时抛弃雌鸟，在每个繁殖季都有新的伴侣。雌鸟孵卵时，雄鸟们会聚集在大沼泽中换羽。雏鸟以蛋白质含量丰富的昆虫和脊椎动物为食，35～60 天后，食物组成会变成以植物为主。

钻水鸭类受到一系列因素的威胁，包括捕猎、天敌以及疾病。大概有 50% 的钻水鸭类受到捕猎的威胁，各种疾病则是第二大威胁因素。一般来说，疾病引起的死亡主要在冬季，此时它们受到的压力较大，聚集在一个小区域内，种群密度较高。在筑巢季节天敌的影响较大，此时夫妻双方和卵都容易受到天敌的捕猎，天敌有赤狐、浣熊、水貂、臭鼬、海鸥等。天敌可使窝卵数损失接近一半。

秋沙鸭类　秋沙鸭类指雁形目鸭科秋沙鸭属 Mergus 和斑头秋沙鸭属 Mergellus 鸟类，其特征是嘴甲大，锐而具钩；成鸟或多或少有延长头羽或项羽组成的羽冠；尾羽圆、长而硬直；特别是嘴侧扁而具锯齿，体型为适应追捕鱼类等食物而较呈流线型，这些是秋沙鸭类专化的特征。

秋沙鸭全球共 7 种，包括秋沙鸭属 Mergus 6 种和斑头秋沙鸭属 Mergellus 1 种，除非洲和澳大利亚外，在其余各洲均有分布。在中国分布有 4 种，分别为斑头秋沙鸭 Mergellus albellus、中华秋沙鸭 Mergus squamatus、红胸秋沙鸭 M. serrator 以及普通秋沙鸭 M. merganser，其中中华秋沙鸭被列为国家一级重点保护动物，主要见于东部地区，北起黑龙江，南至海南。

秋沙鸭繁殖季节主要栖息于森林和森林附近的河流、湖泊及河口地区，也栖息于开阔的高原、苔原地带水域中。非繁殖期有的主要栖息在沿海海岸、河口和浅水海湾等咸水区域，有的选择内陆湖泊、江河、水库、池塘等淡水水域。

秋沙鸭善游泳和潜水，一般在水面上活动，很少上岸。具有很强的集群倾向，常集体下潜。潜水时首先身体往上一跃，然后再翻身潜入水中。起飞时需在水面急速拍打两翅"助跑"，略显吃力而笨拙。常以 5 ~ 7 只小群活动，冬天则集大群活动，有时甚至超过 10 000 只。秋季可见与其他物种混群，如普通秋沙鸭会与斑背潜鸭混群。

不同秋沙鸭的迁徙路线各不相同，借助于卫星追踪技术已经对某些秋沙鸭的迁徙习性有了大致的了解，比如斑头秋沙鸭冬季分布在欧洲西部和中部、地中海东部的盆地、黑海、俄罗斯南部、中东、中国东部、韩国和日本，北欧繁殖种群 9 月开始离开繁殖地，10 月上旬全部离开，主要迁徙经过瑞典的内陆地区和波罗的海三国（爱沙尼亚、拉脱维亚、立陶宛）于 12 月至次年 1 月到达北海的越冬地。普通秋沙鸭在沿海地区或内陆湖泊的繁殖地或换羽地停留至 8 月下旬或 9 月上旬，直到冰冻期才开始迁徙。在俄罗斯和波罗的海的种群于 10 月或 11 月上旬开始迁徙，大部分在 12 月到达北海，在 10 月中旬至 12 月中旬，迁徙到黑海北部和亚速海越冬的普通秋沙鸭数量呈上升趋势。返程迁徙一般开始于 3 月初，4 月中旬即会全部离开越冬地。

主要以小型鱼类、水生无脊椎动物、两栖动物、小型哺乳动物和鸟类为食，也能取食小型植物和人类扔下的面包。雏鸟主要取食昆虫。主要通过潜水捕食，先将头伸入水下搜索，发现食物后再从水面潜入水中。有时会形成一大群协作捕食水下的鱼群，有记录到多达 100 多只秋沙鸭形成的捕食团体在水面捕食鲱鱼。会和其他鸟类混群捕食，如潜鸟类、海雀类。

繁殖期始于每年 3—4 月，结束于 5—6 月，季节性单配制，也有一雄多雌和一雌多雄的情况。于

带领雏鸟在水面嬉戏的中华秋沙鸭。沈越摄

雁鸭类

上年11月左右完成配对，也可能在迁徙时完成配对。雄鸟通常在孵化期的起始就离开雌鸟；雌鸟对繁殖地有较高的忠诚度。在繁殖地形成松散的繁殖群体活动，这种群体一般位于岛屿或一些人工建筑的繁殖区域中，有时会和其他鸟类混在一起，如鸻类。巢用草和树叶做成，用羽毛编织起来。一般位于地面上，常常隐藏在茂密的草丛、树丛以及自然形成的洞穴和树洞里，一般距离水体不超过25 m。孵化由雌鸟单独完成。雏鸟有跟随雌鸟的天性。性成熟时间约为2年。

存在种内寄生现象，而且它们的巢经常会被其他种的鸟占据，例如在北美有记载鹊鸭和镜冠秋沙鸭会将卵产在普通秋沙鸭的巢中。

秋沙鸭的数量主要受到栖息地破坏、原油泄漏、水体污染、猎杀等影响。在欧洲地区，栖息地的破坏造成了斑头秋沙鸭数量减少，原油泄漏导致斑头秋沙鸭栖息的海岸受到污染，也对其生存造成了负面影响。秋沙鸭并不是人类猎捕的对象，但是渔民或钓鱼者常在它们的栖息地滥捕滥钓，导致它们喜食的鱼类被捕捞殆尽，直接或间接地导致了其数量的减少。在中国，水利工程的建设改变了长江流域一些湖泊的水文过程。以洞庭湖为例，原有的湿地斑块形状及分布特点发生变化，原有的湿地植被的演替模式、生境类型与面积随水位而变化的季节波动随之改变，这些变化导致一些湿地植物的生活史过程提前，部分植食性鸟类可能会缺少食物。

A | B

C

秋沙鸭十分善于游泳，游于水面时显得十分悠闲自在。而与游泳和潜水时的优雅从容不同，它们起飞时需要在水面"助跑"，稍显笨拙。

A 优雅游弋的斑头秋沙鸭雄鸟。赵国君摄

B 同样从容的斑头秋沙鸭雌鸟。沈越摄

C 正在"助跑"的普通秋沙鸭雌鸟。赵纳勋摄

疣鼻天鹅
Cygnus olor

大天鹅
Cygnus cygnus

小天鹅
Cygnus columbianus

小白额雁
Anser erythropus

白额雁
Anser albifrons

鸿雁
Anser cygnoides

斑头雁
Anser indicus

豆雁
Anser fabalis

灰雁
Anser anser

短嘴豆雁
Anser serrirostris

雪雁
Anser caerulescens

加拿大雁
Branta canadensis

小美洲黑雁
Branta hutchinsii

红胸黑雁
Branta ruficollis

白颊黑雁
Branta leucopsis

黑雁
Branta bernicla

青头潜鸭
Aythya baeri

红头潜鸭
Aythya ferina

斑背潜鸭
Aythya marila

凤头潜鸭
Aythya fuligula

白眼潜鸭
Aythya nyroca

帆背潜鸭
Aythya valisineria

赤嘴潜鸭
Netta rufina

翘鼻麻鸭
Tadorna tadorna

赤麻鸭
Tadorna ferruginea

栗树鸭
Dendrocygna javanica

棉凫
Nettapus coromandelianus

瘤鸭
Sarkidiornis melanotos

鸳鸯
Aix galericulata

赤颈鸭
Mareca penelope

罗纹鸭
Mareca falcata

赤膀鸭
Mareca strepera

绿眉鸭
Mareca americana

花脸鸭
Sibirionetta formosa

绿翅鸭
Anas crecca

美洲亚种
A. c. carolinensis

绿头鸭
Anas platyrhynchos

斑嘴鸭
Anas zonorhyncha

印度斑嘴鸭
Anas poecilorhyncha

棕颈鸭
Anas luzonica

针尾鸭
Anas acuta

白眉鸭
Spatula querquedula

琵嘴鸭
Spatula clypeata

云石斑鸭
Marmaronetta angustirostris

小绒鸭
Polysticta stelleri

丑鸭
Histrionicus histrionicus

长尾鸭
Clangula hyemalis

黑海番鸭
Melanitta americana

斑脸海番鸭
Melanitta fusca

鹊鸭
Bucephala clangula

白头硬尾鸭
Oxyura leucocephala

斑头秋沙鸭
Mergellus albellus

红胸秋沙鸭
Mergus serrator

普通秋沙鸭
Mergus merganser

中华秋沙鸭
Mergus squamatus

大天鹅

拉丁名：*Cygnus Cygnus*
英文名：Whooper Swan

雁形目鸭科

形态　大型游禽，体长120～160 cm。雌雄成体相似，雌性体型略小。通体羽毛白色。嘴基黄色，嘴尖黑色，楔形黄斑由两侧向前延伸过鼻孔；部分个体下喙具细长红色或粉色纹路。虹膜深褐色，偶见蓝灰色。腿与足黑色。幼体羽毛灰褐色，头顶颜色较深；下体羽色略白，两胁灰褐色。孵出当年冬季，幼体羽色以不同的速率逐渐变白，至春季在野外可能较难与成体区分。喙部颜色亦于孵化当年冬季由粉白色变至淡黄色。幼体白色的喙部极易识别，因此春季远距离进行成幼辨别时，该特征相比灰色体羽判别更为准确。尽管如此，实际工作时仍较难区分许多1龄幼鸟与成鸟。幼鸟腿和足常呈黑色，偶为灰红色或带粉色斑点。至次年冬季其喙部颜色类似成鸟，但黄色可能稍浅于成鸟。

分布　繁殖于古北界北部的灌木或乔木苔原带及针叶林带，西起冰岛与斯堪的纳维亚北部，东至俄罗斯太平洋沿岸。越冬于不列颠群岛、欧洲大陆、西亚、中国、韩国、日本。迷鸟见于美国、中国台湾、阿富汗、摩洛哥、巴基斯坦与叙利亚。在中国，大天鹅主要繁殖于黑龙江扎龙、兴凯湖、三江平原，新疆天山中部的巴音布鲁克、西部的赛里木湖、艾比湖、伊犁河、乌伦古河等。主要越冬地有天津及河北沿海、山东荣成、东营、埕口、青海、甘肃、新疆等地，偶见于洞庭湖、云南纳帕海、福建及台湾。

栖息地　繁殖栖息地类型较为多样，如靠近浅水湖泊或池塘的陆地、植被茂密的沼泽地带。在冰岛，大天鹅常选择低地农田沼泽、高地池塘与沼泽，以及海拔高达700 m的冰碛湖作为其营巢地。在斯堪的纳维亚与俄罗斯，大天鹅常于树林环绕的沼泽湿地与水塘繁殖，亦可栖息于草原上芦苇环绕的湖泊。过去10年间，

其繁殖区域曾向北推移至苔原地带，但目前仅在西伯利亚北极圈南部定期繁殖。在灌木或乔木苔原上，大天鹅利用着生茂密挺水植物的浅水池塘与湖泊。非繁殖个体倾向于分群栖息于湖泊、河道或海湾中。湖泊、河口三角洲及避风港湾也常被用作其迁徙途中的停歇位点。传统越冬生境包括淡水湖泊与沼泽、咸水潟湖及海湾，开阔水面于大天鹅而言是更为安全的栖息地。过去30年间，越来越多的大天鹅开始利用欧洲西北部的农田作为其越冬栖息地。

习性　繁殖季具极强的领域性，一般会留于领地内直至幼鸟生羽。冬季则更倾向于群居。在越冬地偶见大天鹅求偶与交配，但此类现象更为频繁地出现于春、夏两季的非繁殖群体中。

秋季迁徙始于9月下旬至10月，具体时间取决于天气状况。春季迁徙主要始于3—4月。在某些大天鹅与小天鹅共用的越冬地，由于大天鹅繁殖地与越冬地之间的距离相对较短，因此通常较早到达而更晚离去。在英国与冰岛之间迁徙的大天鹅种群，其跨海飞行距离约为800 km，可能为所有天鹅类中最长的。大天鹅可在极高空飞行，据飞行员报道曾于8200 m高空目击到一群天鹅，据推测为大天鹅。然而，它们亦被观察到在沿波罗的海海岸迁徙时紧贴海面飞行。利用卫星追踪技术研究10只在不列颠与冰岛间迁徙的大天鹅，发现其飞行高度较低，最大飞行高度仅为海拔1856 m。秋季，大天鹅由冰岛飞至苏格兰的最短时间为12.7小时，部分个体于迁徙途中降落至海面，有时会在海面停留较长时间。春季迁往冰岛途中，2只被追踪的大天鹅遭遇强劲侧风，其中一只耗费31小时飞抵冰岛，另一只则于海面停留4天之久。大天鹅最大飞行速度约为27 m/s。

尽管俄罗斯与日本一直在开展环志项目，但大天鹅在远东的迁徙路线仍未可知。通过对迁徙路径的观察，判别出2条迁徙路

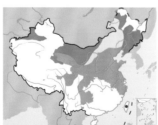

大天鹅。左上图彭建生摄，下图沈越摄

恩爱的大天鹅夫妻。宋丽军摄

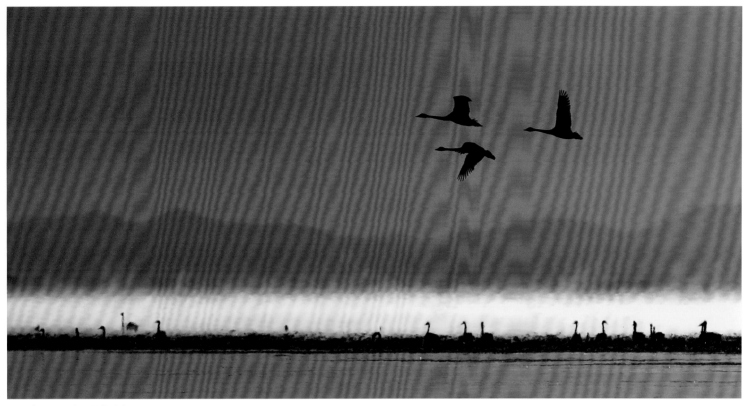

迁徙中的大天鹅。徐永春摄

线：在俄罗斯东北部的阿纳德尔-品仁纳低地繁殖的大天鹅，行经堪察加半岛与千岛群岛，最后抵达日本越冬；在科雷马河流域繁殖的大天鹅，则可能沿鄂霍次克海西部西海岸迁飞。在日本越冬的种群一般3月中下旬启程迁回繁殖地，通常需飞行26～75天才可抵达，飞行距离长达1600～4000 km。在日本，1994年、1995年分别为3只、5只大天鹅安装了卫星追踪器，并对其移动轨迹进行记录，追踪一直持续至夏季。8只大天鹅的迁徙始于日本最东部地区，行经北海道及萨哈林岛中部和南部，抵达黑龙江河口。2只停留于黑龙江下游，2只则在鄂霍次克海北部海岸度过夏季；剩下4只继续飞往北部，最终3只抵达因地吉尔卡河中游，1只抵达科雷马河下游。

虽然大部分种群的换羽地均靠近繁殖地，但也有特例。最近发现，在欧洲最南部繁殖的种群会进行换羽迁徙，在拉脱维亚与爱沙尼亚繁殖的大天鹅会迁徙至芬兰甚至俄罗斯北极圈地区进行换羽，通常于6月20日之前离开，9月中旬返回，迁徙距离达1455 km。

极端天气似乎是迁徙过程中影响大天鹅存活率的主要因素。为此，大天鹅选择春天尽早到达瑞典中南部某处停歇地，并停留较长时间，而此种情况极可能增加栖息地的承载压力并对农作物造成破坏。英国1972—2008年的数据显示，晚冬/早春时节，前50%迁离的大天鹅其离开时间相对后10%明显提前。这与越冬地2月温度上升有关，温度上升同时促进了植物的生长，使得大天鹅在提前迁离时可获得足够的食物及能量。

食性 几乎完全植食性，亦有特殊情况：春季在冰岛观察到部分繁殖对以摇蚊为食；严冬时节，丹麦大群个体摄取咸水或淡水贝类如紫贻贝等。在冰岛与芬兰，木贼属植物，尤其溪木贼为大天鹅繁殖时期的重要食物。冰岛山地，莎草科薹草属植物与普通羊胡子草亦会为繁殖时期的大天鹅所利用。大天鹅还会利用其他多种植物，如大叶藻属、川蔓藻属、轮藻属、眼子菜属、甜茅属及薸菜属，这与不同地区和天气情况下植物的可利用程度以及个体自身的需求密切相关。

繁殖 基本为一雌一雄制，配偶关系稳定若干年后其繁殖成功率会相应上升。有5.8%的大天鹅在原配偶存活的情况下另觅伴侣。大天鹅"离婚率"高于小天鹅，这可能是迁徙过程与繁殖周期中多种制约因素综合作用的结果。迁回繁殖地的大天鹅中60%～70%的个体由于某些特定原因而无法繁殖，而繁殖对中有8%～10%并不产卵或产卵失败。

在冰岛，巢防御良好时其繁殖对密度为每平方千米0.17～0.25对，舒适度稍低的栖息地则为每平方千米0.39～0.66对，植被丰富的沼泽栖息地繁殖对仅间隔50 m，舒适度尚可的栖息地中大天鹅巢址间的平均距离则为500～880 m。单个繁殖对常占据整个池塘或湖泊，有时非繁殖个体亦可利用这些水域完成换羽。大天鹅可多年反复利用同一巢基座，但每年均会重新整修。质量较好的领地在大多数年份均被利用，而繁殖对在此进行繁殖时成功率也相对较高。

产卵起始时间取决于冰雪消融时间，通常4月下旬至5月冰岛及芬诺斯坎迪亚种群即开始产卵，而在俄罗斯则为5月中下旬，部分地区可能延迟至6月。雌鸟产卵时间间隔为48小时，卵为椭球形，呈乳白色，几天后变为棕黄色；各繁殖地种群卵的大小相似，产于冰岛高地的卵体积相比低地地区明显更小。冰岛种群平均卵重 328 g，而欧洲繁殖种群平均卵重 331 g。窝卵数 2～7 枚，通常为 4 枚或 5 枚，具体数目与繁殖地生境有关。在冰岛与芬兰，大天鹅平均窝卵数分别为 4.5 枚、4.4 枚，十分相近；但芬兰北部的窝卵数少于芬兰南部，雏鸟死亡率亦相对较高。若卵在孵化前被损毁，尤其是筑于低地的巢被水淹没的情况下，繁殖对可能会进行二次产卵。雌性大天鹅承担为期 31～42 天的孵化工作，雄鸟则留于巢附近守卫领地，偶有坐巢行为。离巢取食与饮水前，雌鸟会将绒羽与巢材覆盖于卵上。

尽管 5 月下旬即有雏鸟破壳而出，但多数卵于 6 月至 7 月上旬成功孵化。雏鸟为异步孵化，每只间隔 36～48 小时。雏鸟较小时由雌鸟抚育，但主要为自主进食。约 87 天后雏鸟羽翼丰满。在人工饲养条件下，雏鸟生长速度较野生种群更快，需约 80 天羽翼丰满，且生长速率随饲养环境不同而有所区别。在芬兰，繁殖对筑巢位点的生境情况会影响雏鸟的生长速率及成活率。第一个冬季，后代会与其双亲待在一起。随着独立性逐渐增强，部分幼体会选择在第一个冬季末期离开父母，但大多数幼体仍随双亲共同进行春季迁徙。第二年夏季，大部分年满 1 周岁的大天鹅会加入非繁殖群体而并不跟随双亲进入繁殖领地。

约 25% 的大天鹅在出生后第 2 个冬季已完成配对，大多数个体直至第 3 或第 4 个冬季才与配偶一同迁回越冬地。除去个别个体，大天鹅通常 4～7 龄时才实现首次繁殖。基因指纹证实，有一只雌性大天鹅在不满 1 龄时即成功进行繁殖。

种群现状和保护 IUCN 将大天鹅列为无危物种。目前世界上有 4 个主要的大天鹅繁殖种群，分别位于冰岛、欧洲西北部、俄罗斯中部以及俄罗斯东部。俄罗斯中部的繁殖种群可分为 2 支

越冬种群，一支前往黑海—地中海东部越冬，另一支前往西亚和里海越冬，而目前这 2 支越冬种群的规模尚未可知。冰岛繁殖种群与欧洲西北部繁殖种群之间交流甚少，大部分在冰岛繁殖的个体迁往不列颠或爱尔兰越冬，而欧洲西北部繁殖的大天鹅主要在欧洲大陆越冬。但有报告显示，一只在冰岛环志的大天鹅，连续两年在芬兰繁殖；而 1995 年夏季在芬兰南部环志的若干大天鹅家庭于之后的两个冬季出现在英格兰东南部。在更远的东部地区，繁殖种群间相互交流的频率更高。大天鹅格陵兰繁殖种群已灭绝，而法罗群岛与奥克尼群岛的大天鹅繁殖活动分别持续至 17 世纪与 18 世纪。目前仅有不到 10 对大天鹅在苏格兰与爱尔兰繁殖。

冰岛的繁殖种群主要在不列颠与爱尔兰越冬，仅剩 500～13 000 只留于冰岛，福伊尔湾与斯威利湾是其重要迁徙停歇地。不同年份越冬位点的分布无显著变化：30%～33% 于不列颠越冬，61%～66% 于爱尔兰越冬，其余均留于冰岛，冰岛越冬种群的分布与数量随天气及食物供给情况而变化。20 世纪 60—80 年代，大天鹅冰岛越冬种群数量持续上升，20 世纪 90 年代中叶，该数量基本稳定并略有下降，2000 年进一步上升至约 21 000 只。由于大天鹅倾向于形成分散小群越冬，因此除非开展密集系统的调查，否则很难监测大天鹅的种群变化趋势。

欧洲西北部的大天鹅繁殖种群，主要在斯堪的纳维亚北部与俄罗斯西北部繁殖，在欧洲大陆，特别是丹麦、挪威、瑞典和石勒苏益格 - 荷尔斯泰因等地越冬，有时亦可于荷兰、波罗的海三国及中欧越冬。在寒冷的冬季，于波罗的海与瑞典越冬的大天鹅种群数量会急剧下降，而该地区西部与南部的种群数量则会相应上升。多度指数显示，自 20 世纪 60 年代中叶以来，

带领幼鸟漫步的大天鹅，前后羽毛灰色的为大天鹅幼鸟。宋丽军摄

欧洲繁殖种群数量显著上升，至 20 世纪 80 年代已达到 25 000 只。在欧洲大陆越冬的大天鹅分布也较为零散，因此很难通过有限位点的监测估计大天鹅整体的种群数量及变化趋势。1995 年 1 月调查发现，仅丹麦就分布有超过 20 000 只大天鹅，此外，德国 14 000 只，瑞典 7500 只，挪威超过 5000 只，波兰 3000 只。此次调查共实际记录到 52 000 只大天鹅，其种群据估计约为 59 000 只。仅少数个体会迁往更南地带如比利时与法国越冬；1990 年 12 月，于西班牙西北部发现 22 只大天鹅，其中若干个体为冰岛北部环志个体。

对在哈萨克斯坦东部的黑海及里海、塔吉克斯坦、乌兹别克斯坦越冬的大天鹅种群数量和活动范围所知甚少。大天鹅在越冬地之间的移动情况及不同越冬种群繁殖区域的范围尚不明确，因此较难判断分布于黑海与地中海东部，及里海和西亚的大天鹅种群是否属于同一繁殖种群。假若大天鹅的迁徙范围极其广阔，则在黑海与地中海东部的越冬种群可能于西伯利亚西部或乌拉尔西部繁殖，位于里海与巴尔喀什湖之间的越冬种群则可能在更为偏东的区域即西伯利亚中部繁殖。在俄罗斯中部（包括泰梅尔半岛），记录到 9800 个繁殖对。根据黑海及地中海东部冬季调查的结果，大天鹅的种群数量据估约为 17 000 只，但该次调查未能覆盖里海地区。在西亚和里海越冬的种群数量未知，据估约为 20 000 只。由于调查所覆盖的区域有些许变动且调查受到更北部区域天气状况的影响，该区域大天鹅种群的变化趋势评估工作较难进行，但普遍认为黑海与里海南部区域的大天鹅种群数量处于下降趋势。

东部种群在夏季广泛分布于俄罗斯东部的针叶林带以及中国西北与东北部地区。20 世纪 90 年代中叶在日本、中国及韩国开展的冬季调查统计到约 30 000 只大天鹅，但近期在越冬地的调查显示种群数量可能约为 60 000 只。在中国越冬的大天鹅最多可达 15 000 只，日本约为 31 000 只，且每年冬季大天鹅的分布情况各有不同。仅有 2200 只大天鹅在俄罗斯东北部繁殖，因此部分在日本与中国越冬的大天鹅可能会在更为靠西的区域即西伯利亚中部完成繁殖。

在北美越冬的大天鹅数量较少，在 50 只以下，分布于阿留申群岛与普里比洛夫群岛，在阿图群岛曾于 1996 年和 1997 年有繁殖对的筑巢记载。

不同地区大天鹅种群数量的变化趋势不同。大天鹅最主要的死因可能为飞行事故，大多是与空中的电线发生碰撞，其次为狩猎、铅中毒、极端天气条件以及自然条件下遭遇捕食。

大部分国家和地区已通过立法逐步实现对大天鹅的禁猎，如冰岛于 1885 年宣布禁猎，日本于 1925 年禁猎，瑞典于 1927 年，英国于 1954 年，俄罗斯于 1964 年，但法律实效性很难保证，尤其是偏远地区。重要的国际会议，如欧共体鸟类准则（European Community Birds Directive）和伯尼会议（Berne Convention），推动了许多综合性保护措施的实施。在伯恩会议上（Bonn Convention）达成的《欧亚与非洲水鸟保护协议》中计划将冰岛、黑海与西亚的大天鹅种群列入 A（2）类保护种群，要求每个国家制定相应保护方案并对其分别进行补充，以改善各自保护现状。冰岛于 1885 年开始保护大天鹅，1903 年改为仅保护繁殖期的大天鹅，1913 年之后又恢复全面保护。尽管在大天鹅迁徙范围内实施了全面禁猎，冰岛种群仍有 10% 左右的个体体内检出非法狩猎留下的霰弹。19 世纪末至 20 世纪初，芬诺斯坎迪亚的大天鹅种群因人类活动干扰，数量急剧下降。20 世纪 50 年代初，非法狩猎、鸟蛋及雏鸟拾取等一系列人类活动导致芬兰的繁殖种群近乎绝灭，之后当地采取一系列保护措施方使该种群有所恢复。20 世纪 20 年代，大天鹅瑞典繁殖种群分布范围收缩至 67°N 以北，自 1927 年禁猎之后，其种群数量缓慢恢复，直至 1950 年之后，才得以快速恢复。20 世纪 70 年代初，瑞典大天鹅繁殖种群数量由 30 对增至 310 对，但仅零散分布于瑞典北部若干核心区域，至 1997 年增至 2775 对，在海岸与山地之间所有区域均有分布，至此，大天鹅瑞典繁殖种群的分布情况已大幅好转。

19 世纪，俄罗斯境内大天鹅的种群数量亦有与前述地区类似的下降过程，由于生境丧失及滥捕滥杀，大天鹅在繁殖区域南部几已绝迹。而 20 世纪 70 年代，哈萨克斯坦北部的草原—森林过渡地带由于农业发展（包括排干湿地）及人口迁入，大天鹅繁殖种群数量亦大幅下降。在俄罗斯的亚马尔 – 涅涅茨地区，由于人类定居以及不断增加的人为干扰，大天鹅的繁殖区域逐步缩减。而其他地区，如西伯利亚西部的巴拉巴地区中部，种群数量基本保持稳定，或由于保护得当而持续增加。

大天鹅在日本被长期尊崇，冬季各地普遍组织人工饲喂，但某些重要的越冬位点由于湿地干涸致使大天鹅越冬受胁。另外，农业生产方式的改变亦可能为大天鹅未来的保护工作带来挑战。1868 年之前，大天鹅日本越冬种群数量众多且分布广泛，最南可至东京，而 1868 年之后，枪支弹药的使用导致大天鹅种群数量下降，分布范围亦缩小。1925 年，日本政府开始采取保护措施，并有效阻止了种群数量的持续下降，然而 1945 年之后大量湿地被开发，致使大天鹅的越冬栖息地相继丧失且无法再度为该物种所利用。

20 世纪 60 年代，朝鲜半岛农业与工业的发展导致大面积沿海及内陆湿地遭遇围垦，从而致使当地大天鹅越冬种群数量下降。

20 世纪 60 年代以来，由于生境丧失、狩猎及鸟蛋和雏鸟的拾取，中国大天鹅繁殖种群的数量亦持续下降。《中国脊椎动物红色名录》评估为近危（NT）。中国政府实施了相关保护措施：1989 年颁布《中华人民共和国野生动物保护法》，其中大天鹅被列为国家二级重点保护动物并在其繁殖地建立保护区。在中国西北部，大天鹅种群较小且孤立，目前正遭受过度放牧、干扰和其他人类活动的威胁。

小天鹅

拉丁名: *Cygnus columbianus*
英文名: Whistling Swan

雁形目鸭科

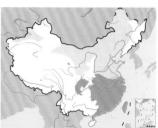

带领幼鸟游泳的小天鹅，羽毛灰色的为小天鹅幼鸟。左上图聂延秋摄，下图杨贵生摄

形态特征 大型游禽，体长 110～130 cm。成体雌雄区别不大，但雄鸟体型与体重均大于雌鸟。成体全身羽毛皆白，颈部竖直，头较圆，喙部黑黄色图案样式多变，可依此辨认单一个体，腿黑色。虹膜通常呈褐色，偶为蓝灰色。成体小天鹅头、颈与下体可为铁锈色。偶有观察到患白化病的个体，其成体腿为粉或黄色，喙部粉色区域大小多变。成年小天鹅每年更换体羽及飞羽。7月下旬至8月更换飞羽，繁殖对中，雌鸟较早更换飞羽。雏鸟类似小天鹅指名亚种，通体浅灰色，喙与腿为粉色。幼体1龄时与成体区别较为明显，羽色呈浅灰至中灰色，喙部颜色多变，嘴端一般为黑色，嘴基为粉色至粉红色。在第一个冬季与春季，羽色逐渐变浅接近白色，喙部黑色部分逐渐覆盖粉色部分，嘴基变白，随后变黄。第二个冬季小天鹅幼体头与颈部常残留灰色羽毛，喙部粉色斑块亦不会完全消失。小天鹅有几个地理变种，在其分布范围内，越往东部个体喙部越大（嘴高变大，嘴尖变宽）。日本越冬种群喙部的黑色部分所占比例高于英格兰越冬种群。

小天鹅的野外特征与大天鹅极为相似，且在非繁殖季节分布与大天鹅有较大重叠。主要区别为：小天鹅体型较大天鹅小，飞行姿势、身体比例及外形与雁更为接近，颈部较短，躯体更为矮壮，头更圆。其黄色嘴基形状与大天鹅类似，无确定的末梢点，可为圆形、锯齿状或方形，但与黑色嘴端的分界位于鼻孔之后，而大天鹅嘴基黄色部分延伸至鼻孔以下。小天鹅幼体比同龄的大天鹅幼体颜色更偏深灰色，嘴基更红，且鸣声亦有差别，大天鹅声音更响亮、低沉。

分布 指名亚种 *C. c. columbianus* 繁殖于北美洲北部，越冬在美国；俄罗斯亚种 *C. c. bewickii* 繁殖地位于俄罗斯极圈内，由卡宁半岛向东至楚科奇海，越冬于欧洲西北部和亚洲东北部，包括英国、荷兰、爱尔兰、德国、丹麦、比利时及法国、日本、中国及朝鲜半岛。偶见于亚美尼亚、希腊、印度东北部、伊拉克、以色列、约旦、阿曼、巴基斯坦、沙特阿拉伯东部、阿联酋、中国台湾、菲律宾、罗塔、马里亚纳群岛。中国分布的是俄罗斯亚种，在长江中下游、东南沿海及台湾地区越冬，迁徙经过东北、华北地区。

栖息地 在极圈繁殖的小天鹅喜好开阔的低地、莎草地、着生苔藓与地衣且湖河遍布的苔原带，有时亦喜欢岛屿或海边宽敞而流速缓慢的河流及水域。仅于乔木苔原或针叶林带筑巢，较少营巢于灌木苔原地带。其繁殖地南部灌木苔原的边界地带，与大天鹅的繁殖范围有些许重叠，而当春季气候条件恶劣时，在更北部繁殖的小天鹅会向南扩张其繁殖范围，与大天鹅的繁殖范围进一步重叠。迁徙过程中小天鹅可利用少量的湖泊、池塘及河流，亦可利用浅咸水潟湖及海岸带水域。在欧洲西北部，过去小天鹅多利用浅水湖泊或沼泽，以水生植物为食，现今则越来越多的个体群集于水淹牧场及耕地中。小天鹅夜栖地常为开阔水域。

习性 迁徙性，一般于8月末至9月初离开繁殖地前往越冬地，次年3月中下旬开始返迁。小天鹅在温带地区越冬，寒冷的冬季在纬度更南的地区亦有零星分布。阿拉斯加州育空—卡斯科奎姆河三角洲的小天鹅繁殖种群跨过阿拉斯加州并于9月底东迁至加拿大育空地区，随后南迁并以不列颠哥伦比亚东北部地区作为中途停歇地，而后依次途经艾伯塔中部、萨斯喀彻温西南部以及美国蒙大拿州，最后到达爱达荷州东南部区域，11月中旬至12月初停留于此，然后穿过内华达州到达加利福尼亚的圣华金三角洲；春天小天鹅以同样的迁徙路线返回阿拉斯加。春秋两次迁徙的传统中途停歇位点可能并不相同，例如，在俄罗斯繁殖地与爱沙尼亚越冬地之间往返的小天鹅，大部分只在春季迁徙中利用俄罗斯西北部的白海作为中途停歇位点，有卫星追踪到一只小天鹅在北迁途中于白海北德维纳三角洲停留长达15天。与春季迁徙相比，秋季迁徙途中小天鹅停歇更为频繁且每次停歇时长更短。1996年春季使用卫星发射器追踪从丹麦至俄罗斯北部地区迁徙的8只小天鹅个体，其平均飞行高度为165 m，最大飞行高度为759 m，尽管较高海拔的风力对飞行更为有利，小天鹅却可利用较低海拔的风力情况变化进行迁徙。

东部小天鹅俄罗斯亚种 *C. c. bewickii* 与北美小天鹅指名亚种 *C. c. columbianus* 间疑似存在大量基因交流，而美国、日本与俄罗斯上述两亚种的交配记录似乎确能证实基因交流的存在。

成年小天鹅及其后代对越冬位点高度忠诚，而单身雄性小天鹅对越冬位点的忠诚度要比结伴夫妻差。小天鹅在第二、三个冬季，可能会探索其他越冬位点。繁殖对会持续利用同一巢域，非繁殖个体亦可能持续利用同一停歇位点。英格兰西北部与苏格兰西南部环志的小天鹅，其迁徙路线比英格兰西南部环志的小天鹅更靠北，而英格兰西南部环志的小天鹅迁徙路线仅偶尔向西偏移。

小天鹅全年好发声，独自或集群发声，在水面或飞行途中尤甚。不同个体偏好不同，如高声鸣叫或低声轻唱，其鸣声比大天鹅更快更细。它们通过鸣叫宣示领地主权或进行个体间交流，但在大多数场合下鸣声类似。威胁和炫耀时鸣声洪亮，而当幼鸟走失时，亦会高声鸣叫以互相寻找。个体间问候及起飞前发出信号则音量较小。飞行中鸣声为单音节，洪亮、刺耳且不断重复。集群休息时音量较小，声调时高时低；而在春季迁徙前，鸣声会更加响亮、持续时间更长。雏鸟的声音与疣鼻天鹅雏鸟类似，但更为粗哑。

小天鹅表现出广泛的社会行为。起飞前，为召集家庭成员做好准备，小天鹅会在鸣叫的同时上扬头部并伸直颈部，随后下摆头部并弯曲颈部，不断重复该行为并逐渐加快节奏，直至起飞。配偶在短暂分别后重聚，会相互致意：身体倾斜相对，相互靠近，颈部伸直并转动头部。在冬季，对抗行为十分常见，如低头威胁、啄击，以及振动部分或整个翅膀、颈部伸直、面对对手高声鸣叫等持久侵略性行为。雄性小天鹅，常使用喙及翅膀互相打斗，胜利者会返回配偶附近或家庭中进行炫耀，如拍打翅膀、伸长颈部以及高声鸣叫。个体在群体中的等级可由腹部轮廓指数（Abdominal Profile，AP）来进行评价。此标准在两性评价中有所不同：等级较高的已配对雌性小天鹅 AP 值高于等级较低的单身雌性小天鹅，高等级配偶的子女 AP 值亦将高于低等级配偶的子女；雄性小天鹅恰恰相反，低等级的单身个体 AP 值高于高等级的已配对个体。

食性 白天晚上均可觅食。进食时，将头与颈部没入浅水中呈倒立状，并不停拍动水面扬起沉积颗粒物。亦可于水淹或干燥的牧场取食，以喙部掘土寻找块茎。在荷兰，小天鹅冬季的主要食物为植物的块茎或地下茎，包括眼子菜属、金鱼藻属、角果藻属、狐尾藻属、轮藻属、芦苇及宽叶香蒲。在咸水潮间带则取食大叶藻属。有些地区由于水体污染、排水以及围垦等活动，沉水植物逐渐消亡，小天鹅被迫转至牧场与半自然草地上觅食，有研究显示，1968 年之后，小天鹅开始取食燕麦与根用作物。在荷兰劳沃斯湖，由于眼子菜属块茎数量有限，很快即被 10—11 月抵达的小天鹅取食殆尽，此后它们不得不转为取食其他食物。在英国安斯沃思，小天鹅的传统食物为较柔软的草种，包括漂浮甜茅、匍茎剪股颖、曲膝看麦娘，入冬以后会取食更为粗糙的水甜茅及水蔊菜富含淀粉的根部组织。但 1972—1973 年之后，越来越多的小天鹅开始在农田觅食遗留的土豆、甜菜、燕麦以及欧洲油菜。在斯利姆布里奇野鸟与湿地基金会（Wildfowl&Wetlands Trust，WWT），人工提供的谷物为小天鹅提供了新的觅食选择，但小天鹅白天仍于改良草场上自主觅食，主要摄取黑麦草（占粪便中残

留物的 45%），亦可于湿润的低洼地选择性摄取少量曲膝看麦娘。春季于爱沙尼亚某些迁徙停歇地，小天鹅曾以粗糙轮藻为主要食物，目前则逐渐改为于草场及农田觅食。由于关键停歇地沉水植物的取食受到限制，小天鹅在秋季迁徙穿越东欧时，能量平衡遭遇瓶颈期，但可通过在草场与农田觅食得以平衡，越冬地亦有类似情况。在繁殖地主要以苔原带薹草属嫩芽为食，也可取食其他青草及柔软的草本植物，具体食谱视栖息地实际情况而定。雏鸟可于苔原带池塘中取食成年与幼年库蚊。3 月春季迁徙开始之前，斯利姆布里奇种群于潮水冲刷的泥滩上觅食无脊椎生物，如片脚类生物、蠓蠃蝇属、多毛虫类、沙蚕属。

20 世纪 90 年代末，有学者发现小天鹅可在水深 1 m 的深水区觅食植物的根茎及螺蚌等软体动物，未见在草滩取食；而戴年华等发现在鄱阳湖调查期间小天鹅于草滩及稻田取食，此现象可能为鄱阳湖水生植被的减少导致该物种食物缺乏所致。

繁殖 5 月中旬至下旬抵达繁殖地，确切到达时间依具体情况而定。一旦雪融便开始营巢，可继续利用前一年建造的巢，亦可建造新巢。5 月下旬至 6 月上旬产卵，6 月下旬之前卵成功孵化。生境较好时小天鹅巢间距较小但并不聚群繁殖，如在俄罗斯扎沃罗特半岛，每 10 km² 有 5～16 个巢，而在瓦伊加奇岛每 10 km² 仅 1～4 个巢。巢材包括大量植被，如莎草、薹草、苔藓、岩高兰属、柳属枝条，亦可利用海岸带的植物。为收集巢材，小天鹅会于巢址附近撕扯、踩踏，形成浅水洼；筑巢时，雄鸟将收集的巢材递予巢中的雌鸟。巢址通常选在距离觅食地不远的山脊或小丘上，该地雪融较早且通常便于取食。卵产出时呈白色或淡黄色，略有光泽，随后表面会有刮痕与斑点。在俄罗斯扎沃罗特半岛，卵大小为（89.0～117.4）mm×（60.6～72.0）mm；圈养小天鹅卵重为 252～325 g。窝卵数 1～6 枚，由于气候及食物丰度等条件不同，每年情况相差可能较大。通常每年仅产 1 窝卵，未见第一窝卵孵化失败后进行二次产卵。在圈养情况下，产卵间隔 48 小时。孵化由雌鸟单独承担，为期 29～30 天，雌鸟离巢觅食时，会用羽毛与巢材将卵覆盖。产卵和孵化阶段，雌鸟离巢觅食时，雄鸟偶有坐巢行为，天气温暖时此类行为较常见。

小天鹅常为一雌一雄制。在斯利姆布里奇，对 2200 对小天鹅进行长期观察，未有主动离异的案例；在韦尔尼，一对小天鹅在结对 7 年而未能成功繁殖后离异。若配偶死亡，部分小天鹅会于半年后重新配对，但更多小天鹅则选择长期独处，最长可达 9 年，平均需 2.6 年才会"再婚"。小天鹅离婚率低于其他天鹅类，可能与其迁徙和繁殖周期高度同步，使得繁殖开始前仅剩有限的时间用于求偶和配对有关。

孵化期卵与雏鸟会受到北极狐的威胁，亦可被鸥、贼鸥以及貂熊偷取。孵化并不同步，孵出时间可间隔 24～72 小时。第一只雏鸟孵出后，亲鸟会将卵壳移出巢，之后则不再移除，仅于其上铺垫少量巢材。雏鸟早成性，孵出后立即离巢，偶有留于

巢中 3 天以待其余卵孵化成功。雌雄亲鸟均参与雏鸟抚育，夜间雌鸟伏于年幼雏鸟附近为其保温，雄鸟则负责守卫领地，并于飞行途中追逐啄击其他入侵者。当危险情况发生时，雌鸟带领雏鸟于水池边缘藏匿。雏鸟可自行觅食，但年幼时父母亦可为其从岸边或水下啄出食材。雏鸟 40～45 天羽翼丰满，秋季及第一个冬季跟随父母，并随父母一起进行春季迁徙。非繁殖个体抵达繁殖地时间比繁殖对更晚。伴侣相处时间越长繁殖成功率越高。首次配对年龄为 2～4 龄，雌鸟首次配对早于雄性，首次繁殖的平均年龄为 6 龄，最早为 3 龄。有记录的小天鹅最大年龄为 27 龄，该个体为 1971 年孵化的雌性小天鹅，1998 年 2 月在斯利姆布里奇最后一次出现。

种群现状和保护　IUCN 评估为无危（LC），但在中国的种群状况并不乐观，《中国脊椎动物红色名录》评估为近危（NT）。

俄罗斯亚种目前有 2 个繁殖种群：勒拿河河口东部繁殖种群，于日本、中国及朝鲜半岛越冬；乌拉尔西部繁殖种群，于欧洲西北部越冬。在荷兰、德国及波罗的海诸国有该物种的重要停歇位点，爱沙尼亚境内的停歇位点对此物种春秋两季迁徙均意义重大，此外，白海区域的停歇位点亦为春季迁徙途中的关键位点。

20 世纪 80 年代，西部种群数量稳定于 16 000～17 000 只之间，而 20 世纪 90 年代中期则开始迅速增长至 29 000 只，但由于繁殖成功率每年均有变化，故种群数量亦随之波动。近期种群数量的增长主要出现于荷兰，1984 年荷兰仅有约 9000 只小天鹅，至 1995 年数量增至 19 000 只。欧洲其他区域数量基本保持稳定，英国种群数量长期呈现增长趋势，爱尔兰种群数量则下降，部分区域数量的年度变化可能与冬季气候有关。东部种群数量超过86 000 只，但相关数据较少。

对西部种群而言，越冬地水体富营养化及湿地干涸使小天鹅丧失了传统的湿地生境，转而到耕地及牧场中觅食，因此与农户的冲突加剧。在某些国家，政府对小天鹅给农户造成的损失给予经济补偿。在俄罗斯极圈，繁殖地生境持续受到石油与天然气开采的影响，而其换羽地及迁徙前的"育肥区"同样受到严重威胁。尽管在其分布区域内均有立法以保证人为干扰最小化，但在英国对小天鹅进行 X 射线扫描后发现，约 40% 的小天鹅体内带有霰弹碎片。此外 7% 的成年小天鹅死于狩猎活动，飞行途中与电线碰撞导致的死亡率约为 20%。

目前小天鹅主要的越冬位点均受到了系统保护，未来仍需加大部分夜栖地的保护力度，实施更严厉的禁猎法案以进一步改善小天鹅在越冬地的生存处境。某些地区如荷兰，正在开展水生生态系统的恢复工作，此类举措可在将来为小天鹅提供更为传统的食物来源。由于繁殖地尚缺乏相应保护，因此在俄罗斯境内对关键的繁殖地、换羽地以及迁徙停歇地展开保护举措更显重要。此外，当下亟须第三方国际组织对石油和天然气的开发工程进行环境评价，以降低相关工程对小天鹅生存繁殖所造成的威胁。在中国，小天鹅为国家二级重点保护动物。

探索与发现　目前国内对小天鹅的研究相对较少。20 世纪 90 年代，王会志等发现了利用小天鹅喙部特征进行个体识别的方法，定义了静止、社会、梳理、取食、运动 5 大行为类型的 32 个行为模式的行为谱。丛培昊等研究了长江涝区小天鹅的数量和分布变化，发现小天鹅年际数量变动较大，某些湖泊小天鹅数量在逐步减少，在国内的分布范围亦在缩小，已逐步集中到安徽与江西鄱阳湖区域。戴年华等自 2004 年以来观察发现，小天鹅在江西主要分布于鄱阳湖主湖区，偶见于鄱阳湖的卫星湖泊及入流河内，2012 年 10 月至 2013 年 3 月对鄱阳湖小天鹅种群数量动态及行为学的研究发现，越冬期间成体社会行为比例显著高于幼体，这与幼体不担任警戒、身体相对弱小、需要更多的时间休息有关。越冬期小天鹅幼体运动行为略少于成体，这可能是冬季寒冷的环境条件与不够完善的身体机能使其在运动耗费能量及休息节约能量之间选择的结果。这些研究都为小天鹅的后续研究工作提供了基础资料。

疣鼻天鹅

拉丁名：*Cygnus olor*
英文名：Mute Swan

雁形目鸭科

形态　大型游禽，体长 130～155 cm。成体雌雄几无区别，但雌鸟平均体型较小，喙部肉瘤亦较小。喙部为橘色，嘴基、嘴缘、鼻孔与嘴甲黑色，上嘴着生的黑色肉瘤与眼前方三角形黑色区域衔接。腿与足黑色，眼为榛子色。羽毛白色，头部与颈部可能夹杂红褐色斑点。每年换羽一次，婚后换羽致其仲夏时节 6～8 周无法飞行。筑巢成功的繁殖对中，雌鸟于雏鸟尚小时换羽，而雄鸟换羽开始时，雌鸟新的飞羽已长出。幼体整体呈暗淡的灰褐色，喙部暗灰色，嘴基黑色。第一年羽毛逐渐变白，喙部逐渐呈粉红色。褐色羽毛逐渐脱落，在第 2 个夏季完全换羽后变成全白色。"波兰"变种幼体羽毛为白色，腿与足在成年后仍为粉色或变为淡黄色。

野外整体呈白色，极易辨认。水上起飞时，双足吃力地蹬踏而滑过水面，缓缓提升高度。着陆同样壮观。飞行时振翅发出独特的声响。其尖锐而显眼的尾部、整体橘色而嘴基为黑色的喙部，以及脖子弯曲时双翼拱起高于背部的特殊行为，使得疣鼻天鹅与其他北极地区繁殖的天鹅类差别明显。与疣鼻天鹅相比，其他分布于北半球的天鹅振翅时无声、喙部为黑色及黄色、头部为楔形、脖颈更直、尾部不明显，且极为聒噪。疣鼻天鹅幼体比其他天鹅更偏褐色，而后者的幼体颜色更淡、更灰。

分布　西欧至中亚皆有分布，16～17 世纪，被引入中欧与西欧的许多国家，迁徙及留鸟种群被引入美国与加拿大南部，澳大利亚与新西兰亦引入了体型较小的种群。据记载，在摩洛哥（1983 年 12 月至 1984 年 2 月）、阿尔及利亚（2009 年 2 月）、突尼斯（1993 年 1 月，1998 年 12 月）、约旦（1998 年 1 月）及巴基斯坦均有疣鼻天鹅迷鸟出现。

在中国繁殖于新疆艾比湖、赛里木湖、伊犁河流域，青海柴达木盆地，甘肃弱水，内蒙古乌梁素海，四川德格、若尔盖；迁徙经过黑龙江、吉林、辽宁旅顺、河北、山东青岛等；在青海湖与长江中下游等地越冬。

栖息地 土著种偏好草原湖、河流、淡水及咸水沼泽。引入种偏好毗邻居民区的浅水湖泊及流速缓慢的河流，此外也偏爱掩蔽的沿海栖息位点，特别是半咸水潟湖。常出现于类型多样的低地淡水沼泽、潟湖、流速缓慢的河流，亦可利用许多人工水体如公园湖泊、水库、碎石坑等毗邻人类而栖息。

习性 野生种群尤其是分布于严寒地带的种群为迁徙性，冬季迁往气候更为温和的地带。少部分远东种群南迁至中国黄河三角洲地区、华南地区及韩国越冬，而于中国东北内蒙古地区繁殖的疣鼻天鹅种群每年11月至次年3月亦在他处越冬。日本引进种群为部分迁徙物种。

欧洲野生种群大部分为留鸟，雄鸟全年大部分时间守卫领地，但在冬季或换羽季节亦可见局部集群迁徙行为，如德国种群可远迁311 km；此期间亦可见周期性南迁，偶见抵达希腊半岛及利比亚，并于次年1月下旬开始返迁。更东范围的里海地区与亚洲中部地区繁殖种群仅进行短距离迁徙，如伏尔加三角洲地区大部分繁殖种群全年栖息于同一区域内，但冬季偶有少量个体出现于伊朗。

食性 以多种水生植物与谷物的叶组织为食，亦取食少量青草、小型两栖动物及软体动物、昆虫、蠕虫等水生无脊椎动物。偶见取食鱼类与生肉，曾记录到取食黑莓浆果和原鸽尸体的个例。市区中的半驯化个体，可以面包为食。瑞典有研究表明，疣鼻天鹅春秋季食谱中超过95%为沉水植物，2500只个体形成的种群9月至次年3月间消耗的沉水植物鲜重合计达780～1166 t，植物种类主要为大叶藻。在德国费德湖则主要取食菹草，亦可机会性取食其他水鸟的卵。不列颠群岛越冬种群中仅有不到3%的个体依赖耕地而生存，英格兰东南部地区的越冬种群亦见取食土豆。换羽期，成年疣鼻天鹅每天需多达4000 g鲜重的植物性食物。

疣鼻天鹅摄食方式多样，可呈倒立状觅食，亦可将头和脖颈浸入水面以下觅食，还可于浅水中涉水觅食。较少潜水，可于陆地上取食青草与杂粮谷物，尤其是冬末水生植物消耗殆尽时。冬季，日出后约3小时觅食活动达到高峰，并持续至日暮不久后结束。春季，雌鸟疣鼻天鹅对食物的需求上涨，一方面为补充卵成型过程中的能量消耗，另一方面则为孵化做准备，因为孵化过程中雌性较少进食。雏鸟摄食水生植物，起初由亲鸟代为觅食而非亲自捕食。孵出10天后，雏鸟即可倒立觅食，4周之后，潜水时长可达6秒。

繁殖 求偶及领地守卫常伴随着炫耀、示威等行为。求偶过程大多如下：雌雄个体相互靠近，相对而视，同时缓慢转动头部，颈部羽毛与次级飞羽立起。交配过程同样仪式化，且在维持配偶关系中起重要作用。示威行为主要为"威慑"：颈部羽毛与双翼竖起，头部后移，以急促而强有力的泳姿向入侵者逼近。"威慑"在部分情况下会发展为扑打双翼、追逐，并伴随有双脚极速拍打水面的声响，有时甚至直接使用喙部与关节攻击对方。

大多数疣鼻天鹅繁殖种群群体较大，主要由尚未性成熟的亚成体组成，部分繁殖失败的成体于仲夏换羽时节加入其中，而繁殖成功的天鹅则于夏末换羽季之后举家加入；此类聚集行为对于新繁殖对的形成意义重大。繁殖期的疣鼻天鹅具有极强的领地意识，可能全年都会守卫领地。

繁殖于英国牛津附近河流的繁殖对，一般巢间距为2.4～3.2 km，最小巢间距仅90 m。一旦配对形成，所有活动一般局限于领地范围内，直至雏鸟羽翼丰满。在丹麦、波兰、奥克尼群岛、哈里湖以及英格兰阿伯茨伯里的某些沿海繁殖位点，亦有疣鼻天

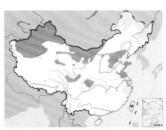

疣鼻天鹅偏好草原湖泊。图为内蒙古乌梁素海的疣鼻天鹅夫妻。沈越摄

带领雏鸟游泳的疣鼻天鹅，其中一只被托于雌鸟背部。聂延秋摄

疣鼻天鹅一家，左右两只为亚成鸟。聂延秋摄

鹅集群筑巢。

　　疣鼻天鹅的繁殖与生命周期已被研究得较为透彻。3～4龄时开始繁殖，一般为一雌一雄制。在英国，最早3月中旬即开始产卵。以水生植物堆叠成丘，并于其上筑巢，巢离水面较近，通常1～2 m，有时甚至直接筑于水上，水上巢基部直径约为4 m。巢顶部凹陷较浅，仅5～15 cm深，铺以柔软的植物及少量绒羽。雌雄两性个体均参与筑巢，共需10天左右完成。新鲜的卵呈淡绿色，产卵间隔48小时，卵大小为（100～122）mm×（70～80）mm，重294～384 g，窝卵数1～11枚，平均为6枚。孵化期35～41天，尽管雌鸟离巢时雄鸟可有坐巢行为，但孵化基本由雌鸟单独完成。孵出同步，雏鸟早成性，孵出后即离巢，1日龄雏鸟体重为180～248 g。雏鸟孵出时卵黄囊不会脱落，直到其可熟练自行觅食。双亲特别是雌性亲鸟，会保护雏鸟免受水生掠食者的捕杀，如当受到白斑狗鱼威胁时，雌鸟会将雏鸟托于背部。此外还会通过击水及拉扯水生植物来帮助雏鸟进食。孵出120～150天后雏鸟羽翼丰满，具体时间由生长速率决定。家庭成员可能会于冬季聚集，有时幼体会被逐出双亲领地。

　　孵化成功率并不一致，在英国有研究显示29%～49%的巢于孵化前丢失，大多数为人为损毁。在牛津地区，成功孵化的雏鸟一半可存活至羽翼丰满，孵出后头14天为死亡高发时段。在美国康涅狄格州，疣鼻天鹅为引入种，其种群数量持续上升，当地孵化失败的案例中，46%为水淹所致，且水淹所造成的危害超过人为损毁。窝卵数平均为6.6枚，多于英国种群；孵化成功率为61%，雏鸟至羽翼丰满存活率为69%，均高于英国种群。在英国3项研究显示，幼体存活率在4龄后大幅提升，高达82%～90%。冬季的严寒气候会造成较高的死亡率，欧洲与亚洲北部的越冬种群尤甚；但在英国最常见的死亡诱因为与人造物体的碰撞，尤其是输电线缆。英国环志项目发现寿命最长的疣鼻天鹅为26龄零9个月。

　　种群现状和保护　疣鼻天鹅为数量最多的天鹅类，IUCN评估为无危（LC）。由于广泛引种，1950年后在欧洲的数量显著上升，分布范围也有所扩大，在北美、澳大利亚与新西兰也有引种。2000年，美国大西洋迁徙路线上有约13 000只疣鼻天鹅，其中1700只栖息于五大湖地区。南非与津巴布韦的外来疣鼻天鹅种群已灭绝。在中国种群状况也不乐观，《中国脊椎动物红色名录》评估为近危（NT），被列为国家二级重点保护动物。

　　欧洲中部与西北部内陆的越冬种群数量约为250 000只，不列颠为37 000只，爱尔兰为10 000只，黑海为45 000只，中西亚至里海范围内越冬种群数量约为250 000只，中亚为10 000～25 000只，东亚为1000～3000只。大多数种群数量目前仍在持续上升。

　　受气候影响，本来仅短距离迁徙的里海地区与亚洲中部地区繁殖种群冬季偶尔会出现于伊朗，1997—2002年间为78～4488只，平均1010只，2003年由于冬季酷寒，伊朗越冬个体数量增至16 023只，伊朗中部及南部地区出现的数量较少。

　　"波兰"变种在中北欧与美国较为常见，在其他大多数种群中均较为稀少。在荷兰，可能有选择性饲养该种疣鼻天鹅以获取天鹅皮的贸易现象。白色幼体具生存劣势，因其近似成体的羽色会诱发父母的攻击行为，与灰褐色羽毛的幼体相比，白色幼体较早即被逐出领地，其存活率也因此较低。但此类幼体较早开始婚配与繁殖，被认为是基因突变为其带来的一定程度的补偿优势。

　　与人类的关系　于中世纪时引入欧洲成为半圈养物种，起初可能主要用作烹饪食材，而如今则作为观赏物种。它们与人类联系紧密，这对其生存繁衍利弊兼存。与人接触使该物种获得大范围的人工饲喂，可利用人造湖等人工营造的适宜生境，并可以享受医疗救助服务。然而，人为导致的死亡率亦不容忽视，巢损毁、大量狩猎、与人造物体发生碰撞、污染以及铅中毒都威胁着疣鼻天鹅的生存。20世纪70年代，铅中毒为英国疣鼻天鹅死亡的主要原因，所有死亡事件中约30%为钓鱼者的铅锤所导致。英国于1987年禁用所有铅锤，之后不列颠的疣鼻天鹅种群数量迅速恢复，至2002年已达到37 500只。近期在美国与加拿大南部地区，疣鼻天鹅种群数量迅速上升，鉴于其与当地土著水鸟会竞争繁殖位点与食物，有关部门已提出相关控制措施。

鸿雁

拉丁名: *Anser cygnoides*
英文名: Swan Goose

雁形目鸭科

形态　与同属雁类相比，鸿雁体型大、脖颈长。体长 80～93 cm。雌雄差异不大，雄鸟体型略大，喙和颈更长，但在野外很难区分性别。上体呈淡灰褐色，部分羽毛上有浅色窄条纹。头顶（延伸至眼下）至后颈为栗色。飞羽、尾羽和翅后半部皆为黑色，尾羽末端白色，同时尾上覆羽和尾下覆羽亦为白色。嘴基有白色窄条纹环绕。下体呈淡黄色，腹部及两胁有深色条纹，头下部和前颈颜色浅，与后颈的栗色对比极为明显。飞行中翅膀颜色暗淡，无可识别特征。与同属雁类不同，鸿雁喙呈黑色；而腿和足则与同属雁类相似，为橙色。虹膜栗色。幼体颜色较成体暗淡，且嘴基无白色条纹，腹部亦无深色条纹。鸣声洪亮悠长，声调高，音似"aang"。示警时，鸣声与平时类似但更急促，一般两到三声为一组，重复若干次。

分布　繁殖于俄罗斯、哈萨克斯坦、蒙古以及中国东北。朝鲜的东北部也被认为是鸿雁可能的繁殖地之一。2005 年 9 月首次在土库曼斯坦记录到鸿雁出现。越冬地主要在东亚，包括中国、朝鲜、韩国和日本。在中国，鸿雁繁殖于黑龙江下游、兴凯湖，越冬于长江中下游及东部沿海地区，偶见于台湾，迁徙时见于新疆、青海、河北、河南等地。

栖息地　繁殖地主要分布在俄罗斯、蒙古及中国东北的草原及草原—针叶林过渡地带的湿地中，包括河口三角洲、河谷草滩、半咸水和淡水湖的湖滨以及山地河流附近。越冬期间主要栖息于湖滨、稻田、河口和沿海滩涂上。

习性　7 月下旬，在迁往越冬地之前，鸿雁会聚成大群换羽。8 月底至 9 月初，雁群开始秋季迁徙，向越冬地出发。

2006—2008 年，在蒙古为 25 只换羽中的鸿雁安装了追踪器，记录其迁徙时行经的轨迹。蒙古东部繁殖的鸿雁种群可能主要利用 2 条迁徙路线：一条由蒙古达哥取道中朝边境的鸭绿江口，折向长江中下游流域的湿地；另一条由蒙古达哥直接飞向最终的越冬地。尽管后一条路线的总长度比前者短了 300 km，然而多数鸿雁还是选择了前者。鸭绿江口对于秋季迁徙的雁群来说非常重要，雁群一般会在 9 月底至 10 月底抵达该地，之后会在此地逗留至 12 月底，直到由于气温下降而导致食物匮乏时才继续南迁。此外，以 42° N 为界，鸿雁在该界以北似乎会利用更多的停歇位点，且在这些停歇位点停留的时间更长。鸿雁抵达鄱阳湖的时间为 12 月底至 1 月初。

在安徽升金湖越冬的鸿雁，10 月中旬即抵达，但数量很少，大量抵达此地的时间为 10 月末至 11 月初。环志研究发现，在升金湖越冬的鸿雁，来自蒙古中北部的沙尔嘎湖和乌给湖。

春季迁徙开始于 2 月底至 4 月初，部分雁群对春季迁徙路线的选择并非总与秋季完全一致。春季迁徙时在停歇地停留的时间会比秋季迁徙时更短，这可能是权衡到达繁殖地的时间与身体状况后，所作出的选择，也可能与迁徙时的天气条件有关。

食性　在繁殖地主要以植物为食，如莎草科植物。在俄罗斯阿穆尔河（中国称黑龙江）流域，8 月份对 10 只个体进行胃检的结果显示，它们似乎非常偏好薹草属植物。在黑龙江兴凯湖，鸿雁食性因季节不同而有所差异：在早春，鸿雁多以农作物种子、草籽等为食，晚春及初夏则以水生植物嫩叶、芽等为食，夏秋季

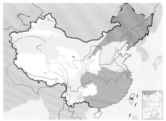

鸿雁。左上图刘松涛摄，下图沈越摄

在草地上取食的鸿雁。聂延秋摄

鸿雁的巢和卵。宋丽军摄

刚出壳的鸿雁雏鸟。宋丽军摄

则兼食一些水生昆虫及小型鱼类。在萨哈林岛的泰克湾，未繁殖的鸿雁主要靠沿海的草甸生存，取食薹草属茎叶，酸果蔓属、越橘属、亚洲岩高兰的果实和幼年落叶松的松针等。

在越冬地，鸿雁会在平原上吃草，也会在农田中觅食。在长江中下游流域的湖泊中，鸿雁以刺苦草的块茎为食。在中国升金湖越冬的鸿雁偶尔也会摄取莎草科薹草属植物以及藕草。它们喜欢在浅水中或松软的泥滩上挖掘食物，因此对水位的变化非常敏感。在江苏盐城沿海，鸿雁会取食盐地碱蓬的种子。

繁殖　4月从越冬地返回繁殖地，不久便开始繁殖。它们通常会配成繁殖对，有时会组成比较松散的繁殖群体。配对可能在越冬地进行，因为即便是最早抵达繁殖地的个体也已完成配对。

4月下旬即开始筑巢，巢址通常位于沼泽或其他类型的湿地中。内蒙古呼伦贝尔东部繁殖的鸿雁，选择巢址的首要条件是隐蔽。巢材以植物为主，也附带少量绒羽，所利用的植物种类多与巢址周围植被类型相同。通常每窝产卵4～8枚，有时会达到9枚。雌鸟负责孵化，雄鸟则保卫鸟巢并协助哺育幼鸟。孵化期约28天，一般平均每窝孵出4只雏鸟。雏鸟有时会聚成小群，即"托儿所"。2～3龄性成熟。

种群现状和保护　1994年，IUCN将鸿雁的受胁等级由近危（NT）提升到易危（VU），2000年又进一步提升到了濒危（EN）。由于新的研究证明其种群数量并非如人们所想象的那么稀少，2008年，其受胁等级又恢复至易危（VU）。

鸿雁最重要的繁殖位点位于俄罗斯、蒙古以及中国北方边境区域。Goroshko和Robson曾在蒙古东部2003年和2004年的调查中分别记录到了33 000和12 000只鸿雁。其他繁殖地包括与蒙古东部接壤的中国和俄罗斯边境地区、黑龙江下游、萨哈林岛西北部、兴凯湖和蒙古西部。近年来，蒙古和俄罗斯繁殖地的持续干旱使得幼鸟成活率极低。另一种群也在哈萨克斯坦东部的斋桑湖以及更靠东的区域繁殖，但关于该种群的状况目前仍不甚清楚。2005年9月，首次在土库曼斯坦土库曼纳巴德西北部约125 km处的阿姆河谷记录到6只鸿雁。

鸿雁重要的越冬位点位于中国江苏和福建沿海、鄱阳湖和洞庭湖，几乎全球所有种群都在长江流域越冬。近期调查显示，在盐城沿海已经少有越冬鸿雁分布。目前，鸿雁在中国的实际越冬范围相对20世纪已缩小。

在俄罗斯，鸿雁面临的主要威胁包括滥捕滥杀，以及湿地开发导致的繁殖地、换羽地等栖息地丧失。同时，人和牲畜带来的干扰会导致幼鸟的死亡率居高不下。在俄罗斯沿海，如萨哈林岛，当地人会拾取野生鸟蛋并由家鹅孵化，也会猎捕雏鸟。在俄罗斯另一些地区，该物种的消失可能归因于摩托艇和其他一些高速船舶带来的干扰，以及非法狩猎活动。

在蒙古，滥捕越来越严重，传统禁猎水鸟的观念逐渐转变，目前多数人将其视为一种获益颇丰的食物资源。

在中国，鸿雁繁殖地的农业发展一方面破坏了其主要的栖息环境——湿地，另一方面也带来了多种人为干扰。过去30年间，在中国三江平原繁殖的雁类中，90%的种群下降都可归因于鸟蛋拾取及农业发展导致的栖息地丧失。在中国南方地区，作为鸿雁重要越冬位点的湿地也正承受污染和发展所带来的压力。在升金湖，集约化的水产养殖，如高密度鱼和蟹的养殖，会大量消耗沉水植物，导致其逐渐消亡，使得鸿雁在该地可利用的食物资源减少。除食物资源枯竭外，鸿雁对水位变化敏感也是导致其生存困境的原因之一。它们通常在湖滨滩涂挖掘苦草块茎，挖掘深度一般为10～20 cm。水位下降过快，滩涂干涸变硬，加大了挖掘难度；水位升高过快，鸿雁则会失去潜在的觅食地。目前湖泊水位控制主要由防洪抗旱决定，尚未兼顾野生动植物的需要。鸿雁曾在长江中下游流域有广泛的分布，现仅集中在少数几个越冬位点，且这些位点几乎都分布在鄱阳湖。近些年，鄱阳湖年际间的水文变化加剧，自2002年以来水淹面积增加了4倍，鄱阳湖建坝也被提上日程，这都是鸿雁生存的潜在威胁。越冬位点的减少使得它们更易受到污染、疾病、狩猎以及栖息地丧失和退化的影响。

鸿雁是中国三有保护鸟类。《中国脊椎动物红色名录》将鸿雁列为易危（VU）。

豆雁

拉丁名：*Anser fabalis*
英文名：Bean Goose

雁形目鸭科

形态 体型大，颈长，头部颜色较深。体长 69～81 cm。成体雌雄几无区别。脖颈及头呈深褐色，有时嘴基呈白色，但与白额雁相比不明显。上体与翁部呈中褐色，两胁羽毛中部黑色、边缘白色。尾下覆羽及尾羽边缘为白色。翅上覆羽灰色，翅下覆羽灰黑色，飞羽黑褐色。喙部为橘色及黑色；腿为橘色；虹膜深褐色。曾根据体型与喙部特征分为两个生态型：体型小、喙部厚实的豆雁，于俄罗斯苔原带繁殖，现已独立为短嘴豆雁；体型大、喙部长的豆雁，于针叶林带繁殖。自西向东，体型大小与喙部长度逐渐增加，可据此将不同越冬种群进一步划分。

豆雁现包括 3 个亚种，分别为指名亚种 *A. f. fabalis*、陕西亚种 *A. f. johanseni*、东亚亚种 *A. f. middendorffii*。指名亚种体型大、颈长、喙部细长且橘色部分多于黑色部分。陕西亚种的形态介于指名亚种和东亚亚种之间，目前所知尚少。东亚亚种体型最大，与东部指名亚种极为相似，其喙较长，基本为黑色，橘色部分仅分布于嘴基，颈与腿均较长。

豆雁的翅上覆羽与暗色的飞羽及浅色的覆羽间的对比不如其他雁属物种明显。体型、长颈和深色头部与白额雁明显不同，白额雁幼体的喙部可能为暗橘色，可进一步通过头部和胸部颜色的深浅进行区分，豆雁头部颜色深，胸部颜色浅。

豆雁每年均更换体羽及飞羽。雏鸟脸、翁部及颈背呈橄榄褐色，略发黄，眼前有深色条纹。翼下色浅，翼带为浅黄色。下体呈浅黄色。喙与足呈深灰色。幼体与成体类似，但颈与头部的颜色更浅更柔和，与身体其他部分颜色对比较弱。嘴基无白色。上体斑纹鱼鳞状，两胁羽缘色浅（成年后羽缘为白色）；翅上覆羽条纹不明显，喙部与腿部的橘色略显灰暗。

分布 分布于欧亚大陆及非洲北部，包括整个欧洲、北回归线以北的非洲地区、阿拉伯半岛以及喜马拉雅山—横断山脉—岷山—秦岭—淮河以北的亚洲地区。繁殖于欧洲北部、西伯利亚、冰岛及格陵兰岛东部，越冬于西欧、伊朗、朝鲜、日本和中国。在中国，豆雁越冬于长江中下游及东南沿海，包括台湾及海南岛，迁徙时经过东北、华北、内蒙古、甘肃、青海、新疆等地区。

栖息地 不同亚种的栖息地特征各不相同，通常于北极地区或针叶林地带的湖泊、水滩及河流区域繁殖，选择空旷原野、沼泽或者农地（尤其是块根作物农地）作为其越冬栖息地。指名亚种繁殖生境包括山地沼泽或云杉沼泽。

习性 迁徙性。指名亚种的繁殖地位于科拉半岛。在针叶林带，其繁殖地分布范围可西抵芬兰，挪威与瑞典亦有分布。非繁殖个体于 6 月下旬开始换羽，向北飞至换羽地——针叶林与苔原带的过渡地带。亚成体换羽时则远离繁殖地，可能飞至拉普兰或白海沿岸。芬诺斯坎迪亚繁殖种群则途经瑞典南部向南迁徙最终

抵达位于丹麦、德国北部以及荷兰的越冬地。不同繁殖种群迁徙模式亦不相同，但均对停歇位点及越冬位点具极高的忠诚度。酷寒的冬季，指名亚种会于荷兰越冬，但该地统计到的豆雁种群数量远超芬诺斯坎迪亚指名亚种繁殖种群数量，推测其他繁殖种群亦有来此越冬。另有大量指名亚种聚集于波罗的海区域越冬，天气恶劣时方才离开，1995 年 11 月有 16 000 只的记录。

陕西亚种繁殖于西伯利亚西部低地，相关特征信息来源于中国西北秦岭山脉附近捕获的 11 只雄鸟与 5 只雌鸟，越冬范围可能为伊朗与中国之间。由于在西伯利亚西部低地繁殖的指名亚种喙部既可为黄色亦可为黑色，与陕西亚种相似，因此陕西亚种是否应单独划分出来目前仍待商榷。

东亚亚种繁殖于西伯利亚东部哈坦加河至科雷马河之间的区域，南至阿尔泰与蒙古北部森林。重要换羽地包括亚纳河、因迪吉尔卡河、勒拿河河口，以及堪察加半岛西部。主要于中国东部越冬，最南可至福州，此外亦可于朝鲜、韩国及日本越冬。在勘察加半岛环志的 580 只豆雁，90% 越冬于日本，它们沿萨哈林岛东岸向南迁飞，抵达北海道北部之后沿本州西海岸继续南迁。

与其他雁属物种相比，豆雁冬季群居性较差，觅食地与夜栖地间的往返飞行亦较少。在欧洲中部，会与其他雁类尤其是白额雁混群，共同栖息于湖泊、河流及水淹湿地，在德国易北河流域，个体数超过 500 只的水鸟群体中超过 90% 的个体为豆雁及白额雁。在瑞士开展的时间分配行为学研究发现，豆雁成鸟秋季及早春利用总时间的 40% 进食，27% 警戒，25% 休息，冬天则调整为 52% 进食，用于警戒的时间亦相对减少。冬季，

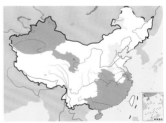

豆雁。左上图左凌仁摄，下图彭建生摄

达里诺尔草原上的豆雁群。宋丽军摄

同龄雁群日均觅食时间所占比例相似，幼鸟则警戒时间相对较少而休息时间相对更多。

豆雁较大多灰雁更为安静；飞行及相互交流时发出"hank-hunk"或"ung-ank"声，虽鸣声深远且为双音节，但与粉脚雁鸣声依然较为类似；无伴豆雁会发出"owow-owaw"叫声或单个"gock"音节；与灰雁相比，豆雁鸣声更为尖锐，更具穿透力。

食性 大多数为草食性。指名亚种繁殖期主要食物为羊胡子草属及木贼属植物的根芽组织，亦可摄取新生的绿色幼嫩组织。幼体孵化后被雌雁带往沼泽地觅食，但相关的觅食生态情况尚未可知。换羽时期可取食岩高兰属及越橘属浆果，亦可摄食冰沼草属。在古北界东部与西部地区，豆雁越冬种群集中于农田中觅取食材。瑞典指名亚种越冬种群则主要以草及苜蓿为食，亦可拾取燕麦、向日葵种子及土豆等其他作物，之后在冬春两季，转而以冬季谷物及草类为食。在日本，东亚亚种以水生植物为食，如菱属的果实及菰属的种子。在朝鲜半岛，豆雁的觅食生境与日本类似，白天在淡水水库中以菰、菱的种子与果实为食，同时亦可于水稻田中觅食。

繁殖 繁殖期通常从5月或6月开始，4月下旬即可抵达针叶林带繁殖地。指名亚种通常于矿质泥炭沼泽或云杉沼泽筑巢，巢址会选于距开阔沼泽不到400 m、距开阔水面不到2000 m的位点，巢通常建于高出沼泽表面50～100 cm的小丘上，该处融雪较早且不易遭受水淹。

豆雁的卵呈椭球形，一头呈球状，表面颗粒状，呈乳白色，略发黄。卵大小为（74～90）mm×（53～59）mm，重约146 g；圈养指名亚种平均卵重为148 g。窝卵数4～6枚，孵化

期28～29天。孵化后7～13周，雏鸟羽翼丰满，具体时间依亚种情况而有所不同。指名亚种平均每窝育雏数为3.0。据换羽期捕获到的亚成体数量，推断指名亚种成体存活率为77%。在圈养情况下2～3年开始繁殖，野外情况可能与此类似。

种群现状和保护 被IUCN列为无危物种，分布广泛且数量众多。据20世纪90年代的估计，指名亚种种群数量约为100 000只，且情况相对稳定。20世纪，该亚种在瑞典的分布范围回缩，而芬兰分布范围则有所扩大。东亚亚种种群数量为50 000～70 000只，普通亚种种群数量为45 000～65 000只，在中国越冬的豆雁主要为东亚亚种，2006年湿地国际估计它们在东亚—澳大利西亚迁徙路线上种群数量为80 000只，种群数量正在下降，目前已被列为易危亚种。

受胁情况的研究相对较少，对东部种群而言，繁殖地、停歇地及越冬地栖息生境的人为开发是其主要的威胁因素。英国耶尔河谷，草坪的人工管理被视为维持该地豆雁越冬种群数量的必要手段。目前关于人类开发对其种群及繁殖地的影响均知之甚少。对针叶林带繁殖的豆雁进行X射线扫描后发现，62%的成体及28%的1龄豆雁体内均有霰弹碎片残留，说明狩猎对其影响显著。获得所有豆雁种群繁殖地、停歇地及越冬地的详细数据，并同时收集繁殖生物学及生态学相关资料，能在更大程度上支持该物种的保护工作顺利进行。

目前许多鸭科鸟类无论种群数量或是分布面积均呈大幅下降趋势，原因一方面可能为栖息地丧失及人类活动的干扰，另一方面可能为全球变暖促使越冬分布发生变化。

在中国，豆雁被列为三有保护鸟类。

短嘴豆雁

拉丁名：*Anser serrirostris*
英文名：Tundra Bean Goose

雁形目鸭科

形态 与豆雁形态相似，但体型较小，身材粗短，喙短而粗。由原豆雁繁殖于俄罗斯苔原带的 2 个亚种独立成种。指名亚种 *A. s. serrirostris*（原豆雁普通亚种 *Anser fabalis serrirostris*）体型较大；新疆亚种 *A. s. rossicus*（原豆雁新疆亚种 *Anser fabalis rossicus*）体型较小。

分布 繁殖于俄罗斯苔原带，越冬于欧洲和东亚。在中国，越冬于长江中下游及东南沿海，包括台湾及海南岛，迁徙时经过东北、华北、内蒙古、甘肃、青海、新疆等地。

栖息地 通常于北极地区苔原带繁殖，选择空旷原野、沼泽或者农地作为其越冬栖息地。相对于豆雁，短嘴豆雁更偏好以稻田、牧场及田野作为越冬栖息地。

习性 迁徙性。新疆亚种仅繁殖于乌拉尔山西部的冻原地带。秋季，小部分雁群迁经瑞典南部，大部分则于 9 月跨越德国北部、波兰、斯洛伐克、捷克及奥地利，10 月抵达荷兰或佛兰德斯，部分雁群继续迁往法国与西班牙。再往南，部分雁群迁入波兰，10 月飞抵德国南部、摩拉维亚、匈牙利、克罗地亚与意大利，最后抵达位于希腊、乌克兰属黑海、罗马尼亚及保加利亚地区的越冬位点。次年 1 月之后开始回迁，春季迁徙可能比秋季迁徙更为复杂。

指名亚种繁殖于从哈坦加河至阿纳德尔的苔原地带，夏季广泛分布于堪察加半岛。在中国的越冬地最南可达福建，此外亦在韩国与日本越冬，其越冬地一般较豆雁更为靠北，且更偏好沿海生境。在日本越冬的种群繁殖于堪察加半岛，在科雷马河环志的个体则曾出现于朝鲜半岛。

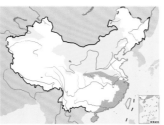

短嘴豆雁

食性 与豆雁相似，主要为草食性。但相对于豆雁，短嘴豆雁更偏好在水稻田、根用作物农田等耕地中觅食。

繁殖 繁殖期通常从 5 月或 6 月开始，春季迁徙较豆雁晚，可能直至 5 月底方才抵达苔原带繁殖地，且可因恶劣天气而推迟产卵。在俄罗斯北极地区的瓦伊加奇岛，新疆亚种通常于 6 月 5 日至 15 日产卵。窝卵数为 3～5 枚，孵化期约 25 天。新疆亚种每窝育雏数为 3.5。19 世纪 80 年代中后期有研究发现瓦伊加奇岛地区新疆亚种的筑巢成功率与筑巢区域旅鼠种群动态相关：1986 年旅鼠数量较少，短嘴豆雁筑巢成功率为 6%，其中 28～32 个巢遭到北极狐破坏；1988 年旅鼠数量庞大，筑巢成功率上升至 96%。

种群现状和保护 尚未作为独立的种评估，但曾作为豆雁的亚种得到评估。新疆亚种为无危亚种，种群数量估计为 600 000 只，其繁殖种群数量在俄罗斯苔原带西部呈上升趋势，而在东部则呈下降趋势；越冬种群总数在过去 20 年间基本保持稳定。指名亚种在东亚—澳大利西亚迁徙路线上的种群数量为 70 000 只，种群数量正在下降，目前已被列为易危亚种。

长江中下游湖泊湿地是短嘴豆雁在东亚最重要的越冬地。安徽升金湖国家自然保护区是短嘴豆雁在长江中下游流域最重要的越冬地之一，刘静等人研究发现该种群均为指名亚种，2004 年以来种群数量经历了先上升，2008—2009 年冬达到峰值，之后下降的趋势。数量上升可能与菱角等可利用食物增加有关，而数量下降可能与水文、降雨等有关。升金湖 2008—2009 年、2009—2010 年、2010—2011 年三个冬季观察到的越冬种群最大数量分别为 41 457 只、32 210 只、28 473 只，占到该迁徙路线上种群数量的 60%，远超国际重要湿地的标准，即大于或等于该迁徙路线种群数量的 1%。

探索与发现 刘静等 2010—2011 年研究探讨了短嘴豆雁在升金湖的数量变化特征及其原因，论述了短嘴豆雁越冬食性、越冬行为及觅食速率变化，阐述了短嘴豆雁如何通过调节自身行为来应对食物可利用度的改变，并以对短嘴豆雁腹部轮廓指数（API）为指标分析整个越冬时期环境、食物等因素对短嘴豆雁能量需求产生的影响。每年 10—11 月和 3 月，短嘴豆雁主要取食薹草，因为此时高水位限制其取食其他植物；仲冬时期，水位较低，短嘴豆雁取食薹草以外的替代食物，如看麦娘与菱角果实，这些可利用食物的增加可能与近些年短嘴豆雁数量上升有关。在薹草滩上薹草高度和密度一定的条件下，短嘴豆雁觅食时间和觅食速率都相对稳定。在越冬中期食物量下降，觅食时间保持在较高值，但是觅食速率呈现下降趋势，当觅食速率下降到一定范围内短嘴豆雁转而觅食其他食物，比如菱角。在迁徙前夕短嘴豆雁为了储备能量，觅食时间和速率都处于较高值。API 也会随环境条件发生一些规律性的变化，比如刚迁徙到升金湖时，由于长期飞行能量消耗，其 API 较低；越冬中期食物短缺，API 也较低；迁徙前夕加强了能量储备，API 较高。

白额雁

拉丁名：*Anser albifrons*
英文名：White-fronted Goose

雁形目鸭科

形态 体型中等，体长 62～77 cm。通常雄鸟体型稍大于雌鸟，但由于雌雄体型接近且形态相似，在野外无法区分性别。白额雁头、颈、背部棕灰色，胸部浅棕色。胸腹两侧棕色，上背、肩羽、三级飞羽棕灰色，羽缘色浅。腰部、尾部棕灰色。尾下覆羽、尾羽边缘及肛周羽白色。翅下覆羽深灰色。喙部粉色至橘黄色，嘴端白色。跗趾橘黄色。成鸟嘴基近额头处有白色横纹，故名"白额雁"，腹部分布有不规则的黑色或深灰色斑纹。第一年幼鸟嘴基无白纹，嘴端无白斑，腹部亦无斑纹。但幼鸟的特征在第一个越冬期，特别是次年 1 月之后逐渐消失，此后在野外较难分辨成幼。

分布 广泛分布于全北区，在北半球高纬度地区繁殖，主要包括欧陆俄罗斯、西伯利亚、阿拉斯加及格陵兰岛，越冬区主要在欧洲、北美及亚洲。依据越冬区域划分为 5 个亚种。其中在中国、韩国和日本越冬的白额雁组成东亚亚种 *A. a. frontalis*，主要在俄罗斯的哈坦加到白令海峡之间的苔原地带繁殖，但目前尚缺乏繁殖地位置的详细信息。

栖息地 由于农田的大面积扩张以及机器收割方式的普及，农田遗留的谷物密度提高，在欧洲、北美越冬的白额雁，其主要觅食地已经从自然地草滩，转变为人工施肥的牧场、稻谷、土豆、黄豆等农田。在日本和韩国越冬的白额雁，也已转移至稻田觅食。与此不同，白额雁在中国的觅食地仍为湖泊周边的自然滩涂。仅在 10 月底至 11 月期间，部分转移到湿地周边未收割或收割后的稻田觅食。白额雁亦极少出现在生长菱角、菰草等的其他自然湿地类型上。夜栖地在湖泊水域或水域与滩涂交界处。

习性 长距离迁徙。每年 10 月中下旬至 11 月，大批从繁殖地迁徙而来的白额雁到达长江中下游的越冬地，在 11 月底至 12

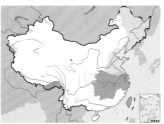

白额雁常出现于收割后的农田。左上图沈越摄，下图聂延秋摄

月数量达到峰值。次年 3 月中下旬至 4 月中旬，大群的白额雁离开越冬地，向北迁徙重返繁殖地。在欧洲和北美，白额雁的越冬生态学、迁徙策略以及繁殖分布等已有详细的研究。中国的研究主要集中在对其越冬期数量分布、栖息地利用、日活动规律和能量平衡等方面，其他工作尚待开展。

10 月底至次年 3 月中下旬为白额雁在中国的越冬期。越冬期间白额雁喜集群活动，单个群体数量少至几只，多至上万只，主要活动时段为白天。日出前后苏醒并开始活动，先在原地用喙梳理羽毛或小范围走动，之后部分或全部个体起飞，在觅食地上空盘旋几分钟后降落，警戒观察一段时间后开始觅食。在无干扰的情况下，觅食群体的数量很快达到高峰，其间会有个体飞入或飞出。临近中午时分，休息的白额雁比例逐渐增多，多飞至湖中心或附近的水潭饮水、伏坐或睡觉。睡觉时单脚站立或全身伏在地上，并将头颈向后扭曲，埋入背部羽毛。午后，休息的个体逐渐开始觅食。在无干扰的情况下，白额雁在临近黄昏时分达到第二个觅食高峰。日落前后，白额雁飞向夜栖地。白额雁白天的主要活动为觅食，其他的活动较少，如睡觉、伏坐、走动、站立、梳羽、警戒、飞行、在水中原地漂浮、游泳和饮水等，警戒方式为颈部伸直环视周边，有时伴随头部转动。偶有与其他个体的互动（伸直脖子并上下活动）或冲突（肢体直接接触，或一方伸直脖子驱赶，另一方避开），但比例非常低。在存在干扰的情况下，用于觅食的时间减少，飞行或警戒的时间增多，并且活动不规律，早晚觅食、中午休息的模式被打乱。

在中国，越冬白额雁白天用于觅食的时间很多，通常在 70%～90%。而在农田觅食的白额雁，觅食时间通常在 70% 以下，休息的比例则相对较高。造成这种差别的主要原因是谷物所含能量高，而草所含能量低。相对谷物，草的纤维含量高，可利用的单位能量低，因此以草为食的群体需要投入更多的觅食时间以满足自身的能量需求。越冬期间，随着温度、生物量、日照时间的变化，觅食比例以及用以指示鸟类脂肪存储量的腹部轮廓指数会随之发生变化。虽然秋季温度适宜，食物丰富，但秋季雁群到达越冬地的最初几天，觅食时间较少，而休息时间较多。推测是由于雁类经过长途迁徙，身体极度疲惫造成的。之后觅食时间逐渐增多，用于补充长途迁徙消耗的能量以及受损器官的重建，并为冬天的到来储备能量。同时，腹部脂肪增多。冬季，尤其是 12 月底至次年 2 月初，环境条件较差。该时期全年温度最低，最低温度常低于 0 ℃，以致植物生长非常缓慢甚至停止生长，可能造成食物短缺。较低的环境温度也迫使雁类维持体温等的基本能耗升高。同时，冬季日照时间缩短，可用于有效觅食的时间变短。在这种食物短缺、能耗需求增加、可觅食时段减少的压力下，白额雁在冬季的觅食时间比例达到最高，占白天活动时间的 80%～90%。尽管如此，此期间白额雁仍会身体消瘦，腹部脂肪减少，因为此时能量入不敷出，处于"亏负"的状态。春季气温回升，植物恢复生长，日照时间变长，相对冬季而言，春季食物丰盛，觅食压力相对较小。但该时期白额雁需迅速增肥，为春季向繁殖地迁徙做准备，因此觅食比例仍较高。

在中国越冬的白额雁有与豆雁、小白额雁等混群的现象。对比白额雁单一群体和白额雁－豆雁混群群体，发现其觅食比例并没有受到混群的影响。

食性　刚到达繁殖地时冰雪未融，此时主要取食植物的地下器官，例如东方羊胡子草的根茎以及水麦冬的珠芽，这可能是该时期仅有的食物。冰雪开始消融后，转而觅食新生的单子叶植物。

在中国的越冬地，白额雁主要在以单子叶植物如薹草属为优势物种的滩涂觅食。主要的觅食方式为啃食，即借头颈部向后的力量，以喙部的锯齿切断并取食植物的地上部分，极少观察到它们采用其他的觅食方式。周期性地采集白额雁的粪便进行分析，证实其食性单一，整个越冬期间薹草占其食物的 75% 以上，此外它们也取食少量的看麦娘、狗牙根，以及双子叶植物。

白额雁对植物种类选择单一的同时，对植物高度的要求也比较苛刻。因为白额雁喙部短小，仅约 5 cm，所以它们取食高草的高度通常在 1～8 cm。除了喙部短小不能有效取食高草外，高草欠佳的营养组分也可能是导致白额雁很少利用高草的重要因素之一。对于多种草食性雁类的研究表明，体型大的雁类偏好生物量大的植物，对营养价值的需求相对较低，以满足其高能量的需求。与此相反，体型小的雁类偏好营养含量高的低矮植物，而对生物量的需求相对较低。随着薹草高度的增加，其纤维素含量增高，营养含量降低，据此推测高草难以满足白额雁的营养需求。但目前缺少对白额雁在高草和低草上觅食效率的比较研究。

繁殖　俄罗斯阿纳德尔河的北部及南部为东亚白额雁的繁殖地之一，有约 7000 只繁殖个体，另有数量为繁殖个体 4 倍的非繁殖个体。虽然在越冬地白额雁常集大群活动，但在繁殖地它们具有很强的领域性，巢的密度极低，每 10 km^2 平均为 5巢。巢址通常位于突出的小丘或有坡度的草丛、低矮灌木中，占据地势较高的点，以便审视周围环境。尽管在欧洲以及北美关于白额雁在繁殖地的研究早已广泛开展，但东亚地区的相关研究非常有限。对其他种群的研究表明，白额雁通常在第 3 年开始繁殖，孵化期 22～27 天，孵卵主要由雌鸟完成，其间雌鸟97%～99% 的时间都用于孵卵，雄鸟通常在巢址附近觅食，同时也可能有其他成鸟或者亚成鸟以转移捕食者的注意力及护巢的方式予以辅助。窝卵数 2～6 枚，雏鸟成活率约 59%。雏鸟38～45 天可以飞行。

种群现状和保护　IUCN 和《中国脊椎动物红色名录》均评估为无危（LC）。同大部分欧洲和北美种群增长的趋势一致，自20 世纪 80 年代以来，白额雁在韩国和日本的数量已经增加 2～10倍。与此形成鲜明对比的是，同时期白额雁在中国的数量却大幅下降。中国的白额雁不仅数量发生了变化，分布也发生了巨大变

化。绝大多数白额雁分布在长江中下游沿岸有季节性滩涂的湖泊。2004 年和 2005 年长江中下游及东部沿海的同步调查表明，白额雁集中分布在江西的鄱阳湖和湖南的洞庭湖。但 2004—2010 年的水鸟调查显示白额雁在鄱阳湖和洞庭湖的数量有下降趋势，而安徽升金湖则数量激增到 1 万多只。

白额雁在中国被列为国家二级重点保护动物。它们在中国的越冬区集中在长江中下游的湿地。

长江中下游越冬的白额雁主要觅食地集中在季节性草滩，水位调控对它们赖以生存的薹草带有很大的影响。长江中下游的浅水湖泊与长江共同组成了世界独特的江湖复合生态系统，受季风气候的影响，多雨的夏季，湖阔水深；干燥的秋冬，湖水下降，露出大面积的湖滩。湖滩优势物种为薹草属和荸荠等，喜冷凉气候，秋冬季节生长。近年来，长江和湖泊集水区域的水利工程极大地改变了湿地的水文环境。洞庭湖秋季退水时间从 10 月提早到 9 月，大片滩涂提早露出水面，薹草提早生长，待 10 月份雁类到达时，相当比例的薹草高度在 20～30 cm，超出了雁类可利用的高度，成为大片"绿色荒漠"，即虽有大面积薹草，但对白额雁而言可利用面积大大减少。升金湖则通过闸门调控发生了相反的现象，近年其秋季退水时间相对比较合适，雁群到达时薹草低矮嫩绿，因此吸引了数量众多的白额雁。

偷猎是造成白额雁数量下降的一个潜在原因。雁鸭类等大型野禽是偷猎的主要对象，捕获的鸟类被贩卖到餐馆。尽管白额雁在 1989 年已被列入国家二级重点保护动物，但仍有偷猎的报道。偷猎是法律严令禁止的，故其严重程度难以估算，因此造成的白额雁数量下降也无从得知。

在中国，居民区与自然湿地紧密相连。虽然按照条例规定，保护区核心区应禁止人随意出入，但核心区人为干扰的情况仍非常普遍，如船只捕鱼作业、滩涂放牧、农田活动、旅游等。在白额雁的主要分布区升金湖，当地农民多在日出后将牛引领到白额雁活动的滩涂，在日落前再次进入滩涂将牛赶回。牛与白额雁共享同一片湿地，牛对白额雁的直接影响目前并不明显，而人出入滩涂造成的影响较为明显。经常观察到，白额雁因牧民的出现受到惊吓而停止正常觅食，转而警戒或飞走。早晨和傍晚恰好是白额雁觅食的高峰期，觅食时间的减少可能使其不能满足自身能量和营养需求。游人的靠近以及船只捕鱼产生的噪声也有同样的影响。这种人为干扰对白额雁生理、行为，甚至种群动态等可能会产生负面影响。加大对保护区的监管力度，是水鸟正常活动的保障。同时，加强宣传教育以增加公众对野生动物的保护意识是物种保护的关键之一。

有些国家越冬的白额雁主要以农作物及人工牧草为食，政府对雁类觅食农作物造成的损失进行一定的补偿，大幅减少了农民对雁类的驱赶。在这种情况下，雁类的种群数量在过去 20 年不断增长。由此可见，国家政策在野生动物保护中所起的重要作用。

小白额雁

拉丁名：*Anser erythropus*
英文名：Lesser white-fronted Goose

雁形目鸭科

形态 体型较小，体长 56～60 cm。除体型大小外，雄雌两性无明显区别。成鸟通体以灰褐色为基调，头颈部偏褐色，隐约具深色纵纹，头部环绕嘴基一圈白色，白色区域延伸至头顶。相比于近似的白额雁，本物种头部的白色自头顶向后延伸得更远；眼周金黄色，这曾经被认为是小白额雁独有的特征，但后来发现白额雁也有类似情况；上体羽色偏黑色，各羽羽缘颜色较淡，形成隐约可见的浅色横纹，飞羽黑色；尾上覆羽白色，尾羽黑色端部白色；下体自胸部开始色偏白，至腹部则逐渐过渡到以黑色为主并杂以白色斑块；两胁白色，尾下覆羽纯白色。虹膜深褐色，喙粉色，嘴甲淡白色，足黄色，爪淡白色，叫声比近缘种白额雁更尖锐。

分布 在全球范围内被划分为 3 个亚种群：芬诺斯坎迪亚种群、西亚种群以及东部种群。芬诺斯坎迪亚种群在俄罗斯科拉半岛和北欧地区繁殖；西亚种群主要在俄罗斯泰梅尔半岛以西的北方苔原繁殖，包括伯朝拉以东和西西伯利亚以西的地区；东部种群主要在泰梅尔半岛和普托拉纳高原南部，以及东西伯利亚和楚科塔以北的区域繁殖。东部种群在蒙古和中国东部越冬；芬诺斯坎迪亚种群和西亚种群在黑海和死海周边地区越冬，例如阿塞拜疆、希腊—土耳其边界的埃夫罗斯三角洲、伊拉克以及伊朗，少量个体在匈牙利和德国、斯洛伐克、罗马尼亚、波斯尼亚、黑山、阿尔巴尼亚和保加利亚停歇或越冬。在中国小白额雁越冬于长江中下游及东南沿海，包括台湾，迁徙时经过中国东北、内蒙古、河北、山东、河南等地。

栖息地 在海拔 700 m 以下的低洼沼泽、灌木覆盖的苔原以及临近湿地的泰加林栖息地繁殖，选择无冰雪覆盖区域营巢，巢隐藏于植物之中或沼泽坑洞中并临近开阔水面。

在越冬期和迁徙途中，小白额雁主要利用低矮草地，尤其是盐化滩涂、农耕地、牧场和草甸。越冬期夜栖地还包括大型湖泊和河流。

习性 完全迁徙物种，即所有种群全部个体都迁徙。借助卫星追踪技术，科学家在最近初步掌握了其迁徙路线。小白额雁于 8 月末至 9 月初从芬诺斯坎迪亚和西亚繁殖地出发，向南途经匈

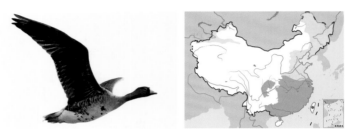

小白额雁。沈越摄

集群迁飞的小白额雁

牙利或向东再向南，穿过北西伯利亚泰梅尔半岛、哈萨克斯坦北部，并最终来到黑海，到达欧洲东南部的越冬地——匈牙利平原，以及近东。东部种群在中国东部和朝鲜半岛越冬，迁徙路线尚未明确。春季迁徙始于2月，并于5月初至6月末陆续到达繁殖地。成年个体完成繁殖后，会在繁殖地经历一段换羽期，其间无法飞行。在西伯利亚，非繁殖个体在繁殖地以北的区域进行换羽迁徙。小白额雁并不进行集群繁殖，而是成对或完全独立地营巢。但在非繁殖期，小白额雁群居生活。

食性 植食性，以陆生植物的根茎、叶片、果实以及靠近湖岸、河岸的水生植物绿色部分为食，并在严冬取食农田中散落的谷物。在东洞庭湖，越冬小白额雁以看麦娘、江南荸荠和薹草为食。

繁殖 繁殖期6—7月，通常5月中旬至5月末抵达繁殖地，6月初开始产卵。营巢于紧靠水边的苔原上或低矮的灌木下，有时也在水边山地岩石堆中营巢。巢极简陋，由干草和苔藓构成，内垫少许绒羽。窝卵数4～7枚，通常4～5枚。卵淡黄色或赭色，大小为（69～84.5）mm×（43～52）mm。孵化期约25天，雌鸟承担孵化任务，雄鸟在巢附近警戒。赤狐的巢捕食是影响繁殖成功率的一大因素。

种群现状和保护 由于近年来俄罗斯核心繁殖种群数量迅速下降，且下降趋势难以改变，小白额雁被IUCN评估为易危（VU），即意味着小白额雁易因环境、人为的因素而灭绝。《中国脊椎动物红色名录》亦评估为易危（VU）。被列为中国三有保护鸟类。

小白额雁全球种群数量估计为28 000～33 000只，包括成鸟18 000～22 000只。其中西古北界8000～11 000只个体，东部迁徙路线约20 000只个体。东部迁徙路线上1997年记录到20 000只个体，之后不久只记录到不足17 000只，2004年记录到16 937只，同年在东洞庭湖记录到16 600只。而在历史上，俄罗斯种群数量高达30 000～50 000只，芬诺斯坎迪亚种群超过10 000只。

近年来，由于非繁殖地的捕猎以及栖息地破坏，小白额雁种群数量迅速下降。同时，繁殖地的破坏也会持续影响其种群动态。模型分析表明，到2070年，28%的小白额雁栖息地将会丧失。

在繁殖期，日益增加的旅游与捕猎等人类活动对繁殖个体干扰较大。春季非法捕猎在俄罗斯繁殖地以及挪威非常严重，每年有20%～30%的西古北种群被射杀。湿地围垦和死海水位上升造成的栖息地破坏，以及水利工程建造和使用导致的栖息地丧失和改变是繁殖种群的另一受胁因素。气候变化造成的栖息地利用变化，也可能对小白额雁造成负面影响。

在非繁殖期，严重的非法捕猎依然是小白额雁面临的最大威胁。除被猎杀外，捕猎会严重干扰其觅食和休息，从而影响成活率和随后的繁殖成功率。在小白额雁重要迁徙停歇地加里宁格勒海岸，原油污染、湿地围垦及其导致的植被变化也是重要威胁因素。

斑头雁

拉丁名：*Anser indicus*
英文名：Bar-headed Goose

雁形目鸭科

形态 体型中等的雁类，体长62～85 cm。雌雄体色相似，雄鸟体型较大。特征明显，身体呈浅灰色，面部、头部为白色，脖颈后部和两胁下侧色深，脖颈两侧有白色条带，头顶后部有两道黑斑；在飞行过程中，前翅色浅，飞羽色深；喙部黄色，尖端黑色，腿黄色。幼鸟头部为浅灰色，脖颈深褐色条纹贯穿头顶、过眼，并延伸至脖颈下部；喙部、腿和足为黄绿色。

分布 繁殖地位于中亚与南亚，不连续地分布于拉达克、帕米尔、阿尔泰、中亚地区、中国、蒙古，以及印度河、雅鲁藏布江、色楞格河及其他河流上游高至海拔5300 m的位置。越冬地分布于中国、印度、巴基斯坦及缅甸北部。在中国，斑头雁繁殖于新疆、西藏、青海、宁夏、甘肃、内蒙古，主要繁殖区是青藏高原，越冬于长江流域以南的广大地区。

栖息地 繁殖地为海拔4000～5300 m的高原湿地，偏好靠近岩石的裸地。越冬期主要利用低地湿地、湖泊及河流。

习性 在印度与巴基斯坦越冬的斑头雁3月开始春季迁徙，3—4月抵达中国的青海湖，5月中旬抵达戈壁北部与帕米尔。天山繁殖种群于8月下旬开始南迁，而帕米尔繁殖种群则为9月下旬。

目前对斑头雁的迁徙路线知之甚少，有研究认为其春季与秋季迁徙并不利用同一条迁徙路线，因为不丹仅于春季有斑头雁过境的观测记录，主要集中于3月初至4月中旬，而秋季则无相关记录。环志记录显示，2只帕米尔环志的斑头雁于克什米尔与巴基斯坦被回收，3只青海湖环志斑头雁则分别于印度西南的卡纳塔克邦、印度东北部以及孟加拉国吉大港被再次记录。2006年与2007年夏季，在青海湖为10只斑头雁安装了卫星追踪器，其中4只成功迁徙。迁徙历时50～90天，经由两条路线分别迁往

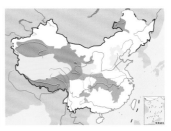

驱逐入侵的同种雄鸟的斑头雁。彭建生摄

贵州草海、西藏雅鲁藏布江峡谷以及印度东北的科希马。迁徙距离为 1270～1470 km，单个个体于迁徙过程中利用 3～4 个停歇位点，主要停歇位点分布于青海、西藏及四川边境的若尔盖湿地。同一年不同个体的迁徙时间并不相同，而同一个体不同年份的迁徙时间亦有差别。在印度低地越冬的斑头雁，于 3 月 15 日至 5 月 6 日飞越喜马拉雅山脉，而蒙古繁殖种群则迁往印度越冬，并于 11 月 10 日至 12 月 19 日飞越喜马拉雅山脉。在吉尔吉斯斯坦追踪的 5 只斑头雁中，有 4 只沿完全不同的 3 条路线飞至巴基斯坦、印度与乌兹别克斯坦越冬，途中在塔吉克斯坦南部与西藏西部停歇。2007 年 3 月下旬，在青海湖追踪的单只斑头雁 25 天后即飞抵 1200 km 之外的蒙古中部，其中 17 天停歇于 3 个停歇位点，每处滞留 1～7 天，停歇位点间距 108～755 km。4 只在印度北方邦越冬且安装卫星追踪器的斑头雁，于 2010 年 3 月 25 日至 4 月 12 日相继离开越冬区域，飞行 807～1305 km 后抵达位于青藏高原的繁殖地，并于此处滞留 153～222 天，整个繁殖季节这 4 只个体的活动范围均在 5263～13 932 km^2 之间，活动范围最小的个体主要利用 4 个区域，面积分别为 75.19 km^2、389.9 km^2、253.25 km^2 及 236.21 km^2，活动范围最大的个体则主要利用 3 个区域，面积分别为 690.18 km^2、2214.68 km^2 及 852.21 km^2。另一项研究于夏季在青海湖展开，总共对 21 只斑头雁进行了卫星追踪，结果显示：3 只个体于筑巢期飞往他处，其中 2 只飞往青海湖西北 50 km 处的江河，1 只飞往青海湖西北 220 km 处的错隆喀湖；另外 18 只中，9 只在青海湖换羽，其中 6 只未繁殖，2 只繁殖成功，1 只繁殖失败；另外 9 只前往别处换羽，其中 5 只未繁殖，4 只繁殖失败。在吉尔吉斯斯坦繁殖的斑头雁，春秋季迁徙的距离为 1280～1550 km，迁徙过程分为两步，在停歇地休息的时间秋季为 32～46 天，春季为 16～23 天，迁徙速度规律性上升至每天飞越 680 km。

有报道称斑头雁在海拔 9000～10 000 m 的高度飞越喜马拉雅山脉，特殊的血红蛋白是其高空飞行的有力保证。但卫星追踪得到的斑头雁最高飞行海拔为 6000 m。斑头雁可在 7～8 小时内从印度低地爬升至海拔 4000～6000 m 高空，但此物种似乎更倾向于依赖自身的飞行技巧而非高速的风力，如此可在最大限度上保持其对飞行的自主控制从而保证自身的飞行安全。

食性 繁殖期主要食用植物叶片、种子、浆果，偏爱早熟禾、篦齿眼子菜等，亦可取食昆虫和小型甲壳类动物；偶见取食庄稼，如蚕豆、豌豆。冬季取食雀稗、豌豆、小麦及其他谷物等。在西藏，斑头雁于收获后的大麦和春小麦田中取食，亦可利用滨河及滨湖湿地。斑头雁可根据对颜色、形状、味道和触觉的天生偏好来选择食物，取食偏好性亦会受到亲鸟取食习惯的影响。斑头雁对部分有毒植物如铃兰耐受度较高，但与其他种类如灰雁及黑雁相比，对食物的选择更为挑剔。

繁殖 可单独繁殖，亦可形成几十对的小繁殖群或超过 1000 对的大繁殖群。常在岛屿、咸水湖或淡水湖岸边以及河流滩涂上筑巢，Koslowa 曾观察到斑头雁于树上营巢。每年倾向于利用同一巢域。研究人员曾于天山 4 个岛屿之上发现共计 184 个斑头雁巢，密度达到每平方米 0.6 巢，与西藏及青海报道的巢密度较为接近。斑头雁于第 2 枚卵产出后开始筑巢，雌鸟立或伏于巢中，用喙收集草料并将其聚拢于腹部，最后铺上绒羽。拉达克繁殖种群于 5 月第 2 周开始产卵，天山繁殖种群产卵可早至 5 月中旬，

斑头雁以适应高海拔生活著称。图为飞越雪山的斑头雁。彭建生摄

旬，欧洲圈养的斑头雁初次产卵日期则为 4 月中旬至 5 月初。卵平均大小为 82.1 mm×53.8 mm，平均重 137 g，平均窝卵数 5.3 枚，在天山海拔 2400 m 处，平均窝卵数为 4.47 枚。有研究称，斑头雁集群繁殖时，较多卵将散落于巢外。雌鸟于第 4 至第 5 枚卵产下后开始孵卵，孵化期 27～30 天。孵化成功率为 37%～51%，依雌鸟年龄与经验不同而有差异，也与雄鸟的保护情况相关。初生雏鸟平均重 70.8 g，孵出 2 天后，亲鸟即带领雏鸟离巢。3～4 天后雏鸟即可自主进食，亲鸟会指导雏鸟食用植物，并传授相应捕食技巧。22～23 天后雏鸟腹部的绒羽开始褪去，49～60 天后初飞。在天山，雏鸟孵出 65～80 天时羽翼丰满，此时体重为 2000～2400 g，体长 62～70 cm。雏鸟存活率较低，1991 年 1 月，印度珀勒特普尔的斑头雁家庭平均成员数为 3.4。亲鸟会携带幼鸟迁往越冬地，但目前尚不清楚是否会与幼鸟共同返回繁殖地。

种群现状和保护　IUCN 和《中国脊椎动物红色名录》均评估为无危（LC），种群变化趋势未知。20 世纪 90 年代，斑头雁世界种群数量估计值为 32 300～36 400 只。20 世纪种群数量曾严重下降。

在中国繁殖的种群数量约为 20 000 只，主要分布于青藏高原，其中青海湖自然保护区在 1988 年统计到 5520 只斑头雁个体，1992 年为 1250 对，1996 年为 2000～3000 只；1992 年在中国新疆天山巴音布鲁克天鹅湖记录到超过 99 个繁殖对。

在南亚至缅甸越冬的种群，数量为 16 800～18 900 只；中国越冬种群数量为 15 500～17 500 只。1990 年在印度共有约 14 112 只斑头雁越冬，主要集中在印度北部。20 世纪 80—90 年代，印度南部的卡纳塔克邦雁群数量有所回升，基拉德加那国家公园的雁群数量则在减少。在孟加拉国、尼泊尔、缅甸与巴基斯坦的越冬种群数量也略有下降。中国有 13 个斑头雁的国际重要越冬位点。1990—1991 年及 1995—1996 年的调查结果显示，有 13 000～14 500 只斑头雁越冬于西藏中部与南部，占世界种群 25% 以上。其中约 70% 集中于两个区域：日喀则尼洋河与雅鲁藏布江交汇区域，以及拉萨东北部的澎波河河谷。调查显示该时期西藏种群数量稳定。

由于捕猎压力，过去 50 年间斑头雁种群数量持续下降。吉尔吉斯斯坦通过放飞人工饲养的幼鸟来稳定当地种群数量。在中国，自 1992 年 2 月起斑头雁在西藏受到保护，但狩猎行为仍时有发生，其他地区则并未采取保护措施。西藏黑颈鹤的保护工作亦将有利于该地区斑头雁与赤麻鸭的保护。当地斑头雁种群主要受到河流渠化及传统河流湿地生境持续消失的影响，水电的发展亦可能干扰河流水文，影响其重要的夜栖地与觅食地。输电线缆亦会对斑头雁造成威胁，靠近夜栖地或重要迁徙路径的线路尤其。2005 年在青海湖暴发的禽流感（H5N1）导致超过 6000 只迁徙鸟类死亡，其中半数以上为斑头雁，此外，斑头雁与赤麻鸭可能为禽流感病毒亚种的重要携带者与传播者。

由于佛教的影响，斑头雁在印度得到较好的保护。

灰雁
拉丁名：*Anser anser*
英文名：Graylag Goose

雁形目鸭科

形态　体长 70～88 cm。雄鸟比雌鸟略大。羽色以灰褐色为主，下体有黑色或暗褐色条纹，但不似白额雁与小白额雁明显。与其他灰色雁类相比，灰雁前翼偏蓝灰色，飞行时尤为明显。尾下覆羽与尾羽边缘白色。飞羽深褐色，羽柄白色。腿粉色。喙大，橘色或粉色。虹膜深褐色。极少数个体具浅黄色眼环。嘴基具细的白色条带。灰雁体型较大，很容易与其他雁类区别开来。飞行时，白色的翅上覆羽与翅下覆羽极易识别。

亚成体雌雄相似。全身羽色与成体几乎一致，羽毛呈明显的鳞片状，下腹部无黑色条纹。喙与腿颜色暗淡。直到第 2 年冬天，羽毛才换至成体的颜色。

鸣声响亮、悠长，比其他雁鸣声声调更高、更刺耳，与家鹅鸣声相似。

分布　目前已鉴别出 2 个亚种：指名亚种 *A. a. anser* 分布于冰岛、欧洲西北部地区，在苏格兰、南至北非及东至伊朗区域内越冬；东方亚种 *A. a. rubrirostris* 分布于罗马尼亚、土耳其、俄罗斯、东至中国东北部范围内，主要在小亚细亚至中国东部范围内越冬。中国分布的为东方亚种，繁殖于东北和西北地区，越冬于长江流域及东南沿海，迁徙季节见于各地。

栖息地　栖息地类型多样，但一般毗邻具边缘植被的开放水域，冬季于开放原野中的农地或沼泽、湖泊、沿海潟湖中越冬。在蒙古，有于 2300 m 海拔高度繁殖的记录。

习性　小部分为留鸟，如长期居住在苏格兰北部的种群。绝大部分灰雁会南迁至低纬度地区越冬。受各种因素影响，如气温

在乌兰察布草原湿地上飞翔的灰雁。左上图彭建生摄，下图杨贵生摄

在达里诺尔湖上游弋的灰雁。沈越摄

太低、冰封严重，不规则迁徙常有发生。近几十年，秋季迁徙的时间逐渐推迟，显然与全球变暖大有关系。

　　冰岛繁殖的灰雁种群主要迁徙至苏格兰中部与东北部越冬：9月下旬，雁群离开繁殖地，10月下旬抵达越冬地；次年4月上旬开始返回。斯堪的纳维亚繁殖种群亦于秋季迁往南方越冬：若天气较冷，雁群甚至会迁至法国、西班牙西南部沼泽、葡萄牙及摩洛哥；天气稍温和的年份，部分灰雁会于较近地区越冬，如丹麦、挪威以及瑞典。挪威的繁殖种群一般于夏季刚结束时即开始迁往丹麦西部，继而飞往荷兰，最后抵达法国西北部，而法国东部的雁群亦汇聚至此。雁群最早于1月初开始返迁，2月上旬达到返迁高峰，较多灰雁2月在荷兰停歇；记录显示，在摩洛哥越冬的灰雁，最晚至3月下旬开始返迁，4月上旬抵达挪威，直至5月才迁至芬马克；而在瑞典阿普兰德，近几十年灰雁的返迁时间似乎越来越早。灰雁荷兰繁殖种群曾南迁至西班牙越冬，自20世纪90年代以来，越来越多灰雁选择在繁殖地越冬而不再南迁。

　　欧洲中部的繁殖种群主要在北非阿尔及利亚及突尼斯越冬，偶至利比亚，雁群于11月初飞抵，次年2月初离开；少数灰雁于巴尔干、黑海沿岸越冬；亦有极少数来自波兰南部、波西米亚与捷克的种群飞抵西班牙西南部越冬；法国西南部的越冬种群主要来自瑞典、挪威、丹麦与波兰。欧洲中部的种群于2月上旬至4月间陆续返回繁殖地；秋季迁徙则始于8月下旬，持续至10月，部分雁群到达芬兰与爱沙尼亚；10—12月到达更低纬度的越冬地；迁徙途中重要停歇地包括摩拉维亚、新锡德尔湖及亚得里亚海的部分湿地。

　　黑海繁殖种群主要在乌克兰、罗马尼亚、叙利亚及土耳其越冬；关于该路线的迁徙情况目前知之甚少，但可确定该路线的灰雁数量较少。据记载，利用该迁徙路线的灰雁2月下旬至4月上旬迁往繁殖地，10—12月飞往越冬地，目前对该种群的换羽位点几乎一无所知，仅1942年1月在埃及有1例观测记录。

　　西伯利亚与里海的繁殖种群主要在伊朗、伊拉克、哈萨克斯坦南部及土库曼斯坦越冬，阿拉伯半岛南部亦有越冬记录，最远可至阿曼。该种群多于10月下旬开始飞往越冬地，11—12月较为集中，2月下旬至3月上旬开始返回繁殖地。

　　目前对东亚种群的迁徙路线了解甚少。据记载，在中国东部与南亚次大陆北部曾有大批灰雁出现，缅甸北部与中部、朝鲜、日本、中国台湾、越南均有零星记载，泰国西北部与老挝中部偶有发现。据观察，2月下旬即有雁群从南亚次大陆北部迁离。

　　食性　荷兰繁殖种群主要取食青草与头年秋季散落在地的谷物；在冰岛，则取食梯牧草与草地早熟禾。换羽期，灰雁会集群聚居于安全性高、取食便捷的区域。在荷兰，换羽期的灰雁主要取食芦苇；在丹麦萨尔特岛，则主要取食海滨碱茅。丹麦种群8—9月以洒落的谷物为食，10月则主要以甜菜、冬油菜与新播种的谷物为食。秋季德国灰雁种群主要取食农作物，如甜菜、玉米及其他粮食作物。荷兰灰雁种群8—9月主要于收割完毕的田地间觅食；10—11月亦可于草地、牧场及盐碱地觅食。秋季，澳大利亚灰雁种群主要取食玉米及粮食作物。在德国越冬的灰雁则利用草地、收割地或以冬作物及冬油菜为食。在荷兰越冬的灰雁取食草本植物的根组织，如蔍草、芦苇、宽叶香蒲等。西班牙的灰雁种群主要取食两种蔍草的块茎，当蔍草属块茎被消耗殆尽之后，灰雁转而以新播种的谷物为食。

灰雁主要于白天觅食，晨间与下午觅食活动最为活跃。而换羽期觅食行为则主要发生于夜间。据记载，觅食地最远可距巢址10 km左右。在丹麦，8—9月灰雁白天觅食的时间较短，9月以后觅食时间逐渐增多。

繁殖　3～4龄的成鸟会结成稳定的一雌一雄配对关系，2～3年后开始尝试繁殖。但在奥地利，亦有一些雄鸟－雄鸟的结合配对。灰雁的单配偶制可维持较长时间，直至其中一方死去。配对结合主要发生于越冬地。繁殖时期，为尽量远离天敌，多选在较为隐蔽的区域筑巢，如海滨、湖边以及植被茂盛地带。目前灰雁已可在靠近人类的地方聚居，如公园湖区等。在瑞典，灰雁树巢逐渐增多，显然是为躲避地面捕食者而衍生的繁殖策略；某些灰雁甚至利用鸬鹚的旧巢或为白尾海雕筑造的人工巢。

灰雁为群居性鸟类，只育雏时期成对分开，此时巢间距仍然较近。巢通常较为松散，距离潜在觅食位点较近。巢一般高13～60 cm，外径80～110 cm，内径约25 cm，内深5～15 cm。

不同纬度的灰雁繁殖种群，筑巢时间长短各异，具体产卵日期亦缺乏精确记录。欧洲大陆繁殖种群4月下旬即开始产卵，5月中旬为产卵高峰期；英国繁殖种群3月下旬至4月上旬开始产卵，4月中旬为高峰期。卵呈圆形，乳白色。窝卵数4～6枚，产卵间隔约24小时；卵大小（78～92）mm×（54～64）mm，重122～179 g。仅雌鸟参与筑巢，第1枚卵产下后即开始孵化，孵化期持续27～28天。雏鸟上体蓝褐色，下体与羽毛浅黄色，喙深色，腿深灰色，重约112 g。灰雁雏鸟为早成雏，孵出1天后便可下水。孵化完成后，灰雁会重新聚集。50～60天后，幼鸟羽翼丰满。随后整个冬季，所有的灰雁家庭都聚集一地。年均存活率不尽相同，欧洲西北部幼鸟存活率为76%，成体83%，亚成体74%，幼鸟76%，而在挪威亚成体和幼鸟存活率稍低，为73%。据记载，野生灰雁最长可以活至18龄，家养灰雁则可活至26龄。

种群现状和保护　种群数量众多，分布广泛。西欧尤甚，据估约有300 000只，且目前仍在增加。IUCN和《中国脊椎动物红色名录》均评估为无危（LC）。

灰雁的巢和卵。宋丽军摄

欧洲西北部灰雁总数，20世纪60年代至70年代约为30 000只，1995年增加至200 000只，2007—2008年冬季，增加至610 000只，其中约66 000只于荷兰、西班牙西南部地区越冬；主要换羽地区为荷兰马尔肯圩田东南岸的Oostvaardersplassen自然保护区，虽近年不少灰雁转移至丹麦萨尔特岛换羽，但此地灰雁总数仍从20世纪70年代的1100只增长至20世纪90年代初期的62 000只。荷兰繁殖的灰雁总数自20世纪50年代开始亦不断上升。得益于当地栖息地恢复及有效管理，瑞典的灰雁总数呈上升趋势。冰岛灰雁种群20世纪60年代据估约有3500对，1973年约18 500对，20世纪90年代初期100 000对，20世纪90年代末期减少至80 000对，2008—2009年冬季又恢复至98 000对。

在英国度夏的灰雁总数约为84 500只，且仍在不断上升。英伦三岛苏格兰西北部以外地区的原始种群于400年前灭绝，20世纪30年代被重新引入，1991年总数约为19 500只，20世纪末约30 000只，2008—2009年冬季达到50 000只，其中苏格兰西南部、英格兰中东部与安格利亚东部数量最多。在这些地区，1972—1986年间，种群数量以每年13%的速度持续上升。苏格兰北部的留鸟种群，19世纪种群数量严重减少，至20世纪30年代几近灭绝；20世纪70年代开始，数量逐渐回升，1997年约为10 000只，1258个繁殖对，2008—2009年冬季约为34 500只，至此苏格兰地区灰雁总数达到47 405只。

尽管在迁徙过程中受到捕猎的严重威胁，欧洲中东部的种群数量也呈现增加的趋势，20世纪90年代晚期约28 000只，2006—2007年冬季约56 000只，其中仅匈牙利就有25 000～30 000只。

1991年，黑海地区的种群数量约为54 000只，2009年已增加至85 000只。

亚洲的灰雁种群数量同样在增多，其中西伯利亚西部与里海约100 000只。亚洲种群106 000～183 000只，其中200～1000对于土耳其繁殖，600～1100对于乌克兰繁殖，8500～13 000对于欧洲及俄国交界处繁殖。1987年1月，在印度杜德瓦国家公园越冬的灰雁有700只，南亚越冬总数15 000只。1988年1月，中国盐城湿地越冬灰雁2350只，东洞庭湖15 000只，东亚越冬灰雁总数50 000～100 000只。

灰雁受到狩猎的威胁，并可因被铅弹击中而中毒。据估计，20世纪70年代，西班牙西南部每年冬季捕获灰雁多达6000～7000只，80年代甚至达到10 000只。由于灰雁喜于田地捕食，易与农民发生冲突。在较多地区，灰雁主要受到湿地不合理开发利用的威胁。在兴凯湖地区，19世纪灰雁曾为常见物种，至今已所剩无几。由于易感禽流感，未来灰雁可能会受到禽流感暴发的影响。2009年，中国新疆境内灰雁血清样品检测结果表明，禽流感H13亚型的阳性率高达40.91%。在中国，灰雁被列为三有保护鸟类。

雪雁
拉丁名：*Anser caerulescens*
英文名：Snow Goose

雁形目鸭科

　　小型雁类，体长 54～80 cm，嘴和脚为红色，除初级飞羽为黑色外，通体羽毛白色。繁殖于北美北极地区和西伯利亚东北角，越冬于北美、西伯利亚东部沿海、日本和中国。在中国冬季偶见于黄渤海沿岸及鄱阳湖。IUCN 评估为无危（LC）。被列为中国三有保护鸟类。

 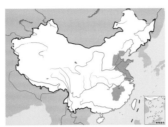

雪雁。飞行时初级飞羽的黑色与通体的白色形成鲜明对比

黑雁
拉丁名：*Branta bernicla*
英文名：Black Goose

雁形目鸭科

　　形态　体型最小的雁类之一，体长 56～89 cm。雌鸟体型一般小于雄鸟。野外较难区分性别。体羽及侧翼棕褐色，尾尖棕白色。下体近黑色至淡灰色，白色颈环近距离可见。飞行时，通体黑色，脖颈紧缩，尾端白色。幼鸟下体白色条纹清晰可见，并逐渐变暗变褐。首个冬季即长出成羽，随年岁增长，喉部渐具白色标记，且下体颜色逐渐变淡，尾羽、初级飞羽及中级翅覆羽或见白色末端。2 龄幼鸟与成鸟较难区分，偶可通过残余的 1 龄羽毛进行辨别。具 4 个亚种，分别为指名亚种 *B. b. bernicla*、大西洋亚种 *B. b. hrota*、东方亚种 *B. b. orientalis*、北美亚种 *B. b. nigricans*。亚种间羽色尤其两侧羽色有差异。大西洋亚种体型略大，上体偏褐，两侧淡褐色且略白，与黑色颈部及上胸对比明显，后腹部及两腿间羽色苍白；东方亚种前颈白色带斑更窄；北美亚种颈部白色块斑更宽，胁部三角区域块斑较为明显且具深色条纹。

　　黑雁通常不发声。偶尔发声，为婉转有力的 "raunk，raunk" 或者是轻柔的 "ronk"，警报时发出更高音调的 "wauk"。

　　分布　指名亚种分布于西伯利亚中北部，于欧洲西部越冬；大西洋亚种分布于加拿大北部、格陵兰、斯瓦尔巴群岛及法兰士约瑟夫地群岛，于美国东部及爱尔兰越冬；东方亚种分布于西伯利亚东北部，越冬于太平洋沿岸地区；北美亚种分布于西伯利亚最东北部至加拿大中北部间，越冬于北美至墨西哥范围内的太平洋沿岸地区，在中国东部及日本亦可见越冬种群。

　　中国分布的黑雁为北美亚种，越冬于东南沿海，迁徙经过黄渤海沿岸地区，迷鸟见于台湾。

　　栖息地　繁殖于北极苔原低地或沿岸潮湿草滩，通常临近海岸，位于湖泊或河流小岛之上。育雏栖息地主要为盐沼。拥有丰富禾本科、莎草科植物的湖岸则更受换羽期雁群喜爱。越冬地主要为河口附近或砂质海岸沿线，经常栖息和觅食于浅滩、泥泞海湾与盐沼。干旱的春季，黑雁会迁至内陆农田觅食。栖息地的利用会随其偏好食物的可利用度及水位波动而变化。

　　习性　长距离迁徙水鸟，主要越冬于欧洲西北部、亚洲东部、北美大西洋及太平洋沿海。黑雁指名亚种西伯利亚中北部繁殖种群迁徙长达 5160 km 至欧洲西北部的丹麦至荷兰、英格兰东南部与法国西北部。春天单次飞行距离最远为 1056 km，该季节整个迁徙过程平均由 16 次不同的飞行组成，平均每天迁徙距离为 118 km。现有证据证明春秋两季迁徙路线及相应迁徙特征大体相似。黑雁最晚于 9 月第 2 周离开北方繁殖地，次年 6 月第 2 周至第 3 周返回。

　　大西洋亚种于两个不同的地区越冬，分列于大西洋两侧。东部繁殖种群几乎全部于爱尔兰越冬，小部分在海峡群岛与法国西北部，停留至 4 月下旬至 5 月上旬。斯瓦尔巴群岛与法兰士约瑟夫地群岛的繁殖种群于 9 月上旬离开繁殖地到 2500 km 之外的北

 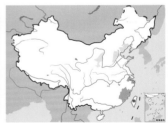

黑雁。左上图Kev Chapman摄（维基共享资源/CC BY 2.0）

海南部地区越冬，途经丹麦停歇，最终飞抵荷兰、英格兰南部与东南部、法国西北部地区，最早到达时间为 10 月初，大部分则于 11 月中旬开始抵达。春季迁徙同样途经丹麦，但不于丹麦停歇。北美地区的大西洋亚种主要在大西洋西海岸越冬。福克斯盆地的越冬黑雁则会向南迁徙，飞越哈德逊湾及圣劳伦斯河或渥太华河，在马萨诸塞州与北卡罗来纳州之间的海岸越冬。过去，春季返迁时雁群会经过圣劳伦斯湾、拉布拉多及昂加瓦湾，现则较少有种群选择此路线，主要原因是该地区为黑雁所食用的大叶藻已经消失。秋季，帕里岛繁殖种群会迁徙至 2500 km 之外的阿拉斯加西南海岸，随后途经太平洋到达 2400 km 之外的帕迪拉湾，与另一种群汇合后飞至更南边的下加利福尼亚北部越冬。

北美亚种亦有 2 个不同的越冬区域，反映了其繁殖地分布的分化。在亚洲最西部繁殖的种群 10 月中旬至 4 月底在中国黄海南部到河北、韩国东部、日本北部越冬，也可至勘察加半岛，亦有迷鸟到达台湾。大部分亚洲繁殖种群于北美太平洋沿海越冬，主要在墨西哥最西北部的下加利福尼亚。南迁始于 12 月下旬，1 月份华盛顿与不列颠哥伦比亚途经数量达到峰值，3 月中旬加利福尼亚途经数量达到峰值；停留在墨西哥直至 4 月，幼鸟最后离开，某些种群则绕过阿拉斯加半岛伊泽姆贝克直接迁回繁殖地。越冬区域随年龄的不同而有所不同，幼鸟主要集中于下加利福尼亚地区，近年来雁群春季离开不列颠哥伦比亚的时间提前 10～20 天。东方亚种的迁徙数据缺乏可信资料，学者普遍认为该亚种分类无效，因其在很多情况下，极难与北美亚种区分开来。1981 年 4 月下旬于贝加尔湖观测到一群共 6 只黑雁，据猜测可能为此亚种。

在古北界西部，黑雁在以下国家或地区偶有发现：卢森堡、捷克（6 次记录，1970—1987 年，主要为 12 月至次年 1 月，1 只大西洋亚种，其余为指名亚种）、斯洛伐克、奥地利、瑞士（大西洋亚种，1836 年 11 月）、西班牙（大西洋亚种）、希腊（指名亚种）、匈牙利（1984 年、1988 年 2 次记录）、保加利亚、罗马尼亚、乌克兰、土耳其（约 5 次记录，其中 1 次为指名亚种）、伊朗（1～2 次记录，1916 年 10 月，1960 年 10 月，大西洋亚种）、哈萨克斯坦（稀少，3 月初至 5 月底以及 10 月，指名亚种）、埃及（约 4 次记录，亚种未知）、突尼斯、阿尔及利亚、摩洛哥（指名亚种 7 次，大西洋亚种 2 次）、毛里塔尼亚西北部（1978 年 12 月）、亚速尔群岛（大西洋亚种，1927 年 11 月，2004 年 10 月）、加那利群岛（大西洋亚种，1992 年 1—3 月）、撒哈拉沙漠以南的非洲（单独 1 次记录）、塞内加尔南部（1997 年 2 月）。一般认为，黑雁出现于极度偏南的地区，主要与冬季严寒天气有关。

食性 基本为植食性。在繁殖地取食禾本科、苔藓类、地衣类与藻类植物；冬季几乎仅取食海洋藻类、海草、咸水或半咸水藻类；为获取钙质，觅食时亦会吞下沙砾。阿拉斯加繁殖种群偏向于取食佛利碱茅、霍普纳薹草、禾本科植物及水麦冬。

北极地区的黑雁广泛取食苔藓类与陆生草类，如虎耳草、莎草类和灯心草。也曾观测到黑雁繁殖前期在该地区取食蛤蜊。冬季，黑雁主要取食潮间带植物，尤其是大叶藻，但海莼菜亦是该物种重要的食物来源。其他主要食物包括川蔓藻、浒苔属、虾海藻属、互花米草、盐角草属、海韭菜与紫羊茅。自 1970 年以来，英伦三岛黑雁种群越来越多地使用改良草地与冬季谷物，这些改变部分缘于严冬天气及大叶藻的消失。初冬食用谷物，仲冬则至放牧草地觅食，尤其是已施过肥的草地。冬季，黑雁根据食物嫩芽的生长情况调整其取食频率与强度，如每 4～8 天取食车前属以此确保最高效率地获得养分。春季，该物种采取相同取食策略，以保证最高效率的蛋白质摄入。鉴于在某些地区赤颈鸭同样严重依赖大叶藻，在英格兰西南部对雁和鸭的空间分异展开研究，结果显示，黑雁取食根状茎与整个植株，而赤颈鸭取食大叶藻漂浮于水面上的部分。尽管如此，由于雁类在觅食过程中会移除鸭类潜在的食物资源，在现实情况中极可能发生资源利用性竞争现象。因此，近年黑雁数目的持续上升，在某些地区可能会对赤颈鸭的生存造成负面影响，如爱尔兰的斯特兰福德湾。

黑雁可在陆地取食，亦可于浅水中倒立取食，少见潜水取食的记录。幼鸟倾向于集中在觅食群体边缘，而成鸟集中于觅食群体的中心。9 月至次年 6 月在丹麦展开的研究中发现，相比水生植物区中的觅食群体，盐沼和内陆栖息地中的觅食群体花费更多的时间用于飞行、警戒，也更具攻击性，因此此类觅食群体休息时间更少。陆地栖息地上的觅食群体受干扰频率较水生植物区中的觅食群体更高，对黑雁而言，水生植物区代表了耗能最低而捕食效率最高的栖息地。在德国与英格兰诺福克郡北部展开的研究表明，夜间觅食对于黑雁而言较为常见，研究记录到 143 只黑雁中有 87 只于夜间觅食，单个个体平均每晚用于觅食的时间比率为 19.7%，其中 59% 出现于觅食高峰期的前后 1.5 小时内。整晚用于觅食的时间比例及觅食高峰期的觅食密度都随黑夜长度的变化而变化，夜间觅食程度与月光亮度及月光持续时间无关，但觅食时间会随夜晚变冷而明显延长，夜间觅食概率与前一天最高温度呈明显正相关。

繁殖 始于 6 月，抵达繁殖地 6～12 天后开始繁殖，但不同种群差异较大。西伯利亚西部(77°N)种群 6 月 14 日第一次筑巢，筑巢高峰为 6 月 17—20 日，孵化高峰为 7 月中旬；西伯利亚东部（66°N～70°N）种群于 5 月 29 日开始繁殖，6 月 10 日达到繁殖高峰，7 月 12 日雏鸟孵化；阿拉斯加（69°N）种群 5 月 25 日开始繁殖，6 月 6—9 日达繁殖高峰，7 月上旬雏鸟孵化；帕里群岛（76°N）种群 6 月 6 日开始繁殖，6 月 12—17 日达繁殖高峰，7 月 10—15 日雏鸟孵化；北极地区南部（77°N）种群 6 月 3—5 日开始繁殖，6 月 10—15 日达到繁殖高峰，7 月中旬雏鸟孵化；福克斯湾（64°N）种群 6 月 7—10 日开始繁殖，6 月 20 日达繁殖高峰，7 月中旬雏鸟孵化；格陵兰东北部（81°N）种群

6月上旬开始繁殖，6月14—20日达繁殖高峰，7月中旬雏鸟孵化；斯瓦尔巴特群岛（78°N）种群5月下旬开始繁殖，6月9日达繁殖高峰，7月10—15日雏鸟孵化。

黑雁对繁殖地忠诚度较高，雌鸟尤甚，且随年龄增长而增强。一项大西洋亚种研究发现，大部分子代黑雁迁回至亲代所在的位置或附近繁殖，这在一定程度上暗示了繁殖位点的社会继承效应，亦可能为亲缘关系催化的结果。但在北美亚种某些种群中此类现象相对较少，幼鸟沿着群体聚居地的周边地区活动，繁殖成功者较繁殖失败者分布于更近的范围内，筑巢较早的繁殖对较筑巢较晚的繁殖对分散至更远的位点。所有雌鸟的归巢忠诚度约为83%，且与第一年的存活率负相关，说明同龄个体对繁殖领地的竞争影响了其归巢后巢的分布。春季末，位点忠诚度会更低，可能为筑巢竞争增大所导致。

黑雁为一雌一雄制，典型的长期配对，多于到达繁殖地之前配对。但婚外交配现象也较为常见。为了威慑哺乳类捕食者，集群的黑雁通常与雪鸮等关系密切，或与银鸥、叉尾鸥混群，亦可分散至远离水面的冻原地带。

黑雁多筑巢于靠近巨石的地面，巢基部稍凹陷，以草和苔藓为内衬，垫有大量绒羽，雄鸟经常巡视周围。窝卵数1～10枚，通常为3～5枚，产卵间隔30～36小时。大西洋亚种卵白色、黄白色，指名亚种卵绿白色至橄榄绿色。卵平均大小71.6 mm×47.1 mm，重69～91 g。通常窝卵数较大时，卵的体积也相应较大，对应产卵雌鸟的体型也较大；年长雌鸟所产的卵体积更大，1窝卵数也更多。春季初期产卵较大，晚期则窝卵数较大，可能与雌鸟有更充足的时间进行能量储备有关。巢寄生似乎较为常见，种内寄生亦较普遍，通常寄生卵较宿主卵更大。雌鸟独自坐巢，孵化期23～29天。雏鸟几乎同步孵化，上体绒羽灰褐色，冠部和眼眶周围颜色最深，下体绒羽浅灰色，且具棕灰色胸带，胁部与翅上有白色斑点，孵出时重约为43.6 g，常在12～36小时之内离巢；14天后重315～398 g，32天升至967 g，同龄时雄鸟通常较雌鸟大。需40～45天羽翼丰满，此期间由双亲守护。雏鸟每天的觅食时间长达13～14小时，较早孵化的雏鸟可能生长更快。筑巢成功率年际间及位点间差异较大，成鸟春季迁徙之前的整体状态、迁徙途中状态的改变、春季融雪的时间早晚、栖息地天敌的丰度等均是影响筑巢成功率的潜在因素，持续较长的严冬气候是影响春季迁徙前状态的重要因素。越冬地状况同样对黑雁的繁殖行为有潜在影响，至少北美亚种如是。首次成功繁殖的亲代第二年并不按预期如数参与繁殖，这归因于亲代黑雁非繁殖期的整体状况不理想。由于幼鸟觅食效率低，亲代黑雁在挑选越冬栖息地时受限较大，因此其利用的越冬栖息地资源质量较非繁殖个体更低。幼鸟需2～3年性成熟，体型较大的幼鸟更常在此年龄开始繁殖。相较来自分散繁殖对的个体，来自较大群体的个体繁殖情况更为理想。北美亚种幼鸟在羽翼丰满后2个月内死

亡率较高。大西洋亚种约33%的幼鸟在横跨格陵兰冰原途中丧生。黑雁北美亚种阿拉斯加种群雌鸟成体年存活率为85%～90%。大西洋亚种欧洲种群年均存活率为87%，秋季至冬季存活率较高，月存活率99.9%；冬季至次年春季存活率较低，月均存活率98.5%，随冬季气候恶劣程度不同而不同；春季至秋季存活率最低，月存活率98.2%。指名亚种欧洲种群于荷兰越冬时存活率为89%。英国环志记录显示，最长寿的黑雁为28.2龄。

种群现状和保护 非全球受胁物种。20世纪80年代全球种群数量为400 000～500 000，约有170 000只指名亚种及24 000只大西洋亚种在欧洲西部越冬，其中90 000～95 000只在英国。年际间大幅波动主要源于繁殖成功率的显著变化。20世纪30年代早期，黑雁指名亚种种群数量一度下降至原有种群数量的10%，原因可能为致病性真菌感染其主要食物大叶藻。在某些地区，如丹麦，黑雁亦受到严重狩猎的影响。在法律保护下，西古北界黑雁种群数量从1955—1957年时的16 500只恢复至1966—1967年时的30 500只，1971—1972年种群数量为34 000只，至1973—1974年急剧增加至约80 000只；20世纪90年代黑雁种群数量稳中有升，总数为100 000～200 000只，1988年约为235 000只，在步入21世纪之前可能已达到约300 000只，但2006—2007年冬天数据显示，黑雁种群数量下降至约245 000只，其中约有83 000只在英国越冬。

黑雁大西洋亚种北美地区的种群包括在伊丽莎白女王岛繁殖的15 000只个体，以及在福克斯湾的100 000～150 000只个体。福克斯湾种群主要分布于南安普顿岛与巴芬岛的西北及西南部，在1972年由于射猎行为而数量严重降低，冬季禁捕后，数量下降趋势有所缓解。大西洋东部的种群目前据估仅有7845只或7600只。

北美亚种有至少185 000只个体在北美西部越冬，其中可能80%在阿拉斯加的育空－卡斯科奎姆河三角洲繁殖。1978—1982年之间平均有139 000只在墨西哥下加利福尼亚越冬。该地盗猎强度很小，且由于气候变化以及气候变化对大叶藻生长的影响，自20世纪30年代开始取代加利福尼亚成为黑雁新的越冬栖息地。目前，黑雁已经扩散至索诺拉州与锡那罗亚北部的海岸。仅有4000～6000只黑雁分布于亚洲东北部，主要分布于日本、韩国及中国，中国数量较少。目前认为，黑雁北美亚种种群数量在下降，可能是密集采伐降低了黑雁的筑巢成功率，亦可能与黑雁回归率下降有关。

黑雁在某些地区曾受到严重的狩猎影响，但在法律保护下，种群数量迅速恢复。密集采伐、回归率下降、射杀、严寒、饥饿等可能也是造成黑雁数量下降的主要原因。冬季禁捕以后，种群下降趋势有所缓解。但上述威胁的存在，还是导致种群数量经历了巨大的波动。同时，近交衰退也被认为是种群增长的威胁因素之一。被列为中国三有保护鸟类。

红胸黑雁

拉丁名：*Branta ruficollis*
英文名：Red-breasted Goose

雁形目鸭科

小型雁类，前颈和前胸棕红色，眼后具一栗红色斑；余部主要为黑色，并有白色条纹。繁殖于西伯利亚北极冻原带，主要越冬于黑海和里海沿岸。在中国为迷鸟或偶见冬候鸟，见于湖南、河南、四川中部、湖北、安徽、江西等地湖泊。IUCN 评估为易危（VU）。被列入 CITES 附录 II 和中国国家二级重点保护动物。

红胸黑雁。高傅摄

白颊黑雁

拉丁名：*Branta leucopsis*
英文名：Barnacle Goose

雁形目鸭科

脸白色，头、颈至上胸黑色；背部灰色，且具黑白条纹；腹部至尾下白色。主要分布于北大西洋北极岛屿和北欧、西欧。2008 年中国鸟类新记录，迷鸟见于河南、湖北。IUCN 评估为无危（LC）。

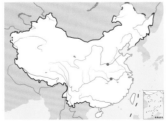

白颊黑雁。郝夏宁摄

加拿大雁

拉丁名：*Branta canadensis*
英文名：Canada Goose

雁形目鸭科

体型甚大的黑雁，体长 75～110 cm。头、颈黑色，有一明显的白色斑纹从眼后延至喉间；身体棕灰色，下腹部和尾上覆羽、尾下覆羽白色；尾短，黑色。在中国为迷鸟，偶见于天津。IUCN 评估为无危（LC）。

加拿大雁

小美洲黑雁

拉丁名：*Branta hutchinsii*
英文名：Cackling Goose

雁形目鸭科

从加拿大雁中分化出来的独立鸟种，体型较加拿大雁小且喙较短。头颈黑色，眼后至喉间具白色横斑。分布于北美洲北部及白令海附近的岛屿。在中国为迷鸟，见于江西鄱阳湖、湖南洞庭湖和湖北武汉。IUCN 评估为无危（LC）。

小美洲黑雁

青头潜鸭

拉丁名：*Aythya baeri*
英文名：Baer's Pochard

雁形目鸭科

形态　中等体型的潜鸭，体长 42～47 cm。繁殖期雄鸟头部呈墨绿色光泽，颊部有白色点斑，至胸部逐渐变成棕栗色。下胁白色，与胸部对比明显，上胁和后胁部有红棕色条纹。上体呈深褐色至栗褐色，翕部有模糊的桂红色蠕状条纹，下体及尾下覆羽呈白色。尾上覆羽和下背呈黑色，翅上覆羽表面呈褐色，有白色翼上横斑，后部边缘因次级飞羽而呈黑色。初级飞羽基部呈灰色，延伸至翼上横斑。喙部呈石板灰，嘴端色浅，嘴甲为黑色；腿和足呈铅灰色，具深色网状斑纹；虹膜呈白色。雌鸟与雄鸟极为相似，但头部和胸部呈暗褐色，虹膜褐色，喙部和眼之间有精细的淡褐色块斑。

整体与凤头潜鸭类似，但圆形的头部和嘴形让人联想到红头潜鸭，嘴比白眼潜鸭更大。飞行时，白色翼上横斑清晰可见，特征与白眼潜鸭相似，但翼上横斑颜色更暗，特别是初级飞羽上的翼上横斑，此外翅上覆羽的白色条带并不会扩展到外侧的初级飞羽。在青头潜鸭越冬范围的西部，可能会与体型较小、栗色更重的白眼潜鸭相互错认。

分布　繁殖于俄罗斯和中国东北的黑龙江（俄称阿穆尔河）

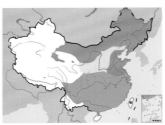

青头潜鸭。左上图为雌鸟，下图为被白眼潜鸭追赶的青头潜鸭雄鸟。牛蜀军摄

和乌苏里江流域，也可能出现在朝鲜半岛北部以及蒙古东部。越冬区主要在中国，也有部分前往日本、韩国，最南可至泰国南部、柬埔寨北部，最西可达印度东北部。在堪察加半岛、巴基斯坦以及菲律宾为迷鸟，在不丹仅有 1994 年 3 月及 1998 年 4 月 2 个记录，老挝仅 2000 年早期 1 个记录，但据推测 20 世纪 80 年代可能为老挝境内常见水鸟。北美亦有青头潜鸭的记录，在英国出现的记录被认为是杂交种。在中国，青头潜鸭主要繁殖于黑龙江、吉林、辽宁、内蒙古及河北东北部等地区，越冬在长江中下游以及福建、广东等沿海地区，偶见于台湾。

栖息地　繁殖季节，性喜开阔生境，会利用挺水植物茂密的湖泊和沼泽。冬季，生境选择与繁殖季类似，也会出现在咸水潟湖、河口和水库。在中国辽宁，常栖息在植被茂密的沿海湿地或树林环绕的河流及池塘附近。

习性　迁徙性。换羽结束后于 9—10 月份离开繁殖地，并前往东南亚沿海平原越冬，其他若干零星越冬位点可西至印度东北地区或南至中南半岛地区；亦有部分个体于韩国南部地区及日本越冬。次年 3—4 月回迁至中国东北至西伯利亚地区繁殖。

在孟加拉的一项关于能量平衡的研究显示，在 8:00～14:00 期间，青头潜鸭大部分时间都用于休息（58%）及游泳（32%），仅会花费极少时间用于觅食（7.4%）及梳羽（2.6%），10:00 之前觅食与游泳活动较多，10:30 之后活动趋于减少，以休息或梳羽为主。

食性　有关青头潜鸭食性的研究很少，可以肯定的是它们会同时取食动物和植物，通过潜水的方式来摄食。在部分地区，水稻是其重要的食物来源，亦有观察记录到它们捕食小型蛙类。

繁殖　常以繁殖对的形式于 4 月到达繁殖地，最早可于 3 月中旬、最晚于 5 月中旬抵达。在地上筑巢，周围通常有植被覆盖，有时会与鸥类共同繁殖。巢材以植物和绒羽为主，巢呈碗状，直径 15.5～18.0 cm，深 5.5～12.0 cm。通常在 5 月下旬至 6 月上旬产卵，窝卵数 9～13 枚。卵为乳白色，平均大小约 51 mm×38 mm，平均重 39.3 g。孵化期 27 天。新生雏鸟平均体重 24.2 g。育幼细节所知甚少，但是在兴凯湖，直到 8 月 19 日仍可见亲鸟抚育幼鸟。秋季迁徙始于 9—10 月。未有关于繁殖成功率、成年存活率及寿命的相关数据。

种群现状和保护　曾广泛分布，但在近十年非常罕见。2008 年被 IUCN 评估为濒危（EN），2012 年被提升至极危（CR），国际鸟盟（Bird Life International）估计其种群数量为 150～700 只成年个体，并且种群数量持续下降。

在原繁殖地俄罗斯远东，1976—2012 年间没有关于该物种的繁殖记录，尽管 2013 年它们可能在私人自然保护区中进行繁殖。在中国境内关于该种鸟类繁殖的记录也很少，2012 年繁殖期在河北中部观察到 1 对，在山东发现了另外 4 对，但上述地区均在其原繁殖范围以南。

在越冬区观测数量也急剧下降。1990年冬季，部分地区的统计数据如下：中国853只，印度575只，泰国192只，孟加拉国10只，缅甸90只。在孟加拉国，1990年代有约2000只的越冬记录；2010年前后，仅有约10只来此地越冬，越冬种群数量下降了99%；之后，在孟加拉国和缅甸的调查则没有发现该种的踪迹。20世纪80年代末至90年代初，在越南河内曾有40只越冬的青头潜鸭，在泰国那空沙旺的博拉碧湖，曾有最多达426只的越冬种群；近几年冬季，博拉碧湖仅有4~5只青头潜鸭，在越南和尼泊尔已经极为罕见。

在中国，青头潜鸭的分布范围也缩小了很多。从2000年开始，青头潜鸭主要在中国长江中下游湿地越冬，集中在安徽湖群、鄱阳湖和湖北湖群。2010—2011年冬季这些地区尚可见到相当可观的青头潜鸭群体，例如安徽武昌湖、枫沙湖分别记录到760只、230只，湖北洪湖、梁子湖分别记录到90只、131只。近几年尽管观鸟活动逐渐增多，许多地区却不再出现青头潜鸭记录，长江流域的种群几乎完全消失，包括武昌湖、梁子湖以及武汉柏泉湿地，而在河北迁徙通道观测到的数量也严重下降。2012—2013年冬季，对中国40个已知的越冬位点，特别是长江中下游的位点进行的调查中仅发现了45只，且有重复计数的可能。

目前对青头潜鸭受胁因素了解很少，但狩猎以及繁殖地、越冬地和停歇地的湿地丧失可能是其数量下降的主要原因。近几年在俄罗斯境内数量急剧下降，可能原因为围湖造田、人为干扰增多。野鸭养殖也可能对其带来负面的影响，曾有青头潜鸭在野鸭养殖场被发现，虽然据说是圈养的，但实际很可能是从野外拾取鸟蛋进行人工孵化养殖的。研究显示，青头潜鸭通常会在湿地长时间保持低水位或完全干旱后离开该地，如向海保护区繁殖种群的丧失以及武汉柏泉湿地越冬种群的丧失。在孟加拉国，有青头潜鸭误食猎人投放的毒饵而死亡的记录，这也可能会对其造成显著威胁。

目前，在俄罗斯、蒙古、中国香港及部分地区，青头潜鸭已被列入保护物种。某些地区的部分繁殖地与越冬地已被囊括于保护范围以内，如俄罗斯的达斡尔斯基、兴凯湖、博隆湖，中国三江与向海地区、香港米埔，尼泊尔戈西河大坝地区，印度卡齐兰加国家公园及泰国内湖禁猎区。在中国，青头潜鸭仅被列为三有保护鸟类，尚未列入重点保护动物，需进一步提升保护等级。尽管青头潜鸭较易成功圈养，但目前圈养数量亦极少。未来需更深入研究该物种种群数量与分布情况、生态行为学及种群受胁因素，以提出更为适宜的保护方式。例如，研究该物种繁殖期分布及觅食生态学，在其繁殖地确立更多保护区域并提高圈养种群数量，拓宽俄罗斯兴凯湖保护区涵盖范围，繁殖季节严格控制中国向海自然保护区的管辖范围，在中国境内大力抵制雁鸭类捕猎行为，并令各国于各自所属栖息地范围内依法保护此物种。

红头潜鸭

拉丁名：*Aythya ferina*
英文名：Common Pochard

雁形目鸭科

形态 中等体型的潜鸭，体长41~50 cm。繁殖期的雄鸟头部呈棕栗色，胸部、上翕、尾下覆羽、腰部和尾部均为黑色，躯干为灰色且带有黑色细纹，沿翅上覆羽方向颜色逐渐加深，飞羽颜色较为暗淡且伴有更匀质的银灰色；初级飞羽和次级飞羽尖端均为黑色，翅下覆羽则为全白色；喙深灰色，嘴甲黑色，近嘴端有较宽的浅灰色带斑；腿和足为蓝灰色，眼为明亮的橙红色。雄鸟有类似于雌鸟的暗淡羽衣，但体色更灰，其黑色的胸部更为显眼且脸部特征不显著。雌鸟的头部为暗褐色，眼纹、喉、眼先及颊为浅灰色；躯干灰褐色，往上颜色逐渐加深，翅膀形态与雄鸟类似，但整体颜色偏棕；喙为暗灰色至黑色，嘴端扁平呈黑色，近嘴端扁平呈浅灰色带斑，眼为暖棕色。雏鸟形态特征与成年雌鸟相似，但前者下体羽色更为斑驳，头部颜色暗淡且不具眼纹，躯干上某些部位的羽毛具灰色或白色蠕虫状纹路，翕、胸部和胁部为深灰色。雏鸟需至少1年方能长出所有成羽。分辨雌雄雏鸟的关键是雌性具匀质灰棕色的翕、肩部且三级飞羽带橄榄绿条纹，次级飞羽尖端白色无斑点且其覆羽为褐灰色。

红头潜鸭与异域分布的美洲潜鸭形态接近，两者差异主要在于头部：红头潜鸭雄鸟虹膜为红色，而美洲潜鸭为黄色，嘴形与

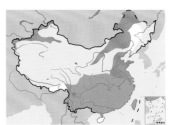

红头潜鸭雄鸟。沈越摄

美洲潜鸭略有不同；雌鸟喙部颜色不同于美洲潜鸭且胁部颜色更白。与帆背潜鸭的区别在于：帆背潜鸭雄鸟喙部全黑，红头潜鸭雄鸟背部灰色更为暗淡，雌鸟较易混淆，但较长的喙部及倾度较大的额部成为帆背潜鸭野外识别的显著特征。与青头潜鸭的区别在于青头潜鸭羽色偏灰而红头潜鸭更偏红棕。

分布 广泛分布于欧亚大陆，繁殖于从西欧到西伯利亚南部、蒙古、中国的广大地区，迁徙经过欧亚大陆中部的广大地区，越冬于欧洲中部、南部、非洲西北部、南亚至中国南部。某些种群在非洲撒哈拉以南、中东地区、南亚次大陆、东南亚及日本越冬。迷鸟迁至大西洋和太平洋的部分群岛以及北美部分地区。在中国繁殖于新疆天山、内蒙古东北部、黑龙江西北部和吉林西部。越冬于云南、贵州、四川及长江中下游南方各地，偶尔到台湾。迁徙期见于全国各地。

栖息地 常栖息于植被丰富、向光性好的区域，包括沼泽、湖泊和流速较缓的河流。栖息水域常较开阔且有丰富的挺水植物。繁殖于咸水湖甚而海湾。越冬地一般为大型湖泊、水库、鱼塘、矿坑、沿海咸水潟湖和潮汐河口潟湖，亦包括高海拔地区的贫营养型水体及低海拔地区的富营养型湖泊。有记录观察到红头潜鸭在埃塞俄比亚海拔 2690 m 的湖泊越冬。

习性 部分迁徙。部分种群迁徙距离较长，有时仅需 2～3 天即可迁飞 1000 km。从环志回收记录来看，大多数远东繁殖的种群在亚洲东南部及东部越冬，但也有英国环志的红头潜鸭在远至 150°E 的区域被回收；俄罗斯—哈萨克大草原繁殖的种群则经欧洲东部迁往欧洲中部和西部越冬，欧洲的越冬种群在冬季大范围地游荡，瑞士种群会有规律地往法国南部、意大利波河谷地或西北方向移动。在丹麦、芬兰芬诺斯坎迪亚、德国北部、波兰、波罗的海诸国及俄罗斯 50°N～60°N、30°E～70°E 范围进行繁殖的种群，可向西或西南方向迁飞至欧洲西部，远至爱尔兰地区，也可向南迁飞至非洲西北部。在地中海东部或者黑海越冬的种群则来自更远的东部地区。

一般雌鸟早于雄鸟 2 周左右离开繁殖地，于 9 月末至 10 月初穿越欧洲东部及南部，10—11 月到达欧洲西部。相较于更加适于飞行的雄鸟，雌鸟的平均飞行距离一般更为漫长。如若气候适宜，2 月红头潜鸭即开始返迁，但大多数潜鸭选择在 3 月至 4 月上旬离开越冬地，雄鸟较雌鸟提前 20 天开始返程。在埃塞俄比亚，红头潜鸭出现于 10 月下旬至次年 4 月上旬，偶有记录显示其出现于 5 月上旬及 7 月上旬，在肯尼亚北部，12 月至次年 3 月有红头潜鸭记录。

在温带地区，例如欧洲中部和西北部，全年都可观察到红头潜鸭。法国种群冬季可迁徙超过 100 km 到达无冰地区越冬。

食性 食物种类很多，包括种子，根茎，禾草、薹草及水生植物的绿色部分，小型无脊椎动物，如水生昆虫和它们的幼虫、腹足纲、甲壳纲、蠕虫，两栖动物和小型鱼类，尤其偏好轮藻属

植物，眼子菜属、狐尾藻属和金鱼藻属也为其所爱，也有观察记录到它们摄食面包、土豆。个体对食物的选择可能具有性别、季节和年龄差异。夏季，雌鸟和雏鸟主要以摇蚊科和石蝇科幼虫为食。而其他季节，栖息地水生植物相对匮乏，这些食物来源则显得尤为关键。

红头潜鸭通过潜水的方式捕食，潜水深度通常为 1～2.5 m，它们在水面摇晃身体，随后将头扎进水中觅食。雌鸟和雄鸟在觅食习性上略有不同，雄鸟倾向于选择更深的水域潜水捕食，且更好争斗，偶见其将雌鸟驱逐出食物丰富的区域。此外，某些个体会选择排污口越冬，因为此处水体富营养化，可为其提供水丝蚓等食物。有研究发现，红头潜鸭可从小天鹅俄罗斯亚种的捕食中获利。红头潜鸭常在黄昏活动且可整晚进食，一般集结成大群活动，在繁殖换羽之后集群现象更为明显，在欧洲西部和俄罗斯经常看到至少 50 000 只雄鸟集结成群。

繁殖 繁殖期始于 4—5 月，4 月更为常见。不同区域的种群繁殖期起始时间有差异。西伯利亚的繁殖种群一般于 5 月上旬到达；在西班牙南部的一项研究发现，红头潜鸭繁殖期自 5 月 22 日持续至 6 月 15 日；位于东安格利亚的种群繁殖期与西班牙南部种群相似。红头潜鸭为季节性一雌一雄制，一般在冬季或春季结为配对，关系持续到孵化期的前一或两周，有些雄鸟会参与抚育雏鸟。对于落单个体或集群数量较少的群体，与红嘴鸥合作是较好的自我保护及抵御捕食者策略，常见的红头潜鸭捕食者有冠小嘴乌鸦、渡鸦及北美水貂。

红头潜鸭的巢一般位于陆地或者水面且隐藏于浓密的植被中，为厚草及芦苇茎叶堆上铺有绒羽的浅型洼地，一般距离水源不超过 10 m。在捷克对 380 个红头潜鸭巢址的统计显示：77% 的巢建于水上，16% 的巢建于小岛，仅 7% 建于干燥地表。红头潜鸭每个繁殖季一般只产 1 窝卵，但有研究发现多达 45% 的雌鸟在失去第 1 窝卵后会重新产卵。窝卵数通常为 8～10 枚，最多可达 22 枚，但超过 15 枚时即可能存在巢寄生现象。如在繁殖季末期产卵，窝卵数一般会有所减少，最少为 3 枚。卵为灰绿色，大小为（56～68）mm×（39～47）mm，重 55～74 g；孵化期 24～28 天。如若孵化时间缩短，幼鸟存活率将会降低。刚孵出的雏鸟下体绒羽为褐色，上体、面部和背部点斑为黄色，腹部为白色。家养的雏鸟出生体重约为 37.2 g。羽翼丰满需 50～55 天，雌鸟在雏鸟更换翅羽时离开雏鸟，因此某些极其年幼的雏鸟被迫离开雌鸟而融入其他家族。从出生到性成熟一般需 1～2 年。

红头潜鸭种内及种间巢寄生现象十分普遍，发生概率高达 89%。窝卵数适中的巢寄生对于筑巢物种的繁殖成功率影响较小或几乎无影响。在西班牙，赤嘴潜鸭会将卵产于红头潜鸭的巢中；在捷克，凤头潜鸭及绿头鸭亦将卵产于红头潜鸭的巢中，另有记载显示红头潜鸭和赤嘴潜鸭同时将卵产于绿头鸭的巢中。

在捷克，对红头潜鸭在鱼塘中的繁殖成功率调查结果如下：

带领雏鸟游泳的红头潜鸭雌鸟。聂延秋摄

66% 成功筑巢，18% 筑巢失败，余下 16% 无繁殖倾向。筑巢成功率存在着较大的年际变化，这在一定程度上反映了气候条件尤其是干旱对此物种筑巢成功率的影响较为显著，干旱发生时，仅低于 33% 的红头潜鸭有繁殖倾向。在瑞典有研究发现，水位对于繁殖率的影响亦较大。在拉脱维亚有研究发现，1 龄雌鸟开始筑巢的时间晚于年长的雌鸟，即便是无繁殖经验的 2 龄雌鸟，其筑巢时间仍较 1 龄雌鸟更早，且育雏数也更大。此外，雌鸟对繁殖位点的忠诚度与其繁殖成功率正相关，且年长个体高于年幼个体。在捷克有研究发现，红头潜鸭的孵化成功率为 56%。有研究发现红头潜鸭存在出生扩散现象。家养雌鸟 20 龄仍能生育，而在野生种群中并未发现如此高龄的个体。拉脱维亚有研究发现成鸟的年存活率为 65%，在英国有观察到 22 龄的红头潜鸭。

种群现状和保护 原本分布广泛、数量众多，但近年来种群数量急剧下降，2015 年被 IUCN 从无危（LC）提升为易危（VU）。《中国脊椎动物红色名录》仍评估为无危（LC）。被列为中国三有保护鸟类。

由于亚洲中部繁殖地的干旱，其繁殖地有向外扩张的迹象。1952 年，第一次观察到红头潜鸭在意大利繁殖；1953 年，观察到在希腊克里特岛繁殖；其后，1954 年、1972 年、1977 年、1995 年分别在冰岛、挪威、摩洛哥、葡萄牙发现繁殖种群。人工湿地的增加、适宜繁殖地的增加、红头潜鸭较强的环境适应能力都间接导致了繁殖地范围的扩大。

在古北界西部的越冬种群数量约为 1 600 000 只，整个欧洲西部都有广泛分布，种群数量约为 350 000 只。欧洲中部是红头潜鸭的重要越冬地，在极端气候条件下，这里是红头潜鸭极为重要的避难所，这对于来自欧洲西北部的种群尤为关键。亚洲是另一个重要越冬地，20 世纪 90 年代，亚洲西南部种群数量为 350 000 只，南部种群数量为 100 000 ~ 1 000 000 只，东南部和东部种群数量为 600 000 ~ 1 000 000 只。

自 20 世纪末以来红头潜鸭种群数量显著下降，欧洲西部的种群数量下降尤为明显，20 世纪最后 20 年，该物种种群数量下降了 30%。1985—2010 年英国越冬种群个体数量下降约 50%。在古北界东部、黑海和亚速海亦有种群数量下降的迹象。而欧洲西北部的越冬种群则保持稳定，近波罗的海的越冬种群数量略有下降。导致种群数量下降的可能原因主要为过度人为狩猎及栖息地的破坏，而富营养化加剧也导致栖息地逐步退化、丧失，这些过程促进了以浮游植物为优势物种的湿地面积增加，继而水体透明度变差，底栖植物特别是红头潜鸭较为依赖的轮藻属植物数量开始减少。此外农业过程中排放出大量富含营养物质的废水，为其他优势植物的生长提供了适宜条件，而此类优势物种并非红头潜鸭的摄食对象，也是影响其种群数量的原因之一。繁殖季节的红头潜鸭对外界干扰十分敏感。

红头潜鸭种群数量变化的受胁因素主要有人为狩猎、水上娱乐设施的修建、城市噪声污染、富营养化加剧而导致的越冬栖息地退化等。在波兰，红头潜鸭的巢常遭遇北美水貂的攻击；在西班牙，成鸟常发生铅中毒事件；而在中国，则常有红头潜鸭淹死于孔径大于 5 cm 的渔网中。在北爱尔兰、西班牙及意大利，红头潜鸭遭到大量猎杀；在冰岛，居民有捡拾鸟蛋的习惯；而在伊朗北部地区，商业和娱乐原因导致红头潜鸭遭到大量捕杀。红头潜鸭被认为与禽流感的来源及传播有关，亦可能成为未来某些疾病的发病源。

斑背潜鸭

拉丁名：*Aythya marila*
英文名：Greater Scaup

雁形目鸭科

形态 中等体型的潜鸭，体长 42～49 cm。繁殖期雄鸟头部与颈部呈黑色，且带绿色或紫色光泽，上臀部、腰部、胸部及尾部覆羽为黑色，下臀部及肩羽呈白色并夹杂黑色波状纹路。腹部与两胁白色，其上具灰色虫蠹状条纹。翅上覆羽黑褐色，带白色斑纹，次级飞羽及大部分初级飞羽上具宽条白色带斑。翅下及腋下羽毛灰白色，且沿后缘方向颜色逐渐变淡。眼为金黄色。非繁殖期雄鸟形态特征与繁殖期雄鸟较为相似，但体表黑色部分更偏褐色且两胁有褐纹，喙部颜色较为黯淡，嘴基偶见白色痕纹。冬季，雌鸟通体浅褐色，嘴基与喙部两侧均具白色块斑，臀部、肩部与胁部常具白色虫蠹状条纹，条纹颜色较上体更为暗淡。雌鸟翅羽颜色比雄鸟更为偏褐。夏季，上述虫蠹状条纹褪去，脸部白色块斑模糊难辨，眼为黄色偶见灰色，腿颜色多变，从灰绿色至深石蓝色，喙部铅灰色。幼鸟形态特征与雌鸟接近，但前者羽色更为黯淡，面部、颊部白色部分较少，前颈及体侧颜色略浅，雌性幼体以上特征更为明显。幼鸟长至 2 龄时羽翼完全丰满。中国有分布的太平洋亚种 *A. m. nearctica* 黑色虫蠹状条纹更为明显，飞羽下端白色部分较少。

与小潜鸭相比，斑背潜鸭雄鸟喙更长且无羽冠，头部羽毛无绿色光泽，小潜鸭雌鸟嘴部及体型较斑背潜鸭雌鸟均更小；而凤头潜鸭雌鸟嘴基白色块斑较少且不易识别；斑背潜鸭与雁形目不同物种的杂交现象使其野外识别更为困难。

分布 繁殖地点主要在亚洲、欧洲的极北部、冰岛及北美洲西北部。越冬于北美密西西比河流域，太平洋，大西洋沿岸，欧洲西部沿海，不列颠群岛，地中海和黑海、里海沿岸，亚洲的印度、中国、日本、朝鲜。在中国斑背潜鸭繁殖于长江以南、东南沿海、广东、广西和台湾，迁徙期间经过吉林、辽宁、河北、山东等地。

栖息地 繁殖于高纬度苔原地带的浅小型湖泊、河流及池塘，有时则选择开阔的松林地带。主要在沿海地带、咸水潟湖、河口、避风港湾及浅海水域越冬，也可选择内陆低盐度地区的大型湖泊。

习性 冬季集群生活，可形成具几千只个体的群体。白天觅食，休息时则成群漂荡于水面。斑背潜鸭与小潜鸭亲缘关系最为接近，与其他同源物种有杂交现象发生。

与其他潜鸭类似，斑背潜鸭在非繁殖季节较为安静：求偶时期雄鸟发出鸽子般轻柔的"kucku"声或轻快的"week-week-whew"哨声，单一类型的叫声仅持续几米的距离；雌鸟的叫声复杂且难以描述，通常缓慢而有节奏，尽管常似其他同源物种一般叫声急促，但相比之下则更为清浅低柔。

斑背潜鸭为迁徙鸟类，在某些地区可能为部分迁徙物种。俄罗斯北部的繁殖种群于 8 月中旬至 9 月上旬开始迁徙，俄罗斯北极地区迁徙高峰期出现于 9 月上旬至 9 月下旬，波罗的海东部地区迁徙高峰期为 10 月上旬，德国为 10 月中旬，10 月下旬则为英格兰地区及荷兰地区的迁徙高峰。次年 2 月下旬至 5 月中旬开始回迁，大部分种群于 4 月经过波罗的海地区，并于 5 月下半月至 6 月上旬到达其最北部的繁殖地。迁徙期间会通过斯皮茨伯根群岛、北非、希腊、以色列、伊拉克等地。

食性 杂食性。食谱的主要组成部分通常为贝类；也取食昆虫、甲壳类动物、蠕虫、小型鱼类以及水生植物包括莎草的根系、种子、地上部分；还取食土豆及面包。对食物的偏好具季节差异。在冰岛米湖，斑背潜鸭夏季主要食用摇蚊幼虫、刺鱼卵、贝类，除此之外，食物选择亦存在一定程度的性别、年龄及年际间差异。夏季，在西伯利亚西部伯朝拉河三角洲，以眼子菜属为主的植物叶片是斑背潜鸭胃内容物的主要组成部分，而在瑞典北部地区，斑背潜鸭摄食番石榴属植物、昆虫幼虫、钩虾。冬季则更偏好双壳类动物，尤其是贝类、鸟蛤、白樱蛤。在丹麦，研究显示斑背潜鸭胃内容物体积的 95% 由鸟蛤、玉黍螺、织纹螺、觿螺、紫贻贝组成；在半咸水流域，斑背潜鸭食谱中软体动物同样占据较大比例，但以觿螺为主，甲壳类如钩虾，以及水生植物某些组分，如眼子菜属植物的种子，也较重要。在瑞典，波罗的海蛤及鸟蛤较为关键，而在波兰格但斯克湾，以下双壳类、腹足类动物在食谱中最为重要：砂海螂、潟湖蛤、油黑壳菜蛤、波罗的海蛤。在俄罗斯雷宾斯克水库，软体动物占斑背潜鸭食物总体积的 31.5%，水生昆虫、植物根系、植物种子所占比例分别为 24%、33%、10.5%。在里海，斑背潜鸭仅摄食欧洲蛤或线纹贻贝；在内伊湖及爱尔兰北部，则几乎只摄食摇蚊。斑背潜鸭也食用人工食物，在苏格兰它们食用酿酒厂泄水口附近的谷物，而此类位点无脊椎动物高密度生长；在美国海港，该物种食用渔船废弃的渔业饲料。斑背潜鸭主要通过潜水的方式觅食，即便在浅水流域，捕食过程亦需倒立于水中完成。冬季，在加利福尼亚沿海，活动

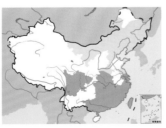

斑背潜鸭。左上图为繁殖期雄鸟，下图为雌鸟。聂延秋摄

时间分配实验结果表明，斑背潜鸭在某些位点利用大部分时间休息，而在其他位点则除休息外兼有觅食行为发生，且雌鸟捕食强度高于雄鸟；1月中旬至2月上旬，觅食所耗时间随黑龙江河篮蛤密度的上升而增多，但随波罗的海蛤密度的上升而减少，随后直至5月上旬，觅食所耗时间便与黑龙江河篮蛤密度关联较小，且潜水间隔时间增加14%，这一现象被认为可能与黑龙江河篮蛤密度的下降有关。

繁殖　不在中国境内繁殖，繁殖地点主要位于亚洲、欧洲极北部、冰岛及北美洲西北部。繁殖期始于5月至6月上旬，在芬兰芬诺斯坎迪亚及俄罗斯北部的种群基本从5月中旬开始繁殖，冰岛则为5月下旬。

季节性一雌一雄制，冬末配对并于次年交配繁殖，雄鸟常在孵化期离开雌鸟。斑背潜鸭对孵化地点是否有归家冲动目前尚未可知，但有证据表明在冰岛繁殖种次年在俄罗斯筑巢。繁殖时形成单配对或聚集松散的群体，巢址常间距1 m，偶见与鸥类的巢混建在一起。另有研究表明，斑背潜鸭会与小潜鸭共享巢。巢由雌鸟单独建筑，低浅的洼地铺以草叶、绒羽，巢常位于具茂密植被的地表，有时还筑于低浅的水坑。窝卵数通常为8～11枚，最多可达21枚，大于15枚时可能为不止一只雌鸟在同一巢中同期产卵。产卵间隔1天，卵为橄榄灰色。卵平均大小为63.5 mm×43.2 mm，平均重达64.8 g，卵间大小差异相比其他水鸟更小。孵化持续26～28天，由雌鸟单独完成。

雏鸟眼纹及其上部绒羽为橄榄棕色或栗棕色。下体浅黄色，背部具小斑点。眼为橄榄灰色，腿为灰绿色，嘴基橙黄色。孵化出的雏鸟平均重达38.5 g，经过40～45天羽翼丰满，雌鸟陪伴幼鸟的时间长于其他潜鸭物种。在芬兰，3年的统计结果表明，大约有77%的卵成功孵化出雏鸟，但只有6.5%的雏鸟可成功飞翔，且年际间比例变化较大。雏鸟性成熟时间为1～2年，圈养种群通常为2年。冰岛种群成体年存活率为52%，阿拉斯加则为81%，环志记录中寿命最长的斑背潜鸭为13龄。

种群现状和保护　IUCN和《中国脊椎动物红色名录》均评估为无危（LC）。尽管普遍而广泛分布，但目前对其种群数量变化趋势了解较少。在过去30年中，并未发现欧洲种群数量存在总体上升或下降趋势。

斑背潜鸭较大的繁殖种群分布在俄罗斯、冰岛、瑞典、挪威、芬兰等地。冰岛1949—1976年的繁殖种群数量记录表明，当地斑背潜鸭的种群数量明显下降。尚未发现斑背潜鸭分布区域有显著变化，但在很多非传统繁殖地区出现零星的繁殖记录，如19世纪后在苏格兰有繁殖记录，1950年、1963年、1977年、1981年后分别在爱沙尼亚、丹麦、波兰、德国有尝试繁殖的记录，1894年、1984年亦在法罗群岛有尝试繁殖的记录等。

冬季种群数量估计如下：古北界西部200 000只，欧洲西北部310 000只（20世纪90年代），北美地区约为750 000只（20世纪70年代中期）。统计结果表明，欧洲西北部地区的种群数量在过去约15年间基本保持稳定，但波罗的海地区的数量有所下降，这可能仅表明欧洲地区种群越冬地点发生改变。亚洲东部地区的种群数量统计资料缺失，但据估计20世纪90年代末期为100 000～1 000 000只或200 000～400 000只，有数据表明1996—2009年，日本的种群数量发生了一定程度增长。在亚洲的种群能够在越冬地形成十分巨大的群体，1986年冬季中期在东京湾地区记录到超过100 000只个体的越冬群体，在本州地区则记录到超过31 100只。

斑背潜鸭冬季常聚集于排污口等污染源附近，因此比其他鸭科物种面临更大的污染物危害。在里海，污染导致斑背潜鸭种群数量大幅降低，高浓度的有机氯污染物亦是诱因之一。狩猎亦是斑背潜鸭的潜在威胁之一，在欧盟七国，鸟类狩猎为合法行为，20世纪80年代斑背潜鸭年均狩猎量多至8000只，其中超过80%的狩猎发生于丹麦，20世纪90年代丹麦年狩猎量仍高达1000～3000只。另外，渔网误捕也会造成斑背潜鸭的死亡，波兰格但斯克湾的统计表明，每年有多达1300只斑背潜鸭死于渔网误捕。20世纪80年代，欧洲北部每年有多达16 000只因误捕而死亡，其中大部分发生于荷兰。20世纪80年代后，刺网误捕的斑背潜鸭数量大幅降低，但每年仍多达6500只。在中国，斑背潜鸭被列为三有保护鸟类。

凤头潜鸭

拉丁名：*Aythya fuligula*
英文名：Tufted Duck

雁形目鸭科

形态　体长34～49 cm。繁殖期雄鸟拥有潜鸭类中较为罕见的长形黑色羽冠，金黄色的虹膜也极为特别，除腹、两胁及翼镜为白色外，全身羽毛均为黑色。雌鸟羽色则较为多变，但通常为深棕色且有灰白的侧翼面；颌、喙部周围及尾下覆羽上有白色斑点；羽冠较短，腹部有并未延伸至侧翼的白色区域。雄鸟非繁殖羽似雌鸟，但头部、胸部及上体羽色较后者更深，胸部两侧及侧翼面羽毛浅棕色，嘴基周围并不呈白色，下体颜色较浅。幼鸟羽色和雌鸟相似，但雄性幼体头部和前颈颜色更深，且背部有蠕虫状迂回图案；生长至12月份的雄性幼体体色已极为接近雄性成体，尽管此时其虹膜颜色暗淡，侧翼灰白且飞羽、尾羽更为窄小。

凤头潜鸭雌性嘴基的白色羽毛让人联想到体型较大的斑背潜鸭或相似体型的小潜鸭，尾下覆羽的白色则与同性的白眼潜鸭和青头潜鸭类似，但此区域的白色并不如白眼潜鸭和其他缺少羽冠的潜鸭物种明显。

分布　繁殖于冰岛、不列颠群岛、北欧、中欧、巴尔干半岛、吉尔吉斯平原、贝加尔湖、西伯利亚，一直往东到萨哈林岛，越冬于欧亚大陆南部、非洲北部和撒哈拉以南非洲地区、日本以及菲律宾、苏门答腊岛、苏拉威西岛等东南亚地区。在中国，凤头潜鸭繁殖于东北黑龙江、吉林和内蒙古地区，越冬在云南、贵州、四川、长江流域、东南沿海地区和台湾，迁徙时经过新疆、西藏、青海、甘肃、山西、河北、河南、山东、辽宁等地。

栖息地 繁殖群体通常利用大型、低深的淡水湖泊、池塘和具有边际挺水植被的水库。繁殖季节最爱在岛上筑巢，也喜在河流沿岸繁殖。喜欢筑巢在富有植物、深 3～5 m 的水域中，也能适应不同地区的条件，一般不在水深超过 15 m 的湖泊活动。一般在低地繁殖，但也在阿尔卑斯山海拔 2400 m 的地方有过繁殖记录。在冬季，内陆种群会选择大型淡水水体作为其栖息场所；海上种群则倾向于选择港口防波堤和河口，一般会避开大型海浪或较为暴露的海岸线。凤头潜鸭越冬海拔记录高达 3000 m，出现在肯尼亚，在中国西南迁徙通道的观察记录则可达海拔 3500 m。

习性 求偶期以外的季节，通常较为安静。求偶期，成年雄鸟发出温和且时轻时重的 "buckbuckbuck" 声，但通常由响亮的单一声调引入，也可为圆润的 "wheeoo" 声和哨声般的 "whawawhew" 声；雌鸟发出 "quack" "karr" 和 "gack" 的叫声，飞行时发出 "brebrebre" 的喉音，带领幼鸟避开可感知的干扰时则会发出有强调音节的 "grrgrrgrrorrarrarr" 声。非繁殖季节叫声类似赤颈鸭，也伴有轻柔的 "kack" 和 "rr" 声。偶被认为与新西兰潜鸭及环颈潜鸭亲缘关系较近。常被记录到与其他鸭科鸟类尤其是潜鸭类杂交。

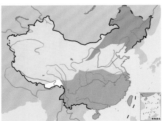

凤头潜鸭。左上图为雄鸟，沈越摄，下图前两只为雄鸟，右后方为雌鸟，赵国君摄

凤头潜鸭为部分或完全迁徙性鸟类，在欧洲中部及西北部为久栖物种。其他越冬地包括地中海盆地、北部及撒哈拉以南非洲地区、俄罗斯西南部、中东地区、南亚次大陆、东南亚和日本，偶见个体迁徙至阿拉斯加以及北美其他西部沿海地区，也有出现于斯匹次卑尔根岛、马尔他、亚速尔群岛、马德拉群岛、加纳利群岛和佛得角的迁徙记录。有从非洲向南游离至坦桑尼亚、马拉维的迁徙记录，也或多或少有迁徙至塞舌尔群岛、巴布亚新几内亚、密克罗尼西亚以及夏威夷岛的记录。

不同的繁殖种群其越冬地也较为离散，在冰岛、芬诺斯坎迪亚、波罗的海某些地区以及俄罗斯 55°N 以北、65°E 以西地区繁殖的凤头潜鸭种群主要在荷兰、不列颠群岛及波罗的海西部越冬，有些在冰岛繁殖的个体仍旧在岛屿沿岸和其他无冰水域越冬，也有一些个体南迁至法国西部、伊比利亚半岛，特殊情况下可迁徙至非洲西北部；在西伯利亚西北部繁殖的种群则在欧洲中部、黑海地区及地中海东部地区越冬，越冬区域主要为多瑙河三角洲、希腊和土耳其；在西伯利亚西部及西南亚繁殖的种群则主要在非洲东北部越冬，大部分个体向南到达埃塞俄比亚；亚洲东部的繁殖种群在亚洲南部及东南部越冬。环志工作分析结果显示，在瑞士越冬的凤头潜鸭在两个截然不同的区域繁殖：欧洲中部，俄罗斯欧洲部分—西西伯利亚。而来自两个地区之间的欧洲东部地区的繁殖种群偏好在波罗的海以及英国越冬，也有少数在瑞士及大不列颠的个体越冬记录，这表明凤头潜鸭较为一致地以欧洲中部阿尔卑斯山北部地区和北欧—大不列颠作为其越冬地区；研究还发现，雄性个体越冬地区域较雌鸟更为分散。

秋季迁徙始于 9 月份，10 月下旬至 11 月上旬完全撤离繁殖地，而春季迁徙则始于 2 月下旬，并依据纬度的不同在 4 月下旬至 5 月中旬完全结束，通常雄鸟迁徙时间比雌鸟略早。在肯尼亚最南端，冬季凤头潜鸭从 11 月至次年 3 月均有迁徙记录，但在埃塞俄比亚凤头潜鸭一般 10 月下旬即可抵达，且次年 5 月上旬才离开，偶有记录显示凤头潜鸭 9 月甚至是夏天就已抵达埃塞俄比亚。自 20 世纪 70 年代以来，春季返回到 50°N 以北的繁殖地的个体数量达到 50% 的日期相对提前了约 50 天，此现象与瑞士低地地区 3 月平均温度相关，这表明严冬越冬地区栖息地的气候情况发生了变化。有另一项研究发现，凤头潜鸭同样推迟了其秋季南迁的日期。在瑞士环志的凤头潜鸭中，22% 的个体冬季迁徙距离超过 200 km，但在法国此距离则短得多。

冬季具有群居性，可聚集形成拥有数万个体的群体。近来有研究表明，特定群体的个体可在不同年份均聚集在一起越冬，遗传学分析结果证实越冬群体中存在少数同性共迁徙同胞对。

食性 食物组成包括种子、水生植物绿色部分、软体动物、甲壳动物和水生昆虫，其中软体动物通常为食谱主要组成部分，贻贝属、鸟蛤属和腹足类尤为常见。市镇公园中的凤头潜鸭也食用马铃薯、其他物种的粪便、面包和残羹剩饭。

冬季在格但斯克海湾，凤头潜鸭食谱的重要组成部分是双壳类和腹足类：砂海螂、潟湖蛤、油黑壳菜蛤、波罗的海蛤、本特罗萨螺螺。依据不同食材的丰度和可利用程度，以及地理条件，凤头潜鸭的食谱随地理位置、年份和季节发生较大改变，通常随浅水深度的增加，更趋向于选择较小的贻贝类。新孵化的雏鸟主要摄食种子以及昆虫，年岁稍长的个体则食用椎实螺、其他软体动物和摇蚊幼虫。

凤头潜鸭通过潜水来获取食物，平均潜水间隔 20 秒，取食深度为 3～14 m，潜水的间隔时间随着潜水时间的增加而增加。在取食过程中，它们倒立身体、头部下潜从而从水面或沿岸地带获取食材，通常在此类觅食区域觅得谷物并可相应从人类获得一部分食物来源。而非潜水型个体则采取两种策略来取食贻贝：长度小于 1.6 cm 的贻贝主要通过喙部滤食，更大的食物则需单一喙取和摄食，而滤食被认为是一种更为合理的取食方式。潜水个体为了尽可能减少潜水和挑选小型贻贝时随潜水深度而增加的能耗，对大至 1.6 cm 的贻贝都采取滤食方式摄入。冬季，凤头潜鸭一天可食用 3 倍于其体重的贻贝。它们在昼夜均有觅食行为，白天 61% 的时间被用于摄食，而冬季由于觅食效率随温度下降而下降，觅食时间会相对更长。

繁殖　繁殖始于 5 月，在冰岛产下首枚卵的时间为 5 月 25 日，在欧洲大陆则为 5 月中旬。季节性一雌一雄制，早春开始配对，7 月即行解散；偶有婚外配对的强行交配现象。对栖息位点具有较高忠诚度，除有个例记录到一只雌鸟迁至距其之前筑巢位点 2500 km 处外，较少发生外迁现象。以单个繁殖对或种群密度较为稀疏的群落营巢，巢间距通常 7～11 m，在海鸥或燕鸥的栖息地则巢密度更高，例如，在红嘴鸥栖息地内筑巢的凤头潜鸭，其巢间距可能仅 2～3 m。巢大小（20.0～25.0）cm×（7.0～10.0）cm，筑巢材料包括草和薹，上沿则为一层薄薄的绒羽和草木。巢通常位于地面、草丛、灌木丛或开阔地带。在已有海鸥栖息的岛屿上，凤头潜鸭对筑巢位点的偏好尤为明显，通常巢址距水域不超过 20 m，在其他海岛上巢距水面则可达 150 m。一个繁殖对一年抚育一窝幼鸟。窝卵数通常为 8～11 枚，最多可达 22 枚，超过 14 枚时通常会有弃卵现象发生。卵的颜色灰中带绿，大小为（53～66）mm×（38～46）mm，重 46～65 g。孵化期持续 23～28 天，雌鸟单独孵卵。雏鸟上体铜岩棕色，脸及下体淡黄色，刚孵化时重 30～43 g。雏鸟 45～50 天羽翼丰满，此间由雌鸟抚育，雌鸟在雏鸟羽翼丰满后 29～42 天即离开。凤头潜鸭孵化成功率为 78%，羽翼长成率为 11.4%。性成熟期约为 1 年，较多个体为 2 年；欧洲西北部凤头潜鸭成体年均死亡率为 46%，但拉脱维亚研究显示成体实际年存活率为 72%。目前环志个体中存活时间最长的个体年龄为 17 龄零 9 个月。

凤头潜鸭种内及种间巢寄生现象较为常见，巢寄生现象的轻重程度一般并不影响繁殖成功率，仅当超过 6 枚寄生性卵同时存在于一个巢时，繁殖成功率才有小幅度下降。有些巢可能同时存在两种寄生现象，例如，贝加尔湖的某个凤头潜鸭巢中，既有另一对凤头潜鸭产下的若干枚卵，也有斑脸海番鸭产下的一枚卵。

在捷克，繁殖失败主要由干扰、泛洪及天敌捕食导致，繁殖成功率在一定程度上还与雌鸟在产卵及孵化阶段的营养储存情况相关。在拉脱维亚有研究显示，1 龄凤头潜鸭的窝卵数、育雏数均较年长雌鸟低，有繁殖经验的 2 龄雌鸟窝卵数及育雏数较无繁殖经验的雌鸟要大，但这种影响一般只持续一个繁殖季，无繁殖经验的 2 龄雌鸟较有繁殖经验的 1 龄个体筑巢更早，且育雏更多。在拉脱维亚，巢捕食者包括冠小嘴乌鸦、渡鸦、北美水貂和白头鹞，而在瑞士有记录到苍鹰在 7 年间持续捕食凤头潜鸭雏鸟。矛隼是凤头潜鸭成体的天敌之一。在瑞典，繁殖期黑喉潜鸟的存在似乎对凤头潜鸭以及其他潜水鸭类有负面影响，表面原因似乎是潜鸟侵害行为的发生。另有研究发现，一只雌性凤头潜鸭在无故遭袭情况下杀死一只翘鼻麻鸭雏鸟。

种群现状和保护　IUCN 和《中国脊椎动物红色名录》均评估为无危（LC），是近几十年来为数不多的种群数量庞大且种群数量稳定或呈现上升趋势的潜鸭物种之一。据估计，20 世纪 90 年代在古北界西部约有 1 350 000 只凤头潜鸭个体越冬，其中欧洲西北部 750 000 只，其他地区 600 000 只。到 21 世纪前 10 年，欧洲西北部越冬的个体达到约 1 200 000 只，其中仅波罗的海地区就有 476 000 只。其他越冬地的种群数量也相对较大，亚洲中部和南部 100 000～1 000 000 只，亚洲东部和西南部有 500 000～1 000 000 只，较大的越冬种群在中国、日本、印度、土库曼斯坦和韩国，其中日本的种群数量在持续上升。

凤头潜鸭大的繁殖种群在瑞典、芬兰、波兰、捷克、德国，但有扩散的趋势。在不列颠，1849 年首次记录繁殖种群，至 20 世纪 80 年代末期种群数量上升至 7000～8000 对，并仍在保持上升趋势。法国、意大利、卢森堡分别于 1952 年、1977 年、1988 年开始有繁殖记录，20 世纪 90 年代初法国繁殖种群数量上升至 490～560 对。

近来发现，凤头潜鸭的繁殖地不断扩散，夏季在苏格兰、北极海岸均有广泛分布，此现象的发生主要归功于它们对公园、水库等人工栖息地，富营养化淡水湿地等栖息地的良好适应能力。20 世纪 50 年代后欧洲西北部地区以斑马贻贝为代表的有毒软体动物生长肆虐，而该时期凤头潜鸭几乎只摄食此类软体动物。除某些地区视凤头潜鸭为合法捕杀猎物外，狩猎行为所引起的死亡率一般相对较低。农业集约化、渔业养殖、娱乐活动对湿地生态产生一定程度的毒性效应，这无疑会降低凤头潜鸭的繁殖成功率。有机污染和沉积作用已导致在土耳其巴尔杜尔地区越冬凤头潜鸭种群数量的下降。在中国，凤头潜鸭被列为三有保护鸟类。

帆背潜鸭

拉丁名：*Aythya valisineria*
英文名：Canvasback

雁形目鸭科

大型潜鸭，体长 48～63 cm，雌雄均有较其他潜鸭明显更长的嘴和特征性高耸的头廓，从头顶到嘴逐渐成斜坡状。雄鸟头颈栗红色，腹背白色，前胸后尾均为黑色。雌鸟整体褐色。主要分布于北美。IUCN 评估为无危（LC）。在中国为迷鸟，仅 1987 年和 1988 年偶见于台湾。

帆背潜鸭。左上图为雄鸟，Eugene Hester 摄（维基共享资源/公有领域），下图为左雄右雌，Calibas 摄（维基共享资源/CC BY-SA 4.0）

白眼潜鸭

拉丁名：*Aythya nyroca*
英文名：Ferruginous Duck

雁形目鸭科

中型潜鸭，体长 33～43 cm。因雄鸟虹膜为白色而得名。雄鸟头部、颈部和胸部为浓栗色，颈基部有一个不明显的黑褐色颈环。上体主要为黑褐色，翅膀上有白色的翼镜；上腹部和尾下覆羽为白色，下腹部淡褐色。雌鸟的虹膜为灰褐色；头、颈部为棕褐色，特别是后颈的褐色较浓，其他部位与雄鸟相似。栖息于湖泊、池塘和沼泽等地带。通常结对或成小群活动，生性谨慎，擅长潜水，但在水中停留的时间不长。一般以植物的茎、种子、芽等植物性食物为食，也吃软体动物、水生昆虫、甲壳动物和鱼等动物性食物。通常在清晨和黄昏觅食，有时会尾朝上扎入水中取食。巢一般筑在水草上，属于浮巢，可随水面涨落而上下起落，巢材多为干草和羽毛。繁殖期 4—6 月，窝卵数 7～11 枚，雌鸟孵卵，孵化期 25～27 天。广布于古北界。在中国繁殖于东北、西藏；越冬于长江中下游及东南沿海，偶尔到台湾。IUCN 和《中国脊椎动物红色名录》均评估为近危（NT）。被列为中国三有保护鸟类。

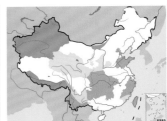

白眼潜鸭。左上图为雄鸟繁殖羽，沈越摄；下图为雌鸟，聂延秋摄

赤嘴潜鸭

拉丁名：*Netta rufina*
英文名：Red-crested Pochard

雁形目鸭科

大型潜鸭，体长 44～55 cm。雄鸟繁殖期嘴赤红色，头栗红色，中文名和英文名分别得自于这两个特征。上体暗褐色，下体黑色，两胁白色。雌鸟嘴黑色带粉色嘴尖，整体褐色，脸下、颈侧以及喉灰白色。雄鸟非繁殖期羽色似雌鸟，但嘴红色。广布于欧亚大陆和非洲北部，在中国主要繁殖在内蒙古乌梁素海、新疆塔里木河流域、青海柴达木盆地等，越冬于西藏南部和云贵川等地。IUCN 和《中国脊椎动物红色名录》均评估为无危（LC）。被列为中国三有保护鸟类。

赤嘴潜鸭。左上图为雄鸟繁殖羽，下图为前雌后雄。沈越摄

赤麻鸭

拉丁名：*Tadorna ferruginea*
英文名：Ruddy Shelduck

雁形目鸭科

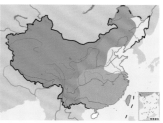

赤麻鸭。左上图沈越摄，下图丁文东摄

形态 体长 51～71 cm。喙粗短，呈黑色。繁殖期成年雄鸟上体与下体几乎均为赤锈橘色。头部与颈部的皮黄色朝喙部方向逐渐变浅，头顶后部为橙黄色。第一次繁殖换羽后，颈部会出现一条黑色颈环。腰部、尾上覆羽、尾部羽毛、初级飞羽与次级飞羽均为黑色。翅上覆羽与翅下覆羽均为白色，与黑色的飞羽形成鲜明对比。翼镜带绿色金属光泽。雌鸟与雄鸟羽色相似，但体型更小，面部颜色偏白，无黑色颈环。除去非繁殖期黑色颈环不甚明显，全年羽色相似。头部、躯干及三级飞羽的换羽发生于 9—10 月，亦可能推迟至 12 月至次年 2 月。3—4 月进行繁殖换羽，直至 6—7 月进行婚后换羽，此期间约有 4 周无法飞行。幼鸟形态特征与成年雌鸟较为相似，但羽毛颜色暗淡，背部更偏棕色。第一年其翅上覆羽与肩羽为灰色。雏鸟形态特征与翘鼻麻鸭相似，但其羽冠与下体绒羽颜色稍浅，为深橄榄灰而非深褐色，翕部与腰部两侧的白色斑块更小，眼部上方不具白色斑点，颊部亦无黑色斑点。

分布 一般认为有 6 个地理种群，其中 2 个较小种群主要久栖于非洲，而另外 4 个迁徙种群则大量分布于亚洲。在埃及北部地区与苏丹、中东地区、南亚次大陆与亚洲东南部均有发现，其中仅有极少数亚洲东南部个体到达中南半岛，偶见于泰国、老挝、菲律宾。1999 年 5 月在新地群岛与俄罗斯东北部地区以南的科洛科尔科瓦湾有观测记录，可能为一次数量庞大的迁徙活动。在中国繁殖于东北、西北和青藏高原地区，越冬在东北东南部、华北、长江流域和东南沿海各地。

栖息地 相比大部分麻鸭类，赤麻鸭更倾向于居住在内陆，栖息地主要为河流、淡水及咸水湖泊，较少出现在三角洲区域。与其他麻鸭属物种相同，赤麻鸭通常避开森林地带栖息。赤麻鸭适应性相对较强，能很好地利用水库及其他人工景观作为栖息地。

赤麻鸭选择栖息地通常十分谨慎。在中国西藏、蒙古与印度，可发现该物种栖息于宗教寺庙甚至屋顶之上。其栖息地范围较为广阔，全年均可利用内陆栖息地。从低海拔地区的咸水湖，至海拔 5700 m 的高原山地湖泊都可成为其栖息地，因此，在亚洲中部的高海拔湖泊可观察到赤麻鸭。冬季常迁徙至低海拔地区，气候、环境条件较差的年份更甚。

习性 亚洲种群大部分为迁徙种群，冬季来临时即往南迁至低纬度地区，哈萨克斯坦某些地区及其他地区有留鸟种群。越冬期集中于 11 月中旬至次年 4 月上旬，在青藏高原繁殖区早至 3 月即有赤麻鸭抵达，晚至 11 月仍有群体滞留。

其他种群主要为定栖或仅进行零散迁徙，迁徙活动通常与水源的可利用程度密切相关。19 世纪 70 年代以前，西班牙南部间歇性出现的赤麻鸭，正是以前述迁徙模式从非洲西北部迁徙而来。

出现于埃塞俄比亚周边地区的赤麻鸭则可能来自贝尔山，亦可能为来自古北界的冬季迁徙个体。继吉尔吉斯斯坦环志的赤麻鸭在波兰被回收后，人们发现了许多有趣的赤麻鸭迁徙情况。乌克兰环志的半野生赤麻鸭个体于赫尔松州、克里米亚半岛、克拉诺斯达尔、阿布哈兹及阿塞拜疆成功回收，所有这些个体都往南方或东南方迁徙，随后从卡尔梅克迁往东北方向。

赤麻鸭最为人所知的特征是其不间断的鸣叫声。它们昼夜均会发出鸣叫，在被打扰的时候鸣叫则更为明显。通常飞行的时候会发出比较响亮的叫声，如鼻鸣声 "ang" "ah-onk" 和 "chorr"。叫声有性别差异，雌性赤麻鸭声音响亮而悠长刺耳，叫声通常是以 "a" 音为主调，雄性赤麻鸭则以 "o" 音为主调；通常用 "ka-ha-ha" 来描述雌鸟的叫声，而用 "ho-ho-ho" 来描述雄鸟的叫声。雌雄在起飞前叫声相似，而且鸣叫速度越来越快。求爱时，雄性会发出双音节的 "cho-hoo" 声，而雌性则回以 "gaaa"。

赤麻鸭生性好斗，繁殖季节则更为明显。一般以配对或小团体的形式分散出现，而在换羽或越冬时期则形成较大群体集体进行活动。1981 年 2 月和 1987 年 7 月分别于尼泊尔和土耳其观察到 4000 只、10 000 多只的赤麻鸭群体。

在麻鸭属各种中，赤麻鸭与灰头麻鸭遗传距离更为接近，有学者认为它们是姐妹物种。赤麻鸭在与其他麻鸭种如白腹麻鸭以及单型属埃及雁等大型雁鸭类一同饲养时，有出现杂交现象。

食性 杂食性，以草、谷物、陆生植物嫩芽、沉水植物、陆生及水生无脊椎动物等为食，亦可取食小型鱼类与两栖类。摄食技巧很多，包括在陆地啄取，在浅水湖泊与河滨带涉水觅食，亦可在深水区中倒立觅食。冬季在全冰封的水库，赤麻鸭白天整日集群停栖于冰面，未见取食，傍晚鸭群飞离冰面取食。

繁殖　一般于3—4月迁往繁殖地，亚洲中部的赤麻鸭种群通常于湖面解冻之前抵达繁殖地。非洲北部的赤麻鸭种群通常在丰水年繁殖状况较好。赤麻鸭一般将巢筑于凹陷处，可为地洞或悬崖上的洞穴，也可筑于树上甚至建筑高楼，巢通常远离水源。

对四川炉霍县卡沙湖赤麻鸭种群的研究发现，赤麻鸭有特定的婚配场，在婚配场其种群行为可分为追逐期、小群期及成对期。雄鸟与雌鸟都有特定的求爱动作，雌鸟伸长脖子头部低垂，重复地发出"gaaa"声，以此煽动雄鸟，同时侧身向雄鸟移动。雄鸟回以发情叫声"chorr"或者2音符"cho-hoo"，亦伴有来回摇动头部和抬高尾巴的动作，以展示其尾下覆羽。交配一般发生于水中，雌雄个体均将头部探入水中，雄鸟发出"cho-hoo"声。随后开始交配，雌鸟亦随之发出叫声。交配时，雄鸟环住雌鸟的颈部，稍微抬升翅膀，而雌鸟则以高警觉姿势滑开到一侧，交配结束后双方均会洗澡。雌雄双方之间有较高的忠诚度，配对关系通常将持续一生。冬季仍维持配偶关系，偶有追逐行为与发情表现，3月中旬偶见雄鸟显现繁殖期特有的黑色颈环。

大部分亚洲种群的产卵时间为4月下旬至6月上旬，而北非种群则为3月中旬至4月下旬。卵为白色并带暗淡光泽，大小为（62～72）mm×（45～50）mm，重69～99 g。窝卵数6～12枚，通常8～9枚，乌克兰的半野生种群平均窝卵数为11.75枚。赤麻鸭常发生巢寄生现象，北非地区与乌克兰尤甚。孵化期从最后一枚卵产出后开始，一般持续27～30天。孵化由雌鸟独自完成，雄鸟则于附近警备戒严。雄鸟孵出时体重42.5～55 g，约需55天羽翼丰满。雏鸟生出羽毛后，仍将与父母住在一起。此后家族成员经常聚集，而此段时期时长短并无界定。孵化成功率为56%～72%，雏鸟存活率为72%～98%，2龄时首次繁殖。

陈雁飞等对圈养赤麻鸭的研究发现，繁殖不同时期赤麻鸭的行为时间分配存在明显性别差异：繁殖中期孵化工作由雌鸟单独承担，雄鸟负责在巢边警戒，雌雄之间的趴卧、孵化及警戒行为差异极显著；繁殖后期雌雄行为差异不显著。赤麻鸭繁殖期行为呈现一定的日活动节律，觅食行为集中于7:00～8:00与16:00～17:00两个时间段内，一天中，休息行为在中午呈现高峰，而警戒行为在清晨达到最高峰。

种群现状和保护　数量与分布范围第二大的麻鸭属物种，仅次于翘鼻麻鸭，IUCN和《中国脊椎动物红色名录》均评估为无危（LC）。非洲西北部种群至少有2500只。埃塞俄比亚种群有200～500只，主要集中于贝尔山脉的国家森林公园。亚洲种群约有20 000只在希腊、土耳其中西部与黑海繁殖，在地中海东部到尼罗河三角洲南部越冬；约35 000只在土耳其东部至阿富汗、中亚地区范围内繁殖，越冬于伊朗与伊拉克；约50 000只繁殖于亚洲中部、南部、东南部；另有50 000～100 000只为东亚种群。中国辽宁西部的东山嘴水库与龙潭水库秋、冬、春三季均有鸭群出现，其中绝大部分为赤麻鸭，且秋季比春季多，秋季龙潭水库赤麻鸭数量最多可达700余只。

20世纪，非洲西北种群与欧洲种群的种群数量明显下降，而亚洲种群的数量稳中有升。例如，20世纪70—90年代，伊朗越冬种群数量增长了5～6倍。

赤麻鸭可以开发新的栖息地，例如水库等人工湿地，因此对于栖息地的减少不像其他水鸟那么敏感，但西部种群数量减少的主要原因仍为湿地退化。造成湿地退化的原因主要为农业灌溉水资源的大量开采。此外，大部分地区至今仍未对捕猎行为采取管制措施，欧洲东南部地区严重的狩猎行为，土耳其的制盐工业与过度放牧，都是导致种群数量下降的因素。在四川卡沙湖，枪杀为该物种的重要受胁因素。

相比于西部种群，生活于亚洲中东部的赤麻鸭种群数量稳中有升。赤麻鸭的羽色让人联想到日本黄帽或格鲁派僧侣，可能出于宗教因素而获得当地居民保护。在中国，赤麻鸭被列为三有保护鸟类。除此以外，赤麻鸭在西藏的越冬区亦是黑颈鹤的保护区，因此得到庇护。

赤麻鸭的巢、卵及雏鸟。宋丽军摄

带领雏鸟觅食的赤麻鸭。沈越摄

翘鼻麻鸭

拉丁名：*Tadorna tadorna*
英文名：Common Shelduck

雁形目鸭科

形态 体长 52～63 cm，比赤麻鸭略小。特征明显，不易错认，远距离观察黑白分明。飞行时则可观察到其翅上覆羽为白色，初级飞羽呈黑色，次级飞羽如其他麻鸭物种一般呈现虹彩绿色。喙为明亮的腊红色，繁殖季节嘴基部具较大的红色皮质瘤。腿与足为粉色，眼睛为褐色。雌鸟体型稍小，喙部肉瘤也不如雄鸟凸显，胸带较雄鸟窄，腹部条带为黑色，喙与眼之间常可看到白色斑点；雏鸟外形与埃及雁幼鸟极为相似，前者下体大部分为白色，背部灰或黑色，无栗色胸带，颊部与喉部为白色；其他部分几乎为灰红色。

分布 广泛分布于欧洲西北部沿海地区，散布于地中海地区，向东从中亚一直到中国东北部地区，南至伊朗和阿富汗。在里海、非洲北部、伊拉克、巴基斯坦、印度北部、不丹、孟加拉国、韩国西南部、日本南部和中国东南部越冬，迷鸟迁徙至缅甸、老挝、越南、泰国西北部与中部，在北美亦有 2 次并不广为接受的观测记录。

在中国繁殖于黑龙江、吉林、内蒙古、甘肃和新疆，越冬于长江中下游和东南沿海地区。

栖息地 栖息地多为沿海的滩涂及河口地区，一般为咸水或半咸水地区，在欧洲此现象尤甚，亦常选择淡水地区作为其栖息地，可同时满足饮水要求。在亚洲，翘鼻麻鸭的栖息地常位于河岸带、沼泽、湖泊、半荒漠以及草原地区。在不丹高至海拔 2400 m 的地区有翘鼻麻鸭的栖息记录。

习性 大部分北半球种群及内陆种群迁至低纬度地区越冬，较多亚洲种群迁至里海盆地，少数个体远距离迁至非洲北部、阿拉伯半岛、南亚及东亚，迷鸟迁至东南亚，越冬期为 10 月至次年 4 月。欧洲东南部的繁殖种群在冬季有集群行为，但仅在气候尤其恶劣的情况下迁徙。该种群极少迁至冰岛、斯洛伐克、利比亚、玛德拉群岛与加那利群岛。近年来，28 次于 10 月中旬至次年 2 月份之间进行的观测记录显示，187 只翘鼻麻鸭游荡于非洲南部与西部之间。迷鸟亦会迁至俄罗斯南部远东地区与菲律宾。

留鸟种群会大批聚集于换羽地，某些情况下需长距离迁徙方可到达换羽地。观察结果显示，6—10 月，有超过 100 000 只个体聚集于德国西北部沿海的黑尔戈兰湾，小部分群体聚集在英国河口地区或荷兰莱茵河河口。

翘鼻麻鸭偶被认为与埃及雁存在着某些联系，但仍需更多分子生物学研究来证明。家养实验中，发现翘鼻麻鸭与其他几个物种存在杂交现象，包括麻鸭属若干物种、埃及雁、绿头鸭以及欧绒鸭。

食性 食物大部分为水生无脊椎动物，包括腹足纲、昆虫纲、甲壳类，欧洲西北部种群尤其偏爱咸水螺类。亦可食用小型鱼类，蠕虫与藻类、种子、谷物等植物性食物。还有观察到它们摄食骨顶鸡的卵。在欧洲南部与亚洲，翘鼻麻鸭尤为喜爱甲壳纲与昆虫纲幼虫，而雏鸟则喜以沙蚕属和螖蠃蜸属为食。解剖研究曾发现一只孵化期的雌鸟胃内容物包含 11 858 只螺，而于俄罗斯发现的另一只雌鸟则摄食了 63 880 只摇蚊幼虫。

取食方式多种多样，在裸滩中一般通过挖刨获取食物，而在水深高至 40 cm 的浅水流域则通过潜水倒立获取食物。雏鸟孵化后即可采取潜水方式捕食，但 2 周后此行为迅速退化，且雌鸟快于雄鸟。通常于夜间捕食，捕食规律与潮汐规律紧密相关，每日可能消耗多至 12 小时用于捕食。

繁殖 繁殖开始于 4—5 月间，年长个体首先返回繁殖地。翘鼻麻鸭为一雌一雄制，配对关系持续多年，但双方在迁徙和换羽过程中可能分开。通常呈单一配对或小群体进行筑巢繁殖，巢间距偶尔可小至 1 m。筑巢原材料为草、苔藓或欧洲蕨，另辅以绒羽，巢通常位于凹陷处，如树洞或穴兔的废弃洞穴，可利用的树洞最高可距地表 8 m，也可利用干草堆或人工巢。营巢地点通

 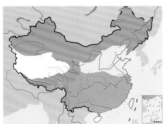

翘鼻麻鸭。左上图为内雌外雄，聂延秋摄；下图为上雄下雌，沈越摄

在水面觅食的翘鼻麻鸭。右边的雌鸟将身体前倾，头埋入水中取食。沈越摄

带领雏鸟活动的翘鼻麻鸭雌鸟。阙洪军摄

常位于开阔植被区域，距离水源不超过 1 km。雌鸟决定营巢位点，巢如若位于开阔地带则一般亦由雌鸟营建，如为洞穴则一般不需另添其他材料。每个繁殖季只产 1 窝卵，产卵间隔 24 小时，窝卵数 3～18 枚，通常为 8～10 枚，偶有种内巢寄生现象。卵为乳白色，大小为（61～71）mm×（43～50）mm，重 65.5～92.5 g。孵化期 28～31 天，雌鸟坐巢，雄鸟守护。雏鸟孵化几乎同步完成，其股部及以上部分绒羽为黑色，股部以下部分绒羽则为白色，腿及喙灰绿色，孵化第一天重约 50 g。雏鸟 45～50 天后羽翼丰满，一般飞行距巢不超过 3000 m，有个别例外可达 30 000 m。成鸟在雏鸟出生 15～20 天后可能就离开幼鸟进行换羽迁徙，随后雏鸟形成多达 100 只个体的公共托儿所，一般由一只或多只成鸟看护。造成雏鸟死亡的原因众多，例如恶劣天气，捕食者如乌鸦、狐狸、贼鸥、大黑背鸥、银鸥。独巢繁殖对筑巢成功后孵化成功率可高达 90%，但集群筑巢的繁殖对孵化成功率仅为 25%～50%，由此可见离散分布的种群通常具有更高的繁殖成功率。通常来说，雌鸟在 2 龄时开始繁殖，雄鸟则为 4～5 龄。年均死亡率为 20%，寿命平均为 4.5 龄，环志个体最长寿命约为 14.5 龄。

种群现状和保护 IUCN 和《中国脊椎动物红色名录》均评估为无危（LC）。分布广泛且种群数量庞大，古北界西部尤其。该地区过去 40 年间，翘鼻麻鸭种群数量持续增长且分布范围逐渐扩大。1973 年翘鼻麻鸭繁殖记录首次出现于拉脱维亚，继而 20 世纪 80 年代初期出现于立陶宛，1998—1999 年出现于瑞士，近年来进一步扩张至捷克。同时期欧洲西北部种群的内陆筑巢现象亦极为普遍。

据估计，当前欧洲种群数量约为 325 000 只，主要分布于英国、法国、荷兰、德国、丹麦和挪威。近年也成为以色列冬季极为常见的水鸟物种，个体数量为 100～250 只，1983 年曾记录到多达 2650 只个体，而 2004 年 2 月于叙利亚西北部的杰布勒盐沼记录到超过 13 000 只的种群。据估计，黑海与地中海地区越冬种群总数量约为 75 000 只，西亚、里海与中东地区为 80 000 只，亚洲中部与南部 25 000～100 000 只，东亚 100 000～150 000 只。2013 年 10 月在辽宁盘锦辽河口保护区观察到翘鼻麻鸭集群迁徙，最大的集群数量达 8 万只。

过去 40 年间，古北地区翘鼻麻鸭种群数量持续增长且分布范围逐渐扩大，此现象的出现部分缘于捕猎行为的减少与兼有自然及人为因素的作用造成的可筑巢位点增加。同时期欧洲地区翘鼻麻鸭种群数量亦为庞大，该区域内影响翘鼻麻鸭生存的最大受胁因素为潜在的栖息地退化，如河口建坝计划等。此外，局部地区由于贝类养殖而导致翘鼻麻鸭种群数量发生显著下降。丹麦对沿海湿地岸边带的研究发现，规定捕猎的空间较限定捕猎时间，对水鸟种群数量的影响更为显著。翘鼻麻鸭的巢易遭北美水貂破坏，而在芬兰西南部外群岛进行的实验表明，减少北美水貂数量，可使翘鼻麻鸭繁殖密度明显上升。在亚洲中部，威胁因素则主要为土地利用类型的改变。此外，捕猎和捡拾鸟蛋亦对该物种种群变化影响较大。在伊朗，翘鼻麻鸭被捕猎继而用于商业与娱乐活动。而在冰岛，每年大量鸟蛋被人类捡拾。由于换羽期间翘鼻麻鸭集群而居，该物种对传染性疾病或自然灾害极为敏感。在中国，翘鼻麻鸭被列为三有保护鸟类。

栗树鸭
拉丁名：*Dendrocygna javanica*
英文名：Lesser Whistling Duck

雁形目鸭科

中小型鸭类，体长 37～42 cm。雌雄相似，脚长颈长，飞行时脚远远伸出于尾外，以此可与其他雁鸭类区别。上体主要为黑褐色，下体主要为栗色，中、小翅覆羽与尾上覆羽亦为栗色，飞翔时栗色与黑色对比鲜明。主要分布于南亚、东南亚和中国，在中国南方有繁殖和越冬，迷鸟见于中国台湾。IUCN 评估为无危（LC），但在中国数量不多，《中国脊椎动物红色名录》评估为易危（VU）。被列为中国三有保护鸟类。

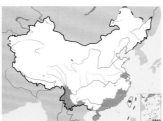

栗树鸭。左上图唐万玲摄，下图颜重威摄

棉凫
拉丁名：*Nettapus coromandelianus*
英文名：Cotton Pygmy Goose

雁形目鸭科

体型最瘦小的水鸭，体长仅 26 cm，头圆脚短。繁殖期雄鸟头顶及上体黑褐色并泛墨绿色金属光泽，头部、颈部及下体主要呈白色，有明显的黑色颈圈及白色的尾下覆羽。雌鸟羽色较淡，无金属光泽，没有黑色颈圈，白色尾下覆羽窄小。非繁殖雄鸟与雌鸟相似。主要分布于南亚、东南亚和澳大利亚东北部等地。在中国主要分布于四川中部至西南部、长江中下游以南地区，南至云南南部、广西、广东以及海南岛，偶见于华北及台湾。棉凫一般不迁徙，但在潮湿季节会分散开来。分布于中国广东、广西以北的棉凫冬季会向南方迁徙。主要吃种子及蔬菜，尤其是睡莲科植物，也吃昆虫、甲壳类等。在树洞中筑巢，窝卵数 8～15 枚。性情温驯，易亲近。IUCN 评估为无危（LC），但在中国数量稀少，《中国脊椎动物红色名录》评估为濒危（EN）。被列为中国三有保护鸟类。

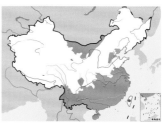

棉凫。左上图为内雄外雌，杨可摄；下图为雄鸟，沈越摄

瘤鸭
拉丁名：*Sarkidiornis melanotos*
英文名：Knob-billed Duck

雁形目鸭科

雄鸟整体上黑下白，上体具金属光泽，上嘴基部具膨大黑色肉质瘤。雌鸟整体褐色，缺乏金属光泽，喙基无肉质瘤。栖于森林间的湖沼。主要分布于非洲、南亚至东南亚，1914 年曾在中国福建福州采集到雄鸟标本。IUCN 评估为无危（LC），在中国自 1914 年后再无记录，《中国脊椎动物红色名录》评估为数据缺乏（DD）。被列为中国三有保护鸟类。

瘤鸭。左上图为雄鸟，下图为雌鸟

鸳鸯

拉丁名：*Aix galericulata*
英文名：Mandarin Duck

雁形目鸭科

　　体长约 40 cm；雌雄羽色差异甚大。雄鸟羽色艳丽并带有金属光泽；枕部有艳丽的冠羽，脸侧有纯白色眉纹；背部浅褐色，翅上立有一对栗黄色扇形翼帆，被称为"相思羽"或"银杏羽"；喙红色。雌鸟体羽以灰褐色为主，有白色眼圈和眼后线，无冠羽、翼帆，喙灰色。

　　栖息于多树木而幽静的溪流、湖泊或近山的河流中，尤喜阔叶林。杂食性，以果实、种子、茎芽、小鱼和昆虫等为食。繁殖期 4—9 月，雌雄配对后在溪边离地 10 m 以上的树洞中筑巢，用干草和绒羽铺垫，窝卵数 7～12 枚。雏鸟在孵化后几天就能从树洞口跳下，跃至下面的溪水中跟随亲鸟活动。分布于亚洲东部，可见于中国东部各地，繁殖于东北，越冬于南方，少数在浙江、云南、贵州、台湾等地为留鸟。IUCN 评估为无危（LC），但《中国脊椎动物红色名录》评估为近危（NT）。被列为中国国家二级重点保护动物。

鸳鸯。左上图为雄鸟，下图为左雄右雌。沈越摄

赤颈鸭

拉丁名：*Mareca penelope*
英文名：Eurasian Wigeon

雁形目鸭科

　　形态　体长 41～52 cm。雄鸟头部与颈部均为栗色，冠部淡黄色，偶在眼后方与喉部具暗绿色带金属光泽斑点，胸部灰红色，上体与体侧具灰色蠕状条纹。下胸与腹部白色，与白灰色且被黑色斑块围绕的尾部对比鲜明。翅上覆羽为白色，肩羽细长且呈灰色，暗绿色翼镜略带黑色边缘，初级飞羽灰褐色，腋羽暗灰色。

喙蓝灰色且具黑色嘴端，腿与足为石板灰色，眼为褐色。非繁殖羽似雌鸟，上体羽色较成年雌鸟更深，其两胁棕色，与白色前翅对比鲜明。雌鸟体型略小，黑色头部与上体及胸部对比不明显，翕部、肩羽为褐色，上胸与胁部具粉色-皮黄色条纹，下体其余部分呈白色，尾下覆羽偏黑，腋羽为灰色，与雄鸟相比，喙与腿较蓝灰色更暗。幼体与雌鸟相似，腹部色彩较为斑驳，第一冬的雄鸟形态特征已接近于成体，但直至次年冬季才长出白色前翅；与成年雌鸟相比，第 1 冬的雌鸟从嘴端至翅覆羽间的白色部分并不明显。

　　分布　从冰岛与英国北部向东横跨北欧、北亚抵达太平洋沿岸、萨哈林岛范围内，均有繁殖。冬季迁往欧洲中南部、地中海盆地、非洲北部及东北部、中东地区、南亚、东南亚、中国与日本，也有种群前往马里亚纳群岛、帕劳群岛、雅浦岛、楚克岛、马歇尔岛与新几内亚，甚至可达北美地区。在中国繁殖于东北地区，越冬于西南地区、长江中下游地区以及台湾和海南，迁徙经过新疆、内蒙古、东北南部和华北一带。

　　栖息地　繁殖季节，赤颈鸭喜好栖息于由疏林包围的浅型淡水沼泽、湖泊与潟湖中，冬季则迁往海岸沼泽、淡水与咸水潟湖、河口、海湾及其他掩蔽的海洋生境。芬兰南部地区的研究表明，携带子代雌鸟的出现与双翅目类型及栖息地结构有关，

赤颈鸭。左上图为雄鸟，沈越摄；下图为内雄外雌，彭建生摄

但关系并不显著。在欧洲，赤颈鸭冬季主要停留于海岸沼泽、淡水与咸水潟湖、河口、海湾及其他掩蔽的海洋生境，但在内陆大坝与湖泊中也有观测记录。

习性　大部分为迁徙种群，冬季前往低纬度地区越冬，可在寒冷天气中完成不同量级的迁徙。9月离开繁殖地并于10月与11月越过欧洲和亚洲到达越冬地。次年3～4月，再次离开越冬地，并于5月下旬抵达俄罗斯北部的繁殖地。雌鸟和雄鸟在完成繁殖之后都将经历一段换羽期，换羽在繁殖地进行，其间通常聚集成群。雄鸟通常于5月下旬至7月更换飞羽，而雌鸟则于6月下旬到9月上旬更换飞羽。繁殖季节一般呈零散分布，以单个繁殖对或小群体为单位聚集筑巢。迁徙至越冬地途中赤颈鸭大量集群，冬季也呈高度集中群居，曾于赤颈鸭越冬地埃塞俄比亚统计到个体数量约4200只的群体。

赤颈鸭主要在白天取食，偶在夜间觅食，觅食时间主要取决于当地的干扰强度及潮汐情况，非繁殖海洋栖息地尤甚。雄鸟个体警惕性普遍高于雌鸟，但个体警戒频率随觅食群体的增大而降低。雄鸟警戒时长也会随距水域距离的增大而增加。

食性　基本为植食性。主要取食禾本科、莎草科以及水生植物（如海滨碱茅、盐角草、大叶藻）的嫩叶、根茎与种子。冬季，赤颈鸭尤其是雏鸟会偶尔取食小型无脊椎动物。雏鸟出生早期主要取食摇蚊，但很快即转变成为植食性。成体在繁殖期仍会大量进食小型无脊椎动物，曾被观察到在繁殖前取食蜉蝣与石蛾，冬季则会进食土豆。在日本与韩国，冬季赤颈鸭通常会于稻田中觅食。在寒冷的冬季偶见取食鸥类的粪便。

可密集穿行于旱地上啄取食物，亦可涉水将头部探入浅水中捕食，繁殖前期偏好氮含量丰富的草地。冬季依据栖息地潮汐情况于昼夜均有捕食行为。冬末春初选择在同一区域反复觅食，此策略可提高食物质量。有选择性地于小斑块内觅食后，取食区域叶片产量在冬季增加52%，冬末时取食区域植物蛋白含量较未取食区域高出4.75%。冬天常与其他水鸟混居，如白颊黑雁、豆雁、黑雁。黑雁在某些地区也较大程度地依赖大叶藻类，尽管黑雁取食大叶藻的块茎及整株植物，而赤颈鸭则主要取食地上部分，由于黑雁在取食时会夺走赤颈鸭的潜在食材，它们在取食上仍有一定程度的利用性竞争。

繁殖　繁殖始于4—6月，随海拔高度不同而有区域差异。在苏格兰，赤颈鸭偶尔于4月即开始筑巢，但俄罗斯北部的繁殖种群可能5月下旬才抵达繁殖地，冰岛繁殖种群在5月19—30日产下第1枚卵。赤颈鸭常以25～30只个体组成小群体抵达繁殖地。

一雌一雄制，婚配关系维持至雌鸟坐巢，但在冬季可恢复配对关系。如第1窝卵孵化失败双亲会再次产卵。繁殖时以单个繁殖对或较小群落为单位，偶见两巢间距不到5 m，领域意识有个体差异，雌性对出生地具较高忠诚度。

赤颈鸭的巢通常靠近水面且有植被遮蔽，巢基凹陷于地表，铺以杂草或细枝，上层铺以厚层绒羽。窝卵数6～12枚，通常为8～9枚，卵呈奶油色或皮黄色，大小为（49～60）mm×（35～42）mm，卵重32～47.5 g。孵化持续24～25天，由雌鸟单独完成。雏鸟上体绒羽为暗红棕色，下体则为灰白色，喙部灰色，腿与足呈橄榄棕色，眼为棕色，圈养赤颈鸭雏鸟出生第一天均重25.8 g。雏鸟羽翼丰满需40～45天，此期间雌鸟在繁殖地全程陪伴。

繁殖成功率有区域差异。在芬兰对301枚卵进行了孵化成功率统计，其中约78%孵化成功，34%成功发育至羽翼丰满，而另一项研究中得到的孵化成功率为63%。1961—1970年间对冰岛551个赤颈鸭巢展开研究，结果显示孵化成功率为40%～81%，平均为68%；而苏格兰148个赤颈鸭巢中，55%孵化成功，44%被天敌捕食，1%遭繁殖对遗弃。冰岛种群孵化失败的主要原因为渡鸦及北美水貂的捕食，其次则为亲鸟弃巢。其他潜在天敌包括冠小嘴乌鸦与赤狐。成鸟天敌则包括矛隼、白头鹞。成鸟年存活率约为64%。越冬群体中幼鸟的比例为21%～46%，幼鸟雌雄比例相当，因此群体中性别比随成鸟雌雄比例而呈偏斜分布。1龄时性成熟，偶见2龄。最长寿命记录为33龄零7个月。

种群现状和保护　IUCN和《中国脊椎动物红色名录》均评估为无危（LC）。有5个主要越冬种群：欧洲西北部种群，20世纪90年代个体数量达到1 500 000只，其中约400 000只分布于英伦三岛，2010—2011年间仅萨姆赛特平原即多达50 000只；黑海—地中海种群，总数约300 000只；亚洲西南部—非洲东北部种群，总数约250 000只；南亚种群，总数约250 000只；东亚种群，总数500 000～1 000 000只，其中大部分分布于中国、韩国与日本，种群数量略少但呈增长趋势。

在欧洲，赤颈鸭繁殖种群数以瑞典和芬兰量最多：20世纪80年代末期瑞典繁殖种群数量为20 000～30 000对，此种群数量一直维持稳定且近几十年亦开始在瑞典南部越冬；芬兰繁殖种群数量为60 000～80 000对，可能仍在增加。据估计，在俄罗斯欧洲部分的赤颈鸭有170 000～230 000对。在欧洲其他国家繁殖的数量通常小于5000对，如在不列颠群岛少于150对，但其分布范围却在扩大。

人类高强度狩猎、娱乐活动以及栖息地的丧失均为不容小觑的赤颈鸭生存受胁因素，例如，英国每年冬天合法狩猎6000只。但由于欧洲在其西部湿地建立了自然保护区，且欧洲西北部与地中海地区对境内大部分赤颈鸭越冬栖息地实施了相应的保护措施，近年来赤颈鸭全球种群数量相对稳定。然而，某些区域的赤颈鸭越冬种群数量发生明显波动，欧洲西北部种群在过去的30年间以年均7.5%的速率增长，而同时期黑海—地中海种群数量呈快速下降，从1982年至今，地中海种群数量已下降45%，更东部地区种群数量甚至下降50%，此现象可能与该种群俄罗斯繁殖地的种群数量下降有关。在英国，近几十年来赤颈鸭越冬种群数量有上升趋势，但种群中幼鸟的比例大幅下降，某些证据表明，选择性狩猎影响了越冬种群的成幼比例。

赤颈鸭对淡水娱乐活动、污染、湿地干涸、泥炭开采、湿地管理方式改变（放牧及刈割的减少导致灌木过度生长）以及芦苇的焚烧与刈割产生的干扰较为敏感。H5N1 毒株等禽流感病毒与误食铅弹丸亦是该物种潜在的生存受胁因素。在某些地区赤颈鸭所产下的卵被人为拾取，而在伊朗北部的吉兰省，出于商业或娱乐活动的目的，赤颈鸭被捕杀射猎。

对波罗的海、白俄罗斯以及俄罗斯春秋迁徙路径上赤颈鸭栖息地位点的研究表明，迁徙通道上仍有相当数量的关键栖息地点保护措施无力，此状况无疑会对赤颈鸭的生存造成威胁。欧洲西北与地中海地区大多数的越冬栖息地已被列为关键通道位点而受到保护；而在里海盆地，除去 2 个最重要位点受到保护外，其他 38 个关键位点均受关注较少。在中国，赤颈鸭被列为三有保护鸟类。

绿眉鸭
拉丁名：*Mareca americana*
英文名：American Wigeon

雁形目鸭科

体长 45～56 cm，似赤颈鸭但体型略大。繁殖期雄鸟具宽阔的绿色眼线横贯苍白色的头部，极易分辨，冬季雌雄两性均难区别于赤颈鸭。嘴、颈及尾均形长。颈部灰色及两胁赤褐色对比较明显；部分年轻雄鸟嘴基周围有黑色带；腋羽及下翼中央纯白色非淡灰白色；大覆羽较白，在翅上形成浅色块。繁殖于北美大陆，越冬于北美洲至中美洲的太平洋及大西洋沿岸，偶尔漂泊至太平洋西岸。IUCN 评估为无危（LC）。在中国为迷鸟，偶见于台湾。

罗纹鸭
拉丁名：*Mareca falcate*
英文名：Falcated Duck

雁形目鸭科

形态 体长 40～52 cm，雄鸟特征明显，浓密的羽冠垂至后背，呈暗紫栗色并具金属光泽，两侧呈绿色，嘴基上部有白色斑点，颈白色并为窄暗绿色条带半环环绕。躯干呈银灰色，胸部与腹部有黑色新月状斑纹，两胁有蠕虫状精细斑纹。尾部为深灰色至黑色，次级飞羽为长镰刀状，且黑白相间。两翼为浅灰色至灰褐色。翼镜呈带金属光泽的墨绿色。喙部为黑色，腿为黄色至蓝灰色，眼为褐色。非繁殖羽与雌鸟类似，但头部仍带有部分绿色金属光泽，两颊亦偏暗。雌鸟头和颈为深褐色，枕部具羽冠状结构，头、颈、躯干及尾部均呈深褐色，腹部黄褐色，上具颜色较暗的斑点。翅膀灰黑色，翼镜墨绿色，次级飞羽较长。嘴为黑或深褐色，长且扁平，尾较短。幼体与雌鸟类似，但枕部无羽冠；雄性幼体头顶偏绿，而雌鸟内侧次级飞羽呈褐色，翼镜更为暗淡，肩部与后颈无赭色带斑。幼年的雌雄个体小覆羽及中覆羽差异最为明显：雄性的小覆羽与中覆羽为淡灰色，具精细的深色羽干纹，朝向浅色的边缘方向，颜色逐渐转淡；而雌性的小覆羽与中覆羽为暗淡的中灰色，与暗灰色边缘对比强烈，次级飞羽略大，灰色相比雄性更为暗淡。

分布 繁殖地位于北极圈以南的西伯利亚、蒙古、中国东北、千岛群岛、日本北部，在勘察加半岛亦有少量分布。越冬地主要分布于中国中东部、日本南部、韩国，向南可至越南、缅甸、老挝与泰国，亦有少部分个体迁至印度北部、孟加拉国西部、尼泊尔、不丹。迷鸟偶见于西部的伊拉克、约旦、阿曼、土耳其、阿富汗、哈萨克斯坦，东部的马里亚纳群岛、普里比洛夫群岛及阿留申群

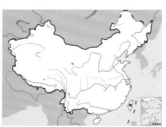

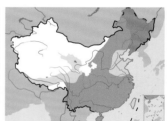

绿眉鸭。左上图为左雄右雌，Howcheng摄（维基共享资源/CC BY-SA 3.0）；下图为雄鸟，Dominic Sherony摄（维基共享资源/CC BY-SA 2.0）

罗纹鸭。左上图为雄鸟，沈越摄；下图远处浮在水面的为雌鸟，近处站立的为2只雄鸟，赵国君摄

岛。在许多欧洲国家如英国与法国等，以及北美地区如不列颠哥伦比亚、加利福尼亚等，亦有此物种的观测记录，但常被认为是逃逸的圈养个体。在中国繁殖于黑龙江和吉林，越冬于东部、长江中下游及东南沿海各地。

栖息地 繁殖季节主要栖息于淡水湖泊、河流、池塘及潟湖，常利用树木繁茂的生境。冬季也可栖息于大型浅水水体、稻田及泛洪草甸。

习性 迁徙性。10月至次年4月中旬为越冬期，主要在东亚越冬。春秋两季迁徙途经北戴河的时间分别为3月下旬至5月中旬、8月下旬至10月下旬。

食性 基本上以植物为食，取食各种植物的种子、水生植物的绿色部分以及农作物、禾本科植物；有时亦摄取部分水生无脊椎生物，如软体动物与昆虫。在浅水中可通过涉水或钻水倒立取食；也会在干燥耕地上食草。在韩国与日本秋、冬季该物种一般于农田中觅食。繁殖季节，常单独活动或成对觅食，非繁殖季节则聚集成群进行觅食。

繁殖 在俄罗斯，罗纹鸭5—6月开始繁殖，5月下旬至6月上旬产卵。一雌一雄制，配对关系维持时间未知。繁殖期单独繁殖，或结成松散的繁殖群体。巢筑于地表有茂密植被的区域，常靠近水边，距水边基本不超过80 m。窝卵数为6～10枚，卵为白色，大小为（53～58.5）mm×（37.6～41.5）mm，圈养种群卵重38～48.5 g。孵化期24～26天，雌鸟负责孵化，在此期间雄鸟会离雌性而去。雏鸟上体绒羽为暗褐色，下体绒羽则为皮黄色，头两侧微红。圈养种群初生雏鸟平均体重27.2 g，长羽期未知。约在1龄时性成熟。

种群现状和保护 IUCN和《中国脊椎动物红色名录》均评估为近危(NT)。在部分地区数量众多，但物种总体数量正在减少。

1997年全球种群数量估计为100 000～1 000 000只，1999年修正为500 000～1 000 000只，其中中国500 000只，日本8000只，韩国的越冬种群少于3000只。21世纪前10年，种群数量据估约为89 000只，主要越冬种群分布于中国、日本及韩国。在日本，越冬种群较之前数量略有下降，1982—1988年间共统计到5162～8113只罗纹鸭个体。有7000～9000只个体迁徙途经中国东北兴凯湖。2005年中国调查统计到14 763只罗纹鸭个体，其中13 605只分布于湖南，970只分布于湖北。在部分繁殖地，种群数量显著下降，如俄罗斯乌德利湖，自20世纪80年代之后繁殖数量从530窝降至120窝。

在中国，罗纹鸭被大量猎杀以获取羽毛或作为食物，中国南方的种群数量正在下降，目前仅在湖南洞庭湖比较常见。在日本与韩国，越冬种群数量保持稳定，或有轻微下降。被列为中国三有保护鸟类。

戏水的罗纹鸭。沈越摄

赤膀鸭

拉丁名：*Mareca strepera*
英文名：Gadwall

雁形目鸭科

形态 雄鸟体长 44～55 cm，雌雄形态差异较大。

雄鸟繁殖期及换羽期时，头部为灰棕色，额与颊桂红色。翁部、背部与胁部为优美的黑白相间的虫蠹状细纹，从远处观察为全灰色。上胸黑色，羽缘白色，下胸与腹部白色但间杂浅黑色斑点，尾部灰棕色，与尾上覆羽、尾下覆羽的黑色形成鲜明对比。休息时白色翼镜较明显。飞行时雄鸟白色翼镜内部与身体前部的黑色块斑及暖栗色翅覆羽形成鲜明对比，下胸与腹部的白色亦清晰可辨。喙灰色，但边缘可能会有橙色斑块。腿部淡黄色且有黑色网纹，换羽时变为暗淡的橄榄黄色。虹膜棕色。

雌鸟颈部与头部为皮黄棕色，杂以黑色条纹，棕色较绿头鸭浅。颏与上胸颜色更苍白，但额、头顶、枕部与眼纹颜色均普遍较头部更深。胸部与身体大部呈暖棕色，大部分体羽近末端具深色印记，尤其在两胁形成扇形斑纹。下体白色，飞行时较显眼。白色翼镜较雄鸟少，部分雌鸟仅有一片白色的次级飞羽，翅前部黑色，并具有多变的栗色标记（常比雄鸟少）。尾部色深，近末端也有黑色标记。喙灰色或灰黑色，边缘有暗淡的橙色斑块，随年龄增长而变为斑点，腿黄色并具有灰色至黑色网纹，虹膜棕色。

幼年雄鸟形态特征类似于成年雌鸟，但前者体羽颜色对比略大，且斑纹呈点状或条纹状而非成鸟一般的扇状。头与颈部颜色较成年雌鸟偏灰，且区域颜色对比更为明显。翅上覆羽形态类似成年雌鸟，但栗色部分稍少，且较成年雄鸟颜色偏白；其他部分形态同成鸟，但颜色偏暗。幼年雌鸟体羽亦类似成年雌鸟，但扇形斑纹更少。翅上覆羽颜色暗淡，不呈现黑色或栗色，具小面积白色块斑，偶有缺失；其他部分形态同成鸟，但颜色偏暗。

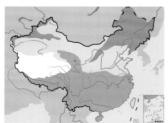

赤膀鸭。左上图为左雄右雌，聂延秋摄；下图为左雌右雄，彭建生摄

分布 曾具两个亚种：指名亚种 *A. s. strepera* 与范宁亚种 *A. s. couesi*，后者于 1874 年灭绝，灭绝前分布于太平洋中部的泰拉伊纳岛。

现存亚种为指名亚种，广泛分布于北半球大部分地区，包括古北界和新北界，在 40°N～60°N 的陆上低地繁殖，在 20°N～60°N 的地带越冬。迷鸟见于东洋界的海岛及古热带区，包括夏威夷、马里亚纳群岛、马歇尔群岛、法罗群岛（1953—1988 年有 5 次记录）、亚速尔群岛、加那利群岛、马里最南端、尼日尔西南区域、喀麦隆北部、刚果（1957 年 1 月）、索马里（3 次记录，自 19 世纪 40 年代以来无记录）、坦桑尼亚北部、泰国西部与新加坡。

在中国繁殖于新疆天山和东北北部，越冬于西藏南部、云南、贵州、四川、长江中下游和东南沿海及台湾，迁徙经过新疆、青海、内蒙古和华北一带。

栖息地 一般在各类淡水或半咸水湿地中繁殖，尤其偏好植被丰富的浅水流域，如流速缓慢的河流、湖泊、水库、三角洲及潟湖。巢一般位于上述区域中有草坪覆盖的地区。尽管赤膀鸭常避开海洋或风浪汹涌的水域，但冬季亦可偶见于沿海地带，常出现于日本及韩国的稻田中。主要分布于低海拔地区，但在海拔 2730 m 的埃塞俄比亚高原与海拔 4700 m 的喜马拉雅山脉上亦发现了此物种的踪迹。

习性 部分迁徙。最北部的繁殖种群冬季会迁徙至低纬度地区越冬，例如，苏格兰繁殖种群迁至爱尔兰与英格兰越冬；而德国北部、波兰、瑞典、俄罗斯的繁殖种群迁至北海地区越冬，尤其偏爱荷兰与不列颠群岛；最东部的繁殖种群会迁至日本、中国东部及南亚次大陆越冬，往西可至里海与黑海，少数个体会南迁至非洲地区，通常抵达埃塞俄比亚，鲜有迁至肯尼亚，自 1974 年以来无迁往肯尼亚的记录。偏南部的繁殖种群则大部分为留鸟，但可能经历长达 250 km 的长距离换羽迁徙。

食性 基本为植食性，偏爱绿叶与嫩芽多于种子。与赤颈鸭不同，赤膀鸭较少在陆生草地上觅食，而偏好沉水或挺水植物，如眼子菜属、川蔓藻属、角果藻属、灯心草属、藨草属，以及禾本科与轮藻纲植物。常窃取其他物种的食物，如赤嘴潜鸭、鹊鸭与骨顶鸡。可于深水地区觅食，此特征解释了该物种近年来在大不列颠岛的分布特征。换羽时期亦为完全植食性。全年绝大部分时间取食绿色植物，但 72% 的雌鸟会在产卵期间取食小型无脊椎动物，主要为枝角目动物。

繁殖 求偶行为在夏末时已相当明显，集体求偶常发生于 8 月中旬。早期配对的个体获得更多社交优势，因而较少得到低质量食物。求偶早期行为常包含交配前的求偶炫耀。配对关系持续至孵化开始。斯利姆布里奇野鸟与湿地中心的研究表明，在换羽与幼鸟抚育阶段后，赤膀鸭繁殖对会重新确立配对关系。

繁殖对在产卵前 1 个月提前到达繁殖地，其间雄鸟开始日渐排斥其他个体。巢址选取前至孵卵开始后，雄鸟会持续守御领地。配对双方可能会在适合筑巢的地区低空盘旋以选择筑巢位点。

由于主要取食低蛋白的绿色植物，为储备繁殖所需的蛋白质，雌鸟会在产卵期间取食小型无脊椎动物。繁殖时间有较大地理差异，温带种群筑巢时间普遍较晚，为 5—7 月，北部地区则更晚。常在抵达繁殖地后推迟孵卵起始时间，如 1962 年美国犹他州地区的繁殖种群孵卵起始时间推迟了 23～28 天。

幼鸟会于第 2 个夏季开始繁殖，但孵化延迟的个体直到 2 龄方才开始繁殖。赤膀鸭在陆上筑巢，巢常位于浓密植被中，一般远离水域，较少筑巢于水上，有时会利用人工巢。筑巢位点可能位于岛屿之上，有时密度较高，这些位点的雄鸟则会在海岸线附近守卫。巢寄生率为 2%～13%。卵为圆形，呈乳白色，偶带些许粉红色。欧洲繁殖种群窝卵数为 8～11 枚，卵大小为（51～59）mm×（35～44）mm，平均为 55 mm×39 mm；北美种群平均窝卵数为 10.04 枚，卵平均大小则为 55.7 mm×39.7 mm。卵重 35～55 g。孵化期为 24～27 天，一个繁殖季节通常只产下 1 窝卵，第 1 窝卵丢失后可二次产卵。

孵化期间雌鸟的体重会下降多达 16%。巢的损失率高达 1/4，但此比例在钻水鸭类中已属较低。筑巢较晚或许是高筑巢成功率的原因之一，因为此时巢覆盖物更为浓密，捕食者也转而捕食其他猎物。卵孵化率亦较高，平均每窝卵损失数为 0.65～1.6 枚。基因分析表明北达科他州 31% 的赤膀鸭巢中 75% 的雏鸟为婚外幼体，基本可以确定为配偶之外其他雄鸟的后代。养殖的 1 日龄雏鸟体重约 27.8 g。雏鸟孵出后，前 2 周死亡率为 53%，羽翼丰满前死亡率为 73%。雏鸟羽翼丰满后，雌鸟会带领其到抚育地带觅食。雏鸟最初以无脊椎动物为食，但随即迅速转为植食性。总体而言，羽翼丰满前摄取动物性食物的比例不到 10%。羽翼丰满需至少 48 天，大部分个体需 52 天，全部雏鸟完成出羽需 63 天。成鸟雄性个体存活率 75%，高于雌性的 69%。

种群现状和保护 IUCN 和《中国脊椎动物红色名录》均评估为无危（LC）。在新大陆，大量的赤膀鸭在北美草原地带筑巢，筑巢密度为每平方千米 10.6～16.3 对，亦可筑巢于稀树草原，密度为每平方千米 4.9～15.8 对，及大型平原地区，密度为每平方千米 1.0～7.8 对。北部森林地区筑巢数量有所减少，但日本暖流使得赤膀鸭可在不列颠哥伦比亚与阿拉斯加海岸地带繁殖。亦有数量庞大的种群在美国西部至加利福尼亚中部峡谷地区繁殖。20世纪 50 年代后期美国东部各州的种群数量大增，主要归因于先前的半咸水流域淡水的蓄存。

在美国，赤膀鸭的越冬地覆盖了南部大部分地区，秋季统计数据表明加利福尼亚种群数量约为 28 000 只，路易斯安那湿地则约为 150 万只，为 19 世纪 70 年代早期北美种群数量总估计值的 1/3。其他的部分种群则连续分布于墨西哥、古巴与西印度群岛的其他区域。1967—1986 年北美种群数量以每年 1.5% 的比例

飞行的赤膀鸭，翅上的栗色覆羽与黑斑及白色翼镜对比鲜明。彭建生摄

减少。整个新大陆种群数量的估计值为 239 万只。

旧大陆繁殖地位于日本、中国、俄罗斯东亚部分至里海与黑海的低地区域，亦遍布地中海与东欧直至大不列颠岛、爱尔兰与冰岛。繁殖种群的分布相对而言并不连续。由于曾经人工引入此物种，学界对西欧繁殖种群数量的争议较大。东部地区种群会在中国东部、日本、南亚次大陆、里海与黑海地区越冬，少数种群亦会到达非洲东部的肯尼亚。在北欧迁徙路线上，越冬地分布于温暖的北海沿岸地带、大不列颠、爱尔兰、法兰西、伊比利亚半岛，向南可至非洲塞内加尔等地。

西欧越冬种群数量估计值为 30 000 只，黑海—地中海东部越冬种群数量估计值则为 75 000～150 000 只，暖冬时节俄罗斯地区约 130 000 只。亚洲南部数量估计值为 150 000 只，在东亚地区则为 50 000～100 000 只。东欧越冬小种群近年来以每年 8%～10% 的比例持续增长，与此同时，俄罗斯地区的繁殖种群数量却逐年下降，黑海和地中海东部地区的越冬种群数量亦呈下降趋势。

从全球范围来看，赤膀鸭的数量相当可观，暂时没有剧烈下降的危险。据统计，南美的赤膀鸭在 19 世纪 50 年代之后分布范围进一步扩张，19 世纪 70 年代数量达到 1 500 000 只。赤膀鸭种群数量的增长在很大程度上得益于人为导致的"水体富营养化"，这使得赤膀鸭以充足的水生植物为食。此外，某些地区尤其半干旱地区，人工水库等人工栖息地的数量有一定程度的增加，对这些地区赤膀鸭的生存繁衍尤为重要。

但亦有资料显示，在过去的十年中，日本越冬种群的数量呈现下降趋势。赤膀鸭的生存目前受到多因素威胁，如水资源的减少及污染、北美水貂的捕食、人类的捕猎及鸟蛋拾取行为等。在中国，赤膀鸭被列为三有保护鸟类。

花脸鸭

拉丁名：*Sibirionetta formosa*
英文名：Baikal Teal

雁形目鸭科

形态　体长 37～44 cm。雄鸟羽色艳丽，面部由黄、绿、黑、白等多种色彩组成花斑状，极为醒目。白色眉纹延伸至颈部。眼周黑色，并有黑色眼纹蜿蜒至喉部。上体通常暗褐色，具红褐色且边缘白色的较长肩羽。胸部粉红色且有白色垂直条纹，两胁为灰色。喙深灰色；腿与足为灰色至淡黄色，眼为褐色。雄鸟蚀羽类似于成年雌鸟但棕色更深且常具从眼部延伸至喉部的黑色条纹。雌鸟亦具黑色眼纹，胸部暖色调明显，下颊具或深或浅的斑块。喙部、足部与眼睛特征与雄鸟类似。通过喙部后方被黑色边缘环绕的白色圆形标记可区分雌性花脸鸭与其他水鸭。幼鸟形态特征与雌鸟类似，但个体面部特征不似后者一致，且下体具褐色点斑。

分布　大多分布于东亚，南至印度，东至北美，西至欧洲伊比利亚半岛的区域亦有分布。繁殖区主要在西伯利亚东部，从叶尼塞河流域向东至楚科奇半岛的开普斯米特，西至阿纳德尔盆地，北至堪察加半岛和鄂霍次克海的海岸，范围通常向北延伸至北冰洋，包括北冰洋大利亚霍夫岛和斯托尔博沃伊岛屿。偶见繁殖于蒙古与朝鲜。越冬于日本、韩国及中国大陆，少数飞往中国台湾、海南和香港地区。有少数个体在巴基斯坦、印度东北部及北部、

尼泊尔和孟加拉国等地越冬。缅甸、泰国、俄国西南部亦有花脸鸭越冬记录。

迷鸟见于西欧和北美，可能是从养殖场逃逸的个体。然而近些年，同位素分析结果显示，英格兰、丹麦等地的花脸鸭在演化水平上更接近野生鸟类。欧洲的花脸鸭记录还包括爱尔兰（1967年）、法国（17～22次）、比利时（14～15次）、荷兰（9次，野生型）、德国（1910年）、瑞士（1992年）、挪威（1979年）、瑞典（9次，逃逸型）、芬兰（1950年）、波兰（2次）、意大利（9次）以及马耳他（1912年）。

在中国，花脸鸭越冬于东部和南部地区，迁徙经过东北和华北地区。

栖息地　主要栖息地为河流、小型湖泊、水塘与沼泽等。多在淡水或半咸水体的湿地、泛洪平原、稻田以及草甸等处越冬。越冬位点多为低海拔区域，但是海拔 2650 m 处也有栖息记录。

习性　迁徙性。通常于 11 月中旬至次年 2 月下旬或 3 月上旬在中国东部、东南部，以及韩国和日本南部越冬，9 月中旬偶见于韩国，亦有 5—7 月抵达北海道及黑龙江、内蒙古的记录。秋季迁徙多穿越黑龙江流域中下游但不经过海岸线，因此秋季迁徙期在中国河北，沿海很少有观测记录。而春季迁徙期，大量花脸鸭出现于中俄边境的兴凯湖。

食性　主要取食草本植物、莎草类、水生植物以及农作物等植物的种子、叶片、茎及其他可食用部位，兼食水生无脊椎动物。在韩国与俄罗斯对花脸鸭胃内容物进行分析，发现有碎裂的水稻、大豆、水田稗、野生谷物的种子，以及某些草本植物，如车轴草和萹蓄等。停歇于俄罗斯时，主要取食川蔓藻与大叶藻。在繁殖地，主要取食杉叶藻、鲜嫩草叶以及某些无脊椎动物；秋季迁徙开始前，转为以莎草类的种子以及无脊椎动物为食。在停歇地兴凯湖，水生植物的种子成为花脸鸭重要的食物，其中包括稗子、车轴草、止血马唐、堇菜、蓼、狗尾草等。

花脸鸭通常浮于水面，头探入水底呈倒立状取食；亦可觅林中的橡果，甚至可在夜晚捡拾路上遗落的谷物或种子。花脸鸭觅食时非常活跃，1000 多只个体集成大群进行觅食，在一个觅食地的停留时间不会超过 20 分钟。在越冬地主要为昼伏夜出，通常于傍晚左右开始活跃。在日本，花脸鸭的栖息地可能距离觅食地 10 km 左右。

繁殖　每年 4 月下旬至 5 月抵达繁殖地。北极圈南部的种群 5 月下旬开始产卵。森林 – 苔原地带的种群则在 6 月上旬至中旬开始产卵，6 月第 3 周开始孵化，8 月第 1 周幼鸟出壳。花脸鸭以单个繁殖对或集松散的群落进行繁殖。巢通常筑于地表，隐藏于水边的草丛或柳树丛之中。窝卵数 4～10 枚，卵为灰绿色，直径 45～52.5 mm，重 32～38 g。孵化期 24～25 天，雌鸟单独坐巢。雏鸟上体绒羽暗褐色，下体则偏黄，由雌鸟单独照顾。雏鸟至羽翼丰满阶段的发育情况尚未可知。幼鸟可能 1 龄左右即性成熟。

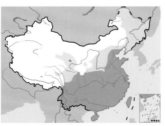

花脸鸭，左上图为雄鸟，聂延秋摄，下图前雌后雄，赵国君摄

种群现状和保护 IUCN 评估为无危（LC），《中国脊椎动物红色名录》评估为近危（NT）。目前，在俄罗斯、蒙古、日本、韩国以及中国大部分地区，花脸鸭已被纳入保护范畴，其部分重要栖息地也受到保护。在中国，花脸鸭为三有保护鸟类。

目前认为，经过几十年种群数量下降之后，花脸鸭的种群数量开始回升。支撑该观点的证据主要来自于韩国。韩国越冬种群总数 1991 年为 18 000 只，1999 年为 210 000 只，2004 年已突破 658 000 只。1999 年开始的逐年统计结果显示，韩国 38 个位点花脸鸭总数持续上升，其中 1999—2004 年，每年增加 11 533 只，2005—2009 年，每年增加 341 994 只。数量增加可能与其对新垦土地的利用程度提高有关，同时狩猎减少也是种群数量回升的关键原因。

过去花脸鸭冬季在日本广泛分布，曾有数量多达 10 万只的花脸鸭群出现于大阪附近；20 世纪 80 年代左右，10 万只的大群已非常罕见；80 年代晚期，则只有 2000 多只花脸鸭；90 年代中期，花脸鸭种群数量已降至 700 只左右。

在中国，20 世纪初曾有数量众多的花脸鸭在长江流域、福建沿海等地越冬，但目前越冬于长江流域的种群数量最多仅有 20 000 只。2004 年初此流域仅统计到 28 只花脸鸭。20 世纪 80 年代末期，于山东南四湖统计到 27 000 只。2006 年 1 月，上海崇明东滩国家级自然保护区发现 8000～10 000 只花脸鸭个体聚集成群；2006 年 7 月，江苏盐城国家级自然保护区发现个体数量为 50 000 只的花脸鸭鸭群。据此，当前中国的花脸鸭种群总数约为 91 000 只。

普遍认为狩猎是导致花脸鸭 20 世纪 50 年代末种群数量开始严重下降的关键原因，污染、杀虫剂的使用以及栖息地破坏亦对花脸鸭的种群数量变化有影响。在亚洲东北部，过去花脸鸭为最常见的鸭科物种，且在 19 世纪到 20 世纪前 50 年间，较多个体迁徙至西伯利亚东部。然而，西伯利亚、中国，特别是日本的密集捕猎，致使花脸鸭种群数量呈现灾难性下降。例如 1947 年，日本 3 名猎人撒网 20 天内捕获了 50 000 只花脸鸭。

据研究，花脸鸭潜在的繁殖地已急剧退化或消失，而在北方偏远的繁殖地，对花脸鸭的捕杀较为普遍，且捕杀数量不断增加。觅食区和栖息地的大量被人为开发利用亦在相当程度上威胁了花脸鸭的生存与繁衍。湿地围垦导致水库与稻田逐渐被马路、建筑物及电线包围，另外，观光者数量不断增加，鸟类遭受的人为干扰也随之增加。

传染性疾病也是影响花脸鸭种群数量的关键因素。冬季集群而居的习惯使花脸鸭极易受传染性疾病的影响。由于在污染湖泊里水鸟的过度拥挤，2002 年 10 月份，韩国泰安海湾暴发了家禽霍乱，造成至少 10 000 只花脸鸭死亡。

绿翅鸭

拉丁名：*Anas crecca*
英文名：Eurasian Teal

雁形目鸭科

形态 体长 30～47cm，翼镜呈黑色至金属绿色，前后缘由白色条纹镶边。

雄鸟头部红棕色，从眼部至颈部具边缘淡黄色的绿色条纹，胸部奶黄色夹杂黑色斑点，胁部及背部具灰白色虫蠹状细纹，下体其余部分及腹部呈白色，尾下覆羽部位具边缘呈黑色三角状的乳黄色区域，翅覆羽中灰色且顶端呈黄褐色，翅下覆羽几乎全白，喙部深灰色（偶见橄榄绿色，换羽期间淡黄色），腿部与足部为蓝灰色或橄榄灰色，眼部暖棕色；蚀羽类似于成年雌鸟但颜色更暗淡，眼纹亦不明显。

雌鸟头与颈部呈灰棕色，冠部颜色较暗，嘴基至眼部之间具深色条纹，颈部与颊具横纹，背与腰部羽色较暗，胸与腹部几乎全白，翅覆羽呈棕色且羽端与边缘苍白，肩羽较长且尖端较宽，与雄性相比翼镜更为偏黑，腿与足部类似于雄鸟，眼部为棕色。

幼鸟形态特征与雌鸟相似，但腹部具斑点且尾上覆羽不具淡黄色斑块。雄性幼鸟极似条纹加深的雌性成鸟，但下体具暗色条纹，肩羽较窄顶端略尖，翅上覆羽更偏暗棕色，三级飞羽暗红棕色且较窄，另具白色边缘，喙部灰色，嘴端与嘴基灰白色；而雌性幼鸟羽色类似于雄性幼鸟，但翅膀形态类似于雌性成鸟，三级飞羽类似于雄性成鸟，但翼镜绿色部分更少。

绿翅鸭目前分为 2 个亚种：指名亚种 *A. c. crecca* 与北美亚种 *A. c. carolinensis*，也有人认为北美亚种应独立为新种——美洲绿翅鸭。北美亚种雄鸟胁部具白色线状条纹，胸部与胁部间具白色垂直线状条纹，面部乳白色条纹较细或不具该条纹；雌鸟通体羽色更灰，喙部呈黑色，翼镜前端的线状条纹为桂红－淡黄色而非白色。

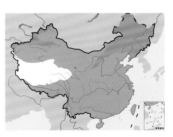

绿翅鸭指名亚种。左上图为雄鸟，沈越摄；下图为雌鸟，赵国君摄

分布 广布于古北界和新北界，北美亚种分布于北美洲，南至墨西哥，北至阿拉斯加和加拿大北极地区。指名亚种广布于欧亚大陆，繁殖于欧洲西部和北部、亚洲北部，从冰岛、大西洋沿岸的大不列颠群岛向东直至太平洋沿岸的萨哈林岛、日本北部，越冬于繁殖区以南的古北界，从欧洲西部、非洲东北部与亚洲西南部、亚洲南部至亚洲东部与东南部，少有到达非洲西部沿海地区。在中国分布的主要为指名亚种，繁殖于新疆天山、东北北部和中部，越冬于长江流域及东南沿海。北美亚种在香港有过境记录。

栖息地 栖息地通常为小型淡水池塘、水塘、流速较缓的河流以及浅水沼泽，栖息地周围常具丰富的植被。在英国和爱尔兰，绿翅鸭偏爱贫营养型水体。在芬兰南部，观察到雌鸟在孵化时常选择附近有大量双翅目幼虫的栖息地。冬季亦可栖息于咸水湿地、水库、稻田，甚至可在沿海地区越冬，如盐沼及大型河口。虽然栖息地选择范围广，但偏爱地形掩蔽且生产力较高的浅水栖息地。绿翅鸭可在埃塞俄比亚高原 2550 m 的地区越冬，秋季则有出现于中国西南部海拔 3350 m 地区的记录。

习性 部分迁徙，最北部的繁殖种群会迁徙至低纬度地区越冬，向南最远可抵达赤道地区，雌雄两性都可改变其迁徙路线及目的地；温带地区的绿翅鸭繁殖种群为留鸟。在古北界西部，大量在冰岛进行繁殖的种群迁往大不列颠岛与爱尔兰越冬，而在俄罗斯北部、波罗的海地区、斯堪的纳维亚、波兰北部、德国北部与丹麦进行繁殖的种群则向西南方向迁徙抵达北海地区越冬。在荷兰和大不列颠岛，影响越冬地选择的主要因素是天气状况。在天气恶劣的年份，许多个体会迁徙到更远的地方越冬，如西班牙、以摩洛哥为主的北非地区，迁徙折返率亦较高。有学者认为此现象的出现可由极端天气预先决定，但该说法目前仍存争议。最近有研究发现，法国越冬种群大多来源于俄罗斯西部乌拉尔地区，小部分来源于芬兰。在荷兰、英国、法国与欧洲南部繁殖的绿翅鸭大部分为留鸟；在更东部地区如乌克兰与俄罗斯西部繁殖的种群则向南迁徙，经过黑海与巴尔干半岛抵达希腊与土耳其西部越冬。

在欧洲，繁殖失败的成鸟最早于 6 月开始越冬迁徙，迁徙数量于 10—11 月达到峰值，雄鸟较雌鸟更早迁徙；在 2 月下旬开始春季迁徙，在欧洲南部某些地区甚至早至 1 月中旬，迁徙高峰为 3—4 月，冻原地带繁殖种群直到 5 月下旬才返回繁殖地。非洲越冬种群停留于越冬地的时间为 10 月下旬至次年 4 月上旬，有一次停留至 5 月下旬的记录，在肯尼亚则为 11 月至次年 3 月上旬，在埃塞俄比亚为 10 月中旬至次年 3 月中旬，也有若干 5—6 月份的夏季观测记录。古北界东部的繁殖种群，向南迁徙至中国台湾、韩国与日本越冬，停留时间一般为 9 月至次年 5 月，秋季迁徙经过中国河北的时间为 9 月上旬至 11 月上旬，主要为 10 月下旬，春季则为 3 月中旬至 5 月下旬。亦有绿翅鸭于 11 月中旬至次年 4 月中旬飞抵马里亚纳群岛与帕劳群岛越冬。

食性 食性复杂。冬季主要以植物为主，包括禾本科与莎草科植物的种子、浮叶植物与沉水植物，以及谷物与大米；春夏季则主要捕食水生无脊椎动物，如软体动物、蠕虫、水生昆虫、甲壳纲动物，而幼鸟在刚出生的前几天只取食无脊椎动物。有研究

飞翔的绿翅鸭，翅上的绿色翼镜十分醒目。沈越摄

表明北美亚种食谱中动物食物所占比例在冬夏两季差别甚微，冬季占 28.6%，夏季为 26.2%。欧洲有研究发现，在迁徙停歇地与换羽过程中，绿翅鸭觅食的频率会急剧上升，但并不依据当地食物丰度决定迁徙时间，大多数个体在越冬地及迁徙停歇地食物丰度急剧上升前就已迁离，而繁殖于北方湖泊的种群，于当地无脊椎动物丰度达峰值时孵化雏鸟。

捕食时浮于水面，倒立身体将头部探入水中，在深度小于 80 cm 的浅水区域可潜水捕食，亦可在泥浆中滤食。非繁殖季节主要于夜间觅食，筑巢期间则于白天觅食。非繁殖季节觅食时常以 30～40 只个体聚集而成的小群体出现，群体大小偶尔超过 100 只，极易与其他钻水鸭结伴觅食。

繁殖 繁殖一般始于 4—5 月。欧洲西北部及东部种群于 4 月中旬开始产卵，芬兰南部种群为 5 月上旬至中旬，俄罗斯种群则为 5 月下旬至 6 月上旬，在更北部地区甚而持续至 7 月份。季节性一雌一雄制，早至 10 月即可建立配对关系，持续至孵化开始，在路易斯安那 1 月份即已观察到建立配对关系的个体，81% 的雌鸟在 3 月份已完成配对，配对关系偶见维持 7 个月。

雌鸟归家冲动相对较弱，某项研究结果显示为 14%。以单个繁殖对或松散群体形式筑巢，巢间距极少小于 1 m。有实验证据表明，绿翅鸭与其他若干钻水鸭物种在选择营巢位点时，或许可依据哺乳类天敌留下的尿液判定该位点天敌的丰度，进而评估自身被捕食的风险。巢常位于植被茂密区域，深陷于地表，铺以干燥叶片、杂草以及大量绒羽。巢距离水域通常小于 100 m，且可利用人工岛屿筑巢繁殖。一个繁殖季节只产卵一次，特殊情况下有替补产卵。指名亚种窝卵数 5～16 枚，通常为 8～11 枚，卵为乳白或黄白色；大小为（42～50）mm×（31～36）mm；重 25～31 g。孵化期通常持续 21～23 天，雌鸟单独坐巢。雏鸟上体绒羽深棕色，下体绒羽黄色，北美亚种孵化首日重 15.1～16.5 g。雏鸟需 25～35 天羽翼丰满，为钻水鸭物种中此时期最短者，由雌鸟在特定抚育区内单独抚养。北美亚种平均育雏数曾由 7 下降至 5.7 并随后继续降至 5.4；1988—1991 年的研究显示，芬兰的指名亚种育雏数由 5.5 降至 4.7，随后降至 4.2。一般需 1 年即可性成熟。大部分种群成鸟年存活率波动较大：北美亚种年存活率为 33%～69%，最长寿命记录为 20.5 龄；欧洲指名亚种年存活率为 35%～71%，最长寿命记录为 25 龄零 7 个月。1960—1976 年，欧洲种群两性平均年存活率为 48%，略低于北美种群的 54%。绿翅鸭的天敌包括一系列猛禽如白尾海雕、白头海雕、普通鵟、白头鹞及雪鸮。尽管指名亚种与北美亚种在圈养实验中炫耀行为有些许不同，但暂未发现两亚种有繁殖生态学差异。

种群现状和保护 数量最庞大的鸭科物种之一，IUCN 和《中国脊椎动物红色名录》均评估为无危（LC）。被列为中国三有保护鸟类。

绿翅鸭北美亚种在北美地区数量巨大。20 世纪最后一次调查显示约有 7 000 000 只，21 世纪初调查显示仅有 2 900 000 只。越冬时大量个体集群分布，调查结果显示在墨西哥中西部圣布拉斯红树林有 42 000 只。在密西西比迁徙路线上数量巨大，路易斯安那沿海地区与加利福尼亚州尤甚，华盛顿与俄勒冈州则种群密度相对较低。繁殖季节于育空河及阿尔伯塔省种群丰度最高，平均密度为每平方千米 2.1 对，在阿拉斯加沿海与加拿大北极地区，密度降至每平方千米 0.3～1.4 对，在北美大草原地带密度为每平方千米 0.2～1.4 对。

指名亚种的欧洲繁殖种群个体分布情况如下：冰岛 3000～5000 对，荷兰 3500～5000 对，德国 17 000 对，挪威 30 000～50 000 对，瑞典 40 000～60 000 对，芬兰 200 000～250 000 对，俄罗斯 775 000～1 170 000 对。日本种群数量超过 110 000 只，但 20 世纪 90 年代末至 21 世纪数量有所下降。1991 年冬季水鸟调查数据显示，中国台湾种群数量约为 11 780 只；同时期局部地区调查结果显示，印度种群数量为 37 168 只，巴基斯坦 109 170 只，土库曼斯坦 14 406 只，阿塞拜疆 77 200 只；1990 年的调查数据显示，伊朗种群数量为 211 219 只；以色列种群数量为 28 000 只。非洲亦有大量指名亚种存在，但统计数据并不完整。最新越冬种群数量估计如下：古北界西部约为 1 400 000 只，欧洲西北部上升为 400 000 只，亚洲西南部与非洲东北部为 1 500 000 只，亚洲南部 400 000 只，亚洲东部与东南部地区 600 000～1 000 000 只。

由于栖息地丧失，包括英国与东亚地区在内的各分布区内该物种种群数量均有局部显著的下降趋势。但越冬地高强度的狩猎行为及误食弹药丸引发的中毒问题与适宜栖息地的减少整体上通过自然保护区的建立得到了补偿，因此欧洲越冬种群数量当前基本保持稳定。人类的娱乐活动、狩猎行为、建筑施工、鸟蛋拾取等都在一定程度上威胁了此物种的生存。鉴于例如环境变化等不确定因素及其长远层面上带来的负面效应，欧洲地区提倡根据绿翅鸭的种群数量变化适当降低狩猎强度。此外，绿翅鸭对禽类肉毒杆菌与禽流感均较为敏感，如果此类疾病暴发，此物种生存可能受胁。

绿翅鸭北美亚种，前雌后雄，雄鸟胸与胁之间的白色垂直条纹为其区别于指名亚种的显著特征。有人认为该亚种应独立为美洲绿翅鸭

绿头鸭

拉丁名：*Anas platyrhynchos*
英文名：Mallard

雁形目鸭科

形态 大型鸭类，体长 47～62 cm。不管是否繁殖，绿头鸭雄性个体的羽色均相似——身体灰色，胸部棕色，尾部上下为黑色，头及颈部深绿色且有金属光泽，且颈基部有一白环。其两对黑色的中央尾羽向上弯曲呈钩状，外侧尾羽为白色。翅膀呈灰棕色，飞行羽为黑色，后翅覆羽为乳脂色，喙黄色，腿部呈橘色，眼睛为棕色。雌雄的翼镜均呈蓝紫色，并有黑白窄边。雌鸟头部有黑褐色的贯眼纹，眉纹细且呈浅褐色，其翅膀为褐色，喙褐色并带有黑色斑点，腿部为较深的橙色。雄鸟大部分在婚后换羽，非繁殖羽与雌鸟较为接近，但有黑色羽冠。雄鸟喙为黄色，头颈部、胸部和喙部均无斑点。雌鸟在换羽后通常不易辨别，羽冠和翕为深色，羽毛有浅色窄边。幼鸟羽色与成年雌鸟相似，但羽毛为浓黑色，身体下部有窄边条纹。其羽冠和贯眼纹为黑色，喙为橙色且无斑点。幼年雌鸟喙部为绿色，并且很快变为黄色。雏鸟面部和身体下半部分偏黄色，头顶深棕色，背部及翅膀上有斑点。眼部有黑线，耳朵附近有深色圆斑。腿部呈较深的橙色并有灰褐色的纹路，喙深色、顶端粉色。

雄鸟在婚配前羽毛特征明显，头部绿色，颈部有一圈白环，胸部棕色，侧翼灰色，尾部以下区域则为黑色。非繁殖羽雄鸟和雌鸟易与其他的北方涉水鸭类混淆，跟赤膀鸭区别在于后者体型小，灰色，腹部白色，翼镜窄且为白色，喙为橙色；跟针尾鸭区别在于，后者躯干和颈部细长，头部白色扁平，喙灰色，尾部窄。物种杂交现象、基因渗入现象以及生存环境的压力，会导致许多羽毛颜色、花纹及体型异常的绿头鸭出现。

雄鸟发出略带鼻音且较为虚弱的急促叫声"raeb"，竞争者出现时，其叫声会重复，求爱时则发出哨声。雌鸟有不同的鸣声，

最常见的是嘎嘎声"quacks"和会话式的"queg-queg"。嘎嘎声与渐弱鸣叫（Decrescendo Call）一样响亮透彻，重复率则与持续鸣叫声（Persistent Quacking）相似。绿头鸭在受到煽动和产生抵抗的情况下叫声会相对响亮刺耳。更多关于鸣声以及声波图的信息，详见 Abraham 等的相关研究；Kear 则在卵的孵化过程中记录了绿头鸭的声波图。

分布 分布范围遍布整个北半球，主要分布在北极圈和北回归线之间的区域，在干旱地区分布数量相对较少。

目前被分为 2 个亚种：指名亚种 *A. p. platyrhynchos*，大多数生活在古北界和新北界，冬季迁徙群可抵达非洲尼罗河河谷、东南亚印度河谷到中国东南部、墨西哥及古巴。格陵兰亚种 *A. p. conboschas*，生活在格陵兰西南、东南海岸，从西部海岸北至乌佩纳维克。

少量绿头鸭在北极地区繁殖并且在这里过冬，在非洲（从埃塞俄比亚到苏丹的尼罗河谷地带）、亚洲（例如中国，印度，韩国和日本）、墨西哥、古巴和巴拿马群岛也有越冬群。有研究记录显示它们也有可能在亚速尔群岛、马德拉群岛和加那利群岛繁殖。

绿头鸭在其主要分布范围外也有大量的观察记录。如夏威夷群岛、马里亚纳群岛、马绍尔群岛、基里巴斯、库克群岛、麦格理群岛、肯尼亚、尼日利亚、马里、塞内加尔、冈比亚、巴拿马、牙买加、伊斯帕尼奥拉岛、波多黎各、维尔京群岛、开曼群岛和小安的列斯群岛。

栖息地 可选择任何类型的湿地作为其栖息地，但通常避开水流湍急、营养贫瘠、地势低深、无隐蔽性、高低不平、多岩石的水域以及坚硬无植被的区域，例如岩石地表、沙丘、人工地表等。由于觅食需要，绿头鸭所选择的栖息地通常水位低于 1 m。偏好有植被覆盖的浅水区域，也会在海面和咸水区域中觅食和栖息。尽管淡水流域水位变动更为频繁，且可能演化至半咸水状态，但因其拥有多类型的水生植物，如沉水、浮叶、挺水植物和滨河植被，同时高密度的芦苇等植被可形成外伸栖息地带，从而备受绿头鸭青睐。绿头鸭的栖息地一般以泛洪的松软林地、季节洪漫地带、湿润泥沼草甸、牛轭湖、带泥滩水堤和灌溉渠道的开放水域、水库运河以及观赏性水域、污水处理厂等为主。冬季可在沿海地带盐沼栖息地发现绿头鸭的存在，通常这些地方水位较低、地理位置相对掩蔽且位于内陆，如咸水潟湖、咸水河口以及海湾。对人类干扰环境的耐受性大，可栖息在城市和农田中。

习性 在温带地区，绿头鸭繁殖种群呈久栖或零散分布，通常在恶劣天气出现时作局部迁徙，其他种群则为迁徙种群。古北地区西部的绿头鸭雌雄个体和幼体从 9 月开始就离开繁殖区域，并在来年 2 月返回原地。绿头鸭繁殖期在 3—6 月，通常结对筑巢或集松散群体筑巢，随着纬度的不同其确切的繁殖时间也会发生改变。雌鸟坐巢，其间（3 月中旬开始）雄鸟个体聚集成小群迁往换羽地进行换羽，并有约 4 周的时间处于无法飞行的状态（此

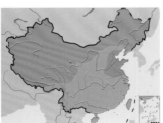

绿头鸭。左上图为雄鸟，沈越摄；下图左起第 2 列两只为雌鸟，彭建生摄

飞行的绿头鸭，可以清晰地看到翅上的蓝紫色翼镜和黑白各两道窄边

时雌鸟在距离繁殖地不远的区域进行换羽）。繁殖季节之外，绿头鸭群体大小极不固定，有时群体个体数量相当小，而有时则能集结至几百到几千只。形成较大群体的现象在换羽时期、迁徙途中以及越冬时期尤为常见。在非繁殖季节，绿头鸭在聚集成群时，昼夜均可定栖安歇。

绿头鸭为部分迁徙性水鸟。大量生活在冰岛的绿头鸭在英国过冬，而生活在俄罗斯西北部和芬诺斯坎迪亚的部分种群则飞到位于欧洲南部的西班牙过冬。它们可沿着多瑙河迁徙，并在黑海以及更南的地方越冬。迁徙种群的数量非常惊人，如密西西比绿头鸭迁徙群的数量有 3 100 000 只。关于亚洲南部绿头鸭迁徙种群情况的研究相对较少，这个地区绿头鸭越冬种群很有可能来自更北方。有研究记录显示，2 只在伏尔加河三角洲经过环志标记的绿头鸭在埃及被再次发现，在巴基斯坦环志的绿头鸭在亚洲新西伯利亚被再次发现。

对绿头鸭行为习性的研究已趋于成熟。雄鸟在喝水时完成与其他个体的交流或后翼的梳洗打扮。当一只或更多雌鸟出现时，雄鸟通常会开始炫耀。最初嘴部抖动、头轻弹、尾部抖动，发出咕噜声，随之头尾向上、转向雌鸟、点头游泳、回头后转、仰头上下，寻找配偶的绿头鸭个体随之加入求偶炫耀行列中。对北美野生绿头鸭的研究发现，在结对形成的最初几个月，个体最常发出轻咕噜声，头部上下摆动的频率最低；而在炫耀求偶活动的高峰期，头部上下摆动最常发生。

冬天聚集成群迁移。通常在冰雪消融后迁徙至北方；然而，在合适的地方，定居的种群数量也在发展壮大。在很多位点，人类对环境的利用以及人工饲养鸟类的野外释放都已经极大地改变了野生绿头鸭的生活习性。

食性 杂食性。绿头鸭为机会主义取食者，可涉水取食或在陆地上取食。食谱多样性较高，包括植物性和动物性材料，这与觅食地点和季节有关。绿头鸭既可以以种子和水生及陆生植物的茎叶部分为食，同时也可食用陆生或水生无脊椎动物，例如昆虫、软体动物、甲壳纲动物、蠕虫，偶以两栖动物和鱼类为食。

取食时，绿头鸭在浅水中涉水、游泳、行走或在稍深水中颠倒。潜水主要发生在幼体时期，但各年龄阶段都有该行为。觅食主要发生在清晨和傍晚，但也会贯穿整个夜晚。格陵兰亚种在繁殖季节可能大多是植食性，但当冬季迁移至沿海时，则转变成肉食性。

繁殖 大多数与繁殖相关的研究集中在指名亚种。其在 2—6 月繁殖，偶见提前至 1 月，随纬度不同而有差异。巴伐利亚州的绿头鸭在 3 月下旬或 4 月上旬产下第 1 枚卵，在芬兰则为 4 月中旬至 5 月上旬，在冰岛为 5 月上旬，在俄罗斯南部为 4 月上旬，在俄罗斯北部为 5 月中旬，在印度西北部则为 3 月上旬至 6 月上旬。

绿头鸭的配对主要发生在秋冬两季。雌鸟和雄鸟一起迁徙到繁殖地，然后开始筑巢繁殖。雄鸟通常划定并捍卫较大的繁殖领域，经常与邻近繁殖对的繁殖领域有所重叠。筑巢和主要觅食区位于其所捍卫的繁殖领域之内或附近。雄鸟会驱逐闯入其繁殖领域内的个体，因此常出现三鸟在空中追逐的情况。若鸟巢相隔很近，雄鸟会聚集起来共同守护雌鸟的孵化。这种结盟关系将会一直持续到孵化早期或中期。在野外环境中，雄鸟在育雏喂食上功劳甚小，但在城市或人造生境中，越来越多的雄鸟陪伴雌鸟孵卵并承担育雏工作。

绿头鸭通常在水边筑巢，采用其可获得的植物作为原材料，

绿头鸭的巢和卵。宋丽军摄

带领雏鸟游泳的绿头鸭。宋丽军摄

一般为草。巢可位于地表、树木孔隙或洞穴中，若在城镇等人群较为聚集的环境里，绿头鸭会选择在建筑物上筑巢。寻巢的雌鸟会发出反复的呱呱鸣叫，这极有可能引起其捕食者的注意，从而暴露雌鸟的存在。

绿头鸭通常一年仅产1窝卵，但雌鸟可能会尝试与相同或不同的雄鸟配对孵化多至5窝的卵，有时两次孵化间隔时间仅为4天。如果其首次孵化在繁殖季节较早时期失败，绿头鸭会更倾向于重新筑巢产卵。窝卵数4~18枚，通常为9~13枚，首次筑巢及自然条件下所产的卵通常数量较多。有些雌鸟被认为能"连续产卵"，这种说法提出后又被学者反驳。卵一般为钝椭圆形，表面光滑，灰绿色或黛青色。产卵时间间隔1天，卵大小为（50~65）mm×（37~55）mm，重42~59 g。通常由雌鸟独自孵化26~28天。雏鸟出壳时重31.2~38.4 g，50~60天后即羽翼丰满。

在英格兰西南部的调查中，筑巢成功的鸟巢数量占整体数量的88.7%，其中占总数82.4%的卵成功孵化。1957—1962年，分别对80~140对绿头鸭繁殖对进行的研究显示，年窝卵数为4.9~7.9枚，多年平均为6.9枚，每只雌鸟每年成功育幼数为3.6~6.4只，平均为4.7只。瑞典中南部有记录显示，绿头鸭平均每巢有2.86只幼体成功发育至羽翼丰满。年均死亡率为40%~80%，随地理位置的不同而不同。幼鸟一半以上的死亡率为人类活动导致。出生后1年开始繁殖，雌鸟及雄鸟均有6个月即开始繁殖的记录。目前最长寿命记录为29龄，实际情况中较少有个体存活至5龄以上。

种群现状和保护 绿头鸭可能是数量最多、分布范围最广的鸭科物种，这应归功于它对人工环境的良好适应能力。IUCN和《中国脊椎动物红色名录》均评估为无危（LC）。被列为中国三有保护鸟类。

据估计，绿头鸭越冬种群的数量在欧洲西北部、地中海西部、黑海—地中海东部分别为4 500 000只、1 000 000只和2 000 000只，而在亚洲西南部、亚洲南部、亚洲东部分别为800 000只、75 000只和1 500 000只。1991年冬季鸟类调查在日本、土库曼斯坦和伊朗分别观察记录到158 075只、72 583只、187 518只绿头鸭个体。20世纪70—80年代在古北界西部地区和美国北部地区越冬的绿头鸭个体数量分别约为9 000 000只、17 000 000~18 000 000只。20世纪90年代晚期，发现于格陵兰岛的格陵兰亚种种群数量为15 000~30 000只。

尽管世界各地由于密集的捕猎导致绿头鸭种群数量呈现下降趋势，如中东欧地区（自20世纪70年代以来下降60%）、黑海地区（自1986年以来下降75%）、地中海中部地区、捷克和不列颠群岛，其种群数量依旧十分庞大并在不断扩散。目前绿头鸭的分布范围已扩大到南非、百慕大群岛、澳大利亚东南部和西南部、新西兰、毛里求斯。一般来说，整个分布区域内绿头鸭丰度相当，而局部地区种群密度则会出现差异，这往往是由气候条件引起的。绿头鸭在澳大利亚的种群密度为正常状态，而在新西兰的种群密度则相对较高。

栖息地退化，环境污染、农药污染和煤炭开采造成的栖息地丧失，湿地干涸以及湿地管理措施的改变和芦苇的燃烧及刈割等，都在一定程度上威胁着绿头鸭的生存。同时西班牙和法国的铅弹丸误食及阿拉斯加来源于枪械的白磷误食也会使绿头鸭致死。另外，绿头鸭对鸭病毒性肠炎（Duck Virus Enteritis，DVE）、禽流感和鸟类肉毒杆菌较为敏感，因此未来此类疾病的暴发可能同样会使绿头鸭的生存受胁，尽管绿头鸭的高繁殖能力能在一定程度上起到抗衡作用。

绿头鸭的狩猎现象遍布世界各地，主要包括休闲娱乐行为及获取食材等商业行为。在冰岛，绿头鸭的卵也曾被猎取，或许目前仍在发生此类行为。

在匈牙利有研究发现，放牧密度较小的湿地草原更易招引较高丰度的绿头鸭。关于丹麦滨海湿地的研究发现，对岸基狩猎进行空间限制较时间限制能更有成效地维持水鸟的种群大小，因此水鸟保护区应当包含有无狩猎行为的保护区域，且此区域应拥有其毗连的沼泽地，如此可保证保护区内水鸟较高的种群多样性。在英国，从人工水体中周期性移除成鱼，增加了绿头鸭无脊椎动物食源的可利用度，从而使水体中沉水植物的生长增快，反过来提高了绿头鸭育雏时的栖息地利用率。

探索与发现 20世纪70年代，对绿头鸭、斑嘴鸭、赤膀鸭的卵清蛋白进行了对比分析，结果显示北京鸭与绿头鸭的亲缘关系最为接近，从而初步确定北京鸭的进化和起源物种。程岭在进行绿头鸭繁殖生态学研究的同时对黑龙江洪河自然保护区、长林岛自然保护区及兴凯湖自然保护区的龙王庙、凤凰德等地繁殖的绿头鸭巢区分布格局及种群密度进行了调查，由此计算出了各保护区绿头鸭巢区的相对密度。陈雪龙为了解绿头鸭各器官内硒的含量水平，对大庆龙凤湿地绿头鸭个体的肝脏、肾脏、心脏、肺脏、肠、肌肉、血液等标本进行了重金属水平的测定，发现硒元素主要富集在绿头鸭内脏中，尤其是肾脏和肝脏。胡英研究了洪湖湿地白鹭、池鹭、骨顶鸡、绿翅鸭、绿头鸭、豆雁肝脏中20种有机氯农药的积累，结果表明不同水鸟肝脏中有机氯农药的含量差异较显著，其中白鹭与池鹭水平较高，此差异的产生主要与各个物种的饮食习性有关。

何大乾测定了中国家鸭和野鸭265个个体线粒体DNA D-loop区序列以及细胞色素b基因序列片段，并对这些序列片段和其他已经发表的相应序列片段进行了分析，结果显示中国家鸭起源于野生绿头鸭，在品种形成过程中掺入了少量斑嘴鸭血缘，其母系起源较为单一且品种间遗传差异小。严梁恒测定了9种鸭科鸟类的线粒体基因组全序列，并结合GenBank中已公布的线粒体基因组全序列进行系统发生关系的探讨，结果显示，鹊雁和栗树鸭首先从雁形目中分歧出来，余下分为雁类和鸭类，在雁类，雁属为一支，天鹅为另一支，两者互为姐妹群；鸭类分化为三支，潜鸭和河鸭分别为一支，余下为另一支，栖鸭、麻鸭和鸳鸯的关系较为接近，在河鸭内，斑嘴鸭和绿头鸭互为姐妹群、绿翅鸭和针尾鸭互为姐妹群。涂剑锋等发现绿头鸭与斑嘴鸭、北京鸭关系密切，三者共享一个单倍型，它们之间可能存在较为广泛的基因交流。除此之外，绿头鸭与绿翅鸭关系较近，与琵嘴鸭关系较远，罗纹鸭与赤颈鸭关系较近。段成对湖北三峡湿地自然保护区鸟类群落进行了生态分析，发现鸳鸯常与绿头鸭一起集群活动且每群均有领头。另外一部分研究使用绿头鸭作为指示生物进行免疫致病学实验研究，发现绿头鸭的免疫水平及耐药性与其日龄或月龄有关，这些研究都在一定程度上为鸭类水禽的疾病防治奠定了基础。龚睿通过对江苏湿地野生水禽进行禽流感流行病调查，结合江苏水域分布、野生水禽分布、野生水禽携带禽流感病毒情况，运用GIS分析野生水禽禽流感的风险指标，结果显示，2009年春季至2011年春季从江苏洪泽湖湿地自然保护区采集的已知品种的8种野鸭及未知品种的野鸭共145份泄殖腔拭子，其中13%的野鸭带有禽流感病毒，其中秋沙鸭的带毒率最高，在2010年春季的洪泽地区达到了50%，这在一定程度上对江苏禽流感的发生预警起到了作用。

斑嘴鸭

拉丁名：*Anas zonorhyncha*
英文名：Eastern Spot-billed Duck

雁形目鸭科

形态 体长49～64 cm，由原斑嘴鸭普通亚种 *Anas poecilorhyncha zonorhyncha* 独立为种，并使用"斑嘴鸭"的名字，又名中华斑嘴鸭。原斑嘴鸭 *Anas poecilorhyncha* 改称印度斑嘴鸭。

雌雄成鸟形态相似。头顶由额至头部后侧呈黑色，雌鸟具更多条纹，喙部至眼间具黑色粗条纹且向眼部宽度迅速变窄，其上部有白色眉纹。颊部淡黄色几近白色，其上细小的点斑与条纹甚多。自嘴裂向眼部间具模糊难辨的宽泛颊纹。颏及喉部为淡黄色。躯干羽毛多为深灰色且下颈、胸部、翕部、肩部及体侧羽毛均具宽泛的奶油色至淡黄色边缘，体侧及颈后部为浅灰色且带精细条纹。下背几乎黑色，雌鸟此处则尤其柔和光滑。

伏于水面或行走时，翅合拢，其上三级飞羽明显可辨。三级飞羽外翈呈显眼的白色，但普通亚种仅外翈边缘宽泛的镶边为白色。尾呈黑褐色且羽毛外侧边缘颜色稍浅。下体浅白色，鳞片状效果稍弱且具更多条纹。泄殖腔孔周边与尾下覆羽褐色至黑色。翅为深灰褐色，其上具清晰可辨的绿色或紫色柔亮翼镜，翼镜颜色呈现取决于入射光的角度，某些地区翼镜甚至呈现柔亮的黑色。翅下覆羽及腋羽为白色。喙部黑色，具标志性的黄色嘴端与黑色嘴甲。腿与足呈暗橙色，眼为褐色。

雄鸟个体换羽期间无蚀羽。亚成体羽色较成体更暗，胸部与胁部斑记更小，形似整齐排列的细小点斑。

分布 主要繁殖于俄罗斯西北部至远东地带，向南可到蒙古和中国青海、四川，向东可到朝鲜、萨哈林岛、千岛群岛和日本，越冬于中国长江以南。在中国，繁殖于东北、内蒙古、华北、甘肃、宁夏、青海、四川，越冬于长江以南、西藏南部和台湾，也有部分终年留居长江中下游、华东和华南一带及台湾。

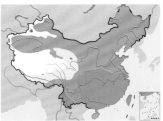

斑嘴鸭。下颊有深色纹路是区分于印度斑嘴鸭的特征。杨贵生摄

栖息地　偏好栖息于具茂密挺水植被的浅型淡水湖泊及沼泽，亦可栖息于沿海地带，河流地带则并不常见。与绿头鸭同域分布但分布范围内未见混杂栖息，因此两物种间可能存在生态差异性。在日本，它是唯一一种繁殖季节于稻田觅食的鸭类。

习性　部分迁徙。北部繁殖种群于 10 月至次年 2 月迁徙至中国东部与南部越冬。温带与热带种群则主要为留鸟，但亦会随水源情况变化而聚合。部分鸭群会迁至印度北部最南端或最西端地区、不丹、老挝、柬埔寨以及泰国北部等地越冬。

食性　基本为植食性，取食禾本科植物、莎草及水生植物的种子等，偶见取食蠕虫、软体动物、水生昆虫及其幼虫。在日本与韩国，常可见到斑嘴鸭于稻田内觅食，有时也于夜间觅食。觅食方式主要为浅水区内潜水觅食，其颈部探入水中呈倒立状，亦可于泥地行走时挖掘食材。多以成对或小群形式出现，偶见个体数量 100 只以上的大群。

繁殖　4～6 月繁殖。在香港，6 月出生的幼鸟于次年 2 月求偶，3～4 月配对；4～5 月出生的幼鸟，则于次年 3～4 月开始求偶。斑嘴鸭配对关系稳定，可维持较长时间。配对后，成对生活或组成松散小群。巢多坐落于地表，隐藏于茂密的草丛或树丛中。巢底部垫以杂草与芦苇，其上铺以绒羽。与绿头鸭北部种群的巢几乎完全一样。窝卵数 7～9 枚，卵呈白色或灰白色，大小为（51～57.3）mm×（39.7～43.6）mm，重约 55 g。孵化期 24～28 天，雌鸟坐巢，雄鸟在一旁守卫。雏鸟上体黑色，下体黄色，背部有斑；49～56 天后羽翼丰满，此期间由双亲共同抚育。

种群现状和保护　据估计，20 世纪 90 年代晚期，东亚种群数量为 800 000～1 000 000 只。20 世纪 80 年代，日本每年斑嘴鸭的越冬种群数量约为 130 000 只。据估计，1996—2009 年间，日本的斑嘴鸭总数以每年 1.5% 的速率在减少。

虽然受到一定的捕猎压力，斑嘴鸭仍数量众多，分布广泛，因而被 IUCN 列为无危物种。被列为中国三有保护鸟类。

与人类的关系　斑嘴鸭喜欢于稻田中觅食，因此生存较易受到人类活动的影响，甚至可能与人类发生冲突。时下水鸟栖息地的丧失，也将对斑嘴鸭的分布与生存状态产生一定的影响。

带领幼鸟游泳的斑嘴鸭。彭建生摄

印度斑嘴鸭

拉丁名：*Anas poecilorhyncha*
英文名：Indian Spot-billed Duck

雁形目鸭科

形态　因原斑嘴鸭普通亚种 *Anas poecilorhyncha zonorhyncha* 独立为种并使用"斑嘴鸭"的中文名，原斑嘴鸭 *A. poecilorhyncha* 改称印度斑嘴鸭，包括指名亚种 *A. p. poecilorhyncha* 和云南亚种 *A. p. haringtoni* 2 个亚种。与斑嘴鸭相似，但头部缺乏嘴裂向眼部间的深色颊纹，雄鸟嘴基具黄色至橙色区域，繁殖季节该区域范围变大且呈红色，雌鸟该区域不甚明显。指名亚种斑纹主要分布于下体；云南亚种嘴基橙色区域不明显或无橙色区域，因体羽均具宽白边缘而造成明显的鳞片状视觉效果。

分布　指名亚种主要留居于南亚次大陆；云南亚种主要留居于缅甸和中国云南，在印度东北部是否有分布仍待考证。中国仅分布有云南亚种，仅见于云南西部和南部。

栖息地　同斑嘴鸭，但仅选择淡水栖息地而鲜有栖息于潮汐地带或半咸水流域。

习性　似斑嘴鸭，但均为留鸟，不迁徙。

繁殖　根据区域和水位不同，繁殖季节亦不同：印度北部种群繁殖时间主要为 7～10 月，南部则为 11～12 月。在越南南部，2 月、4 月中旬及 5 月，可见到云南亚种的幼鸟。窝卵数 7～9 枚，卵呈白色或灰白色。指名亚种卵大小为（50～60）mm×（37～44）mm，重约 57 g；云南亚种卵大小为（49～61）mm×（39～44）mm，重约 50 g。

种群现状和保护　非全球受胁物种，尽管受到捕猎的威胁，却仍然数量众多，分布广泛。IUCN 和《中国脊椎动物红色名录》均评估为无危（LC）。被列为中国三有保护鸟类。

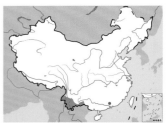

印度斑嘴鸭。左上图甘礼清摄，下图王昌大摄

针尾鸭

拉丁名：*Anas acuta*
英文名：Northern Pintail

雁形目鸭科

形态 体长 43~71 cm，繁殖期雄鸟头、喉与枕部为巧克力褐色，与具白色条纹的颈侧和具大面积灰色蠕虫状条纹的上体及两胁对比明显。前颈、胸部和下体中央白色，沿腹侧变为皮黄色。尾覆羽黑色，初级飞羽棕灰色，翅覆羽灰褐色，大覆羽上有皮黄色条纹，翼镜金属绿至青铜色，向内颜色更深，具黑色亚端带，末端边沿宽且呈白色，翅下灰色，覆羽颜色略深，肩羽与三级飞羽灰色，具黑色中央条纹。两条极为细长的中央尾羽呈黑色，且具浅灰色条纹。喙蓝灰色且具黑色中央条纹，趾甲蓝灰色，腿灰色，眼睛褐色偶为淡黄色。雄鸟非繁殖羽与成年雌鸟相似，但头顶斑纹更为浓密，三级飞羽灰色且细长，翼镜特征明显，尾部中央为黑色，同时身体羽毛缺少雌鸟所具有的特征性皮黄色条纹。

雌鸟头、颈部为灰褐色，夹杂深色细小的斑点；颈部与下体颜色稍浅，亦具细小斑点。两胁褐色且具深褐色新月形斑纹，棕灰色上体有边缘扇形的条纹；灰褐色翅膀之上大覆羽尖端为浅色，有颜色暗淡的铜棕色翼镜，其后缘宽且白。相较于雄鸟，雌鸟嘴形更钝且黑色嘴峰不明显。在日本有记录到雌鸟羽色出现不同程度的雄性化。幼鸟头顶深棕色，上体、胁部较平坦且皮黄色不如成鸟明显，下体具较多斑点。暗红棕色尾羽上具皮黄色条纹，色暗且短的三级飞羽亦如此。翼镜后缘与大覆羽顶端白色区域较少。雌雄幼鸟较为相似，但前者翕部无斑纹，翼镜为深灰褐色。未成年雄鸟全身羽毛灰色调，头圆且小，颈及身体均细长，因此较易与其他鸭科物种区分开来。

分布 广泛分布于北半球，繁殖于欧亚大陆北部和北美西部，越冬于欧亚大陆南部、非洲北部、日本、马来群岛、美国南部、墨西哥、中美洲、南美洲北部。在中国繁殖于西北天山地区，越冬于长江以南各地，包括台湾，迁徙时遍及东北、华北和长江中下游北部地区。

栖息地 常栖息于浅而肥沃的淡水沼泽、小型湖泊及河流，偏好植被茂密的开阔乡村地区，包括季节性湿地。冬季亦会栖息于半咸水或咸水流域的沿海潟湖、水库，觅食时亦可出现于农田耕地中。无线电追踪的针尾鸭在迁徙途经美国内布拉斯加州时，72% 的日活动位点位于沼泽性沉积湿地，7% 位于河流湿地，3% 位于湖泊湿地，6% 位于污水塘与灌溉用塘，10.5% 位于农耕地带；而在日本，冬春两季针尾鸭频繁出现于毗邻稻田或其他农耕地带的栖息地。

习性 高度迁徙，向南飞行到低纬度地区越冬，8 月中旬至 9 月上旬常有换羽迁徙。北美种群一般在 40°N 以南的地区越冬，主要集中于美国加利福尼亚的中央峡谷与路易斯安那，墨西哥的沿海湿地，也出现在更南方的中美洲地区、南美洲北部和西印度

群岛，尚未观测到针尾鸭跨越太平洋在阿拉斯加与亚洲东北部之间迁徙。

古北界繁殖种群南迁途中最早于 8 月经过欧洲，高峰期为 9 月中旬至 11 月，雄鸟较雌鸟迁徙更早。在最南端的越冬地非洲越冬的种群次年 2 月开始返迁，西欧越冬种群则于 2 月下旬至 3 月开始北迁，最终于 5 月下旬到达最北部的繁殖地。在肯尼亚针尾鸭主要出现于 11 月下旬至次年 3 月中旬。中国北戴河记录到的迁徙数据显示，秋季迁徙主要开始于 9 月中旬至 10 月下旬或 11 月上旬，春季迁徙始于 3 月中旬，最晚可至 4 月下旬。冰岛繁殖种群主要在英国与爱尔兰越冬；斯堪的纳维亚、波罗的海诸国、俄罗斯欧洲部分北部与西伯利亚西北部的繁殖种群向西南迁徙至荷兰与不列颠诸岛越冬，恶劣天气情况下集中于后者；白俄罗斯与西西伯利亚之间繁殖的种群则迁徙至地中海与黑海地区越冬，亦可能在西非越冬，法国环志的针尾鸭曾在马里被成功回收。

最近，对在日本越冬的 198 只针尾鸭进行了卫星追踪，结果显示：67% 的个体直接从日本迁徙或途经萨哈林岛，到达俄罗斯东部的勘察加半岛或楚科塔半岛；剩下的多数个体经过萨哈林岛迁徙至马加丹地区或科雷马河流域；楚科塔半岛通常为最普遍夏季栖息处，最大的栖息种群集中于阿纳德尔（北美种群也利用此地区）。春、秋两季的迁徙路线一致，不过秋季迁徙时大部分针尾鸭会跳过萨哈林岛。相较于北美种群，日本越冬种群迁徙路线与繁殖地分布变化较少，且在更高纬度的地区筑巢。记录到大量的针尾鸭迁徙途经某些沿海地区，例如，针尾鸭在某些地区会大量集群；90 000~120 000 只针尾鸭春季经过勘察加半岛。在迁徙过程中，水平速度为 40~122 km/h，平均对地速度为 77 km/h。

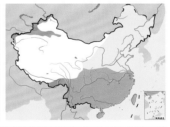

针尾鸭。左上图为雄鸟，沈越摄；下图最左为雌鸟，余为雄鸟，聂延秋摄

食性 主要食物为谷物种子、马铃薯块茎、水生植物与莎草类的营养器官。在春季与夏季，也会捕食昆虫、软体动物、甲壳纲动物等水生无脊椎动物和两栖类及一些小型鱼类。产卵期雌鸟食谱中77%～99%为无脊椎动物，在某些地区雌鸟尤其偏好枝额虫。夏季雌鸟的食谱中摇蚊幼虫、腹足类与蚯蚓占主导；春季迁徙经过内布拉斯加州时玉米占所有食物干重的84%；换羽期两性都偏杂食性。冬季在加利福尼亚与不列颠哥伦比亚海岸，针尾鸭主要捕食摇蚊幼虫和川蔓藻的小坚果，或是矮大叶藻的叶片、种子与根状茎，亦取食腹足类，另一些地方，山荸荠是针尾鸭重要的食物；在非洲西部，针尾鸭冬季主要觅食白睡莲与莎草的种子，辅以少量的紫点幌菊、大茨藻与水含羞草。

针尾鸭在浅水中主要以倒立、涉水及头部探入水面以下的方式获取食物，偶有潜水捕食，大部分食物均在水下10～30 cm的深度获得；亦可在旱地上吃草、啄食谷物及挖掘根茎。在阿尔及利亚，冬季针尾鸭96%的觅食活动都在水面进行，只有4%的时间用于陆地觅食。在美国路易斯安那州，冬季稻田中针尾鸭的日间活动时间分配如下：52%的时间用于休息，21%用于觅食，16%用于进行舒适的活动，6%用于移动，4%用于求偶，1%用于进行其他活动。在阿尔及利亚的冬季，则是41.45%的时间睡觉，25.8%的时间游泳，11.11%的时间觅食。在某些地区，针尾鸭亦经常在夜间觅食，尤其是狩猎较为严重的地区。在欧亚大陆，针尾鸭在非繁殖期会大群集群，冬季尤甚。

繁殖 繁殖开始于3～5月，产下第1枚卵的日期在既定位点会有约2周的差异，在北美洲范围内则有约3个月的波动。如加利福尼亚的针尾鸭于3月9日开始筑巢，而在阿拉斯加则为6月4日。在欧洲北部与西部地区，雌鸟产卵期在4月中旬至下旬。经验丰富的年长雌鸟一般比年幼的雌鸟更早产卵，窝卵数亦更大，但近年研究结果显示，早筑巢会降低孵化成功率。

针尾鸭为一雌一雄制，在初冬配对，雄鸟倾向于保护雌鸟而非守御领地，雄鸟具高度流动性，因此常有强制交配行为发生。雌雄针尾鸭均无较强的归家冲动，雌性幼鸟的归家冲动甚至低于成鸟。北美种群偶见迁至西伯利亚，干旱年份尤甚。针尾鸭以单个繁殖对或松散群体的形式筑巢繁殖，巢间有时仅相距2～3 m。在栖息地环境良好的北极地区，针尾鸭的繁殖密度接近每平方千米5～8.8对，而在北美大草原为每平方千米2.8～9.3对。巢一般位于植物丛中，距离水域一般不超过200 m，偶见离水域1～2 km。巢略凹陷于地面，铺以杂草、叶片及其他植物组织，间杂以绒羽。雌鸟一个繁殖季节一般只产1窝卵，但当第1窝卵孵化失败后会尝试产下第2窝或第3窝卵。窝卵数通常为7～9枚，欧洲种群为6～12枚，北美种群为3～14枚。卵呈白色至黄绿色，卵的大小为（48～60）mm×（36～42）mm，重37～50 g。阿拉斯加一项为期2年的研究发现，被标记的雌鸟中约56%在当季重新筑巢，且早筑巢的繁殖对重新筑巢的概率较大。第1

次筑巢与第2次筑巢时间间隔平均为11.4天，第2次筑巢与第3次筑巢时间间隔平均为11.3天。第1次筑巢与第2次筑巢间距33～6098 m，平均为276 m，窝卵数平均下降2.3枚。

孵化期21～25天，雌鸟单独承担孵化任务。雏鸟上体绒羽与眼纹呈暗红棕色至红褐色，脸部、下体与背部斑纹呈白色，喙与腿为橄榄灰或浅蓝色，圈养个体孵出时体重26.1 g。40～45天后羽翼丰满，开始学会飞行，全程由雌鸟单独抚育。孵化成功率为32.3%～67%，雏鸟孵出后2周内死亡率为53%，至羽翼丰满时上升至73%。卵和雏鸟易被赤狐捕食，故北美种群育雏数从6.86下降至5.89，继而5.63，最终为5.22；在阿拉斯加西部，1991—1993年针尾鸭的筑巢成功率波动较大，1991年为43.12%，至1993年则为10.74%，平均为23.95%。大部分巢的丢失缘于包括北极狐、北极鸥、海鸥在内的天敌捕食及潮水泛滥。蛇是成鸟的另一天敌，如非洲岩蟒、缅甸蟒。在美国北达科他州，进行捕食者管理的位点针尾鸭筑巢成功率高于无管理的位点，其相关性随气候条件不同而有所变化，这种现象可能与鸭类、捕食者及其猎物之间复杂的种内及种间相互作用有关。实验证明，针尾鸭与其他钻水鸭类在选择筑巢位点时，可通过观察哺乳类捕食者的尿液从而估计天敌的丰度及自身被捕食的风险。

幼鸟1年性成熟，偶需2年。第1年幼鸟年存活率为雄鸟56%、雌鸟51%，成年雄鸟年存活率为63%～81%，成年雌鸟为42%～77%。目前寿命最长的针尾鸭为英国环志个体，年龄为15龄零11个月。

种群现状和保护 在其主要分布范围内为最常见的鸭科物种之一，IUCN 和《中国脊椎动物红色名录》均评估为无危（LC）。

北美越冬种群在20世纪50年代约有9 600 000只个体，在持续干旱之后1962年下降至3 200 000只，1969年恢复至5 900 000只。20世纪80年代晚期，干旱和全球气候变化导致草原坑洼栖息地丧失，针尾鸭年存活率下降，北美种群数量下降至2 000 000只。1987年冬季于非洲西部观测到838 000只针尾鸭个体，2001年冬季于内尼日尔三角洲观测到超过164 000只个体；1996年冬季仅在塞内加尔三角洲就有超过44 000只个体。在旧大陆的其他地区，种群数量情况如下：60 000～70 000只个体在欧洲西北部越冬，其中英国约27 000只，主要集中于较少数量的沿海位点，且数量明显下降；300 000只于黑海—地中海东部地区越冬，数量亦下降，年下降率6.4%；700 000只在亚洲西南部和非洲东部越冬；亚洲南部、亚洲东部和东南部亦可能分别有100 000、500 000～1 000 000只个体，从1990年代中期开始日本种群数量就在缓慢地下降。

欧洲较大的繁殖种群在俄罗斯（150 000～300 000对）、芬兰（20世纪80年代末为20 000～30 000对）与瑞典（20世纪80年代末为700～2000对）。一些较小的繁殖种群，如丹麦、爱沙尼亚、波兰、奥地利、西班牙与乌克兰，种群数量有所下降。其他地区也有一些小的繁殖种群，如 1988—1991 年与 2005—2011 年在不列颠群岛有 30～40 对，2005—2011 年法国有 1～3 对。

在欧洲西部，针尾鸭仅于少数几个沿海位点形成高度聚集的越冬种群，且近年来种群数量下降，这些现象警告人们要适当关注其种群动态。在欧洲的发展进程中出现了栖息地丧失与过度开发的现象，沿海地带持续的工业用地需求造成湿地承载压力逐渐增大，可能带来一系列问题。当前对古北界针尾鸭的繁殖生物学还知之甚少，因此对该地区的研究应作为未来研究的优先任务。

在北美地区，尽管已采取保护措施，但种群数量依旧呈下降趋势。在较小的时间尺度上，干旱可能已造成明显影响；长远着眼，全球气候变化可能会加剧草原地区栖息地的进一步丧失。当下针尾鸭的提前产卵现象亦已导致孵化率下降，作为晚春时节在大草原繁殖且再次筑巢能力有限的物种，其种群数量可能会继续下降。

在中国，针尾鸭被列为三有保护鸟类。

棕颈鸭
拉丁名：*Anas luzonica*
英文名：Philippine Duck

雁形目鸭科

大型鸭类，体长 48～58 cm，雌雄相似，整体灰褐色具淡色羽缘，翼镜绿色，头颈棕色，头顶至后颈黑色，具鲜明的黑色过眼纹。幼鸟似成鸟，但色淡且翼镜不明显。仅分布于菲律宾，IUCN 评估为易危（VU）。在中国为迷鸟，偶见于台湾。

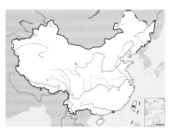

在水边休息的棕颈鸭

白眉鸭
拉丁名：*Spatula querquedula*
英文名：Garganey

雁形目鸭科

体型中等，一般 40 cm 左右，因雄鸟具有宽阔而十分醒目的白色眉纹而得名。繁殖期雄鸟胸部、背部为棕色，腹部白色。雌鸟全身以黄褐色调为主，胸、腹部至尾下均为白色，但有黑色的眉纹把白贯眼纹分开。雄鸟非繁殖羽似雌鸟。冬季常集大群活动，通常见于芦苇沼泽、湖泊和池塘中。性情机警，如遇惊吓会从水中直冲而起，飞行十分迅速。白天一般在水中栖息嬉戏，夜间觅食，觅食通常在浅水中隐蔽的草丛里进行。主要以小麦、谷粒、植物根茎等为食，也摄取鱼、虾、蛙以及一些软体动物。每年的 4—6 月在中国的新疆和东北地区进行繁殖，在离水边不远处筑巢，一般选择在灌木丛下或草地上铺上干草茎以及绒羽。每窝可产卵 7～10 枚，雌鸟孵化，经过 21～24 天孵化雏鸟出壳。在黄河流域以南的广大地区越冬。IUCN 和《中国脊椎动物红色名录》均评估为无危（LC）。被列为中国三有保护鸟类。

白眉鸭。左上图为雄鸟，下图为左雌右雄。沈越摄

跟琵嘴鸭在一起的白眉鸭，近处为一对白眉鸭，远处色彩鲜明的是琵嘴鸭。赵国君摄

琵嘴鸭

拉丁名：*Spatula clypeata*
英文名：Northern Shoveler

雁形目鸭科

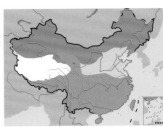

形态 体长 43～51 cm，铲状阔喙显著区别于其他物种。飞行时，可见绿色翼镜、淡蓝色翅上覆羽与褐色初级飞羽。雄鸟背黑色。繁殖期雄鸟特征尤为明显，下体具绿色、白色、红色与黑色交织而成的纹路。雄鸟蚀羽似雌鸟，但红褐色色调更为统一，且翅羽形态更为独特。除喙与翅上覆羽外，雌鸟与绿头鸭比较相似；腿橘色，非繁殖期通体羽毛为褐色，边缘浅色，头与颈灰色，前额与头顶黑色。幼鸟形态特征与非繁殖期雌鸟相似，但颜色更暗，上体色调更统一，翅上覆羽颜色暗淡，下体条纹更丰富。雄性幼鸟羽色较为明亮，而雌性幼鸟翅覆羽更小且呈灰褐色，可能不具绿色翼镜。

分布 广泛分布于北半球，在高纬度地区繁殖，如欧亚大陆北部和北美北部；在低纬度地区越冬，如美国南部、美洲中部、南美洲北部、地中海、非洲、中东、南亚次大陆、东亚及东南亚等，在非洲的分布可跨越赤道到南半球地区。澳大利亚、新西兰及北半球许多海洋性岛屿亦有琵嘴鸭分布，如普德斯海角、塞舌尔群岛、马尔代夫、玛莉安纳斯、叶普州、波纳佩州、科斯雷岛、马歇尔群岛、夏威夷群岛、加拉帕戈斯群岛、雷维利亚希赫多群岛、斯匹次卑尔根岛和贝尔岛等。在中国繁殖于东北和西北，越冬于南方大部分地区，包括台湾，迁徙经过中部和东部各地。

栖息地 栖息于各种类型的浅水、淡水湿地，尤其喜欢开放地带植被丰富的湖泊与泥泞的沼泽，栖息地基本位于温带的树林、草地与草原地带。于半咸水潟湖、潮间带等地越冬，非繁殖期利用的栖息地亦包括水库、废旧农场、水稻田以及其他人工水体。在埃塞俄比亚 4000 m 高处与不丹 2800 m 高处均有越冬记录。

食性 食性多变，以小型水生无脊椎动物为主，包括昆虫及其幼虫、软体动物和甲壳动物，偶尔取食种子以及植物残体。取食动物性食物的比例随季节而变，冬季为 65.8%，夏季为 84%。加利福尼亚的琵嘴鸭越冬种群取食动物性食物的比例为 92.5%，其中划蝽类 51.6%，轮虫类 20.4%，桡足类 15.2%。胃内容物分析中未见浮游动物，但琵嘴鸭确实可在深水区觅食表层浮游动物，其中 25% 为微型动物，包括小型软体动物、昆虫及其幼虫。亦可于水稻田内觅食，在古巴、朝鲜和日本等地均有观测记录。偶于夜间觅食。觅食时常集群，结成旋转圈搅动水面。单只个体也可以通过旋转形成漩涡，从而促使食物浮到水面。觅食的方式包括涉水，在水面滤食食物，或头部探入水面以下呈倒立状觅食，亦可在浅水区潜水觅食。

习性 高度迁徙性。南迁至低纬度地带越冬，常于非洲东部跨越赤道。肯尼亚有数量众多的琵嘴鸭，马拉维与赞比亚则较为少见。古北界西部的琵嘴鸭繁殖期结束后，于 10 月下旬离开英伦群岛；在芬诺斯坎迪亚半岛南部、俄罗斯东至 60° E 与南至

琵嘴鸭。左上图为雄鸟，沈越摄，下图为左雄右雌，宋丽军摄

55° N 范围内繁殖的琵嘴鸭，则迁至欧洲西部海岸越冬，主要为荷兰、英国与爱尔兰，偶见于西班牙南部至北部。俄罗斯东部与西伯利亚西部的繁殖种群南迁越过伏尔加河，抵达里海南部、黑海以及地中海等地越冬，并与欧洲繁殖种群汇合。南迁途中于 9—10 月大群跨越欧洲，11 月途经英国。非洲热带地区越冬种群于 2 月开始北迁，途经欧洲的高峰期为 3 月中旬至 4 月中旬。偶见于迁徙途中某些位点聚集成极大规模的群体，如在高加索山脉以北的马内奇河流域，春季曾观察到多达 555 000 只的琵嘴鸭群体。关于迁徙路线，目前所掌握的信息并不多，如非洲东部琵嘴鸭越冬种群的来源目前知之甚少。

欧洲部分地区全年可见琵嘴鸭；晚春或夏季，可在北极圈附近见到来自非洲撒哈拉以南地区的鸭群。

繁殖 配对发生在仲冬至次年春季，最晚为 5 月。4—5 月开始繁殖。在俄罗斯北部,5 月中旬开始繁殖。在欧洲中部与西北部，4 月上旬至中旬开始产卵；在西班牙马略卡岛，4 月下旬即可见到幼鸟；在沙特阿拉伯，5 月中旬至 6 月上旬亦可观测到幼鸟。

琵嘴鸭一般为一雌一雄制，维系时间可能仅一个繁殖季。孵卵时间不同，雌雄婚配的时间也不尽相同。某些雄鸟会选择群交，但是婚外交配的情况较为罕见。据报道，一雌多雄现象曾经很普遍，但近年并未得到研究证实。琵嘴鸭对巢址有较高的忠诚度，在曼尼托巴环志的雌鸟，有 42% 返回上一季的繁殖位点繁殖。在拉脱维亚也存在类似情况，同时雄鸟亦可能表现出同等高的巢址忠诚度。

琵嘴鸭一年仅产 1 窝卵，但可于特殊情况下重新补偿产卵。琵嘴鸭以单个繁殖对或聚成松散的群体繁殖，巢间距最近仅 5 m。巢凹陷于牧草地、草甸、石南或芦苇沼泽中，基部垫以杂草、绒羽及其他羽毛,距离开阔水域通常 50～75 m。窝卵数 9～11

飞行的琵嘴鸭，可见其浅蓝色翅覆羽和绿色翼镜。彭建生摄

枚，卵呈橄榄黄色或淡灰绿色，产卵间隔约 24 小时，卵大小 (48～57) mm×(35～40) mm，重 33.5～44 g。孵化期 22～27 天，雌鸟坐巢，雄鸟于近旁守卫。雏鸟上体绒羽暗橄榄褐色，下体绒羽皮黄色，面目四周羽毛呈桂红色，眼纹色暗，耳上点斑较大，喙灰色，下颌皮黄色，腿与足黑褐色，虹膜褐色；36～45 天后初飞，其间由雌鸟全程抚育。

琵嘴鸭某些群体中的种间巢寄生现象较为常见，尤以环颈雉寄生最为突出。在北达科他州，琵嘴鸭 55.6% 的岛上巢遭遇其他鸭科鸟类霸占而被弃，因此繁殖成功率受到显著影响。但琵嘴鸭很少将卵产于其他物种的巢中。芬兰的一项研究显示，琵嘴鸭孵化成功率为 74%，羽翼丰满时存活率仅剩 17.5%，雏鸟成活率与下一年雌鸟窝卵数随孵化时间提前而降低。在北美，575 个琵嘴鸭巢中，59% 成功孵化；而在苏格兰 48 个巢中仅 54% 成功孵化，42% 被天敌捕食，4% 为弃巢；另一项研究显示，未孵化成功的卵中，25% 为不孕卵，75% 为死亡胚胎。通常来说，繁殖成功的雌鸟体重较繁殖失败的雌鸟更重，尚无有力证据印证繁殖成功率会随年龄增大而提高。

北美水貂常掠食琵嘴鸭的卵。实验证据表明，琵嘴鸭及其他几种钻水鸭可于筛选筑巢位点时通过哺乳类天敌留下的尿液评估天敌的丰度，进而进行被捕食风险的评估。在北达科他州，受到天敌捕食控制的区域，琵嘴鸭筑巢成功率相对较高，且相关性随气候条件的不同而变化，这可能与种内、种间或天敌及捕食猎物之间的相互作用有关。

孵化时平均育雏数为 8.7，几天后降为 6.8，羽翼丰满时降为 5.9，22% 的幼鸟离巢后即丧生。拉脱维亚的一项研究显示，被环志的琵嘴鸭出生扩散距离为 667±48 m，而繁殖期出生扩散距离仅为 247±28 m。

琵嘴鸭在 1 龄左右性成熟。在曼尼托巴，亚成体年均存活率为 29%，成鸟则为 39%；而在英国，成鸟存活率为 56%～63%，在拉脱维亚为 52%。目前琵嘴鸭的最长寿命记录来源于英国，为 13 龄零 7 个月。

种群现状和保护 IUCN 和《中国脊椎动物红色名录》均评估为无危（LC）。分布广泛，局部地区数量众多。

20 世纪 70 年代中期，北美繁殖种群估计值为 3 300 000 只，但 1967—1986 年，越冬种群数量以每年 1.1% 的速率发生下降。1955—1989 年，加拿大草原三省的繁殖种群数量以每年 18% 的速率下降；20 世纪 90 年代末期，北美地区琵嘴鸭数量修订值为 2 600 000 只，其中加利福尼亚为 260 000 只，路易斯安那 235 000 只。包括墨西哥种群在内的越冬种群总数量高达 3 500 000 只。在美国，混合型草原地区琵嘴鸭的繁殖密度最高，可达每平方千米 1.7～2.9 对；人工绿地区为每平方千米 2.5 对。不列颠哥伦比亚中部与科罗拉多州南部之间的高草或矮草草原上，琵嘴鸭数量较少。亦有大量琵嘴鸭于落基山脉以西至加利福尼亚以南繁殖。

琵嘴鸭旧大陆种群数量为 1 500 000～2 000 000 只。20 世纪 80 年代古北界西部琵嘴鸭越冬种群数量约 415 000 只，此后该数量趋于稳定。20 世纪 90 年代末期欧洲西北部越冬种群数量为 40 000 只，黑海—地中海—非洲西部 450 000 只，亚洲西南部—非洲东部 400 000 只，亚洲南部 100 000～1 000 000 只，亚洲东部—东南部 500 000～1 000 000 只，其中中国 500 000 只，韩国 7000 只，日本 23 000 只。2008 年，中国长江中下游流域越冬的琵嘴鸭种群数量约为 27 000 只。以色列的越冬种群数量上升明显，从 1966 年的 1000 只增长至 1982 年的 19 500 只，乃至 1991 年的 36 832 只，目前琵嘴鸭已成为以色列最常见的越冬水鸟。1991 年，塞内加尔记录到越冬琵嘴鸭 19 170 只。对欧亚大陆其他地区琵嘴鸭种群变化趋势知之甚少，但有记录显示阿塞拜疆与希腊的琵嘴鸭已灭绝，在塞浦路斯与以色列有零星繁殖记录，目前分布范围已扩散至冰岛地区。最大的繁殖种群分布于古北界西部，荷兰 10 000～14 000 对（1989—1991 年），芬兰 10 000～12 000 对（20 世纪 80 年代末期），俄罗斯 65 000～95 000 对。

非洲与欧亚大陆的大多数重要位点都已得到不同程度的保护，其中欧洲西北部已确立 60 多个重要位点（承载区域种群数量的 30%～40%），地中海与非洲西部区域已确立 43 个重要越冬位点，亚洲西南部和非洲东部已确立 42 个位点。在中国，琵嘴鸭被列为三有保护鸟类。

琵嘴鸭的生存繁衍受到各方面威胁：在英国与爱尔兰，栖息地丧失威胁其生存，影响其分布。迁徙或移动过程中可能遭遇电击，亦可能遭到捕杀，但由于肉质口感不佳，被猎杀的数目相对较少，1983—1986 年，美国与加拿大每年捕杀约 36 000 只琵嘴鸭。而在北美、丹麦、波河三角洲、意大利等地，狩猎琵嘴鸭为一项极为普遍的娱乐活动；在伊朗，狩猎琵嘴鸭既有娱乐效益，亦可创造经济效益，在冰岛，捡拾鸟蛋的行为仍在继续；这些均可能对琵嘴鸭的繁殖产生影响。在加利福尼亚，含有硒的农业废水排入湿地，最终导致硒元素在食物链中累积。而研究已论证，肝脏组织中硒元素的累积可能会影响琵嘴鸭的繁殖成功率。铅弹误食亦致使部分琵嘴鸭死亡，在法国与西班牙均有此类情况发生。

北美水貂对琵嘴鸭巢的破坏，亦影响其繁殖成功率。另外，琵嘴鸭易感禽流感及禽类肉毒杆菌。

捷克的一项研究发现，鱼塘养殖密度小于 400 kg/hm²、水体透明度大于 50 cm、混养多种鱼类时，可更为有效地提高琵嘴鸭的繁殖成功率。英国则有项实验表明，定期清除成鱼可吸引更多的琵嘴鸭前来繁殖，其主要原因为清除成鱼有助于无脊椎动物与沉水植物的生长繁殖，从而为琵嘴鸭提供更为丰富的食物。

丑鸭

拉丁名：*Histrionicus histrionicus*
英文名：Harlequin Duck

雁形目鸭科

体型小巧结实，体长 33 ~ 54 cm。繁殖期雄鸟整体灰蓝色，两侧栗色，头颈、肩背、胸侧有多道黑白斑纹。非繁殖期雄鸟整体深褐色，仍可见白色斑纹。雌性整体褐色，两性脸及耳羽均有白色点斑。栖息于急流山溪，以水生动物为主食。喜欢成对或成群活动。分布于北美洲和古北界，在中国为过境鸟，迁徙经过东北、华北沿海。IUCN 评估为无危（LC）。《中国脊椎动物红色名录》评估为数据缺乏（DD）。被列为中国三有保护鸟类。

丑鸭。上图为雄鸟，下图为左雄右雌。阙洪军摄

云石斑鸭

拉丁名：*Marmaronetta angustirostris*
英文名：Marbled Duck

雁形目鸭科

体长 38 ~ 48 cm。雌雄相似。头部淡灰色，具有黑褐色眼斑；体羽淡沙褐色，具大的近白色斑点。喙黑灰色，脚橄榄褐色。分布于欧洲中部至中亚，在中国见于新疆西南部，但已多年无记录。IUCN 评估为易危（VU），《中国脊椎动物红色名录》评估为数据缺乏（DD），被列为中国三有保护鸟类。

 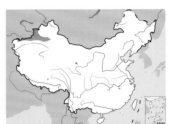

云石斑鸭

小绒鸭

拉丁名：*Polysticta stelleri*
英文名：Steller's Eider

雁形目鸭科

体长 43 ~ 50 cm。雄鸟黑白分明，眼先和后枕各具一簇绿色绒羽，胸部两侧各有一黑点；雌鸟通体暗棕褐色，具浅色眼圈。分布于环北极海岸及海域，多栖息于苔原冻土、冰封海面以及清水海岸。在中国冬季偶见于东北黑龙江河口、乌苏里江河口，但已多年未见记录。IUCN 评估为易危（VU），《中国脊椎动物红色名录》评估为数据缺乏（DD），被列为中国三有保护鸟类。

 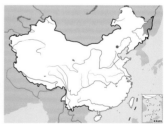

小绒鸭

长尾鸭

拉丁名：*Clangula hyemalis*
英文名：Long-tailed Duck

雁形目鸭科

体长约 58 cm。雄鸟中央尾羽特长。繁殖期雄鸟整体黑色，眼周白色；雌鸟整体褐色。冬季头、颈白色，颈侧有黑斑。在中国为罕见冬候鸟，越冬于渤海沿海、长江中游和福建沿海。IUCN 评估为易危（VU），《中国脊椎动物红色名录》评估为濒危（EN）。被列为中国三有保护鸟类。

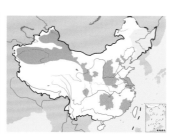

长尾鸭繁殖羽。上图为雄鸟，张永摄；下图为前雄后雌

白头硬尾鸭

拉丁名：*Oxyura leucocephala*
英文名：White-headed Duck

雁形目鸭科

体长约 46 cm。整体褐色，尾硬，常上翘。雄鸟头白色，顶及领黑色，繁殖期喙蓝色。雌鸟头及喙灰色。主要分布于地中海和中亚。在中国繁殖于新疆准噶尔盆地和天山，偶见于内蒙古西部的鄂尔多斯，在湖北洪湖有越冬记录。IUCN 评估为濒危（EN）。《中国脊椎动物红色名录》评估为极危（CR）。被列为中国三有保护鸟类。

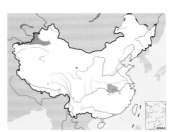

白头硬尾鸭。左上图为雄鸟，下图为雌鸟。沈越摄

黑海番鸭

拉丁名：*Melanitta americana*
英文名：Black Scoter

雁形目鸭科

体长 44 ～ 54 cm。雄鸟整体黑色，雌鸟整体暗褐色，头侧、颈侧、颏和喉灰白色。广泛分布于北半球非热带地区，内陆繁殖，沿海越冬。在中国为冬候鸟，见于上海、江苏沿海、河口地区。IUCN 评估为近危（NT）。被列为中国三有保护鸟类。

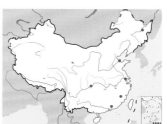

黑海番鸭。上图为雄鸟，下图为近雌远雄

斑脸海番鸭

拉丁名：*Melanitta fusca*
英文名：Velvet Scoter

雁形目鸭科

体长 48 ～ 61 cm。雄鸟整体黑色，喙红色，基部有黑色肉瘤，眼下有半月形白斑。雌鸟整体暗褐色，嘴上无肉瘤，眼先和耳部各有一白斑。在中国越冬于东部沿海及长江中下游地区，迁徙经过东北。1987 年 5 月和 2012 年 8 月曾分别在呼伦湖、阿尔山天池有记录，可能在当地繁殖。IUCN 评估为无危（LC）。《中国脊椎动物红色名录》评估为近危（NT）。被列为中国三有保护鸟类。

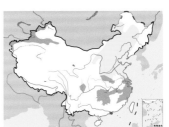

斑脸海番鸭。上图为雄鸟，沈越摄；下图为前雌后雄，韩政摄

鹊鸭

拉丁名：*Bucephala clangula*
英文名：Common Goldeneye

雁形目鸭科

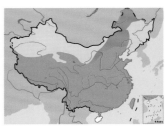

鹊鸭。左上图为雄鸟，沈越摄；下图为前雄后雌，赵国君摄

形态 体长 32～69 cm。外形紧凑、颈较短。繁殖期雄鸟头部与上颈为黑色，喙与眼间有大而椭圆的白色斑点，下颈、上翕、胸侧与下体均为白色，下翕、内侧肩羽、腰部与尾上覆羽为黑色，白色的外侧肩羽具黑色边缘。翅上覆羽、初级飞羽、三级飞羽均为黑色，尾羽黑色至深灰色。喙蓝黑色，腿与足为黄橙色，眼为亮黄色。非繁殖期的雄鸟与雌鸟较为相似，但头与颈部为深棕色，微染黑色。繁殖期雌鸟头与上颈部均为深褐色，下颈白色，枕部杂以灰色斑点，翕部与内侧肩羽蓝灰色，外侧肩羽羽端为白色，胸部深灰色，两胁灰棕色且羽端白色，股部深灰间杂白色，翅与尾形态似雄鸟，但某些覆羽为灰色，其他部位羽毛呈黑色但羽端白色，白色的大覆羽基部与羽端均为黑色，三级飞羽亦呈黑色。喙为黑色，雌鸟一般呈现灰黑色且嘴端黄橙色，腿与足为黄色至橙色，眼为淡黄色至白色。蚀羽期特征性地出现浅棕色头部与上颈。幼鸟形态特征类似于雌鸟，但翅上覆羽通常颜色较深，虹膜褐色，两性特征类似，头、颈部灰褐色，下颈灰色，上体褐色，胸部暗红棕色，两胁灰褐色，大覆羽白色，某些具黑色羽端，中覆羽白色至灰色，其他翅覆羽为灰褐色至黑色，三级飞羽黑色。

分布 有 2 个亚种，指名亚种 *B. c. clangula* 繁殖于斯堪的纳维亚、欧洲中部，俄罗斯、蒙古北部东至中国北部，堪察加半岛范围内亦有繁殖种群；越冬于英国、欧洲中部及东南部、亚洲中部至中国东部、韩国、日本与堪察加半岛。阿拉斯加亚种 *B. c. americana* 繁殖于阿拉斯加东至纽芬兰岛，越冬于阿留申群岛、纽芬兰岛地区，向南贯穿美国北部地区直达下加利福尼亚、墨西哥杜兰戈与塔毛利帕斯州。中国分布的为指名亚种，繁殖于东北北部，越冬于东部沿海及长江流域，迁徙经过东北、华北地区。

栖息地 繁殖地一般位于淡水湖泊、池塘或河流，包括流速湍急的水系，这些水体通常深度适中，具丰富的挺水、浮叶甚至沉水植物，且一般被针叶林围绕。在斯堪的纳维亚某些地区及加拿大繁殖季，此物种会偏好无鱼类栖息的寡营养型湖泊。更偏南的地区例如德国南部的巴伐利亚，育雏中的雌鸟更多地栖息于成熟的人工水体中，如水库与运河。迁徙途中，鹊鸭亦可利用大型湖泊与河流。冬季常栖息于沿海潟湖、河口、海港与近岸海域，亦可栖息于不结冰的内陆湖、水库及河流。

习性 常以小群沿河流或海岸飞行。较少高飞，多贴近水面飞行。除繁殖期外，常聚集成具 10～20 只个体的小群活动，生性胆小，较难接近。在野外与斑头秋沙鸭时有杂交。

迁徙物种，但通常迁徙距离并不远，某些个体仅迁徙至最近的开放水域越冬，待繁殖地冰雪消融后则迁回。对繁殖后换羽迁徙所知甚少，但距离可能同样较短，仅迁至临近海岸、大型湖泊或河流。雄鸟 7 月中旬已全部迁离繁殖地，2 龄个体迁离繁殖地日期略早于成年雌鸟。在欧洲，秋季迁徙开始于 8 月下旬，持续至 12 月，波罗的海与北海地区的迁徙高峰期为 11 月，成年雄鸟迁徙的距离一般短于雌鸟与未成年雄鸟。春季迁徙开始于 2 月中旬，大部分个体于 3 月下旬已迁离越冬地，到达斯堪的纳维亚北部拉普兰德与西伯利亚西部地区的时间分别为 4 月下旬及 5 月上旬。在东亚，越冬期为 11 月至次年 3 月。越冬地主要为北部沿海地带，或南至佛罗里达、墨西哥海岸区、新墨西哥内陆、亚利桑那、下加利福尼亚的低纬度地区，在欧洲、俄罗斯南部、韩国、日本、中国东南部亦有分布。在北美地区，越冬地位于新英格兰地区北部至切萨皮克湾间的大西洋沿岸地带，以及阿拉斯加东南部至不列颠哥伦比亚间的太平洋沿岸带。在欧洲西北某些地区全年有分布，夏季于俄罗斯北极海岸南至土耳其、北至俄罗斯扎沃罗特半岛均有观测记录。

食性 主要以水生无脊椎动物、两栖类、小型鱼类及其鱼卵为食，亦可取食人类留下的面包。食物结构会随季节和栖息地的不同而变化。虽然主要以小型水生动物为食，但在秋季，鹊鸭亦会摄食某些植物组织，如水生植物的种子、根茎以及部分绿色营养器官，通常占食物总量的比例不足 25%。在芬兰南部的调查中发现，水生无脊椎动物和大型水生昆虫是育雏雌鸟的重要食物。除了摄食贝类、蟹类、虾类、等足目、围胸目、毛翅目、鞘翅目幼虫外，蜻蜓幼虫和一些端足类亦为鹊鸭的重要食物。冬季在五大湖越冬的鹊鸭，食物组成中入侵物种斑马纹贻贝比例高达 79%。

多在白天觅食，基本通过潜水来获取食物，潜水深度可达到 4 m。偶见其于浅水水域涉水与倒立觅食，孵出不久的幼鸟尤甚。明尼苏达州有研究发现，处于育雏期的雌鸟每天花费 185～255 分钟觅食，且其中 83%～92% 的时间为潜水觅食状态。总体来说，繁殖季节雌鸟比雄鸟花更多时间用于觅食，雄鸟、雌鸟觅食的时间比例分别为 39%～70%、61%～86%。

繁殖 欧洲种群 4—5 月开始繁殖，有时繁殖初期其雏鸟抚育区依然处于冰冻状态，但在北美则始于 3 月下旬。季节性一雌一雄制，于冬末或初春完成配对，配对关系持续至孵化中期，其间雄鸟守御领地以驱赶同类或其他鹊鸭。雌鸟亦有保护其育雏场所的行为，范围可能为巢周边方圆几千米，偶见杀死其他雏鸟。以单个繁殖对的形式进行繁殖。巢常位于枯木树洞中，亦可利用人工巢箱、岩洞、烟囱、野兔穴。巢中通常只铺垫绒羽，偶有少量其他材料。巢可离水域远达 160 m，但通常离水岸较近。雌鸟对以前使用过的筑巢位点表现出强烈的忠诚度，但雄鸟则无此特性。

一般每年只产 1 窝卵，窝卵数通常为 8～11 枚，卵绿色，大小为（44.9～74.8）mm×（33.9～48.9）mm，重 48～80.5 g，偶有发现较小的卵。孵化期为 28～32 天，孵化工作由雌鸟单独完成。雏鸟上体绒羽为黑色，下体及面部绒羽呈白色，背部具灰色斑点，孵出第 1 天重量为 33.2～47.8 g。孵化后 24～36 小时即可离巢，羽翼丰满需 57～66 天，此期间由雌鸟全程照料且常形成托儿所一般的育雏区。种间寄生现象常有发生。鹊鸭孵化成功率为 27%～80%。在不列颠哥伦比亚，雌鸟年均成功育雏数为 1.3 只，平均一生仅可成功育雏 2.3 只。天敌捕食与弃巢为繁殖失败的首要原因。育雏失败率 18%～34%，幼鸟死亡率 58%～77%，多达 56% 的雏鸟在孵出后 1 周内死亡。幼鸟约在 2 龄时性成熟，目前环志个体中寿命最长的鹊鸭为 17 龄，15 龄时依旧可正常繁殖。

种群现状和保护 IUCN 和《中国脊椎动物红色名录》均评估为无危（LC）。一般认为其种群数量较为稳定。北美地区春季种群数量超过 1 000 000～1 500 000 只；古北界西部冬季种群数量如下：20 世纪 80 年代为 320 000 只，20 世纪 90 年代

正在交配的鹊鸭。彭建生摄

带领雏鸟的鹊鸭。杨贵生摄

300 000～450 000 只，21 世纪初 10 年为 1 000 000～1 300 000 只。亚洲大部分地区种群数量仍未可知，但远东地区 20 世纪 90 年代种群数量估计值为 50 000～100 000 只。波罗的海越冬种群数量约为 174 000 只，且自 1988—1993 年后此数量上升了 41.5%，目前此区域鹊鸭种群数量占欧洲西北部越冬种群总数量的 13%～17%，然而，英国的越冬种群数量在过去几十年间已下降 28%。

除冬季调查结果之外，繁殖期调查结果表明这一物种在欧洲的繁殖地范围在 20 世纪发生了扩张，种群数量亦有增长。苏格兰地区繁殖种群的数量自 1970 年开始有记载，1990 年为 95 对，2009 年为 218 对；荷兰自 1985 年开始记载，1989 年为 5 对；法国自 1999 年开始记载，捷克则为 1960 年；波兰 20 世纪 70 年代据记载为 1000～1200 对；德国在 20 世纪 80 年代繁殖种群数量为 5000 对，瑞典同时期数目为 50 000～75 000 对，芬兰为 150 000～200 000 对；爱沙尼亚 1991 年统计数目为 500～1000 对。

相较于巴氏鹊鸭，鹊鸭对栖息地环境变化更为敏感，其在条件相对适宜的栖息地的出现或消失主要取决于该地是否存在可被用于筑巢的树洞；因此，巢箱安装计划在一定程度上致使该物种栖息地范围的扩张及种群数量的增大，木材的适量采伐与河滨地带更为合理的管理，均能使该物种受益。

北美地区该物种最大的受胁因素为合适栖息地的退化与丧失，尽管鹊鸭可从湿地酸化中暂时性受益，但目前大范围繁殖种群正在遭受大气酸沉降的威胁。冬季，最大受胁因素则为摄取已被污染的食物或遭遇临近海岸的油污事件。狩猎对此物种种群数量带来的影响尚未可知，据估计欧洲中部及西北部每年鹊鸭射杀量为 100 000～250 000 只，北美地区 20 世纪 70 年代约为 190 000 只，之后有所下降，至 20 世纪 90 年代为 100 000 只。相较于其他潜水鸭，误食铅弹丸对此物种种群数量变化影响似乎并不显著。太平洋北部鹊鸭种群对各类变化较为敏感，短期至大尺度上海洋水文的改变，可影响生物或气候因变量，但目前尚不明确此类因变量致使鹊鸭种群数量发生下降的机制。在中国，鹊鸭被列为三有保护鸟类。

斑头秋沙鸭

拉丁名：*Mergellus albellus*
英文名：Smew

雁形目鸭科

形态　体型最小的秋沙鸭，体长 34～45.6 cm。野外较易识别，尤其是身体大部分呈白色的雄鸟；喙小，额倾角较大，稍带羽冠，飞行时速度飞快且动作敏捷，个体颈部保持平直，群体则排列呈斜线或"V"形队伍。处于繁殖期的雄鸟头、颈、上体与下体均为白色，面部具黑色斑记，颈部有稍松散的黑色羽毛，翕部至胸侧具两条形成倒立"V"形的黑色窄条纹；腰部与尾部灰黑色。初级飞羽与次级飞羽也为黑色，但次级飞羽具白色边缘，内侧三级飞羽为黑色，外侧则呈白色，小覆羽黑色，中级翅覆羽呈白色，大覆羽黑色且羽端呈白色；喙短且基本为灰色，腿与足亦呈灰色，眼红棕色，年长雄鸟则为浅灰白色；非繁殖期的雄鸟形态特征与雌鸟相似，但区别在于前者上体为黑色，中级覆羽之上具白色块斑。雌鸟头顶、枕部与后颈均为棕褐色，与白色的面部及喉部对比鲜明，上体与尾部为暗灰色，胸部和两胁杂以暗色斑点，向后逐渐变为灰白色，翅上白色部分较雄鸟更少。幼鸟形态特征类似于雌鸟，但中央翅覆羽具棕色羽端且眼先为深棕色而非黑色；虹膜呈暗淡的灰棕色。

分布　繁殖于欧亚大陆北部。越冬于欧洲西部与中部地区、地中海东部盆地、黑海、俄罗斯南部、中东、中国东部、韩国与日本。少见于冰岛、突尼斯与阿尔及利亚。在中国繁殖于内蒙古东北部地区，冬季向南迁徙，经过华北中部、长江中下游沿岸地区以及东南沿海地区，分布广泛但不常见。

栖息地　繁殖期栖息于淡水湖泊、池塘、流速缓慢的河流与泰加林地带的青苔沼泽地中，偏好低地森林中的牛轭湖。冬季，在湖泊、不结冰的河流、沿海半咸水潟湖与河口栖息。较少出现于开阔海域及水深超过 6 m 的水体。迁徙途中可利用小型水体与支流。

习性　迁徙物种。在欧亚大陆西部目前已鉴定出 3 个主要的越冬区域，分别为欧洲西北部与中部地区、黑海地区、地中海西部和亚洲西南部地区。其中欧洲西北部的越冬种群可能来自于俄罗斯东部与北部的繁殖地，而在黑海与地中海地区越冬的种群则可能来自于北美地区。欧洲西北部越冬种群 9 月开始离开繁殖地，10 月上旬即可全部撤离，大部分种群于 10 月中旬至 11 月途经瑞典内陆地区与波罗的海三国，并于 12 月至次年 1 月期间到达北海的越冬地。春季迁徙 3 月即已十分普遍，而迷鸟则会留于越冬地直至 4 月甚至 5 月，亚成鸟则可停留于低纬度地区度过第一个夏季。对越冬地点的选择存在性别差异：在欧洲地区，雄性个体主要集中于波罗的海南部地区，而雌鸟和亚成鸟则分布于更南或更西的地区，如不列颠群岛。

食性　主要以水生无脊椎动物为食，如昆虫及其幼虫，也食用两栖类、小型鱼类与某些植物组织，亦可取食人类扔下的面包。成体食用的淡水鱼类包括鲑鱼、鳟鱼、鲴鱼、拟鲤、欧白鱼、鳅鱼、刺鱼、白斑狗鱼、真鲹、江鳕、欧洲鳗鲡、河鲈、鲤鱼，海洋鱼类包括欧洲鲽、玉筋鱼、银汉鱼、胡瓜鱼、欧洲绵鳚、大西洋鲱、欧鳊。斑头秋沙鸭取食的鱼类一般长 3.0～6.0 cm，偶见长 10.0～11.0 cm 的鲤鱼与鲈鱼，更有某些鳗鱼长达 29.0 cm。食用的昆虫主要为龙虱、蜻蜓与石蛾。亦可取食介虫、贝类与海生多毛类以及蛙类。12 月在亚速海研究发现，斑头秋沙鸭的食物组成 69.4% 为鱼类，其中以短吻海龙、亚速海腔鲈、虾虎鱼最多。此外还包括许多无脊椎动物，如突钩虾、泥蟹等甲壳动物占 5.6%，环节动物类占 5.6%，以斑马纹贻贝为主的软体动物则占 2.8%。动物性食物之外，斑头秋沙鸭亦可

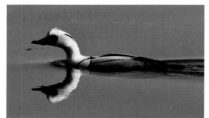
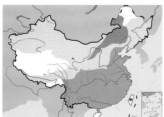

斑头秋沙鸭。左上图为雄鸟，下图头顶棕褐色的为雌鸟。赵国君摄

在水面休息的斑头秋沙鸭雄鸟。聂延秋摄

一只斑头秋沙鸭雌鸟正在飞奔逼近小䴙䴘，意图抢夺小䴙䴘捕得的小鱼。徐永春摄

取食淡水或沿海水生植物的根茎部分，包括伞形科、莎草科与禾本科。大部分斑头秋沙鸭通过潜水捕食，通常头部探入水面以下1～4 m搜寻食物，潜水持续时间一般不超过30秒，也有个别例外，长达45秒。冬季密集成群，有时群体数量可多达几千至上万只，群体凝聚力较强，通常同时潜水觅食，偶有群体前方个体持续潜水而后方个体作短距离飞行追赶前方个体。亦可与其他水禽协作捕食，如普通秋沙鸭、斑背潜鸭、红头潜鸭、凤头潜鸭、鹊鸭及凤头䴙䴘。

繁殖 南部繁殖种群于每年4—5月开始繁殖，北部繁殖种群则为5月中旬至6月中旬。

季节性一雌一雄制，于11月下旬或迁徙途中完成配对，雄鸟于孵化期间抛弃雌鸟，此前雄鸟会守御雌鸟而非守御领地。繁殖时，斑头秋沙鸭单独成对或形成松散的繁殖群体；通常于树洞或人工巢箱中筑巢，巢中铺以羽毛或绒羽，通常无其他材料。窝卵数5～11枚，通常为7～9枚，亦有多达14枚的记录。卵为奶油色至浅皮黄色，大小为（48～58）mm×（34～40）mm，重34.5～46 g；孵化期为26～28天，孵化工作由雌鸟单独完成，产卵结束后开始，所有卵的孵化同步进行。圈养实验中孵出时重约23 g。雏鸟上体绒羽为黑色，下体则为白色且背部有白色点斑，10周即可羽翼丰满，由雌鸟全程单独照料。一般2龄时性成熟。暂无斑头秋沙鸭成鸟年均存活率及寿命的相关信息。

种群现状和保护 IUCN和《中国脊椎动物红色名录》均评估为无危（LC）。但在欧洲范围内其繁殖种群数量正逐渐减少，因此认为该范围内种群较为脆弱：1970—1990年在挪威仅有10～20对，20世纪80年代末期瑞典75～150对、芬兰1000～2000对，欧陆俄罗斯7000～15 000对。无全球范围内的种群数量估计值，但20世纪80年代中期古北界西部冬季的种群数量估计值为80 000只。

当前波罗的海地区越冬种群数量约为12 600只，相较1988—1993年减少25.9%，此地区目前承载了欧洲西北部越冬种群数量的31.5%，而此比例在1988—1993年为68%。在亚洲，西伯利亚西部地区越冬种群数量为72 000只，黑海—地中海地区约为35 000只，亚洲东部为25 000～100 000只，其中中国20 000只、韩国1000只、日本1900只。

在欧洲地区，栖息地的破坏造成了斑头秋沙鸭数量的减少。在俄罗斯、芬兰等地，捕猎导致该物种在迁徙途中受到威胁。原油泄漏导致栖息海岸受到污染，亦为该物种生存的潜在受胁因素。

在中国，三峡工程的运行改变了长江流域中湖泊的水文过程。以洞庭湖为例，原有的湿地斑块形状及分布特点发生变化，原有湿地植被的演替模式、生境类型与面积随水位而变化的季节波动随之改变，这些变化导致一些湿地植物的生活史过程提前，部分植食性鸟类可能会在越冬期间缺少食物。但三峡工程运行后，东洞庭湖斑头秋沙鸭的种群数量并未因此减少，反而呈增长趋势，2010年的调查数据显示，斑头秋沙鸭数目相较前一年增加了一倍以上。

中华秋沙鸭

拉丁名：*Mergus squamatus*
英文名：Scaly-sided Merganser

雁形目鸭科

形态 体长 49～64 cm。成鸟的喙长而粗且呈亮红色，嘴端黄色，虹膜深褐色，跗跖橘红色。雄鸟繁殖期头、颈及肩部带墨绿色光泽，具长而垂坠的双羽冠，胸、下体与翕部均为白色，两胁与背部具黑色细小鳞纹，腰部及下体白色，且具细小深灰色虫蠹状条纹，尾银灰色。非繁殖期雄鸟似雌鸟，但肩部仍为黑色，且具更大范围的白色翅覆羽。雌鸟翕部、上翼为灰色，喉、胸白色，头、颈呈褐色，羽冠长且呈束状，眼先颜色较雄鸟更深更显眼，两胁呈灰色鳞片状，但某些雌鸟两胁为统一的白色无斑。飞行时，雄性个体翅上可见大块白斑，且被 2 条黑色细纹分割，而雌鸟翅白斑面积较小，黑色小细纹不如雄鸟显著。幼鸟形态极似雌鸟，但头部、上体颜色更深，两胁浅色区域范围更小，眼部下方具黄白色新月状图案，且眼与喙间有浅色细纹。雄性幼体翅上覆羽颜色较雌性幼体更浅。

可通过体侧及两胁的差别区分中华秋沙鸭雌鸟与普通秋沙鸭及其他秋沙鸭。

分布 繁殖于西伯利亚东部、朝鲜北部及中国东北的有限范围内，越冬于中国、日本及朝鲜，偶见于东南亚。在中国，繁殖于长白山西部边坡与小兴安岭，迁徙经过东北和华北沿海，在华中、西南、华东、华南和台湾越冬。

栖息地 繁殖季节栖居于林木茂盛、水质清澈、流速湍急的山间河流，以及泰加林带具砾石山岬及岛屿的急速溪流，通常远离人类居所。在俄罗斯中华秋沙鸭栖居的林地多见春榆、红松、紫椴以及辽杨，而在中国则以槲树、黑松、椴树、大青杨更为常见，且通常具有繁茂的下层灌木丛。曾被认为仅于湖泊、水库、流速缓慢的河流及潟湖地带越冬，但近来中国与韩国的大部分越冬观测记录均来自于干扰水平较低的、丘陵或山脉地带水流湍急的河

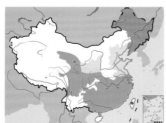

中华秋沙鸭。左上图为雄鸟，聂延秋摄；下图为雌鸟，沈越摄

流。稳定同位素或地理定位器数据显示，少数个体迁至半咸水或海洋水域换羽。

习性 迁徙性水鸟，迁徙群体所占实际比重尚未完全知晓。主要于 3 月下旬至 10 月上旬出现在繁殖地，亦有早至 3 月上旬晚至 11 月上旬的观测记录。6 月上旬进入换羽期，此时以雄鸟、未繁殖或繁殖失败的雌鸟为主的换羽群体聚集于繁殖河流上游及日本海或鄂霍次克海海岸，雌雄个体换羽位点可能存在差异，但两性均主要利用淡水栖息地完成换羽。换羽后随即南迁，途经中俄交界处的兴凯湖、中国黑龙江东北部的镜泊湖与小北湖、朝鲜的清川江；雌鸟及幼鸟则稍晚迁离繁殖地，通常为 9 月中旬至 10 月第 3 周。

主要越冬于中国南部及中部地区，也见于日本、越南北部、泰国西北部、缅甸。越冬期 11 月至次年 3 月，偶见 4 月仍停留在日本及中国广东、台湾，在中国云南甚至最晚可留至 5 月。中国辽宁也有冬季观察记录，表明中华秋沙鸭冬季可栖居于较北地区。

2006—2009 年在俄罗斯普里莫斯基南部对 21 只 2 龄以上雌鸟佩戴了地理定位器，回收到的跟踪结果显示：其中 3 只分别在江西赣州、武宁和福建南平越冬，并连续两年返回同一越冬地；另有 4 只分别于湖南洞庭湖的两个不同位点和湖北的宜昌、十堰越冬。另有 2012 年 5 月于俄罗斯普里莫斯基南部环志的雌鸟，在当年 12 月于中国湖南被成功拍摄，这是此物种大规模迁徙趋向的首项直接证据。最近在中国小兴安岭东南部带岭对 2 只中华秋沙鸭进行卫星追踪，数据显示，2 只个体均跨越黄海并向南远距离飞行 2600 km 抵达湖南沅江与江西修水河越冬。朝鲜龙兴江河口、中国湖北澴水溪与赤东湖、吉林松江河均为迁徙途中的重要停歇位点。

通常 3～5 只个体集小群，繁殖季节则为 6～10 只，有研究显示，雄鸟于换羽迁徙前可形成具 10～25 只个体的群体，秋季迁徙时则可形成多达 76 只个体的松散群体。

食性 白天觅食，主要取食小型鱼类及水生无脊椎动物，根据栖息地情况、季节或潜在食物的分布机会性选取丰度最大的食材。

俄罗斯东南部中华秋沙鸭主要捕食 8 种小型鱼类——拉氏鲹、黑龙江茴鱼、细鳞鱼、鮈鱼、鳟鱼、白斑狗鱼、施氏雅罗鱼及泥鳅，亦可食用樱花钩吻鲑、花羔红点鲑、北方条鳅、杂色杜父鱼及勃氏雅罗鱼，还有几次观测到中华秋沙鸭一天早晚两次前往河口取食产卵期的胡瓜鱼、池沼公鱼以及毛鳞鱼。

中国东北部的繁殖种群，摄食石蝇、石蛾幼虫、甲虫、小型虾类、淡水螯虾、东北七鳃鳗、泥鳅、细鳞鲑、黑龙江中杜父鱼及茴鱼；6—7 月主要取食石蛾幼虫，8 月转为取食小型鱼类、小型虾类及淡水螯虾，9 月则捕食鱼苗。

中华秋沙鸭主要通过潜水捕食，每一次潜水持续 15～30 秒，潜水间隔为 3～5 秒。但于浅水区域亦可将头部没入水中觅食；

带领雏鸟戏水的中华秋沙鸭雌鸟。沈越摄

于繁殖地带的河流中，大多选择深度小于 1 m 的浅水区域临岸觅食。中国东北部繁殖种群每天可能利用 14～15 小时觅食。非繁殖季节与其他钻水鸭如普通秋沙鸭、红胸秋沙鸭、鹊鸭等有协作觅食或觅食竞争现象。

繁殖 一般于 3 月下旬至 4 月上旬到达繁殖地，前期栖居于湖泊及大型河流，随后转移至河流或湖泊支流，大部分卵产于 4 月第 1 周至 4 月下旬，雏鸟大多于 6 月孵出，亦有个别例外，于 5 月中旬孵出。单配偶制。雌雄个体均具较高的领地意识，于巢方圆 200～300 m 内防御同种个体、普通秋沙鸭及小嘴乌鸦的入侵。筑巢于距离地表 1.5～1.8 m 的树洞中，通常选择河岸的白杨树、榆树、栎树等，距离水源可远至 120 m，有时利用其他秋沙鸭或东方角鸮的废弃巢。巢通常宽 9～25 cm，高 11～60 cm，内径 20～30 cm，深 40～120 cm；巢中铺以淡灰色绒羽及干草。对筑巢位点具有一定的忠诚度，上一繁殖季节筑巢成功的情况下则更为明显，在同一位点连续繁殖至少持续 3 年。可接受人工巢箱，且可毗邻马路或人类居所筑巢。一个繁殖季节一般只产一窝卵，但若繁殖季节前期首窝卵丢失可进行补偿产卵。窝卵数 4～14 枚，通常为 10～11 枚。产卵间隔 36 小时，因此产满一窝卵通常需耗时 15～16 天。卵呈乳白色，大小为（56.7～67.5）mm×（42.8～46.8）mm。孵化期 31～35 天，由雌鸟独自坐巢孵卵，每天清晨及傍晚休息两次，或仅于正午休息一次。每日离巢时间随孵化过程的进行由 50～95 分钟缩短至不足 20 分钟，孵化最后 1～2 天可能持续坐巢而不离开。中国繁殖种群孵化成功率为 85%～100%。

雏鸟孵出时重 31.3～45 g，头顶、颊部为红褐色，上体灰色，下体白色，眼先为白色，眼部以上具白色点斑，其下具新月状斑，喙部深褐色，腿与足呈石板灰色。雏鸟孵出 48～60 小时后，在雌鸟催促下于清晨离巢，随后常发生巢合并现象，20～30 只雏鸟尾随单只雌鸟，有时可见一只雌鸟带领多达 48 只雏鸟。孵出后约 8 周雏鸟羽翼丰满，此时平均育雏数为 9.8 只。雌鸟通常于 3 龄时性成熟。

种群现状和保护 IUCN 和《中国脊椎动物红色名录》均评估为濒危（EN），在其分布国均为保护物种，在中国为国家一级重点保护动物。目前对其种群数量知之甚少，尽管国际鸟盟保守估计其成鸟数目目前为 2400～2500 只，但仍有学者指出该物种可能的个体存活数量多达 10 000 只。全球种群数量新近估计值约为 1940 对，约 4660 只。当前繁殖地包括世界范围内的 120 条河流，其中俄罗斯分布条带长 6800 km，中国 600 km，朝鲜 400 km。

俄罗斯的繁殖种群位于锡霍特山脉西部及东部边坡范围内的 88 条河流，以及哈巴罗夫斯克中部与犹太自治州 2 个孤立的小区域。俄罗斯种群个体数量在 20 世纪 60—70 年代后急速下降，某些地区甚至已不见中华秋沙鸭踪影，其他地区现存数量则仅为先前估计数量的 10% 甚至 5%，但此数量于 20 世纪末至 21 世纪初显著回升或维持稳定。滨海边疆区拥有个体数量最多的繁殖种群，约为 1000 个繁殖对。近来有研究指出，滨海边疆区的繁殖密度较 20 世纪 60—70 年代已增长一倍以上。20 世纪 80 年代，482 只中华秋沙鸭生活于比金河岸线延伸 3000 km 范围内；2003 年伊曼河 20 km 岸线带记录到 173 只中华秋沙鸭个体。

朝鲜种群可能于马养蓄水池附近繁殖，1986 年此处观测到 1 对个体，近来数据表明可能有多达 200 对中华秋沙鸭于此繁殖。此处现已受到保护，垂钓与伐木活动均已被禁止。

中国繁殖种群据估为 200～250 对，现仅存于长白山和小兴安岭，大兴安岭 1994—1995 年尚存 30～40 对繁殖个体，如今已基本灭绝。2008—2009 年在长白山鸭绿江、松花江、图们江、牡丹江流域 17 个河段 1553 km 岸线带进行的调查，统计到的数量仅为 170 对。

越冬区的整体状况不甚明朗，1999 年冬季于鄱阳湖观测到约 100 只个体，2002—2007 年冬季于中国江西东北部信江河 22 km 河流带上 4 处位点观测到最多 88 只个体，2006—2008 年冬季于中国东南部约 1000 km 河流带及 11 座水库观测到 71 只个体，其中雌鸟 40 只、雄鸟 31 只。

在中华秋沙鸭大部分繁殖地范围内，堤坝修建、中空老树的砍伐、河流中的载木摩托艇及北美水貂的捕食都对其生存带来威胁，而近来发现此物种基因多样性水平低，使其未来的种群生存情况更令人担忧。俄罗斯种群数量的下降与泰加林地带的经济发展相关，尽管现今沿河山谷中大面积林木砍伐已遭明令禁止，但此物种的适宜繁殖地面积仍可能持续下降。于主要繁殖地之一的伊曼河，中华秋沙鸭遭受商业伐木、建筑伐木、筏艇娱乐等高水平人类活动、河流淤积、金矿开采带来的污染以及渔网误捕的影响，锡霍特山脉 20% 的幼体死于此因。河流淤积导致春季水位降低及鱼类丰度的改变。中华秋沙鸭在俄罗斯繁殖地的其他主要受胁因素包括运动式狩猎及春季迁徙时监管不力的射杀行为，例如，比金河年均射杀量为 100 只。

在韩国，建筑工程、泥沙清淤、桥梁修建、河岸加固、道路拓宽等导致河流浊度增加，从而使该物种生存受胁。例如，韩国大运河工程旨在改建 3134 km 的河流，其中包括彻底改建目前承载 30 ~ 50 只越冬个体的洛东江，该工程于 2008 年 6 月终止，并于 2009 年替代启动了四大江水坝工程。

在中国，长白山的种群数量近十年来呈明显下降趋势，主要诱因为环境条件恶化。由于中华秋沙鸭为树洞营巢鸟，无法自己挖掘洞穴，且专以鱼、水生昆虫及其他小型水生无脊椎动物为食，因此森林及河流为中华秋沙鸭繁殖环境中最重要的关键因素。但从 20 世纪 70 年代末期，由于长白山白河林业局的兴建，当地人口急剧增加，保护区四周森林被大量砍伐，不仅缩小了中华秋沙鸭的营巢栖息地面积，而且增大了环境压力。另外，由于人口大量增加，河中鱼类和其他水生动物种群遭到很大破坏，亦影响了中华秋沙鸭的生存。渔民所利用的炸药及农药，以及工业污染都威胁到该物种生存繁衍。在吉林松江河，细孔渔网于繁殖后结群聚集的中华秋沙鸭而言，亦为不容忽视的生存受胁因素，目前非法捕鱼行为已大大减少，合法捕鱼区域也仅使用大孔渔网。

目前该物种分布区均已划为保护区，如俄罗斯锡霍特山脉国家生物保护区、拉佐自然保护区、中国长白山国家级自然保护区等。俄罗斯远东地区开展了人工巢箱安放项目，安放了至少 180 个人工巢箱，通过对人工巢箱进行维护、与猎人及渔民沟通调和并与当地社区组织合作，取得了较为乐观的结果：泥沙淤积的泛洪流域栖息地承载力有所增加，当地居民的捕捞作业方式也有所改变，并促进了雌鸟地理信息追踪工作的进行，使得越冬位点及迁徙停歇位点的鉴别成为可能。

红胸秋沙鸭

拉丁名：*Mergus serrator*
英文名：Red-breasted Merganser

雁形目鸭科

形态 体长 51 ~ 60 cm。喙红色，狭长且边缘呈锯齿状。繁殖期雄鸟很容易辨识，头部为绿色，且具有细长的丝质深色冠羽。颈部白色，胸部赤棕色，两胁黑色杂以白色斑点。非繁殖期雄鸟与雌鸟类似，但头顶颜色更深，上体深色且羽毛边缘为灰色，胸部、体侧、胁部羽毛为灰色，边缘呈浅白色。雌鸟整体颜色为深灰色，头部赤棕色，眼红色，似普通秋沙鸭，但喙细长，喉部白色块斑不明显，暗色头部与颈部区分不明显，具黑色贯眼纹，前额倾角更大。翅形态也更为特别，次级飞羽、大覆羽白色，雄鸟中覆羽亦为白色，上具两道交叉的黑色条纹。幼鸟形态似雌鸟，但羽冠更短，颊部黑色，通体羽色更为暗灰。

分布 广泛分布于北半球，繁殖于欧亚大陆和北美洲北部，越冬于北美大西洋与太平洋沿岸海滩、地中海流域、俄罗斯南部、中国东部、韩国与日本等地。在中国繁殖于黑龙江北部，越冬于东部、南部沿海各地，包括台湾，迁徙经过国内大部分地区。

栖息地 繁殖季节主要栖息于流速适中的深水湖泊及河流，包括河口地区。通常栖息于森林地带，范围由温带地区延伸至苔

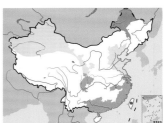

红胸秋沙鸭。左上图为雌鸟，姚文志摄；下图为雄鸟，孙晓明摄

原地带。在加拿大有调查发现，繁殖期的红胸秋沙鸭偏好水质清澈、深度小于 12 m、距离海岸小于 850 m、丛生墨角藻与海带的砂岩基质水体。冬季大多栖息于海洋地带，通常为近海及向海水体、砂质河口、掩蔽的港湾及半咸水潟湖。

习性 部分迁徙。在古北界西部，雄性个体较早离开繁殖地，从 6 月上旬开始前往换羽地进行换羽，有时换羽地远离筑巢位点，偶见高密度聚集，如加拿大圣劳伦斯海湾。秋季迁徙开始于 9 月并一直持续到至少 10 月中下旬，波罗的海与北海地区此时正值迁徙高峰。春季迁徙基本始于 2 月下旬附近，并于 4 月到达最南端的繁殖地。在亚洲东北部地区，秋季迁徙于 10 月下旬至 11 月中旬途经中国河北北戴河地区，高峰期出现于 10 月下旬至 11 月上旬，春季则于 3 月中旬至 5 月中旬再次途经此地。

食性 食物为小型鱼类及水生无脊椎动物，亦可食用某些植物组织。通过对胃内容物的分析发现，红胸秋沙鸭食物中 34.2% 为鲥鱼、刺鱼与青鳉，42.5% 为其他鱼类及细小碎片，23% 为鳌虾及其他混杂物。食谱依据可摄食食物的不同而变化：在阿拉斯加海岸地区，毛鳞鱼为红胸秋沙鸭的关键食物；在不列颠哥伦比亚，重要的食物为多棘杜父鱼与太平洋鲱及其鱼卵；在加拿大东部，它们主要摄食铜色床杜父鱼与玉筋鱼；在苏格兰南部地区主要食物为大西洋鲑鱼，在苏格兰东北部地区食物组成中 48% 为鲑鱼类，大部分为幼鱼；在挪威西部地区则以金海龙为食。

主要通过潜水来捕食，先将头探入水面以下搜寻食物，发现目标后即从水面潜入水中；偶于海草形成的浮岛上觅食，有时集结成群驱赶鱼群，曾观测到个体数量多达 100 只的红胸秋沙鸭群体在水面捕食鲱鱼，亦有与其他鸟类混杂捕食的记录，如潜鸟类、海雀类及黑凫。

在美国大西洋地区对红胸秋沙鸭的时间分配研究发现，冬季该物种觅食、梳理羽毛、警戒、游泳各占据总体时间的 20%～30%，潜水捕食时成功捕捉到体型稍大鱼类的概率为 6.4%，此时海鸥常会窃取食物。换羽期间，红胸秋沙鸭平均花费白天 23% 的时间捕食，但早晨或夜晚潮汐较低的时段 70% 的时间用于捕食。其中雄鸟在换羽期前半段，捕食时间占总时间比例为 18%，而后半段则为 30%。

繁殖 繁殖期始于 4—6 月，与地理纬度有一定关联。在新不伦瑞克的筑巢时间为 5 月下旬至 7 月中旬，在英国地区起始产卵时间为 4 月下旬，而在俄罗斯与斯堪的纳维亚地区的产卵时间为 5 月下旬至 7 月下旬。季节性一雌一雄制，亦有一雄多雌与一雌多雄的现象。一般越冬期或迁徙途中形成配对，到达繁殖地之前已完成配对，但求偶炫耀行为持续至 6 月甚至 7 月上旬，雄鸟通常在孵化起始时期就离开雌鸟。雌鸟对繁殖地有较高的忠诚度。

红胸秋沙鸭以单独的繁殖对或结成松散群体筑巢繁殖，部分群体筑巢于岛屿之上，偶见与海鸥混杂筑巢。巢由杂草与树叶构筑而成，铺以绒羽，通常较为隐蔽且通常距离水源不超过 25 m。窝卵数 6～14 枚，通常为 8～10 枚，亦有因弃卵而导致窝卵数超过 30 枚的情况。产卵间隔约 36 小时，卵为石灰色至橄榄绿色，大小约 63.4 mm×44.6 mm，重约 67.9 g。最后一枚卵产出时开始孵卵，孵化期 28～35 天，雌鸟单独孵卵。雏鸟上体绒羽为棕灰色，下体为乳白色，面部有两条明显的深色条纹。孵出时重 41.8～47.6 g，59～69 天后羽翼丰满，其间由雌鸟全程照料，偶见雄鸟参与抚育。

在某些地区，种内巢寄生比例高达 64%，也存在种间巢寄生现象。芬兰有研究统计到红胸秋沙鸭的孵化成功率为 77%。有调查发现其具有 23%～89% 的弃巢率，在筑巢密度高的地区尤其明显。天敌对卵与幼鸟的捕食强度亦较高，巢毗邻海鸥群落时，被捕食率高达 25%。在冰岛东北部，多达 70% 的雏鸟在出生后 7～10 天死亡。

约 2 龄时性成熟，新不伦瑞克的研究显示 3 龄雌鸟才开始有繁殖行为。暂无成体年存活率的相关数据，目前寿命最长的个体记录来自英国，一只 12 龄的红胸秋沙鸭雌鸟，持续繁殖至 8 龄。

种群现状和保护 IUCN 和《中国脊椎动物红色名录》均评估为无危（LC）。2016 年湿地国际估计全球种群数量为 495 000～605 000 只。各地区不同时期的调查结果如下：20 世纪 70 年代中期北美地区春季种群数目约为 237 000 只；20 世纪 80 年代中期古北界西部冬季的种群数量估计值为 150 000 只；20 世纪 90 年代欧洲西北部为 125 000 只，其中 65 000 只在波罗的海地区，15 000～25 000 只在格陵兰岛、冰岛与英国。欧洲东北部、黑海、地中海地区为 50 000 只，西伯利亚地区则不超过 10 000 只。2005 年前后，欧洲种群数量上升至 170 000 只，但其中波罗的海地区数量降为 25 700 只，20 世纪 90 年代的数据，局部显著减少 41.6%。亚洲地区的种群数量尚未可知，但亚洲各地均可能有大量越冬种群，远东地区尤甚，可能为 25 000～100 000 只。

古北界西部的大部分繁殖种群数量目前维持稳定或出现增长，且繁殖地范围似乎出现了缓慢扩张。最大种群数量出现于挪威、瑞士、芬兰及俄罗斯欧洲部分，自 1950 年以来陆续在英格兰北部、威尔士地区、荷兰、法国、瑞士出现该物种的繁殖记录。在捷克亦有零星繁殖记录。1966—1989 年，北美地区的繁殖种群数量年均下降 4.6%。

红胸秋沙鸭并非人类捕猎的对象，在美国仅占每年被射杀水鸟的 0.13%。但渔民及垂钓者在红胸秋沙鸭栖息地的滥捕滥钓行为，可能导致该物种喜食的鲑鱼被捕捞殆尽，渔网也可能造成该物种意外死亡。此外，水体污染、泥沙沉积以及堤坝修建、森林砍伐等人为因素造成的繁殖栖息地生境改变亦对此物种的生存繁衍造成一系列威胁。在中国被列为三有保护鸟类。

普通秋沙鸭

拉丁名：*Mergus merganser*
英文名：Common Merganser

雁形目鸭科

形态　体型最大的秋沙鸭，体长 54～68 cm。繁殖期雄鸟头部为墨绿色，羽冠呈圆形且不蓬乱，胸、腹与两胁呈白色，初级飞羽黑色，次级飞羽与翅覆羽白色。喙红色，呈锯齿状，嘴端为钩状。腿与足橘红色，眼褐色。非繁殖期雄鸟与雌鸟相似，但头顶颜色较深，头部桂红色，羽冠短且翅部具明显标记。雌鸟头部红棕色，羽冠蓬乱，颏、喉与眼先为白色，身体浅灰色，肩部蓝灰色；与雌性红胸秋沙鸭及中华秋沙鸭相似，但普通秋沙鸭体型更大，颏白色，棕色的头部和上颈与白色的下颈对比明显，次级飞羽形态亦不同。幼鸟形态特征与雌鸟相似，但头部颜色稍浅，体态特征不如成鸟模式化。

目前已鉴别出 3 个亚种：指名亚种 *M. m. merganser*、北美亚种 *M. m. americanus*、中亚亚种 *M. m. orientalis*。亚种可通过细微差别进行区分。中亚亚种体型较大，喙部细瘦；北美亚种嘴基颜色较深，眼先处羽毛主要为长方形，三角形较少，头呈圆状，大覆羽基部形成一条明显的黑色带斑。

分布　广泛分布于整个北半球，指名亚种繁殖于欧亚大陆北部，越冬于欧洲西部、中部和南部，地中海，亚洲南部和东部；北美亚种繁殖于北美洲北部，越冬于美国南部至墨西哥北部；中亚亚种繁殖于中亚地区，越冬于南亚次大陆。中国分布的为指名亚种和中亚亚种，中亚亚种繁殖于青藏高原及其周边，越冬于喜马拉雅山麓至云南、四川北部。指名亚种主要繁殖于东北西北部、北部和中部，新疆西部、中部和天山北部。越冬于吉林、辽宁、河北、山东，西至甘肃、四川、云南，南至广东、广西和福建的广大区域，偶尔到台湾。

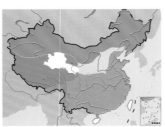

普通秋沙鸭。头部红棕色且羽冠蓬乱的为雌鸟，羽冠圆形且呈墨绿色的为雄鸟。左上图沈越摄，下图聂延秋摄

栖息地　主要繁殖于水流清澈的淡水湖泊、池塘以及河流上游，繁殖位点一般位于具天然洞穴或啄木鸟啄出洞穴的成熟阔叶林、北方针叶林及湿润云雾林附近。能利用深水区域及流速湍急的水体。冬季栖息于大型非冰冻湖泊、河流、潟湖与半咸水沼泽；较少栖息于沿海地带。在不丹观察到普通秋沙鸭在海拔至少 2800 m 的位点越冬，秋末则观察到此物种于中国西南部海拔 3350 m 的地方栖息。

习性　部分迁徙。北部繁殖种群迁至低纬度地区越冬，向南迁至墨西哥、地中海流域、俄罗斯南部、印度北部、亚洲东南部，偶见迁至更南地区如土耳其、摩洛哥。温带繁殖种群主要为留鸟，通常进行短距离迁徙。无证据表明冰岛繁殖种群进行迁徙，而英国繁殖种群仅迁徙至 150 km 以内的湖泊或隐蔽河口，斯堪的纳维亚南部、德国北部与波兰的繁殖种群，仅迁徙至波罗的海西部。斯堪的纳维亚中北部、波罗的海诸国、俄罗斯东至伯朝拉河范围内的繁殖种群向西迁至波罗的海、荷兰与英国越冬，偶见迁至法国西部与西班牙北部。中亚亚种迁徙距离极短，于南亚次大陆越冬，10 月中旬至次年 4 月中旬在不丹停留，偶有 6—7 月份的观测记录，迷鸟迁至孟加拉国。北美亚种向南迁至墨西哥北部越冬。

在繁殖地及换羽地停留至 8 月下旬至 9 月上旬，通常换羽地与繁殖地位于沿海地带或内陆湖泊，直到冰冻期才开始显著迁徙。俄罗斯与波罗的海诸国的繁殖种群于 10 月至 11 月上旬开始大迁徙，大部分于 12 月到达北海，而迁徙至黑海北部和亚速海地区的种群数量 10 月中旬至 12 月中旬期间持续增长。春季迁徙一般始于 3 月上旬，4 月中旬即已全部离开越冬地。

食性　主要以体长小于 10.0 cm 的鱼类为食，亦可取食水生无脊椎动物、两栖动物、小型哺乳动物与鸟类；仅取食极少量的植物组织。观察记录到，普通秋沙鸭捕杀水䳸鷉却未能成功食用，亦有捕杀小鷿鷈却未能成功食用的观测记录。近几十年亦观察到食用人类喂食的面包，似乎为对其他水鸟的模仿行为。

与其他的锯喙鸟类似，分布于不同地域的普通秋沙鸭取食不同的食材：在加拿大加斯佩与布雷顿角，普通秋沙鸭主要取食大西洋鲑，占其食鱼总量的 46%～91%，而在新斯科舍与芬迪湾附近该比例下降至 5%～36%。在新墨西哥州，连续两个冬季展开食谱学研究，发现首个冬季此物种食谱中仅有美洲真鲹，第二个冬季则主要为佩坦真鲹。雏鸟主要以昆虫为食，10～12 天后才开始吃鱼。在不列颠哥伦比亚奎里肯河，一窝雏鸟食用 82 000～131 000 尾银鲑鱼苗，相当于不列颠哥伦比亚河流中 24%～65% 的小鲑鱼。

普通秋沙鸭主要通过潜水摄取食物，通常先于水面巡视，随后将头部探入水中，甚至可翻转石块捕食猎物，偶见于水面倒立觅食。除非食材较小，通常普通秋沙鸭仅于水面吞咽食物。在新墨西哥州记录的行为时间分配情况如下：游荡 58.6%，睡觉 17.5%，飞行 5.7%，梳理羽毛 4%，伸展躯体 4%，游泳 3.8%，

冬季集结成大群的普通秋沙鸭。彭建生摄

仅不足 4% 的时间用于觅食。在越冬与换羽时，集结成群，迁徙途中出现多达 10 000 只个体的大群，有时个体数量多达 150 只的群体会协作围堵鱼群。在不列颠哥伦比亚地区观察到，此物种会与其他物种种群混杂觅食，如斑海雀、鸥类、潜鸟类、海鸬鹚、斑头海番鸭。

繁殖 3—5 月份开始繁殖，欧洲中西部种群产卵最早，为 3 月下旬至 4 月中旬；斯堪的纳维亚与俄罗斯种群一般从 5 月中旬开始产卵；在加拿大新斯科舍，产卵始于 4 月中下旬，7 月上旬即已可见雏鸟；在瑞士南部，繁殖季节持续时间较长，其繁殖时间可从 4 月下旬持续至 8 月上旬。普通秋沙鸭为季节性的一雌一雄制，且无领地意识，雌鸟有较强归家冲动。配对最早开始于 11 月初，通常发生于冬末，到达繁殖地前即已完成配对，或于抵达繁殖地后不久完成配对，雄鸟在孵化初期即抛弃雌鸟。

巢通常位于距离地面 15 m 的树洞中，一般利用黑啄木鸟 Dryocopus martius 和北美黑啄木鸟 D. pileatus 的洞穴，亦可利用人工巢箱或位于树根基部、悬崖峭壁甚至房顶之上的其他空穴，有时可于地面植被密集覆盖处或岛屿卵石空隙间筑巢，巢中仅垫以白色绒羽，且通常距离水源较近，偶有距离水源 1 km 的个例；巢址可每年重复使用。每个繁殖季仅产一窝卵，窝卵数 4～22 枚，一般为 8～12 枚，窝卵数大于 13 枚可能为弃卵所导致。卵为乳白色至黄色，产卵间隔为一天，卵大小为 66.5 mm × 46.5 mm（北美亚种），重约 70 g（北美亚种）或 82 g（指名亚种）。孵化期一般为 30～32 天，由雌鸟独自坐巢。雏鸟上体绒羽灰褐色，头顶、下体及背部斑点呈茶色，眼灰蓝色，喙黑色，随后变为灰粉色，腿与足深灰色，孵出时重约 46.2 g（指名亚种）或 35.6～46.1 g（北美亚种）；雏鸟孵出后 24 小时内离巢，由雌鸟单独抚育，偶见雄鸟陪伴，60～70 天羽翼丰满。但雏鸟于获得飞行能力之前便被雌鸟抛弃，随后同龄的雏鸟发生巢合并。除存在种内寄生现象外，普通秋沙鸭常寄生于其他物种的巢中。在北美，有鹊鸭与棕胁秋沙鸭将卵产于普通秋沙鸭巢中的记录。

2 龄左右性成熟。欧洲一项研究显示，成鸟的年均存活率为 40%，在密歇根为 21%，俄克拉荷马则为 82%。成鸟的天敌包括白头海雕与虎鲸。雌鸟最长寿命记录为 13 龄 10 个月，雄鸟为 12 龄 6 个月。

种群现状和保护 IUCN 和《中国脊椎动物红色名录》均评估为无危（LC）。20 世纪 70 年代中期北美越冬种群数量估计值为 640 000 只，20 世纪 80 年代中期古北界西部的越冬种群数量估计值为 110 000～160 000 只。欧洲中部与西北部的越冬种群在 20 世纪 90 年代估计数量为 200 000 只，21 世纪初上升至 266 000 只，其中波罗的海种群 66 000 只，较 1988—1993 年下降了 9.6%。尽管没有明确的数据，但似乎有大量个体在亚洲各地越冬。其中，西伯利亚西部与里海约为 20 000 只，亚洲东部为 50 000～100 000 只，中国 50 000 只，韩国 15 000 只，日本 5000 只，日本越冬种群的数量自 20 世纪 90 年代末期开始持续上升。

北美与欧洲种群的数量维持稳定或略呈上升趋势，且有繁殖地扩张的趋势。欧洲最大的种群位于挪威、瑞典与俄罗斯，种群数量均维持稳定或略有波动。英伦三岛、法国、丹麦、德国、芬兰、奥地利、瑞士与乌克兰，种群数量亦呈上升趋势。1984 年、1991 年、1996 年分别发现该物种第一次于白俄罗斯、西伯利亚、荷兰繁殖，近来发现其分布范围扩增至波兰的主要河流。

虽然普通秋沙鸭并非北美地区法律许可的狩猎鸟类，但每年仍有 5% 的个体被猎杀。由于普通秋沙鸭为食鱼性鸟类，垂钓者与渔民的鱼类捕捞行为对其亦有影响。五大湖区域，食用被污染的鱼类导致普通秋沙鸭成鸟与卵中的有毒化学物质逐年累积，同时酸沉降亦导致北美东部地区繁殖栖息地的退化。太平洋北部种群为敏感种群，短期内或大时间尺度上海洋水文的变化，可影响生物及气候因变量，但此类改变如何对普通秋沙鸭种群数量造成负面影响尚未可知。另外，普通秋沙鸭易感禽流感，因此，一旦禽流感暴发其生存繁衍将受到严重威胁。在中国被列为三有保护鸟类。

鹤类

- 鹤类是指鹤形目鹤科的鸟类，全世界共15种，中国有9种，是鹤类资源最丰富的国家
- 鹤类均为大型涉禽，形态优美，头部多有红色的裸露皮肤
- 鹤类栖息于浅水湿地，对环境中的水含量要求十分严格，有复杂的对舞和对鸣行为
- 鹤类自古为人们喜爱，栖息环境可兼容许多物种生存，适于作为旗舰物种推进生物多样性保护

类群综述

分类与分布　鹤类是指鹤形目（Gruiformes）鹤科（Gruidae）的鸟类。中国是鹤类资源最丰富的国家。全世界共有 15 种鹤类，中国就有 9 种。其中丹顶鹤 *Grus japonensis*、白枕鹤 *G. vipio*、白头鹤 *G. monacha*、灰鹤 *G. grus*、蓑羽鹤 *G. virgo* 在东北繁殖。白鹤 *G. leucogeranus* 迁徙经过东北、华北，去长江中下游越冬。黑颈鹤 *G. nigricollis* 是青藏高原的特有种，在高原北部繁殖，南缘越冬。除少数个体见于不丹，大多数黑颈鹤都栖息于中国境内。赤颈鹤 *G. antigone* 在中国仅记录于云南西南部，20 世纪 60 年代前常见，之后科研人员多次寻找只在 1986 年冬季发现云南纳帕海当地藏民捕获 1 只个体。而根据近 20 年调查所见的栖息环境破坏，可推测赤颈鹤在中国已经处于极度濒危状态，现在可能已绝迹。沙丘鹤 *G. canadensis* 是中国数量最少的鹤，只偶见于中国东北，近年来尽管数量很少（1～5 只），但在吉林、辽宁、江苏、上海等地有迁徙停歇和越冬记录。

形态　鹤类体型高大，形态优美。除蓑羽鹤外，所有鹤类头上都有红色裸露的皮肤。仔细观察它们的形态特征，就可以知道它们的生活习性。修长的腿表明它们涉水而栖；后趾高位，不能与前三趾对握，说明它们不能栖息于树上；长长的 3 个前趾，昭示它们能在松软的沼泽中行走而不下陷。

左：鹤类身形高大，体态优雅，自古为人类喜爱，丹顶鹤又是鹤类中尤为高贵优美的代表，黑白分明的羽色显得十分高洁，头顶点缀裸露的鲜红皮肤又使其显得更为生动。图为高歌起舞的丹顶鹤。顾晓军摄

右：鹤类均为大型涉禽，具有涉禽共有的"三长"特征，姿态尤为优美。羽色素雅，多以黑、白、灰配色，头部红色裸露的皮肤是除蓑羽鹤外所有鹤类的共有特征，而裸露的具体部位和面积有所差异。图为水中静立的黑颈鹤，经典的黑白配色加上头顶点缀的红色十分惹人注目。彭建生摄

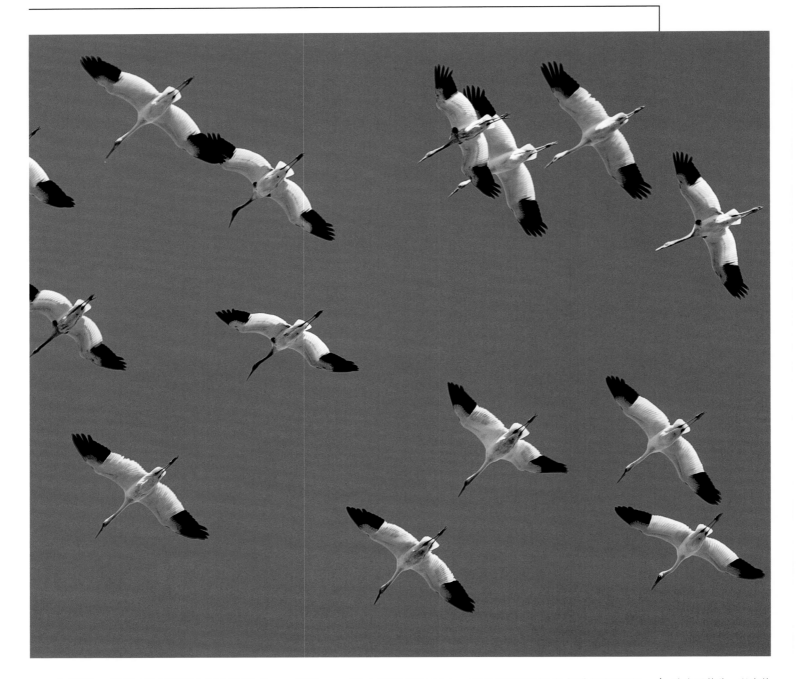

栖息地 鹤类对栖息环境有特殊要求——湿地水生环境。不同鹤类对环境水分要求略有差异，一般来说水深在 0～40 cm。蓑羽鹤对水需求最少，生活在半荒漠草原上的浅水湿地周边；而白鹤对水的依赖最强，丹顶鹤次之，觅食、繁殖都在水深 20～40 cm 的水域中。其他的鹤类，如白枕鹤、白头鹤、黑颈鹤、灰鹤栖息地介于干湿之间，在生活史的不同时期对水分的要求不同，繁殖期几乎都在浅水湿地筑巢、育幼。

习性 除赤颈鹤外，所有的鹤类都是迁徙性鸟类。其中白鹤的迁徙距离最长，达 4000～5100 km；黑颈鹤迁徙距离最短，为 800～2000 km。它们多沿山川河流迁徙。像鹤类这样的大型鸟类，在迁徙过程中消耗能量巨大，因此不能仅仅靠主动振翅飞行迁徙。它们会利用地面上升的热气流攀升到一定的高度，然后滑翔。一路上就这样反复攀升、滑翔，到达目的地。因此，鹤类的迁徙路径都选择容易产生热气流的地形地貌，例如断崖、水面与陆地相交处、干燥地面与草地或水面相交处、海岸线等。

繁殖 鹤类是一雌一雄婚配制的鸟类。每一对繁殖鹤并非只在繁殖前期形成配对，而是需要多年的求偶、磨合。一旦配对成功，一般会维持数年。在占有繁殖领域后，开始筑巢、产卵之前，繁殖对不断地用对鸣、舞蹈加强雌雄之间的感情，直到产卵。每年每对鹤只产 2 枚卵。雏鸟早成，但独立生活能力差，需亲鸟饲喂、抚育至少半年或更久。遇危险

鹤类

时，幼鸟就地蹲下不动，躲在草丛中靠保护色隐藏。让人惊叹不已的是这些刚刚出生3～4个月的幼鸟就能随亲鸟飞越千山万水到南方越冬。

种群现状和保护 鹤类是古老的鸟类，也是很保守的类群。如，鹤类在迁徙的过程中对栖息地有非常强的忠实性，即它们每年每只个体每次迁徙之后都返回原来的繁殖地，在迁徙通道上每次停歇在同一停歇地，抵达同一越冬地。幼鸟的第一次迁徙是跟随亲鸟来认识路径，因此，鹤类的迁徙路径是代代传承的。同时，鹤类性成熟时间长，繁殖率低；每年要经历2次危险的长距离迁徙；对栖息地要求也十分严格。这些特点都决定了鹤类的生态学脆弱性，它们非常容易受到环境变化的冲击。

目前，中国的鹤类多为全球范围内受胁物种。据世界自然保护联盟（IUCN）评定的受胁等级，白鹤为极度濒危（CR），丹顶鹤为濒危（EN），白枕鹤、黑颈鹤、白头鹤、赤颈鹤为易危（VU），只有灰鹤、沙丘鹤和蓑羽鹤为无危(LC)。白鹤、白枕鹤、丹顶鹤、白头鹤和黑颈鹤已列入 CITES 附录Ⅰ，沙丘鹤、赤颈鹤、蓑羽鹤和灰鹤则列入 CITES 附录Ⅱ。在中国，白鹤、丹顶鹤、黑颈鹤、白头鹤、赤颈鹤均被列为国家一级重点保护动物，灰鹤、沙丘鹤、白枕鹤、蓑羽鹤也被列入国家二级重点保护动物。

鹤类需要很大的生存空间，在这个空间里可以兼容很多其他物种生存；鹤类所需要的栖息地——天然湿地，是最重要的生态系统之一。同时，鹤类为古今中外人们所喜爱，在很多国家都有着悠久深远的文化影响，容易被公众接受作为物种多样性保护的旗舰物种。因此，推进鹤类保护对物种多样性保护和人类可持续发展有着非常重要的意义。

鹤类是单配制的鸟类，雌雄配对的形成和维持都十分复杂，需要长期的对舞求偶，配对后也会经常对舞对鸣加深感情。图为正在对舞的蓑羽鹤。赵超摄

蓑羽鹤
Grus virgo

白鹤
Grus leucogeranus

白枕鹤
Grus vipio

黑颈鹤
Grus nigricollis

灰鹤
Grus grus

白头鹤
Grus monacha

丹顶鹤
Grus japonensis

赤颈鹤
Grus antigone

沙丘鹤
Grus canadensis

蓑羽鹤

拉丁名：*Grus virgo*
英文名：Demoiselle Crane

鹤形目鹤科

形态 体型最小的鹤，因而也被称为闺秀鹤。身高40～50 cm。全身被浅蓝灰色羽毛。头侧、颈部、胸羽黑色，与白色丝状长耳羽形成鲜明对比。三级飞羽形长但不浓密，不足以覆盖尾部。胸部的黑色饰羽长垂，因而得名蓑羽鹤。虹膜红色。头顶被羽，无裸露部分，有别于其他鹤类。

分布 广布于欧亚大陆温带草原，在南亚次大陆和撒哈拉以南非洲地区越冬。在中国从黑龙江北部、内蒙古东部到新疆北部都有繁殖，迁徙经过东北、华北和西北地区，越冬于西藏南部，迷鸟见于四川、台湾。

栖息地 是15种鹤中最适应干燥栖息环境的物种。一般栖息于湿地或水源附近的草甸、草原或荒漠草原。在欧亚草原的东端——呼伦贝尔，蓑羽鹤栖息于典型草原和草甸草原中的洼地、湖畔的草甸和河漫滩的草甸。在松嫩平原和科尔沁草原，它们喜欢栖息于沼泽边缘的星星草草甸、狼尾草草甸、羊草－杂草草甸。此外，鄂尔多斯湖畔的碱蓬滩、天山上沼泽草甸的草丘和高寒草原上的洼地都是它们栖居繁衍之地。

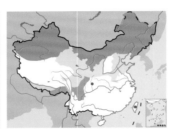

蓑羽鹤。沈越摄

在迁徙停歇地集成大群的蓑羽鹤。宋丽军摄

习性 非繁殖季节喜集群，繁殖季节领域性很强。迁徙性。在中国呼伦贝尔和松嫩平原，蓑羽鹤8月中旬开始集群准备南迁，至9月中旬全部迁离。秋季迁徙时，东北地区、俄罗斯远东地区和蒙古东部的蓑羽鹤先向西迁飞，在中途的迁徙停歇地，如内蒙古达里诺尔和青海湖附近的草原上聚集为成百上千只的大群，然后一起向西穿越青藏高原。在适当的天气条件下，蓑羽鹤能够利用上升气流集群飞越世界最高的山脉——喜马拉雅山脉，到尼泊尔和印度北部越冬。这种先向西之后再向南的迁徙模式与东亚－澳大利西亚迁徙路线上的其他水鸟不同，那些水鸟大多数是由北向南，然后沿海岸线向南迁徙。

食性 幼鸟主要以昆虫为食，如多种昆虫的幼虫、甲虫、蝶蛾类、蚂蚁等。成鸟的食谱要宽泛得多，主要取食植物的种子，尤其是禾本科植物的草籽，并捕食昆虫、软体动物，及小型的蜥蜴等，有时在农田吃麦粒、糜子等谷物。

繁殖 一般每年4月下旬至5月初从越冬地返回繁殖地，5月初开始产卵。6月中旬可见到幼鸟。到繁殖地后不久就开始成对活动，恪守一雌一雄婚配制，领域性很强。繁殖对并非只在繁殖前期形成，而是需要多年的求偶、磨合。产卵之前，繁殖对不断地用对鸣、舞蹈加强雌雄之间的感情，直到产卵。

蓑羽鹤的巢非常简单。只在选好的巢址上抓刨出一个浅浅的凹陷，略加平整后直接将卵产在地面上，周围有少许巢材。巢材也并非柔软之物，一般为干草茎、小石子等，依环境而定。通常每窝产卵2枚，偶见1枚、3枚。雌雄亲鸟共同参与孵卵和育幼。孵化期27～29天，是所有鹤类中孵化期最短的。孵化期若有人接近巢，亲鸟会压低身体离巢。离开巢50 m左右后，做出"拟伤"的表现，吸引人的注意力，把人从巢附近引开。将人引至500 m之外后，亲鸟才飞离。

雏鸟身被棕黄色绒羽，基部灰色。刚出壳就可以蹒跚移步。第1周行走能力很差，一般只在巢附近活动。之后随日龄增长，

蓑羽鹤的巢十分简陋，只是在选好的巢址上抓刨出浅坑，卵直接产于地面。宋丽军摄

活动范围扩大，可以随亲鸟觅食。但遇危险时，雏鸟大多就地蹲下不动，躲在草丛中靠保护色隐藏。一般要 60～70 日龄才会飞。3 月龄后，幼鸟体型接近亲鸟。如同其他鹤类一样，幼鸟独立生活能力差，需亲鸟饲喂、抚育至少半年或更久。

种群现状和保护 全球种群数量估计在 20 000～240 000 只，IUCN 和《中国脊椎动物红色名录》均评估为无危（LC），在中国被列为国家二级重点保护动物。在中国北方常见且种群数量很大。从内蒙古东部的呼伦贝尔草原到新疆北部荒漠草原，包括天山上海拔 2300～2400 m 的沼泽草甸和高寒草原都可以见到繁殖蓑羽鹤的身影。春夏在内蒙古东部的呼伦贝尔、兴安盟、锡林郭勒、通辽、赤峰等地草原和湿地里可以见到它们成对成双，或拖儿带女。但近年来繁殖密度极低，如在图牧吉国家级自然保护区内，近年来只有 2 对蓑羽鹤繁殖。直到 20 世纪 80 年代，松嫩平原的湿地和草原——扎龙、向海、莫莫格仍有相当数量的蓑羽鹤繁殖种群。但近十几年来这里只有幸运的人们才偶尔有机会在迁徙季节里一睹它们的芳容。在新疆北部的广袤草原和天山上，由于地广人稀，估计尚有上千只的繁殖群。

随着人口的增长，草原上载畜量的增加，很多地方过度放牧，加上大面积草原被开垦成农田，导致了蓑羽鹤栖息地的丧失。这不仅是生活空间上的缩小，同时也导致了栖息地质量的下降。随着草原上人口和畜牧的增长，生活在草原上的鹤类更易受到人类活动的干扰，或人为引起的火灾的伤害，以及直接的捕杀、毒杀。这可能是东北的松嫩平原蓑羽鹤繁殖种群消失的主要原因。

尽管蓑羽鹤是中国北方的常见鹤类，但我们对其生态习性的研究很少，对它们种群动态的了解也非常有限。从目前的野外观察来看，它们的繁殖区在缩小，繁殖密度大大低于 20 世纪，但由于之前很少有详细的数量报道，在评估它们的现状时很难进行比较。它们的食物、行为和生态需求也都需要进一步的研究。

白鹤

拉丁名：*Grus leucogeranus*
英文名：Siberian Crane

鹤形目鹤科

形态 大型涉禽，体长 130～140 cm。雌雄同型，全身洁白，黑色的初级飞羽只有展翅时才能看见，故而得名白鹤。头颊裸露，红色，胫、跗跖、脚红色。幼鸟头部无裸露皮肤，体羽多沾棕黄色。

分布 曾经有 3 条迁徙通道：西部通道、中部通道和东部通道。中部通道的白鹤种群在西伯利亚西部繁殖，经中亚到印度越冬。2002 年在印度最后一次记录到该种群的个体。西部通道上的白鹤种群在俄罗斯乌拉尔山东部的奥比河流域繁殖，目前仅在里海南岸伊朗的越冬地偶尔见到 1～2 只。东部通道上的白鹤在俄罗斯萨哈（雅库特）共和国靠近北极圈的苔原带繁殖，迁徙时经过中国东部，在松嫩平原和辽河平原、渤海沿岸的辽河口和黄河三角洲湿地停歇，到长江中下游越冬。

栖息地 觅食、休息和繁殖都在天然湿地里，是 15 种鹤类中最喜水生环境的。喜栖息于水深不超过 45 cm 的浅水沼泽、河漫滩草甸、草甸、湖岸滩涂。

繁殖季节，白鹤在泰加林和泰加林以北苔原带的低洼地里视野开阔的泥炭沼泽中筑巢。

迁徙季节，白鹤在中国东北松嫩平原的扎龙、莫莫格、图牧吉和向海湿地停歇，多栖息于浅水河漫滩湿地和季节性浅水湖泡。最适宜白鹤的栖息地是水深 10～20 cm 的苔草沼泽和季节性积水的草甸，多位于湖泊外围、河岸、草甸和草原的低洼地。这里植物群落复杂，适宜白鹤栖息的为扁秆荆三棱沼泽、荸荠沼泽、狭叶黑三棱沼泽和杂草类草甸等。优势种为狭叶型大叶章、狭叶黑

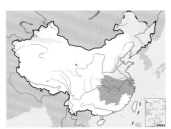

白鹤，站立时全身洁白，额及两颊裸露的红色皮肤与红色的腿在白色羽毛的映衬下十分显眼，展翅飞翔时才可见黑色的初级飞羽，喜栖息于水草丰茂的浅水沼泽中。左上图聂延秋摄，下图沈越摄

三棱、扁秆荆三棱、慈姑、菰、菖蒲、水葱、水莎草、两栖蓼、竹叶眼子菜等。由于松嫩平原地区年度间的降水和地表径流波动较大，这些草甸和湿地经历周期性的干旱和湿润过程，使得这些湿地水生植物群落反复处于早期演替阶段：星星草／狼尾草草甸－苔草沼泽。这些群落中生长的扁秆荆三棱、三江藨草、荸荠等具有块茎的水生植物为停歇的白鹤提供了丰富的食物。同时，由于该地区地势平坦，而微地貌结构复杂，处于不同演替阶段的群落镶嵌组合，又在不同水分条件的年份里交替为鹤类提供食物。

在越冬地，白鹤的栖息地主要是水深 20～30 cm 的浅水湖泊，或刚刚退水的湖滩地。它们通常在水中挖掘沉在泥里的苦草的冬芽。当湿地水深超过 45 cm 时，白鹤会放弃水生环境，转移到周边的草滩甚至农田中觅取委陵菜、老鸦瓣等植物的根茎为食。

习性　长距离迁徙水鸟。每年 2 次往返于北极圈里的繁殖地和中国长江中下游鄱阳湖的越冬地。从 3 月上旬开始迁离越冬地，一般用约 2 个月的时间返回繁殖地。迁徙距离约 5000 km。在迁徙途中，除每天夜晚休息外，连续飞行 5～10 天后需要在适宜的停歇地休息 5～15 天以恢复体力，补充能量。在整个迁徙过程中，每只个体需要 2～4 次这样的休整期。这些作为休整期栖息地的停歇地对白鹤顺利完成迁徙非常重要。目前在中国承担这一功能的主要湿地是黑龙江的扎龙湿地，吉林的莫莫格湿地、洋沙泡湿地、向海湿地，辽宁的辽河口湿地和山东的黄河三角洲湿地。春季白鹤群一般在 5 月 10 日至 20 日离开松嫩平原的停歇地，全部飞往繁殖地。

秋季的迁徙模式与春季相反，9 月下旬白鹤群陆续由北方迁来，在松嫩平原的湿地分散停歇，休息养生，至 10 月中下旬开始集成大群，当气温低于 −1 ℃时集群南下。随后可能会在黄河三角洲停留 1～3 周。在越冬地鄱阳湖，每年 10 月中旬开始有白鹤陆续抵达，隆冬时节是越冬白鹤停留的高峰期。

非繁殖季节喜集群，或以家族群活动。非繁殖个体大多在繁殖地周围游荡，活动范围远远大于繁殖个体。也有极少数非繁殖个体并不返回繁殖地，只在迁徙通道的中途游荡于各个湿地之间。近年来，在蒙古东部的鄂嫩河，中国内蒙古的辉河、图牧吉、吉林的向海和双辽湿地都有白鹤夏季栖息的记录。

食性　杂食性，食谱非常广泛。湿地中多种水生植物的嫩芽、根茎（块茎）和浆果，昆虫、鱼虾，甚至鼠类都是白鹤的食物。初夏它们返回繁殖地时正是北极生命最繁盛的日子，不论动物还是植物都争分夺秒地利用极地长昼生长、繁衍，这也给白鹤提供了丰富的食物。为了让幼鸟尽快长大，能在寒冬到来之前羽翼丰满，亲鸟喂食幼鸟大量高蛋白的昆虫幼虫。但在迁徙期和越冬期白鹤更偏重植物性食物，主要取食水生植物的块茎。在松嫩平原

白鹤是长距离迁徙的鸟类，每年繁殖季节过后，幼鸟刚学会飞翔就随亲鸟踏上数千千米的南迁旅程，此时幼鸟尽管体型已经接近成鸟，开始学习觅食，但觅食效率低，无法独立生活，依然依赖于亲鸟的饲喂。图为来到迁徙停歇地的白鹤，羽色锈黄的幼鸟经历长途飞行后已筋疲力尽，伸长脖子接受亲鸟的饲喂。周海翔摄

和辽河平原，白鹤主要以扁秆荆三棱、荆三棱、慈姑、眼子菜和荸荠等植物的块茎为食。而在长江中下游的鄱阳湖，白鹤主要取食苦草的冬芽（块茎），以及马来眼子菜等。当然，它们偶尔也吃小鱼、虾、昆虫和软体动物等。

繁殖　5龄左右性成熟。亚成体常集群活动，同时选择配偶。当配偶稳定后，繁殖对要在繁殖地选择并占领繁殖领地，才能参与繁殖。因此，一般要7龄才开始产卵、育幼。

北极苔原带的夏天非常短暂，白鹤的繁殖期也很短。繁殖对在5月中下旬返回繁殖地后马上筑巢、产卵。窝卵数一般为2枚。雌雄亲鸟均参与孵卵，孵化期约30天。雏鸟出壳后可以在巢上或巢附近蹒跚行走，2~3日龄便可随亲鸟活动。随后的2个月里幼鸟要尽快生长，以便在寒冬到来之前可以随父母开始长距离迁徙。幼鸟在70~75日龄时掌握飞翔能力，其后很快就踏上南迁的旅程。来到迁徙停歇地时，虽然幼鸟体型大小已经非常接近成鸟，但它们独立生活的能力仍然很差，还要依赖于亲鸟的饲喂。尽管它们开始学习觅食，但效率很低，要等到第2年春天才能够独立取食。

种群现状和保护　作为15种鹤类中最喜水生的物种，白鹤一直以天然湿地为栖息地。直到2013年春天在其中途停歇地——獾子洞湿地，白鹤第一次被观察到在湿地附近的农田中觅食。自那之后，黄河三角洲、科尔沁湿地、俄罗斯的穆乌尤卡公园（黑龙江中游）等地陆续有白鹤开始进入农田的报道。很明显，这是由于天然湿地的大量减少，白鹤的适宜栖息地也减少，它们迫不得已选择进入农田。白鹤是否能在这种新的环境中获得足够的质量良好的食物，有待于今后的研究。而进入农田带来的被捕鸟夹夹住、误食有农药包衣的种子或被投毒等风险因素，则需要密切关注。

由于3条迁徙通道中有2条上的白鹤种群正在消失，而剩下的东部通道上的种群仅有单一越冬地——鄱阳湖，这使得白鹤处于极度濒危的状态。同时由于白鹤对栖息地要求专一的生态学特点，也使其种群更具有脆弱性。因此，尽管其东部种群数量近4000只，仍然被公认为世界范围内极度濒危，IUCN和《中国脊椎动物红色名录》均将其列为极危（CR）。在中国白鹤被列为国家一级重点保护动物，在其主要停歇地和越冬地都建立了自然保护区，但伤害和毒杀白鹤的事件仍时有发生。

鄱阳湖作为现存白鹤东部种群的唯一越冬地，既说明了白鹤的专一性，也显示出白鹤对鄱阳湖的强烈依赖性。因此，鄱阳湖生态系统的变化将会给白鹤的生存带来重大的影响。近年来，江西省打算在鄱阳湖的出水口处修建一个控水枢纽（水闸）。令人担忧的是，水闸建成之后必然会对鄱阳湖湿地生态系统产生一定的影响，影响到什么程度难以预测。一旦鄱阳湖湿地发生重大改变，很难说白鹤是否能够适应这种变化。

白枕鹤

拉丁名：*Grus vipio*
英文名：White-naped Crane

鹤形目鹤科

形态　大型涉禽，体长120~150 cm。雌雄同型，全身青灰，初级和次级飞羽暗灰色，而细长的三级飞羽银灰色，羽端灰白色。脸颊皮肤裸露，呈红色，故又名红面鹤。头顶、颈后延至上背白色。胫、跗跖、脚红色。

分布　主要繁殖区分布在蒙古东部色楞格河和鄂嫩河河漫滩湿地，中国东北和俄罗斯远东的黑龙江流域低洼地、河漫滩冲积湿地。在中国的主要繁殖群分布在兴凯湖北侧的洼地、松阿察河河漫滩湿地、三江平原的七星河和挠力河湿地、松嫩平原的扎龙和图牧吉湿地、呼伦贝尔的辉河湿地，在大小兴安岭的林间苔草湿地也有一定数量的繁殖。此外，内蒙古东部兴安盟至锡林郭勒盟的草原上，湖泡周围的浅水湿地和一些河流周围的小片湿地里也有分散的繁殖对。

有2个不同的越冬区。彩色标记和遥感追踪研究表明，在松嫩平原及其东部，包括中国的三江平原、兴凯湖地区、黑龙江流域、俄罗斯一侧的兴安斯基保护区繁殖的白枕鹤冬季迁往朝鲜半岛，部分留在"三八"线附近越冬，部分去日本的鹿儿岛越冬；而在蒙古东部、中国内蒙古东部、俄罗斯达尔斯基保护区繁殖的白枕鹤经中国内蒙古东部，在锡林郭勒盟多伦县与河北沽源的闪电河河谷湿地和草甸上停歇、集结，再经渤海湾西部、黄河三角洲去长江中下游的湖泊越冬。近年来，在北京的密云水库也有

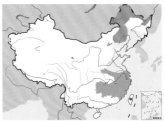

白枕鹤。左上图宋丽军摄，下图沈越摄

在草滩上觅食的白枕鹤。宋丽军摄

只的大群白枕鹤停歇。白枕鹤在中国的越冬地目前主要集中于鄱阳湖附近的浅滩。

栖息地 在蒙古东部和相邻的俄罗斯地区，以及中国内蒙古东部和大小兴安岭地区的栖息环境多为宽阔河谷的河滩地、浅水湖泊的岸边或低洼地的浅滩，有时是低山丘陵间的湿地和林间湿地。在三江平原和松嫩平原，白枕鹤与丹顶鹤的繁殖地分布是重叠的，有很多相似之处，但白枕鹤喜欢选择水更浅的芦苇沼泽，有薹草混生的苔草沼泽和湖畔、河岸边的草甸。除了湿地之外，白枕鹤还常到附近的草原和农田中觅食。

迁徙季节，白枕鹤在锡林郭勒草原的河滩上、洼地里、河畔边、收割后的荞麦地和豆地里集几十只、上百只的大群觅食。在东北其他地区多为十几只的小群，常在湿地边，或附近的草地和农田中觅食。在渤海湾附近，河口滩涂、河岸边的洼地、水库周边收割后的农田都是他们觅食的场所。在黄河三角洲，栖息于黄河故道的河漫滩湿地、人工恢复的芦苇沼泽、鱼池、盐池，偶尔去周边收获过的农田。

在越冬地，白枕鹤常常在长江中下游的湖泊浅水区，一般在水深 5 ~ 20 cm 或刚刚退水的泥滩和草地上觅食。有时也会到收割后的稻田里觅食。

习性 长距离迁徙。每年 3 月上旬开始离开越冬地，一般用时 20 ~ 30 天，在 4 月中上旬返回繁殖地。迁徙距离 2500 ~ 3000 km。

遥感跟踪研究显示，白枕鹤春季迁徙时每天行程 40 ~ 320 km，秋季迁徙速度略快，每天行程 65 ~ 450 km。在人口稠密的地区一般选择在河道、池塘、鱼池边过夜，次日继续飞行。连续飞行数日后，会选湿地面积比较大且人迹稀少的水库、河口、沿海滩涂休息数日，恢复体力，然后继续迁飞。内蒙古多伦和河北沽源的闪电河谷湿地，渤海湾附近的河口或湿地，如天津北大港和南大港湿地、北京密云水库和山东黄河口湿地，都是白枕鹤迁徙时的集结休息停歇地。

在繁殖季节里白枕鹤有很强的领域性。可能是因为取食热量较低的植物性食物，白枕鹤的繁殖领域通常大于丹顶鹤。非繁殖季节则喜集群，或以家族群活动。在繁殖地的群体比较小，除家族群外，一般为 6 ~ 15 只。迁徙到中途集结停歇地后常形成上百只或更大的群体。迁徙和越冬时，常与白头鹤、灰鹤混群觅食，但较其更喜欢在湿润的地方觅食。

食性 杂食性，既吃植物性食物，也吃动物性食物，以水生植物的块茎、根、嫩芽、嫩叶和种子为食，也吃鱼虾、水生昆虫，但更偏重植物性食物。在越冬地主要在泥滩上挖掘苦草、荸荠、眼子菜的块茎为食，也常到草滩上捕食昆虫、软体动物，或到农田中捡食散落的稻粒或挖掘野草根。在繁殖地，大多时间都在湿地觅食水生植物的根茎。

繁殖 一般 2～5 龄性成熟，在人工饲养条件下，有 1 龄雌鹤产卵的记录。但在野外因为需要寻找合适的配偶，再选择适宜的繁殖地，并能够占领守卫领地，所以一般要 5～7 龄才开始参与繁殖。白枕鹤是单配制婚配，一雌一雄配对可维持多年。配对过程相对复杂，往往在非繁殖群里雄鸟就开始对中意的雌鸟以舞蹈形式多次进行求偶。如果雌鸟对雄鸟有意，便迎合它的舞蹈，从单只舞蹈变成对舞。对舞之后开始对鸣，只有经反复练习，对鸣的节奏合拍，这对鹤才能成为繁殖对。

每年春天刚返回繁殖地，白枕鹤繁殖对就开始在领域内选定巢址，准备筑巢。巢一般直接建在水深 10～20 cm 的沼泽中，巢高于水面 10～15 cm，为圆台状。巢材多为前一年干枯的芦苇和薹草的茎、叶，也将巢附近的一些莎草连根拔除用于建巢。白枕鹤巢周围常常可见宽约 1 m 的水环围绕，就是因为繁殖鹤将巢周围的草拔光所致。巢一般外径 70～90 cm，内径 40～50 cm。在孵化的过程中，亲鸟还会不断往巢上添加巢材。窝卵数一般为 2 枚。卵钝端密布深褐色斑点，卵重 150～200 g。雌雄亲鸟均参与孵卵，孵化期约 30 天。雏鸟出壳后全身被棕黄色绒羽，可蹒跚而行，仅于巢附近活动。随着日龄增长，雏鸟随亲鸟活动的范围增大，到 30 日龄左右可跟随亲鸟到离巢 1 km 外的地方觅食。幼鸟在 3 月龄之前几乎完全依赖亲鸟饲喂，主要吃水生昆虫的幼虫、小鱼、虾，也吃植物的嫩芽、茎等。至 3 月龄幼鸟的绒羽几乎全部蜕换为正羽，身上的覆羽多为浅灰色，但端部为棕色，尤其是头颈几乎全呈棕黄色。幼鸟在 80 日龄左右具有飞行能力，之后家族群的活动范围扩大。在繁殖后期，幼鸟常随亲鸟到领域之外湿地边缘的草甸或收割后的草甸上觅食。在迁离繁殖地之前，家族群有时会到收割后的农田中觅食。

种群现状和保护 IUCN 评估为易危（VU），《中国脊椎动物红色名录》评估为濒危（EN）。在中国被列为国家二级重点保护动物。在中国东北多地有繁殖种群，但种群数量都很小，繁殖分布很分散。各国科学家的长期监测结果表明，近年来在韩国和日本鹿儿岛越冬的白枕鹤种群数量稳定上升，目前接近 7000 只。但由于越冬栖息地面积非常小，导致越冬种群密度非常大，因此面临着非常大的传染性疾病暴发的潜在威胁。

在中国，尽管政府在白枕鹤繁殖地、迁徙停歇地和越冬地都建有自然保护区，但由于在长江中下游越冬的白枕鹤在迁徙过程中很分散，大多数时间不在保护区内，还经常到农田中停歇、过夜，也喜欢在农田中觅食，给迁徙鹤类的保护工作带来了非常大的挑战。中国长江中下游的白枕鹤越冬种群由 10 年前的 4000 只左右，下降到目前可能不足 1500 只。种群数量的急剧下降很大程度上是由于栖息地减少所致，非法的捕杀、投毒也可能是原因之一。

白枕鹤的巢和卵。宋丽军摄

白枕鹤雏鸟。宋丽军摄

灰鹤

拉丁名：*Grus grus*
英文名：Common Crane

鹤形目鹤科

形态 体长 100～137 cm，体重 3000～5500 g，与其他鹤类相比体型中等。形态与丹顶鹤相似，只是体型略小，被羽以灰色为主，有时被人们误认为丹顶鹤。成鸟雌雄相似，雌鸟略小。前额和眼先黑色，被有稀疏的黑色毛状短羽，冠部几乎无羽，裸露的皮肤为红色。眼后有一白色宽纹穿过耳羽至后枕，再沿颈部向下到上背，身体其余部分为石板灰色。喉、前颈和后颈灰黑色。虹膜黄色或红褐色；嘴黑绿色，端部沾黄色；腿和脚灰黑色。全部飞羽为深灰色。幼鸟体羽灰色，但羽毛端部为棕褐色，冠部被羽。幼鸟虹膜浅灰色；嘴基肉色，尖端灰肉色；脚灰黑色。

分布 在整个欧亚大陆的北方都有繁殖分布。在中国繁殖地主要分布在北方地区，曾见于新疆、内蒙古、黑龙江、青海等地，但数量不多。迁徙时经过内蒙古、辽宁、吉林、黑龙江、河北、河南、陕西、山东等地。在中国的越冬区域十分广阔，大致从辽东半岛向西南经河北、北京、山西、河南、四川到云南一线以南

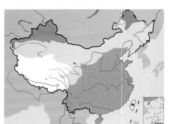

的湿地里有不连续的分布。常见越冬种群集结地有辽宁的瓦房店、河北的乐亭、北京的野鸭湖和密云水库、河南的黄河湿地、山东的黄河三角洲、江苏的盐城、江西的鄱阳湖、贵州的草海、云南的大山包等。

栖息地 栖息于开阔平原、草地、沼泽、河滩、旷野、湖泊以及农田地带，尤为喜欢富有水生植物的开阔湖泊和沼泽地带。常栖息于沼泽草甸，沼泽中多草丘和水洼地，生有水麦冬、水毛茛和薹草等 20 多种水生植物。在迁徙途中的停歇地和越冬地，主要栖息于河流、湖泊、水库或海岸附近，与其他鹤类相比更喜欢集群到农田中觅食，傍晚回到河漫滩、沼泽地或海滩夜宿。

习性 在迁徙途中或越冬地，常集大群，多达几百只甚至上千只。天刚亮时便由夜宿地飞去觅食地——农田，正午左右集小群憩息。灰鹤常去收割后的农田里翻找花生、玉米、稻粒等谷物。觅食时行走缓慢，用喙掘开泥土，寻找埋在地下的食物。停息或者觅食时，它们不断伸长脖子轮流四处张望，如果发现危险，则立即发出鸣叫声警告，继而全群惊飞，盘旋于上空。然后少数个体降落，若没有发现危险，则大群灰鹤随之降落。傍晚时分，灰鹤回到夜宿地，夜宿地通常选择在开阔的浅水沼泽，周围无高大的隐蔽物。刚停歇时个体间距松散，然后逐渐靠拢，随夜幕降临整个鹤群聚集靠拢在一起。晚上睡觉时，灰鹤单脚站立，头向后插入翼下。留个别哨兵鹤警戒，不时伸长脖子张望。若发现危险，则鸣叫起飞。

灰鹤。休息时单脚站立，头插入翼下。沈越摄

迁徙途中集群觅食的灰鹤。聂延秋摄

食性 杂食性，但以植物为主，包括植物的根、茎、叶、果实和种子，喜食芦苇的根和叶。在繁殖季节，动物性食物显得尤为重要，因此也吃昆虫、蚯蚓、蛙、蛇、鼠等，并且用以饲喂幼鸟。在迁徙和越冬时期，经常到农田里觅食，农田中残留的玉米、稻粒、花生、甘薯、马铃薯等都是它们的食物，偶尔也吃农田中野生植物的根茎。它们较其他物种更能快速适应新的生境——农田，并能适应不同生境中的不同食物，从水生植物、谷粒和种子到小型无脊椎动物。

繁殖 一雌一雄制，但是在丧失配偶后，能去寻找新的配偶。求偶时有一套很复杂的舞蹈，舞蹈包括头颈上下摆动、弯身、旋转等。求爱时，雄鸟常先围着雌鸟跳舞，雌鸟随之起舞。当配偶稳定后雌雄一起对鸣。对鸣时，雌鸟发出较高的声调，雄鸟发出的鸣叫声则较长，两者协同发声。

繁殖季节里，灰鹤具有领域性。其领域大小根据当地环境的不同而变化，2～500 hm² 不等。繁殖灰鹤会把泥和腐烂的植物涂抹在身体上，使身体的某些部位颜色近棕红色，与周围环境相似。在浅水或者靠近浅水处筑巢，巢周围通常有密集的植物丛。巢的大小和布局在不同的地区存在差异。4月下旬开始产卵，5月较集中，一直到6月仍有筑巢产卵。每窝产卵2枚，灰褐色，与丹顶鹤的卵颜色接近，布满大小不等的深褐色斑点及斑块，钝端斑点较密集。卵平均大小为96.7 mm×60.5 mm，卵重174.3 g。产卵间隔常为2天，有时为1天、3天或4天，产下第1枚卵后就开始孵卵，雌雄亲鸟轮流换孵，孵化期30天左右。雏鸟出壳后，3日龄即可啄食和饮水；55日龄体重可达2300 g，高70 cm；3月龄可以飞翔。

越冬的灰鹤家庭，成鸟右边体型稍小、头部被棕黄色羽毛的为第一年的亚成鸟。彭建生摄

种群现状和保护 种群数量最大、分布最广的鹤类，IUCN评估为无危（LC），《中国脊椎动物红色名录》评估为近危（NT）。在中国被列为国家二级重点保护动物。近年来，尽管天然栖息地湿地减少，但华东地区的越冬灰鹤种群数量由几十只增加至上千只，这可能是由于其对农田栖息地的快速适应，但缺乏详细研究。

在迁徙和越冬期，大群灰鹤进入农田里觅食。这一行为使得灰鹤拓宽了它们的生态域，更容易获得食物，并且能获得更多的食物。同时，这也拉近了它们与人类之间的距离，使得它们更容易受到人类活动的影响。对灰鹤来说，这一行为也使它们更容易遭到不法分子的捕杀，或误食接触过农药的食物。对人类来说，灰鹤在某些地区可能会对冬季的农作物造成一定损害。因此，充分了解灰鹤的生态需求，保持鹤类和人类的距离，如何避免人类和鹤类的冲突将是一个重要的野生动物保护课题。

黑颈鹤

拉丁名：*Grus nigricollis*
英文名：Black-necked Crane

鹤形目鹤科

形态 大型涉禽,体长约120 cm,在鹤类里居中。通体灰白色,间杂少量棕褐色羽毛;头、枕和整个颈部均为黑色,仅眼后及眼下有一小型白斑;眼先和头顶裸露皮肤红色,其上被有稀疏黑色短羽;初级飞羽、次级飞羽和三级飞羽均为黑色;尾羽亦为黑色。

分布 主要分布在青藏高原和云贵高原,在不丹和克什米尔地区也有少量分布。繁殖地绝大部分集中在青藏高原(31°N~39°N、79°E~104°E),包括西藏、青海、甘肃、四川和新疆等地;极少的繁殖种群分布在克什米尔地区(33°N~35°N、78°E~79°E),海拔范围为2600~5000 m。越冬地主要在青藏高原东南部、云贵高原以及不丹的中部和东北部山谷,分布范围为25°N~30°N、87°E~105°E,海拔范围为1900~3900 m。

栖息地 唯一一种终年生活在高原上的鹤类,适应于在沼泽湿地生活。黑颈鹤生活史的各个阶段,对湿地生境的依赖性都很强,繁殖、夜栖、取食和修整等行为都与湿地生境紧密关联。因此,黑颈鹤是高原湿地保护的旗舰物种。

黑颈鹤仅在青藏高原上繁殖,分布区非常分散,跨度广阔。这些区域虽然在地形、气候、水文条件上具有较大的差异,但黑颈鹤繁殖栖息地的环境特点多是共通的,即都为开阔的淡水沼泽地区。这些沼泽可以是湖滩沼泽,也可以是河漫滩,或者是二者兼有的景观。在海拔3400~4000 m的若尔盖湿地,黑颈鹤生活的沼泽中植物多样性高,植被以湿生莎草科植物为主,其次为毛茛科、伞形科、菊科的一些种类,形成以薹草为主的多种沼泽植物群落。在海拔4200 m的青海隆宝滩湿地,黑颈鹤利用的是沼泽草滩和大小不等的明水面。植被为高寒沼泽、草甸类型,优势种为蒿草类植物以及薹草类植物。而在海拔超过4500 m的藏北申扎繁殖地,是典型的高寒草原荒漠地区的南羌塘高原草原亚区,植被为以紫花针茅群系为主的高寒草原植被。在克什米尔东南部繁殖地,海拔4000~7000 m,气候变化多样,植被多由一年生草本植物构成,种类贫乏,主要为毛茛、老鹳草、蕨麻、龙胆等。总结黑颈鹤对繁殖栖息地的选择,首选条件是宽广的有浅水的沼泽地,必须是主要由淡水形成的湿地,且远离人、畜干扰源。对繁殖地的植被并无特殊的选择偏好。巢址选择根据大环境的不同而具有特异性。如在隆宝滩河流型的生境中,其营巢地周边的水深不到20 cm,但湖底的淤泥基质厚,人畜在其中行走容易陷进去。在若尔盖湖泊型的繁殖生境中,其巢址多选在周边具有大面积明水面的草墩上,草墩周边的水深约30 cm,以阻止人畜的进入。

黑颈鹤的越冬区主要在西藏雅鲁藏布江中游、横断山脉南段和云贵高原乌蒙山区3个区域,根据越冬地周边的地理特点,大致可以分为高原河谷和高原湖泊沼泽两种主要类型。黑颈鹤在高原河谷地带的越冬区主要在雅鲁藏布江中游地区和喜马拉雅山南侧的不丹中北部地区。雅鲁藏布江中游的拉孜至大竹卡区域为黑颈鹤的主要越冬集中区。河谷宽度超过1 km,河流多岔道,呈网状,河床中多沙洲和浅滩,成为黑颈鹤重要的夜栖地。在雅鲁藏布江的重要支流年楚河和拉萨河汇集处,形成了宽河谷地段,谷底一般宽3~5 km,水面宽100~300 m。该河段耕地集中,人口稠密,是西藏的主要农业区,广阔的农田是黑颈鹤冬季的主要觅食地。周边的植被属于藏南河流亚高山灌丛草原区,代表性植被为草原和灌丛。在海拔4400 m以上的干旱宽谷、盆地和山坡下部,广泛发育着喜温的亚高山草原、落叶灌丛和河谷沼泽草甸,构成河谷地区植被垂直分布的基带。植物群落的种类组成以禾本科、菊科和小檗科为主。

黑颈鹤在高原湖泊沼泽的越冬区主要在横断山南段和云贵高原乌蒙山区。最典型的有乌蒙山区的草海、滇东北的大山包、滇西北的纳帕海。草海为天然淡水湖泊,湖区水域面积超过20 km²,生长有37种水生高等植物。纳帕海为季节性湖泊,湖盆海拔3260 m,由周边高山的汇水汇入,在湖东南有天然落水洞,经地下暗河注入金沙江。雨季,湖水面可达数千公顷,水深4~5 m;到了旱季,湖水干涸,大部分区域成为一片绿色的水草沼泽湿地。主要的湿地植物群落有华扁穗草群落、西伯利亚蓼血宁-眼子菜群落。湖周边的沼泽受人为影响较大,湿地被开垦,种植青稞、马铃薯等,冬季成为牛、羊、马、猪等散放的牧场。大山包湿地位于横断山脉凉山山系五莲峰分支向东延伸部分,黑颈鹤越冬地为开阔的高原台面,山头浑圆,大部分在海拔3000~3200 m,人工修建的水库及其周边的草甸沼泽构成了黑颈鹤越冬的主要栖息地。植被以西南委陵菜和早熟禾草甸为主。

黑颈鹤。左上图唐军摄,下图彭建生摄

与斑头雁混群休息的黑颈鹤。彭建生摄

习性 短距离迁徙，一般于每年 10 月中下旬迁到越冬地，次年 3 月中下旬离开，越冬期长达 5 个多月。在乌蒙山区和滇西北地区，群众把黑颈鹤每年的迁徙规律归纳为"来时不过九月九，去时不过三月三"。黑颈鹤最早在 10 月上旬到达越冬地，最晚在 11 月中旬，前后相差 1 个月左右。最早的迁离在 3 月中旬，最晚在 4 月下旬。多在晴朗天气的中午迁徙，数十只的群体大声鸣唱，借助上升气流盘旋起飞，越飞越高，直到离开越冬地。一般每年 11 月底至次年 3 月初为越冬种群数量稳定的时期。黑颈鹤在冬季喜欢集群，有家庭集群、同种集群和混种集群（与其他湿地鸟类，如灰鹤、斑头雁、赤麻鸭等水禽形成大的群体，主要在休息时和夜间栖息时形成）。通过集群，可以减少群体中个体面临的危险，稀释被天敌捕食的风险，同时个体可以节省寻找觅食场所的时间，从而弥补冬季食物相对不足的缺陷。冬季，黑颈鹤的主要行为是觅食，其次为修整行为、警戒行为。觅食行为有两个高峰，分别为 09:00 ～ 11:00，以及 15:00 左右。繁殖季节黑颈鹤的主要时间分配在取食和繁殖上，在一天中分别占 45% 和 28%。

黑颈鹤的越冬地海拔相对较低，气候相对温暖，不仅适合鹤类越冬，也是人类的主要农业耕作活动区。因此，黑颈鹤在越冬地与人类的冲突更为频繁，冲突的主要原因是食物。这种矛盾在春播时体现得最为明显。在滇东北，每年 2—3 月，农民播种下马铃薯、燕麦和荞麦之后，黑颈鹤便会飞来取食，"人鸟争食"成为保护区管理的重要问题之一。近期，在相关研究结果的支持

下，保护区采取设置食物源基地的方式来缓解这一矛盾。在大山包，保护区管理局在湿地周边种植马铃薯、荞麦等作物，只种不收，在春耕期间将这些作物翻耕，作为黑颈鹤的食物源基地，部分缓解了"人鸟争食"的冲突。

迁徙 早在 1984 年，贵州生物研究所就开始利用环志对黑颈鹤的迁徙展开了研究。研究者先后在青海、四川和贵州等地环志黑颈鹤 21 只（贵州威宁草海 4 只、四川若尔盖 8 只、青海玉树隆宝滩 8 只、青海湖泉湾 1 只），回收观察到 7 只。根据环志结果推测黑颈鹤春秋两季迁徙的时间和路线，提出了 3 条迁徙路线。东线迁徙，往来于若尔盖和威宁草海之间，直线距离 800 km，途经雅安、荥经、乐山和宜宾；中线迁徙，由青海玉树隆宝滩沿通天河、金沙江河谷及雀儿山和沙鲁里山，经四川西北部的石渠、甘孜、理塘南下到达滇西北横断山脉的越冬地，直线距离也在 800 km 左右；西线迁徙，新疆东南部、青海西部繁殖的黑颈鹤通过唐古拉山口以及藏北、藏西北高原，由高海拔地区向南或向东南迁徙至低海拔的雅鲁藏布江及其支流河谷越冬，其中一部分飞越喜马拉雅山脉至不丹越冬。自 1984 年至 2004 年，中国共环志黑颈鹤 49 只，其中繁殖地环志 35 只，越冬地环志 14 只，共观察和回收到 9 只。除了中国对黑颈鹤开展环志之外，1995 年 6 月在克什米尔东南部也环志了 3 只黑颈鹤，除采用不同颜色的彩色脚环之外，还佩戴了彩色的塑料旗标，并在之后连续 2 年内进行了观察。

黑颈鹤的环志回收证明其具有返回同一越冬地或繁殖地的习性，其中草海环志的1只幼鹤曾连续7年回到草海越冬，并且两地的环志都显示，黑颈鹤回收点与环志点的距离一般在10 km以内。

随着科技的发展，更加先进的技术手段——卫星跟踪技术被应用到鸟类迁徙研究之中。较之传统的环志方法而言，卫星跟踪更能清楚地了解被追踪的个体某时某刻的位置，得到更加详细的迁徙路线、中途停歇地以及中途逗留的时间、不同地点的活动范围等信息。研究者在不丹的越冬地邦德岭捕捉了1只幼鹤并给其佩戴上卫星发射器。卫星信号显示，该鹤首先从不丹的邦德岭迁往西藏的日喀则，并在1天之内完成了这段旅程，2天之后又在1天之内从日喀则飞至申扎的繁殖地，整段旅程480 km。2005—2007年，研究者为8只黑颈鹤（大山包7只，草海1只）佩戴了卫星发射器，有6只成功完成了至少一次迁徙。此次卫星跟踪证实并丰富了黑颈鹤东部种群的迁徙路线信息。即大山包—若尔盖、草海—若尔盖和草海—大山包—草海等迁徙路线，并且证实了黑颈鹤春季和秋季迁徙时都是按照大致相同的路线飞行：沿着长江上游的金沙江、大渡河一直向北到达黄河上游的白河及黑河沿岸的若尔盖湿地；春季迁徙距离674～713 km，历时3～4天，途中停歇3～4次，而秋季迁徙历时8天。共确定了四川的金阳、美姑、甘洛、石棉、汉源、泸定、天全、理县、红原和阿坝等10个地区的13个中途停歇地，其中11个停歇地在河流滩地，2个在高山湖泊附近。停歇点海拔都在1900 m以上且人为活动稀少，或为草甸覆盖的高山浑圆山头，或为高山缓坡的林间空旷草地。之后，研究者又于2009—2010年对中部越冬种群纳帕海越冬地的5只黑颈鹤进行了卫星跟踪研究，发现了四川甘孜白玉、稻城和理塘3个新的黑颈鹤繁殖地。这些黑颈鹤同样具有相似的春季和秋季迁徙路线，而迁徙过程历时差异较大，春季迁徙历时1～2天，而秋季迁徙可长达20天。迁徙过程中主要沿高山之间的河谷飞行，到达高原面时则顺低谷迁徙，回避海拔较高的高山，即使翻越高山也会选择海拔较低的隘口。迁徙的中途停歇地多为湖滨沼泽和沟谷沼泽，而迁徙途中的沙鲁里山系具有大量的冰渍湖和大面积的沼泽湿地，适宜黑颈鹤中途停歇。

食性 越冬期间，滇东北的黑颈鹤主要食物为农田残留物，包括荞麦、燕麦、马铃薯、蔓菁、萝卜、青稞、春小麦、冬小麦等。越冬后期，黑颈鹤会增加取食昆虫等动物性食物比例。在滇西北的纳帕海，鱼类成为黑颈鹤主要的动物性食物。

繁殖期间黑颈鹤食物以蕨麻、荸荠、委陵菜属、草地早熟禾、眼子菜属、蒲公英等植物的花、果、茎等为主，但也取食无脊椎动物如蝗虫、粪金龟、椭圆萝卜螺和耳萝卜螺，以及脊椎动物如黑唇鼠兔、红脚鹬、黑水鸡、黄河裸鲤等，取食动物性食物可能是补充繁殖所耗费的能量以及为秋季迁徙储备能量。

繁殖 黑颈鹤3月下旬即从越冬地返回繁殖地，首先到达的是带有幼鹤的繁殖家庭，先行占领条件较好的繁殖领域，之后才是集群鹤。这种返迁过程持续到5月初。繁殖黑颈鹤先后经历家庭解体、建立繁殖领域、交配、筑巢等行为。从越冬后期到繁殖前期均可见到求偶行为。通过一系列的舞蹈，黑颈鹤雌雄个体同步进入发情期。交配通常发生在晴朗的早晨，日出之后。

繁殖季节捕食鼠兔的黑颈鹤

对舞的黑颈鹤。彭建生摄

黑颈鹤雌雄共同承担筑巢、孵卵和育雏的任务。巢非常简陋，有芦苇巢、地上巢和泥堆巢3种类型。地上巢构造简单，通常利用开阔水域中的孤岛或者群岛中的草岛作为置巢产卵孵化场所。多以自然草地卧伏形成，巢底略呈弧形凹底。用于建巢的岛地有良好的植被和宽阔的栖息活动场地，岛距离水面较高，不会被流水冲刷切割，人畜野兽难以进入，是最佳的营巢环境。芦苇巢置于水生植物丛中，通常由周围的芦苇等水生植物的茎堆积而成，结构厚实紧密，形状稳定，具备巢的基本度量。巢的位置特别隐蔽，通常在大片生长良好的水生植被中央，人畜和陆地动物难以进入。巢内干燥，有少许就地收集的枯叶及亲鸟孵卵时脱落的少量羽毛。泥堆巢通常位于河流或湖泊边缘，利用湿地中的底泥堆积而成，巢中央垫有少许莎草。

黑颈鹤每年繁殖1窝，通常在4月底至6月中旬产卵，5月中下旬是产卵的高峰期。窝卵数2枚，卵重207 g左右，长径107 mm，短径58 mm。孵化期31天，雏鸟出壳率100%，但2个月内的死亡率达到31.2%，之后幼鸟死亡率很低，雏鸟出壳后2个月内的死亡率可能是制约黑颈鹤种群增长的一个因素。对黑颈鹤卵及幼鸟造成威胁的有野狗、藏狐、燕鸥和渡鸦等。

黑颈鹤繁殖期间利用的生境有湖心沼泽、浅水沼泽、草甸和退化草甸。其对各种栖息地利用的强度并非一致。湖心沼泽和湖岸沼泽是整个繁殖季节黑颈鹤青睐的栖息地，是黑颈鹤筑巢和休息的地点，草甸和退化草甸是黑颈鹤主要的取食地点。牛羊放牧对繁殖黑颈鹤的影响体现在压缩其活动空间上。因此，对繁殖地来说，减少沼泽区域的开发，对特定区域放牧活动的控制，加强沼泽生境的恢复，是保证黑颈鹤成功繁殖的关键。

种群现状和保护 IUCN 和《中国脊椎动物红色名录》均评估为易危（VU），被列入 CITES 附录Ⅰ，在中国属于国家一级重点保护动物。

拉达克地区繁殖黑颈鹤的种群数量呈现增长趋势。2004 年记录个体 64 只，其中包括 51 只成体和 13 只幼体；2008 年记录到 15 个繁殖对，81 只个体；到 2012 年 10 月，计数到黑颈鹤 139 只，包括 128 只成体和 11 只幼体。在中国，黑颈鹤的繁殖地点相对集中在 3 个区域：四川西北部、西藏北部和青海东部，新疆和甘肃也有部分繁殖个体。若尔盖国际重要湿地有着目前最大的黑颈鹤繁殖种群，估计有 2600 只个体，此区域也包括部分甘肃尕海的繁殖个体。色林错黑颈鹤国家级自然保护区可能是西藏境内最大的繁殖地，2008 年夏季记录黑颈鹤 514 只，其中幼鸟 38 只。青海隆宝滩的黑颈鹤种群在 2011 年夏季有 100 ~ 125 只，2012 年达 178 只。青海湖黑颈鹤的种群数量最高值为 104 只，参与繁殖的个体数量最高为 18 对。新疆有大约 220 只个体繁殖或度夏。另有 137 只在迁徙期间见于阿尔金山国家级自然保护区。甘肃盐池湾国家级自然保护区的黑颈鹤种群数量稳定在 149 只，繁殖对有 42 对。阿克塞度夏种群为 32 只。

黑颈鹤越冬种群可以分为东部、中部和西部种群。东部越冬种群主要在云贵高原的东北部越冬，数量约 3200 只。分布地包括云南东北部的十几个越冬地，以及贵州西北部的草海湿地。东部越冬种群主要在四川、青海和甘肃交界处的若尔盖湿地内繁殖。中部越冬种群在云南西北部越冬，数量约 300 只。分布地包括纳帕海、碧塔海、拉市海等高原湿地。在纳帕海湿地内越冬的黑颈鹤在青海隆宝滩湿地和四川西部繁殖度夏。西部越冬种群在西藏中南部低海拔河谷地区以及不丹越冬。西藏种群数量在 4000 ~ 4200 只，在新疆东南部、青海西部、西藏中西部广袤的高原湿地内繁殖，其中申扎是西部种群中已知较为重要的繁殖地点，推测该种群在低海拔河谷区域和高海拔地区之间迁徙。不丹的越冬种群数量约 400 只，申扎为其繁殖地点，日喀则是重要的迁徙停歇地。

为了保护黑颈鹤及其栖息地，中国政府建立了国家、省和市县各级别的保护区，为黑颈鹤及其栖息地保护提供了保障。自 1996 年以来，新建了 5 个黑颈鹤自然保护区。目前中国有 10 个国家级黑颈鹤保护区，其中 6 个是自 1996 年后由省级或者是县级晋升为国家级的。由中国牵头，一个覆盖了印度、不丹、美国的研究者和管理机构的黑颈鹤国际保护网络于 2012 年建立。该网络每年都组织召开年会，分享各地鹤类保护的经验，并制订下一步的工作计划。

黑颈鹤数量的增长与同期亚洲大部分地区野生动物种群的数量下降形成了明显的对比，然而黑颈鹤的生存仍然面临着严峻的挑战。过去的 20 年，中国的经济增长率均超过 6%，社会发生了巨大的变化。高速发展的经济给保护工作带来了压力，例如，农业开发、基础设施建设（道路、输电线路和风力发电设备、机场）等造成的栖息地丧失，人口增长带来的对水的需求以及对湿地水量和水质造成的负面影响，旅游业发展带来的道路建设、汽车数量增加以及废物增加，农业耕作方式的改变（如从传统作物变为高产作物或者品种，秋后翻耕等）对环境的影响，等等。此外有预测显示，气候变化，如降雨和冰川的迅速融化，已经对中亚高海拔地区产生了重要的影响。受此影响，部分地区的湿地面积正在扩大，而这些地区以外黑颈鹤的栖息地可能已经减少。气候模拟的预测表明，西藏高原在未来十年将要经历更为剧烈的变化，表现在冰川的减少，并因此而带来缺水和大面积湿地的丧失，这将威胁到黑颈鹤分布区包括黑颈鹤在内的水鸟的生存。就目前来看，由于冰川融化和降雨的增加，湖泊水面面积在增大，也有一些证据表明，由于冻土层的破坏，一些被鹤类利用的浅水湖泊和湿地正在消失。例如，色林错的水面正在上升，而隆宝滩和若尔盖的水域面积正在缩小。

越冬期间第一年的黑颈鹤幼鸟觅食能力依然较弱，需要亲鸟饲喂。图为两只亲鸟给幼鸟喂食小鱼。彭建生摄

丹顶鹤

拉丁名：*Grus japonensis*
英文名：Red-crowned Crane

鹤形目鹤科

形态 身材高大，姿态优雅，体长 120～160 cm，站在地面上与成人的高度相当。雌雄个体的体型接近，且形态相似，不通过行为观察很难区分性别。全身洁白，仅喉、颈侧、次级飞羽和长而下垂的三级飞羽为黑色。站立时，三级飞羽覆于尾上，常让人误以为尾部黑色。头顶皮肤裸露，呈红色，因而得名。喙长，约 15 cm，灰绿色。胫、跗跖、脚黑色。

分布 依地理分布和迁徙行为分为大陆种群和岛屿种群。

大陆种群是迁徙种群，主要繁殖区分布在黑龙江流域的中国东北和俄罗斯远东的低洼地、河漫滩冲积湿地，此外辽河口湿地有一独立的繁殖小群，内蒙古的兴安盟和锡林郭勒盟东部、小兴安岭南缘有零散的繁殖个体。目前有 2 个地理上分离的越冬地：东部种群的越冬地在朝鲜半岛中部，目前主要越冬地是朝鲜和韩国之间的非军事区附近，汉江口是越冬地点之一；朝鲜半岛东部和西部沿海的越冬地近年没有鹤类停歇。西部种群的主要越冬地在中国东部沿海——江苏盐城的滩涂湿地和黄河三角洲。据环志标记和卫星跟踪研究，在中国三江平原繁殖的丹顶鹤去朝鲜半岛越冬，而在松嫩平原的扎龙湿地和内蒙古东部繁殖的丹顶鹤去黄河三角洲和华东沿海滩涂越冬。

岛屿种群分布在日本的北海道东南、东北部湿地，不迁徙。

在中国，丹顶鹤繁殖种群主要分布在黑龙江流域的三江平原、松嫩平原和内蒙古东部的呼伦贝尔草原。此外，内蒙古东部的锡林郭勒草原上西至苏尼特旗以东的河流和湖泊湿地里有零星繁殖个体；辽东湾北部的辽河口湿地有一独立的繁殖小群，这是丹顶

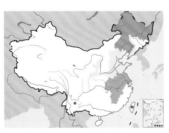

丹顶鹤。沈越摄

鹤繁殖分布的最南界。越冬种群主要分布在上海以北、连云港以南的华东沿海，以及黄河入海口。

栖息地 喜栖息于平原开阔的浅水芦苇沼泽、河漫滩草甸、草甸和海滨滩涂。世界 15 种鹤中有 4 种（美洲鹤、白鹤、丹顶鹤和肉垂鹤）最喜水生，只在天然湿地中栖息。丹顶鹤在繁殖期只在芦苇沼泽、薹草沼泽、河漫滩草甸等天然湿地筑巢、育幼。秋季迁徙前，丹顶鹤开始小群活动，常见于收割后的草甸，那里有大量的昆虫和其他动物。在气温下降之后，也偶尔在收割后的农田中觅食。在越冬地，丹顶鹤喜栖于滩涂、碱蓬滩和芦苇沼泽。在涨潮和退潮时，它们喜沿着潮沟捕食鱼虾和软体动物，在滩涂上挖掘小螃蟹等。

由于人类土地开发利用规模扩大，天然湿地，尤其是沿海滩涂大大减少、缩小、破碎化。自 20 世纪 90 年代以来，丹顶鹤在越冬期被迫进入靠近湿地的农田觅食，出现的地方多是收割后的稻田、翻耕过的土地或麦田。

习性 迁徙的丹顶鹤每年从 2 月底至 3 月上旬开始集大群离开越冬地，一般用时 1～2 周返回繁殖地。迁徙距离为 2000～2500 km。一般沿海岸线和河流迁徙。迁徙途中一般只作一两天的短暂停留，所以常不被人所注意。只有在黄河入海口和辽河口湿地，才可以看到大群集结、休息的丹顶鹤。进入东北平原之后，逐渐分散成小群或家族群。

秋季南迁的时间与繁殖地的气候有关，在湿地结冰或下雪之后，一般在 10 月下旬至 11 月中旬。秋季迁徙时多为家族群，或不足 30 只的小群。

繁殖季节丹顶鹤有很强的领域性，一对繁殖鹤占领数平方千米的浅水芦苇沼泽，或芦苇和薹草混生的浅水沼泽作为它们的繁殖领域。在领域内，繁殖鹤会排斥同种其他个体。接近 1 龄的亚成体和多年龄的非繁殖个体通常集群活动。在繁殖期，它们的活动范围很大。游荡于繁殖鹤的领域之间、繁殖地边缘的亚适宜栖息地，也会游荡于各繁殖地之间。集群和游荡的过程有利于这些非繁殖个体找到合适的配偶，选择新的适宜繁殖领地。在迁徙和越冬期，这些非繁殖群将和家族群混合，集成更大的群，一起觅食、栖息。

食性 如同其他鹤类一样，幼鸟主要以昆虫、小鱼或软体动物为食，如多种水生昆虫的幼虫、甲虫、蝶蛾类、小虾等。成鸟杂食性，但偏重动物性食物。湿地中的鱼虾、多种软体动物、水生昆虫、蛙类、甲壳类，水生植物的嫩芽和根茎，甚至鼠类都是它们的食物。在沿海滩涂越冬时，除了鱼类，丹顶鹤还取食螺、蛤蜊、沙蚕、虾蛄、小螃蟹等。非繁殖季节，丹顶鹤在收割后的农田中寻觅散落的麦粒、稻粒、玉米和其他谷物，偶尔会在春季啄食青苗。

繁殖 婚配制度为一雌一雄制，3～5 龄性成熟。人工饲养条件下，雌鸟最早在 11 月龄时可以产卵，但在野外参与繁殖往

在收割后的芦苇地里觅食的丹顶鹤。沈越摄

往需要更长时间。非繁殖个体通常要经历长时间的求偶才能配对。配对后，繁殖对需要在繁殖地挑选、占领繁殖领地，之后才能繁殖。因此，从求偶到占有繁殖领地通常需要 2～5 年的时间。

4 月上旬北方大地还冰天雪地，丹顶鹤繁殖对就开始筑巢、产卵。它们会用前一年的枯芦苇茎叶在湿地里搭建硕大的台状巢，一般直径 60～120 cm，高出水面 10～25 cm。如遇水面上涨，亲鸟会不断添加巢材，以保证巢不被淹没。巢顶层有少量苇叶、苇花和细的薹草茎叶。窝卵数一般为 2 枚，卵重 220～250 g。雌雄亲鸟均参与孵卵，孵化期 29～31 天。

在松嫩平原 5 月上旬可见到身被棕黄色绒羽的丹顶鹤雏鸟。雏鸟早成，但孵出后前 3 天行走能力很差，一般只在巢附近活动。随日龄增长，雏鸟活动范围扩大，1 周后每天可随亲鸟觅食走上 1～2 km，遇水深处可利用绒毛浮水前行。遇危险时，雏鸟大多就地蹲下不动，躲在草丛中靠保护色隐藏。一般 70～80 日龄才

会飞。幼鸟 1 月龄开始正羽逐渐代替绒羽，3 月龄后大多绒羽蜕尽，体型接近亲鸟，但羽色为棕黄和白色相间，鸣声细弱。幼鸟秋季迁徙和越冬期仍随亲鸟活动。在越冬期，大多幼鸟已经能独立采食，偶尔亲鸟也会喂食。

行为与交流　鹤类有非常复杂的行为，丹顶鹤更甚。这些行为中最引人注目的就是舞蹈。丹顶鹤展开宽大的翅膀，细长的双腿轻盈地跳跃，身体和头部随之上下飘逸摆动，加上头顶点缀的红冠出神入化地翻飞，让人感叹不止。但丹顶鹤的舞蹈不仅仅是嬉戏娱乐，也是它们求偶示爱的方式，是将爱情推入高潮的火焰。

对舞之外，丹顶鹤的另一重要交流行为是对鸣。所谓对鸣，是一对配对的雌雄丹顶鹤共同发出的鸣叫。鸣叫时，雄鸟高昂着头发出较高长的单音节叫声，雌鸟很快抬头附和两个短音，声如：嘎—，咯咯，嘎—，咯咯……雌雄鸟的配合胜于二重奏演员。

两只互相嬉戏的丹顶鹤雏鸟。王克举摄

给托于背上的雏鸟喂食的丹顶鹤。王克举摄

对舞的丹顶鹤。宋丽军摄

对鸣相当于浪漫高亢的示爱奏鸣曲，也是用于保卫领域的号角，是成熟繁殖对雌鸟和雄鸟彼此接纳的呼应。对鸣在丹顶鹤繁殖过程中有着非常重要的作用。

有时人们看到 2 只丹顶鹤挺胸抬头，浑身羽毛蓬松，缓慢地高抬腿、轻落地地盘绕。此时，彼此的头顶鲜红，裸露皮肤面积扩大，朝向对手。动作看上去十分高傲、典雅，不逊于跳探戈的舞蹈演员。其实它们正处于互不相容的争斗之中，这是发起攻击前的威慑行为。

除了这些之外，丹顶鹤还有很多复杂的行为。这些行为如人类的语言，用于种群内个体间的交流，相互传递各种信息。

种群现状和保护　在中国，丹顶鹤主要在黑龙江流域的三江平原、松嫩平原和内蒙古东部的呼伦贝尔草原上的淡水芦苇沼泽中繁殖。在三江平原曾经的大面积连片沼泽湿地被开垦为农田之后，丹顶鹤退缩到残存的七星河、挠力河、松阿察河和乌苏里江两侧一些狭长的芦苇沼泽和薹草沼泽湿地里，其种群数量一度下降，2010 年以来开始恢复。松嫩平原最大的连片芦苇沼泽——扎龙湿地支撑着全球最大的丹顶鹤繁殖种群，有 200 多只。而其他湿地，如哈拉海和图牧吉湿地中繁殖的丹顶鹤寥寥无几，向海和莫莫格湿地自 2000 年之后不见繁殖丹顶鹤的踪影。在呼伦贝尔，辉河湿地有一个 40～50 只的稳定繁殖种群；同时，莫尔格勒河下游的湿地和乌尔逊河流域的乌兰诺尔有零星繁殖对，数量极不稳定；额尔古纳河湿地曾有繁殖小群，但近年只有零星繁殖对。除此之外，内蒙古东部的锡林郭勒草原上西至苏尼特旗以东的河流和湖泊湿地里，还有些零星的繁殖个体。在繁殖分布的最南界，辽东湾北部辽河入海口的沼泽湿地里有一个独立的繁殖小群。

丹顶鹤是除美洲鹤外全球数量最少的鹤类，种群数量不超过 3000 只，IUCN 和《中国脊椎动物红色名录》均评估为濒危（EN）。在中国，丹顶鹤被列为国家一级重点保护动物。为了保护丹顶鹤，中国政府在其繁殖地（如扎龙、向海、兴凯湖、七星河）、迁徙停歇地（如辽河口、黄河三角洲）和越冬地（如盐城）都建立了一系列的自然保护区。尽管如此，目前无论是从种群动态还是栖息地状况看，丹顶鹤的大陆种群都面临着严峻的挑战。尤其是在盐城越冬的西部种群，越冬栖息地分布缩小，种群数量下降，其前景不能不令人担忧。目前丹顶鹤生存面临的最大威胁是栖息地的丧失。由于人类经济发展的需要，人们已经不满足于对草原、森林的开发，开始利用挖沟排水等手段将湿地改造为农田。丹顶鹤主要繁殖地之一——三江平原就是一个非常典型的例子，自 20 世纪 50 年代以来，有近 80% 的湿地被人类排水，开垦为农田。更近期的例子是中国华东沿海，丹顶鹤栖息的滨海滩涂及江苏的浅水湖泊湿地在最近 30 年来丧失近 70%。

迫于栖息地的丧失，丹顶鹤这一在天然湿地栖息的物种自 1996 年开始在越冬期进入农田觅食。这种转变为丹顶鹤的生存开拓了新的生境，但也给丹顶鹤带来误食带农药包衣的种子和不法分子投毒的诱饵的风险。

丹顶鹤是健康的湿地生态系统的标志之一。因为它们繁殖需要大片浅水芦苇沼泽，越冬在水产丰富的沿海滩涂。健康的湿地生态系统能保证丹顶鹤的安全，为其提供安静的环境和充足的食物，也能帮我们人类防洪、蓄水，在干旱时慢慢地释放水，滋润周边的草原和农田。

白头鹤

拉丁名：*Crus monacha*
英文名：Hooded Crane

鹤形目鹤科

形态 大型涉禽，体长约 100 cm，体重可达 3.7 kg，翅展 1.87 m。身体大部分灰黑色，头和颈上部白色，前额生有密集的黑色刚毛，头顶裸露皮肤朱红色。

 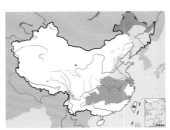

白头鹤。聂延秋摄

分布 繁殖于西伯利亚北部及中国东北，迁徙途经中国东北和朝鲜半岛，到日本鹿儿岛、韩国顺天湾和中国长江中下游流域越冬。在中国繁殖于小兴安岭，主要在鄱阳湖浅滩湿地越冬，迁徙途经黑龙江扎龙、内蒙古图牧吉、科尔沁，吉林莫莫格、向海、双辽，辽宁獾子洞和辽河口，河北北戴河等湿地。

栖息地 主要栖息于河口、湖泊、沼泽和森林湿地。

习性 迁徙性。常成对或以家族群活动，在湖泊的浅水滩边走边挖掘觅食，性机警，活动和觅食中时而抬头张望，见有人靠近则向远处避开，始终与人类保持距离。

食性 取食鱼类、甲壳类、多足类、软体动物、昆虫以及莎草科植物块茎等，有时也到农田中吃遗落的小麦、谷子和玉米粒。

繁殖 在广阔的生满苔藓的沼泽地或森林湿地营巢，在 3 月中旬至 4 月初离开越冬地北迁，4 月下旬至 5 月上旬产卵，5 月下旬至 6 月初雏鸟相继孵出，8 月下旬至 9 月底离开繁殖地南迁。

种群现状和保护 目前全球数量为 11 550～11 650 只，被 IUCN 评为易危（VU），在《中国脊椎动物红色名录》中被列为濒危（EN），是中国国家一级重点保护动物。它们面临的主要威胁是栖息地丧失和高度集中于仅存的越冬地。人类将湿地开垦成农田、开展工业建设或者建造房屋，或将污水排放到湿地中，导致鹤类栖息地的破坏和丧失。因此它们原本的觅食地越来越少，被迫到人工环境比如农田、玉米地中觅食，从而增加了被人类猎杀的风险。其次在越冬地，不同区域的栖息地丧失会导致它们越来越集中于现存的小面积栖息地中，导致在局部区域具有极高的种群密度，这些仅存的栖息地一旦出现危机将造成群体性的灾难。

白头鹤的巢和卵。郭玉民摄

坐巢的白头鹤和被托于亲鸟背上的雏鸟。郭玉民摄

赤颈鹤。林世明摄

赤颈鹤

拉丁名：*Grus antigone*
英文名：Sarus Crane

鹤形目鹤科

体型最大的鹤类，体长达 140～152 cm。整体浅灰色，头部和颈部皮肤裸露，呈鲜红色，故名赤颈鹤。分布于南亚、东南亚至澳大利亚，被 IUCN 评为易危（VU）。在中国仅记录于云南西南部，20 世纪 60 年代前常见，之后仅在 1986 年冬季发现云南纳帕海当地藏民捕获 1 只个体，现在可能已绝迹，《中国脊椎动物红色名录》评估为区域灭绝（RE）。被列为中国国家一级重点保护动物。

沙丘鹤

拉丁名：*Grus canadensis*
英文名：Sandhill Crane

鹤形目鹤科

体长可达 120 cm。整体棕灰色，前额至头顶裸露皮肤呈红色。栖居于有草苔原带及河流、沼泽及湖泊边的草场。主要分布于北美、古巴及西伯利亚东北部，IUCN 评估为无危（LC）。在中国为迷鸟，偶见于河北、山东、江西、江苏、上海，《中国脊椎动物红色名录》评估为数据缺乏（DD）。被列为中国国家二级重点保护动物。

赤颈鹤。林世明摄

沙丘鹤。左上图Steve Emmons摄（维基共享资源/CC BY 2.0），下图John Fowler摄（维基共享资源/CC BY 2.0）

秧鸡类

- 秧鸡是指鹤形目秧鸡科的鸟类，全世界共38属143种，中国有12属20种
- 秧鸡类体短而侧扁，善于在浓密植物中穿行
- 秧鸡类大多性隐蔽，善鸣叫，多数为留鸟，少数有迁徙行为
- 秧鸡类在中国普遍缺乏研究和关注，对其生态习性和种群现状所知甚少，但个别种在南方是捕猎食用的对象

类群综述

秧鸡类是指鹤形目秧鸡科（Rallidae）的鸟类，是鹤形目中最大的一类，也是陆栖脊椎动物分布最广的科之一，全世界有 38 属 143 种。中国有 12 属 20 种。

形态 秧鸡是小型至中型陆生、沼泽和水生鸟类。体短而侧扁，有利于在浓密低矮的植物丛中穿行。雌雄体色通常相似或近于相似，雄鸟略大于雌鸟。多数喙细长而大于头长，有些种类的喙略向下弯曲，也有的喙短而侧扁，或粗大呈圆锥形。黑水鸡属 Gallinula 和骨顶属 Fulica 的物种前额具有角质的额甲，一些较小的秧鸡喙基部也有小瘤板。翼短而宽圆，初级飞羽 10 枚，一些较大型的种类有短小的第 11 枚，次级飞羽 10～20 枚。飞行力不强，一般仅作短距离跃飞，但在迁徙和扩散时，也能长距离飞行。生活在岛屿上的几个种或亚种无飞行能力。尾短，尾端呈方形或圆形，尾羽 6～16 枚，通常 12 枚，常竖起尾羽显示尾下覆羽的信号色。跗跖细长或很短，趾通常细长，但有的短而厚。紫水鸡属 Porphyrio 的趾长，适于在浮水植物上行走。骨顶属 Fulica 的趾具瓣蹼，用来游泳。所有秧鸡都会游泳，并善于潜水和攀爬。盲肠长，鸣管简单。体羽颜色多为褐色、栗色、黑色、灰色、绿色或蓝紫色，两胁常具条纹或斑点，但有些种类为单一色。换羽时有些种类的飞羽分批更换，另一些种类同时更换（此时无飞行能力）；繁殖后的换羽是包括飞羽和体羽的完全换羽，繁殖前的换羽仅更换部分体羽。成鸟非繁殖期和繁殖期的羽色相似。雏鸟早成性，出壳后不久即可离巢。雏鸟的绒羽为黑色或深褐色，有些种类的雏鸟冠部和翅具鲜艳的皮肤，或颈和背具彩色绒毛。有些种类幼鸟与成鸟相似，另一些种类幼鸟体色较浅或褐色较深，而且体羽上的条纹不如成鸟明显。繁殖后期，幼鸟换上非繁殖羽，随后开始首次繁殖前换羽。

左：紫水鸡堪称最美的秧鸡类，具有粗短的红色喙部和宽大的红色额甲，体被紫蓝色金属光泽，在中国虽分布狭窄、数量稀少，但受到广大观鸟者的喜爱，因而成为秧鸡类中较为知名的物种。图为在浮水植物上行走的紫水鸡。彭建生摄

右：秧鸡类翼短而宽圆，不善飞，一般仅作短距离跃飞。图为借助展翅的动力在水面"凌波微步"的白胸苦恶鸟。许志伟摄

栖息地 除极地和无水沙漠外，秧鸡类广泛分布于全球各地，包括海岛。栖息地包括湖泊、沼泽、池塘、水稻田、红树林等各类湿地，草地，森林和浓密灌丛等生境。许多属的种类生活于温暖的低地和山区森林，有些栖于小块沼泽地边缘的草地，另有几种如长脚秧鸡 *Crex crex* 完全独立于水生生境。所有种类在迁飞或局部扩散时，都可利用非典型的生境。

习性 在非繁殖期通常为单个或家庭式栖息，但也有集群的物种，例如，白骨顶 *Fulica atra* 和美洲骨顶 *F. americana* 在冬季有明显的集群行为。秧鸡于晨昏活动，但有些种类为夜出性。晚上栖息于有浓密掩蔽物的地面或沼泽中，有些种类习惯在树上或灌木上过夜。

许多秧鸡善于鸣叫，声音通常发自腹部，叫声有尖叫、猪叫、颤音、哨声、格格声、咕噜声或吼叫等不同的类型。黑水鸡属和骨顶属的叫声为金属号角声或低沉的声调。非繁殖季节不鸣叫，但集群性的物种能发出响亮的召集声。配偶之间和兄弟姐妹之间相互理羽很普遍，理羽之后，各自以特有的姿势站立晒太阳。紫水鸡属的种类能用喙啄起食物传递至脚趾，由后趾与前3趾相合而握住食物，最后将整理过的食物送进口中；用喙叼住植物时，可用前趾梳过植物剥下外皮，或用脚捞取水生植物用作巢材。

分布在全北区的种类，大多数都在夜间进行迁徙，飞到非洲、印度、亚洲南部、南美洲等地越冬。热带种类多为留鸟，但有些种类会进行扩散和局部迁移。

食性 杂食性，有几种完全以植物为食。喙细的种类，在软土中和枯叶中采食，主要是寻找无脊椎动物；喙粗的种类，一般扯下植物，吃种子、核果、嫩枝、绿色草本植物和沉水植物。骨顶属物种会频繁地潜水寻食。秧鸡类也吃各种昆虫及其幼虫、蜘蛛、马陆、蠕虫、小型软体动物、甲壳类、鱼卵以及其他鸟的卵和雏鸟，小鱼和腐肉等。

秧鸡类大多为杂食性，喙粗的种类主要扯下植物的一部分为食。图为正在取食莲藕的紫水鸡。郑康华摄

秧鸡类

秧鸡类多数为单配制，图为一对结伴觅食的黑水鸡，不时将尾羽翘起，露出尾下的两块白斑。赵纳勋摄

繁殖 大多数为单配制。许多种类的配对关系仅维持1个繁殖季，黑水鸡和白骨顶的配对关系维持较久。在求偶和配对关系的形成中，鸣叫声起着重要作用。雌雄之间即使在形成配对关系之后，也常常表现出类似对手之间的关系，如在求偶的追逐中，不时伴随着交配，也伴随着鞠躬和轻啄的礼仪。不论性别，只要其中一只显示服从，另一只就会主动为对方理羽。许多种类以不断地大声鸣叫昭示其领域主权，使入侵者受到威慑而退出。对抗行为表现为展翅、竖立并摆动尾羽。巢常隐藏在地面、水边或水中的植物丛中，有些种类的巢建在10 m高的树上。两性合力共同筑巢或仅由雌鸟营巢，巢由植物建成，常为盘状，有衬垫。许多种类在沼地营建的巢，有连接巢的通道；有些在水面漂浮的巢，会固定在周围的植物上。卵呈卵圆形，光滑而有光泽，白色至深草褐色，带有红褐色至黑色斑点。每窝产卵5～10枚（范围为1～18枚），每年产1窝或2窝，卵丢失后会补充产卵。每天产卵1枚。有的在产下第1枚卵后就开始孵卵，也有的在产下最后一枚卵后才开始。雏鸟出壳有同步或不同步。通常两性都参与孵卵，但有些种类雄鸟帮助孵卵的时间甚短，少数种类仅雌鸟孵卵。雏鸟起初由亲鸟口对口喂食和照护，有时仅由雌鸟担任。有几个属前一窝或前一年孵化的幼鸟会帮助照顾新生雏鸟。雏鸟30～60日龄长出飞羽，不久即可独立生活。通常1龄或不足1龄即开始繁殖。

种群现状和保护 秧鸡经常出现在农田等人工湿地，一些体型较大的秧鸡，如白骨顶、黑水鸡、紫水鸡等成为农民捕食的对象。近年来，农田大量使用农药和化肥，造成严重的环境污染；围湖造田和新城镇的开发，促使秧鸡栖息地面积的缩小或破碎化；湖光水色的景点和生态旅游等的开发与干扰，都对秧鸡的生存造成影响。自1600年以来，由于人类的入侵与干扰，栖息于岛屿的秧鸡已经有14个种和5个亚种灭绝。

秧鸡类的巢常隐藏在地面、水边或水中的植物丛中，有些种类的巢建在10 m高的树上

上：一对骨顶鸡在湖面利用去年的枯草编制成的漂浮巢，它们把巢与周围的水草系在一起，以免巢被风吹走或发生倾覆。赵晨皓摄

下：白胸苦恶鸟建在水边高大沙棘树上的巢。杜波摄

右：在莲叶上行走的黑水鸡雏鸟，密布褐色绒羽的稚嫩身形与身后盛开的睡莲构成了一幅美丽的画面。沈越摄

中国的秧鸡类

中国共有秧鸡类 12 属 20 种。苦恶鸟属 *Amaurornis* 体型中等。头无额甲。喙为黄色或绿色，长度较跗跖短；跗跖颜色为鲜明的红色或浅黄色、细长，其长度较中趾连爪为短。翼宽圆而短，初级飞羽第 3 枚最长。体色以素色、暗色、石板灰色、赤褐色或黑色为主，体腹面无横斑。栖息于低原地区如沼泽、洼地、池塘、沟渠、溪流等岸边草丛、冲积平原、水稻田，以及较干旱的草丛、高粱田、玉蜀黍田、甘蔗田。在陆地上行走时，习惯昂首阔步，头自然地向前移动，有时尾羽向上翘起，并随着步伐的前进而呈有节奏地翘动，这种翘动可能对陆上的掠夺者或同种侵略者有示警作用。活动时如突然受声音或他物的惊扰，通常是快步钻入并隐没于丛薮中。白胸苦恶鸟在繁殖期会彻夜鸣叫，宣示领域，使入侵者受到威胁而退出。鸣叫在配对关系的形成和求偶时，起着关键性的作用。杂食性，食谱中以动物为主，也含少量植物碎片。随机而食，对食物没有特别的挑剔，所以即使是同一物种，在不同地区所啄食的动、植物比例也会有所差异。全球共 8 种，分布于非洲、亚洲和大洋洲。中国有 2 种：白胸苦恶鸟 *A. phoenicurus* 见于长江以南各地，包括台湾和海南；白眉苦恶鸟 *A. cinerea* 偶见于香港、台湾、四川、广西。在中国分布的种类均为留鸟，没有迁徙的习性。繁殖期在 3—8 月，筑巢于水边的草丛、灌木丛或水稻田里。由雌雄共同承担孵化和照护雏鸟的责任。雏鸟早成性。

紫水鸡属 *Porphyrio* 为中、大型秧鸡。喙粗短而侧扁。额甲宽大。鼻孔小而圆，鼻沟浅而宽。雌雄同色，体色以紫、蓝、绿、黑、褐等色为主，尾下覆羽白色。翼圆形而短，初级飞羽第 2 至第 4 枚最长。跗跖红或黄色，长而有力，脚趾能攀爬和操纵食物。栖息于低原之湖泊、溪流、池塘、沟渠、水稻田等湿地、岸边草丛、树林和草地。常成小群于晨昏活动。杂食性，但主要以植物为多，动物性食物占小部分。在秧鸡科中，本属是唯一能用脚捉握和处理食物的鸟类。全球共 6 种，分布于旧大陆热带地区，如欧洲和亚洲南部、非洲，以及新几内亚、澳大利亚和新西兰。栖于豪勋爵岛上的新不列颠紫水鸡 *P. albus* 已经灭绝，最后的记录在 1834 年。生活于新西兰离岛的巨水鸡 *P. mantelli* 则属濒危物种，目前的估算只有 200 只。中国有 1 种，即紫水鸡 *P. porphyrio*，分布于西南和华南地区。

黑水鸡属 *Gallinula* 体型小至中等。雌雄同色。额甲发达，后缘圆钝。喙和额甲红色、黄色或白色，颜色鲜明。体羽多数为暗黑或褐色。翼短而圆，初级飞羽第 2、第 3 枚最长。尾下覆羽白色。跗跖鲜红色、黄绿色或淡色。趾长，中趾不连爪约与跗跖等长，无瓣蹼，具侧膜缘。栖息于大陆低原开阔的淡水水域，如湖泊、溪流、池塘、沟渠、水稻田、岸边草丛、红树林、草地和岛屿的森林、草地、丛薮。常成小群于晨昏活动。多数是留鸟，但生活于北方的种类有迁徙的习性，分布于非洲的种类会随雨季而迁

中国分布的秧鸡类根据有无额甲可分为两类，花田鸡属、斑秧鸡属、纹秧鸡属、秧鸡属、长脚秧鸡属、田鸡属和苦恶鸟属头无额甲。图为无额甲的普通秧鸡，是中国分布广泛而常见的秧鸡类。沈越摄

秩鸡类

紫水鸡属、黑水鸡属、骨顶属和董鸡属具有额甲。图为头顶具有宽大额甲的紫水鸡，在中国因羽色美丽而受到关注。彭建生摄

居。杂食性，但主要以植物为多，动物性食物占小部分。全球共 8 种，广泛分布于极地以外之全球各地。栖息于萨摩亚岛的萨摩亚水鸡 Gallinula pacifica 在 1908 年后再无记录，可能已经灭绝。黑水鸡马里亚纳亚种 G. chloropus guami 和美洲黑水鸡夏威夷亚种 G. galeata sandvicensis 都因栖息地丧失而成为濒危亚种。中国仅有 1 种，即黑水鸡 G. chloropus，全国各地都有记录。

骨顶属 Fulica 体型大。雌雄同色。额甲发达而后端钝圆，白色或红色。体色黑或暗灰黑色。喙白色或黄色，长而侧扁。翼短圆。跗跖红、黄、淡灰、浅绿或褐色，比中趾不连爪为短。趾具瓣蹼。栖息于低海拔地区的开阔水域，如湖泊、沼泽、苇塘、河坝、河口等，也见于海拔 3500 m 的湖泊。迁徙性。在越冬区集群生活。善潜水，啄食水下的水生植物。全球共 11 种，广泛分布于热带和温带地区，尤以南美洲最多。夏威夷骨顶 F. alai 和角骨顶 F. cornuta 因栖息地的丧失、恶化和狩猎压力，已经被列为易危物种。中国仅 1 种，即白骨顶 F. atra。

此外，在中国有分布的秩鸡类还有花田鸡属 Coturnicops 的花田鸡 C. exquisitus，斑秧鸡属 Rallina 的红脚斑秧鸡 R. fasciata 和白喉斑秧鸡 R. eurizonoides，卢氏秧鸡属 Lewinia 的灰胸秧鸡 L. striata，秧鸡属 Rallus 的普通秧鸡 R. indicus 和西秧鸡 R. aquaticus，长脚秧鸡属 Crex 的长脚秧鸡 C. crex，田鸡属 Porzana 的斑胸田鸡 P. porzana，小田鸡属 Zapornia 的姬田鸡 Z. parva、小田鸡 Z. pusilla、红胸田鸡 Z. fusca、斑胁田鸡 Z. paykullii、棕背田鸡 Z. bicolor、红脚田鸡 Z. akool，董鸡属 Gallicrex 的董鸡 G. cinerea。

在中国，普通秧鸡、黑水鸡和白骨顶分布范围广且较常见；灰胸秧鸡、董鸡、花田鸡、斑胁田鸡分布范围较广，但并不常见；白胸苦恶鸟、红脚田鸡、小田鸡、红胸田鸡的分布区域较局限，但在当地较常见；白喉斑秧鸡、长脚秧鸡、紫水鸡分布区域相对狭窄，数量也相对较少；棕背田鸡、姬田鸡、斑胸田鸡仅在少数地区分布，数量稀少；白眉苦恶鸟仅在香港、台湾、四川、广西有记录，红脚斑秧鸡仅分布于台湾。大部分秧鸡类在中国缺乏研究和关注，对其生态习性了解较少。

白胸苦恶鸟
Amaurornis phoenicurus

白眉苦恶鸟
Amaurornis cinerea

花田鸡
Coturnicops exquisitus

红脚斑秧鸡
Rallina fasciata

白喉斑秧鸡
Rallina eurizonoides

普通秧鸡
Rallus indicus

西秧鸡
Rallus aquaticus

灰胸秧鸡
Lewinia striata

长脚秧鸡
Crex crex

斑胸田鸡
Porzana porzana

姬田鸡
Zapornia parva

小田鸡
Zapornia pusilla

斑胁田鸡
Zapornia paykullii

棕背田鸡
Zapornia bicolor

红胸田鸡
Zapornia fusca

红脚田鸡
Zapornia akool

董鸡
Gallicrex cinerea

黑水鸡
Gallinula chloropus

紫水鸡
Porphyrio porphyrio

白骨顶
Fulica atra

白胸苦恶鸟

拉丁名：*Amaurornis phoenicurus*
英文名：White-breasted Waterhen

鹤形目秧鸡科

形态 中型秧鸡，体长 28～32 cm。雌雄羽色类似，雌鸟略小。头顶、枕、后颈、背、肩和翼上覆羽暗石板灰色，沾橄榄褐色，并稍泛绿色光辉；额、眼先、两颊、颏、喉、前颈、胸至上腹中央均白色，下腹中央白色而稍沾红褐色，下腹侧、肛周和尾下覆羽红棕色；飞羽和尾羽橄榄褐色，初级飞羽第 1 枚外翈具白色缘，其余飞羽外翈具灰色缘；虹膜红色；喙浅黄绿色，上喙基部橙红色，非繁殖期雄鸟喙橄榄色，上喙基部浅褐色；跗跖黄褐色。雏鸟绒毛黑色。幼鸟脸、前颈、胸为模糊的灰色，体背面的橄榄褐色多于石板灰色，喙一致为灰褐色。有 4 个亚种，亚种之间的区别主要是依据头部灰色部分的伸展程度：指名亚种 *A. p. phoenicurus* 两胁灰色，额部的白色通常不超过眼；印度亚种 *A. p. insularis* 两胁黑色，额部的白色通常超过眼；印度尼西亚亚种 *A. p. leucomelanus* 头顶灰色伸展到前额、耳覆羽和眼先；尼科巴亚种 *A. p. midnicobaricus* 额部石板灰色只到头顶的一半，体腹面橄榄色。

分布 分布于亚洲南部的鸟类，指名亚种分布于巴基斯坦、印度、马尔代夫、斯里兰卡向东到中国大陆南部、海南、台湾和琉球群岛，向南经东南亚和菲律宾到大巽他群岛，北部种群在分布区南部越冬，近来向北扩展到日本，西部种群在阿拉伯越冬；印度亚种分布于印度的安达曼群岛和尼科巴群岛；印度尼西亚亚种分布于印度尼西亚的苏拉威西岛、马鲁古群岛和努沙登加拉群

岛；尼科巴亚种分布于尼科巴岛中部。中国分布的为指名亚种，在 30°N 以南广泛分布。在长江流域的安徽、江苏、浙江和贵州为夏候鸟，通常 4 月中旬迁来，10 月中旬离去，居留期约 6 个月；在南方各地如云南、广东、福建、海南和台湾为留鸟。

栖息地 通常栖息于河流、湖泊、灌渠、池塘、芦苇、沼泽地和湿灌木丛等水边湿地，也见活动于竹丛、高草混生地、稻田、玉蜀黍田、高粱田、菜园、休耕农地等旱地。栖息地的海拔高度从低地平原到 1500 m 山区，在云南可见于 300～2700 m。

习性 一般单独或成小群活动。白天隐蔽在植物茂密处或水边草丛中，晨昏是活动高峰。善于步行、奔跑、游泳及涉水。行走时头颈一伸一缩，尾上下摆动。有时也会跃上树枝停栖。性敏感机警，平时不飞翔，受惊时多奔跑隐入浓密草丛里，有时也就地跃起，但飞行一小段距离便又落下钻入丛薮中，或飞越水面逃逸。飞翔时头伸直，两腿悬挂，急速扇翅。然而生活于福建金门的白胸苦恶鸟，对呼啸而过的汽车反应较慢，时常有被辗毙的憾事发生。发情期和繁殖期常听其日以继夜的鸣叫，鸣声似"苦恶、苦恶"或"姑恶、姑恶"，单调重复，清晰嘹亮。有时鸣叫声前段为连续颤抖的"苦、苦、苦"，而后又发出连续的"恶、恶、恶"。鸣叫时通常是站立着或边走边叫。冬天沉寂不鸣叫。夜间会上矮枝过夜。

食性 杂食性。在地面上慢行觅食，啄食蠕虫、软体动物、昆虫（甲虫、蚱蜢等）及其幼虫、蜘蛛和小鱼，也吃苕子种子、野荸荠籽、稗、瓜子，收割后残留于农田的稻谷、大麦、小麦、其他植物种子，以及芦苇茎草籽和水生植物的嫩茎和根。

白胸苦恶鸟。沈越摄

白胸苦恶鸟行走时常头颈一伸一缩，尾上下摆动。图为在水边行走的白胸苦恶鸟，正将头颈缩回，尾羽高高翘起。赵纳勋摄

正在地面慢行觅食的白胸苦恶鸟。彭建生摄

白眉苦恶鸟
拉丁名：*Amaurornis cinerea*
英文名：White-browed Crake

鹤形目秧鸡科

　　原名白眉田鸡，置于田鸡属 *Porzana*，现改置于苦恶鸟属 *Amaurornis*。体长 15～20 cm。白色的眉纹、黑色的贯眼纹和白色的眼下纹十分醒目，易于辨识。主要分布于东南亚南部至大洋洲，在中国为迷鸟，记录于香港、台湾、四川、广西。IUCN 评估为无危（LC）。

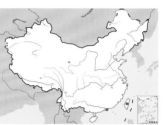

白眉苦恶鸟。左上图JJ Harrison摄（维基共享资源/CC BY-SA 3.0）

繁殖　繁殖期因地区不同而有所不同：在台湾 3 月已经进入繁殖期，华南地区 4 月开始营巢，长江流域 5 月才开始营巢，繁殖期在 8 月结束。单配制，至少在繁殖季节维持配对关系，此时有明显的领域性。雌雄共同筑巢。巢营于水域附近的灌木丛、草丛或淹水的稻田内，常距水面 0.5～1 m，也见于离水域较远，离地 4～5 m 的竹林上或树上。巢材多用芦苇、茭白、菖蒲、稻叶或其他水草缠绕而成，巢内衬垫有细草、植物纤维及羽毛等，巢呈浅盘状。巢的大小为外径 18.4～38 cm，内径 12～15 cm，巢高 22～35.5 cm，巢深 5～8 cm。每年可产 2 窝卵，每窝产卵 3～10 枚，通常 5 枚。卵呈长椭圆形，乳白色，赤褐色斑点集中在钝端。卵的大小为（39～42.8 mm）×（28.4～29 mm），重 22.9～24.1 g；孵化期 16～18 天，也有记录为 20 天。雌雄轮流孵卵、喂养和照顾雏鸟。雏鸟早成性，绒羽、喙及腿均为黑色，出壳不久就能行走，由亲鸟带领于农地觅食。雏鸟遇险能潜水逃避。

种群现状和保护　IUCN 和《中国脊椎动物红色名录》均评估为无危（LC）。但由于近年来围湖筑堤和乡镇都市化造成栖息地面积减少，以及农药和化肥在各地农田的大量使用使其生存面临重大的压力，导致种群数量有普遍减少的趋势。被列为中国三有保护鸟类。

与人类的关系　白胸苦恶鸟在中国的农村常见，而且繁殖期洪亮"苦恶、苦恶"的鸣叫声，日夜不停，让人不听也难，于是在民间产生许多不同版本的凄凉故事。由此可见，这种鸟与农民的生活甚为贴近。

花田鸡
拉丁名：*Coturnicops exquisitus*
英文名：Swinhoe's Rail

鹤形目秧鸡科

　　体长仅 13～14 cm，体色暗淡斑驳。在中国繁殖于内蒙古东北部、黑龙江及吉林；迁徙时经过吉林、辽宁、河北、山东和长江流域；在福建、广东等地越冬。IUCN 和《中国脊椎动物红色名录》均评估为易危（VU），被列为中国国家二级重点保护动物。

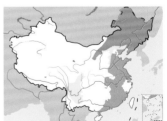

花田鸡。左上图王吉衣摄，下图高宏颖摄

红脚斑秧鸡

拉丁名：*Rallina fasciata*
英文名：Red-legged Crake

鹤形目秧鸡科

体长 22～23 cm。上体棕色，头、颈至胸部栗色，腹部至尾下为黑白相间的带斑。脚红色。分布于南亚至东南亚。在中国是仅见于台湾的迷鸟。IUCN 评估为无危（LC）。被列为中国三有保护鸟类。

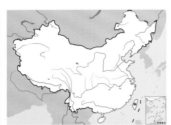

红脚斑秧鸡。左上图徐燕冰摄

白喉斑秧鸡

拉丁名：*Rallina eurizonoides*
英文名：Slaty-legged crake

鹤形目秧鸡科

似红脚斑秧鸡，但脚灰色。分布于南亚至东南亚。在中国，留鸟见于广西西南部、海南吊罗山和台湾，夏候鸟见于河南南部、湖南、江西及广东、香港。IUCN 评估为无危（LC），但在中国数量较少，《中国脊椎动物红色名录》评估为易危（VU）。被列为中国三有保护鸟类。

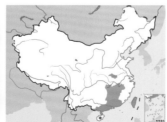

白喉斑秧鸡。颜重威摄

普通秧鸡

拉丁名：*Rallus indicus*
英文名：Eastern Water Rail

鹤形目秧鸡科

由原普通秧鸡东北亚种 *Rallus aquaticus indicus* 独立成种。体长约 29 cm，上体褐色，具黑色纵纹，眉纹、脸至前颈和胸浅灰色，具褐色贯眼纹，胸部多褐色斑纹，两胁至尾下为黑白横纹。分布于西伯利亚东部至东亚、东南亚地区。在中国繁殖于东北、华北地区，到长江以南越冬。IUCN 评估为无危（LC）。被列为中国三有保护鸟类。

普通秧鸡。沈越摄

西秧鸡

拉丁名：*Rallus aquaticus*
英文名：Western Water Rail

鹤形目秧鸡科

原普通秧鸡东北亚种 *Rallus aquaticus indicus* 独立成种后使用"普通秧鸡"的中文名，其他亚种更名为西秧鸡。与普通秧鸡区别在于面部及胸部为干净的石板灰色，无明显的贯眼纹和胸部纵纹。分布于欧洲西部到西伯利亚西部、非洲西北部、中亚至印度西北部，在中国分布的为新疆亚种 *R. a. korejewi*，国内分布于新疆、甘肃西北部、青海和四川西南部。IUCN 和《中国脊椎动物红色名录》均评估为无危（LC），被列为中国三有保护鸟类。

西秧鸡。沈越摄

灰胸秧鸡

拉丁名：*Lewinia striata*
英文名：Slaty-breasted Banded Rail

鹤形目秧鸡科

　　体型中等，体长约 29 cm。上体棕色，头顶至后颈栗色，颏白，脸至胸灰色，两翼及尾具白色细纹，两胁及尾下具较粗的黑白色横斑。广布于东洋界。在中国分布于长江中下游及以南的广泛地区，包括海南和台湾，但数量稀少。IUCN 和《中国脊椎动物红色名录》均评估为无危（LC）。被列为中国三有保护鸟类。

 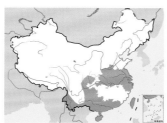

灰胸秧鸡。王昌大摄

长脚秧鸡

拉丁名：*Crex crex*
英文名：Corncrake

鹤形目秧鸡科

　　体长约 26.5 cm。上体黄褐色具斑驳条纹。翼上有棕色块斑。头上具灰色眉纹和棕色过眼纹，喉及胸近灰色。两胁及尾下具栗色及黑白色横斑。在中国繁殖于新疆西北部天山地区，迁徙经过西藏西部。IUCN 评估为无危（LC）。《中国脊椎动物红色名录》评估为易危（VU），被列为国家二级重点保护动物。

 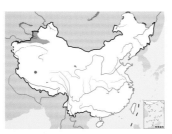

长脚秧鸡

斑胸田鸡

拉丁名：*Porzana porzana*
英文名：Spotted Crake

鹤形目秧鸡科

　　体长约 23 cm，上体橄榄淡褐色，下体淡蓝灰色，全身多白色点斑。喙黄色，基部红色，脚绿色。繁殖于欧洲至中亚，越冬于欧洲南部、非洲、南亚至东南亚。在中国仅见于新疆西部。IUCN 和《中国脊椎动物红色名录》均评估为无危（LC）。被列为中国三有保护鸟类。

 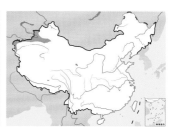

斑胸田鸡

姬田鸡

拉丁名：*Zapornia parva*
英文名：Little Crake

鹤形目秧鸡科

　　小型秧鸡，体长 18～20 cm。繁殖于欧洲至中亚，越冬于非洲北部至中东地区。在中国为夏候鸟，仅见于新疆西部和北部。IUCN 和《中国脊椎动物红色名录》均评估为无危（LC），被列为国家二级重点保护动物。

 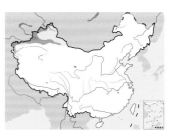

姬田鸡

小田鸡

拉丁名：*Zapornia pusilla*
英文名：Baillons's Crake

鹤形目秧鸡科

体长约 18 cm。喙偏绿色，上体橄榄褐色且多白色点斑。广布于古北界、东洋界和澳洲界。有 7 个亚种，中国仅分布有指名亚种 *P. p. pusilla*。繁殖于中国北方大部分地区，越冬于南方。IUCN 和《中国脊椎动物红色名录》均评估为无危（LC）。被列为中国三有保护鸟类。

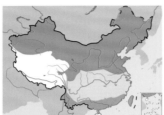

小田鸡。沈越摄

红胸田鸡

拉丁名：*Zapornia fusca*
英文名：Ruddy-breasted Crake

鹤形目秧鸡科

体长约 20 cm，似斑胁田鸡，但体型较小，两胁至尾下的白色横纹较细，不如斑胁田鸡显著。广布于东洋界。在中国东北、华北、华中、华东地区繁殖，长江以南大部分地区和台湾为留鸟。IUCN 评估为无危（LC），《中国脊椎动物红色名录》评估为近危（NT）。被列为中国三有保护鸟类。

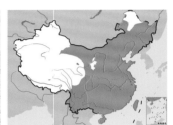

红胸田鸡。沈越摄

斑胁田鸡

拉丁名：*Zapornia paykullii*
英文名：Band-bellied Crake

鹤形目秧鸡科

体长约 22 cm。上体深褐色，头侧至胸、上腹栗红色，颏白色，两胁至尾下为黑白相间的横纹。虹膜红色。脚红色。繁殖于东北亚，越冬于东南亚。在中国东北、华北地区繁殖，迁徙经过东部和南部沿海。IUCN 评估为近危（NT）。《中国脊椎动物红色名录》评估为易危（VU）。被列为中国三有保护鸟类。

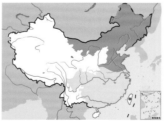

斑胁田鸡

棕背田鸡

拉丁名：*Zapornia bicolor*
英文名：Black-tailed Crake

鹤形目秧鸡科

体长 20～22 cm。上体棕褐色，头和下体暗灰色，尾黑色。喙绿色。虹膜红色。脚红色。分布于喜马拉雅山南麓至中国西南部和中南半岛。IUCN 和《中国脊椎动物红色名录》均评估为无危（LC）。被列为中国国家二级重点保护动物。

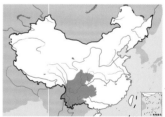

棕背田鸡。左上图罗永川摄，下图李锦昌摄

红脚田鸡

拉丁名：*Zapornia akool*
英文名：Brown Crake

鹤形目秧鸡科

原名红脚苦恶鸟，置于苦恶鸟属 *Amaurornis*，现改置于田鸡属 *Zapornia*。体型中等。上体棕褐色，脸、颈前至上腹灰色，脚红色。中国南方山区的地区性常见鸟。IUCN 和《中国脊椎动物红色名录》均评估为无危（LC）。被列为中国三有保护鸟类。

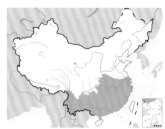

红脚田鸡。左上图陈海摄，下图王昌大摄

董鸡

拉丁名：*Gallicrex cinerea*
英文名：Watercock

鹤形目秧鸡科

大型秧鸡，体长约 40 cm。雄鸟繁殖羽全身黑色，红色的角状额甲突出于头上，喙黄绿色，脚红色。雌鸟体羽褐色，额甲黄褐色，形小而不突出，脚绿色。雄鸟非繁殖羽似雌鸟。分布于南亚、东亚至东南亚。在中国为夏候鸟，广泛分布于东部和南部地区，包括海南、台湾，但不甚常见。IUCN 和《中国脊椎动物红色名录》均评估为无危（LC）。被列为中国三有保护鸟类。

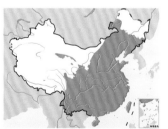

董鸡。左上图Koshy Koshy摄（维基共享资源/CC BY 2.0），下图沈越摄

紫水鸡

拉丁名：*Porphyrio porphyrio*
英文名：Purple Swamphen

鹤形目秧鸡科

形态 大型秧鸡，体长 40～46 cm。雌雄体色相似，雌鸟体型略小。额甲宽大、红色。头顶至后颈灰褐色略沾紫。头侧、颈、喉灰白而稍缀蓝绿色。背至尾上覆羽紫蓝色，背部颜色较浅，向后逐渐变深。上胸浅蓝绿色，胸侧、下胸和两胁与背相似，呈紫蓝色；腹暗褐而染紫色，羽端微缀灰白色。尾下覆羽白色。翼上覆羽和飞羽外翈蓝绿色；飞羽内翈黑褐色，先端缀蓝绿色。尾羽黑褐稍沾蓝绿色。腿羽蓝绿色。虹膜红色。喙红色，粗短呈三角形。跗跖和趾暗红色，爪黄褐色。紫水鸡有 13 个亚种，主要依据身体和额甲的大小以及羽毛颜色划分。

分布 广泛分布于旧大陆热带地区，见于亚洲和欧洲南部的温暖地区以及非洲和澳大利亚。指名亚种 *P. p. porphyrio* 分布于西班牙东部和南部，法国南部和意大利撒丁至摩洛哥、阿尔及利亚和突尼斯；马岛亚种 *P. p. madagascariensis* 分布于埃及，撒哈拉以南非洲和马达加斯加；里海亚种 *P. p. caspius* 分布于里海，伊朗西北和土耳其；中东亚种 *P. p. seistanicus* 分布于伊拉克和伊朗南部到阿富汗、巴基斯坦和印度西北部；印度尼西亚亚种 *P. p. indicus* 分布于大巽他群岛和苏拉威西岛；菲律宾亚种 *P. p. pulverulentus* 分布于菲律宾；帕劳群岛亚种 *P. p. pelewensis* 分布于帕劳群岛；新几内亚亚种 *P. p. melanopterus* 分布于马鲁古群岛和努沙登加拉群岛至新几内亚岛；澳洲亚种 *P. p. bellus* 分布于澳大利亚西南部；澳新亚种 *P. p. melanotus* 分布于澳大利亚北部、东部和塔斯马尼亚岛，新西兰的克马德克群岛和查塔姆群岛，迁徙到新几内亚岛；萨摩亚群岛亚种 *P. p. samoensis* 分布于巴布亚新几内亚的阿德默勒尔蒂群岛向南至新喀里多尼亚，向东至萨摩亚群岛；云南亚种 *P. p. poliocephalus* 分布于印度、斯里兰卡、

紫水鸡。沈越摄

孟加拉国、安达曼群岛和尼科巴群岛，向东到缅甸北部、泰国北部、中国中部和西南部；华南亚种 *P. p. viridis* 分布于缅甸南部、泰国南部、马来半岛、印度尼西亚和中国南部。中国分布的为云南亚种和华南亚种，前者分布于藏南、四川、贵州、湖北、云南、广西、海南等地，后者分布于福建、广东。

栖息地　生活于水生植物高而浓密的淡水或咸水水域，如湖泊、河流、苇塘、水坝、沼泽地、海边泥滩或红树林，也见于城镇的湖泊、河流中的绿洲，并扩展到与湿地相邻的栖息地如荷塘、草地、稻田、甘蔗田、公园、路边绿化带和森林边缘。其垂直分布可从海平面到海拔 1400 m。栖息的生境多样化，通常面积很大，能提供充足的食物资源和安全的隐蔽环境。

习性　白天隐藏在水草丛中，晨昏时常见 5～10 只小群活动，能发生响亮的咯咯声、咕噜声和嘶哑的叫声，但通常反复发出轻而较长的单声如"ge—ge—ge—ge—"。活动时步伐缓慢，尾羽有节奏地上下扇动，露出白色的尾下覆羽。喜欢在高茎植物如芦苇上攀爬，或在水生植物上行走。不善飞翔，仅能作 30～50 m 的短距离飞行，很少游泳。性稳重，不像其他秧鸡易现惊慌而奔逃，能很温驯地让人观察。

2005 年在广东饶平和 2006 年在广东海丰发现的紫水鸡繁殖地，以及 2012 年 3 月 10 日在福建厦门集美区杏林湾湖畔发现紫水鸡的繁殖群 30 只，证实其为不迁飞的当地留鸟。繁殖后，会无规律性地短距离扩散迁飞，也会随栖息地条件变化而进行季节性局部迁移。

食性　杂食性，但主要以植物为多。包括水生和半水生植物的嫩枝、叶、根、茎、花和种子，如香蒲、水蔗草、水稻秧苗、

紫水鸡不善飞，仅能短距离飞翔，往往刚起飞就准备降落，飞行姿态十分笨拙。图为振翅起飞的紫水鸡和准备降落的紫水鸡。沈越摄

在浮水植物上觅食的紫水鸡。沈越摄

水葫芦花、酸模叶片和蓼的种子以及水百合的块茎。动物性食物占小部分，包括软体动物（如福寿螺）、甲壳动物（如小蟹）、昆虫（如蚂蚁）及其幼虫、蜘蛛、鱼和鱼卵、蛙和蛙卵、蜥蜴、蛇、雏鸟和鸟卵、小型啮齿类以及腐肉。常在水边或漂浮植物上觅食，也在稻田中觅食，能用脚趾抓住和撕碎食物，或用喙移动石块和翻动植物。

繁殖　在广东海丰繁殖期始于 5 月。单配制。筑巢于浓密的水葱丛和芦苇丛中，离水面约 16 cm。巢呈盘状，巢周围植物常被折弯形成蓬盖。巢材由水葱或芦苇构成，内衬芦苇叶或其他植物的叶子。巢平均大小（n=3）为：外径 40.6 cm×34.9 cm，内径 21.1 cm×19.1 cm，巢高 26.1 cm，深 5.3 cm。每天产卵 1 枚，窝卵数 4 枚，卵若丢失可以补产。卵呈椭圆形，皮黄色至红皮黄色，有红棕色斑点。卵平均大小（n=4）为 50.42 mm×34.21 mm，重 29.23 g。孵卵期 23～27 天，雌雄轮流孵卵，有时子一代也会帮忙孵卵。雏鸟早成性，在巢中停留几天即可离巢，由双亲和子一代喂食和照顾。雏鸟 10～14 日龄可自行觅食，但仍需继续喂养 25～40 天，45 日龄可独立生活，60 日龄或以上长出飞羽，1～2 龄可开始繁殖。一个繁殖季节是否可产 2 窝卵，有待进一步查证。

种群现状和保护　约在 150 年前，英国人 Robert Swinhoe 最早报道发现中国的紫水鸡。此后 100 多年来，有关紫水鸡的报道很少。最近十几年由于中国观鸟风气的兴起，才有较多的观察。

在广东地区，人们为食野味而猎捕紫水鸡的行为，至今仍常见。近年来，农民使用农药和化肥导致紫水鸡栖息地质量下降；各地为发展经济而扩大城镇，许多湿地变成楼房，造成紫水鸡栖息地的破碎化和面积缩小，严重影响到其生存。在紫水鸡繁殖季节，有些地区为治污而清理和打捞水塘，导致紫水鸡繁殖失败或被迫他迁。

紫水鸡在全球范围内分布广泛，IUCN 评估为无危（LC）。但在中国的分布面积不大，种群数量不多，《中国脊椎动物红色名录》评估为易危（VU）。目前仅列为三有保护鸟类，应立即设法保护栖息地，严禁猎捕，并列入重点保护动物名单，立法保护。

黑水鸡

拉丁名：*Gallinula chloropus*
英文名：Eurasian Moorhen

鹤形目秧鸡科

形态 中型秧鸡，体长 29～33 cm。雌雄羽色相似，雌鸟体型较雄鸟略小。额甲鲜红色；头、颈及上背灰黑色，下背、腰至尾上覆羽及翼上覆羽暗橄榄褐色；体腹面灰黑色，向后逐渐变浅，羽端微缀白色；下腹羽端白色较大，形成黑白相杂的块斑；两胁具宽的白色条纹；尾下覆羽中央黑色，两侧白色；飞羽和尾羽黑褐色，初级飞羽第 1 枚外翈及翼缘白色；翼下覆羽和腋羽暗褐色，羽端白色；虹膜红色；喙黄绿色，基部鲜红色；胫的裸出部前方和两侧橙红色，后面暗红褐色；跗跖前面黄绿色，后面及趾石板绿色，爪黄褐色。雏鸟头顶灰白色，全身绒毛黑色，喙红色，尖端淡黄色，次端黑色。幼鸟额甲灰色；头、颈和身体淡灰黑色；飞羽暗黑褐色；颏、喉灰白色。虹膜褐色；喙墨绿色，基部暗红褐色；跗跖和趾绿色。

黑水鸡有 5 个亚种，主要依据身体的大小、体背面和翼上覆羽的颜色以及额甲的大小和形状来划分。

分布 广泛分布于旧大陆。非洲亚种 *G. c. meridionalis* 分布于撒哈拉以南非洲地区和圣赫勒拿岛；马岛亚种 *G. c. pyrrhorrhoa* 分布于非洲的马达加斯加、留尼汪岛、毛里求斯和科摩罗群岛；东方亚种 *G. c. orientalis* 分布于马来西亚南部、大巽他群岛和努沙登加拉群岛西部到菲律宾和帕劳岛；马里亚纳亚种 *G. c. guami* 分布于太平洋中的马里亚纳群岛北部，因栖息地丧失而成为濒危亚种；指名亚种 *G. c. chloropus* 主要分布于欧洲、北非以及亚洲的中东、印度、俄罗斯、朝鲜、日本和中国，向南到马来半岛中部。中国分布的是指名亚种，全国各地可见。

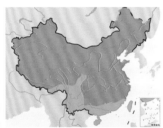

黑水鸡。左上图彭建生摄，下图杨贵生摄

正在筑巢的黑水鸡。颜重威摄

栖息地 栖息于河川、溪流、湖泊、池塘、水库等水域附近的芦苇丛、灌木丛、草丛、沼泽和稻田等淡水湿地，也见于城市公园里的湿地和海边的红树林滩地。一般在平原地区的淡水中生活，尤其喜欢有树木或挺水植物遮盖的水域，不喜欢咸水环境和开阔的大水域。

习性 日行性，入夜即休息，但在有月光的晚上也见活动。能忍受各种气候条件，但不耐酷寒。善于涉水、游泳，也能潜水，有时也上树。在路上漫步时，常见尾羽竖起，并不时上下抖动。受惊时即低头快步跑入草丛里，很少以飞行方式遁逃。飞行缓慢，飞行时头颈和腿均伸直，飞行 20～30 m 的短距离之后，随即没入草丛或水塘中。发情期鸣叫时颈部膨胀，羽毛竖起。鸣声很像击鼓，清脆嘹亮，单调低沉，略似"咯—咚"，咯音长，咚音短，有时连鸣数声，多在清晨和黄昏时鸣叫。非繁殖期通常不鸣叫。冬天有集群活动的现象。

生活于高纬度的种群，有向低纬度迁移越冬的现象。在中国长江以北主要为夏候鸟，内蒙古乌梁素海种群于 4 月中旬迁来，10 月上旬迁走；长白山种群 4 月末至 5 月初迁来，9 月末至 10 月初迁走。长江以南各地包括海南和台湾为留鸟。北方种群冬季飞来华南，加入当地留鸟群中越冬。

食性 杂食性。通常在水边草丛觅食，有时也上岸到草地上啄食。食谱中的动植物比例各地不同。植物性食物有丝状藻、苔藓、浮萍、无根萍、眼子菜、灯心草、芦苇、小苦荬、黑藻、金鱼藻和其他草类的幼嫩部分，以及香蒲、黑三棱、薹草、蔗草、酸模、蓼、睡莲、毛茛、菰、凤眼莲、紫杉、悬钩子、榆、花楸、蔷薇、山楂、鼠李、常春藤、接骨木和沙棘的浆果及果园中的水果。动物性食物包括蚯蚓、软体动物、甲壳类、昆虫的成虫和幼虫（特别是蜉蝣目、半翅目、毛翅目、鞘翅目、鳞翅目和双翅目）、蜘蛛以及小鱼、蝌蚪，偶尔也吃鸟卵、腐肉、垃圾（植物性残渣）。

繁殖 繁殖期各地不同。在台湾是 3—7 月，广东是 4—9 月，在这两个地区一年可产 2 窝卵；在北方为 4—7 月，通常一年仅产 1 窝卵。1 龄可开始繁殖。繁殖期常见雄鸟快速追逐雌鸟，并强行交配。单配制，有领域性，配对关系有时可维持数年，但也有 1 雌 2 雄建立家庭或 2 雌、多雌与 1 雄合作建巢的记录。雌雄共同营巢，一鸟站于巢上，另一鸟带巢材给巢上的鸟编织。

跟随亲鸟觅食的黑水鸡雏鸟。沈越摄

筑巢于沼泽湿地浓密草丛或芦苇丛中的地面上。也常见于水稻田，将稻茎折曲编织成巢，巢离地约 60 cm；有时也筑巢于芋田里，用细枝、芦苇、薹草和花穗等材料建碟形巢，巢高出水面 1 m 或漂浮于水面；偶尔也将巢建在小池塘、灌丛中或树上。巢外径 24～30 cm，深 3～7 cm。每天产卵 1 枚，每窝可产 5～12 枚。若窝卵数多于 13～14 枚，则可能有 2 雌产卵于同一巢中。卵如丢失可以补产。卵呈椭圆形，白色或乳白色，带有红褐色斑点。卵平均大小（n=62）为 40 mm×28.4 mm，重 18.7 g。孵化期为 18～22 天，雌雄双亲轮流孵卵，但雌鸟的孵卵时间更长。同窝卵的出壳时间不同，依产卵顺序每天出壳 1 只。雏鸟早成性，全身被黑色绒羽，在巢内留 1～2 天后即可跟随双亲到处觅食。亲鸟将取得的食物亲自喂到雏鸟嘴中。3 日龄可游泳，8 日龄可潜水。21～25 日龄可自行觅食，45～50 日龄长出飞羽，72 日龄可独立生活。有时前窝繁殖的未成年幼鸟也参与照顾第二窝的雏鸟。

种群现状和保护 目前在其分布范围内，黑水鸡种群数量还很丰富。IUCN 和《中国脊椎动物红色名录》均评估为无危（LC），被列为中国三有保护鸟类。对新环境的开发，如围湖造田、开辟观光景点、生态旅游等，以及农药和化肥的施作，对其生存所造成的压力有多大，有待进一步调查、研究。黑水鸡的肉和卵可食，在中国境内常被农民猎取，所以猎捕的压力仍很严重。

白骨顶

拉丁名：*Fulica atra*
英文名：Common Coot

鹤形目秧鸡科

形态 大型秧鸡，体长 37～43 cm。雌雄羽色相似，雌鸟较小。额甲白色。头和颈纯黑色而有辉亮光泽，体背面及两翼石板灰黑色，体后渐沾褐色；体腹面浅石板灰黑色，胸、腹中央羽色较浅，羽端苍白色，尾下覆羽黑色；初级飞羽黑褐色，第 1 枚外翈边缘白色，其余羽端黑色，次级飞羽羽端中央白色；虹膜红褐色；喙灰色，基部淡肉红色；跗跖、趾及瓣蹼橄榄绿色，爪黑褐色。雏鸟绒毛黑色，头和颈橘红和黄色，头顶粉红和蓝色；喙白色，尖端黑色，额甲暗红色，跗跖黑色。幼鸟头侧、颏、喉及前颈灰白色，杂有黑色小斑点，头顶黑褐色，杂有白色细纹。体背面淡黑褐色。

白骨顶有 4 个亚种，主要依据次级飞羽端部白色部分的大小、体型大小和体腹面的羽色进行划分：指名亚种 *F. a. atra* 外侧次级飞羽端部白色，体较大，翅长不短于 19 cm；印度尼西亚亚种 *F. a. lugubris* 与指名亚种相似，但体较小，翅长短于 19 cm；新几内亚亚种 *F. a. novaeguinea* 外侧次级飞羽无白色或具极少的白色，腹面体色较深，额甲较大，在头顶到达两眼之间联线，头、颈深黑色；澳洲亚种 *F. a. australis* 与新几内亚亚种相似，但腹面体色较淡，额甲较小，在头顶不到达两眼之间联线。

分布 广泛分布于欧亚大陆、非洲北部、澳洲及纽西兰。指名亚种分布在整个欧洲和亚洲以及北非；印度尼西亚亚种分布于印度尼西亚东爪哇和新几内亚岛西北部；新几内亚亚种分布于新几内亚岛中部；澳洲亚种分布于澳大利亚、塔斯马尼亚和新西兰。在中国分布的是指名亚种，几乎遍布全国，在内蒙古、东北、华北和西北繁殖，长江以南和西南地区越冬。

栖息地 主要生活在海拔 700 m 以下开阔的静水或水流缓慢的水域，如湖泊、水库、苇塘、沼泽地、盐水湖或缓流的灌渠、水沟、河湾、海边。但也栖息于西藏 3800 m 高处的山地湖泊。偶尔可见栖息于低地城镇中的池塘、公园。

习性 日出性、集群性和迁徙性。通常白天活动，但也在有月光的夜晚活动。集群的数量少则一二十只，多可达上千只。在中国长江以北地区为夏候鸟，通常在 3 月抵达，最迟 11 月离去；长江以南地区包括香港、海南和台湾为冬候鸟，于 11 月来到，次年 3 月北返。在迁徙或越冬时，集成数百到上千只的大群，沿着水域南迁，有时和野鸭混群，且像野鸭一样整天在水面上游泳，极少上岸。善游泳，游泳时用脚划动前进，尾部下垂，头前后摆动，也能潜入水中取食小鱼和水草。遇到危险时，即钻入浓密的苇地，

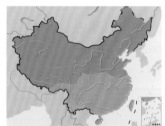

白骨顶。左上图董磊摄，下图杨贵生摄

或以双脚蹬水，拍翅起飞奔逃，躲避敌害。这种逃避敌害行为与鸭类的直接飞向天空不同。鸣叫声似 "ge—ge—ge—"，短促而尖锐，声音有点颤抖。常在水面浮游鸣叫，鸣声可传至很远。入夜后，多在岸边、湖中小岛或浓密草丛休息。繁殖期有维护巢区领域的行为，会与入侵者打斗，将其赶走。亲鸟护雏行为强烈，如有天敌白尾鹞飞近，亲鸟会发出 "Gou Gou" 的凄厉叫声，并勇敢地与白尾鹞格斗。白骨顶种内巢寄生的比例很高，也就是常常将卵产在其他同种鸟的巢中，由其代为孵卵、育雏。但宿主也会采取埋卵、逐出和啄破等防御行为来拒绝寄生卵。

食性 杂食性。在陆上草地或水中觅食。在乌梁素海繁殖地主要以水草及草籽为食，也吃小鱼、虾、甲虫及芦苇、香蒲等植物的嫩芽和嫩叶。在黑龙江主要吃水生植物的嫩芽、叶、根和茎，也吃昆虫、蠕虫、软体动物等。湖北洪湖越冬种群的食物主要是微齿眼子菜（地方名黄丝草）和黑藻等水生植物，动物性食物很少。在云南则以水草、植物嫩芽、嫩叶和昆虫、蠕虫等为食。各地食材略异，但以植物嫩叶、幼芽和藻类为主食，也吃松树果实。动物性食物包括昆虫（特别是双翅目、毛翅目、蜻蜓目、鳞翅目、鞘翅目和半翅目）、蜘蛛、蠕虫、蚂蟥、软体动物、虾、鱼及鱼卵、蛙、小鸟及鸟卵和小型啮齿动物。取食行为有撕刮茎上或石上的藻类、在草地上啄食嫩芽和草类、在水面上啄食水生昆虫或植物残渣、倒立或潜入水中捕食鱼、虾及植物。

繁殖 繁殖期是 4—6 月。单配制。4 月中旬开始配对。求偶时，雄鸟在开阔水面上追逐雌鸟，并发出响亮的 "grow grow" 叫声或围绕雌鸟游动和潜水等炫耀行为。如有外来个体接近配对时，会发出警告，并展翅伸颈向外来者冲去，将其驱逐。4 月下旬至 5 月下旬筑巢于沼泽中的芦苇或其他水生植物丛中，有时也将巢筑在水面上。雌雄共同营巢。巢材为香蒲、芦苇、三棱草、薹草及其他杂草的茎等，5～9 天建成。巢呈碗状，简陋粗糙，在折弯的蒲草或芦苇上高出水面 3～10 cm，内垫有干草。巢外有通道供进出。巢的大小为：外径 27～34 cm，内径 6～22 cm，深 7～10 cm。5 月上旬开始产卵，一直延续到 6 月初，每天产卵 1 枚，每窝可产 8～12 枚。卵丢失可以再补产，但若

连续被人拾走便会弃巢，卵被破坏亦会弃巢。产下 4～7 枚卵后，即开始孵卵，之后还会继续产 3～5 枚卵。卵呈灰尖卵圆形或梨形，白色或青灰色，密布棕褐色斑点。卵平均大小（n=58）为 53.19 mm × 32.21 mm，重 36 g。孵化期 24～26 天。雌雄轮流孵卵，但以雌鸟为主。同窝雏鸟破壳不同时。雏鸟半早成性，全身被黑色绒羽，出壳 24～36 小时后，亲鸟即带领雏鸟下水，亲鸟在前，雏鸟在后，在水草间活动，但傍晚仍回巢休息。雏鸟 6～8 周龄可独立生活，8～9 周龄长出飞羽，8～11 周龄可以飞行，留在双亲领域内到 14 周龄。1 龄开始繁殖，北方种群每年产 1 窝卵，南方种群可年产 2 窝卵。

种群现状和保护 在中国的种群数量相当丰富，但由于缺乏全国性的普查，总数不得而知。1990 年 1 月统计 19 处，得到的总数是 172 991 只；1992 年 1 月统计 28 处，总数是 98 778 只。IUCN 和《中国脊椎动物红色名录》均评估为无危（LC）。被列为中国三有保护鸟类。

白骨顶肉多味鲜，冬季在南方是人们猎取的对象。据调查统计，1982—1990 年冬季的总捕获量高达 707 854 只，平均每年捕获 78 600 只，可见其面临强大的狩猎压力。过去的围湖造田政策导致其栖息地大面积缩小。洞庭湖地区农民使用大量农药，水域污染不断加剧，严重威胁到白骨顶的生存。近年来，许多重要湖泊开发为观光景点和生态旅游，车辆和游客增多，以及拖拉机产生的噪声，均会干扰白骨顶的繁殖与活动，迫使白骨顶转移到偏远的、人们不易到达的荒野水域生活。

带领雏鸟游泳的白骨顶。杨凤波摄

正在取食水草的白骨顶。彭建生摄

正在给幼鸟喂食的白骨顶。杨贵生摄

鸻鹬类

鸻鹬类

■ 鸻鹬类是湿地鸟类中物种数最多的类群，包括鸻形目下的13个科
■ 鸻鹬类均为中小型涉禽，雏鸟早成，羽色随季节变化，多数具有迁徙习性
■ 鸻鹬类广泛分布于世界各地，中国是鸻鹬类重要的迁徙停歇地
■ 鸻鹬类自古为人类熟知，是湿地保护和鸟类迁徙研究的代表类群

类群综述

鸻鹬类是鸻形目（Charadriiformes）的3大类群之一，包括13个科，广泛分布于世界各地的湿地和水域，又称滨鸟（Shorebird）。鸻鹬类均为中小型涉禽，跗跖较长。大部分种类非繁殖期羽毛颜色灰暗，与其栖息地的滩涂、湖沼等湿地背景相似，而繁殖期羽毛颜色艳丽。鸻鹬类主要以生活在湿地的双壳类、腹足类、甲壳类、多毛类以及昆虫、蜘蛛等节肢动物为食。不同种类由于食物和觅食方式的差异，喙部形态变化较大。繁殖期多在地面营巢，窝卵数多为4枚。很多鸻鹬类具有迁徙的习性，一些种类在迁徙过程中可以连续飞行上万千米，是目前已知的连续飞行距离最远的鸟类。

中国有鸻鹬类9科79种，分别为水雉科（Jacanidae）、彩鹬科（Rostratulidae）、蛎鹬科（Haematopodidae）、鹮嘴鹬科（Ibidorhyndidae）、反嘴鹬科（Recurvirostridae）、石鸻科（Burhinidae）、燕鸻科（Glareolidae）、鸻科（Charadriidae）、鹬科（Scolopacidae）。

水雉科 水雉科全世界共6属8种，是一种色彩艳丽的中到小型水鸟。它们喙尖、翅圆，拥有修长的腿、趾和爪，适合在浮水植物上行走。水雉类主要分布于热带和亚热带地区的淡水水域及其附近，以昆虫和其他小型动物为食。通常雌雄羽色相似，但也是在体型上性反转现象最为明显的一个类群，即雌性体型远大于雄性。孵卵常由雄鸟承担，部分物种有一雌多雄现象。多数为留鸟，仅水雉一种有部分迁徙。中国有2科2种，为水雉 Hydrophasianus chirurgus 和铜翅水雉 Metopidius indicus。

左：黑翅长脚鹬是最引人注目的鸻鹬类之一，它粉红色的长脚十分醒目，静立和缓步时姿态优美。图为专心觅食的黑翅长脚鹬。陈林摄

右：水雉科鸟类拥有类似雉科鸟类的长尾，在鸻鹬类中极为特别。图为水雉科代表物种——水雉。杨晔摄

彩鹬科 彩鹬科仅1属2种，为形似沙锥、偏爱晨昏活动、性隐蔽的䴖鹬类，中国仅彩鹬 *Rostratula benghalensis* 一种，体型比另一种分布在南美洲南部的半领彩鹬大很多。彩鹬以其一雌多雄的婚配制度为人们所知，但近年在内蒙古也有记录到一雄多雌的现象。

蛎鹬科 蛎鹬科仅1属11种，均为中等大小的涉禽。身体都为黑白色或者黑色，腿、脚粉色，嘴橘红色。本科所有种类的雌性个体都比雄性重，并且平均喙长更长。大多数仅在沿海活动，在古北区和新西兰也有生活在内陆的种类。中国仅有1科1种1亚种，即蛎鹬东亚亚种 *Haematopus ostralegus osculans*，也有人认为在中国的亚种应该独立成种。

鹮嘴鹬科 鹮嘴鹬科仅1属1种，即鹮嘴鹬 *Ibidorhyncha struthersii*，为中等大小的涉禽，生活在亚洲内陆地区，中国有分布。

反嘴鹬科 反嘴鹬科共3属7种，中国有2属2种，即黑翅长脚鹬 *Himantopus himantopus* 和反嘴鹬 *Recurvirostra avosetta*。本科的特征是腿部极为修长，使得它们能够在较深的水中活动。嘴或长而上翘，如反嘴鹬类；或中等尖直，如长脚鹬类。分布在60°N以南的地区，遍布除南极洲外的所有大陆，在大洋洲具有最高的多样性。

彩鹬科代表物种——彩鹬。颜重威摄

蛎鹬科代表物种——蛎鹬。沈越摄

鹮嘴鹬的嘴红色下弯，类似鹮科鸟类，因而得名。沈越摄

鸻鹬类

形态特征 反嘴鹬科的成员身材都很修长，腿特别长，喙长而灵活，脖子也较长。长脖子和长嘴可以方便它们在水面上、水中以及泥滩上觅食。翅膀长而尖，尾巴短小，没有后趾或后趾短小。本科多数物种都有斑驳的花纹，黑翅长脚鹬和安第斯反嘴鹬 *Recurvirostra andira* 总体来说上体黑而下体白，而其他物种的黑色多局限在初级飞羽、翅上覆羽和肩胛上，另有 3 种在中国无分布的种类鸟羽上有红棕色部分。繁殖羽和非繁殖羽相似，亚成鸟也不具有明显的特征。本科各物种雄鸟体型略大于雌鸟。

栖息地 能够灵活地选择食物使得反嘴鹬科鸟类能够广泛生活在相对多样的湿地系统中，它们偏爱降水量较少的开阔水域。虽然本科鸟类多数生活和繁殖在内陆的咸水水域，但也有些种类可长期利用河口、滩涂等，甚至在滩涂繁殖。安第斯反嘴鹬则选择在高海拔的咸水湖泊繁殖，反嘴鹬也有利用高海拔地区的记录。长脚鹬类广泛生活在高度多样性的水体中，包括公园、水田等人工湿地。

习性 多数反嘴鹬科的鸟类领域性不强，迁徙季节常成大群，繁殖季节也常聚集在一起育雏。它们多在白天取食，可行触觉和视觉觅食。实行一雌一雄制，配偶双方共同育雏。但配偶关系并不稳定，常在下一个繁殖季更换配偶。

食性 本科物种主要取食水生无脊椎动物和小型脊椎动物，但黑翅长脚鹬和黑长脚鹬有时也会取食植物。它们大多数时候站立在浅水中或潮湿的地面上觅食，这是它们主要的取食方式，但同时也有游到深水处觅食的能力。猎物入嘴后它们会快速向后仰头把食物吞下。

繁殖 作为机会主义的繁殖者，反嘴鹬科鸟类在时间和地点的选择上都具有极高的灵活性。一旦遇到合适的条件，它们会延迟、提前甚至放弃繁殖，还会迁移到离上一年繁殖地很远的地方繁殖。它们的巢有时非常分散，有时也可几百对聚在一起。受繁殖地气候以及捕食者等因素影响，它们的繁殖成功率有很大波动性。雌鸟每天或是隔天产 1 枚卵，窝卵数 3 ~ 4 枚，通常达到最大窝卵数以后才开始孵卵，但在捕食者较多的地方亲鸟会提前开始孵卵。雌雄亲鸟共同保卫领域，频繁更换孵卵者。幼鸟为浅褐色或浅黄色，背上身侧可见深色部分。幼鸟会跟随亲鸟数周至数月之久，反嘴鹬和黑长脚鹬的亚成鸟可能一直跟随亲鸟生活和迁徙，直到下一个繁殖季开始。

居留型 留居、迁徙或非季节性的迁移等居留型都出现在本科鸟类中。生活在中国的反嘴鹬和黑翅长脚鹬都是典型的季节性迁徙鸟，它们可能呈小群在夜间迁徙。在迁徙季节，白天可在中国沿海见到成大群的反嘴鹬停歇。

种群现状 黑翅长脚鹬可以广泛地利用人工水体，反嘴鹬在中国也常常出现在工业区附近的滩涂和水体中，甚至砍伐森林而产生的空旷地带也能成为它们新的栖息地。它们的形态和行为都非常有特点，很容易引起人们的兴趣，是易被人们熟知的鸻鹬类物种。

反嘴鹬的嘴长而上翘，这种向身体背部弯曲的方式被称为反曲，因此名为反嘴鹬。沈越摄

石鸻科 石鸻科共 2 属 10 种，为中等大小的陆生鸻鹬类，尾圆、腿长，多数嘴短而厚，但也有些物种嘴较长，如大石鸻。体表为灰色和沙色的条纹，有非常好的隐蔽作用。在形态上被认为与鸻科鸟类存在一定的平行进化，雌雄成鸟及亚成体都没有明显差异，在飞行时会伸出长但是不尖的翅膀。在觅食上与鸻科鸟类有所类似，有快速奔跑停下啄食等行为。多数生活在热带和亚热带干旱半干旱少植被的空旷地区。单配制，多营独巢，但在条件特别适宜或者合适的繁殖地有限的情况下也会形成松散的群巢。中国有 2 属 2 种，为大石鸻 *Esacus recurvirostris* 和石鸻 *Burhinus oedicnemus*。

燕鸻科 燕鸻科共 5 属 17 种，中国有 1 属 4 种，即燕鸻属 *Glareola* 的领燕鸻 *Glareola pratincola*、普通燕鸻 *G. maldivarum*、黑翅燕鸻 *G. nordmanni* 和灰燕鸻 *G. lactea*。燕鸻科的形态和习性与燕和鸻有一定的相似性，翅较长或非常长，有些属，如生活在中国的燕鸻属具有相对短的腿。主要生活在热带和亚热带地区，多数在水边的低海拔地区生活。

形态特征 燕鸻科为小到中型的鸻鹬类。其中燕鸻属与燕非常相似：喙短且宽、呈弓形，有利于在空中捕捉飞行中的昆虫；翅膀长而尖，飞行时在振翅与滑翔间灵活转换；腿很短。但本科也有些物种腿长而擅长奔跑，如澳大利亚燕鸻；或是喙窄而翅圆，如走鸻属。本科物种褐色的羽色使其停留在陆地上的时候十分隐蔽，起飞后翅纹和尾纹则非常醒目。

栖息地 走鸻多生活在低海拔极度干旱的林地、灌丛甚至沙漠，但其他燕鸻科鸟类则或多或少生活在内陆水边或河口，尤其是分布于热带干旱地区的燕鸻类需要生活在水源附近以保证饮水来降温。

习性 燕鸻全年都有集群的倾向，繁殖期也会共同攻击捕食者来保卫自己的卵和雏鸟。它们的集群甚至不限于本种，繁殖期可以和麦鸡、燕鸥、剪嘴鸥、鸻类混群。燕鸻多有晨昏活动捕食昆虫而中午休息的习性。

上：石鸻科是鸻鹬类中的异类，它们生活在干旱地区而非湿地。图为正在新疆石河子干旱草坡上觅食的石鸻。沈越摄

下：燕鸻属鸟类均是长距离迁徙的候鸟，与这种行为相适应的是它们拥有极度纤长尖锐的翅膀。图为展翅飞翔的普通燕鸻。杨贵生摄

面对天敌接近，燕鸻会做出"拟伤"行为吸引其注意，从而将捕食者引离巢区，保护幼鸟。图为正做出受伤状的普通燕鸻。颜重威摄

食物 燕鸻偏爱蝗虫、甲虫、蜻蜓等体型较大的昆虫。在昆虫集群活动的季节和时间，特别是晨昏温度较低、昆虫活动能力不强的时候，有几种燕鸻，如领燕鸻等会形成相应的大群，甚至可以一起围成大圆，用翅膀把昆虫限制在一定范围内以便捕食。所有燕鸻属的鸟都需要饮水来补充水分，并且都由鼻腺来排出多余的盐分。

繁殖 燕鸻属的鸟类繁殖时通常形成松散的群巢，可以由几个到几百个繁殖对组成，巢间有数米的距离，所有参与繁殖的个体共同保卫一小片领域；走鸻类则都为独巢。燕鸻的巢为地面浅坑或石头间的洞，窝卵数1~4枚，卵通常较圆，白色、黄色或灰色，并有黑色或灰色的斑点或条纹，与巢区颜色吻合，或是直接模拟当地石头的形状和色泽，十分隐蔽。和其他鸻形目鸟类一样，在高纬度繁殖的燕鸻种群会产相对小而多的卵，如在俄罗斯繁殖的领燕鸻窝卵数能达到3~4枚，而在非洲繁殖的种群每窝只产1~2枚卵。燕鸻属的雌雄亲鸟共同分担孵卵任务并且孵卵时间相当，只是在气候比较温和的地区可能双亲都不需要照顾卵而离巢，时间可达数小时。在热带地区，走鸻孵卵的主要任务是防止过热，主要方式是用身体遮挡直射的阳光，同时通过暴露腿部、喘气等

行为来降低自身体温；但燕鸻属的鸟类并不会这样做。燕鸻对幼鸟表现出强烈的保护行为，它们会假装翅膀或者腿部受伤，或者装作不能飞行而坐在地上，以此吸引捕食者远离巢区和幼鸟。幼鸟如果在水边，则会在发现捕食者后跳进水中，游离捕食者。所有的燕鸻都会在雏鸟孵化几周内喂养它们，而雏鸟常找一个隐蔽处，如兔洞来藏身。

居留型 燕鸻属的鸟类可以作长距离迁徙，例如黑翅燕鸻会在欧洲和非洲之间迁徙，最远可达南非；在中国繁殖的普通燕鸻非繁殖季主要生活在澳大利亚。它们的翅膀非常长也可能与长距离迁徙有关。走鸻类则不进行长距离迁徙，但可能在很大范围内游荡。

种群现状 生活在西印度的约氏走鸻 *Rhinoptilus bitorquatus* 被IUCN列为极危物种，在1986年被重新发现以前，此物种一度被认为已经灭绝。马岛燕鸻 *Glareola ocularis* 被IUCN列为易危（VU）。此外，黑翅燕鸻由于农业用地增加以及秃鼻乌鸦等鸦科鸟类数量增加而造成的适宜栖息地减少，已经被列为近危（NT）。其他的燕鸻类大多数较好地适应了人类改造的环境，或是生活在人迹罕至的地方，但人类对它们的影响往往是负面的。

鸻科 鸻科共 12 属 71 种，分布在除南极洲以外的所有大陆上，中国有 4 属 17 种。小到中型鸻鹬类，典型特征是圆圆的脑袋上长有大大的眼睛和短而尖的喙。栖息地包括多样的海岸和内陆湿地、草地、苔原、干草原、半干旱荒漠等。

形态特征 相对于它们极多的物种数量，鸻科鸟类的形态相当一致：最大的物种体长只有最小的 3 倍，腿不太长也不太短，后趾极短或仅存残迹。鸻类最容易辨识的特征就是它们的大眼睛了，通常它们都依赖视觉寻找食物。喙部通常厚、直而短，喙长比头长短，人们常根据这一特征来区分鸻类和鹬类。喙部形态比较特殊的是生活在新西兰的弯嘴鸻 *Anarhynchus frontalis*，它们的喙部弯向一侧。

麦鸡类的形态较为与众不同，大多数具有凤头、面纹或者翅距，这些特征主要出现在雄性身上。翅距是长在翅膀腕骨上的骨质突起，用于争斗。即使是那些已经不再生有翅距的麦鸡类，也有个隐藏在皮肤之下的骨质结节，可以增加翅膀的拍击力度。凤头麦鸡在进行求偶炫耀时会采用特殊的飞行方式——快速灵活地扭动和旋转。麦鸡类也会进行长距离迁徙，但它们不像其他鸻鹬类一样进行长距离的连续飞行。一方面它们能够适应多样化的栖息地，随时都能够停留觅食，另一方面它们相对更圆的翅膀并不适合进行长距离连续飞行。

斑鸻属 *Pluvialis* 和鸻属 *Charadrius* 通常具有更加细长的翅膀，其中最外侧飞羽最长。长长的翅膀会影响飞行时的灵活性，但会加快飞行速度、降低能量消耗。为了长距离迁徙，它们还需要强健的肌肉和足够的脂肪储备。仅仅是用于飞行的胸肌占自身脂肪体重的比例就高达 7% ~ 8%，而同样擅于长距离飞行的滨鹬类，这个数值往往也只有 5% ~ 6%。此外，无论是肌肉体积所占比重，还是冬季的脂肪储备比例，鸻类都常常高于滨鹬类。

鸻科鸟类的羽色相对隐蔽，生活在具有间断的栖息地里的种类常有胸纹，笛鸻、白额沙鸻和环颈鸻等在海滩附近单一环境中筑巢的小型鸻类胸纹不明显或完全没有胸纹。个头比较大的种类，比如麦鸡，颜色会相对显眼一些。除了小嘴鸻外，大多数的鸻科鸟类的雄性比雌性体型大，繁殖羽的颜色也更加鲜明。鸟类利用面纹和胸纹掩饰自己在环境中的存在，但也有些鸟的羽毛显然是为了突出自己的存在，这可能是用来宣誓领地，或与繁殖期的求偶炫耀有关。大多数鸻科鸟类羽毛的季节性变化不算特别明显，但沙鸻类在繁殖季头、胸和腹部会换上明亮的繁殖羽，而在寒带和热带之间作长距离迁徙的斑鸻类繁殖季节腹部会变为深黑色，在非繁殖季节这些区域是灰色或是呈斑纹状的。

1 龄鸟的羽色与成鸟区别不大，但它们以及成鸟新生的羽毛边缘会呈现黄色或铁锈色，经过风吹日晒，这些边缘的颜色会慢慢褪去。通常小型鸻科鸟类在第一年就会尝试繁殖，换上全部或者部分繁殖羽，还会更换部分廓羽。大多数物种成年个体在到达越冬地后才开始更换所有的体羽、飞羽和尾羽，也有些物种会在迁徙停歇地甚至繁殖地就开始换羽。飞羽的换羽过程总是从初级飞羽开始，然后是次级飞羽、三级飞羽和尾羽。初级飞羽的更换顺序是从"腕部"依次向外，而次级飞羽顺序相反。完全换羽可能要花费 3 ~ 5 个月。

鸻科鸟类都具有大而明亮的眼睛，直而粗短的喙，会随季节换羽，新生羽毛边缘的皮黄色是判断它们年龄的依据

左：在鸻科中形态较为特殊的麦鸡属代表物种凤头麦鸡。凤头、面纹是其标志性特征。杨贵生摄

右：鸻属的常见物种金眶鸻。金色的眼眶使其标志性的大眼睛更显炯炯有神。沈越摄

鸻鹬类

鸻科鸟类的另一个特点是雌雄间的差异相对较小，只有 10%～20% 的古北界鸻类具有一定程度的雌雄差异。

鸻科鸟类在弱光中仍然具有极好的视觉，因此它们能在夜间觅食。这可能与它们眼睛内特有的感光细胞有关，它们的视网膜上有比鹬类更为丰富的视杆细胞（用于在弱光下感受光线）和更高的视杆细胞和视锥细胞（用于在强光下感光和进行色彩识别）比例。它们大脑的视叶也十分发达，可以达到同样大小的鹬类的两倍。

鸻类的喙粗硬，结构简单，不像鹬类那样有柔软的部分。头部擅长快速转向，也能够承受与硬质基质的撞击。鸻类的喙部有发达的触觉，但并没有像依靠触觉觅食的鸟类那样有所特化，所以这些触觉感受器似乎并不适合用来探测寻找食物，而更适合用来帮助处理已经捕捉到的猎物。

和其他的鸟类一样，鸻类的消化过程要经过喙部、食管、腺胃、肌胃、肠道和泄殖腔等。它们的腺胃相对很不发达，所以它们基本不在体内贮存食物，消化过程基本不在肌胃以前开始。

和许多在海边生活的鸟类一样，鸻科鸟类的两眼之间生有一对盐腺，用于排出体内多余的盐分。盐腺的大小和它们生活的栖息地盐浓度有关，生活在淡水区域的麦鸡类盐腺就比其他鸻类小得多。

栖息地 与鸻科鸟类依靠视觉觅食相适应的是，它们的主要栖息地是植被较矮或裸露的区域。它们利用河岸、湖岸、沼泽、干旱草原等内陆地区，也会和其他鸻鹬类一样利用海岸。除了滨鸻，大多数鸻科鸟类会避开多石的栖息地。有几种鸻属鸟类繁殖期和越冬期都依赖滨海湿地，而另外一些在高纬度地区繁殖的斑鸻和鸻属鸟类则会在不同时期利用完全不同的栖息地类型。

包括中国的金鸻 *Pluvialis fulva* 和灰鸻 *P. squatarola* 在内的斑鸻类都在相似的、具有一定植被的高地沼泽和苔原带繁殖，迁徙和越冬季节则利用开阔的田野和草地。其中金鸻特别偏爱草地和农业用地等内陆湿地，而灰鸻迁徙期总是在海岸带觅食。剑鸻 *Charadrius hiaticula*、长嘴剑鸻 *C. placidus* 等总是出现在海边，它们在排水良好、多碎石和植被稀疏的海岸、河流或池塘繁殖，迁徙和越冬期则会利用沙质和石质的潮间带。

也有些鸻科鸟类无论繁殖还是非繁殖季都只利用含盐的近海岸栖息地以及盐湖和盐田，广泛分布于中国东南沿海的环颈鸻就是如此。除了海岸附近，它们也会生活在内陆地区，甚至半干旱的环境。而麦鸡类的栖息地选择则较为专一，例如灰头麦鸡 *Vanellus cinereus* 和凤头麦鸡 *V. vanellus*，虽然都是候鸟，但前者经常出现在草地，而后者偏爱沼泽。

在潮间带觅食的鸻类和鹬类，选择偏好有所不同：鹬类通常喜欢跟随潮汐觅食，而鸻类常常留在高潮滩。这种差别很可能是因为鸻类依赖视觉觅食，食物来源主要是密度较低、生活在滩涂表面的动物。此外，它们在高潮滩觅食，还能避免鹬类的啄食行为对其猎物的干扰。

与在觅食地和休息地之间来回移动的鹬科鸟类不同，鸻类的觅食地常常也是它们的休息地，但金斑鸻和凤头麦鸡也会在觅食的草地和休息的耕地或滩涂之间移动。鸻类通常不会栖息在灌木或乔木的树枝上，因为它们后趾退化，不像雀鸟那样可以稳稳地抓住树枝。但在热带地区，它们有时也会在红树林上休息。

习性 鸻类最常集小群活动，但这些群体数量并不稳定，能够在几只到上千只之间变动。与鹬类不同，它们通常不会聚集成几千只或上万只的"超级大群"，迁徙过程中几百只的灰斑鸻或者麦鸡在鸻科鸟类里就算是相当大的群体了。

鸻科鸟类可单独迁徙，也可集结成几只到几百只的群体。通常在迁徙特别是长距离迁徙时，呈现较为整齐的梯形或"V"形。鸻类的迁徙群中通常只有一个物种，但在非迁徙高峰期，例如迁徙即将结束时，也会见到个别个体跟随其他迁徙路线类似的物种飞行。在靠近繁殖地的时候，与其他同样在高纬度地区繁殖的鸟类混群较为常见，例如，灰鸻和斑尾塍鹬 *Limosa lapponica* 混群，灰鸻和红腹滨鹬 *Calidris canutus* 混群等。

无论是繁殖季还是迁徙季，鸻类都可占据自己的领地以便觅食。而维护领地的时间多变：可能为几小时、几天，也可能贯穿整个非繁殖季节。同一个体也能年复一年地回到同一片滩涂。鸻类在保卫领域时会采取类似的、仪式化的行为。通常领域主人会高抬头，尾巴打开呈扇状，向着试图抢夺领域的入侵者冲过去，然后两只鸟会沿着领域的边界平行行走：它们相隔大约 1m，翅膀垂向对方，背部羽毛稍微立直，尾羽呈扇状。这种对峙会在边界上来回数次，它们时而将尾羽展开并倾斜向对方，并保持翅膀低垂，随时准备发动攻击，也可能俯下身体甚至坐在地上。非繁殖季节的领域炫耀是繁殖季的简化版，不具有复杂的炫耀行为。

鸻类白天和晚上都会觅食，时间节律受食物状况和捕食者影响。凤头麦鸡大多数月相时白天觅食，晚上休息，但在满月时日夜都会觅食。它们的觅食频率主要取决于获得食物的可能性，因此当阴天或地面被雪覆盖时都会减少觅食时间。除了捕食者的威胁以及照料和保护幼鸟的需要外，鸻科鸟类的生活节律还可能受到从休息地到觅食地所需能量的限制。

为了降低被捕食的风险，鸻类发展出了复杂的交流行为。它们能分辨不同类型的捕食者并发出相应的信号，例如，麦鸡会发出特定的鸣叫警告幼鸟。斑鸻类在繁殖季为了应对捕食者发展出了更为复杂的行为。以金斑鸻为例，在孵卵期间，如果发现了捕食者，当捕食者距离很远的时候它们会远离自己的巢，或者坐着一动不动；而当捕食者非常接近时，它们会做出受伤状吸引捕食者，或是艰难飞行，或是一瘸一拐地走开。当雏鸟已经出壳，它们会在捕食者还未靠近时就冲过去。繁殖季节麦鸡会集合成大群包围捕食者，采取快速俯冲的动作尝试吓走捕食者，而在非繁殖季节它们通常只是集群远离危险。

食性 鸻科鸟类取食生活在地表附近的无脊椎动物，主要包括节肢动物和蠕虫。在陆地生态系统中，它们以蚯蚓、蜘蛛，以及蝇类、甲虫、蚂蚁、摇蚊等各种昆虫的幼虫和成虫为食，有时也会取食浆果或种子。生活在淡水区域的种类主要以水生昆虫和小型甲壳动物为食。生活在潮间带的种类捕食包括螃蟹、虾、端足类和等足类的小型甲壳动物，也会取食蠕虫。海洋和陆地鸻类都会偶尔取食软体动物。

我们常常会看到不同种类的鸻集群在一起觅食，比如麦鸡和斑鸻。所有的鸻科物种都依赖视觉觅食，通常从裸露或者覆盖有浅层植被的基质上啄取食物。它们觅食的时候常跑跑停停：每次奔跑几米，然后突然停下来，停下的时候头部高举，然后低下头啄取探测到的食物。有人认为它们有着极为敏锐的视力，在跑之前就已经发现了

目标食物；也有人认为它们会用听觉辅助定位食物。体型越大的鸻类，跑的距离越长，捕获的猎物体型也越大。

除了弯嘴鸻和麦哲伦鸻属 Pluvianellus，鸻类的觅食策略总是积极观察，耐心等待，直到猎物钻出地表或者在地表蠕动，它们会迅速地跑过去啄起并吞下，然后继续等待。在较长时间没有猎物时它们也会转换觅食地点。鸻类行动时头部低向地面后会进行一个短暂的停顿，仅喙部向下啄取猎物。一旦它成功定位了猎物，捕食成功率就极高。偶尔它们也会站在浅水中，啄取漂浮在水面上的小型生物。

由于依赖视觉觅食，它们在夜间或光线阴暗时觅食效率较低，停顿时间长，观察距离短，啄食频率低。可能也正因为如此，它们在非繁殖季的分布地比鹬类更为偏南，因为这些地区的光照时间更长。但当猎物有在夜晚活动的习性时，鸻类也可能在夜晚达到更高的觅食效率，有人认为这是因为它们此时可利用听觉辅助定位食物。

典型的鸻类觅食活动单一，仅取食坚实平坦的基质表层的生物，因为它们长而敏感的喙部很难探入这类基质中。在滩涂觅食的鸻类基本只觅食活动的生物，如多毛类的蠕虫和生活在滩涂表面的甲壳动物，虽然这些物种只是滩涂底栖动物中的少数。双壳类通常埋藏在滩涂的深处，而软体动物的运动速度太慢，已经高度适应捕食活动生物的鸻类不易察觉。

由于依靠视觉觅食，鸻类为了提高进食效率可能会倾向于选择色彩鲜艳或者活动性较强的物种作为食物。滩涂内的小型生物在温度较高、无风并且即将涨潮时活动增加，有研究证明这时灰斑鸻和剑鸻的觅食效率也较高。

麦鸡和鸻都会通过敲打或者抖动单只腿来使猎物加强活动，通常是轮流替换两只腿。这种活动会扰动生活在基质表面上的无脊椎动物，而一旦它们开始活动起来尝试逃离干扰，就暴露在鸻类的视线之内了。生活在地下的动物，例如，蚯蚓会把来自地表的声音和压力当作鼹鼠的"信号"，因此它们会向地表活动尝试逃离这些"鼹鼠"，结果成了鸟类的食物。这类行为在草地上生活的小型鸻鹬类中最为常见，也见于生活在滩涂上的剑鸻和环颈鸻，但灰斑鸻很少会这样做，它们在扰

鸻鹬类

鸻科鸟类的食物主要是节肢动物和蠕虫。图为一只正在取食昆虫的灰头麦鸡。徐永春摄

动猎物时会把腿抬离地面，然后轻轻拍打，而不会搅动。

在繁殖季节鸻类倾向于在领域内或附近单独觅食，不会远离自己的巢和幼鸟。在非繁殖季，它们虽然不会像鹬类一样形成特别密集的群体，但依然会集群觅食，通常认为是为了减少个体被捕食的风险：要么因为群体对捕食风险的稀释作用，要么是因为在群体中有更多警戒捕食者的眼睛，或者二者兼有。它们也通过集群共享食物信息，但是当捕食地表生物的鸻类变得太过密集，会由于猎物受到太多的扰动而导致捕食效率下降，这可能是鸻类在觅食地分散分布而不倾向于集结大群的原因。另外它们还可能因互相抢食而降低个体的觅食效率，尤其是当捕获的猎物体型较大、需要比较长的时间来处理时。鸻类也会受到来自其他动物的抢食，最典型的可能是红嘴鸥。在红嘴鸥存在时有些鸻类会倾向于取食个体较小的猎物，并因此导致觅食效率降低。分散觅食的另一个特点就是会占据觅食领地，鸻类可能容忍鹬类等其他物种在自己的领地活动。它们可能连续几天占领同一块草地，或者仅在低潮期占领一块滩涂。有研究证明虽然灰斑鸻可能要花掉5%～10%的时间维护自己的领地，但在总体上提高了觅食效率。

大多数的鸻鹬类都过着直接暴露在风雨中的生活。生活在热带的种类，即使在狂风中，也不需消耗额外的能量就能维持高达41℃的体温。在其他地区生活的鸻鹬类则需要消耗大量的能量来维持体温，甚至把摄取的大部分食物用于产热，因此它们每天都要取食大量的食物。生活在热带的鸻鹬类不需要通过食物来维持体温，可能大多数时间都在休息，这是它们避免身体过热的方法之一。即使如此，它们还是需要通过蒸发来保证体温不会超过41℃。由于大多数鸻类生活在咸水环境，无论是它们喝的水，还是吞下的猎物体内都含有大量的盐分，因此它们需要利用盐腺排出盐分，并利用淡水蒸发给身体降温，而这一过程也需要消耗能量。因此热带的鸻鹬类常有较为发达的盐腺，在天气最热的时候常会主动寻求遮蔽处，倾向于取食含盐量较低的食物。它们汲取的水分大多来自食物，因此总体来说不会大量喝水。它们喝水时把喙部竖直插入水中，然后抬头吞下。

除了富含营养的食物，鸻类也会吞下砂砾和贝壳等明显不能消化的东西，可能是用于研磨食物，但也可能是为了补充钙质，特别是在繁殖期。繁殖还会影响鸻类觅食的其他方面，它们的雏鸟一出生就自己活动寻找食物，而且幼鸟常和亲鸟的食谱有一定差异。例如，凤头麦鸡成鸟可能主要以蚯蚓为食，而幼鸟更多地取食生活在地表的甲虫和蝇类幼虫，因为幼鸟此时还没有掌握敲打地面、扰动蚯蚓从而取食的技巧。

繁殖 和其他鸟类一样，鸻类选择在孵化率和繁殖成功率最高的季节繁殖，也就是在节肢动物最繁盛的时期——温带、寒带地区的夏季，热带地区的雨季过后。通常来说繁殖地越往北，它们开始繁殖的时间也就越晚。有研究指出剑鸻的繁殖地每向北1纬度，繁殖时间就要晚1.6天。如果繁殖失败，鸻类通常会选择繁殖第2窝，但如果繁殖地太靠北，第2窝幼鸟无法得到足够的食物，它们会直接选择放弃繁殖。在热带，麦鸡和鸻类的繁殖时间与雨季、旱季的时间，也就是和亲鸟与幼鸟能够获得的食物量显著相关。如果食物充足、有潜在的竞争者，麦鸡可能会在繁殖前一个月就建立领地。

大多数鸻类为社会性单配制物种，但随着研究的深入，人们发现事实并非如此简单。雄性凤头麦鸡总是尝试与多个雌性建立家庭，只是大多数时候都以失败告终。但无论是凤头麦鸡、金斑鸻还是红胸鸻，人们都已经记录到一雄多雌的案例。而同样曾被认为是严格单配制的环颈鸻明显表现出更高的灵活性，雌鸟和雄鸟都有抛弃幼鸟和原配偶另觅新欢的倾向，但到底是哪一方会先离开取决于它们找到新配偶的概率，这与当地可繁殖的雌雄比例密切相关。蒙古沙鸻也和环颈鸻类似，采取快速多次繁殖的策略，得以在一年内实现多配制，还有些雌性会先产下一窝卵交由雄性抚育，继而再产一窝卵自己孵化。虽然多数单配制鸟类的雌雄个体倾向于平均分配育雏时间，但鸻鹬类的雌鸟多数会在幼鸟羽翼丰满前就离开，把幼鸟留给雄鸟照顾。

大多数鸻类在繁殖期会占领并保卫一个独立的领地，但有些种类在繁殖地紧张时也会挤在一起集群繁殖，典型的就是环颈鸻 *Charadrius alexandrinus* 和凤头麦鸡。集群繁殖一方面是因为受到繁殖地的限制，另一方面还可能与反捕食者的策略有关。雌雄都会参与保卫领地，但雄鸟依然是其中的主力。

鸻科鸟类的巢一般比较简单，但麦鸡类会用大量干草等巢材建造相对复杂的巢。鸻类则只是在地上刨出浅坑，内部填充当地的材料，如海岸带的卵

正在翻卵的环颈鸻。中山大学鸟类研究组摄

鸻鹬类

鸻类幼鸟为早成雏，头和眼睛显得格外大，全身被绒毛。图为3日龄的环颈鸻幼鸟，已经能够独立行走觅食。颜重威摄

石和蛋壳、牧区的草叶、沼泽和苔原带的地衣和苔藓等。沙滩上繁殖的鸻类可能直接利用沙子，还会利用各种大小合适的废弃人工制品。

鸻类隔天或隔两天产1枚卵。卵多为灰色，但可能有向白色、米黄色和绿色的变化，上面有暗色的、密度不一的斑点或花纹。窝卵数2～4枚，通常一只雌鸟不会在一窝内产超过4枚卵，在热带地区，3枚卵可能更为常见。

一旦产卵完成，亲鸟就开始孵卵，孵化过程需要21~31天。个体较小的物种所需时间也较短，但鸻类比同体型鹬类的孵化时间要长，这可能与保证雏鸟一出生就能保持体温有关。在热带地区繁殖的鸟类面临着干旱或炎热的问题，特别是白天。为了防止过热，它们最常见的策略就是用自己的身体给卵遮阴。麦鸡在过热的时候还会浸湿自己腹部的羽毛，然后回到巢里沾湿卵和巢材，利用蒸发散热。还有些种类会用沙子、植物等覆盖自己的卵来躲避暴晒。

3～4周以后，雏鸟破壳而出。一旦雏鸟离开卵壳，亲鸟就会迅速把卵壳带走丢在远处。凤头麦鸡可能会掘开泥浆，把卵壳埋进去。因为卵壳内侧通常不具保护色，会吸引空中捕食者的注意。通常在所有

雏鸟孵出1～2天后，雏鸟就会跟随成鸟远离巢址。在干旱地区，若干个家庭可能会集结成松散的群体，有时候这些群体由孵化地类似的不同物种组成。

鸻类的幼鸟有不成比例的大而圆的脑袋、非常短的喙部和强壮的腿脚，全身布满密集的短绒毛。身体前部呈现卵石状花纹，后部偏白有黑色条纹，尾后常有轻微膨大。后颈部几乎总是白色，由暗色的粗横纹将其与斑驳的头顶分开。从远处看，雏鸟最显眼的是它们的深色颈圈，当它们听到父母发出的警告声，就会把脖颈向下缩，隐藏颈圈。

鸻类为早成鸟，雏鸟一出生就独立觅食，但亲鸟的照顾还是会持续相当一段时间。在这段时间里雏鸟跟随亲鸟学习如何逃离危险——猛禽、人类和哺乳动物等，亲鸟会和它的幼鸟保持着紧密联系并时刻高度警戒，直到幼鸟能够飞行。其他的抚育行为还包括引领、跟随和把幼鸟聚集在一起等。把幼鸟聚集在一起通常是为了维持它们的体温，在热带地区亲鸟把幼鸟藏在身下或翅下是为了遮蔽日光，而在寒带地区这样做却是为了防止幼鸟被冻死。在孵化后的2～3周，鸻类雏鸟在寒冷环境中还没有完全维持自己体温的能力。幼鸟在这几周中生长迅速，当它们接近3周龄时体型已经相当可观，此时

虽然出壳后很快就有行动能力，但鸻类雏鸟的恒温机制尚未建立，需要不时聚在亲鸟身下维持体温。图为将雏鸟护在身下的环颈鸻。颜重威摄

一窝 3 ～ 4 只幼鸟同时尝试进入亲鸟体下时几乎可以将其举起。与鹬类相比，鸻类幼鸟发育更慢，不能维持体温的时期较长。它们这种低代谢策略被认为是为了减少能量需求，以降低食物短缺时的死亡率，因此它们不得不长期依赖亲鸟的照顾，但这对于在寒冷地带繁殖的种群尤为不利。这暗示了鸻类可能是起源于热带地区的鸟类支系。

在幼鸟孵化前，它们的日存活率可达 99%，在 25 ～ 30 天的孵化期内总的存活率为 70% ～ 75%。雏鸟的日存活率通常稍低，约为 96%，孵化到羽翼丰满大约需 35 天，其间总存活率为 25% ～ 30%。在温带和寒带地区，鼹鼠和旅鼠的种群周期都会影响到鸻类的繁殖成功率。当鼹鼠和旅鼠种群数量达到峰值，它们的潜在捕食者，例如狐狸和貂的食物就会变得极为丰富，这些捕食者就不再有兴趣猎食鸻类的卵。在下一个繁殖季，由于旅鼠和鼹鼠几乎已被捕食殆尽，这些捕食者不得不以替代的食物，如鸟卵为食，这一年繁殖成功率就会相应降低。这种复杂的关系可能使鸻鹬类与鼠类的种群变化形成明显的相关性并呈现周期性波动。

虽然小型鸻类可以活到 10 年，大型鸻类更可能达到 20 年以上，但多数初飞的个体并没有那么幸运。人们运用不同的研究方法获得的存活率差异极大，从 70% 到 91% 不等，1 龄鸟的存活率最低。低存活率常被认为与越冬地的气候变化有关。关于个体是否倾向于回到它们自己的出生地，或是在之前的繁殖地进行繁殖，已经有了大量的研究。如果鸟类能够对环境变化及时做出响应，它们就不应对繁殖地过于忠诚，但转移领地需要承担能量损失和不确定性的风险。总体来说，那些需要保卫领地的雄鸟对繁殖地更为忠实，留居的鸟类比候鸟更为忠实。但也有些候鸟，例如金鸻，对繁殖地和越冬地的选择都极为固定。

居留型 迁徙中连续飞行 4000 km 的金鸻一度被认为是连续飞行距离最长的鸟类，虽然这一纪录已经被斑尾塍鹬打破，但鸻科鸟类仍然是迁徙鸟类中长距离飞行的佼佼者，金鸻也是最早被用来研究定向和能量积累等迁徙相关特性的物种之一。有

鸻鹬类

些较小的鸻类，如剑鸻也会在热带海岸和极地之间迁徙。蒙古沙鸻 Charadrius mongolus 和铁嘴沙鸻 C. leschenaultii 可以从澳大利亚直接飞到东南亚或中国的海岸线，然后再飞往蒙古等地区繁殖。但更多的小型鸻类，例如环颈鸻、金眶鸻等仅进行短距离迁徙或者不迁徙。鸟类翅膀的形状与迁徙模式有关，那些进行长距离迁徙的物种具有长而尖的翅膀，而留居物种的翅膀更圆而灵活。

对于一些鸻类来说，在特定区域繁殖的个体都会到相应的地点越冬，但不同个体会选择不同的迁徙路线。金鸻和灰鸻的繁殖地和越冬地都很分散，现在还没有发现明显的迁徙连接规律。迁徙经过中国的灰鸻越冬地可以从澳大利亚一直到中国南部，而不同的性别可能会选择不同的越冬地。

为了能完成繁殖地和越冬地之间的长距离迁徙，鸻类必须在起飞前积累足够的脂肪，它们可以在 1～2 个月内把体重提高 1～2 倍。在此期间，身体变化最多的就是脂肪，鸟类身体其他器官的重量也会产生巨大的变化：在补充能量的阶段消化器官会格外发达；在准备迁徙前肌肉会变得特别发达。研究证明在越冬期，金鸻主要增加了身体的脂肪，但是在即将迁徙前，就主要生长其他组织了。大多数脂肪较为均匀地分布在皮肤之下，把整个身体包裹起来，但由于鸟类羽毛的隔温性相当好，这些脂肪并不主要用于保温。

成功的迁徙对于生存和繁殖都极其重要，尤其是对那些在高纬度地区繁殖的物种：那里夏季短、适合繁殖的时间窗口窄，所以鸟类必须把补充能量和飞行的时间都进行足够的优化才有可能完成繁殖。繁殖地和越冬地之间的距离越长，在最适宜的时间到达繁殖地就越困难，而留在距离繁殖地更近的地区越冬的个体更可能较早到达繁殖地。

种群现状　通常来说，鸻类对于人类干扰较为敏感。本科中在 20 世纪被认为已灭绝的至少有一个物种，即爪哇麦鸡 Vanellus macropterus，它们曾经生活在印度尼西亚群岛，1939 年最后一次被发现，可能由于农业导致的栖息地退化和捕猎的双重压力而灭绝。不过 IUCN 仍将其列为极危（CR）。其他的岛屿种群也面临着灭绝，例如，新西兰鸻 Haradrius obscurus 在北岛和南岛的种群数量都在大幅下降。

有些并非生活在岛屿上的、广泛分布的物种也面临着生存危机。曾经广泛分布在温带草原上的麦鸡由于农业的发展，栖息地减少，分布地愈发狭窄。美洲的笛鸻 Charadrius melodus、岩鸻 C. montanus，以及新西兰的弯嘴鸻也是近危或易危物种。

对于生活在中国的鸻类，资料还十分缺乏，但随着经济的发展，草地、盐田和滩涂等栖息地减少，很多物种的种群可能发生着巨大的变化。广泛分布在中国和俄罗斯边境附近的凤头麦鸡的数量下降已被证实。

金鸻是早期鸟类迁徙相关研究的模式物种，图为迁飞中的金鸻。王昌大摄

鹬科 鹬科鸟类有 16 属 87 种，中国分布有 12 属 49 种。鹬科鸟类均为中小型涉禽，分布于除南极洲以外的世界大部分地区，大部分为候鸟且具有长距离迁徙的习性。在迁徙期和越冬期，鹬科在滨海滩涂湿地尤为常见，常集大群活动，是滨海地区最重要的涉禽之一。少数种类生活于林地或内陆的山地。多在北半球高纬度地区繁殖，在亚热带和热带地区越冬。

形态特征 鹬科鸟类的腿一般较长，适合于涉水行走，多在潮土或浅水区域活动，但也可以短时间在水中游泳，少数种类如瓣蹼鹬则擅于游泳。大部分鹬科鸟类具有 3 个长的前趾和 1 个短的后趾，使其在泥泞的沼泽或滩涂行走时不会陷下去。三趾滨鹬缺少后趾，这可能与它们主要在基质较硬的沙地活动有关。与鸻科鸟类相比，鹬科鸟类的眼睛较小，在觅食的时候，它们多利用喙部的触觉在泥滩中寻找食物。大部分滨鹬类喙部的前端有一个触觉和压力感受器，当滨鹬类将喙部插入软的基质中时，感受器可以感受到不同方向传来的压力和微小的震动，从而有助于发现在基质中运动的软质食物如沙蚕，或埋在基质中的硬质食物如双壳类等。

鹬科鸟类不同种类的形态特征和生态习性差异较大。根据它们的形态和生态特征，可分为沙锥类、鹬类和瓣蹼鹬类 3 个类群。沙锥类体型较矮，喙部直且长，身体大部分偏褐色并带有纵向的褐色或暗黄色条纹，这使得它们在沼泽、草甸等栖息地活动的时候可以很好地伪装起来而不容易被发现。大部分鹬类的腿较长，喙细长，如大杓鹬 Numenius madagascariensis 的喙长为头长的 3 倍。鹬类的体色和周围环境非常接近，冬季的时候上体灰色或褐色而下体多白色。在繁殖期，一些种类的上体和下体出现红褐色或黑色的繁殖羽。瓣蹼鹬为海洋性鸟类，适应于游泳生活，常在海面上漂泊。它们的腿相对较短，因趾间具有特殊的扇形瓣蹼而得名。

鹬科鸟类喙的形态多种多样，主要有笔直（如黑尾塍鹬 Limosa limosa、林鹬 Tringa glareola、红脚鹬 T. totanus）、上翘（如翘嘴鹬 Xenus cinereus、斑尾塍鹬）和下弯（如弯嘴滨鹬 Calidris ferruginea、黑腹滨鹬 C. alpina 以及杓鹬类）3 种形态。喙是鸟类的主要觅食器官，喙的形态分化使鹬科鸟类可以采用不同的觅食方式来利用多样的食物资源，从而占据不同的生态位，有利于减少种间竞争。一般来讲，鹬科鸟类有 4 种觅食方式：①直接啄取食物，如鹬属 Tringa、翻石鹬属 Arenaria、矶鹬属 Actitis 等，它们一般在干燥的基质上觅食，或在滩涂上随着潮水涨落在水线边觅食；②探寻式的觅食方式，如滨鹬

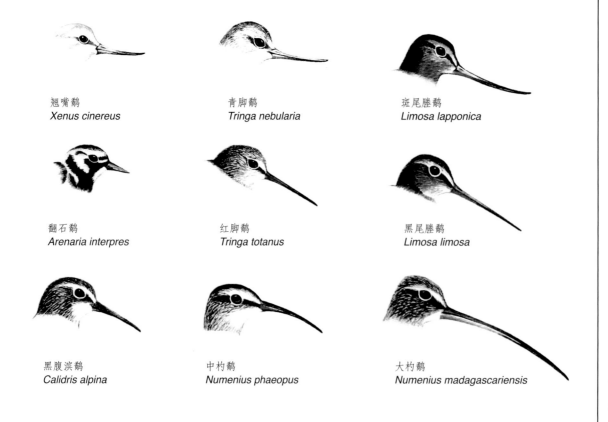

翘嘴鹬
Xenus cinereus

青脚鹬
Tringa nebularia

斑尾塍鹬
Limosa lapponica

翻石鹬
Arenaria interpres

红脚鹬
Tringa totanus

黑尾塍鹬
Limosa limosa

黑腹滨鹬
Calidris alpina

中杓鹬
Numenius phaeopus

大杓鹬
Numenius madagascariensis

鹬科鸟类形态各异的喙使其可以采取不同的觅食方式，利用多样的食物资源，各自占据独特的生态位，适应广泛的栖息地。张莉绘

属 Calidris 鸟类，在觅食时常将喙部插入软的基质中，通过喙部前端的触觉和压力感受器来发现食物；③一边在浅水区域行走一边不停地将喙部插入水中捕捉鱼类，以鹬属的鸟类较常见；④一边游泳一边快速"吸"取水面的浮游生物和节肢动物，这是瓣蹼鹬类的主要觅食方式。从进化的角度看，不同的觅食模式都是由早期的啄食方式发展而来的。尽管不同鹬科鸟类的喙部形态和擅长的觅食方式有很大差别，但它们都可以采用最原始的啄食方式来觅食。鹬科鸟类不需要张开整个喙部便能够自如地弯曲上颌的下部，这种精巧的结构使它们可以精确控制喙部前端的动作，从而准确地捕捉到埋在基质深处的猎物。

栖息地　鹬科鸟类的栖息地类型多样，丘鹬在林地栖息，瓣蹼鹬在海洋活动，滨鹬在内陆湖滩、湿草地、滨海盐沼和泥滩、苔原以及盐田等栖息地都有分布。尽管栖息地类型不同，大部分鹬科鸟类的栖息地有着相似的特征，即栖息地的基质一般较松软且水分含量较高，保持湿润或被水覆盖，这样便于用喙部在基质或浅水中觅食。少部分鹬科鸟类如岩滨鹬则在岩石等坚硬的基质上活动。

从繁殖地的分布来看，鹬科鸟类比其他任何鸟类类群的繁殖地都更偏北。大部分鹬科鸟类繁殖于北极地区或亚北极地区，只有少数的丘鹬、沙锥等留鸟种类繁殖于北温带以南的热带地区。鹬科鸟类在非繁殖期的分布范围很广，但在繁殖季节，它们的分布范围很窄，如勺嘴鹬 Eurynorhynchus pygmeus 仅在俄罗斯远东的一处滨海区域繁殖，西滨鹬 Calidris mauri 只在白令海峡周边区域繁殖，尖尾滨鹬 Calidris acuminata 仅在西伯利亚东部的一处苔原区域繁殖。尽管弯嘴滨鹬在冬季广泛分布于非洲、亚洲和澳洲地区，但它们主要繁殖地集中于西伯利亚北部的泰梅尔半岛和新西伯利亚岛。目前还不了解它们繁殖地的分布范围狭小是由于对特殊栖息地的需求，还是生物进化史上的偶然事件。

很多鹬科鸟类在越冬期栖息于热带或南、北温带的滨海地区，繁殖期则飞到北寒带的内陆地区。因此，每年鹬科鸟类不仅要在繁殖地和越冬地之间进行长距离的迁徙，而且要适应滨海和内陆两种不同的栖息地以及不同栖息地上的食物资源。红腹滨鹬的繁殖地位于北极高纬度地区的苔原地带。由于

底层冻土阻止了地表水的下渗，苔原地带形成许多水潭，夏季时北极地区有大面积的积水覆盖区域。但红腹滨鹬主要在潮土或干燥的地面取食陆生节肢动物，因此它们通过视觉寻找猎物，而不是像在越冬地或迁徙停歇地那样主要通过喙部的触觉来搜寻猎物。在夏季，苔原地带的节肢动物非常丰富，这为它们的繁殖活动提供了充足的食物。

滨海滩涂湿地受到周期性潮汐的影响，因此在滨海湿地栖息的鹬科鸟类日活动节律与潮汐节律密切相关。在滨海湿地常常可以看到这样的现象：当潮水将滩涂淹没时，鹬科鸟类便集群休息；潮水退去后，它们马上回到滩涂上觅食。休息地的类型多种多样，潮上带的裸地、地势较高潮水无法淹没的滩涂、盐田、水产养殖塘，都可以是鹬科鸟类的休息地。休息地必须是安全的，同时可以避开周围环境和人类活动的干扰。虽然内陆湿地的水文条件相对稳定，但一些环境因子也会影响鹬科鸟类的栖息地利用。降雨是其中一个重要因子，例如，降雨会在低洼地区形成一些暂时性的积水区域从而吸引水生生物，这也为鹬科鸟类提供了临时的觅食地。

由于不同种类的鹬科鸟类在觅食方式和摄取食物类型方面存在差异，它们的栖息地偏好也表现出种间差异。红颈滨鹬 Calidris ruficollis、黑腹滨鹬、阔嘴鹬 C. falcinellus 喜欢泥泞的滩涂；大滨鹬 Calidris tenuirostris、红腹滨鹬、斑尾塍鹬选择偏沙质的滩涂；中杓鹬 Numenius phaeopus、翘嘴鹬偏好高程较高且有稀疏植被的滩涂，这是它们的主要食物蟹类密度最高的区域。不同种类利用不同的栖息地可以减少种间竞争，达到食物资源利用率的最大化。

即使是栖息地和食物相似的种类，种间的栖息地利用也存在差异。中国的黄渤海北部区域是春季大滨鹬和红腹滨鹬的主要迁徙停歇地，从这两种滨鹬的分布来看，体型较小的红腹滨鹬主要分布于黄渤海的西部区域（主要集中在渤海湾西北部，数量接近 40 000 只），而在黄海东北部很少有记录（在鸭绿江口的最大数量记录仅为几十只）；体型较大的大滨鹬主要分布于黄海的东北部区域（主要集中在鸭绿江口，数量达 50 000 只），但黄渤海的西部区域也有一定数量的分布（数量达 4000 只）。这种现象可能与两个地区的食物资源的差异有关：它们都以薄壳的河篮蛤为主要食物，黄海东部区域的河

A

B C

不同鹬科鸟类偏好不
同的栖息地：

A 偏好有稀疏植被滩
涂的翘嘴鹬。沈越摄

B 选择沙质滩涂的大
滨鹬。沈越摄

C 喜欢在泥泞滩涂上
觅食的黑腹滨鹬。沈
越摄

篮蛤较大，大滨鹬觅食较大个体的河篮蛤可以获得
高的觅食效率，红腹滨鹬可能无法取食个体较大的
河篮蛤；黄渤海西部区域的河篮蛤个体较小，红腹
滨鹬能够很好地取食这些较小的河篮蛤，大滨鹬虽
然也可以利用个体较小的河篮蛤但能量摄取效率较
低。食物资源的差异可能是造成两种滨鹬在迁徙停
歇地空间分布差异的原因，这个观点有待验证。

　　习性　尽管鹬科鸟类在繁殖地有着明显的领域
行为，但它们在迁徙停歇地和越冬地一般集群活动。
在觅食的时候，集群的个体数量可多达上万只，这
与大部分鹬科鸟类采用特殊的触觉式觅食有关。由
于食物资源埋藏在基质中，鹬类的觅食活动对猎物
的干扰较少，即使猎物发现捕食的鸟类，在基质中
也难以逃脱，因此鹬科鸟类即使集大群觅食，彼此
之间的干扰也很少。但依赖视觉觅食的一些种类，
如翘嘴鹬，由于主要取食地表的食物，其觅食活动

会对周围的猎物带来干扰并使之采取防御对策，因
此它们在觅食时会保持较远的个体间距。

　　对于一些在浅水区域觅食的鹬科鸟类，集群觅
食有助于提高它们捕捉猎物的效率。如青脚鹬 *Tringa
nebularia*、鹤鹬 *T. erythropus*、泽鹬 *T. stagnatilis* 等
在集群觅食的时候常常会一起将较深水域的鱼类驱
赶到浅水区域，或通过不停地驱赶来消耗鱼的力气，
使之容易捕捉。集群觅食还有助于个体之间的信息交
流，特别是有助于个体之间沟通有关觅食地质量的信
息。很多鹬科鸟类的食物（如双壳类）掩埋在基质中，
它们的空间分布不均匀，在很近的距离内个体密度就
会有非常大的差别。此外这些食物的分布常常会发生
变化，仅凭单一个体的觅食活动很难了解到食物在整
个觅食地的空间分布信息。但通过数千只个体间的信
息交流，鸟类在较短时间便可获得食物空间分布的
信息，从而选择食物最丰富的区域觅食。

鸻鹬类

集群的另一个好处是可以降低被天敌捕食的风险。在越冬地和迁徙停歇地，猛禽是鹬科鸟类的主要天敌。大群鸟类集群时可以产生稀释效应，即集群中每一个个体被捕食的概率大大低于它们单独活动时被捕食的概率。此外，集群觅食的时候群体中只要有少数个体保持警戒，便可以及早发现天敌并及时采取防御措施。因此，集群觅食可以减少每个个体的警戒时间从而提高觅食效率。特别是当同种个体集群觅食，或体型大小相似的不同种个体集群觅食的时候，它们可以"分享"周围天敌的情报，减少每个个体的警戒时间。但当体型大小不同的种类集群时，它们之间似乎无法"分享"天敌的信息，这可能是因为体型大小不同的鸟类面临不同的天敌。集群活动还可以互相遮挡寒风，有利于减少热量散失从而保持体温。此外，集群也有利于不同个体之间日活动行为和季节活动行为的同步。

由于警戒活动要花费大量时间，当需要在时间压力和天敌压力之间做出选择的时候，不同生活史阶段的最佳对策会有所差异。在春季开始迁徙之前，鸟类要补充大量的能量，这时候摄取尽可能多的食物是鸟类面临的最大选择压力。对翻石鹬的研究发现，迁徙季节开始之前成鸟会减少警戒时间，以增加觅食时间来摄取更多的食物；但2龄鸟则仍保持正常的警戒时间，因为它们要到第3年性成熟后才会开始迁徙，所以此时不需要摄取额外的食物。对迁徙停歇地西滨鹬的栖息地利用研究也发现了类似的结果：当需要在高捕食压力、高质量的觅食地和低捕食压力、低质量的觅食地之间进行选择的时候，刚到达迁徙停歇地的西滨鹬需要尽快补充能量，它们选择高捕食压力、高质量的觅食地；当它们的能量积累到一定量之后，就会转移到低捕食压力、低质量的觅食地。这种栖息地的改变也与鸟类自身的身体状况变化有关：随着能量的积累，体重不断增加，身体灵活性逐渐下降，躲避天敌的能力也不断下降，因此它们需要到更安全的栖息地。

集群是许多鹬科鸟类的共同习性，在黄河北部鸭绿江口，每年4月下旬迁徙而来的鸻鹬类会形成极其壮观的大群，其中斑尾塍鹬是集群的主体。图为鸭绿江口鸻鹬类集群的盛况。袁晓摄

食性 喙是鸟类重要的觅食器官，鹬科鸟类喙部形态的多样性意味着栖息地利用和食物选择的多样性，通过长期的进化，每一种鸟类都可以利用特殊的喙部来高效地获取特殊的食物。

翻石鹬拥有粗壮的锥形喙，可以用来翻开砾石和海草寻找隐藏的无脊椎动物。它们似乎可以吃任何可食的东西，肥皂、鸥类排泄物、动物尸体等都可以成为它们的食物。它们还会偷食其他鸟类如燕鸥的卵。但如果让它们挑选最喜欢的食物，它们会选择新鲜的鱼类和甲壳类。

瓣蹼鹬在水中觅食的时候，喙部在水面轻快地滑动，利用表面张力将水面上的浮游动物"吸"到口腔内。一些小的滨鹬属鸟类也会采用类似的觅食方式，它们在覆盖一层细表土的泥滩上觅食的时候，将喙部快速、连续地插入基质中，不需要将喙部抬起来便可将食物转移到口中。在滩涂的表层有丰富的小型底栖动物，如片脚类动物、寡毛纲和多毛纲的动物，可能都是小型滨鹬属鸟类的主要食物。

一些小型的鹬属鸟类，如林鹬、白腰草鹬 *Tringa ochropus*，也会采用和滨鹬属鸟类相似的觅食方式，摄取在水面或潮湿基质表层的小型无脊椎动物。大型的鹬属鸟类，如青脚鹬、鹤鹬、泽鹬等，则主要通过视觉发现基质表面的食物并以啄食的方式获取食物。它们也会集大群在浅水区域共同觅食鱼虾等水生生物。

翘嘴鹬的食物及其觅食方式与其他同属的鸟类完全不同。它们喜欢取食小型的蟹类，但翘嘴鹬的喙部比蟹的洞穴深度要短，如果蟹钻进洞穴中就很难捕食到，因此翘嘴鹬采取快速奔跑的觅食方式，在小蟹未钻进洞穴之前捕捉到它们。一些杓鹬类，如中杓鹬、白腰杓鹬 *Numenius arquata*、大杓鹬也主要捕食蟹类，但它们主要捕食大型的蟹类，与翘嘴鹬之间很少有食物竞争。此外，它们的喙部较长，可以捕捉到钻入洞穴中的蟹类。小杓鹬 *Numenius minutus* 的食物和觅食地与其他杓鹬不同，它们主要在草地觅食昆虫等节肢动物。

为了捕食滩涂基质中的底栖动物，滨鹬类进化出了特殊的捕食工具。它们喙部前端有一个敏感的触觉感受器，觅食时将喙部插入泥滩中，可以感知附近 2 cm 范围内由甲壳类或多毛类动物活动所引起的基质的微弱震动。如果在泥滩中有双壳类的分布，滨鹬类的喙部在插入泥滩时能感受到不同方向压力大小的差异，从而判断双壳类所在的位置。

近年来，Elner、Kuwae 及其同事的研究表明，西滨鹬和黑腹滨鹬等小型滨鹬属鸟类并不仅仅取食泥滩表层的小型底栖动物，它们还能够摄取滩涂表面的生物膜，即由微生物及其分泌的细胞外多糖蛋白复合物和有机物碎屑等组成的厚 0.01～2 mm 的膜，并吸收其中的营养物。在泥质滩涂上，生物膜甚至成为小型滨鹬属鸟类的主要食物来源。这个结果完全改变了有关鹬科鸟类食物组成及其在生态系统的营养级地位的传统观点。

鹬科鸟类以动物性食物为主，有时候它们也会取食植物性食物。在南欧和西非，流苏鹬 Philomachus pugnax 和黑尾塍鹬经常在收获后的稻田中取食散落的稻谷，流苏鹬还会取食玉米种子或散落在地面的干果；在美国和加拿大，塍鹬会在水塘取食水生植物。当鹬科鸟类经过长途迁徙抵达北极繁殖地的时候，当地积雪才刚融化，食物资源非常缺乏，它们只能取食植物的种子或根茎来暂时果腹。随着气候条件好转，北极地区的动物性食物越来越丰富，它们的主要食物就变为昆虫、蜘蛛等节肢动物，但仍会取食一些植物的浆果和种子。不同鹬科鸟类在繁殖期的食物类型有很大的重叠，这意味着繁殖地的食物资源非常丰富。

繁殖　大部分鹬科鸟类的婚配制度为单配偶制，但也有多配偶制的种类，而且即使同种个体间的婚配制度也有变化。如雌性三趾滨鹬 Calidris alba 在一个繁殖季节可以产 1～3 窝卵，尽管三趾滨鹬多为单配偶制，但雌鸟在产不同窝卵的时候可能会与不同的雄鸟交配：与第 1 只雄鸟交配产第 1 窝卵，与第 2 只雄鸟交配产第 2 窝卵……雌鸟可能在雄鸟开始孵第 2 窝卵时暂时离开繁殖地，留雄鸟独自承担照顾第 2 窝卵的责任，但也可能自己照顾第 2 窝卵。

鹬科鸟类种间、种内多样的婚配制度和亲代抚育模式与外界环境条件、性选择以及不同婚配制度所表现的适合度等因素有关。例如，在食物资源丰富、没有天敌威胁的环境条件下，一只亲鸟可以独自抚育一窝雏鸟，那么雌鸟就可以产完第 1 窝卵后将孵卵和育幼的责任交给雄鸟，自己寻找其他雄鸟产第 2 窝卵，或者与原来的配偶再产第 2 窝卵并自己承担第 2 窝卵的孵化和育幼责任。在一个雌性有多个雄性配偶的种群中，雌性个体之间便会产生配偶竞争，通过演化和自然选择，雌鸟会表现出鲜艳的羽色、较大的体型等特征。相反，一雄多雌制鸟类则一般雄性羽毛鲜艳、体型较大，而且雄鸟可以从孵卵和育幼活动中解放出来，如流苏鹬、弯嘴滨鹬、白腰滨鹬 Calidris fuscicollis 等。

大部分鹬科鸟类的巢较简单，它们会在开阔地带找一处有稀疏植被的洼地营巢，巢仅能容下 4 枚卵。一些大的鹬科鸟类将草压实后就是所谓的巢了；也有少数鹬科鸟类如白腹滨鹬 Calidris bairdii、小青脚鹬 Tringa guttifer 会收集细树枝、草茎和地衣建造稍显精致的巢。尽管极地地区的景观较单一，但不同鹬科鸟类的营巢地点不同。小滨鹬 Calidris minuta 和弯嘴滨鹬偏好在潮湿的沼泽地营巢，三趾滨鹬、红腹滨鹬、翻石鹬喜欢在裸露、多砾石的苔原营巢，丘鹬 Scolopax rusticola 在林下基质较软的地面营巢，斑腹矶鹬 Actitis macularius 喜欢在水边植被带营巢，林鹬喜欢在植被浓密的高草丛营巢。在草地营巢的鸟类会设法使巢周围的植被倒伏以起到遮蔽的作用。白腰草鹬、灰尾漂鹬 Calidris brevipes 等有时候还会利用鸫类遗弃的位于云杉或其他树上的巢，这些巢离地面的高度可达 10 多米，它们偶尔也会在地面营巢。

鹬科鸟类的窝卵数一般为 4 枚，半蹼鹬、沙锥、丘鹬等在温带和热带繁殖的种类窝卵数会少一些。通常卵整齐地排列在巢里，尖端指向巢中心。卵呈梨形，因此卵滚动的路线呈圆形，不会滚落到离巢较远的地方。不同鸟类的卵底色有很大差异，有褐色、浅绿色、暗黄色、红色或紫色等。大部分卵在钝端有土褐色的斑点，向锐端斑点逐渐减少，这使卵可以很好地融入周围的环境而难以被发现。滨鹬属鸟类卵的颜色和斑点即使在同种个体间也会有很大差别，但同一个体所产的卵则变化不大。

当产卵达到满窝卵数后，鹬科鸟类便开始孵卵。在孵卵的第 1 个星期，即使因为亲鸟离巢而使卵受凉，对卵的成功孵化影响也不大。在双亲都承担抚

试图交配的黑尾塍鹬。
宋丽军摄

鹬鹬类

育任务的单配偶制鸟类中，双亲参与孵卵的时间基本相同，一只亲鸟连续孵卵几小时到十几小时后换另外一只亲鸟孵卵。只由一只亲鸟承担孵卵和抚育任务的种类，如雌性的弯嘴滨鹬或雄性的瓣蹼鹬，则有规律地离巢觅食。雌性白腰滨鹬也是独自孵卵，它们一般在气温最高的中午前后离巢觅食，以尽量保持卵的温度。

鹬科鸟类的孵化期约为3周，体型较小的种类孵化期短一些，体型较大的种类孵化期长一些。同一窝卵一般在一天之内全部雏鸟都会出壳，为避免卵壳白色的内层吸引捕食者注意，亲鸟会很快将卵壳扔到离巢较远的地方。

鹬科鸟类的雏鸟为早成鸟，在出壳后的几小时之内便可行走并能自己觅食。一般雏鸟出壳后第一天的体重会有所下降，这是因为它们在这期间仍会消耗残留在腹腔中卵黄所携带的营养物质。作为早成鸟，鹬科鸟类雏鸟的生长速度较慢，因为快速生长的组织无法承担太多的体力并产生足够的热量。尽管如此，雏鸟的体温很不稳定，在低温的环境下雏鸟无法长时间保持40℃以上的体温。在寒冷的天气，雏鸟独自活动一段时间后，体温就会下降到30℃以下，这时候它们需要找亲鸟取暖。它们会躲在亲鸟身体下面，将头颈部紧贴亲鸟裸露的孵卵斑以获得亲鸟的热量。小型鹬科鸟类的雏鸟一般需要2周才能够自己维持体温，大型鹬科鸟类的雏鸟也需要1周的时间。根据成鸟的体型大小，雏鸟需要2~5周的时间才能够飞行，尽管这时候它们的飞羽仍未完全长好。丘鹬和沙锥的幼鸟在离巢后仍需要亲鸟喂养一段时间，沙锥的幼鸟一般分成2组，两只亲鸟分别负责其中一组。

当幼鸟逐渐长大到不需要亲鸟照顾的时候，不同窝的成鸟便会把幼鸟带到一起形成一个幼鸟的"托儿所"。不同种类的幼鸟，包括斑尾塍鹬、中杓鹬、翻石鹬、红腹滨鹬等，也会在"托儿所"混群活动。这时候两只亲鸟或其中一只亲鸟（通常是雌鸟）会离开幼鸟单独活动。"托儿所"的形成可能与该地区丰富的食物资源有关，大群幼鸟集群还可以减少天敌的威胁，它们可以提早发现天敌并集体防御天敌。"托儿所"的形成可以使体弱的成鸟不需要继续照顾幼鸟，有助于自己体力的恢复。幼鸟在"托儿所"继续发育并积累能量，而成鸟则在幼鸟积累足够的能量之前便开始准备南迁。幼鸟在"托儿所"和其他同种或不同种鸟类的集群有助于它们一起南迁，可以节省飞行的能量消耗，也有助于确定迁徙的目的地。

展示尾羽吸引异性的尖尾滨鹬。颜重威摄

居留型　除了丘鹬和沙锥类的部分种类，大部分鹬科鸟类在北半球的温带到极地地区繁殖，它们中的绝大部分是候鸟。中国大陆南北地跨 30 多个纬度，大部分鹬科鸟类在中国为旅鸟，一部分种类在中国南方为冬候鸟，还有少部分种类在中国为夏候鸟。

大部分鹬科鸟类为长距离迁徙的候鸟，它们每年迁徙飞行的距离少则数千千米，长可达 3 万千米以上。它们不同的生活史阶段分别在特定的时间、特定的区域完成，因此它们始终面临着强烈的时间压力。以在极地地区繁殖、在澳洲大陆越冬的鹬科鸟类为例，每年的 8 ~ 11 月它们从繁殖地返回越冬地，并开始进行体羽的换羽，从繁殖羽变为冬羽；经过数万千米的飞行飞羽磨损得非常严重，也需要进行换羽。换羽完成后的一段时间是它们一年中最闲暇的时间。到了第二年 2 月前后，它们开始在体内储存脂肪和蛋白质，为即将开始的长距离迁徙做准备。一些鸟类在从越冬地到繁殖地的迁徙过程中只需要停歇 1 ~ 2 次，而一些鸟类则需要多次停歇。迁徙停歇地分为两种类型，一种迁徙停歇地是它们重要的能量补给地，每年迁徙过程中鸟类都要利用这些能量补给地。它们在能量补给地停留较长时间，甚至可停留一个半月以上，在停留期间摄取大量食物，积累充足的能量用于下一阶段的迁徙飞行。另一种迁徙停歇地只是临时的休息地，它们在这些停歇地暂时躲避恶劣的天气，或者暂时恢复体力。在这些临时停歇地它们一般只停留一天到数天，积累少量的能量或不积累能量。通常，在到达繁殖地之前的最后一个迁徙停歇地是鸟类最重要的能量补给地，鸟类在这一停歇地补充的能量除了用于迁徙飞行，还可以用于到达繁殖地之后的活动。鸟类在到达繁殖地之后，很快建立领域、寻找配偶，1 ~ 2 周后产下第一窝卵并开始孵卵。一些种类只有一只亲鸟（通常是雄鸟）承担抚育幼鸟的任务，而另一只亲鸟很快开始南迁。孵卵一般需要 3 周左右的时间，然后亲鸟再花 3 周的时间照顾雏鸟，随后亲鸟要准备向南方迁徙。到 7 月下旬，极地地区的节肢动物数量开始下降，高纬度地区即将降雪，而位于温带地区的迁徙停歇地，食物资源也开始减少，于是幼鸟很快也要踏上南迁的旅途。与北迁相比，鸟类南迁的速度较快，很多鸟类甚至可以从繁殖地附近直

接飞到越冬地。这可能是因为它们在到达繁殖地后要面临繁殖的压力，因此要在到达繁殖地之前"休整"从而保证以较好的身体状态到达繁殖地，而在到达越冬地后没有重要的活动，不需要在迁徙途中"休整"。

种群现状　大部分鹬科鸟类依赖湿地生活，全球湿地的丧失和退化给鹬科鸟类带来了不利的影响。特别是在东亚地区，在过去半个世纪，大面积的湿地丧失和退化，其中尤以人口密度最高、经济最发达的滨海地区最为严重。研究表明，在全球八大迁徙路线中，东亚—澳大利西亚迁徙路线的鹬科鸟类及其他水鸟受胁和近危物种的数量最多，所占比例最大。

候鸟的完整生活史包括了繁殖期、越冬期和迁徙期 3 个阶段，这 3 个阶段的栖息地，包括繁殖地、越冬地和迁徙停歇地，跨越数千千米甚至上万千米的地理空间，因此候鸟的种群数量变化与 3 个区域的环境条件有关。鹬科鸟类的繁殖地多位于极地区域，人类活动干扰较少，而在东亚—澳大利西亚迁徙路线上，越冬地的环境条件在最近几十年也没有明显的变化，因此，迁徙停歇地的丧失和退化很可能是该迁徙路线上鹬科鸟类种群数量下降的最主要原因。最近 20 多年的调查表明，黄渤海地区的滨海

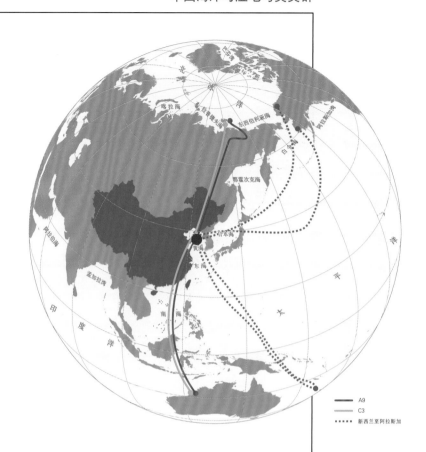

A9
C3
新西兰至阿拉斯加

黄海是东亚—澳大利西亚迁徙路线上的重要能量补给地。图为两只被追踪的斑尾塍鹬不约而同地在黄海地区停歇

鸻鹬类

湿地是鹬科鸟类及其他鸻形目鸟类最重要的迁徙停歇地，每年有数以百万计的鸟类利用黄渤海地区的滨海湿地作为重要的能量补给地。据统计，从20世纪50年代到90年代末的50年间，中国的滨海湿地受围垦的影响丧失了一半，韩国的滨海湿地在过去30多年间也减少了60%。剩余的滨海湿地承受着外来植物入侵、环境污染、资源过度收获以及海平面上升等因素的综合影响，湿地质量退化严重。越来越多的证据表明，黄渤海地区滨海湿地的丧失和退化是导致东亚—澳大利西亚迁徙路线鸟类种群数量下降的最主要原因。

在经济快速增长所带来的对土地资源需求不断增加的背景下，中国沿海地区大规模围海、填海工程导致滨海湿地丧失的趋势在短时间内还无法扭转。这也意味着作为候鸟迁徙停歇地的滨海湿地面积还将进一步减少，很多鹬科鸟类的种群数量在未来仍将继续下降，可能有更多的种类将被列入受胁物种名录中。因此，对滨海湿地的有效保护刻不容缓。

滨海湿地是鹬类迁徙途中的重要停歇地，近年来沿海的经济开发使大面积的湿地丧失和退化，威胁着鹬类的生存。图为福建沿海湿地，大群鹬类与垃圾、废船共存，令人担忧。朱荔潮摄

中国分布的鹬科鸟类中的受胁物种和近危物种

种名	学名	估计东亚－澳大利西亚迁徙路线的种群数量／只	IUCN受胁等级
勺嘴鹬	*Calidris pygmeus*	<1000	CR
小青脚鹬	*Tringa guttifer*	1000~2000	EN
大杓鹬	*Numenius madagascariensis*	32 000	EN
大滨鹬	*Calidris tenuirostris*	290 000	EN
林沙锥	*Gallinago nemoricola*		VU
半蹼鹬	*Limnodromus semipalmatus*	23 000	NT
黑尾塍鹬	*Limosa limosa*	139 000	NT
斑尾塍鹬	*Limosa lapponica*		NT
白腰杓鹬	*Numenius arquata*	100 000	NT
灰尾漂鹬	*Tringa brevipes*		NT
红腹滨鹬	*Calidris canutus*		NT
红颈滨鹬	*Calidris ruficollis*		NT
黄胸滨鹬	*Calidris subruficollis*		NT
弯嘴滨鹬	*Calidris ferruginea*		NT

水雉
Hydrophasianus chirurgus

铜翅水雉
Metopidius indicus

彩鹬
Rostratula benghalensis

chick

蛎鹬
Haematopus ostralegus

鹮嘴鹬
Ibidorhyncha struthersii

黑翅长脚鹬
Himantopus himantopus

反嘴鹬
Recurvirostra avosetta

石鸻
Burhinus oedicnemus

大石鸻
Esacus recurvirostris

普通燕鸻
Glareola maldivarum

juv.

领燕鸻
Glareola pratincola

juv.

黑翅燕鸻
Glareola nordmanni

chick and eggs

灰燕鸻
Glareola lactea

juv.

凤头麦鸡
Vanellus vanellus

距翅麦鸡
Vanellus duvaucelii

灰头麦鸡
Vanellus cinereus

肉垂麦鸡
Vanellus indicus

白尾麦鸡
Vanellus leucurus

黄颊麦鸡
Vanellus gregarius

灰鸻
Pluvialis squatarola

欧金鸻
Pluvialis apricaria

金鸻
Pluvialis fulva

金眶鸻
Charadrius dubius

环颈鸻
Charadrius alexandrinus

华东亚种
C. a. dealbatus

蒙古沙鸻
Charadrius mongolus

铁嘴沙鸻
Charadrius leschenaultii

红胸鸻
Charadrius asiaticus

东方鸻
Charadrius veredus

剑鸻
Charadrius hiaticula

长嘴剑鸻
Charadrius placidus

小嘴鸻
Eudromias morinellus

孤沙锥
Gallinago solitaria

拉氏沙锥
Gallinago hardwickii

林沙锥
Gallinago nemoricola

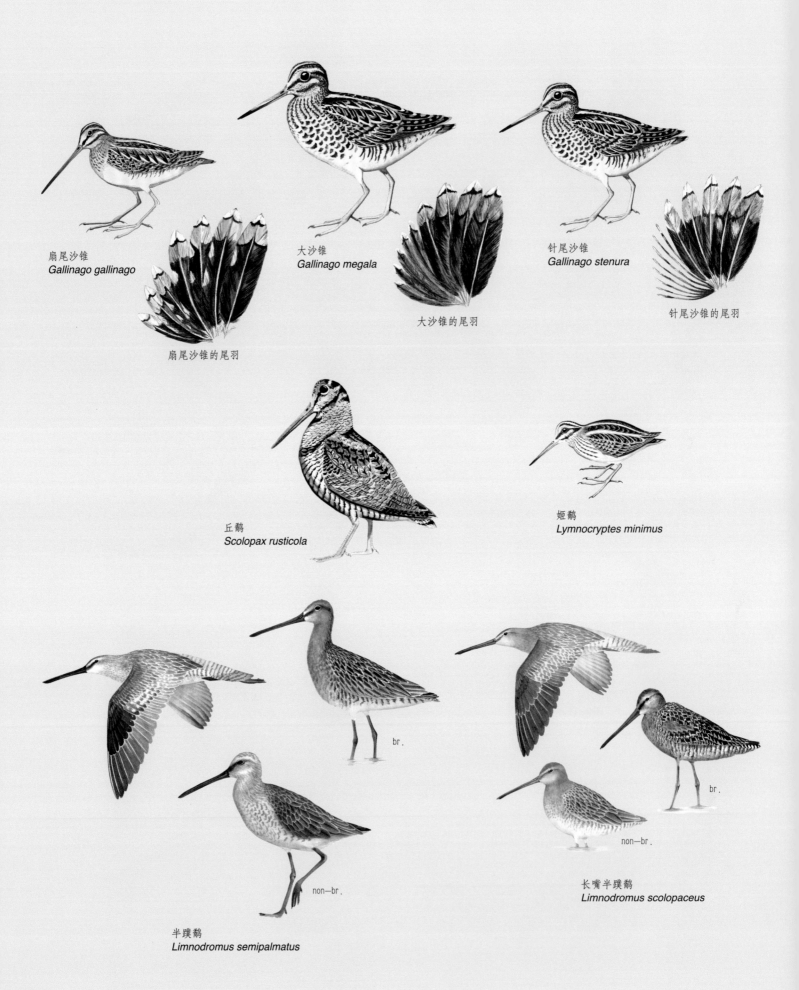

扇尾沙锥
Gallinago gallinago

扇尾沙锥的尾羽

大沙锥
Gallinago megala

大沙锥的尾羽

针尾沙锥
Gallinago stenura

针尾沙锥的尾羽

丘鹬
Scolopax rusticola

姬鹬
Lymnocryptes minimus

br.

non-br.

半蹼鹬
Limnodromus semipalmatus

br.

non-br.

长嘴半蹼鹬
Limnodromus scolopaceus

黑尾塍鹬
Limosa limosa

br.

non-br.

斑尾塍鹬
Limosa lapponica

non-br.

小杓鹬
Numenius minutus

中杓鹬
Numenius phaeopus

大杓鹬
Numenius madagascariensis

白腰杓鹬
Numenius arquata

鹤鹬
Tringa erythropus

non-br.

br.

红脚鹬
Tringa totanus

小青脚鹬
Tringa guttifer

青脚鹬
Tringa nebularia

泽鹬
Tringa stagnatilis

小黄脚鹬
Tringa flavipes

白腰草鹬
Tringa ochropus

林鹬
Tringa glareola

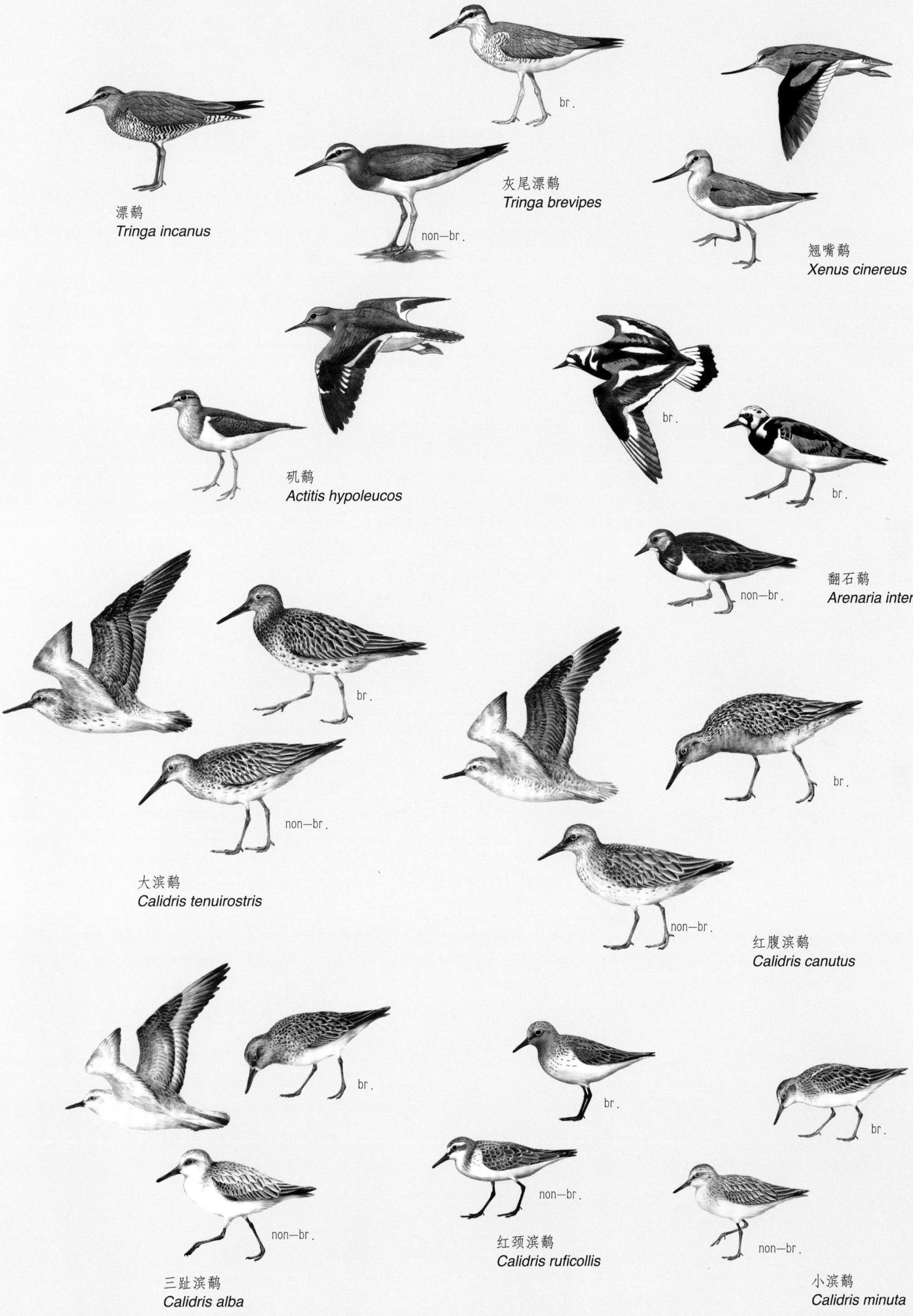
br.
漂鹬
Tringa incanus
non–br.
灰尾漂鹬
Tringa brevipes
翘嘴鹬
Xenus cinereus
矶鹬
Actitis hypoleucos
br.
br.
non–br.
翻石鹬
Arenaria interpres
br.
non–br.
大滨鹬
Calidris tenuirostris
br.
non–br.
红腹滨鹬
Calidris canutus
br.
non–br.
三趾滨鹬
Calidris alba
br.
non–br.
红颈滨鹬
Calidris ruficollis
br.
non–br.
小滨鹬
Calidris minuta

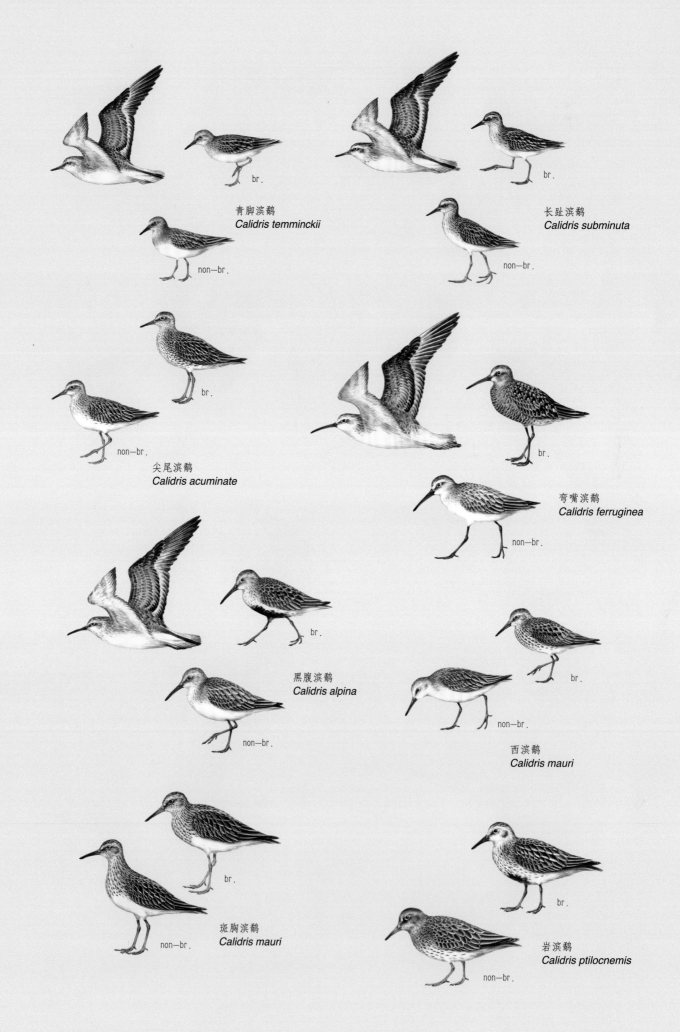

青脚滨鹬
Calidris temminckii

长趾滨鹬
Calidris subminuta

尖尾滨鹬
Calidris acuminate

弯嘴滨鹬
Calidris ferruginea

黑腹滨鹬
Calidris alpina

西滨鹬
Calidris mauri

斑胸滨鹬
Calidris mauri

岩滨鹬
Calidris ptilocnemis

白腰滨鹬
Calidris fuscicollis

阔嘴鹬
Calidris falcinellus

勺嘴鹬
Calidris pygmeus

黄胸滨鹬
Calidris subruficollis

高跷鹬
Calidris himantopus

流苏鹬
Calidris pugnax

红颈瓣蹼鹬
Phalaropus lobatus

灰瓣蹼鹬
Phalaropus fulicarius

水雉

拉丁名：*Hydrophasianus chirurgus*
英文名：Pheasant-tailed Jacana

鸻形目水雉科

形态　体型略大，尾较长，故也称雉尾水雉，为本科中唯一一种繁殖羽和冬羽有明显差异的鸟类。飞行时白色翼明显，初级飞羽特长，最外侧全黑，其他初级飞羽尖端黑色。繁殖羽头顶和前颈白色，顶冠后部有黑色斑块，从脖颈两侧呈线状向下延伸，成为金黄色下枕部与白色前颈的分界线。体羽和尾羽棕色，尾羽中间一对最长。非繁殖期时上半身绿褐色，延伸至初级覆羽和小覆羽，头冠与后枕带黑色，两侧带黄色，黑棕色贯眼纹下延形成胸带。尾羽渐变但较繁殖羽为短。雌雄羽色类似，但雌鸟的体重可达到雄鸟的 2 倍。虹膜浅黄色至棕色，喙黄棕色，繁殖期变灰蓝色，仅喙尖黄色，腿脚灰蓝色。亚成体和非繁殖羽类似，但脖颈处无金黄色，胸带模糊。

分布　分布在东亚、南亚和东南亚地区。在中国主要分布在云南、四川、广西、广东、福建、浙江、江苏、江西、湖南、湖北、香港、台湾和海南等地区，近年河南、河北、陕西、山西也有记录。

栖息地　广泛分布于池塘、水库、湖泊、沼泽、稻田等淡水水体中，在具有睡莲等浮水植物或浮水-挺水植物上繁殖。非繁殖季也利用类似的栖息地，但较繁殖期会更多利用有挺水植物分布的区域。

习性　唯一一种有迁徙习性的水雉科鸟类，多数分布区的季节变化和栖息地利用的变动与水文特征变化有关。但在较高纬度或较高海拔繁殖的种群有典型的迁徙行为，如在中国大陆繁殖的水雉在非繁殖季向南迁移。

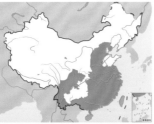

水雉。上图沈越摄；下图为带领雏鸟在浮水植物叶面上行走的水雉雄鸟，颜重威摄

在荷叶上筑巢的水雉雄鸟。杨晔摄

食性　杂食性，食谱很广，主要以昆虫等节肢动物为主，也取食螺类、蛙、鱼、虾等小动物，偶尔也会觅食荷花或睡莲的种子。常在开阔水域的浮水植物叶片上行走，挑挑拣拣地寻找食物，单独或呈松散的小群觅食，在越冬地也可能形成较大的群体。

繁殖　在热带地区可全年繁殖，但在中国的水雉仅在夏季繁殖，一雌多雄，雌鸟保卫多个雄鸟，一个繁殖季产 2～4 窝卵，有些个体可产多达 8～10 窝卵，繁殖策略的差别与不同繁殖地的雌雄比例有关。主要由雄鸟筑巢，典型巢营建在菱角、睡莲和荷花等植物上；巢材通常为水生植物的茎叶，也有些个体并不筑巢，直接将蛋产在浮水植物叶片上。窝卵数多为 4 枚，一天产一枚卵，卵产出后会在十几小时内从暗绿色渐渐变为褐色至咖啡色。孵化期 22～26 天，由雄鸟独自孵化和直接照顾幼鸟，同时雌鸟可能参与保护领地。雏鸟下体白色，上体棕色有深色条纹，为早成鸟，出生后十几分钟即可行走，半小时内便可自行觅食。刚出生的雏鸟需要不时靠近亲鸟维持体温，但 3～4 周后只有在天气恶劣的情况下才需要靠近亲鸟取暖。6 周即具有亚成鸟形态，7 周后便可飞行。多数亚成体在此时飞离亲鸟领地，寻找新的栖息地，也有少数个体会留在亲鸟的领地。

种群现状和保护　IUCN 评估为无危（LC），但《中国脊椎动物红色名录》评估为近危（NT）。被列为中国的三有保护鸟类。水雉受到的人类活动影响主要为栖息地的丧失：安静水域的减少，使得水雉不得不利用一些不太适宜的水塘如靠近人类活动区域的水域作为繁殖地。同时，由于水雉利用养殖菱角等的池塘作为繁殖地，一些研究表明农药使用已经成为雏鸟死亡的重要因素。

铜翅水雉

拉丁名：*Metopidius indicus*
英文名：Bronze-winged Jacana

形态 体长 28～31 cm，翅展约 54 cm，比水雉小。雌鸟比雄鸟大 60%，雄鸟 147～202 g，雌鸟 226～354 g。头颈和下体黑色并有绿色金属光泽，长而宽的眉纹从眼睛上方延伸到枕后的两侧。翼上覆羽橄榄青铜色，尾羽和尾下覆羽栗色。嘴黄色向下略弯曲，基部红色，上方有灰红色肉质额板，求偶期变为亮红色。腿脚暗绿色。雏鸟头顶、眼纹和背部红褐色，有模糊的白色眉纹，胸前白色，上部稍暗。

分布 主要分布在亚洲南部的热带和亚热带地区。在中国仅见于云南西双版纳。

习性 在栖息地选择、觅食和繁殖等行为特征上与水雉相似，都是利用浮水植物繁殖，婚配制度为一雌多雄。但铜翅水雉为留鸟，仅仅随着水位的季节变化进行小范围的迁移。

种群现状和保护 IUCN 评估为无危（LC）。随着沼泽地被开垦成农田，铜翅水雉也面临栖息地丧失的威胁。《中国脊椎动物红色名录》评估为数据缺乏（DD）。在中国被列为国家二级重点保护野生动物。

在浮水植物上行走的铜翅水雉

彩鹬

拉丁名：*Rostratula benghalensis*
英文名：Greater Painted-snipe

形态 雌雄在繁殖羽和体重上都有很大差异。雄鸟中央冠纹、眼斑浅黄色，眼前、头顶黑褐色，头颈其余部位灰棕色，喉部带白条纹，覆羽有金色斑纹，下胸到尾下覆羽白色。雌鸟更大，翅更长，颜色也更鲜艳，中央冠纹皮黄或红棕色，眼斑白色，头颈红褐色，背与翅深铜绿色，背上白色条带向前延伸与白色下体相

连。雌雄皆尾圆嘴较直，和沙锥非常相似，但飞行较低，双腿下垂。亚成鸟与成体相似，但上体下体之间的分界线模糊，覆羽偏灰色。

分布 指名亚种 *R. b. benghalensis* 分布在非洲大陆、马达加斯加、东巴基斯坦、中国、俄罗斯东南部和日本、南亚、东南亚以及大巽他群岛，澳大利亚分布有澳洲亚种 *R. b. australis*。在中国东南沿海、长江流域和西藏东南部为留鸟，繁殖季向北分布至河北、辽宁、陕西、内蒙古乌梁素海等地。

栖息地 主要生活在热带以及亚热带低海拔湿地中，如沼泽、水稻田、污水池、池塘边缘、内有小洲的浅水湖泊，甚至有草本植物和红树林的沿海滩涂等。

习性 通常单独活动，在繁殖季结束后它们可能会集成小群。它们被惊扰后倾向于保持原来的姿势呆立不动，或快跑到安全地带，相对不易惊飞，即使是在孵卵的时候也是如此。部分迁徙，在中国南部以及非洲、东南亚等地繁殖的为留鸟，繁殖在华北、东北、陕北等地的种群需要南迁越冬。

食性 杂食性，既吞食昆虫、软体动物、寡毛纲、甲壳类等无脊椎动物，也取食植物叶、芽、种子等。

繁殖 仅在温暖的季节繁殖，以一雌多雄为主的混交制，营地面巢或者水面浮巢。营浮巢的个体把水草折弯形成厚盘状，完成后开始产卵；营地面巢的个体，如在内蒙古乌梁素海，把巢址选在四面有土丘的草丛中，刨出浅坑后即可开始产卵，边产卵边

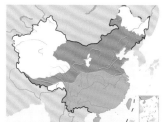

彩鹬。左上图为雄鸟，赵纳勋摄；下图为繁殖期结对活动的彩鹬，左雌右雄，许志伟摄

添加铺垫物。窝卵数平均4枚，台湾80%以上的彩鹬巢都为4枚卵，但在高纬度地区有增多的趋势，最多可达7枚。卵梨形，暗黄色，有褐色斑块。雌鸟产卵后即离去寻找其他配偶，一个繁殖季可以产达4窝卵。也有一些雌鸟会参与孵卵和领地的保护。但即使是一雄多雌的巢，仍然由雄鸟承担主要的孵卵任务，特别是孵化中后期。孵化期18～19天。彩鹬为早成鸟，雏鸟头和背有褐色和白色平行于喙部的条带，下体浅灰色，喙黑灰色有白色卵齿。出壳约半小时后雏鸟开始能够站立，1小时后能够随亲鸟出巢活动。早期需要依赖亲鸟保温，通常雄鸟会照顾雏鸟1～2个月。雄鸟2龄可能就可开始繁殖，雌鸟则第3年才达到性成熟。

种群现状和保护　IUCN和《中国脊椎动物红色名录》均评估为无危（LC）。但在中国也产生了由于部分地区栖息地丧失而导致在原来广泛分布的地区变得稀少的现象，繁殖成功率年度变动较大。为中国三有保护鸟类。

蛎鹬
拉丁名：*Haematopus ostralegus*
英文名：Eurasian Oystercatcher

鸻形目蛎鹬科

形态　成体繁殖羽头、颈、上胸、肩胛、尾、小覆羽、中覆羽和三级飞羽黑色，下背、腰、尾上覆羽、尾羽基部和下体全白色。宽大的白翅纹从初级飞羽延伸到初级飞羽的中部，飞行时非常明显。虹膜和眼圈红色，腿脚较粗，为粉红色，橙红色嘴长直，前端色浅。雌雄相似，但雌鸟体重略大于雄鸟，喙部较雄鸟细长。亚成体的眼、腿和喙颜色比成体暗淡单调，成鸟羽毛黑色的部分呈现灰色。

分布　繁殖于中国东北、华北地区，北至哈尔滨、松花江，南至黄河三角洲，辽宁是重要的繁殖地。以前认为在新疆和西藏西部记录到的都为迷鸟，但近年来它们稳定地、成对或成小群地出现在内陆湖泊，提示在这些地区可能也存在繁殖种群。在国外它们还会繁殖于俄罗斯东北部、朝鲜半岛和日本。冬季则主要分布于中国的广东和福建的沿海地区，偶见于香港、台湾。迁徙季可广泛出现在中国东部沿海。

栖息地　繁殖于沿海海岸、盐沼、河口、沙洲等，常利用距滩涂不远的塘埂、石堆、废地等作为营巢地，也在内陆水体周围和农田繁殖。非繁殖季主要利用滩涂湿地。

习性　生活在中国的蛎鹬都有迁徙习性，每年2月即开始向北迁徙，早于多数途经中国的鸻鹬类。迁徙持续时间较长，当华北、东北地区的种群已经开始繁殖，在更北处繁殖的种群仍在陆续北迁。蛎鹬虽然在繁殖以及觅食时相对分散，但在迁徙时，特别是天气状况不好的时候能够观察到百只以上的集群。

食性　在海滩上觅食的蛎鹬食谱相对广，虽然以双壳类、软体动物和多毛类为主，但它们也会觅食甲壳类、螃蟹、海鞘类、棘皮动物，甚至是鱼。它们喙内部具有神经、血管，并且会因为取食不同的食物而形成不同的形状。通常较尖的喙部是长期取食多毛类等柔软食物的结果，而刀子状的喙则是对付贝类的有力工具。由于雌鸟具有更长而尖的喙部，可推知它们在食性上具有一定的雌雄差异。在中国鸭绿江口湿地的研究表明，相对于大滨鹬、斑尾塍鹬等利用相同区域的鸻鹬类，蛎鹬选择个体相对更大的双壳类为食，它们会将壳撬开后仅吞食蛤肉而不是像大滨鹬一样整个吞下。由于专性在海滩觅食，蛎鹬眶上骨的盐腺非常发达，用于排出多余的盐分。

繁殖　繁殖时间由于繁殖纬度差异而大不相同，在中国以4—7月居多。配对雌雄常常发出明亮的叫声，互相呼唤。常成对单独营巢，也可能聚集成松散的小群。它们的巢非常简陋，仅是在土上刨出浅坑，有时会加入草茎、贝壳等衬垫物，或直接将卵产于石堆间。窝卵数2～4枚。

种群现状和保护　IUCN评估为近危（NT），《中国脊椎动物红色名录》仍列为无危（LC）。会利用废弃的工地、石堤、塘埂等人造栖息地进行繁殖，但人类活动对种群造成的影响还缺乏研究。被列为中国三有保护鸟类。

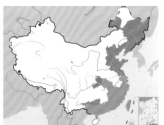

在辽河口滩涂上休息的蛎鹬。沈越摄

鹮嘴鹬

拉丁名：*Ibidorhyncha struthersii*
英文名：Ibisbill

鸻形目鹮嘴鹬科

形态　嘴红色、细长，向下弯曲。腿脚较粗短，无后趾，灰紫色。嘴和腿在繁殖期颜色都会变得更鲜艳。脸前部和头冠黑色，头颈上体灰色，被前白细、后粗黑的两条胸带和白色的腹部分开。背、肩以及上体为灰褐色，翼下白色，飞行时可见明显的白色翅斑。亚成体偏褐色，头冠和脸前为白色或黑褐色。

分布　为亚洲特有鸟，在中国见于中部地区和华北平原，在北京、河北、河南、甘肃、青海、宁夏、四川、山西、陕西、云南和西藏均有记录。国外分布于中亚、南亚以及喜马拉雅地区。

栖息地　海拔分布较广，从近海平面到海拔高达近 5000 m 的地方都可繁殖，可利用山地、高原、丘陵。但对小生境要求单一，仅在具有砾石的清澈水流的山区，这与它们特有的觅食习性有关。它们的体色在灰色的砾石中是极好的保护色。觅食地的选择与季节性的水位变化也有关系。

习性　为地方性的留鸟，存在垂直迁徙现象。它们在繁殖季比较分散，但也会见到成对或者是松散的小群，秋冬季节则更倾向于成对或成小群觅食。

食性　倾向于白天觅食，特别是早晨，它们会把脖子甚至胸部扎到水中，探寻砾石间水流中和水底的食物。它们吞食水中的昆虫和幼虫，也取食双壳类等软体动物和小鱼。在西藏东南缘—四川东南缘的冬季调查显示，在这一地区，石蛾幼虫、石蝇幼虫和甲壳类占鹮嘴鹬食物总量的九成以上。

繁殖　单配制。巢很简陋，仅在砾石间刨出一个圆形浅坑，有时会在内垫小石子。卵灰绿色或黑色，有褐色斑点，尖端朝内。雌雄共同孵卵和育雏。

种群现状和保护　由于生活在山区，鹮嘴鹬受到人们的关注和干扰都较少。它们会在一定程度上回避干扰，也可以较好地适应一般强度的干扰。它们对生境的要求相对单一，物种的保护需要依赖人们对此种生境的维护。IUCN 评估为无危（LC），《中国脊椎动物红色名录》评估为近危(NT)。被列为中国三有保护鸟类。

反嘴鹬

拉丁名：*Recurvirostra avosetta*
英文名：Pied Avocet

鸻形目反嘴鹬科

形态　身高 43 cm 左右，雄鸟略高于雌鸟。嘴黑色上翘，青灰色的腿较细长。从前额到后颈有一黑色条带，翅膀闭合的时候可以看到肩带、翼上、翼尖 3 条黑色条带，其余的体羽白色。起飞后翼尖上的黑色斑块非常明显。雌鸟的喙更加短而上翘。

分布　广泛分布于欧亚大陆。在中国春夏繁殖于新疆、青海、内蒙古和东北各地。越冬在藏南、广东、福建等南部沿海。迁徙常可经过整个中国，以东部沿海最为常见。

栖息地　在平坦、开阔、植物密度相对不是很高的浅水水域繁殖。传统上是利用湖泊以及河流的沿岸和水中的沙洲和小岛，尤喜汛期过后新露出的裸地，也利用盐田、池塘、稻田等人工湿地。非繁殖地主要利用泥滩，也会利用淡水水域。

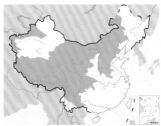

仅在具有砾石的急流清溪中栖息的鹮嘴鹬。沈越摄

在清澈的溪流中捕食小鱼的鹮嘴鹬。徐健摄

反嘴鹬。沈越摄

习性　本种在有些地区仅随季节有海拔分布上的迁移，但在中国的反嘴鹬会进行南北方向的迁徙。迁徙季节，在沿海地区，特别是水中具有丰富食物的水域，可见几百只至上千只的大群。

食性　觅食动作非常引人注目：上翘的长嘴在浅水表层左右交替地迅速扫掠来取食水中的蠕虫、昆虫和甲壳动物，间或取食软体动物、鱼和植物组织，也会边游泳边觅食。

繁殖　巢相互之间离得很近，但对其他物种，如水鸟或人类具有较强的攻击性，甚至能够召集到不同窝的雄鸟一起驱赶入侵者。巢址选在周围有茂盛植物或水中的裸地，用当地的植物干枯茎叶铺在刨出的小坑中，或无铺垫。一般日产 1 枚卵，窝卵数 3～4 枚居多。欧洲的研究表明为雌雄共同孵卵；但对中国内蒙古达茂旗繁殖种群的研究显示雌鸟单独孵卵，隔一段时间到附近的浅水迅速取食即回巢，雄鸟在离巢 200～300 m 处负责巡视守护。幼鸟出壳时全身密布绒羽，可跟随成鸟觅食，会一直跟随亲鸟进行迁徙，第二年亲鸟繁殖时才与亲鸟分开，第三年才性成熟。

种群现状和保护　IUCN 和《中国脊椎动物红色名录》均评估为无危（LC）。被列为中国三有保护鸟类。化工厂的污水池滋生大量虫豸，似乎为它们提供了迁徙途中的停歇和觅食区域，但长期影响不明。

黑翅长脚鹬

拉丁名：*Himantopus himantopus*
英文名：Black-winged Stilt

鸻形目鹮嘴鹬科

形态　脖颈细长，喙部尖细。粉色的长腿超过身体的高度，在飞行时也会拖于尾后，使得黑翅长脚鹬无论在站立还是飞行时都非常容易识别。分布在中国的黑翅长脚鹬雄鸟从头顶到后颈、翅膀为黑色，且有一定的绿色金属光泽，体羽为白色。雌性颜色类似但头颈无黑色，翅膀的颜色更接近棕色。雄鸟的冬羽类似雌鸟，幼鸟的颜色也接近雌鸟，但颜色更浅。不同的亚种头颈上黑色范围有很大差别，有些学者认为它们应该独立成种。

分布　分布于除南极洲外的所有大陆上。在中国繁殖于新疆、青海、内蒙古、河北、黑龙江、吉林、辽宁等地区，广东、香港和台湾能见越冬种群，迁徙期则可能分布于全国各地。

栖息地　栖息于热带至温带的浅水湿地。可以繁殖在沼泽、湖泊、河床、污水池等静水湿地，通常选择植被较稀疏、水位较浅的地方筑巢，有因暴雨等原因造成水位激增，继而亲鸟弃巢、雏鸟被淹死的记录。中国东部沿海的盐场和虾池也是它们重要的繁殖场所。

习性　世界范围内迁徙和居留的亚种均有，但在中国北方繁殖的种群作典型的季节性迁徙。

食性　中国吉林向海的研究显示，繁殖期的黑翅长脚鹬主要食物以双翅目、鞘翅目和半翅目为主的动物性食物，也有少量的藻类等植物性食物。但在水生生物比较丰富的地区可能更多地取食水生动物，包括节肢动物、软体动物、蝌蚪、鱼类和鱼卵等。

繁殖　单配制。雄性常因争夺配偶进行争斗，胜利者获得交配权，一般在交配后立即开始筑巢。可与燕鸥、环颈鸻、麦鸡、潜鸭等混群营巢并互不干扰。浅盘状巢，简单铺垫芦苇等当地植物茎叶。通常日产 1 枚卵，窝卵数 4～5 枚，4 枚居多。梨形的卵底色橄榄绿或黄绿色，有不规则斑块，钝端斑块大而致密，尖端斑小而稀疏。雌雄共同孵卵，但雌性分担的时间相对较长，此时雄鸟常留在巢区附近警戒。当有危险的时候则发出声音，汇集周围巢的同种个体共同驱逐入侵者，通过发出叫声、扇动翅膀上下飞动、向入侵者俯冲等方式来保卫巢区。孵化期 17～19 天，雏鸟全身密布灰褐色绒羽，头枕部、背部、翅上有黑色斑点，腹部灰白色，约 4 小时后绒羽干透，24 小时后即可离巢，并可短距离游泳。

种群现状和保护　IUCN 和《中国脊椎动物红色名录》均评估为无危（LC）。被列为中国三有保护鸟类。可以利用人类干扰较大的水域如鱼塘、盐田、湿地公园等。因其长相引人注目，可成为湿地公园里吸引游客的物种。一定强度的人类干扰对它们的繁殖成功率也没有明显的影响。但是由于距离人类活动区较近，面临一定程度上被盗取鸟卵和被家养动物破坏鸟巢的风险。

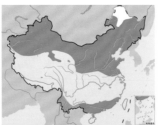

黑翅长脚鹬。左上图为雄鸟繁殖羽，下图为左雄右雌。沈越摄

正在巢中细心照顾卵和雏鸟的黑翅长脚鹬雄鸟。宋天福摄

石鸻

拉丁名：*Burhinus oedicnemus*
英文名：Eurasian Stone-curlew

鸻形目石鸻科

形态 背部黄褐色并有灰色条纹，腹白色，黄色的眼睛上下都有宽白纹并在前后连成一圈。喙较短，基部黄色尖短黑。翅上主要也为浅褐色，中间有白纹，飞行时可明显看到翅下的黑色。腿部有灰纹的黄色。

分布 现认为有 5 个亚种，仅分布于欧亚非三洲和附近的岛屿上。在中国新疆有繁殖，同时在西藏东南部也有留鸟记录，在中国其他地区的记录通常认为是迷鸟。

栖息地 半干旱、干旱的荒漠草原，开阔的灌木林地，多沙多石或低植被的海滩，高原或半荒漠地区。总之偏爱开阔植被稀疏的地区，通常比一般的鸻鹬类要远离水源。

习性 不严格的迁徙种，在中国新疆繁殖的种群在秋冬季节具有季节性迁徙，但在一些岛屿和热带地区繁殖的种群则只在小范围内作季节性移动。

食性 多数时候取食陆生小型无脊椎动物，如甲虫、蝗虫、蟋蟀、螳螂等昆虫及其幼虫，也会取食蚯蚓、蜗牛、小型啮齿动物和两栖动物，甚至是鸟类。食源主要受食物可利用性限制，有时也会取食植物种子。在觅食的时候常采用缓慢行走寻找目标，突然奔跑冲刺猎取食物的策略。觅食时可能单独行动或形成几只的小群。

繁殖 单配制。通常一年只繁殖 1 窝，窝卵数 1～3 枚，雌雄共同孵卵和育幼。

种群现状和保护 IUCN 和《中国脊椎动物红色名录》均评估为无危（LC）。被列为中国三有保护鸟类。虽然在世界范围内分布广泛，但因其对开阔栖息地的要求，石鸻通常远离人类的居住地，无论是物种数量还是生态习性的记录都并不全面，在中国更缺乏系统性的研究。对此物种的保护也就依赖于对其特有栖息地的保护。

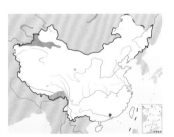

在干旱草原上栖息的石鸻。沈越摄

大石鸻

拉丁名：*Esacus recurvirostris*
英文名：Great Stone-curlew

鸻形目石鸻科

大石鸻主要分布在东南亚地区，偶见于中国香港、海南岛和西南部地区。比多数石鸻科鸟类体型大，喙部也较长，粗厚上翘。脸部黑白相间，羽色偏灰，翼上有一道深色粗横纹。和多数石鸻科鸟类不同，大石鸻生活在近水的河岸、湖岸或者河口沙滩上，以螃蟹或其他节肢动物作为主要食物。IUCN 评估为近危（NT），《中国脊椎动物红色名录》仍列为无危（LC）。被列为中国三有保护鸟类。

在河口沙滩上栖息的大石鸻

跟其他石鸻科鸟类不同，大石鸻生活在水源附近

普通燕鸻

拉丁名：*Glareola maldivarum*
英文名：Oriental Pratincole

鸻形目燕鸻科

形态 中等体型的燕鸻，体长约 25 cm。身体棕灰有橄榄色光泽，皮黄色的喉部由一条窄黑带与其他部位隔开，胸部上为棕色，腹部白色，中间为浅橙色。飞羽基部黑色，尖端巧克力色。尾羽为似燕子的剪刀状，基部白色，尖端黑。喙黑色基部红，腿灰黑。非繁殖季喉部的条带相对不清晰。

分布 繁殖于中国东北、华东、华北、新疆、海南、台湾等地。国外见于蒙古、俄罗斯等地区。非繁殖季见于东南亚各国和大洋洲。

栖息地 繁殖于亚洲的干草原、开阔的草地、干涸的冲积平原、潮间带、收割后的稻田和休耕地等，通常临近水源。在

澳大利亚它们生活在草原、泥盆、泥地、机场，也会出现在海滩和潮间带。

习性 多数种群有长距离迁徙的习性，越冬在南亚、东南亚或者澳大利亚，主要繁殖于东亚的中国、俄罗斯和蒙古境内。印度的有些种群被认为是短距离迁徙或者是留居的。在非繁殖季节，燕鸻总是具有高度流动性，分布常与食物丰富度有关。

食性 捕食昆虫等节肢动物，特别是蟋蟀、蝗虫和甲虫等中到大型的陆生节肢动物。作为典型的机会主义捕食者，燕鸻的食物选择更多取决于食物的可利用程度。

繁殖 在开阔草地，特别是火烧过的草地，或者水中小岛上营建松散的群巢。在中国内蒙古阿鲁科尔沁国家级自然保护区的湖边草地有普通燕鸻的繁殖记录：巢为牛踩出的浅坑，巢内仅垫杂草；卵椭圆形，底色浅土灰色，分布着深浅不一的黄色斑点。雏鸟上身深色，腹部白色，亚成体上身为灰色斑纹。

种群现状和保护 IUCN 和《中国脊椎动物红色名录》均评估为无危（LC）。被列为中国三有保护鸟类。由于普通燕鸻偏爱牧区草地，放牧干扰对繁殖影响可能较大。另外，爪哇岛的普通燕鸻由于捕猎而大幅下降。

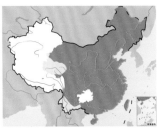

普通燕鸻。左上图为繁殖羽，沈越摄；下图为非繁殖羽，颜重威摄

正在孵卵的普通燕鸻。颜重威摄

给幼鸟喂食的普通燕鸻。颜重威摄

领燕鸻

拉丁名：*Glareola pratincola*
英文名：Collared Pratincole

鸻形目燕鸻科

形态 体长约 25 cm，上身灰色，有橄榄光泽，尾白色，尾尖黑色，胸部灰白色。翼下以及翅边缘可见栗色。喉部皮黄色，具黑色窄领圈。喙黑色，基部红色，略向下弯曲。非繁殖羽则领圈不清晰。亚成体身体更偏灰黑色。

分布 本种有 3 个亚种：指名亚种 *G. p. pratincola* 繁殖于南欧、北非、哈萨克斯坦和巴基斯坦，越冬于撒哈拉以北的非洲；非洲亚种 *G. p. fuelleborni* 繁殖于非洲撒哈拉以南，越冬地向南到南非、刚果、纳米比亚、莫桑比克；东非亚种 *G. p. erlangeri* 生活在南索马里和北肯尼亚的海滩平原。繁殖季在中国新疆有记录，可能为指名亚种的繁殖鸟。

栖息地 栖息于平坦而开阔的地带，如干草原、火烧过和收割过的草地、耕地、盐碱地等。总是靠近水源，特别是大的河流或河口，常在水面上觅食。

习性 迁徙性。繁殖于热带稀树草原，秋季穿越阿拉伯地区，越冬于非洲各地。高度流动性，迁徙期也总是选择靠近水体的路线。

食性 捕食蝗虫、甲虫、苍蝇、白蚁、蜘蛛等大型昆虫和其他节肢动物，也捕食一些软体动物。和其他燕鸻一样常聚集在一起捕捉猎物。

繁殖 十几到上百对组成的松散群巢，在欧洲繁殖的窝卵数约 3 枚，非洲为 1～2 枚；孵化期 17～19 天，雌雄共同孵卵。雏鸟为斑驳的灰黑色，腹部白色。孵化 2～3 日后可离巢，但仍由亲鸟喂食，25～30 日后可独立生活。

种群现状和保护 IUCN 和《中国脊椎动物红色名录》均评估为无危（LC），但在欧洲的种群数量有所下降，主要受农业耕作、灌溉等人类活动影响。被列为中国三有保护鸟类。

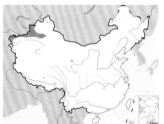

领燕鸻。沈越摄

黑翅燕鸻

拉丁名：*Glareola nordmanni*
英文名：Black-winged Pratincole

鸻形目燕鸻科

似领燕鸻但次级飞羽上为黑色，颈背沾栗色。繁殖于哈萨克斯坦的东部，在撒哈拉以南的地区越冬，中国仅在新疆西北部偶有记录，2016 年 8 月首次在喀什拍摄到照片。IUCN 评估为近危（NT）。

黑翅燕鸻。左上图为非繁殖羽，下图为繁殖羽

灰燕鸻

拉丁名：*Glareola lactea*
英文名：Small Pratincole

鸻形目燕鸻科

小型燕鸻，体长 16～19 cm。分布于阿富汗东部、印度、孟加拉国至泰国、老挝。在中国繁殖于西藏东南部、云南南部及西南部。IUCN 和《中国脊椎动物红色名录》均评估为无危（LC），被列为中国国家二级重点保护动物。

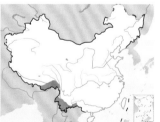

灰燕鸻。左上图安国斐摄，下图罗永川摄

凤头麦鸡

拉丁名：*Vanellus vanellus*
英文名：Northern Lapwing

鸻形目鸻科

形态 中等体型，绿色的、具有金属光泽的上身和黑色的、长长的反曲形羽冠特征明显。尾羽 12 根，白色带有很宽的黑色次端带。腹部白色，胸部具有很宽的黑色横带。具有麦鸡类中最短的腿。飞羽黑色，最外侧 3 枚初级飞羽末端有斜形白斑，肩羽末端沾紫色。翼展较宽，特别是雄鸟。雌鸟的脸纹和喉部斑纹都不如雄鸟明显，羽冠也稍短。非繁殖季节面部皮黄色，顶饰较短，喉部和颏部白色，覆羽和肩羽有皮黄色缘带。亚成鸟类似非繁殖羽，但是羽毛边缘的皮黄色更加明显。

分布 中国的内蒙古草原和东北地区是其繁殖地，华北、华南为其越冬地。在欧亚大陆上广泛分布：繁殖于欧洲、土耳其、伊朗西北部到俄罗斯西部、哈萨克斯坦、东南西伯利亚、蒙古；越冬于南欧、大西洋群岛、北非、中东、伊朗、印度北部、朝鲜半岛、日本等。

栖息地 在空旷、具有矮小植被或者无植被的地区繁殖，包括湿地、石楠荒原、沼泽、耕地、草原和草田等，常和黑尾塍鹬、扇尾沙锥、黑腹滨鹬、流苏鹬及红脚鹬混群。在中国主要选择草原的沼泽、矮草原和东北地区的沼泽、耕地与滩地等生境繁殖。在越冬地常见于麦田、菜地、稻田等各种类型的耕地和湿地。

习性 迁徙或留居，生活在中国境内的为迁徙候鸟，繁殖地和越冬地都较为广泛。越冬于 32°N 以南，可以一直延伸到东南亚；繁殖地从中国北部，向北可到达蒙古、俄罗斯等。春季迁徙开始于 3 月或更早。在较为寒冷地区繁殖的个体繁殖结束后会迅速集群南迁，但在中国黑龙江观察到繁殖种群可能一直停留到 9 月中旬。

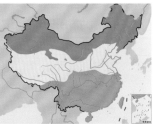

正在进行繁殖炫耀的凤头麦鸡。赵纳勋摄

正在取食的凤头麦鸡，皮黄色的羽缘说明这是一只亚成体。颜重威摄

食性 食物以蚯蚓和昆虫等无脊椎动物为主，包括甲虫、蚂蚁、双翅目、蛾、蟋蟀的幼虫和甲虫等，同时捕食蜘蛛和软体动物。在黑龙江的研究发现，它们主要取食昆虫、蜗牛和植物种子。各地的综合研究表明它们的食物主要与当地可利用资源有关，而没有很大的选择性。凤头麦鸡常常在月光较为明亮的夜晚取食，甚至有些种群更倾向于夜晚觅食。

繁殖 繁殖季节始于 3 月中旬到下旬，通常在 6 月结束，但也有持续到 9 月的记录。繁殖地越北，开始繁殖的时间也就越晚。大多数为社会性的单配制，间或有多个配偶，主要表现为一雄多雌，同一雄性可以有 2～4 个雌性配偶。它们在繁殖季会占领地，形成独立的领地或者松散的群巢。雄性对繁殖地忠诚度较高，且常在出生地附近选择巢址。求偶炫耀的方式为飞行时用翅膀发出声音，并做出转圈、俯冲、转向等动作。

多在草甸营巢，也可能在水边或荒地，通常距离水源地较近。巢简单，呈盘状，口径为 21～22 cm。在黑龙江繁殖的凤头麦鸡会利用碱草、薹草及芦苇的茎叶等作为巢材，巢内缺少垫衬物。通常一对个体每年只繁殖一窝，但在繁殖失败时可再次繁殖。筑巢后 7～10 天开始产卵，5 天左右产卵完成。通常一窝 4 枚卵，也可能 2～3 枚或 5 枚。卵为淡棕色，上有不规则的深褐色斑纹。雌雄共同孵化，以雌鸟为主。繁殖期间它们警觉性更高，离巢或返回时均不在巢附近起飞或降落，而是选择从远处绕道回巢，还会有在距巢一段距离处假装孵化的行为；当有入侵者出现时会奋起搏斗。孵化期 21～30 天。

幼鸟为早成鸟，全身布满棕色或浅褐色的绒羽，间杂黑色斑纹和白色细毛。雌雄共同照顾幼鸟，从孵化到幼鸟羽翼丰满需要一个多月。影响孵化率的主要因素是它们常在田地里筑巢，受人类干扰时可能频繁离巢，导致孵化时间延长，孵化率降低。

种群现状和保护 IUCN 评估为近危（NT），因其常利用农田，其繁殖和其他生活史阶段受人类影响相对较大。《中国脊椎动物红色名录》仍列为无危（LC）。被列为中国三有保护鸟类。

距翅麦鸡

拉丁名：*Vanellus duvaucelii*
英文名：River Lapwing

鸻形目鸻科

中等大小的麦鸡。整体灰色，额、头顶和枕部羽冠黑色；翼角处有锐利而弯曲的黑色距。腹部白色，尾部黑色。飞行时翅膀后缘黑色。留居物种，分布在东南亚和南亚。在中国见于西藏东南部、云南、海南等地。IUCN 和《中国脊椎动物红色名录》均评估为近危（NT）。被列为中国三有保护鸟类。

距翅麦鸡，飞行时翅上的距隐约可见。沈越摄

灰头麦鸡

拉丁名：*Vanellus cinereus*
英文名：Grey-headed Lapwing

鸻形目鸻科

体型较大、羽色不鲜艳的麦鸡。头、胸都为灰色，胸部有黑色胸带，下腹白色。虹膜红色，喙黄色而尖端红色。尾白色，有一块较为宽阔的黑色端斑。雌雄颜色相似，亚成体偏褐色且无胸带。繁殖在相对无干扰的沼泽、河流、稻田等区域，冬季也总是出现在靠近水源的地方。在中国的东北、华北、华东都有繁殖，迁徙时会经过中国中部，到中国南方越冬。IUCN 和《中国脊椎动物红色名录》均评估为无危（LC）。被列为中国三有保护鸟类。

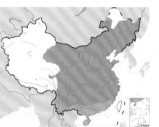

灰头麦鸡。左上图沈越摄，下图宋丽军摄

正在孵卵的灰头麦鸡。杨贵生摄

肉垂麦鸡

拉丁名：*Vanellus indicus*
英文名：Red-wattled Lapwing

鸻形目鸻科

形态 以黑色和褐色为主的中等大小的麦鸡。头、喉、胸和尾部黑色，喙的基部粉红色，尖端黑色。虹膜红褐色，眼周及眼先肉垂亮红色，耳部有白色斑块。背部铜褐色有金属光泽，腹部白色。腿脚明黄色而修长。飞行时翅尖黑色，端部尖锐。

分布 分布于从西亚、南亚到东南亚的广大区域。在中国见于云南、广东南部、广西、海南、贵州等地。

习性 肉垂麦鸡是留鸟，但可能在海拔梯度上的移动。常成对或成家族群活动，非繁殖期也集成大群。性胆小而机警，见人接近即展翅飞离至更远处。常在晨昏或有月光的夜晚活动。

食性 以甲虫等昆虫为食，也取食软体动物。

繁殖 选择近淡水或淡盐水的开阔地繁殖，包括农田、花园等人工用地。单配制，繁殖时间与繁殖地的地理位置有关，一般在3—8月，雌雄共同孵卵和照顾雏鸟，雏鸟约38天初飞。

种群现状和保护 IUCN 评估为无危（LC），《中国脊椎动物红色名录》评估为数据缺乏（DD）。被列为中国三有保护鸟类。

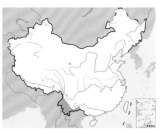

肉垂麦鸡。沈越摄

白尾麦鸡

拉丁名：*Vanellus leucurus*
英文名：White-tailed Lapwing

鸻形目鸻科

体型中等的麦鸡，整体灰褐色，头、胸、背灰色，腹部白色。主要分布于中亚、西亚、南亚及非洲东北部地区。在中国见于新疆南部，为迷鸟。IUCN 评估为无危（LC），《中国脊椎动物红色名录》评估为数据缺乏（DD）。

白尾麦鸡

黄颊麦鸡

拉丁名：*Vanellus gregarius*
英文名：Sociable Lapwing

鸻形目鸻科

浅褐色、中等大小的麦鸡。白色眉纹粗长，在前额交汇，过眼纹和头顶黑色。颈部、胸部和背部褐色。下腹有灰色和巧克力色斑纹，腿短而灰，让它更像鸻而非麦鸡。在植被矮而稀疏的半干旱地带繁殖，常在村庄附近活动。取食以昆虫为主的小型无脊椎动物，间或以植物为食。营半群巢，由3~20对组成，但多数小于10对。主要分布于中亚、西亚、南亚及非洲东北部。作季节性的迁徙，迷鸟偶见于中国。IUCN 评估为极危（CR）。《中国脊椎动物红色名录》评估为数据缺乏（DD）。

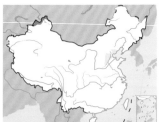

黄颊麦鸡

灰鸻

拉丁名：*Pluvialis squatarola*
英文名：Grey Plover

鸻形目鸻科

形态 体型较大的鸻类。翅展 80 cm 以上，比形态相似的金鸻体型稍大，看起来也更健壮。喙部短厚，腿部灰色。繁殖羽的明显特征是身体上部为银灰色，与身体下部以及两颊、颏、喉的黑色形成鲜明的对比；飞行中由黑色的腋羽在下翼形成的黑色斑块特别显眼。雌性的上部羽毛稍偏棕色且杂有浅色斑点。非繁殖羽下体尾污白色，头顶淡黑褐至黑褐色，羽端浅白；尾上覆羽和尾羽白色，具黑褐色横斑。亚成鸟形似非繁殖羽，但身体上部颜色稍暗，带有黄色斑点，胸部、胁部有浅色条纹。

分布 迁徙经过中国东北、华东及华中，在华南、台湾、海南和长江中下游湿地是常见的冬候鸟。繁殖于欧亚大陆的北部，越冬于热带和亚热带沿海。

栖息地 从泰梅尔半岛到极地沙漠和森林冻原都有繁殖种群，但最常见的还是在北极苔原带。典型的繁殖地为干旱、多坡的新仙女木苔原，或生有低矮灌木、地衣的苔原高地和山谷。冬季和迁徙期主要栖息于沿海滩涂、沙洲、河口、河流与湖泊沿岸，特别喜欢海滨潮间带。迁徙季节也见于内陆的沼泽、水塘、草地、水稻田和农田地带，越冬期也偶见于红树林。

习性 典型的迁徙鸟。7—9 月迁徙离开繁殖地，幼鸟会比成鸟晚迁徙 5~6 周。在鸻鹬类春季迁徙的群体中属于开始比较晚的，澳大利亚的越冬种群 3 月开始春季迁徙，但多数个体要 4 月才开始离开，从非洲迁徙的种群会从 2 月延续到 4 月。有一部分灰鸻会在中国南方内陆和沿海越冬，但更多观察到的是过境鸟，常见于黄河口、鸭绿江口、天津沿海、盐城滩涂、双台子河口、凌河口、河北石臼坨等地。秋季见到的数量较少，可能是跟飞行路线或者迁徙策略有关。经常与其他斑鸻混群迁徙，飞行速度较快，飞行时脚不伸出尾外。春季亚成鸟在越冬地游荡和滞留，并不一定北迁。

食性 在繁殖地以甲虫和双翅目等昆虫的幼虫和成虫为食，也会取食其他无脊椎动物以及草籽和茎秆。在越冬和迁徙季主要取食蠕虫、软体动物和甲壳动物，在越冬地偶尔会取食草地上的蚂蚱、甲虫和蚯蚓等。觅食时单独或成小群，重复"快跑—停顿—搜索—吞食"的模式。有在夜间觅食的记录。

繁殖 5 月下旬到 7 月中旬繁殖。单配制，配对可能维持多年。营相隔较远的独巢，繁殖密度在每平方千米 0.3~3.6 对，比金鸻繁殖密度低很多。对巢址有一定的忠诚度，常在原址的附近筑巢。巢常筑在山脊等高处，为直径 10~15 cm 的浅圆盘，衬有小石块、苔藓和地衣。每巢产 4 枚卵，产卵间隔为 36~72 小时。只有在第一窝卵繁殖失败时才会产第二窝卵。双亲共同孵卵，以雄鸟为主，可能在没有完成产卵前就开始孵卵。孵化期 26~27 天。雏鸟具硫黄色和黑色的上体，下体白色，脸颊上有一条白色与黑色的条纹。双亲共同照顾雏鸟 12~21 天后通常雌鸟就先离开了，幼鸟在 35~45 日龄初飞，初飞后就完全独立生活了。2~3 年性成熟，在此之前它们通常留在越冬地，但也有可能在迁徙停歇地，例如在中国度过夏天。

种群现状和保护 IUCN 和《中国脊椎动物红色名录》均评估为无危（LC），但资料匮乏。被列为中国三有保护鸟类。灰鸻极少成大群活动，繁殖也很分散，使得无论在繁殖地还是越冬地，都难以估计种群数量，在不同的迁徙停歇地数量差异很大。

灰鸻。左上图为非繁殖羽，沈越摄；下图为繁殖羽，杨贵生摄

金鸻

拉丁名：*Pluvialis fulva*
英文名：Pacific Golden Plover

鸻形目鸻科

　　比灰鸻略小的斑鸻类，多在春季迁徙时经过中国，此时多呈现繁殖羽：脸颊、喉部、胸部和腹部都为黑色，胸部两侧有白色，背部有闪耀的金色斑点。雌鸟黑色部分颜色较浅，但野外并不容易分辨。非繁殖羽体色为褐色。在内陆较为干旱的苔原繁殖，对繁殖地忠诚度高，一雌一雄制，雌雄共同孵卵和照顾幼鸟。取食昆虫、软体动物和蠕虫、甲壳动物和蜘蛛等。迁徙季节也出现在靠内陆的地区。无危物种。被列为中国三有保护鸟类。

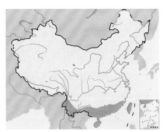

金鸻。左上图为繁殖羽，下图为非繁殖羽。沈越摄

欧金鸻

拉丁名：*Pluvialis apricaria*
英文名：European Golden Plover

鸻形目鸻科

　　似金鸻但金斑较细碎。分布于欧亚大陆及非洲北部。全球无危。在中国为偶见迷鸟，2006年9月28日于河北昌黎首次记录。

欧金鸻繁殖羽

金眶鸻

拉丁名：*Charadrius dubius*
英文名：Little Ringed Plover

鸻形目鸻科

　　形态　小型鸻鹬类，明显特征为亮黄色的眼圈。形似剑鸻，但比剑鸻小而灵活。上体沙褐色，下体白色。有明显的白色领圈，其下有典型的黑色领圈。繁殖羽前额和眉纹白色，眼后白斑向后延伸至头顶相连，眼先、眼周和眼后耳区黑色，并与额基和头顶前部黑色相连。初级飞羽黑褐色，第1枚初级飞羽羽轴白色，飞行时看不到明显的翅斑。中央尾羽灰褐色，末端黑褐色，外侧一对尾羽白色。雌鸟染棕色或带黑色斑块，眼圈稍窄。非繁殖羽与繁殖羽类似，生活在中国的普通亚种 *C. d. curonious* 头部的黑色部分稍转为褐色，但另外两个亚种并无此现象。亚成体与成体类似，但上体羽毛有皮黄色边缘。

　　分布　有3个亚种。普通亚种 *C. d. curonious* 繁殖于中国华北、华中及东南，迁飞途经中国东部地区，至云南南部、海南、广东、福建、台湾沿海及河口越冬；国外繁殖于欧洲、俄罗斯、朝鲜半岛、日本、非洲北部等地区，越冬在撒哈拉以南非洲地区、阿拉伯半岛和印度尼西亚。南方亚种 *C. d. jerdoni* 繁殖于中国西藏南部、四川南部及云南，南迁越冬。国外分布于东南亚和印度。指名亚种 *C. d. dubius* 分布于南菲律宾、新几内亚岛和俾斯麦群岛。

　　栖息地　主要生活在低海拔的湿地，如开阔平原和低山丘陵地带的湖泊、河岸、沼泽等，也见于海滨、河口、潟湖等；偶见利用农田、污水处理池等人工湿地。喜欢植被低矮或稀疏的泥沙地区，避免粗糙的地表和植被密集的地区。常在淡水缓流附近警戒，也会利用咸水湿地。

金眶鸻。左上图为繁殖羽，沈越摄；下图为非繁殖羽，董磊摄

习性 生活在中国的 2 个亚种主要为迁徙候鸟，但可能有些个体冬季会留在繁殖地。

食性 主要捕食甲虫、蝇类、蚂蚁、蜉蝣的幼虫和蟋蟀等昆虫，以及蜘蛛、虾和其他无脊椎动物，也会捕食小鱼和蝌蚪等，偶尔还取食草籽。有时会用腿敲击地面以吸引猎物出来。和其他鸻鹬类不同的是，它们很少集群觅食。

繁殖 根据已有的记录，金眶鸻迁徙至吉林延吉的时间在 3 月末至 4 月初，多栖息于江心的沙洲和乱石滩上。交配前有明显的求偶行为：雄鸟蓬散着羽毛跑到雌鸟面前，飞上天空，由雌鸟的一侧飞到另一侧，飞行中缓慢拍翅；雌鸟展翅翘尾，飞上空中与雄鸟追逐。雄鸟在交配中会发出一种柔和的鸣叫声。5—6 月营巢产卵，巢常位于卵石间，巢间距可以在 5 m 以内。巢呈椭圆形浅盘状，由砂石构成，周围有小的卵石包围，巢内无任何铺垫。

每窝通常 3～4 枚卵，卵色与砂石颜色十分接近。雌鸟产完第 1 枚卵就开始孵卵，孵化期 20 天左右。孵卵主要由雌鸟承担，但白天几乎不需利用体温孵化，而是依赖砂石本身的温度，但它们每隔 1～2 小时会回巢查看。它们会飞到距离巢 5～10 米处观察一段时间，然后跑到巢边查看，离开时也是先跑开一段距离再起飞。

和其他鸻鹬类一样为早成鸟。通常在孵化后 1.5 日内离巢，但最初几天不能独立觅食，雌鸟会将食物压入小鸟口内。雄鸟常在附近警戒，发现危险的时候，雄鸟发出尖锐的警告声，雌鸟会迅速起飞环绕飞行。雏鸟则四散逃开，躲在卵石的凹处。不再危险后，亲鸟会再次发出特有的鸣叫声，雏鸟会在地上进行回应。幼鸟常取食蝇类、螺、水生甲虫和蠕虫等，也可能取食小鱼和蝌蚪。大约 20 天即可离开亲鸟独立生活，第二年便可繁殖。

种群现状和保护 IUCN 和《中国脊椎动物红色名录》均评估为无危（LC）。栖息地分散，在中国缺乏数量调查。在欧洲有因栖息地丧失种群数量下降的记录，但也有因为有砂石矿等提供的人工栖息地而数量明显增加的记录。被列为中国三有保护鸟类。

金眶鸻雏鸟。沈越摄

环颈鸻

拉丁名：*Charadrius alexandrinus*
英文名：Kentish Plover

鸻形目鸻科

形态 小型鸻鹬类，重 32～56 g。和其他大小类似的鸻鹬类相比明显特征是颈后部的白色颈圈。繁殖季节雄鸟身体两侧有黑色斑纹，胸两侧有黑色斑块，前额黑色，贯眼纹黑色，枕部为不同程度的红褐色，下体白色，喙部黑色较为尖细。背、肩、腰和尾上覆羽沙褐色，背部羽缘微沾棕色，中央尾上覆羽和尾羽黑褐色，外侧尾上覆羽和 3 枚最外侧尾羽白色。翅覆羽同背部羽色一致，翅上大覆羽具白色羽端，初级飞羽黑褐色。雌鸟的贯眼纹、胸斑、前额色泽较浅，介于棕色到黑色之间，也有些个体与雄鸟十分相似，难以分辨，通常比雄鸟稍小，但肉眼难以分辨。冬羽类似雌鸟。亚成体也似雌鸟，但羽毛有明显的浅色羽缘。亚种差异主要体现在枕部和前额的颜色。

分布 在亚种分布上有争议，被分为 3～6 个亚种，广泛分布于美洲、非洲和欧亚大陆。在中国可能有 2～3 个亚种。指名亚种 *C. a. alexandrinus* 繁殖于内蒙古、青海、西藏等地；越冬于四川、贵州、云南西北部及西藏东南部；华东亚种 *C. a. dealbatus*（包括东方亚种 *C. a. nihonensis*）繁殖于整个华东及华南沿海，包括海南和台湾，在河北也有分布；越冬于长江下游及 32° N 以南沿海。在分布区内为常见鸟。

栖息地 主要生活在海滨，但也会生活在盐湖、潟湖、季节性河道附近的浅滩上。它们偏爱沙质或泥质的平坦略硬质表面，避免石头或者有裂纹的地面。能够迅速地利用人类活动形成的适合栖息地，例如矿坑和水库。环颈鸻在中国大面积地利用沿海的盐田作为其繁殖地，冬季则常聚集在滩涂上。

环颈鸻。左上图为雄鸟繁殖羽，下图为非繁殖羽。沈越摄

北戴河海滩上正在取食的环颈鸻。沈越摄

习性 部分迁徙。繁殖在 40°N 以北的个体基本都会迁徙，但在纬度较低处繁殖的种群主要表现为留居和扩散。华东亚种主要为繁殖鸟，它们在迁徙以及越冬期都会聚集成小群活动。

食性 生活在内陆的环颈鸻主要取食甲虫、蝇类等昆虫，也以甲壳动物、软体动物和蜘蛛为食。在咸水环境中生活的种群主要取食甲壳动物、多毛动物和软体动物。在潮湿的沙滩和泥地上觅食时常常使用敲打地表的方式让猎物钻出地面。觅食时常形成 20 ~ 30 只的小群。春季迁徙季节它们喜欢留在潮间带低潮区觅食。

繁殖 繁殖期为 4—7 月。营巢于沿海海岸和北极苔原以及内陆河流、湖泊岸边、盐田、沙滩或卵石滩，以及长有稀疏碱蓬的裸露盐碱地段上，偏爱植被高度在 30 cm 以内的生境。社会性单配制，有些配对能持续数年，但双亲之一可能在繁殖季早期抛弃原配和孵化中的幼鸟另觅配偶，现在这种现象被认为与可寻找到新配偶的概率，也就是繁殖地的雌雄比例有关。通常来说，雌鸟离开的概率略高，第二巢也有很高的繁殖成功率。独巢或松散的群巢，巢很简陋，有时会利用被人类丢弃的饭盒、鞋子等大小合适的人工制品作巢。窝卵数 2 ~ 4 枚，以 3 枚居多，卵被移除后会补充。卵的颜色为淡褐色或土灰色，密布黑褐色的杂斑。雌雄共同孵卵，孵化期 22 ~ 29 天。窝卵数 3 枚与 4 枚的孵化时间明显不同，4 枚卵者孵化期延长。在孵化阶段雄鸟的体重下降较多，且常在夜间卧巢。在孵化期间，发现捕食者时，它们常常会装作受伤吸引捕食者。早成鸟，需要照顾 20 天左右，若双亲都参与育雏，雌鸟常在幼鸟孵化后一周左右离开。群巢可明显增加存活率，可能与集体对抗海鸥等食蛋捕食者有关。在中国沿海地区，人类却可能成为最大的食蛋捕食者。

种群现状和保护 物种数量大，IUCN 和《中国脊椎动物红色名录》均评估为无危 (LC)。但是在中国沿海由于环颈鸻喜欢利用盐田等人工环境，会受到人工调节水位的影响，或者因为暴雨再加上人工湿地排水不畅而导致大批幼雏被淹死。此外人类捡拾鸟卵也会降低繁殖成功率。被列为中国三有保护鸟类。

蒙古沙鸻

拉丁名：*Charadrius mongolus*
英文名：Lesser Sand Plover

鸻形目鸻科

比环颈鸻略大的小型鸻类，在中国为旅鸟和夏候鸟，春季多见繁殖羽，胸部有明显的棕红色。上体灰褐色，喉和下腹白色。喙比铁嘴沙鸻尖细。非繁殖羽胸部为灰色。雏鸟有浅色羽缘。野外 5—8 月繁殖，营巢于高山林线以上的高原或苔原地带，总是临近水源。非繁殖期主要利用海岸滩涂。中国东部海岸常见过境鸟，在新疆、西藏等地有繁殖记录。IUCN 和《中国脊椎动物红色名录》均评估为无危 (LC)。被列为中国三有保护鸟类。

 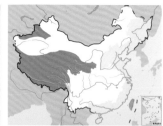

蒙古沙鸻。左上图为繁殖羽，沈越摄；下图为非繁殖羽，彭建生摄

铁嘴沙鸻

拉丁名: *Charadrius leschenaultii*
英文名: Greater Sand Plover

鸻形目鸻科

　　小型鸻鹬，与蒙古沙鸻极为相似，但稍大且身形更为挺拔，喙更长，喙峰更高，腿部更长，而背部颜色较浅。繁殖在干旱和半干旱地带，比蒙古沙鸻的繁殖地海拔低。雄鸟利用鸣唱和飞行炫耀保卫领地，独巢，3枚卵居多，雌雄共同孵化。非繁殖期主要利用海岸，偶现于盐湖和半咸水沼泽地。可能主要以甲虫类昆虫为食，也取食其他小型无脊椎动物。全物种迁徙，迁徙时会出现在中国大部分地区。IUCN 和《中国脊椎动物红色名录》均评估为无危 (LC)。被列为中国三有保护鸟类。

铁嘴沙鸻繁殖羽。左上图为雄鸟，下图为雌鸟。杨贵生摄

红胸鸻

拉丁名: *Charadrius asiaticus*
英文名: Caspian Plover

鸻形目鸻科

　　在中国新疆可见繁殖的小型鸻鹬类，上身褐色，前额、喉部和下腹白色。雄性胸部在繁殖季会变为红色，雌性保持褐色。亚成体有浅色羽缘。繁殖在低海拔的荒漠或荒漠草原，偏爱盐池和盐碱地。食物以昆虫为主。单配制，独巢或形成松散的群巢，成鸟常在白天集群觅食，把卵留在巢中。雌雄共同孵化和育幼。全体迁徙，中国新疆的繁殖群可能在非洲越冬。IUCN 评估为无危 (LC)，《中国脊椎动物红色名录》评估为数据缺乏 (DD)。被列为中国三有保护鸟类。

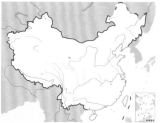

红胸鸻繁殖羽。左上图为雄鸟，下图为左雄右雌。杨贵生摄

东方鸻

拉丁名: *Charadrius veredus*
英文名: Oriental Plover

鸻形目鸻科

　　雄鸟的额、眉纹、面颊、喉、颏、颈白色，头顶、枕部及上体灰褐色，颈下的淡黄褐色过渡至胸部为栗红色宽带，其下缘有一条明显的黑色环斑带，腹部白色。雌鸟的面颊污棕色，眉纹不明显，胸带沾染黄褐色，其下缘或无黑带。繁殖在内陆干旱地区，特别是河流、湖泊周围的石滩。独巢，雌鸟独自照顾幼鸟，和多数鸻鹬类不同，雄鸟首先离开繁殖地。除中国宁夏、西藏、云南外，见于中国各地，繁殖在内蒙古、东北等地。IUCN 和《中国脊椎动物红色名录》均评估为无危 (LC)。被列为中国三有保护鸟类。

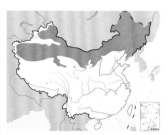

东方鸻繁殖羽。左上图为雄鸟，赵国君摄；下图为雌鸟，沈越摄

半蹼鹬

拉丁名：*Limnodromus semipalmatus*
英文名：Asian Dowitcher

鸻形目鹬科

形态 略似塍鹬的中等大小的鸻鹬类，是最大的半蹼鹬类。黑色的喙部长而直。繁殖羽头、颈棕红色，贯眼纹黑色，一直延伸到眼先；后颈具黑色纵纹；下体棕红色，两胁前部微具黑色横斑；腋羽和翅下覆羽白色，具少许黑褐色横斑。非繁殖羽上体暗灰褐色，具白色羽缘，下体白色。头侧、颏、喉、颈、胸和两胁具黑褐色斑点，下胸、两胁和尾下覆羽具黑褐色横斑。

分布 在中国东北和内蒙古有繁殖，其他地区主要为旅鸟。国外繁殖于西伯利亚，在东南亚、南亚的沿海地区越冬。

习性 迁徙性，迁徙路线不明。

食性 在繁殖地主要取食小鱼、昆虫幼虫和蠕虫，于非繁殖地常在滩涂取食多毛纲蠕虫、小型软体动物等。

繁殖 繁殖期随水源状况变化，形成6～12对的群巢，常和白翅浮鸥混群而居。巢为裸地上的浅坑，内衬草叶，2～3枚卵最为常见。双亲都参与孵化和照顾幼鸟。

种群现状和保护 IUCN和《中国脊椎动物红色名录》均评估为近危（NT）。被列为中国三有保护鸟类。

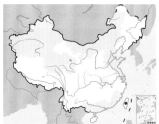

半蹼鹬繁殖羽。左上图宋丽军摄，下图聂延秋摄

长嘴半蹼鹬

拉丁名：*Limnodromus scolopaceus*
英文名：Long-billed Dowitcher

鸻形目鹬科

体型略小，形似半蹼鹬。脚偏黄色，飞行时翅膀有明显白缘，脚不伸出尾后。繁殖于西伯利亚东北部和阿拉斯加西南部，主要在美国南部和中美洲越冬，在中国为迷鸟。IUCN评估为无危（LC），《中国脊椎动物红色名录》评估为数据缺乏（DD）。被列为中国三有保护鸟类。

长嘴半蹼鹬。左上图为非繁殖羽，下图为繁殖羽

斑尾塍鹬

拉丁名：*Limosa lapponica*
英文名：Bar-tailed Godwit

鸻形目鹬科

形态 喙尖略微上翘的中等大小的塍鹬，喙基部肉红色，尖端黑色。贯眼纹细而深，眉纹白色明显。腿长，但相较其他塍鹬短。雌鸟体型比雄鸟大，喙部也更长。非繁殖羽雌雄类似，羽毛和头部有灰褐色花纹，胸部灰褐色，下腹部白色。繁殖羽雄鸟胸腹部会变为鲜明的栗红色，雌鸟的胸腹部仅是在灰色的胸腹部上出现斑驳的橙色。在经过中国的2个亚种中，东亚亚种 *L. l. baueri* 的腰部颜色较深，飞起翅膀展开时，可与腰部颜色较浅的中部亚种 *L. l. menzbieri* 区分，此外东亚亚种的翅膀和喙部较长；中部亚种色泽中等，尾上斑纹比较明显。

分布 有5个亚种，繁殖于欧亚大陆的北端和阿拉斯加，越冬于非洲、南亚、东南亚、大洋洲的海岸线上。其中中部亚种和东亚亚种在迁徙期会广泛分布在中国东部的海岸线上，特别是黄河三角洲、鸭绿江口、辽河口等泥质滩涂的地区。在秋季迁徙时，繁殖于东西伯利亚、越冬于西北澳大利亚的中部亚种仍然会经过中国沿海，而东亚亚种大多直接从阿拉斯加的繁殖地穿越太平洋上空，飞至新西兰或澳大利亚东部的越冬地。但两个亚种的幼鸟可能都会利用中国沿海作为迁徙停歇地。

栖息地 在距离水源较近的灌木苔原、森林苔原、河谷、落叶树林等栖息地繁殖。非繁殖期主要生活在潮间带，特别是河口、潟湖、海湾，在某些地区也会利用内陆湿地和矮草原。在中国境内，它们只利用沿海滩涂作为觅食地，在潮水淹没滩涂以后，它们会和其他鸻鹬类利用坝埂、干涸的池塘等植被较矮或者无植被处作为高潮休息地。

习性 所有的斑尾塍鹬都进行长距离迁徙，迁徙时往往集结成十几只到几十只的小群，以三四十只居多。东亚亚种在3月下旬即可到达中国东部沿海地区，在此处停留20～40天补充能量，然后在4月下旬到5月陆续迁徙离开中国，通常可以直接飞到阿拉斯加的繁殖地。它们的迁离经常发生在下午3点到日落前，如果下午为落潮，就聚集在堤坝附近而不是跟随潮水觅食，几十只、几百只聚集在一起利用海水洗澡、梳理羽毛，不时地发出叫声，个别也会飞行一小段距离然后再回到群体中。在某个时间同时起

斑尾塍鹬。左上图为雄鸟繁殖羽，沈越摄；下图为非繁殖羽，颜重威摄

飞，飞行过程中呈现不严格的"V"形，中途会有一些个体离开或者加入，通常不与其他鸟类混群，但在迁徙后期可能与灰鸻、大滨鹬等一起起飞。中部亚种则在4月下旬或5月到达中国沿海地区，在5月底前迁往繁殖地。指名亚种 *L. l. lapponica* 在北欧和俄罗斯东部繁殖，越冬于欧洲西部，迁徙经过欧洲西部的滩涂，雌鸟越冬地比雄鸟更靠南。

食性 在繁殖地主要取食昆虫、环节动物、软体动物，同时也会取食植物种子和浆果，特别是在气温较低的年份，它们到达繁殖地时积雪还未完全融化，昆虫等都还没有大量出现，可能有段时间主要以植物性食物为食。由于斑尾塍鹬雌鸟比雄鸟的个体大，喙部更长，通常认为它们会取食更多埋藏在滩涂深处的多毛类动物。在欧洲越冬的斑尾塍鹬被认为主要以多毛纲的底栖动物为食，偶尔食用软体动物、鱼类和植物性食物。

迁徙经过中国鸭绿江口的斑尾塍鹬在食物选择上表现出极大的灵活性。在河篮蛤丰富的年份，无论雌雄都把它作为重要的食物来源，虽然雌鸟仍然会取食更多美人虾、多毛纲等埋藏更深的食物。它们主要是跟随潮汐集群觅食，可以形成几百到几千只的大群。而在河篮蛤匮乏的年份，雄鸟会取食多样化的食物，如泥螺、螃蟹、鱼类、海葵等。此时形成的觅食群相对较小，可能是为了减少觅食中的互相干扰。当食物个体较大或埋藏较深的时候，它们之间可能为抢夺食物而发生冲突，但多数时候并不会进行真正的打斗：在受到其他个体的干扰，或察觉到争斗意向时，前者常会主动放弃。

繁殖 繁殖期为5月下旬至7月。单配制，并且巢和巢之间相距很远，每平方千米少于1对。巢多位于海拔较高的干地带，隐藏在与斑尾塍鹬雄鸟颜色非常类似的草丛中。每窝4枚卵居多，每个繁殖季仅产1窝卵，孵化期20～21天。雌雄分工明确，雌鸟夜间孵卵，雄鸟白天孵卵，每12小时轮换一次。孵化期间雄鸟常一动不动，红褐色和周围的植被完全融为一体。捕食者或者人类即使离得很近也不能察觉，只有几乎踩到鸟巢时，成鸟会突然飞起。幼鸟上身间杂黑灰色和浅肉桂色，下身偏红或者白色，头冠棕色，翅膀和大腿上都有深棕色的花纹。雌雄共同或者仅由雄鸟照顾幼鸟。28天左右后初飞，此时亲鸟就会离开亚成鸟自己首先飞往越冬地，而亚成鸟会在繁殖地食物丰富的地方聚集成群，继续觅食，补充能量，然后独立飞往它们从未去过的越冬地。秋季迁徙后期，在中国沿海可以观察到亚成鸟，它们的喙部较成鸟短，羽毛具有浅色羽缘。

种群现状和保护 2015年斑尾塍鹬被 IUCN 提升为近危（NT）。《中国脊椎动物红色名录》亦评估为近危（NT）。由于其越冬期和迁徙期高度依赖于滩涂以及滩涂上的食物资源，围垦等造成的滩涂丧失、渔业收获等都会减少其食物来源。此外，近海没有合适的高潮休息地也会限制其利用某处滩涂，继而影响其生存。被列为中国三有保护鸟类。

大杓鹬

拉丁名：*Numenius madagascariensis*
英文名：Far Eastern Curlew

鸻形目鹬科

形态　体型最大的杓鹬类，体长 63 cm，嘴甚长而下弯。雌鸟比雄鸟大，雌鸟拥有在所有鸻鹬中最长的喙部，可达 180 mm。上身比白腰杓鹬色深而褐色重，羽毛边缘皮黄色。下背及尾褐色，下体皮黄色。飞行时腰部暗棕红色。非繁殖季身上羽毛较暗淡，亚成鸟浅色羽缘更宽，喙部可明显比成鸟短。

分布　在中国东南部越冬，黑龙江繁殖。国外繁殖于西伯利亚东部、蒙古。越冬于日本、中国台湾和东南亚。

栖息地　繁殖栖息地为开阔的苔藓沼泽和湿润草甸，或湖泊的沼泽湖岸，非繁殖期主要利用河口、红树林、盐沼等各种海岸湿地。

习性　长距离迁徙。

食性　繁殖期主要取食昆虫，非繁殖期主要取食螃蟹和软体动物等小型海洋无脊椎动物。

种群现状和保护　由于黄海地区的栖息地退化和丧失，近年来种群数量急剧下降。2010 年被 IUCN 从无危（LC）提升为易危（VU），2015 年进一步提升至濒危（EN）。《中国脊椎动物红色名录》评估为易危（VU）。被列为中国三有保护鸟类。

大杓鹬。左上图聂延秋摄，下图沈越摄

白腰杓鹬

拉丁名：*Numenius arquata*
英文名：Eurasian Curlew

鸻形目鹬科

形态　体型较大的杓鹬，只比大杓鹬稍小。喙部很长向下弯，下喙从基部到二分之一处为肉红色。头顶及上体灰褐色，上体黑褐色纹明显，自后颈至上背逐渐增宽，到上背则呈块斑状。下背、腰及尾上覆羽白色，飞起时白色腰部非常显眼。尾上覆羽具有较粗的黑褐色羽纹，尾羽亦为白色具细窄黑褐色横斑。颏、喉灰白色，前颈、颈侧、胸、腹棕白色或淡褐色，具灰褐色纵纹，腹、两胁白色且具显著的黑褐色斑点。下腹和尾下覆羽白色，腋羽和翼下覆羽亦为白色。雌鸟体型比雄鸟大，喙部也较长，但在野外难以识别。幼鸟羽缘沾棕红色，前颈和胸部褐色较淡，沾皮黄色，胸侧具褐色细长纵纹，腹部斑点较浅或没有，嘴亦较成鸟短。其余似成鸟。

分布　中国境内可见的为东方亚种 *N. a. orientalis*，在内蒙古东北部、黑龙江、吉林为夏候鸟，越冬于辽宁南部和以南的华北、华南及长江中下游各地。春季迁到中国东北繁殖地的时间在 4 月初至 4 月中旬，秋季离开繁殖地的时间在 10 月初至 10 月末，少数迟至 11 月初还见于东北繁殖地。在国外的繁殖地一直延伸到西伯利亚，越冬于非洲东南部、马达加斯加到南亚、东南亚、日本、菲律宾等地。另有指名亚种 *N. a. arquata* 繁殖于欧洲，越冬于欧洲南部、非洲和印度；中亚亚种 *N. a. suschikini* 繁殖于西伯利亚西南部和哈萨克斯坦，越冬于撒哈拉以南的非洲和亚洲西南部。

栖息地　偏爱在植被多样的沼泽、多水的草原、森林中的开阔地、农田、山谷等地繁殖。非繁殖期主要利用滩涂、海湾和河口，也会利用内陆湖泊和河流的沿岸泥滩，甚至作物较为低矮或者收割后的农田。两性间在栖息地利用上可能存在差异。

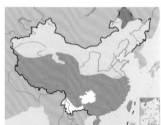

白腰杓鹬，展翅时白色的腰部十分显眼。沈越摄

习性 大多具迁徙习性，但在欧洲有少量留鸟。迁徙时常集几只或十几只的小群，也可以形成几十只的大群。迁徙时鸣声响亮，特别容易发现。

食性 食物季节性变化很大，环节动物、节肢动物、甲壳动物、软体动物、浆果和种子都能成为季节性的主食，也取食鱼虾、两栖动物、小鸟和小型哺乳动物。繁殖季节以昆虫和蚯蚓为主。在迁徙季节利用沿海滩涂时，会和其他鸻鹬类一起跟随潮汐觅食，但不会像大滨鹬或者斑尾塍鹬那样留在有水的地方。食物可能以双壳类和沙蚕为主，它们会把长长的喙部深入基质深层探察并衔出猎物。

繁殖 4月到7月初繁殖。单配制，雄性保卫领地。在繁殖季的早期，雄性会作波浪状的炫耀式飞行。对繁殖地表现出很高的忠诚度。每平方千米可以有10个巢或更多。雄鸟筑巢，巢址常在开阔的草地，直径20 cm左右，内衬有干草和羽毛。每窝平均4枚卵，有些时候两只雌鸟会共用一个鸟巢。卵绿色或橄榄绿，上有棕色或灰色花纹。雌雄轮流或者主要为雌鸟孵卵，孵化期26～30天。雏鸟浅黄色，上有黑棕色条纹。头顶黑色，腹部黄色更浅。雌雄共同照顾幼鸟，30～32天初飞，如果受到干扰，雌鸟有可能在孵化末期或育雏期抛弃幼鸟。2龄鸟即可繁殖，寿命可长达30年。

种群现状和保护 IUCN和《中国脊椎动物红色名录》均评估为近危（NT）。因其个体较大、体内可储备大量脂肪，曾经可能是中国东北和沿海地区重要的捕猎物种。被列为中国三有保护鸟类。

鹤鹬
拉丁名：*Tringa erythropus*
英文名：Spotted Redshank

鸻形目鹬科

形态 中等大小的鹬类，体重97～230 g。颈、腿和喙都很长，红色的腿是重要的识别特征。繁殖羽头、颈和整个下体黑色上有白色点，眼周有一窄的白色眼圈。尾下覆羽具暗灰色和白色横斑。有的胸侧、两胁和腹具白色羽缘，飞羽黑色，内侧初级飞羽和次级飞羽具白色横斑。下背和上腰白色，下腰和尾上覆羽具黑灰色和白色相间横斑。尾暗灰色，具窄的白色横斑。雌鸟个体稍大、颜色稍浅，白色羽缘更宽。冬季前额、头顶至后颈灰褐色，上背也是灰褐色，羽缘白色。幼鸟上体似冬羽，但颜色更深，翅上覆羽、肩和三级飞羽灰褐色，具白色斑点。颈、喉白色，其余下体淡灰色，具灰褐色横斑。

分布 在中国的繁殖地仅限于新疆，迁徙途经中国黑龙江、吉林、辽宁，西达甘肃，往南经长江流域、西藏南部、东南沿海、台湾和海南，部分越冬于江苏以及更南的东南地区，也越冬于贵州、广西、海南、福建和台湾。国外繁殖地包括斯堪的纳维亚半岛的北部、俄罗斯西北部、西伯利亚到楚科奇半岛；越冬于地中海、赤道附近的非洲、波斯湾、印度、东南亚等地。

栖息地 繁殖期主要栖息于开阔的北极冻原和冻原森林带，常在林线附近的湖泊、水塘、河流岸边和沼泽地带活动。非繁殖期则多栖息和活动于淡水或盐水湖泊、河流沿岸、河口沙洲、海滨、潟湖等湿地，也会利用人工湖、盐池和水稻田等。

习性 本种全部迁徙。

食性 主要取食水生昆虫和幼虫、陆生昆虫、小型甲壳动物、软体动物、多毛类、鱼类和两栖动物。它们捕食鱼类时常与同种或异种鸻鹬类，或者鹭类、鸬鹚、鸭类形成密集的小群，一边行走一边啄食。它们常站立在浅水中，但也会在深水区游水觅食，行为类似游禽。在白天和黑夜都会觅食。

繁殖 多数表现短暂的单配制，但也有多配制出现。巢址多在草丛或苔藓上，内衬有草叶、树叶、松针和羽毛等。每窝4枚卵居多。幼鸟上体灰色，有黑褐色条纹，头顶也是黑褐色，腹部白。28天左右出巢，雌鸟常在孵化阶段就离开。

种群现状和保护 IUCN和《中国脊椎动物红色名录》均评估为无危（LC），在欧洲种群稳定。中国还缺少相关数据，在各种人工和天然湿地都很常见。被列为中国三有保护鸟类。

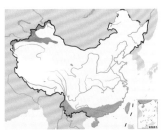

鹤鹬。左上图为繁殖羽，沈越摄；下图为非繁殖羽，杨贵生摄

红脚鹬

拉丁名：*Tringa totanus*
英文名：Common Redshank

鸻形目鹬科

形态　略似鹤鹬，比鹤鹬小，喙部更粗短，喙和腿都为红色，并且有白色眼圈。夏羽头及上体灰褐色，具黑褐色羽干纹。后头沾棕色。背和两翅覆羽具黑色斑点和横斑。下背和腰白色，飞行时可见白腰。尾部白色，有窄的黑褐色横斑。两胁和尾下覆羽具灰褐色横斑。腋羽和翅下覆羽也是白色。非繁殖羽头与上体灰褐色，黑色羽干纹消失，头侧、颈侧与胸侧具淡褐色羽干纹，下体白色，其余似繁殖羽。幼鸟似非繁殖羽，但上体具皮黄色斑或羽缘，胸沾有皮黄褐色。胸、两胁和尾下覆羽微具暗色纵纹。中央尾羽缀桂红色。

分布　在中国西北、东北、中部都有繁殖，南方越冬。几乎繁殖于整个欧亚大陆，越冬于亚洲、非洲和大洋洲北部。

栖息地　繁殖期广泛利用海岸和内陆湿地，非繁殖期则更常出现在海边。

食性　繁殖期主要以昆虫、蜘蛛和环节动物为食，非繁殖期也取食软体动物和甲壳动物。

种群现状和保护　IUCN 和《中国脊椎动物红色名录》均评估为无危（LC）。被列为中国三有保护鸟类。

 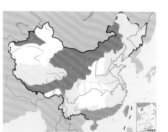

红脚鹬。左上图为繁殖羽，沈越摄；下图为非繁殖羽，宋丽军摄

小黄脚鹬

拉丁名：*Tringa flavipes*
英文名：Lesser Yellowlegs

鸻形目鹬科

　　长约 24 cm 的小型鹬类。喙和脚都为黄色，上身褐色，下体白色，繁殖羽胸部有横斑纹。主要栖息在美洲，在中国为迷鸟，仅记录于香港和台湾。IUCN 评估为无危（LC）。被列为中国三有保护鸟类。

小黄脚鹬

青脚鹬

拉丁名：*Tringa nebularia*
英文名：Common Greenshank

鸻形目鹬科

形态　鹬属体型最大的鸟类，雌鸟体型比雄鸟稍大。喙部长而强壮，尖端略微向上翘，在野外可利用此特征与泽鹬相区别。脚淡灰绿色、草绿色或青绿色，有时为黄绿色或暗黄色。繁殖羽头顶至后颈灰褐色，羽缘白色。上身有灰褐色的斑点和窄纹。尾白色，具细窄的灰褐色横斑，外侧 3 对尾羽几纯白色，有的具不连续的灰褐色横斑。下胸、腹和尾下覆羽白色。腋羽和翼下也是白色，具黑褐色斑点。非繁殖羽头、颈白色，微具暗灰色条纹。上体淡褐灰色，具白色羽缘，下体白色，在下颈和上胸两侧具淡灰色纵纹，其余似繁殖羽。幼鸟似成鸟非繁殖羽，但颜色更偏褐色，具皮黄白色羽缘。

分布　在中国为常见冬候鸟，迁徙时见于全国大部分地区，集大群在西藏东南部及长江以南大部分地区越冬。国外繁殖于苏

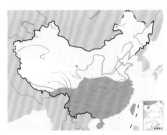

泽鹬

拉丁名: *Tringa stagnatilis*
英文名: Marsh Sandpiper

鸻形目鹬科

形态 略似青脚鹬的鹬类，但个体较小且更为修长，喙部细而直。上体灰褐色，腰及下背白色，尾羽上有黑褐色横斑。前颈和胸有黑褐色细纵纹，额白。下体白色。脚偏绿色，飞行时伸出体外较长。

分布 繁殖于包括中国黑龙江在内的欧亚大陆中部，越冬于非洲、南亚、东南亚和澳大利亚。

栖息地 繁殖期偏爱内陆湿地，特别是开阔的、有草覆盖的湿地，可能选择半盐水沼泽，但不喜欢咸水湿地。非繁殖期出现在各种浅水湿地。

习性 繁殖期会和燕鸥、麦鸡类混群。

食性 取食小鱼、甲壳动物、软体动物和水生昆虫等。

种群现状和保护 IUCN 和《中国脊椎动物红色名录》均评估为无危（LC）。被列为中国三有保护鸟类。

青脚鹬。左上图为非繁殖羽，下图为繁殖羽。沈越摄

格兰北部、斯堪的纳维亚东部、中亚、东西伯利亚、堪察加半岛，越冬于西欧、地中海和非洲、马达加斯加、中东、南亚、印度尼西亚和澳大拉西亚。

栖息地 在泰加林带中部或北部繁殖，会选择森林中的空旷地、开阔的潟湖和沼泽等。迁徙时出现在内陆草地、干涸的湖泊、沙洲和沼泽。越冬在各种淡水和海洋湿地，包括河口、海滩、盐水沼泽、红树林、湖泊等。在中国迁徙期和越冬期的个体更多利用沿海地区较浅的人工和自然湿地，以及内陆湿地，也可利用海滩。

习性 多数迁徙，但迁徙距离差别较大。4～5 月即迁离中国，8 月又回到中国。整个冬季都可见于南方，常单独或成小群活动。

食性 主要取食甲虫等昆虫和它们的幼虫，也取食甲壳动物、环节动物、软体动物、两栖动物和小鱼，甚至包括小型啮齿动物。通常一边在浅水中匀速行走一边啄取食物，时而突然改变方向。觅食鱼类时常与同种或不同种鸟类混群行动，不规则地边行走边啄食，也会同步向某个方向奔跑，突然向前冲抓住较大的鱼类。夜间白天都会觅食。

繁殖 通常为单配制，有些雄鸟会有 2 个配偶。繁殖时不会回到出生地，但对繁殖地忠诚。它们的巢由雄鸟独立完成，是一个在地面上刨出的浅坑，用植物和羽毛垫衬，常常位于死去的树木、石块和草丛旁。窝卵数 4 枚左右，每 2～3 天产一枚卵。雌雄共同孵卵，雌鸟为主，孵化期 24 天。孵化后一个月初飞，雌鸟常在幼鸟初飞前就离开。

种群现状和保护 IUCN 和《中国脊椎动物红色名录》均评估为无危（LC）。在很多地区都是常见物种，由于可利用多种水体，人类活动对其影响尚且未知。被列为中国三有保护鸟类。

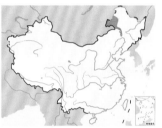

泽鹬。左上图为繁殖羽，沈越摄；下图为非繁殖羽，杨贵生摄

小青脚鹬

拉丁名：*Tringa guttifer*
英文名：Nordmann's Greenshank

鸻形目鹬科

形态 看起来较为笨重而矮胖，喙较粗而微向上翘，尖端黑色，基部淡黄褐色。夏季头顶至后颈暗褐色，具黑褐色纵纹。背部为黑褐色，具白色斑点。腰部和尾羽为白色，尾羽的端部具黑褐色横斑，飞翔时极为醒目。下体为白色。前颈、胸部和两胁具黑色圆形斑点。形似青脚鹬，但腿部要短得多，并且偏黄色。雌雄相似。冬季的背部为浅灰色，羽缘为白色。胸部和两胁的斑点消失。亚成体与冬羽相似，但头顶和上体更偏褐色，带皮黄色斑点，胸部有染棕色。

分布 迁徙季可见于中国沿海和长江中下游地区以及台湾、香港等地。繁殖于萨哈林岛和鄂霍次克海西侧。越冬于印度东北部、孟加拉国、缅甸南部、马来半岛、苏门答腊岛东部，也可能在东亚地区越冬。

栖息地 繁殖期主要栖息于沼泽、水塘和湿地附近的落叶森林中。非繁殖期主要栖息于海边沙滩或泥滩、河口沙洲、潟湖等，偶见于红树林，也利用溪流、盐田、稻田等。

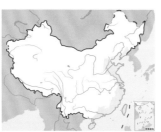

习性 迁徙物种，但迁徙路线记录不完全。迁徙和越冬期出现在东亚、东南亚广大国家和地区。繁殖鸟5月中旬回到繁殖地，成鸟7月底或8月初离开繁殖地，幼鸟则停留到8月底到9月中旬。性情胆小而机警，稍有惊动即刻起飞。

食性 在繁殖地主要捕食小型鱼类，也取食多毛纲、寡毛纲、小型甲壳纲、软体动物和昆虫。在非繁殖季，它们偏爱螃蟹等水生无脊椎动物，也取食昆虫幼虫和小鱼。它们会把小个的螃蟹整个吞下，对于大个的则会叼住腿甩动，直到腿和身体分离，然后分别吞食。

繁殖 6月和7月繁殖，单配制，独巢或者是由几对组成的群巢。巢筑在离地3 m左右、上方遮蔽良好的树枝上，巢材包括松枝、地衣、苔藓等。它们从不借用其他鸟的巢穴，而是由雌鸟和雄鸟一点点重新搜集材料，搭建而成。每个繁殖季繁殖一窝，窝卵数通常为4枚，来自不同巢的幼鸟常常在出生后聚集在一起生活。

种群现状和保护 IUCN和《中国脊椎动物红色名录》均评估为濒危（EN）。曾被认为全球种群数量只有1000只以下。但2013年秋季，在江苏南通附近单次观察到了870只以上的迁徙群，故推测实际数量被严重低估了。在江苏东台沿海条子泥围垦区也曾观察到了940只以上的个体。中国、韩国等地大面积的滩涂围垦为本种受威胁的重要原因。被列为中国国家二级重点保护动物。

小青脚鹬非繁殖羽。下图为跟其他鸻鹬类混群，正中浅色的为小青脚鹬。江航东摄

白腰草鹬

拉丁名：*Tringa ochropus*
英文名：Green Sandpiper

鸻形目鹬科

形态 中等大小的暗色鹬类。前额、胸部和胁部有灰褐色条纹，腹部白色，腰和尾也为白色。除了外侧尾羽全白，其他尾羽有黑褐色横斑。上背、肩、翅覆羽和三级飞羽黑褐色，羽缘具白色斑点。自嘴基至眼上有一白色眉纹，眼先黑褐色，虹膜暗褐色，脚橄榄绿或灰绿色。

分布 在中国南方有越冬，其他地区为旅鸟。繁殖在欧亚大陆北部，在南欧、非洲、南亚、东南亚等地越冬。

栖息地 繁殖在湿润的林地，其他时期会出现在各种各样的淡水水体，例如沼泽、河岸、污水池、池塘等，海边较少见。

食性 主要取食昆虫。

繁殖 单配制，有典型的繁殖炫耀行为。常利用其他鸟类，例如画眉和林鸽的旧巢繁殖，雌鸟在雏鸟初飞前就离开。

种群现状和保护 IUCN 和《中国脊椎动物红色名录》均评估为无危（LC）。被列为中国三有保护鸟类。

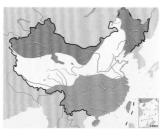

白腰草鹬。左上图为繁殖羽，下图为非繁殖羽，沈越摄

林鹬

拉丁名：*Tringa glareola*
英文名：Wood Sandpiper

鸻形目鹬科

形态 小巧而优雅的鹬类，上身灰褐色多白色斑点，颈和胸部具灰棕色细条纹，腹部白色。有明显的白色眉纹。非繁殖季节偏棕色，身上斑点变少。胸部灰色更浅。飞行时脚伸出体外较长。雌鸟体型稍大。

分布 在中国东北有繁殖，南方有越冬。国外繁殖于欧亚大陆北部的广大区域，越冬于非洲、东南亚、南亚、澳大利亚等地。

栖息地 在北方森林中的泥炭地和开阔沼泽地繁殖，特别是针叶林与苔原带的灌木丛中，繁殖季以外也偏爱各种林地。

习性 全物种迁徙，但迁徙路线不清楚。

食性 繁殖期主要取食水生昆虫，非繁殖期取食水生和陆生昆虫、蠕虫、蜘蛛、甲壳动物、小型软体动物等。

种群现状和保护 IUCN 和《中国脊椎动物红色名录》均评估为无危（LC）。被列为中国三有保护鸟类。

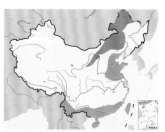

林鹬。飞行时可见脚伸出尾外很长。左上图沈越摄，下图杨贵生摄

漂鹬

拉丁名：*Tringa incanus*
英文名：Wandering Tattler

鸻形目鹬科

形似灰尾漂鹬，但上体颜色较深。仅在中国台湾有记录，但可能因为其形似灰尾漂鹬而未被记录。繁殖于西伯利亚东北部和阿拉斯加东部，越冬于美国西南、中南美洲、太平洋岛屿和东南亚。IUCN 评估为无危（LC）。被列为中国三有保护鸟类。

漂鹬

灰尾漂鹬

拉丁名：*Tringa brevipes*
英文名：Grey-tailed Tattler

鸻形目鹬科

形态 中等大小、腿短的鹬类。上身灰色、下体白色，腿为黄色。繁殖季胸和腹部多横纹。雌鸟个体稍大，亚成体类似非繁殖羽，但身上有白色斑点。

分布 中国为其迁徙停歇地，繁殖于西伯利亚，越冬于东南亚、澳大利亚和新西兰。

栖息地 在山地泰加林和森林冻原繁殖，总是临近河流等水体。非繁殖期利用沙滩、泥滩、红树林等各种海岸湿地。

习性 迁徙多利用海岸湿地，但可利用内陆。

食性 食物主要为石蛾、毛虫、水生昆虫、甲壳类和软体动物。有时也吃小鱼。在繁殖地以外把螃蟹等作为主食。

繁殖 巢可能在石间的凹处，也可能利用其他鸟筑在树上的旧巢。

种群现状和保护 IUCN 评估为近危（NT），《中国脊椎动物红色名录》评估为无危（LC）。被列为中国三有保护鸟类。

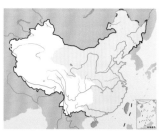

灰尾漂鹬。沈越摄

翘嘴鹬

拉丁名：*Xenus cinereus*
英文名：Terek Sandpiper

鸻形目鹬科

矮小的鹬类，有长而上翘的喙部和橙色的腿。上身灰褐色，但羽毛中心近黑色，在肩部特别明显。繁殖季主要在山谷低地、草地植被和灌木的冲积平原活动。非繁殖期见于热带和亚热带海滩。在繁殖地它们主要取食蚊类小虫，也吃植物种子。其他时期吃各种昆虫、小型软体动物、甲壳动物及多毛类动物。在中国海滩可能主要取食小型螃蟹。全物种迁徙，繁殖于欧亚大陆北部，越冬于非洲、东南亚、澳大利亚的沿海滩涂。IUCN 和《中国脊椎动物红色名录》均评估为无危（LC）。被列为中国三有保护鸟类。

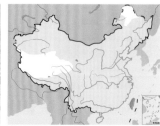

翘嘴鹬。左上图聂延秋摄，下图为跟红脚鹬（中）在一起，颜重威摄

矶鹬

拉丁名：*Actitis hypoleucos*
英文名：Common Sandpiper

鸻形目鹬科

形态 腿短的小型鹬类。有明显的灰色眼圈，上身灰褐色，下身白色有褐色斑纹。飞行时腰部暗色，可见翅膀上的白色横纹。飞翔时两翅朝下扇动，身体呈弓状，站立时不住地点头、摆尾。

分布 在中国的东北和西北皆有繁殖，南方越冬。繁殖于整个欧亚大陆，越冬于非洲、南亚、东南亚和大洋洲等。

栖息地 繁殖期偏爱水体附近，特别多砂石的河岸，也会用小池塘和湖岸等。非繁殖期利用多样的栖息地，如海岸、河口、盐沼、各种内陆的自然湿地和人工湿地。

习性 迁徙并且可以进行单次超过 4000 km 的飞行。

食性 繁殖期主要捕捉昆虫、蜘蛛、软体动物和甲壳动物为食，也取食两栖动物和小鱼。非繁殖期则在利用不同栖息地时选择不同的食物，通常白天独自觅食。

繁殖 对繁殖地忠诚度高，单配或者多配制，每窝 4 枚卵，雌雄共同孵化和育幼，但雌鸟常在幼鸟初飞前离开繁殖地。

种群现状和保护 IUCN 和《中国脊椎动物红色名录》均评估为无危（LC）。被列为中国三有保护鸟类。

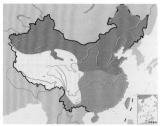

矶鹬。左上图沈越摄，下图董磊摄

翻石鹬

拉丁名：*Arenaria interpres*
英文名：Ruddy Turnstone

鸻形目鹬科

形态 看起来很敦实的鸻鹬类，橙红色的腿很短。在中国看到的翻石鹬多有部分或完全的繁殖羽：头颈白色，头顶与枕具细的黑色纵纹；前额白色，有一黑色横带横跨于两眼之间，并经两眼垂直向下，与黑色颚纹相交；身体上部为由斑驳的栗色和棕黑色组成的花纹，下体纯白色，下背和尾上覆羽白色，尾黑色，外侧5对尾羽具窄的白色尖端。雌鸟顶冠面较大，胸部不如雄性纹路清晰，有些背部颜色比较暗淡。非繁殖羽比繁殖羽暗淡得多，上体橙栗色消失，变为暗褐色，头顶灰褐色，颈部和胸部的黑色部分也呈现褐色。幼鸟似成鸟冬羽，但上体体色更暗，多为褐色，具皮黄白色羽缘，头顶颜色更浅。

分布 迁徙期间经过中国的为指名亚种 *A. i. interpres*，在中国黑龙江、吉林、辽宁、河北，西至青海湖，南至广东、福建、香港、台湾、海南和西沙群岛等地均有记录。这个亚种的繁殖地位于加拿大苔原带北部、格陵兰岛，北欧到西北阿拉斯加，越冬在西欧、非洲、东南亚、澳大拉西亚和太平洋岛屿。另有北美亚种 *A. i. morinella* 繁殖在阿拉斯加东北部和加拿大苔原带，越冬在美国、墨西哥湾和南美洲。

栖息地 繁殖在多石的沿海平原、低海拔的坡地和平底沼泽，以及苔原带，总之是夏季湿度很高的地区。其他时间则主要生活在海岸带，迁徙时偶尔会利用内陆地区。栖息地包括植被矮小的盐沼、多石的堤岸、有冲刷上来海藻的沙滩、水湾、河口、湖岸、红树林、礁石区、泥滩，偏爱有贝类的地方，在中国也有利用养殖塘埂的记录。

翻石鹬繁殖羽。左上图颜重威摄，下图沈越摄

用喙打开贝壳取食软体动物的翻石鹬。颜重威摄

习性 本种都迁徙。迁徙经过中国的亚种繁殖在西伯利亚东部和阿拉斯加西部，越冬于东南亚、澳大利亚、西太平洋等。大约在4月下旬到达中国，5月底前离开。翻石鹬常单独或成小群活动。迁徙期间也常集成大群。行走时步态有点蹒跚，但奔跑速度快，飞行有力，通常不高飞。

食性 在繁殖地主食双翅目昆虫的成虫与幼虫，也取食鳞翅目幼虫、膜翅目、甲虫和蜘蛛等，繁殖季早期也会吃部分禾本科植物种子和浆果。非繁殖季的食物来源更为广泛，包括甲壳类、软体动物、蜘蛛、蚯蚓、蚂蚁、棘皮动物、小鱼，也吃鱼和哺乳动物的尸体、人类丢弃的食物、鸟卵等。常单独或分散成小群觅食。觅食时主要用喙翻转水边地上或浅水处的海草和小卵石，啄食隐藏在下面的甲壳类和其他小型无脊椎动物。

繁殖 繁殖期为5—8月。单配制、独巢。多置巢于浅滩或岛屿、沙地及海岸灌丛与岩石下，常常隐蔽在植物下面，也可能完全暴露。巢多利用地面凹坑，内垫以草茎、草叶和苔藓。隔天或隔2天产1枚卵，每窝通常4枚，卵为梨形，淡灰色、灰褐色或橄榄绿色，具褐色斑点。雌雄轮流孵卵，但以雌鸟为主。雌雄共同照顾幼鸟1~2周，然后雌鸟离开，雄鸟继续照顾幼鸟到19~21日龄，此时幼鸟能够飞行，雄鸟也就离开了。2龄鸟即可繁殖。

种群现状和保护 种群记录不完全，在美洲和非洲的种群被认为较为稳定。IUCN 和《中国脊椎动物红色名录》均评估为无危（LC）。被列为中国三有保护鸟类。

大滨鹬

拉丁名：*Calidris tenuirostris*
英文名：Great Knot

鸻形目鹬科

形态　体型最大的滨鹬。体长约 28 cm。背部羽毛黑色、边缘灰白色，整个上体呈灰褐色，颈部和胸部具浓密的黑色点斑，少数黑斑可延伸至胁部，腹部大部分白色。跗跖黑色。繁殖期肩羽和翼上覆羽具红色和黑色的点斑。

分布　仅分布于亚太地区，繁殖于西伯利亚东北部的亚北极区域，迁徙的时候经过中国、韩国、朝鲜、日本等东亚地区。中国的鸭绿江口、双台子河口、黄河三角洲以及长江口等地的滩涂在迁徙期都有数千甚至上万只大滨鹬的记录。大滨鹬的越冬地主要分布于澳大利亚西北部，此外澳大利亚的其他地区和东南亚地区也有其越冬地。由于澳大利亚西北部地区在 20 世纪 80 年代之前很少有人开展鸟类调查，大滨鹬曾一度被认为是数量稀少的鸻鹬类。而当大滨鹬在澳大利亚西北部地区的越冬地被发现之后，大滨鹬成为大洋洲种群数量第二多的迁徙鸻鹬类。近年来，东南亚地区越冬大滨鹬数量逐渐增加，在泰国湾越冬大滨鹬的最大数量可达数千只，但大滨鹬越冬地北扩的原因目前尚不清楚。

栖息地　在覆盖地衣、石南及草本植物的西伯利亚西北部山地及丘陵地区营巢繁殖。迁徙期和越冬期仅分布于滨海地区，极少到内陆地区活动。在沙质或泥质的河口和滨海滩涂湿地觅食，当潮水把滩涂淹没时，飞到觅食地附近的水产养殖塘塘埂、裸地、废弃地等人类活动干扰较少的区域集群休息。

习性　长距离迁徙。每年从 3 月中下旬至 4 月中旬，大群的大滨鹬从澳大利亚西北部的越冬地开始迁徙。它们可以连续飞行 5000 km 以上，飞越西太平洋直接抵达东亚地区。黄海区域的沿海滩涂湿地是大滨鹬春季迁徙时的重要迁徙停歇地，每年从 3 月下旬到 5 月中旬，大滨鹬在黄海区域停留约一个半月的时间，在此期间积累大量的能量然后飞往繁殖地。对大滨鹬在黄海南部的崇明东滩和北部的鸭绿江口两处迁徙停歇地的停留时间和能量积累的比较发现，两处迁徙停歇地对大滨鹬的作用不同：大滨鹬在崇明东滩停留时间仅为 2～3 天，而在鸭绿江口停留达一个月之久。大滨鹬在崇明东滩停留期间，种群的日平均体重没有明显增加，但在鸭绿江口停留期间种群的日平均体重可增加将近一倍。这表明黄海南部地区只是大滨鹬迁徙时的一个临时停歇地，而黄海北部地区是大滨鹬的重要能量补给地。对春季崇明东滩大滨鹬的数量变化研究也表明，在顺风（偏南风）的时候，大滨鹬的数量明显低于逆风（偏北风）的时候；此外，在顺风的时候捕捉到的大滨鹬的体重较轻，而在逆风的时候捕捉到的大滨鹬体重较重。这些都表明崇明东滩是大滨鹬在不利于迁徙的天气条件下的一个临时停歇地。

尽管崇明东滩只是大滨鹬的一个临时停歇地，但并不说明

该地区对大滨鹬的迁徙活动不重要。崇明东滩大滨鹬短暂的停留时间说明了种群的周转速度非常快，即使在迁徙高峰期的调查数量也大大低估了实际停留的个体总数量。根据在崇明东滩对大滨鹬数量的多年调查结果，估计每年春季在崇明东滩停留的大滨鹬数量超过 15 000 只。尽管崇明东滩不是大滨鹬的重要能量补给地，但为迁徙过程中体弱的个体和在恶劣天气条件下迁徙的个体提供了一个紧急的"迫降"场所，使它们有机会到达黄海北部的能量补给地。因此，崇明东滩对于维持大滨鹬种群的稳定起着重要作用。

在秋季迁徙期，大部分成鸟在 8 月中旬前后从俄罗斯的鄂霍次克海沿岸出发直接飞到越冬地，也有少部分个体在黄海区域停歇，但即使是大滨鹬的幼鸟也只有一少部分在黄海地区停留。因此，在黄海地区，春季记录的大滨鹬数量远远高于在秋

大滨鹬。左上图为繁殖羽，下图为非繁殖羽。沈越摄

季记录的数量。大滨鹬秋季迁徙时是否在中途停歇可能与个体的身体状况以及天气情况有关。成鸟8月末到9月初便到达越冬地，幼鸟在10月前后到达越冬地。

在迁徙停歇地和越冬地，大滨鹬常集群觅食，集群个体的数量可达上百甚至数千只。在鸭绿江口，每年4月底至5月初常可见到上万只大滨鹬的集群。在迁徙停歇地和越冬地，大滨鹬常与其他大型鹬类，如红腹滨鹬、斑尾塍鹬等一起活动。

食性 在繁殖地，大滨鹬主要取食植物的浆果和种子以及昆虫、蜘蛛等节肢动物。在迁徙期和越冬期，主要以软质滩涂的底栖动物为食，特别喜食双壳类，其强大的肌胃可以将整个吞入的双壳类的壳压碎从而进一步消化其软体部分。此外，大滨鹬还取食腹足类、甲壳类以及多毛类动物。由于其主要靠触觉寻找食物，因此在白天和晚上均可觅食。

大滨鹬在澳大利亚的越冬地和黄海北部的迁徙停歇地主要摄取双壳类。在鸭绿江口，由于滩涂上大滨鹬喜食的双壳类密度非常高（每平方米达数万个），大滨鹬经常在觅食一段时间后便休息一下，可能是因为其胃的容量已经装不下更多食物，需要把胃内的食物消化一部分才能继续进食。在位于长江口的崇明东滩，双壳类密度较低，它们会摄取大量的腹足类作为主要食物。

繁殖 单配偶制，每年5月下旬至6月下旬产卵，窝卵数为4枚，雌雄个体均参与孵卵，孵卵期21天。雏鸟出壳后雌鸟便离开，雄鸟单独照顾雏鸟。雏鸟20～25天离巢，离巢后很快便可独立活动。

种群现状和保护 除了2个多月的繁殖期是在西伯利亚的内陆地区度过的，大滨鹬在迁徙期和越冬期都是在沿海地区的滩涂湿地上生活。因此，滩涂湿地的质量直接影响到大滨鹬的生存。最近20多年来，东亚沿海地区的滩涂湿地受过度围垦开发、污染、过度收获、外来植物互花米草大面积入侵等影响，栖息地面积快速减少，栖息地质量不断下降，已对大滨鹬的生存带来了巨大威胁。位于韩国西海岸新万锦的滩涂湿地曾是春季迁徙期大滨鹬数量最大的迁徙停歇地，但该湿地于2007年由于滩涂围垦而被彻底破坏。鸟类调查结果表明，该地区大滨鹬迁徙期的数量减少了约9万只，而周围区域没有发现大滨鹬的数量明显增加。在大滨鹬主要越冬地的鸟类调查结果也表明，新万锦湿地被围垦后，越冬大滨鹬的种群数量明显减少。说明土地开发者通常认为"鸟类在某区域的栖息地丧失后会转移到其他区域去"的说法是站不住脚的。

迁徙停歇地的丧失导致了大滨鹬种群数量的急剧下降，2010年，大滨鹬被IUCN从无危（LC）提升为易危（VU），2015年进一步提升至濒危（EN）。目前大滨鹬在全球的总数量估计为29万只。《中国脊椎动物红色名录》评估为易危（VU）。被列为中国三有保护鸟类。

红腹滨鹬

拉丁名：*Calidris canutus*
英文名：Red Knot

鸻形目鹬科

形态 体型相当大的滨鹬类，但比大滨鹬稍小。繁殖羽从颈下到腹部都为锈红色，头顶至后颈锈棕红色，并具细密的黑色纵纹；背、肩黑色，具棕色斑纹和白色羽缘；腰和尾上覆羽白色，具黑色横斑，并微缀有棕色；尾灰褐色，具窄的白色端缘；尾下覆羽具黑色边缘；腋羽和翼下覆羽灰色或灰白色。一般来说雌鸟的腹部红色覆盖的面积稍小，靠近尾部常为白色。非繁殖羽棕栗色消失。头顶、后颈、背和肩淡灰褐色，具细的黑色条纹和亚端黑斑与白色羽缘。幼鸟似非繁殖羽，但肩和翅上覆羽缀有褐色，飞羽有浅黄色羽缘。胸部沾皮黄色。在中国境内的2个亚种，普通亚种*C. c. rogers*的繁殖羽颜色较淡，新西伯利亚亚种*C. c. piersma*则相对艳丽，当它们春季迁徙停歇在中国时，基本在野外就可以区分出来。

分布 迁徙期间见于中国的辽宁、河北、山东、青海湖、江苏、福建、广东、海南、香港和台湾。位于渤海湾东北部的河北南堡滩涂为目前已知的红腹滨鹬数量最大的迁徙停歇地。繁殖于北极和近北极地区，越冬于欧洲、非洲、澳大利亚和南美洲。

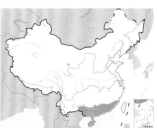

红腹滨鹬。左上图为繁殖羽，沈越摄；下图为非繁殖羽

栖息地 繁殖期主要栖息于沿海岛屿及海岸附近的冻原地带的山地、丘陵和冻原。越冬期总是在沿海海岸、河口。迁徙经过中国的亚种即使在迁徙期，也基本不出现在内陆河流与湖泊，而主要集中在贝类资源丰富的河口附近的泥滩。

习性 6个亚种都迁徙，常常不停歇地飞行到集中的迁徙停歇地，然后觅食很长时间后再进行一次长距离的飞行，是比较典型的大型鸻鹬类迁徙模式。在途经中国的2个亚种中，新西伯利亚亚种主要越冬于澳西北地区，大多数的普通亚种在澳大利亚东南部维多利亚地区和新西兰越冬，也有些个体会出现在澳大利亚西北部。每年的4月初到6月开始，它们向繁殖地迁徙，中间会在黄渤海地区停留一次。它们到达黄渤海地区的时间是从4月中旬一直到5月中旬，在这里平均停留一个月。到了5月中旬至6月初，它们会继续北迁，迁往它们最终的繁殖地，也就是俄罗斯的西伯利亚地区进行繁殖。6月中旬到达西伯利亚，繁殖期约2个月。9月初抵达越冬地。红腹滨鹬常单独或成小群活动，冬季亦常集成大群觅食。性胆小，见人很远即飞。

食性 在繁殖地主要取食双翅目的昆虫，也取食鳞翅目、毛翅目、甲虫和蜜蜂等，也吃软体动物、蜘蛛、甲壳动物、蠕虫等小型无脊椎动物，还吃部分植物嫩芽、种子与果实。在非繁殖期，它们常在水边浅水处或海边潮间地带泥地上慢慢地边走边觅食。觅食时常将喙插入泥中探觅食物，也频繁地低垂着头，边走边快速啄食。这时候它们常取食的是双壳类，尤其是个体较小的那些。在美国东部的迁徙停歇地补充能量的红腹滨鹬把鲎的卵作为主食。最新的研究发现由于气候变暖，繁殖地的昆虫高峰提前，会导致不能获得足够食物的红腹滨鹬体型缩小。体型缩小后喙长也相应地变短，继而导致它们回到越冬地后不能取食到泥滩深处的高质量双壳类。这一现象不仅可能让红腹滨鹬的种群受到威胁，还可能影响它们的演化方向，如向体型小、喙部长的方向演化。

繁殖 红腹滨鹬的繁殖期为6—8月。独巢，巢多位于被覆有苔藓和草的岩石地区，常靠近一簇植物。巢为一浅坑，内垫有枯草和苔藓。隔天或隔2天产卵，通常每窝4枚，卵的颜色为橄榄绿色或橄榄皮黄色，被有褐色或黑褐色斑点。孵化期21天，雌雄共同孵化。雏鸟上体黑褐色，有黄、白、栗等杂色，下体为带皮黄的白色。孵化后雌鸟即离开迁徙回越冬地，雌鸟需要照顾幼鸟直到初飞。在刚孵化的一段时间，由于苔原地带非常寒冷，雏鸟虽然可以奔跑觅食，但每隔1~2小时需要回到成鸟体下取暖，否则无法维持体温。20天左右初飞，2~3龄鸟可以繁殖。

种群现状和保护 部分亚种数量下降。IUCN评估为近危（NT），但《中国脊椎动物红色名录》评估为易危（VU）。由于红腹滨鹬经过中国时需要取食大量的双壳类，因此人类的大量收获贝类可能影响到它们的食物来源。黄海地区的围垦导致滩涂大面积减少，也可威胁它们的生存。被列为中国三有保护鸟类。

三趾滨鹬
拉丁名：*Calidris alba*
英文名：Sanderling

鸻形目鹬科

形态 中等大小的鸻鹬类。喙部短而厚，非繁殖羽颜色灰白且换羽较晚，在灰色的鸻鹬类中很容易识别。繁殖季上身有红色和褐色杂斑，胸部也变为红色，个体差异大，可能从稍带红色到砖红色。飞行时可看见腰部正中的竖纹。

分布 中国东部海岸为其迁徙停歇地，在河北南堡可见数千只大群。繁殖地紧邻北极圈，越冬于非洲、南亚、东南亚、大洋洲等地的海岸。

栖息地 在繁殖地选择植被稀疏的多石冻原，且一定临近水源。繁殖地以外偏爱开阔的沙滩，也会利用礁石和泥质海岸。

食性 繁殖期主食双翅目昆虫，迁徙和越冬期取食软体动物、甲壳动物、多毛纲动物和昆虫等。

种群现状和保护 IUCN和《中国脊椎动物红色名录》均评估为无危（LC）。被列为中国三有保护鸟类。

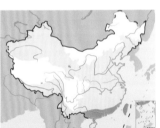

三趾滨鹬。左上图为非繁殖羽，抬起的左脚脚趾清晰可辨，无后趾的特征十分明显，颜重威摄；下图为繁殖羽正在褪换成非繁殖羽，沈越摄

红颈滨鹬
拉丁名：*Calidris ruficollis*
英文名：Red-necked Stint

鸻形目鹬科

形态 体长仅13 cm左右的小型滨鹬。与其他滨鹬类都不同的地方为腿部黑色、脚趾无蹼、完全分开。喙部比较短厚。繁殖羽头顶、颈部、面颊、翅上覆羽都有不同程度的浅红到红棕色，个体差异大。下体白色。非繁殖羽则完全不带红色。雌鸟喙和翅膀都较长。

分布 迁徙期中国各地可见。繁殖在西伯利亚泰梅尔半岛和勒拿河三角洲附近，在中国东南，以及东南亚和大洋洲的沿海滩涂越冬。

栖息地 在低海拔的山地冻原带繁殖，选择有苔藓或灌木的栖息地。其他时期主要利用沿海滩涂，也出现在淡水水体。

习性 通常集大群迁徙。

食性 繁殖季吃甲虫和各种昆虫幼虫，其他时期取食更广泛的小型无脊椎动物，可能取食海水冲刷上来的有机质和植物。

繁殖 巢为垫衬有树叶和草类的浅坑，雌雄共同孵化4枚卵，雏鸟一旦孵出，雌鸟就离开了。雄性通常照顾雏鸟到16～17天初飞为止。

种群现状和保护 IUCN评估为近危（NT），《中国脊椎动物红色名录》评估为无危（LC）。被列为中国三有保护鸟类。

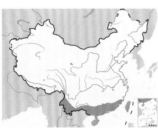

红颈滨鹬繁殖羽。左上图为雄鸟，沈越摄；下图为雌鸟，聂延秋摄

小滨鹬

拉丁名：*Calidris minuta*
英文名：Little Stint

鸻形目鹬科

和红颈滨鹬形态接近的小型鹬类，但喙部更细，腿部稍长。繁殖季其胸部不带红色。在中国西部为旅鸟，东部为迷鸟。繁殖于欧亚大陆的北端，从斯堪的纳维亚半岛到亚纳河流域，越冬于非洲和南亚。IUCN评估为无危（LC）。被列为中国三有保护鸟类。

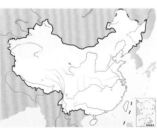

小滨鹬。左上图为非繁殖羽，颜重威摄；下图为繁殖羽，与红颈滨鹬混群，宋丽军摄

青脚滨鹬

拉丁名：*Calidris temminckii*
英文名：Temminck's Stint

鸻形目鹬科

形态 喙部短、上身灰色的小型鹬类。覆羽的黄色边缘形成特有的"V"形。多数羽毛有栗色羽缘和黑色纤细羽干纹。腰部暗灰褐色，羽缘略沾灰色；中央尾羽暗褐色，外侧尾羽灰白色，最外侧2～3对纯白色，飞行时可见白色边缘，落地时也很明显。颈和胸淡褐色，有暗色斑纹。

分布 迁徙期在中国各地可见，在东南部越冬。繁殖于欧亚大陆北端，越冬于南欧、非洲、南亚、东南亚、东亚等地。

栖息地 在高纬度、低海拔的干燥栖息地繁殖，常在盐沼或沼泽附近，回避降水量高的地方。迁徙季节常常出现在河岸等内陆水体，间或利用海岸滩涂。

习性 全物种迁徙。春秋季节，成鸟与幼鸟可能会利用不同的迁徙路线。

食性 食物主要为各种无脊椎动物。以视觉寻找食物，快速啄取。

繁殖 婚配制度多样，对繁殖地也不忠诚，可为独巢或者形成松散的群巢。巢常暴露在地上，偶尔覆盖植物，垫衬树叶或草叶等。每巢4枚卵，21天左右出壳。在单配制的家庭雌雄共同孵化，多配制的则可能由雌鸟或雄鸟独立孵化。一只亲鸟照顾雏鸟。

种群现状和保护 IUCN和《中国脊椎动物红色名录》均评估为无危（LC）。被列为中国三有保护鸟类。

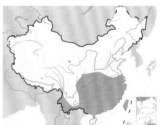

青脚滨鹬。左上图聂延秋摄，下图宋丽军摄

长趾滨鹬

拉丁名：*Calidris subminuta*
英文名：Long-toed Stint

鸻形目鹬科

形态 喙部黑色、脚青色，体型修长的小型滨鹬类。繁殖季节头顶棕色，具黑褐色纵纹。白色眉纹清晰。后颈淡褐色，具细的暗色纵纹。背部棕褐色。腰和尾上覆羽的两边为窄的白色，飞行时可见。尾的两侧为灰色。下体白色，胸两边具明显黑褐色纵纹。飞行时脚略伸出体外。

分布 迁徙经过中国各地，东南部有越冬。繁殖于西伯利亚中部，越冬于南亚、东南亚、东亚和澳大利亚等地。

栖息地 在次冰原带的开阔地带繁殖，例如低海拔的开阔沼泽或山地。不迁徙时偏爱稻田类的内陆湿地。

繁殖 对繁殖地忠诚，单配制，雌雄共同孵卵，但由雄鸟照顾雏鸟。

种群现状和保护 IUCN 和《中国脊椎动物红色名录》均评估为无危（LC）。被列为中国三有保护鸟类。

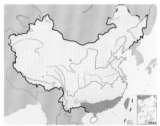

长趾滨鹬。左上图赵国君摄，下图沈越摄

尖尾滨鹬

拉丁名：*Calidris acuminate*
英文名：Sharp-tailed Sandpiper

鸻形目鹬科

形态 中等大小的滨鹬类，虹膜暗褐色。嘴黑褐色，下嘴基部淡灰色或黄褐色。嘴微向下弯。脚绿色、褐色或黄色，飞翔时脚微超出尾端。繁殖羽的特点为头顶有鲜明的栗色"帽子"，上身是斑驳的黑色、栗色和皮黄色；后颈和侧棕皮黄白色，具黑褐色纵纹；眉纹白色。眼先、颊、耳区白色，具窄的黑色条纹。尾褐色，尾羽均较尖，为楔形尾。颏、喉白色，微缀黑色斑点；脸、颈和上胸白色，缀有皮黄色或棕色，具密的黑褐色纵纹。下胸和两胁白色，具显著的黑褐色"V"形斑。尾下覆羽白色，具褐色纵纹。飞行时可见狭窄的翼斑和暗色腰部的两侧的白色侧边。雄鸟比雌鸟重，翅长也更长，但羽色相似，在野外不能分辨。冬羽似夏羽，但全身色彩都不如繁殖羽鲜明，尤其是头顶不再呈现栗红色，胸部沾灰且有模糊的条带。亚成体头顶亮棕色，具长的乳黄白色眉纹；眼先和耳覆羽暗红色，后颈皮黄色；体羽具栗色、白色和皮黄色羽缘；翅上覆羽褐色，具皮黄栗色羽缘；下体主要为白色，胸和前颈缀橙皮黄色，具细的黑褐色纵纹。

分布 常见于中国各沿海滩涂，也见于内陆草地、农田、低草地等。繁殖于西伯利亚地区。越冬于新几内亚、美拉尼西亚、新喀里多尼亚、斐济、澳大利亚和新西兰等地。

栖息地 繁殖期主要栖息于北极及附近地区，特别是有灌木丛的小丘或潮湿的极地山丘。非繁殖期主要出现在海岸盐沼湿地、潟湖、河口、低草地和农田地带。栖息地海拔高度可达 2000 m 以上。

习性 全物种迁徙，在中国主要为旅鸟，部分为冬候鸟。春季于 4—5 月，秋季幼鸟于 9—10 月经过中国，成鸟可能与幼鸟有不同的迁徙路线：从西伯利亚繁殖地飞到阿拉斯加停留一段时间，再直接飞往大洋洲。因此秋季在中国沿海地区极少看到成鸟。常单独或成小群活动，也常与其他鹬类混群活动和觅食。在食物丰富的觅食地，常集成大群，在澳大利亚越冬地带可见上千只的大群。当受惊时常很快形成密集的群，并快速而协调地飞翔。

食性 食物多样性很高，主要以昆虫及其幼虫为食，也吃小螺、双壳类、甲壳类、软体动物等其他小型无脊椎动物，有时也吃植物种子。常边走边觅食，迅速地啄食。觅食时常集结成大群。

尖尾滨鹬繁殖羽。左上图聂延秋摄，下图沈越摄

繁殖 繁殖于西伯利亚冻原带，繁殖期6—8月。一雄多雌或混交制，雄鸟比雌鸟更早到达繁殖地，占领领地。繁殖前会进行复杂的飞行炫耀，并发出特有的粗糙而不连续的鸣唱。营巢于富有苔藓和草本植物的湿地和生长有小柳树的灌丛地区，巢多置于草丛下的地面凹坑内，较为隐蔽，巢内垫有柳树叶。每窝产卵3～4枚，卵的颜色为橄榄褐色或灰色，被有黑褐色斑点。雌鸟独自孵化和育幼，在有捕食者靠近时会做出吸引捕食者的行为。雄鸟在孵化时就离开繁殖地。

种群现状和保护 由于尖尾滨鹬在非繁殖期能够利用多样的栖息地，通常认为比较能够适应各种人类造成的栖息地变化。IUCN和《中国脊椎动物红色名录》均评估为无危（LC）。被列为中国三有保护鸟类。

弯嘴滨鹬

拉丁名：*Calidris ferruginea*
英文名：Curlew Sandpiper

鸻形目鹬科

形态 中等体型的滨鹬类，喙部黑色向下弯。虹膜褐色，黑色的腿较为修长。夏羽头部、胸部及腹部红褐色，头顶有暗色条纹。上背和肩部暗褐色，羽缘多染栗红色或白色。翼上覆羽灰褐色，下腰、尾上覆羽白色，或有少量黑褐色斑纹。尾羽灰褐色，中央较暗。雌鸟喙部比雄鸟更长，总体来说繁殖羽与雄鸟相比较为不鲜艳，但野外不能区分。非繁殖期眉纹白色，头至上体为浑然一体的灰色，羽毛具狭窄的暗色羽纹；下体白色，胸侧略沾灰色。亚成体类似非繁殖羽，但是上体为棕色，具有白色羽缘，胸

部为有细纹路的皮黄色。

分布 在中国，迁徙季节见于各沿海滩涂，如广东、福建、浙江、江苏、山东、河北、辽宁等，最常见于河口附近，也见于其他内陆湿地。春季在河北南堡有数量较大的集群。繁殖于西伯利亚，越冬于撒哈拉以南的非洲、东亚、东南亚和澳大利亚。

栖息地 在北极的极高纬度地区繁殖，通常靠近海岸或在北冰洋的岛屿中，选择具有沼泽和池塘的开阔冰原。非繁殖季主要在海岸附近的泥滩、沙滩、潟湖、河口和盐沼等湿地活动。在中国主要是旅鸟，迁徙时见于海岸线、河口、水田、内陆湖岸、河滩、沼泽等，也见于近海的稻田和鱼塘。

习性 全物种迁徙。到中国繁殖的种群迁徙路线通常是从西伯利亚到印度，然后经过中国沿海，到达澳大利亚，这条路线在春季迁徙时可能为此物种使用，秋季则更可能直接飞回越冬地。另有在古北界繁殖的种群有3条主要的迁徙路线：向着北海，沿着欧洲西部海岸迁徙到非洲西部；沿着欧洲东部穿过黑海到非洲西部；或者穿过黑海和里海、中亚到达非洲的东部和中部。

食性 在繁殖地主要取食昆虫的幼虫、蛹和成虫，特别是双翅目和甲虫，也取食椿类和水蛭。在繁殖地以外主要取食多毛类、软体动物、甲壳类、两栖动物。常常集结成大群，白天夜间都会觅食。常与其他鹬类混群。潮落时跑至泥滩里翻找食物。

繁殖 在6月和7月繁殖，独巢，但巢之间相距可近达二三百米。隔天产卵，窝卵数多为4枚，雌鸟独自孵卵，需要20天左右。雏鸟也由雌鸟独自照顾，15天左右初飞。雏鸟存活率主要受狐狸和旅鼠等捕食者影响。

种群现状和保护 2015年被IUCN提升为近危（NT）。《中国脊椎动物红色名录》仍评估为无危（LC）。澳大利亚的越冬种群近期数量大幅下降，可能与作为重要迁徙停歇地的黄海区域的栖息地丧失有关。被列为中国三有保护鸟类。

弯嘴滨鹬。左上图为繁殖羽，沈越摄；下图为非繁殖羽，聂延秋摄

黑腹滨鹬

拉丁名：*Calidris alpina*
英文名：Dunlin

鸻形目鹬科

形态 体型较小的涉禽，体长约 19 cm，其喙较长且端部略往下弯，形似缩小的大滨鹬，但繁殖羽腹部全为黑色。头顶棕栗色，具黑褐色纵纹，眉纹白色，眼先暗褐色，耳覆羽淡白色，微具暗色纵纹。后颈灰色或淡褐色，具黑褐色纵纹。翅上覆羽灰褐色，具淡灰色或白色羽缘。大覆羽和初级覆羽具白色尖端。飞羽黑色。内侧初级飞羽和次级飞羽基部白色，与翅上大覆羽和内侧初级飞

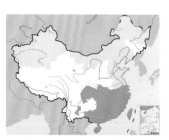

黑腹滨鹬。左上图为繁殖羽，下图为非繁殖羽。聂延秋摄

羽的白色尖端共同组成翅上白色带斑。非繁殖羽头、胸和上身都为灰色，喉和腹部为白色。亚成鸟眼先和耳区褐色，后颈皮黄褐色，肩、背黑褐色，具栗色和皮黄白色羽缘。翅上覆羽褐色，羽缘皮黄色或栗色；下体白色、缀有皮黄色，前颈和胸具褐色纵纹；腹白色，两胁具黑褐色斑点。雌鸟体型比雄鸟稍大，喙部也更长，繁殖羽颜色不如雄鸟鲜明。不同的亚种在体型、喙长和颜色上都有差异。

分布 中国是黑腹滨鹬的主要越冬地，包括长江中下游、东部沿海和台湾。迁徙期见于东北、西北及东南地区。繁殖于欧亚大陆北部，往东到楚科奇半岛和阿拉斯加，迁徙和越冬期会出现在欧洲西部海岸、北非和东非，以及亚洲南部、印度尼西亚、日本、墨西哥湾等地。

栖息地 利用较为多样的繁殖地，偏爱潮湿、多沼泽的地区，包括草地和泥炭苔原，以及沿海草地、盐沼等。繁殖季结束，它们常成群活动于河口滩涂，但也会出现在淡水和淡盐水湿地，如潟湖、湖滩、河滩、水田、盐池等，偶见于沙滩。

习性 全物种迁徙，但各个亚种迁徙策略各不相同：从短距离的迁徙到长距离不停歇的迁徙都有。北迁季节对美洲分布的黑腹滨鹬进行的长距离无线电跟踪结果表明，太平洋亚种 *C. a. pacifica* 会以一系列的短距离轻跳方式，沿太平洋东海岸北上到达繁殖地，但在南迁季节，则可能会直接飞越阿拉斯加海湾到达较南的停歇地或越冬地。在太平洋西海岸分布的黑腹滨鹬也可能采取类似的迁徙模式，多年的调查表明，南迁季节黑腹滨鹬在黄海地区、长江口和杭州湾的数量比北迁季节少，这表明在南迁季节有些个体可能从更北的停歇地直接飞到越冬地。黑腹滨鹬是东亚—澳大利西亚迁徙路线上最常见的鸻鹬类之一，全球 10 个亚种中

在滩涂上取食的黑腹滨鹬。沈越摄

迁徙中的黑腹滨鹬。许志伟摄

至少有 4 个亚种出现在这条路线上，包括于萨哈林岛北部繁殖的北极亚种 *C. a. actites*、主要在堪察加半岛繁殖的堪察加亚种 *C. a. kistchinski*、主要在楚科奇半岛繁殖的东方亚种 *C. a. sakhalina* 和在阿拉斯加北部繁殖的阿拉斯加亚种 *C. a. arcticola*，以上亚种可能在中国大陆以及台湾越冬。

食性 繁殖季节主要取食昆虫，以大蚊、甲虫、毛翅蝇、黄蜂、叶蜂和蜉蝣等为主，也取食蜘蛛、螨虫、蚯蚓、蜗牛、蛞蝓和植物。非繁殖季主要取食多毛类和腹足类动物，但它们也是典型的机会主义觅食者，只要有机会，就会把昆虫、甲壳类、鱼虾和植物作为食物。在中国的海滩它们常在涨潮的时候沿着水线啄取海水冲刷上来的小型生物，可能也会取食泥质滩涂表面藻类等低等生物形成的生物膜。

繁殖 繁殖期 4～7 月，繁殖地越靠北，繁殖开始的时间越晚。独巢，单配制，雄鸟个体会比雌鸟个体更早到达繁殖地，并开始保卫其繁殖领域。它们通常选择植物丰富且比较隐蔽的位置做巢，巢为简单的浅坑，内衬有树叶等。每窝 4 枚卵，偶见 3 枚，卵的颜色为绿色或黄橄榄色，被有红褐色或橄榄褐色斑点。通常每年只产一窝卵，但繁殖失败后会尝试再次繁殖。雌雄共同孵卵，孵化期为 21～22 天。当雏鸟出生后，雌鸟会先飞往南方，让雄鸟承担育雏的责任，雏鸟大约 25 天后初飞。雄性成鸟在 6 月底繁殖结束后离开苔原带的繁殖地飞到沿海地区换羽，但要到 10 月才开始南迁。

种群现状和保护 尽管黑腹滨鹬数目庞大，同时有着广泛的地理分布，目前被列为无危物种，但其数量在北美和欧洲都因为栖息地丧失而下降。太平洋东海岸的太平洋亚种 *C. a. pacifica* 因为数量下降而在美国被列为受关注种，这个亚种在阿拉斯加繁殖，并在加拿大不列颠哥伦比亚至墨西哥的一些地区越冬，其觅食生境随着外来植物米草的入侵而减少，因为鸻鹬类一般不会在植被茂密的米草群落内觅食。这些引进的米草入侵沙滩后，生长在比土著植被高程更低的潮间带，导致合适黑腹滨鹬觅食的生境减少，对它们的种群带来不利影响。与此同时，欧洲也发现黑腹滨鹬数量在被米草入侵的河口中减少，但在没有被米草入侵或米草受到控制的地方，黑腹滨鹬数量则没有下降，这为米草入侵对黑腹滨鹬的负面影响提供了更直接的证据。在上海崇明东滩，黑腹滨鹬近年来的数量也呈下降趋势，这可能与互花米草的扩散有一定关系。被列为中国三有保护鸟类。

西滨鹬
拉丁名：*Calidris mauri*
英文名：Western Sandpiper

　　整体灰褐色，似黑腹滨鹬但喙部较短。繁殖羽上体灰褐色带红褐色；非繁殖羽上体灰色下体白色。飞行时腰部有明显的纵纹。分布于美洲，在阿拉斯加东部繁殖，美洲西海岸越冬。中国台湾和河北有迷鸟记录。IUCN 评估为无危（LC）。被列为中国三有保护鸟类。

西滨鹬

斑胸滨鹬
拉丁名：*Calidris mauri*
英文名：Western Sandpiper

　　中型滨鹬，喙部较长，基部黄色，尖部黑色，略向下弯。胸部有明显斑纹，脚青色。分布于欧洲东部、美洲、大洋洲，在中国河北、上海、香港、台湾有记录。IUCN 评估为无危（LC）。被列为中国三有保护鸟类。

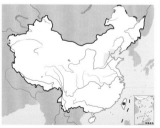

斑胸滨鹬。左上图杨贵生摄，下图宋丽军摄

岩滨鹬
拉丁名：*Calidris ptilocnemis*
英文名：Rock Sandpiper

　　灰褐色且敦实的鸻鹬类，繁殖羽棕褐色，胸部有黑色斑块。喙部主要为黑色，基部稍黄。分布于欧洲东北部和美洲，中国河北有迷鸟记录。IUCN 评估为无危（LC）。被列为中国三有保护鸟类。

岩滨鹬

白腰滨鹬
拉丁名：*Calidris fuscicollis*
英文名：White-rumped Sandpiper

　　脚黑色，喙部短而下弯，繁殖羽有棕色杂斑。分布于美洲。中国河北曾有迷鸟记录。IUCN 评估为无危（LC）。

白腰滨鹬

阔嘴鹬

拉丁名：*Calidris falcinellus*
英文名：Broad-billed Sandpiper

鸻形目鹬科

形态 整体灰色的小型鸻鹬类，喙部长而宽，尖端略向下弯。眼上具两道白眉，其中上道较细，下道较粗，二者在眼前合二为一，并沿眼先延伸到嘴基。黑色的肩羽和覆羽有白色或淡栗色羽缘。贯眼纹黑褐色，但眼后贯眼纹不明显。雌鸟比雄鸟略大。腰和尾上覆羽两边白色，中间黑褐色。中央一对尾羽黑褐色，其余尾羽淡灰色。其余下体也为白色，前颈和胸缀灰褐色，具显著的褐色纵纹，并与白色腹面明显分开。

分布 迁徙期主要经过中国东部地区。繁殖于欧亚大陆北极圈附近，越冬于东亚、东南亚和大洋洲。

栖息地 在次冻原带的山地和低海拔地区繁殖，迁徙时偏爱池塘和湖泊的泥滩，也包括潟湖、河口等各种咸水滩涂以及盐池等。

食性 繁殖季主要取食蠕虫类，迁徙期常和其他鸻鹬类一起觅食。

繁殖 单配制，形成松散的群巢，每窝 4 枚卵，孵化期 21 天左右，雌性亲鸟会在幼鸟初飞前离开。

种群现状和保护 IUCN 和《中国脊椎动物红色名录》均评估为无危（LC）。被列为中国三有保护鸟类。

阔嘴鹬。左上图为非繁殖羽，下图为繁殖羽。颜重威摄

勺嘴鹬

拉丁名：*Calidris pygmeus*
英文名：Spoon-billed Sandpiper

鸻形目鹬科

形态 小型滨鹬类，最显著的特征是黑色的勺子似的嘴。繁殖季节前额、头顶和背部栗红色，具黑褐色纵纹。胸部有延伸到腹部的暗色斑点，具宽阔的白色翅带。腰和尾上覆羽两侧白色，中间黑色，中央尾羽黑色，两侧尾羽淡灰色。下胸淡栗色，具褐色纵纹和斑点，有时在两侧形成由褐色斑点组成的纵带。其余下体，包括翅下覆羽和腋羽白色。非繁殖羽以黑色、白色和灰色为主色，头顶和上体灰褐色，微具暗色羽轴纹。后颈羽色较淡，翅覆羽灰色，具窄的白色羽缘。前额、眉纹和下体辉亮白色，颈侧和上胸两侧微具褐灰色纵纹。亚成体头顶黑褐色，具栗皮黄色羽缘。前额和眉纹乳白色。翅覆羽褐色，具淡皮黄色羽缘。下体白色，胸两侧缀皮黄色，具细的褐色纵纹。

分布 迁徙季见于中国东部沿海各个滩涂，江苏如东附近滩涂为勺嘴鹬主要迁徙停歇地，2013 年秋季曾一次记录到 143 只。越冬期主要可见于福建闽江口以及更南的广西、广东等地滩涂。繁殖地在楚科奇半岛到勘察加北部。越冬于孟加拉国、缅甸、泰国、印度东南部、印度尼西亚、新加坡、菲律宾等地。

栖息地 在北极的海岸附近繁殖，巢址常选在潟湖、河口或海湾附近，并选择植被稀疏的砾坑或者是由莎草科、苔藓和矮柳为主的苔原。非繁殖期选择泥质较多的海滩、潟湖和盐池等，总是选择几乎没有植被的地方。最新的研究认为它们喜欢选择表面覆有一层软泥的硬质滩涂，取食上面由潮汐带来的食物。

习性 沿着太平洋海岸的俄罗斯、日本、朝鲜半岛和中国迁徙，主要越冬地在东南亚的缅甸和孟加拉国，但也有些个体在中国南部、泰国以及越南越冬。在迁徙过程中对黄海滩涂高度依赖。

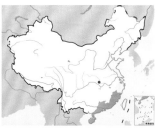

勺嘴鹬。左上图郑建平摄，下图陈林摄

金色夕阳下觅食的勺嘴鹬，它们用勺子状的嘴滑过浅水表层，吸取食物。陈林摄

食性 在繁殖地主要取食甲虫、双翅目和膜翅目等陆生昆虫，也取食种子和小型两栖动物。迁徙和越冬期取食甲壳动物、多毛纲动物和软体动物。雏鸟的食物可能主要是双翅目昆虫，同时辅以膜翅目、毛翅目、甲虫和少量的植物种子。它们常在浅水区域觅食，用勺子状的喙部在浅水上层或柔软的泥浆上层向两边滑动取食，偶尔从水和泥浆中啄取食物。常形成小群，也和其他鸻鹬类混群，在中国沿海滩涂最常见的是与红颈滨鹬混群觅食，周围也常可见黑腹滨鹬、尖尾滨鹬和沙鸻等。

繁殖 它们在5月底或者6月初到达俄罗斯的繁殖地。雄鸟会保卫领地吸引雌鸟。它们会在领地周围绕圈进行炫耀飞行，此刻交替进行鸣叫和用拍翅发出声音。一旦配对，雄鸟就停止炫耀行为，它们共同选择巢址，并刨出浅坑，雌鸟即开始产卵。通常每窝4枚。雌雄亲鸟共同孵卵，大约每半天轮换一次，孵化期20天左右。幼鸟一旦孵化就离开并自行觅食。雏鸟一旦出壳，雌鸟就开始南迁，留下雄鸟照顾雏鸟，直到20天后雏鸟初飞，这时雄鸟也就南迁。雏鸟还需在繁殖地觅食数周，才能开始第一次迁徙。

种群现状和保护 IUCN和《中国脊椎动物红色名录》均评估为极危（CR），繁殖数量不足500对，它们种群数量的大幅下降被认为主要是由于黄海地区迁徙停歇地的滩涂面积大量减少和越冬地的捕猎。由于极度濒危且具有辨识度极高的喙部特征，勺嘴鹬成为中国知名度极高的鸻鹬类物种，很多人专程去江苏如东寻找勺嘴鹬或参与保护勺嘴鹬的活动。但目前仅列为中国三有保护鸟类，而非国家重点保护动物，需加强保护。

黄胸滨鹬
拉丁名：*Calidris subruficollis*
英文名：Buff-breasted Sandpiper

鸻形目鹬科

整体黄褐色，有黑色的喙，黄绿色的脚，颜色相当鲜艳。主要分布于美洲。中国台湾有迷鸟记录。IUCN评估为近危（NT）。

黄胸滨鹬。田穗兴摄

高跷鹬

拉丁名：*Calidris himantopus*
英文名：Stilt Sandpiper

中型滨鹬，整体灰褐色。喙黑色，较长，略向下弯，腿部黄绿色且相当长。繁殖羽颈、背棕色，下体具有黑色横斑。非繁殖羽背部灰色。主要分布于美洲。在中国香港、台湾均有迷鸟记录。IUCN 评估为无危（LC）。

高跷鹬

流苏鹬

拉丁名：*Calidris pugnax*
英文名：Ruff

形态　繁殖季节雌雄异形的鹬鹬类，典型的雄鸟繁殖羽面部有裸区，呈黄色、橘红色或红色，并有细疣斑和褶皱。头两侧耳状簇羽如扇伸展至枕侧，在颈侧和胸部有十分夸张的流苏状饰羽。个体间的饰羽颜色变化很大，有栗褐色、栗红色、灰白色、白色、浅黄色、黑色泛紫色光泽等。上体的羽色通常与饰羽的颜色相吻合，密布杂斑；飞羽黑褐色，翼上覆羽多灰褐色，有灰白色羽缘；大覆羽的端部白色，形成一条翼线；腰黑褐色；尾羽灰色；尾上覆羽中央为褐色，两侧白色且特长，形成明显的两条白色椭圆形长条几乎伸抵尾端。腹部白色，但在下胸和两胁有暗色斑纹；腋羽和翼下覆羽白色。喙部和腿也会变成不同的颜色。但有些雄鸟模仿雌鸟。雌成鸟与雄成鸟非繁殖羽相似，喙部黑色，上体黑褐色，羽缘黄色或白色；颈和胸多黑褐色斑，腹部白色，两胁有褐斑。

分布　在中国东部地区有较多记录，但实际上可能经过中国各地。繁殖于欧亚大陆北部的广阔地区，越冬于非洲、南亚和东南亚等。

习性　全物种迁徙。

栖息地　在寒带和亚寒带繁殖，需要繁殖地同时具有求偶场、觅食地和筑巢区域。可能选择海岸冻原或森林冻原，通常临近水源。

食性　繁殖季主要取食陆生和水生昆虫，其他时间食物极为多样，包括石蛾、蜉蝣、蝗虫、甲壳类、蜘蛛、小型软体动物、蛙类、鱼类等。

繁殖　婚配制度多样，主要分为 3 种：具有夸张羽饰的雄鸟常占据领地和几个雌鸟；边缘型的雄鸟羽饰不鲜明，不占据领地，常行一雌一雄制；还有一种雄鸟模仿雌鸟的形态与行为，加入第一种雄鸟的领域，趁机与雌鸟交配。巢隐藏在沼泽植物和草丛中，是垫衬了植物的浅坑。一窝典型 4 枚卵，雌鸟独自孵卵和照顾幼鸟，孵化期 20～23 天。雏鸟 25～28 天初飞，雌鸟可能在此之前就已经离开了。

种群现状和保护　IUCN 和《中国脊椎动物红色名录》均评估为无危（LC）。被列为中国三有保护鸟类。

流苏鹬。左上图为繁殖对，左雌右雄，聂延秋摄，下图为非繁殖羽，颜重威摄

具有夸张饰羽的雄鸟繁殖羽。聂延秋摄

红颈瓣蹼鹬

拉丁名：*Phalaropus lobatus*
英文名：Red-necked Phalarope

鸻形目鹬科

形态　中等体型的鸻鹬类。瓣蹼鹬类趾间蹼发达，擅长游泳。红颈瓣蹼鹬是最小的瓣蹼鹬类，喙部和颈部细长。雌鸟比雄鸟显眼，雌鸟夏季头和颈暗灰色，眼上有一白色斑，颏和喉白色。前颈栗红色，并向两侧延伸，胸和两胁灰色，胸以下腹和尾下覆羽白色。后胁也为白色，但微沾有暗色。翅下覆羽白色，翅下中覆羽具黑色横斑。下背和腰中间暗灰色，腰两侧白色，尾暗灰色。雄鸟夏季脸、头顶和胸暗灰褐色，少灰色，眼上白斑比雌鸟大。上体较淡褐色和具更多的皮黄色羽缘。

分布　迁徙期经过中国各地。在欧亚大陆和美洲大陆北部都有繁殖，越冬于中南美洲、非洲和东南亚等地。

栖息地　繁殖期选择北极苔原和森林苔原地带的内陆淡水湖泊和水塘岸边及沼泽地，迁徙期利用咸水和半咸水湖泊，在海域越冬。

习性　喜集群，特别是迁徙和越冬期间，常集成大群，集群多达数万只，甚至数十万只，常在浅水处水面不断地旋转打圈，捕食被激起的浮游生物和昆虫。

繁殖　单配制或一雌多雄，独巢或群巢，有和北极燕鸥和其他鸟类混群的记录，可减少巢被贼鸥捕食的风险。雄鸟独立孵卵和育幼，孵化期 17～21 天，幼鸟 16～21 天初飞。

种群现状和保护　IUCN 和《中国脊椎动物红色名录》均评估为无危（LC）。被列为中国三有保护鸟类。

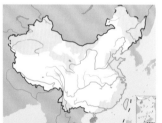

红颈瓣蹼鹬。左上图为非繁殖羽，聂延秋摄；下图为繁殖羽，黄进摄

灰瓣蹼鹬

拉丁名：*Phalaropus fulicarius*
英文名：Red Phalarope

鸻形目鹬科

形态　比红颈瓣蹼鹬略大的瓣蹼鹬类，且喙部更为宽短。夏羽嘴基、额、头顶和后颈黑褐色。眼周和眼后头侧有一块略呈卵圆形的白斑。头的余部和整个下体栗红色。背上有黄褐色羽毛。尾灰色，中央一对尾羽黑色，腰灰色，两侧缀有一些棕色。雄鸟体型较小，头顶缀有皮黄色或皮黄白色条纹，显得羽色较淡。下体两侧和腹也微缀有白色。

分布　沿北冰洋海岸繁殖，主要在非洲和南美洲越冬，迁徙时可经过中国各地，在南方有越冬种群。

栖息地　在近海岸的盐沼、河谷和岛屿繁殖，非繁殖季总是生活在热带和亚热带多浮游生物的水上。

食性　繁殖时期取食以昆虫为主的无脊椎动物，其他时间漂在水上可能以浮游生物为主食，也取食水生昆虫、线虫等。

繁殖　繁殖期与鸥或燕鸥混居以减少捕食风险，雄鸟独立孵卵和照顾幼鸟。

种群现状和保护　IUCN 和《中国脊椎动物红色名录》均评估为无危（LC）。被列为中国三有保护鸟类。

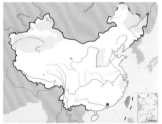

灰瓣蹼鹬。左上图为非繁殖羽，高宏颖摄；下图为繁殖羽

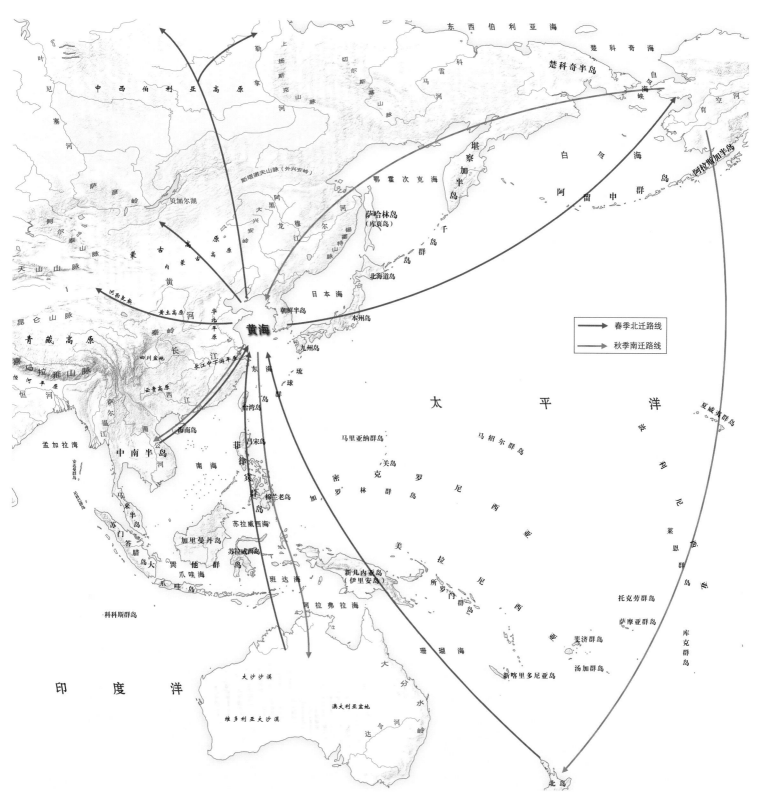

图例：
→ 春季北迁路线
→ 秋季南迁路线

鸻鹬类是东亚—澳大利西亚迁徙路线上数量最多的候鸟，而黄海是该迁徙路线上重要的能量补给地，图中可见东亚—澳大利西亚迁徙路线以黄海为中心向四面发散

鸥类

- 鸥类是指鸻形目鸥科鸥亚科的鸟类，全世界共11属52种，中国有9属20种
- 鸥类为小型到大型游禽，羽色以灰色和白色为主，多数具迁徙习性
- 鸥类广泛分布于全世界的海洋，中国是许多鸥类的迁徙通道和越冬地
- 鸥类与人类关系密切，是古人文学创作的题材和物候变化的指示

类群综述

分类与分布 鸥类指传统分类系统中鸻形目鸥科（Laridae）的鸟类，但根据分子证据，最近的分类系统将鸥类作为鸥亚科（Larinae）与燕鸥和剪嘴鸥并置于新的鸥科下。鸥类为小型到大型的水禽，跗跖较短，羽色以灰色和白色为主。全世界共11属52种，中国有9属20种，其中鸥属 Larus 8 种，彩头鸥属 Chroicocephalus 4 种，渔鸥属 Ichthyaetus 2 种，豚鸥属 Leucophaeus、黑嘴鸥属 Saundersilarus、小鸥属 Hydrocoloeus、叉尾鸥属 Xema、三趾鸥属 Rissa 和楔尾鸥属 Rhodostethia 各 1 种，也有的分类系统将彩头鸥属、渔鸥属、黑嘴鸥属、豚鸥属和小鸥属均归为鸥属。

鸥属全世界共 23 种，遍布各大洲水域和湿地。其中黑尾鸥 Larus crassirostris 主要在中国东部沿海的无人岛上繁殖，黄腿银鸥 L. cachinnans 在中国内陆水域有繁殖，普通海鸥 L. canus、西伯利亚银鸥 L. smithsonianus、灰翅鸥 L. glaucescens、北极鸥 L. hyperboreus、小黑背银鸥 L. fuscus 和灰背鸥 L. schistisagus 在中国为冬候鸟或迁徙过境鸟。彩头鸥属共 10 种，其中棕头鸥 Chroicocephalus brunnicephalus、红嘴鸥 C. ridibundus 和细嘴鸥 C. genei 在中国西部内陆水域繁殖，澳洲红嘴鸥 C. novaehollandiae 为新记录于中国台湾的迷鸟。渔鸥属共 6 种，渔鸥 Ichthyaetus ichthyaetus 和遗鸥 I. relictus 均在中国内陆水域有繁殖。豚鸥属共 5 种，仅弗氏鸥 Leucophaeus pipixcan 见于中国，在国内为罕见迷鸟。黑嘴鸥属和小鸥属为单种属，黑嘴鸥 Saundersilarus saundersi 主要在辽河口一带繁殖，小鸥 Hydrocoloeus minutus 在内蒙古东北部繁殖。

楔尾鸥属为单种属，分布于西伯利亚北部、阿拉斯加及格陵兰岛，在中国为迷鸟，仅在大连、旅顺有记录。叉尾鸥属也是单种属，分布极其广泛，比其他鸥类更喜远洋环境，世界各地多有迷鸟记录，在中国为罕见迷鸟，见于南沙群岛。三趾鸥属全世界共 2 种，均分布于古北界和新北界，中国仅 1 种，即三趾鸥 Rissa tridactyla，为东部沿海的冬候鸟。

左：捕得小鱼后振翅欲飞的棕头鸥，由于是冬季，繁殖期的棕色头罩褪去，仅遗留部分斑点。红色的腿和嘴在洁白体羽的映衬下格外鲜艳。彭建生摄

右：鸥类羽色洁白，姿态优美，无论翱翔于湖海上空，还是随波浮动于水面之上，都十分自在闲逸。图为飞翔的黑尾鸥。沈越摄

形态　鸥类身体圆胖而粗壮，头部的羽色分两大类：其一为全白色，另一为深色如黑色、棕褐色或灰色。颈中等长，一般是白色。背和翼多为灰黑色、青灰色或灰色，身体腹面一致为白色。翼长而宽，初级飞羽 11 枚，最外侧 1 枚退化。尾羽 12 枚，多数圆形或楔形。跗跖中等长，体长 45～70 cm 的大型鸥类，脚以黄色和粉红色为主；体长 32～46 cm 的中型鸥类，脚色变异较大，有红色、粉红色、暗红色、橘黄色和灰黑色等；体长 28～38 cm 的小型鸥类，脚以红色为多。趾间全蹼，后趾短小，位置略高于前趾，不能上树抓握枝条。雏鸟一般为褐色，并有淡黄色或黑色纹。

栖息地　鸥类生活在高原和平原地区，包括内陆荒漠、半荒漠、湖泊、河川、沼泽、大陆沿岸、河口、沙滩、岩礁，以及大陆性和海洋性岛屿。

习性　鸥类一般具有日出性、集群性和迁徙性。无论繁殖、栖息、觅食和迁徙，都是集群活动。群体大小可由少数几只至几千只到几十万只。集群营巢的好处之一，是容易发现捕食者入侵，提出警告，一起抗敌。营巢区白天很吵闹，一旦发出捕食者入侵的警讯，群体就会主动以骚动和攻击来进行抵御；夜间甚为安静，如有猫头鹰或狐狸等捕食者入侵，鸥类会选择逃离。若连续遭受捕食者的夜间袭击，它们会选择弃巢、弃卵和弃雏。

繁殖、觅食和迁徙等活动中，鸥类都会鸣叫而显得很嘈杂，只有在单独或小群活动时才安静。它们的鸣声展示有多种，依实际需要而发出不同的鸣声。这其中有联络声、乞食声、警告声、降落声、咪咪声、长鸣和交媾声。当捕食者入侵时，多发出粗哑刺耳的嘎嘎声和尖叫声。

鸥类喜集群活动，图为内蒙古草原湖泊中鸟岛上集群的遗鸥。戴东辉摄

鸥类

鸥类以鱼为主食，喜欢抢夺同种或其他鸟类已经得到的食物。图为在空中互相抢食的红嘴鸥。宋天福摄

食性 鸥类为杂食性。在各种水域、沼泽区、潮间带或港湾吃活的、垂死的或已死的鱼及底栖无脊椎动物，在陆地吃节肢动物、小型啮齿类、鸟卵、雏鸟、两栖类、爬行类、动物腐尸，以及垃圾场里的污秽物。食谱中也包含植物的果实、种子。觅食的场所是随机的，哪儿有食物，就往哪儿去。觅食方式也有很多种，可从空中、水面和陆地获取食物。在空中，可捕食飞行中的昆虫，有的会像海盗一样抢夺同种或其他种鸟类已经得到的食物；也可在飞翔中巡视鱼群，发现目标后扑下至水面或地上攫取食物，或潜入水中捕食。在水中，有的会用脚在浅水中踩踏或搅动，以惊动水生昆虫、小鱼和鲎卵而啄食；有的浮游在荡漾的水面捡食水面的食物。大型鸥类多在滩地上慢行啄食，有时也挖掘埋在地下的食物。有的鸥类会将贝类衔到空中，然后抛下摔至坚硬的地上，如礁岩上，使其壳破碎以食用贝肉。在混群中，大型鸥类会直接吃邻居的卵、雏鸟和白熊吃剩的动物尸体；或抢劫鹱类和鸻类已得到的食物；也会跟随渔船，啄食船上丢下的残余物或渔民网捞至海面的鱼类。有的鸥类会尾随追赶鱼类的海洋哺乳类，伺机掠夺被迫游至海面上的鱼类。有时也到农田啄食收割后的谷物。

繁殖 鸥类在北半球的温带或极地繁殖，集群繁殖区甚为固定。它们每年都会回到原来的繁殖区，甚至同巢位繁殖，除非社会和环境条件改变，或因捕食者、气候、洪涝、人类干扰等导致繁殖失败，才会移至他处。于内陆淡水湖沼、河流沙洲和海湾等湿地筑巢的鸥类，其营巢地只用 1 年；在孤立海岸崖壁、内湖岛和远洋岛屿上的营巢地，因捕食者和人类不易接近，干扰少，一般都会连续使用多年，甚至百年以上。如在青海湖混群生活的棕头鸥和斑头雁，可连续沿用同一营巢地很多年，甚至几百年。大多数的鸥类都在地上筑巢，营巢区多利用沙质或岩质的小岛或海滩、有植物或无植物的沙洲、湖泊、沼泽地、砾石地、岩石区、峭壁、树林甚至城镇的建筑物。巢址都选在有障碍、天敌不易到达的湖中岛、河中岛、海岸岩礁峭壁或海上岛屿，如棕头鸥在沼泽地筑巢，三趾鸥的巢则设在峭壁上。巢数的多寡与营巢栖息地的结构和可利用的食物量有关，也与鸥类的体型大小有关。一般而言，大型鸥类同种相侵和相残的情形甚为普遍，一般需要较大的领域以防止卵和雏鸟被邻鸟吞食，因而集群营巢的巢数较少。小型鸥类之间不会出现邻鸟掠食雏鸟的情况，大量繁殖对在一起密集营巢是更安全的策略，因此集群营巢的巢数多、密度大，有时与邻巢的距离只有 50 cm，集群营巢的巢数可能是几百个，也可能多达几千至上万个。集群营巢有的由单一种组成，也有的与其他鸟种如燕鸥、雁鸭类或鹭鸶类混群营巢。繁殖期有地域差异，极地、温带和亚热带地区的种群繁殖期都在夏季 5—8 月；热带地区的集群繁殖种群，繁殖周期并不一致，某些岛屿的鸥类全年各月都有繁殖。

鸥类的婚配甚为复杂，有单配制和一雄多雌制。繁殖对可年年在一起，终身为伴，但有时也会出现乱婚，即雌、雄都会与配偶以外的异性交配，发生"婚外情"。鸥类一年仅产 1 窝卵。第一次繁殖的年龄因种类而异：小型鸥类 2 龄性成熟，中型鸥类 3～4 龄性成熟，大型鸥类到 5 龄才性成熟。同种内的性成熟时间也会有差异，如银鸥一般 3 龄性成熟，但也有个体 4～5 龄甚至 6 龄才性成熟。影响性成熟的因素包括是否有伴侣、身体条件、气候条件、巢位和巢材，以及可利用的食物。鸥类一旦到达生殖年龄，就会集聚在繁殖地，并以各种展示和鸣叫来吸引异性，追求对象，建立领域。求偶和建立婚配关系的行为，包含各种在地面和空中的求偶炫耀展示，以及雄鸟向雌鸟献食的求偶喂食。

鸥类夫妻合力共同筑巢。无论巢区设在沼泽地、潮间带或峭岩绝壁，巢材都由植物性的材料组成。鸥类的窝卵数 1～3 枚，因种类而异。窝卵数的多寡，受食物的供应所影响。食物短缺时可减产，如原产 2 枚者会减至 1 枚，而仅产 1 枚者可选择不产卵。偶有食物丰盛时，也会增加窝卵数。卵的颜色为淡褐色至暗褐色或橄榄绿色，并有深褐色斑。一般在

鸥类大多集群繁殖，直接在地面营巢，采集巢区周围的植物为巢材。图为在内蒙古混群繁殖的遗鸥和棕头鸥，繁殖区外围为棕头鸥，中间为遗鸥。聂延秋摄

鸥类

鸥类雏鸟为早成性，出壳毛干后即可行动，但仍需亲鸟喂养，双亲共同育雏。图为一对正在育雏的遗鸥。戴东辉摄

产下第 1 枚卵后开始孵卵，雌雄都参与孵卵。在极地和温带繁殖的鸥类，亲鸟全天坐巢孵卵，以免卵被冻死；在亚热带和热带繁殖的鸥类，白天有换孵和凉卵的行为，夜间则由 1 只亲鸟坐巢伏窝，不换孵。孵化期 21～32 天，因种类而异，同窝雏鸟的孵出时间不同步。雏鸟早成性，出壳毛干后即可行动，但仍由双亲保护和喂养，育雏期约为 28 天。出壳后最初一星期由雄鸟提供食物给雌鸟和雏鸟，雌鸟留在领域内和窝内保护雏鸟。一周后角色转换，由雌鸟喂食，雄鸟保护雏鸟。双亲在孵育期间所分担的工作大致相等，雄鸟的时间多花在维护领域和喂食，雌鸟多花在孵化和保护雏鸟。

居留型 鸥类大多有迁徙性，冬季迁徙到低纬度的地区越冬，在内陆繁殖者迁至海边或大型湖泊越冬，也有至远洋岛屿或内陆深处。鸥类迁徙的模式因年龄而异，年轻个体迁徙的距离比年长个体远。群体的迁徙多在晚上进行，但也有在清晨或黄昏迁徙。生活于亚极带和温带的大型鸥类，只迁移几百千米，或仅扩散到邻近的易获取食物的海边；小型鸥类多作长距离的迁徙，自极地或北温带的繁殖地飞越几千千米，甚至越过赤道到南半球越冬。生活于南美洲和非洲内陆的小型鸥类，仅漫游至海岸，没有真正的迁徙。一般而言，小型鸥类集成高密度的大群进行迁徙，大型鸥类则不然，且偶有漂泊流浪之举。

中国境内的鸥类都是候鸟。环志记录显示，在俄罗斯贝加尔湖放飞的银鸥，有47只分别在内蒙古、吉林、辽宁、河北、山东、江苏、浙江和福建等地回收，说明中国东部沿海地区是银鸥的越冬区。在俄罗斯贝加尔湖放飞的灰背鸥，于山东青岛回收1例。在青海鸟岛放飞的渔鸥，于印度阿萨姆邦图布里镇回收1例。2006年在青海湖佩戴卫星追踪器的渔鸥，被发现冬季飞到孟加拉湾，证实渔鸥能飞越喜马拉雅山至南亚次大陆越冬。在哈萨克斯坦阿克尔湖放飞的遗鸥，于云南易门回收1例。在俄罗斯贝加尔湖放飞的红嘴鸥，于中国回收8例，回收地分别为辽宁大连、天津唐沽、山东垦利、安徽当涂、江西鄱阳湖和云南昆明。在云南昆明放飞的红嘴鸥，于澳大利亚新南威尔士州贝尔阿姆海滨回收1例。在辽宁辽河口国家级自然保护区环志的黑嘴鸥，冬季在日本九州岛地区滩涂和韩国忠清南道及釜山沿海地区多次被观察到，证明在该保护区繁殖的黑嘴鸥，部分到日本和韩国越冬。

在纳帕海越冬的红嘴鸥。彭建生摄

鸥类

在南麂列岛繁殖的黑尾鸥。陈水华摄

种群现状　在鸥类中，有些种类的数量甚为稀少，如黑嘴鸥、遗鸥和小鸥。黑嘴鸥的分布局限于中国东部海岸，该地区的滨海开发使滩地成为农田和水产养殖场。这种人为的栖息地改变和干扰，使黑嘴鸥逐渐失去盐泽繁殖栖息地。遗鸥在中国境内的数量也不多，约有 2000 对，其 IUCN 濒危等级为易危，已被列为国家一级重点保护动物。小鸥的数量也稀少，被列入国家二级重点保护动物名单之中。在《中日候鸟保护协定》中，有 5 种鸥类是双方协议保护的种类，包括海鸥、银鸥、灰背鸥、红嘴鸥和三趾鸥。

与人类的关系　鸥类大都集群于海岸繁殖，其所产的卵，自然成为海岸居民捡取煮食的对象，尤其在过去的农牧时期，更是人们摄取蛋白质营养的重要来源。在海上捕鱼的渔民都知道，群鸥飞翔的地点就是鱼群出没的位置。20 世纪初，欧美女士流行在衣帽上装饰白色鸟羽，许多体羽白色的鸟类遭到空前浩劫，鸥类也同时遭殃。近年来，

有些鸥类在某些地方已经造成灾害。许多近海机场，因机场草坪里的无脊椎动物吸引群鸥光顾，而造成飞机起降的困扰，甚至威胁飞行的安全，尤其是在春、秋两季迁徙期间。飞机的起飞和降落，是容易与鸟类发生撞击的时段。为保证飞行安全，机场经营管理单位使用各种方法驱逐鸥类，包括设置鹰眼，放隼追击，铲除机场附近的巢穴，驰车驱赶，以声恐吓如放鞭炮、炮轰、播放鸥鸟急救鸣叫，以及现场射杀。大量集群的鸥类啄食鱼虾，与人类抢夺相同的食物资源，形成冲突，也造成养殖业者严重的损失。

目前鸥类已经成为环境问题的指示生物，例如，胚胎的雌性化，使孵出的雏鸟都是雌性，是环境中使用 DDT 的后果，这是脊椎动物生殖和发育中必须检验的因素，也是一个敏锐的警告，值得反思。鸥类集群于垃圾场，啄食人们丢弃且已腐烂酸臭，并带有沙门菌的食物，这种菌随海鸥的粪便而散布到其栖息的牧场或水库，后传染家畜和人类。

黑尾鸥
Larus crassirostris

br.

non—br.

小黑背银鸥
L. f. heuglin

普通海鸥
Larus canus

br.

non—br.

灰翅鸥
Larus glaucescens

br.

non—br.

北极鸥
Larus hyperboreus

br.

non—br.

亚种
L. f. heuglin

non—br.

小黑背银鸥
Larus fuscus

西伯利亚亚种
L. s. vegae

non—br.

蒙古亚种
L. s. mongolicus

non—br.

西伯利亚银鸥
Larus smithsonianus

br.

黄腿银鸥
Larus cachinnans

non—br.

br.

br.

灰背鸥
Larus schistisagus

non—br.

澳洲红嘴鸥
Chroicocephalus novaehollandiae

non—br.

棕头鸥
Chroicocephalus brunnicephalus

red 嘴鸥
红嘴鸥
Chroicocephalus ridibundus

细嘴鸥
Chroicocephalus genei

弗氏鸥
Leucophaeus pipixcan

黑嘴鸥
Saundersilarus saundersi

渔鸥
Ichthyaetus ichthyaetus

遗鸥
Ichthyaetus relictus

小鸥
Hydrocoloeus minutus

三趾鸥
Rissa tridactyla

楔尾鸥
Rhodostethia rosea

叉尾鸥
Xema sabini

黑尾鸥

拉丁名: *Larus crassirostris*
英文名: Black-tailed Gull

鸻形目鸥科

形态 中型鸥类,体长44~47 cm。雌雄体色相似。成鸟繁殖羽头、颈、胸、腹、尾上及尾下覆羽白色,背、腰、翼上覆羽暗灰色。尾羽白色,近先端有一宽40~50 mm的黑色横带,先端白色。初级飞羽黑色,第3和第4枚先端白色。次级、三级飞羽暗灰色,先端白色。翼上覆羽暗灰色。非繁殖羽体色与繁殖羽相似,但头、颈白色,羽端杂以灰褐色纵纹与斑块。虹膜黄色。喙黄绿色,先端红色,次端黑色。跗跖黄色,爪黑褐色。刚孵出的雏鸟全身被灰褐色的绒羽,杂以黑褐色斑点,喙基部为黑色,端部为乳黄色卵齿。当年幼鸟通体暗灰色,具褐色斑,尾羽黑褐色。次年幼鸟头、颈白色沾灰色,尾羽近端具黑宽斑;初级飞羽从第4枚起至次级、三级飞羽均灰褐色,先端白色;翼上覆羽灰褐色。第3年幼鸟已达成鸟羽色。喙肉色,先端黑褐色。跗跖肉色。

分布 主要在亚洲东北部繁殖,自萨哈林岛、千岛群岛、日本、朝鲜半岛到中国东部和东南沿海。在中国繁殖于辽东半岛南部、河北、山东、江苏、浙江及福建沿海岛屿,冬季到江西鄱阳湖、湖南洞庭湖、云南高原湖泊及水库坝塘和中国台湾、香港或更南的海域越冬,偶见于四川。迁徙经过东北、华北和西北地区。

栖息地 主要栖息在中国东部沿海人迹罕至的岛屿或无人居住的荒野小岛,如辽东半岛南端旅顺港之西的蛇岛和海猫岛、浙江舟山群岛的五峙山岛、福建沿海岛屿和马祖东引岛等岛屿的悬崖峭壁处和裸露岩石上,以及海岸、河口及内陆大面积的水域,如江河、湖泊、水库等处。

习性 集群性,集体营巢、觅食和活动于港湾海面和退潮后

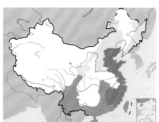

的滩涂上。鸣叫声咪咪如猫叫。当人类或其他动物入侵巢区时,会集体飞上天空盘旋,急促鸣叫,慌张不安,有的甚至会俯冲攻击来者。若有1只被击落,群鸟会在落难者上空飞窜鸣叫,显得非常心急,并试图加以抢救。觅食时,常和其他鸥类如燕鸥等混群觅食,会伺机抢劫其他海鸟如海雀、燕鸥的食物,也会将贝类食物衔至空中坠下,使其壳碎而食之。黑尾鸥还会尾随船只,啄食船上丢下的垃圾食物。

黑尾鸥属迁徙性的鸟类。在高纬度繁殖的黑尾鸥,秋季从兴凯湖、辽河口、北京、内蒙古、甘肃、宁夏等地区过境,到中国西南、华南水域和沿海(江苏、浙江、福建等地)越冬。在甘肃于10—11月见于阿克塞大苏干湖、小苏干湖和敦煌南湖,常与渔鸥混群活动,直至水域结冰后迁徙。黑尾鸥在台湾新竹、台中、嘉义等海岸的停留时期为11月至翌年3月,在香港的越冬期是12月至次年3月。春天3月时,越冬鸟陆续北迁,沿着东南海岸线或经内陆的华北、西北(4月经过甘肃、宁夏)、东北(经过黑龙江的时间亦为4月),大部分到俄罗斯的萨哈林岛、千岛群岛、日本北海道、朝鲜沿海等地繁殖。在中国东部自辽宁以南至浙江、福建沿海进行繁殖的黑尾鸥,春季分2批抵达福建马祖东引岛。4月到来的都是过境鸟,停留几天后就离开了;5月抵达者则是繁殖鸟,在垂直峭壁的平台上筑巢。

食性 杂食性。主要取食水面上层的各种鱼类,如银鱼、鳀鱼和鳡鱼,以及蝇类和夜盗虫等昆虫、动物尸体、人类抛出的面包,或丢弃在垃圾堆和水面漂浮的食物,亦食甲壳类与软体动物。在海上飞翔时会群集于渔场活动或尾随船只觅食。在甘肃有记录到啄食蝼蛄、蝗虫等昆虫。

繁殖 在中国东部沿海多岩石的海滨或峭壁陡立的岛屿上集群繁殖,并常与黄嘴白鹭或中白鹭毗邻而居。繁殖期在4—8月。辽东半岛南端旅顺港之西的蛇岛和海猫岛,多峭壁石阶,为黑尾鸥营巢繁殖的栖息地。黑尾鸥每年4月中旬飞临此二岛,进行配对、交配与营巢活动。自4月下旬至5月下旬均可见到黑尾鸥的交尾行为。巢筑在峭壁平台上或岩缝中,多露天。巢群密

黑尾鸥,飞行时可见尾羽上宽阔的黑斑与下体洁白的羽色对比鲜明。左上图聂延秋摄,下图沈越摄

捕鱼的黑尾鸥亚成体。颜重威摄

正在孵卵的黑尾鸥。陈水华摄

在山东长岛海域飞翔的黑尾鸥。沈越摄

集，巢位高低不一，距黄嘴白鹭的巢最近只有 2 m 多。也会在内陆湖泊和沼泽地的草丛间营巢。繁殖初期的配对过程中，雌雄有追逐炫耀等发情行为。筑巢时间很短，由雌雄合力用干草做成简陋的浅盘状巢，巢内铺些枯草即成。巢外径 24～34 cm，内径 16～20 cm，深 5～8 cm。4 月下旬开始产卵，每隔 2～3 天产 1 枚，窝卵数 1～3 枚，以 2 枚居多。卵呈灰绿色到浅褐色不等，各窝不同，即使同窝卵，有时卵色也有差异。卵上遍布不规则的黑褐色块斑，钝端较密集。卵的大小为（62.0～67.0 mm）×（41.8～46.9 mm），重 57～68 g。

在浙江舟山群岛的五峙山岛繁殖的黑尾鸥有沿用旧巢的习性。巢址选在岛西北侧背风处悬崖峭壁的岩缝里，或岩礁顶端平台草丛中。巢简陋呈盘状。繁殖始于 5 月 20 日左右，比蛇岛迟 20 余天。自产下第 1 枚卵后就开始孵卵，孵卵的责任由雌雄共同承担。当其中一只在巢里孵卵时，另一只如不外出觅食，就守在巢旁警戒或悠闲地梳理羽毛。孵卵期为 21～28 天。亲鸟每天喂雏 3～4 次，多在早晨和傍晚。喂食时，亲鸟站在巢外将食物吐在巢边，由雏鸟啄食之。早期多喂食小鱼与昆虫，如黏虫、蝇类、蜂类等；后期则是个体较大的青棒鱼、鳀鱼等。雏鸟从出壳到离巢约需 36 天。刚出壳时的平均体重为 47.7 g（$n=10$），到 27 日龄达 505 g，增长 10 倍多，此期间体重呈直线上升。28 日龄后体重增长较缓慢，且有波动，主要原因是亲鸟喂食量减少，而雏鸟后期的活动量增大。

种群现状和保护 黑尾鸥在海上翱翔，姿态优雅，为滨海风光增色不少，为值得推广的观赏鸟类。IUCN 和《中国脊椎动物红色名录》均评估为无危（LC）。被列为中国三有保护鸟类。渤海湾海上养殖业的开发为海洋鸟类提供了一定的食物和栖息场所，吸引黑尾鸥和许多水禽前来越冬。在山东长岛越冬的黑尾鸥数量有逐年增多的趋势。然而在旅顺外海的海猫岛和蛇岛、舟山群岛的五峙山岛和福建马祖的东引岛等悬崖峭壁处繁殖的黑尾鸥，过去都受到附近一些渔民上岛捡拾鸟卵的干扰，面临生存的压力。现在当地政府已经将这些岛屿划为保护区，严禁渔民上岛

干扰。即使如此，保护力度仍然不够，还需加强当地居民的环保教育和宣传，建立保护野生动物、尊重生命的观念。

普通海鸥

拉丁名：*Larus canus*
英文名：Mew Gull

鸻形目鸥科

中型鸥类，体长 40～46 cm。喙较细小，黄色，脚亦黄色。头、颈、下体及尾羽均白色，背部青灰色。初级飞羽黑色，末端白色，飞行时可见大块白色翼镜。非繁殖羽头颈散布褐色细纹。第一冬幼鸟整体密布褐色斑纹，尾具黑色次端带，初级飞羽无白色尖端。在中国迁徙经过东北地区，越冬于沿海各地及黄河下游、长江流域、珠江流域等内陆水域，分布广泛而常见。IUCN 和《中国脊椎动物红色名录》均评估为无危（LC）。被列为中国三有保护鸟类。

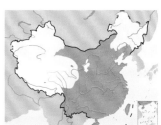

普通海鸥非繁殖羽。聂延秋摄

灰翅鸥

拉丁名：*Larus glaucescens*
英文名：Glaucous-winged Gull

鸻形目鸥科

　　大型鸥类，体长 60～68 cm。喙黄色，下喙端部有红色点斑，脚粉红色。肩、背和翼灰色，外侧的初级飞羽羽端黑褐色，非繁殖羽头颈散布褐色斑纹。幼体喙黑色，整体棕褐色，有白色斑点。主要分布于亚洲东北部至阿拉斯加和加拿大、美国西部沿海。在中国冬季偶见于福建沿海、香港和台湾。IUCN 和《中国脊椎动物红色名录》均评估为无危（LC）。被列为中国三有保护鸟类。

灰翅鸥。左上图为繁殖羽，下图为亚成体

北极鸥

拉丁名：*Larus hyperboreus*
英文名：Glaucous Gull

鸻形目鸥科

　　大型鸥类，体长 64～77 cm。喙黄色，下喙端部有橙红色点斑，脚肉红色。整体色浅，背和翼浅灰色，其余皆白色。非繁殖羽头颈有褐色斑纹，第一冬幼鸟全身密布浅咖啡色斑纹。海洋性鸟类，很少进入内陆湖泊。广泛分布于北极冻土带的海岸、岛屿礁石和港口等处。在中国多为旅鸟，迁徙经过从黑龙江到广东的东部各地近海区域。IUCN 和《中国脊椎动物红色名录》均评估为无危（LC）。被列为中国三有保护鸟类。

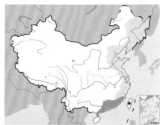

北极鸥。左上图为繁殖羽，下图为非繁殖羽

西伯利亚银鸥

拉丁名：*Larus smithsonianus*
英文名：Arctic Herring Gull

鸻形目鸥科

　　大型鸥类，体长 55～67 cm。喙粗大，黄色，下喙近先端有红色点斑。脚粉红色。背和翼银灰色，初级飞羽尖端黑褐色，并有白色斑，其余皆白色。冬季头颈密布灰褐色斑纹。幼鸟头、颈部白色，具浅褐色纵纹；背部、肩羽、内侧飞羽灰褐色，具棕白或近白色羽缘。广布于欧亚大陆和北美洲。在中国东北地区繁殖，迁徙经过吉林、辽宁、北京、河北、内蒙古、新疆、四川、江西、浙江、江苏、上海等地，越冬于渤海沿岸、长江中下游、珠江流域、东南沿海及台湾。IUCN 和《中国脊椎动物红色名录》均评估为无危（LC）。被列为中国三有保护鸟类。

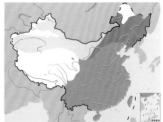

西伯利亚银鸥。左上图为非繁殖羽，沈越摄；下图为繁殖羽，杨贵生摄

小黑背银鸥

拉丁名: *Larus fuscus*
英文名: Lesser Black-backed Gull

鸻形目鸥科

　　大型鸥类，体长约 60 cm。似西伯利亚银鸥，但背和翼色较深，为暗灰色，与初级飞羽尖端的黑褐色对比不鲜明。在中国冬季偶见于东南沿海，迁徙经过新疆北部。IUCN 和《中国脊椎动物红色名录》均评估为无危（LC）。被列为中国三有保护鸟类。

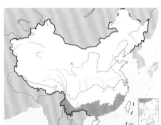

小黑背银鸥。上图为非繁殖羽，田穗兴摄；下图为两只抢食的幼鸟，颜重威摄

黄腿银鸥

拉丁名: *Larus cachinnans*
英文名: Yellow-legged Gull

鸻形目鸥科

　　大型鸥类，体长 58 ~ 68 cm。似西伯利亚银鸥，但腿灰黄色，背肩部淡灰蓝色，较同样腿黄色的小黑背银鸥则背和翼色浅，与黑色翼端对比鲜明。在中国新疆东部和中部繁殖，越冬于广东、香港、澳门。IUCN 和《中国脊椎动物红色名录》均评估为无危（LC）。被列为中国三有保护鸟类。

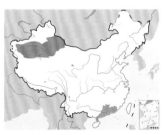

黄腿银鸥繁殖羽。颜重威摄

灰背鸥

拉丁名: *Larus schistisagus*
英文名: Slaty-backed Gull

鸻形目鸥科

　　大型鸥类，体长 55 ~ 67 cm。似小黑背银鸥但脚粉红色。在中国东部及东南沿海越冬，迁徙经过东北地区。IUCN 和《中国脊椎动物红色名录》均评估为无危（LC）。被列为中国三有保护鸟类。

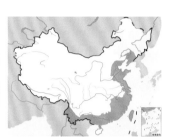

灰背鸥。左上图为非繁殖羽，下图为繁殖羽

澳洲红嘴鸥

拉丁名: *Chroicocephalus novaehollandiae*
英文名: Silver Gull

鸻形目鸥科

　　体长约 42 cm。喙、腿和眼圈红色。体羽白色，翼、背和尾银灰色，翼端黑色，亚缘具白色翅斑。分布于澳大利亚及其周边海域，在中国为迷鸟，仅记录于台湾。IUCN 评估为无危（LC）。

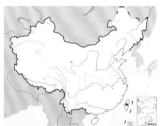

澳洲红嘴鸥

棕头鸥

拉丁名：*Chroicocephalus brunnicephalus*
英文名：Brown-headed Gull

鸻形目鸥科

形态特征 中型鸥类，体长 41 ～ 45 cm。雌雄体色相似。成鸟繁殖羽头部淡棕褐色，向后渐深至枕部几呈黑色。颈部白色。背淡灰色，腰、尾上覆羽与尾羽白色。体腹面白色。初级飞羽外侧 2 枚黑褐色，基部白色，卵圆形次端斑白色，其余数枚黑褐色，基部白色由外向内逐渐扩大。次级和三级飞羽灰色，羽端白色。非繁殖羽头部灰白色，其余与繁殖羽相似。虹膜红褐或黄褐色。喙深红色，尖端色暗。跗跖深红色。雏鸟被污白色绒羽，并杂有黑色斑点，喙稍长，乳白色。幼鸟除头部棕红色稍浅外，余同成鸟。亚成鸟飞羽均为褐色，初级飞羽外侧 2 枚无白色次端斑。

分布 分布于中亚帕米尔高原、中国西北及内蒙古地区的内陆水域。在中国，夏季遍布于新疆各地水域、西藏全境和青海，并见于甘肃玛曲，内蒙古鄂尔多斯、阿拉善、弱水下游和查干诺尔。迁徙经过北京和四川南充、西昌、若尔盖。越冬于云南滇池、耿马、宁蒗、昭通、贡山和西藏南部的墨竹工卡等地，亦有少量个体冬季见于珠江三角洲和香港。

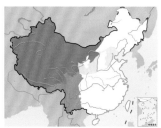

栖息地 栖息于海拔 2000 ～ 3500 m 的高原湖泊、河流岸边、沼泽、水塘、草原湿地。越冬期则常见于海岸、河口、湖泊、水库和港湾。

习性 有集群和迁徙的习性，常结集数十只，乃至数百只的大群，浮游于湖面或停歇在湖滩上。它们 3 月下旬抵达中国青海湖繁殖，10 月以后迁飞至印度洋北部和中国沿海等地越冬。1983—1993 年在中国青海湖鸟岛环志放飞 358 只，仅在俄罗斯回收到 1 只。

棕头鸥有护鸟的习性，当人们向巢区行进，还在约 0.5 km 以外时，即有棕头鸥向人群飞来，并在上空盘旋，发出鸣叫；接近巢区时，盘旋高度下降；如进入巢区，便有无数鸥鸟在人们的头顶俯冲，以驱赶入侵者。若有 1 只被打落在地上，其他棕头鸥会盘旋于其上空，不时地发出嘎嘎叫声，甚为关怀；或向下俯冲，企图抢救。在摄取食物时，有时会抢夺攫取其他鸟类获得的食物。雌鸟有补卵的习性，对已经产卵的巢，如每天取出 3 枚卵中的 2 枚或 2 枚卵中的 1 枚，经连续取卵达 10 天之久，雌鸟会一直继续产卵，以补够原数而不轻易弃巢，但当全窝取走后，亲鸟则会弃巢。

食性 杂食性。食物包括鱼类、甲壳类、软体动物、蛙类、啮齿类、水生昆虫以及植物的新芽、马铃薯和渔业加工后的剩余物。棕头鸥多在浅水地区将头伸入水中觅食，有时也见在空中捕捉飞蚁或争夺其他鸟类的捕获物。

繁殖 繁殖期在 4—6 月。在青海湖岸边及浅滩与斑头雁混群营巢，巢位甚为密集，也在河流岸边草地上或沼泽中的干燥地营巢。棕头鸥在 3 月下旬就陆续迁来青海高原，4 月为高峰。繁

棕头鸥繁殖羽。左上图沈越摄；下图为集群觅食，彭建生摄

冬季捕得小鱼的棕头鸥。彭建生摄

殖海拔可高达 4860 m，如西藏班戈的安得尔错。到达繁殖地后并不立即筑巢，一般在 7～8 天之后，对环境熟悉和求偶配对后再开始筑巢。营巢时，雌雄轮流用嘴和脚在地上挖掘浅坑，然后雌鸟留下看顾巢位，雄鸟出去寻找巢材，并带回交付雌鸟堆积成盘状的巢。巢材以植物的茎为主，巢间距不超过 30 cm。巢平均大小（n=50）为外径 27.08 cm，内径 15.17 cm，高 3.03 cm，深 4.29 cm。4 月下旬至 6 月初产卵，每年仅产 1 窝，窝卵数 3～6 枚，以 3 枚普遍，大多于凌晨产卵，产卵间隔 48 小时。卵的颜色变异很大，有浅绿色、浅灰色、浅褐色和赭色，其上散布有大小不等、形状不规则的茶褐色斑点，钝端斑点较为密集。卵的大小为 （53～64 mm）×（38～43 mm），重 44.5～66 g。一般在产下第 1 枚卵后开始坐巢，雌雄轮流孵卵，每天换孵 3～4 次，翻卵 4～6 次。翻卵时间间隔 50 分钟至 5 小时不等。除换孵时造成凉卵外，棕头鸥并无凉卵行为。孵化期 22～24 天。雏鸟早成性。初出壳的雏鸟，被乳白、浅棕、赭色或浅黄白色绒羽，杂以黑色斑点，喙肉红色，卵齿白色，跗跖深红色。雏鸟 7 日龄前，在巢中或巢外伏卧，由双亲吐出胃中半消化的食糜如鱼类、水蚤等，轮流喂食。稍大时由亲鸟带领四处觅食或下湖游水，晚间仍回原巢。再长大时，雏鸟结集成群到湖边觅食活动，不再回巢区。

种群现状和保护　20 世纪 90 年代初，在中国棕头鸥的繁殖种群不断向东扩展，成功"入侵"至内蒙古各水域。在鄂尔多斯地区，1990 年之前棕头鸥仍为过境鸟。1991 年夏季偶见

棕头鸥亚成鸟。聂延秋摄

零星个体；1992 年在桃力庙—阿拉善海子有 6 对棕头鸥营巢于遗鸥群中，并出现了 3 个非繁殖群分布点；1993 年形成了独立巢群计 15 巢，并有 5 个非繁殖群分布点；至 1996 年在桃力庙—阿拉善海子已增至 2 个巢群共 53 巢。IUCN 和《中国脊椎动物红色名录》均评估为无危（LC）。被列为中国三有保护鸟类。

棕头鸥繁殖地邻近的筑坝截水，不仅使水位和草场发生变化，破坏营巢地的生境，而且严重影响棕头鸥的繁殖。近年来，观鸟活动的蓬勃发展和生态旅游的开发，将人们带到棕头鸥繁殖区观赏，车辆的来回奔驰和人们的活动，对棕头鸥的繁殖和生活，或多或少会造成影响。

红嘴鸥

拉丁名：*Chroicocephalus ridibundus*
英文名：Black-headed Gull

鸻形目鸥科

形态 小型鸥类，体长37~43 cm。雌雄体色相似。成鸟繁殖羽额、前头和喉部棕褐色，后头、枕部、颈和尾羽白色。眼周具白色羽圈。上背白色，下背浅灰色，腰部和尾羽白色。体腹面全白色，胸腹略沾淡灰色。外侧1枚初级飞羽外翈黑色，近羽端白色，内翈白色，羽端黑色；外侧第2枚初级飞羽具宽阔的黑色端斑，余为白色；第3至第5枚外翈黑色外缘渐转为深灰色；第6枚深灰色，黑色羽端缀白斑；其余初级飞羽纯灰色。次级飞羽均为青灰色。非繁殖羽额、头、颈均为白色，额羽基部灰色，头顶羽基灰黑色，眼前缘和耳羽具灰黑色斑。其余羽色同繁殖羽。虹膜暗褐色，喙红色或橘黄色，先端黑色，跗跖和趾红色，冬季转为橙黄色，爪黑色。幼鸟头白色，眼后有两个点状褐色斑，与头上两条淡褐色条斑相连。体背面淡褐色。尾羽白色，羽端具黑色横带斑。体腹面白色，稍沾褐色。喙和跗跖淡橙黄色。

分布 广泛分布于欧亚大陆，除极地外均能见到。在欧洲及俄罗斯大部分地区进行繁殖，越冬区南可达菲律宾群岛、南亚次大陆和非洲北部沿海。在中国的分布几乎遍及全国。在新疆天山山脉、塔里木盆地的北缘和东南部，内蒙古的查干诺尔，以及黑龙江的齐齐哈尔、兴凯湖，吉林的长白山等地为夏候鸟。在甘肃河西走廊、内蒙古乌梁素海、北京地区以及大连和辽河口为过境鸟或少数冬候鸟。冬季遍布中国西藏南部、黄河以南各地的江河、湖泊、沼泽地，以及沿海地带，包括香港和台湾。

栖息地 栖息于平原芦苇及其他水生植物丛生的湖泊、河流、水库、池沼、河口、港湾，以及内陆荒漠和半荒漠的湿地、绿洲或新开垦的稻田等处。夜栖于湖边的石灰岩峭壁上。越冬期多栖息于湖泊、河口、港湾、池塘和沼泽地。

习性 常聚集数百或数千只，或与燕鸥类混群，在湖面、江河、稻田及其他水域上空飞翔或在水上浮游巡弋，善于水面浮游。在水面或浅水处取食，有时也抢夺鸬鹚类已获取的食物，亦见跟在翻地的拖拉机后面觅食。休息时多集结在河滩或池塘岸上梳理羽毛或睡觉。鸣叫声为沙哑的"kwar"。集群繁殖，并形成同步筑巢、同步产卵孵化的习性。这种现象对于保障种群的繁殖有利，并增强了群体的抵御能力。红嘴鸥领域性很强，并有为护幼而攻击入侵者的行为。

在较高纬度繁殖的红嘴鸥种群有迁徙的习性；在较低纬度繁殖的种群则为留鸟。在中国西北和东北的繁殖种群4月迁来，秋季9月下旬开始集群，10月中旬南迁。长江武汉段和昆明滇池的越冬种群于10月底或11月初抵达，翌年3月离去。在中国香港的越冬期则是10月至次年4月。中国台湾越冬种群于11月下旬抵达，多栖息于嘉南平原的河岸和池塘，次年3月底离去。在俄罗斯贝加尔湖环志的红嘴鸥，分别在中国辽宁大连、天津塘沽、山东垦利、安徽当涂、江西鄱阳湖和云南昆明等地有回收的记录。另有1例在云南昆明环志，于澳大利亚新南威尔士州贝尔阿姆海滨回收。迁徙时，成、幼鸟常保持一定先后顺序，据在昆明的观察，冬季迁入时大部分成鸟在先，幼鸟居中或在后；春季迁离时，也是成鸟在前先行，亚成鸟稍后再出发。

食性 杂食性。红嘴鸥主要取食鱼类、昆虫及其他水生动物，兼食各种尸体、废弃物、甲壳类以及少量植物组织。它不仅善于浮在水面捕食，也能在空中捕捉飞行中的蜻蜓、蝴蝶和甲虫，或俯冲至水面捕鱼，有时也会在田野捕食田鼠。在昆明滇池越冬时，红嘴鸥的食物中，动物性食物占食物总量的98%，其中鱼类占绝大多数，昆虫与软体动物少量，而羽毛与人的头发等占总量的2%，植物性食物极少。曾观察到取食浮于水面的菜叶和动物内脏，有的则采食喜旱莲子草的嫩叶。进入市区的红嘴鸥，主要取食人们投喂的食品，如饼干、蛋糕、月饼、馒头、包子、米糕等。

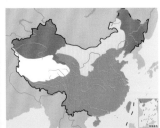

红嘴鸥。左上图为夏天在达里诺尔，繁殖羽，下图为冬季经过北戴河，非繁殖羽。沈越摄

试图从鸬鹚口中抢食的红嘴鸥幼鸟，后方一群成鸟助阵。赵国君摄

红嘴鸥的巢和卵。王英摄

正带回食物哺育巢中雏鸟的红嘴鸥。王英摄

繁殖 繁殖期3—8月。红嘴鸥不仅在中国沿海地区繁殖，也在内陆湖泊、江河、池塘及沼泽地筑巢，巢位于漂浮的水草墩上或在湖中岛屿的草地中。喜集群营巢，附近常有其他鸟类，如燕鸥、普通燕鸥、灰头麦鸡、白额燕鸥等营巢繁殖。巢由雌鸟和雄鸟合力完成，结构简陋，巢材由芦苇、薹草、香蒲和其他水生植物的碎屑，堆积成浅碗状。巢平均大小（$n=17$）为：外径53.3 cm，内径16.4 cm，高11.7 cm，深5.3 cm。巢间距3～6 m，甚为密集。产卵日期依繁殖地的纬度和气候条件不同而有所差异：如在新疆塔里木乡帕满水库，3月下旬开始营巢，3月底开始产卵，4月上旬达到产卵高峰；在天山巴音布鲁克沼泽湿地和黑龙江兴凯湖自然保护区则于4月中旬开始营巢，5月初才开始产卵，与新疆帕满水库产卵期相差1个月。窝卵数2～3枚，平均2.3枚。卵的大小和重量各地也有差异：新疆塔里木乡帕满水库的种群，卵平均大小（$n=62$）为53.5 mm×37.7 mm，重39.6 g；天山巴音布鲁克沼泽湿地的种群，卵平均大小（$n=25$）为54.6 mm×38.4 mm，重40.7 g；黑龙江兴凯湖自然保护区的种群，卵平均大小（$n=53$）为51.1 mm×36.5 mm，重33.6 g。卵的颜色以淡褐、淡绿为主，其上布满大小不等的棕色斑块，钝端较为密集。孵卵工作主要由雌鸟承担，雄鸟保护雌鸟与巢区，并为其捕食。孵化期一般为22～24天，雏鸟早成性，绒羽淡棕色，头颈具黑色斑纹，喙、跗跖棕褐色。20天左右即可独立寻食。40天即可飞行，当年冬季就可南迁越冬。2龄性成熟。

种群现状和保护 IUCN和《中国脊椎动物红色名录》均评估为无危（LC）。被列为中国三有保护鸟类。

飞抵中国昆明滇池越冬的红嘴鸥，自1985年开始受到群众自发性的保护。因为人们连续多年的投食招引，它们越冬的数量甚为稳定。由于有计划地举办活动，红嘴鸥成为滇池冬季吸引观光客的景点特色。虽然投食喂鸟会给人们带来欢乐，并引发人们爱护野生鸟类之心，进而唤起各界对鸟类学、生态学、社会学、经济学、环境科学、保护生物学等领域的重视与思考，然而野生鸟类与生俱来就有自行觅食的能力和独立生存之道，人们的过度投食对鸟类本身没有任何好处。若鸟类带有禽流感病原，对人类的健康会形成潜在的威胁。在长江流域和华南湿地和台湾等越冬地，因红嘴鸥不进入市区，并没有引起群众的广泛关注，但由于以鱼类为主食，对养殖渔业造成了一定的损害。

带领幼鸟游泳的一对红嘴鸥。王英摄

细嘴鸥
拉丁名：*Chroicocephalus genei*
英文名：Slender-billed Gull

鸻形目鸥科

中型鸥类，体长 42~44 cm。喙直而细长，和脚同为暗红色。背和翼淡灰色，初级飞羽末端黑色，其余皆白色，繁殖羽胸、腹沾粉红色。幼鸟下体有浅灰杂斑，尾尖有黑色窄条纹。在中国记录甚少，冬季在河北、青海、云南、四川和香港偶有记录。2008年和 2009 年，连续在夏季观察到成对出现于新疆艾比湖，推测可能在此繁殖。IUCN 评估为无危(LC)。被列为中国三有保护鸟类。

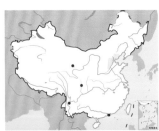

细嘴鸥。上图为繁殖羽，下图为非繁殖羽

弗氏鸥
拉丁名：*Leucophaeus pipixcan*
英文名：Franklin's Gull

鸻形目鸥科

主要分布于美洲。中国鸟类新记录。迷鸟记录于河北、天津、台湾。IUCN 评估为无危（LC）。

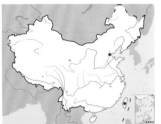

弗氏鸥。上图为繁殖羽，下图为第一年幼鸟冬羽

黑嘴鸥
拉丁名：*Saundersilarus saundersi*
英文名：Saunders's Gull

鸻形目鸥科

形态　小型鸥类，体长 29~32 cm。雌雄体色相似。成鸟繁殖羽头部自额、头顶至颈上部、颊、喉黑色，眼后缘有白斑。颈、上背、肩、尾上覆羽、尾羽及体腹面均白色。下背、腰、翼上覆羽蓝灰色。初级飞羽外侧 3 枚的外翈全白，内翈灰黑而先端白色；内侧飞羽蓝灰色，内翈的黑色羽缘渐窄。次级飞羽蓝灰色而具宽阔白色先端。飞行时，可见翼羽前、后缘均为白色。非繁殖羽头、颈部白色，头顶、枕部有灰褐色横斑，眼先黑色，耳羽白色，羽缘黑褐色，形成眼后黑褐斑。肩、背、腰及翼上覆羽银灰色，尾上覆羽及尾羽白色。虹膜暗褐色；喙黑色；跗跖紫红色，爪黑色。亚成鸟与成鸟非繁殖羽相似，但背部略带褐色，头顶有暗褐色斑，初级飞羽、小覆羽有黑斑，尾羽末端黑色，跗跖褐色带红色。

分布　分布于中国东部和东南部沿海，以及日本南部和朝鲜半岛沿海。在中国境内，于辽宁、河北、山东以及江苏沿海等地繁殖，越冬区自江苏连云港的燕尾镇圩子口，向南沿东南海岸线至广西铁山港，包括台湾、香港、海南，也在内陆湖泊如鄱阳湖越冬。

栖息地　繁殖期的栖息地主要位于沿海港湾、泥质滩涂、河口、江河和内陆的湖泊及沼泽地，一般选在碱蓬丛生的滩涂，并伴有稀疏生长的芦苇、薹草或蘑草等植被。冬季多见于潮间带泥质滩地及人工养殖池塘。

习性　常单独、成小群或与其他鸥类混群于滨海的潮间带觅食，它们在空中巡弋，一旦发现滩地上有可食的食物，立刻降下拾取，也会尾随船只捡食船上丢弃的鱼类内脏。繁殖期的领域性强，如有人或其他动物入侵，会飞上空中，发出"ga— ga— ga"的恫吓声，并俯冲攻击。涨潮时到内陆的池塘与鸻鹬类混群休息。它们有较强的护巢行为。

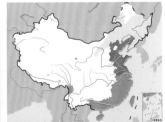

黑嘴鸥。左上图为繁殖羽，沈越摄，下图为正从水下啄起一条沙蚕的黑嘴鸥，非繁殖羽，钱斌摄

黑嘴鸥为迁徙性鸟类。每年4月中旬迁至繁殖地，5月初进入繁殖期，8月中旬离巢集群，9月中、下旬迁往越冬地，在繁殖地居留5个多月。在中国江苏盐城为部分夏候鸟，部分冬候鸟：在高纬度繁殖的黑嘴鸥，秋季到盐城越冬；而在盐城繁殖的黑嘴鸥，秋季到更南的地区越冬。越冬种群数量集中于江苏盐城国家级自然保护区内和浙江乐清、瓯海、玉环和温岭等地之沿海泥质滩涂、海湾、河口，以及盐场、人工养殖场。在中国台湾的越冬期为9月下旬至次年2月，主要在西部沿海滩涂地，尤其以大肚溪口至云林、嘉义沿海为多。每年11月至次年3月有100多只在香港后海湾越冬。在辽宁辽河口国家级自然保护区环志的黑嘴鸥，在日本九州岛地区滩涂、韩国忠清南道和釜山沿海地区多次被观察到，证明在辽宁辽河口国家级自然保护区繁殖的黑嘴鸥，部分到日本和韩国越冬。

食性 肉食性。常取食鱼类、蠕虫、甲壳类、底栖无脊椎动物及水生昆虫等，亦以蝗虫和小型啮齿动物为食。

繁殖 繁殖期在4～6月。于4月下旬迁徙至繁殖地，5月上旬进入繁殖期，常与普通燕鸥和白翅浮鸥混群繁殖。单配制。当雄鸟发情时，会在雌鸟身边来回走动，并不时地用喙与雌鸟的喙互相摩擦。配对后，雌雄共同营巢。巢筑于长有盐地碱蓬、獐茅、补血草等植被的泥滩上，呈浅碟状。巢材以薹草、干枯的碱蓬茎秆、獐茅和茵陈蒿秆为主。据盐城国家级自然保护区的测量，巢的大小为外径26.0～42.0 cm，内径12.5～16.5 cm，高4.5～7.0 cm，深2.5～4.2 cm。巢间距不等，近的为13.5 m。每日产卵1枚，窝卵数1～3枚，75%的情况下为3枚。卵椭圆形或梨形，呈暗绿色、粉绿色或土黄色，其上有不规则的暗褐色至深褐色斑点，斑点密集于钝端。卵的大小为（42～52 mm）×（30～38 mm），重31.2 g。产下第1枚卵后即开始孵卵。孵化期21～23天。雏鸟早成性，绒羽土黄色，具黑褐色斑点，喙黑色，跗跖肉红色。约40日龄即可飞翔，随成鸟集群。

种群现状和保护 IUCN和《中国脊椎动物红色名录》评估为易危（VU）。被列为中国三有保护鸟类。中国东部沿海如环渤海沿海地区和江苏的河口滩涂为黑嘴鸥集群营巢、繁殖的重要栖息地，尤其潮上带是其繁殖的最佳地段。近年来，这些地区正是人们围垦开发的重点区域，各种水产养殖场或盐场的设立、石油开采、水体污染、居民捡拾鸟卵和挖沙蚕等行为，不仅使黑嘴鸥的繁殖栖息地面积缩小，也使食物供应量减少，已经严重影响种群数量，甚至威胁到物种生存。有些单位如辽宁辽河口国家级自然保护区和山东黄河三角洲国家级自然保护区已经注意到黑嘴鸥所面临的困境，已在其保护区内设立核心区，监控水位，严禁人类随意进入活动，随着这些保护措施的开展，来此繁殖的黑嘴鸥种群数量有逐年增多的趋势。

育雏的黑嘴鸥，亲鸟将带回的小鱼扔在巢边让雏鸟取食。段文科摄

渔鸥

拉丁名：*Ichthyaetus ichthyaetus*
英文名：Great Black-headed Gull

鸻形目鸥科

形态 大型鸥类，体长 60～72 cm。雌雄体色相似。成鸟繁殖羽额、头部、枕部和喉部黑色，具有金属光泽。眼周有一新月形白斑。背、腰、肩羽和翼上覆羽均为灰色，颈部和身体腹面白色。初级飞羽白色，具黑色次端斑，第 1 枚外翈黑色，第 2 至第 6 枚外翈的黑色依次递减。次级飞羽灰色，羽端白色。非繁殖羽头和前颈的黑色变为白色，多少杂有浅黑褐色斑，眼上下有新月形黑褐色斑。虹膜暗褐色。喙粗厚，暗黄色，有黑色次端斑，再次为深红色斑。跗跖和蹼橘黄色。幼鸟 1 龄时，喙基部灰白色，端部和下喙黑色，眼周羽圈白色，尾羽中段褐黑色，端部白色，跗跖和蹼灰白色；2 龄时，喙基部和尖端黄色，次端部黑色，眼周羽圈杏黄色，虹膜褐色，尾羽白色，外侧尾羽次端黑色；3 龄时，喙淡绿色，尖端黄色，次部、喙角和眼周裸露部分粉红色，虹膜黄褐色，尾羽白色，跗跖和蹼淡绿色。

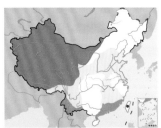

分布 分布于俄罗斯、蒙古南部、中亚沿岸岛屿及内陆水域。冬季活动于黑海、地中海、红海及印度洋北部沿海地区。在中国新疆、西藏、青海、甘肃和内蒙古是夏候鸟，四川为过境鸟，云南、香港为稀少冬候鸟，台湾是冬季偶见的迷鸟。

栖息地 栖息于岛屿、海岸、湖泊、河流、水库等水域以及海拔 1350～5000 m 的高原湖泊。

习性 喜群栖生活，外出觅食常十余只一起活动，会随渔船之后捕鱼。常成小群在湖面上空飞翔觅食，发现鱼群，即缓慢降落至水面啄食，也常见在水面倒立觅食，从不潜水捕捉。渔鸥有较强的护巢行为，如有人接近巢区，鸥群在空中盘旋监视，大声鸣叫，甚至会出现俯冲攻击的行为。孵卵的亲鸟非到万不得已决不离开巢窝。黄昏前集中于附近沙滩，夜栖于湖岸安全地带。

渔鸥是迁徙性鸟类。每年 3 月中旬抵达青海湖繁殖区，分散在各条河流的入湖口及湖周围有泉水的地方，10 月上旬开始南迁。1983—1993 年在青海湖鸟岛共环志 711 只，回收的记录有 2 例：其一在 1983 年 8 月 4 日环志，同年 10 月 1 日于甘肃柳园回收，说明该种群有繁殖后向北扩散的情形；另一在 1984 年 3 月于印度阿萨姆邦图布里镇回收。此外，2006 年在青海湖佩戴卫星追踪器的渔鸥，被记录到在孟加拉国孟加拉湾越冬，证实渔鸥能飞越喜马拉雅山至印度次大陆越冬。

食性 杂食性。主要取食鱼类、小型哺乳类、鸟类、爬行类、昆虫及甲壳类等，也偶食鸟卵。

渔鸥。左上图为繁殖羽，下图开始向非繁殖羽褪换。沈越摄

渔鸥非繁殖羽。彭建生摄

繁殖 集群营巢繁殖。繁殖期4～6月。营巢于海岸、湖边滩地或岛屿上的悬岩，有时也会在其他鸥类的巢区附近筑巢。4月中旬渔鸥向青海湖鸟岛或海西皮岛西北5 km处的沙滩集中，争占巢域。交配之后进行筑巢，通常在地面挖掘一小坑为巢，用野草枯条和海藻等软物堆积成碟状，内衬枯草和草根。筑巢时，通常一只站在巢位，另一只寻找巢材交给在巢中的一只铺设。巢区的营巢数，多时可达10 000对以上。巢的外径为30～38.5 cm，内径为16～24.5 cm，深3.8～6.0 cm。产卵和孵卵期间仍继续叼回巢材，不断地整理和加固窝巢。产卵期在4月下旬至6月底，每年产1窝卵，每隔2～3天产1枚卵，窝卵数2～5枚，通常是3枚。卵椭圆形，呈浅灰、浅绿或淡褐色，布满茶褐色斑点，钝端更为密集，有时同窝的卵会出现不同的颜色。卵的大小为(74～93 mm)×(50～56 mm)，重111.9～140 g。雌鸟在产下第1枚卵后开始孵卵，雌雄分担孵化工作，每天换孵2～3次，很少凉卵。孵化期28～30天。雏鸟早成性，全身被以污白色绒羽，喙、跗跖肉红色。雌雄亲鸟将半消化的鱼，反刍吐到地上，供雏鸟啄食。7天后，雏鸟卵齿脱落。15天后，亲鸟即带领雏鸟下水游泳，并捕食水中昆虫等。50日龄开始频频振翅欲飞。4～5龄性成熟。

渔鸥第一冬幼鸟。彭建生摄

种群现状和保护 渔鸥在中国西北地区繁殖的数量不少，西藏鸟岛和青海湖的种群，估算数量都在10 000只以上，甚为普遍。IUCN和《中国脊椎动物红色名录》均评估为无危（LC）。被列为中国三有保护鸟类。但其繁殖区受到人类活动和环境变化的影响，经常变迁。青藏高原经济的快速发展对湿地造成不同程度的破坏，有些地区已经不适合渔鸥栖息，希望政府相关部门能重视，并保护青藏高原独特而又脆弱的生态体系。

遗鸥

拉丁名：*Ichthyaetus relictus*
英文名：Relict Gull

鸻形目鸥科

形态 中型鸥类，体长 41～46 cm。成鸟繁殖羽头部自额至头顶、喉和前颈为棕褐色至黑色。眼上、下有弯月形白斑。颈白色。背淡灰色，腰、尾上覆羽和尾羽白色。身体腹面白色。翼淡灰色而尖长，初级飞羽外侧 1 枚白色，外翈黑色；外侧 2～3 枚白色，具黑色不规则的次端斑。次级飞羽银灰色。非繁殖羽头部白色，耳羽、头顶和颈部有黑色斑。虹膜棕褐色，喙紫红色，跗跖红色。雏鸟身被淡灰色绒羽，背和腰具细小的暗灰色斑，身体腹面淡而近白。虹膜黑褐色，喙黑色，跗跖灰稍沾紫色。幼鸟似非繁殖羽成鸟，但耳羽无暗色斑，眼先有暗黑色弯月形斑，后颈有暗色纵纹，尾羽白色，末端有宽阔的黑色横带，喙和跗跖黑色或灰褐色。

分布 主要繁殖于中亚地区，包括俄罗斯、哈萨克斯坦、蒙古以及中国的新疆和内蒙古乌兰察布的桃力庙—阿拉善湾海子、鄂尔多斯、毛乌素沙漠腹地的敖贝诺尔和锡林郭勒南部的白音库伦诺尔等地区。迁徙时经内蒙古南部、陕西北部、山西、河北北戴河、北京。越冬区在环渤海湾沿海湿地，以及江苏盐城、上海崇明岛、浙江宁波和福建闽江口等东部滨海地区，包括香港。

栖息地 栖息于开阔内陆植被稀疏的草滩、荒漠、半荒漠的湖泊、湖中岛屿、湖边沙丘及河流等处。在内蒙古鄂尔多斯，遗鸥栖息于海拔 1200～1500 m 的沙漠咸水湖和碱水湖中；在锡林郭勒草原和浑善达克沙地接壤处的白音库伦诺尔湖繁殖地，海拔 1280 m，环湖周围有薹草湿地及芦苇与河柳；在桃力庙—阿拉善

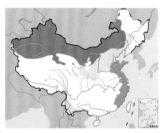

遗鸥繁殖羽。杨贵生摄

觅食的遗鸥。上图为从水下啄取螺类，马井生摄；下图为从地面啄取玉米粒，杨凤波摄

湾海子栖息于荒漠咸水湖泊。在陕西红碱淖湖心岛栖息于砂质稀疏草本群落。

习性 集群性，无论迁飞、取食、宿夜或营巢，都是以独立的群体活动。在湖岛和湖畔孵卵时，不甚畏人，当人趋近至 30～40 m，仍不起飞。在白音库伦诺尔湖，通常是早晨到中午分散到各地觅食，下午 6：35 以后，就开始聚集于湖中游戏或休息。

遗鸥为迁徙性鸟类。内蒙古鄂尔多斯桃力庙—阿拉善湾海子的繁殖种群，一般于 4 月上旬抵达，8 月底全部飞离。在伊克昭盟地区的遗鸥，9 月初已换成非繁殖羽，10 月末南迁。1977 年 6 月 24 日在哈萨克斯坦阿克尔湖环志的遗鸥，同年 8 月于中国云南易门回收。

食性 杂食性。遗鸥主要在湖岸滩地和水面上啄食鱼类、水生昆虫或在沙丘上捕食甲壳类等无脊椎动物，未见自空中飞扑入水中捕鱼的行为。在繁殖期以动物食物为主，包括昆虫、甲虫等，植物性食物含量不多，有藻类、眼子菜、寸草、白刺和沙生植物的嫩叶。

繁殖 繁殖期为 5—8 月。婚配为单配制。遗鸥集群营巢于湖中沙岛上，邻近也有其他燕鸥如鸥嘴噪鸥和红嘴巨燕鸥的巢区。遗鸥的交配行为通常是雄鸟昂首挺胸，双翅微垂地阔步走向雌鸟面前站立，喙指向天空，抖动双翅，同时发出"e—e—e—ea—a—"的叫声；而后雌、雄贴胸交喙，互相摩擦；随后雌鸟绕雄鸟走 1～2 圈，并不停地点头，再在雄鸟前方向两侧走半圈

1～3次，与此同时，雄鸟上下喙不时张合，雌鸟伸喙入雄鸟口中。交尾后，雌鸟产第1枚卵即开始坐巢，雄鸟在巢旁点头或作鹤鸣状，雌鸟在巢中也跟着点头，然后走出巢外，在雄鸟前方左右绕半周，之后再次交尾。遗鸥的巢通常都由雄鸟取材，雌鸟铺垫。巢材由白刺、沙柳、柠条的枯枝搭成，巢的外缘有一圈小石子围绕，内铺芨芨草、寸草、藻类和羽毛等。巢的大小为：外径19～27 cm，内径11～14 cm，高1～8 cm，深2～5.5 cm。窝卵数一般为2～3枚，平均2.19枚。卵灰白沾绿色，布满黑色、棕色或淡褐色斑点，卵色变异较大，有的1窝3卵的颜色都不同，是否由3只不同的雌鸟产于同一窝中，有待进一步查证。卵的大小为（52.9～66.9）mm×（39.8～45.2）mm，重43～64 g。在白音库伦诺尔湖开始孵卵的日期是5月12～15日。雌雄交替孵卵，换孵无定时，每日换4～6次。亲鸟孵卵时会转变方向，并用嘴和脚翻卵，翻卵多集中在上午。孵化期24～26天。同巢雏鸟的出壳时间为隔日出1只，而同巢有3枚卵时，前2枚卵同日破壳。雏鸟半早成性，出壳第2天即可行走，并能自亲鸟嘴中啄食，或由亲鸟将食物吐于巢边或巢中，雏鸟自行啄食。日夜都可以喂食。有时为使雏鸟顺利成长，亲鸟会放弃喂食第3雏，或将第3雏吞食。雏鸟有自我保护的本能，见人趋近会拟态装死，或"jie — jie"叫着逃至巢外躲藏，受惊后能下水游泳。亲鸟护雏性强，育雏期如遇炎日、大风或降雨，亲鸟会以身体保护。如见人趋近即主动俯冲攻击，雄鸟尤为凶猛，同时发出"ea — ea —"的尖锐恐吓声。贴身保护雏鸟的工作一般都由雌鸟担当，外出活动则由双亲带领，通常由两个或更多家庭混在一起活动。

种群现状和保护 遗鸥在中国内蒙古乌兰察布盟、伊克昭盟的乌审旗、桃力庙—阿拉善湾海子、鄂尔多斯、毛乌素沙漠腹地的敖贝诺尔和锡林郭勒盟南部的白音库伦诺尔等地区繁殖。近年来，因干旱或暴雨的气候变动，栖息地的水位变化，繁殖种群东迁西移，呈不稳定的状态，如由鄂尔多斯迁至陕西红碱淖，后又迁至陕西定边苟池湿地及内蒙古袄太湿地。而当地的筑坝截水、修建污水排放池、过度放牧和牧民拾取鸟卵，不仅使草场退化、破坏营巢地的生境，而且严重影响遗鸥的繁殖。遗鸥在中国的主要越冬地环渤海湾地区，正面临着大面积工业开发、深海港建设、现代化造镇、填海造地、滩涂湿地消失、遗鸥越冬栖息地缩小或食物资源短缺的危机。遗鸥被IUCN列为易危（VU），《中国脊椎动物红色名录》评估为濒危（EN），已列入CITES附录Ⅰ。中国将其列为国家一级重点保护动物，确实应重视遗鸥所面临的困境，设法加以保护。

正在交配的遗鸥，旁边是在求偶竞争中失败的一方黯然离去。戴东辉摄

贴胸交喙准备交配的遗鸥。杨贵生摄

6月下旬的鄂尔多斯草原，上千只遗鸥幼鸟聚集在湖心岛上，犹如一个庞大的托儿所。戴东辉摄

小鸥

拉丁名：*Hydrocoloeus minutus*
英文名：Little Gull

鸻形目鸥科

　　小型鸥类，体长 25～30 cm。嘴黑色至暗红色，脚朱红色。繁殖羽头部辉黑色，背和翼灰白色，翼覆羽灰黑色，其余皆白色，下体沾玫瑰红色。非繁殖羽头部白色，黑色斑块仅限于耳、枕部。幼鸟上体黑灰色具白色斑纹，尾羽白色带黑色端斑。主要分布于欧洲北部、地中海地区、俄罗斯的西伯利亚、黑海、日本及中国。中国境内见于新疆准噶尔盆地、阿尔泰地区和内蒙古呼伦贝尔地区，迁徙时见于黑龙江、河北北戴河、江苏镇江，越冬情况不明。IUCN 评估为无危（LC），《中国脊椎动物红色名录》评估为近危（NT），被列为中国国家二级重点保护动物。

三趾鸥

拉丁名：*Rissa tridactyla*
英文名：Black-legged Kittiwake

鸻形目鸥科

　　中型鸥类，体长 38～40 cm。嘴黄色，先端近黑。后趾退化，脚、蹼均黑色，幼鸟稍偏黄色。头、颈、上背和下体纯白色。下背、腰和翼银灰色。初级飞羽末端黑色。尾浅凹，成鸟尾羽白色，而幼鸟尾端黑色。多群体活动于海洋岛屿附近海面或港湾上空，偶见于内陆大型水域。在中国分布于辽宁、河北、北京、上海、江苏、浙江以及四川等地，均为冬候鸟。由于近 30 年来种群数量急剧下降，2017 年被 IUCN 从无危提升为易危（VU）。《中国脊椎动物红色名录》仍评估为无危（LC）。被列为中国三有保护鸟类。

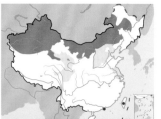

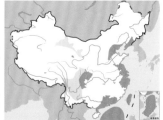

小鸥。左上图为繁殖羽，张永摄；下图为亚成体，周奇志摄

三趾鸥。左上图为第一冬幼鸟；下图为成鸟非繁殖羽，聂延秋摄

楔尾鸥

拉丁名：*Rhodostethia rosea*
英文名：Ross's Gull

鸻形目鸥科

　　小型鸥类，体长 29 ~ 32 cm。嘴黑色，脚、眼鲜红色。尾羽中间长、外侧短，呈楔状。体背青灰色，翅具白斑。头、颈及下体白色，沾玫瑰色。繁殖羽颈部有黑色羽圈，非繁殖羽则无。中国仅在大连、旅顺有记录。IUCN 评估为无危（LC）。被列为中国三有保护鸟类。

叉尾鸥

拉丁名：*Xema sabini*
英文名：Sabine's Gull

鸻形目鸥科

　　小型鸥类，体长 27 ~ 33 cm。嘴黑色，尖端黄色，脚黑灰色。尾羽叉状。头部灰黑色，肩、背和翼暗灰色，外侧初级飞羽黑色，末端有白斑，其余皆白色。非繁殖期头白色，后头和枕部灰色。飞行动作类似燕鸥。在中国为迷鸟，偶见于南沙群岛。IUCN 和《中国脊椎动物红色名录》均评估为无危（LC）。

 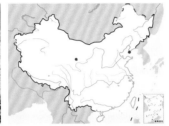

楔尾鸥。左上图为非繁殖羽，下图为繁殖羽

叉尾鸥繁殖羽。飞翔时可见其特征性的叉状尾羽

飞翔的楔尾鸥，可见其特征性的楔状尾羽

燕鸥类

- 燕鸥类指鸻形目鸥科玄燕鸥亚科、白燕鸥亚科和燕鸥亚科的鸟类，全世界共12属46种，中国有9属20种
- 燕鸥类体型纤瘦，翼细长，尾呈深叉状
- 燕鸥类的迁徙可跨越赤道，北极燕鸥是已知迁徙路线最长的鸟类
- 燕鸥类与人类关系密切，是古人文学创作的题材和渔民海上捕鱼的"指路标"

类群综述

燕鸥指传统分类系统中鸻形目燕鸥科（Ternidae）的鸟类，与鸥类很相似，具有高度的同质性，因形态和生态的分化而以分科处理。但根据分子证据，最新的分类系统将传统的鸥科、燕鸥科和剪嘴鸥科（Rynchopidae）合并为新的鸥科，原燕鸥科被分为玄燕鸥亚科（Anoinae）、白燕鸥亚科（Gyginae）和燕鸥亚科（Sterninae）。行为学的研究显示，燕鸥是由像鸥的祖先演化而来，只是在空中的展示动作更灵活，姿态也更优雅。燕鸥类全世界共12属46种，广泛分布于全球各地，中国有9属20种，其中噪鸥属 Gelochelidon、巨鸥属 Hydroprogne、小燕鸥属 Sternula、玄燕鸥属 Anous 和白燕鸥属 Gygis 各1种，浮鸥属 Chlidonias 和褐背燕鸥属 Onychoprion 各3种，凤头燕鸥属 Thalasseus 4种，燕鸥属 Sterna 5种。

中国境内的燕鸥，黄嘴凤头燕鸥 Thalasseus sandvicensis 和白燕鸥 Gygis alba 为迷鸟，白腰燕鸥 Onychoprion aleuticus 为迁徙过境鸟和越冬鸟，其余种类均有繁殖记录。其中河燕鸥 Sterna aurantia 和黑腹燕鸥 S. acuticauda 基本在内陆繁殖栖息，其他种类生活史的某个阶段会在海洋环境栖息或生活。灰翅浮鸥 Chlidonias hybrida、白翅浮鸥 C. leucopterus 和黑浮鸥 C. niger 在内陆湖沼营浮巢繁殖，鸥嘴噪鸥 Gelochelidon nilotica、普通燕鸥 Sterna hirundo、红嘴巨燕鸥 Hydroprogne caspia 和白额燕鸥 Sternula albifrons 在内陆湖泊、江河或沿海滩地繁殖，粉红燕鸥 Sterna dougallii、黑枕燕鸥 S. sumatrana、褐翅燕鸥 Onychoprion anaethetus、乌燕鸥 O. fuscata、小凤头燕鸥 Thalasseus bengalensis、大凤头燕鸥 T. bergii、中华凤头燕鸥 T. bernsteini 和白顶玄燕鸥 Anous stolidus 等在海洋岛屿上繁殖。迁徙时，在内陆繁殖的种类会迁至海边活动，一般非繁殖期也留在海边；在外海岛屿繁殖的燕鸥则留在繁殖岛附近活动或到大海中漂游。

形态特征　燕鸥是小型至中型的海鸟，体长在 20～56 cm 之间。体型大者如红嘴巨燕鸥、大凤头燕鸥，重可达250 g，体型小者如白额燕鸥，体重约80 g。燕鸥类雌雄羽色相似，但体重不同，雄鸟一般体重和喙长都大于雌鸟。燕鸥属除黑枕燕鸥头顶白色外，其余的头顶都是黑色，而有些种的额为白色；嘴和脚以黑色或红色为多。凤头燕鸥属的头也是黑色，体型较大，嘴为黄色或橘色、橘红色。浮鸥属的尾较短，分叉较深，繁殖期的体色为黑色或暗灰色。

分布及栖息地　燕鸥类分布甚广，全球各大洲包括南极都有其踪迹。繁殖栖息地包括内陆湖沼、江河、河口、海岸、沙滩、岩礁，以及大陆性和海洋性岛屿。内陆性燕鸥如鸥嘴噪鸥、浮鸥属等种类的分布偏向于湖泊、沼泽等淡水区域。海洋性燕鸥如粉红燕鸥、黑枕燕鸥、褐翅燕鸥等种类的分布受可利用食物的影响，一般都在大陆沿岸、珊瑚礁、河口等水生动物生产量高的地方。

左：燕鸥类飞行姿态十分优美，图为飞行中的普通燕鸥，流线型的身体、细长的翼和喙使其身姿格外纤巧灵动。杨贵生摄

右：黑白分明的白翅浮鸥被一些观鸟爱好者认为是世界上最漂亮的燕鸥。图为白翅浮鸥空中悬停的背影。朱英摄

习性 燕鸥的活动模式受潮汐、繁殖活动、气候条件、社会刺激以及白天时段等因素的影响。燕鸥类大多是日行性鸟，一般在晨昏时刻活动较多，但在海岸营巢者，其觅食和配对都受潮汐的影响；险恶的天气会减少求婚和炫耀的行为，此时，如有社会的刺激可增加这些活动。燕鸥的脚甚短，虽然可在地面上行走，但不能像海鸥一样以快步攻击入侵者。趾间有蹼，但很少停栖在水面上随波逐流。它们可降落至水面洗澡，但很少像海鸥一样长时间浮游于水面。它们飞翔能力强，可持久在空中翱翔。雏鸟遇危险时，会跃入水中游泳，逃避凶险。

鸟类的鸣声通常是用来通信，以沟通彼此情意、维系关系或威胁来者。燕鸥是集群营巢繁殖的鸟类，为维护自己有限的领域空间，常以鸣声与邻居争吵。由于集群数量多，争吵声势就很浩大，同时也能吓阻掠夺者的入侵。但如果是独立或分散筑巢的繁殖者，则十分沉静，不敢发出声音，以免让捕食者发现。

燕鸥类的分布遍及全球，许多种的生活范围扩大至南、北半球，如北极燕鸥；也有些种的生活仅局限于某些窄小范围，如中华凤头燕鸥。大部分燕鸥都有迁徙的习性，即使是热带种，在非繁殖期也四处游荡。在北温带地区繁殖的燕鸥，大多到热带或南半球越冬。北极燕鸥在繁殖地以最短的时间求偶、配对、筑巢、育雏，然后匆匆南迁。它会跨越赤道到南极地区越冬，似在追逐长日照的环境，迁徙路线是已知鸟类中最长的。在南温带地区繁殖的燕鸥，迁徙模式有较大的变异。普通燕鸥在较低纬度繁殖，南迁前会在繁殖区附近停留几周。有些种类在繁殖后，会带幼鸟到更高纬度的海域觅食、学习生活技巧，然后再南迁。在热带的远洋岛屿繁殖的种类，如灰背燕鸥 Onychoprion lunatus，全年都在繁殖区附近活动，乌燕鸥在非繁殖期会离开繁殖区几个月。燕鸥在夜间，有时是清晨或黄昏，作群体迁徙。

燕鸥类都是集群性的鸟类，集群的数量可由少数几只个体至几千只甚至几十万只，无论繁殖、觅食和迁移都群体活动，过社区般的生活。图为白额燕鸥群。沈越摄

燕鸥类

燕鸥类觅食行为多样，食谱也广。图为捕鱼回来的中华凤头燕鸥。陈水华摄

食性 燕鸥比海鸥更善于觅食。没有一种燕鸥的觅食只用一种方法、只在一种栖息地环境或只吃一种食物。它们的觅食行为多样，食谱没有专一性。除了鸥嘴噪鸥在陆地环境觅食，其他的燕鸥都从水域（包括淡水、河口及海洋）获取食物。燕鸥的觅食行为、食谱都比海鸥更特殊。与圆胖、硕壮的海鸥相比，它们的身体呈流线型，更显细长，翼和嘴长且尖，适于长久在空中翱翔和俯冲至水面攫取鱼类。燕鸥通常天一亮便开始单独或成小群离开营巢区或夜栖地出去觅食，这种现象不同于一般社会性鸟类群体离开的模式。觅食的燕鸥可散开单独觅食或群体逐食，或与海洋其他脊椎动物一起追逐鱼群，视当时的状况而定。燕鸥吃各种小型鱼类，当发现整群鱼时，会聚集在鱼群上空盘旋，从鱼群上方作短距离的俯冲入水攫取鱼类。只要食物适当，攫取容易，几小时内即可吃饱。如有两种以上的燕鸥争夺相同的食物资源，它们在

空间上会出现暂时性的不协调。燕鸥在飞翔中俯冲入水的觅食方式，展现出敏捷灵巧的动作和优美的姿态。一般由距水面3～15 m的空中冲入水下，全身浸入水中，用嘴叼住鱼类，然后奋力跃出水面，飞到空中。有时鱼类浮在水面上，就贴近水面低飞，然后俯冲至水面用嘴啄食；有时也漂浮在水面上啄食；有时在空中追逐或强盗似的夺取其他鸟所捕得的鱼类。燕鸥类摄取食物的大小，取决于其嘴裂的大小。

生活于沼泽地的燕鸥，繁殖期都在淡水湖沼、海岸沼泽及沼泽湿地觅食，有时也吃飞行中的昆虫；在海岸繁殖的燕鸥，繁殖期都在潮间带、河口及近海觅食，有时也到大陆架海域。很多燕鸥类喜欢在有阴影的小湾、礁湖和咸水湖觅食；在海岛繁殖的燕鸥，繁殖期都在该岛附近或到远洋觅食。鸥嘴噪鸥在陆地觅食；乌燕鸥在夜间觅食由水体底层上升的生物。

繁殖 燕鸥的婚配通常都是单配制，偶尔也有雌－雌配对的现象。不同种间很少杂交。燕鸥每年仅繁殖 1 窝，繁殖期各地有差异：生活于极地、温带和亚热带地区的繁殖期都在夏季 5～8 月；生活于热带地区的燕鸥，集群繁殖种群的周期并非同时，某些岛屿的燕鸥全年各月都有繁殖，如乌燕鸥每年的繁殖周期并不明显。

燕鸥类达到性成熟开始第 1 次繁殖的年龄，体型小者为 2 龄，体型中者为 3～4 龄，体型大者为 4～5 龄。褐翅燕鸥要到 4 龄才性成熟。大部分燕鸥都会选择适当的栖息地集群营巢繁殖，巢址选在有障碍的、天敌不易到达的湖中岛、河中岛、海岸岩礁峭壁或海上岛屿。有些种类对营巢栖息地的选择，在不同的地点有不同的喜好：如粉红燕鸥的巢址，在欧洲西北部和美洲东北部设于植物下，在加勒比海岛屿设在珊瑚礁上，在大洋洲则设在无植物的沙滩，而在中国台湾的澎湖后袋子屿设在石隙中；再如乌燕鸥，在加勒比海岛屿筑巢于树下和浓密植物中，但在太平洋岛屿则筑巢于裸露地或植物稀少的草地上。有些种类喜欢栖息地范围窄小的地方，如灰翅浮鸥仅将巢设在漂浮的植物上；玄燕鸥的巢设在石崖上。燕鸥对巢址的忠诚度，依栖息地的稳定度而定，会因栖息地改变、干扰、捕食者和气候等因素而放弃原来的巢址。在内陆淡水湖沼、河流沙洲和海湾等湿地筑巢的燕鸥，如白额燕鸥，其巢址可能只用几年或仅仅 1 年；在孤立海岸崖壁、内湖岛和远洋岛屿的巢址，因捕食者和人类的干扰少，一般都会连续使用多年，甚至百年以上。

燕鸥每年返回旧巢址时，会在其上空和附近活动几天至几周，评估栖息地的稳定性，再决定是否

正在筑巢的灰翅浮鸥，它们把巢建在漂浮于水面的植物上。杨贵生摄

燕鸥类

继续使用该巢址，或另作选择。此时它们在营巢地附近飞翔、聚集，数量渐增后，便开始建立领域。其集群营巢的数量因种类而异，可从仅有几对到几千对。黑腹燕鸥和白额燕鸥的集群营巢只有几对，且巢间距远达1000 m，可考虑为独立巢。中型燕鸥如普通燕鸥、粉红燕鸥和玄燕鸥等种类的集群营巢为十几对至几百对，巢间距1～5 m。大型燕鸥如红嘴巨燕鸥和大凤头燕鸥的集群营巢，数量可多达几百对至几千对，巢间距只有身长的距离，甚为密集，坐巢孵卵者的身体可碰到邻居。由此可见，燕鸥类的体型越大，巢间距越小。

在树上筑巢的燕鸥，如白燕鸥，必须选特别稳定的树枝凹处以供产卵；在湖面上筑浮动巢的燕鸥如灰翅浮鸥，在求偶展示和领域需求时，必须要有一个合适的平台，所以在防御领域时，繁殖对会在巢上加料，使巢更坚固；在悬崖峭壁筑巢的种类，如白顶玄燕鸥，常搬来珊瑚碎片或小石子置于崖边，防止蛋和雏鸟从崖上的平滑处掉落。有些燕鸥的集群营巢是由单一种组成，也有些燕鸥与其他燕鸥或海鸥在一起营巢，形成混种的营巢区，如澎湖列岛的猫屿就是褐翅燕鸥和白顶玄燕鸥共同的营巢地。更有些燕鸥与其他鸟类类群如鲣鸟、海雀、信天翁或鸭类混群营巢。有时是燕鸥选择其他鸟类已建立的巢址营巢，如在海鸥的营巢地设巢的燕鸥因个体较小，在巢区内可以得到海鸥的保护。有时也有其他鸟类被燕鸥巢址吸引前来，并由燕鸥的俯冲攻击得到好处。

燕鸥都有占据领域的行为。不同燕鸥的领域大小和维护强度有差异。一般而言，领域的大小决定

巢间距的模式，且为竞争和抗敌策略的部分功能。大型燕鸥的集群占巢，其密集的数量会侵占海鸥类的营巢地，并建立其领域，迫使海鸥放弃它们的巢和卵。例如，如在北美大湖繁殖的红嘴巨燕鸥会集体侵占银鸥巢区，并迫使银鸥放弃其巢址；在欧洲的白嘴端凤头燕鸥会集体侵占红嘴鸥巢区，并迫使红嘴鸥放弃其巢址。大型燕鸥依赖集群营巢模式以抵抗空中的掠夺者，它们密集的营巢和不停地喧闹，使空中掠夺者无适当的空间可降落，也很难从边缘闯入。中型和部分小型燕鸥类有群体骚动和大举攻击驱赶空中掠夺者的行为，它们一再从空中俯冲，用喙攻击，有时甚至将掠食者啄死。它们也通过蛋和雏鸟的保护色减少掠食者的侵害。掠夺者的压力会影响巢间距的大小，如在美国新泽西繁殖的小白额燕鸥，会因狐狸的出现而增大巢间距。当狐狸被控制时，巢间距便缩小。对同种的领先防御行为，通常包括在地面蹲行、张大嘴巴作攻击势、忽然抬头并竖起羽毛、飞向对手和空中追逐等。

在繁殖期不坐巢孵卵者常在其配偶附近的领域内休息，同时维护领域不受侵犯。栖息于温带地区的燕鸥，在到达繁殖地之后，通常是先选择并维护领域，然后再追求配偶、建立配对，进行求偶和几天至几周的求偶喂食，而后进入几天至2～3周的产卵期。孵化期为21～28天，育雏期约为28天。整个营巢地的产卵期可能持续两个月，后期产卵者可能是先前繁殖失败再次产卵的。小型燕鸥的繁殖期可能短一些，而大型燕鸥可能长一些。栖息于热带地区的燕鸥，在食物可利用性较低时，繁殖过程的每一阶段都可能延长。繁殖细节可能因种类和地点不同而有所差异，但最大的影响因素是食物资源的可利用性和气候。

求偶和建立婚配关系的行为，包含各种地面和空中的求偶展示。很多燕鸥类的求偶展示都始于高空的求偶飞行，待双方熟悉后，雄鸟带小鱼献给雌鸟，以示爱意。当雄鸟带一条小鱼降落在雌鸟跟前之后，双方会一齐起飞并一前一后地滑翔，有时会有一两只非求偶对象的燕鸥加入飞翔。在求偶期间，无论是已配对还是未配对的个体都会衔鱼或高空飞翔。雌鸟如接受小鱼并将其吞食，表示愿意配对成双。雌雄一旦形成配对，求偶喂食的频率加快。此时雌鸟多留在领域内以抵御入侵者，雄鸟出去觅食，

并带小鱼回来喂食雌鸟。从求偶展示至孵卵期间，雄鸟每小时带回5~6条小鱼给雌鸟。这种求偶喂食过程，一方面可让雌鸟判断雄鸟的能力，若求偶喂食次数过少或带回的食物质量较差，雌鸟可能会离它而去；另一方面可为雌鸟提供产卵所需的能量，确保生产优质的卵。在交配之前，雌雄鸟会双翅下垂、嘴尖向下地相对绕圈子。绕了几圈之后，雄鸟挺身，抬头嘴向上，然后鸣叫。它们依此动作重复几次，随后交配。交配时，雌鸟蹲下，雄鸟跃上骑背数次，直至泄殖腔碰触对上。当泄殖腔碰触对上时，雄鸟高举双翅以维持身体的平衡，并降下尾羽至一边；雌鸟同时提升尾羽至另一边。射精过程仅几秒，然后雄鸟跃下，交配完成。通常在雌鸟产卵前，一天可能交配好几次。双翅下垂、相对绕圈子的行为，为彼此展现给对方的信号。

燕鸥的窝卵数因种类而异：橙嘴凤头燕鸥 *Thalasseus maximus*、丽色凤头燕鸥 *T. elegans*、乌燕鸥、玄燕鸥 *Anous minutus* 等每窝产1枚卵；红嘴巨燕鸥、粉红燕鸥、北极燕鸥、黄嘴凤头燕鸥、小白额燕鸥 *Sternula antillarum* 等每窝产2枚卵；鸥嘴噪鸥、普通燕鸥等每窝产3枚卵。燕鸥的窝卵数受食物的供应所影响，食物短缺时可减产，如普通燕鸥减至2枚，粉红燕鸥减至1枚，而仅产1枚卵者可选择不产卵。如若偶遇食物丰盛时，也会增加窝卵数。在极地和温带环境繁殖的燕鸥，亲鸟全天坐巢孵卵，以免卵被冻死；在亚热带和热带繁殖的燕鸥，亲鸟仅在夜间和清晨坐巢孵卵，白天最热的时刻，亲鸟会站在巢上以身体的阴影遮蔽卵和雏鸟，以防它们被太阳晒熟或晒死。亲鸟有时也会飞到临近水域弄湿腹部，回巢润湿卵和雏鸟，以降低它们的温度。维持领域、孵卵、喂养和保护雏鸟等责任由夫妻共同承担。雌鸟一般花费更多时间在孵卵上，雄鸟则忙于捕鱼和喂食，而双方都会奋力抵御入侵者。

雏鸟出壳的过程一般都超过1天，此时亲鸟特

求偶喂食是燕鸥类建立和维持配对关系中的重要行为，图为正在给雌鸟献上小鱼的普通燕鸥。聂延秋摄

燕鸥类

上：正在交配的白额燕鸥。颜重威摄

下：不同的燕鸥类窝卵数不同。图为每巢1枚卵的中华凤头燕鸥、每巢2枚卵的粉红燕鸥和每巢3枚卵的白额燕鸥。陈水华，颜重威摄

上：燕鸥类繁殖对通常一方坐巢孵卵，一方出去觅食。图为白翅浮鸥雄鸟正在给坐巢孵卵的雌鸟献上带回的昆虫。赵国君摄

下：在烈日下，为防止卵被太阳晒死，燕鸥亲鸟会沾湿腹部为卵降温。图为沾湿腹部为卵降温的白额燕鸥。颜重威摄

燕鸥类

窝卵数大于1枚的燕鸥类雏鸟孵出不同步，后孵出的雏鸟先天较弱，在争抢食物中也处于弱势。图为给雏鸟带回小鱼的灰翅浮鸥，巢中有5只雏鸟，中间1只明显较小，未能及时站起来准备抢食。沈越摄

别保护它们的卵，并增加活动。雏鸟用上喙的卵齿啄破卵壳。卵齿一般在5日龄内脱落。每窝产3枚卵的燕鸥通常在产下第2枚卵之后即开始坐巢孵卵，所以前2枚卵出壳的时间只差几小时，第3枚卵会晚1~2天出壳。由于第3枚卵先天体型较前2枚卵小，体重轻，出壳后的雏鸟体质弱，与先出壳的同胞竞争食物的能力较差，因而存活率较低。其存活的策略是走到邻居巢中，成为邻居的义子，由邻居长辈来喂养。如果邻居的雏鸟体质比它弱，便有可能胜出。刚出壳的雏鸟都蹲在巢中或邻近隐蔽处不动，静待亲鸟来喂食。同窝兄弟会抢食并时常争斗，抢到更多食物的雏鸟长得更快。

在海上取食的燕鸥类，当食物分布不均匀、觅食较困难时，会在一个取食点上花好几小时，然后返回繁殖巢替换配偶的孵卵工作，由配偶出去觅食。这种轮替的周期由20分钟至20小时不等。已配对雄鸟的觅食习惯是先喂饱自己，再带食物返巢给其配偶或雏鸟。有些燕鸥类会弄湿自己的腹部，将水

分带回巢中，让水分滴到卵或雏鸟身上，以减少酷热的压力。大部分燕鸥类每次带回1条鱼喂食雏鸟，粉红燕鸥和普通燕鸥偶尔会一次带回好几条鱼。乌燕鸥、褐翅燕鸥、灰背燕鸥和玄燕鸥等将好几条小鱼吞入胃里，待飞回巢中再反吐出来喂食雏鸟，如此可减少往返的次数。温带地区的燕鸥类一天喂雏好几次，有时甚至1小时好几次。热带地区燕鸥类喂雏的次数依栖息地环境而有所不同：在近海觅食的燕鸥类，较易捕得食物，喂雏较为频繁，雏鸟长得快；在远洋岛屿繁殖的燕鸥类，一般觅食地离繁殖地较远，食物运送较费时费力，雏鸟成长便慢很多。亲鸟带来小鱼、小虾和其他无脊椎动物等食物，雏鸟伸嘴到亲鸟口中取食，如是由胃里反吐出来时，雏鸟的嘴伸入亲鸟口中，并一连串猛力拉扯，才把食物吞下。当雏鸟逐渐长大，亲鸟带回来的鱼类也较大。

雏鸟在成长过程中，有两种行为模式。其一是托管，凤头燕鸥属和乌燕鸥的雏鸟，在繁殖栖息地受到干扰时，会离开巢窠，形成密集的群体，并由

几只成鸟管理。当入侵者或掠食者袭来时，它们组成大型集体，像变形动物一样行动。这种行动是一种抵抗掠食者侵犯的策略，而使雏鸟在大群效益中获益。那些不负责管理的亲鸟，此时多外出觅食。当它们带回食物时，以鸣叫招呼雏鸟来吃。其二是离开领域避敌，普通燕鸥、粉红燕鸥、北极燕鸥、白额燕鸥等的雏鸟，都留在巢中由双亲保护，如受干扰就逃避隐藏，或由亲鸟带至安全地带。在地面上筑巢的燕鸥，无论是聚集成群托管或离开领域的雏鸟，亲鸟都能依绒毛色泽、图案以及鸣声而辨认其子女，雏鸟也在此期间认得双亲。在树上筑巢的玄燕鸥，雏鸟一旦离巢，亲鸟便认不出它了。

在集群营巢区里，一些种类如普通燕鸥、粉红燕鸥、北极燕鸥和小白额燕鸥等，同种间常有抢夺食物的行为发生。异种间也有其他鸟类来抢夺燕鸥的食物，如在极地和温带地区，常见海鸥来抢夺燕鸥的食物。海鸥的体型比燕鸥大，抢食往往都能成功。热带地区的抢食者则是军舰鸟和笑鸥。在繁殖期，燕鸥抢夺食物的频率因种类而不同。在求偶喂食、孵化期和喂雏时为最高峰，此时带回巢的食物最多。抢食都以追逐的方式逼迫对方放弃口中的食物，有时在亲鸟将食物传给雏鸟时，邻居的成鸟和雏鸟也会过来抢食，尤其是鱼类体型较大不能马上一口吞咽时。燕鸥集群繁殖的生活中，抢食带来强大的育雏压力，避免被抢的策略是在巢址上空低飞，以增加抢食的难度。

燕鸥在营巢地主动抵御入侵者的行为包括早期的警告声、群体骚动、不断地困扰和攻击入侵者，

燕鸥类

人类进入营巢地时也会遭受俯冲的攻击。在雏鸟正要出壳或刚出壳不久的时刻，是群体骚动最频繁、攻击最强、保护最有力的时刻。当然，不同燕鸥的攻击强度不同。不同燕鸥对捕食者或入侵者潜在威胁的防御方式也不同：大型燕鸥如凤头燕鸥属和红嘴巨燕鸥的巢窠都很紧密，亲鸟紧紧地坐在巢上保护它的卵和雏鸟，当入侵者趋近时，亲鸟会竖起羽毛，张大嘴不停地嘎嘎尖叫以威胁来者；小型燕鸥相对小而脆弱，当捕食者趋近时，亲鸟都不留在巢中，而是带着雏鸟离开躲藏起来。

在雏鸟长大离巢几天之后，多数燕鸥便会放弃它们的领域和营巢区。然而有些种类如普通燕鸥，全家仍旧使用巢址，在巢中喂养幼鸟。离巢的幼鸟通常分散在营巢区附近，跟随父母几周或几个月，有的还扩散至迁徙相反的方向觅食，而后才开始南迁至越冬区。

燕鸥的繁殖生产力，如窝卵数、孵化率、离巢率，都与营巢区的大小有关，大型营巢区比小型的好。其他影响繁殖生产力的因素包括卵的大小、亲鸟的求偶展示、捕食者和人类的干扰、传染病、年龄、雌性的繁殖经验、产卵时刻、食物资源和气候。燕鸥的寿命一般都很长，红嘴巨燕鸥和凤头燕鸥属的存活年龄都超过 20 龄，北极燕鸥有 32 龄的存活记录。

燕鸥类的雏鸟为半早成雏，虽出壳后很快就能自行活动，但仍需亲鸟喂养相当一段时间。图为一只羽翼基本丰满的灰翅浮鸥幼鸟，已经离开了巢域，但仍在接受亲鸟的喂食。姚立宇摄

种群现状 燕鸥类的种群数量，有的以几十万或几百万计，如乌燕鸥；有的则不及千只，如黑腹燕鸥和中华凤头燕鸥。因调查研究的报告不多，燕鸥类在中国境内的种群数量有许多种还不清楚。较具体的报道，如邢莲莲（1996）在内蒙古乌梁素海对灰翅浮鸥的数量统计有27 500个巢；王颖、陈翠兰（1987）在大、小猫屿对褐翅燕鸥和白顶玄燕鸥种群的估算，分别是2194对和2257对。中华凤头燕鸥的种群数量极为稀少，陈水华等2009年的报道认为全球种群数量不足50只，通过数年的保护努力，近来的数量已逐渐回升，接近百只。

与人类的关系 中国古代文人对燕鸥飞行和觅食行为的观察颇为细腻，并以诗文叙说，赋予闲暇与自由的内涵，使之成为文化的一部分。燕鸥大多为候鸟，古人见鸥鸟在生活周遭的出没，乃知时序的转移和气候的变化。燕鸥是海上渔民捕鱼的"指路标"，它们在海上群体翱翔的地方，往往是鱼群密集的所在，渔民常驱船前往捕之。近年来，它们更是环境污染的指标，人们研究其生殖力的下降，以探讨使用杀虫剂、除草剂、化肥等毒素对生物的影响。燕鸥类大多生活于湖沼、海岸和岛屿，都是偏远荒芜，人们不易到达的地方。影响燕鸥

燕鸥类

燕鸥类的栖息地常被进行养殖渔业的开发，一方面燕鸥因容易觅食而聚集在养殖场附近，另一方面为避免因燕鸥捕食而受损的渔民可能采取干扰措施。图为在布设渔网的湖面上觅食的白翅浮鸥。杨贵生摄

生存的因素除恶劣天气和天敌外，主要是人们的干扰和对其栖息地的破坏：沿海渔民出海捕鱼时，经常会顺道到岛上捡拾鸟蛋；澎湖列岛和马祖列岛一些无人居住的岛礁大多是燕鸥繁殖地，过去则被军方划为炮击的靶场；舟山群岛的某些海岸开发为游乐区；江苏沿海地区的工业区和养殖渔业的开发；西沙群岛的采挖鸟粪导致白顶玄燕鸥数量的下降；海上渔场对鱼类的过度捕捞等都是不利于燕鸥生存的因素。然而国内对这方面的调查研究仍非常缺乏。燕鸥等海鸟的保护，有赖于相关研究的开展，学者、政府甚至民众在科学认识和保护意识方面的提高，有赖于全社会的共同努力。

br.

non-br.

鸥嘴噪鸥
Gelochelidon nilotica

br.

non-br.

红嘴巨燕鸥
Hydroprogne caspia

br.

br.

中华凤头燕鸥
Thalasseus bernsteini

br.

大凤头燕鸥
Thalasseus bergii

br.

小凤头燕鸥
Thalasseus bengalensis

non-br.

黄嘴凤头燕鸥
Thalasseus sandvicensis

br.

河燕鸥
Sterna aurantia

br.

粉红燕鸥
Sterna dougallii

br.

黑枕燕鸥
Sterna sumatrana

普通燕鸥
Sterna hirundo

黑腹燕鸥
Sterna acuticauda

白额燕鸥
Sternula albifrons

白腰燕鸥
Onychoprion aleuticus

褐翅燕鸥
Onychoprion anaethetus

乌燕鸥
Onychoprion fuscatus

灰翅浮鸥
Chlidonias hybrida

白翅浮鸥
Chlidonias leucopterus

黑浮鸥
Chlidonias niger

白燕鸥
Gygis alba

白顶玄燕鸥
Anous stolidus

鸥嘴噪鸥

拉丁名：*Gelochelidon nilotica*
英文名：Gull-billed Tern

鸻形目鸥科

形态 中型燕鸥，体长34～38 cm。成鸟繁殖羽头部从额与头顶经眼下缘和耳区至后颈上部全为黑色，颈下部和背部灰褐色，腰、尾上覆羽及尾羽为灰白色，尾羽羽轴白色，外侧2对尾羽较长，且几乎全白。尾略呈叉状。体腹面全为白色。初级飞羽灰褐色，羽轴白色，内侧基部灰白色，羽端黑褐色。飞羽内侧及翼上覆羽与背同色。非繁殖羽头部由黑色转为白色，眼后方有黑色斑块，背部羽色较淡。虹膜褐色。喙、跗跖均黑色。幼鸟头部灰白色，后头和后颈赭褐色，体背面灰色而具浅黄色羽缘。初级飞羽与成鸟相似，但色较暗。

分布 分化为6个亚种：指名亚种 *G. n. nilotica* 分布于欧洲、亚洲中部、非洲北部及东部、印度；华东亚种 *G. n. affinis* 分布于中国东北和华东，到东南亚越冬；澳洲亚种 *G. n. macrotarsa* 分布于澳大利亚；北美亚种 *G. n. aranea* 分布于美国东部、古巴、海湾地区，到中美和南美之巴西和秘鲁越冬；中美洲亚种 *G. n. vanrossemi* 分布于加利福尼亚南部、墨西哥西部到厄瓜多尔；南美亚种 *G. n. groenvoldi* 分布于墨西拿岛、巴西东南部。中国分布有2个亚种，指名亚种在新疆阿尔泰山东部和天山西部、内蒙古东居延海和鄂尔多斯毛乌素沙漠湖区、东北西北部以及辽宁盘锦地区为繁殖鸟；在新疆大部分地区和北京为过境鸟；华东亚种在河北、河南、山东、上海、台湾、广东、香港、海南为过境鸟，在浙江、江苏为留鸟。

栖息地 常栖息于半沙漠地区的荒漠草原、盐泽地、湖泊、江河、沙丘地，以及沿海泥质滩地、港湾、河口与池塘，不喜欢植物茂盛的水域。

习性 在新疆北部与小鸥同生境活动。常单独或小群在戈壁砾石滩或荒漠草原，低空飞翔或在水面浮游。啄食时会突然从空中垂直冲入水中，而后又直线跃起，或直接降落到滩涂地啄食虾蟹。在空中会强行抢夺其他燕鸥所获的食物。鸣叫声为重复的"kuwk-wik"或"kik-hik，hik hik hik"。冬季到河口、海岸滩地、淡水湖泊越冬。

鸥嘴噪鸥是迁徙性的鸟类，在中国内蒙古和辽宁辽河口繁殖的鸥嘴噪鸥，秋季有向华东和华南迁徙的情形。春、秋二季迁徙经过新疆地区、北京地区和香港，越冬于海南和台湾。

食性 肉食性。在环境中随机啄食，大部分以蚱蜢、蜻蜓、蛾等昆虫为主，但也啄食蜘蛛、蚯蚓、沙蜥、麻蜥、蛙类、小鱼、虾蟹等。

繁殖 在中国境内繁殖的鸥嘴噪鸥，繁殖期在5—7月。鸥嘴噪鸥巢设于湖畔和溪流岸边的沙地或泥地，也在海边、河口滩涂盐碱沼泽地营巢。集群营巢，繁殖群的营巢数少则仅五六个，多则上千个，但在内蒙古多见与遗鸥混群繁殖。在辽宁盘锦辽河口自然保护区和内蒙古鄂尔多斯毛乌素沙漠的敖贝诺尔及桃力庙—阿拉善湾海子，鸥嘴噪鸥于4月下旬飞来，5月上旬开始营巢。巢为圆盘状，由双亲共同筑巢。巢材为苇茎、干碱蓬茎，内衬有少量碱蓬嫩叶，构造极为简单。巢的大小为：外径15～27 cm，内径10～14.5 cm，高2.5～7.0 cm，深2.5～4.0 cm。5月中旬开始产卵，窝卵数通常3枚，偶见2枚或4枚。卵绿褐色或沙黄色，具有深褐色或紫色斑点。有时同一窝里会出现两种不同颜色的卵。卵的大小为（48～54.5）mm×（35～37）mm，重29～35.3 g。产下第1枚卵就开始孵卵，雌雄轮流孵卵。孵卵期29～32天。雏鸟早成性，羽毛干后即能站立行走。雏鸟被灰白色绒羽，带有暗灰色或黑色斑点。幼鸟35日龄即可飞翔。

种群现状和保护 IUCN和《中国脊椎动物红色名录》评估为无危（LC）。被列为中国三有保护鸟类。鸥嘴噪鸥在内蒙古繁殖地是遗鸥的伴生物种，其所面临的过度放牧导致草场退化和牧民捡拾鸟卵的压力与遗鸥相同。东部沿海滩涂地开发成为有经济价值的水产养殖场，严重地减少了鸥嘴噪鸥的适宜栖息地面积和食物资源，威胁到其种群生存。

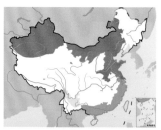

鸥嘴噪鸥。左上图为繁殖羽，聂延秋摄；下图为非繁殖羽，颜重威摄

鸥嘴噪鸥的繁殖参数	
巢位	地面巢
巢大小	外径15～27 cm，内径10～14.5 cm， 高2.5～7.0 cm，深2.5～4.0 cm
窝卵数	2～4枚，通常为3枚
卵大小	长径48～54.5 mm，短径35～37 mm
卵重	29～35.3 g
孵化期	29～32天

红嘴巨燕鸥

拉丁名：*Hydroprogne caspia*
英文名：Caspian Tern

鸻形目鸥科

体型较大。喙长且粗厚，红色而先端黑色。脚黑褐色。尾呈深叉状。繁殖羽额、头顶为黑色，背和翼淡灰色。非繁殖羽头部则杂有白斑。栖息于沿海一带、内陆大湖和水库区，很少在远洋和盐泽地活动。主食中小型鱼类。在中国吉林、辽宁、山东、江苏、浙江、江西为夏候鸟，在新疆、河北、上海为过境鸟，在广东及海南终年留居，在中国台湾则为普遍易见的冬候鸟。IUCN 和《中国脊椎动物红色名录》均评估为无危（LC）。被列为中国三有保护鸟类。

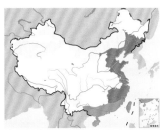

红嘴巨燕鸥繁殖羽。左上图为杨贵生摄；下图为集群觅食，其中一只正捕得一条小鱼，聂延秋摄

捕得小鱼飞回岸边的红嘴巨燕鸥。宋丽军摄

中华凤头燕鸥

拉丁名：*Thalasseus bernsteini*
英文名：Chinese Crested Tern

鸻形目鸥科

形态 大中型燕鸥，体长 45 cm 左右，较大凤头燕鸥略小。雌雄外形相似。特征为橘黄色的喙，尖端黑色，故原名黑嘴端凤头燕鸥。繁殖羽额部黑色，非繁殖羽额部白色。头顶及枕部黑色，具羽冠。颈白色，上体灰白色。翼上覆羽、初级飞羽灰白色，外侧 5 枚初级飞羽黑色或灰黑色，内翈具宽阔的白色羽缘。尾羽灰白褐色。下体白色。脚黑褐色。

分布 在中国东部沿海一带为夏候鸟，在印度尼西亚、菲律宾等南中国海周边海域为冬候鸟。目前确认在中国浙江的韭山列岛、五峙山列岛和福建沿海的马祖列岛，以及中国台湾的澎湖列岛存在繁殖个体。中国山东青岛沿海历史上曾在 7 月有记录，但不能确认繁殖状态。繁殖后期先后在中国黄河三角洲、山东日照、上海崇明东滩、江苏如东和青岛胶州湾发现零星个体，提示在舟山群岛以北存在繁殖群的可能，但至今仍未找到繁殖岛屿。2016 年在韩国全罗南道外的一个无人岛发现 4 只繁殖个体，第一次证实在黄海区域仍然存在繁殖个体。

1937 年之前的标本记录显示，中华凤头燕鸥历史上的越冬区域包括泰国、菲律宾、马来西亚、印度尼西亚。印度尼西亚北塞兰岛是近年确认的越冬地点，其他越冬地点尚不明确。迁徙时经过中国西沙群岛和台湾部分水域。中国福建闽江口鳝鱼滩湿地从 4 月中旬至 8 月中下旬，常可监测到中华凤头燕鸥个体，同步调查显示，该湿地是马祖列岛繁殖群的栖息地，也可能是北部繁殖群的重要停歇地。

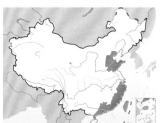

中华凤头燕鸥。左上图为繁殖对，下图为与大凤头燕鸥混群，上体色浅且嘴端黑色的是中华凤头燕鸥，色深且嘴全黄色的为大凤头燕鸥。陈林摄

栖息地 繁殖岛屿一般是面积在 2 hm² 以下的偏远无人岛屿。岛上有低矮灌木、草丛，或无植被。巢区一般位于岛屿外缘的草丛区、草丛和岩石交界区和裸露岩石区。一般在繁殖岛屿周边海域觅食。中华凤头燕鸥重要的栖息地还包括福建闽江口滩涂。每年 4~9 月，可以在闽江口滩涂观察到数量相对稳定的中华凤头燕鸥在此栖息。与马祖列岛的同步调查显示，在闽江口出现的个体属于马祖列岛繁殖群体。其他非繁殖栖息地还包括黄河三角洲、山东日照沿海、上海崇明东滩、台湾八掌溪、西沙群岛等。这些地点应该属于迁徙停歇点或者繁殖后期游荡地。历史上的越冬地包括印度尼西亚、马来西亚、泰国、菲律宾等沿海区域。2010 年 12 月在印度尼西亚北塞兰岛发现越冬个体，目前确切的越冬地和越冬地生境尚不明确。

食性 一般在繁殖巢周边 5 km 的范围内觅食。以海洋上层小型鱼类为食，食物主要包括小带鱼、凤鲚、圆鲹、鲱鱼、舌鳎、龙头鱼、鲚和银鱼等。它们一般在水面上飞行或盘旋，一旦发现猎物，即以俯冲的形式入水捕食鱼类。常跟随在船只后边，取食被螺旋桨打昏的鱼类。在育雏期，亲鸟会根据雏鸟的大小选择捕获猎物的大小。它们一般会捕猎很小的鱼苗喂食刚出生的雏鸟，随着雏鸟的成长，饲喂小鱼的尺寸也逐渐变大。有些年轻的父母没有经验，捕了一条"大鱼"喂食雏鸟，发现雏鸟根本无法吞下后，只好自己吃了。

繁殖 一般在 4 月中旬即到达福建闽江口，5 月下旬进入繁殖岛屿，6 月初开始产卵。目前发现的中华凤头燕鸥全部与大凤头燕鸥混群繁殖，仅 2016 年发现的韩国繁殖个体混群在黑尾鸥中繁殖。混合繁殖群的巢址位于裸露或有枯草覆盖的土坡和岩地中，以及与周围草丛的交接地带。繁殖时直接把蛋产在地面上，巢与巢间距仅 30 cm 左右，非常密集。一年繁殖 1 次，每窝只产 1 枚卵，极少数产 2 枚卵。如果第一窝繁殖失败，视食物和栖息地情况可能产第二窝。孵化期为 22~28 天，育雏期 31~35 天。雌雄共同孵卵和喂雏，孵卵替换主要在晨昏时段。如无台风和人为捡蛋，繁殖群一般会在 7 月底至 8 月初完成繁殖，并逐渐离开繁殖岛屿。

中华凤头燕鸥的繁殖参数	
巢位	地面巢
窝卵数	1 枚
孵化期	22~28 天
育雏期	31~35 天

与大凤头燕鸥混群繁殖的中华凤头燕鸥。陈水华摄

海洋污染和人类的干扰是威胁中华凤头燕鸥生存的两个重要因素。图中的中华凤头燕鸥由于在捕鱼时不幸将嘴扎入了塑料管中，上下喙无法正常闭合，令人担忧其是否还能捕食。陈林摄

种群现状和保护 1937 年 7 月在山东青岛外海的沐官岛曾经采集到 21 只标本，但尚不能确认其繁殖状态。此后该物种消失达 63 年之久，2000 年夏天，台湾鸟类摄影家梁皆得在福建外海的马祖列岛重新发现 4 对中华凤头燕鸥的繁殖个体。2004 年 8 月，陈水华等在浙江宁波的韭山列岛发现约 10 对繁殖的中华凤头燕鸥，混群于约 4000 只大凤头燕鸥的大繁殖群中。2007 年该繁殖群转移到舟山五峙山列岛繁殖。2016 年，同时证实在澎湖列岛和韩国西南部全罗南道外的一个无人岛存在中华凤头燕鸥繁殖个体。

自 2000 年被重新发现以来，很长一段时间，中华凤头燕鸥仅确认有福建马祖列岛和浙江五峙山列岛两个繁殖群体，据陈水华（2009）估计全球数量不足 50 只。根据 2016 年的记录，中华凤头燕鸥的繁殖地已经扩大到浙江韭山列岛和五峙山列岛、福建马祖列岛、台湾澎湖列岛和韩国全罗南道无人岛共 5 个，种群数量已经接近百只。不过据观察，这 5 个繁殖群应该属于同一种群，不存在繁殖阻隔。因为同步监测显示，繁殖个体在马祖列岛、韭山列岛和五峙山列岛之间存在交流。目前被 IUCN 和《中国脊椎动物红色名录》列为极危物种（CR）。

根据 2004—2013 年对浙江繁殖群的监测，陈水华等人（2015）提出人为捡蛋和台风是造成中华凤头燕鸥繁殖失败的主要原因。在繁殖失败的巢（$n=25$）中，有 44% 是人为捡蛋造成的，48% 是台风导致的。而且人为捡蛋和台风之间存在协同效应（Synergistic Effects）。即因人为捡蛋导致第一窝繁殖失败后，亲鸟补偿产卵繁殖第二窝，致使繁殖期延后，孵化育雏的脆弱期与浙闽沿海台风发生的高峰期 8 月中旬重叠，导致了更大的繁殖失败。在这个协同效应中，人为捡蛋属于触发因素。如果控制了人为捡蛋，中华凤头燕鸥的繁殖期一般会在 7 月底至 8 月初结束，避开了台风的高发期，台风的危害将大大降低。2008 年之后，在浙江自然博物馆和舟山五峙山列岛、象山韭山列岛两个保护区的共同努力下，浙江的繁殖群受到了严格的监测和防护，未再发生

正在孵卵的中华凤头燕鸥和大凤头燕鸥混合繁殖群，图正中为中华凤头燕鸥，其左下侧是用于招引的假鸟。陈水华摄

人为捡蛋现象，台风导致的损毁也明显降低。威胁中华凤头燕鸥繁殖群的因素还包括：过度捕捞导致食物资源下降，海洋污染导致赤潮使上层鱼类死亡，渔民、游客和摄影者的干扰，栖息地丧失，以及猛禽、鼠害和蛇等。其中，人为捡蛋仍是中华凤头燕鸥目前面临的最大威胁。2007 年在韭山列岛繁殖的中华凤头燕鸥和大凤头燕鸥混合繁殖群因为人为捡蛋导致繁殖完全失败。在马祖列岛，2001 年、2003 年和 2005 年也曾由于大陆渔民登岛捡蛋导致繁殖失败。渔民上岛捡蛋现象在中国大陆沿海仍非常普遍。

在中国，中华凤头燕鸥被列为国家二级重点保护动物，目前的几个主要繁殖点和栖息地均已建立了保护区，包括马祖列岛燕鸥保护区（台湾管辖）、浙江韭山列岛国家级自然保护区、浙江五峙山列岛鸟类省级自然保护区和福建闽江河口湿地省级自然保护区。对于在上述区域内的繁殖个体，保护区均实施了长期的监测和严格的保护。同时，海峡两岸针对该珍稀物种的保育开展了深入的交流，保护宣传工作在三地也相继开展。2013 年开始，浙江自然博物馆和美国俄勒冈州立大学合作，在韭山列岛实施了中华凤头燕鸥种群招引和恢复项目，取得了令人惊喜的成就，为该珍稀物种的拯救和保护带来了希望。

大凤头燕鸥

拉丁名：*Thalasseus bergii*
英文名：Greater Crested Tern

鸻形目鸥科

形态 相对大型的燕鸥，体长 45～49 cm。繁殖羽从额至枕部黑色，并具黑色冠羽。与中华凤头燕鸥不同的是，其前额近喙部分为白色。肩、背、腰和翼淡灰褐色，头侧、颈和胸腹部为白色。非繁殖羽额至头顶褪为白色，仅留枕部和冠羽黑色。嘴黄色，脚黑色。雌雄外形相似。

分布 广泛分布于印度洋、太平洋中西部水域。有 6 个亚种。在中国分布的是南亚亚种 *T. b. cristatus*。该亚种分布于印度洋东部、澳大利亚周边以及太平洋西南部。中国舟山群岛是其分布的北界。在印度洋东部、澳大利亚周边以及南中国海周边为留鸟，在中国东海区域为夏候鸟。根据目前的调查，在中国的浙江五峙山列岛、长涂列岛和韭山列岛，福建马祖列岛，台湾澎湖群岛，海南西沙群岛等存在繁殖群体。

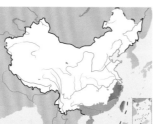

栖息地 栖息于热带、亚热带沿海河口港湾、岛屿以及大型湖泊等处。

习性 集群性鸟类。在迁徙和越冬季节，大凤头燕鸥呈现零散的集群状态，而在繁殖季节，则常形成数千乃至上万的大繁殖群。如在澳大利亚北部，大凤头燕鸥的繁殖群数量曾经达到 15 000 对以上。在浙江五峙山列岛、韭山列岛和福建马祖列岛，大凤头燕鸥与中华凤头燕鸥形成混合繁殖群，繁殖成鸟数量在 1000～4000 只之间。邻鸟之间常相互斗嘴并喧叫。大凤头燕鸥叫声较中华凤头燕鸥粗厉高亢。在繁殖期，遇外敌或行人进入巢区，大凤头燕鸥会在其上方盘旋，且飞且叫，并伴随俯冲啄击的攻击行为。大凤头燕鸥的飞翔能力较强，也能漂浮在海面上休息。天气炎热时，会张大嘴吐气散热，或飞到海上以沾湿腹部来减少体热。

食性 主要以小型鱼类为食，鱼类占其食物比重的 90% 以上。此外也偶尔捕食虾、蟹、头足类、小海龟和昆虫等。常在海面上空或尾随船只巡视飞行，当发现食饵时即俯冲至水中啄食，入水深度可达 1 m。

大凤头燕鸥的繁殖参数	
巢位	地面巢
窝卵数	1～2 枚
孵化期	25～30 天
育雏期	35～40 天

大凤头燕鸥。左上图为繁殖羽，下图为正在褪换为非繁殖羽。范忠勇摄

大凤头燕鸥的群巢十分密集，卵直接产于地面凹陷处。陈水华摄

繁殖 一般集大群在沿海沙滩、无人岛礁上繁殖。在南非，大凤头燕鸥可在房屋的屋顶和人工岛礁上繁殖。在中国东海，大凤头燕鸥全部在外海偏远的无人岛屿上繁殖。巢位于稀疏草地或岩礁地面上，一般无巢材，直接在凹陷处产卵，或简单铺以碎石，防止蛋滚落。巢甚为密集，领域范围仅限于巢周边，窝卵数1~2枚，绝大多数为1枚，少数为2枚，也有一窝3枚卵的现象。在浙江，繁殖期为5月底至8月初，每年繁殖1窝，孵化期25~30天，幼鸟由雌雄亲鸟共同喂养，约40天离巢。雏鸟稍微长大离巢时，会聚集在一起由少数几只亲鸟照顾，其他亲鸟外出觅食。当从海上带回食物时，父母会依据幼鸟的叫声和体色而辨认出自己的子女，并予喂食。

捕鱼归来的大凤头燕鸥。范忠勇摄

种群现状和保护 大凤头燕鸥是一个广泛分布的物种，在世界范围种群数量暂时无虑。因此，IUCN将其列入无危（LC）。但在中国分布范围有限，《中国脊椎动物红色名录》评估为近危（NT）。目前，中国在浙江五峙山列岛、韭山列岛、福建马祖列岛和澎湖列岛存在较大的繁殖群。总个体数量大约为10 000只。由于中国沿海普遍存在人为捡蛋现象，和中华凤头燕鸥一样，大凤头燕鸥在中国境内的繁殖面临着严重威胁。现有的监测和调查显示，台风、污染、过度捕捞、猛禽、鼠害和蛇等也是影响大凤头燕鸥种群繁殖和增长的主要因素。

照顾幼鸟的大凤头燕鸥。范忠勇摄

小凤头燕鸥

拉丁名：*Thalasseus bengalensis*
英文名：Lesser Crested Tern

鸻形目鸥科

体型比大凤头燕鸥小，体长约为 43 cm。嘴橘红色，脚黑色。头顶自额至后头为黑色，头后羽毛延长为冠羽，体背和翼灰色，下体白色。非繁殖羽前额至头顶白色。在中国为过境鸟，仅在浙江、福建、广东、香港沿海有记录。IUCN 和《中国脊椎动物红色名录》均评估为无危（LC）。被列为中国三有保护鸟类。

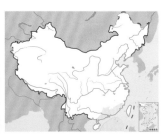

小凤头燕鸥。左上图为非繁殖羽；下图为与中华凤头燕鸥、大凤头燕鸥混群繁殖，橘红色的嘴是其区别于大凤头燕鸥的特征。陈水华摄

黄嘴凤头燕鸥

拉丁名：*Thalasseus sandvicensis*
英文名：Sandwich Tern

鸻形目鸥科

嘴黑色，端部黄色的凤头燕鸥，指名亚种 *T. s. sandvicensis* 在黑海、里海、波罗的海和北海繁殖，在里海、黑海、地中海、非洲沿海、印度西海岸和斯里兰卡越冬。喜欢栖息在潮间带，并喜追逐渔船。迷鸟见于中国浙江和台湾。IUCN 评估为无危(LC)。

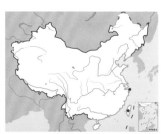

黄嘴凤头燕鸥。左上图为繁殖羽，下图为非繁殖羽

河燕鸥

拉丁名：*Sterna aurantia*
英文名：River Tern

鸻形目鸥科

中型燕鸥。头顶亮蓝黑色，上体深灰色，下体浅灰色。嘴较粗厚，呈黄色。脚短，跗跖红色，爪黑色。尾较长，呈深叉状。冬季头顶杂以灰白色纵纹。在中国仅分布于云南的西双版纳、盈江、潞西及瑞丽等地，数量稀少。IUCN 和《中国脊椎动物红色名录》评估为近危（NT）。在中国已被列为国家二级重点保护动物。

河燕鸥。左上图为繁殖羽，下图为正在育雏

粉红燕鸥

拉丁名：*Sterna dougallii*
英文名：Roseate Tern

鸻形目鸥科

形态 中小型燕鸥，体长 31～36 cm。成鸟繁殖羽额、头顶、枕黑色，后颈白色；背浅蓝灰色，腰和尾上覆羽较淡，几近白色，尾纯白，外侧尾羽延长，逐渐变尖，尾呈深叉状；眼以下头侧、颈侧白色；肩和翅上覆羽亦呈浅蓝灰色，与背同色；外侧第 3 至第 4 枚初级飞羽黑色或黑褐色，内翈具宽阔的白色羽缘，第 2 至第 4 枚近羽端处白色羽缘外又有褐色羽缘；颏、喉和下体白色，有时微缀粉红色。成鸟非繁殖羽前额和头顶前部白色，头顶前部具黑色纵纹，其余羽色似繁殖羽，下体粉红色消失。虹膜褐色。夏季嘴暗红色而先端黑色，脚红色；冬季嘴和脚黑色。

分布 广泛分布于大西洋、印度洋和太平洋周边温带、亚热带及热带海域。全世界有 5 个亚种。中国分布的是太平洋亚种 *S. d. bangsi*。该亚种的繁殖区域包括阿拉伯海、中国东南沿海和中国台湾，以及琉球群岛、菲律宾群岛、所罗门群岛和新几内亚。在中国浙江、福建、台湾、广东及香港等地为夏候鸟。

栖息地 一般在远海无人小岛上繁殖，在外海栖息觅食，极少到内陆活动。浙江舟山群岛的中街山列岛，台湾澎湖列岛的锭钩屿、后袋子屿等，地势平坦，杂草丛生，周围海域鱼产丰富，

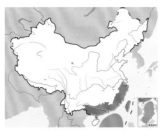

粉红燕鸥繁殖羽。陈水华摄

是粉红燕鸥重要的繁殖场所。

习性 虽然粉红燕鸥和其他燕鸥如褐翅燕鸥、黑枕燕鸥和白额燕鸥在同一岛上繁殖，但其筑巢地往往分离，并不混群营巢。觅食时，粉红燕鸥常成群在海面上空盘旋或尾随渔船，喙朝下，双眼注视海中。一旦发现猎物，即俯冲至水中，用嘴捕获小鱼后，跃上空中，并带到陆上吞食。有时可见粉红燕鸥群体在沙滩的涨潮水中洗澡。

2008 年浙江自然博物馆陈水华等在韭山列岛记录的粉红燕鸥的环志信息显示，在韭山列岛繁殖的粉红燕鸥来自澳大利亚大堡礁。这说明部分在浙江繁殖的个体，和在日本、中国台湾繁殖的个体一样，在澳大利亚大堡礁越冬。

食性 粉红燕鸥的食物以小型鱼类为主，偶尔啄食昆虫和海洋无脊椎动物。粉红燕鸥的觅食方式有抵踏型与俯冲型两种，且以后者为主。以抵踏型觅食时，它们保持在一定高度贴水飞行，边飞边觅食，发现猎物后，即以滑翔方式趋近水面，继之以双脚抵踏水面，同时用喙向前入水夹食猎物，然后踏拍以飞离水面继续觅食，整个过程的运动轨迹可视为一平滑曲线；俯冲型是指燕鸥在离水面约 10 m 高处盘旋，寻找猎物，确认猎物后即沿盘旋方向顺势而下冲入水中夹食，入水角度近乎垂直。

繁殖 根据调查记录，在浙江舟山中街山列岛、台州列岛、福建的马祖列岛和台湾的澎湖列岛存在一定数量的繁殖种群，繁殖群体大小在几十只至数百只不等。在中国东海无人岛繁殖的粉红燕鸥，其繁殖期在 6～9 月。根据颜重威的调查，在澎湖列岛后袋子屿，5 月中旬粉红燕鸥尚未抵达，6 月中旬时已建造 35 巢，7 月中旬则增至 185 巢，种群数量多达 417 只。巢群密集，平均巢间距（*n*=40）为 95.5 cm。营巢于岛的南面，在有岩石和草丛交错处集群筑巢，巢周围均有一定的遮蔽。其中 141 巢（占总巢数的 76.2%）是建在露岩旁，以露岩为屏障；有 40 巢设在草丛中；

仅有 4 巢产卵于四周长草的小露岩上。通常用枯草茎作为巢底衬垫，也有利用浅凹而不作衬垫者。

粉红燕鸥雌雄亲鸟都参与孵化和育雏。一窝产 2 枚卵的情况下，产下第 1 枚后即开始孵卵，孵化期一般需要 23 天。这样两枚卵孵化时间会相差 2～3 天，先孵出的明显比后孵出的成熟，在整个成长期，两只雏鸟一直存在明显的大小差异。和多数燕鸥一样，粉红燕鸥的雏鸟属于半早成鸟。雏鸟在刚孵出的前 3～4 天，仍需要亲鸟继续护孵。15 天之后，雏鸟即可达到最大体重，经过 25～29 天的育雏期，幼鸟即可飞行。

粉红燕鸥的繁殖参数	
巢位	地面巢
巢径	10 cm × 9.3 cm
巢深	1 cm
窝卵数	1～2 枚
卵径	长径 41 mm，短径 28.6 mm
卵重	16.9 g
孵化期	23 天
育雏期	25～29 天

种群现状和保护 粉红燕鸥全球分布广泛，数量较多，每年在澳大利亚大堡礁越冬的个体即达 15 000～30 000 只。因而 IUCN 和《中国脊椎动物红色名录》将粉红燕鸥列为无危物种（LC）。然而，根据范忠勇等人的调查，粉红燕鸥在浙江的数量仅在 500 只左右。澎湖列岛的种群数量每年也只有 800 只左右。可见其在中国境内的数量，虽未曾有系统的调查，应该不算大。在浙江和福建沿海普遍存在的渔民上岛捡拾鸟蛋以及频繁的人为干扰，应该是造成粉红燕鸥在境内种群数量低下的主要原因。在中国，粉红燕鸥被列为三有保护鸟类。

在空中盘旋凝视水面搜寻猎物的粉红燕鸥。陈水华摄

黑枕燕鸥

拉丁名：*Sterna sumatrana*
英文名：Black-naped Tern

鸻形目鸥科

体长约 30 cm。嘴和腿黑色。体羽以白色为主，背和翼浅灰色，黑色的过眼纹延伸至后枕相连，并向下扩展至后颈。分布于印度洋和西太平洋，在中国繁殖于浙江南部至海南的沿海和海洋岛屿，包括香港、台湾，偶尔漂泊至河北、山东沿海。IUCN 和《中国脊椎动物红色名录》均评估为无危（LC）。中国三有保护鸟类。

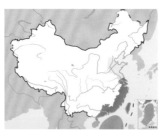

黑枕燕鸥繁殖羽。下图为一对亲鸟守护在已产卵的巢边。颜重威摄

普通燕鸥

拉丁名：*Sterna hirundo*
英文名：Common Tern

鸻形目鸥科

形态 中型燕鸥，体长 32～38 cm。雌雄体色相似，雌鸟体羽较暗淡。成鸟繁殖羽额、头顶、枕及后颈均为黑色，背、肩部灰色；腰、尾上覆羽与尾羽白色；颏、喉及体腹面白色，胸、腹部沾浅葡萄色；初级飞羽暗灰色，羽轴白色，最外 1 枚外翈黑色，其余深灰，内翈具楔状白斑；次级飞羽灰色，内翈与羽端白色；三级飞羽和翼上覆羽均为灰色。尾羽外侧长而端尖，其长度超过翼长的一半，外翈为灰色。非繁殖羽额白色，头顶白色而有黑色斑点，后头及枕部黑色；背灰色；体腹面纯白。虹膜暗褐色。幼鸟头部灰褐色，体背面灰色，具黑褐色横纹，体腹面纯白色。种下分为 4 个亚种。指名亚种 *S. h. hirundo* 体色较浅，背羽淡灰色，颈侧及体腹面均白色，胸以下沾浅葡萄灰色。喙红色而先端黑色，跗跖橙色；西藏亚种 *S. h. tibetana* 体色较深，背羽暗灰色而沾褐色，体腹面浓葡萄灰色，喙、跗跖与指名亚种相似，嘴峰长度比另两个亚种均短；东北亚种 *S. h. longipennis* 与前两个亚种明显区别在于喙黑色，跗跖暗褐色。

分布 指名亚种 *S. h. hirundo* 分布于美洲北部、南美、非洲西部、中国；西藏亚种 *S. h. tibetana* 分布于蒙古西部到克什米尔、中国西藏，冬天到印度洋东部；中亚亚种 *S. h. minussensis* 分布于亚洲中部、蒙古北部；东北亚种 *S. h. longipennis* 分布于亚洲东北部、日本、中国、新几内亚。中国分布有 3 个亚种：指名亚种 *S. h. hirundo* 繁殖于新疆，迁徙经过陕西、江西、上海；西藏亚种 *S. h. tibetana* 繁殖于青海、甘肃、宁夏、内蒙古、四川、陕西、西藏等地，迁徙经过河北、湖北、福建及海南；东北亚种 *S. h. longipennis* 繁殖于东北和华北地区，迁徙经过东部沿海各地，包括中国台湾、香港和海南。

栖息地 栖息于内陆荒漠、沼泽、湖泊、水库、江河、溪流、平原、草地、稻田等水域，也见于海岸、河口、港湾和池塘等处。

习性 常集群在空中不停地飞舞、滑翔，或与其他鸥类混群活动。有时会悬在空中振翅，头向下俯视水面，如发现食物，直接扑入水中捕之，随后跃出水面，在空中吞食。也常在潮间带的滩地上觅食。休息时会漂浮在水面、停歇在河滩或电线上。普通燕鸥有强烈的保护领域行为，对闯入其巢区的动物，会俯冲攻击几乎接近来者的头部，并发出鸣声"keerar"以警告与威胁。

普通燕鸥是迁徙性的鸟类。在中国，4 月下旬迁至新疆塔里木盆地，西藏各湖泊、河流和沼泽地，以及东北地区繁殖，10 月离去。在北京地区既是夏候鸟，也是过境鸟。春、秋季迁徙经过中国台湾和香港，在中国台湾西部海岸及澎湖群岛的过境时间为 5 月和 9 月。越冬区不在中国境内，推测可能在中南半

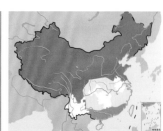

普通燕鸥。左上图为非繁殖羽，范忠勇摄；下图为繁殖羽，沈越摄

普通燕鸥的巢和卵以及正在坐巢孵卵的普通燕鸥。杨贵生摄

普通燕鸥的繁殖参数

巢位	地面巢或水面浮巢
巢大小	外径22～25 cm，内径12.5～16 cm，深3～3.5 cm
窝卵数	2～3枚，通常为3枚
卵大小	42.5 mm×30 mm
卵重	14～18 g
孵化期	18～28天

岛、菲律宾群岛、印度尼西亚、新几内亚和大洋洲等地区的热带海洋越冬。由这些数据推测普通燕鸥春季北返至繁殖区的路线，可能经中国华南、华东和华北沿海而到东北，但到新疆繁殖的路线不明；秋季南下的路线较不明显，但也可能循北上的路线南下。

食性 肉食性。食物主要是小鱼、小虾、甲壳类、蜥蜴及水生昆虫。在农耕时，常见普通燕鸥尾随拖拉机后，寻找由地里翻出的昆虫。

繁殖 普通燕鸥在中国新疆、西藏南部、甘肃、内蒙古和东北地区等地都有繁殖。繁殖期在5～7月。单种集群或与其他鸥类混群营巢。于5月上旬集群营巢，巢址多选于湖泊中心的小岛上或岸边的沙滩、河滩、沼泽草地、砾石地或漂浮的植物堆上。巢窝简陋，呈浅坑状，由水草、芦苇叶、树皮和枝条等堆积而成。巢外径22～25 cm，内径12.5～16 cm，深3～3.5 cm。每年产卵1窝，窝卵数2～3枚，以3枚为多。产卵的时间间隔通常是隔1天或隔2天产1枚。卵棕褐色、赭褐色或橄榄绿色，有黑色斑点。卵平均大小（n=30）为42.5 mm×30 mm，重14～18 g。产下第1枚卵后，亲鸟即开始坐巢，雌雄轮流孵卵。孵化期各地不同：甘肃18～20天，长白山20～24天，北京22～28天。雏鸟早成性，绒羽沙棕色，出壳几小时后即能随亲鸟游泳，1月龄已能飞翔。

种群现状和保护 目前为无危物种。被列为中国三有保护鸟类。中国东部和东南部滨海地区的经济开发，如石油开采、填海造陆，对普通燕鸥的栖息地造成严重的冲击。滩涂地改为水产养殖池，视养殖的物种而有不同的影响。如养殖鱼、虾，则能供给普通燕鸥食物资源，但会造成养殖业者的损失。如养殖蟹类、海参，则难以吸引普通燕鸥前来觅食，这些鸟儿只好另觅他处。

黑腹燕鸥

拉丁名：*Sterna acuticauda*
英文名：Black-bellied Tern

鸻形目鸥科

形态 中型燕鸥，体长29～32 cm。成鸟繁殖羽自额、头顶至枕部具短羽冠，呈亮黑色，额部微杂白羽，后颈、肩、背及翼上覆羽深灰色，稍沾褐色；尾上覆羽和尾羽浅灰色，外侧尾羽特别延长，外翈近白色，端部淡黑褐色，尾呈深叉状；眼先、颊、颏和喉等白色而沾灰色，胸部灰色带褐色，下胸、腹至尾下覆羽为黑色；初级飞羽灰色，端部浅黑褐色。非繁殖羽与繁殖羽相似，但额和头顶白色，枕部有黑色纵纹，眼后有一黑斑，体腹面黑色消失。虹膜暗褐色。夏季喙橙黄色；冬季喙淡黄色，尖端黑色。跗跖和趾橘红色，爪黑色。幼鸟体背面皮黄色羽缘和黑色次端斑，次级飞羽内侧有两道黑色次端斑，跗跖黑色。

分布 分布于印度、缅甸及中南半岛。在中国仅分布在云南的盈江和景洪，为留鸟。

栖息地 栖息于内陆河流中之沙洲、湖泊、池塘、水稻田、沟渠及沼泽地，栖息地可至海拔高度620 m。

习性 多单只或成小群翱翔于池塘、河流之上空，经久不停，能在空中飞翔捕食昆虫，当发现水面有鱼时，也会直冲而下捕食。可能无迁徙行为，但繁殖后会向外扩散。

食性 肉食性。以鱼、虾为主要食物，亦捕食白蚁、蝼蛄、鳞翅目和膜翅目昆虫、水生昆虫、蝌蚪等。

繁殖 繁殖期为2～5月，群体营巢于水边开阔裸露沙岸或草地，也常与普通燕鸥和剪嘴鸥混合在同地营巢。它在地面挖浅坑为巢，每窝产卵2～4枚，以3枚为多。卵梨形，卵色为淡灰白色至沙褐色，少数白色或淡绿色，杂以淡红或淡紫色斑点。雌雄亲鸟轮流孵卵。孵化期15～16天。

黑腹燕鸥

黑腹燕鸥的繁殖参数	
巢位	地面巢
窝卵数	2～4枚，通常为3枚
卵大小	(30～36) mm×(23～26) mm
孵化期	15～16天

种群现状和保护　数量不多，IUCN和《中国脊椎动物红色名录》均评估为濒危（EN）。在中国仅见于云南边境，数量稀少，与人类的生活未见有明显的关系。被列为中国三有保护鸟类。

白额燕鸥

拉丁名：*Sternula albifrons*
英文名：Little Tern

鸻形目鸥科

形态　小型燕鸥，体长20～26 cm。雌雄体色相似。成鸟繁殖羽额白色，白色部分自头侧达眼后方，头顶及后颈黑色；眼先黑色，并伸至眼后上方；背、肩、腰及翼上覆羽灰色，尾上覆羽及尾羽均白色，尾深叉状；体腹面纯白色；初级飞羽灰色，外侧第1、第2枚黑灰色，内䎃白色。非繁殖羽眼先白色，额部的白色扩展至头顶。虹膜暗褐色。夏季喙黄色，先端黑色，跗跖橘黄色；冬季喙黑褐色，跗跖暗红色或黄褐色。幼鸟似成鸟非繁殖羽，但头顶至后颈、背部皆为褐色斑；尾较短，末端有褐色斑。中国的2个亚种区别为：指名亚种 *S. a. albifrons* 初级飞羽最外侧1枚的羽干淡褐色，外侧第2、第3枚羽干暗褐色；普通亚种 *S. a. sinensis* 初级飞羽最外侧1枚的羽干纯白色，外侧第2、第3枚羽干为淡褐色。

分布　全世界有6个亚种。指名亚种 *S. a. albifrons* 分布于欧洲、亚洲西部到北非，印度西北部；非洲亚种 *S. a. guineae* 分布于非洲加纳到加蓬；波斯湾亚种 *S. a. innominata* 分布于波斯湾岛屿；南亚亚种 *S. a. pusilla* 分布于印度北部、缅甸、爪哇、苏门答腊；东亚亚种 *S. a. sinensis* 分布于日本、中南半岛、菲律宾群岛和新几内亚；澳洲亚种 *S. a. placens* 分布于澳大利亚。

在中国，夏季广泛地在新疆和东南地区繁殖。在东北地区是5月来、10月离去的夏候鸟。在内蒙古乌梁素海和伊克昭盟为过境鸟。北京地区既有夏候鸟，也有过境鸟。在鄱阳湖、福建和海南岛均为夏候鸟。在台湾和澎湖列岛是4月来、9月离去的夏候鸟。在香港是春季过境鸟。

栖息地　栖息于沿海岛屿、河口、滩地、砾石地、盐田、池塘以及内陆之湖泊、江河、水库、苇塘和沼泽地等水域附近的草丛、苇丛、沼泽及灌木丛中。

习性　常十几只成群在空中飞翔，飞时嘴尖朝下，注视着水面动态，如发现食物，即扑入水中捕食。白额燕鸥具有领域性，在孵卵和育雏期维护领域的行动更为坚定。它能容忍同域繁殖东方环颈鸻和燕鸻在其领域内活动，但对入侵的小白鹭、牛背鹭和火斑鸠，则以十几只轮番俯冲攻击的方式驱赶。当然，天敌如野猫、野狗和人类的入侵，也会遭遇同样的攻击。孵卵期的卵如遭劫，亲鸟很快地会再觅新巢产第2窝卵。雏鸟如面临其他动物趋近的危险，会静伏在草丛中或石头下，待来者离开后才又出来活动。

白额燕鸥是迁徙性的鸟类。在台湾彰化县彰滨工业区曾发现一只带橘黄色足旗的白额燕鸥，说明此鸟是在澳大利亚环志的，证实澳大利亚是其越冬地。

食性　肉食性。常群集在海岸、河口、沼泽、池塘等环境，以俯冲入水的方式捕捉小鱼、小型甲壳类、软体动物、水生昆虫等为食。

繁殖　白额燕鸥的繁殖期，在台湾是4—7月；在北京地区是5—7月；在东北地区是5—8月。白额燕鸥春季飞抵繁殖区后，先花几天工夫熟悉环境，然后再互相追逐嬉戏，喧闹打斗，寻求配偶，筑巢繁殖。在追求配偶时，会有求偶喂食的行为，即雄鸟带食物献给意中对象，以示情意。然后会双双振翅到空中做求偶飞翔，或在追求对象面前绕圈子跳舞。在经过一番爱意的表达之后，雌鸟如满意，会接受雄鸟的小鱼礼物，也会与雄鸟一起绕圈子。待情投意合之后，雌鸟身体略为下蹲，尾羽上扬，让雄鸟跃上其背，使泄殖腔对合，并立刻射精以完成交配。事后雄鸟自雌鸟背上跃下，昂首欢叫几声，以示庆贺。在台湾彰化县彰滨工业区繁殖的白额燕鸥，与燕鸻和东方环颈鸻同域混群繁殖，巢设在滨海平坦空旷的砾石地、短草地、沙丘或沙滩地上，用脚在地上挖浅凹即成，并捡拾几个不同颜色的小碎石或碎贝壳垫于巢中。虽然是集群营巢，但巢间距一般多超过10 m，甚为松散。巢的大小（n=7）为8.6 cm×7.9 cm，深1.3 cm。每窝产卵2～4枚，卵椭圆形，淡白色，布满黑色或紫褐色斑点，色斑与周遭环境相似，具有保

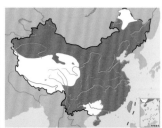

白额燕鸥。左上图为繁殖羽，聂延秋摄；下图为在山海关停歇的迁徙群，有的已经换上非繁殖羽，沈越摄

雨天将雏鸟护于身下的白额燕鸥。颜重威摄

给新生雏鸟喂食的白额燕鸥。颜重威摄

白额燕鸥的繁殖参数	
巢位	地面巢
巢大小	8.6 cm×7.9 cm，深1.3 cm
窝卵数	2～4枚，通常为3枚
卵大小	31.8 mm×23.9 mm（台湾）；(30～33) mm×（25～27）mm（黑龙江）
卵重	9.3 g（台湾），7～8.5 g（黑龙江）
孵化期	19～22天

护功能。卵的大小（n=7）为31.8 mm×23.9 mm，重9.3 g。孵卵的工作大多由雌鸟承担，雄鸟负责带食物来喂雌鸟。晚上或阴雨天气温较低时，雌鸟坐巢抱卵，以防卵被冻死；白天艳阳高照，气温高达40℃时，雌鸟会站立，以身体遮阳防止卵被晒熟，或到水里将腹部沾湿，带水回来冷却卵温。为让卵能得到均温，常用嘴、有时也用脚翻卵。孵化期约21天，这期间如遇大雨，巢和卵浸泡在水中，时常导致繁殖的失败。在台湾澎湖列岛繁殖的白额燕鸥，筑巢于涨潮时海水淹不到的沙滩上，5月19日已见雏鸟，显示它在4月下旬已经产卵。在北京地区营巢在水域附近的沼泽草丛中，巢置于地面凹处，每窝卵2～4枚，孵化期19～22天。而在东北的黑龙江地区，巢筑在近水的滩地上或沼泽地水草上，且常与其他燕鸥类（浮鸥、普通燕鸥）的巢筑在一起。每窝产卵3枚，大小为(30～33) mm×（25～27）mm，重7～8.5 g。雌雄共同孵卵，孵化期20～22天。雏鸟出壳2～3小时后，羽毛蒸干即能行走，其绒羽颜色与环境相似，有保护作用。遇警便躲在石头下或草丛中不动，不易觉察。雏鸟由父母喂养，约2个月后才能够自行飞行，独立觅食。

种群现状和保护 IUCN和《中国脊椎动物红色名录》均评估为无危（LC），被列为中国三有保护鸟类。在中国境内各地的繁殖区中，还算普遍易见。但滨海地区的经济开发，如填海造陆、滩涂地改为水产养殖池，对白额燕鸥的繁殖造成严重的冲击。中国台湾澎湖列岛的一些无人岛和滩地是白额燕鸥的繁殖场所，近年来，荒岛的生态旅游及其周边的水上潜水活动正蓬勃发展，这

些岛屿成为观光热点。为保护燕鸥的繁殖，当地政府采取了一系列保护措施。对一些有燕鸥繁殖的岛屿，严禁渔民和观光客上岛干扰。而一些已经辟为观光地，但仍有燕鸥繁殖的岛屿，只好划分为二：一半设为保护区供燕鸥繁殖，严禁游客进入；另一半供观光游憩和搭棚休息。这是两全其美的策略，游客和鸟类保护者都能接受。台湾西部沿岸的开发，如台中港、火力发电厂、工业区、炼油厂等重大建设，导致白额燕鸥无法再到这些地区繁殖。

白腰燕鸥

拉丁名：*Onychoprion aleuticus*
英文名：Aleutian Tern

鸻形目鸥科

体长34～39 cm。额白色，头顶至后枕黑色，过眼线黑色。身体和翼羽灰色，腹部暗灰色，腰和尾羽白色。嘴和脚黑色。在西伯利亚、阿留申岛和阿拉斯加繁殖，到南方海洋越冬。在中国仅见于香港南部，每年秋季定期迁徙过境。因阿拉斯加繁殖种群数量急剧下降，2017年被IUCN从无危（LC）提升为易危（VU）。《中国脊椎动物红色名录》仍列为无危（LC）。被列为中国三有保护鸟类。

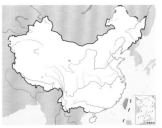

秋季从香港迁徙过境的白腰燕鸥，左上图为成鸟非繁殖羽，下图左边为幼鸟。
Michelle&Peter Wong摄

褐翅燕鸥

拉丁名：*Onychoprion anaethetus*
英文名：Bridled Tern

鸻形目鸥科

中型燕鸥，体长约30cm。头上部黑色，前额白色，并向后延伸成白色眉纹。背和翼暗灰褐色，下体白色。喙和腿黑色。分布于温带和亚热带地区各大洋及海洋岛屿、海湾、海岸。在中国分布于浙江和福建沿海岛屿、台湾澎湖列岛、香港和海南。无危物种。被列为中国三有保护鸟类。

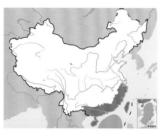

褐翅燕鸥。左上图陈水华摄，下图颜重威摄

乌燕鸥

拉丁名：*Onychoprion fuscatus*
英文名：Sooty Tern

鸻形目鸥科

似褐翅燕鸥，但体型稍大，背和翼颜色更深，为黑褐色，额白色部分较宽阔，眉纹较短。分布于各大洋热带海域。在中国为夏候鸟，偶见于东南沿海和台湾。无危物种。被列为中国三有保护鸟类。

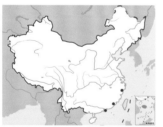

乌燕鸥。左上图为飞行中，下图为给幼鸟喂食

灰翅浮鸥

拉丁名：*Chlidonias hybrida*
英文名：Whiskered Tern

鸻形目鸥科

形态特征 小型燕鸥，体长 24～27 cm。雌雄同色，雌鸟体型较雄鸟略小。繁殖羽前额、头顶、枕至后颈黑色，脸颊白色。身体背面灰色。身体腹面喉和颈侧白色，上胸暗灰色，下胸、腹和胁黑色，尾下覆羽白色。翼上覆羽灰色，飞羽灰黑色，羽轴白色。腋和翼下覆羽灰白色。虹膜红褐色。喙和跗跖淡紫红色。非繁殖羽额白色，头顶至后颈淡黑色，具断续白色纵纹。耳羽淡黑色。体背面灰色，体腹面白色。喙和跗跖黑色。幼鸟体色与成鸟非繁殖羽相似，但背、肩羽黑褐色具淡棕色横斑和羽缘。尾羽次端淡黑褐色，羽缘白色。喙黑色。跗跖暗红色。

分布 曾分为 7 个亚种，现合并为 3 个亚种。指名亚种 *C. h. hybrida*（包括原指名亚种 *C. h. hybrida*、普通亚种 *C. h. swinhoei* 和印度亚种 *C. h. indicus*）分布于欧洲南部、西南部，非洲东部、西部，伊朗至印度、中国东部和东南亚；非洲亚种 *C. h. delalandii*（包括原非洲亚种 *C. h. sclateri* 和东非亚种 *C. h. delalandii*）分布于肯尼亚、坦桑尼亚到开普敦、马达加斯加；爪哇亚种 *C. h. javanicus*（包括原爪哇亚种 *C. h. javanicus* 和新几内亚亚种 *C. h. fluviatilis*）分布于斯里兰卡、马来西亚、爪哇、苏拉威西岛、马鲁古群岛、新几内亚、澳大利亚。中国分布的是指名亚种（原普通亚种 *C. h. swinhoei*），繁殖于中国北部，迁徙经过华中和华南，在香港和台湾是普遍的过境鸟和冬候鸟。

栖息地 栖息于开阔的淡水水域如河流、湖泊、池塘、水库、沼泽地、农田和海岸、河口、港湾等海水环境。

习性 常结群几十只或数百只飞行，轻快敏捷地巡弋于水面上，如有机会即俯冲入水中捕食。繁殖期亲鸟的护幼行为非常强烈，必要时会群体倾巢而出，攻击入侵者。在中国台湾中西部越

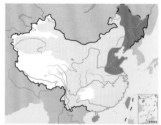

灰翅浮鸥。上图为繁殖羽，沈越摄；下图为非繁殖羽，颜重威摄

灰翅浮鸥筑于水面上的浮巢，巢中嗷嗷待哺的雏鸟和带回小鱼的亲鸟。沈越摄

冬时，白天分散于养殖池塘觅食，傍晚集群达万只于蛎架上停栖过夜。

迁徙，内蒙古乌梁素海的繁殖种群5月中旬到来，9月下旬离去；黑龙江和辽宁辽河口的繁殖种群4月中旬到达，9月南迁。

食性 杂食性。主要是小鱼、虾、水生昆虫及其他水生生物、蝗虫，植物性的食物为水草和草籽。

繁殖 繁殖期在5—7月。集群营巢于水草茂密的开阔水面上或沼泽地上。巢以芦苇、蒲草等为底垫，上铺以金鱼藻、眼子菜、轮藻等构筑成圆台浅盘状的浮巢。巢外径16～18 cm，内径8～10 cm，深1～2 cm，巢口离水面2～5 cm。每日产卵1枚，窝卵数2～4枚，通常为3枚。卵为短卵圆形或梨形，绿色、淡蓝色或土黄色，并有浅褐色、棕色或深褐色斑点。钝端斑点较大，锐端较小。卵的大小为（27.0～29.0 mm）×（35.5～42.0 mm）。重13.5～16.5 g。产下第1枚卵后，亲鸟即开始孵卵，雌雄轮流孵卵。孵化期19～23天。雏鸟早成性，绒羽黄色，有灰褐色斑块。雏鸟出壳1天后，即可在巢周围的水草浮叶上走动，3日龄前活动后都会返回巢中休息。

种群现状和保护 广泛分布于欧洲、非洲、亚洲和大洋洲，数量众多。IUCN和《中国脊椎动物红色名录》均评估为无危(LC)。因大多在淡水池塘觅食小鱼，会给池塘养殖业造成严重损失。湖区的旅游开发，车辆和人潮的来往，给灰翅浮鸥的繁殖带来干扰与不安。被列为中国三有保护鸟类。

灰翅浮鸥的繁殖参数

巢位	水面浮巢
巢大小	外径16～18 cm，内径8～10 cm，深1～2 cm
窝卵数	2～4枚，通常为3枚
卵大小	长径35.5～42.0 mm，短径27.0～29.0 mm
卵重	13.5～16.5 g
孵化期	19～23天

灰翅浮鸥亚成鸟。杨贵生摄

白翅浮鸥

拉丁名：*Chlidonias leucopterus*
英文名：White-winged Black Tern

鸻形目鸥科

体型较小，体长约 23 cm。繁殖羽头、颈、背及下体皆绒黑色；尾羽白色，翼羽灰白色，飞行时可见翼下覆羽黑色；嘴暗红色，脚红色。非繁殖羽头、颈、胸以下皆白色，头顶与后头有黑斑；嘴黑色，脚暗红色。在中国的内蒙古东北部和乌梁素海、东北地区以及新疆天山山脉中西部为夏候鸟，河北、山东、江苏、台湾、海南、陕西为过境鸟或冬候鸟，在浙江、江西及四川为冬候鸟。无危物种。被列为中国三有保护鸟类。

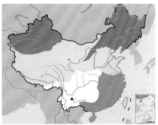

白翅浮鸥。左上图沈越摄，下图赵国君摄

黑浮鸥

拉丁名：*Chlidonias niger*
英文名：Black Tern

鸻形目鸥科

体型较小，体长 24～28 cm。羽色似白翅浮鸥，但翼羽灰褐色，嘴黑色，脚棕红色。有 2 个亚种。分别分布于欧亚大陆至非洲大陆和美洲，中国分布的为指名亚种 *C. n. niger*，在新疆天山山脉西部及塔里木河上游地区和宁夏永宁黄河滩繁殖，迁徙经过北京通州、天津、香港等地。无危物种。但在中国数量稀少，被列为国家二级重点保护动物。

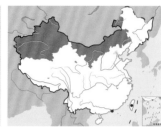

黑浮鸥。沈越摄

白燕鸥

拉丁名：*Gygis alba*
英文名：White Tern

鸻形目鸥科

体长 27～33 cm。全世界唯一一种通体雪白的燕鸥，仅眼周有黑色羽圈。嘴直而略上翘，基部较粗，先端尖细，呈黑色，基部淡蓝色。脚暗蓝色。有 4 个亚种，广泛分布于太平洋、大西洋和印度洋上的热带岛屿，中国分布的是太平洋亚种 *G. a. candida*，偶见于西沙群岛、澳门的迷鸟。无危物种。被列为中国三有保护鸟类。

白燕鸥

白顶玄燕鸥

拉丁名：*Anous stolidus*
英文名：Brown Noddy

鸻形目鸥科

形态 中型燕鸥，体长 39～42 cm。雌雄体色相同。额至前头近乎白色，头顶至后头暗褐色，眼下方有白色弧形细纹。身体其他部分为黑褐色。初级飞羽与尾羽黑色，尾羽呈楔形。虹膜暗褐色。喙黑色，跗跖黑褐色。幼鸟头顶褐色，余似成鸟。

分布 有 5 个亚种。指名亚种 *A. s. stolidus* 分布于加勒比和热带大西洋岛屿；红海亚种 *A. s. plumbeigularis* 分布于红海南部；太平洋亚种 *A. s. pileatus* 分布于塞舌尔到夏威夷群岛和澳大利亚北部；美洲亚种 *A. s. ridgwayi* 分布于墨西哥西部及中美洲西部岛屿；加拉帕戈斯亚种 *A. s. galapagensis* 分布于加拉帕戈斯群岛。在中国分布的是太平洋亚种，见于中国浙江、福建、广东、海南和台湾。

栖息地 主要栖息于热带、亚热带海洋的岛屿、海岸及岩石峭壁上。

习性 海洋性鸟类。非繁殖期在大海中生活，仅于繁殖期到岛屿上的礁岩繁殖。集群性，常成群在海面上翱翔，或低空掠过水面。会在海面上漂浮或在海面上的漂浮物上停歇。白顶玄燕鸥在澎湖群岛之猫屿岛与褐翅燕鸥混群生活，数量多。

迁徙性鸟类，在台湾澎湖县猫屿岛是夏候鸟，3 月迁来，数量在 5～7 月达到高峰，曾在一定点同时观察到 2000～3000 只在水面活动。待 9 月末东北季风增强时，数量开始减少，至 10 月完全离去。也在海南岛繁殖。在太平洋热带海洋越冬。

食性 肉食性。白顶玄燕鸥以小型鱼类及软体动物为食。它常贴近海面飞行以寻找食物，发现食物后则滑翔趋近，双脚踏水，以喙刺入水中夹食猎物，有时亦捕食跃出水面的小鱼，或潜入水下捕鱼，也见三两成群在海面漂浮取食。白天大多在海面活动，夜里也成群在海面上漂浮。

繁殖 在澎湖列岛猫屿繁殖期为 4—8 月。在 4 月初曾见衔枯草筑巢，此时巢已接近完成。白顶玄燕鸥以少量枯草筑巢，或直接产卵于陡峭岩壁的浅洼中。巢址的选择以岩堆和岩块为多，草地的利用相对较少。雌雄亲鸟合力筑巢，轮流孵卵。每窝产卵 1 枚，卵呈乳白色，有棕色及灰色斑点，平均大小 (*n*=7) 为 (52.7±2.43 mm) × (34.6±2.11 mm)，重 28.1±1.22 g。孵化期 35～40 天，育雏期 40～45 天。喂雏时，亲鸟将胃中食物反刍吐至嘴里，供雏鸟啄食。

种群现状和保护 白顶玄燕鸥在西沙群岛相当普遍，然而因开采鸟粪而致数量下降。在澎湖猫屿繁殖的白顶玄燕鸥，过去曾遭渔民上岛捡拾鸟卵，以及军方将该岛作为空军的靶标不定时轰炸，因而面临生存的威胁。不过现在澎湖猫屿被列为保护区，不准任何人上岛干扰，军方也停止轰炸，其种群数量已经恢复如前。澎湖鸟会更利用猫屿作为生态教育场所，时常办活动带民众乘船前往观赏。目前白顶玄燕鸥被 IUCN 和《中国脊椎动物红色名录》均评估为无危（LC），被列为中国三有保护鸟类。

白顶玄燕鸥的繁殖参数	
巢位	地面巢
窝卵数	1 枚
卵大小	长径 52.7±2.43 mm，短径 34.6±2.11 mm
卵重	28.1±1.22 g
孵化期	35～40 天
育雏期	40～45 天

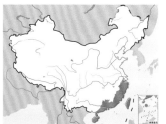

白顶玄燕鸥

站在鹈鹕头上的白顶玄燕鸥

剪嘴鸥类

- 剪嘴鸥类是指鸻形目鸥科剪嘴鸥亚科鸟类，全世界共1属3种，中国有1属1种
- 剪嘴鸥类形似燕鸥，但下喙比上喙长得多，这种奇特的喙部是它们的独有特征
- 剪嘴鸥类通常在黄昏和夜间活动觅食，避免了与日行性捕鱼鸟类的竞争
- 剪嘴鸥类在亚洲、非洲、美洲各有1种，不为人类熟知

类群综述

剪嘴鸥是指传统分类系统中鸻形目剪嘴鸥科（Rynchopidae）的鸟类，但最新的分类系统将其作为剪嘴鸥亚科（Rynchopinae）与燕鸥和鸥并置于新的鸥科下。剪嘴鸥全世界共 1 属 3 种，分别是分布于亚洲的剪嘴鸥 *Rynchops albicollis*、分布于非洲的非洲剪嘴鸥 *R. flavirostris* 和分布于美洲的黑剪嘴鸥 *R. niger*。剪嘴鸥和非洲剪嘴鸥数量稀少，分别被 IUCN 评为易危（VU）和近危（NT）。中国南部海岸有剪嘴鸥的记录，但非常罕见。

剪嘴鸥类是大中型水鸟，体长为 38～50 cm，体重为 111～374 g。体型似燕鸥。喙呈红色、橙色或黄色，直长而尖，嘴端侧扁呈薄刀形，下喙比上喙长得多。翼特别尖长；尾较短，凹形；脚非常短小，具微蹼，爪小而尖利。上体颜色黑色、石板灰色或浅褐色，下体白色或近白色。

剪嘴鸥类是热带或亚热带水鸟，通常在淡水流域或沿海地区活动。喜群居，黄昏和夜间活动频繁。夜间的觅食活动避免了与其他捕鱼鸟类的取食竞争。觅食时，飞行敏捷快速，在水面飞行中双脚悬于水上，以刀状下喙"耕犁"水面获取食物，主要以小鱼、小虾及其他小型甲壳动物、浮游生物为食。叫声粗大如咆哮，求偶时鸣声轻柔。

剪嘴鸥类是集群性鸟类，通常集群营巢繁殖，集小群至大群，也有混群于海鸥或燕鸥群中繁殖。繁殖地通常选择在河流的沙洲或沿海的沙滩地。巢松散地分布在沙地的凹陷处，或者沿海沙滩上的海草上。每窝产 3～6 枚卵。两性亲鸟轮流孵卵，共同育雏。

左：剪嘴鸥类是唯一下喙长于上喙的鸟类类群，图为降落在水面的剪嘴鸥

剪嘴鸥
Rynchops albicollis

剪嘴鸥

拉丁名: *Rynchops albicollis*
英文名: Indian Skimmer

鸻形目剪嘴鸥科

形态 体长约 42 cm，体型似燕鸥。喙红色、橙色或黄色，直长而尖，下喙比上喙长得多，嘴端侧扁呈薄刀形。上体褐色，下体、后颈、次级飞羽横纹、尾上覆羽及尾均白。翼特别尖长；尾较短，凹形；脚非常短小，具微蹼，爪小而尖利。亚成鸟褐色而具白色鳞状斑纹。

分布 曾广泛分布于南亚次大陆、缅甸的水域及湄公河流域，但现在分布区域已大大缩小。在中国冬季偶见于南部海岸，极其罕见。

栖息地 栖息于大型河流、湖泊中，也沿支流活动，少数个体会到河口或海岸边活动。

食性 主要以鱼虾为食，偶尔也取食小型甲壳类动物和昆虫。取食时，喜欢靠近水面上下飞翔，频繁地贴近水面，嘴张大，下喙伸入水面，当下喙触及食饵时，嘴部快速关闭，捕获猎物。大多数取食活动发生在清晨或黄昏。

繁殖 繁殖期在每年的 2 月中旬至 6 月。繁殖地通常选择在大型河流枯水期时露出的沙洲，经常与燕鸥或其他水鸟混群繁殖。巢通常筑在地面上，非常简单。窝卵数 2～4 枚。卵浅黄色或白色，带有棕褐色的斑块或条纹。孵化期约 21 天，雌雄亲鸟共同孵卵。亲鸟在每天温度较低的时间段孵卵，在高温天气，亲鸟会沾湿腹部羽毛为卵降温。

种群现状和保护 目前全球种群数量估计在 6000～10 000 只，被 IUCN 列为易危（VU）。《中国脊椎动物红色名录》评估为数据缺乏（DD）。栖息地消失或退化、污染、人类干扰是其种群数量下降的重要原因。

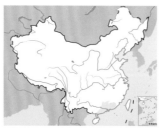

剪嘴鸥

将下喙伸入水面中觅食的剪嘴鸥

贼鸥类

- 贼鸥类指鸻形目贼鸥科的鸟类，全世界共7种，中国有4种
- 贼鸥类是中大型海鸟，羽色朴素，上喙前端呈钩状
- 贼鸥类主要为肉食性，常掠夺其他鸟类获取的食物，行如盗贼，故而得名
- 贼鸥类在中国均为偶见旅鸟或迷鸟，较少为人所知

类群综述

贼鸥类指鸻形目贼鸥科（Stercorariidae）的鸟类，是一类中型至大型的掠食性海鸟。贼鸥类体长 43～61 cm，体型类似海鸥，但更为粗壮。雌雄外形无明显差异，雌鸟体长略大于雄鸟，而体重明显较重。雄鸟中央尾羽更长，这在小型贼鸥中可能有利于雄鸟繁殖季节的展示行为。贼鸥的羽色都很朴素，大体黑灰色至棕褐色，上喙前端有钩，凹蹼足。

分类及形态 《世界鸟类手册》（HBW）中将贼鸥科定为 2 属 7 种，3 种小型贼鸥为 1 属——中贼鸥属 *Stercorarius*：中贼鸥 *S. pomarinus*，短尾贼鸥 *S. parasiticus* 和长尾贼鸥 *S. longicaudus*；另 4 种大型贼鸥为 1 属——大贼鸥属 *Catharacta*：大贼鸥 *C. antarcticus*，南极贼鸥 *C. maccormicki*，智利贼鸥 *C. chilensis* 和褐贼鸥 *C. skua*。两属鸟种除体型差异外，羽色也有较大差异。中贼鸥属物种基本灰黑色，有白腹色型；而大贼鸥属为黑褐色至褐色，无白腹色型。中贼鸥属中央尾羽有较明显延长，特别是长尾贼鸥的中央尾羽长占体长五分之二，而大

贼鸥属的中央尾羽仅略有延长。中贼鸥属亚成体具有显著的白色翼斑，大贼鸥属无此特征。但最新的世界鸟类学家联合会（IOC）分类系统将二者合为一属，即中贼鸥属。

栖息地 贼鸥为典型海洋鸟类。栖息地包括各种海洋生境，如大陆沿海、海湾、近外海、海岛等，繁殖季节还包括南北极冻原。贼鸥的粪便会使其巢址和栖息地土壤肥沃，植被生长茂盛，形成十分显眼的草地。

习性 贼鸥类有些物种具有迁徙性，春夏季在两极附近繁殖，秋季则向赤道迁飞或跨越赤道到另一半球越冬。有些物种为留鸟，或部分种群在冬季进行短途迁徙。贼鸥通常不成群活动，一般独自捕食，但在栖息地也能形成上百只个体的松散集群。贼鸥很少鸣叫，在繁殖期叫声也很有限。但一些物种有独特的"长啸"（Long Call）行为，用以宣誓领地或呼唤配偶。贼鸥寿命很长，曾经有人在英国的海岛记录到一只至少 34 龄的环志过的大贼鸥。

左：贼鸥类羽色朴素，体型类似海鸥，以延长的中央尾羽为鉴别特征。图为飞翔的短尾贼鸥，可见尖长的中央尾羽明显突出于周围的羽毛

右：长尾贼鸥的中央尾羽可达体长的五分之二。Michelle&Peter Wong摄

食性 贼鸥食性广泛，但主要为肉食。它们能自行捕鱼，但最常见的取食手段是掠夺其他海鸟的食物，也会捕食其他鸟类的蛋、幼鸟甚至成鸟，以及小型哺乳动物、甲虫、果实和腐肉等。

繁殖 贼鸥类均在高纬度繁殖，例如南北极圈。它们为一雌一雄制，配偶关系可持续终生，对繁殖地也非常忠诚，并具有很强的护巢性。通常每窝产2枚卵，少数为1枚，3枚卵十分罕见，贼鸥的窝卵数通常每年保持不变。在食物充足的情况下，贼鸥的繁殖成功率很高。

分布及种群现状 北半球有4种贼鸥分布，包括中贼鸥属全部物种和大贼鸥，南半球也有4种贼鸥分布，即大贼鸥属全部物种。大贼鸥在南北半球均有分布。所有贼鸥类都被IUCN评估为无危(LC)。

中国不属于贼鸥的常规分布区，在沿海地区偶有迁徙过境和迷鸟的记录。目前有确切记录的有4种，分别为南极贼鸥、中贼鸥、短尾贼鸥和长尾贼鸥。其中，中贼鸥、短尾贼鸥和长尾贼鸥属迁徙过境鸟，南极贼鸥为迷鸟。原记录的大贼鸥后经刘小如教授勘误实为南极贼鸥。中贼鸥1960年在中国山西解县被首次记录（有标本），长尾贼鸥1988年6月5日在福建闽侯被首次记录（有标本），短尾贼鸥2001年4月5日在福建长乐国际机场被首次记录（有标本）。

贼鸥类为掠食性海鸟，主要食用鱼类、小型鸟类和小型哺乳动物，也吃动物尸体。图为一只正站在大型海洋动物尸体旁取食的南极贼鸥

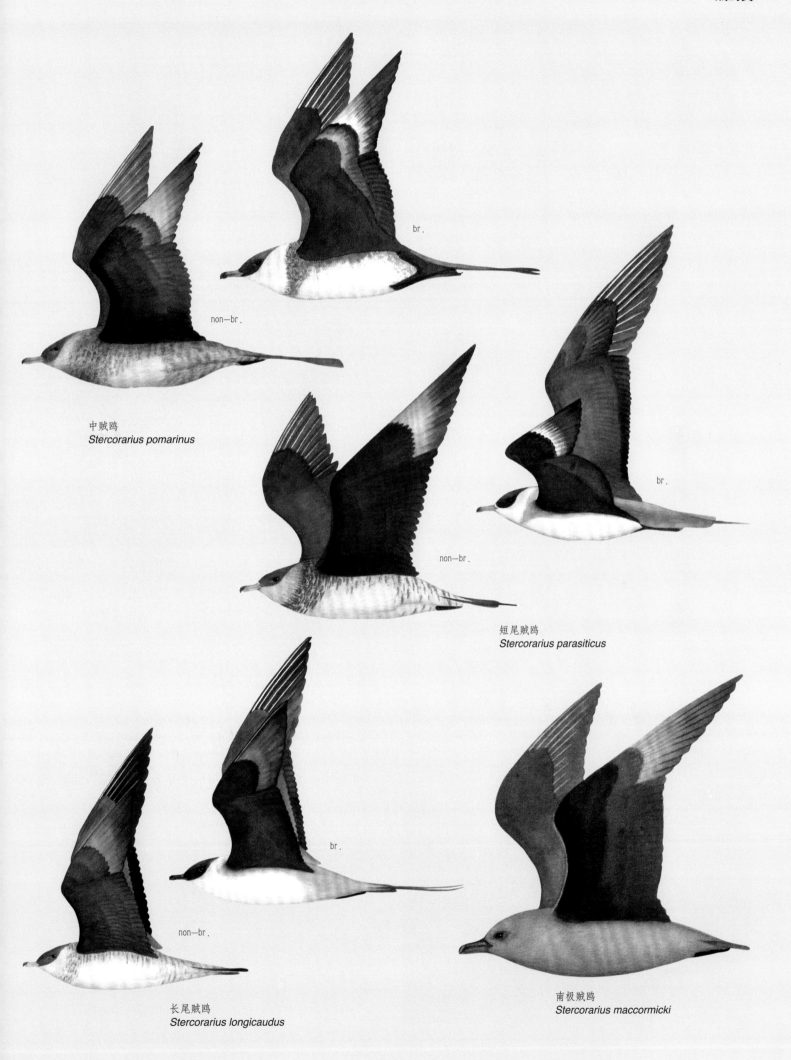

中贼鸥
Stercorarius pomarinus

non—br.

br.

短尾贼鸥
Stercorarius parasiticus

non—br.

br.

长尾贼鸥
Stercorarius longicaudus

non—br.

br.

南极贼鸥
Stercorarius maccormicki

中贼鸥

拉丁名：*Stercorarius pomarinus*
英文名：Pomeranian Skua

鸻形目贼鸥科

形态 中小型贼鸥，体长 46～67 cm，翼展 110～138 cm，体重 540～920 g。繁殖期间成年个体中央尾羽细长，约 10 cm，明显突出于外侧尾羽，尖端扩大上翘，形成勺状。中贼鸥外形与北极贼鸥比较相似，同时存在 3 种色型（也有说是 2 种色型）。淡色型额、头顶、枕、短的羽冠和脸前部黑色；耳覆羽、颊、后颈和颈侧淡黄色；背、腰和翅上覆羽暗褐色，有时腰和尾上覆羽具白色横斑；初级和次级飞羽黑褐色，内侧及外侧基部羽缘白色，在翅上形成白色翅斑，第 2 至第 7 枚飞羽羽轴淡黄白色，先端褐色，三级飞羽、翅上覆羽和小翼羽褐色；尾黑色，尾羽 12 枚；颏、喉和胸白色；胸的两侧有暗色纵纹，喉的下部有一暗色颈圈；下腹和尾下覆羽暗褐色，有时具白色横斑；翅下黑褐色，有时腋羽具白斑。深色型上体黑色，下体暗褐色或黑褐色，有时的窄的淡色羽缘。中间型整体偏深色，但是头部、颈部和下体有部分灰白色。所有色型的中贼鸥都具有白色的翼镜，这也是鉴别标志之一。幼鸟通体呈暗褐色和皮黄色斑杂状，下体和尾上覆羽具黑褐色和皮黄色横斑。虹膜暗褐色。嘴淡青铅色，先端黑色。跗跖黑色，侧扁，前面被盾状鳞，后面被网状鳞，前趾间有蹼相连。爪弯曲而锐利，特别是中爪。

分布 在全球的分布范围很广，繁殖于北极地区、欧亚大陆最北端和北美洲部分地区，迁徙路径横跨赤道，越冬主要在南北回归线以内范围，包括南大西洋、里海和红海、印度洋、太平洋、新西兰沿海等。在中国偶见于江苏、浙江和广东沿海，台湾海峡和香港等沿海地区，内陆仅见于黑龙江哈尔滨、甘肃天祝、山西解县、四川若尔盖、内蒙古包头等地。

 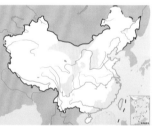

中贼鸥淡色型

飞翔的中贼鸥，可见延长的中央尾羽

栖息地 繁殖期主要栖息于靠近海岸的苔原河流与湖泊地带，非繁殖期主要栖息于开阔的海洋和近海岸洋面上。迁徙期间有时亦出现于大的内陆河流与湖泊。

习性 单独或成小群活动。善飞行，喜游泳，在陆地上行走亦很灵活。飞行时常呈直线前进，两翅频繁地轻微扇动。飞行显得较慢，但当它去抢夺其他鸟类的食物时，行动却极快而敏捷，飞行技巧极为高超，能不断地转弯和上下翻飞。

食性 繁殖季节主要捕食旅鼠，也吃一些小型涉禽、鸟蛋、雏鸟、动物尸体；越冬季主要捕食鱼类，也吃小型海鸟和动物尸体，有时也偷窃或抢夺其他鸟类的食物。常伴随轮船在海上或沿海岸飞行，吞吃从船上扔下的废弃物和动物尸体。

繁殖 繁殖期为 6—7 月，繁殖于北极苔原地带。繁殖个体散布于苔原，具有很强的领域性。营巢于河流和湖泊附近苔原地上。常成对营巢繁殖。巢是苔原地上的浅坑，内垫以干的苔藓、地衣、枯草，有时垫以柳叶。每窝产卵 2 枚。卵为卵圆形或尖卵圆形，橄榄褐色或赭褐色，具有稀疏的黑褐色斑点或条纹。卵的大小为（50～72）mm×（40～47）mm。雌雄轮流孵卵。

种群现状和保护 种群数量大且较为稳定，IUCN 和《中国脊椎动物红色名录》均评估为无危。全球有 250 000～3 000 000 只个体，每年从中国台湾迁徙过境的个体约 1000 只。被列为中国三有保护鸟类。

短尾贼鸥

拉丁名：*Stercorarius parasiticus*
英文名：Parasitic Jaeger

鸻形目贼鸥科

形态 体型较小的深色贼鸥。体长 41～48 cm，翼展 107～125 cm，体重 300～650 g。中央尾羽延长成尖，与中贼鸥明显不同，繁殖个体的尾羽饰带长约 7 cm。比中贼鸥体型小，嘴细，两翼基处较狭窄。虹膜深色，嘴、脚黑色。从外形上来看，短尾贼鸥与另两个同属物种长尾贼鸥和中贼鸥均很相似，并且有 2 种浅色型和 1 种深色型，因此较难辨识。浅色型：头顶黑色，头侧及领黄色，下体基本白色，灰色胸带或有或无（两种浅色型的区别）；上体黑褐，仅初级飞羽基部偏白，飞行时频频闪动。深色型：通体烟褐，仅初级飞羽基部偏白。无论浅色型还是深色型都有白色的翼镜。中央尾羽非繁殖期成鸟色浅而多杂斑，顶冠灰色。亚成体更加难以鉴别，个体较大且笨重，翅膀较短，飞行姿势类似鹰隼。

分布 在全球范围内分布比较广泛，各大洲都有分布。繁殖于北极地区、欧亚大陆和北美最北部海岸，其迁徙路径横跨赤道。冬季南迁至南方海域，在南美洲最南可至阿根廷，在非洲可至南非安哥拉，在澳大利亚（除北部）和新西兰也有越冬种群。中国是该物种的边缘分布区，在国内不如中贼鸥常见。在南沙群岛及香港海域有记录；台湾北部有过 1 次记录；2000 年 11 月在贵州贵阳机场发现 1 只；2001 年在福建长乐发现 1 只雌性个体；2012 年在浙江慈溪发现 1 只，推测是被当年强台风吹至浙江沿海地区的。2013 年在四川德阳有 1 个亚成体记录。

食性 以啮齿动物、小鸟、鸟蛋、昆虫为食。也会抢夺其他进食海鸟的食物，强行迫使其他海鸟翻转而弄掉或吐出其食物，这一行为被称为"偷窃寄生现象（Kleptoparasitism）"，这也是该物种英文名的由来。有时也随船而飞，捡食遗弃物。

繁殖 繁殖地在欧洲北部和北美洲，苏格兰北部也有大量个体繁殖。每年 5 月开始进入繁殖期，将巢筑在干燥的苔原、高地或岛屿上。窝卵数 2 枚，偶尔可多至 4 枚，卵黄褐色。繁殖期间如有人靠近其巢，会飞至入侵者头顶进行驱赶。

种群现状和保护 分布范围极广，种群规模大且数量较为稳定，估计全球总数可能达到 10 000 000 只，IUCN（2013）和《中国脊椎动物红色名录》均评估为无危（LC）。

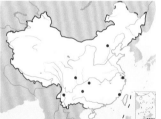

短尾贼鸥浅色型

长尾贼鸥

拉丁名：*Stercorarius longicaudus*
英文名：Long-tailed Jaeger

鸻形目贼鸥科

羽色与短尾贼鸥相似，同样有深浅两色型，但体型较纤细，中央尾羽饰带更长，比尾端长出 14～20 cm。性较活跃。旅鸟偶见于中国青海、香港、台湾及东南沿海。无危物种。

长尾贼鸥浅色型

南极贼鸥

拉丁名：*Stercorarius maccormicki*
英文名：South-polar Skua

鸻形目贼鸥科

顾名思义，繁殖于南极地区的贼鸥，体长约 53 cm。中央尾羽仅略尖出。整体黑褐色，头及腹部较两翼色浅，初级飞羽基部白色，在翼上形成明显白斑。浅色型无黑色顶冠；深色型脸上带白色。在中国，旅鸟偶经南沙群岛，迷鸟见于台湾。无危物种。

南极贼鸥浅色型

海雀类

- 海雀类是指鸻形目海雀科的鸟类，全世界共11属23种，中国有4属6种
- 海雀类身体肥壮，羽色多数上黑下白，站立时体态直立似企鹅，体型大小、喙的形态和色彩变化很大
- 海雀类不善飞翔，游泳和潜水能力强，潜水时可像企鹅一样用短小的鳍状翅膀作为推进工具
- 海雀类一般在外海活动，其生存状况往往被人忽视

类群综述

海雀类是指鸻形目海雀科（Alcidae）的鸟类，全世界共 11 属 23 种。海雀类是形态特征近似但又存在较大差异的一类海鸟，根据形态可分为海鹦、海鸦、海鸠、海雀等多种类型。海雀类全部生活在北半球，而且多数生活在靠近北极圈的寒冷海域，少数进入亚热带水域。中国有 4 属 5 种。包括 1 种海鸦：崖海鸦 Uria aalge，5 种海雀：斑海雀 Brachyramphus marmoratus、长嘴斑海雀 B.perdix、扁嘴海雀 Synthliboramphus antiquus、冠海雀 S. wumizusume 和角嘴海雀 Cerorhinca monocerata。中国境内，仅扁嘴海雀在黄海区域有繁殖记录，斑海雀和长嘴斑海雀属迁徙过境鸟，其余 3 种均为偶然出现的迷鸟。

海雀类大多翅膀短小，不善飞翔。飞行时扇翅频率较高。身体肥壮，尾短，腿脚短且位置靠后，站立时体态直立，身体羽色多数上黑下白，外形类似企鹅。但海雀与企鹅并不存在亲缘关系，两者的相似应该是趋同进化的结果。除这些相似特征之外，不同类群之间，在体型大小、喙的形态和色彩等方面存在较大差异。小海雀 Aethia pusilla 体长仅 15 cm，重 85 g，而厚嘴崖海鸦 Uria lomvia 体长可达 45 cm，重 1000 g。海鸦喙长而直，海雀喙短小，海鹦嘴侧扁、宽大且色彩鲜艳。

海雀类一般在海岸、海湾和海岛活动，很少进入内陆生活。大部分集群繁殖，仅少数单独或零散聚集筑巢。集群数量大时可达百万只。海雀类虽然飞行能力较弱，但却有较强的游泳和潜水能力。像企鹅一样，在潜水时，它们可以用短小的鳍状翅膀作为推进工具。一般以浮游动物和鱼类为食，取食

方式和食物种类不尽相同，这与其游泳能力和潜水能力有关。如游泳能力较强的海鸽类一般以鱼群为捕食对象，而游泳能力偏弱的海雀类，多以游动较慢的磷虾类为食。

海雀类多在外海无人岛屿的悬崖峭壁营巢，巢大多位于石缝或洞穴中，少数种类在树干上营巢。在中国境内有繁殖的扁嘴海雀属于在石缝和洞穴繁殖的种类。青岛大公岛和连云港前三岛历史上曾是扁嘴海雀的重要繁殖场所，繁殖种群数量达数千只以上。然而，近年来，由于旅游开发、人为干扰和猎捕等，种群数量急剧下降，目前繁殖状况不明。海雀类海鸟由于栖息于外海，调查存在一定的困难，其生存状况往往被人们忽视。海雀类的种群、数量、分布及其受胁现状急需引起关注。

左：扁嘴海雀是唯一在中国繁殖的海雀类。图为两只并肩起飞的扁嘴海雀。薛琳摄

右：崖海鸦是中国可见的海雀类中体型最大的一种

扁嘴海雀
Synthliboramphus antiquus

冠海雀
Synthliboramphus wumizusume

长嘴斑海雀
Brachyramphus perdix

角嘴海雀
Cerorhinca monocerata

崖海鸦
Uria aalge

扁嘴海雀

拉丁名：*Synthliboramphus antiquus*
英文名：Ancient Murrelet

鸻形目海雀科

形态 体型略小的海雀，全长约 25 cm。雌雄羽色相似。繁殖羽头顶至后头黑色，后头部两侧至眼间有白色散开形眉纹。颈侧白色；背至尾暗灰色，翼羽暗灰并具白纵纹；颊、喉黑色，颈以下大部为白色。嘴形粗短，白色；脚铅黑色。非繁殖羽大致似繁殖羽，但喉为白色，后头两侧无白纹。

分布 分为 2 个亚种。指名亚种 *S. a. antiquus* 繁殖于中国黄海以及日本、朝鲜、韩国、西伯利亚东部沿海、阿留申群岛、阿拉斯加至加拿大西部的夏洛特皇后群岛。科曼多尔亚种 *S. a. microrhynchos* 繁殖于俄罗斯科曼多尔群岛。越冬于南至中国香港的大部分海域，以及美国西部沿海。

在中国，扁嘴海雀在黄海的无人岛屿繁殖，青岛大公岛和连云港前三岛历史上曾是扁嘴海雀重要的繁殖场所，繁殖种群数量达数千只以上。越冬于辽宁、山东、江苏、上海、浙江、福建、台湾和广东等沿海区域，迁徙时经过黑龙江、吉林等地。

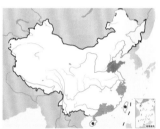

扁嘴海雀。左上图为繁殖羽，下图为非繁殖羽

栖息地 平常栖息于开阔的海面上，偶尔也到内陆水域觅食。只有繁殖时期才回到岸边的岛屿或陆地。繁殖生境多为有一定植被多岩石的海岸或离岸海岛。

习性 单只或成小群活动。频繁地在水面游泳和潜水。善于游泳和潜水，遇到危险时则潜水而逃，一般能潜入水下 10 m 以上。飞行低且直，短距离后很快又落到海面。上岸时大致呈直立式，状如企鹅。

食性 主要以海洋无脊椎动物和小鱼为食。通过在水面游泳捕食，也通过潜水捕食。

繁殖 常集小群在一起繁殖，通常营巢于土洞或岩石缝隙间。在青岛大公岛，扁嘴海雀在 1 月中下旬到达，产卵集中于 2 月下旬。扁嘴海雀的巢集中分布于岛东北部、海拔 40～50 m、面积约 260 m² 的岩礁和碎石分布区。1991 年 4 月 11 日，崔志军在该区域记录扁嘴海雀巢 130 个。扁嘴海雀的巢无明显巢材，或有少量植物茎叶，直接产卵于地上。晚间产卵，每巢产卵 2 枚，2 枚卵产出时间相差 3 天。卵浅蓝灰色或黄褐色，布有暗褐色点斑。卵重 40～48 g，大小为（62～67）mm×（34～38.5）mm。孵卵工作由双亲共同承担，但以雌鸟为主。孵卵初期，亲鸟受干扰时有弃卵、弃巢现象。孵卵中后期，亲鸟恋巢性增强，即使受到干扰也不轻易离巢。孵化后期雌鸟单次孵卵时间最长达 72 小时，雄鸟可达 48 小时。孵卵时，亲鸟不进食、不饮水、不离卵，并有翻卵习性。双方交替孵卵时间在清晨。白天一只亲鸟伏巢孵卵，多尾部朝向洞口；一只外出捕食，晚间返回后栖息在巢中或巢口附近。双方在清晨换孵。从产卵到雏鸟出壳历时 38～41 天，平均 40 天。雏鸟出壳半小时后即可自行活动，并有避光、避异物的防卫本能。刚出壳的雏鸟仍由亲鸟抱孵。1 日龄后，亲鸟即可白天外出捕食，晚间仍返回巢中抱孵雏鸟，雏鸟则伏在亲鸟腹下，时而发出微弱的叫声；此阶段无喂雏现象，雏鸟的代谢能量全靠消耗体内残留的少许卵黄提供，故体重逐日减轻。2 日龄后，部分雏鸟开始由亲鸟带领出巢；但多数在 3 日龄和 4 日龄出巢。雏鸟出巢的时间均在 20:00～21:00，2 只幼鸟结伴而行，沿岩石缝下滑或滚下，至平坦处急速向海边跑动，入水后则如鱼得水迅速游走。遇较高大的陡壁时，能从 10 m 高处滚下而不摔死。曾见 2 只幼鸟入海后迅速潜水，此后便不再返回海岛周围。根据 1987 年 5 月 23 日采集到的幼鸟标本推知，幼鸟下海后经过 30～40 天体羽即已生长完全，体型近似成体。

种群现状和保护 分布范围广，虽然全球数量呈递减趋势，但目前尚无致危的风险，因此被 IUCN 评为无危物种（LC）。然而，在全球范围，近海地区的石油污染以及渔民上岛掏窝取卵仍是主要威胁因素。尤其在中国，其历史繁殖栖息地面临丧失，繁殖种群数量急剧减少，被《中国脊椎动物红色名录》评估为近危（NT）。目前被列为中国三有保护鸟类。应引起高度关注，开展专题调查和研究，并采取切实可行的保护和恢复措施。

冠海雀

拉丁名：*Synthliboramphus wumizusume*
英文名：Japanese Murrelet

鸻形目海雀科

　　体长约 25 cm。似扁嘴海雀，但颈侧和两胁黑色，头顶至眼上、枕部为白色，头后具有尖的长形黑色羽冠。非繁殖羽无羽冠或羽冠不明显，头顶中线石板灰色，将完整的白色隔成两条宽阔的带斑。主要分布于日本及附近海域，迷鸟见于中国台湾、香港。IUCN 评估为易危（VU）。被列为中国三有保护鸟类。

冠海雀。左上图Michelle&Peter Wong摄，下图Alastair Rae摄（维基共享资源/CC BY-SA 2.0）

长嘴斑海雀

拉丁名：*Brachyramphus perdix*
英文名：Long-billed Murrelet

鸻形目海雀科

　　由原斑海雀亚种*Brachyramphus marmoratus perdix*独立为种，中国原记录的斑海雀均为本种。体长约24 cm，非繁殖羽上体黑色，下体白色，肩羽缀白斑，但下体的白色在颈侧并不向颈背延伸成颈环；繁殖羽上体多具褐色横斑，下体喉部以下密杂以灰褐色斑。与斑海雀的区别在于，非繁殖羽无颈环，繁殖羽喉部苍白色。分布于北太平洋，繁殖于鄂霍次克海到堪察加半岛。在中国迁徙季节或冬季偶见于黑龙江扎龙、吉林松花湖、辽宁旅顺、山东青岛、江苏连云港、福建福州。IUCN 评估为近危（NT）。被列为中国三有保护鸟类。

长嘴斑海雀非繁殖羽

冠海雀。张佩文摄

角嘴海雀

拉丁名：*Cerorhinca monocerata*
英文名：Rhinoceros Auklet

鸻形目海雀科

　　体长 32～41 cm。上体黑色，头、胸及两胁灰褐色，腹至尾下白色，嘴和脚橘黄色。繁殖羽头两侧眼后及嘴角后方各具一道白色丝状饰羽，上喙基部具一浅色角状物。非繁殖羽无白色饰羽和嘴基角状物。在中国冬季偶见于辽宁旅顺。IUCN 评估为无危（LC），《中国脊椎动物红色名录》评估为数据缺乏（DD）。被列为中国三有保护鸟类。

 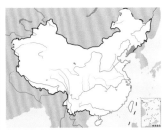

角嘴海雀繁殖羽

崖海鸦

拉丁名：*Uria aalge*
英文名：Common Murre

鸻形目海雀科

　　体长 38～46 cm。喙黑色，长且直。繁殖羽头、颈和上体为黑色，胸至尾下为白色，非繁殖羽颊、颏、喉至前颈为白色，眼后有一黑纹。分布于北大西洋和北太平洋及周边的亚北极地区，迷鸟见于中国台湾。IUCN 评估为无危（LC）。

崖海鸦繁殖羽

崖海鸦非繁殖羽。甘礼清摄

翠鸟类

翠鸟类

- 翠鸟类是指佛法僧目翠鸟科的鸟类，全世界共19属93种，中国有7属11种
- 翠鸟类多数羽色鲜艳，具金属光泽，嘴强直而尖，脚细弱，并趾型
- 翠鸟类常停息于水边的树枝或岩石上，一旦发现猎物即迅速扎入水中
- 翠鸟类分布广泛，以捕鱼技巧高超而为人类熟知

类群综述

翠鸟类指佛法僧目（Coraciiformes）翠鸟科（Alcedinidae）的鸟类。翠鸟类不属于水鸟范畴，但部分种类以水生动物为食而依赖于湿地环境，经常在水边出没。

翠鸟类均为小到中型鸟类，体长10~46 cm，是佛法僧目中体型最小的一类。体型结实，羽色大多艳丽，有时具金属光泽，以蓝、绿色为多。嘴长而强直，先端尖锐如剑。鼻孔位于喙基，多无嘴须。翼较短圆。脚短而细弱，并趾型，外趾和中趾大部分并连，内趾和中趾仅基部并连。

翠鸟类全世界共19属93种，广布于全球温带和热带地区，是佛法僧目中分布最广的一类。大多数为留鸟，少数有迁徙习性。大多栖息在近水的森林或林地，有些栖息在离水较远的林地，只有一种在沙漠矮树林活动。林中栖息的种类主要以昆虫为食，水边栖息的种类主要以鱼虾为食。性孤独，常单独停息在近水的树枝或岩石上，伺机捕食鱼虾。一旦发现猎物，即迅速垂直扎入水中，捕猎效率极高。通常在树洞或土洞中繁殖。雌雄亲鸟共同选址筑巢，巢形状多呈隧道状，也有的直接利用天然洞穴。每窝产卵2~7枚，多由双亲共同孵卵和育雏。雏鸟晚成性。

中国有翠鸟类7属11种，均为水边栖息种类，分布遍及全国。其中斑头大翠鸟 *Alcedo hercules* 被IUCN列为近危（NT），其他种类虽被列为无危（LC），但蓝耳翠鸟 *Alcedo meninting* 和鹳嘴翡翠 *Pelargopsis capensis* 在中国数量稀少，分布区域狭窄，已被列为国家二级重点保护动物。

左：翠鸟类以捕鱼技巧高超著称，因而得名"Kingfisher"。它们常在水边树枝、石块或人工支持物上一动不动地站着，极有耐心地观察着水面下猎物的动静，一旦发现猎物，即迅速起飞，笔直扎入水中捕捉猎物，整个过程堪称快、准、狠。图为正垂直扎向水面的普通翠鸟

右：翠鸟类多数羽色艳丽，但也有鱼狗这样黑白配色的。图为一只捕得小鱼正向原停歇位点飞回的冠鱼狗。赵纳勋摄

普通翠鸟
Alcedo atthis

斑头大翠鸟
Alcedo hercules

蓝耳翠鸟
Alcedo meninting

三趾翠鸟
Ceyx erithaca

白胸翡翠
Halcyon smyrnensis

鹳嘴翡翠
Pelargopsis capensis

赤翡翠
Halcyon coromanda

蓝翡翠
Halcyon pileata

白领翡翠
Todirhamphus chloris

冠鱼狗
Megaceryle lugubris

斑鱼狗
Ceryle rudis

普通翠鸟

拉丁名：*Alcedo atthis*
英文名：Common Kingfisher

佛法僧目翠鸟科

形态　体型较小，体长 15～18 cm。雄鸟上体呈金属光泽蓝绿色，背部中央具一浅蓝色条带；下体红褐色，颏、喉白色；耳覆羽棕色，耳后有一白斑。雌鸟上体羽色较雄鸟稍淡，多蓝色，少绿色，头顶呈灰蓝色；胸、腹的棕红色比雄鸟淡，且胸部无灰色。跗跖和趾朱红色。雄鸟喙黑色，雌鸟下喙橙红色。幼鸟羽色较暗淡，上体较少蓝色，下体羽色偏淡，具黑色胸带。

分布　广泛分布于北非、欧亚大陆、东南亚、印度尼西亚及新几内亚。全球共计有 7 个亚种，指名亚种 *A. a. atthis* 分布于北非、西班牙、保加利亚、阿富汗、印度西北部以及西伯利亚，冬季分布于埃及南部、苏丹东北部、阿曼、巴基斯坦；普通亚种 *A. a. bengalensis* 分布于印度北部至亚洲西南部、西伯利亚北部至东南部、苏拉威西岛北部、马鲁古群岛北部和菲律宾；*A. a. ispida* 分布于挪威南部、英国、西班牙、罗马尼亚、俄罗斯，冬季也分布于葡萄牙、非洲北部、塞浦路斯和伊拉克；*A. a. taprobana* 分布于印度南部和斯里兰卡；*A. a. floresiana* 分布于努沙登加拉群岛；*A. a.* *hispidoides* 分布于苏拉威西岛、马鲁古群岛、俾斯麦群岛和新几内亚岛；*A. a. salomonensis* 分布于尼桑岛和所罗门群岛。中国分布有 2 个亚种，指名亚种 *A. a. atthis* 主要分布于西北地区，包括新疆北部、天山和喀什；普通亚种 *A. a. bengalensis* 则分布于东北、华东、华中和华南。

栖息地　常栖息于水流平缓且小鱼数量多、岸边具芦苇丛和灌木丛等可栖植被的水域。偏爱开阔的水体，例如林区溪流、平原河谷、运河、水库等，也在淡水湖泊、池塘等可见。繁殖期间活动于堤岸，但巢址可距觅食水域超过 250 m。冬季活动于河口、海港和多岩石的海岸边。

习性　喜清澈平缓的水域。常在水面低空呈直线飞行，双翅扇动极为快速，飞行速度快，有时边飞边鸣叫。常单独活动，一般多在近水的树枝或岩石上停栖或觅食。领域性很强，会通过飞行鸣叫宣示领域，也会在领域中央端坐、蹲伏、伸展，左右摇晃身体宣示主权。有时笔直地坐着，双翅下垂，头颈向前伸，喙微张，以此驱赶入侵领地者。

普通翠鸟在中国大部分地区为留鸟。在东北和内蒙古地区为夏候鸟，春季于 4 月迁来，秋季于 10 月离开。主要在晚上迁飞，迁徙期间会形成小群。越冬期间会建立领域，幼鸟多成对或成群活动。

食性　主要捕食小型鱼类、虾、泥鳅、蝲蛄等水生动物，兼食一些甲壳类和水生昆虫，均为动物性食物。极少数情况下会食用浆果和芦苇茎秆。

 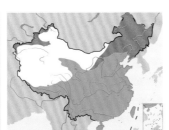

普通翠鸟。左上图为停栖于木桩上，杨贵生摄；下图为正在捕鱼，包鲁生摄

正在驱赶入侵者的普通翠鸟。杨艾东摄

　　觅食时，常站立在水边的树枝或岩石上，长时间一动不动地注视水面，一见猎物动静，立即起飞，极为迅速地垂直扎入水中捕捉猎物。在水下时瞬膜可保护睁开的眼睛，可捕捉深度不超过1 m的水下生物。捕获猎物后用喙叼着飞回原来栖息的地方，将猎物拍打至昏厥后整个吞食。无处可栖时，也会在空中定点振翅盘旋，低头注视水面，见有猎物即迅速出击。猎食的对象通常在水深25 cm以内。

　　繁殖　由于气候差异，不同地区的具体繁殖时间有差异。在中国繁殖期一般为3～7月。求偶期间，雄鸟会叼着猎物向雌鸟示好，如雌鸟接受猎物，则表示接受雄鸟，进食后开始交配。配对成功后雌雄鸟共同选择巢穴位置。通常雌雄鸟合力在河岸土岩上，有时甚至在距水较远的土坎或沙岩壁上掘洞为巢，洞口常具有低矮灌丛，隐蔽性好。筑巢时，雌雄鸟轮流用嘴将岩壁上的土啄下，再用脚往洞口外扒。一般7～12天筑洞完成。巢穴一般呈圆形，隧道状，倾斜度不超过30°，直径50～70 mm，洞深50～90 cm。洞的末端扩大成一个直径为9～17 cm的球形洞室，巢穴内无任何铺垫物，仅有自身羽毛和松软的沙质土。

　　一般每年繁殖1窝，每窝产卵3～10枚，通常6～7枚。卵近圆形或椭圆形，白色、光滑无斑。雌雄亲鸟轮流孵卵，但只有雌鸟会在夜间孵卵，通常由于双亲精力有限会有1～2枚卵孵化失败。孵化期19～21天。双亲共同抚育雏鸟，一开始喂以1～2 cm长的小鱼，随着雏鸟长大逐渐喂食较大的鱼。雏鸟晚成性，23～27天离巢，离巢约4天后开始尝试入水捕食，有些幼鸟在此过程中不幸溺毙，但大部分幼鸟很快独立并被双亲驱逐出繁殖领域。雌鸟有时会在第1窝雏鸟出飞前在巢洞附近繁殖第2窝。

　　种群现状和保护　分布广泛，且数量多，IUCN和《中国脊椎动物红色名录》均评估为无危（LC）。但是河流水质污染及水环境的改变可能会对普通翠鸟的生存造成影响，例如，将自然土堤改造成混凝土堤或水泥护岸将严重影响普通翠鸟的繁殖活动。在欧洲一些地区由于河流污染，种群数量有所下降。在某些局部地区，人们出于保护鱼类资源的目的而捕杀普通翠鸟。在中国被列为三有保护鸟类。

正在交配的普通翠鸟。赵建英摄

斑头大翠鸟

拉丁名：*Alcedo hercules*
英文名：Blyth's Kingfisher

佛法僧目翠鸟科

体长约23 cm。似普通翠鸟但体型明显更大，上体为黑褐色渲染蓝绿色，耳羽蓝色而非棕色。分布于印度东北部、缅甸、中国南部至中南半岛。在中国为留鸟，见于云南南部、江西、福建、广东、广西和海南。数量稀少，IUCN评估为近危（NT），《中国脊椎动物红色名录》评估为易危(VU)。被列为中国三有保护鸟类。需进一步加强保护。

 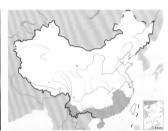

斑头大翠鸟。左上图为雄鸟，黄云超摄；下图为雌鸟，陈林摄

蓝耳翠鸟

拉丁名：*Alcedo meninting*
英文名：Blue-eared Kingfisher

佛法僧目翠鸟科

小型翠鸟，体长约15 cm。似普通翠鸟但耳羽蓝色，且上体为鲜艳的亮蓝色而非蓝绿色。分布于印度至中国及东南亚。IUCN和《中国脊椎动物红色名录》均评估为无危（LC），在中国仅见于云南西双版纳，十分罕见，被列为国家二级重点保护动物。

蓝耳翠鸟。左上图为雌鸟；下图为雄鸟，沈越摄

三趾翠鸟

拉丁名：*Ceyx erithaca*
英文名：Three-toed Kingfisher

佛法僧目翠鸟科

小型翠鸟，体长约14 cm。头、下背至尾红色并沾紫色光泽，上背和翼蓝黑色，下体黄色，喉白色，颈侧具相邻的蓝色和白色斑块各一。虹膜褐色，嘴和脚均红色。分布于印度、缅甸、中南半岛至东南亚岛屿。在中国留鸟见于云南西部和南部、广西及海南，迷鸟见于台湾。栖息于茂密森林中的水域附近。IUCN评估为无危（LC）。

三趾翠鸟。左上图Dr Sudhir Gaikwad摄（维基共享资源/CC BY-SA 4.0），下图沈越摄

白胸翡翠

拉丁名：*Halcyon smyrnensis*
英文名：White-breasted Kingfisher

佛法僧目翠鸟科

形态 中型翠鸟，体长 27～28 cm。喙、脚红色，头、脸、颈部、小覆羽及腹部红棕色，颏、喉、胸上部白色，背及身体大部呈鲜艳的蓝色。大覆羽深蓝色。飞行时翅上可见一大白斑。雌鸟较雄鸟体色稍淡。

分布 有 5 个亚种，指名亚种 *H. s. smyrnensis* 分布于土耳其至埃及东北部，伊拉克至巴基斯坦，阿富汗东北部至印度西北部；南亚亚种 *H. s. fusca* 分布于印度和斯里兰卡；东南亚亚种 *H. s. perpulchra* 分布于印度东部至孟加拉国、缅甸和中南半岛，南至苏门答腊岛和印度尼西亚爪哇岛以西；安达曼亚种 *H. s. saturatior* 分布于安达曼群岛；福建亚种 *H. s. fokiensis* 分布于中国东部和南部。中国仅有福建亚种 *H. s. fokiensis*，留鸟常见于四川西南部、云南、贵州、广西、广东、香港、福建、海南和台湾，近年来也

向北扩散至湖北、江西、江苏、上海、浙江乃至河南地区。

栖息地 栖息地类型多样，在水坝、运河、溪流、沼泽、泥滩、海滨、红树林边缘、农田、稻田、山地树林中均有过记录。通常避开树木过于茂密的森林。

习性 多单独行动，停栖在水边树枝、石头或电线上，一动不动地注视水面以待猎食。捕食习性与普通翠鸟类似。在中国绝大部分地区为留鸟。

食性 主要以鱼类、软体动物、昆虫及其幼虫等为食，也吃蛙、蜥蜴等小型两栖动物和爬行动物，有时也吃小型螃蟹。

繁殖 繁殖期 3～6 月。繁殖初期，会笔直立在树最高处鸣叫，并不时扇动双翅以展示白色的翅斑，宣示繁殖领域。有时也在空中边飞边鸣叫，然后盘旋而下。通常营巢于河岸、沟谷、田坎的土岩洞中，有时也在道路切面、岩石裂缝或树洞中。掘洞为巢，巢呈隧道状，巢洞可深至 0.3～1.5 m，直径 6～8 cm，末端扩大为直径 15～20 cm 的巢室。巢洞深度因土崖土质软硬程度和打洞困难程度不同而有较大变化。每窝产卵 4～7 枚，多为 5～6 枚。卵白色，圆形或卵圆形。雌雄亲鸟轮流孵卵，孵化期 18～20 天。出飞期 26～27 天。出飞后亲鸟继续喂食雏鸟一个月左右。

种群现状和保护 分布广泛而较常见，IUCN 和《中国脊椎动物红色名录》均评估为无危（LC）。

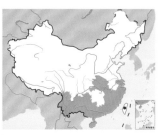

白胸翡翠。左上图范忠勇摄，下图沈越摄

鹳嘴翡翠

拉丁名：*Pelargopsis capensis*
英文名：Stork-billed Kingfisher

佛法僧目翠鸟科

大型翠鸟，体长约 35 cm。头灰褐色，背、翼至尾蓝色，下体浅黄褐色，上延至后颈形成宽阔的颈环。嘴红色，粗长而尖，形似鹳嘴而得名。脚红色。留鸟，分布于南亚、中国西南部至中南半岛及东南亚岛屿。IUCN 评估为无危（LC），但在中国仅见于云南南部，数量稀少，《中国脊椎动物红色名录》评估为数据缺乏（DD）。被列为国家二级重点保护动物。

鹳嘴翡翠。唐万玲摄

赤翡翠

拉丁名：*Halcyon coromanda*
英文名：Ruddy Kingfisher

佛法僧目翠鸟科

中型翠鸟，体长约 27 cm。整体栗红色至棕色，腰浅蓝色。虹膜褐色，嘴和脚均红色。分布于印度东北部至中南半岛、日本、朝鲜半岛至中国东部。在中国分布有 3 个亚种，均罕见。指名亚种 *H. c. coromanda* 和台湾亚种 *H. c. bangsi* 为留鸟，分别见于云南西双版纳和台湾；东北亚种 *H. c. major* 为候鸟，繁殖于吉林长白山，迁徙经过东部沿海地区，部分在福建、广东、台湾越冬。IUCN 评估为无危（LC）。《中国脊椎动物红色名录》评估为数据缺乏（DD）。

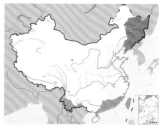

赤翡翠。徐燕冰摄

蓝翡翠

拉丁名：*Halcyon pileata*
英文名：Black-capped Kingfisher

佛法僧目翠鸟科

中型稍大的翠鸟，体长约 30 cm。头黑色，颈白色，其余上体为金属光泽蓝紫色，飞行时可见翅上有大块白斑。下腹至臀部棕红色。虹膜褐色，嘴和脚均红色。分布于印度、中南半岛、东南亚、中国至朝鲜半岛。在中国除新疆、西藏、青海外，见于各地。在南方为留鸟，北方为夏候鸟。IUCN 和《中国脊椎动物红色名录》均评估为无危（LC），被列为中国三有保护鸟类。

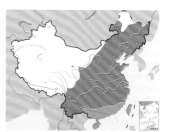

蓝翡翠。左上图彭建生摄，下图沈越摄

白领翡翠

拉丁名：*Todirhamphus chloris*
英文名：Collared Kingfisher

佛法僧目翠鸟科

　　中型翠鸟，体长约 24 cm。上体蓝色，下体白色，具宽阔的白色颈环。虹膜褐色，嘴和脚灰色。亚种极多，分布于从红海沿岸到南亚、东南亚至新几内亚及澳大利亚的滨海地区。在中国江苏、福建、台湾、香港等沿海地区曾有迷鸟记录。IUCN 和《中国脊椎动物红色名录》均评估为无危（LC）。

白领翡翠。下图沈越摄

冠鱼狗

拉丁名：*Megaceryle lugubris*
英文名：Crested Kingfisher

佛法僧目翠鸟科

　　中国体型最大的翠鸟，体长 41 cm。上体黑色，密布白点斑组成的横纹，冠羽十分发达，下体白色，具黑色胸带。分布于喜马拉雅山脉一带至中南半岛，中国东部、南部，朝鲜半岛和日本。在中国为偶见留鸟，分布遍及从吉林至云南一线以东、以南的广大地区，包括海南。IUCN 和《中国脊椎动物红色名录》均评估为无危（LC）。

冠鱼狗。左上图徐永春摄，下图沈越摄

发现猎物后迅速从停歇位点起飞的冠鱼狗。徐永春摄

斑鱼狗

拉丁名：*Ceryle rudis*
英文名：Lesser Pied Kingfisher

佛法僧目翠鸟科

形态 中等体型的翠鸟，体长约25 cm，雌鸟体型较雄鸟大。通体黑白相间，具白色眉纹，后颈具黑白色杂斑，颈侧有一大块白斑，头顶具黑色冠羽。尾白色，具宽阔的黑色亚端斑，翅上有宽阔的白色翅带，飞翔时极显著。下体白色，两胁和腹侧密布黑斑。雄鸟有两条黑色胸带，前面一条较宽，后面一条较窄。雌鸟仅一条黑色胸带，且常在中部断开。

分布 广泛分布于非洲、中东、南亚和东南亚地区。全世界共有4个亚种，指名亚种 *C. r. rudis* 分布于土耳其、以色列至叙利亚、伊拉克、伊朗西南部、埃及南部、尼罗河流域和非洲撒哈拉以南地区；印度亚种 *C. r. travancoreensis* 分布于印度西南部；普通亚种 *c. r. insignis* 分布于中国东南部；云南亚种 *C. r. leucomelanura* 分布于阿富汗、巴基斯坦、印度、斯里兰卡，东至中国和中南半岛。中国分布有2个亚种，普通亚种主要分布于长江流域以南，从湖北、江西、浙江一线，南至云南、广西、广东、香港和海南，近年来也出现在北京、天津、河南；云南亚种分布于云南西部、南部和广西。

栖息地 主要栖息于湖泊、大型河流、河口、海滨环礁湖、红树林、沙质或多岩石的海岸、水坝和水库，也在溪流、河流、沼泽和稻田中，有时甚至在路边沟渠中觅食。需要水边突出的停栖地，例如树木、芦苇、岩石、栅栏、标杆或其他人工物体。

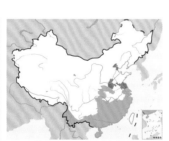

斑鱼狗。下图Fanny Schertzer摄（维基共享资源/CC BY 3.0）

捕鱼出水的斑鱼狗

习性 休息时或觅食时会停栖在岸边树木或物体上，注视水中动静，一有动静便迅速冲入水中取食。有时也在水面低空飞行觅食，时升时落，密切注视水中情况，一旦见到猎物，便立刻收敛双翅，笔直地扎入水中猎取食物。喜结群活动，群体内部有合作繁殖行为，即幼鸟由亲鸟以外的同类辅助抚育。

主要为留鸟，长江流域以北多为夏候鸟。

食性 食物以小鱼为主，有时也吃甲壳类和多种水生昆虫及其幼虫，偶尔也食小型蛙类和少量水生植物。

繁殖 繁殖期3～7月。有合作繁殖行为，主要帮助者为双亲一方或双方的1龄雄性后代，次级帮助者为其他不繁殖的雄性。一般一个繁殖对有1个主要帮助者，但在食物资源匮乏的情况下可有多个次级帮助者；主要帮助者从繁殖初期就参与营巢，会帮助亲鸟觅食且喂食雏鸟，而次级帮助者通常在产卵之后才参与进来。通常营巢于河流岸边沙岩上，雌雄亲鸟和主要帮助者共同掘洞为巢，通常耗时20余天。巢呈隧道状，通常长1～2.5 m，末端可达长45 cm、宽24 cm、高15 cm、无任何内衬物的巢室。每窝产卵1～7枚，多为4～5枚。孵化期大约18天，由雌鸟孵卵，雄鸟协助。雏鸟晚成性，出飞时间为23～26天，出飞14天后可独立觅食，但仍会继续与父母共同生活几个月。幼鸟第1年即性成熟，但一些雄鸟到第2年或更晚才开始繁殖。

种群状态和保护 分布广泛，IUCN和《中国脊椎动物红色名录》均评估为无危（LC）。近年来由于水产养殖业的发展而导致食物资源增加，在部分区域种群数量有所增加。一些区域水坝建设而形成的大面积水域也可能有利于种群的维持。杀虫剂的使用可能导致一些区域的种群数量下降。

海洋与湿地中的猛禽

- 猛禽是指掠食性鸟类，包括鹰形目、隼形目和鸮形目3个目
- 猛禽均拥有强大而尖锐的喙和脚爪，敏锐的视觉和听觉，以及强大的飞行能力
- 猛禽广布于全球各种类型的生境中，其中一些以鱼类或水鸟为食，经常出现在海洋与湿地生境中
- 猛禽处于食物链的顶层，对于生态系统健康和生态平衡的维持起着重要作用，容易受胁，在中国所有猛禽都被列为国家重点保护野生动物

类群综述

分类与特征　猛禽并非严格的分类学概念，而是指一类小型至大型的掠食性鸟类，一般包括鹰形目（Accipitriformes），隼形目（Falconiformes）和鸮形目(Strigiformes)3个目的鸟类。在传统分类系统中，隼形目和鹰形目曾同归为一目——隼形目，近年来分子生物学的研究结果表明，原隼形目隼科（Falconidae）的鸟类与隼形目其他鸟类的亲缘关系较远，而与鹦形目（Psittaciformes）和雀形目（Passeriformes）等的亲缘关系较近，因而现在将原隼形目隼科的鸟类单列为隼形目，其他科则归为鹰形目。

猛禽包括鹰、雕、䴈、鸢、鹫、鹞、鹗、鸮、鸺鹠等类群。它们都有着掠食性鸟类的共同特征，如强大而尖锐的喙和脚爪，敏锐的视觉和听觉，有着强大的飞行能力。日行性猛禽或善于快速飞行捕捉猎物，或善于利用上升气流在空中翱翔；夜行性猛禽则翅上羽毛松软，飞行时悄无声息。它们广布于全球各种类型的生境中，主要以小型哺乳动物、鸟类、两栖类、爬行类和鱼类为食，也有的食腐为生。其中以鱼类或水鸟为食的种类经常出现在海洋与湿地生境中。

左：猛禽为掠食性鸟类，通常喙和腿强健，神态威武，目光锐利，行动敏捷。图为夕阳下站在冰面上的白尾海雕。沈越摄

右：海洋与湿地中的猛禽主要以鱼类或水鸟为食。图为扑向水面准备捕食的鹗。赵建英摄

中国海洋与湿地常见猛禽　中国有鹰形目鸟类2科25属55种。其中鹗科（Pandionidae）仅1种，即鹗 *Pandion haliaetus*，分布于中国大部分地区，几乎只以鱼类为食，因此又称鱼鹰，见于各类湿地生境。鹰科有24属54种，均为中型到大型猛禽。栖息于森林、山地、平原和湿地等各类生境，部分种类可以适应农村、城镇等人类聚居的区域。鹰科鸟类的活动范围较广，一些种类在海洋和开阔的湿地活动，主要捕食鱼类或捡拾死亡的鱼类尸体为食。

在鹰科的猛禽中，以海雕属 *Haliaeetus* 在中国的湿地和近海相对较为常见。此外，以鱼类为主要食物的渔雕 *Ichthyophaga humilis* 在中国海南有过记录。黑鸢 *Milvus migrans* 等有食腐习性的鸟类也常见于村镇、乡村的河流附近，经常在垃圾堆中寻觅食物，或寻找海岸或河岸边的腐物。另一类在中国的湿地和近海地区常见的猛禽是鹞属 *Circus* 鸟类。鹞是一类体长40～50 cm的中型猛禽，成年雄鸟多为灰色，具黑色的初级飞羽及白色腹部，雌鸟和未成熟个体为斑驳的棕色、黑色，较难区分。飞行时，腕部后折较其他猛禽明显，翅型显得窄而长。具有不太明显的面盘，头部较其他猛禽显得圆而大。鹞皆喜爱开阔生境，常贴植被低空滑翔寻找猎物。其中白头鹞 *Circus aeruginosus*、白腹鹞 *C. spilonotus*、白尾鹞 *C. cyaneus* 和鹊鹞 *C. melanoleucos* 较偏好芦苇、沼泽、稻田等湿地生境。

隼形目仅1科，即隼科（Falconidae），中国分布有2属12种。隼科多为小至中型猛禽，多具黄色眼圈和明显或不明显的髭纹，上喙两侧具两个钩型齿。雌雄外形存在差异。其两翼尖而长，无翼指，尾窄而长。擅长高速飞行并追击或猛扑猎物。其中红隼 *Falco tinnunculus* 和游隼 *F. peregrinus* 的生境类型多样，灰背隼 *F. columbarius* 和燕隼 *F. subbuteo* 等喜好开阔生境，它们在湿地和近海区域均可见到。

鸮形目鸟类为夜行性猛禽，中国有2科12属33种。鸮类皆具明显的面盘，与其他猛禽相比，头显得浑圆且眼睛比例大，部分种类有耳羽簇。面盘和耳羽特征使其头部与猫的头部极其相似，故鸮类又被称为猫头鹰。鸮类大多夜行性或晨昏活动，以啮齿类哺乳动物和昆虫为主要食物，也捕食小型鸟类和两栖爬行动物。飞行时寂静无声，白天常立于栖处休息不动，较难发现。除雕鸮 *Bubo bubo* 和纵纹腹小鸮 *Athene noctua* 等广生境类型的鸮类，在湿地生境中还可见到短耳鸮 *Asio flammeus* 和草鸮 *Tyto longimembris* 等喜好湿润草地栖息地的种类，它们还可以在植被较茂密的湿地沼泽营巢繁殖。

中国湿地与近海栖息地常见猛禽：

A 黑鸢。沈越摄
B 白尾鹞。沈越摄
C 燕隼。沈越摄
D 短耳鸮。沈越摄

海洋与湿地中的猛禽

猛禽处于食物链的顶端，数量较少，种群较脆弱，但在生态系统中发挥着重要功能，中国把所有猛禽都列为国家重点保护野生动物。图为正在捕鱼的国家一级重点保护野生动物白尾海雕。颜重威摄

种群现状和保护 猛禽处于生态系统食物链的顶端，虽然个体数量较少，但对于生态系统健康和生态平衡的维持起着重要作用。正因为猛禽的数量较少，其种群比较脆弱，很容易受到人类活动和环境变化（如栖息地丧失、环境污染、人为捕猎、气候变化）的影响。如在 20 世纪 50～60 年代，由于 DDT 等在环境中难以降解的有机氯农药的大量使用，农药通过食物链进入猛禽体内并在体内富集，导致猛禽的繁殖成功率急剧下降，一些猛禽濒临灭绝。为了保护猛禽，很多国家把猛禽列为保护对象。中国把所有猛禽都列为国家重点保护动物，其中金雕 Aquila chrysaetos、白肩雕 A. heliaca、玉带海雕 Haliaeetus leucoryphus、白尾海雕 H.albicilla、虎头海雕 H. pelagicus、白背兀鹫 Gyps bengalensis 和胡兀鹫 Gypaetus barbatus 为国家一级重点保护动物，其他猛禽均为国家二级重点保护动物。

鹗
Pandion haliaetus

ad.

juv.

白腹海雕
Haliaeetus leucogaster

ad.

juv.

玉带海雕
Haliaeetus leucoryphus

ad.

juv.

白尾海雕
Haliaeetus albicilla

juv.

ad.

虎头海雕
Haliaeetus pelagicus

鹗

拉丁名：*Pandion haliaetus*
英文名：Western Osprey

鹰形目鹗科

形态 大型鹰类，体长近 60 cm，雌鸟体型略大于雄鸟。背及双翼几乎全为棕黑色，尾羽布满横纹，头及下体白色，具黑色的粗贯眼纹，沾棕色的白色冠羽能够竖起。斑点状的浅棕色胸带存在个体差异，且雄鸟的胸带一般较淡。飞行时可见翼下花纹独特，翼下中小覆羽及腹部几乎纯白色，具深棕色的腕斑和翼下大覆羽。翅型与其他猛禽相比较为窄长，初级飞羽及腕部轻微后折。翼指 5 枚。脚爪强壮，趾下布满鳞片和凸起，外趾可后转，以抓握鱼类。

分布 分布于中国大部分地区。在东北和西北为夏候鸟，台湾为冬候鸟，其他地区为留鸟。

栖息地 主要在各类能够捕捉到近水面鱼类的淡水或咸水湿地活动。巢址一般靠近湖岸、海岸、沼泽及河流。在沿海地区较为常见，尤其喜欢在盐沼、红树沼泽、环礁湖及海湾活动。对人类活动有较强的适应能力，在城市近郊甚至中心城区也可以见到。

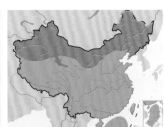

习性 一般单独或成对活动，迁徙期有时候集 3～5 只的小群。很少鸣叫，飞行时可能发出短促的哨音。常在湿地附近的高树、枯木、石堆及电线杆等人工建筑上停歇及进食。领域性不强，冬天可成小群共享领域。

食性 主要以鱼类为食，偶尔也会捕食蛙类、蜥蜴、小型鸟类等其他小型陆栖脊椎动物。有的个体会从高空抛下贝类，从而将外壳摔碎以取食其软体部分。捕食时一般在 10～30m 高的空中盘旋，发现猎物后俯冲而下用爪捕捉，身体不会进入水下。猎物有时会遭到其他猛禽和鹭类的劫掠。

繁殖 分布于温带地区的个体在夏季繁殖，而分布于热带、亚热带地区的个体一般在冬季或春季繁殖。通常为单配制，偶尔出现一雄多雌的情况。巢通常筑于树顶，也可在悬崖或人工建筑顶端营巢，离地面高度可达 30 m。巢由大量树枝及碎木构成，内部可能衬有草及苔藓。合适的巢址经常被重复利用。窝卵数 1～4 枚，卵椭圆形，灰白色，被有红褐色斑点。孵化期约 40 天，雌雄亲鸟轮流孵卵。幼鸟为半晚成雏，孵出时已有绒毛。孵化后，由雄鸟提供食物，雌鸟处理食物及哺育幼鸟。出飞期为 44～59 天，出飞后 30～60 天后可独立生活。

种群现状和保护 IUCN 评估其全球种群状况为无危（LC），部分地区为易危（VU）。《中国脊椎动物红色名录》评估为近危（NT）。被列为中国国家二级重点保护动物。

鹗。左上图徐永春摄，下图董磊摄

白腹海雕

拉丁名：*Haliaeetus leucogaster*
英文名：White-bellied Sea Eagle

鹰形目鹰科

形态 大型猛禽，体长 75～85 cm，雌鸟体型大于雄鸟，体重可达雄鸟的 1.2 倍。成鸟有着明显地区别于其他猛禽的特征：立于栖处时可见头颈及身体下部白色，背及翅灰黑色，翼尖可长于尾。飞行时特征鲜明，各级飞羽及翼下大覆羽皆为黑色，其余部位几乎纯白色，对比强烈；具短的楔形尾，端部白色。喙灰色。爪浅黄色。虹膜深色。翼指 7 枚。亚成鸟羽色对比不强，身体下部为斑驳的浅褐色，尾白色；约需 3 年过渡到成鸟羽色。

分布 留鸟，主要分布于澳大利亚以及南亚、东南亚地区，在中国沿海地区可见，但数量稀少，非常罕见。

栖息地 栖息于海岸、河口、岛屿等近海生境，也见于内陆

湿地中。海拔一般不超过 900 m。一般在森林、林地及岩石环境筑巢。

习性 经常笔直地立于近水的突出物上，或在空中盘旋滑翔。飞行姿态优雅，振翅缓慢有力，冲入水中捕捉猎物时场面壮观。较少鸣叫，声音为类似鹅或鸭的喇叭声或鼻音。报警鸣叫声粗哑。

食性 以哺乳类、鸟类、鱼类及甲壳类动物为食，甚至能捕捉兔、蝙蝠、小型袋鼠及鸥、鸬鹚等大型鸟类。有时食腐。捕捉时会在 10～20 m 高的空中盘旋，发现猎物后俯冲而下用爪捕捉，有时身体可完全没入水中。有时候雌雄配偶合作捕猎。会劫掠其他鸟类和同种其他个体捕获的猎物。

繁殖 巢通常位于海岛的地面或悬崖上，以及离地 3～50 m 的树顶。用树枝筑成大型的平台巢，内衬以草、树叶及海草。窝卵数通常 2 枚。孵化期 35～42 天。雏鸟为具有绒毛的半晚成雏，65～70 天出飞，但之后仍与双亲共同生活 3～6 个月。双亲的配偶关系可以维持一生。

种群现状和保护 IUCN 评估其全球种群状态为无危（LC）。但在中国数量较少，《中国脊椎动物红色名录》评估为易危（VU）。被列为中国国家二级重点保护动物。

白腹海雕。左上图甘礼清摄，下图沈越摄

玉带海雕

拉丁名：*Haliaeetus leucoryphus*
英文名：Pallas's Fish Eagle

鹰形目鹰科

形态 大型猛禽，体长 72～84 cm，雌鸟体型略大于雄鸟。成鸟身体大部分为棕色，头颈羽色较淡，为浅金黄色。颈部的羽毛较长，呈独特的披针形。肩部羽毛具棕色条纹，下背和腰部棕黄色。下体由浅黄色过渡至棕黑色。飞行时两翼下部几乎全为深色，腹部颜色稍浅。尾圆形，前端和末端深色，中间有明显的宽阔白色横带。虹膜灰黄色。爪及裸露的跗跖暗白至暗黄色。喙铅灰色。翼指 7 枚。亚成鸟为棕色，缺少头部浅色，飞行时可见内侧初级飞羽的白斑及翼下大覆羽的清晰连续白线。

分布 分布于欧亚大陆的中部和东部地区，在亚洲中部地区繁殖。在中国繁殖于新疆、青海、西藏、甘肃、内蒙古、黑龙江等地，迁徙时见于中国中部、东部及西南地区。

栖息地 主要活动于高海拔地区的高山湖泊、河谷、山地和草原等开阔地带，常见于河流、湖泊及周边地区，偏好淡水湿地

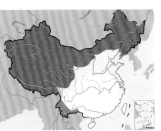

生境。在中国的繁殖地海拔为 3200～4700 m，西藏种群的活动范围甚至可达海拔 5200 m。

习性 繁殖时异常喧闹，发出"kha-kha-kha-kha"的叫声，有时叫声类似银鸥，还可发出急切的高音。平时立于栖处，猛地冲下捕捉猎物。

食性 主要食鱼，也能捕食水鸟、啮齿类、兔、蛙、蛇和龟及一些甲壳类。也食腐，会捡食水面和岸边的死亡动物的尸体。有时能捕杀蓑羽鹤、斑头雁等体型较大的鸟类。喜好贴近水面捕捉鱼类。存在掠夺其他鸟类食物的行为。

繁殖 由雌雄双方共同筑巢，巢通常由树枝构成，内衬树叶、灯心草和水生植物等柔软的材质。巢址通常近水，位于悬崖上，有时也位于芦苇中的地面上。合适的巢址会被重复利用。窝卵数 2～3 枚，孵化期 40 天，主要由雌鸟孵卵。雏鸟为有棕灰色绒羽的早成雏，通常每巢最多只有 2 只雏鸟能生长到顺利出飞，需 70～105 天。出飞后 30 天即可独立。

种群现状和保护 IUCN 评估其全球种群状态为近危（NT），全球数量在 3500～15 000 只。在中国，种群数量较少且呈下降趋势，《中国脊椎动物红色名录》评估为濒危（EN）。捕猎以及作为其主要栖息地的湿地的丧失和质量下降是其面临的主要威胁。被列为中国国家一级重点保护动物。

玉带海雕。左上图为亚成鸟，沈越摄；下图为成鸟，彭建生摄

白尾海雕

拉丁名：*Haliaeetus albicilla*
英文名：White-tailed Sea Eagle

鹰形目鹰科

形态 大型猛禽，体长 74～92 cm，雌鸟体型大于雄鸟，体重可达雄鸟的 1.3 倍。成鸟通体棕褐色，头颈的颜色略浅，具独特的披针状羽毛。尾略呈楔状，纯白色。虹膜黄色。跗跖被毛，爪黄色。喙硕大，黄色。飞行时可见明显的白色尾，翼下为深浅不一的棕褐色，头颈的颜色略浅，从胸部过渡到棕褐色。亚成鸟直到第 8 年前都无纯白色尾，通体为斑驳的棕黑色，飞行时可见灰白色的翼下小覆羽。

分布 主要分布于欧亚大陆及格陵兰岛。在中国繁殖于东北地区，在中部和东部为不常见的旅鸟或冬候鸟，南方相对较少见。

栖息地 栖息于各类湖泊、河流、河口及滨海地区的各种湿地和近海区域。筑巢和栖处通常选择水域附近的悬崖峭壁或高大树木。很少远离海岸或大面积水域。有时会在水产养殖塘附近活

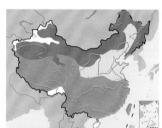

动。通常活动于低海拔地区。

习性 看似较为懒散，可蹲立不动达数小时，飞行时振翅有力而缓慢。繁殖期间会应和鸣叫，声音为响亮的犬吠声"klee-klee-klee-klee"。

食性 食物多样，主要捕食鱼类，也捕食鸟类和中小型哺乳动物。捕鱼时一般在水面低空飞行，发现鱼后将利爪伸入水中，直接抓取靠近水面的鱼类。有时食腐。也存在掠夺行为。冬季食物缺乏时，还会捕食家禽和家畜。

繁殖 巢址通常位于悬崖峭壁上的高树或枯木顶端。巢甚大，呈盘状，由树枝构成，内衬以苔藓、地衣、蕨类及草。一对成鸟一般有 2～3 个交替使用的巢。在没有干扰的情况下，同一个巢可利用多年。窝卵数 1～3 枚，通常 2 枚。孵化期约 40 天。雌雄亲鸟共同孵卵及育雏。孵出后 70～90 天雏鸟出飞，之后仍需至少 30 天才可独立生活。

种群现状和保护 IUCN 评估其全球种群状态为无危（LC）。亚洲的种群状况缺少准确的数据。在中国数量较少，《中国脊椎动物红色名录》评估为易危（VU）。近年来每年冬季有 20 只以上的白尾海雕在辽宁大连的金州湾越冬。威胁其种群的主要原因是环境污染、捕猎及栖息地的丧失和质量下降。被列为中国国家一级重点保护动物。

白尾海雕。左上图为幼鸟，下图为成鸟。沈越摄

虎头海雕

拉丁名：*Haliaeetus pelagicus*
英文名：Steller's Sea Eagle

鹰形目鹰科

形态　体型甚大的猛禽，体长 85～105 cm，雌鸟体型大于雄鸟，体重可达雄鸟的 1.5 倍。成鸟为深棕黑色，站立时可见明显的大面积白色肩斑。尾及被毛的跗跖白色。飞行时可见白色的翼缘下覆羽、白色腿羽及白色的楔形尾，与棕黑色的下体和翼对比非常强烈。喙甚大且上突明显，为鲜艳的橘黄色。虹膜黄色。脚黄色。亚成鸟身体颜色的黑白对比不明显，体色棕黑色夹杂灰白。

栖息地　几乎只栖息于海岸附近的狭长地带，有时追随洄游的鱼群，活动于溪流山谷中。巢址通常靠近水边，位于河口、海岸或河谷周边地区。未成年个体主要在滨海地区活动。

习性　冬季成群活动。繁殖期鸣声较多，在冬季停歇及觅食时亦会发出"kra-kra-kra"声。捕食时通常立于 5～30 m 高的树

上或岩坡上等待猎物，发现猎物后俯冲入水中。也会立于浅水、沙滩或冰层上等待猎物。

食性　主要以鱼类为食，偏爱鲑鱼类（Salmonidae）。在鱼类不足时也取食其他多种类型的食物，能够捕食鸟类和哺乳类，甚至可以捕猎北极狐等中型哺乳动物。在冬季也以鹿类等动物的尸体为食。

繁殖　巢通常位于悬崖或树顶，距地面高可达 30m。窝卵数 1～3 枚，通常 2 枚。孵化期 38～45 天。雏鸟为长着白色绒毛的半晚成雏。一般 70 天后出飞，之后还需 2～3 个月方可独立生活。繁殖成功率低，平均每对成鸟每 2 年才能够成功抚育 1 只雏鸟。

居留型　繁殖于西伯利亚东部沿海及岛屿，越冬在勘察加半岛及朝鲜。冬季可见于我国辽宁省，较少见。

种群现状和保护　全球种群数量估计为 4600～5100 只，分布范围较为狭窄且数量在持续下降，被 IUCN 列为全球性易危（VU）鸟类。在中国状况更不乐观，《中国脊椎动物红色名录》评估为濒危（EN）。主要威胁因素为栖息地丧失和质量下降，包括森林被破坏和消失、沿海地区的开发及风电项目等，铅中毒、工业污染也威胁着虎头海雕的生存。被列为中国国家一级重点保护动物。

虎头海雕。颜重威摄

盐沼雀形目鸟类

- 滨海盐沼鸟类群落的结构有季节变化和随高程而分层的特点
- 雀形目鸟类不属于水鸟范畴但有些种类也依赖湿地生境
- 雀形目鸟类对滨海盐沼湿地的利用包括在其中筑巢繁殖，繁殖季节觅食和非繁殖季节觅食
- 滨海盐沼湿地中的雀形目鸟类不少为受胁种，需加强保护和关注

类群综述

滨海盐沼是指受周期性或间歇性水文活动影响的、有盐生植被覆盖的咸水或淡咸水淤泥质沼泽。由于受潮水动力和盐度的影响，盐沼内的植被结构相对简单，而鸟类则是盐沼中主要的高等动物类群之一。盐沼鸟类群落的结构常随着季节变化而发生变化；同时沿着高程的递减，盐沼植物群落呈现明显的分带现象，从而可以在不同的区域为不同的鸟类提供觅食地和栖息地，降低了种间竞争的强度。

受潮汐作用的周期性干扰，大多数鸟类无法在滨海盐沼湿地内筑巢，这是滨海盐沼内的繁殖鸟类较少的主要原因。目前估计在滨海盐沼内营巢的鸟

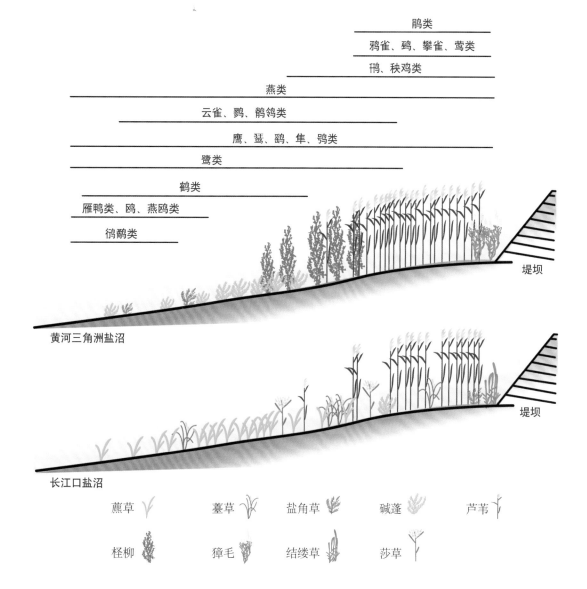

左：震旦鸦雀是中国特有鸟类，因最早采集发现于中国南京而得名"震旦"，这个词在梵语中意为"中国"。震旦鸦雀是少数在滨海盐沼繁殖的雀形目鸟类。图为立于芦苇枝上的震旦鸦雀。沈越摄

右：黄河三角洲地区(上)和长江河口地区(下)盐沼湿地土著植物群落分带模式图及主要鸟类类群在盐沼的分布图(参考自Cody，1985)。张炳华绘

类主要有雀形目鸟类、秧鸡类、鸻类、鹤类、鸥类、草鹭等。对盐沼鸟类而言，放弃在陆地上相对稳定的繁殖环境所带来的回报是盐沼湿地内相对较少的种间竞争和丰富的食物资源。在演化过程中，潮汐的影响也塑造了盐沼鸟类特殊的生态习性和生活史特征。例如，对盐沼湿地的适应性促使苇莺、鸦雀等尽量将巢筑于高程相对较高的植物群落如芦苇带内，以减少潮汐对其繁殖活动的影响。在盐沼湿地中繁殖的另一个好处就是可以躲避传统天敌，在盐沼内活动的蛇类、哺乳类数量较少，且盐沼鸟类的巢较为隐蔽，所以被传统捕食者发现的概率相对较低。然而，最新研究发现，盐沼湿地内的螃蟹对鸟巢的捕食率却非常高。另外，一些食鱼鸟类如鹭类、鸥类和捕食飞行昆虫的燕类及一些猛禽会在盐沼湿地附近的岛屿或树上筑巢，并在盐沼湿地内觅食，或等幼鸟离巢后在盐沼湿地内育雏。它们的繁殖活动对盐沼湿地也有着强烈的依赖性。

在冬季，中低纬度地区的盐沼湿地是很多鸟类的越冬地。大量水鸟如鹤类、雁鸭类、鸻鹬类会在盐沼湿地觅食水生生物、底栖动物以及盐沼植物的种子、根状茎或球茎；一些雀鸟如鹀类、攀雀等则主要以盐沼植物的种子和植物群落中的节肢动物为食。盐沼湿地是候鸟重要的迁徙停歇地，尤其是大量水鸟沿海岸线迁徙，其迁徙路线上的盐沼湿地可以为它们提供能量补给地和休息场所。由于盐度和潮汐作用，盐沼湿地中的水域比内陆淡水水域冬季冰封时间晚、春季解冻时间早。因此，相对于内陆湿地，越冬及迁徙过境的水鸟可利用盐沼湿地的时间较长。此外，对于那些对人类活动干扰较敏感的鸟类而言，盐沼湿地的人类活动强度相对较小，是鸟类躲避人类活动干扰的天然场所。

据初步统计，中国滨海盐沼内估计至少分布有200种鸟类，包括50余种鸟类在盐沼内繁殖，170多种鸟类在迁徙期和越冬期利用盐沼栖息地。其中至少30种被世界自然保护联盟（IUCN）列为受胁物种，8种为中国国家一级重点保护动物，27种为

中国国家二级重点保护动物。黑嘴鸥是目前研究发现的中国唯一一种仅在滨海盐沼分布的鸟类，它主要在黄渤海地区的碱蓬群落内筑巢，但是在盐城的外来种大米草群落内也有零星的繁殖记录。

在中国滨海盐沼内栖息的鸟类主要为水鸟，这些种类均已在前面介绍过了，本章主要介绍不属于水鸟但栖息于盐沼湿地的雀形目（Passeriformes）鸟类。已记录到的在中国滨海盐沼湿地中营巢的雀形目鸟类至少有7种，来自莺鹛科（Sylviidae）、苇莺科（Acrocephalidae）、蝗莺科（Locustellidae）和扇尾莺科（Cisticolidae）。这些繁殖雀鸟主要在高程较高的芦苇带筑巢，并以芦苇丛中的小型节肢动物为食。随着外来植物互花米草在中国沿海的扩散，斑背大尾莺 *Megalurus pryeri*、棕扇尾莺 *Cisticola juncidis* 等物种在互花米草群落中繁殖的记录也越来越多。除了这些在盐沼内繁殖的鸟类以外，繁殖期在此觅食的种类还有棕背伯劳 *Lanius schach*、小云雀 *Alauda gulgula*、家燕 *Hirundo rustica*、金腰燕 *Cecropis daurica*、褐头鹪莺 *Prinia inornata*、树麻雀 *Passer montanus*、白鹡鸰 *Motacilla alba* 等。

非繁殖期在中国滨海盐沼湿地中记录到的雀形目鸟类有50种以上。在非繁殖期，它们主要以芦苇等盐沼植物群落内的小型节肢动物以及植物种子为食。

此外，在滨海盐沼湿地，有时还能记录到中国不易见的鸟类或罕见迷鸟，如远东苇莺 *Acrocephalus tangorum*、布氏苇莺 *A. dumetorum*、芦莺 *A. scirpaceus* 和日本鹡鸰 *Motacilla grandis* 等。

在过去的半个多世纪，由于受到过度利用、围垦、污染、生物入侵以及海平面上升等因素的影响，中国的滨海盐沼湿地的面积急剧减少，栖息地质量下降，特别是高程较高的潮上带和潮间带盐沼湿地已经所剩无几。这也导致了盐沼鸟类种群数量的下降，一些盐沼鸟类已被列为受胁物种。目前，盐沼湿地所面临的威胁仍在不断加剧，对盐沼湿地的保护需要更多的关注。

中国滨海盐沼的雀形目鸟类及其对盐沼湿地的利用				
分类	鸟种名	繁殖期营巢地	繁殖期觅食地	非繁殖期觅食地
莺鹛科（Sylviidae）	震旦鸦雀 *Paradoxornis heudei*	√	√	√
莺鹛科（Sylviidae）	棕头鸦雀 *Sinosuthora webbiana*	√	√	√

盐沼雀形目鸟类

(续表)

分类	鸟种名	繁殖期营巢地	繁殖期觅食地	非繁殖期觅食地
扇尾莺科 (Cisticolidae)	棕扇尾莺 Cisticola juncidis	√	√	√
苇莺科 (Acrocephalidae)	东方大苇莺 Acrocephalus orientalis	√	√	
苇莺科 (Acrocephalidae)	钝翅苇莺 Acrocephalus concinens	√	√	
苇莺科 (Acrocephalidae)	黑眉苇莺 Acrocephalus bistrigiceps	√	√	
蝗莺科 (Locustellidae)	斑背大尾莺 Locustella pryeri	√	√	√
伯劳科 (Laniidae)	棕背伯劳 Lanius schach		√	√
百灵科 (Alaudidae)	小云雀 Alauda gulgula		√	
扇尾莺科 (Cisticolidae)	纯色山鹪莺 Prinia inornata		√	
燕科 (Hirundinidae)	家燕 Hirundo rustica		√	
燕科 (Hirundinidae)	金腰燕 Cecropis daurica		√	
雀科 (Passeridae)	麻雀 Passer montanus		√	√
鹡鸰科 (Motacillidae)	白鹡鸰 Motacilla alba		√	√
攀雀科 (Remizidae)	中华攀雀 Remiz consobrinus			√
苇莺科 (Acrocephalidae)	细纹苇莺 Acrocephalus sorghophilus			√
蝗莺科 (Locustellidae)	北蝗莺 Locustella ochotensis			√
蝗莺科 (Locustellidae)	矛斑蝗莺 Locustella lanceolata			√
蝗莺科 (Locustellidae)	史氏蝗莺 Locustella pleskei			√
蝗莺科 (Locustellidae)	小蝗莺 Locustella certhiola			√
燕科 (Hirundinidae)	崖沙燕 Riparia riparia			√
柳莺科 (Phylloscopidae)	淡脚柳莺 Phylloscopus tenellipes			√
柳莺科 (Phylloscopidae)	褐柳莺 Phylloscopus fuscatus			√
柳莺科 (Phylloscopidae)	黄眉柳莺 Phylloscopus inornatus			√
柳莺科 (Phylloscopidae)	极北柳莺 Phylloscopus borealis			√
柳莺科 (Phylloscopidae)	巨嘴柳莺 Phylloscopus schwarzi			√
柳莺科 (Cettiidae)	冕柳莺 Phylloscopus coronatus			√
树莺科 (Cettiidae)	鳞头树莺 Urosphena squameiceps			√
鸫科 (Turdidae)	小虎斑地鸫 Zoothera dauma			√
鸫科 (Turdidae)	白腹鸫 Turdus pallidus			√
鸫科 (Turdidae)	白眉鸫 Turdus obscurus			√
鸫科 (Turdidae)	斑鸫 Turdus eunomus			√
鸫科 (Turdidae)	灰背鸫 Turdus hortulorum			√
鹟科 (Muscicapidae)	红喉歌鸲 Calliope calliope			√
鹟科 (Muscicapidae)	红尾歌鸲 Larvivora sibilans			√
鹟科 (Muscicapidae)	蓝歌鸲 Larvivora cyane			√
鹟科 (Muscicapidae)	蓝喉歌鸲 Luscinia svecica			√
鹟科 (Muscicapidae)	红胁蓝尾鸲 Tarsiger cyanurus			√
鹟科 (Muscicapidae)	北红尾鸲 Phoenicurus auroreus			√
鹟科 (Muscicapidae)	白眉姬鹟 Ficedula zanthopygia			√
鹟科 (Muscicapidae)	黄眉姬鹟 Ficedula narcissina			√
鹟科 (Muscicapidae)	鸲姬鹟 Ficedula mugimaki			√
戴菊科 (Regulidae)	戴菊 Regulus regulus			√
鹡鸰科 (Motacillidae)	黄鹡鸰 Motacilla tschutschensis			√
鹡鸰科 (Motacillidae)	北鹨 Anthus gustavi			√
鹡鸰科 (Motacillidae)	理氏鹨 Anthus richardi			√
鹡鸰科 (Motacillidae)	树鹨 Anthus hodgsoni			√
鹀科 (Emberizidae)	红颈苇鹀 Emberiza yessoensis			√
鹀科 (Emberizidae)	黄喉鹀 Emberiza elegans			√
鹀科 (Emberizidae)	黄胸鹀 Emberiza aureola			√
鹀科 (Emberizidae)	灰头鹀 Emberiza spodocephala			√
鹀科 (Emberizidae)	栗耳鹀 Emberiza fucata			√
鹀科 (Emberizidae)	芦鹀 Emberiza schoeniclus			√
鹀科 (Emberizidae)	苇鹀 Emberiza pallasi			√
鹀科 (Emberizidae)	小鹀 Emberiza pusilla			√

br.

non—br.

钝翅苇莺
Acrocephalus concinens

震旦鸦雀
Paradoxornis heudei

棕扇尾莺
Cisticola juncidis

细纹苇莺
Acrocephalus sorghophilus

东方大苇莺
Acrocephalus orientalis

黑眉苇莺
Acrocephalus bistrigiceps

远东苇莺
Acrocephalus tangorum

布氏苇莺
Acrocephalus dumetorum

芦莺
Acrocephalus scirpaceus

斑背大尾莺
Megalurus pryeri

矛斑蝗莺
Locustella lanceolata

北蝗莺
Locustella ochotensis

东亚蝗莺
Locustella pleskei

中华攀雀
Remiz consobrinus

日本鹡鸰
Motacilla grandis

向非繁殖羽过渡

苇鹀
Emberiza pallasi

芦鹀
Emberiza schoeniclus

震旦鸦雀

拉丁名：*Paradoxornis heudei*
英文名：Reed Parrotbill

雀形目鸦雀科

形态　中等体型的鸦雀，体长 18～20 cm。雌雄羽色相似，繁殖羽与非繁殖羽略有差异。指名亚种 *P. h. heudei* 在非繁殖期的额、头顶及颈部为粉灰色，从眼部到后颈有显著的黑色眉纹，眉纹上缘黄褐色而下缘白色。眼周白色，眼前端深棕色。耳后羽色似头顶但较淡。背至尾为黄褐色，上背通常具黑色纵纹。尾长，凸形，中央尾羽沙褐色，其余黑色而羽端白色。额、喉及腹中心近白色，两胁黄褐色。翼上肩部浓黄褐色；第 1、第 2 枚三级飞羽内翈白色，外翈近黑色且有浅色边缘；第 3 枚三级飞羽与次级飞羽相似，羽轴黑色，外翈黄褐色，羽缘灰色渐变至白色；初级飞羽内翈颜色较次级飞羽深，外翈黄褐色由外向里渐宽，羽缘灰白色较窄，最外枚初级飞羽缘深色。繁殖期，震旦鸦雀的额、头顶及颈颜色偏青灰色；肩、背及两胁为深黄褐色；次级飞羽外缘也较非繁殖期白。幼鸟整体颜色偏黄，不似成鸟羽色鲜亮。

虹膜红褐色；嘴黄色，侧扁且有粗壮的嘴钩；脚粉黄色。

黑龙江亚种 *P. h. polivanovi* 体型较指名亚种小，且头顶颜色更偏灰蓝色，背部颜色较淡，且黑色纵纹不明显；腰及下体色浅，尾下覆羽白色；初级飞羽及次级飞羽外缘色更浅，浅色翼斑较指名亚种大。

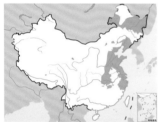

分布　分为 2 个亚种，指名亚种 *P. h. heudei* 是中国特有物种，分布于黄海沿岸及长江下游自江西至江苏和浙江等地。黑龙江亚种 *P. h. polivanovi* 分布于西伯利亚、蒙古以及中国内蒙古、黑龙江、辽宁等地。两个亚种的形成可能是由于这种鸦雀在居间地区的灭绝，因而引致分布区的割裂。近年来在渤海湾沿海以及华北平原地区也都逐渐出现了震旦鸦雀的记录，但尚未知晓其原因是某个亚种种群扩散，还是近年来观鸟活动的兴起使得地方鸟类新记录增加。

栖息地　主要或仅栖息于淡水湿地或滨海盐沼湿地内的芦苇群落中，其繁殖和觅食活动都依赖于芦苇生境。芦苇的直径和芦苇斑块的大小对震旦鸦雀的生境选择有显著影响：它们倾向于选择较粗的芦苇枝停栖，而直径过小的芦苇植株不适合作为震旦鸦雀的栖木；同时震旦鸦雀倾向于停留在斑块面积较大的芦苇丛中。

习性　秋冬两季以集群活动为主，多为 8～20 只的中小群，最大集群为 30 只左右，一起在芦苇之间跳动或飞行。春季集群由大逐渐变小，直至繁殖期主要以单独活动及家族集群为主。

叫声急促而连贯，有时会展翅鸣叫，但力度并不大，扇翅频率较高。震旦鸦雀的鸣声主要由一连串的"chut""chu""hiu"或"tiu"音节组成，音节的重复频率及间隔时常变化，如"chut-chut-chut-chut-chut""chut-chut-chut-chut-chut'ut'ut'ut'ut'ut"或"chup chip chup chip chup chip chik-ik'ik'ik'ik'ik"。叫声有相对较为平和、稳定的"uui-uui-uui-uui"，稍显紧张或急促的"iiw-iiw-iiw-iiw"，轻快的"euu-euu-euu-euu-euu"，类似口哨声的"whiu'whiu'whiu'whiu'whiu"，以及低沉的颤音"u'u'u'u'u'u"和"hiwu'iwu'iwu'iwu'iwu"等。

留鸟，是中国东部及东北至西伯利亚东南部的特有种。

震旦鸦雀。沈越摄

食性　全年都以芦苇植株上的昆虫作为食物，主要包括在茎壁中寄生的双翅目昆虫的幼虫和蛹、茎表附着寄生的宫仓仁蚧等介壳虫、茎内寄生的鳞翅目昆虫幼虫等。震旦鸦雀觅食时以脚趾紧握芦苇枝，在芦苇枝由上至下或由下至上跳动，利用啄剥开叶鞘、啄开芦苇茎寻找昆虫。

震旦鸦雀的取食变化与芦苇上昆虫的生活史有关：在繁殖期主要以鳞翅目昆虫幼虫及蛹为食。每年初春，新芦苇枝开始露出地面，蛀茎性昆虫幼虫开始发生，震旦鸦雀的食物由上一年度枯芦苇枝上茎表附着寄生的宫仓仁蚧逐渐向新芦苇枝上的食物资源转换。在整个繁殖期，震旦鸦雀主要取食新芦苇枝上的蛀茎性昆虫幼虫及其蛹和少量食叶性昆虫幼虫。直至初秋，繁殖期后期，震旦鸦雀开始转而以宫仓仁蚧为主要食物。在秋季和整个越冬期直至次年春天，震旦鸦雀主要依靠取食宫仓仁蚧越冬，也会取食一些半翅目和鞘翅目昆虫、蜘蛛及少量芦苇种子。

繁殖　倾向于在植被盖度较高、枯芦苇面积比例适宜、枯芦苇密度较高、可见度较低的生境斑块中筑巢。

在长江河口湿地，震旦鸦雀的繁殖期为 4～9 月。4 月开始配对，雌雄共同筑巢，6～7 天即可建成。震旦鸦雀用坚硬的嘴撕裂芦苇叶，以叶片纤维为巢材，将纤维丝缠绕在 2～5 根芦苇上，然后一圈一圈地绕成杯状巢样。巢的外径为 8～8.2 cm，高 9.5～10 cm，内径为 5～5.1 cm，内深 5.7～6.5 cm，距离地表 1.3～1.7 m。

震旦鸦雀每个繁殖季节最多可以繁殖 3 次。第一轮产卵期为 5 月中旬至 7 月中旬，第二轮为 7 月中旬至 8 月中旬，第三轮为 8 月中旬至 9 月中旬。每天产卵 1 枚，每窝可产 2～5 枚，卵为浅绿色带有棕色云状斑点。雌雄亲鸟共同孵卵、育雏，孵化期 13 天，育雏期为 12 天。

2009—2010 年在长江口盐沼湿地进行的研究表明，震旦鸦雀的繁殖成功率较低，约为 32%。导致繁殖失败的主要原因依次为捕食者、恶劣天气、亲鸟弃巢。震旦鸦雀繁殖期的天敌有棕背伯劳、黄鼬、蛇及螃蟹。

在山东黄河三角洲湿地开展的震旦鸦雀繁殖生态学研究也反映出，天津厚蟹是震旦鸦雀的重要巢捕食者，特别是在潮间带芦苇湿地中，天津厚蟹的密度显著高于内陆湿地，震旦鸦雀的巢被捕食率极高，为 100%。这种高捕食压力对于在滩涂芦苇湿地中繁殖的震旦鸦雀代表一种"生态陷阱"现象的存在。

种群现状和保护　近几十年来，黄海及东海地区的滩涂湿地受过度围垦开发、污染、过度收获、外来物种入侵等影响，芦苇沼泽面积快速减少，其栖息地质量下降，给震旦鸦雀的生存带来了不利影响。外来物种互花米草的扩散和芦苇的收割直接缩小了震旦鸦雀的适宜栖息地范围。互花米草群落中缺少震旦鸦雀需要的食物资源，完全无法取代芦苇作为它们的栖息地。而每年冬季至春季大规模的芦苇收割，直接减少了震旦鸦雀的潜在食物资源，同时改变了震旦鸦雀的栖息地环境。由于枯芦苇在震旦鸦雀巢址

选择和筑巢过程中发挥了重要作用，大范围的芦苇收割在微生境水平上可降低枯芦苇的密度，改变了震旦鸦雀的巢址植被结构，间接影响了其繁殖成功率。

由于震旦鸦雀对于芦苇湿地的依赖性，其种群数量可能仍在下降。通过对其指名亚种种群遗传结构的动态分析发现震旦鸦雀在近期可能经历过瓶颈效应，更加验证了其种群数量的下降是由栖息地破碎化引起的。目前其种群数量尚未知晓，但是自 1988 年起震旦鸦雀就已经被世界自然保护联盟列为近危物种（NT）。《中国脊椎动物红色名录》（2016）亦评估为近危（NT）。被列为中国三有保护鸟类。

棕扇尾莺

拉丁名：*Cisticola juncidis*
英文名：Zitting Cisticola

雀形目扇尾莺科

形态　体型较小的莺类，体长约 10 cm。雌雄羽色相似，但繁殖季节雄鸟黑褐色纹较重。额、头顶、枕棕栗色，头顶和枕具黑褐色羽轴纹；眼端、眼圈、眉、喉部及头侧淡棕白色；后颈栗棕色，微具褐色羽轴纹；上背、肩黑褐色，各羽羽缘浅棕色；下背、腰、尾上覆羽黑褐色；翅上覆羽和三级飞羽黑色，羽缘浅棕色；初级和次级飞羽暗褐色，各羽外缘亦呈浅棕色。尾呈圆锥状，中央尾羽最长，往外依次缩短；尾羽暗褐色，具棕色羽缘、黑色次端斑和灰白色羽端，但中央尾羽斑纹不明显。两胁翈缘棕色，内翈中部具大形棕斑；肩纹棕白色。下体白色，两胁和腿覆羽棕黄色；腋羽白色微沾棕色。非繁殖季节雄性头顶、枕及背部黑纹较细。非繁殖期雌鸟及幼鸟羽色似非繁殖期雄鸟。

虹膜红褐色；上嘴黑褐色，嘴缘淡红色，下嘴粉红色；跗跖肉色或肉粉色。

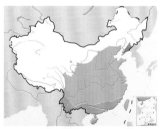

棕扇尾莺。沈越摄

捕食蝗虫的棕扇尾莺。沈越摄

分布 全球共计 18 个亚种，分布区域广泛，从欧洲西南部、地中海北岸到非洲的大部分地区，往东经阿拉伯、中东到巴基斯坦、印度、斯里兰卡、日本、马来西亚、菲律宾、新几内亚和澳大利亚北部。中国仅有一个亚种，即普通亚种 *C. j. tinnabulans*，主要分布在中国华中、华东及华南地区（北至辽宁双台河口及鸭绿江口、内蒙古凉城，西至云南保山），国外见于中南半岛及菲律宾。在中国长江流域及以北可能是夏候鸟，在长江流域以南则为留鸟或冬候鸟。

栖息地 在中国主要栖息于海拔 1000 m 以下开阔的草灌丛、草地、农田、沼泽、芦苇塘以及潮间带草滩内。

习性 繁殖期间领域性强，单独或成对活动；冬季则多成 3～5 只或 10 余只的松散群。迁徙时亦集群，有时一群多达 30 余只。繁殖期性活泼，整天不停地活动或觅食。多在草丛中、灌木或杂草枝叶和植物茎上活动，有时也停栖于灌木上或电线上休息。非繁殖期则惧生而不易见到。

繁殖期常有的鸣叫声为单调、规则、重复的尖高音调类似 "dzeep-dzeep" 或 "zip-zitp-zip"，此单音可重复百余次，持续近 3 分钟。飞行或停栖于小草枝头时，均会鸣唱。在飞行时每叫一单音正好配合一次振翅的波状起伏，叫声为轻柔的 "chip"。

食性 主要取食昆虫及小型无脊椎动物，特别是直翅目昆虫，另外还会取食蚜虫、介壳虫、蜻蜓、蛾类及其幼虫、蚱蜢、蜘蛛及蜗牛等，有时也会吃一些草籽。

繁殖 不同繁殖地的繁殖期时间略有不同，早则 1～2 月开始繁殖，晚则 6 月开始。在热带亚热带地区，棕扇尾莺一年可繁殖多次。求偶飞行时雄鸟在其领域上空作炫耀鸣啭，起飞时冲天直上，在高空振翼停空并盘旋鸣叫，然后两翅收拢，急速直下，当接近地面时又转为水平飞行，或钻入草丛中或栖于较高的草茎上，当冲入高空时会发出尖锐而连续的 "zip-zitp-zip" 的叫声，收翅下降时则发出 "dzeep-dzeep" 声。飞行时尾常呈扇形散开，并上下摆动。

通常为一雄多雌制，在日本的研究发现，在一个繁殖季内，通常有 27% 的雄鸟配对失败，13% 仅与 1 只雌鸟配对，67% 的雄鸟与多只雌鸟配对。雄鸟平均一季会建 6.5 个巢，并且与 3 只雌鸟繁殖。最高的记录是 1 只雄鸟一季筑了 20 个巢，并依次与 11 只雌鸟配对。

棕扇尾莺主要营巢于高度 1 m 以下的茂密的窄叶草丛，如莎草，或具有类似结构的植物群落内，如稻田及潮间带的互花米草群落，有时也会在高达 2 m 的芦苇等高草丛中筑巢。巢由雄鸟在 2～3 天内筑成。巢由蜘蛛丝、芦花、柳絮等白色纤维将几十片垂直生长的叶片拢起而成。巢呈梨形袋状，中部靠下膨大，向上逐渐变细，开口朝上，但稍微偏离盛行风方向，有时巢口会由多片叶子围成。巢的高度会随植被的生长而变高。当雌鸟接受了雄鸟的邀请，雌鸟便会用植物纤维、蜘蛛网或是动物毛将巢加固，通常需要 1～4 天。当雄鸟成功吸引雌鸟 "入巢" 后，雄鸟便会马上重新选址，着手修建新巢，吸引新的雌鸟。若一个巢建好后一周左右无雌鸟问津，或是被雌鸟弃巢，雄鸟便会将巢拆除，并回收利用筑巢纤维重新建筑新巢。

棕扇尾莺每巢窝卵数为 4～7 枚，每日产卵 1 枚。卵为白色略带粉红色，腰部及尖端有棕色斑点。雌鸟孵卵及育雏，孵化期为 10～15 天，育雏期为 10～20 天。雄鸟偶有喂食雌鸟。

种群现状和保护 非全球受胁物种。IUCN 和《中国脊椎动物红色名录》均评估为无危（LC）。棕扇尾莺对环境的适应能力较强，可以在农田、潮间带外来种互花米草群落中繁殖，但是农田被收获，潮间带的潮水、螃蟹等都会造成较高的繁殖失败率，所以这些新的栖息地是否是一个 "生态陷阱" 还需进一步研究。

钝翅苇莺

拉丁名：*Acrocephalus concinens*
英文名：Blunt-winged Warbler

雀形目苇莺科

形态 体长 13～14 cm。上体橄榄棕褐色，眉纹淡皮黄色，具不甚明显的黑褐色贯眼纹，眉纹较短，到眼后结束。两翅和尾深褐色，外翈缘淡棕褐色。尾较圆阔。颏、喉和上胸白色，下胸和腹皮黄色。两胁和尾下覆羽棕黄色。第 2 枚初级飞羽长度介于第 8 枚和第 10 枚之间。

虹膜深棕色；上嘴色深，下嘴色浅；脚粉色，脚底蓝色。

分布 有 3 个亚种，西部亚种 *A. c. haringtoni* 分布于阿富汗至克什米尔，东部亚种 *A. c. stevensi* 分布于印度东北部至孟加拉国和缅甸，指名亚种 *A. c. concinens* 分布于中国至缅甸南部和泰国北部。在中国的记录较少，仅在北京、河北、山西、安徽、甘肃、四川、重庆、浙江、江西、福建、广东、香港及上海有零星记录，并且除上海的记录外，其余记录地点均在内陆地区。

栖息地 主要栖息于湖边、海边较高较密的草丛中，也栖息于低山的高草地中，海拔 3000 m 的潮湿山谷中。在长江口盐沼湿地内见于芦苇及互花米草群落中。

习性 行动敏捷，常隐匿于芦苇和草丛中，灵巧地在直立的芦苇或互花米草的茎上跳跃、攀爬或飞来飞去。叫声变化多，包括含糊的口哨声、清晰的鸟声及嗡嗡声。

迁徙性，在中国分布的指名亚种繁殖于中国东部，越冬于中国西南及东南亚。

食性 无确切研究数据，推断为小型昆虫，如甲壳虫或蚂蚁等。

繁殖 国内尚未有研究。但是在崇明东滩盐沼湿地内曾多次于繁殖期观察到钝翅苇莺在互花米草和芦苇群落中单独或成对活动。据印度繁殖种群的研究，钝翅苇莺营巢于茂密的草丛中，巢呈杯状，巢材主要为枯叶、芦苇纤维等，偶有苔藓。窝卵数 3～4 枚。

种群现状和保护 在中国的种群数量约为 1 万对，尚未发现任何种群数量下降的迹象，IUCN 和《中国脊椎动物红色名录》均将其列为无危物种（LC）。

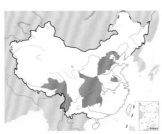

钝翅苇莺。陈云江摄

东方大苇莺

拉丁名：*Acrocephalus orientalis*
英文名：Oriental Reed-warbler

雀形目苇莺科

形态 体型略大的苇莺，体长约 19 cm。眉纹白色，贯眼纹黑色，眼端黑色。上体呈橄榄褐色，下体皮乳黄色。第 1 枚初级飞羽长度不超过初级覆羽，初级飞羽长度超过三级飞羽。雄鸟在繁殖期时额至枕部为暗橄榄褐色，背部橄榄褐色，腰及尾上覆羽橄榄棕褐色，耳羽淡棕色。飞羽及覆羽为深褐色，羽缘为橄榄褐色，覆羽羽缘较宽。尾呈圆形，褐色，羽端白色，且越外侧尾羽的羽端白色越为明显。颏、喉部为棕白色，下喉及前胸羽毛具棕褐色细纵纹，向后变为皮黄色，两胁皮黄色沾棕色。非繁殖羽与繁殖羽相似，但下喉及前胸羽毛的棕褐色羽干细纹更为明显。雌鸟体型稍小，羽色较雄鸟暗淡。幼鸟羽色偏黄，次级飞羽、三级飞羽及覆羽的皮黄色羽缘较宽。

虹膜为褐色；上嘴褐色，下嘴偏粉色，先端茶褐色，嘴裂粉色；脚为蓝灰色。

分布 繁殖于东亚地区，包括蒙古中部、俄罗斯东南部、中国、朝鲜半岛及日本；迁徙期途经中国广东、海南、香港及台湾；越冬于印度、东南亚、菲律宾及印度尼西亚，偶尔远及新几内亚及澳大利亚。在中国见于西藏以外各地，繁殖区西至新疆，南至福建、云南的低纬度地区。

栖息地 繁殖期主要栖息于湖泊、潮间带盐沼、河边及沟渠边的芦苇地内。在稻田、植被较高的沼泽及低地次生灌丛中也有记录。非繁殖期主要栖息于芦苇地及灌木丛中。

 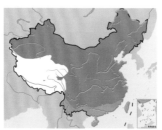

东方大苇莺。左上图沈越摄，下图杨贵生摄

习性 常隐匿于苇丛中鸣唱，偶尔也会跃到苇丛上方。繁殖期较为聒噪，喜在较高的芦苇枝头鸣叫。鸣叫声响亮，但较为沙哑、枯燥，为"kiruk kiruk kiruk, jee jee jee"。冬季仅间歇性地发出沙哑似喘息的单音"chack"。

食性 主要取食昆虫和蜘蛛，以及一些小型螺类，偶尔也会捕食小型脊椎动物如鱼苗及幼蛙。东方大苇莺的喙较尖，不似震旦鸦雀等可以剥开芦苇叶鞘寻找茎秆内寄生的昆虫，但其飞行能力较强，且善于在茂密的植被间跳跃，所以在长江口潮间带芦苇丛中主要捕食空中飞行的昆虫，包括双翅目、膜翅目和鳞翅目昆虫。

繁殖 繁殖期为 5～7 月末。通常为单配制，但也有部分雄鸟连续选择 2～4 只雌鸟配对。雄鸟会先于雌鸟到达繁殖地，且在几天内即可确定领域。首先到达繁殖地的雄鸟体型比其他晚到雄鸟大，它们通常会占领质量最高的栖息地，且与多只雌鸟配对，同时其繁殖成功率较高，后代数量也较多。而较晚到达繁殖地的雄鸟则难以找到配偶。尽管雌鸟对雄鸟的选择主要取决于雄鸟的年龄、鸣声和领域的质量，而非雄鸟的体型大小，但是体型较大的雄鸟可以更早到达繁殖地，为成功繁殖提供了更多的机会。

东方大苇莺的巢筑于通风良好、植被较高的芦苇丛中，距离水面 1.2～1.5 m。用细芦苇纤维、芦花以及其他植物纤维，在相邻的 3～4 根粗壮的芦苇茎秆间缠绕筑巢。巢为深杯状，巢内垫有干燥叶片、苇穗、兽毛、绒毛等。巢外径 10～12 cm，内径 7～8 cm，高 10～13 cm，内深 6～7.5 cm。每窝产卵 3～6 枚，卵呈淡蓝绿色、灰白色或青色，布有褐色或紫褐色斑点。卵平均大小为 16.3 mm×30 mm。孵化期 11～14 天，雌鸟孵卵，有时雄鸟喂食。雌雄亲鸟共同育雏，雏鸟出壳 10～15 天后可以离巢。

东方大苇莺是大杜鹃的主要寄主之一，在长江河口地区、黄河三角洲地区，其被寄生率高于 20%，在黑龙江扎龙，东方大苇莺巢被寄生率高达 65.5%。然而，除了巢寄生威胁，在潮间带盐沼内繁殖的东方大苇莺还要面对来自螃蟹的捕食威胁。通过比较有无齿螳臂相手蟹分布的长江口盐沼湿地和螃蟹较少的扎龙淡水沼泽湿地内东方大苇莺巢的被寄生率及被捕食率发现，盐沼湿地内东方大苇莺的巢被捕食率是淡水湿地的近十倍，且约一半的捕食者是螃蟹。同时，寄生的大杜鹃繁殖成功率也受到了很大的影响。因此，盛产螃蟹的潮间带盐沼湿地可能变成了东方大苇莺和大杜鹃繁殖的一个"生态陷阱"，这将对大杜鹃–东方大苇莺这一寄生系统也产生不利影响。

种群现状和保护 种群数量不明，但是分布较广且在繁殖地的密度较高，可以推断该物种目前尚未受到严重威胁。IUCN 和《中国脊椎动物红色名录》均评估为无危（LC）。然而，由于其整个分布区的芦苇沼泽的面积在逐年缩小，势必会对该物种造成影响。

黑眉苇莺

拉丁名：*Acrocephalus bistrigiceps*
英文名：Black-browed Reed Warbler

雀形目苇莺科

形态 体长 13～14 cm。上体橄榄棕色，无斑纹；眉纹浅色，长而明显，末端呈方形，其上具极为明显的深黑褐色条纹，贯眼纹深褐色。身体下部偏白，胸侧及两胁浅黄褐色。虹膜深棕色；上嘴色深，下嘴色浅；脚粉棕色至深灰色。

分布 主要繁殖于中国东北和华北地区、俄罗斯、日本和朝鲜半岛；迁徙至中国南方，印度及东南亚越冬。

习性 多栖息于水边的高草、灌丛等植被中。鸣唱为一系列快速、重复的短句，夹杂着干涩的摩擦声及"chur"声。叫声为尖声"tuc"或尖声"zit"。示警时发出沙哑的"chur"声。

繁殖 大部分为一雄多雌，营巢于茂密的草丛和芦苇中，巢呈杯状，巢材主要为草茎和芦苇纤维。窝卵数一般为 4～6 枚。

种群现状和保护 在越冬地为当地最常见的小型苇莺之一，在繁殖地也较常见。IUCN 和《中国脊椎动物红色名录》均评估为无危（LC）。被列为中国三有保护鸟类。

黑眉苇莺。沈越摄

细纹苇莺

拉丁名：*Acrocephalus sorghophilus*
英文名：Streaked Reed Warbler

雀形目苇莺科

形态 体长约 13 cm。上体赭黄色，具模糊纵纹；眉纹浅色，具数条深褐黑色的侧顶纹及顶纹，贯眼纹深色；腰部偏褐色。身体下部偏黄色，喉偏白色，胸侧及两胁浅黄色。虹膜深棕色；上嘴色深，下嘴色浅；脚浅铅灰色。

分布 目前仍缺乏相关的资料，具体的繁殖地不详，越冬于菲律宾。迁徙时经过中国华北、华东地区。

习性 推测在芦苇丛中繁殖，越冬地生境为湿地芦苇及草丛，迁徙时可见于黍属植物中。鸣唱为刺耳的"chur"声。与东方大苇莺习性相似，但更为安静。

种群现状和保护 狭域分布物种，具体繁殖地有待进一步调查。位于菲律宾的越冬地受到人类开发活动的干扰和破坏，种群数量正在下降。2013 年，IUCN 将其受胁等级从易危（VU）上调至濒危（EN），《中国脊椎动物红色名录》亦评估为濒危（EN）。被列为中国三有保护鸟类。需加强研究和保护。

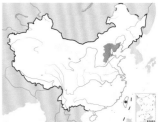

细纹苇莺。程显绪摄

远东苇莺

拉丁名：*Acrocephalus tangorum*
英文名：Manchurian Reed Warbler

雀形目苇莺科

体长约 14 cm。上体橄榄棕褐色，长而宽的眉纹淡皮黄白色，其上具一道黑色细纹，贯眼纹深色。下体皮黄色，胸、两胁及尾下覆羽沾棕色。似钝翅苇莺，但喙和尾均较长，眉纹也更长而醒目。繁殖于中国东北；越冬于缅甸东南部、泰国西南部及老挝南部；迁徙时见于中国辽宁及以南的东部沿海，香港有一记录。IUCN 和《中国脊椎动物红色名录》均评估为易危（VU）。

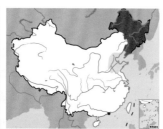

远东苇莺

布氏苇莺

拉丁名：*Acrocephalus dumetorum*
英文名：Blyth's Reed Warbler

雀形目苇莺科

体长约 14 cm。上体暗灰褐色，无纵纹；眉纹白色，较短而细，其下具清晰的深色过眼纹，无深色上眉纹。下体苍白色，颈侧、上胸及两胁沾皮黄色。较其他苇莺色调偏灰偏冷。繁殖于欧洲至西北亚；越冬于非洲东北部、喜马拉雅山脉、印度及缅甸。在中国繁殖于新疆北部；迁徙季节和冬季偶见于香港米埔、青海、台湾、四川成都。IUCN 和《中国脊椎动物红色名录》均评估为无危（LC）。

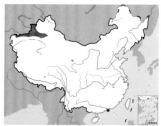

布氏苇莺。左上图魏希明摄，下图沈越摄

芦莺

拉丁名：*Acrocephalus scirpaceus*
英文名：Eurasian Reed Warbler

雀形目苇莺科

体长约 13 cm。上体橄榄褐色，腰及尾上覆羽色调较暖，羽色单纯，无纵纹；白色眉纹在眼先较宽而清晰，眼后则细而模糊，无深色上眉纹，深色过眼纹较短；下体白色，胸侧及两胁栗黄色。喙长，上嘴色深，下嘴粉红色；脚黄褐色，较布氏苇莺色浅。繁殖于欧洲至中亚；越冬于非洲。在中国偶见于新疆西部，迷鸟见于江苏沿海。IUCN 和《中国脊椎动物红色名录》均评估为无危（LC）。

芦莺。魏希明摄

斑背大尾莺

拉丁名：*Megalurus pryeri*
英文名：Marsh Grassbird

雀形目蝗莺科

形态　体型较小的湿地鸟类，体长约 13 cm。上体淡皮黄褐色，头顶、背、肩、腰和尾上覆羽均具有黑色纵纹，颈部无纵纹。眉纹近白色。中央尾羽具窄的黑色羽轴纹，两侧尾羽内翈淡灰褐色，通常尾羽尖端磨损程度较高。两翼外表面与背部同色。最内侧 3 枚三级飞羽黑色，羽缘皮黄色，其余内侧飞羽淡灰褐色，两翼覆羽与背同色。颏、喉、胸、腹及下体白色，两胁和尾下覆羽淡皮黄色。虹膜褐色，喙黑色，脚肉粉色。雄鸟比雌鸟体型稍大，但在非繁殖季节较难区分性别。

分布　分布于东亚地区，有 2 个亚种，指名亚种 *M. p. pryeri* 分布于日本，中国亚种 *M. p. sinensis* 主要分布于中国，可能见于与中国东北接壤的蒙古极东部和俄罗斯极东南部。在中国主要分布于东部地区，过去曾认为该亚种在东北繁殖，在长江中下游的湖北和江西越冬，但是根据近几年的研究发现及中国观鸟记录中心数据记载，斑背大尾莺在黑龙江、辽宁、河北、江苏、上海、浙江、湖南、江西等地的湖、海沿岸沼泽内均有繁殖记录，在上海、江苏、山东、安徽、湖北、湖南、江西、浙江、香港有越冬的记录。

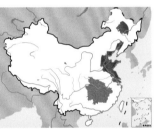

斑背大尾莺。下图段文科摄

栖息地　主要在芦苇沼泽、南荻及薹草沼泽湿地或有互花米草群落的沿海盐沼中繁殖及越冬。尽管斑背大尾莺在不同繁殖地利用的植物群落组成不同，这些栖息地的植物群落结构却很相似。其领域内植被高度参差，主要以中等高度或轻微倒伏的较为细软的草为主，其间零星夹杂着一些较高的植株的枯秆，雄鸟主要栖于高草秆的顶端炫耀鸣啭。在扎龙，斑背大尾莺选择稀疏的芦苇与蘸草、莎草等植株密度高且茎秆柔软的低矮植物混生的植物群落筑巢；在鄱阳湖繁殖的斑背大尾莺则选择高大的南荻和低矮的薹草混生的湖边滩地筑巢。坚硬的芦苇枯秆既起到支持巢的作用，也便于雄鸟在其顶部占领高位鸣啭招引雌鸟或警戒领域；而柔软茂密的低草既可提供巢材，又可增加巢的隐蔽性。在长江河口湿地，虽然互花米草是外来入侵植物，但是正好为斑背大尾莺提供了合适的巢址。互花米草群落的植株密度较高，大部分枯死的茎叶较为细软，可以用来编制鸟巢；有些植株会轻微倒伏，架在旁边没有倒伏的植株上，形成一个斜的"盖子"。同时在一个互花米草斑块中，通常还有一些往年生植株的茎秆，这些茎秆高且坚硬，顶部的叶片已凋落，在植被上层形成了一个个稀疏分布的"瞭望台"。在观察中发现，几乎所有的雄性斑背大尾莺都在互花米草较高的茎秆顶部炫耀鸣啭，而它们的巢大都隐藏在倒伏角度为 45°～60° 的互花米草群落下。

习性　非繁殖期行为较隐蔽，主要在植被中下层活动，难以被发觉。繁殖期雄鸟则会不断地在其领域范围内飞起、鸣啭。鸣声为重复的"djuk-djuk-djuk"。

关于中国斑尾大尾莺的迁徙习性尚未有详细研究，推断可能是在长江中下游地区及以南越冬，在东北地区繁殖。但是最近发现，在江西、上海和江苏等地都有繁殖记录。在崇明东滩的研究发现，斑背大尾莺对繁殖地的忠诚度较高，通过彩环标记记录到 2 只在前一年繁殖成功的雄鸟次年又回到原领域繁殖。

飞行中鸣啭是斑背大尾莺雄鸟典型的求偶方式。田穗兴摄

食性 主要以鞘翅目、直翅目、蜻蜓目、鳞翅目、蜘蛛目等小型节肢动物为食；其中鳞翅目和双翅目昆虫是巢内雏鸟的主要食物。

斑背大尾莺的觅食范围并不大。在长江口盐沼湿地内对其羽毛和粪便的稳定同位素分析显示，尽管互花米草群落中节肢动物的种类和数量都比周边的本地植物芦苇群落中少，但是在互花米草群落中繁殖的斑背大尾莺主要食物来源于互花米草群落。

繁殖 繁殖期的开始时间随纬度的增加逐渐推迟。在长江口盐沼内，斑背大尾莺于3月下旬开始便出现繁殖行为，至8月中旬，繁殖活动全部结束；在黑龙江扎龙湿地则要5月初才开始繁殖活动。根据繁殖时间推测，斑背大尾莺在长江口盐沼内每个繁殖季节至少可以繁殖2次。

在长江口盐沼内，斑背大尾莺4月上旬已经开始筑巢。巢为杯状，主要以互花米草的茎叶为巢材。巢筑于植被冠层的中下层，巢口上方通常有倒伏的互花米草遮挡，既可遮风避雨又可增加隐蔽性。

斑背大尾莺的窝卵数为4～6枚。卵呈白色，重约1.5 g。孵化期11～15天。雏鸟出壳后，雌雄亲鸟共同育雏，育雏的主要食物为鳞翅目昆虫。幼鸟生长迅速，刚出壳时的体重约为1.5 g，到10日龄即可长到10 g左右，这时如受到干扰已能独自爬出鸟巢四处逃散。13～14日龄，幼鸟能自然离巢后，亲鸟仍然会继续喂食幼鸟一段时间。

种群现状和保护 2个亚种的数量均不丰富，分布区域较狭窄，于1994年被世界自然保护联盟（IUCN）列为易危（VU）等级的受胁鸟类。在中国，湿地丧失和退化对斑背大尾莺的生存造成了严重威胁，导致其数量急剧减少，破碎成几个孤立的小种群。例如，它们在兴凯湖的潜在栖息地目前已经成为农田，而嫩江边上的大部分湿地变成了油田，仅存的湿地被人工改造用于灌溉，芦苇被收割用作造纸。然而，近十年来斑背大尾莺在长江中下游地区湿地的繁殖种群数量快速增加，特别是长江口盐沼湿地

和鄱阳湖沼泽内。据估计，鄱阳湖区斑背大尾莺的数量已经超过5000对，而全球总数量已经超过10 000对。自2004年在长江口盐沼湿地内首次记录到斑背大尾莺至今，它们已成为盐沼湿地主要的繁殖鸟类之一。斑背大尾莺种群数量的快速增加可能与互花米草的快速扩散密切相关。2009年IUCN将斑背大尾莺的受胁等级降为近危（NT）。《中国脊椎动物红色名录》（2016）亦评估为近危（NT）。被列为中国三有保护鸟类。

矛斑蝗莺

拉丁名：*Locustella lanceolata*
英文名：Lanceolated Warbler

雀形目蝗莺科

形态 体长约12.5 cm，体型小且条纹重的蝗莺。上体橄榄褐色，密布近黑色纵纹；眉纹窄而浅；身体下部羽色更淡，喉白色，胸侧及两肋浅黄褐色且具深灰色细纵纹；尾下覆羽具深色中心及浅色羽缘。虹膜深棕色；上嘴色深，下嘴色浅；脚粉色。

分布 繁殖于西伯利亚以及古北界的东部地区；冬季迁徙到东南亚越冬。

习性 偏好潮湿的生境，常在湿润稻田、沼泽灌丛和湿润林缘活动。鸣唱为持续的纤弱金属音，叫声为爆发式的"tzhk-tzhk-tzhk"及"pit"声。

繁殖 营巢于茂密的草丛下，巢呈杯状，巢材主要为草茎、树叶和苔藓。通常由雌性孵卵，窝卵数3～5枚。

种群现状和保护 在繁殖地是当地较常见的鸟类。IUCN和《中国脊椎动物红色名录》均评估为无危（LC）。被列为中国三有保护鸟类。

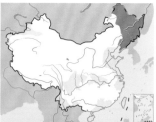

矛斑蝗莺。下图孙林锋摄

捕食昆虫的斑背大尾莺。林剑声摄

北蝗莺

拉丁名：*Locustella ochotensis*
英文名：Middendorff's Grasshopper Warbler

雀形目蝗莺科

形态 体长 13.5～14.5 cm。上体橄榄棕色，具不明显的深色纵纹；眉纹浅色，有深色贯眼纹；腰及尾上覆羽暖棕色，初级飞羽及尾羽具有白色外缘；身体下部灰白色，胸侧及两胁浅褐色。虹膜深棕色；上嘴色深，下嘴色浅；脚粉棕色。

分布 繁殖于东北亚；冬季迁徙至中国南方、苏拉威西岛及加里曼丹岛越冬。

习性 主要栖息于水边的高草、灌丛等植被中，喜爱湿润的环境。鸣唱分为两段，"drrrt-chrit-chrit-chit"的单音前奏，后接 4～5 个清亮的"cherwee-cherwee-cherwee"连续音。叫声为安静的"chit"声。繁殖期有时会作飞行盘旋鸣唱。

繁殖 营巢于地面或茂密的草丛中，巢呈杯状，巢材主要为草茎和叶片。窝卵数 5～6 枚。

种群现状和保护 在繁殖地较为常见，迁徙过程中容易被忽略，在越冬地不易见。IUCN 和《中国脊椎动物红色名录》均评估为无危（LC）。被列为中国三有保护鸟类。

东亚蝗莺

拉丁名：*Locustella pleskei*
英文名：Pleske's Grasshopper Warbler

雀形目蝗莺科

形态 体长 16～17 cm，体型大而喙粗长的蝗莺。上体为均匀的灰褐色，眉纹浅而后段模糊，有不明显的深色贯眼纹；身体下部偏白色，胸侧及两胁浅褐色。尾较长。虹膜深棕色；上嘴色深，下嘴色浅；脚粉棕色至粉灰色。

分布 繁殖于俄罗斯东南部、日本和朝鲜半岛周围的岛屿上；迁徙到中国南方及越南越冬。

习性 通常繁殖于潮湿的草地、灌丛或有常绿灌木的生境；也可分布至高 300 m 的火山斜坡上。越冬及迁徙时栖于靠近海边的芦苇地、灌丛及红树林中。鸣唱与北蝗莺类似，但节奏更慢，有停顿。叫声为安静的"chit"声。

繁殖 营巢于地面，会在矮灌丛间作炫耀飞行。窝卵数 3～6 枚。

种群现状和保护 区域性常见，但繁殖地限制于岛屿上，总体种群数量呈下降趋势。IUCN 和《中国脊椎动物红色名录》均评估为易危（VU）。

北蝗莺。左上图Tokumi Ohsaka摄

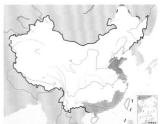

东亚蝗莺。时敏良摄

中华攀雀

拉丁名：*Remiz consobrinus*
英文名：Chinese Penduline Tit

雀形目攀雀科

形态 体型纤小的攀雀，体长约 10.5 cm。雌雄异形。雄鸟顶冠灰色，眉纹白色，脸罩即额基、眼先、颊上部及耳羽为黑色，后颈及颈侧暗栗色，形成半圆领圈。背及肩部棕褐色，但肩羽羽毛基部黑色；腰部及尾上覆羽沙褐色，羽缘白色；飞羽深灰色，边缘皮黄色或浅棕色。尾凹形，尾羽黑色，外侧及内侧羽片的窄细边缘呈浅皮黄色。颏、喉及胸部浅皮黄色，与颚部白色呈明显对比。雌鸟及幼鸟似雄鸟但色暗，脸罩略呈深色，顶冠、枕部及上背为浅黄褐色。1 龄雄鸟似成鸟，但脸罩颜色较黑，且上背为棕色。

虹膜为深褐色。嘴灰黑色，呈细长圆锥状。脚蓝灰色。

分布 在俄罗斯远东地区及中国东北繁殖；迁徙至日本、朝鲜、韩国和中国东部越冬。越冬地主要分布于中国长江中下游地区、东部沿海盐沼、云南怒江地区。近年来发现在香港米埔盐沼湿地内，中华攀雀的越冬种群数量逐渐增加，而广西南宁大王滩水库也有新的越冬种群。自 20 世纪 70 年代起，在日本九州和本州及韩国有越冬记录，但不常见。1987 年 3 月在日本冲绳曾有记录。

栖息地 栖息于各种类型的湿地中，包括淡水沼泽及潮间带盐沼。繁殖期它们偏好靠近灌木及树林的芦苇沼泽。非繁殖期的生境较为多样化，包括沿海地区的一些杂草丛。

习性 非繁殖期喜成群活动，特别偏好芦苇沼泽与乔木林相邻的栖息环境。喜倒悬在枝干上翻来翻去。叫声为高调、柔细而

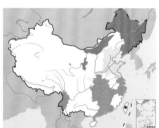

中华攀雀。左上图沈越摄，下图徐永春摄

正在筑巢的中华攀雀。徐永春摄

动人的哨音"tsee"或"pseee"；也有较圆润的"piu"及一连串快速的"siu"声。鸣声似雀鸟，"tea-cher"的主调接"si, si, tiu, si, si, tiu"副歌。

迁徙性。在吉林西北部的繁殖地记录到中华攀雀出现的时间为 4 月中旬至 9 月末，而在辽宁南部记录到的中华攀雀到达时间为 4 月下旬。

食性 以小型节肢动物为食，主要包括小昆虫及其幼虫、蜘蛛。冬季也会取食种子。觅食时以脚趾紧握芦苇枝，在芦苇枝间跳动，啄开芦苇茎寻找昆虫或是在芦苇花序内觅食。

繁殖 每年 4 月开始，中华攀雀由越冬地迁到繁殖地，经过短暂的休整开始求偶。由于研究较少，对其婚配制度尚不了解，推测可能是单配制。雌雄亲鸟共同营巢，巢材以树皮纤维、动物毛为主，辅以蒲绒、杨絮、柳絮、芦花等。巢呈袋状，保温性很强，但吸水性也很强。

近水源的林地草甸是中华攀雀筑巢的首选地，首先林地可以为中华攀雀提供可筑巢的巢树，另一方面林间种类丰富的昆虫也是中华攀雀的食物来源，同时还离水源地较近。

巢树及巢挂枝的选择也很重要。胸径大的乔木抗风能力比较强，长势好，可提供的食物资源和隐蔽条件都较优越。巢挂枝年

龄直接关系到树枝柔韧性的好坏，在挂枝上筑巢既能保证不会掉下去，还能在大风天使巢可以随着挂枝摇摆，起到缓冲风力的作用，同时距离树干较远可以降低被捕食的概率。而巢位向阳则有利于吸收阳光，可以保证在阴雨过后巢能快速干燥，有利于孵化，保证后代的成活率。

繁殖期5月下旬至7月。每窝可产卵5～9枚，孵化期12～14天，育雏以雌鸟为主。

种群现状和保护 针对中华攀雀的研究仍然较少。对于其繁殖区域的了解甚少，但是由越来越多越冬地的记录，可以推断该物种目前尚未受到严重威胁。IUCN和《中国脊椎动物红色名录》均评估为无危（LC）。然而，由于其整个分布区的芦苇沼泽的面积在逐年缩小，势必会对该物种造成影响。被列为中国三有保护鸟类。

日本鹡鸰

拉丁名：*Motacilla grandis*
英文名：Japanese Wagtail

雀形目鹡鸰科

体长约20 cm。上体黑色，额、颏及眉纹白色，两翼具白色横斑及羽缘，尾羽边缘白色；下体白色，前颈至上胸黑色。雌鸟偏褐色。虹膜深褐色；嘴和脚黑色。仅分布于日本和中国东部沿海。在中国为迷鸟，偶见于河北、台湾等东部沿海地区。IUCN和《中国脊椎动物红色名录》均评估为无危（LC），被列为中国三有保护鸟类。

苇鹀

拉丁名：*Emberiza pallasi*
英文名：Pallas's Bunting

雀形目鹀科

形态 体型较小的鹀类，体长约14 cm。雌雄羽色不同，繁殖羽和非繁殖羽也有差异。

雄鸟繁殖羽头整体黑色，头顶羽缘黄色；下嘴基至喉侧有白色颚纹与白色颈圈相接；肩羽为黑色，羽缘白色，羽端沾栗色；背部呈淡灰黄色，具黑色条纹；腰和尾上覆羽浅灰色，前者具黑色羽干纹，后者的羽干纹褐色；翼上覆羽为黑褐色，而小覆羽灰色，具淡黄褐色羽缘；中、大覆羽内侧次级飞羽的羽缘栗黄色，外翈沙黄色；小翼羽和初级覆羽暗褐色，羽缘灰白色；飞羽为暗褐色，外缘赤褐色；尾羽黑褐色，中央一对尾羽羽干黑色，外翈羽缘黄色，内翈较宽羽缘白色，最外侧一对尾羽具楔形白斑，从内翈先端斜贯外翈中部，直达近基部；次外侧尾羽的白斑仅在内翈先端和外翈先端1/2处，部分标本的外翈白色部分较小。颏、喉和上胸中央黑色，前者有白色羽端；下体余部白色，胸侧沾淡栗灰色，两胁沾赤褐色，纵纹不显著。腋羽和翼下覆羽白色。雄鸟非繁殖羽通体具较宽的沙黄色羽缘和羽端，头、颊和喉呈沙褐色，具黑色斑纹，眉纹沙黄色，白色颈圈亦被沙黄色所掩盖；背和肩栗黄色，杂以栗褐色羽干斑；腰和尾上覆羽浅沙黄色，有时杂有不明显的黑色羽干斑；小覆羽灰色，羽端稍沾沙黄色；飞羽暗褐色，羽缘沙黄色；下体白色沾沙褐色。

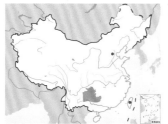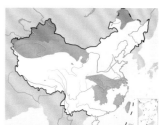

日本鹡鸰。左上图Alpsdake摄，下图co.dal摄

苇鹀。左上图为雌鸟，聂延秋摄；下图为雄鸟繁殖羽，杨贵生摄

从非繁殖羽向繁殖羽过渡的苇鹀雄鸟。聂延秋摄

雌鸟似雄鸟非繁殖羽，但颏、喉白色，一簇暗褐条纹围绕喉部；喉侧和前胸有赭色纵纹，两胁有褐色条纹。

虹膜褐色；喙较短，嘴峰较直，上嘴黑褐色，下嘴带黄色；脚肉色，爪黑色。

分布　全球共 3 个亚种：指名亚种 *E. p. pallasi*、东北亚种 *E. p. polaris* 和蒙古亚种 *E. p. lydiae*，繁殖于俄罗斯和蒙古，越冬于俄罗斯和蒙古南部、中国东部和朝鲜半岛。中国分布有 2 个亚种——指名亚种 *E. p. pallasi* 和东北亚种 *E. p. polaris*，其中东北亚种在中国潮间带盐沼湿地内越冬，分布区纵贯整个中国东部，北至黑龙江，南至台湾、香港。

栖息地　在高纬度有高草和灌木分布的苔原及苔原森林交错带、低地苔原长有茂密矮柳和赤杨的河谷以及亚高山苔原上繁殖。非繁殖期主要分布于低地和平原地带，包括有稀疏灌木的湿地，江湖边的芦苇沼泽、水稻田和潮间带盐沼湿地。

习性　繁殖期会在高草和灌木顶部炫耀鸣啭。性极活泼，常在草丛或灌丛中反复起落飞翔。不畏人，除非很接近时才飞离。活动时伴随着叫声，在起飞时发出似"jie"的单音节叫声，栖息时，常发出两个音节的"jie，jie"声，似麻雀的叫声而较娇细。在春季离开越冬地前，个别雄鸟会鸣唱，发出"chi chi chi chi chi chi"或"srri srri srri srri srri srri srri"简单的音节重复声。

迁徙性。东北亚种主要在中国东部地区、俄罗斯东南部、朝鲜半岛越冬，在日本较为罕见。夏季在俄罗斯北部繁殖。成群迁徙飞行，少时 5～10 只一群，迁徙高峰期 1km² 内可以记录到几百只。每年 10 月返回中国东部，次年 3 月开始陆续向北迁往繁殖地。

食性　繁殖期主要取食节肢动物，也会吃一些种子。在越冬地通常集群觅食，有时还和其他鹀类混群，食物主要是芦苇种子、杂草种子，也有越冬昆虫、虫卵及少量谷物。

繁殖　中国境内尚未发现苇鹀的繁殖地。其繁殖期为 6～8 月，越靠近北极的地区繁殖结束得越早。苇鹀的巢筑于地面或低矮的灌丛、草丛中。巢由细软的草编织而成，有时巢材还有干燥的落叶松叶子。窝卵数 3～5 枚，卵为奶油色或砖褐色，带有深色斑点。雌鸟孵卵，孵化期 11 天左右。雌雄亲鸟共同育雏，雏鸟 10 天左右离巢。

种群现状和保护　在俄罗斯的繁殖种群数量估计有 10 万对，目前尚未发现该物种的种群数量有大幅度的变化趋势。IUCN 和《中国脊椎动物红色名录》均评估为无危（LC）。被列为中国三有保护鸟类，然而在中国的越冬地有大规模捕杀鹀类的情况，所以苇鹀也可能受到盗猎的威胁。此外由于气候变化，冰川融化，可能导致其繁殖地栖息地质量的变化，从而影响其繁殖成功率。

芦鹀

拉丁名：*Emberiza schoeniclus*
英文名：Reed Bunting

雀形目鹀科

形态 中等体型的鹀类，体长 14～16.5 cm。似苇鹀但体型较大且偏栗色，尤其是翅上小覆羽栗色是其标志性识别特征。雌雄羽色不同，繁殖羽和非繁殖羽也有差异。

雄鸟繁殖羽头顶、头侧和耳羽均为黑色，头侧的羽尖黄白色；眉纹白色，细窄而短，不甚明显；颚纹白色，与白色的颈圈和下体相连；翕羽灰褐色混赤褐色，具黑色羽干纹；下背和腰灰色沾皮黄色，并具褐色羽干纹；尾上覆羽淡沙褐色，羽缘灰色；尾羽黑褐色，羽缘灰色，中央一对尾羽黄灰色，仅羽缘暗褐色；最外侧两对尾羽有楔形白色大斑；小覆羽鲜栗色，中覆羽、大覆羽黑色，羽缘赤褐色；飞羽黑褐色，三级飞羽羽缘赤褐色，初级飞羽及次级飞羽羽缘较窄；颏、喉至上胸中央黑色，羽缘白色；下体余部白色，体侧和两胁具浅栗色条纹；腋羽和翼下覆羽白色。雄鸟非繁殖羽整体羽色较浅，头部和喉部、胸中央的黑色向棕黄色或皮黄色褪去，白色项圈亦沾浅褐色而不甚明显，皮黄色的眉纹显现出来。

雌鸟似雄鸟非繁殖羽，但头栗褐色而具黑色羽干纹，白色眉纹较宽阔，颧纹栗黑色，颈环不明显，颏、喉白色，胸和两胁有赤褐色条纹。

虹膜褐色；嘴黑褐色，下嘴色浅；脚肉褐色。

分布 全球共有 20 个亚种，在中国境内出现的有 9 个亚种，但是只有日本亚种 *E. s. pyrrhulina* 和东北亚种 *E. s. minor* 在中国东部越冬，并利用潮间带盐沼作为越冬栖息地。日本亚种 *E. s. pyrrhulina* 在西伯利亚东部和日本北部繁殖，在日本中部、朝鲜半岛及中国东部越冬。东北亚种 *E. s. minor* 在外贝加尔山脉以东至俄罗斯远东及中国黑龙江地区繁殖，在中国东部越冬，最南在中国香港和台湾都有越冬记录。

栖息地 一般栖息于芦苇沼泽地和湖沼沿岸低地的草丛和灌丛中，喜好植被茂密的湿地。夏季在西伯利亚森林苔原带河漫滩矮柳丛中繁殖，但不进入泰加林带。冬季在开阔的田野、农耕区、杂草滩也有记录，中国东部潮间带盐沼中的数量也比较多。

习性 除繁殖期成对外，多集群生活，在越冬地区分为小群或单独活动。性颇活泼，常飞翔于低树、柳丛之间，时而追逐，时而隐藏。性怯疑，一见有人即刻隐匿于植被下部。受惊时飞翔极快，多作短距离飞行。

活动时伴随着鸣叫，叫声颇似苇鹀，但声较粗也不响亮。在矮树丛或芦苇秆上鸣叫，音程为短系列而犹豫的丁当音，如 "sripp srip sriia srrissriisrii" 或 "zrrit zrrit zrrit zrruruuru"。鸣声多变但通常以一颤音结尾，通常的叫声为哀怨的下滑音 "seeoo"，迁徙时作沙哑的联络声 "brzii"。

芦鹀是迁徙鸟类，迁徙时结成 10～20 只的小群，2 月开始向北迁徙，迁徙高峰期为 3 月，5 月至 6 月初可以到达位于西伯利亚的繁殖地。繁殖结束后，9 月中旬至 11 月中旬返回越冬地。

食性 杂食性，繁殖期多以节肢动物为食，同时还取食种子及植物碎片。在越冬地通常集群觅食，有时还与其他鹀类混群。在长江口盐沼内越冬的芦鹀主要食物是芦苇种子，以及芦苇茎秆内的节肢动物。

繁殖 据记载东北亚种 *E. s. minor* 在黑龙江省内繁殖，但是多年来未有确凿的繁殖记录。

芦鹀的繁殖期为 4～8 月。雌鸟筑巢，巢筑于地面沼泽草丛、芦苇草丛或接近水生植物的地面上。底部衬有较柔软的草叶、苔藓及兽毛。每窝产卵 4～5 枚。卵底色从橄榄灰色到紫土色，上具多数分散的暗紫褐色点斑和曲纹，以钝端较多。雌雄亲鸟共同孵卵和育雏，孵化期为 12～15 天，育雏期 9～12 天。

种群现状和保护 分布较广，且地区性常见，尚未有证据表明该物种受到严重威胁。IUCN 和《中国脊椎动物红色名录》均评估为无危（LC）。被列为中国三有保护鸟类。然而在中国的越冬地有大规模捕杀鹀类的情况，加上芦苇沼泽面积快速减少，现有的芦苇地冬季被收割等因素，其栖息地质量下降，所以芦鹀在中国东部的越冬情况也不容乐观。

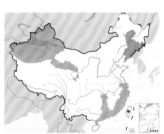

芦鹀。左上图为雄鸟繁殖羽，聂延秋摄；下图为雌鸟，杨贵生摄

参考文献

丁长青，2004. 朱鹮研究 [M]. 上海：上海科技教育出版社.

丁平，刘安兴，陈征海，等，2003. 浙江沿海滩涂湿地水鸟 [C]// 第 5 届海峡两岸鸟类学术研讨会论文集. 台中：国立自然科学博物馆:241-247.

丁平，陈水华，2007. 中国湿地水鸟 [M]. 北京：中国林业出版社

马广仁，2015. 中国湿地资源（总卷）[M]. 北京：中国林业出版社

马世全，1988. 震旦鸦雀种群生态的研究 [J]. 动物学研究，9(3):217-224.

马世全，1990. 黄斑苇鳽繁殖期种群分布型的研究. 生态学报 [J]. 10(4):15-17.

马志军，干晓静，蔡志扬，等，2013. 长江口盐沼湿地入侵植物互花米草对斑背大尾莺建群和种群扩张的影响 [C]// 第十二届全国鸟类学术研讨会暨第十届海峡两岸鸟类学术研讨会论文摘要集. 杭州：浙江省科学技术协会.

马志军，李文军，王子健，2001. 丹顶鹤的自然保护：行为生态·生境选择·保护区设计规划·可持续发展 [M]. 北京：清华大学出版社.

马国恩，1981. 白枕鹤繁殖生态的观察 [J]. 哈尔滨师范大学学报（自然科学版），(2):10-14.

马鸣，2002. 历史上新疆白鹳的地理分布区域考证 [J]. 干旱区地理，25(02):139-142.

马鸣，2011. 新疆鸟类分布名录 [M]. 北京：科学出版社.

马鸣，才代，1996. 红嘴鸥在塔里木和天山的集群繁殖生态及其地理分异 [C]// 中国鸟类学研究. 北京：中国林业出版社:309-312.

马金山，1990. 中国扁嘴海雀繁殖生态的一些资料 [J]. 四川动物，9(4):36.

马金华，2011. 邛海湿地夜鹭巢址选择研究 [J]. 安徽农业科学，39(17):10488-10490.

王天厚，钱国桢，2000. 夜鹭越冬种群生态学研究 [J]. 动物学研究，21(2):121-126.

王文林，张正旺，2004. 郑州地区夜鹭越冬生态调查 [J]. 动物学杂志，39(5):69-72.

王有辉，王虹，2004. 中国灰鹤的现状与研究进展 [J]. 贵州科学，22(3):65-71.

王自磐，PETERH-U，2004. 贼鸥用于南极环境大型指示生物种的初步研究 [J]. 极地研究，16(2):91-98

王会志，姚红，虞快，1995. 小天鹅行为谱的初步建立 [J]. 上海师范大学学报（自然科学版），24(3):75-82.

王岐山，马鸣，高育仁，2006. 中国动物志——鸟纲第五卷：鹤形目·鸻形目·鸥形目 [M]. 北京：科学出版社.

王岐山，颜重威，2002. 中国的鹤，秧鸡和鸻 [M]. 南投：国立凤凰谷鸟园.

王虹，王有辉，向准，等，2011. 贵州鸟类资源现状 [J]. 环保科技. 2011, 4:5-13.

王虹，钟立成，1989. 扎龙自然保护区白鹳的繁殖及保护 [J]. 林业科技，(5):21-23.

王俊森，张素清，柳劲松，等，1990. 扎龙保护区骨顶鸡繁殖生态的研究 [J]. 动物学杂志，25(3):24-29.

王剑，赵超，丁楠雅，等，2014. 云南蒙自长桥海发现秃鹳和翻石鹬 [J]. 动物学杂志，49(1):136.

王超，刘冬平，庆保平，等，2014. 野生朱鹮的种群数量和分布现状 [J]. 动物学杂志，49(5):666-671.

王博，2005. 厦门无居民海岛鹭类繁殖期分布及种群研究 [J]. 环境科学动态，2:6-7.

王博，陈小麟，林清贤，等，2005. 厦门鹭类集群营巢地分布及其生境特性的研究 [J]. 厦门大学学报（自然科学版），44(5):734-737.

王紫江，吴金亮，吴介云，等，1994. 红嘴鸥 [M]. 昆明：云南科技出版社.

王颖，1996. 中国海洋地理 [M]. 北京：科学出版社.

王颖，陈翠兰，1987. 澎湖猫屿海鸟保护区之可行性研究 [J]. 生态研究，(022):1-50.

王颖，陈翠兰，1988. 澎湖鸟相之初步调查 [J]. 台湾师范大学生物学报，33:507-529.

王黎，2005. 蛇岛与老铁山春季鸟类种群的比较 [C]// 中国鸟类学研究. 北京：中国动物学会鸟类学分会:248-253.

王黎，韩建生，黄沐朋，1991. 黑尾鸥的繁殖生态 [J]. 野生动物，(3):29-30.

中华人民共和国林业部，农业部，1988. 国家重点保护野生动物名录.

中华人民共和国国家林业局，2000. 国家林业局令第七号——国家保护的有益的或者有重要经济、科学研究价值的陆生野生动物名录.

中国鸟类学会水鸟组，1994. 中国水鸟研究 [C]. 上海：华东师范大学出版社.

中国科学院西北高原生物研究所，1989. 青海经济动物志 [M]. 西宁：青海人民出版社.

中国科学院青藏高原综合科学考察队，1983. 西藏鸟类志 [M]. 北京：科学出版社.

文祯中，王庆林，孙儒泳，1998. 鹭科鸟类种间关系的研究 [J]. 生态学杂志，17(1):27-34.

尹琏，费嘉伦，林超英.1994. 香港及华南鸟类 [M]. 香港：香港政府印务局.

布和，滕晓光，田稣，等，2000. 白音库仑湖遗鸥繁殖地的几项考察 [C]// 中国鸟类学研究. 北京：中国林业出版社:210-213.

占永佳，陈卫，李玉华，等，2011. 北京野鸭湖湿地自然保护区越冬灰鹤觅食栖息地选择研究 [J]. 四川动物，30(5):810-813.

卢卫民，2007. 湖北省水鸟的多样性及其保护对策 [J]. 湖北林业科技，(2):39-44.

史东仇，曹永汉，2001. 中国朱鹮 [M]. 北京：中国林业出版社.

白力军，王克为，群力，等，1996. 遗鸥雏鸟生长发育的研究 [C]// 中国鸟类学研究. 北京：中国林业出版社:391-392.

丛璐璐，2010. 内蒙古呼伦贝尔东部地区春季鸿雁巢址选择研究 [J]. 安徽农业科学，(14):7372-7375.

冯科民，李金录，1985. 丹顶鹤的繁殖生态 [J]. 东北林业大学学报，14(4):39-45.

邢莲莲，杨贵生，郭砺，1989. 草鹭繁殖生态的研究 [J]. 内蒙古大学学报（自然科学版），20(3):378-382.

邢晓莹，李枫，李金波，2009. 白骨顶雏鸟叫声回放实验 [J]. 动物学杂志，44(5):133-136.

成进，沙依，兰古丽，等，2013. 2009 年—2011 年新疆雁形目野生鸟类禽流感血清流行病学调查与分析 [J]. 中国兽医杂志，48(12):3-6.

朱书玉，吕卷章，于海玲，等，2001. 震旦鸦雀在山东黄河三角洲自然保护区的分布与数量研究 [J]. 山东林业科技，2001(5):34-35.

朱曦，邹小平，2001. 中国鹭类 [M]. 北京：中国林业出版社.

乔桂芬，于国海，胡玉，2003. 黄斑苇鳽繁殖生态的研究. 吉林林业科技 [J]. (1):5-8

刘小如，丁宗苏，方伟宏，等，2012. 台湾鸟类志（上、中、下）[M]. 2 版. 台北：行政院农业委员会林务局.

刘冬平，丁长青，楚国忠，2003. 朱鹮的繁殖期活动区与栖息地利用 [J]. 动物学报，49(6):755-763.

刘自兵，2012. 中国历史时期鸬鹚渔业史的几个问题 [J]. 古今农业，4:41-47

刘阳，雷近宇，张瑜，等，2005. 渤海湾地区遗鸥的数量、分布和种群结构 [C]// 中国鸟类学研究. 北京：中国动物学会鸟类学分会:341-342.

刘岱基，王希明，1993. 青岛沿海岛屿白额鹱和黑叉尾海燕的环志研究初报 [J]. 四川动物，(4):32-33.

刘胜龙，杜军，许青，2001. 扎龙自然保护区大麻鳽的繁殖生态 [J]. 东北林业大学学报，(02):75-78.

刘胜龙，蔡勇军，许青，1999. 札龙自然保护区白翅浮鸥繁殖生物学的研究 [J]. 东北林业大学学报，27(5):71-73.

刘焕金，冯敬义，苏化龙，等，1983. 黑水鸡繁殖生态的初步观察 [J]. 动物学研究，6(2):174-200.

刘焕金，苏化龙，冯敬义，等，1986. 黄斑苇鳽繁殖生态的初步研究 [J]. 动物学杂志，(4):15-17+5.

刘强，杨晓君，朱建国，2013. 云南纳帕海湿地越冬黑鹳种群动态和迁徙 [J]. 动物学杂志，48(5):707-711.

江航东，林清贤，林植，等，2005. 福建沿海岛屿水鸟考察报告 [J]. 动物分类学报，30(4):852-856.

许秀，吴逸群，2013. 黑鹳的生态生物学研究与保护 [J]. 湖北农业科学，52(13):3086-3088.

约翰·马敬能，卡伦·菲利普斯，何芬奇，2000. 中国鸟类野外手册 [M]. 长沙：湖南教育出版社.

严丽，丁铁明，1988. 江西鄱阳湖区白鹤越冬调查 [J]. 动物学杂志，(4):37-39.

苏立英，许杰，1987. 中日鹤类研究的合作成果 [J]. 野生动物，8(3):4.

杜进进，1994. 黑嘴鸥繁殖生态研究 [J]. 动物学杂志，29(3):32-36.

李文发，赵和生，栾晓峰，1990. 红嘴鸥繁殖生态初步研究 [J]. 动物学研究，11(4):310-316.

李文发，彭克美，卜仁珠，1994. 兴凯湖自然保护区野生动物资源与研究 [M]. 哈尔滨：东北林业大学出版社.

李方满，李佩珣，于学锋.1991. 对白枕鹤领域的初步研究 [J]. 动物学研究，20(1):29-34.

李永民，聂传朋，2014. 阜阳市池鹭巢址特征分析 [J]. 阜阳师范学院学报（自然科学版），31(1):42-45.

李枫，王强，2006. 斑背大尾莺 sinensis 亚种的繁殖生态学 [J]. 动物学报，52(6):1162-1168.

李国富，尹伟平，李晓民，2016. 中国鹳科鸟类研究现状及展望 [J]. 野生动物学报，37(3):234-238.

李佳，李言阔，缪泸君，等，2014. 越冬地气候条件对鄱阳湖自然保护区白琵鹭种群数量的影响 [J]. 生态学报，34(19):5522-5529.

李建国，余志伟，邓其祥，等，1985. 繁殖期中鹭类混合群体的协调与维持 [J]. 野生动物，(5):21-24.

李晓民, 孙志勇, 伊国良, 等, 2005. 我国内蒙古发现白鹤夏季群体 [J]. 动物学杂志, 40(1):98-100.

李超, 张君, 王小琴, 等, 2004. 四川鸟类新记录——白鹈鹕 [J]. 四川动物. 23(1):44.

李筑眉, 余志刚, 蒋鸿, 等, 2009. 白头鹮鹳重现我国 [J]. 动物学杂志, 44(3):22.

李镇桐, 洪修默, 2002. 夜鹭越冬与繁殖生态观察 [J]. 苏州教育学院学报, 19(1):94-95.

李镇桐, 2000. 夜鹭、池鹭、黄嘴白鹭混群营巢繁殖生态观察 [J]. 苏州教育学院学报, 17(1):96-99.

杨岚, 1987. 赤颈鹤在云南分布的现状 [J]. 动物学研究, 8(3):338.

杨陈, 周立志, 朱文中, 等, 2007. 越冬地东方白鹳繁殖生物学的初步研究 [J]. 动物学报, 53(02):215-226.

杨晓君, 常云艳, 2014. 云南鹤类与研究现状 [J]. 动物学研究, 35(S1):51-60.

吴英豪, 纪伟涛, 2002. 江西鄱阳湖国家级自然保护区研究 [M]. 北京：中国林业出版社.

吴星兵, 李枫, 丛日杰, 等, 2013. 江西南矶湿地斑背大尾莺食性初步分析 [J]. 四川动物, 32(03):438-441.

吴逸群, 2011. 陕西黄河湿地苍鹭的觅食地特征 [J]. 安徽农业科学, 39(28):17342-17343.

何芬奇, MELVILLED, 邢小军, 等, 2002. 遗鸥研究概述 [J]. 动物学杂志, 37(3):65-70.

何芬奇, 田秀华, 于海玲, 等, 2008. 略论东方白鹳的繁殖分布区域的扩展 [J]. 动物学杂志, 43(06):154-157.

何芬奇, 张荫荪, 1998. 有关棕头鸥和遗鸥两近似种的分类与分布问题研究 [J]. 动物分类学报, 23(1):105-112.

何芬奇, 张荫荪, 叶恩琦, 等, 1996. 鄂尔多斯桃力庙——阿拉善湾海子湿地鸟类群落研究与湿地生境评估 [J]. 生物多样性, 4(4):187-193.

何芬奇, 林剑声, 黄小江, 等, 2008. 斑背大尾莺鄱阳湖繁殖亚群初报 [J]. 动物学杂志, 43:70-72.

何芬奇, 林植, 江航东, 2013. 中国的紫水鸡——其分布与种下分类问题的回顾与探讨 [J]. 动物学杂志, 48(3):490-496.

何芬奇, 周放, 杨晓君, 2007. 虎斑夜鳱分布与亚群态势研究 [J]. 动物分类学报, 32(4):802-813

何春光, 宋榆钧, 郎惠卿, 等, 2002. 白鹤迁徙动态及其停歇地环境条件研究 [J]. 生物多样性, 10(3):286-290.

余日东, 方海宁, 谢偶倩, 2016. 黑脸琵鹭全球同步普查 2016[R]. 香港：香港观鸟会黑脸琵鹭研究组

余丽江, 黄成亮, 杨岗, 等, 2015. 广西发现中华攀雀 [J]. 动物学杂志, 50:492-492.

邹移海, 张薇, 张奉学, 等, 2005. 广东省绿头鸭场鸭乙肝病毒自然携带状况调查 [J]. 中国实验动物学杂志, 11(1):9-14.

汪青雄, 杨超, 刘铮, 等, 2013. 陕西红碱淖遗鸥育雏行为和雏鸟生长 [J]. 动物学杂志, 48(3):357-362.

张玉铭, 李枫, 2011. 棕扇尾莺在辽宁省的繁殖生物学资料 [J]. 四川动物, 30(4):648-648.

张世伟, 范强东, 孙为连, 等, 2002. 海鸥鹬繁殖习性的初步调查 [J]. 动物学杂志, 37(3):45-47.

张同作, 傅深展, 苏建平, 2003. 青海湖鸥鹬繁殖习性的初步观察 [J]. 动物学杂志, 38(6):91-93.

张志明, 纪建伟, 史洋, 等, 2013. 北京地区黑鹳救助及受伤原因初探 [J]. 四川动物, 32(6):944-946.

张希明, 麻友俊, 何百锁, 等, 2010. 灰鹤秋季迁徙行为研究 [J]. 四川动物, 29(1):105-108.

张迎梅, 阮禄章, 董元华, 等, 2000. 无锡太湖地区夜鹭及白鹭繁殖生物学研究 [J]. 动物学研究, 21(4):275-278.

张国钢, 刘多平, 侯韵秋, 等, 2013. 青海湖繁殖渔鸥迁徙路线和停歇地的卫星跟踪 [C]// 第十二届全国鸟类学术研讨会暨第十海峡两岸鸟类学研讨会论文摘要集. 杭州：浙江省科学技术协会:69.

张国钢, 梁余, 江红星, 2006. 辽宁长山群岛及东部沿海夏季水鸟资源调查 [J]. 动物学杂志, 41(3):90-95.

张荫荪, 丁文宁, 陈容伯, 等, 1993. 遗鸥 (Larusre lictus) 繁殖生态研究 [J]. 动物学报, 39(2):154-159.

张敏, 邹发生, 张桂达, 等, 2010. 黑脸琵鹭在澳门的越冬分布和人为干扰影响 [J]. 动物学杂志, 45(2):75-81.

张淑萍, 张正旺, 徐基良, 等, 2004. 天津地区迁徙水鸟群落的季节动态及种间相关性分析 [J]. 生态学报, 24(4):666-673.

张智, 丁长青, 2008. 中国朱鹮就地保护与研究进展 [J]. 科技导报, 26(14):48-53.

张微微, 马建章, 李金波, 2011. 骨顶鸡的种内巢寄生现象及其抵御机制初探 [J]. 动物学杂志, 46(6):19-23.

张毓, 郑泽, 宋晓英, 等, 2014. 青海可鲁克湖—托素湖发现大红鹳 [J]. 动物学杂志, 49(3):383-383

张耀文, 金连奎, 梁余, 1991. 鸥嘴噪鸥繁殖习性观察 [J]. 野生动物, 1991(1):16-17, 27.

陈水华, 2010. 中国海域繁殖海鸟的现状与保护 [J]. 生物学通报, 45(3):1-4.

陈水华, 范忠勇, 陆祎玮, 等, 2014. 极危鸟类中华凤头燕鸥浙江种群的保护和恢复 [J]. 浙江林业, 2014(S1):20-21.

陈水华, 颜重威, 诸葛阳, 等, 2005. 中国沿海岛屿繁殖海鸥与燕鸥的分布、资源及其受胁因素 [C]// 中国鸟类学研究. 北京：中国林业出版社.:300-306

陈亮, 2016. 我国海洋污染问题、防治现状及对策建议 [J]. 环境保护, 44(5):65-68.

陈顾, 张树苗, 朱冰润, 等, 2016. 北京市鸟类新纪录——大红鹳 [J]. 四川动物, 35(4):573-573.

金杰锋, 刘伯锋, 余希, 等, 2009. 福建省兴化湾黑脸琵鹭的越冬及迁徙 [J]. 动物学杂志, 44(1):47-53.

金杰锋, 刘伯锋, 余希, 等, 2010. 福建兴化湾黑脸琵鹭觅食生境的鱼类和虾类组成 [J]. 动物学杂志, 45(2):69-74.

周立志, 宋榆钧, 马勇, 1998. 紫蓬山区三种鹭繁殖生物学研究 [J]. 动物学杂志, 33(4):34-37.

周国飞, 1994. 舟山五峙山岛黑尾鸥、中白鹭生态的初步研究 [J]. 动物学杂志, 29(1):31-33.

周晓, 陈东东, STEPHENWK, 等, 2017. 海鸟种群的人工招引与恢复技术及其应用 [J]. 生物多样性, 25(4):364-371.

郑光美, 2011. 中国鸟类分类与分布名录 [M]. 2 版. 北京：科学出版社.

郑光美, 2017. 中国鸟类分类与分布名录 [M]. 3 版. 北京：科学出版社.

郑光美. 2012. 鸟类学 [M]. 北京：北京师范大学出版集团.

郑作新, 卢汰春, 杨岚, 等, 2010. 中国动物志——鸟纲第十二卷：雀形目鹟科III莺亚科鸫亚科 [M]. 北京：科学出版社.

郑作新, 郑光美, 张孚允, 等, 1997. 中国动物志——鸟纲第一卷：绪论·潜鸟目—鹳形目. 北京：科学出版社.

郑康华, 2011. 中国紫水鸡的分布初探 [J]. 中国鸟类观察, 80:22-24.

赵正阶, 2001. 中国鸟类志 (上卷：非雀形目 & 下卷：雀形目)[M]. 长春：吉林科学技术出版社.

赵格日, 乐图, 布特根, 等, 2008. 达赉湖自然保护区疣鼻天鹅繁殖行为初步观察 [J]. 动物学杂志, 43(3):60-64.

郝萌, 邹红菲, 2013. 扎龙保护区人工林内中华攀雀巢址特征分析. 动物学杂志 [J], 48:206-211.

胡军华, 胡慧建, 杨道德, 等, 2007. 广东海丰紫水鸡种群密度调查 [J]. 动物学杂志, 42(1):107-111.

胡英, 祁士华, 袁林喜, 2014. 洪湖湿地水鸟肝脏中有机氯农药的分布 [J]. 中国环境科学, (8):2140-2147.

胡慧娟, 陈剑榕, 孙雷, 1999. 厦门大屿岛三种鹭的种群动态和营巢 [J]. 生物多样性, 7(2):123-126.

柳劲松, 杨秀芝, 李云芳, 等, 1997. 白琵鹭繁殖及雏鸟发育的观察 [J]. 动物学杂志, (2):43-46.

钟平生, 张英宏, 陈志红, 2014. 广东南雄青嶂山海南鳱繁殖行为研究 [J]. 四川动物, 33(1):56-58

钟福生, 陈冬平, 阳海林, 2002. 湖南江口苍鹭越冬生态观察 [J]. 动物学杂志, 37(2):69-70.

段玉宝, 田秀华, 马建章, 等, 2015. 黄河三角洲东方白鹳繁殖期觅食栖息地的利用 [J]. 生态学报, 35(08):2628-2634.

段玉宝, 田秀华, 朱书玉, 等, 2011. 黄河三角洲自然保护区东方白鹳的巢址利用 [J]. 生态学报, 31(03):666-672.

侯昭海, 李晓民, 陶宇, 1993. 苍鹭育雏行为及雏鸟生长发育的研究 [J]. 齐齐哈尔师范学院学报 (自然科学版). 13(3):45-48.

侯银续, 周立志, 杨陈, 2007. 越冬地东方白鹳的繁殖干扰 [J]. 动物学研究, 28(04):344-352.

侯韵秋, 楚国忠, 钱法文, 等, 2000. 中国东部沿海黑嘴鸥数量与分布 [C]// 中国鸟类学研究. 北京：中国林业出版社.

袁晓, 章克家, 2006. 崇明东滩黑脸琵鹭迁徙种群的初步研究 [J]. 华东师范大学学报 (自然科学版), 2006(6):131-136.

贾秀峰, 李晓民, 陶宇, 等, 1995. 鸿雁繁殖生态的初步研究 [J]. 高师理科学刊, 4:44-46.

顾辉清, 1991. 黑尾鸥繁殖习性的观察 [C]// 中国鸟类研究. 北京：科学出版社 :173-174.

钱宏林, 卢宝荣, 1994. 建立南澳岛国家级海洋综合自然保护区的重大意义 [J]. 生态科学, (1):138-142.

候银续, 张黎黎, 胡边走, 等, 2013. 安徽省鸟类分布新纪录——白鹈鹕 [J]. 野生动物. 34(1):61-62.

徐志伟, 满亚伟, 1994. 赤麻鸭种群的繁殖生态研究 [J]. 生态学报, 14(2):201-204.

高中信, 李英南, 1986. 扎龙保护区四种鸟类繁殖生态的研究 [J]. 东北林业大学学报, 14(4):67-73.

高中信, 贾竞波, 闫文, 等, 1991. 苍鹭繁殖生态研究 [J]. 东北林业大学学报, 19(3):35-40.

高立杰, 侯建华, 董建新, 等, 2013. 遗鸥繁殖期新分布——内蒙古袄太湿地 [J]. 动物学杂志, 48(1):141-142.

高欣, 阎占山, 2000. 树栖型苍鹭生态习性研究 [J]. 沈阳师范学院学报（自然科学版）, 18(3):44-50.

高瑞东, 2012. 芦芽山国家级自然保护区普通翠鸟生态习性记述 [J]. 山西林业科技, 41(1):29-30.

郭玉民, 钱法文, 刘相林, 等, 2005. 小兴安岭白头鹤繁殖习性初报 [J]. 动物学报 (Current Zoology), 51(5):903-908.

郭丽滨, 梁鸣, 李晓民, 1995. 红嘴鸥巢区分布格局及巢密度分析 [J]. 国土与资源研究, (1):59-61.

唐兆和, 2002. 中国大陆首次发现短尾贼鸥 [J]. 四川动物, 21(1):44-44.

黄小富, 雷治练, 2007. 四川南充市北湖公园夜鹭对生境选择的初步研究 [J]. 西华师范大学学报（自然科学版）, 28(4):324-327.

萧红, 王开锋, 冯宁, 等, 2013. 陕西定边苟池湿地发现遗鸥繁殖群分布 [J]. 动物学杂志, 48(5):776-777.

萧红, 汪青雄, 杨超, 等, 2013. 遗鸥鄂尔多斯种群及繁殖分布现状 [C]// 第十二届全国鸟类学术研讨会暨第十届海峡两岸鸟类学研讨会论文摘要集. 杭州：浙江省科学技术协会 :71.

曹垒, 张苏芳, 史洪泉, 等, 2003. 西沙群岛东岛小军舰鸟繁殖种群的初步观察 [J]. 动物学研究, 24(6):457-461.

常家传, 于达敏, 1997. 赤麻鸭越冬生态观察 [J]. 动物学杂志, 32(6):31-34.

崔志军, 1993. 扁嘴海雀繁殖及迁徙的研究 [J]. 动物学杂志 (4):27-30.

崔志军, 1994. 白额鹱繁殖及迁徙的研究 [J]. 动物学杂志 (3):29-32.

崔志军, 1998. 黑叉尾海燕繁殖及迁徙的研究 [J]. 动物学杂志 (5):19-22.

章志琴, 夏瑾华, 王艾平, 等, 2012. 江西省境内中华秋沙鸭越冬生境选择 [J]. 中国农学通报, 28(35):29-32.

梁国贤, 杨灿朝, 王龙舞, 等, 2014. 三个东方大苇莺种群大杜鹃寄生率的变异 [J]. 四川动物, 33(5):673-677.

梁斌, 陈水华, 王忠德. 2007. 浙江五峙山列岛黄嘴白鹭的巢位选择研究 [J]. 生物多样性, 15(1):92-96.

董斌, 吴迪, 宋国贤, 等, 2010. 上海崇明东滩震旦鸦雀冬季种群栖息地的生境选择 [J]. 生态学报, 30:4351-4358.

蒋志刚, 江建平, 王跃招, 等, 2016. 中国脊椎动物红色名录 [J]. 生物多样性, 24(5):500-551.

韩联宪, 韩奔, 梁丹, 等, 2016. 亚洲钳嘴鹳在中国西南地区的扩散 [J]. 四川动物, 35(1):149-153.

黑龙江林业厅, 1990. 国际鹤类保护与研究 [M]. 北京：中国林业出版社.

焦松松, 2000. 池鹭的繁殖习性 [J]. 山东林业科技, 2000(1):28-30.

谢志浩, 徐茂琴, 2002. 四种鹭的繁殖生态 [J]. 宁波大学学报（理工版）, 15(3):24-27.

雷宇, 韦国顺, 刘强, 等, 2017. 贵州草海保护区钳嘴鹳种群动态 [J]. 动物学杂志, 52(2):1-7.

雷富民, 卢建利, 刘耀, 等, 2002. 中国鸟类特有种及其分布格局 [J]. 动物学报, 48(5):599-610.

廖炎发, 王侠, 1983. 棕头鸥的繁殖生态 [J]. 野生动物, (2):45-50.

廖炎发, 王峡, 罗焕文, 等, 1984. 青海湖渔鸥繁殖习性的初步研究 [J]. 动物学杂志, 19(5):21-25.

翟天庆, 卢西荣, 路宝忠, 等, 2001. 朱鹮的营巢、产卵、孵化和育雏 [J]. 动物学报, 47(5):508-511.

熊李虎, 吴翔, 高伟, 等, 2007. 芦苇收割对震旦鸦雀觅食活动的影响 [J]. 动物学杂志, 42(6):41-47.

黎道洪, 1991. 池鹭的夏季食性及生态的初步观察 [J]. 动物学杂志. 26(2):22-25.

颜重威, 1984. 台湾的野生鸟类（一：留鸟 & 二：候鸟）[M]. 台北：渡假出版社.

颜重威, 赵正阶, 郑光美, 等, 1996. 中国野鸟图鉴 [M]. 台北：翠鸟文化事业有限公司.

颜重威, 诸葛阳, 陈水华. 2006. 中国的海鸥与燕鸥 [M]. 南投：国立凤凰谷鸟园.

戴年华, 邵明勤, 蒋丽红, 等, 2013. 鄱阳湖小天鹅越冬种群数量与行为学特征 [J]. 生态学报, 33(18):5768-5776.

魏国安, 陈小麟, 林清贤, 2002. 厦门白鹭自然保护区的白鹭繁殖行为和繁殖力研究 [J]. 厦门大学学报（自然科学版）, 41(5):647-652.

魏颐清, 崔国发, 2014. 东方白鹳鸟巢结构特征与人工巢架设计 [J]. 应用生态学报, 25(12):3451-3457.

ADAM P, 1993. Saltmarsh ecology [M]. Cambridge:Cambridge University Press.

AFTON A D, ANDERSON M G , 2001. Declining scaup populations: a retrospective analysis of long-term population and harvest survey data[J]. The Journal of wildlife management, 65(4):781-796.

AMAT J A, 1991. Effects of Red-crested Pochard nest parasitism on Mallards[J]. The Wilson Bulletin, 103(3):501-503.

ARMSTRONG D P, SEDDON P J , 2008. Directions in reintroduction biology[J]. Trends in Ecology and Evolution, 23(1):20-25.

ATKINSON P W, MACLEAN I, CLARK N A , 2010. Impacts of shellfisheries and nutrient inputs on waterbird communities in the Wash, England[J]. Journal of Applied Ecology, 47(1):191-199.

AVADICH P C, 2006. Breeding success of Oriental White Ibis (*Threskiornis melanocephalus* Latham) in captivity[J]. Current Science, 90(1):28.

BAI Q, CHEN J, CHEN Z, et al. 2015. Identification of coastal wetlands of international importance for waterbirds: a review of China Coastal Waterbird Surveys 2005–2013[J]. Avian Research, 6(1): 1.

BAMFORD M J, WATKINS D G, BANCROFT W, et al. 2008. Migratory Shorebirds of the East Asian-Australasian Flyway: Population Estimates and Internationally Important Sites[R]. Canberra, Australia: Wetlands International Oceania.

BARTER M, CHEN L, CAO L, et al, 2004. Waterbird survey of the middle and lower Yangtze River floodplain in late January and early February 2004[M]. Beijing:China Forestry Pulishing House.

BARTER M, LEI G, CAO L, 2006. Waterbird Survey of the Middle and Lower Yangtze River Floodplain(February 2005)[M]. Beijing:China Forestry Publishing House.

BATBAYAR N, TAKEKAWA J Y, NEWMAN S H, et al, 2011. Migration strategies of Swan Geese *Anser cygnoides* from northeast Mongolia[J]. Wildfowl, 61:90-109.

BENOIT L K, ASKINS R A, 1999. Impact of the spread of Phragmites on the distribution of birds in Connecticut tidal marshes[J]. Wetlands, 19:194-208.

BLUMS P, HEPP G R, MEDNIS A, 1997. Age-specific reproduction in three species of European ducks[J]. The Auk, 114(4):737-747.

BLUMS P, NICHOLS J D, HINES J E, et al, 2002. Sources of variation in survival and breeding site fidelity in three species of European ducks[J]. Journal of Animal Ecology, 71(3):438-450.

BOBEK M, HAMPL R, PESKE L, et al, 2008. African Odyssey project–satellite tracking of black storks *Ciconia nigra* breeding at a migratory divide[J]. Journal of Avian Biology, 39(5):500-506.

BOERE G, GALBRAITH C, STROUD D, 2006. Waterbirds around the world. Edinburgh: The Stationary Office.

BOORMAN L A, 2003. Saltmarsh review: An overview of coastal saltmarshes, their dynamic and sensitivity characteristics for conservation and management [M]. Peterborough:JNCC.

BOULORD A, WANG T, WANG X, et al, 2011. Impact of reed harvesting and Smooth Cordgrass Spartina alterniflora invasion on nesting Reed Parrotbill *Paradoxornis heudei*[J]. Bird Conservation International, 21(1):25-35.

BOULORD A, ZHANG M, WANG T, et al, 2012. Reproductive success of the threatened Reed Parrotbill *Paradoxornis heudei* in non-harvested and harvested reedbeds in the Yangtze River estuary, China [J]. Bird Conservation International, 22(3):339-347.

BRAZIL M, 2009. Birds of East Asia: China, Taiwan, Korea, Japan, and Russia[M]. Princeton:Princeton University Press.

CAO L, PAN Y-L, 2007. Waterbirds of the Xisha Archipelago, South China Sea[J]. Waterbirds, 30(2):296-300.

CAO L, PANG Y-L, LIU N-F, 2005. Status of the Red-footed Booby on the Xisha Archipelago, South China Sea. Waterbirds 28(4):411-419.

CAO L, ZHAO G, TANG S, et al, 2010. The First Reported Case of Cooperative Polyandry in the Red-footed Booby: Trio Relationships and Benefits[J]. The Wilson Journal of Ornithology, 122(2):361-365.

CHEN S-H, CHANG H, LIU Y, et al, 2009. Low population and severe threats: status of the

Critically Endangered Chinese Crested Tern *Sterna bernsteini*[J]. Oryx 43:209-212.

CHEN S-H, FAN Z-Y, CHEN C-S, et al, 2011. The breeding biology of Chinese crested terns in mixed species colonies in Eastern China[J]. Bird Conservation International 21:266-273.

CHEN S-H, FAN Z-Y, ROBY D D, et al,2015. Human harvest climate change and their synergistic effects drove the Chinese Crested Tern to the brink of extinction[J]. Global Ecology and Conservation,4:137-145.

CHEN S-H, HUANG Q, FAN Z-Y, et al, 2012. The update of Zhejiang bird checklist[J]. Chinese Birds, 3(2):118-136.

CHENG T-H, 1987. A synopsis ot the avifauna of China(中国鸟类区系纲要)[M]. Beijing:Science Press.

CHENG Y, CAO L, BARTER M, et al, 2009. Wintering Waterbird Survey at the Anhui Shengjin Lake National Nature Reserve, China 2008/9[M]. Hefei:University of Science and Technology of China Press.

CHEVALLIER D, LE MAHO Y, BAILLON F, et al, 2010. Human activity and the drying up of rivers determine abundance and spatial distribution of Black Storks *Ciconia nigra* on their wintering grounds[J]. Bird study, 57(3):369-380.

CHEVALLIER D, LE MAHO Y, BROSSAULT P, et al, 2011. The use of stopover sites by Black Storks (*Ciconia nigra*) migrating between West Europe and West Africa as revealed by satellite telemetry[J]. Journal of Ornithology, 152(1):1-13.

CHOI Y-S, LEE Y-K, YOO J-C, 2010. Relationships of settlement date and body size with reproductive success in male Oriental Great Reed Warbler *Acrocephalus orientalis*[J]. Zoological Studies, 49(3):398-404.

CHOUDHURY A, 2010. Recent ornithological records from Tripura, north-eastern India, with an annotated checklist[J]. Indian Birds, 6 (3):66-74.

CHOWDHURY S U, LEES A C, THOMPSON P M, 2012. Status and distribution of the endangered Baer's Pochard *Aythya baeri* in Bangladesh[J]. Forktail, 28:57-61.

CLAEKE T, ORGILL C, DISLEY T, 2006. Field guide to the birds of the Atlantic islands[M]. London:Christopher Helm Publishers Ltd.

CLAUSEN K K, CLAUSEN P, FOX A D, et al, 2013. Varying energetic costs of Brent Geese along a continuum from aquatic to agricultural habitats: the importance of habitat-specific energy expenditure[J]. Journal of Ornithology, 154(1):155-162.

CONG P, CAO L, FOX A D, et al, 2011. Changes in Tundra Swan *Cygnus columbianus bewickii* distribution and abundance in the Yangtze River floodplain[J]. Bird Conservation International, 21(03):260-265.

CONOVER M R, REESE J G, BROWN A D, 2000. Costs and benefits of subadult plumage in mute swans:testing hypotheses for the evolution of delayed plumage maturation[J]. The American Naturalist, 156(2):193-200.

COULSON J C, 1985. Density regulation in colonial seabird colonies[C]//Proceedings of the XVIII International Ornithological Congress, Moscow 783-791.

CRAIK S R, SAVARD J P L, TICHARDSON M J, et al, 2011. Foraging ecology of flightless male Red-breasted Mergansers in the Gulf of St. Lawrence, Canada[J]. Waterbirds, 34(3):280-288.

CRANSWICK P A, 2010. Conservation of the Scaly-sided Merganser in Far East Russia[R]//WWT Conservation Report (2008-2009). WWT:33.

CROXALL J P, BUTCHART S H M, LASCELLES B, et al, 2012.Seabird conservation status, threats and priority actions: a global assessment.[J]. Bird Conservation International, 22(1):1-34.

CUBAYNES S, DOHERTY P F, SCHREIBER E, et al, 2011. To breed or not to breed:a seabird's response to extreme climatic events[J]. Biology Letters, 7(2):303-306.

CUI P, HOU Y, TANG M, et al, 2011. Movement patterns of Bar-headed Geese *Anser indicus* during breeding and post-breeding periods at Qinghai Lake, China[J]. Journal of Ornithology, 152(1):83-92.

DE LEEUW J J, 1999. Food intake rates and habitat segregation of tufted duck *Aythya fuligula* and scaup *Aythya marila* exploiting zebra mussels Dreissena polymorpha[J]. Ardea, 87(1):15-31.

DEL HOYO J, ELLIOTT A, SARGATAL J, et al, 2017. Handbook of the Birds of the World Alive[M/OL]. Barcelona:Lynx Edicions[2016]. http://www. hbw. com/.

DICKINSON E C, REMSEN J V Jr, 2013. The Howard & Moore Complete Checklist of the Birds of World. 4th ed. Vol.1[M]. Eastbourne, U.K.:Aves Press.

DONG C, QI X, LIU J, 2007. Food Habits of Whooper Swan in Winter at the Tian'ehu of Rongcheng[J]. Chinese Journal of Zoology, 42(6):53.

DUFF D G, BAKEWELL D N, WILLIAMS M D, 1991. The Relict Gulls *Larus relictus* in China and elsewhere[J]. Forktail, 6:43-65.

EICHHOLZ M W, DASSOW J A, STAFFORD J D, et al, 2012. Experimental evidence

that nesting ducks use mammalian urine to assess predator abundance[J]. The Auk, 129(4):638-644.

FAN Z-Y, CHEN C-S, CHEN S-H, et al, 2011. Breeding seabirds along the Zhejiang coast:diversity, distribution and Conservation. Chinese Birds, 4(1): 39-45.

FANG W, 2004. Threatened Birds of Taiwan[M]. Taipei:Wild Bird Federation Taiwan.

FERGUSON-LEES J, CHRISTIE D A, 2001. Raptors of the World[M]. London:Christopher Helm Publishers Ltd.

FLINT P L, 2013. Changes in size and trends of North American sea duck populations associated with North Pacific oceanic regime shifts[J]. Marine biology, 160(1):59-65.

FORBES L S, 1991. Intraspecific piracy in Ospreys[J]. Wilson Bulletin, 103(1):111-112.

FOX A D, CAO L, ZHANG Y, et al, 2010. Declines in the tuber-feeding waterbird guild at Shengjin Lake National Nature Reserve, China——a barometer of submerged macrophyte collapse[J]. Aquatic conservation:marine and freshwater ecosystems, 21(1):82-91.

FOX A D, EBBINGE B S, MITCHELL C, et al, 2010. Current estimates of goose population sizes in western Europe, a gap analysis and an assessment of trends[J]. Ornis Svecica, 20(3-4):115-127.

FOX A D, HEARN R D, CAO L, et al, 2008. Preliminary observations of diurnal feeding patterns of Swan Geese *Anser cygnoides* using two different habitats at Shengjin Lake, Anhui Province, China[J]. Wildfowl, 58:20-30.

FRY C H, FRY K, 1992. Kingfishers, bee-earters and rollers[M]. New Jersey:Princeton University Press.

GALLAGHER J L, REIMOLD R J, LINTHURST R A, et al, 1980. Aerial production, mortality, and mineral accumulation-export dynamics in Spartin alterniflora and Juncus roemerianus plant stands in a georgia salt-marsh[J]. Ecology, 61:303-312.

GAO M, YIN X, LI F, 2011. Reedbed management and breeding of the Marsh Grassbird in the Yalu River Estuary Wetlands, China[J]. Wilson Journal of Ornithology, 123:755-760.

GASTON A J, 2004. Seabirds: a natural history[M]. New Haven: Yale University Press.

GRAND J B, FLINT P L, 1996. Renesting ecology of northern pintails on the Yukon-Kuskokwim Delta, Alaska[J]. The Condor, 98(4):820-824.

GREEN A J, FIGUEROLA J, SANCHEZ M I, 2002. Implications of waterbird ecology for the dispersal of aquatic organisms[J]. Acta oecologica, 23(3):177-189.

GREENBERG R, MALDONADO J E, DROEGE S, et al, 2006. Tidal marshes: A global perspective on the evolution and conservation of their terrestrial vertebrates[J] . BioScience, 56: 675-685.

GUILLEMAIN M, VAN WILGENBURG S L, LEGAGNEUX P, et al, 2014. Assessing geographic origins of Teal (*Anas crecca*) through stable-hydrogen (δ 2H) isotope analyses of feathers and ring-recoveries[J]. Journal of Ornithology, 155(1):165-172.

GUO H, CAO L, PENG L, et al, 2010. Parental care, development of foraging skills, and transition to independence in the red-footed booby[J]. The Condor, 112(1):38-47.

GUYN K L, CLARK R G, 2000. Nesting effort of northern pintails in Alberta[J]. The Condor, 102(3):619-628.

HALVORSON, HARRIS, SMIRENSKI, 1995. Cranes and storks of the Armur River: the processsdings of the International Workshop[M]. Khabarovsk, Moscow:Arts Litrature Publishers.

HARRIS J, SU L, HIGUCHI H, et al, 2000. Migratory stopover and wintering locations in eastern China used by White-naped Cranes *Grus vipio* and Hooded Cranes *G. monacha* as determined by satellite tracking[J]. Forktail, 16:93-99

HARRISON X A, TREGENZA T, INGER R, et al, 2010. Cultural inheritance drives site fidelity and migratory connectivity in a long-distance migrant[J]. Molecular Ecology, 19(24):5484-5496.

HASSALL M, LANE S J, STOCK M, et al, 2001. Monitoring feeding behaviour of brent geese *Branta bernicla* using position-sensitive radio transmitters[J]. Wildlife Biology, 7(2):77-86.

HAWKES L A, BALACHANDRAN S, BATBAYAR N, et al, 2011. The trans-Himalayan flights of bar-headed geese (*Anser indicus*)[J]. Proceedings of the National Academy of Sciences, 108(23):9516-9519.

HEARN R, TAO X, HILTON G, 2013. A species in serious trouble: Baer's Pochard *Aythya baeriis* heading for extinction in the wild[J]. BirdingASIA, 19:63-67.

HOFER J, KORNER-NIEVERGELT F, KORNER-NIEVERGELT P, et al, 2005. Breeding range and migration pattern of Tufted Ducks *Aythya fuligula* wintering in Switzerland: an analysis of ringing recovery data[J]. Ornithologische Beobachter, 102(3):181-204.

HOFER J, KORNER-NIEVERGELT F, KORNER-NIEVERGELT P, et al, 2006.

Origin and migration pattern of Common Pochards *Aythya ferina* wintering in Switzerland[J]. Ornithologische Beobachter, 103 (2):65-86.

HU C, SONG X, DING C, et al, 2016. The Size of winter-flooded paddy fields no longer limits the foraging habitat use of the endangered Crested Ibis(*Nipponia nippon*)in winter[J]. Zoological Science, 33:345-351.

HUPP J W, YAMAGUCHI N, FLINT P L, et al, 2011. Variation in spring migration routes and breeding distribution of northern pintails *Anas acuta* that winter in Japan[J]. Journal of Avian Biology, 42(4):289-300.

INGER R, HARRISON X A, RUXTON G D, et al, 2010. Carry-over effects reveal reproductive costs in a long-distance migrant[J]. Journal of Animal Ecology, 79(5):974-982.

IUCN, 2017. IUCN Red List of Threatened Species[M/OL]. Version 2017.12. http://www.iucnredlist.org.

JAKUBAS D, 2003. Factors affecting different spatial distribution of wintering Tufted Duck *Aythya fuligula* and Goldeneye *Bucephala clangula* in the western part of the Gulf of Gdańsk(Poland)[J]. Ornis Svecica, 13:75-84.

JENNINGS M C, 2010. Atlas of the breeding birds of Arabia. Fauna of Arabia, 25:216-221.

JIANG H-X, CHU G-Z, QIAN F-W, et al. 2002. Breeding microhabitat selection of Saunders's Gull (*Larus saundersi*) in Yancheng of Jiangsu province, China Biodiversity Science [J], 10: 170-174.

JIGUET F, VILLARUBIAS S, 2004. Satellite tracking of breeding black storks *Ciconia nigra*: new incomes for spatial conservation issues[J]. Biological Conservation, 120(2):153-160.

KALLANDER H, 2011. Fishing flocks of Great Crested Grebes *Podiceps cristatus* consist of breeding birds[J]. Ardea, 99(2): 232-234

KALRA M, KUMAR S, RAHMANI A R, et al, 2011. Satellite tracking of Bar-headed geese *Anser indicus* wintering in Uttar Pradesh, India[J]. Journal of the Bombay Natural History Society, 108(2):79.

KASAHARA S, KOYAMA K, 2010. Population trends of common wintering waterfowl in Japan: participatory monitoring data from 1996 to 2009. Ornithological science 9 (1):23-36.

KEAR J, 2005. Ducks, Geese and Swans: Species accounts (*Cairina* to *Mergus*)[M]. Oxford: Oxford University Press.

KONOVALOV A, KALDMA K, BOKOTEY A, et al, 2015. Spatio-temporal variation in nestling sex ratio among the Black Stork *Ciconia nigra* populations across Europe[J]. Journal of Ornithology, 156(2):381-387.

KÖPPEN U, YAKOVLEV A P, BARTH R, et al, 2010. Seasonal migrations of four individual bar-headed geese *Anser indicus* from Kyrgyzstan followed by satellite telemetry[J]. Journal of Ornithology, 151(3):703-712.

KRAPU G L, SARGEANT G A, PERKINS A E, et al, 2002. Does increasing daylength control seasonal changes in clutch sizes of Northern Pintails (*Anas acuta*)? [J]. The Auk, 119(2):498-506.

LASKOWSKI H, TJADEN R L, 2003. Dabbling Ducks[M]. Maryland:University of Maryland.

LEHIKOINEN A, JAATINEN K, 2012. Delayed autumn migration in northern European waterfowl[J]. Journal of Ornithology, 153(2):563-570.

LEWIS T E, GARRETTSON P R, 2010. Parasitism of a Blue-winged Teal Nest by a Northern Shoveler in South Dakota[J]. The Wilson Journal of Ornithology, 122(3):612-614.

LI B-C,JIANG P-P,DING P, 2007. First Breeding Observations and a New Locality Record of White-eared Night-heron *Gorsachius magnificus* in Southeast China. Waterbirds 30(2):301-304.

LI D, SUN X, LLOYD H, et al, 2015. Reed Parrotbill nest predation by tidal mudflat crabs: Evidence for an ecological trap? Ecosphere [J], 6:1-12.

LINDBERG M S, SEDINGER J S, DERKSEN D V, et al, 1998. Natal and breeding philopatry in a black brant, *Branta bernicla nigricans*, metapopulation[J]. Ecology, 79(6):1893-1904.

LIU D-P, LI C-Q, ZHANG G-G, et al, 2014. Satellite Tracking of Scaly-Sided Merganser (*Mergus squamatus*) Breeding in Lesser Xingan Mountains, China[J]. Waterbirds, 37(4):432-438.

LIU D-P, WANG C, QING B-P, et al, 2015. Experimental reintroduction revealed novel reproductive variation in Crested Ibis *Nipponia nippon*[J/OL]. Peer J. PrePrints, 3:e817v1. https://doi.org/10.7287/peerj.preprints.817v1.

LIU P, LI F, SONG H, et al, 2010. A survey to the distribution of the Scaly-sided Merganser (*Mergus squamatus*) in Changbai Mountain range(China side). Chinese Birds, 1(2):148-155.

LIU Q, BUZZARD P, LUO X, 2015. Rapid range expansion of Asian Openbill *Anastomus oscitans* in China[J]. Forktail, 31:141-143.

LIU Y, KELLER I, HECKEL G, 2013. Temporal genetic structure and relatedness in the Tufted Duck *Aythya fuligula* suggests limited kin association in winter[J]. Ibis, 155(3):499-507.

LIU Y, PYZHJANOV S, 2012. Apparent inter-and intraspecific brood-parasitism in a nest of Tufted Duck *Aythya fuligula*[J]. Forktail, 28:147-148.

LOKEMOEN J T, 1991. Brood parasitism among waterfowl nesting on islands and peninsulas in North Dakota[J]. The Condor, 93(2):340-345.

LORMEE H, BARBRAUD C, CHASTEL O, 2005. Reversed sexual size dimorphism and parental care in the Red-footed Booby *Sula sula*[J]. Ibis, 147(2):307-315.

MA M, CAI D, 1996. Breeding ecology of greylag goose in bayinbulude of tianshan mountains[J]. Chinese Journal of Zoology, 32(3):19-23.

MA M, CAI D, 2002. Threats to Whooper Swans in Xinjiang, China[J]. Waterbirds, 25(1):331-333.

MA M, ZHANG T, BLANK D, et al, 2012. Geese and ducks killed by poison and analysis of poaching cases in China[J]. Goose Bulletin, 15:2-11.

MA Z, WANG Z, TANG H, 1999. Habitat use and selection by Red-crowned Crane *Grus japonensis* in winter in Yancheng Biosphere Reserve, China. Ibis, 141:135-139.

MÅNSSON J, HÄMÄLÄINEN L, 2012. Spring stopover patterns of migrating Whooper Swans(*Cygnus cygnus*):temperature as a predictor over a 10-year period[J]. Journal of Ornithology, 153(2):477-483.

MATHIASSON S, 2013. Eurasian Whooper Swan *Cygnus cygnus* migration with particular reference to birds wintering in southern Sweden[J]. Wildfowl, Supplement No. 1:201-208.

MAYHEW P, HOUSTON D, 1999. Effects of winter and early spring grazing by Wigeon *Anas penelope* on their food supply[J]. Ibis, 141(1):80-84.

MCCAW III J H, ZWANK P J, STEINER R L, 1996. Abundance, Distribution, and Behavior of Common Mergansers Wintering on a Reservoir in Southern New Mexico[J]. Journal of Field Ornithology, 67(4):669-679.

MEINE C D, ARCHIBALD G A, 1996. The Cranes:Status Survey and Conservation Action Plan[M]. Gland, Switzerland, Cambridge:IUCN.

MINEYEV Y N, 2013. Distribution and numbers of Bewick's Swans *Cygnus bewickii* in the European Northeast of the USSR[J]. Wildfowl, Supplement No. 1:62-67.

MITCHELL C, GRIFFIN L, TRINDER M, et al, 2011. The status and distribution of summering Greylag Geese *Anser anser* in Scotland, 2008-09. Bird Study, 58(3):338-348.

MIYABAYASHI Y, MUNDKUR T, 1999. Atlas of key sites for Anatidae in the East Asian Flyway[R]. Wetlands International.

MOORES N, KIN A, PARK M, et al, 2010. The anticipated impacts of the four rivers project(Republic of Korea) on waterbirds[R]. Birds Korea Preliminary Report.

NETTLESHIP D N, BURGER J, GOCHFELD M, 1994. Seabirds on islands:threats, case studies and action plans[M]. Birdlife Conservation Series No. 1. [s. l.]:Birdlife International:210-218.

NEWTON I, 2007. Weather-related mass-mortality events in migrants[J]. Ibis, 149(3):453-467.

NICOLAI C A, SEDINGER J S, WEGE M L, 2008. Differences in growth of Black Brant goslings between a major breeding colony and outlying breeding aggregations[J]. The Wilson Journal of Ornithology, 120(4):755-766.

NILSSON L, 2005. Wintering swans *Cygnus* spp. and coot *Fulica atra* in the Öresund, South Sweden, in relation to available food recources[J]. Ornis Svecica, 15:13-21.

NILSSON L, PERSSON H, 1993. Variation in survival in an increasing population of the greylag goose Anser anser in Scania, South Sweden[J]. Ornis Svecica, 3:137-146.

NOLET B A, ANDREEV V A, CLAUSEN P, et al, 2001. Significance of the White Sea as a stopover for Bewick's Swans *Cygnus columbianus bewickii* in spring[J]. Ibis, 143(1):63-71.

NUMMI P, PASSIVAARA A, SUHONEN S, et al, 2013. Wetland use by brood-rearing female ducks in a boreal forest landscape:the importance of food and habitat[J]. Ibis, 155(1):68-79.

NUMMP P, POYSA H, 1995. Breeding success of ducks in relation to different habitat factors[J]. Ibis, 137(2):145-150.

PEARSE A T, KRAPU G L, COX R R Jr, et al, 2011. Spring-migration ecology of Northern Pintails in south-central Nebraska[J]. Waterbirds, 34(1):10-18.

PENNYCUICK C, BRADBURY T, EINARSSON O, et al, 1999. Response to weather and light conditions of migrating Whooper Swans *Cygnus cygnus* and flying height profiles, observed with the Argos satellite system[J]. Ibis, 141(3):434-443.

PERRINS C, SNOW D, 1998. The Birds of the Western Paleartic[M]. Concise Edition. US:Oxford University Press New York.

PETERS J L, BREWER G L, BOWE L M, et al, 2003. Extrapair paternity and breeding synchrony in gadwalls(*Anas strepera*) in North Dakota[J]. The Auk, 120(3):883-888.

PIERSMA T, GUDMUNDSSON G A, LILLIENDAHL K, 1999. Rapid changes in the size of different functional organ and muscle groups during refueling in a long-distance migrating shorebird[J]. Physiological and Biochemical Zoology, 72(4):405-415.

PISTORIUS P A, FOLLESTAD A, NILSSON L, et al, 2007. A demographic comparison of two Nordic populations of Greylag Geese *Anser anser*[J]. Ibis, 149(3):553-563.

POST W, GREENLAW J S, 2006. Nestling diets of coexisting salt marsh sparrows:Opportunism in a food-rich environment[J]. Estuaries and Coasts, 29:765-775.

POULTON V K, LOVVORN J R, TAKEKAWA J Y, 2002. Clam density and scaup feeding behavior in San Pablo Bay, California[J]. The Condor, 104(3):518-527.

PROSSER D J, TAKEKAWA J Y, NEWMAN S H, et al, 2009. Satellite-marked waterfowl reveal migratory connection between H5N1 outbreak areas in China and Mongolia[J]. Ibis, 151(3):568-576.

RAVE D P, CORDES C L, 1993. Time-Activity Budget of Northern Pintails Using Nonhunted Rice Fields in Southwest Louisiana[J]. Journal of Field Ornithology, 64(2):211-218.

REES E C, BOWLER J M, 2013. Feeding activities of Bewick's Swans *Cygnus columbianus bewickii* at a migratory site in the Estonian SSR[J]. Wildfowl, Supplement No. 1:249-255.

REES E, BOWLER J, 1996. Fifty years of swan research and conservation by the Wildfowl & Wetlands Trust[J]. Wildfowl, 47:248-263.

SCHREIBER E A, SCHREIBER R W, SCHENK G A, 1996. Red-footed Booby:*Sula Sula*[J]. Birds of North America Online.

SCHREIBER E A,BURGER J, 2002.Biology of marine birds[M]. Boca Raton: CRC Press.

SEDDON P J, ARMSTRONG D P, MALONEY R F, 2007. Developing the science of reintroduction biology[J]. Conservation Biology, 21(2):303–312.

SEDINGER J S, CHELGREN N D, WARD D H, et al, 2008. Fidelity and breeding probability related to population density and individual quality in black brent geese *Branta bernicla nigricans*[J]. Journal of Animal Ecology, 77(4):702-712.

SÉNÉCHAL H, GAUTHIER G, SAVARD J -P L, 2008. Nesting ecology of Common Goldeneyes and Hooded Mergansers in a boreal river system[J]. The Wilson Journal of Ornithology, 120(4):732-742.

SHIMADA T, YAMAGUCHI N M, HIJIKATA N, et al, 2014. Satellite tracking of migrating Whooper Swans *Cygnus cygnus* wintering in Japan[J]. Ornithological science, 13(2):67-75.

SHIMAZAKI H, TAMURA M, HIGUCHI H, 2004. Migration routes and important stopover sites of endangered oriental white storks(*Ciconia boyciana*), as revealed by satellite tracking[J]. Memoirs of National Institute of Polar Research, Special issue, 58:162-178.

SIBLEY C G, AHLQUIST J E, 1990. Phylogeny and Classification of the Birds of the World[M]. New Haven: Yale University Press.

SOLOVYEVA D, NEWTON J, HOBSON K, et al, 2014. Marine moult migration of the freshwater Scaly-sided Merganser *Mergus squamatus* revealed by stable isotopes and geolocators[J]. Ibis, 156(2):466-471.

STEMPNIEWICZ L, MEISSNER W, 1999. Assessment of the zoobenthos biomass consumed yearly by diving ducks wintering in the Gulf of Gdansk(southern Baltic Sea)[J]. Ornis Svecica, 9(3):143-154.

SU L, ZOU H, 2012. Status, threats and conservation needs for the continental population of the Red-crowned Crane[J]. Chinese Birds, 3(3):147-164.

SWENNEN C, YU Y, 2005. Food and feeding behavior of the black-faced spoonbill[J]. Waterbirds, 28(1):19-27.

TAKAHASHI M, AOKI S, KAMIOKI M, et al, 2013. Nest types and microhabitat characteristics of the Japanese Marsh Warbler *Locustella pryeri*[J]. Ornithological Science, 12:3-13.

TAYLOR B, PERLO B, 1998. Rails. A guide to the Rails, Crakes, Gallinules and Coots of the world[M]. UK:Pica Press, US:Yale University Press.

TAYLOR I R, TAYLOR S G, 2015. Foraging Habitat Selection of Glossy Ibis(*Plegadis falcinellus*) on an Australian Temporary Wetland[J]. Waterbirds, 38(4):364-372.

WANG X, BARTER M, CAO L, et al, 2012. Serious contractions in wintering distribution and decline in abundance of Baer's Pochard *Aythya baeri*[J]. Bird Conservation International, 22(02):121-127.

WANG X, FOX A D, CONG P H, et al, 2013. Food constraints explain the restricted distribution of wintering Lesser White-fronted Geese *Anser erythropus* in China[J]. Ibis, 155(3):576-592.

WANG X, FOX A D, ZHUANG X L, et al, 2014. Shifting to an energy-poor diet for nitrogen? Not the case for wintering herbivorous Lesser White-fronted Geese in China[J]. Journal of Ornithology, 155(3):707-712.

WANG X, ZHANG Y, ZHAO M J, et al, 2013. The benefits of being big:Effects of body size on energy budgets of three wintering goose species grazing Carex beds in the Yangtze River floodplain, China[J]. Journal of Ornithology, 154(4):1095-1103.

WEI Z-H, LI Y-K, XU P, et al, 2016. Patterns of change in the population and spatial distributionof oriental white storks(*Ciconia boyciana*) wintering in Poyang Lake[J]. Zoological Research, 37(6):338-346.

Wetlands International, 2013. Waterbird population estimates[DS/OL]//Waterbird Population Estimates online database[2013-06-12]. http://wpe.Wetlands.org.

WINKLER D W, BILLERMAN S M, LVETTE I J, 2015. Bird families of the world: And invitation to the Spectacular Diversity of Birds[M]. Barcelona:Lynx Edicions.

WRIGHT H L, COLLAR N J, LAKE I R, et a, 2013. Amphibian concentrations in desiccating mud may determine the breeding season of the white-shouldered ibis(*Pseudibis davisoni*)[J]. The Auk, 130(4):774-783.

XIONG L-H, LU J-J, 2014. Food resource exploitation strategies of two reedbed specialist passerines:Reed Parrotbill and Oriental Reed Warbler[J]. Wilson Journal of Ornithology, 126:105-114.

XIONG L-H, WU X-A, LU J-J, 2010. Bird Predation on Concealed Insects in a Reed-dominated Estuarine Tidal Marsh[J]. Wetlands, 30:1203-1211.

YANG C, M LLER A P, MA Z, et al, 2014. Intensive nest predation by crabs produces source-sink dynamics in hosts and parasites[J]. Journal of Ornithology, 155:219-223.

YANG Z-S, WNG H-J, SAITO Y, et al, 2006. Dam impacts on the Changjiang(Yangtze) River sediment discharge to the sea:The past 55 years and after the Three Gorges Dam[J]. Water Resources Research, 42(4).

YE Y-X, JIANG Y-T, HU C-S, et al, 2017. What makes a tactile forager join mixed-species flocks? A case study with the endangered Crested Ibis *Nipponia nippon*[J]. The Auk, 134(2):421–431.

YESOU P, CLERGEAU P, 2005. Sacred Ibis:a new invasive species in Europe[J]. Birding World, 18(12):517-526.

YEUNG C L, YAO C T, HSU Y C, et al, 2006. Assessment of the historical population size of an endangered bird, the black-faced spoonbill(*Platalea minor*) by analysis of mitochondrial DNA diversity[J]. Animal Conservation, 9(1):1-10.

YOUNG C L, ZAUN B J, VANDERWERF E A, 2008. Successful same-sex pairing in Laysan albatross[J]. Biology Letters, 4(4): 323-325.

YU Y-T, SWENNEN C, 2004. Habitat use of the Black-faced Spoonbill[J]. Waterbirds, 27(2):129-134.

ZHANG X-L, XU Z-J, ZHANG Z-H, et al, 2010. Review on degradation of coastal wetland of Northern China Sea[J]. Geological Review, 56:561-567.

ZHANG Y-S, CAO L, BARTER M, et al, 2011. Changing distribution and abundance of Swan Goose *Anser cygnoides* in the Yangtze River floodplain:the likely loss of a very important wintering site[J]. Bird Conservation International, 21(01):36-48.

ZHAO M-J, CAO L, FOX A D, 2010. Distribution and diet of wintering Tundra Bean Geese *Anser fabalis serrirostris* at Shengjin Lake, Yangtze Rivr floodplain, China[J]. Wildfowl 60:52-63.

ZHAO M-J, CONG P H, BARTER M, et al, 2012. The changing abundance and distribution of Greater White-fronted Geese *Anser albifrons* in the Yangtze River floodplain:Impacts of recent hydrological changes[J]. Bird Conservation International, 22(2):135-143.

ZHAO S-Q, FANG J-Y, MIAO S-L, et al, 2005. The 7-decade degradation of a large freshwater lake in Central Yangtze River, China[J]. Environmental science & technology, 39(2):431-436.

ZHU H-G, QIN P, WANG H, 2004. Functional group classification and target species selection for Yancheng Nature Reserve, China[J]. Biodiversity and Conservation, 13:1335-1353.

ZOCKLER C, LYSENKO I, 2000. Water Birds on the Edge:The First Circumpolar Assessment of Climate Change Impact on Arctic Breeding Water Birds[M]. Cambridge:World Conservation Press.

ZYDELIS R, BELLEBAUM J, OSTERBLOM H, et al, 2009. Bycatch in gillnet fisheries–An overlooked threat to waterbird populations[J]. Biological Conservation, 142(7):1269-1281.

中文名索引

（前页码为手绘图，后页码为物种描述）

拉丁名索引
（前页码为手绘图，后页码为物种描述）

英文名索引
（前页码为手绘图，后页码为物种描述）

图书在版编目(CIP)数据

中国海洋与湿地鸟类/马志军,陈水华主编. -- 长沙:湖南科学技术出版社,2018.5

ISBN 978-7-5357-9606-6

Ⅰ.①中… Ⅱ.①马… ②陈… Ⅲ.①海洋－鸟类－中国②沼泽化地－鸟类－中国 Ⅳ.① Q959.7

中国版本图书馆CIP数据核字(2017)第252799号

ZHONGGUO HAIYANG YU SHIDI NIAOLEI

中国海洋与湿地鸟类

主　　　编：马志军　陈水华
总 策 划：陈沂欢　李　惟
出 版 人：张旭东
策划编辑：曹紫娟　王安梦　乔　琦
责任编辑：刘　竞　林澧波　戴　涛　孙桂均
特约编辑：曹紫娟　程　曦　林　凌
地图编辑：程　远　程晓曦　韩守青　苏倩文
制图单位：湖南地图出版社
插画编辑：翁　哲
图片编辑：贾亦真　张宏翼
流程编辑：刘　微　李文瑶
装帧设计：王喜华　何　睦
责任印制：焦文献
出版发行：湖南科学技术出版社
社　　　址：长沙市湘雅路276号
　　　　　　http://www.hnstp.com
湖南科学技术出版社天猫旗舰店网址：
　　　　　　http://hnkjcbs.tmall.com
邮购联系：本社直销科 0731-84375808
印　　　刷：北京华联印刷有限公司
制　　　版：北京美光制版有限公司
版　　　次：2018 年 5 月第 1 版
印　　　次：2018 年 5 月第 1 次印刷
开　　　本：635mm×965mm 1/8
印　　　张：76
字　　　数：1473 千字
审 图 号：GS(2017)2842 号
书　　　号：ISBN 978-7-5357-9606-6
定　　　价：600.00 元